本书编委会

顾　问：任继周　　石元春　　刘　旭

主　编：石玉林

副主编：唐华俊　　高中琪　　王　浩

编　委（按姓氏笔画排序）：

王　浩　　王立新　　石玉林　　刘宏斌
许尔琪　　汪　林　　张红旗　　罗其友
高中琪　　席北斗　　唐华俊　　黄彩红
崔正国

编委会办公室：黄海涛　　王　庆　　王　波
梁真真　　王浩闻

项目综合组成员名单

组　　　长：石玉林　中国工程院院士，中国科学院地理科学与资源研究所研究员

常务副组长：唐华俊　中国工程院院士，中国农业科学院院长、研究员

副　组　长：高中琪　中国工程院二局局长

王　浩　中国工程院院士，中国水利水电科学研究院研究员

顾　　　问：任继周　中国工程院院士，兰州大学教授

石元春　中国科学院院士，中国工程院院士，中国农业大学教授，原北京农业大学校长

刘　旭　中国工程院院士，中国工程院副院长，中国农业科学院研究员

主 要 成 员：汪　林　中国水利水电科学研究院教授级高级工程师

张红旗　中国科学院地理科学与资源研究所研究员

刘宏斌　中国农业科学院农业资源与农业区划研究所研究员

罗其友　中国农业科学院农业资源与农业区划研究所研究员

王立新　中国科学院地理科学与资源研究所研究员

刘爱民　中国科学院地理科学与资源研究所副研究员

黄彩红　中国环境科学研究院副研究员

席北斗　中国环境科学研究院研究员

李　瑞　中国环境科学研究院助理研究员

崔正国　中国水产科学研究院黄海水产研究所副研究员

许尔琪　中国科学院地理科学与资源研究所助理研究员

项目办公室：黄海涛　中国工程院农业学部办公室主任

王　庆　中国工程院农业学部办公室

王　波　中国工程院战略咨询中心

梁真真　中国工程院农业学部办公室

王浩闻　中国工程院农业学部办公室

中国工程院重大咨询项目
中国农业资源环境若干战略问题研究

综合卷
中国农业资源环境若干战略问题研究

石玉林　主　编
唐华俊　高中琪　王　浩　副主编

中国农业出版社
北　京

图书在版编目（CIP）数据

中国工程院重大咨询项目·中国农业资源环境若干战略问题研究．综合卷：中国农业资源环境若干战略问题研究/石玉林主编．—北京：中国农业出版社，2019.8
ISBN 978-7-109-24605-8

Ⅰ．①中…　Ⅱ．①石…　Ⅲ．①农业资源－研究报告－中国 ②农业环境－研究报告－中国　Ⅳ．①F323.2 ②X322.2

中国版本图书馆CIP数据核字（2018）第210753号

综合卷：中国农业资源环境若干战略问题研究
ZONGHE JUAN：ZHONGGUO NONGYE ZIYUAN HUANJING RUOGAN ZHANLÜE WENTI YANJIU

审图号：GS（2018）6806号

中国农业出版社
地址：北京市朝阳区麦子店街18号楼
邮编：100125
责任编辑：孙鸣凤　闫保荣　潘洪洋
版式设计：北京八度出版服务机构
责任校对：周丽芳
印刷：北京通州皇家印刷厂
版次：2019年8月第1版
印次：2019年8月北京第1次印刷
发行：新华书店北京发行所
开本：889mm×1194mm　1/16
印张：47.25
字数：850千字
定价：480.00元

前言

P R E F A C E

21世纪中叶，我国正处于全面实现现代化和走向全球化时期。在这个时期，我国将面临人口老龄化、劳动力不足，资源短缺，人与资源矛盾更加尖锐；同时，这一时期也是环境治理最艰难时期。面对新的挑战，为确保粮食与食物安全、资源安全与生态环境安全，中国工程院成立重大咨询项目“中国农业资源环境若干战略问题研究”，旨在“分析形势，寻找对策”。项目下设七个研究课题：

- 中国农业水资源高效利用战略研究
- 中国耕地质量提升战略研究
- 中国农业面源污染防治战略研究
- 新时代中国农业结构调整战略研究
- 中国粮食安全与耕地保障问题战略研究
- 中国南方主要农产品产地污染综合防治战略研究
- 中国北方主要农产品产地污染综合防治战略研究

两个研究专题：

- 中国渔业环境若干战略问题研究
- 中国农业资源环境分区研究

组织了中国科学院、中国农业科学院、中国水利水电科学研究院、中国环境科学研究院等有关院所22个单位、100多位专家学者共同参加研究。

项目从2016年春启动，历经两年，于2017年底按计划完成。完成了1份综合报告、

7份课题报告与2份专题报告。

报告在全面系统分析农业人口与劳动力、农业资源与环境、农业结构与布局问题的基础上，依据党中央“创新、协调、绿色、开放、共享”的新发展理念，提出“全面实施农业创新驱动战略”“深入推进农业可持续发展战略”和“实施农业‘走出去’的全球化战略”三大战略方向，八项战略性转变，十六条有关资源节约、环境保护、结构调整、区域布局等战略性措施和十项重大工程。报告论证了到2030年耕地保持19亿～20亿亩、农田有效灌溉面积达到10.3亿亩和化肥总量控制在4 600万t以内的必要性和可能性，并提出扩大开放，在全球范围内协调人口—资源—食物的平衡，构建“人类命运共同体”等众多观点和看法，最后向国家有关部门提出12条建议，可供决策者参考。

鉴于报告完成并定稿于2017年10月初，党的十九大召开后，项目组认真学习了十九大报告，用党的十九大精神全面审查了报告，认为报告基本上符合十九大精神，只在个别处做了修改和补充。

项目的综合报告于2017年10月送农业部征求意见，项目于2018年1月17日召开验收会，都得到充分肯定。课题组根据农业部反馈意见与验收专家提出的意见进行了认真的修改，于2018年3月初最后定稿。

本卷包括项目的综合报告、7份课题报告与2份专题报告，共约85万字，有关图件约240余幅。项目综合报告分十节。第一、二节为总论，第三节至第八节为分论，第九节为区域，第十节为主要结论与建议。

由于时间短促，水平有限，许多问题还有待于进一步深入研究，其中有的问题初次提出，还有很多研究工作要做，希望中国工程院及学界同仁把农业资源环境问题继续深入研究下去，以取得更多更好的成果，服务于宏观决策和管理。

本报告提出的一些思想、观点、看法仅是一家之言、一孔之见，仅供决策者参考。报告中出现不同观点、不同提法，是由于资料来源不同、方法不同而出现数据差异，也本着百家争鸣的方针，给予保留，仅供读者参考。错误和不足之处在所难免，欢迎批评、指正。

对给予本项目研究支持和帮助的所有同志表示衷心的感谢！

本书编委会

2018年3月

目录

C O N T E N T S

课题报告二　中国耕地质量提升战略研究

课题报告三　中国农业面源污染防治战略研究

课题报告四　新时代中国农业结构调整战略研究

课题报告五 中国粮食安全与耕地保障问题战略研究

课题报告六 中国南方主要农产品产地污染综合防治战略研究

课题报告七 中国北方主要农产品产地污染综合防治战略研究

专题报告一 中国渔业环境若干战略问题研究

专题报告二　中国农业资源环境分区研究

综合报告

中国农业资源环境若干战略问题研究

摘要与重点

一、农业资源环境态势分析

我国农业发展取得举世瞩目的巨大成就，不仅成功地解决了13亿多中国人的吃饭问题，对世界农业发展也做出了重大贡献。进入21世纪以来，在取得重大成就的同时，我国农业承受着来自三个方面的巨大压力：一是资源环境承载受限；二是经济全球化和贸易自由化的挑战；三是人口老龄化。在此形势下，深度分析人口、资源、环境态势，提出推动我国农业可持续发展和提升国际竞争力的有效措施，加快农业现代化进程，具有十分重要的战略意义。

（一）我国农业发展取得重大成就，但竞争力提升受限

1．农业现代化建设成就显著

改革开放以来，我国农业的年平均增长率达到5%以上，粮食产量先后跨越4亿t、5亿t和6亿t三个台阶。肉蛋奶、水产品等“菜篮子”产品丰产丰收、供应充足，农产品质量安全水平稳步提升，现代农业标准体系不断完善。主要表现为：农业的装备和技术水平不断提高，2015年主要农作物耕种收综合机械化率达到63.8%，农田有效灌溉面积占比、农业科技进步贡献率分别达到48.8%和56%，良种覆盖率超过96%，现代设施装备、先进科学技术支撑农业发展的格局初步形成；农业结构不断优化，优势产业带逐步形成，农产品加工业与农业总产值比达到2.2：1，水稻、小麦、玉米、大豆四大粮食作物形成14个产业带，13个粮食主产省（自治区）粮食产量占全国的75%左右；农民收入实现新跨越，2015年农村居民人均可支配收入达到11 422元，城乡居民收入差距缩小到2.73：1。这些成就是在党和政府的正确领导下，广大农民、科技人员和干部共同努力下取得的。

2．我国农业竞争力提升受到巨大挑战

2003年以来，三种粮食作物（水稻、小麦、玉米）平均生产成本不断上涨。从2003年的亩均生产成本324.30元增长到2015年872.28元，增长了1.69倍。从2008年开始，人工成本占生产成本的比重由2008年的37.81%增长到2015年的51.27%，其间土地成本增长了2.87倍。表明我国农业生产已经进入了高成本阶段。

农产品供求结构矛盾日益突出，“买难”“卖难”问题并存。目前我国玉米库存高达2.4亿t以上，玉米出现了阶段性的供大于求。与此同时，对大豆供给不断下降，需求量远远超过生产水平。随着消费结构升级，市场上高端优质农产品供不应求，而低端“大路货”却频频出现滞销现象。

对外依存度加深，产业安全形势严峻。国际市场大宗农产品价格下降，以不同程度低于我国同类产品价格，导致进口持续增加，成本“地板”上升与价格“天花板”下压给我国农业持续发展带来双重挤压。例如，2015年我国大豆对外依存度已超过85%，保障国家粮食安全的任务面临严峻挑战。

（二）农业资源紧缺，成为农业可持续发展的强约束

1．耕地数量不断减少，质量下降

耕地数量不断减少，可开发的后备耕地资源接近枯竭。2009—2015年，我国耕地面积从20.31亿亩[①]减少到20.25亿亩，共减少0.06亿亩，平均每年减少100万亩。

全国宜耕土地后备资源有限。据国土资源部资料，全国近期可开发利用耕地后备资源仅为3 307.18万亩。在近期可开发耕地后备资源中，集中连片耕地后备资源940.26万亩。我国耕地后备资源以荒草地为主，占后备资源总面积的64.3%，多分布在中西部干旱半干旱区与西南山区，利用难度大、成本高。

耕地质量偏低。根据《2016中国国土资源公报》，2015年我国优等和高等地仅占耕地总面积的29.4%，而中、低等地合计占到70.6%。土壤酸化退化态势显现，从20世纪80年代初至今，土壤pH下降了0.13～0.80，其中，以南方地区耕地土壤酸化最为显著。由于长期机械化浅层化耕作、单一耕作、过量施用化肥，部分粮食主产区农田出现土壤物理障碍，主要表现为耕层变薄，犁底层上升、加厚，

① 亩为非法定计量单位，1亩＝1/15hm^2。下同。——编者注

土壤紧实度增加，孔隙度和渗透性降低等，作物根系发育受阻，影响作物产量。

“占优补劣”严重，土地生产率降低。仅1996—2009年全国约有300万hm^2优质农田被占用，其中约80%分布在中东部地区。为维持耕地总量平衡，在质量低、生产力不高的土地上开发，“占优补劣”严重。据测算，建设用地占用1亩耕地，就需在新疆、东北、内蒙古分别补充1.54亩、2.00亩和3.54亩耕地。近20年的耕地“占优补劣”，使得我国耕地生产能力下降了约2%。

2．水资源胁迫度增加，对农业生产形成强约束

农业用水总量不足，非农化利用挤占压力大。虽然我国水资源总量约2.8万亿m^3，居世界第6位，但人均占有量仅2 034m^3，不足世界人均水资源的1/4。农业用水量在1997年达到峰值3 919.7亿m^3，近几年逐步稳定在3 800亿m^3左右，农业用水量占总用水量比重也呈下降趋势，由2001年的68.7%下降到2015年的63.1%。

干旱缺水态势加剧，北方胁迫度加重。我国多年（1956—2000年）平均水资源量北方占18.8%，南方占81.2%，耕地向北方集中，由2000年的55.5%增加到2015年的59.6%，2015年北方亩均水资源占有量约为南方的1/6。全国800多个粮食主产县，60%集中在常年灌溉区和补充灌溉区，其中黄淮海平原区小麦播种面积占全国的48.4%，增加了灌溉用水需求。

灌溉开采量不断加大，北方地区浅层地下水超采严重。除松花江区，我国北方地区水资源开发利用率均超过国际公认的40%警戒线，其中华北地区最高，达到118.6%。华北地区的地下水资源开发利用率达到105.2%。京津冀年超采地下水约68亿m^3，地下水累计超采量超过1 000亿m^3，地下水超采面积占平原区的90%以上。

（三）人口老龄化，农业劳动力素质下降

1．青壮年流失，劳动力呈现老龄化和女性化趋势

农村青壮年向城市、向非农产业流动，农业劳动力呈现老龄化、女性化趋势。全国人口普查数据显示，1990年全国农业劳动力人口年龄结构金字塔呈现为年轻型，16～39岁农业劳动力占比达65.3%；2010年结构明显趋于老龄化，16～39岁农业劳动力占比迅速下降至37.8%。从性别来看，1990年除15～19岁外的男性农业劳动力占比都要高于女性，而2010年20～49岁女性劳动力占比高于男性。劳动力优势时代已成历史，相反，劳动力不足时代已经或即将到来。

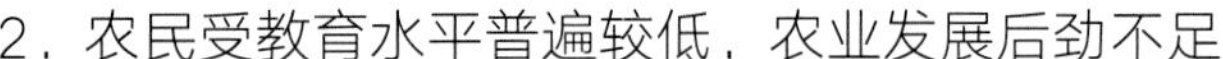

2．农民受教育水平普遍较低，农业发展后劲不足

从受教育程度来看，农业劳动力人口平均受教育年限与全国就业人口相比，差距由1982年的0.92年逐步增加至2010年的1.49年，差距不断拉大。

3．人工成本比重快速增加，制约农产品竞争力

2015年三种粮食作物亩均人工成本高达447.21元，占总成本的41.0%，比2004年增加了5.4个百分点。2004—2015年，我国三种粮食作物亩均总成本增量中人工成本增量贡献率高达44.0%。2015年美国小麦、玉米、大豆亩均人工成本分别仅为21.0元、29.66元和22.62元，人工成本在总成本中占比均不超过7%。从单位农产品成本构成来看，决定中美农产品竞争力的关键因素仍是人工成本。

（四）农业环境污染加剧，灾害频繁

1．土壤污染加剧，农产品产地环境质量堪忧

根据2014年《全国土壤污染状况调查公报》，全国调查耕地点位超标率达到19.4%，其中轻微、轻度、中度和重度污染点位比例分别为13.7%、2.8%、1.8%、1.1%。若以20.25亿亩耕地估算，受污染耕地面积达到3.93亿亩，其中中度和重度污染面积约0.59亿亩。我国农田土壤受污染率从20世纪80年代末期的不足5%，上升到当前的近20%。

从污染分布情况看，南方土壤污染重于北方；长江三角洲、珠江三角洲、东北老工业基地等部分区域土壤污染问题较为突出，西南、中南地区土壤重金属超标范围较大。

2．水体污染严重，面源污染广

根据《2015中国环境状况公报》，在全国967个国家重点监控地表水监测断面中，Ⅰ～Ⅲ类、Ⅳ～Ⅴ类和劣Ⅴ类水质断面分别占64.5%、26.7%和8.8%。在全国62个重点湖泊（水库）中，重度、中度、轻度污染的湖泊分别有5个、4个、10个。在5 118个地下水监测井（点）中，水质呈较差和极差的比例达到了61.3%。污灌污染耕地达3 250万亩。据2007年第一次全国污染源普查结果，农业面源化学需氧量、总氮、总磷年排放量分别已达1 320万t、270.5万t和28.5万t，分别占全国排放总量的43.7%、57.2%和67.4%，“三河”（海河、辽河、淮河）、“三湖”（太湖、巢湖、滇池）等重点流域农业面源污染物排放占比更高。近年来我国农业面

源污染虽局部有所改善，但总体仍呈加重趋势。

渔业水域氮、磷污染依然严重。根据2015年《中国渔业生态环境状况公报》，海洋天然重要渔业水域无机氮、活性磷酸盐、石油类和化学需氧量的超标率分别为80.5%、57.8%、12.8%和13.8%，无机氮和活性磷酸盐仍是主要的污染指标；江河天然重要渔业水域总氮、总磷超标比例相对较高，超标率分别为97.3%、46.9%；湖泊、水库重要渔业水域总氮、总磷和高锰酸盐指数超标比例相对较高，超标率分别为84.8%、80.9%、48.6%。

3．农业废弃物资源化利用不足，成为重要污染源

一是畜禽、水产养殖废弃物处理率不高，资源化利用不力。据估算，我国畜禽养殖粪尿年产生量约23.1亿t（2015年），畜禽粪便未经处理的占58%。水产养殖饵料年投放量约3 000万t，15%未被利用。二是农作物秸秆资源化利用不足。2013年全国秸秆总产量及其可收集利用量分别为9.64亿t和8.19亿t，实际利用量约6.22亿t，综合利用率仅为76%。据相关学者估算，我国平均每年粮食秸秆露天焚烧量约为9 400万t，占粮食秸秆总量的19%。三是地膜残留。2015年，全国地膜使用量为145.5万t，农膜残留率高达40%，“白色革命”逐步演变为“白色污染”。

4．农村生活垃圾和工矿废弃物处理不当，威胁农业生态空间

农村每年大约产生生活污水90亿t、生活垃圾2.8亿t，人粪尿量2.6亿t。由于村落没有污水收集系统，这些大多都未经处理，随意倾倒、丢弃和排放，对农业生态系统造成污染。工业污水灌溉，造成局部地区重金属在土壤中不断累积。工业废气主要通过降尘和酸雨将重金属带入农田，在南方促进酸雨形成，在北方促进降尘。废渣主要影响工矿区周围农地，虽然范围有限，多数是局部性的，但污染程度往往较重。

5．灾害频繁，农业生态系统脆弱

一是气候变暖背景下，我国农业气象灾害不确定性因素增多，干旱、洪涝、高温和冷害事件频发。1980年前，我国发生重旱以上的省（自治区）有17个，而1980年后，发生重旱以上的省（自治区）增加到目前的23个；旱灾高发区由北方地区扩展到南方和东部湿润、半湿润地区。进入21世纪以来，洪涝灾害受灾面积虽有减少趋势，但仍达1.6亿亩/年。气候变化将是影响未来农业生产不稳定性和人类面临的严峻挑战之一。二是滑坡、泥石流、地震等地质灾害频发。三是不

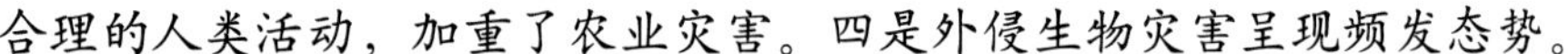

合理的人类活动，加重了农业灾害。四是外侵生物灾害呈现频发态势。

综上所述，我国农业资源数量短缺，质量不佳；农业环境污染加剧，自然灾害频发；农业资源环境总体上处于超载状态；农业劳动力老龄化，总体素质下降；我国农业生产基础处于不稳定、不安全的脆弱状态，是不可持续的。造成资源环境恶化的原因错综复杂，既有自然因素，又有人为因素，但其主要原因还在于长期以来在发展理念上“重生产轻保护”“重产量轻质量”，采取粗放型的农业经营方式，以牺牲资源、牺牲生态环境、牺牲农业协调发展来换取农业增产所致。

二、农业资源环境安全战略

（一）指导思想与基本原则

1. 指导思想

全面贯彻党的十九大精神，以“创新、协调、绿色、开放、共享”的新发展理念为总指导思想。

这是时代的要求。中国农业在走向现代化和全球化的过程中，必然会出现新问题、新矛盾、新挑战，也有新机遇，只有应用新发展理念这个新武器去研究、解决不断出现的新问题。

2. 基本原则

（1）坚持底线思维，确保粮食安全

确保“谷物基本自给、口粮绝对安全”的战略底线，实施“以我为主、立足国内、确保产能、适度进口、科技支撑”的国家粮食新安全观。

（2）坚持用养结合，确保生态安全

以资源环境承载能力为依据，优化农业生产力布局。在资源利用过程中更加注重资源养护，加强生态环境治理，实行保护、利用、治理相结合方针，提高资源质量和承载能力。

（3）坚持开源与节流结合，以节流为主

深度开发农业资源，大力推进农业废弃物资源化。从总体看，我国开源潜力有限，但资源利用率不高，浪费严重，节流潜力大，“节流”的关键是建立高效、节约的农业资源利用体系，提高农业资源的利用率、效率和效益。

(4) 坚持因地制宜，优化资源配置

因地制宜是发展农业生产最基本原则。根据地区特点，优化匹配水、土、气、生物、人力和社会经济资源，扬长避短，发挥比较优势，发展特色农业。

（二）战略方向

1．全面实施农业创新驱动战略

创新驱动是注重解决农业发展动力不足问题。当前，我国农业和农村现代化建设已经到了加快转变发展方式的新阶段，必须加大改革力度，改革一切束缚农业生产力发展的旧思想、旧观念、旧制度、旧政策，推动农业领域的思想创新、制度创新、战略创新、结构创新和科技创新。在当前一个时期内，要以农业供给侧结构性改革为导向，由增产导向转向提质导向，推进农业“转方式、调结构”，增长内生动力，以提高土地产出率、资源利用率、劳动生产率，提高农业发展质量和效益。

2．深入推进农业可持续发展战略

以农业资源环境的可持续利用支持农业的可持续发展。

农业可持续发展战略是以“人与自然”和谐发展为目标，构建一个以绿色为标志的健康、安全、可持续的农业资源环境系统。

可持续战略要求全面推进资源利用节约化、生产过程清洁化、产业链接循环化、废弃物处理资源化，从源头开始、全过程保护资源环境，以建设资源节约型、环境友好型和生态保育型农业生产体系，提供绿色农产品。

3．实施农业“走出去”的全球化战略

扩大开放，内外联动发展，在全球范围内协调人口—资源—食物的平衡，履行构建人类命运共同体的使命。

实施农业“走出去”的全球化战略，就是要按照“立足国内，面向世界，优势互补，合作共赢”的方针，统筹考虑和综合运用国内、国际两个市场、两种资源，共同构建人类命运共同体。

以“一带一路”倡议为导向，与近邻、特别是发展中国家和“一带一路”沿线国家，开展农业合作，继续保持与传统主要农业贸易国的合作关系，与世界各国共同建设若干全球性粮仓，确保人类食物安全。

（三）战略性转变

21世纪上半叶我国农业将处在重大变革时期。我国农业生产和农业资源利用，必须实现下列8个方面的战略性转变。

- 从传统粗放型农业向资源节约—环境友好型、绿色优质高效型现代农业转变
- 从劳动密集型农业向知识—技术密集型与资本密集型农业转变
- 从传统农耕型的农业土地利用方式向以草（绿）—田轮作为中心的草地—耕地混合型的农业土地利用方式转变
- 从低效粗放型灌溉农业向适产高效型现代灌溉农业转变
- 从传统的大地农业向大地农业与设施农业并举转变
- 从小农分散为主农业向规模化、集体化农业转变
- 从城乡分隔的农业向以小城镇为基础的城乡一体的农业转变
- 立足国内，扩大开放，向国内国外相协调的全球化农业发展转变

（四）战略目标

1．总体目标

转变粗放性经营方式为集约性经营方式，转变传统农业为现代农业，建成资源节约、环境友好、结构合理、城乡一体、内外协调的农业资源环境安全体系和现代农业产业体系，为实现“两个一百年”奋斗目标提供重要支撑。

2．2030年具体目标

（1）农业资源得到保证

2030年全国耕地面积保持在19亿～20亿亩，灌溉用水量控制在3 730亿m^3，农田有效灌溉面积达到10.35亿亩，节水灌溉面积达到8.5亿亩，其中高效节水灌溉面积达到5.0亿亩。

到2035年，由于人口减少、乡村振兴取得决定性进展，人口—粮食—耕地的紧张形势稍有好转，灌溉用水量趋于稳定，但形势依然严峻。

（2）农业资源利用效率显著提高

农田灌溉水有效利用系数提高到0.60以上，每立方米灌溉水粮食产量超过1.60kg；农田化肥施用总量控制在4 600万t以内，化肥利用率和农药利用率达到50%以上；农作物秸秆综合利用率达到90%以上，农膜回收利用率达到80%以上，

养殖废弃物综合利用率达到75%以上。

(3) 农业环境突出问题治理取得成效

全国农产品产地环境质量稳中向好，农产品产地环境安全得到有效保障，主要农产品产地环境风险得到全面管控。受污染耕地安全利用率达到95%以上，全国耕地土壤环境质量实现总体改善。

(4) 农业生态功能得到恢复和增强

区域水土流失和土地沙化、石漠化得到有效防控，草原退化沙化和渔业水域资源“荒漠化”趋势得到有效遏制。

(5) 农业结构更加优化

现代农业产业体系基本构建，农产品加工和流通业快速发展；农业实现多元化发展，农业多种功能得到充分拓展，农林牧渔结合、种养加一体、一二三产业融合发展的格局基本形成。全国范围内基本形成粮—经—饲三三制格局。

3．坚守20亿亩耕地的必要性和可能性

土地承载力运算结果是：到2030年我国耕地面积必须保持在19亿～20亿亩，粮食自给率才能达到80%以上。

由于历史性原因，我国耕地面积统计数据一直与实际不符。从20世纪80年代初期到2009年期间，由政府、科研机构等多方开展的多次全国性土壤、土地资源调查结果显示，几十年来我国耕地面积总量一直未低于20亿亩，平均值为20.35亿亩。也就是说，近40年来粮食和其他农产品的大量产出都是源于20多亿亩耕地的支撑。因此，守住20亿亩耕地是做到口粮自给和主要农产品基本自给的基本保障。要控制住城市化的无序扩张，未来城乡建设用地应主要靠内部挖潜，提高利用率和容积率。执行耕地“占补平衡”和“沃土平衡”的双平衡政策，以当前年均净减少耕地100万亩计，到2030年也能保持20亿亩耕地。

三、保障农业资源环境安全的战略路径

（一）构建绿色发展模式

1．发展循环低碳农业，推动农业资源循环利用

以提升水资源、土地资源和农业投入利用效率为切入点，从节水、节地、节

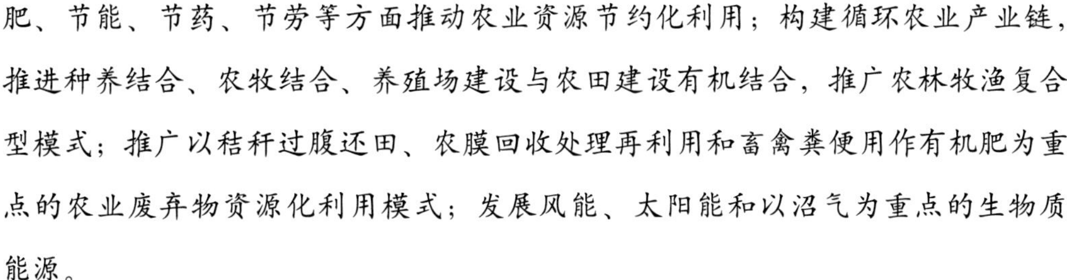

肥、节能、节药、节劳等方面推动农业资源节约化利用；构建循环农业产业链，推进种养结合、农牧结合、养殖场建设与农田建设有机结合，推广农林牧渔复合型模式；推广以秸秆过腹还田、农膜回收处理再利用和畜禽粪便用作有机肥为重点的农业废弃物资源化利用模式；发展风能、太阳能和以沼气为重点的生物质能源。

2．以源头治理为主，防治结合，综合治理面源污染

严格控制农业用水总量，大力发展节水农业；实施化肥负增长，以减少化肥施用量三分之一，推动测土配方施肥全覆盖；推广高效低风险农药，实施统防统治和绿色防控，减少农药使用量；以地定养，以水定养，合理布局畜禽鱼养殖，推进畜禽养殖粪污处理、污水减量、厌氧发酵、粪便堆肥等生态化治理模式。经综合分析，确定我国每公顷耕地能够承载的畜禽粪便为30t，单位耕地氮和磷最大可施用量分别为150kg/hm^2和30kg/hm^2，超过这些限定值，则认为畜禽养殖超过单位耕地面积承载力；着力解决农田残膜污染，加快生态友好型可降解地膜及地膜残留捡拾与加工机械研发，实施农膜回收加工；开展秸秆资源化、肥料化、饲料化、基料化、原料化和能源化利用。

3．全面开展以土壤重金属为主的污染调查与管控

以农用地为重点，开展土壤污染状况详查，摸清我国农用地土壤的污染面积、污染类型和污染程度，并形成土壤环境质量状况定期调查制度。贯彻“以防为主，保护优先，风险管控”的防治方针，对高风险区和重污染区，采取相应管控措施。对京津冀地区和长江流域等土壤环境污染较为突出地区，实施综合治理示范工程。

4．开发农业新资源

科学开发利用再生水资源和微咸水资源，增辟灌溉水源。合理开发利用滩涂资源，突破传统的“围垦—种植—养殖”模式，提高单位面积滩涂的产出效率。加强空心村整治与开发，将以空心村土地整治为重点的农村土地综合整治纳入乡村振兴战略。开发深远洋、极地等渔业资源，发展海洋技术装备，提高渔业资源的探捕能力。

（二）强化技术支撑体系

5．发展以调亏灌溉模式为主要方向的节水农业技术，以保证10亿亩灌溉农田目标的实现

按照当前种植结构、农田灌溉用水水平，要支撑10亿亩农田灌溉用水，2030年粮食主产区还需实现亩均节水60～80m^3。因此，应坚持量水发展、节水优先，推广以调亏灌溉模式为主要方向的节水农业技术。一是采取综合节水措施，构建现代灌溉体系。大力发展和推广喷灌、微灌、低压管道输水灌溉等高效节水灌溉技术和渠道防渗技术；二是适水种植，优化作物区域布局。适度调减华北地下水严重超采区小麦面积，逐步收缩东北井灌区水稻种植面积，恢复南方水稻种植。三是科学灌溉，发展调亏灌溉模式。据测算，在河北省3 090万亩井灌区全部推广调亏灌溉制度，可节水约10.7亿m^3，约占全省地下水超采量60亿m^3的17.8%。四是落实灌溉用水总量控制和定额管理，实现管理节水。

6．建立以有机肥为基础，有机与无机相结合的科学施肥、精准施肥制度，提升耕地质量

改变“重无机、轻有机”的施肥方式，鼓励农户增施有机肥、种植绿肥，提高土壤有机质含量。中国科学院南京土壤研究所长期研究表明：我国北方旱地、水浇地肥沃地的土壤有机质含量在1.2%以上，南方水稻土肥沃地的土壤有机质含量在2.5%以上，东北黑土肥沃地的土壤有机质含量在4.0%以上，可作为相应地区耕地土壤肥沃度的参考指标之一。要加强沃土工程建设，在实施耕地占补平衡同时推动沃土平衡的双平衡政策，以维持耕地数量和质量的平衡。

7．以农业信息化驱动农业现代化，大力推进科技创新

要大力推动农业信息化发展。在战略方向上，加快农业人工智能、农业机器人、农业无人机研发和应用，以赶超国际水平，迎接未来农业；在政策上，以信息化培育新农民、重塑新农业、改造新农村；在措施上，构建全覆盖的农村信息高速公路、全产业链的数字农业、“天地一体化”的农业监测和管理系统；在策略上，坚持政府统筹协调，合力推进，充分发挥市场主体作用，推进信息化与农业现代化融合发展。

8．加强农业教育与农民培训，提高农民素质

农民是农业生产的主体。要大力开展包括实用技术培训、职业技能培训、创业培训、学历教育等多层次农民教育培训工作；鼓励和支持符合条件的涉农企业、专业合作社及其他机构参与农民培训工作，逐步构建上下贯通、社会各界广泛参与的农民教育培训体系；创新培训方式，增强农民教育的实用性。国家要用极大力量培养和塑造下一代的“现代农民”，这是关系到我国农业兴衰的大事。

（三）健全现代农业产业结构体系

9．大力发展饲（草）饲料

粮食问题的本质是饲料问题，饲料危机从根本上威胁我国粮食安全。根据预测，2030年我国口粮自给率105%，可以完全满足需求；饲料粮自给率仅68.3%，缺口较大，饲料粮危机将是未来我国农业生产长期面临的重要问题。为此，需要将专业化饲（草）料生产纳入到农业系统，确切改变传统的粮经二元结构为粮—经—饲三元结构，改变农耕型土地利用方式为草地—耕地混合型的土地利用方式，建立人的口粮与畜禽的饲（草）料的籽实—营养体的复合农业生产系统，改变传统的“粮食观”为“食物观”。

据匡算，用6亿～7亿亩高产粮播耕地可满足人均210kg左右的口粮、工业用粮与储备粮的需要，将余下的粮播耕地转为饲（草）料专业化生产，饲（草）料总产量可达10亿t以上，能够保证养殖业需要。建议实施专业化饲（草）料生产工程，在北方地区，推广粮改饲，引导发展全株青贮玉米、燕麦、甜高粱、苜蓿等优质饲（草）料生产；在南方地区，推广冬闲田种草、种绿肥。

10．积极发展设施农业

设施农业是突破资源环境（水、土、光、热等）约束、增加农民收入、发展现代农业的重要手段。当前我国设施农业以占全国不到5%的耕地，获得了39.2%的农业总产值，发展潜力巨大。无论在农业现代化进程中，还是在国际竞争中都将起到举足轻重的作用。因此，应从战略高度出发，积极发展设施农业，促进传统的大地农业向大地农业与设施农业并举转变，推动农业现代化。

我国设施农业发展总的趋势是，由日光温室向连栋温室发展，向智能化、工厂化、节能化、高效化的方向发展。为加快我国设施农业的发展，建议：一是加

大对设施农业产业的扶持力度；二是加强科技创新支持力度，推动装备结构升级；三是完善设施农业技术推广体系；四是加大专业人才的培养，提高从业人员素质。

11. 大力发展外向型农业

我国农业应在保障粮食自给的基础上，大力发展高效益的蔬菜、花卉、水果和水产品等技术密集型和劳动—技术密集型农产品生产，在满足国内市场的同时，大量提供国际市场，既缩小农产品国际贸易差额，又对世界做出贡献。要加强全球的信息收集和国际市场研究；加强科技研究，特别是大力加强设施农业发展外向型农业的研究；加大政府在政策和资金等方面的支持。

12. 发展休闲观光农业和农村旅游业

休闲观光农业是现代农业的新型产业形态，是带动农民就业增收的重要途径。发展休闲观光农业要坚持以农业为主的方向，重点突出中国农业类型的多样性、悠久灿烂的农业历史和风趣多彩的民俗魅力。在政策方面，完善休闲观光农业支持政策，重点解决发展过程中的融资需求；在基础设施方面，着力改善道路、供水、污水处理等基础服务设施；在产业链建设方面，推动加工、服务等关键环节实现本地化；在发展模式方面，力争做到主题鲜明、特色各异，避免形式和内容雷同。

（四）优化空间布局

13. 建立与农业规模化、农村经济集体化相适应的新型小城镇体系

当前超大城市、大城市膨胀，产生了一系列“城市病”，大量小乡镇变弱、变衰、“空心化”，产生“乡村病”，加大了城乡差别。因此，应严格控制超大城市发展，加大扶持小城镇发展，重点发展县级城镇，形成大中小城市协调发展格局。同时，以城乡融合为依托，引导二三产业向县域重点乡镇及产业园区集中，推动农村产业发展与新型城镇化相结合，实现城乡一体化发展。发展小城镇要坚持因地制宜、分类指导原则，探索各具特色的城镇化发展模式，构建宜居的小城镇体系。

14. 实施“提升东北，治理华北，恢复南方”粮食生产布局

东北、华北、南方三大区域的粮食总产量占到全国总产量的78.4%。从粮食供需来看，目前与今后相当长时间内，东北地区仍是我国粮食增产潜力最大、商品率最高的商品粮输出基地；华北地区是我国最大的粮食生产基地，但水资源最

短缺、生态环境恶化；南方地区是我国粮食主销区，也是供需矛盾最紧张的地区。针对区域资源环境特点和问题，提出“提升东北，治理华北，恢复南方”粮食生产布局方案。

东北区以农业信息化提高农业机械化、自动化水平，加快推进黑龙江等垦区大型商品粮基地和优质奶源基地建设。

黄淮海平原区全面实行调亏灌溉，推广喷灌、微灌、低压管道输水灌溉和水肥一体化等高效节水灌溉技术；深入实施大气、水、土壤污染的修复与防治行动。

南方地区（长江中下游干流平原丘陵区、江南丘陵山区和东南区），防止耕地非农化；稳定水稻面积，恢复双季稻和绿肥种植。

15．建设八大国家级农业综合生产区

纵观全国农业资源分布，三江平原、松嫩平原、东北西部和内蒙古东部地区、黄淮海平原、长江中游及江淮地区、四川盆地、新疆棉花产区及广西蔗糖产区8个地区农业资源条件最好。耕地面积约占全国耕地总面积的50%。小麦、玉米、稻谷产量分别占全国总产量的78.4%、63.8%和52.3%，油料占60.4%，棉花占90.4%，糖料占74.7%。因此，应集中力量建设八大国家级农业综合生产区，完善农田水利等基础设施建设，为保障国家农产品生产和供给能力奠定坚实的基础。

16．加强国际合作，共建全球性“粮仓”

据有关预测，21世纪末，全球人口将达90亿人，届时全球是否会出现粮食危机成为国际关注的焦点。鉴于全球人口、资源分布不平衡，展望未来，可在农业生产基础好、资源丰富有发展潜力地区，共同建设全球性的粮食（食物）生产基地，以确保人类粮食和食物安全。根据现有资料和基础，初步设想形成全球性八大“粮仓”。即以美国和加拿大为主的北美“粮仓”；以巴西和阿根廷为主的南美“粮仓”；以俄罗斯和哈萨克斯坦为主的亚欧“粮仓”；以乌克兰和法国为主的欧洲“粮仓”；以越南和泰国为主的东南亚“粮仓”；以东非为主的非洲潜在“粮仓”；以澳大利亚和新西兰为主的大洋洲“粮仓”及“奶源基地”；以印度尼西亚和马来西亚为主的全球“食用油桶”。

在国际合作上，要降低我国农产品进口来源国集中度，实行多元化方针。

四、重大工程选择

（一）实施基本口粮田保护和建设工程

口粮田主要指小麦田和水稻田两类。从未来需求看，2015—2030年，我国至少需要7亿亩以上的高产稳产耕地保障口粮安全。研究认为：当前和今后能提供大量区际商品粮食的主产区主要分布在松嫩平原、三江平原、内蒙古东部地区、辽中南地区、黄淮海平原、长江中下游平原（包括洞庭湖平原、鄱阳湖平原、江汉平原和江淮地区）等地区，主要集中在黑龙江、山东、河南、江苏、安徽、湖北、湖南、江西等省，粗略估算能够生产1.98亿t的小麦和大米，可提供1.49亿t的商品口粮，可以或基本可以保证国家的需要。

对粮食主产区的优质耕地要进行特殊保护。一是要严格控制非农占用耕地特别是基本农田，尤其是复种指数较高的农业核心区，加强农田水利建设，改土增肥，建设高标准的优质高产稳产田。二是在黄淮海平原区、内蒙古东部地区和东北的松嫩平原区，要加强高效节水的农业生产体系建设。三是保障支撑农业生产的生态系统安全，防治土地荒漠化及其他生态灾害。四是严控污染排放，防治土壤污染，长江中游平原及江淮地区、黄淮海平原区土壤污染比较严重，要重点防范，确保土壤健康、农产品安全。

为实现以上目标，需要国家对上述地区高标准耕地建设倾斜投入。

（二）开展“空心村”土地综合整治示范工程

2015年我国农村居民点人均占有建设用地高达300m^2，是国家人均上限标准的2倍，其主要表征为农村“空心化”严重。据测算，全国“空心村”综合整治可增加耕地潜力约1.14亿亩。

“空心村”整治要纳入国家乡村振兴战略规划。空心村整治要在尊重农民意愿、保障农民土地权益的前提下，按规划，分类型，先试点，后推广，稳步推进。在经济发达地区可先开展农村居民点整治工程，推行城镇化引领型的“空心村”整治模式；在经济发展中等区域，整治工程要以迁村并点及空置、废弃居民点复垦为主，整理出的土地应主要转化为耕地；在经济发展缓慢区，要控制“空心村”发展，引导农民积聚居住，整理出的土地转为耕地，为农业规模化经营提供支撑。

建议先选择在黄淮海平原、长江中下游平原、东南沿海、四川盆地等经济发达地区实施整治工程。

(三)实施华北平原现代节水灌溉工程

华北平原的海河平原是国家的经济重心之一、重要的农业基地，是我国冬小麦最重要产区，但该区水资源紧缺，地下水严重超采，环境污染严重，亟待推进以节水为中心的综合治理工程，构建现代精准灌溉调控和管理体系。

适水种植，稳定冬小麦优势区产能。适度调减地下水严重超采区冬小麦种植面积800万亩。发展旱作，可在淮北平原扩大冬小麦种植500万亩，基本稳定1亿亩以上麦田灌溉面积。

调亏灌溉，率先实现灌溉现代化。全面推广调亏灌溉制度、水肥药一体化技术，全面推行喷灌、微灌和管道输水灌溉等高效节水灌溉技术，构建现代灌溉云服务平台，建设旱涝保收高标准农田6 800万亩，使节水灌溉率达到91%以上，高效节灌率达到88%以上，农田灌溉水有效利用系数提高到0.72以上。

用水计量，全面落实农业水价、水权确权等政策措施，大力推行灌溉取（用）水计量收费，建立农业节水精准补贴政策和节奖超罚机制，建设现代灌溉管理体系。

继续实行地下水压采工程。

(四)实施草业工程

目前我国优质牧草种植面积不到1 500万亩，2030年畜牧业发展需要优质牧草约4亿t，缺口较大。

推行草田轮作制，要因地制宜。东北地区应推行粮—饲（青贮／牧草）为主的农作制；华北地区则实行粮—经—饲（青贮／牧草）三三农作制；农牧交错区应以牧为主，农牧结合，实行粮—饲（牧草／青贮）农作制；西北干旱区绿洲应推行粮—经（棉、果）—饲（牧草／青贮）农作制；草原牧区以牧为主，粮草轮作以草料为主；南方地区以绿肥为主。

我国发展草业科技基础还很薄弱，在育种、栽培、机械化以及科学基础等诸方面的人才需要加快培养，以适应现代农业的要求。

(五)实施农业面源污染综合防治战略先行区试点工程

农业资源的浪费与生产规模的超载是农业面源污染的根本成因。在黄淮海地

区、长江中下游地区等农业主产区选择7～9个符合流域特征的独立行政单元作为战略先行区。以粮食安全和环境保护为双重目标，实施化肥总量控制、畜禽养殖规模总量控制和种养格局优化等战略方案，开展政策试点，提升面源污染治理的内生动力，推动农业绿色发展和面源污染控制，探索总结经验，为我国农业面源污染防控提供政策依据和科技支撑。

(六)实施鄱阳湖流域农产品产地环境保护工程

鄱阳湖平原土壤环境污染呈加重趋势。中度污染样本比例为13.81%，主要污染物是镉、汞、镍，特别是镉污染势头迅猛。

实施江西“山、江、湖”系统环境污染综合治理示范工程。重点防治赣江流域污染。严控上游地区的有色金属企业开采，强化南昌市、上饶市、新余市、景德镇市、鹰潭市、赣州市、九江市等地区的精准防治工程，大力推广绿色生产和生态治理模式；推行生活垃圾分类投放、收集、综合循环利用。继续推进农村环境综合整治，采取水肥一体化等节水、节肥技术，建立废弃农膜、农药包装废弃物回收和综合利用网络，加强、规范畜禽粪便处理利用设施建设，削减农业面源污染。实施风险管控工程，建立系统的农产品产地环境科技创新管理体系。

(七)渤海综合生态修复工程

利用河流、湿地和浅海的综合修复技术，构建渤海生态安全的蓝色屏障，实现渤海环境、资源保护与沿岸社会经济的可持续发展。内容包括：

入海河流“三元耦合”生态修复技术：研究河流水生植物、动物和微生物“三元耦合”净化机制与生态修复技术。

滨海、河口湿地生态修复技术：筛选和培育净化能力强、耐盐、抗污染的湿地植物和高效微生物；研发湿地生物及微生物联合修复技术，并制定修复策略。

浅海贝藻综合生态修复技术：根据渤海海湾容纳量，利用贝藻类的生态净化功能，集成贝藻综合养殖模式与技术，构建浅海生态安全屏障。

渤海生态修复技术应用与示范：在重点河流、河口、海湾，应用示范综合的生物修复技术，构建渤海绿色生态安全屏障管理系统。

(八)加强农业资源环境天空地协同遥感观测系统工程

综合天基、空基和地基观测的天空地协同遥感观测是目前全球地球观测系统的前沿发展方向。加大发展无人机在农业监测和农业其他领域中的应用，扩大地面观察点布局，加强物联网和互联网结合的地面传感网建设，实现对农业资源环境全天时、全天候、大范围、动态和立体的监测与管理，为资源优化利用和环境监测监管提供有力支撑。

在此基础上，创造条件开展全球粮食及主要农产品产地遥感监测。

(九) 实施耕地轮作休耕工程

实施以用养结合、种养结合为核心的耕地轮作休耕工程。在“镰刀弯”地区和黄淮海玉米低产区，推行粮改饲，因地制宜发展青贮玉米、苜蓿、燕麦、大麦等饲料作物，满足草食畜牧业发展需要。在东北地区，改玉米连作为玉米大豆轮作模式；在黄淮海平原区，改麦玉一年两熟为麦豆一年两熟或玉米大豆间套作。在华北地下水超采地区，水改旱，压缩小麦种植面积，改种棉花、油葵、马铃薯、苜蓿等耐旱作物。对农牧交错区的沙化地、瘠薄地、水土流失的坡耕地，继续实施退耕还草工程。

(十) 实施农产品价格形成机制改革工程

目前，我国粮食等重要农产品价格对市场供求关系变动响应不足，不能及时引导结构调整。为此，要进一步明确粮食价格补贴理念，应将其定位为“解决农民卖粮难”，逐步弱化粮食价格补贴的保收益功能，尽快改革完善最低收购价政策，逐步消除对市场的干预和扭曲，最终建立粮食价格由市场供求形成的机制。我国大豆和玉米分别于2014年和2016年退出临时收储政策，稻谷、小麦最低收购价政策也应尽快完善，以对不同时期、不同区域的市场，做出良好响应。

报告最后向国家提出：守住20亿亩耕地，持续提升耕地质量；强化节水，建设高效精准型灌溉农业；降低化肥施用量；加强农业废弃物资源化、肥料化利用；实施基本口粮保护和建设工程；恢复南方稻米生产；大力发展饲（草）料生产，调整农业结构；积极推动设施农业发展；以农业信息化驱动农业现代化；发挥农业补贴政策的导向作用；建立农产品产地环境管理体系和监察制度；加强农业教育与农民培训，提高农民素质，共12条建议。

一、农业资源环境态势分析

我国农业发展取得举世瞩目的巨大成就，不仅成功地解决了13亿多中国人的吃饭问题，对世界农业发展也做出了重大贡献。进入21世纪以来，在取得重大成就的同时，我国农业面临着不同以往任何一个时期的巨大挑战，承受着来自三个方面的巨大压力：一是现实的资源环境承载状况迫切要求从根本上摆脱粗放型的生产模式，加快推进我国农业向资源集约、环境友好型转变；二是经济全球化和贸易自由化趋势推动我国农业深度融入国际市场，迫切要求我国农业加快推进结构调整、转型升级，提高国际竞争力，确保粮食安全；三是人口老龄化，农业劳动力数量和质量下降，迫切需要提升农业劳动力质量，加速农业机械化、自动化和智能化，转变农业生产方式。在此形势下，深度分析人口、资源、环境态势，提出推动我国农业可持续发展和提升国际竞争力的有效措施，加快农业现代化进程，具有十分重要的战略意义。

（一）我国农业发展取得重大成就，但竞争力提升受限

1. 农业现代化建设成就显著

改革开放以来，我国农业的年平均增长率达到5%以上，粮食产量先后跨上4亿t、5亿t和6亿t三个台阶。肉蛋奶、水产品等“菜篮子”产品丰产丰收、供应充足，农产品质量安全水平稳步提升，现代农业标准体系不断完善。主要表现为：一是农业的装备和技术水平不断提高。2015年主要农作物耕种收综合机械化率达到63.8%，小麦基本实现全程机械化。农田有效灌溉面积占比、农业科技进步贡献率分别达到48.8%和56%，良种覆盖率超过96%，现代设施装备、先进科学技术支撑农业发展的格局初步形成。二是农业结构不断优化，优势产业带逐步形成。农产品加工业与农业总产值比达到2.2∶1，电子商务等新型业态蓬勃兴起，发展生态友好型农业逐步成为社会共识。水稻、小麦、玉米、大豆四大粮食作物形成14个产业带，13个粮食主产省（自治区）粮食产量占全国的75%左右。三是农民收入实现新跨越。2015年农村居民人均可支配收入达到11 422元，增幅连续六年高于城镇居民收入和国内生产总值增幅，城乡居民收入差距缩小到2.73∶1。四是典型探索取得新突破。东部沿海、大城市郊区部分县市农业劳

动生产率和土地产出率达到国家农业现代化要求水平，一些资源集约型、环境友好型生产技术和模式得到应用推广。这些成就是在党和政府的正确领导下，广大农民、科技人员和干部共同努力下取得的。

2. 我国农业竞争力提升受到巨大挑战

（1）农业综合生产成本快速上涨，农产品利润下降

2003年以来，三种粮食作物（水稻、小麦、玉米）平均生产成本不断上涨。从2003年的亩均生产成本324.30元增长到2015年872.28元，增长了1.69倍。其中，一方面，受煤炭、天然气等原材料价格上涨的影响，国内市场化肥价格不断提升；另一方面，农民工资水平的上升拉动人工成本迅速提高，从2008年开始，人工成本占生产成本的比重由2008年的37.81%增长到2013年首次超过50%，2015年达到51.27%。另外，土地成本10年间也增长了2.87倍。这些情况表明，我国农业生产已经进入了高成本阶段（图1）。

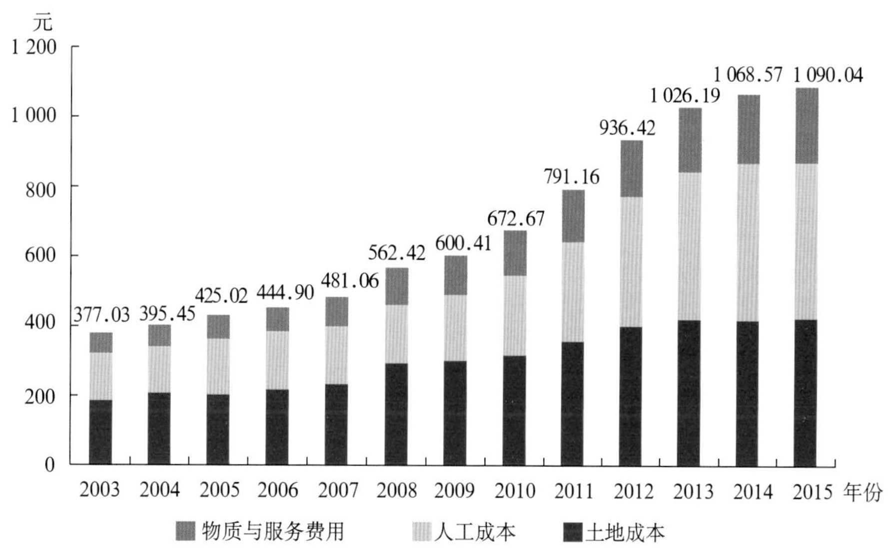

图1　2003—2015年我国三种粮食（水稻、小麦、玉米）亩均生产成本变化

（2）农产品供求结构矛盾日益突出，“买难”“卖难”问题并存

目前我国玉米库存高达2.4亿t以上，库存消费比上升到150%以上，玉米出现了阶段性的供大于求。与此同时，随着人民生活水平的提高，对植物油、畜产品的消耗越来越大，特别是对大豆的需求增长非常快。但由于大豆在我国属于低产作物，且经济收益不高，农户种植意愿降低，供给不断下降，需求量远远超过生产水平。另外，随着消费结构升级，消费者对农产品的需求由吃得饱转向吃得好、吃得健康，市场上高端优质农产品往往供不应求，而低端“大路货”却频频出现滞销现象。

(3) 对外依存度加深，产业安全形势严峻

随着经济全球化和贸易自由化的深入发展，国际上农业资源要素流动频繁，国际市场大宗农产品价格下降，以不同程度低于我国同类产品价格，导致进口持续增加，成本“地板”上升与价格“天花板”下压给我国农业持续发展带来双重挤压。例如2015年我国大豆对外依存度已超过85%，保障国家粮食安全的任务面临严峻挑战。

（二）农业资源紧缺，成为农业可持续发展的强约束

1. 耕地数量不断减少，质量下降

(1) 耕地数量不断减少，可开发的后备耕地资源接近枯竭

2009—2015年，我国耕地面积从20.31亿亩减少到20.25亿亩，共减少0.06亿亩，平均每年减少100万亩。31个省级单位中有22个省级单位耕地面积减少。其中，减少最为严重的地区为吉林省至湖北省一带，河南省减少量最大，为129万亩，甘肃省与云南省的耕地减少量也较大。而新疆维吾尔自治区、内蒙古自治区的耕地面积有所增加。

由于我国长期以来鼓励开垦荒地，现全国已无多少宜耕土地后备资源。据国土资源部资料，目前全国耕地后备资源总面积8 029万亩，其中近期可开发利用的仅为3 307万亩。其余4 722万亩耕地后备资源受水资源利用限制，短期内不适宜开发利用。在近期可开发后备耕地中，集中连片耕地后备资源940万亩，零散分布耕地后备资源2 367万亩。我国耕地后备资源以荒草地为主，占后备资源总面积的64%，其次为盐碱地、内陆滩涂与裸地，比例分别为12%、9%、8%，多分布在我国中西部干旱半干旱区与西南山区，利用难度大、成本高。

(2) 耕地质量偏低，酸化和退化凸显

根据《2016中国国土资源公报》，2015年我国优等地、高等地、中等地、低等地面积分别占全国耕地评定总面积的2.9%、26.5%、52.8%、17.7%，即优等地和高等地仅占耕地总面积的29.4%，而中、低等地合计占到70.6%。中产田和低产田面积分别占39%和32%，中、低产田面积也占到农田总面积的70%以上。

土壤酸化退化态势显现，土壤pH持续下降，已成为引发耕地环境退化的重要因素。中国农业大学研究表明，从20世纪80年代初至今，中国境内耕作土壤的pH下降了0.13～0.80，其中，以南方地区耕地土壤酸化最为显著。

长期机械化浅层化耕作、单一耕作、过量施用化肥的种植方式，导致我国大部分粮食主

产区农田出现土壤物理障碍，主要表现为耕层变薄，犁底层上升、加厚，土壤紧实度增加，孔隙度和渗透性降低等，使得作物根系发育受阻，对养分的吸收速率降低，影响作物产量。

（3）“占优补劣”严重，土地生产率降低

我国的快速城镇化占用了大量优质耕地。仅1996—2009年全国约有300万hm^2优质农田被占用，其中约80%分布在中东部地区。同时，农村居民点在乡村人口减少过程中却快速增长，城、乡建设用地双增长使优质耕地流失加剧。为维持耕地总量平衡，在质量低、生产力不高的土地上开发，“占优补劣”严重。据测算，建设用地占用1亩耕地，就需在新疆、东北、内蒙古分别补充1.54亩、2.00亩和3.54亩耕地。近20年的耕地“占优补劣”，使得我国耕地生产能力下降了约2%。

2．水资源胁迫度增加，对农业生产形成强约束

（1）农业用水总量不足，非农化利用挤占压力大

虽然我国淡水资源总量约2.8万亿m^3，居世界第6位，属于水量丰沛的国家，但由于人口基数大，人均占有量仅2 034m^3，不足世界人均水资源的1/4。随着经济社会发展，国民经济各行业、各部门用水需求不断增加，对农业水资源供给形成挑战。农业用水量在1997年达到峰值3 919.7亿m^3，近几年逐步稳定在3 800亿m^3左右，农业用水量占总用水量比重也有下降趋势（图2）。2001年农业、工业、生活用水分别占全国总用水量的68.7%、20.5%、10.8%；2015年依次变化为63.1%、21.9%、13.0%[①]。

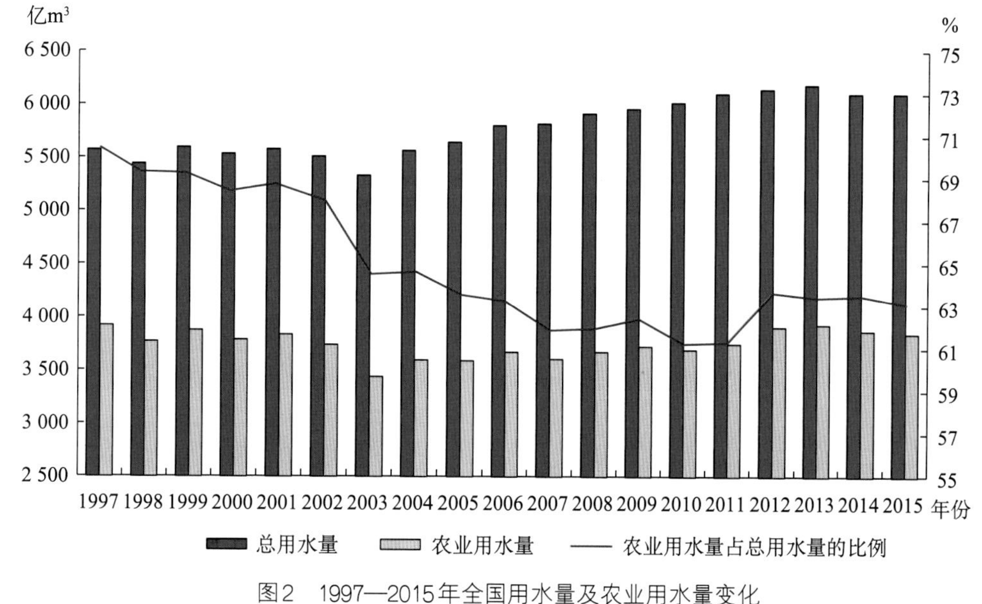

图2　1997—2015年全国用水量及农业用水量变化

① 人工生态环境补水（仅包括认为措施供给的城镇环境用水和部分河湖、湿地补水）占总用水量的2%。

（2）干旱缺水态势加剧，北方胁迫度加重

我国多年（1956—2000年）平均水资源量北方占18.8%，南方占81.2%。耕地向北方集中，由2000年的55.5%增加到2015年的59.6%，2015年北方亩均水资源占有量约为南方的1/6。未来50年我国仍将面临平均温度普遍升高的情势，农业干旱缺水态势将进一步加剧。

2015年我国粮食总产为6.21亿t（北方占56.1%，南方占43.9%）。常年灌溉区和补充灌溉区主要集中在北方，全国800多个粮食主产县，60%集中在常年灌溉区和补充灌溉区，其中黄淮海平原区小麦播种面积占全国的48.4%。粮食生产区及三大粮食作物播种面积逐渐向常年灌溉区和补充灌溉区集中，增加了灌溉用水需求。

（3）灌溉开采量不断加大，北方地区浅层地下水位持续下降

根据《中国水资源公报2015》，除松花江区，我国北方地区水资源开发利用率均已超过国际公认的40%警戒线，其中华北地区最高，达到118.6%。华北地区的地下水资源开发利用率达到105.2%，据有关统计，京津冀年超采地下水约68亿m^3，地下水累计超采量超过1 000亿m^3，地下水超采面积占平原区的90%以上。自2014年始，财政部、水利部、农业部、国土资源部联合开展河北省地下水超采综合治理试点工作，项目区地下水压采效果初步显现，加上2016年区域整体降水特丰等因素的影响，2016年浅层地下水位较治理前上升0.58m，深层地下水位上升0.7m，但总体超采形势仍没有改变。

（4）高效节水工程和现代灌溉管理体系建设滞后，农业用水效率偏低

2015年我国高效节水灌溉面积2.69亿亩，占耕地灌溉面积的27.2%；节水率较高的喷灌、微灌仅占耕地灌溉面积的13.7%，农业灌溉用水有效利用系数0.536（北方为0.58，南方为0.51），仅为发达国家的75%。目前，灌区监测体系尚未建立，农业用水计量缺位，农业水价偏低，水费实收率不足（现在仅为70%），灌区信息化建设滞后，管理制度缺失，制约着节水灌溉技术的推广和实施效果。

（三）人口老龄化，农业劳动力素质下降

1. 青壮年流失，劳动力呈现老龄化和女性化趋势

农村青壮年大都倾向于选择向城市流动，农业劳动力中的青壮年人口不断向非农产业转移，农业劳动力呈现老龄化、女性化趋势。全国人口普查数据显示，1990年全国农业劳动力人口年龄结构金字塔呈现为年轻型，16～39岁农业劳动力占比达65.3%；2010年

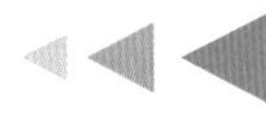

结构明显趋于老龄化，16～39岁农业劳动力占比迅速下降至37.8%。从性别来看，1990年除15～19岁外的男性农业劳动力占比都要高于女性，而2010年20～49岁女性劳动力占比高于男性（图3）。劳动力优势时代已成历史，相反，劳动力不足时代已经或即将到来。

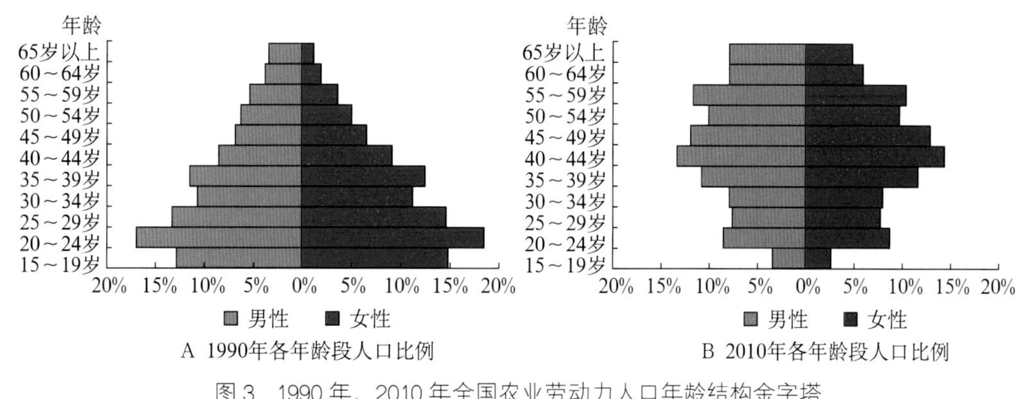

图3　1990年、2010年全国农业劳动力人口年龄结构金字塔

2. 农民受教育水平普遍较低，农业发展后劲不足

从受教育程度来看，农业劳动力人口平均受教育年限与全国就业人口相比，差距由1982年的0.92年逐步增加至2010年的1.49年，差距不断拉大。

3. 人工成本比重快速增加，制约农产品竞争力

近年来，随着第二、第三产业劳动力报酬增加，第一产业劳动力价格不断攀升，人工成本占农业生产成本比例不断提高。2015年三种粮食作物（小麦、玉米、大豆）亩均人工成本高达447.21元，占总成本的41.0%，比2004年增加了5.4个百分点。2004—2015年，我国三种粮食作物亩均总成本增量中人工成本增量贡献率高达44.0%。劳动力成本快速增加，特别是人工成本占比过高，直接影响了我国农产品的竞争力。2015年美国小麦、玉米、大豆亩均人工成本分别仅为21.0元、29.66元和22.62元，人工成本在总成本中占比均不超过7%。在单位农产品成本构成来看，决定中美农产品竞争力的关键因素仍是人工成本（表1）。

表1　中美每50kg农产品生产成本对比

单位：元

项目	小麦		玉米		大豆	
	中国	美国	中国	美国	中国	美国
总成本	117.30	92.17	106.99	50.50	234.30	145.46

（续）

项目	小麦		玉米		大豆	
	中国	美国	中国	美国	中国	美国
物质服务费	51.53	67.16	37.28	35.50	72.53	90.37
种子费	7.76	4.62	5.66	7.42	13.20	18.57
肥料费	19.95	12.76	14.86	10.89	18.13	11.20
机械费	15.54	30.39	10.63	9.55	28.41	32.84
其他	8.28	19.40	6.13	7.63	12.78	27.75
人工成本	43.94	5.88	47.36	2.09	75.34	6.55
土地成本	21.82	19.14	22.35	12.92	86.44	48.54

注：数据为2013年、2014年、2015年平均数。

（四）农业环境污染加剧，灾害频繁

1．土壤污染加剧，农产品产地环境质量堪忧

根据国家环境保护部资料，1989年全国受污染农田达900万亩，占当年耕地面积的4.6%；2011年在全国31个省（自治区、直辖市）364个村庄的监测结果表明，农村土壤样品污染物超标率达21.5%。根据2014年《全国土壤污染状况调查公报》，全国调查耕地点位超标率达到19.4%，其中轻微、轻度、中度和重度污染点位比例分别为13.7%、2.8%、1.8%和1.1%。若以20.25亿亩耕地估算，污染耕地面积达到3.93亿亩，其中中度和重度污染面积约0.59亿亩。从污染分布情况看，南方土壤污染重于北方；长江三角洲、珠江三角洲、东北老工业基地等部分区域土壤污染问题较为突出，西南地区、中南地区土壤重金属超标范围较大。总的来看，我国农田土壤受污染率从20世纪80年代末期的不足5%，上升到当前的近20%。

2．水体污染严重，面源污染广

根据《2015中国环境状况公报》，在全国967个国家重点监控地表水监测断面中，I～III类、IV～V类和劣V类水质断面分别占64.5%、26.7%和8.8%。在全国62个重点湖泊（水库）中，重度、中度、轻度污染的湖泊分别有5个、4个、10个。在5 118个地下水监测井（点）中，水质呈较差和极差的比例达到了61.3%，污灌污染耕地达3 250万亩。据2014年《全国土壤污染状况调查公报》，在调查的55个污水灌溉区中，有39个存在土壤污染；在1 378个土壤点位中，超标点位占26.4%。根据2007年第一次全

国污染源普查结果，农业面源化学需氧量、总氮、总磷年排放量分别已达1 320万t、270.5万t和28.5万t，分别占全国排放总量的43.7%、57.2%和67.4%，“三河”（海河、辽河、淮河）、“三湖”（太湖、巢湖、滇池）等重点流域农业面源污染物排放占比更高。环境保护部污染源普查数据更新和农业部农业面源污染定位监测和典型调查显示，近年来我国农业面源污染虽局部有所改善，但总体仍呈加重趋势。

渔业水域氮、磷污染依然严重。根据2015年《中国渔业生态环境状况公报》，海洋天然重要渔业水域无机氮、活性磷酸盐、石油类和化学需氧量的超标率分别为80.5%、57.8%、12.8%和13.8%，无机氮和活性磷酸盐仍是主要的污染指标；江河天然重要渔业水域总氮、总磷、非离子氨、高锰酸盐指数、石油类、挥发性酚及铜、镉的超标率分别为97.3%、46.9%、20.8%、19.3%、1.6%、2.2%、2.1%、1.5%，总氮、总磷超标比例相对较高；湖泊、水库重要渔业水域总氮、总磷、高锰酸盐指数、石油类、挥发性酚及铜的超标率分别为84.8%、80.9%、48.6%、14.3%、0.03%和3.6%，总氮、总磷和高锰酸盐指数超标比例相对较高（农业部、环境保护部，2015）。

3．农业废弃物资源化利用不足，成为重要污染源

一是畜禽、水产养殖废弃物处理率不高，资源化利用不力。据估算，我国畜禽养殖粪尿年产生量约23.1亿t（2015年），全国90%以上的畜禽养殖场没有配备污水处理设施，畜禽粪便未经处理的占58%，许多露天堆放，不仅污染了附近水体、空气，还造成有机养分损失。水产养殖饵料年投放量约3 000万t，15%未被利用。二是农作物秸秆资源化利用不足。2013年全国秸秆总产量及其可收集利用量分别为9.64亿t和8.19亿t，实际利用量约6.22亿t，综合利用率仅为76%。随着农用能源结构的变化，农作物秸秆在生活用能源中所占比例愈来愈少。据有关学者估算，我国平均每年粮食秸秆露天焚烧量约为9 400万t，占粮食秸秆总量的19%。三是地膜残留。2015年，全国地膜使用量为145.5万t，地膜使用总量和作物覆盖面积均高居世界第一，但由于超薄地膜的大量使用及残膜回收再利用技术、机制欠缺，农膜残留率高达40%，“白色革命”逐步演变为“白色污染”。

4．农村生活垃圾和工矿废弃物处理不当，威胁农业生态空间

农村每年大约产生生活污水90亿t、生活垃圾2.8亿t，人粪尿量2.6亿t。由于村落没有污水收集系统，这些大多都未经处理，随意倾倒、丢弃和排放，对农业生态系统造成污染。工业污水灌溉，造成局部地区重金属在土壤中不断累积。工业废气主要通过降尘和酸雨将重金属带入农田，在南方促进酸雨形成，在北方促进降尘。废渣主

要影响工矿区周围农地，虽然范围有限，多数是局部性的，但污染程度往往较重。

5．灾害频繁，农业生态系统脆弱

一是气候变暖背景下，我国农业气象灾害不确定性因素增多，干旱、洪涝、高温和冷害事件频发。1980年前，我国发生重旱以上的省（自治区）有17个，而1980年后，发生重旱以上的省（自治区）增加到目前的23个；旱灾高发区由北方地区扩展到南方和东部湿润、半湿润地区。进入21世纪以来，洪涝灾害受灾面积虽有减少趋势，但仍达16 095万亩／年。气候变化将是影响未来农业生产不稳定性和人类面临的严峻挑战之一。二是滑坡、泥石流、地震等地质灾害频发。三是不合理的人类活动，加重了农业灾害。工业化和城市化造成的雾霾，对作物的光合作用和呼吸作用形成重大影响；不合理的资源利用和无序开发，使农业生产受到水土流失、石漠化、土壤次生盐渍化、内涝渍害等灾害的巨大威胁。四是外侵生物灾害呈现频发态势。

综上所述，我国农业资源数量短缺，质量不佳；农业环境污染加剧，自然灾害频发；农业资源环境总体上处于超载状况；农业劳动力老龄化，总体素质下降；我国农业生产基础处于不稳定、不安全的脆弱状态，是不可持续的。

（五）农业资源环境问题的成因分析

1．农业资源利用方式粗放

当前我国农业发展方式由粗放型向集约型转变缓慢，发展方式仍然十分粗放，农业对“石油型”资源依赖严重。2015年，化肥施用量、农药使用量分别达到了6 023万t和181万t，比2001年增长41.6%和39.9%，化肥亩均施用量已达29.74kg，已经远远超过国际公认的亩均化肥施用安全上限（15kg）。其中，主要粮食作物氮肥亩均施用量约为14kg，低于环境安全上限，果树37kg、蔬菜24kg的氮肥亩均施用量远高于环境安全要求，果园和设施蔬菜化肥过量施用现象突出。同时，我国化肥利用率仅为35%左右，而发达国家能够达到60%～70%。我国农药的利用率仅20%～30%，70%～80%的农药直接进入环境。大量的化肥和农药通过地下淋溶和地表径流流失，带来的面源污染成为水体污染的重要原因。地膜用量的不断增加，回收机制和再利用渠道不通，也造成巨大的生态威胁。

2．工业化和城镇化无序发展加剧农业资源的稀缺性

我国人口基数大，需求增长快，工业化和城镇化过程中，对土地资源、水资源需求

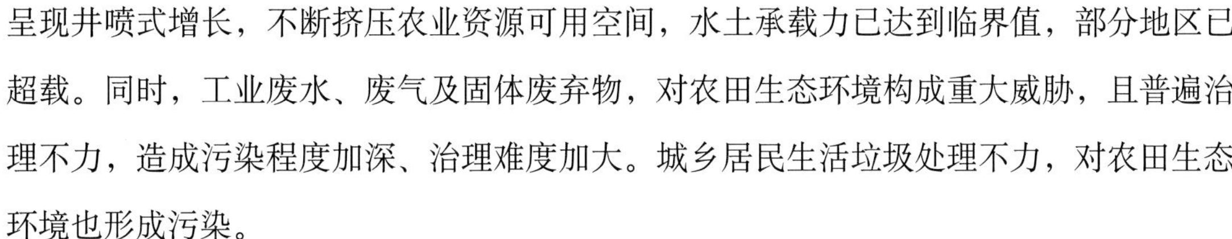

呈现井喷式增长，不断挤压农业资源可用空间，水土承载力已达到临界值，部分地区已超载。同时，工业废水、废气及固体废弃物，对农田生态环境构成重大威胁，且普遍治理不力，造成污染程度加深、治理难度加大。城乡居民生活垃圾处理不力，对农田生态环境也形成污染。

3. 农业生产布局与资源空间分布不匹配

一是粮食生产与水土资源分布错位。近年来，我国粮食生产重心北移、向水少地多的北方地区聚集，加剧了粮食生产与水土资源在空间上错位。粮食生产重心与表征水资源丰缺的单位国土面积水资源量重心距离从1998年的558km拉大到2015年的662km，表明粮食生产在空间上向水资源欠缺地区聚集。二是养殖与种植空间不匹配。南方大中型城市周边的饲料资源极其有限，甚至无饲料资源。随着南方生猪产业加快发展、南方水网地区养殖密度越来越高，生猪养殖与水环境保护矛盾凸显。

4. 资源环境利用保护机制不健全

一是重视程度不够。我国仍存在着重视工业和城市环境污染治理而忽视农业资源环境保护和治理问题，对农业资源环境防治工作的重要性、紧迫性认识不到位。在农业支持政策方面，长期以来有“重产量轻质量”的导向，造成农业生产依赖强度投入实现高产出，令资源环境付出高代价。二是政策手段单一。农业资源环境保护和治理难以市场化运行，例如秸秆、粪便、地膜的资源化利用，存在运营困难、难以为继的问题，现行工作主要依靠行政手段，缺乏长效、制度化的管理机制；在管理方式上，仍没有摆脱“先污染后治理”的路径依赖，对源头、过程的管理不足。三是法律法规不健全。国家颁布的《中华人民共和国环境保护法》《中华人民共和国农业法》《中华人民共和国畜牧法》《中华人民共和国水法》《中华人民共和国森林法》《中华人民共和国草原法》等一系列法律，对农业环境保护、畜禽污染防治、节水和水环境保护、森林和草原保护等已有明确规定，但由于缺乏具体的配套措施、操作性不强、有法难依、人员不足、经费短缺，农业环境问题频发重发；“谁污染谁治理、谁破坏谁恢复”的治理机制尚未建立，主体责任难落实，违法成本低、处罚过轻，容易陷入边治边污的恶性循环。

5. 兼业化制约农业资源集约可持续利用

由于大量青壮年农民进城打工，我国农民兼业化、老龄化、女性化的问题十分突出，并且文化程度不高，严重影响了先进技术的应用和推广，成为区域农业可持续发展的潜在隐患。我国人均耕地少，多数农民主要收入来源已不是种植业，务农积极性普遍不高；由于较高的地租和种粮补贴等因素影响，农民也不愿意土地流转，2015年土地流转率仅为30%，影响了土地规模化进程。而且兼业农民和承包户都不愿意增加土地的投入，在保护性耕作、精准施肥施药等方面不愿下功夫，不能合理、科学利用耕地资源、控制面源污染，造成很多农业资源的不必要浪费和环境污染，对提高耕地集约化利用形成了巨大挑战。

6. 农业支持政策亟待全面转型

长期以来，我国为保证粮食及其他重要农产品供给，普遍实行与生产挂钩的农业补贴政策。部分农产品在补贴政策的刺激下，不遵循市场规律，产能不断扩大，导致库存高企，既无谓地消耗了水土、肥料、能源等资源，又造成了浪费。发达国家农业支持政策则以环境保护为主。以欧盟为例，种植业农场主每年每公顷会得到300欧元（约每亩150元）的直接补贴，但拿到补贴的前提是农场在多年的生产活动中，必须保证至少有三种作物轮换，并满足其他环保要求。美国2014年农业法案中，除去食物营养计划，最主要的两个农业支持项目——退休耕保护项目和综合养分平衡计划（种养循环项目），均与农业资源环境有关。日本对农业的保护则主要体现在关税保护和环境保护方面。在不同导向的政策激励下，我国和发达国家在农业资源利用方式上呈现出较大的差异，在农业资源环境质量变化上也存在较大差异。

总之，造成资源环境恶化的原因错综复杂，既有自然因素，又有人为因素，但其主要原因还在于长期以来在发展理念上“重生产轻保护”“重产量轻质量”，采取粗放型的农业经营方式，以牺牲资源、牺牲生态环境、牺牲农业协调发展来换取农业增产所致。

二、农业资源环境安全战略

（一）指导思想与主要依据

1. 指导思想

全面贯彻党的十九大精神，以“创新、协调、绿色、开放、共享”的新发展理念为总指导思想。

这是时代的要求。中国农业在走向现代化和全球化的过程中，必然会出现新问题、新矛盾、新挑战，也有新机遇，只有应用新发展理念这个新武器去研究、解决不断出现的新问题。

“创新”是解决农业发展中动力问题；

“协调”是解决农业发展中供需、结构、布局不平衡问题；

“绿色”是解决农业发展中“人与自然”关系，即可持续发展问题；

“开放”是解决农业发展中区内与区外、国内与国外联动发展问题；

“共享”是解决农业发展中社会公平问题。

2. 主要依据

21世纪以来，我国的农业生产取得显著成就，特别是粮食生产实现“十二连增”，为经济社会平稳较快发展提供有力支撑。然而，我国的农业发展基本上是粗放型的，是在牺牲资源、环境，牺牲农业结构协调基础上取得的。21世纪上半叶，中国将面临人口老龄化、劳动力资源不足，水土资源短缺、超载严重，环境污染加重以及自然灾害频发等多种叠加挑战。可以说，我国农业正处在最短缺的资源和最严峻的环境条件下承载着最大人口群的关键时期，出路在于科技进步和优化资源配置，并在全球范围内协调人口—资源—食物的平衡。

（二）基本原则

1. 坚持底线思维，确保粮食安全

确保“谷物基本自给、口粮绝对安全”的战略底线，实施“以我为主、立足国内、确保产能、适度进口、科技支撑”的国家粮食新安全观。

2. 坚持用养结合，确保生态安全

以资源环境承载能力为依据，优化农业生产力布局。在资源利用过程中更加注重资源养护，合理降低资源开发强度，加强生态环境治理，实行保护、利用、治理相结合方针，提高资源质量和承载能力。

3. 坚持开源与节流结合，以节流为主

深度开发农业资源，大力推进农业废弃物资源化。从总体看，我国开源潜力有限，但资源利用率不高，浪费严重，节流潜力大，“节流”的关键是建立高效、节约的农业资源利用体系，提高农业资源的利用率、效率和效益。

4. 坚持因地制宜，优化资源配置

因地制宜是发展农业生产最基本原则。根据地区特点，优化匹配水、土、气、生物、人力和社会经济资源，扬长避短，发挥比较优势，发展特色农业。

（三）战略方向

1．全面实施农业创新驱动战略

创新驱动是注重解决农业发展动力不足问题。当前，我国农业和农村现代化建设已经到了加快转变发展方式的新阶段，必须加大改革力度，改革一切束缚农业生产力发展的旧思想、旧观念、旧制度、旧政策，推动农业领域的思想创新、制度创新、战略创新、结构创新和科技创新。在当前一个时期内，要以农业供给侧结构性改革为导向，由增产导向转向提质导向，推进农业“转方式、调结构”，增长内生动力，以提高土地产出率、资源利用率、劳动生产率，提高农业发展质量和效益。

思想创新，转变农业发展思路和方式，彻底摒弃过去拼资源、拼投入、拼生态的粗放型经营方式，加快转变到提高质量、效益和生态安全的集约化发展道路上来。

制度创新，不仅包括对传统农业的要素组合方式进行重新优化配置，还包括对改革开放以来逐步形成的各类制度安排进行反思和调整，逐步建立适宜于现代农业发展新的体制机制。

战略创新，根据新形势下我国农业发展所面临的新问题和新机遇，调整和创新农业发展战略，为我国农业转型发展引导新方向、提供新动力。

结构创新，合理调整和优化农业结构，包括作物结构、种养结构、产业结构（种养加服）、品质结构、空间结构等。

科技创新，以解决国家现代农业发展的关键技术问题为导向，破解制约农业发展的技术问题和理论问题。发展智慧农业，以农业信息化推动农业现代化。

2．深入推进农业可持续发展战略

以农业资源环境的可持续利用支持农业的可持续发展。

农业可持续发展战略是以“人与自然”和谐发展为目标，构建一个以绿色为标志的健康、安全、可持续的农业资源环境系统。

健康，是对资源环境系统本身而言，以不污染、不退化、不破坏、不损失，保持一个良好的可再生系统。

安全，是对人而言，对当代人生存与发展没有危险、没有威胁。

可持续，主要指对人类后代而言，它要求既满足当代人的需求，而又不损害后代人的需要。

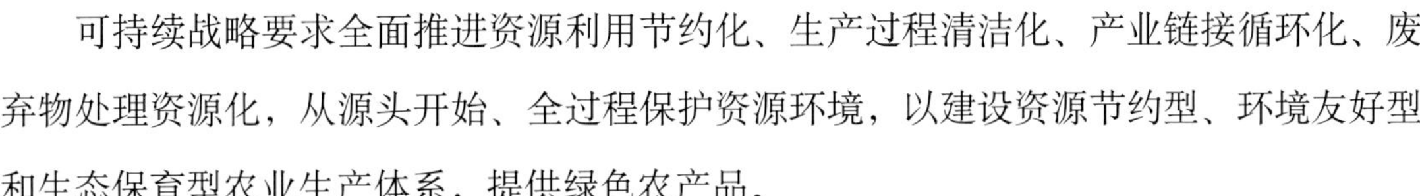

可持续战略要求全面推进资源利用节约化、生产过程清洁化、产业链接循环化、废弃物处理资源化，从源头开始、全过程保护资源环境，以建设资源节约型、环境友好型和生态保育型农业生产体系，提供绿色农产品。

3．实施农业“走出去”的全球化战略

扩大开放，内外联动发展，在全球范围内协调人口—资源—食物的平衡，履行构建人类命运共同体的使命。中国农业已经和世界农业紧密相连，中国农业现代化离不开全球化视角的考量和发展，必须着眼全球资源和市场，以提升国际竞争力。

实施农业“走出去”的全球化战略，就是要按照“立足国内，面向世界，优势互补，合作共赢”的方针，统筹考虑和综合运用国内、国际两个市场、两种资源，共同构建人类命运共同体。

立足国内。由于我国是个拥有13亿多人口的大国，必须保证口粮完全自给，主要农产品也必须达到基本供给。

面向世界。由于我国的水土资源短缺，不能保证所有农产品生产达到完全充分供给，必须从国际上补充调节。

优势互补。可以出口一部分劳动—技术密集型优势的农产品，进口一部分国内需要、国际上资源密集型的农产品，促进农产品贸易。

合作共赢。要求贯彻“国家安全观”、国际交往中的“义利观”，做到共商、共建、共享。

要以“一带一路”倡议为导向，鼓励和支持具备条件的国内涉农企业开展对外投资和跨国经营，参与多种形式的国际经济技术合作与竞争，拓展我国农业发展空间布局全球农业产业链，要与近邻、特别是发展中国家和“一带一路”沿线国家，开展农业合作，继续保持与传统主要农业贸易国的合作关系，与世界各国共同建设若干全球性粮仓，确保人类食物安全。

（四）战略目标和战略性转变

1．总体目标

转变粗放性经营方式为集约性经营方式，转变传统农业为现代农业，建成资源节约、环境友好、结构合理、城乡一体、内外协调的农业资源环境安全体系和现代农业产业体系，为实现“两个一百年”奋斗目标提供重要支撑。

2．2030年具体目标

（1）农业资源得到保证

2030年全国耕地面积保持在19亿～20亿亩，灌溉用水量控制在3 730亿m^3，农田有效灌溉面积达到10.35亿亩，节水灌溉面积达到8.5亿亩，其中高效节水灌溉面积达到5.0亿亩。

到2035年，由于人口减少、乡村振兴取得决定性进展，人口—粮食—耕地的紧张形势稍有好转，灌溉用水量趋于稳定，但形势依然严峻。

（2）农业资源利用效率显著提高

农田灌溉水有效利用系数提高到0.60以上，每立方米灌溉水粮食产量超过1.60kg；农田化肥施用总量控制在4 600万t以内，化肥利用率和农药利用率达到50%以上；农作物秸秆综合利用率达到90%以上，农膜回收利用率达到80%以上，养殖废弃物综合利用率达到75%以上。

（3）农业环境突出问题治理取得成效

全国农产品产地环境质量稳中向好，农产品产地环境安全得到有效保障，主要农产品产地环境风险得到全面管控。通过“治理＋调控”等系统、综合的防治措施，有效切断污染物从土壤到作物的迁移途径，使得受污染耕地安全利用率达到95%以上，全国耕地土壤环境质量实现总体改善。

（4）农业生态功能得到恢复和增强

区域水土流失和土地沙化、石漠化得到有效防控，草原退化沙化和渔业水域资源“荒漠化”趋势得到有效遏制。

（5）农业结构更加优化

现代农业产业体系基本构建，农产品加工和流通业快速发展；农业实现多元化发展，农业多种功能得到充分拓展，农林牧渔结合、种养加一体、一二三产业融合发展的格局基本形成。全国范围内基本形成粮—经—饲三元制格局。

3．战略性转变

21世纪上半叶我国农业将处在重大变革时期。为达到2030年的目标，我国农业生产和农业资源利用，必须实现下列8个方面的战略性转变。

- 从传统粗放型农业向资源节约—环境友好型、绿色优质高效型现代农业转变

- 从劳动密集型农业向知识—技术密集型与资本密集型农业转变
- 从传统农耕型的农业土地利用方式向以草（绿）—田轮作为中心的草地—耕地混合型的农业土地利用方式转变
- 从低效粗放型灌溉农业向适产高效型现代灌溉农业转变
- 从传统的大地农业向大地农业与设施农业并举转变
- 从小农分散为主的农业向规模化、集体化农业转变
- 从城乡分隔的农业向以小城镇为基础的城乡一体的农业转变
- 立足国内，扩大开放，向国内国外相协调的全球化农业发展转变

（五）保障农业资源环境安全的战略路径

1. 构建绿色发展模式

（1）发展循环低碳农业，推动农业资源循环利用

其一，推动农业资源节约化利用。以提升水资源、土地资源和农业投入利用效率为切入点，从节水、节地、节肥、节能、节药、节劳等方面推动农业资源节约化利用，赋予农业新的成本节约理念，提高农业资源循环利用和可持续发展能力。其二，构建循环农业产业链。推进种养结合、农牧结合、养殖场建设与农田建设有机结合，推广农林牧渔复合型模式，实现畜（禽）、鱼、粮、菜、果、茶协同发展。其三，推进农业废弃物资源化利用，重点推广以秸秆过腹还田、腐熟还田和机械化还田为重点的秸秆综合利用模式，以回收处理再利用为重点的农膜资源化利用模式和有机肥发展为重点的畜禽粪便资源化利用模式。其四，广大农村因地制宜地发展风能、太阳能和以农村沼气为重点的生物质能源以解决农村民用能源问题。

（2）以源头治理为主，防治结合，综合治理面源污染

严格控制农业用水总量，大力发展节水农业；实施化肥总量控制在4 600万t以内，以减少化肥施用量三分之一，鼓励农户增施有机肥，推动主要农作物测土配方施肥全覆盖；减少农药使用量，推广高效低风险农药，实施农作物病虫害专业化统防统治和绿色防控；以地定养，以水定养，合理布局畜禽鱼养殖，推进畜禽养殖粪污处理，推广污水减量、厌氧发酵、粪便堆肥等生态化治理模式。经综合分析，确定我国每公顷耕地能够

承载的畜禽粪便为30t，单位耕地氮和磷最大可施用量分别为150kg/hm^{2}和30kg/hm^2，超过这些限定值，则认为畜禽养殖超过单位耕地面积承载力；着力解决农田残膜污染，加快生物可降解地膜及地膜残留捡拾与加工机械研发，实施农膜回收加工，推进聚乙烯（PE）地膜减量化；开展秸秆资源化、肥料化、饲料化、基料化、原料化和能源化利用。

（3）全面开展以土壤重金属为主的污染调查与管控

以农用地为重点，开展土壤污染状况详查，摸清我国农用地土壤的污染面积、污染类型和污染程度，并形成土壤环境质量状况定期调查制度。建立健全全国土壤环境质量监测网络，提升土壤环境监测能力。加强土壤环境污染管控科技创新及技术转化能力，健全土壤污染防治相关标准和技术规范。以矿山、城市、化工冶金企业、畜禽业为重点，查明各类污染源。贯彻“以防为主，保护优先，风险管控”的防治方针，对高风险区和重污染区，采取相应管控措施。京津冀地区和长江流域是我国土壤环境污染较为突出地区，建议在京津冀和长江流域选择典型地区实施污染综合治理示范工程。

（4）开发农业新资源

科学开发利用再生水资源和微咸水资源，增辟灌溉水源，提高灌溉保证率，缓解水资源紧张、减少地下水超采。合理开发利用滩涂资源，突破传统的“围垦—种植—养殖”模式，重视科技成果的转化与应用，提高单位面积滩涂的产出效率。加强空心村整治与开发，将以空心村土地整治为重点的农村土地综合整治纳入乡村振兴战略。开发深远洋、极地等渔业资源，发展海洋技术装备，提高渔业资源的探捕能力，提高远洋渔业整体竞争能力。

2. 强化技术支撑体系

（5）发展以调亏灌溉模式为主要方向的节水农业技术，以保证10亿亩灌溉农田目标的实现

按照当前种植结构、农田灌溉用水水平，要支撑10亿亩农田灌溉用水，2030年粮食主产区还需实现亩均节水60～80m^3。因此，应坚持量水发展、节水优先，推广以调亏灌溉模式为主要方向的节水农业技术。一是因地制宜采取综合节水措施，构建现代灌溉体系。大力发展和推广喷灌、微灌、低压管道输水灌溉等高效节水灌溉技术和渠道防渗技术，推广水肥一体化技术，优化土肥水配置，推广现代灌溉体系。二是适水种植，优化作物区域布局。适度调减华北地下水严重超采区小麦面积，适度发展旱作物；在稳定和保护好东北的水稻生产基地同时，逐步收缩东北井灌区水稻种植面积，重点建设长江中下游、西南水稻优势产区，恢复华南地区水稻种植；大力开展粮改饲、米改豆。

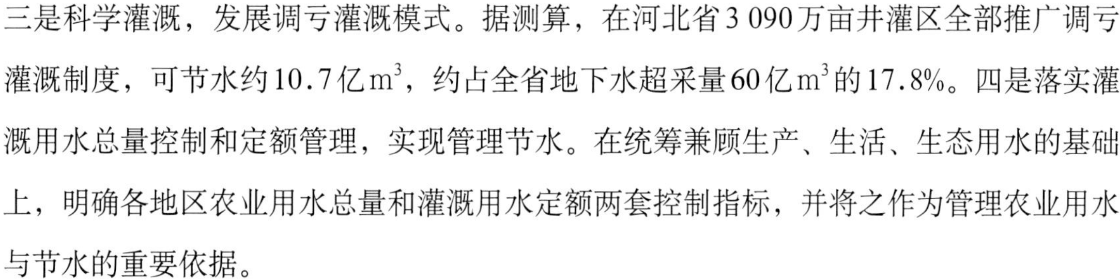

三是科学灌溉，发展调亏灌溉模式。据测算，在河北省3 090万亩井灌区全部推广调亏灌溉制度，可节水约10.7亿m^3，约占全省地下水超采量60亿m^3的17.8%。四是落实灌溉用水总量控制和定额管理，实现管理节水。在统筹兼顾生产、生活、生态用水的基础上，明确各地区农业用水总量和灌溉用水定额两套控制指标，并将之作为管理农业用水与节水的重要依据。

（6）建立以有机肥为基础，有机与无机相结合的科学施肥、精准施肥制度，提升耕地质量

“重无机、轻有机”的施肥方式，不仅造成肥料利用效率低和耕地质量下降，还带来生产成本增加和环境污染。因此，必须改变过度依赖无机肥的施肥方式。一是推动有机肥部分替代化肥，鼓励农户增施有机肥、种植绿肥，提高土壤有机质含量。中国科学院南京土壤研究所长期研究表明：我国北方旱地、水浇地肥沃地的土壤有机质含量在1.2%以上，南方水稻土肥沃地的土壤有机质含量在2.5%以上，东北黑土肥沃地的土壤有机质含量在4.0%以上。南方水田连种三年绿肥，可逐步提高土壤有机质含量。要加强沃土工程建设，在实施耕地占补平衡的同时推动沃土平衡的双平衡政策，以维持耕地的数量和质量的平衡。二是推广精准施肥，即根据不同区域土壤条件、作物产量潜力和养分综合管理要求，合理制定各区域、各种作物单位面积施肥限量标准，减少盲目施肥行为。

（7）以农业信息化驱动农业现代化，大力推进科技创新

在现代农业发展方式中，农业信息化在中枢决策、网络连接、农用设施和现代化流通方式等方面均起到重要作用，是现代农业发展方式的核心要素。推动农业信息化发展，在战略方向上，要加快农业人工智能、农业机器人、农业无人机研发和应用，以赶超国际水平，迎接未来农业；在政策上，以信息化培育新农民、重塑新农业、改造新农村；在措施上，构建全覆盖的农村信息高速公路、全产业链的数字农业、“天地一体化”的农业监测和管理系统；在策略上，坚持政府统筹协调，合力推进，充分发挥市场主体作用，推进信息化与农业现代化融合发展。

（8）加强农业教育与农民培训，提高农民素质

农民是农业生产的主体。针对我国这一数量大、文化层次相对较低的从业群体，大力加强农业教育和科技培训力度，增强农民对科技的吸纳能力，提高农民特别是青年农民素质，才能将人口因素转化为人力资源，才能克服劳动力不足，使其成为真正能推动农业现代化和新农村建设的主体力量。为此，要大力开展包括实用技术培训、职业技能

培训、创业培训、学历教育等多层次农民教育培训工作；鼓励和支持符合条件的涉农企业、专业合作社及其他机构参与农民培训工作，逐步构建上下贯通、社会各界广泛参与的农民教育培训体系；加强宣传引导，营造支持农民教育的良好环境；创新培训方式，增强农民教育的实用性。国家要用极大力量培养和塑造下一代的“现代农民”，这是关系到我国农业兴衰的大事。

3．健全现代农业产业结构体系

(9) 大力发展饲（草）料

粮食问题的本质是饲料问题，饲料危机从根本上威胁我国粮食安全。根据预测，2030年我国口粮自给率105%，可以完全满足需求；饲料粮自给率仅68.3%，缺口较大，饲料粮危机将是未来我国农业生产长期面临的重要问题。为此，需要将专业化饲（草）料生产纳入到农业系统，确切改变传统的粮经二元结构为粮—经—饲三元结构，改变农耕型土地利用方式为草地—耕地混合型的土地利用方式，建立人的口粮与畜禽的饲（草）料的籽实—营养体的复合农业生产系统，改变传统的“粮食观”为“食物观”。

据匡算，用6亿～7亿亩高产粮播耕地可满足人均210kg左右的口粮、工业用粮与储备粮的需要，将余下的粮播耕地转为饲草料专业化生产，饲（草）料总产量可达10亿t以上，能够保证养殖业需要。建议实施专业化饲（草）料生产工程，根据各地农业资源特点和结构调整方向，在北方地区，推广粮改饲，引导发展全株青贮玉米、燕麦、甜高粱、苜蓿等优质饲（草）料生产；在南方地区，推广冬闲田种草、种绿肥。

(10) 积极发展设施农业

荷兰、以色列和日本等国的成功实践表明，设施农业是人均资源相对不足的国家发展现代农业的重要途径，是突破资源环境（水、土、光、热等）约束、实现周年连续生产、增加农民收入、发展现代农业的重要手段。当前我国设施农业以占全国不到5%的耕地，获得了39.2%的农业总产值，发展潜力巨大。无论在农业现代化进程中，还是在国际竞争中都将起到举足轻重的作用。因此，应从战略高度出发，积极发展设施农业，促进传统的大地农业向大地农业与设施农业并举转变，推动农业现代化。

我国设施农业发展总的趋势是，由日光温室向连栋温室发展，向智能化、工厂化、节能化、高效化的方向发展。为加快我国设施农业的发展，建议：一是加大对设施农业产业的扶持力度，扶持相关企业、农业合作组织和农户的发展。二是加强对设施农业科技创新的支持力度，推动设施农业装备的结构升级。三是完善设施农业技术推广体系，加快科研成果转化和先进技术普及。四是加大对设施农业专业人才的培养，提高设施农业从业人员素质。

(11) 大力发展外向型农业

我国农业应在保障粮食自给的基础上，大力发展高效益的蔬菜、花卉、水果和水产品等技术密集型和劳动—技术密集型农产品生产，在满足国内市场的同时，大量提供国际市场。2001—2015年，我国水产品、蔬菜、水果的净出口额分别由23.0亿美元、22.4亿美元和4.5亿美元增长到113.5亿美元、127.3亿美元和10.2亿美元。大力发展设施蔬菜、花卉、盆景、水果、水产等外向型农业，既缩小农产品国际贸易差额，又对世界做出贡献。要加强全球的信息收集和国际市场研究；加强科技研究，特别是大力加强设施农业发展外向型农业的研究；加大政府对发展外向型农业的政策和资金等方面的支持。

(12) 发展休闲观光农业和农村旅游业

休闲观光农业是现代农业的新型产业形态、现代旅游的新型消费业态。发展休闲观光农业是推动农业和旅游供给侧结构性改革、带动农民就业增收和产业脱贫、促进城乡一体化和农村一二三产业融合发展的重要途径。休闲观光农业要坚持以农业为主的方向，重点突出中国农业类型的多样性、悠久灿烂的农业历史和风趣多彩的民俗魅力。在政策方面，完善休闲观光农业支持政策，重点解决发展过程中的融资需求；在基础设施方面，着力改善开展休闲观光农业村庄的道路、供水设施、污水处理等基础服务设施；在产业链建设方面，推动加工、服务等关键环节实现本地化；在发展模式方面，还要在开展国家农业公园、特色小镇、国家农业产业园、农业文化遗产、特色农产品优势区等多种形式的乡村发展建设，力争做到主题鲜明、特色各异，避免形式和内容雷同。

4. 优化空间布局

(13) 建立与农业规模化、农村经济集体化相适应的新型小城镇体系

城镇化的本质是市民化。当前我国居住在农村的人口有6.18亿人，即使未来城市化率达到70%，也还存在相当部分的农民。据统计，我国现有建制镇19 683个，县级城镇2 780多个，2012年在县内流动的农民工约占全国农民工总数的50.2%。当前超大城市、大城市膨胀，产生了一系列“城市病”，大量小乡镇变弱、变衰、“空心化”，产生“乡村病”，加大了城乡差别。因此，应严格控制超大城市发展，加大扶持小城镇发展，重点发展县级城镇，形成大中小城市协调发展格局。同时，以城乡融合为依托，引导

二三产业向县域重点乡镇及产业园区集中，推动农村产业发展与新型城镇化相结合，实现城乡一体化发展。发展小城镇要坚持因地制宜、分类指导原则，探索各具特色的城镇化发展模式，构建宜居的小城镇体系。

(14) 实施“提升东北，治理华北，恢复南方”的粮食生产布局

东北、华北、南方三大区域的粮食总产量占到全国总产量的78.4%。从粮食供需来看，目前与今后相当长时间内，东北地区仍是我国粮食增产潜力最大、商品率最高的商品粮输出基地；华北地区是我国最大的粮食生产基地，但水资源最短缺、生态环境恶化；南方地区是我国粮食主销区，也是供需矛盾最紧张的地区。针对区域资源环境特点和问题，提出“提升东北，治理华北，恢复南方”的粮食生产布局方案。

在东北区，逐步控制地下水开发利用强度较大的三江平原区水稻种植规模，适当减少“镰刀弯”地区玉米种植面积，增加食用大豆生产；适度扩大生猪、奶牛、肉牛生产规模；提高粮油、畜禽产品深加工能力；以农业信息化提高农业机械化、自动化水平，加快推进黑龙江等垦区大型商品粮基地和优质奶源基地建设。

在黄淮海平原区，适度调减地下水严重超采地区的小麦种植面积，小麦南移，调整作物布局；全面实行调亏灌溉，推广喷灌、微灌、低压管道输水灌溉和水肥一体化等高效节水灌溉技术；以南水北调为契机，全面调整、规划用水体系和地下水修复工程；深入实施大气、水、土壤污染的修复与防治行动。

在南方地区（长江中下游干流平原丘陵区、江南丘陵山区和东南区），积极保护耕地，防止耕地非农化。加强重金属污染源头防治，开展污染土壤治理。大力发展现代农业，推进农业智能化，高效化和精准化。稳定水稻面积，恢复双季稻和绿肥种植，扩大南菜北运基地和热带作物产业规模。巩固海南、广东天然橡胶生产能力，稳定广西糖料蔗产能；发挥沿海区位和技术优势，发展花卉、蔬菜、盆景和水果等外向型农业；稳步发展大宗畜产品，加快发展现代水产养殖。

(15) 建设八大国家级农业综合生产区

纵观全国农业资源分布，三江平原、松嫩平原、东北西部和内蒙古东部地区、黄淮海平原、长江中游及江淮地区、四川盆地、新疆棉花产区及广西蔗糖产区8个地区农业资源条件最好。其中，三江平原水土资源丰富，耕地面积约7 800万亩，是我国优质水稻和大豆生产基地；松嫩平原是世界三大黑土带之一，土壤肥沃，耕地面积约2.9亿亩，是我国著名的玉米带和粮、豆的商品生产基地；黄淮海平原区耕地面积3.8亿亩，

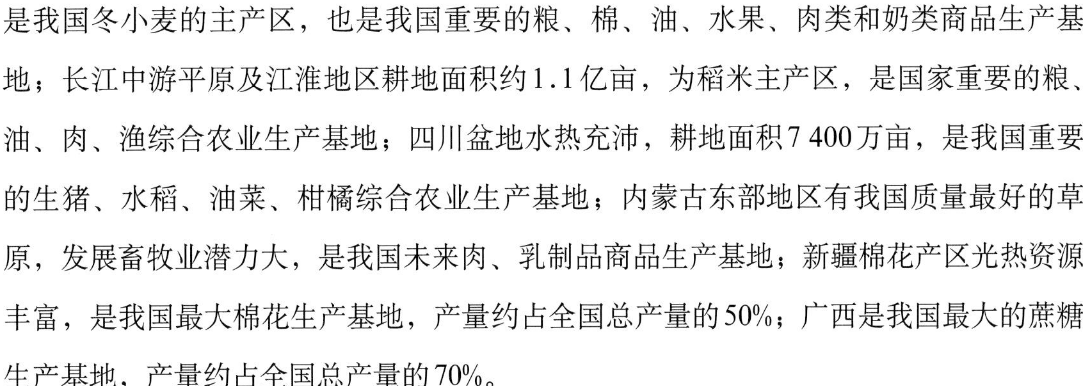

是我国冬小麦的主产区，也是我国重要的粮、棉、油、水果、肉类和奶类商品生产基地；长江中游平原及江淮地区耕地面积约1.1亿亩，为稻米主产区，是国家重要的粮、油、肉、渔综合农业生产基地；四川盆地水热充沛，耕地面积7 400万亩，是我国重要的生猪、水稻、油菜、柑橘综合农业生产基地；内蒙古东部地区有我国质量最好的草原，发展畜牧业潜力大，是我国未来肉、乳制品商品生产基地；新疆棉花产区光热资源丰富，是我国最大棉花生产基地，产量约占全国总产量的50%；广西是我国最大的蔗糖生产基地，产量约占全国总产量的70%。

上述八大国家级农业综合生产区耕地面积约占全国耕地总面积的50%。小麦、玉米、稻谷产量分别占全国总产量的78.4%、63.8%和52.3%，油料占60.4%，棉花占90.4%，糖料占74.7%。因此，应集中力量建设八大国家级农业综合生产区，完善农田水利等基础设施建设，为保障国家农产品生产和供给能力奠定坚实的基础。

（16）加强国际合作，共建全球性“粮仓”

据有关预测，21世纪末，全球人口将达90亿人，届时全球是否会出现粮食危机成为国际关注的焦点。鉴于全球人口、资源分布不平衡，展望未来，可在农业生产基础好、资源丰富有发展潜力地区，共同建设全球性的粮食（食物）生产基地，以确保人类粮食和食物安全。根据现有资料和基础，初步设想形成全球性八大“粮仓”。即以美国和加拿大为主的北美“粮仓”；以巴西和阿根廷为主的南美“粮仓”；以俄罗斯和哈萨克斯坦为主的亚欧“粮仓”；以乌克兰和法国为主的欧洲“粮仓”；以越南和泰国为主的东南亚“粮仓”；以东非为主的非洲潜在“粮仓”；以澳大利亚和新西兰为主的大洋洲“粮仓”及“奶源基地”；以印度尼西亚和马来西亚为主的全球“食用油桶”。

在国际合作上，要降低我国农产品进口来源国集中度，实行多元化方针。一是继续保持和巴西、美国、阿根廷、澳大利亚和新西兰等传统主要农业贸易国的良好合作关系；二是积极发展同俄罗斯、哈萨克斯坦、乌克兰、乌兹别克斯坦等农业资源大国的农业全方位的深度合作；三是逐步拓展与东非地区国家的农业合作领域，带动非洲地区农业发展。

（六）重大工程选择

1. 实施基本口粮田保护和建设工程

口粮田主要指小麦田和水稻田两类。从未来需求看，2015—2030年，我国至少需

要7亿亩以上的高产稳产耕地保障口粮安全。我国保障粮食安全的做法历来采取国家和省（自治区、直辖市）两级管理体制，国家负责供应超大城市用粮、解放军用粮、救灾粮与储备粮和部分缺粮省（自治区、直辖市）补充用粮，省长负责“米袋子”是惯例。研究认为：当前和今后能提供大量区际商品粮食的主产区主要分布在松嫩平原、三江平原、内蒙古东部地区、辽中南地区、黄淮海平原、长江中下游平原（包括洞庭湖平原、鄱阳湖平原、江汉平原和江淮地区）等地区，主要集中在黑龙江、山东、河南、江苏、安徽、湖北、湖南、江西等省，粗略估算能够生产1.98亿t的小麦和大米，可提供1.49亿t的商品口粮，可以或基本可以保证国家的需要。

对粮食主产区的优质耕地要进行特殊保护。一是要严格控制非农占用耕地特别是基本农田，尤其是复种指数较高的农业核心区（如长江中游平原与江淮区、四川盆地、黄淮海区）。加强以防洪排涝、消除水旱灾害为重点的农田水利建设，同时加强改土增肥，提高基础地力，保证优质高产稳定。加强综合农业配套设施建设，提高其农产品综合生产能力。二是在黄淮海平原区、内蒙古东部地区和东北的松嫩平原区，要加强高效节水的农业生产体系建设。三是保障支撑农业生产的生态系统安全，防治土地荒漠化及其他生态灾害。四是严控污染排放，防治土壤污染，长江中游平原及江淮地区、黄淮海平原区土壤污染比较严重，要重点防范，确保土壤健康、农产品安全。

为实现以上目标，需要国家对上述地区高标准耕地建设倾斜投入。

2. 开展“空心村”土地综合整治示范工程

2015年我国农村居民点人均占有建设用地高达300m^2，是国家人均上限标准的2倍，其主要表征为农村“空心化”严重。据测算，全国“空心村”综合整治可增加耕地潜力约1.14亿亩。

“空心村”复杂多样，整治任务艰巨。“空心村”整治要纳入国家乡村振兴战略规划。要在尊重农民意愿、确保农民土地权益的前提下，按规划，分类型，先试点，后推广，稳步推进。在经济发达地区可先开展农村居民点整治工程，推行城镇化引领型的“空心村”整治模式；在经济发展中等区域，整治工程要以迁村并点及空置、废弃居民点复垦为主，整理出的土地应主要转化为耕地；在经济发展缓慢区，要控制“空心村”发展，引导农民积聚居住，整理出的土地转为耕地，为农业规模化经营提供支撑。

建议先选择在黄淮海平原、长江中下游平原、东南沿海、四川盆地等经济发达地区实施整治工程。

3．实施华北平原现代节水灌溉工程

华北平原的海河平原是国家的经济重心之一、重要的农业基地，是我国冬小麦最重要产区，但该区水资源紧缺，地下水严重超采，环境污染严重，亟待深入推进以节水为中心的综合治理工程，以节水压采、稳产提效为原则，构建现代精准灌溉调控工程和管理体系。

适水种植，稳定冬小麦优势区产能。按照作物灌溉需水规律优化种植结构，量水发展，适度调减地下水严重超采区冬小麦种植面积800万亩。发展旱作，可在淮北平原扩大冬小麦种植500万亩，基本稳定1亿亩以上麦田灌溉面积。

调亏灌溉，率先实现灌溉现代化。全面推广调亏灌溉制度、水肥药一体化技术，全面推行喷灌、微灌和低压管道输水灌溉等高效节水灌溉技术，采用3S技术、物联网技术以及人工智能技术，构建现代灌溉云服务平台，建设旱涝保收高标准农田6 800万亩，使节水灌溉率达到91%以上，高效节灌率达到88%以上，农田灌溉水有效利用系数提高到0.72以上。

用水计量，全面落实农业水价、水权确权等政策措施。大力推行灌溉取（用）水计量收费，渠灌区计量到末级渠系，井灌区达到“一井（泵）一表、一户一卡”。实行分级、分类水价以及成本定价、超定额累进加价制度，建立农业节水精准补贴政策和节奖超罚机制，建设现代灌溉管理体系。

继续实行地下水压采工程。

4．实施草业工程

目前我国优质牧草种植面积不到1 500万亩，2030年畜牧业发展需要优质牧草约4亿t，缺口较大。

密切结合并带动养殖业发展，推行草田轮作制，种草肥田，刈草养畜，要因地制宜：东北地区应推行粮—饲（青贮／牧草）为主的农作制；华北地区则实行粮—经—饲（青贮／牧草）三三农作制；农牧交错区应以牧为主，农牧结合，实行粮—饲（牧草／青贮）农作制；西北干旱区绿洲应推行粮—经（棉、果）—饲（牧草／青贮）农作制；草原牧区以牧为主，粮草轮作以草料为主；南方地区以绿肥为主。据此粗略估算，到2030年，北方可实现草田轮作面积7 000万亩，其中农牧交错带和西北干旱区可达4 500万亩，东北地区、华北地区可达2 500万亩；南方冬闲田以饲料油菜和豆科绿肥可达到1亿亩。

我国种草肥田、刈草养畜历史传统悠久，但科技基础还很薄弱，在育种、栽培、机械化以及科学基础等诸方面的人才需要加快培养，以适应现代农业的要求。

5．实施农业面源污染综合防治战略先行区试点工程

农业资源的浪费与生产规模的超载是农业面源污染的根本成因。因此，在综合考虑环境承载力的基础上，在我国黄淮海地区、长江中下游地区等农业主产区选择7～9个符合流域特征的独立行政单元作为战略先行区。以粮食安全和环境保护为双重目标，实施化肥总量控制、畜禽养殖规模总量控制和种养格局优化等战略方案，开展政策试点，重新定位畜禽粪污属性，构建有利于农业规模化和产业化的激励机制，全面提升面源污染治理的内生动力，推动农业绿色发展和面源污染控制，探索总结经验，为我国农业面源污染防控提供政策依据和科技支撑。

6．实施鄱阳湖流域农产品产地环境保护工程

鄱阳湖平原土壤环境污染以重金属为主，且污染呈加重趋势。中度污染样本比例为13.81%，重度和严重污染比例为0.35%，超标区域主要分布在上饶市、南昌市、乐平市、高安市、樟树市、彭泽县及九江县等地区，主要污染物是镉、汞、镍，特别是镉污染势头迅猛。从污染源分布看，鄱阳湖流域点源与面源污染并存，土壤重金属超标区域主要集中在工业城市周边及环湖区，工矿企业、养殖业和种植业均有不同程度贡献。

实施江西“山、江、湖”系统环境污染综合治理示范工程。重点防治赣江流域污染。严控上游地区的有色金属企业开采，强化南昌市、上饶市、新余市、景德镇市、鹰潭市、赣州市、九江市等地区的精准防治工程，大力推广绿色生产和生态治理模式；推行生活垃圾分类投放、收集、综合循环利用。继续推进农村环境综合整治，采取水肥一体化等节水、节肥技术，建立废弃农膜、农药包装废弃物回收和综合利用网络，加强、规范规模以下畜禽粪便处理利用设施建设，削减农业面源污染。

实施风险管控工程，建立系统的农产品产地环境科技创新管理体系。以风险管控为核心，探索农产品产地环境质量改善实践经验，有效防范环境和人体健康风险，推进土壤环境保护制度创新，最终形成一整套可复制、可推广的污染防治技术、工程、管理综合模式。

7．渤海综合生态修复工程

据统计，2015年，渤海沿岸主要江河径流携带的入海污染物化学需氧量59万t、无机氮4万t、总磷3 000t，导致渤海生态系统承受着前所未有的压力。实施渤海综合生态修复工程，利用河流、湿地和浅海的综合修复技术，构建渤海生态安全的蓝色屏障，实

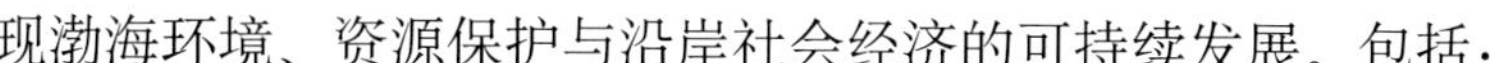

现渤海环境、资源保护与沿岸社会经济的可持续发展。包括：

入海河流“三元耦合”生态修复技术：研究渤海陆源污染的主要来源和排海通量，研究河流水生植物、动物和微生物“三元耦合”净化机制与生态修复技术，提出科学合理的生态修复优化方案。

滨海、河口湿地生态修复技术：筛选净化能力强，经济效益、观赏价值显著的适宜生物种；培育具有耐盐、抗污染性质的湿地植物和高效微生物；研发湿地生物及微生物联合修复技术，并制定修复策略。

浅海贝藻综合生态修复技术：根据渤海海湾容纳量，利用贝藻类的生态净化功能，通过分区域构建不同形式的贝藻养殖模式，多点同步改善渤海海水水质；通过创新集成贝藻综合养殖模式与技术，提高浅海海域对营养物质的吸收、移除能力，构建浅海生态安全屏障。

渤海生态修复技术应用与示范：在重点河流、河口、海湾，应用示范综合的生物修复技术；量化、评价典型区域生态修复的效果，建立、优化评价方法；构建渤海绿色生态安全屏障管理系统。

8．加强农业资源环境天空地协同遥感观测系统工程

随着遥感技术的发展，具有不同的时间、空间、光谱、辐射分辨率，多角度和多极化的遥感卫星不断涌现，对地观测探测能力不断增强。单一传感器或单一遥感平台的对地观测在实际应用中存在较多局限性，因此，综合天基、空基和地基观测的天空地协同遥感观测成为目前全球地球观测系统的前沿发展方向。加大发展无人机在农业监测和农业其他领域中的应用。扩大地面观察点布局，加强物联网和互联网结合的地面传感网建设。通过天空地协同的遥感观测系统，进行农业资源环境数据的采集、融合、同化与集成应用，可以解决农业资源环境监测数据时空不连续的关键难点，实现对农业资源环境全天时、全天候、大范围、动态和立体的监测与管理，为资源优化利用和环境监测监管提供有力支撑。天空地协同遥感观测系统可用于大田作物、设施农业、农牧场、水产养殖等资源环境和资源环境变化的位置、分布、范围、类型等动态信息调查，为农业生产一线的农户、农场主和涉农企业服务。

在此基础上，创造条件开展全球粮食及主要农产品产地遥感监测。

9．实施耕地轮作休耕工程

实施以用养结合、种养结合为核心的耕地轮作休耕工程。在“镰刀弯”地区和黄淮

海玉米低产区，推行粮改饲，因地制宜发展青贮玉米、苜蓿、燕麦、大麦等饲料作物，满足草食畜牧业发展需要。在东北地区，改玉米连作为玉米大豆轮作模式；在黄淮海平原区，改麦玉一年两熟为麦豆一年两熟或玉米大豆间套作。在华北地下水超采地区，水改旱，压缩小麦种植面积，改种棉花、油葵、马铃薯、苜蓿等耐旱作物。对农牧交错区的沙化地、瘠薄地、水土流失的坡耕地，继续实施退耕还草工程。

10. 实施农产品价格形成机制改革工程

目前我国粮食等重要农产品价格对市场供求关系变动响应不足，不能及时引导结构调整。为此，要进一步明确粮食价格补贴理念，应将其定位为“解决农民卖粮难”，逐步弱化粮食价格补贴的保收益功能，尽快改革完善最低收购价政策，逐步消除对市场的干预和扭曲，最终建立粮食价格由市场供求形成的机制。我国大豆和玉米分别于2014年和2016年退出临时收储政策，稻谷、小麦最低收购价政策也应尽快完善，以对不同时期、不同区域的市场，做出良好响应。

三、土地承载力与耕地保障

（一）耕地状况

近几十年我国耕地质量总体上呈下降趋势，期间农产品产出总量不断增加的状况则是依靠巨量投入和牺牲耕地土壤质量换来的，从长远看，这是耕地不可持续利用的短视行为。

1. 人均耕地少，可开发的后备耕地资源接近枯竭

据国土资源部第二次全国土地详查，2009年我国耕地面积20.31亿亩，2015年下降到20.25亿亩，人均1.47亩，仅为世界人均耕地面积的40%。最新调查显示，耕地后备资源总面积8 029万亩，其中集中连片的耕地后备资源面积仅为2 832万亩，主要集中在东北、西北生态脆弱地区。这些区域大多受水资源制约，近年来因耕地过度开垦已引发较严重的生态问题。国家未来能够开发的后备耕地资源基本接近枯竭，耕地资源短缺是我国农业发展主要制约性因素之一。

2. 耕地质量总体偏低，“占优补劣”严重

据中国1：100万土地资源图数据，我国无限制的优质耕地仅占耕地总面积的

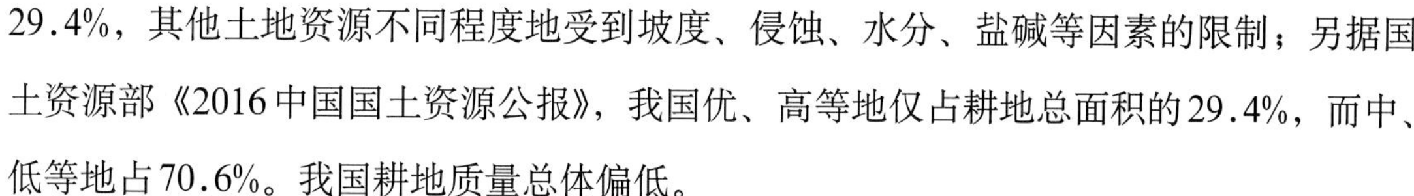

29.4%，其他土地资源不同程度地受到坡度、侵蚀、水分、盐碱等因素的限制；另据国土资源部《2016中国国土资源公报》，我国优、高等地仅占耕地总面积的29.4%，而中、低等地占70.6%。我国耕地质量总体偏低。

我国的快速城镇化占用了大量优质耕地。仅1996—2009年，全国约有300万hm^2优质农田被占用，其中约80%分布在中东部地区。同时，农村居民点在农村人口减少过程中却快速增长，城、乡建设用地双增长使优质耕地流失加剧。为维持耕地总量平衡，在质量低、生产力不高的土地上开发，"占优补劣"严重。

据测算，1990—2010年，全国建设用地占用的耕地平均单产为8.82t/hm^2，而新增耕地平均单产为6.49t/hm^2。若要维持产能平衡，建设用地占用1亩耕地，就需在新疆、东北平原、内蒙古东部地区分别新增1.54亩、2亩和3.54亩耕地。近20年的耕地"占优补劣"，使得我国耕地生产能力下降了约2%。

3．耕地土壤肥力基础薄弱，土地退化严重

（1）耕地土壤肥力基础薄弱

据联合国粮食及农业组织（FAO）数据，我国耕层土壤有机质含量平均值为1.86%，远低于美洲、欧洲及世界其他很多国家和地区，耕地土壤肥力基础薄弱（图4）。近年来全国每年35%～40%的秸秆直接还田，以及作物根茬、根系留在耕层，使得全国耕地土壤有机质含量总体呈稳中微升态势，但部分区域如东北、西南和华南的土壤有机质含量仍呈下降趋势，特别是东北、青藏高原等区有机质含量显著下降。

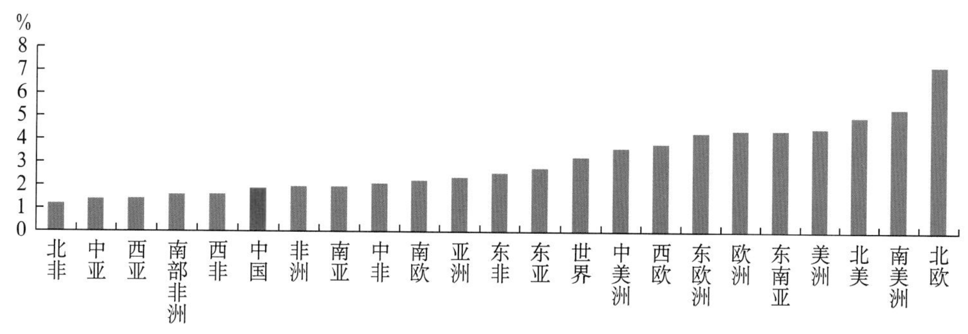

图4 中国耕地有机质含量与世界其他地区的比较

（2）土壤酸化呈加剧态势

据张福锁等的研究，从20世纪80年代初至今，我国耕作土壤类型的pH下降了0.13～0.80，其中以南方地区耕地土壤酸化最为显著。如近30年湖南省土壤平均pH由6.4下降到5.9，耕地土壤强酸化面积（pH4.5～5.5）由49万hm^2增加到目前的146万hm^2；

江西省鄱阳湖地区耕地强酸性土壤的面积比例由第二次土壤普查时的58.2%上升至2010年的78.4%，土壤酸化趋势加剧。

（3）粮食主产区土壤重金属污染呈加重趋势

课题组依据大量文献资料对我国长江中游及江淮地区、黄淮海平原、四川盆地、松嫩平原和三江平原五大粮食主产区的耕地土壤重金属现状与变化趋势进行了分析，结果表明：五大粮食主产区耕地土壤污染点位超标率平均为21.49%，高于全国19.4%的平均水平。其中轻度、中度、重度污染点位比例分别为13.97%、2.50%和5.02%，污染物以镉（Cd）、镍（Ni）、铜（Cu）、锌（Zn）和汞（Hg）为主（表2）。

南方土壤重金属污染重于北方。四川盆地、长江中游平原及江淮地区的耕地点位超标率分别为43.55%、30.64%，高于黄淮海平原、松嫩平原和三江平原的12.22%、9.35%和1.67%。污染集中分布在有色金属矿区、工业区、污水灌溉区和大中城市等周边区域。

表2　五大粮食主产区耕地土壤重金属污染点位超标情况

单位：个，%

区域	点位数	超标点位数	超标率	轻度	中度	重度
三江平原	60	1	1.67	0	1.67	0
松嫩平原	353	33	9.35	1.98	3.97	3.40
黄淮海平原	1 350	165	12.22	5.78	1.33	5.11
长江中游及江淮地区	731	224	30.64	21.61	1.92	7.11
四川盆地	512	223	43.55	34.57	5.47	3.52
总体	3 006	646	21.49	13.97	2.50	5.02

资料来源：依据大量已发表的耕地土壤重金属污染的文献数据和野外调查采样数据整理。

20世纪80年代末至今，粮食主产区耕地土壤重金属点位超标率从7.16%增至21.49%，其中镉（Cd）、镍（Ni）、铜（Cu）、锌（Zn）和汞（Hg）的污染比重分别增加了16.07%、4.56%、3.68%、2.24%和1.96%，高浓度污染点位比例呈显著上升趋势。四川盆地镉（Cd）污染增加较快，长江中游及江淮地区锌（Zn）增幅较大，黄淮海平原镉（Cd）和汞（Hg）上升明显。

应用作物富集系数法对主要农产品可能受到污染的风险分析表明：水稻、蔬菜、小

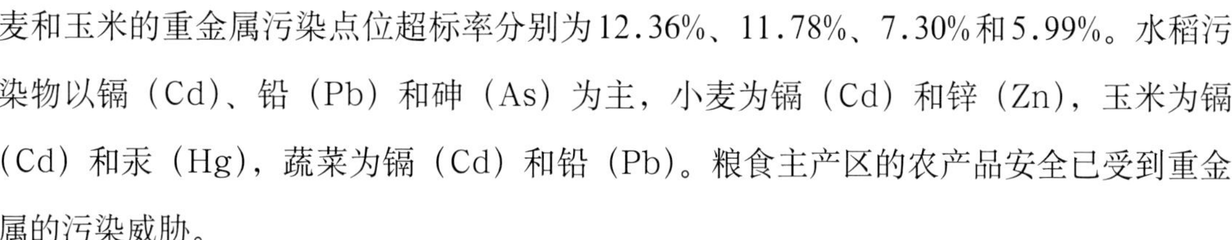

麦和玉米的重金属污染点位超标率分别为12.36%、11.78%、7.30%和5.99%。水稻污染物以镉（Cd）、铅（Pb）和砷（As）为主，小麦为镉（Cd）和锌（Zn），玉米为镉（Cd）和汞（Hg），蔬菜为镉（Cd）和铅（Pb）。粮食主产区的农产品安全已受到重金属的污染威胁。

南方农产品受到污染的风险要高于北方。长江中游及江淮地区、四川盆地的水稻污染物点位超标率风险分别为13.41%和12.30%，高于黄淮海平原和松嫩平原小麦和玉米的5.10%～8.44%。南方和北方（除三江平原）的蔬菜污染点位超标率风险大致相当，为9.35%～13.28%。

（4）耕地土壤地膜污染日趋严重

目前全国农田平均地膜残留量一般在60～90kg/hm^2，地膜污染较重区域如新疆的农田地膜残留量平均为255kg/hm^2，是全国平均水平的5倍，南疆最高的地膜残留量甚至超过600kg/hm^2，且呈逐年加重态势。

（5）耕层变薄，耕地沙化、盐渍化、土壤侵蚀问题依然严重

我国不少粮食主产区还出现耕层变薄、犁底层上升、土壤紧实度增加，孔隙度和渗透性降低等土壤物理障碍，如华北平原耕层已普遍由原来的20～30cm减少至10～15cm。

据国家林业局调查，2009—2014年我国沙化耕地面积增加了39.05万hm^2；2014年新疆灌区盐渍化耕地占比较2006年提高6个百分点，其中南疆耕地盐渍化面积占比更是达到50%以上；河西走廊、河套平原、松嫩平原西部的耕地盐渍化面积也占有较高比例。另外，我国尚有超过20%的坡耕地，特别是长江上游区、黄土高原区、西南石漠化区，仍受到水土流失的严重威胁。

（二）土地承载力与粮食安全

目前，粮食安全问题更突出的表现为蛋白饲料供给安全问题，未来蛋白饲料的供给形势同样严峻，而且能量饲料的供给也可能会出现较大的不足。如何在有限耕地中安排好人的口粮与畜禽的饲料粮，是农业生产的战略任务。随着我国人口总量的增长与食品消费水平的提高，未来我国人地关系的紧张态势仍会持续存在，土地生产能力难以全面保障我国的农产品消费需求，耕地保护政策仍需要严格执行。

1. 需求态势

总的态势是：口粮消费减少，畜禽产品消费增加。

(1) 畜禽产品消费增长趋势不可避免

一个国家(地区)人均粮食消费量的变化与国家(地区)的经济发展水平联系紧密。目前我国正处在人均日能值摄入量快速上升期。2030年中国大陆人均GDP按照2012年不变价约为14 612美元，相当于日本1986年水平(14 971美元)、韩国2005年水平(15 039美元)、中国台湾地区2005年水平(14 632美元)，预计届时粮食消费将达到峰值水平。分析2013—2015年我国大陆各省份城乡居民食品消费的收入弹性，参考2020年与2030年我国城乡居民可能的收入水平，结合近年来我国大陆地区与我国台湾地区的食品消费变化特征，根据国家统计局数据，再结合外出消费比例分析等，预测我国口粮、畜禽产品消费水平。2015年我国人均消耗口粮量为158kg，2030年降至131kg，降低17.1%。2015年我国人均畜产品消费量为118kg，2030年升至167kg，提高41.1%，2035年升至183kg，提高55.9%。2015年我国口粮消费总量超过2.1亿t，2030年将降至1.9亿t，降低12.8%，2035年继续降至1.7亿t。2015年饲料粮消费总量为3.0亿t，2030年升至4.5亿t，2035年饲料粮消费总量会略有降低，但也在4.3亿t的高位上。

(2) 牛羊肉比重上升，奶制品需求增长

2015年人均肉类消费量中牛肉、羊肉为6.5kg，占人均肉类消费量的16.3%；2030年为11.9kg，占人均肉类消费量的比重提高到22.0%。2015年人均奶制品消费量为32.1kg，2030年将提高到42.8kg，提高33.3%。2035年人均牛羊肉、奶类消费仍将有小幅提高。

根据人均消费量换算的2015年我国肉类消费总量为7 485万t，其中猪肉、牛肉、羊肉和禽肉的消费量分别为4 319万t、480万t、409万t和2 000万t；蛋类和奶类分别为1 819万t和4 413万t。预计2030年我国肉类消费总量为11 431万t，比2015年增长52.7%，其中猪肉、牛肉、羊肉和禽肉的需求量分别为5 360万t、987万t、822万t和3 466万t；蛋类和奶类分别为3 550万t和6 187万t。之后，2035年我国消费依然会出现新高峰，肉类消费总量为11 154万t；蛋类和奶类分别为 3 921万t和7 010万t。

(3) 粮食总需求仍将有较大增长

由于人口增长，特别是饲料粮需求增加，未来粮食总需求仍将有较大增长，并在2030年左右达到峰值。

2015年我国粮食消费总需求量6.27亿t，人均粮食消费量456kg。根据国家卫生和计划生育委员会估测，实行全面二孩政策后，预计2030年我国总人口为14.5亿人。2030年我国粮食消费总需求量将达7.74亿t，人均粮食消费量将为536kg，总量比2015年

增长23.4%，人均粮食消费量比2015年增长17.5%。2035年由于人口减少、我国膳食结构调整与料肉比降低，我国粮食消费总需求量会略微下降，为7.37亿t。

2. 供需关系

总的趋势是：未来全国口粮安全有保证，饲料供需差较大，饲料粮安全保障将是未来农业生产长期面临的重要问题。

（1）粮食总产量增幅有限，自给率难超过85%

2030年人口高峰期，在低、中、高三种方案情景下，我国耕地面积保有量将分别为18.25亿亩、19.16亿亩、20.03亿亩，在优化种植业结构的前提下，预期2030年我国粮食总产量分别为5.81亿t、6.18亿t、6.31亿t。与需求总量7.74亿t相比，供需缺口分别是1.93亿t、1.56亿t、1.43亿t，自给率分别是75%、80%、82%，将是供需最不平衡的瓶颈期。2035年，在低、中、高三种方案情景下，我国耕地面积保有量将分别为18.05亿亩、18.72亿亩、19.96亿亩，预期2035年我国粮食总产量分别为5.80亿t、6.14亿t、6.32亿t，与需求总量7.37亿t相比，供需缺口分别是1.57亿t、1.23亿t、1.05亿t，自给率分别是79%、83%、86%（表3），形势稍有好转，但依然严峻。

表3　2030年、2035年不同耕地情景我国粮食供需平衡

单位：万t，%

	2030年			2035年		
	低水平方案（18.25亿亩）	中水平方案（19.16亿亩）	高水平方案（20.03亿亩）	低水平方案（18.25亿亩）	中水平方案（19.16亿亩）	高水平方案（20.03亿亩）
总产量	58 084	61 825	63 082	58 013	61 419	63 206
需求量	77 402	77 402	77 402	73 747	73 747	73 747
供需平衡	−19 318	−15 577	−1 4320	−15 734	−12 327	−10 541
自给率	75	80	82	79	83	86

（2）口粮可以确保安全，饲料特别是蛋白饲料缺口较大

人口高峰期2030年耕地中水平方案（19.16亿亩）情景下，口粮生产量2.19亿t，是需求量的116%，可以完全满足需求。饲料粮生产量3.08亿t，仅及需求量的68%，其中，能量饲料2.76亿t，是需求量的79%；蛋白饲料生产量0.32亿t，仅是需求量的32%。2035年，口粮生产量2.03亿t，是需求量的116%，可以完全满足需求。饲料粮生产量3.21亿t，仅及需求量的75%，其中，能量饲料2.86亿t，是需求量的86%；蛋白

饲料生产量0.36亿t，仅是需求量的37%。

运算结果是：耕地面积必须保持在19亿~20亿亩，粮食自给率才能达到80%以上。

（3）粮食安全区域差异大，大部分省域难以供需平衡

2030年口粮供需平衡的仅有12个省（自治区），其中，黑龙江和河南余额较大，超过了1 000万t；安徽、江苏、湖南、湖北超过了400万t。而有19个省（自治区、直辖市）口粮有缺口，其中，广东缺口最大，达到1 421万t；浙江、山西、北京、上海、辽宁缺口在300万t以上。

2030年饲料粮供需平衡的仅有6个省（自治区），其中，黑龙江、吉林、内蒙古余额较大，超过了1 000万t。其余25个省（自治区、直辖市）均有缺口，其中，广东缺口最大，超过4 000万t。

（三）耕地保障

总的趋势是：耕地总量缺口大，“应保尽保”应是耕地保护的基本原则。

1. 耕地总量不足，人均耕地水平低，承载压力越来越大

理论上，实现2030年我国农产品完全自给需要耕地29亿亩，人均需要2亩。目前在20.25亿亩耕地总量水平下人均耕地只有1.47亩，耕地保证率为68%左右。而18.25亿亩保有量，耕地保证率不足60%；19.16亿亩保有量，耕地的保证率不到65%；即使是20.03亿亩保有量，耕地的保证率也不到70%（表4）。耕地安全保障风险高。

表4　我国不同农产品自给率情景下耕地需求面积

单位：万亩

自给率	65%	70%	75%	80%	85%	90%	95%	100%
2015年耕地需求面积	183 767	197 903	212 039	226 175	240 311	254 447	268 583	282 719
2015年耕地需求面积	185 689	199 973	214 257	228 541	242 825	257 108	271 392	285 676
2015年耕地需求面积	188 406	202 899	217 392	231 885	246 378	260 870	275 363	289 856
2015年耕地需求面积	191 123	205 825	220 526	235 228	249 930	264 632	279 333	294 035
2015年耕地需求面积	187 301	201 709	216 115	230 523	244 931	259 339	273 746	288 154

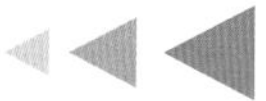

2．耕地后备资源消耗殆尽，补充耕地潜力十分有限

我国长期以来鼓励开垦荒地，甚至开发了一些不应开发的耕地。全国近期可开发利用耕地后备资源仅为3 000万亩。其中，集中连片耕地后备资源不足1 000万亩，而且主要是湿地滩涂、西部的草地与荒漠、南方的荒坡地，把这种土地开发成耕地的成本很高，而且开发后的收益非常有限。因此，耕地后备资源开发潜力十分有限，现有耕地愈显珍贵。当然，一些陡坡土地水土流失严重，确不适宜继续耕种，退耕也是必要的。

3．虚拟耕地资源进口，补充产能不足，但不能过分依赖

目前我国虚拟耕地资源净进口量达到9.6亿亩，大宗农产品虚拟耕地资源对外依存度超过32%。未来，通过全球贸易，实现虚拟耕地资源进口，补充国内产量不足，依然是必然选择。但大宗农产品贸易受政治、经济、军事等诸多因素制约，过度依赖风险极高。

4．耕地保有量争取保持在20亿亩实际可行

国土资源部门计划将现有约1.5亿亩的陡坡耕地、东北林区或草原耕地、最高洪水控制线范围内的不稳定耕地几乎全部退耕还林还草、还湿，并把国家2030年耕地保有量定位为18.25亿亩。

事实上，截至2006年底，国家已累计退耕还林1.39亿亩质量较差的耕地，亟待退耕的土地基本退耕完毕。今后拟退耕的1.5亿亩耕地中坡度大于25°的坡耕地约6 500万亩，其中西南山区已建梯田的不宜退耕，有条件的可坡改梯，以保证当地农民的基本粮食供应。位于林区和最高洪水控制线范围内的耕地约有8 500万亩，其中大多数林区的耕地坡度不大、质量较好，可择优保留相当部分继续耕作；近年来我国河道、湖泊等来水量大幅减少，位于洪水控制线范围内的耕地安全系数提高，受洪灾的影响较低，耕地质量较好，大部分早已被划作基本农田且利用多年，也不宜被全部退耕。粗略计算，拟退耕的1.5亿亩耕地中有50%以上的耕地可保留继续耕作。

目前我国人均城镇工矿建设用地面积超标较多，节约集约利用潜力大。今后，控制城镇面积的无序扩展，致力于现有城镇内部挖潜和区域布局的优化调整，将总量调控在10万～11万km^2，可相应减少耕地占用。

综合考虑近年来全国各种占用和补充耕地的数量与趋势，预测2015—2030年，我国建设占用、退耕、农业结构调整、灾毁将减少耕地7 400万亩；耕地开发、复垦、整理、结构调整等补充耕地努力达到5 100万亩。这样，2030年我国的耕地保有面积可维持在20亿亩。

综合以上，耕地保有量争取保持在20亿亩既必要也可行。为确保国家食物安全，我国粮食总体自给率不应低于80%，耕地面积保有量应维持在19亿～20亿亩，力争维持到20亿亩。

（四）主要对策

1. 改造中低产田，提高复种指数

全国基本农田中的中低产田占到70%以上。其中干旱、洪涝、盐碱与土壤侵蚀为四大害，因此，兴修水利、抗旱除涝、改良盐碱、保持水土是改造中低产田的四项基本措施。需指出的是，由土壤原生障碍与次生障碍造成农田产量不高的土壤类型众多，面积占到全国耕地总面积的51%，应根据不同区域和每种类型土壤障碍的特点有针对性地开展中低产田改造。

改造中低产田要与建设高标准农田相结合。要以农田水利建设为基础，进行改土培肥；建立合理的轮作制度，实行有机肥与无机肥结合的施肥制度，特别是增加牧草、绿肥种植面积，推动秸秆还田，提高土壤有机质含量，促进土壤养分良性循环，使之尽快成为高标准农田；加强农区水、电、田、林、路的综合农业配套设施建设，促使耕地向"优质、集中、连片"的方向发展。

到2020年，累计完成4亿亩的中低产田改造，其中中产田2.5亿亩、低产田1.5亿亩；建设高标准农田6亿亩。重点地区可选在三江平原、松辽平原、黄淮海平原、江汉平原、江淮地区、洞庭湖平原、鄱阳湖平原、四川盆地、河套与银川平原、汾渭平原以及河西走廊与天山南北绿洲等粮棉油主产区。

我国南方双季稻种植比例已由过去的70%下降到40%，要努力恢复双季稻面积，大力提高复种指数，提高稻米品质。我国绿肥种植面积不到4 000万亩，而南方冬闲田至少超过1亿亩，可开展稻—饲料油菜／豆科绿肥轮作，培肥地力，并为畜禽提供饲（草）料。

2. 大力提升耕地土壤肥力，推广草田轮作制

我国大部分地区耕地土壤有机质含量没有达到肥沃土（田）水平，提高土壤有机质含量是提升耕地质量的关键措施。增施有机肥、秸秆还田、草田轮作是提高农田土壤肥力的三大有效途径。

（1）增施有机肥，有机与无机结合

目前我国农户用于果园、蔬菜等高附加值农产品产地的有机肥占到有机肥施用

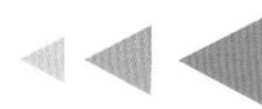

总量的80%左右，大田有机肥施用量极少，国家当务之急应以补贴形式鼓励农户在大田配施有机肥。试验表明，有机肥合理增施数量为500～1 000kg/亩腐熟畜禽粪便，或80～100kg/亩商品有机肥，可减施化肥20%～40%。大田有机肥增施区域应率先定位在黄淮海平原、长江中游及江淮地区、三江平原、松嫩平原和四川盆地等粮食主产区。

大力扶持有机肥生产企业，尤其应鼓励大中型有机肥生产企业与畜禽养殖场结合，利用畜禽粪便等废弃物生产有机肥，并对致力于有机肥精细化、高效化生产的企业实行政策倾斜，在能源、运输、税收等方面实行优惠政策。

（2）大力推广秸秆直接还田

目前，我国秸秆直接还田量约占秸秆总产量的40%，与发达国家相比，总体上秸秆直接还田比重低20%左右。应加快秸秆还田机械化、自动化研发，重点研发适合北方的大马力翻耕机、打捆机、粉碎机等，以及适合南方相对小块农田应用的机械。

据调查，每亩秸秆还田需20～30元机械粉碎和深埋费用，农民因不愿出这笔费用而多将秸秆焚烧或废弃，建议国家或地方政府给予全额补贴。

（3）种草肥田，推广草田轮作制

在东北地区、华北地区、农牧交错带、西北干旱区以及南方广大冬闲田地区，种植牧草与绿肥，以提升耕地土壤质量和解决发展畜牧业的饲（草）料问题。目前我国优质牧草种植面积不到1 500万亩，2030年发展畜牧业需要优质牧草约4亿t（7 000万亩），缺口较大。

北方地区要以苜蓿和饲料油菜为主，同时辅以其他豆科牧草和绿肥。南方冬闲田地区则以种植饲料油菜和紫云英、黑麦草等绿肥为主。

推行草田轮作制要因地制宜。东北地区应推行粮—饲（青贮/牧草）为主的农作制，牧草种植比例在10%～20%；华北地区则实行粮—经—饲（青贮/牧草）三三农作制；农牧交错区应以牧为主，农牧结合，实行粮—饲（牧草/青贮）农作制，牧草面积可占20%～40%；西北干旱区应推行粮—经（棉、果）—饲（牧草/青贮）农作制，农区牧草比例可为10%～30%，草原牧区牧草比例可达50%左右；南方地区应以粮—经—饲（绿肥/饲料油菜）为主，充分利用冬闲田发展豆科绿肥与饲料油菜。

据此粗略估算，到2030年，北方可实现草田轮作面积7 000万亩，其中农牧交错带和西北干旱区4 500万亩，东北地区、华北地区2 500万亩；南方冬闲田实现以饲料油菜

和豆科绿肥为主的草田轮作1亿亩。

要建立稳定的草田轮作制度，必须同步研发和推广牧草、饲料油菜、绿肥等的收割、粉碎、青贮、翻埋等自动化农机设备，同时大力发展畜牧业和草产业，延长其产业链，以此促进草田轮作制的持续发展。实行草田轮作的农田可节省20%～30%的化肥量。

实施草（绿）—田轮作制将进一步优化种植业结构，上述土地承载力研究表明：到2030年，在农作物播种面积中饲料饲草绿肥作物将占29.2%，粮食作物占31.2%，经济作物占39.6%，在全国范围内基本形成粮—经—饲三三制格局。

3．以防控为主，保护优先，治理和修复耕地土壤污染

（1）树立“以防为主”的治理理念，严控污染源

严格控制在耕地集中区新建有色金属冶炼等等重金属污染行业企业；严控耕地附近矿产资源开发时的废水、废渣、废气排放，强制约束现有相关行业企业使用清洁生产工艺；定期对污灌水源进行水质监测，杜绝使用未达标的再生水灌溉。

停止重污染农田区的食用农产品生产活动，实施退耕／休耕。

（2）降低土壤重金属的生物有效性，确保农产品安全

按我国土壤环境质量标准衡量，发达国家（如英国、日本）土壤镉超标比例高达20%～40%，但其农产品内重金属含量超标率却明显低于我国。目前我国长江中游地区、四川盆地的水稻污染物点位超标率已达13.41%和12.30%，土壤重金属生物有效性较高，未得到有效控制。当务之急是阻断污染源，尤其是有色金属矿山废水废渣污染以及灌溉水污染；针对酸性严重土壤，每隔3～4年施用一次石灰；引导农户科学管理稻田水分，在灌浆期淹水以降低稻米镉含量；建立严格的农产品抽查检验的质量监控制度，定期发布，倒逼生产者主动降低农产品污染；积极筛选重金属低累积品种，减少种植镉积累较多的籼稻。

（3）建立健全耕地污染防治的法律及配套标准体系

目前我国尚无关于土壤污染防治的专门法律法规，应尽快制定土壤污染防治法。同时，积极制定、完善相关配套技术标准体系。

4．严控建设用地无序增长占用耕地，提高城镇土地利用率和效率

当前我国耕地减少面积中82.5%源于建设占用，其中中小城市占用耕地的比例高于大城市10%～15%，建设用地无序扩张已成为优质耕地减少的主因。

目前我国人均城镇工矿建设用地面积为149m^2，远超国家110m^{2}标准上限，节约集

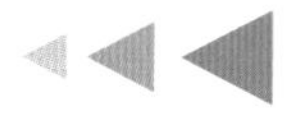

约利用潜力大。2014年全国城镇建设面积为8.9万km^2。若按人均110m^2匡算，到2030年约10km^2城镇建设面积即可满足全国城镇人口需求。但若按近10年城镇面积年均3.6%的增幅计算，则2030年全国城镇面积将达15.7万km^2，超过国家标准的57%。因此，限制城镇面积的无序扩展，将其总量调控在10万～11万km^2，致力于现有城市内部挖潜，是我国今后城镇化发展的关键。

尽快将国家农产品主产区城镇周边或交通要道沿线的集中连片的优质耕地划为永久基本农田，以此形成城市扩展的边界，倒逼城市走内涵挖潜的道路；要继续严格控制非农占用耕地，特别是限制中小城市用地过度扩展，重点控制市、县、镇各类开发区圈地占地；通过政策机制创新，引导地方政府盘活存量建设用地，新增建设用地应主要来源于城市存量土地、农村土地综合整理；严格控制农业核心地带跨区域实现耕地“占补平衡”，武汉、长株潭、中原、成渝等迅速发展的城市群与我国农产品主产区空间重叠，是未来耕地保护的关键区域。

优化建设用地结构，促进建设用地节约集约利用。重点促进工矿、行业用地集中，便于土地集约节约利用和污染治理。通过不断增加单位土地开发投入水平，提高土地利用率和效率。

四、高效利用农业水资源

（一）农业用水态势及面临的问题

我国水资源人均占有量少，时空分布不均，粮食安全对灌溉水的依赖性大，粮食产量与灌溉面积同步增长。2015年我国农田有效灌溉面积达到9.88亿亩，占耕地面积（按20.25亿亩计）的48.8%；节水灌溉工程面积4.66亿亩，占耕地灌溉面积47.16%；农田灌溉水利用系数0.536，近10年提高了12.8%，耕地实灌面积的亩均用水量下降了85m^3，有效保障了粮食产量“十二连增”佳绩。

2000年以来全国农业用水量基本维持在3 860亿m^3左右，呈现“零”增长，占国民经济总用水量的比例下降到2015年的63.1%。灌溉面积不断北方转移，在1996年由南方大于北方逆转为北方大于南方，水土资源持续向非农产业转移。但多年平均情形下灌溉缺水量超过300亿m^3，灌溉农业面临严峻挑战。

1．农业干旱缺水态势进一步增加，北方农业水资源胁迫度加剧

我国多年（1956—2000年）平均水资源量为2.8万亿m^3，北方占18.8%，南方占81.2%；2000年以来全国水资源整体减少5.5%，但南北方分布变化不大，同期耕地向北方集中，由2000年的55.5%增加到2015年的59.6%，2015年北方亩均水资源占有量约为南方的1/6。未来50年我国仍将面临平均温度普遍升高的情势，农业干旱缺水态势将进一步加剧。

2015年我国粮食总产为6.21亿t（北方占56.1%，南方占43.9%）。粮食主产区范围减少，由2007年13省减为2015年7省，并不断向北方集中，传统的主产区湖北、江西、辽宁、江苏、湖南、四川6省滑入平衡区；主销区由7个扩大到13个，青海、西藏、广西、贵州、重庆、云南6省（自治区）由平衡区落入主销区，加剧了水土资源的错位，农业水资源胁迫度增加。

2．粮作种植布局与降水分布不匹配，对灌溉的依赖性增加

全国七大农业主产区中的五大区（东北平原、黄淮海平原、汾渭平原、河套灌区和甘肃新疆主产区）集中分布在常年灌溉区和补充灌溉区。全国800多个粮食主产县，60%集中在常年灌溉区和补充灌溉区。2001—2015年，全国水稻播种面积增加了2 105万亩，其中北方增加了2 725万亩；小麦播种面积尽管减少了785万亩（2015年为3 796万亩），但北方仍占全国的67.6%，其中黄淮海平原区占全国的48.4%；玉米播种面积增长了3.73亿亩，88%增加在北方。粮食生产区位及三大粮食作物播种面积逐渐向常年灌溉区和补充灌溉区集中，增加了灌溉用水需求。

3．灌溉开采量不断增加，北方地区浅层地下水位持续下降

根据《中国水资源公报2015》，除松花江区，我国北方地区水资源开发利用率均已超过国际公认的40%警戒线，其中华北地区最高，达到118.6%。地下水资源开发利用率，除西北诸河区，其他分区均在增加，华北地区达到105.2%，黄淮海平原、松辽平原及西北内陆盆地山前平原等地区地下水位持续下降。

华北平原以冬小麦和夏玉米复种为主，农业地下水用水量不断增加，形成了冀枣衡、沧州、南宫三大深层地下水漏斗区。据有关统计，京津冀年超采地下水约68亿m^3，地下水累计超采量超过1 000亿m^3，地下水超采面积占平原区的90%以上。

4．高效节水工程和现代灌溉管理体系建设滞后，农业用水效率偏低

长期土地分散经营模式下形成的分散用水方式，使当前节水灌溉规模小，高效节水

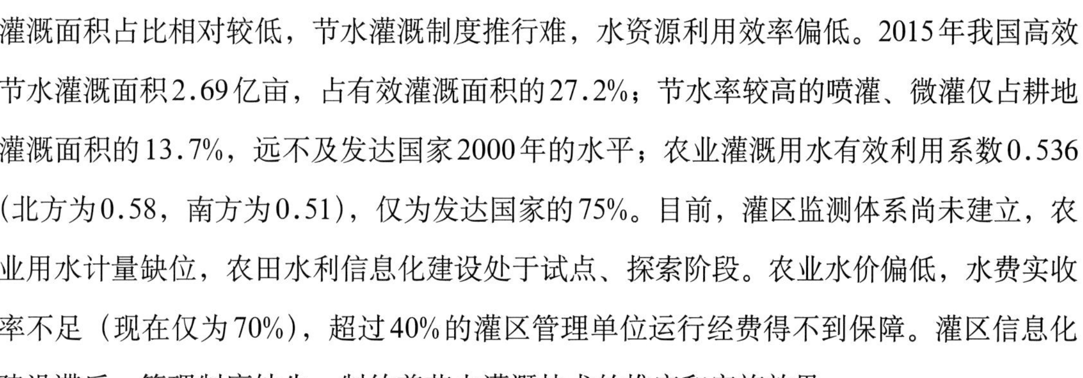
灌溉面积占比相对较低，节水灌溉制度推行难，水资源利用效率偏低。2015年我国高效节水灌溉面积2.69亿亩，占有效灌溉面积的27.2%；节水率较高的喷灌、微灌仅占耕地灌溉面积的13.7%，远不及发达国家2000年的水平；农业灌溉用水有效利用系数0.536（北方为0.58，南方为0.51），仅为发达国家的75%。目前，灌区监测体系尚未建立，农业用水计量缺位，农田水利信息化建设处于试点、探索阶段。农业水价偏低，水费实收率不足（现在仅为70%），超过40%的灌区管理单位运行经费得不到保障。灌区信息化建设滞后，管理制度缺失，制约着节水灌溉技术的推广和实施效果。

（二）发展方向与总体布局

1. 基本原则

- 守住农业基本用水底线，坚持“以水定灌”
- 坚持开源与节流并举，节水为先
- 突出用水效率和效益，优化粮作布局

2. 发展目标

我国北方多数地区地表水资源开发程度已超过上限，地下水已严重超采，黄河以北主产区地下水利用濒临危机，难以持续。强化节水是当前和今后一个时期提高农业水资源效率，建设10亿亩高标准农田，保障粮食安全的重要任务。

总目标：建设现代灌溉农业体系和现代旱作农业体系。

具体目标：到2025年，水土资源配置与灌溉发展布局趋于合理，灌排设施和信息化水平明显提升。全国灌溉用水量控制在3 725亿m^3以内，农田有效灌溉面积达到10.2亿亩，节水灌溉率达到69%，其中高效节水灌溉率达到39%，农田灌溉水有效利用系数提高到0.57以上。

到2030年，基本完成现有灌区改造升级，新建一批现代灌区，基本实现灌溉现代化。全国灌溉用水量控制在3 730亿m^3以内，农田有效灌溉面积达到10.35亿亩，节水灌溉率达到74%，其中高效节水灌溉率达到44%，农田灌溉水有效利用系数提高到0.60以上。

到2035年，力争全面建成以适产高效、精准智慧、环境友好型和云服务为特征的现代灌溉农业和现代旱作农业用水体系，适度发展灌溉面积，提高农田灌溉保证率，全国灌溉用水量趋于稳定。

3. 总体布局

北方地区总体“水少地多”，以高效节约利用水资源、提高水资源利用效率效益为中心，推行土地集约化利用和适产高效型限水灌溉（调亏灌溉）制度相结合。在黄淮海平原区考虑小麦南移稳定强筋小麦种植面积、农牧交错带发展以草业为主的种植结构调整。

南方地区总体“水多地少”，以节约集约利用土地资源、提高土地资源利用效率效益为中心，稳定基本农田和推行控制排水型适宜灌溉相结合，果草结合，发展绿肥种植。

2030年农田有效灌溉面积占全国面积的比重：东北区16.6%，华北区22.1%，长江区25.4%，其他区均不足7%（表5），2025年、2030年全国各省份农田灌溉面积分布如图5所示。2015年、2025年水稻、小麦、玉米三大主要粮食作物灌溉面积地区分布如图6所示。

表5　2025年、2030年十大农业分区农田有效灌溉面积及其占全国的比重

单位：亿m^3，万亩，%

地区	农田灌溉可用水量			农田有效灌溉面积			占全国面积的比重		
	2020年	2025年	2030年	2020年	2025年	2030年	2020年	2025年	2030年
全国	3 230	3 230	3 230	100 500	102 000	103 499	100.0	100.0	100.0
东北区	409	446	483	14 405	15 775	17 145	14.3	15.5	16.6
华北区	427	428	429	22 591	22 749	22 967	22.5	22.3	22.1
长江区	900	885	869	26 427	2 6361	26 296	26.3	25.8	25.4
华南区	400	388	376	7 244	7 189	7 133	7.2	7.0	6.9
蒙宁区	182	191	200	6 061	6 194	6 324	6.0	6.1	6.1
晋陕甘区	166	166	167	5 709	5 721	5 733	5.7	5.6	5.5
川渝区	160	163	167	5 816	6 001	6 186	5.8	5.9	6.0
云贵区	194	194	195	4 724	4 754	4 783	4.7	4.7	4.6
青藏区	37	41	44	851	889	926	0.8	0.9	0.9
西北区	355	329	301	6 672	6 367	6 062	6.6	6.2	5.9

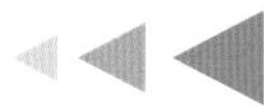

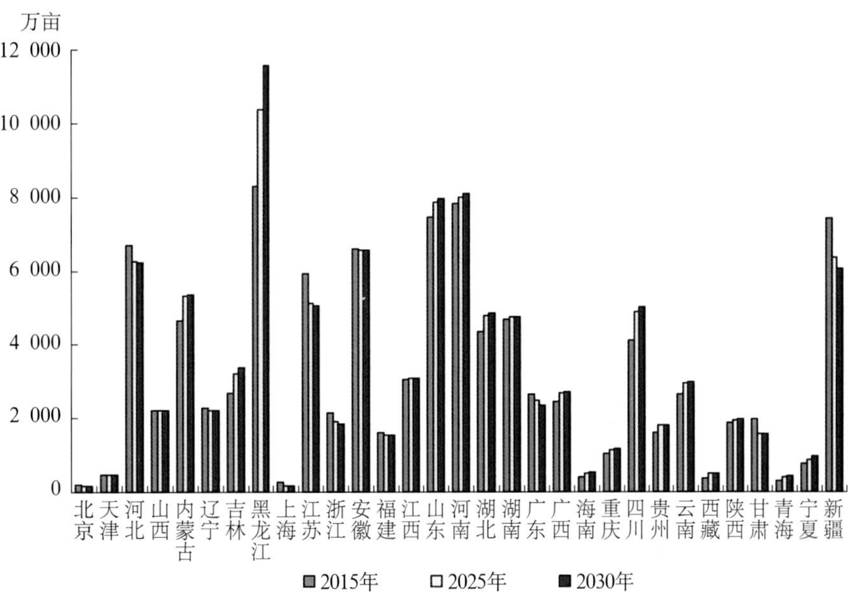

图5　2015年、2025年、2030年全国各省份农田有效灌溉面积

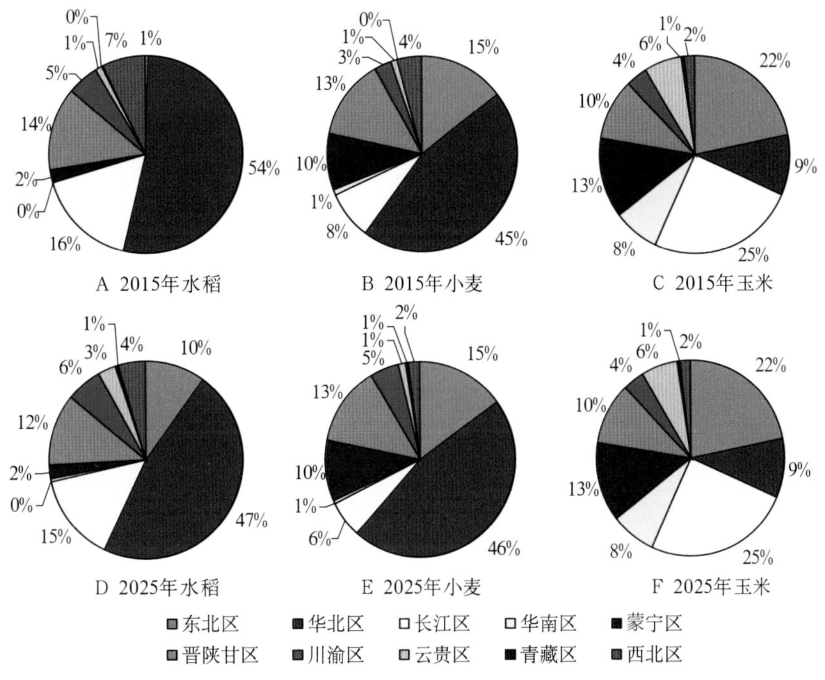

图6　2015年、2025年水稻、小麦、玉米三大主要粮食作物灌溉面积地区分布

（三）建设节水高效的现代灌溉农业

1．推广高效节水灌溉技术，提高灌水效率

按照当前种植结构、农田灌溉用水水平，要支撑10亿亩农田灌溉用水，2030年粮食主产区需实现亩均节水60～80m^3。

发展以喷灌、微灌、低压管道输水灌溉为主的高效节水灌溉技术，提高灌水效率，力争到2025年，全国节水灌溉面积达到7.8亿亩，其中喷灌、微灌和低压管道输水灌溉的高效节水灌溉面积达到4.3亿亩。到2030年，全国节水灌溉面积达到8.5亿亩，其中喷灌、微灌和低压管道输水灌溉的高效节水灌溉面积达到5.0亿亩。

严重缺水的华北地区应全面推广喷灌、微灌和低压管道输水灌溉等高效节水技术。

2．适水种植，抑制灌溉需水量增加

坚持有保有压，按照作物需水规律和灌溉水量地区分布特征，适水种植，优化粮食作物布局，在水资源短缺地区严格限制种植高耗水农作物。黄淮海平原区通过提倡小麦南移，适度调减华北地下水严重超采区的小麦种植面积，发展旱作冬油菜＋青贮玉米以及耐旱耐盐碱的棉花、油葵和马铃薯。粗略估计，在基本稳定我国冬小麦优势区生产产能的前提下，华北平原可压缩小麦灌溉面积300万亩，发展旱作，同时扩大淮北平原冬小麦种植面积，既可抑制华北平原冬小麦需（耗）水量，又可稳定我国冬小麦优势区的生产产能。

在北方广大半干旱、干旱地区，压缩灌溉玉米的种植面积，恢复谷子、高粱、莜麦、荞麦和牧草等耐旱作物面积，减少灌溉用水量。

提倡粮改饲、米改豆，积极推进主产区、主销区粮改饲双侧结构调整，重点推进从平衡区滑到主销区的云贵和广西种植结构调整，从粮食作物种植向饲（草）料作物种植的方向转变，促进玉米资源从跨区域销售转向就地利用：一可有效利用天然降水；二可减少地下水开采量和化肥施用量，减缓北方地区地下水超采和面源污染；三可增加南北方饲料粮自给，减少“北粮南运”的压力。

3．调亏灌溉，挖掘作物高效用水潜力

大力推广调亏灌溉，将有限的水量重点用于作物水分亏缺敏感期，减少因水分胁迫对产量的影响。华北平原多年平均条件下，实行冬小麦调亏（或亏缺）灌溉与夏玉米雨养制度，小麦—玉米两熟亩均灌溉需水量100～200m^3，耗水量500～650mm，与常规灌溉相比，每亩节水50～100m^3，小麦减产可控制在13%以内。总体上看，在稳产（约每亩1 000kg）前提下，较传统灌溉制度可提高作物水分利用效率约10%，华北地区可以保证灌溉麦田1.04亿亩。坚持量水发展，非灌溉地发展粮草轮作，推进种养结合和其他旱作农业模式，逐步退减地下水超采量，有序实现地下水的休养生息。

在东北地区，对水稻采取控制性灌溉措施，亩均灌溉需水量可由335m^{3}降低到

210m³，亩均增产约5%。长江中下游地区与四川盆地，水稻采取“浅、薄、湿、晒（或湿、晒、浅、间）”措施，亩均灌溉需水量可由520m³降低到310m³，亩均增产约13%。

4．加强农艺节水，减少农田无效耗水

合理安排耕作和栽培制度，选育节水高产品种，大力推广深松整地、中耕除草、镇压耙耱、覆盖保墒、增施有机肥以及合理施用生物抗旱剂、土壤保水剂等，提高土壤吸纳和保持水分的能力，减少农田无效耗水。

在华北地区，加大推广冬小麦节水稳产配套技术模式（节水抗旱品种＋土壤深松／秸秆还田／播后镇压＋拔节孕穗水）、冬小麦保护性耕作节水技术模式（免耕／少耕＋秸秆还田＋小麦免耕播种机复式作业）。利用玉米种植与降水同季，加强中耕、麦秸还田等措施，促进雨季降水储蓄，实现节水增产与增收。

在东北地区，推广应用秸秆覆盖和地膜覆盖技术、深松整地技术、秸秆还田技术、坐水种技术、增施有机肥技术。

在西北地区，积极发展膜下滴灌水肥一体化技术，合理使用抗旱剂、保水剂等措施，减少农田无效耗水。

5．强化管理，保护地下水资源

合理开发利用浅层地下水，限制开采深层地下水，通过总量控制、强化管理，实现采补平衡。在浅层地下水资源丰富地区，采取井渠结合方式，有利于高效利用水资源。在地下水严重超采区，从严管控地下水开采使用，节约当地水，引调外来水，将深层地下水资源作为战略储备资源；着力发展现代节水农业，增加地下水替代水源，通过综合治理，压减地下水开采，修复地下水生态。

在华北平原地下水严重超采区要加大压采力度，否则后果极其严重。对于划属压采地区，农地利用的调整要因地制宜，或改种饲（草）料，发展畜牧业，或改为休闲观光、旅游等，发展低耗水农业，逐渐恢复地下水位。

（四）发展集雨增效的现代旱地农业

1．旱地农业及其潜力

旱地农业包括直接利用雨水的旱作农业和集雨灌溉的旱作农业。我国目前旱地农业面积约占耕地总面积的60%；即使到2030年灌溉面积达到10.3亿亩，旱地农业仍占耕地总面积的46%～48%。灌溉农业与旱地农业并举是我国农业发展的必由之路。

我国旱地农业大部分分布在半干旱、半湿润的山坡地、高原地，以及水源缺乏、干旱和土壤侵蚀严重、生态环境差的贫困地区。国内外发展旱地农业的共同经验是改善生态环境和提高土地生产力相结合，其核心是提高降水的利用率。半干旱地区年降水量400mm，降水利用率如能从35%提高到60%，则全国可增水442亿m^3，北方旱作农业区降水利用效率从当前0.3kg/(mm·亩)提高到0.5～0.7kg/(mm·亩)，有较大的潜力。

2．提高降水利用率的技术

我国具有悠久的旱地农业历史和传统经验，需因地制宜地推广先进经验。主要包括：坡改梯（如黄土高原与南方山地），顺坡改斜坡、横坡（如东北黑土岗坡地），保持水土；以地膜和秸秆等材料覆盖，降低无效蒸发；深松，少翻，加深耕作层，保蓄土壤水分；草田轮作，增加有机肥，改善土壤结构，建设土壤水库，增加土壤储水量；优化种植结构，选育抗旱高产优良品种；采取雨水积蓄技术，抗旱补灌。

3．区域发展模式

以工程、农艺、化控和生物四大措施为基础，依托集雨农业工程，应用现代补灌技术，发展高效旱地特色农业。

黄土高原区。针对西北旱塬区粮食产量低而不稳、生产效益低等问题，以提高旱塬粮食优质稳产水平和生产效益为目标，建立粮食稳产高效型旱作农业综合发展模式与技术体系，如“适水种植＋集雨节灌＋农艺措施＋生态措施”模式。

西北半干旱偏旱区。针对气候干旱和冬春季节风多风大等问题，以保护旱地环境和提高种植业生产能力为主攻方向，建立聚水保土型旱作农业发展模式和技术体系。

华北地区西北部半干旱区。针对人均水资源严重不足、粮经饲结构不尽合理、秸秆转化利用率低等问题，以提高水资源产出效益为主攻方向，建立农牧结合型旱作农业发展模式与技术体系，如“结构调整＋覆盖保墒培肥＋集雨补灌＋保护性耕作＋化学调控”模式。

东北西部半干旱区。针对东北风沙半干旱区粮食产量不稳、经济效益低等问题，以提高旱作农业生产效益为主攻方向，建立草粮、林粮结合型旱作农业综合发展模式与技术体系，推广“增施有机肥＋机械深松＋机械化一条龙抗旱坐水种”模式。

（五）农业非常规水资源利用

农业非常规水资源利用是开源的重要方向，主要包括再生水与微咸水两类。2015年我国非常规水农田灌溉量124.9亿m^3，预计2030年农业可利用非常规水资源量343.8亿m^3，其中农田灌溉量189.3亿m^3（较2015年新增64.4亿m^3）。为促进非常规水资源安全高效利用，应在灌溉区划技术、适宜作物分类、风险评估技术、高效灌水技术、监测评价技术、集成应用模式六方面实现必要的技术保障。

1．再生水灌溉利用

2015年我国再生水农田灌溉量110.1亿m^3，预计2030年农业可利用再生水资源量295.1亿m^3，其中农田灌溉量164.5亿m^3（较2015年新增54.4亿m^3），重点利用区域是长江区、华北区和华南区。在严格要求再生水水质达标条件下，根据再生水水质特点，建立基于土地处理、湿地处理、调蓄净化等为主要提质方式的二级处理再生水灌溉应用模式，建立深度处理再生水直接灌溉应用模式。促进再生水在农业、林地、绿地等领域的广泛推广应用。

2．微咸水灌溉利用

2015年我国微咸水（矿化度2～5g/L）农田灌溉量14.8亿m^3，预计2030年农业可利用微咸水资源量48.7亿m^3，其中农田灌溉量24.8亿m^3（较2015年新增10.0亿m^3），重点利用区域是华北区和晋陕甘地区。微咸水灌溉包括咸淡水轮灌、咸淡水混灌和直接利用咸水灌溉三种方式，以灌溉耐盐、抗旱作物为主。应结合水质状况、土壤类型、作物类型、气象水文条件等状况，因地制宜选择科学的灌溉应用模式。

（六）水利建设措施

1．水源工程改造与建设

结合全国重点小型病险水库除险加固、大中型病险水闸除险加固等工程的实施，推进全国4 000处蓄、引、提、调等大型水源工程改造。开展东北与西南大中型水源工程建设，加强对小型水源工程的新建和改造。

加快推进引江济淮工程和山东T形骨干水网建设，扩大南水北调中线调水规模，实施南水北调东线后续工程、万家寨引黄等调水工程，解决水资源严重不安全地区的水资源短缺。

2．灌区节水改造与建设

重点推进456处大型灌区和1 869处重点中型灌区续建配套与节水改造；积极推进5 447处一般中型灌区续建。以东部沿海地区、大城市郊区、集团化垦区、农产品主产区基础条件较好的灌区，开展灌区现代化升级改造。在东北、长江中游、西南等水土资源条件适宜的地区，新建654处大中型灌区。结合高标准农田建设，因地制宜开展小型灌区改造升级，

其中北方平原地区重点发展高效节水灌溉，推动井灌区实现管道化、自来水化灌溉；西南山区重点发展小水窖、小水池、小水塘坝、小泵站、小水渠“五小工程”；长江中下游、淮河以及珠江流域等水稻区，重点加强渠系工程配套改造和低洼易涝区排涝工程建设。

3．灌区信息化与现代化灌区建设示范工程

开展重点大中型灌区用水监测计量、信息化建设，构建全国灌区监测体系；加强大中型灌区水质监测网络建设；形成智能化、信息化、科学化以及云平台化的灌区管理信息体系。

在华北地区选择井渠结合灌区，按照测土配方、土壤墒情监测与作物生育特性相结合，建设精准灌溉、精准施肥、智能化管控的现代化灌区。对土壤墒情、土壤肥力、地下水埋深、地表水闸门以及作物长势等进行自动监测、远程数据传输和云计算处理；采用3S技术、互联网技术以及人工智能技术相结合，形成具有灌区灌溉信息感知诊断、决策智能优化、实时反馈调控等特点的现代化灌区。

五、农业面源污染防治

本节就种植业化肥污染、畜禽养殖业污染、渔业环境污染三方面内容进行讨论。

（一）农业面源污染排放状况

1．种植氮磷污染排放状况

调查数据表明，我国农田施用氮肥占全国氮施用总量的60.2%，氮肥中化肥和有机肥比例为4.7∶1；施用磷肥占全国磷施用总量的39.8%，磷肥的化肥和有机肥施用比例为2.2∶1。从肥料施用的地区分布来看，农田施用肥料最多的省份是山东，其次为河南和河北。施用肥料总量超过200万t的省份共有13个，这13个省份的化肥施用量占到全国施用总量的69.5%。80%的有机肥是被施用在果园和菜地中。

据调查和监测结果，全国通过地表径流和地下淋溶导致的农田总氮流失量超过7万t的省共有9个，这9个省的总氮流失量占到全国农田总氮流失量的63%，农田总氮流失量最多的省份是河南，其次为山东和江苏（图7）。全国通过地表径流总磷流失量超过4 000t的省份共有11个，占到全国总磷流失量的70%。总磷流失量最大的省份是山东，其次为河北和河南（图8）。

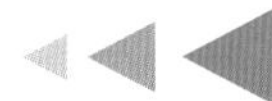

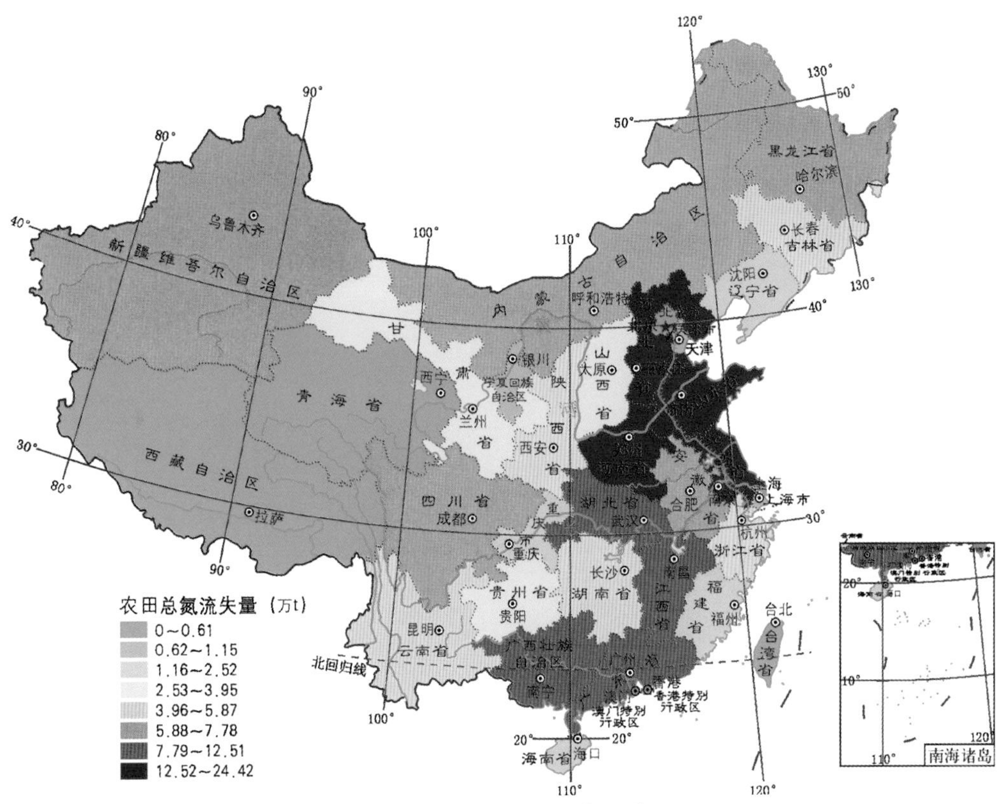

图7　全国各省份农田总氮流失量

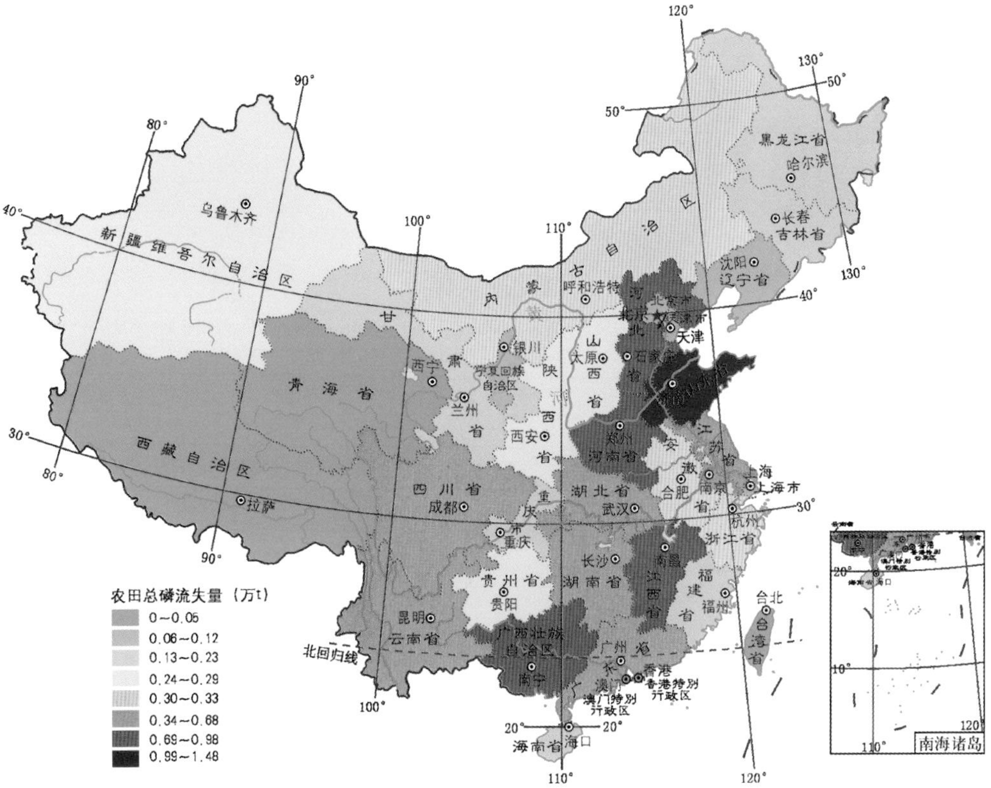

农田总磷流失量（万t）
0～0.05
0.06～0.12
0.13～0.23
0.24～0.29
0.30～0.33
0.34～0.68
0.69～0.98
0.99～1.48

图8　全国各省份农田总磷流失量

2．畜禽养殖业污染排放状况

全国畜禽养殖化学需氧量排放量超过53万t的省份共有15个，这15个省份的排放量占到全国排放总量的83.1%，畜禽养殖化学需氧量排放量最大的省份是山东，其次为河南和黑龙江（图9）；总氮排放量超过5万t的省份共有16个，这16个省份的排放量占到全国排放总量的85%，总氮排放量最大的省份是河南，其次为山东（图10）；总磷排放量超过0.6万t的省份共有14个，这14个省份的排放量占到全国排放总量的83.2%，总磷排放量最大的省份是山东，其次为河南和四川（图11）。

3．水产养殖环境污染状况

渔业环境质量形势依然严峻。根据历年《中国渔业生态环境状况公报》，2000—2015年，我国海洋天然重要渔业水域无机氮超标比例持续高位，基本保持在50%以上，近年来超标比例在80%左右；活性磷酸盐超标比例振幅较大，平均在50%左右。近年来，石油类污染总体呈下降趋势，超标比例在20%以下；湖泊重要渔业水域水环境总氮、总磷污染比较严重，超标比例连续维持在80%～100%；江河重要渔业水域水环境中总氮变化不大，总磷污染呈先降后升的趋势。高锰酸盐指数超标比例在60%～70%；石

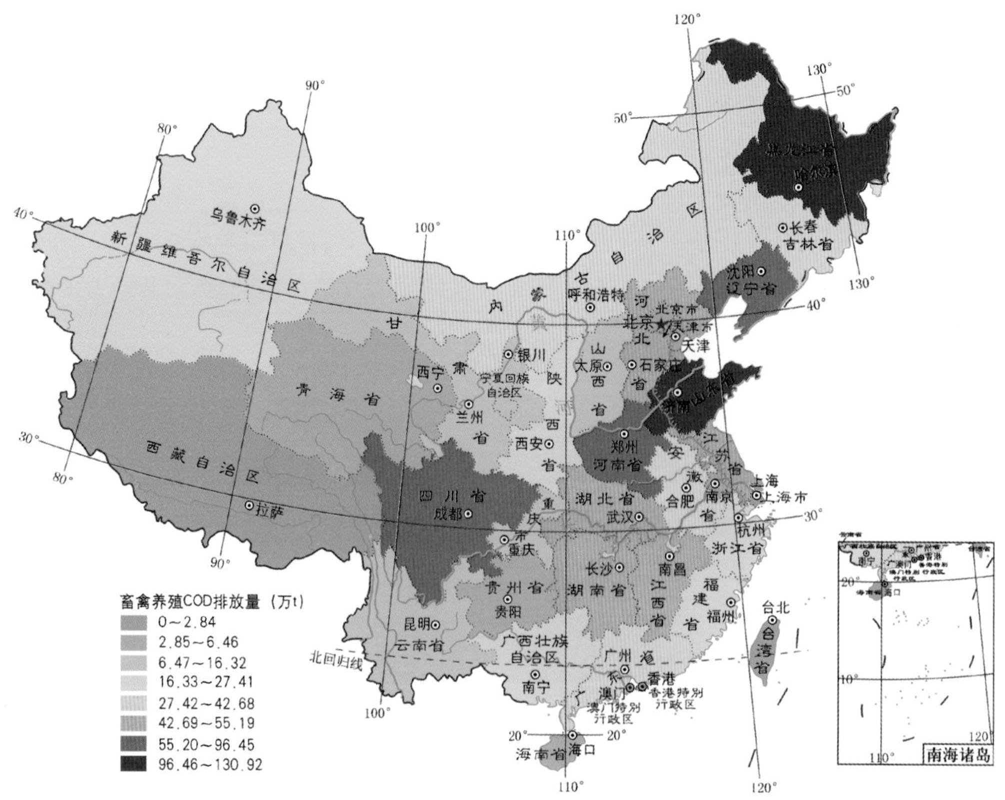

图9　全国各省份畜禽养殖化学需氧量排放量

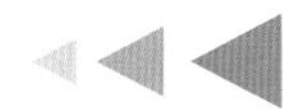

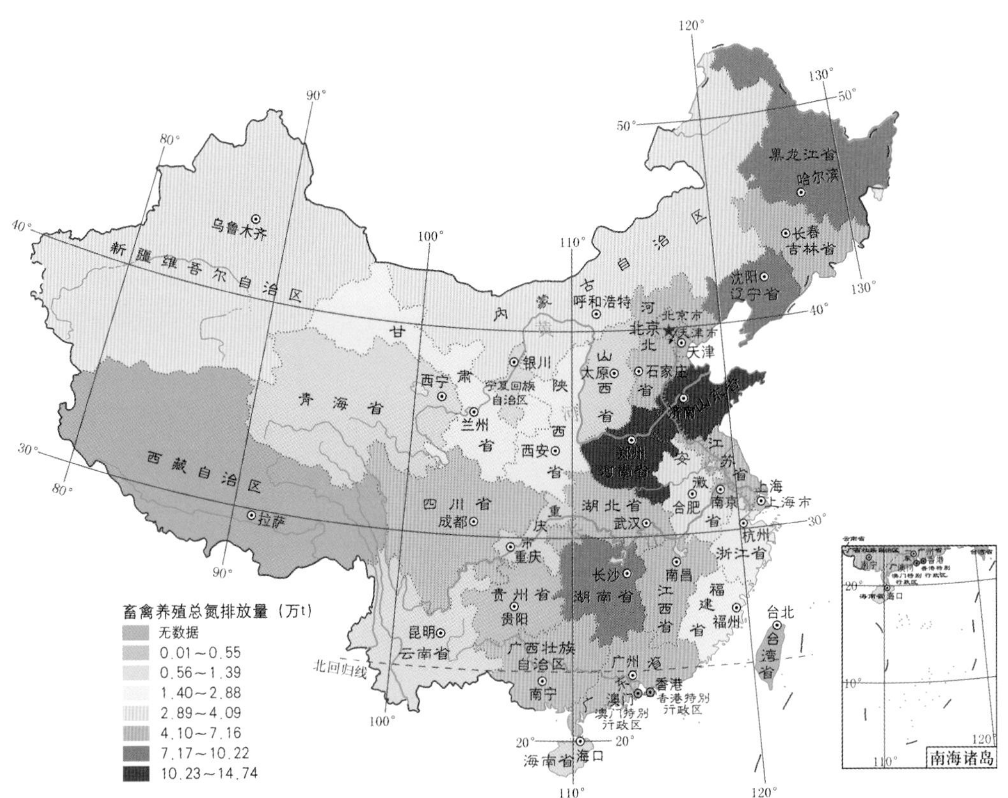

图10　全国各省份畜禽养殖总氮排放量

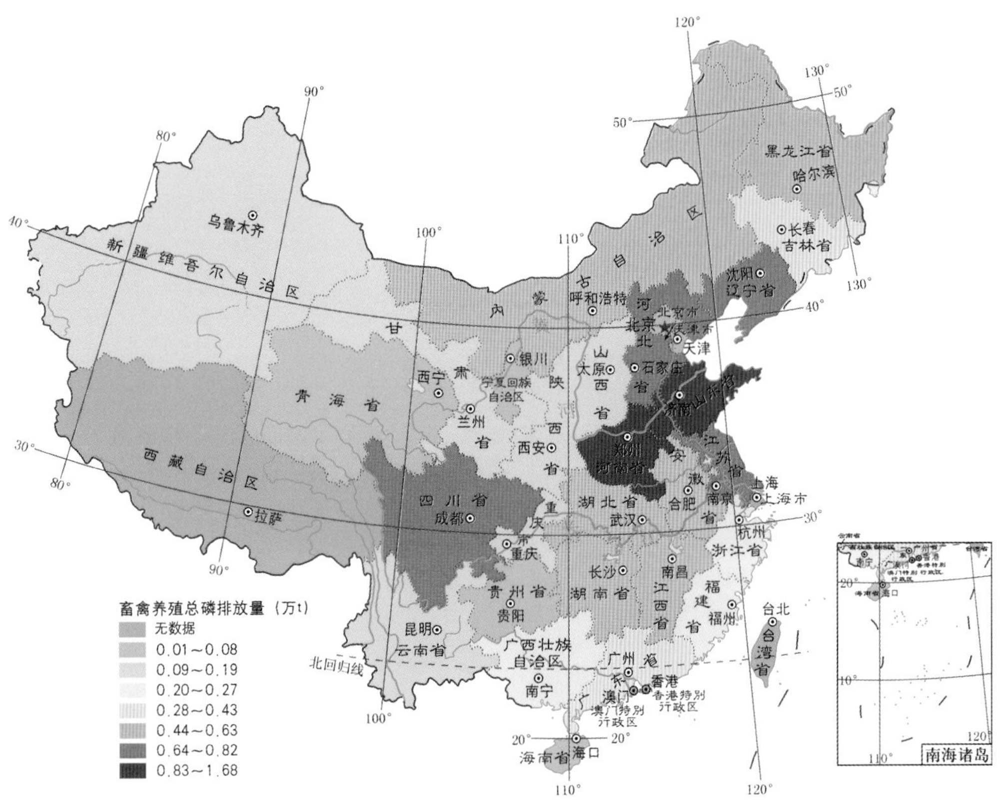

图11　全国各省份畜禽养殖总磷排放量

油类超标比例较低，基本在20%左右波动（农业部、环境保护部，2010—2015）。

研究表明，总体上水产养殖的污染负荷所占比例较小，但在某些海湾、湖泊和水库，水产养殖也会成为环境污染的主要来源（表6），这与局部水域的水动力交换条件、生产方式以及养殖模式密切相关。

表6　不同水域水产养殖占总污染负荷比

水域类型	渔业水域	统计年份	水产养殖占总污染负荷比例			参考文献
			总氮	总磷	化学需氧量（COD）	
海洋	黄渤海	2002	2.8%	5.3%	1.8%	崔毅等，2005
	胶州湾	1998—2005	DIN<1.0%	磷酸盐2.0%	3.0%	王修林、李克强，2006
	渤海	1980—2005	DIN：4.0%	7.0%	11.0%	王修林、李克强，2006
	渤海	1979—2005	DIN：1.4%	1.1%	3.0%	崔正国，2008
	厦门同安湾	2000/2004	12.3%/35.0%	15.7%/32.7%	11.9%/20.1%	卢振彬等，2007
	厦门西海域、同安湾	2008	0.3%	0.5%	1.0%	潘灿民等，2011
	杭州湾	2008	1.5%	0.6%	2.3%	刘莲等，2012
河流湖泊	辽河源头区	1999—2009	0.1%	0.1%	0.3%	吕川等，2013
	三峡库区澎溪河流域	2008	1.7%	—	0.7%	郭胜等，2011
	苏州河	1999—2000	7.0%（氨氮：2.0%）	2.8%	6.6%	王少平等，2002
	东洞庭湖	2010	2.3%	0.9%	6.9%	欧阳劲进、颜文洪2012
	太湖	2008	9.0%	13.0%	4.0%	刘庄等，2010
	太湖（苏州片区）	2011	23.0%	—	—	李翠梅等，2016
	洪湖流域	2010	43.7%（氨氮：44.3%）	26.1%	13.8%	马玉宝等，2013
	安徽太平湖	2011	氨氮：0.9%	4.8%	3.8%	李响等，2014
水库	怀柔水库上游	2000—2011	17.2%	21.0%		张微微等，2013
	山西湖塘水库	2012	10.0%	3.5%	2.4%	吴颖靖等，2014

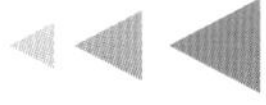

（二）农业面源污染成因分析

1. 化肥施用和畜禽养殖总量过大

我国化肥施用量超过合理值近50%，过量的化肥施用带来大量的氮、磷等养分流失，是面源污染严重的最直接原因。同时，我国养殖业规模急剧增加，其中肉类、鸡蛋和牛奶的产量分别增加了6倍、10倍和33倍，特别是鸡蛋的产量从20世纪80年代占全球总产量的10%左右快速增加到占全球总产量的40%，肉类产量也从占全球总产量的10%上升至30%左右。我国猪肉的产量目前已经占全球总产量的50%，成为全球第一的养猪大户。家禽养殖业废水排放成为全国面源污染的重要来源。

2. 农业设施和技术落后

国内外已经开发了精准灌溉（滴灌、微灌、喷灌等）和施肥的4R技术（即选择正确的肥料品种、采用正确的肥料用量、在正确的施肥时间、施用在正确的位置），这些技术的应用可以大大地降低农田面源污染。相对于这些先进的技术，我国化肥施用量严重过量，水肥管理粗放，利用率低。

3. 经营规模小，先进技术和管理难以推广

我国以农户为基本单元的农田面积高度分散，以0.1～0.4hm^2的小块农田为主，养殖业污染治理困难的核心问题也在于养殖规模过小，扩大农田规模结合标准化经营能显著促进化肥的高效使用。2000年前，我国基本上没有现代化大型的养殖场，但是由于那时总体养殖量不大，所以污染问题并没有十分突出。2000年后，小型以及中型养殖场开始出现，占据了一定的市场比例。但是中小型的养殖场总体上和传统的散养在粪便处理和污染消纳方面没有本质的区别，政府治理养殖场污染时存在法不责众以及监督、交易和操作成本过高的问题。

4. 种养布局不合理

伴随着我国的城市化进程，养殖业逐步与种植业分离，特别是城市郊区养殖业的发展。这种分离的过程使得我国农业系统内部种植业和养殖业之间的养分循环出现了断裂：一方面，由于有机肥从产生地运送到农田区需要大量的运输成本，牲畜粪便更多直接排放到环境中；另一方面，牲畜饲料则需要从农田区运送到养殖区，这加剧了饲料和粪便的双向调运成本，降低了牲畜粪便再利用的效率。

因此，在国家层面上根据自然和社会条件开展合理的种养规划是治理农业面源污染

的根本途径。

5．水产养殖的养分流失严重

水产养殖污染物主要有两大类：一类是养殖生产投入品（饵料、渔药和肥料）的流失；另一类是养殖生物的排泄物、残饵和养殖废弃物等，其中所形成的富营养物质是养殖排放的主要内容。以鱼虾类养殖为例，研究表明，网箱养殖的银鲈只吸收20%的氮和30%的磷；精养虾池中只有10%的氮和7%的磷被收获，其他都以各种形式进入环境。

6．面源污染治理政策背离初衷

解决治理主体责任缺失的问题，关键不在于制定什么样的政策，而在于如何消除污染治理过程中的社会经济障碍，例如养殖规模问题、空间布局问题。这些障碍消除之前，要彻底解决养殖场污染的问题是十分困难的。在当前经济发展阶段下，养殖场关注的首要问题是收入问题，而政府关注更多的是环境问题，两者的目标是不一致的。实际上，只有通过考虑养殖场的经济问题入手才有可能解决环境问题。目前我国有的地区尝试推广由第三方公司收购散户和小规模场的牲畜粪便，但由国家或者地方政府进行补贴。由于有补贴的存在，农民对第三方公司来收购要价越来越高，补贴反而扭曲了牲畜粪便收集处理的过程。

（三）农业面源污染防治的总体思路

“源头控制为主、过程阻控与末端治理相结合”是当前进行农业面源污染防治的主要途径。面源污染防治应坚持保护与发展相结合，农艺防治与工程治理相结合，源头控制与过程阻断、末端治理相结合。

实施总量控制。引进国外4R技术的精准施肥、精准施药，并通过优化农艺管理措施，达到从源头上控制化肥农药用量，节水减排，控制农业面源污染产生的目标。在传统施肥技术基础上，结合灌溉、耕作等田间管理措施和工程措施等，形成针对性较强的面源污染综合防控技术，是当前的种植业污染防治的一种发展趋势。

减量化、无害化、资源化，以地定养，以水定养，采取清洁养殖技术，从源头控制以减少畜禽养殖过程中的粪污排放量。畜禽排泄物是一种资源，是制造有机肥料与生物能源的良好材料，而且技术工艺成熟，政府部门应予鼓励和推动，以促进农业资源的循环利用。

切实推行谁污染谁治理政策，并从立法、行政和经济手段给予保证。

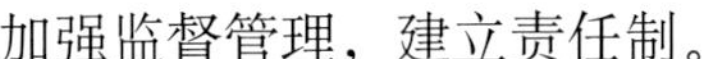

加强监督管理，建立责任制。

渔业养殖要走绿色、低碳和环境友好的发展道路，以创新驱动发展为动力，全面加强我国渔业水域生态环境保护，遏制渔业环境恶化的势头，逐步改善和修复渔业生态环境；合理开发利用渔业水域生态环境功能，为实现我国“高效、优质、生态、健康、安全”的水产增养殖业可持续发展提供良好的基础条件和坚实的技术保障。

（四）化肥与养殖业面源污染防治的战略措施与政策

1．化肥施用总量控制

伴随着我国化肥零增长政策的实施，化肥施用峰值之后，进一步的农业现代化会在保证产量不降低的情况下逐步降低化肥的施用量——即零增长和负增长，将缓解农业面源污染。结合我国测土配方实施的潜力和各地农田施肥阈值的推荐，通过模型分析发现，我国农田化肥施用总量的合理值为4 600万t，其中氮肥2 500万t、磷肥1 200万t、钾肥900万t。这比当前的施用量6 000多万t减少1/3左右，将降低农田的氮磷流失量近50%，同时作物产量会继续增长10%以上。为了实现上述化肥施用总量控制，肥料利用率和牲畜养殖的饲料利用率要分别提高10个和3个百分点，养分循环利用率包括有机肥还田以及秸秆还田率等提高10～15个百分点，此外还要保持与目前相当量的饲料进口，并逐步推进人们饮食结构向中华营养学会推荐的标准饮食结构靠拢。

根据在黄淮海平原多年关于小麦施氮量、产量与氮流失量之间的关系的试验研究，得出：在小麦最高产量下，氮流失总量为79.0kg/hm^2；在98%产量保证率确定的氮投入阈值下，氮流失量下降至54.3kg/hm^2，氮流失减少率达30%以上。研究确定，氮投入阈值为220kg/hm^2，接近农业部推荐的施氮量上限228kg/hm^2。

2．种养空间布局优化

以地定养是控制养殖业面源污染的重要手段，大型养殖场根据产能测算，周围需要配备相应数量的农田来消纳牲畜粪便，粪便储存以厌氧封闭为主，保存养分，降低对大气和水体的污染。

据资料，国家规划到2020年畜禽粪便还田率达到60%，提高10个百分点。以此计算，可以减少7%左右的化肥用量，因此充分利用畜禽粪便养分资源对于推进化肥零增长行动起着重要的支撑作用。

综合分析，我国每公顷耕地能够承载的畜禽粪便为30t，单位耕地氮和磷最大可施

用量分别为150kg/hm^{2}和30kg/hm^2，超过这些限定值，则认为畜禽养殖超过单位耕地面积承载力。

资料表明，每3t畜禽粪尿大约可生产1t有机肥，我国23.1亿t的畜禽粪尿估测可生产有机肥7.7亿t左右，相当于1 155万t化肥折纯用量，其中氮462万t、磷385万t、钾308万t。潜在有机肥生产量前5位的省份是河南省、山东省、四川省、河北省和湖南省。

3. 继续推动规模化和产业化

无论是农地经营还是牲畜养殖，规模化经营都会产生规模效应，从而提高产出、降低投入，提高农业生产的抗风险能力，提高农民收入，解放农村劳动力，进一步推动城市化的进程。农村的经济发展和面源污染防控的重点都应落在鼓励规模化和产业化的道路上来。可以利用的模式有很多，例如公司+合作社+农户的方式、农村金融放开等模式，通过土地所有权、承包权和经营权分离之后的制度再设计，从根本上解决目前土地规模化过程中的土地流转效果不佳、耕地掠夺性开发等问题。可以尝试开展以村集体为经营单位，村民以土地承包权入股的农业经营方式，在部分县区先行试点，推动多种经营方式的发展。同时，注重城市化进程中农村人口减少与农业规模化经营之间的关联，通过在城市地区安置的方式来扩大农村留守人员的人均资源，引导农业向规模化和产业化发展。

4. 提高对农业设施和技术的投入

农业设施和技术投入是提高农业生产效率、保障农业增产、降低面源污染的重要措施。农业配套设施和技术的投入可以提高肥料的利用效率，进而减少向水体和大气的流失。我国农业目前的灌溉、耕种、收获、喷洒农药等设施和技术还相对落后，须提高对农机和测土配方等技术推广方面的补贴，修建灌溉设施，平整土地，推动深施肥和精准化施肥，开展水肥一体化等新型技术，以推动农业现代化的发展。

5. 合理规划养殖布局，划定渔业生态红线

根据环境容量和养殖容量，合理规划水产养殖的区域布局，优化养殖结构，大力发展健康、生态、可持续的碳汇渔业新生产模式。由于缺少强制性养殖废水排放国家标准，水产养殖废水达标排放成为空谈。因此，水产养殖业的废水排放问题亟须引起国家有关部门的高度重视。另外，根据渔业资源与环境的重要性、敏感性和脆弱性，将国家级水产种质资源保护区、“三场一通道”等重要渔业水域全部纳入红线区域，实施

严格的“渔业生态红线”保护制度，养殖水域最小使用面积保障线应设置在900万hm^2以上。

通过人工鱼礁、增殖放流等方式加强渔业养护与环境修复，实现资源环境保护与经济的协调发展。

争取到2025年，重要渔业水域主要污染物超标比例控制在50%以内；到2030年，重要渔业水域主要污染物超标比例控制在10%以内，渔业生态系统整体处于优良状态。

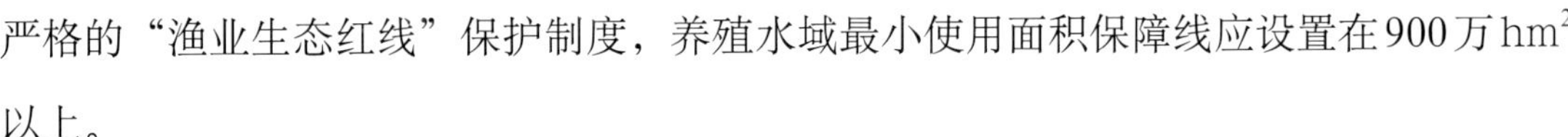

六、主要农产品产地污染综合防治

（一）主要农产品产地污染态势及面临的问题

1．土壤污染叠加趋势明显

2014年，我国耕地土壤点位超标率为19.4%，其中轻微、轻度、中度和重度污染点位比例分别为13.7%、2.8%、1.8%和1.1%。污染类型以无机型为主，有机型次之，复合型污染比重较小，无机污染物超标点位数占全部超标点位的82.8%。镉、汞、砷、铜、铅、铬、锌、镍8种无机污染物点位超标率分别为7.0%、1.6%、2.7%、2.1%、1.5%、1.1%、0.9%、4.8%，六六六、滴滴涕、多环芳烃3类有机污染物点位超标率分别为0.5%、1.9%、1.4%。长江三角洲、珠江三角洲、辽河平原、海河平原等部分区域土壤污染问题较为突出，西南地区、中南地区土壤重金属超标范围较大；镉、汞、砷、铅4种无机污染物含量分布呈现从西北到东南、从东北到西南逐渐升高的态势。

2015年，酸雨区面积约72.9万km^2，占国土面积的7.6%，比2010年下降5.1个百分点；其中，较重酸雨区和重酸雨区面积占国土面积的比例分别为1.2%和0.1%。酸雨污染主要分布在长江以南—云贵高原以东地区，包括江西大部、湖南中东部、重庆南部等（图12），大幅提升了南方土壤重金属污染风险。

2．重金属污染问题突出

以环境保护部、农业部相关数据为基础测算[①]，三江平原、松嫩平原、淮北平原土壤重金属点位超标率相对较低，分别为1.35%、0.81%、0.62%；海河平原、辽河平原、

① 单项重金属点位超标率采取单因子评价法，综合点位超标率采用内梅罗指数法计算。

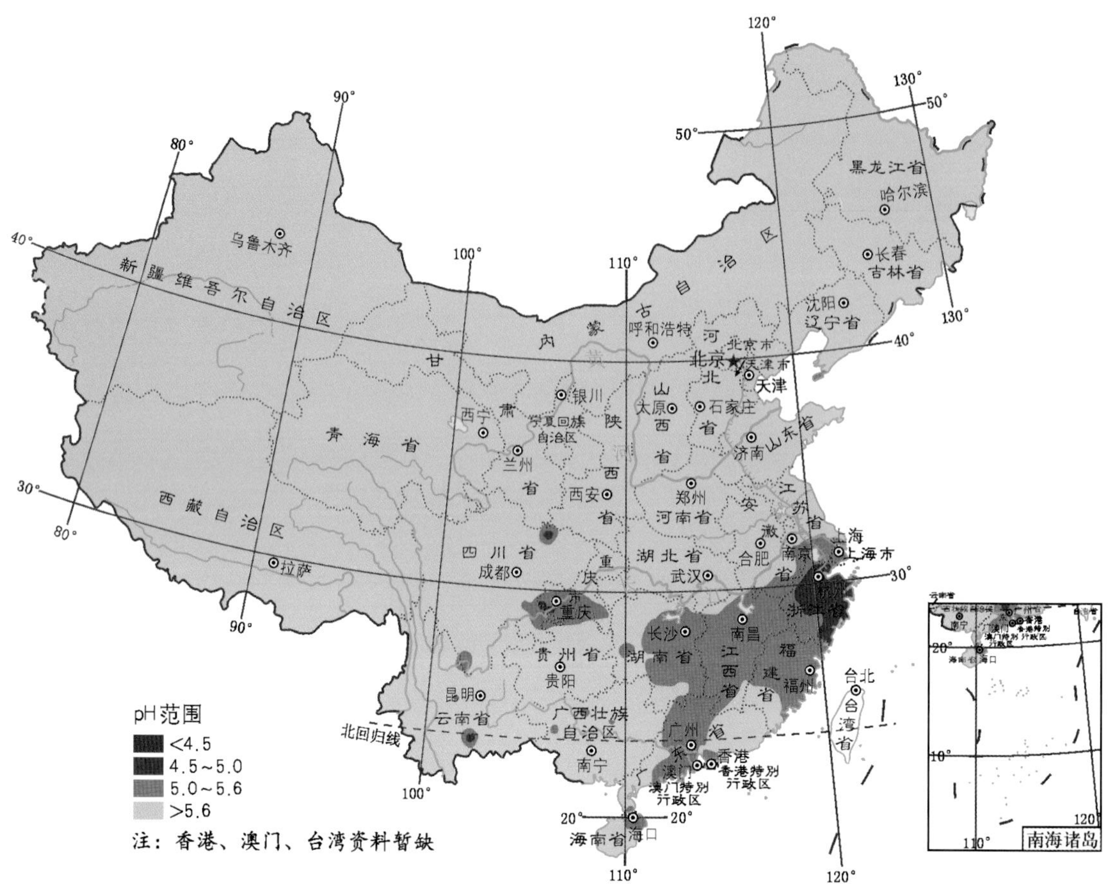

图 12　2015 年全国降水 pH 年均值等值线分布

黄泛平原点位超标率相对较高，分别为4.28%、3.70%、2.10%。三江平原、淮北平原土壤主要超标重金属为镉、汞、镍，松嫩平原为砷、镉、铬、镍、锌，海河平原砷、镉、铬、铜、汞、镍、铅、锌8种重金属均有不同程度超标，辽河平原、黄泛平原除铅外其他7种重金属全部超标。四川盆地、长江中下游地区、广西蔗糖产区土壤重金属污染相对严重，综合点位超标率分别为34.3%、10.92%、79.49%。四川盆地主要污染物为镉、镍和铜，长江中下游地区与广西蔗糖产区主要污染物为镉和镍，其中洞庭湖平原镉点位超标率高达65.03%。

根据Hakanson潜在生态风险指数法测算，东北地区及黄淮海平原土壤重金属汞和镉污染风险问题突出（表7），556个市县中，汞高等污染风险的市县共计55个，其中黄泛平原19个、海河平原10个、辽河平原9个、松嫩平原9个、淮北平原7个、三江平原1个；镉高等污染风险的市县共计14个，其中黄泛平原8个、海河平原2个、辽河平原2个、松嫩平原的1个、淮北平原1个。汞中等污染风险的市县共计163个，镉中等污染风险的市县共计123个；汞低等污染风险的市县共计338个，镉低等污染风险的市县

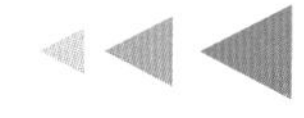

共计419个。黄淮海平原土壤重金属污染风险及点位超标率高于东北地区。南方农产品产地土壤重金属镉污染风险问题相对集中，182个县市（区）中，高等污染风险的县市（区）共计29个，其中四川盆地15个、长江中下游地区8个、广西蔗糖产区6个；中等污染风险的县市（区）共计46个，其中四川盆地26个、长江中下游地区16个、广西蔗糖产区4个（表7）。

表7　农产品产地主产区汞、镉污染风险等级区划一览

单位：个，%

地区		黄泛平原	海河平原	辽河平原	松嫩平原	淮北平原	三江平原	四川盆地	长江中下游地区	广西蔗糖产区
		小麦	玉米和小麦	玉米	玉米	小麦和水稻	水稻和玉米	水稻	水稻	水稻和蔗糖
汞	高风险县市（区）	19	10	9	9	7	1	—	—	—
	中风险县市（区）	50	57	17	25	26	8	—	—	—
	低风险县市（区）	58	43	4	11	5	12	—	—	—
	超标率	0.210	0.230	0.150	0	0.070	0.004	—	—	—
镉	高风险县市（区）	8	2	2	1	1	0	15	8	6
	中风险县市（区）	53	16	6	19	27	2	26	16	4
	低风险县市（区）	66	92	22	25	10	19	24	65	18
	超标率	2.920	0.710	1.190	0.090	0.240	0.090	29.270	17.080	67.020

3. 污染源类型多样

我国农产品产地污染来源以工矿型（工矿点源污染）为主，城市型（生活源污染）、农村型（农业面源污染）为辅。各地区均存在多种污染源类型，工矿型主要分布在长江流域，江西赣江，广西刁江、环江，湖南湘江等支流，及湖南湘西、湖北大冶、江西德兴等周边地区，涉及黄淮海平原、东北平原、洞庭湖平原、鄱阳湖平原和广西蔗糖产区；城市型主要分布于人口密集、城镇化、集约化程度较高地区；而农村型污染源在各区均有体现，东北平原相对贡献率较高。从污染源迁移转化途径看，流域或区域内水体（含地下水）对农产品产地土壤污染贡献较大，大气沉降次之。各支流的污染直接导致流域内土壤污染，淮河、辽河、海河、湘江流域较为突出。

从重金属污染贡献率来看，污染源种类对不同重金属类别影响各异。黑色冶炼、火力发电、硫酸、颜料、电镀、电子等工业排放多种类别重金属，油漆、陶瓷和纺织工业排放镉较多，橡胶、塑料和氯碱等工业排放汞较多；农业投入品方面，每年肥料和农药对农田重金属的贡献可达2.23万t，其中铜、铬和镉的贡献分别为7 741t、3 429t和113t，镉主要来源于磷肥，铅主要来源于氮肥；每年大气沉降对农田重金属的贡献达13.54万t，其中锌（78 973t）、铅（24 658t）贡献较大，镉的贡献为493t；据统计，因固体废弃物堆存而被占用和毁损的农田面积已达600万亩，造成周边地区的污染农田面积超过5 000万亩，广西南丹矿区每年向刁江排放含砷尾矿1 770t，自建矿以来，约排放800万~1 000万t，尾矿砂大量堆积于河道，直接导致流域范围内耕地土壤砷严重超标。此外，高背景值是广西蔗糖产区点位超标率较高的成因之一，其中镉（0.267mg/kg）是全国平均值的3.8倍。

应该指出，当前对农产品产地污染源调查与污染源迁移转化研究缺乏系统性和实效性，难以为国家农业决策提供准确参考。

（二）总体思路和对策

1. 总体思路

以“预防为主、保护优先、风险管控”为导向，推进环境保护与粮食安全协同发展。以“坚守基准红线，强化风险管控”为准则，协同部署“天地一体化”农产品产地污染监控预警体系。以“依托科技创新，强化源头管理”为抓手，全面阻断污染源进入农产品产地。以“预防为主、综合治理”为前提，针对不同区域特征，实施“一区一策”污染防治策略。

2. 主要对策

（1）成立国家级农产品产地污染监察中心

中心应由国务院直接领导，发展改革委、环境保护、农业、水利、住建、国土、科技等有关部门参加，统筹资源，科学部署土、水、气、生、人一体化农产品产地污染监控预警系统。强化工矿企业源头排污监管；深入调查土壤重金属、有毒有机物污染现状，探究不同污染组分在土壤中的迁移转化规律，分析污染物在土、水、气、作物等介质中的交互作用机制，为农产品产地污染防治措施提供科学手段及理论依据。

(2) 建立污染源头削减管控体系

污染源的控制对于保护和改善农产品产地环境质量至关重要。以绿色发展理念引导农产品产地全要素、全过程清洁生产，坚决防止污染源进入产地环境，并严控二次污染风险。以高标准农产品质量为抓手，倒逼农产品产地环境质量“反降级”的推进。以环境容量为准绳，严格控制超承载力、超负荷生产，最终形成源头严防、过程严管、责任严究的污染源管控体系。

(3) 完善农产品产地环境管理技术体系

明确政府为责任主体，依据不同农产品产地环境特征，加大农产品产地环境质量提升科技创新力度；以完善产地环境标准体系为根本，加快农产品产地环境重金属含量阈值与标准制订，构建融“预防—修复—监管”为一体的差异化农产品产地环境质量提升管理体系；重点研究我国优势农产品产地环境安全的法律法规、政策措施、标准体系、监测预警、源头管控等技术示范推广的实施效果及其保障体系；强化区域和流域系统保护与联动，划定精细化管理单元，形成系列地方科学性、可操作性强的管理文件与集成模式。用制度保障农产品质量安全应成为未来阶段的国家重大举措。

（三）分区防治对策

1．东北平原

东北平原废水镉、汞排放总量不高（分别占全国0.36%、1.12%），工业污染治理投资力度相对较低（占全国6.52%），土壤重金属高风险市县数量相对较少（20个），宜采用经济性高、环境扰动小、污染风险低的防治和修复技术。在镉、汞超标地块种植富集能力较强的植物，例如野古草、大米草等，使土壤中重金属污染物不断向植物中转移，净化后土壤可逐步恢复玉米、小麦等对重金属不敏感的农作物的种植；或实行镉、汞超标地块永久退耕。

严控化肥、饲料添加剂含量，倡导生产种植有机农产品，重点保护三江平原土壤环境质量。对辽河流域及松花江流域水质较差水体优先启动河道生态治理工程，提高水体自净能力。

2．黄淮海平原

黄淮海平原废水镉、汞排放总量较高（分别占全国7.81%、17.80%），工业污染治理投资力度相对较高（占全国28.50%），土壤重金属高风险市县数量相对较多（36个）。

对此，在精准测算高风险区域和超标农田面积及土方量的基础上，对超标地块在休耕季节进行客土更换，被置换的污染土壤应采取异位淋洗技术进行净化，淋洗液可送往周边工业园区废水处理设施集中处理，或新建污水处理设施就地处理。开展黄淮海平原重点流域重金属污染防治专项规划编制工作。科学划定污染控制单元，统筹防治地表水、地下水、近岸海域等各类水体污染。加强南水北调工程沿线环境保护，着力推进工业节水及清洁生产。

3. 四川盆地

四川盆地以城市型污染源为主要类型。成都平原是四川盆地土壤污染较重地区，镉点位超标率达33.29%，主要分布在乐山市、德阳市等县市（区）。以控制污染源为重点，以小流域为单元，实施分级管理，综合保护，强化治理与修复工程监管，逐步改善水、土、气综合环境质量。严格管控高风险工矿企业和环境准入标准。开展污染土壤的种植业结构调整与农艺调控，采用固化/稳定、植物修复、低温热解、农艺调控等组合技术，实现对污染物的削减和风险控制。

4. 长江中下游地区

长江流域化工企业数量6 136家，湘江、赣江等支流化工企业分布密集，湖南湘西、湖北大冶、江西德兴等矿业密集，导致部分地区重金属污染。该区域内酸雨污染面积大、酸度高，加重了土壤重金属污染程度。

长江中下游地区低等风险区域占比达94.38%，重点加大保育力度，并通过推广缓冲性肥料、施用石灰等措施着力提高土壤pH。对中轻度污染耕地进行修复或种植结构调整，采用植物萃取+化学活化、植物阻隔+化学钝化、植物萃取+低积累作物阻隔、植物稳定等技术，修复不同污染程度土壤。加大流域内湖泊、河流和大型水利工程辐射区农产品产地污染的系统综合防治力度。强化农产品产地环境污染源头控制工程、矿区影响区土壤修复治理工程及配套辅助工程；优化沿江工矿企业布局，强制采用全过程清洁生产，对威胁土壤安全的尾矿渣进行处理处置与综合利用。

5. 广西蔗糖产区

广西土壤重金属高背景值、刁江和环江流域密集分布的工矿企业污染排放是导致广西蔗糖产区点位超标率高的主要原因。应重点控制矿区污染，包括加固尾矿库堤坝，开展尾矿库周边抛荒场生态恢复和选矿厂废弃地治理工程；通过植物萃取、间作、阻隔和物化强化等开展污染土壤修复工程；建设修复植物育苗、废弃物处置和资源化利用等辅

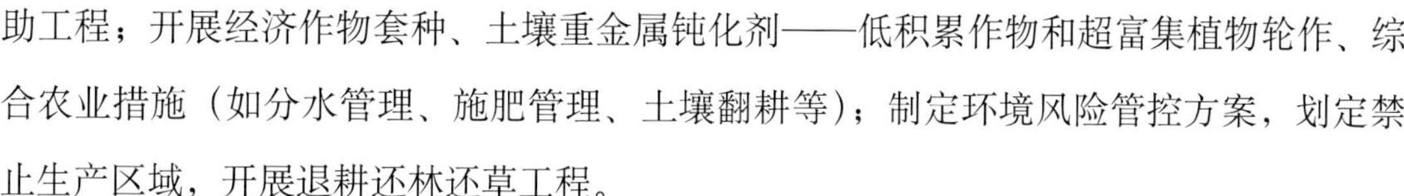

助工程；开展经济作物套种、土壤重金属钝化剂——低积累作物和超富集植物轮作、综合农业措施（如分水管理、施肥管理、土壤翻耕等）；制定环境风险管控方案，划定禁止生产区域，开展退耕还林还草工程。

（四）京津冀地区农产品产地污染防治

1．环境污染概况

2015年，京津冀地区废水排放总量为555 309万t，占全国7.55%。其中，废水中COD排放总量为157.87万t，汞排放总量为174.8kg，镉排放总量为16.2kg，铅排放总量为437.1kg。2014年京津冀地区有涉水工业企业1.53万家。农田土壤重金属超标点位周边污染源分布中，化工行业污染源对农田土壤污染的相对贡献率最高（51%），畜禽养殖业（27%）、金属冶炼加工业（9%）、电镀业（7%）次之（图13）。京津冀地区污染源点多面广，单位面积涉水工业污染源密度是全国平均水平的5.4倍，40%地下污染源周边存在地下水污染。区域Ⅳ～Ⅴ类地下水质比例约为78%；重金属污染浅层地下水指标主要以砷、铅、铬为主，污染比例为7.98%；浅层地下水挥发性有机物污染比较严重，污染比例为29.17%。

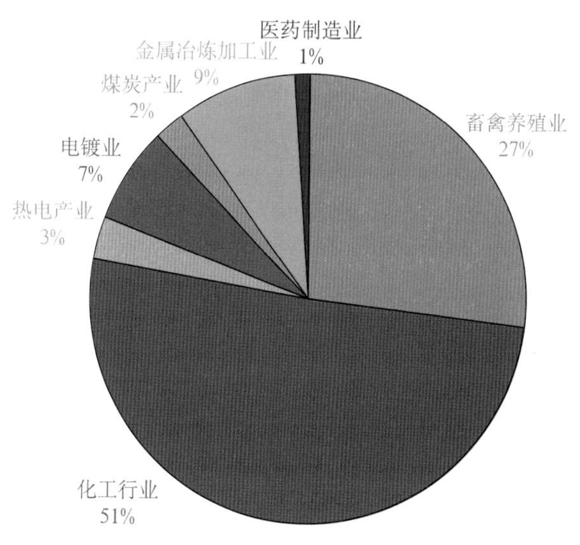

图13 京津冀地区农田土壤重金属主要潜在污染源相对贡献率

2．防治措施

建设京津冀区域环境质量动态监测网络，按照统一规划、统一监测方法、统一评价技术的原则，实行农作物和土壤环境质量协同监测，界定京津冀农产品产地污染区，识

别重点污染行业，全面分析京津冀地区农产品产地污染时空分布、变化趋势以及迁移转化规律。开展农产品质量全程追踪监控工程示范。

开展化工行业、金属冶炼加工业、电镀业、禽养殖业、填埋场等重点污染源在线监控预警，推进化工、冶金行业清洁生产，淘汰落后工艺，鼓励技术改造，强化行业的环保、能耗、技术、工艺、质量、安全等方面的指标约束，提高准入门槛。推广应用化工生产过程污染物浓缩、分离、纯化、资源内部循环利用技术。使用湿法冶金工艺逐渐替代火法冶金工艺，减少有害重金属源头排放量，提高有害金属回收率。

开展土壤污染来源及演化过程、不同形态污染物在不同土壤母质中的吸收迁移转化规律、不同形态污染物及赋存形态对作物生长及生态系统危害等重大科技研究，开展污染土壤原位/异位修复技术研究，通过湿地恢复重建提高环境净化能力。

七、农业结构调整

（一）农业结构存在的主要问题

1．作物结构：玉米多，大豆油料少，饲（草）料少

玉米阶段性过剩，库存大幅增加。在粮食“十二连增”中，粮食累计增产达1.9亿t，其中有1亿t来自玉米的增产，占比57%。稻谷和小麦基本保持供求平衡，但玉米受国内消费增长放缓、替代产品进口冲击等因素影响，出现了暂时的过剩，库存增加较多（表8）。

表8　2015年我国主要农产品供需平衡状况

单位：万t，%

品种	总产量	消费量	供需缺口	自给率
三大谷物	56 304	46 928	−9 376	119.98
水稻	20 823	18 950	−1 873	109.88
小麦	13 019	10 977	−2 042	118.60
玉米	22 463	17 001	−5 462	132.13
大豆	1 179	8 775	7 597	13.43

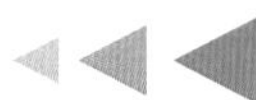

（续）

品种	总产量	消费量	供需缺口	自给率
食用植物油	1 126	3 280	1 990	34.31
豆油	41	1 410	1 261	2.93
菜籽油	462	630	101	73.25
花生油	252	260	9	96.92
棕榈油	0	570	570	0
棉花	522	716	194	72.90
食糖	1 160	1 560	400	74.40
猪牛羊禽肉	8 454	8 610	156	98.20
猪肉	5 487	5 557	70	98.70
牛肉	700	747	47	93.70
羊肉	441	463	22	95.20
禽肉	1 826	1 842	16	99.10
奶类	3 870	4 355	485	88.90
水产品	6 700	6 702	2	100.00

大豆面积、产量双下降，对外依存度过高。2004年以来，我国大豆面积和产量同步下降，2015年种植面积和产量较2004年分别下降了32.15%和32.28%。同时，国内大豆在质量和价格上都处于劣势，我国大豆进口数量保持快速增长，大豆依存度逐年攀升。2015年共进口大豆8 169万t，是国内生产量的6.8倍，约占世界大豆贸易量的70%、国内消费量的87%，在所有农产品中进口依存度最高。

优质饲草缺乏，产业现状与饲（草）料需求不匹配。2015年我国牛出栏量5 003万头，奶牛存栏量1 507万头，粗估共需种植青贮玉米7 596万亩，但据全国畜牧总站统计，2015年我国青饲青贮玉米种植面积4 073万亩，缺口达3 523万亩。

2. 畜牧结构：与资源承载力不相适应

畜牧业布局与环境承载力不匹配。畜禽养殖业布局与畜禽粪污消纳能力在空间上不匹配，种养不匹配，粪便综合利用率不足一半，局部地区畜禽养殖量超过了环境承载量，环境污染问题突出。东北地区饲料粮资源丰富，畜禽粪污消纳能力强，但人口少，畜

产品市场小，畜禽养殖业不发达。东南沿海饲料粮短缺，但人口稠密，畜禽产品市场大，畜禽养殖业发达，环境承载力有限。

畜产品结构以粮饲型的猪禽为主，草食畜比重小。猪肉和禽肉产量占肉类总产量比重始终在85%以上，草食畜（牛、羊、兔）比重较低，维持在14%左右。

3．产业结构：加工、服务短腿

农产品加工业总体能力与国外仍存在较大差距。目前，我国农产品加工率只有60%，低于发达国家80%的水平；果品加工率只有10%，低于世界30%的水平；肉类加工率只有17%，低于发达国家60%的水平；2.2∶1的加工和农业产值的比值与发达国家（3～4）∶1和理论值（8～9）∶1有较大差距。

农产品加工业的产品仍以初级加工品为主，产业链条短，加工增值能力有待提高。大部分食用类农产品加工企业都面临副产物综合利用率偏低问题，其中，约5.7%的农产品加工企业将副产物完全作为废弃物直接处理掉，25.3%的农产品加工企业认为副产物价值没有充分开发。

农业服务业档次低、效率低。当前农产品流通模式大多处于原始集散阶段，按产地收购、产地和销地交易、商贩零售方式进行交易，而适应新的消费需求的订单农业、连锁经营、直销等现代流通方式仍然是新生事物，农产品仍以原产品和初加工产品为主，附加值低。

4．产品结构："大路货"多，优质安全专用农产品少，供需错位

随着城乡居民生活由温饱走向小康，市场对农产品的需求日益转向多样化和优质化，优质农产品成为消费市场的热点。而我国农产品市场上却充斥着大量质量一般甚至较差的"大路货"，优质农产品总量偏低，"三品一标"产品占整个农产品总量不足20%，造成了小生产与大市场的供需矛盾，制约我国优质农产品的发展。

5．空间结构：粮食生产与水土资源分布错位，养殖与种植空间不匹配

粮食生产与水土资源分布错位。南方土地资源占全国的38%，而水资源量却占全国的81%；北方土地资源占全国的62%，而水资源量却只占全国的19%。近年来，我国粮食生产重心北移、向水少地多的北方地区聚集，进一步加剧了水土资源的紧张（图14）。

养殖与种植空间不匹配。近年来，南方生猪产业加快发展、南方水网地区养殖密度越来越高，由于区域布局不尽合理，农牧结合不够紧密，粪便综合利用水平较低，生猪养殖与水环境保护矛盾凸显，养殖与种植在空间分布上的错位问题形势严峻。

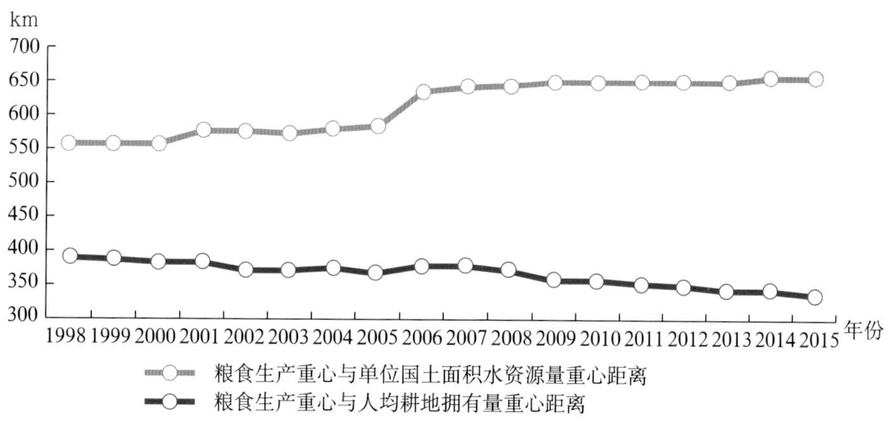

图 14　粮食生产重心与农业资源重心距离变化

（二）农业结构调整的战略路径

1．总体思路

坚持绿色发展理念，以提高市场竞争力和可持续发展能力为中心，重点优化作物结构、产业结构、空间结构，大力拓展饲料饲草业、加工业和服务业，加快构建与资源生态相匹配、与市场需求相适应、种养加服协调发展的现代农业结构。

（1）市场导向，产业融合

适应居民消费的需要，突出优质化、专用化、多样化和特色化方向。以关联产业升级转型为契机，推进农牧结合，发展农产品加工业，扩展农业多功能，实现一二三产业融合发展，提升农业效益。

（2）粮食安全，用地优先

立足我国国情和粮情，基于“谷物基本自给、口粮绝对安全”的战略底线需求，建立粮食生产功能区和重要农产品生产保护区，优先确保粮食和其他重要农产品产能底线用地，不断巩固提升粮食等重要农产品产能。

（3）生态协调，绿色发展

树立人与自然协调发展的理念，将农业活动规模与强度控制在区域资源承载力和环境容量允许范围内，推进节水、节肥、节本、增效，用地养地结合，实现农业绿色、低碳、循环、可持续发展。

（4）因地制宜，优势厚植

综合考虑各地区资源禀赋、区位优势、市场条件和产业基础等因素，重点发展比较优势突出的产业或产品，做大做强、做优做精，培育壮大具有区域特色的农业

主导产品、支柱产业和特色品牌，将地区资源优势转化为产业优势、产品优势和竞争优势。

(5) 科技支撑，提质增效

依托科技创新，降低生产成本，改善农产品品质，强化农业科技基础条件和装备保障能力建设，提升农业结构调整的科技支撑水平。推进机制创新，培育新型农业经营主体和新型农业服务主体，发展适度规模经营，提升集约化水平和组织化程度。

(6) 全球视野，内外统筹

在保障国家粮食安全底线的前提下，充分利用国际农业资源和产品市场，保持部分短缺品种的适度进口，满足国内市场需求。引导国内企业参与国际产能合作，在国际市场配置资源、布局产业，提升我国农业国际竞争力和全球影响力。

2. 调整重点

(1) 发展饲（草）料产业，优化作物结构

推进饲用粮生产，推动粮改饲和种养结合发展，促进粮食、经济作物、饲（草）料三元结构协调发展。在粮食主产区，按照“以养定种”的要求，积极发展饲用玉米、青贮玉米等种植，发展苜蓿等优质牧草种植，开展粮改饲和种养结合模式试点。拓展优质牧草发展空间，合理利用“四荒地”、退耕地、南方草山草坡和冬闲田，种植优质牧草，加快建设人工草地，加快研发适合南方山区、丘陵地区的牧草收割、加工、青贮机械。

(2) 发展优质安全专用农产品，优化产品结构

瞄准市场需求变化，增加市场紧缺和适销对路产品生产，大力发展绿色农业、特色农业和品牌农业，把产品结构调优、调高、调安全，满足居民消费结构升级需要。加强优质农产品品种研发和推广，推进标准化生产，发展“三品一标”农产品。加强农产品品牌营销推介，建立农产品品牌目录，发展会展经济，培育一批知名农产品品牌，不断扩大品牌影响力和美誉度。

(3) 发展二、三产业，优化种养加服结构

加快发展农产品加工业，打造农业产业集群，积极发展农产品产地初加工，建设一批专业化、规模化、标准化的原料生产基地，建立健全农业全产业链的利益联结机制。发展农业生产全程社会化服务，促进农业规模化经营。加快推进市场流通体系与储运加工布局的有机衔接，改造升级农产品产地市场，发展“互联网+”农

业。挖掘农村文化资源，拓展农业多功能性，发展都市现代农业和休闲农业，提高农业整体效益。

（4）调整区域布局，优化空间结构

在综合考虑自然条件、经济发展水平、市场需求等因素的基础上，以农业资源环境承载力为基准，因地制宜，优化种养空间结构，合理布局规模化养殖场，配套建设有机肥生产设施，积极发展生态循环农业模式，促进农业生产向优势区聚集，构建优势区域布局和专业生产格局，提高农业生产与资源环境匹配度。

（三）农业结构调整的基本方案

1．2025年、2030年种植业结构调整方案

（1）作物结构调整方案

在统筹兼顾配置口粮、工业用粮、种子用粮以及各种经济作物生产的基础上，推进由粮经二元结构向粮—经—饲三元结构发展，实行“一保，一稳，一增”的种植业结构调整方案，即保证口粮绝对安全，稳定经济作物，增加饲料作物。

到2025年，粮食作物、经济作物、饲料作物播种面积比重从2015年的52.1∶30.7∶17.2调整至2025年的47.3∶30.0∶22.7。2025年，青贮玉米面积达到近6 000万亩，苜蓿面积达到近9 700万亩。到2030年，粮食作物、经济作物、饲料作物播种面积占比调整至44.8∶29.6∶25.7。2030年，青贮玉米面积将达到6 991万亩，苜蓿面积将超过11 000万亩（表9）。

表9　全国作物结构调整方案

单位：万亩，%

年份		2015年	2025年	2030年
农作物播种面积		249 561	269 225	279 630
粮—经—饲结构	粮食作物	52.1	47.3	44.8
	经济作物	30.7	30.0	29.6
	饲料作物	17.2	22.7	25.7
主要农作物占比	水稻	18.2	16.0	14.8
	小麦	14.5	12.9	12.0
	玉米	22.9	27.2	29.5

（续）

年份		2015年	2025年	2030年
主要农作物占比	青贮玉米	1.6	2.2	2.5
	棉花	2.3	2.2	1.8
	糖料	1.0	1.0	1.0
	油料	8.4	9.3	9.9
	苜蓿	2.8	3.6	4.0

注：粮食作物包括稻谷、小麦、玉米、大豆和薯类杂粮的食用和工业用粮部分；经济作物包括棉花、油料、糖料、蔬菜等；饲料作物包括饲料玉米、饲料稻、饲用薯类、饲用杂粮、青饲料等。

（2）区域作物结构调整方案

①重点作物区域布局调整

水稻南恢北稳。东北地区井灌区水稻种植面积逐步收缩，重点提升江河湖灌区水稻集约化水平，提升产品质量；西北地区减少水稻种植；未来重点建设长江中下游、西南水稻优势产区，恢复水热资源匹配度较高的华南区水稻种植。

小麦北稳南压。稳定黄淮海小麦主产区生产能力，提升长江中下游稻茬麦区单产水平，适度恢复东北强筋春麦区生产能力；适当调减黄淮海地下水超采区小麦面积。

玉米稳优控非。稳定东北和黄淮海玉米优势区面积，调减北方农牧交错区、西北风沙干旱区、西南石漠化区等非优势区的玉米面积。扩大青贮玉米，为畜牧业提供优质饲料来源；调减籽粒玉米，特别是非优势区籽粒玉米生产。

大豆粮豆轮作。因地制宜开展粮豆轮作，逐步恢复和提高大豆面积。东北地区扩大优质食用大豆面积，稳定油用大豆面积；黄淮地区以优质高蛋白食用大豆为重点，适当恢复面积；南方地区发展间套作，实现种地养地相结合。

油料稳油菜增花生。加强长江流域油菜优势区建设，发展南方冬闲田和沿江湖边滩涂地双低油菜种植；北方地区适当扩大春油菜面积。扩大花生面积，主攻黄淮海榨油花生，发展粮油轮作。

棉花稳北增效。稳定新疆棉区，推广耐盐碱、抗性强、宜机收的高产棉花品种和机械化生产技术。巩固沿海沿江沿黄环湖盐碱滩涂棉区。

糖料提蔗稳甜。甘蔗重点发展桂中南、滇西南两个优势区建设。稳步新疆、内蒙古、黑龙江等北方甜菜主产区，压缩南方和黄淮海地区甜菜。

蔬菜均衡发展。调减黄淮海区设施蔬菜，降低面源污染强度；调减华南区南菜北运

面积和规模；巩固西南区冬春蔬菜基地、黄土高原区、甘新区夏秋蔬菜基地。

饲草积极发展。以养带草，北方地区发展苜蓿、青贮玉米、饲用燕麦、饲用大麦等，草粮轮作，南方地区发展黑麦草、三叶草、狼尾草、饲用油菜等多种饲料作物，开发草山草坡。

②地区作物结构调整

东北区：稳定水稻，扩种大豆、杂粮、薯类和饲草作物，构建合理轮作制度。稳定三江平原、松嫩平原等优势产区的水稻面积，调减黑龙江北部、内蒙古呼伦贝尔以及农牧交错带玉米面积，扩种大豆、杂粮、薯类和饲草作物，改变种植方式，推行粮豆轮作、粮草（饲）轮作和种养循环模式，逐步建立合理的轮作体系。

华北区：以稳定为主，适度调减，三元统筹。稳定小麦面积，完善小麦—玉米、小麦—大豆（花生）一年两熟种植模式，稳定蔬菜面积；在稳步提升粮食产能的前提下，适度调减华北地下水严重超采区小麦种植面积；扩大青贮玉米面积，适当扩种花生、大豆、饲草。

长江中下游区：稳定双季稻面积，稳定油菜面积，提升品质。稳定双季稻面积，推广水稻集中育秧和机械插秧，提高秧苗素质，减少除草剂使用，规避倒春寒，修复稻田生态；稳定油菜面积，加快选育推广生育期短、宜机收的油菜品种，做好茬口衔接；提升品质，选育推广生育期适中、产量高、品质好的优质籼稻和粳稻品种，高产优质的弱筋小麦专用品种；开发冬闲田扩种黑麦草等饲（草）料作物。

华南区：稳定水稻面积，稳定糖料面积、扩大冬种面积。稳定双季稻面积，选育推广优质籼稻，因地制宜发展再生稻；稳定糖料面积，推广应用脱毒健康种苗，加强“双高”蔗田基础设施建设，推动生产规模化、专业化、集约化，加快机械收获步伐，大力推广秋冬植蔗，深挖节本增效潜力；充分利用冬季光温资源，扩大冬种马铃薯、玉米、蚕豌豆、绿肥和饲草作物等，加强南菜北运基地基础设施建设。

西南区：以地定种，稳经扩饲，增饲促牧。稳定水稻、小麦生产，发展再生稻，稳定藏区青稞面积，扩种马铃薯和杂粮杂豆。推广油菜育苗移栽和机械直播等技术，扩大优质油菜生产。调减云贵高原非优势区玉米面积，改种优质饲草，发展草食畜牧业。

黄土高原区：挖掘降水生产潜力，建立高效旱作农业生产结构。稳定小麦等夏熟作物种植，积极发展马铃薯、春小麦、杂粮杂豆种植，因地制宜发展青贮玉米、苜蓿、饲用油菜、饲用燕麦等饲草作物种植。积极发展特色杂粮杂豆，扩种特色油料，增加市场供应，促进农民增收。加强玉米、蔬菜、脱毒马铃薯、苜蓿等制种基地建设，满足生产用种需要。

西北绿洲灌溉农业区：以水定地、以地定种，建立节水型农业生产体系。积极推进棉花机械采收，稳定棉花种植面积。发展饲（草）料生产，推行草田轮作，保护山区草场，促进牧业发展。

内蒙古中部区：以草定畜，加快优质人工饲（草）料发展，扩大植被覆盖，改善生态环境。扩大马铃薯、谷子、高粱等耐旱粮食作物和人工牧草种植，鼓励休耕轮作制。

青藏高原区：发展粮、饲、草兼顾型农业，推进农牧结合。逐步提高藏区粮食（青稞）自给水平，同时注意农牧结合，在农区种植牧草；在保证畜牧业发展和生态安全的基础上，发展高原特色农业。

2．2025年、2030年畜牧业结构调整方案

大力发展家禽、草食畜等节粮型畜牧业，推动种植和养殖主体结合、种植区域和养殖区域结合，重点向环境承载力大的地区转移畜牧业，推广标准化健康养殖方式，构建与资源环境、市场需求相适应的畜牧业结构。

（1）*产品结构调整方案*

综合考虑不同畜禽生产效率、贸易替代潜力、草食畜发展空间等因素，确立我国畜牧业产品结构调整方案：稳定生猪生产，扩大肉鸡生产，大力发展肉牛、奶牛、肉羊等草食畜。到2030年，我国猪肉、禽肉、牛肉、羊肉、禽蛋和奶类产量分别达到6 095万t、2 313万t、972万t、653万t、3 357万t和4 700万t。2015—2030年，全国猪肉比重调减约4.1个百分点，牛肉、羊肉分别调增1.4个、1.3个百分点，禽肉增加1.5个百分点（表10）。

表10 全国畜禽产品结构调整方案

单位：万t，%

品种	2015年		2025年		2030年	
	产量	比重	产量	比重	产量	比重
肉类	8 453	100.0	9 605	100.0	10 033	100.0
猪肉	5 487	64.9	5 962	62.1	6 095	60.8
牛肉	700	8.3	892	9.3	972	9.7
羊肉	441	5.2	590	6.1	653	6.5
禽肉	1 826	21.6	2 162	22.5	2 313	23.1
奶类	3 870	100.0	4 500	100.0	4 700	100.0
禽蛋	2 999	100.0	3 291	100.0	3 357	100.0

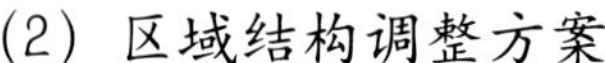

(2) 区域结构调整方案

①畜牧业区域布局调整

基于地区资源环境承载力，加快养殖业区域布局调整。重点调减南方水网地区和京津沪等大城市周边畜禽养殖规模；重点发展东北、黄淮海农牧交错带，同时优化黄淮海区内布局。

②主要畜禽品种区域布局调整

生猪：分类推进重点发展区（黄淮海和西南地区）、约束发展区（京津沪和南方水网地区）、潜力增长区（东北区、云贵两省）和适度发展区（西北区），促进生猪生产与资源环境、市场协调发展。

肉牛：巩固发展中原产区，稳步提高东北产区，优化发展西部产区，积极发展南方产区，保护发展北方牧区。逐步提高牛肉品质。

肉羊：巩固发展中原产区和中东部农牧交错区，优化发展西部产区，积极发展南方产区，保护发展北方牧区。

奶牛：巩固发展东北、内蒙古和华北产区；稳步提高西部产区；积极开发南方产区，充分利用南方冬闲田、草山草坡的草地资源，发展草地畜牧业；稳定大城市周边产区。

家禽：重点发展华北和长江中下游地区，适度发展城市周边产区。

3. 产业结构调整方案

(1) 大力发展农产品加工业

农产品加工业落后直接影响到农产品增值和农民收入。2015年全国规模以上农产品加工业企业主营业务收入达到19.36万亿元，农产品加工业与农业总产值比为2.2∶1。总的来看，我国农产品加工业仍然处于初级发展阶段，融合程度低，层次浅，附加值不高，具体表现在：一是农产品加工业总体能力与国外仍存在较大差距；二是缺乏适宜加工的农产品品种，专用加工原料基地建设滞后；三是农产品加工业的产品仍以初级加工品为主，产业链条短，副产物利用率低，加工增值能力尚有待提高；四是产地初加工水平低；五是主产区加工业落后；六是从农业服务业来看，存在服务档次低、效率低的问题。

扩大农产品加工业规模，提升发展技术含量，延长产业链条，满足城乡居民对健康、安全、优质食品的需求。争取2025年农产品加工业与农业总产值比达到2.7∶1，2030年提高到3.0∶1。主要途径是：积极引入“互联网+”和“工业4.0”思维，创新农产品加工生产模式和经营模式；加大农产品现代加工技术研究；鼓励副产品精深加

工，提高综合利用率；加强加工专用型农产品研发和基地建设；完善农产品加工标准体系建设，提升产品质量。

（2）推进设施农业发展

设施农业是一种受气候影响小，对土地依赖相对较弱，产量高、品质易于控制、经济效益高的现代农业，受到世界各国的高度重视，尤其是在人均资源相对不足的国家，如荷兰、以色列和日本等国，设施农业成为发展现代农业的重要途径。我国人均资源少，保障食物安全的压力巨大，因此应发展设施农业，拓展农业空间，改变传统的露地农业为露地农业和设施农业并举的农业发展方式。

截至2015年底，我国设施园艺面积已达410.9万hm^2，总产值9 800多亿元，并创造了4 000多万个就业岗位；设施畜禽养殖比重不断提升，总产值达12 000亿元以上；设施水产养殖规模分别达193万hm^2（深水网箱养殖）和3 748万m^3（工厂化养殖），总产值达1 283亿元。设施农业以占全国不到5%的耕地获得了39.2%的农业总产值，在农业现代化进程中起到了举足轻重的作用。

我国设施农业取得了重要的技术进展，但与荷兰、以色列、日本、美国等发达国家相比，仍有较大差距。具体表现为：一是设施结构简陋、环控水平低。目前，我国90%以上的设施仍为简易型结构，单体规模小、环控水平低、抗灾能力弱，适宜于我国的大型化连栋温室、集约化养殖设施结构以及轻简化、装配化、智能化环境调控等关键技术亟待突破。二是机械化水平低、劳动生产率不高。设施农业机械化率仅为30%左右，人均管理面积仅为荷兰的1/4。三是产量低、生产效率不高。与发达国家相比，我国设施动植物产量仍较低，生猪出栏率低40%、奶牛单产低50%以上；番茄、黄瓜产量为10～30kg/m^2，仅为荷兰水平的1/4～1/3；水肥利用效率仅为荷兰水平的1/3～1/2。

设施农业发展总的趋势是由日光温室向连栋温室发展，向智能化、工厂化、节能化、高效化的方向发展。我国设施农业加快发展的主要途径：一是，加强对设施农业科技创新的支持力度。重点突破设施光热动力学过程模拟、作物环境与营养响应机制、畜禽环境生物学机理及调控机制、养殖鱼类与水体环境互作机制等基础性难题，以及温室结构大型化、全程机械化和智慧垂直植物工厂技术，福利化健康养殖设施优化、机械化饲养管理与粪污处理技术，水产工厂化养殖水处理与智能化管控等一批重大关键技术，显著提升我国设施农业科技支撑能力。二是，加大对设施农业专业人才的培养。我国设施农业从业人员绝大多数都是兼业农民，文化水平低、管理经验欠缺，产量与效益难以

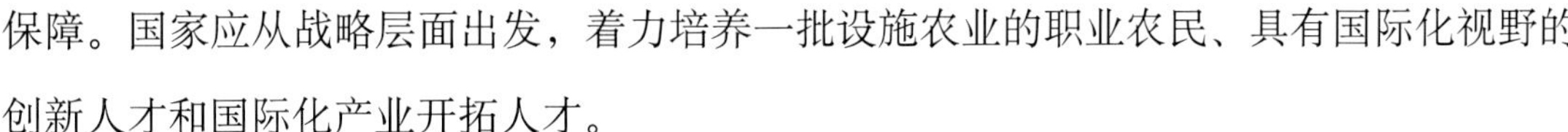

保障。国家应从战略层面出发，着力培养一批设施农业的职业农民、具有国际化视野的创新人才和国际化产业开拓人才。

（3）有序发展休闲观光农业

休闲观光农业作为一种新产业、新业态，在推动农业增效、农民增收、农村增绿方面，越来越展现出独特的产业优势和发展潜力，是推进农业供给侧结构性改革的有效路径。到2016年，全国的农家乐约200万家，全国休闲观光农业和乡村旅游示范县（市、区）、美丽休闲乡村分别达到328个和370个，全国休闲观光农业和乡村旅游年接待游客超过21亿人次，营业收入超过5 700亿元，从业人员845万人，带动672万户农民受益。

目前，我国休闲观光农业仍存在一些问题：一是过分关注眼前利益和局部利益；二是发展模式同质化，产品缺乏特色，恶性竞争现象普遍，缺乏发展动力，农民就业增收缺乏后劲；三是人力资本匮乏，经营管理落后；四是科技含量较低，产业融合度差；五是标准体系不健全，资金投入和监管力量不足。

休闲观光农业有序发展途径：一是以农为主，充分体现“农”性特征。休闲观光农业要始终坚持以农业为基础、农村为载体、农民就业增收为目标的发展思路。立足“农”做强六次产业，围绕“农”提升产品质量，依托“农”创立金字招牌。二是立足本地，发挥农民的市场主体地位。三是延长产业链，拓宽休闲观光农业产业发展空间。以创意农业为手段，将农业文化资源与种养加、产加销充分结合，在浓厚的乡土文化气息中融入现代农业高科技元素，以提高休闲观光农业产业附加值，拓展盈利空间。四是农业发展模式特色化，培育多元消费群体。除了休闲观光农业及乡村旅游，我国还在开展国家农业公园、特色小镇、国家农业产业园、农业文化遗产、特色农产品优势区等多种形式的乡村发展建设。

八、全球化背景下粮食安全与农产品国际贸易

经济全球化背景下的农产品国际贸易既缓解了输入国农业资源的稀缺，也促进了资源输出国的经济发展。我国农产品需求增长旺盛，水土资源紧张，农业生产压力大，进口农产品对于缓解供需矛盾正在发挥越来越重要的作用。全人类作为统一的命运共同体，在全球化背景下，秉承资源禀赋，实现技术、资金、资源及农产品的合理流动，在增加全球粮食供给的情况下，也保障了我国的粮食安全。

（一）农产品国际贸易态势

总态势：农产品进口量不断增加，对外依存度不断提高。

1．大宗农产品净进口量不断增加

我国已成为谷物、油脂油料、棉花、食糖、饲料饲草、木薯及木薯粉等大宗农产品的净进口国。

粮食：2008年之前我国曾是谷物净出口国，但从2009年开始，我国谷物净进口量逐渐增加，2015年达到3 217万t。2016年净进口量有所下降，为2 129万t。

油料、植物油：近10多年以来我国一直是大豆和油菜籽净进口国，且进口量呈持续增加态势。2015年我国油料净进口量达8 724万t，其中大豆为8 169万t，油菜籽为447万t。由于国内植物油供给严重不足，除了大量进口油料，植物油直接进口量也保持在800万～1 000万t的水平。

木薯：我国一直是木薯及木薯粉净进口国，以替代部分粮食和其他淀粉类原料。近年来木薯及木薯淀粉净进口量不断增加，2015年木薯干净进口量达到920万t，木薯粉进口量达到180多万t。

蛋白饲料：2009年之前我国一直是蛋白饲料原料净出口国，但随着玉米酒糟蛋白饲料（DDGS）进口量的增加，从2010年开始，我国成为蛋白饲料原料净进口国，2015年蛋白饲料原料净进口量达到570万t。

食糖：我国食糖供给短缺，一直是净进口国家，2015年达到477万t的历史最高水平，2016年有所下降，净进口量为291万t。

棉花：国内棉花净进口量波动幅度较大，随着国内棉花目标价格改革政策的实施，近两年棉花的净进口量呈下降趋势，2016年净进口量为89万t，是2015年的61.6%。

2．畜禽产品、水果、饲草也已成为净进口国

畜禽产品进口量持续增加：2004年进口量最低，只有29.2万t，2016年进口量最高，达到300.5万t。猪肉仍是进口量最大的肉类品种，牛肉进口量增幅较大，羊肉进口量比较稳定，2016年猪肉、禽肉、牛肉和羊肉的进口量分别为162.0万t、59.2万t、57.3万t和22.0万t。

水果已由净出口国逐渐演变为净进口国：我国是世界水果生产大国，2011年之前我国是水果净出口国，但自2012年开始我国成为水果净进口国。2016年我国水果进口量

402万t，进口金额为58.5亿美元；出口量为365.5万t，出口金额54.8亿美元。

饲草进口量持续大幅度增加：我国需要大量进口苜蓿、燕麦草等商品草来满足国内需求，2016年苜蓿草进口量达168.5万t。

3. 蔬菜、水产和花卉仍是净出口国

蔬菜净出口量保持在600万t左右的水平：我国一直是蔬菜净出口国，2000年的净出口量为254万t，2008—2016年的净出口量一直保持在600万t左右的水平。

水产是我国第一大农产品出口品种：2016年我国水产品进出口总量827.91万t，进出口总额301.12亿美元。2016年水产品贸易顺差113.64亿美元，仅次于蔬菜。

精品特色花卉出口前景光明：截至2015年底，我国花卉生产面积已达130.55万hm^2，销售额1 302.57亿元，出口创汇6.19亿美元，已成为世界上最大的花卉生产基地、重要的花卉消费国和花卉进出口贸易国。

4. 大宗农产品虚拟耕地资源对外依存度已达32.2%

大宗农产品虚拟耕地资源进口量：我国大宗农产品虚拟耕地资源净进口量由2000年的1 112万hm^2，增加到2015年的6 576万hm^2。分品种来看，2015年大豆、大麦、高粱、油菜籽、棕榈油、木薯干、豆油、食糖、DDGS、棉花、菜籽油、玉米、葵花籽油、稻米和小麦是我国大宗农产品中虚拟耕地净进口量较大的品种，约占我国大宗农产品虚拟耕地净进口总量的97.6%。

我国大宗农产品虚拟耕地资源贸易格局及对外依存度：2015年我国大宗农产品虚拟耕地资源进口量为6 576万hm^2，其中巴西、美国、阿根廷、加拿大、澳大利亚、乌克兰、印度尼西亚、泰国、乌拉圭和法国是我国大宗农产品虚拟耕地净进口量前10的国家，自上述10个国家虚拟耕地资源净进口量为6 332万hm^2，占进口总量的96%。

根据《2015中国国土资源公报》，截至2014年底，我国耕地面积为13 499.9万hm^2。2015年虚拟耕地资源进口总量达到6 576万hm^2，出口量下降到150万hm^2，净进口量增加到6 426万hm^2，我国大宗农产品虚拟耕地资源对外依存度为32.2%。

（二）主要农产品国际贸易潜力

随人口增加和食物需求结构的进一步变化，食物消费总量仍不断增加，而未来我国仍面临着农业资源供给不足的问题，预计主要农产品的进口量仍呈现不断增加态势；但同时劳动—技术密集型和资金密集型的农产品出口仍具有一定竞争力。

1. 三大谷物

2025年、2030年我国三大谷物进口潜力分别为2 386万t、2 564万t，较2015年进口量1 111万t，仍有少量利用国际市场进行调剂的潜力，有利于国内生产的灵活适度调整，为国内农业产业结构调整和休养生息提高适度空间。

小麦：预计2025年世界小麦生产量7.9亿t，出口量1.7亿t（占产量22.0%）；2030年，世界小麦生产量8.3亿t，出口量1.9亿t（占产量22.6%）。2025年、2030年我国小麦进口潜力分别为870万t、933万t，占世界出口量的5.0%。

稻谷：预计2025年、2030年世界稻谷生产量分别为7.9亿t和8.3亿t，出口量分别为0.51亿t和0.55亿t（占产量9.1%和9.2%）。2025年、2030年我国稻谷进口潜力分别为548万t、587万t，占世界出口量的10.6%。

玉米：预计2025年、2030年世界玉米生产量分别为11.5亿t和12.3亿t，出口量分别为1.42亿t和1.52亿t（占产量12.4%）。2025年、2030年我国玉米进口潜力分别为971万t、1 044万t，占世界出口量的6.9%。

2. 棉、油、糖

当前我国棉花进口量较大，未来进口潜力有限。由于我国食用植物油刚性增长，且需求量较大，为了保证未来供需平衡，需要进一步拓展空间。食糖还有一定进口空间。

棉花：预计2025年、2030年世界棉花产量分别为0.28亿t和0.31亿t，出口量分别为869万t和936万t（占产量31%左右）。2025年、2030年我国棉花进口潜力分别为212万t、232万t，占世界出口量的24%左右。

植物油：预计2025年、2030年世界食用植物油产量分别为2.19亿t和2.43亿t，出口量分别为0.92亿t和1.01亿t（占产量41.5%左右）。2025年、2030年我国食用植物油进口潜力分别为1 278万t和1 397万t，占世界出口量的14%左右。

食糖：预计2025年、2030年世界食糖产量分别为2.10亿t和2.35亿t，出口量分别为0.70亿t和0.78亿t（占产量33%左右）。2025年、2030年我国食糖进口潜力分别为808万t和897万t，占世界出口量的12%左右。

3. 畜禽产品

猪肉、牛肉和禽肉进口仍有较大空间；受世界羊肉出口量增长空间有限的影响，未来我国羊肉进口潜力较小。

猪肉：预计2025年、2030年世界猪肉产量分别为1.31亿t和1.38亿t，出口量分别为0.08亿t和0.09亿t（占产量6.1%和6.5%）。2025年、2030年我国猪肉进口潜力分别为112万t和124万t，占世界出口量的13.3%左右。

牛羊肉：预计2025年、2030年世界牛羊肉产量分别为0.95亿t和1.03亿t，出口量分别为0.15亿t和0.16亿t（占产量15.8%和15.5%）。2025年、2030年我国牛羊肉进口潜力分别为123万t和134万t，占世界出口量的8.3%左右。

禽肉：预计2025年、2030年世界禽肉产量分别为1.31亿t和1.41亿t，出口量分别为0.15亿t和0.17亿t（占产量11.5%和12%）。2025年、2030年我国禽肉进口潜力分别为99万t和112万t，占世界出口量的6.4%。

4．蔬菜、水产和花卉

（1）蔬菜出口仍将保持较大规模

20世纪80年代以来，世界蔬菜国际贸易量持续上升，年增幅在5%左右，30个种类蔬菜的国际贸易量已超过7 000万t。另外，在WTO框架下参与蔬菜国际贸易的国家和地区不断增加。

我国蔬菜产业优势明显。第一，我国农业资源优势明显。同周边其他国家相比，几乎所有蔬菜作物一年四季在我国都有其适宜的生产区域；可利用气候差异和反季节性生产来最大限度地发挥我国自然资源优势。第二，我国地理位置优势明显。我国与蔬菜出口区域接海邻壤，距离相对较小，生活消费习性、文化渊源相近，出口贮运成本和时间成本较低。第三，我国蔬菜生产成本优势明显。蔬菜生产成本中，劳动力成本占比最大，约占蔬菜生产成本的70%左右。我国劳动力成本低，使得蔬菜生产具有明显的成本优势，最终实现具有国际竞争力的利润优势和价格优势。未来我国蔬菜仍将保持较高的竞争优势。

（2）水产品仍将是我国重要的农产品出口品种

随着国内促进外贸政策措施效果逐步显现以及渔业转方式调结构和供给侧结构性改革政策的深入推进，我国水产品出口竞争力将有所增强，预计年均出口增长率将保持在4.5%左右。预计2025年、2030年我国水产品出口潜力分别为600万t、700万t左右，分别较2016年增加180万t、280万t，并将继续保持100亿美元左右的贸易顺差。

（3）精品特色花卉出口前景光明

近几年我国花卉产业发展十分快速，花卉种植面积、销售额和出口额均持续上升。

无论从我国丰富的物种多样性，还是从市场的广阔前景分析，花卉产业必将成为新兴的效益农业之一。我国已成为世界上最大的花卉生产基地、重要的花卉消费国和花卉出口国，在世界花卉生产贸易格局中占据重要地位。

（三）加强农业领域国际合作，保障粮食安全

1．粮食进口多元化

受耕地、灌溉水资源短缺的制约，为保证农产品供给，我国农业必须“走出去”，深入实施“两种资源，两个市场”战略，从全球范围解决我国农产品不足问题。

无论是北美的美国、加拿大，还是欧洲的乌克兰、法国等国家，其农业非常发达，已有成熟、完善的农业产业体系。为满足全球（特别是中国）过去20多年来对农产品的需求，国际大的农业公司和贸易集团（如ADM、邦基、嘉吉、路易·达夫、丰益国际和日本的丸红、伊藤忠等），在南美的巴西、阿根廷以及东南亚的印度尼西亚、马来西亚等国家，与当地政府、农业土地拥有者、农业生产者等进行了深度合作，为当地生产者提供农资、资金、技术，并通过其强大的全球农产品加工、运输和贸易体系，掌控了全球农产品资源。在某种程度上说，国际农业公司和贸易集团的经营活动对满足过去20年我国农产品需求的快速增长也起到了重要作用。

为保障我国粮食供给安全，中粮集团积极实施“走出去”战略，购并“来宝谷物”，从而在南美拥有了自己的基地；在乌克兰投资，建设生产、加工和贸易基地。我国政府为提高非洲的农业生产能力，在很多非洲国家建设了多个不同类型的示范农场；国内一些大、中、小型企业及私人也纷纷在俄罗斯、非洲等地建设农场。

鉴于目前我国农产品进口来源国集中度和对外依存度高，为保安全，我国农产品进口必须实行多元化方针。

（1）继续保持和传统主要农业贸易国的良好合作关系

巴西、美国、阿根廷、澳大利亚、新西兰等是我国大宗农产品的主要进口来源国，加强与主要现有传统农业贸易国的合作关系，尽量避免贸易摩擦，保障农产品的有效供给。

（2）积极发展同乌克兰、俄罗斯、哈萨克斯坦、乌兹别克斯坦等农业资源大国全方位的深度农业合作

目前我国已与乌克兰建立了比较深入、广泛的农业合作，自乌克兰的葵花籽油、玉

米等农产品的进口量不断增加。

俄罗斯西伯利亚及远东地区、中亚地区的哈萨克斯坦以及乌兹别克斯坦等都拥有丰富的农业资源和良好的农业基础，应与这些国家广泛开展农业合作，增加粮油产品进口量。

(3) 逐步拓展与东非地区国家的农业合作领域，带动该地区农业发展

东非地区农业资源丰富，但农业发展基础薄弱，农业发展潜力巨大。可以通过利用国际组织、外国政府援助资金等加强农业基础设施，特别是水利设施建设；投资东非农业、建设大规模现代化农场的企业，要与促进当地居民的生产、生活水平提高和社区发展相结合。

2. 依托“一带一路”为导向的全球化战略

在巩固已有贸易渠道基础上，借“一带一路”倡议推进的重要机遇期，建立多项优惠措施，鼓励国内企业、机构、个人投资者“走出去”，利用多种合作方式开发国际农业资源。加强我国与近邻及发展中国家、新经济体的贸易，在国内边境港口建设进口农产品物流和加工产业园，通过财政、税收等多方面优惠政策鼓励来料加工。

粮食及主要农产品生产供应关系到人类的生存与发展，它在构建人类命运共同体中具有特殊性，也是首要的任务。

(1) 秉承全球资源禀赋，实现农产品的合理流动，有利于减少对全球生态环境的影响

对于美国、巴西、阿根廷、澳大利亚、新西兰以及马来西亚、印度尼西亚、俄罗斯、乌克兰、哈萨克斯坦等国家而言，丰富的耕地资源、适宜的气候条件以及先进的农作物种植技术是其相关农产品生产具有较高比较优势的关键因素。从经济上来讲，农产品国际贸易已经发展为国家间以资源禀赋和比较优势为依据的追求利润最大化的活动。从农业资源配置来看，在优势区域生产农产品，通过国际贸易满足全球需求，相当于提高了全球农业生产效率，降低了全球农作物生产对生态环境的不利影响程度。

(2) 提高非洲农业生产能力，就是对全球粮食安全的重大贡献

通过技术、资金、农机装备等的输出，在东非地区从事农业资源开发，提升全球农业生产能力，增加农产品供给，满足非洲当地人的食物需求，本身就是对中国粮食安全的贡献，也是对全球粮食安全的贡献。

(3) 实施劳动—技术密集型、资金密集型农产品的出口战略

随着国内消费水平的升级、技术水平和劳动力成本的提高、国家政策的支持，预计未来我国工业化蔬菜生产也将进入快速发展时期。我国珠江三角洲、长江三角洲、京津冀地区及其他区域的大城市郊区等，将是工厂化蔬菜生产的重点发展区域。随着经济全球化、交通运输快捷化、保鲜加工现代化、蔬菜生产区域化，蔬菜的国际贸易量不断增加。我国工厂化蔬菜产品除了满足国内市场对高质量蔬菜的需求，预计东南亚、东亚、中亚、中东和俄罗斯等国家和地区对我国进口蔬菜的需求量将增加。

花卉产业是也是集劳动—技术密集、资金密集的绿色朝阳产业。在欧美，花卉消费是一个巨大的市场。中国幅员辽阔，气候地跨三带，是世界公认的花卉资源宝库。目前我国已成为世界上最大的花卉生产基地、重要的花卉消费国，随着技术的进步、交通运输条件的改善，我国特色花卉、盆景出口将快速增加。

我国应该在品种繁育、技术和装备研发推广、贸易政策等方面，全面提高现代蔬菜和花卉产业生产水平和贸易水平。

九、农业发展重点区

在21世纪内为确保我国和全球粮食（食物）为主的农产品安全，在我国和全球范围内选择具备生产和提供大量商品粮潜力地区，构建国内和国际两个“粮仓”。

（一）中国重点农业区域

依据关系到国家粮、棉、油、糖、肉主要农产品的保障供给、国家级商品生产基地、一业或几业为主综合发展的原则，选择三江平原、松嫩平原、东北西部和内蒙古东部地区、黄淮海平原、长江中游及江淮地区、四川盆地、新疆棉花产区、广西蔗糖产区八个片区作为国家的重点农业区域（图15）。

上述八区耕地占全国耕地总面积50%以上，小麦、玉米、稻谷产量分别占全国总产量的78.4%、63.8%和52.3%，棉花产量占全国总产量的90.4%，油料产量占全国总产量的60.4%，甘蔗产量占全国总产量的65%，薯类和水果产量分别占全国总产量的35.8%和39.0%，肉、蛋、奶产量分别占全国总产量的56.2%、60.9%和75.1%，是我国最主要的农产品商品生产基地。应集中力量确保耕地数量，提高耕地质量与农产品生产、供给能力，为保障国家食物安全奠定坚实的基础。

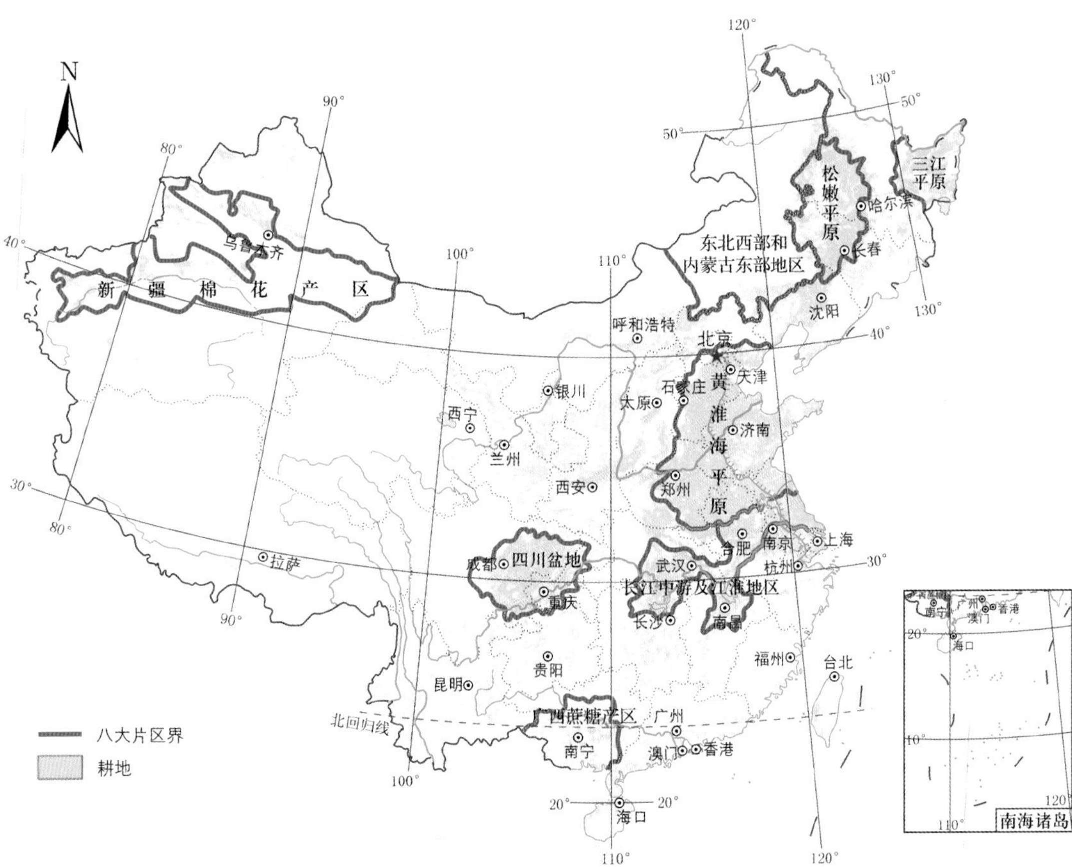

图 15　国家八大片重点农业区域

1. 三江平原

三江平原土地总面积10.9万km^2，耕地约5.2万km^2，农业人口人均耕地1.65hm^2，主要作物为玉米、水稻和大豆，水、旱田比约3∶7，粮食总产1 477万t，人均约2t，粮食商品率高达80%，是我国重要的商品粮基地。当前区内主要问题是中低产田比重大，水旱灾害频繁；水稻井灌区比重较高，导致局部地下水超采；湿地生态系统遭到严重破坏。

该区重点发展优质水稻和高油大豆，适当减少玉米种植面积，建设我国重要商品粮基地。开展以治水、改土为中心的基本农田建设，综合治理洪、涝、旱灾害，提高土地生产力。重点治理对象为以白浆土为主的约2 000万亩中低产田。农业可持续发展的主要措施包括：

建设完善的排水系统，防止平地或低平地白浆土内涝；营造水土保持林和农田防护林，尽量避免顺坡作垄，防止岗坡地的水蚀和风蚀；采取浅翻深松、秸秆还田等方法加深熟化耕作层；大力推行草田轮作制，种植以苜蓿为主的豆科与禾本科牧草，既发展畜牧业，又可提高土壤肥力。

通过高效节水和充分利用“两江一湖”（松花江、黑龙江、兴凯湖）水资源，逐步以地表自流灌溉替代地下水开采严重的稻田井灌区；对有条件的低洼旱田实施“旱改水”，适度提高水田比例。区内水田和旱田的比例以接近1∶1为宜，同时可增加优质牧草和大豆面积，适度调减籽粒玉米面积。

严禁继续开垦湿地，保护湿地生态系统。

2．松嫩平原

松嫩平原是我国著名的黑土带，土地总面积19.5万km^2，耕地11.8万km^2，农业人口人均耕地0.58hm^2，是国家重要的玉米带和水稻、大豆、牛奶产区，玉米种植面积比例达72.6%，玉米产量占全国总量的21.0%，粮食商品率多年保持在60%以上。当前区内主要问题是黑土有机质含量下降，土壤侵蚀严重；西部耕地土壤盐碱化问题突出。农业可持续发展的主要措施与对策包括：

实施黑土肥力保持工程。重点是改顺坡种植为斜坡、等高种植，并与生物及工程措施结合，开展以小流域为单元的针对黑土区漫川漫岗型坡耕地水土流失的综合治理。对目前已形成的巨大侵蚀沟，除实施工程措施，封育是最有效的治理途径。

改造中低产田。以区内1 800万亩薄层黑土中低产田为重点，实施秸秆粉碎深埋还田工程，国家给予适度补贴；逐步在全区建立玉米—大豆—苜蓿为主框架的草田轮作制度，促进畜牧业发展，有效提升土壤肥力。同时，推广深松免耕、少耕和地面覆盖技术，建立抗旱保墒的耕作制度。

治理土壤盐碱化。松嫩平原西部现有盐碱化耕地约550万亩，均为中低产田，亟待改良。应加大现有灌区节水改造力度，厉行节水，利用节余水量在水源有保障地区实施“旱改水”，种稻改碱；旱地则采用震动深松整地和草田轮作技术，增施有机肥，降低土壤盐碱危害，提升农田生产力。

3．东北西部和内蒙古东部地区

东北西部和内蒙古东部地区土地总面积59万km^2，是我国质量最好的草原牧区和半农半牧区。牛羊肉产量占全国总量的15.2%，绵羊毛和山羊毛产量分别占全国总产量的18.7%和25.4%，羊绒产量占全国总产量的16.5%，牛奶产量占全国总产量的7.1%。现有耕地约7.6万km^2，农业人口人均耕地9.18亩，农作物以玉米、薯类为主。

该区农业可持续发展的核心是：将以农为主、农牧结合的生产方向改变为以牧为主、农牧结合的生产方向，增加以水利为保障的饲（草）料种植比重，草田轮作，形成以肉乳毛为主的国家畜产品商品生产基地。

该区近十多年耕地由4.1万km^2迅增至7.6万km^2，净增5 200万亩，部分新增耕地已出现沙化现象。另因耕地剧增挤占生态用水，加之牲畜过牧超载，导致草原退化。农业可持续发展的主要措施与对策包括：

严禁新垦土地，对于沙化严重的耕地实施退耕还草；努力推广草田轮作制度，增加以苜蓿、玉米青贮为主的饲草料比重至总播种面积的50%以上，大力发展畜牧业。稳定的草田轮作制可提升土壤肥力，防止风蚀沙化，同时提供饲料减轻草原压力，便于退化草原恢复。在更大的范围内可考虑实施草原繁殖，在东北玉米带育肥，实现区域农牧整合。

4. 黄淮海平原

黄淮海平原土地总面积44.3万km^2，耕地面积约25万km^2，农业人口人均耕地不足0.1hm^2。该区以占全国19%的耕地，生产了约占全国55%的小麦、30%的玉米、36%的棉花、32%的油料、30%的肉类和24%的水果，是我国重要的粮、棉、油、肉类和水果等农业生产基地，尤其是冬小麦的主要产区。当前区内主要问题是农业用水极为短缺，地下水严重超采；土壤重金属污染日趋严重；中低产田比重相对较大，土壤耕层变浅，物理性质退化。农业可持续发展的主要措施与对策包括：

厉行节水，减少地下水超采。针对冬小麦—夏玉米轮作全面推广调亏灌溉模式，采用经济杠杆鼓励农户节水灌溉；适度压缩普通小麦的播种面积，发展专用强筋小麦，冬小麦布局适当南移；大力推广喷灌、微灌、滴灌为主的高效节水技术，继续压采地下水，节水重点仍在渠灌区。

改造中低产田，提升土壤肥力。该区主要中低产农田土壤分别是砂姜黑土4 300万亩、薄层褐土1 000万亩、滨海盐土350万亩。鼓励农户增施有机肥，提高秸秆直接还田比例至50%以上；在草田轮作中推广以紫花苜蓿为主的人工牧草。

以防为主，综合治理土壤重金属污染。防治土壤重金属污染的重点区域是金属矿区、工业区、污水灌溉区和大中城市周边。

农业结构调整中，适度调减、稳定冬小麦面积，发展青贮玉米与饲草，形成粮—经—饲三元结构。

5. 长江中游及江淮地区

长江中游及江淮地区土地总面积23.2万km^2，耕地面积7.26万km^2。该区稻米产量约占全国稻米总产量的16%，棉花产量约占全国总产量的24%，淡水养殖产量占全国总产量的4/5，一年二熟或三熟，是我国重要的粮、棉、油、肉、渔商品生产基地。当前区内主要问题是建设用地大量占用优质耕地；土壤重金属污染和农业面源污染严重，土壤酸化趋势加剧；双季稻面积下降，复种指数偏低。农业可持续发展的主要措施与对策包括：

严控建设用地占用耕地。尽快划定优质、成片的永久基本农田，防止正在快速城市化的长株潭、大武汉地区过度占用耕地。

改造中低产田。区内尚有土壤障碍明显的中低产田约1 360万亩，其中红壤1 000万亩，黄泥田、冷浸田、白土230万亩，紫色土130万亩。可因地制宜，根据不同土壤障碍类型采取不同措施改土培肥，提高农田生产力。

控制污染源，降低土壤重金属生物有效性。严控矿产开发继续污染农田以及用污水灌溉。采取水稻灌浆期淹水、种植重金属低富集品种等措施，降低土壤重金属的生物有效性；坚决休耕污染严重的农田；在土壤酸化严重区定期施用石灰，施用量以每亩100kg左右为宜。污染防治的重点区域为洞庭湖平原和鄱阳湖平原。

提高复种指数。近20年该区双季稻种植面积下降30%以上。应稳定和提高以洞庭湖平原与鄱阳湖平原为主的双季稻种植面积，鼓励农户利用冬闲田种植油菜、绿肥。在有水资源保证的淮河两岸实行旱改水，发展以糯、粳米为主的优质稻，增加稻麦两熟耕作制面积。

防洪排涝。加强长江中游以防洪为重点、江淮地区以排涝为重点的水利建设。

6. 四川盆地

四川盆地土地总面积17.9万km^2，耕地面积11.8万km^2。区内农作物为水稻、甘薯、油菜、大豆、蔬菜与水果，粮食产量占全国总产量的15.3%，甘薯、油菜、大豆产量分别占全国总产量的15.2%、9.3%和6.5%，蔬菜与水果产量占全国总产量的11.8%；以生猪为主的肉类产量占全国总产量的14.3%。多数地区一年三熟，是我国生猪、油菜、水稻、柑橘为主的重要农产品综合生产基地。当前区内主要问题是优质耕地被大量占用；农田土壤重金属污染严重；坡耕地水土流失较重。农业可持续发展的主要措施与对策包括：

严禁建设用地无序扩展。近20年该区耕地净减少342万亩，约80%为优质耕地。应采取严厉措施保护成都平原耕地，严禁城镇建设用地尤其是中小城市的粗放型扩展。

尽快启动农田土壤重金属污染治理工程。该区农田土壤重金属污染点位超标率高达43.55%，虽以轻度污染为主，但必须引起重视。建议在地块水平上摸清土壤重金属污染状况，立即停止污染严重区的农产品生产活动，退耕或休耕治理；以试验示范为引导，控制污染源，大力开展农田土壤重金属污染治理工作。

加强以治水改土为重点的农田基本建设。区内中低产田共200余万hm^2，大部分可通过兴修水利、旱改水、坡改梯、增施有机肥等建成中高产的基本农田。

7. 新疆棉花产区

新疆棉花产区土地总面积约49.4万km^2，耕地面积3.78万km^2，农业人口人均耕地4.6亩。该区农作物以棉花为主，面积约占全国的40%，单产与品质较高，是我国最重要的棉花主产区。当前区内主要问题是灌溉面积无序扩张，挤占生态用水，导致局部地区土地荒漠化加剧；耕地盐渍化仍然严重；土壤肥力水平较低。农业可持续发展的主要措施与对策包括：

退耕还水。对于水源保障差，土壤沙化、盐渍化严重地区，坚决实施退耕还水工程，降低农业用水比重。实施退耕还水的重点区域为地下水超采严重的天山北坡和南疆塔里木河流域。

调整国家在新疆的耕地开发政策。该区水资源已过度开发利用，耕地超载，不宜再作为国家的耕地后备基地。建议在新疆不再实施大规模土地开垦工程，确保其生态安全。

稳定棉花生产面积。全面推广高效节水、水肥一体化的膜下滴灌技术；构建棉花生产规模化、标准化、机械化、自动化、信息化的现代生产与管理体系。

大力建设稳定的草田轮作制度。建设稳定的草田轮作制度，既为畜牧业发展提供优质饲料，又提高土壤肥力，控制土壤次生盐渍化、沙化。天山北坡可发展以苜蓿为主的牧草，种植面积比例占农作物播种面积的20%～30%；南疆地区可发展饲料油菜和绿肥，种植比例在10%～15%。

8. 广西蔗糖产区

广西蔗糖产区土地总面积12.7万km^2，耕地面积3.7万km^2，农业人口人均耕地1.87亩。该区是我国甘蔗生长最适宜地区，甘蔗产量约占全国总产量的70%。当前区内主要问题

是部分甘蔗立地条件差，土壤较贫瘠，产量低；水肥利用率偏低；农业机械化水平不高。农业可持续发展的主要措施与对策包括：

调整作物空间布局。在稻米基本自给的条件下，腾出部分稻田用于替代种植在丘陵坡地上的甘蔗。推广高产、高糖甘蔗良种。

加强农田水利工程建设。建设高标准节水抗旱基本蔗田，推广水肥一体化的滴灌技术模式，提高水肥利用率，与雨养相比可提高甘蔗产量50%以上。

加强蔗糖生产规模化，提高综合利用水平。推荐“公司＋农户”或扶植种蔗专业大户方式，扩大甘蔗的种植规模，努力提高甘蔗生产全程的机械化水平，形成以大型、高效、自动化企业为龙头的产业化经营模式，提高产业的整体效益。

防治农田重金属污染。

（二）全球粮食（食物）生产重点区域

据多方预测，21世纪末期，全球人口将达90亿人；除了中国，包括亚洲、非洲、中南美洲等发展中国家在内的脱贫、温饱、小康应该是必然的发展趋势，对农产品的需求量也将持续大幅度增加，届时全球是否会出现粮食危机，成为国际关注的焦点。在保证我国粮食供给安全的基础上，也应保障全球粮食安全。

根据全球农业资源分布、农产品生产和贸易格局，未来全球性八大“粮仓”将在确保人类粮食和食物安全方面处于重要地位。八大全球性“粮仓”是：

1. 以美国和加拿大为主的北美“粮仓”

美国拥有可耕地面积1.55亿hm^2，另外还有2.51亿hm^2的草场，农业资源丰富，从而使其成为全球最大的玉米和大豆生产国。2014年美国玉米和大豆产量分别为3.6亿t和1.1亿t，分别占全球玉米总产量、大豆总产量的28.8%和33.5%；美国也是全球第四大小麦生产国，2014年小麦产量为5 515万t，占全球小麦总产量的6.5%。在贸易方面，美国是全球第一大小麦出口国、第二大玉米出口国，2013年小麦和玉米出口量分别为3 320万t和2 662万t，分别占全球出口总量的20.4%和21.4%；美国也是全球第二大大豆出口国，2013年大豆出口量为3 918万t，占全球出口总量的36.8%。

加拿大拥有可耕地面积4 602万hm^2，是全球最大的油菜籽生产国。2014年油菜籽产量为1 556万t，占全球油菜籽总产量的17.6%；加拿大也是全球第六大小麦生产国，2014年小麦产量为2 928万t，占全球小麦总产量的3.4%。在贸易方面，加拿大是全球

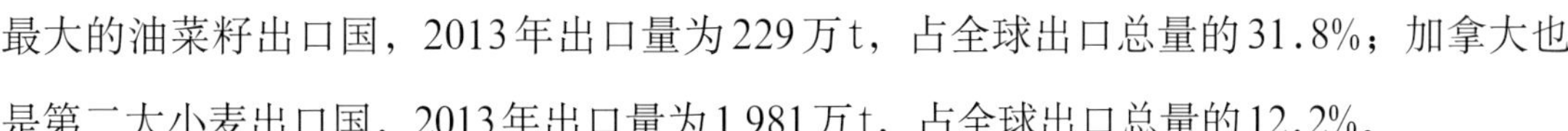

最大的油菜籽出口国，2013年出口量为229万t，占全球出口总量的31.8%；加拿大也是第二大小麦出口国，2013年出口量为1 981万t，占全球出口总量的12.2%。

尽管北美耕地面积增加潜力有限，但现有农业用地的充分利用，仍将有较大的生产潜力。未来北美仍将是全球最重要的农产品生产区域，也是我国大豆、小麦、高粱、大麦以及油菜籽、菜籽油等农产品的重要进口来源区域。

2. 以巴西和阿根廷为主的南美“粮仓”

巴西拥有可耕地面积8 002万hm^2，草场面积为1.96亿hm^2。巴西是全球最大的糖料生产国，2014年产量为7.4亿t，占全球糖料总产量的36.6%，食糖产量在4 000万t左右；巴西也是全球第二大大豆和第三大玉米生产国，2014年大豆和玉米产量分别为8 676万t、7 988万t，分别占全球大豆总产量、玉米总产量的27.2%和6.4%；巴西还是第三大肉类生产国，2014年肉类产量为2 605万t，占全球肉类总产量的6.4%。在贸易方面，巴西是全球最大的食糖、大豆和玉米出口国，2013年出口量分别为3 000万t、4 280万t、2 662万t，分别占全球出口总量的50.0%、40.2%、21.4%；巴西也是全球肉类第二大出口国，2013年肉类出口量为644万t，占全球出口总量的14.0%。

阿根廷拥有可耕地面积3 920万hm^2，草场面积1.08亿hm^2。阿根廷是全球第三大大豆生产国和第四大玉米生产国，2014年大豆和玉米产量分别为5 340万t、3 309万t，分别占全球大豆总产量、玉米总产量的16.8%和2.6%。在贸易方面，阿根廷是全球最大的豆油出口国，2013年豆油出口量为426万t，占全球出口总量的40.4%。

随着未来全球农产品需求量的增加，南美巴西、阿根廷、乌拉圭、巴拉圭等国家的农业用地面积和农作物种植面积仍将继续增加，是未来我国大豆、玉米、蔗糖以及畜禽产品的重要进口来源区域。

3. 以俄罗斯和哈萨克斯坦为主的亚欧“粮仓”

俄罗斯和哈萨克斯坦分别拥有耕地面积1.23亿hm^2和2 940万hm^2；草场面积分别为9 300万hm^2和1.87亿hm^2，农业资源丰富，生产潜力巨大。

目前俄罗斯和哈萨克斯坦分别是全球第三大、第九大小麦生产国，2014年小麦产量分别为5 971万t、1 500万t，占全球总产量的7.0%、1.7%。在贸易方面，俄罗斯和哈萨克斯坦分别是第五大、第九大小麦出口国，2013年小麦出口量分别为1 380万t、502万t，分别占全球出口总量的8.5%、3.1%。

俄罗斯西伯利亚和与我国接壤的远东地区，是种植小麦、大豆、油菜籽、葵花籽以

及牧草的重要区域，具有向亚洲以及我国出口粮食的能力。历史上哈萨克斯坦粮食产量曾达3 000万t（1992年），虽然当前粮食产量只有2 000万t左右，但仍是重要的小麦和面粉出口国。

4．以乌克兰和法国为主的欧洲“粮仓”

乌克兰拥有耕地面积3 253万hm^2，草场面积785万hm^2，是全球第五大玉米生产国，2014年玉米产量为2 850万t，占全球玉米总产量的2.3%；乌克兰也是全球最大的葵花籽和葵花籽油生产国，2014年产量分别为1 013万t和440万t，分别占全球总产量的23.1%和27.3%，而且农业资源开发潜力大。

法国拥有耕地面积1 833万hm^2，草场面积944万hm^2，是全球第五大小麦生产国，2014年小麦产量为3 895万t，占全球小麦总产量的4.6%；法国也是全球第三大小麦出口国，2013年小麦出口量为1 964万t，占全球出口总量的12.1%。

乌克兰土地资源丰富，生产成本低，而且地理位置优越，随着各国（包括私人）投资的不断增加，粮食生产潜力巨大。

5．以越南和泰国为主的东南亚“粮仓”

东南亚是全球最重要的稻米生产地区，2014年越南和泰国的稻米产量分别为4 497万t、3 262万t，分别占全球稻米总产量的4.7%、3.4%，而且泰国和越南还是第二大、第三大稻米出口国，2013年出口量分别为679万t和394万t，分别占全球出口总量的18.1%和10.5%。未来该区域仍将是全球重要的稻米产区。

6．以东非为主的非洲潜在“粮仓”

非洲是全球粮食净进口国，但是东非地区农业资源丰富，拥有可耕地资源6 640万hm^2，草场面积达2.64亿hm^2，其中，坦桑尼亚、肯尼亚、乌干达、莫桑比克农业资源丰富，非常适宜玉米的生产，2014年这四个国家玉米产量分别只有674万t、351万t、276万t和136万t，仅占全球总产量的1.1%，但发展潜力大，东非是未来满足非洲地区粮食需求的重要地区。

7．以澳大利亚和新西兰为主的大洋洲“粮仓”和“奶源基地”

澳大利亚拥有可耕地面积4 696万hm^2，草场面积3.59亿hm^2，是全球拥有草场面积最大的国家，是全球第九大小麦生产国、第六大油菜籽生产国，2014年小麦和油菜籽产量分别为2 530万t和383万t，分别占全球小麦总产量、油菜籽总产量的3.0%和4.3%；澳大利亚也是肉类生产大国，2014年产量为486万t，占全球肉类总产量的1.2%。

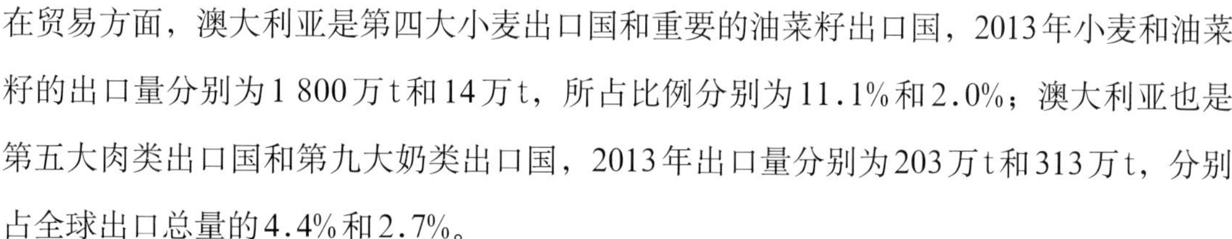

在贸易方面，澳大利亚是第四大小麦出口国和重要的油菜籽出口国，2013年小麦和油菜籽的出口量分别为1 800万t和14万t，所占比例分别为11.1%和2.0%；澳大利亚也是第五大肉类出口国和第九大奶类出口国，2013年出口量分别为203万t和313万t，分别占全球出口总量的4.4%和2.7%。

新西兰是全球最重要的乳品生产国，2014年奶类产量为2 132万t，占全球总产量的2.6%；新西兰也是全球第一大奶类出口国，2013年出口量为1 762万t，所占比例为15.1%。新西兰恒天然集团的牛奶价格直接影响全球牛奶市场。

未来澳大利亚农产品生产潜力巨大，同时也是全球重要奶制品、畜产品的重要出口区域。

8. 以印度尼西亚和马来西亚为主的全球"食用油桶"

棕榈油已成为继豆油之后的第二大植物油品种，而印度尼西亚、马来西亚是全球最大的棕榈油生产国，2014年产量分别为2 928万t和1 967万t，合计占全球棕榈油总产量的85%以上，2013年出口量分别为2 058万t和1 524万t，占全球出口总量的85%以上。印度尼西亚和马来西亚拥有可耕地面积2 350万hm^2和755万hm^2，拥有全球最大的棕榈油种植面积，未来仍将是棕榈油的主要生产国和出口国。

十、结论与建议

（一）主要结论

1. 我国农业正处在最短缺的资源和最严峻的环境条件下承载着最大人口群的关键时期

我国农业发展取得举世瞩目的巨大成就，不仅成功地解决了13亿多中国人的吃饭问题，对世界农业发展也做出了重大贡献。与此同时，农业资源环境问题突出，约束持续加剧。耕地与水资源数量短缺，质量不佳，环境污染加剧，自然灾害频发，农业资源环境总体上处于超载状况；农业劳动力老龄化，总体素质下降；农业综合生产成本快速上涨，竞争力持续下降；农业生产基础处于不稳定、不安全、不可持续的状态。造成资源环境恶化的原因既有自然因素，又有人为因素，其主要原因在于长期以来在发展理念上"重生产轻保护""重产量轻质量"，采取粗放型的农业经营方式，以牺牲资源、牺牲环境、牺牲农业协调发展来换取农业增产所致。

2．我国农业资源环境安全战略方向、战略性转变、战略路径和重大工程

21世纪中叶，我国农业将处于全面实现现代化和走向全球化时期。这一时期，必须全面贯彻党的十九大精神，以“创新、协调、绿色、开放、共享”的新发展理念为总指导思想，全面实施农业创新驱动战略，深入推进可持续发展战略，实现农业“走出去”的全球化战略。要着力实现：从传统粗放型农业向资源节约—环境友好型、绿色优质高效型现代农业转变；从劳动密集型农业向知识—技术密集型与资本密集型农业转变；从传统农耕型的农业土地利用方式向草（绿）—田轮作为中心的草地—耕地混合型的农业土地利用方式转变；从低效粗放型灌溉农业向适产高效型现代灌溉农业转变；从传统的大地农业向大地农业与设施农业并举转变；从小农分散为主的农业向规模化、集体化农业转变；从城乡分隔的农业向以小城镇为基础的城乡一体化的农业转变；立足国内，扩大开放，向国内国外相协调的全球化农业发展转变。相应地从发展模式、技术支撑、结构调整、空间布局4个方面提出16项战略路径和10项重大工程。

3．我国农业资源环境建设的总体目标是：构建资源节约、环境友好、结构合理、城乡一体、内外协调的农业资源环境安全体系

2030年主要目标：全国耕地面积保持在19亿～20亿亩，灌溉用水量控制在3 730亿m^3，农田有效灌溉面积达到10.35亿亩。农田灌溉水有效利用系数提高到0.60以上；化肥施用总量控制在4 600万t以内，化肥利用率和农药利用率达到50%以上；主要农产品产地受污染耕地安全利用率达到95%以上；农业生态功能得到恢复和增强；农业结构实现进一步优化，农林牧渔结合、种养加一体、一二三产业融合发展的格局基本形成。

（二）主要建议

1．守住20亿亩耕地，提升耕地质量

守住20亿亩耕地是做到口粮自给和主要农产品基本自给的基本保障。未来城乡建设用地应主要靠内部挖潜，提高利用率和容积率。实行耕地“占补平衡”和“沃土平衡”的双平衡政策。

2．强化节水，建设高效精准型灌溉农业

北方地区全面推行适产高效型调亏灌溉制度、灌溉用水计量收费制度以及喷灌、微

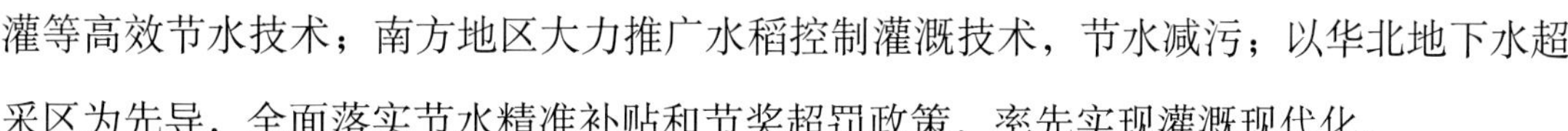

灌等高效节水技术；南方地区大力推广水稻控制灌溉技术，节水减污；以华北地下水超采区为先导，全面落实节水精准补贴和节奖超罚政策，率先实现灌溉现代化。

3．降低化肥施用量

当前我国化肥施用量超过合理值的50%，是造成面源污染的主要原因。要采取切实有效的政策措施，控制总量，实现负增长。加强测土配方施肥，提高化肥利用率。

4．加强农业废弃物资源化肥料化利用

推广秸秆还田、过腹还田、畜禽粪便还田、腐熟还田以及制成有机肥料还田。提高农作物秸秆综合利用率到90%以上，农膜回收利用率到80%以上，养殖废弃物综合利用率到75%以上。

5．实施基本口粮田保护和建设工程

从未来需求看，我国至少需要7亿亩以上的高产稳产耕地保障口粮安全。能提供大量区际商品粮食的主产区主要分布在松嫩平原、三江平原、内蒙古东部地区、辽中南地区、黄淮海平原、长江中下游平原等地区，粗略估算能够生产1.98亿t的小麦和大米，可提供1.49亿t的商品口粮，可以或基本可以保证国家的需要。

6．恢复南方稻米生产

控制压缩北方井灌区水稻生产。充分发挥南方年积温较高、作物生育期长、复种潜力高等自然优势，在长江中下游、华南、西南水稻优势区，调动农民种粮积极性，严格保护耕地，稳定水田面积，恢复、发展双季稻种植，提升稻米品质，鼓励农民发展冬作生产，逐步提高南方粮食生产比例。

7．大力发展饲（草）料生产，调整农业结构

粮食问题的本质是饲料问题。要大力调整种植业结构，建立粮食（口粮）作物—经济作物—饲（草）料作物三元种植结构。在北方地区，发展青贮玉米和苜蓿等优质饲（草）料生产；在南方地区，充分利用冬闲田发展绿肥作物。

8．积极推动设施农业发展

设施农业是我国发展现代农业的重要途径。要加大对设施农业相关科技创新和人才培养的支持，引导向智能化、工厂化、节能化、高效化的方向发展。

9．以农业信息化驱动农业现代化

农业信息化是现代农业发展的核心要素。要加快推进信息化与农业的深度融合；要以信息化培育新农民；要构建全覆盖的农村信息高速公路、全产业链的数字农业；加强

"天地一体化"的农业监测和管理系统建设。

10. 发挥农业补贴政策的导向作用

要改变片面追求高产目标的农业补贴政策，向提高质量、提高效益，特别是农业资源环境的可持续利用方向转变。当务之急是通过鼓励性政策和强制性措施，改变过度依赖无机肥的现状，向增施有机肥、提升耕地质量的方向引导。

11. 建立农产品产地环境管理体系和监察制度

成立有权威、跨部委的国家级农产品产地环境污染监察中心。加强主要农产品产地耕地质量检测和环境执法。

12. 加强农业教育与农民培训，提高农民素质

农业从业者的素质是关系到我国农业兴衰的大事。国家要用极大力量培养和塑造下一代"现代农民"。

结 语

中国农业发展正处于全面实现现代化和走向全球化的关键时期，必然会出现各种新问题、新挑战、新困难，但我们相信在党中央和国务院领导下，全国人民必然会克服重重困难，把握新机遇，推动农业向前发展，再上一个新台阶，再创新经验，做出新贡献，建成资源节约—环境友好型、绿色优质高效型的可持续农业。

课题、专题报告

课题报告一

中国农业水资源高效利用战略研究

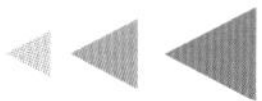

一、我国农业用水态势及面临的问题

（一）我国水资源安全现状

我国淡水资源总量为2.8万亿m³，但人均占有量少，时空分布不均，水土资源不相匹配，加之快速发展的经济社会和城市化进程对水资源需求日益增加，水资源供需矛盾突出，引发了一系列与水相关的生态环境问题。据统计，2015年我国水资源开发利用率为21.8%，北方地区（松花江区除外）水资源开发利用率均超过40%的国际警戒线，海河区水资源开发利用率最高，达到119.7%；南方地区水资源开发利用率均不足21%（表1）。

表1　2015年水资源一级区开发利用率

单位：亿m³，%

流域分区	2015年水资源量			当地供水量			水资源开发利用率		
	总量	地表水	地下水	总量	地表水	地下水	总量	地表水	地下水
全国	27 963	26 901	7 797	6 103.1	4 969.4	1 069.2	21.8	18.5	13.7
松花江区	1 480	1 276	474	501.5	293.0	206.9	33.9	23.0	43.7
辽河区	304	227	163	203.3	96.3	102.6	67.0	42.5	63.1
海河区	260	108	214	311.6	84.4	208.1	119.7	77.8	97.4
黄河区	541	435	337	474.7	342.1	123.9	87.7	78.6	36.7
淮河区	854	607	374	515.4	346.3	159.0	60.3	57.0	42.5
长江区	10 330	10 190	2 546	2 126.0	2 041.6	71.6	20.6	20.0	2.8
东南诸河区	2 548	2 537	554	326.5	820.0	7.0	12.8	12.5	1.3
珠江区	5 337	5 324	1 163	857.0	820.0	32.7	16.1	15.4	2.8
西南诸河区	5 014	5 014	1 176	103.3	99.3	3.7	2.1	2.0	0.3
西北诸河区	1 294	1 183	796	683.8	528.2	153.7	52.8	44.6	19.3

目前，我国呈现出大量与水相关的生态环境问题。根据相关统计，20世纪末，全国600多座城市中有400多座城市存在供水不足问题，其中缺水较为严重的城市达110个，城市缺水总量约60亿m^3。海河、淮河、辽河和黄河中下游地区等北方河流的生态环境用水长期处于匮缺状态，在多年平均条件下缺水88亿m^3（郦建强等，2011），主要河流断流，白洋淀、七里海等12个主要湿地总面积较20世纪50年代减少了5/6（王浩等，2016）；地下水超采严重，超采区涉及21个省（自治区、直辖市），集中分布在华北平原、长江三角洲和甘肃—新疆绿洲等地区（陈飞等，2016）。

根据《2015中国水资源公报》，在全国23.5万km的评价河长中，水质超过Ⅳ类的占25.8%；在面积大于100km^2的41个评价湖泊中，水质超过Ⅳ类的占65.9%；在全国评价的3 048个重要江河湖泊水功能区中，水质不符合水功能区限制纳污红线主要控制指标要求的占29.2%。根据《2015中国水环境质量公报》，在全国423条主要河流、62座重点湖泊（水库）的967个国家重点监控地表水监测断面（点位）中，Ⅰ～Ⅲ类、Ⅳ～Ⅴ类、劣Ⅴ类水质断面（点位）分别占64.5%、26.7%、8.8%。以水量、水质和水生态三大基本要素为约束条件，当前我国水资源承载能力状况可以归为五大区（表2、图1）：

表2　我国区域水资源安全状况

区域	水资源承载状况	水环境承载状况	水生态安全状况	综合评价
海河区、黄河中下游、淮河中游及沂沭泗和山东半岛、辽河流域	不安全	较安全	不安全	不安全
河西内陆河、吐哈盆地、天山北麓、塔里木河	较不安全	较安全	一般	较不安全
松花江流域、淮河上游及下游地区、内蒙古高原及青藏高原内陆河、东北和西北跨界河流	一般	较安全	较安全	安全状况一般
长江下游及岷沱江、嘉陵江、汉江等支流，珠江南北盘江、东江、珠江三角洲及粤西桂南诸河、海南岛、浙东沿海诸河	较安全	较安全	较安全	较安全
长江上中游（除岷沱江、嘉陵江、汉江）、珠江、西江、北江、东南诸河（除浙东沿海诸河）、西南诸河	安全	安全	安全	安全

资料来源：郦建强，王建生，颜勇，2011. 我国水资源安全现状与主要存在问题分析[J]. 中国水利（23）：42–51.

图1　当前中国水资源安全状况

一是超过水资源承载能力的区域，即不安全区域，包括海河区、黄河中下游、淮河中游及沂沭泗、山东半岛、辽河流域，存在水资源与经济社会发展匹配关系差的问题，区域水资源开发利用率均在70%以上，生态环境恶化，严重制约了经济社会的可持续发展，其中以海河流域南系最为严重。黄河流域中下游是传统干旱区，自国务院实行黄河水量分配方案以来，特别是近5年黄河泥沙量减少，潼关站实测泥沙量由2001年的1.33亿t下降到2015年的0.55亿t，相应减少了对冲沙水量的需求，增加了机动水量。

二是接近水资源承载能力的区域，即较不安全区域，主要位于西北诸河片区的河西内陆河、吐哈盆地、天山北麓、塔里木河等西北干旱地区。该区域水资源禀赋差，生态环境脆弱，目前水资源开发利用率已超过50%，基本没有挖掘潜力，成为典型的资源型缺水地区。

三是水资源承载能力富裕度不高，环境和生态较安全，可认为是水资源安全状况一般的区域，主要包括松花江流域、淮河上游及下游地区、内蒙古高原及青藏高原内陆河、东北和西北的跨界河流。该区域水资源开发利用程度已接近50%，但仍有一定的开

发潜力。特别是松花江流域，在北方地区水资源相对丰富，开发利用程度较低，随着三江连通工程[①]的建设，区域水资源安全状况将进一步提高。

四是水资源开发尚有一定潜力的区域，即较安全地区，包括长江下游及岷沱江、嘉陵江、汉江等支流，珠江南北盘江、东江、珠江三角洲及粤西桂南诸河、海南岛、浙东沿海诸河。该区域水资源承载能力有一定的富裕度，但太湖流域、珠江三角洲等地区水环境状况较差，存在水质性缺水问题，粤西浙东等沿海地区水源和供水调蓄能力不足。

五是水资源安全区域（仍具有一定开发潜力的区域），包括长江上中游（除岷沱江、嘉陵江、汉江）、珠江、西江、北江、东南诸河（除浙东沿海诸河）、西南诸河。该区域水资源开发利用率维持在10%～30%，水资源承载能力的富裕度较高，水资源开发尚有一定潜力，水生态环境状况良好。

（二）农业用水特征及发展态势

1．农业对灌溉依赖度高，新增灌溉面积难度大

我国水资源丰枯变化大、区域分布不均，灌溉面积发展在很大程度上决定农业发展的前景。根据《中国水利统计年鉴2016》，2015年我国灌溉面积达到10.81亿亩，位列全球第二，其中耕地灌溉面积9.88亿亩，占总灌溉面积的90%以上，耕地灌溉率为48.8%，远高于美国（16%）、澳大利亚（5%），我国农业发展对水资源的依赖程度高。

随着土地资源的紧缺，我国耕地被占用情况严重，2000—2010年全国耕地被占用3 471万亩，其中有效灌溉面积占用达2 383万亩，占68.5%。2010—2015年耕地面积因建设占用、灾毁、生态退耕、农业结构调整等原因逐年下降，虽然耕地实施18亿亩红线制度，基本保持占补平衡，但补充耕地的质量较差，很多不具备灌溉条件，耕地“占优补劣”现象突出且难以逆转。另外，我国后备耕地资源匮乏，据最新数据显示，全国后备耕地资源总面积8 029万亩，其中4 721.97万亩受水资源利用条件的限制，短期内不适宜开发利用。保护现有灌溉面积和灌溉质量，建设旱涝保收、高产稳产的高标准农田，是保障我国农业生产稳定的关键。

2．灌溉面积持续增长，农业用水总量趋于零增长

根据《中国水利统计年鉴》，1949—2015年我国农田有效灌溉面积从2.39亿亩发展

① 三江连通工程：以黑龙江支流鸭蛋河入江口作为渠首，然后向南穿过嘟噜河、梧桐河、鹤立河和阿凌达河，至松花江左岸注入松花江，增加工程范围内灌区面积和灌溉水量。

到9.88亿亩，增加了7.49亿亩，期间经历了四个发展阶段：中华人民共和国成立初期的初级快速发展阶段，1958—1980年飞速发展阶段，1980—1995年节水灌溉发展起步阶段和1995—2015年节水灌溉快速发展阶段（图2）。1980年、1998年和2010年农田有效灌溉面积先后突破7亿亩、8亿亩和9亿亩；2015年全国农田有效灌溉面积占耕地面积（按20.25亿亩计）比例达到48.8%。

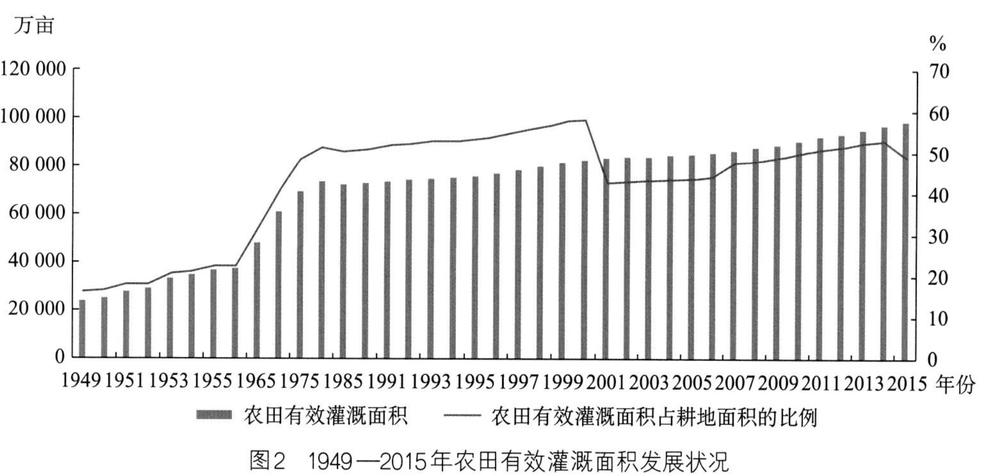

图2　1949—2015年农田有效灌溉面积发展状况

在空间上，灌溉面积发展北方快于南方，以1996年为界，由南方大于北方逆转为北方大于南方（图3）。全国近70%的农田有效灌溉面积集中分布在河南、山东、黑龙江、辽宁、吉林、内蒙古、河北、江苏、安徽、江西、湖北、湖南、四川13个粮食主产省（自治区）（表3）。

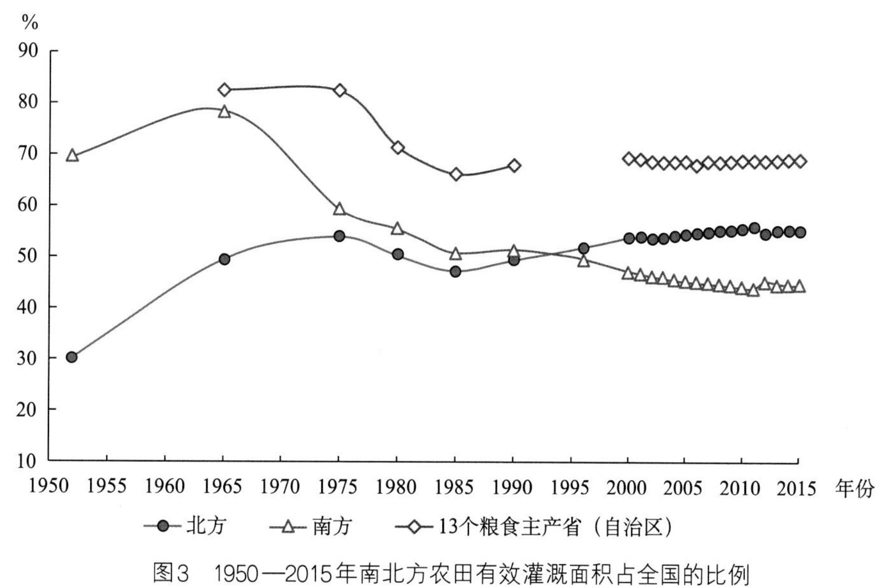

图3　1950—2015年南北方农田有效灌溉面积占全国的比例

表3 13个粮食主产省（自治区）农田灌溉面积

单位：万亩，%

地区		农田灌溉面积				农田灌溉面积占全国的比例			
		2001年	2005年	2010年	2015年	2001年	2005年	2010年	2015年
全国		83 613	84 844	92 522	98 809	100.00	100.00	100.00	100.00
13个粮食主产省（自治区）		57 417	58 400	63 882	68 521	68.67	68.83	69.05	69.35
北方7省（自治区）	河北	6 665	6 766	6 895	6 672	7.97	7.97	7.45	6.75
	内蒙古	3 657	4 053	4 609	4 630	4.37	4.78	4.98	4.69
	辽宁	2 249	2 290	2 383	2 280	2.69	2.70	2.58	2.31
	吉林	2 321	2 421	2 711	2 686	2.78	2.85	2.93	2.72
	黑龙江	3 278	3 591	6 499	8 296	3.92	4.23	7.02	8.40
	山东	7 196	7 185	7 480	7 447	8.61	8.47	8.08	7.54
	河南	7 204	7 296	7 726	7 816	8.62	8.60	8.35	7.91
	小计	3 2570	3 3602	38 303	39 827	38.95	39.60	41.40	40.31
南方6省	江苏	5 829	5 727	5 727	5 929	6.97	6.75	6.19	6.00
	安徽	4 896	4 996	5 321	6 601	5.86	5.89	5.75	6.68
	江西	2 832	2 747	2 802	3 042	3.39	3.24	3.03	3.08
	湖北	3 526	3 549	3 684	4 349	4.22	4.18	3.98	4.40
	湖南	4 013	4 036	4 144	4 670	4.80	4.76	4.48	4.73
	四川	3 751	3 743	3 901	4 103	4.49	4.41	4.22	4.15
	小计	24 847	24 798	25 579	28 694	29.72	29.23	27.65	29.04

随着灌溉面积的发展，我国农业用水量先后经历了快速增长、缓慢增长和相对稳定三个阶段。2000年以来，尽管全国农业灌溉面积呈现增长趋势，但农业用水量变化并不明显（图4），基本维持在3 860亿m^3左右，呈现“零”增长，占国民经济总用水量的比例整体呈下降趋势，由2001年的68.7%降到2015年的63.1%，其中松花江区、西南诸河区、西北诸河区、黄河区农业用水占比在70%～90%。

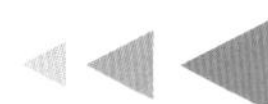

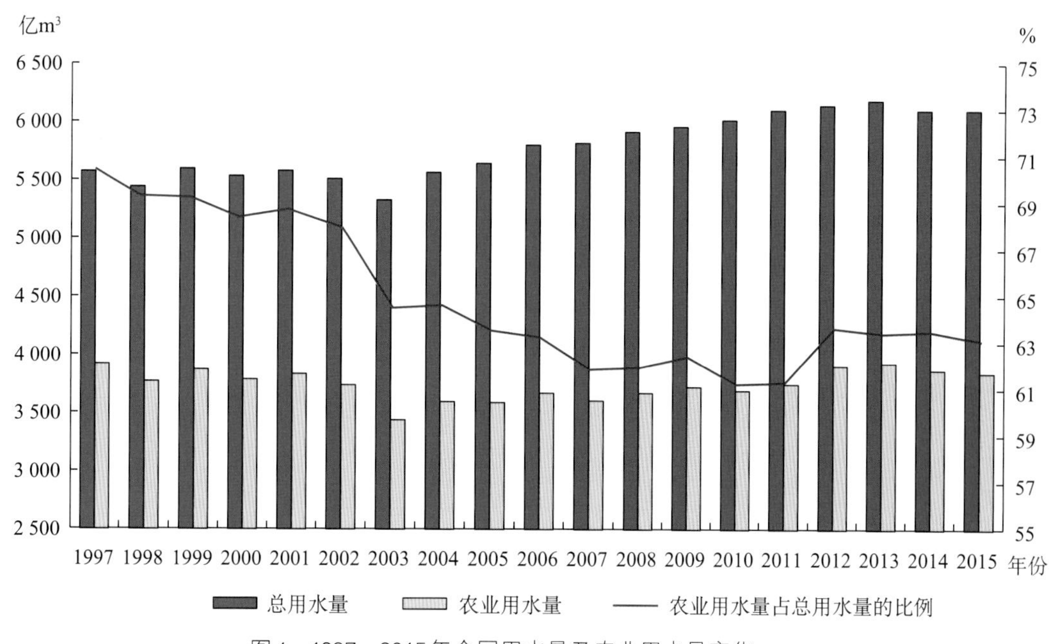

图4　1997—2015年全国用水量及农业用水量变化

在空间上，随着灌溉面积不断向北方转移，农业用水量呈北方增加、南方减少态势，北方地区农业用水量占全国农业用水量的比例从2001年的46.7%增加到2015年的48.9%；南方则由53.3%降到51.1%（图5）。13个粮食主产省（自治区）农业用水量整体呈缓慢增长趋势（表4），2015年达到2 137亿m^3，占全国农业用水量的55.5%，主要集中在黑龙江（313亿m^3）、江苏（279亿m^3）和湖南（195亿m^3）。

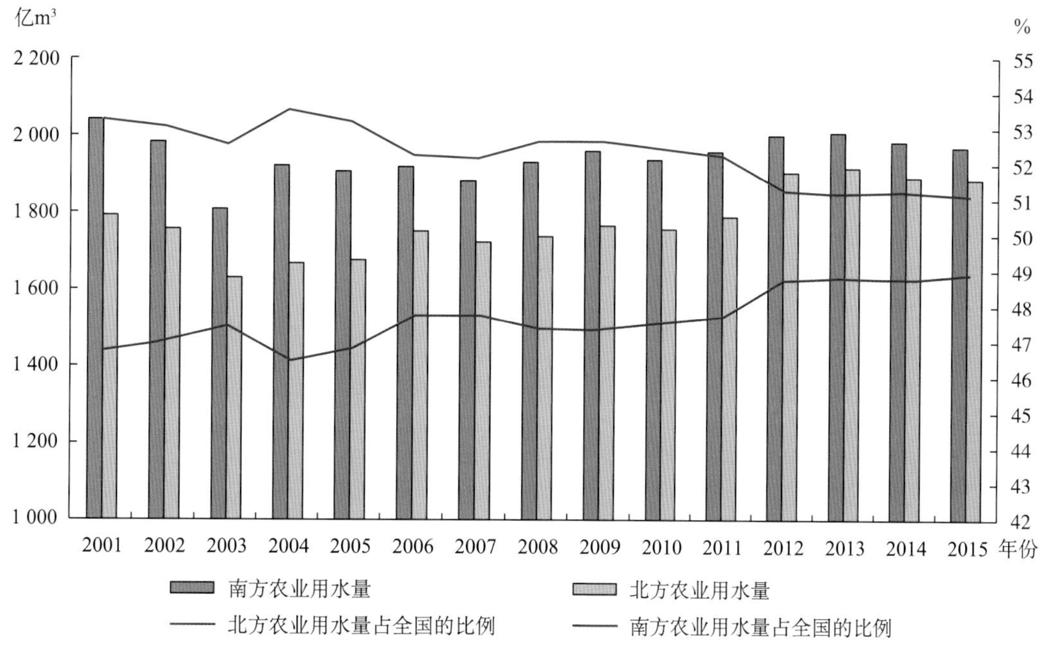

图5　2001—2015年南北方农业用水量变化

表4 13个粮食主产省（自治区）农业用水情况

单位：亿m³，%

地区		农业用水量				占全国农业用水量的比例			
		2001年	2005年	2010年	2015年	2001年	2005年	2010年	2015年
全国		3 826	3 580	3 689	3 852	100.0	100.0	100.0	100.0
13个粮食主产省（自治区）		2 089	1 888	2 045	2 137	54.6	52.7	55.4	55.5
北方7省（自治区）	河北	161	150	144	135	4.2	4.2	3.9	3.5
	内蒙古	157	144	134	140	4.1	4.0	3.6	3.6
	辽宁	84	87	90	89	2.2	2.4	2.4	2.3
	吉林	77	66	74	90	2.0	1.9	2.0	2.3
	黑龙江	189	192	250	313	4.9	5.4	6.8	8.1
	山东	183	156	155	143	4.8	4.4	4.2	3.7
	河南	160	115	125	126	4.2	3.2	3.4	3.3
	小计	1 010	911	972	1 036	26.4	25.4	26.3	26.9
南方6省	江苏	281	264	304	279	7.3	7.4	8.2	7.2
	安徽	124	114	167	158	3.2	3.2	4.5	4.1
	江西	150	135	151	154	3.9	3.8	4.1	4.0
	湖北	176	142	138	158	4.6	4.0	3.7	4.1
	湖南	224	201	186	195	5.9	5.6	5.0	5.1
	四川	124	122	127	157	3.2	3.4	3.5	4.1
	小计	1 079	977	1 073	1 101	28.2	27.3	29.1	28.6

3. 节灌面积不断发展，用水效率仍然偏低

“九五”时期以来农田灌溉发展，尤其是节水灌溉发展受到国家高度重视，经过近20年的发展，全国节水灌溉在规模、质量和效益上均呈现长足发展。2015年底，全国节水灌溉工程面积达到4.66亿亩，占耕地灌溉面积的47.16%；高效节水灌溉面积2.69万亩，占节水灌溉面积的57.7%（图6），其中喷灌、微灌和低压管道输水灌溉面积分别为0.56亿亩、0.79亿亩和1.34亿亩（表5）。然而，高效节水灌溉面积比例小，节水率较高的喷灌和微灌占灌溉面积比重为13.68%，而德国和以色列在2002年以前就达到了100%，日本在旱地灌溉中达到90%，美国早在2000年就达到了52%。

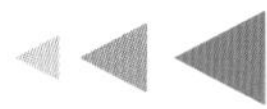

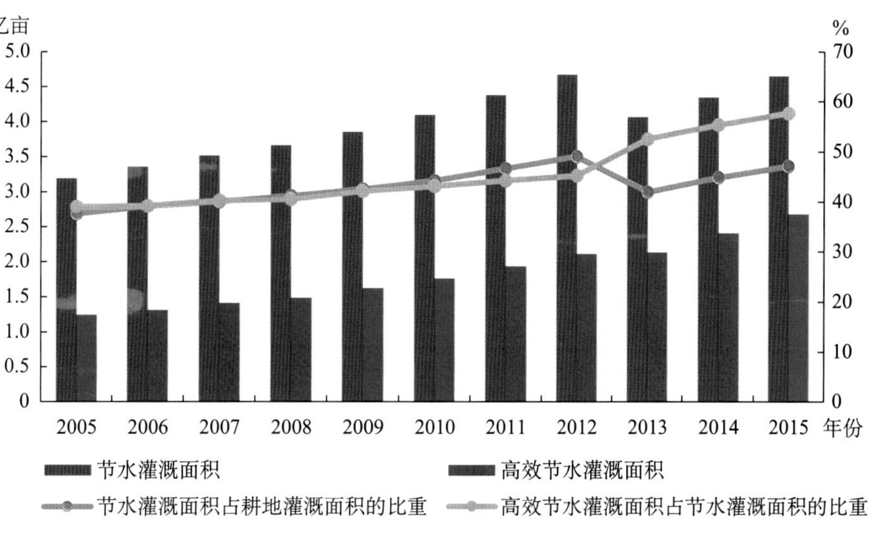

图6　2005—2015年我国节水灌溉面积及其占比

表5　2000—2015年我国节水灌溉面积发展情况

单位：亿亩

年份	节水灌溉面积	其中				
		喷灌	微灌	低压管灌	渠道防渗	其他
2000	2.46	0.32	0.02	0.54	0.95	0.63
2001	2.62	0.35	0.03	0.59	1.04	0.61
2002	2.79	0.37	0.04	0.62	1.14	0.62
2003	2.92	0.40	0.06	0.67	1.21	0.58
2004	3.05	0.40	0.07	0.71	1.28	0.59
2005	3.20	0.41	0.09	0.75	1.37	0.58
2006	3.36	0.42	0.11	0.79	1.44	0.60
2007	3.52	0.43	0.15	0.84	1.51	0.60
2008	3.67	0.42	0.19	0.88	1.57	0.61
2009	3.86	0.44	0.25	0.94	1.67	0.56
2010	4.10	0.45	0.32	1.00	1.74	0.59
2011	4.38	0.48	0.39	1.07	1.83	0.61
2012	4.68	0.51	0.48	1.13	1.92	0.64
2013	4.07	0.45	0.58	1.11	1.93	
2014	4.35	0.47	0.70	1.24	1.94	
2015	4.66	0.56	0.79	1.34	1.97	

数据来源：中华人民共和国水利部，2016．中国水利统计年鉴2016 [M]．北京：中国水利水电出版社．

根据《中国水资源公报》和相关统计数据分析，我国农业灌溉水利用系数由2007年的0.475增长到2015年的0.536，提高了12.8%，农业用水效率逐年提高，但整体偏低，仅为发达国家的75%，其中大型灌区灌溉水有效利用系数0.479，中型灌区灌溉水有效利用系数0.492，小型灌区灌溉水有效利用系数0.528，井灌区灌溉水有效利用系数0.723（表6）；耕地实灌面积亩均灌溉用水量由2001年479m^{3}减少到2015年394m^3，降低了85m^3；灌溉面积上的灌溉水粮食产量由2001年1.21kg/m^{3}增加到2015年1.42kg/m^3（图7），仅为发达国家的70%。而西方发达国家灌溉水粮食产量平均为2kg/m^3，以色列达到2.32kg/m^3。

表6　2015年我国农田灌溉水有效利用系数

地区	农田灌溉水有效利用系数	不同规模与类型灌区农田灌溉水有效利用系数			
		大型灌区	中型灌区	小型灌区	井灌区
全国	0.536	0.479	0.492	0.528	0.723
北京	0.710	0.584	0.594	—	0.738
天津	0.687	0.584	0.659	0.711	0.789
河北	0.670	0.471	0.582	0.627	0.722
山西	0.530	0.454	0.483	0.457	0.622
内蒙古	0.521	0.390	0.430	0.546	0.755
辽宁	0.587	0.505	0.529	0.650	0.814
吉林	0.563	0.477	0.483	0.538	0.669
黑龙江	0.590	0.430	0.439	0.533	0.691
上海	0.735	—	0.650	0.732	—
江苏	0.598	0.539	0.547	0.641	0.692
浙江	0.582	0.531	0.565	0.602	—
安徽	0.524	0.464	0.496	0.564	0.671
福建	0.533	0.468	0.520	0.554	0.681
江西	0.490	0.444	0.471	0.501	—
山东	0.630	0.495	0.513	0.566	0.848
河南	0.601	0.476	0.474	0.556	0.707
湖北	0.500	0.481	0.493	0.530	—
湖南	0.496	0.488	0.477	0.498	—

（续）

地区	农田灌溉水有效利用系数	不同规模与类型灌区农田灌溉水有效利用系数			
		大型灌区	中型灌区	小型灌区	井灌区
广东	0.481	0.429	0.458	0.504	0.589
广西	0.465	0.488	0.424	0.449	—
海南	0.563	0.482	0.554	0.661	—
重庆	0.480	—	0.485	0.471	—
四川	0.454	0.437	0.442	0.467	—
贵州	0.451	—	0.438	0.448	—
云南	0.451	0.450	0.437	0.449	—
西藏	0.417	0.402	0.428	0.384	—
陕西	0.556	0.531	0.521	0.525	0.789
甘肃	0.541	0.529	0.529	0.537	0.678
青海	0.489	—	0.471	0.461	0.582
宁夏	0.501	0.463	0.519	0.696	0.722
新疆	0.527	0.481	0.525	0.598	0.825
兵团	0.556	0.549	0.566	—	—

注：不同规模与类型灌区的灌溉水有效利用系数为2014年数据。
数据来源：中国农村水利网。

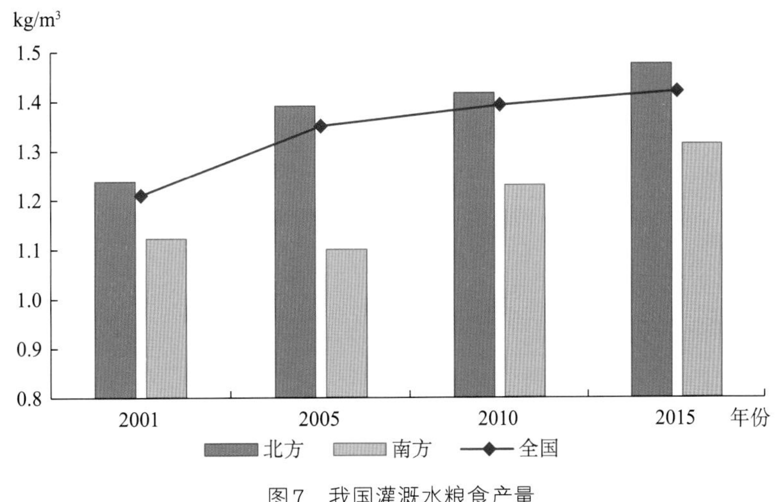

图7 我国灌溉水粮食产量

（三）农业用水面临的形势和问题

人均水资源少、耕地实灌面积亩均水资源量不足、水土资源匹配错位等是影响粮食生

产的本底因素。随着经济社会发展中工农业用水竞争加剧，粮食生产向北方转移，这些不利因素的影响更加明显；同时，全球气候变化对水资源和农作物生长特性影响的不确定性，进一步加剧了农业发展的不稳定性。面对我国未来粮食的刚性需求，灌溉农业发展面临着诸多问题。

1. 农业干旱缺水态势进一步加剧，北方农业水资源胁迫度增加

我国多年（1956—2000年）平均降水量为61 775亿m^3，北方31.5%，南方占68.5%；2001年以来全国降水整体呈现波动中上升趋势，但与多年平均值相比，近15年减少了2.41%，主要减少集中在华北、西南和东北地区。我国多年（1956—2000年）平均水资源量为2.8万亿m^3，北方占18.8%，南方占81.2%；2001年以来南北方分布没有根本改变，耕地却向北方集中（2015年，北方耕地占59.6%，南方耕地占40.4%），2015年北方亩均水资源占有量约为南方的1/6。随着全球气候变化，极端干旱事件频发，未来50年我国仍将面临平均温度普遍升高的情势，根据《第三次气候变化国家评估报告》(2015)，到21世纪末可能增温幅度为1.3～5.0℃，届时农业灌溉需水量将增加，农业干旱缺水态势将进一步加剧。

2015年我国粮食总产为6.21亿t（北方占56.1%，南方占43.9%）。粮食主产区范围减少并不断向北方集中，由2007年13省减为2015年7省，传统的主产区湖北、江西、辽宁、江苏、湖南、四川6省滑入平衡区；主销区由7个扩大到13个，青海、西藏、广西、贵州、重庆、云南6省（自治区）由平衡区落入主销区，加剧了水土资源的错位，农业水资源胁迫度增加。

2. 粮作种植布局与降水分布不匹配，对灌溉的依赖性增加

全国七大农业主产区中的五大区（东北平原、黄淮海平原、汾渭平原、河套灌区和甘肃新疆主产区）集中分布在常年灌溉区和补充灌溉区。全国800多个粮食主产县，60%集中在常年灌溉区和补充灌溉区。2001—2015年，全国水稻播种面积增加了2 105万亩，其中北方增加了2 725万亩；小麦播种面积尽管减少了785万亩（2015年为3 796万亩），北方仍占全国的67.6%，其中黄淮海平原区占全国的48.4%；玉米播种面积增长了3.73亿亩，88%增加在北方。粮食生产区位及三大粮食作物播种面积逐渐向常年灌溉区和补充灌溉区集中，增加了灌溉用水需求。

3. 灌溉开采量不断增加，北方地区浅层地下水位持续下降

根据《中国水资源公报2015》，除松花江区，我国北方地区水资源开发利用率均已

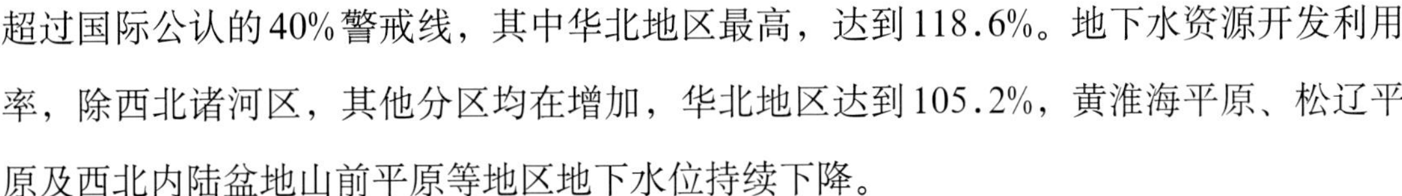

超过国际公认的40%警戒线，其中华北地区最高，达到118.6%。地下水资源开发利用率，除西北诸河区，其他分区均在增加，华北地区达到105.2%，黄淮海平原、松辽平原及西北内陆盆地山前平原等地区地下水位持续下降。

华北平原以冬小麦和夏玉米复种为主，农业地下水用水量不断增加，形成了冀枣衡、沧州、南宫三大深层地下水漏斗区。据有关统计，京津冀年超采地下水约68亿m^3，地下水累计超采量超过1 000亿m^3，地下水超采面积占平原区的90%以上。自2014年开展河北省地下水超采综合治理试点工作以来，项目区地下水压采效果初步显现，加上2016年区域整体降水特丰等因素的影响，2016年浅层地下水位较治理前上升0.58m，深层地下水位较治理前上升0.7m，但总体超采形势仍没有改变。

4．高效节水工程和现代灌溉管理体系建设滞后，农业用水效率偏低

长期土地分散经营模式下形成的分散用水方式，使当前节水灌溉规模小，高效节水灌溉面积占比相对较低，节水灌溉制度推行难，水资源利用效率偏低。2015年我国高效节水灌溉面积2.69亿亩，占耕地灌溉面积的27.2%；节水率较高的喷灌、微灌仅占耕地灌溉面积的13.7%，远不及发达国家2000年的水平；农业灌溉用水有效利用系数0.536（北方为0.58，南方为0.51），仅为发达国家的75%。同时，灌区监测体系尚未建立，农业用水计量缺位，农田水利信息化建设处于试点、探索阶段。农业水价偏低，水费实收率不足（现在仅为70%），超过40%的灌区管理单位运行经费得不到保障。灌区信息化建设滞后，管理制度缺失，制约着节水灌溉技术推广和实施效果。

二、保障粮食安全的水资源需求阈值

自古以来，人随水走，有水就有粮。水土资源错位的自然禀赋形成了我国粮食生产区域间不平衡。随着农田灌溉面积的发展以及农业种植中心向北方转移，灌溉农业有效保障了我国的粮食生产（图8），先后形成了四大粮仓，即黄淮平原（“得中原者得天下”，第1代粮仓）—太湖平原（“苏常熟，天下足”，南粮北运，隋唐时期，第2代粮仓）—长江中下游（洞庭湖）平原（“湖广熟，天下足”，明代，第3代粮仓）—东北（三江）平原（北粮南运，20世纪80年代，第4代粮仓）（张正斌等，2013）。

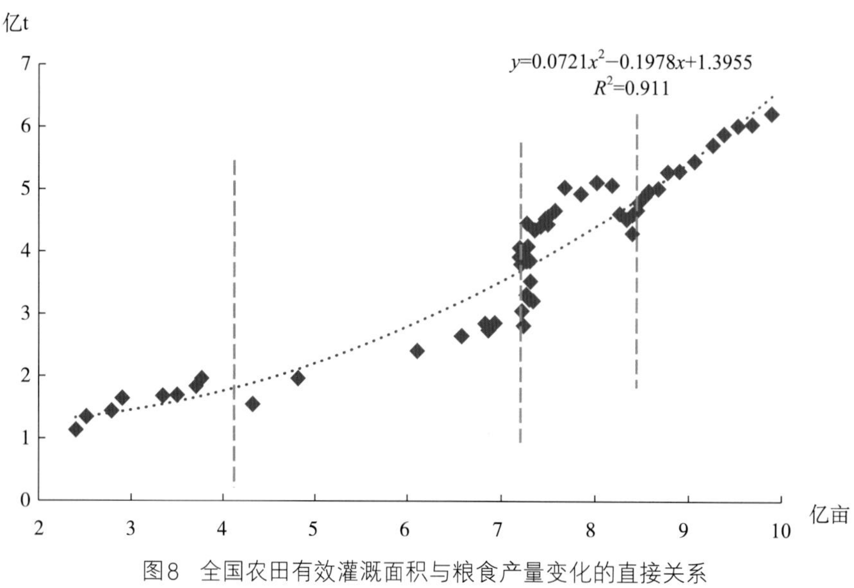

图8 全国农田有效灌溉面积与粮食产量变化的直接关系

（一）粮食生产与消费状况

按照《全国新增1 000亿斤粮食生产能力规划（2009—2020年）》，2007年以来，我国的粮食作物播种面积相对稳定，灌溉面积和粮食产量整体呈增加趋势，粮食生产、消费及其生产消费之差状况也发生了改变。与2007年相比，2015年粮食主产省区减少并向北方集中，南方主销省区扩大；粮食缺口总体扩大，尤其对北方饲料粮的依赖度增大，“北粮南运”的态势愈加明显。

1. 粮食生产大于消费但区域发展不均衡

2015年我国粮食产量实现了“十二连增”，水稻、小麦、玉米、薯类四大粮食作物生产总量达到6.06亿t，相应粮食消费总量5.82亿t，粮食生产总量大于消费总量，粮食自给率达到104%；但区域间发展不均衡，主要表现为北方粮食产量大于消费量，南方反之。

（1）粮食生产贡献率（省级行政区粮食生产量/全国粮食生产量）

2015年河南、黑龙江粮食生产贡献率接近10%，北京、青海、西藏、上海不足0.3%（图9），13个粮食主产省（自治区）中，北方黑龙江、河南、山东、吉林、河北、内蒙古和辽宁7省（自治区）占47%，南方江苏、安徽、四川、湖南、湖北、江西6省占30%（图10）。与2007年相比，粮食主产省（自治区）粮食生产贡献率呈现北方7省（自治区）增加、南方6省下降以及东北地区增长幅度较大的特征。

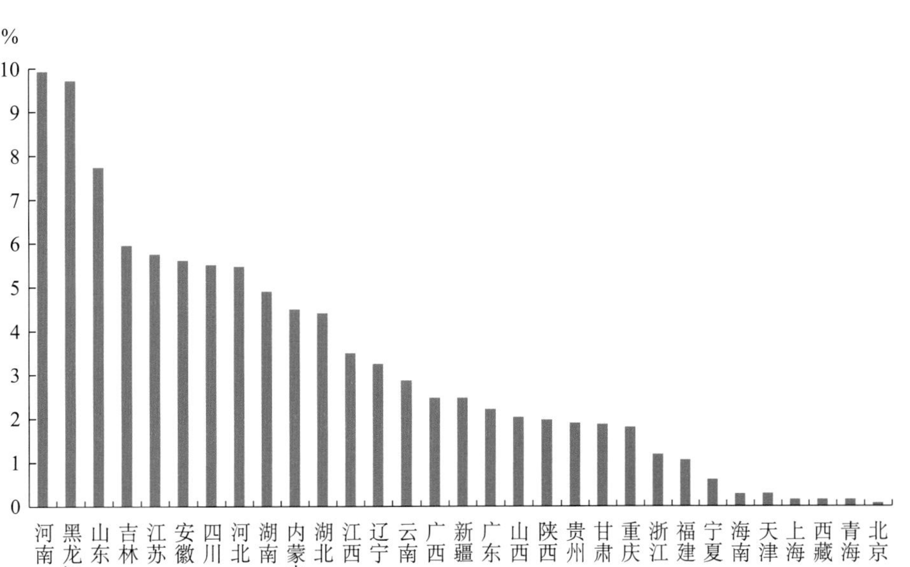

图9　2015年全国各省份粮食（不含豆类）生产量占全国粮食生产量的比例

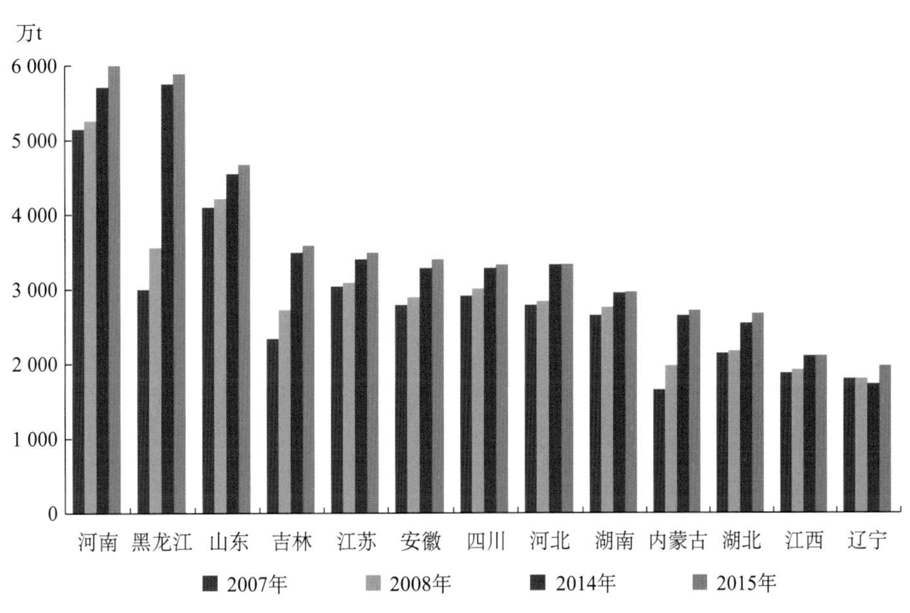

图10　2007—2015年13个粮食主产省（自治区）粮食（不含豆类）生产量变化

2015年全国12个省（自治区）口粮（稻谷和小麦）生产量大于1 000万t（图11），提供了全国81%的商品粮。其中，北方河南、山东、黑龙江、河北4省对全国口粮生产的贡献率为30%；南方江苏、湖北、安徽、湖南、江西、四川、广西、广东8省（自治区）对全国口粮生产的贡献率为51%。粮食生产贡献率大于3%的吉林、内蒙古、辽宁则以种植玉米为主，稻谷生产对全国口粮生产的贡献率均小于2%（图12）。

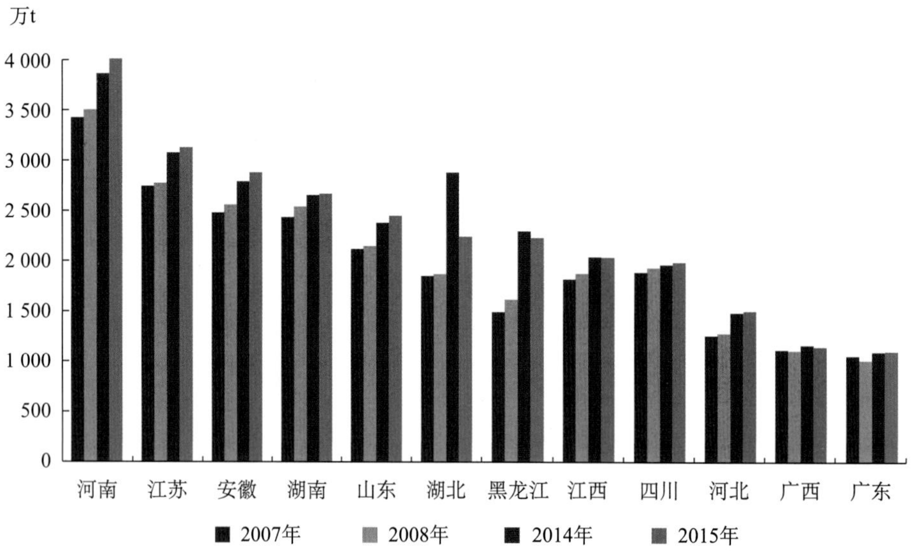

图11　2007—2015年12省（自治区）口粮（稻谷和小麦）生产量大于1000万t

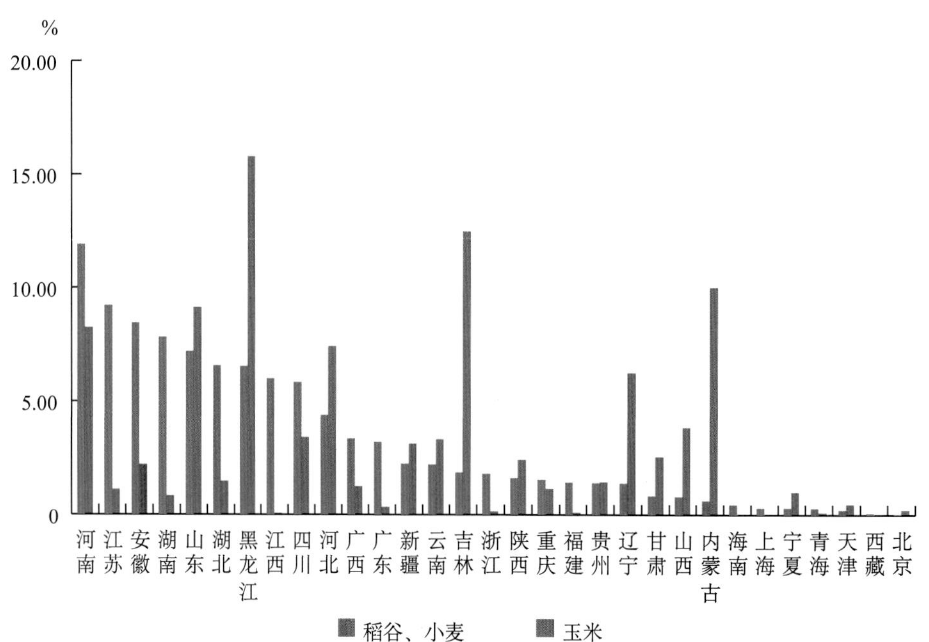

图12　2015年全国各省份稻谷、小麦、玉米生产量占全国总产量的比例

（2）粮食生产自给率（生产量/消费量）

2015年全国15个省（自治区）的粮食生产量大于消费量（图13），包括粮食生产贡献率大于3%的11个主产省，即北方黑龙江、吉林、河南、山东、河北、内蒙古和辽宁7省（自治区）和南方江苏、湖北、安徽、江西4省，以及新疆、宁夏、甘肃、山西4省（自治区）。

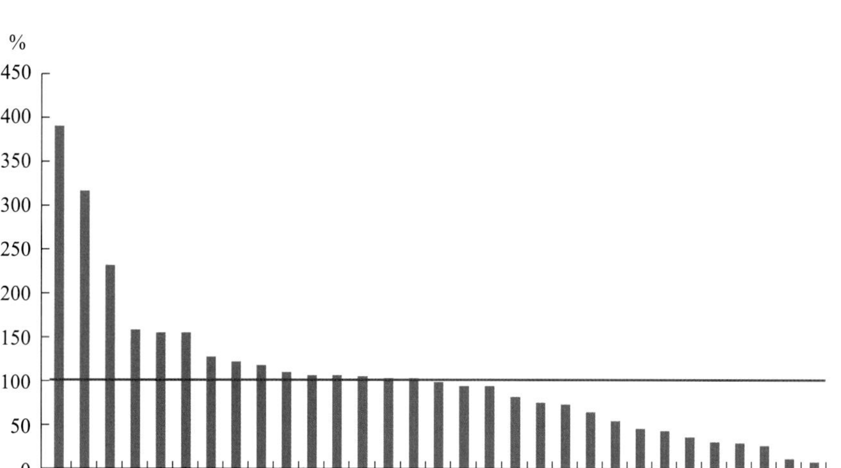

图13　2015年全国各省份粮食生产自给率

（3）粮食生产消费平衡率（生产和消费之差与消费之比）

2015年全国9个省（自治区）的生产消费平衡率大于等于10%，分别为黑龙江、吉林、内蒙古、新疆、河南、宁夏、安徽、河北、山东；除新疆、宁夏，其他均为粮食生产贡献率大于3%的主产省（自治区）。而同为主产省的江苏、江西、湖北生产消费平衡率为3%～10%，粮食生产略有剩余；湖南、四川为−6%～−2%，粮食生产量不抵消费量。

2015年全国13个省（自治区）生产消费平衡率小于−10%，包括北京、上海、广东、天津、浙江、福建、青海、海南、西藏、广西、贵州、重庆、云南。与2007年相比，粮食缺口省份增加了云南、广西、重庆、贵州和青海。生产消费平衡率介于−10%～10%的省份有甘肃、江苏、江西、湖北、辽宁、山西、湖南、陕西、四川（图14）。

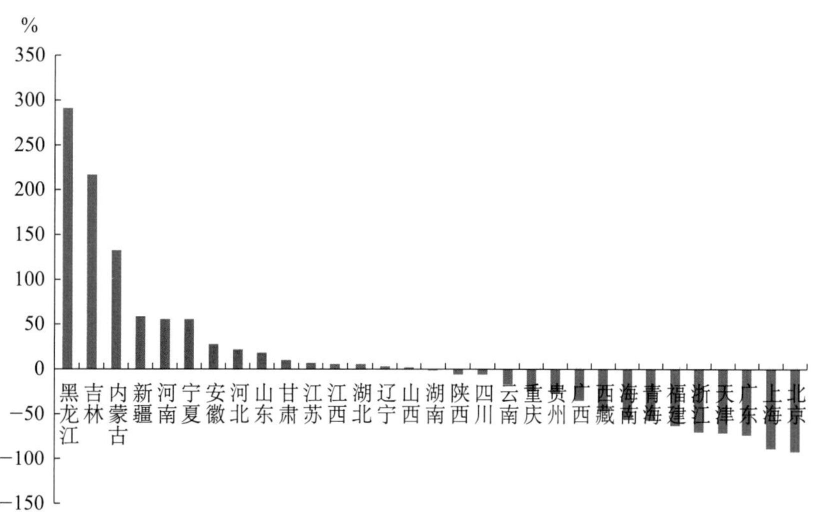

图14　2015年全国各省份粮食生产消费之差占消费的比例

2. 主产省区减少并向北方集中，南方主销省区增多

以粮食生产量与消费量之差为衡量指标，在理论上，当差值（生产－消费）大于0时存在粮食调出的可能，反之，则具有粮食调入的需求。考虑到实际粮食消费存在弹性空间，以生产消费平衡率介于－10%～10%为标准划分粮食平衡区，以生产消费平衡率大于10%且生产贡献率大于3%为标准划分主产区，以生产消费平衡率小于－10%为标准划分主销区。2015年主产区、平衡区和主销区分布如下：

主产区。2015年粮食主产区包括黑龙江、吉林、内蒙古、河南、安徽、河北、山东7省（自治区）。与2007年、2008年相比，原为主产区的湖北、江西、辽宁、江苏、湖南、四川6省滑入平衡区。

主销区。2015年粮食主销区包括北京、上海、广东、天津、浙江、福建、青海、海南、西藏、广西、贵州、重庆、云南13省（自治区、直辖市）。与2007年、2008年相比，增加了青海、西藏、广西、贵州、重庆、云南6省（自治区、直辖市），其中青海、西藏的粮食生产增长幅度小于消费增长幅度，出现粮食缺口，其余4个南方省（自治区、直辖市）粮食产量基本稳定或略有下滑，但粮食消费量增大，出现粮食缺口。

平衡区。2015年粮食平衡区包括宁夏、新疆、甘肃、江苏、江西、湖北、辽宁、山西、湖南、陕西、四川11省（自治区）。与2007年、2008年相比，原本属于平衡区的广西、重庆、贵州、云南、西藏、青海6省（自治区、直辖市）变为主销区，新增了原本属于主产区的辽宁、江西、湖北、湖南、四川。

3. 南方粮食缺口扩大，以缺少饲料粮和工业用粮为主

本节粮食消费量按两类统计：一类是口粮、种子用粮和粮食损耗；另一类是饲养粮和工业用粮。比较口粮作物（稻谷、小麦）生产量与其消费量（口粮、种子用量和粮食损耗三项之和），2015年7个原主销省区（北京、上海、广东、天津、浙江、福建、海南），除海南，口粮生产均不能满足自身口粮消费需求，其中北京、天津、上海的口粮自给率在36.8%以下，饲料粮和工业用粮缺口也占总缺口的55%以上。6个新增粮食主销省区（青海、西藏、广西、贵州、重庆、云南），除西藏、青海口粮生产不能满足自给（口粮自给率在49%以下），其余南方4省（自治区、直辖市）缺少的都是饲料粮和工业用粮（表7）。

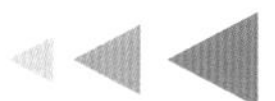

表7　2015年粮食主销省区粮食生产、消费与缺口分析

单位：万t，%

主销区	粮食生产量		粮食消费量	口粮、生产和损耗量				工业用粮	饲料粮	口粮自给率（生产/消费）	粮食缺口占比	
	总产量	其中口粮（稻谷、小麦）		口粮	种子用粮	粮食损耗	小计				口粮、生产和损耗	饲料粮和工业用粮
北京	61.9	11.3	767.7	222.0	16.2	58.0	296.2	163.8	307.6	5.1	40.4	59.6
上海	111.3	104.0	1 016.2	282.7	18.0	64.6	365.3	182.3	468.6	36.8	28.9	71.1
广东	1 336.5	1 088.7	5 191.1	1 446.0	81.0	290.1	1 817.1	819.1	2 554.9	75.3	18.9	81.1
天津	180.5	71.2	640.8	221.9	11.6	41.4	274.8	116.8	249.2	32.1	44.2	55.8
浙江	716.4	613.2	2 393.8	781.4	41.4	148.1	970.8	418.2	1 004.8	78.5	21.3	78.7
福建	637.8	485.6	1 742.6	504.4	28.7	102.6	635.7	289.8	817.1	96.3	13.6	86.4
青海	97.1	34.1	230.2	70.2	4.4	15.7	90.3	44.4	95.5	48.6	42.2	57.8
海南	181.9	153.3	408.3	93.1	6.8	24.4	124.3	68.8	215.2	164.6	—	100.0
西藏	98.6	23.8	184.9	87.6	2.4	8.7	98.7	24.5	61.8	27.2	86.7	13.3
广西	1 500.8	1 138.7	2 335.8	708.1	35.8	128.2	872.2	362.1	1 101.6	160.8	—	100.0
贵州	1 145.6	479.2	1 577.3	477.0	26.4	94.4	597.8	266.5	713.0	100.5	27.5	72.5
重庆	1 107.0	529.2	1 468.2	491.2	22.5	80.6	594.3	227.7	646.2	107.7	18.0	82.0
云南	1 740.0	750.3	2 124.9	632.7	35.4	126.8	794.9	358.0	972.0	118.6	11.6	88.4
合计	8 915.4	5 482.7	20 081.8	6 018.4	330.5	1 183.5	7 532.4	3 342.0	9 207.4	91.1	18.4	81.6

在13个粮食主销区中，饲料粮和工业用粮缺口占总缺口的13%～100%，其中粮食总缺口超过500万t的缺粮大省依次是广东3 854.5万t、浙江1 677.4万t、福建1 140.8万t、上海905万t、广西835万t和北京705.8万t（图15）。

在主销区粮食缺口占比中，北京、天津、青海、西藏的口粮、生产和损耗缺口占总缺口30%以上，其他南方7省（自治区、直辖市）的饲料粮和工业用粮缺口均占70%以上。

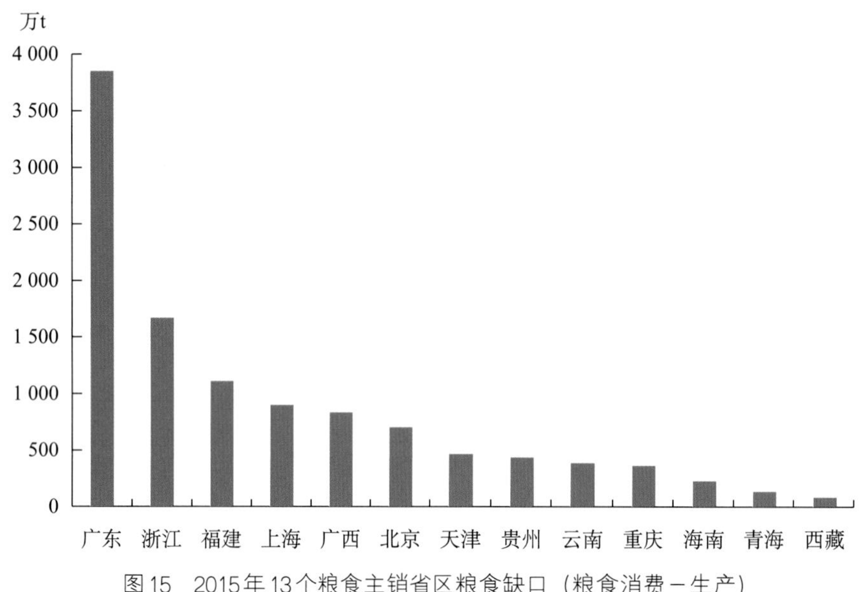

图15　2015年13个粮食主销省区粮食缺口（粮食消费－生产）

总之，从消费类型上看，饲料粮和工业用粮不足是造成主销区粮食缺口的主要原因。从区域分布上看，我国粮食消费存在不均衡性，缺口主要集中在南方，从而造成“北粮南运”。从平衡区滑落到主销区的南方广西、重庆、贵州、云南4省（自治区、直辖市），也主要是饲料粮和工业用粮的短缺。总体上看，南方饲料粮生产不足严重影响了我国的粮食安全。

（二）适水种植与粮食生产关系

1．主产区、平衡区、主销区需水量与灌溉需求现状

按照联合国粮食及农业组织（FAO）推荐的彭曼—蒙蒂斯（Penman–Monteith）公式以及CropWat、ClimWat、FAO Stat等数据库数据，2015年我国粮食作物生产的总需水量北方大于南方，对灌溉水量（蓝水）的依赖度北方大于南方，但单位粮食生产需水量北方小于南方，说明在当前粮食生产条件下，粮食生产水分利用效率北方高于南方。在水土资源不相匹配、水资源供需矛盾日益突出、“北粮南运”进一步加剧北方水资源压力的现实条件下，充分挖掘天然有效降水（绿水）的利用潜力，减少灌溉水量（蓝水）的利用量，是全面提高水资源利用效率、保障粮食安全的努力方向。

以水稻、小麦、玉米为代表，2015年31个省（自治区、直辖市）主要粮食作物灌溉面积上单位粮食生产需水特征如下：

(1) 水稻

在灌溉面积上，2015年单位水稻生产需水量：主产区>主销区>平衡区，平均值依次为0.98m³、0.96m³和0.81m³，当前适水种植性差（图16）。灌溉水量（蓝水）占总需水量的比例：主产区（黑龙江、吉林除外）>0.5、主销区（北京、天津除外）<0.4。从适水种植节约灌溉水资源来看，水稻更适合在单位水稻生产需水量小于全国平均值且灌溉水量占比也较小的省区种植，如在主产区中的吉林、黑龙江，平衡区的江西、江苏、湖北、湖南，以及主销区中的重庆、浙江、福建、贵州、海南、广东、广西、云南种植。结合我国的水稻种植现状，在保护好东北水稻生产基地的同时，要努力开发南方地区的水稻种植，发挥绿水资源丰富的生产优势。

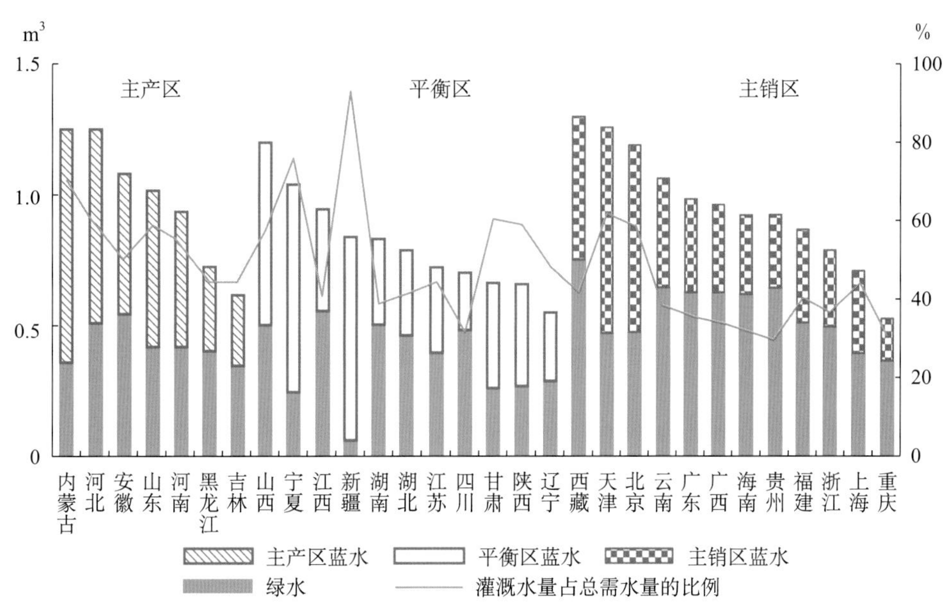

图16 2015年全国各省份灌溉面积上单位水稻生产需水量及灌溉水占比

(2) 小麦

在灌溉面积上，2015年主产区、平衡区、主销区单位小麦生产需水量分别为0.80m³、0.88m³和0.86m³，整体呈现主产区小于平衡区和主销区，基本遵循适水种植的分布格局（图17）。从单位小麦生产需水量来看，主产区中的安徽、河南、山东，平衡区中的湖北、辽宁、江苏，以及主销区中的重庆均适合小麦种植，其单位小麦生产需水量均小于全国平均值（0.85m³）。结合目前华北地区地下水超采的现状，将小麦种植带从超采严重的京津冀地区南移至安徽、河南、山东、江苏地区，可降低单位小麦生产需水量。

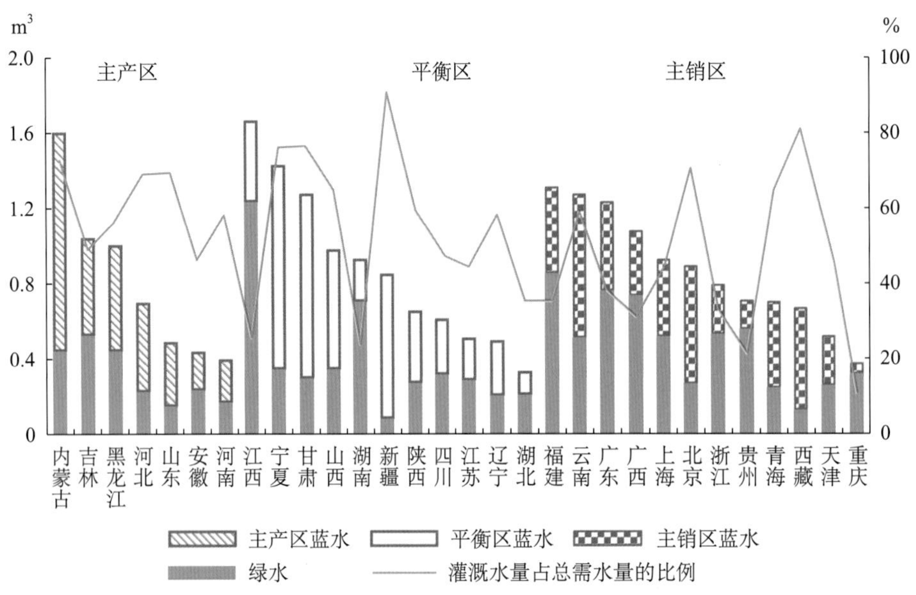

图17　2015年全国各省份灌溉面积上单位小麦生产需水量及灌溉水占比

2015年非灌溉面积上单位小麦生产需水量显著大于灌溉面积上需水量，主产区、平衡区、主销区单位小麦生产需水量的平均值分别为0.61m³、1.21m³和1.08m³（图18）。主产区小于主销区和平衡区，说明在粮食主产区的安徽、河南、山东发展小麦雨养种植较其他地区适宜。

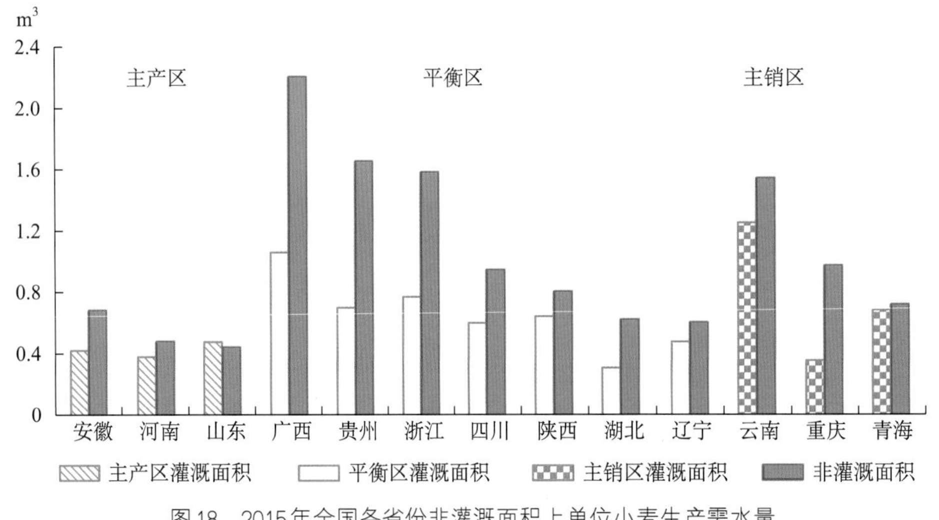

图18　2015年全国各省份非灌溉面积上单位小麦生产需水量

（3）玉米与青贮玉米

我国大部分地区都适宜种植玉米。在灌溉面积上，2015年主产区、平衡区、主销区单位玉米生产需水量的平均值分别为0.30m³、0.41m³和0.53m³（图19）。除新疆、内蒙古、宁夏、甘肃、青海，各省灌溉水量占比均低于50%，且主产区中的山东、安徽，平衡区中的四川、江苏，主销区中云南、贵州、广西、重庆，其单位玉米生产需水量均小于全国平均值（0.43m³）且灌溉水量占比较小。

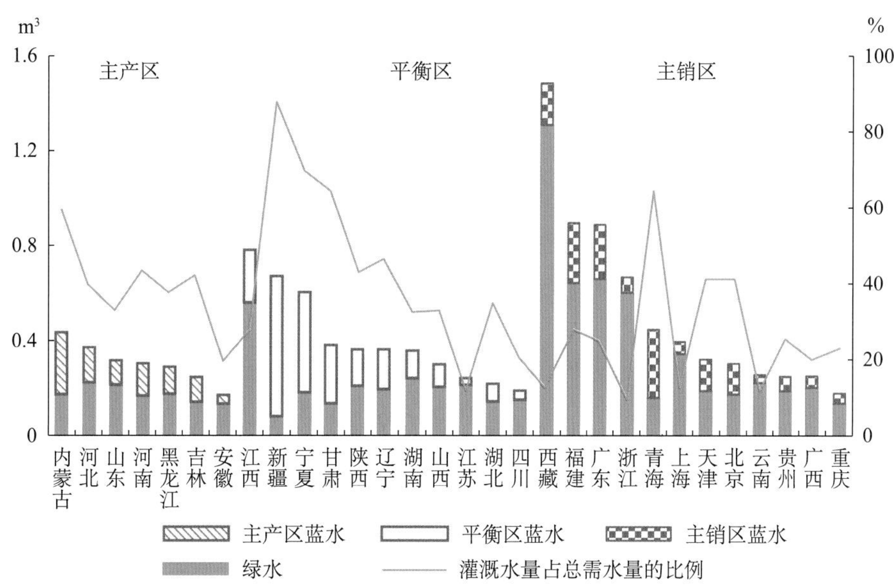

图19　2015年全国各省份灌溉面积上单位玉米生产需水量及灌溉水占比

在非灌溉面积上，2015年单位玉米生产需水量大于灌溉面积上需水量，主产区、平衡区、主销区单位玉米生产需水量的平均值分别为0.53m³、0.57m³和0.52m³（图20）。

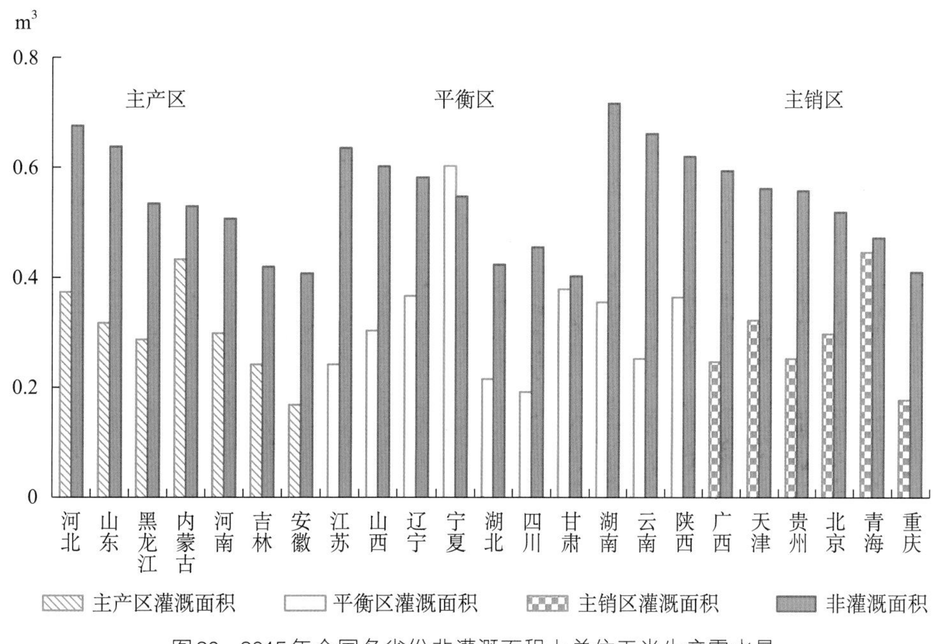

图20　2015年全国各省份非灌溉面积上单位玉米生产需水量

结合我国现有南方饲料粮短缺的问题，通过“粮改饲”将玉米种植改为青贮玉米种植，可省去灌浆水，亩均用水量可下降15%，同时亩产可从原来的0.5t玉米籽粒提高到全株青贮玉米3.5～4.0t。从能量的转化来看，1kg玉米籽粒产能443万J，1kg青贮玉米产能247万J，相当于种植一亩地的饲料粮比种植玉米产能提高2倍，每千克需水量减少一半多，节水效益明显。南方地区单位玉米生产需水量较小，灌溉水量占比较低，应根据实际情况扩大玉米及青贮玉米种植，发展种养结合，以保证饲料粮供给。

2. 灌溉水量（蓝水）需求的空间分布特征

采用Local Moran's *I*指数对全国各省份水稻、小麦、玉米三种主要粮食作物的总需水量、灌溉面积上需要的灌溉水量、灌溉面积上生产单位粮食需要的灌溉水量进行空间分析，并采用生产单位粮食作物需要的灌溉水量省值与全国平均值之比，辨识主要粮食作物的适水种植规律（图21）。

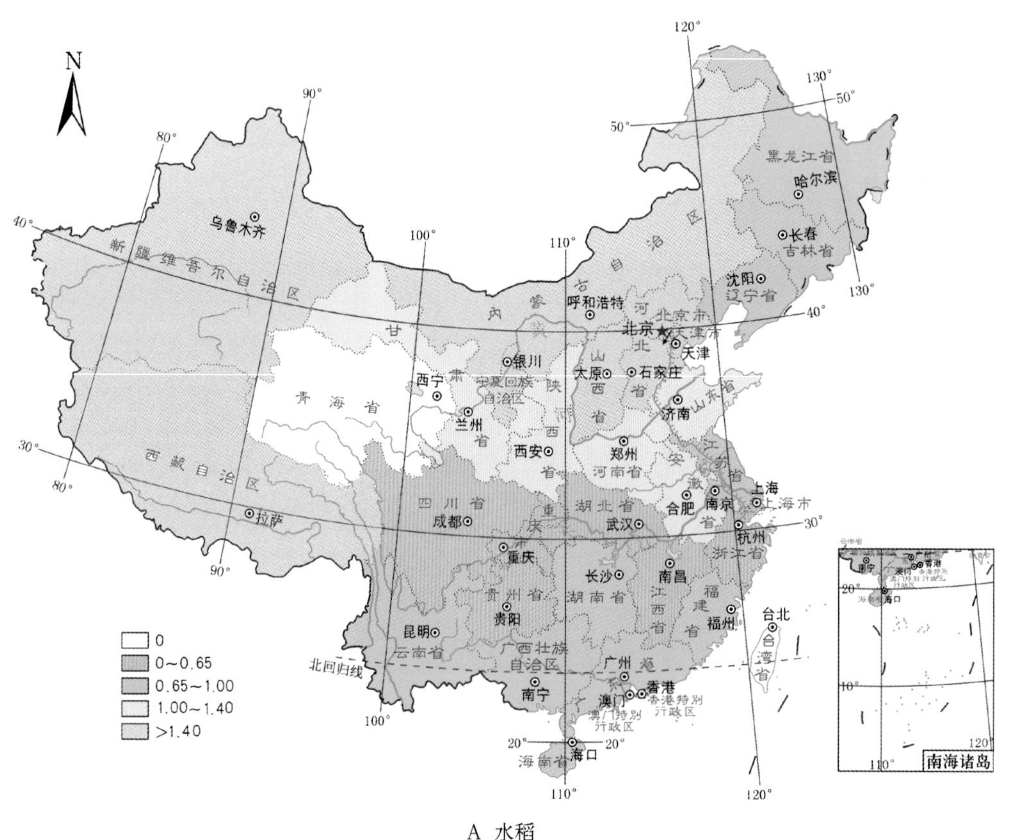

A 水稻

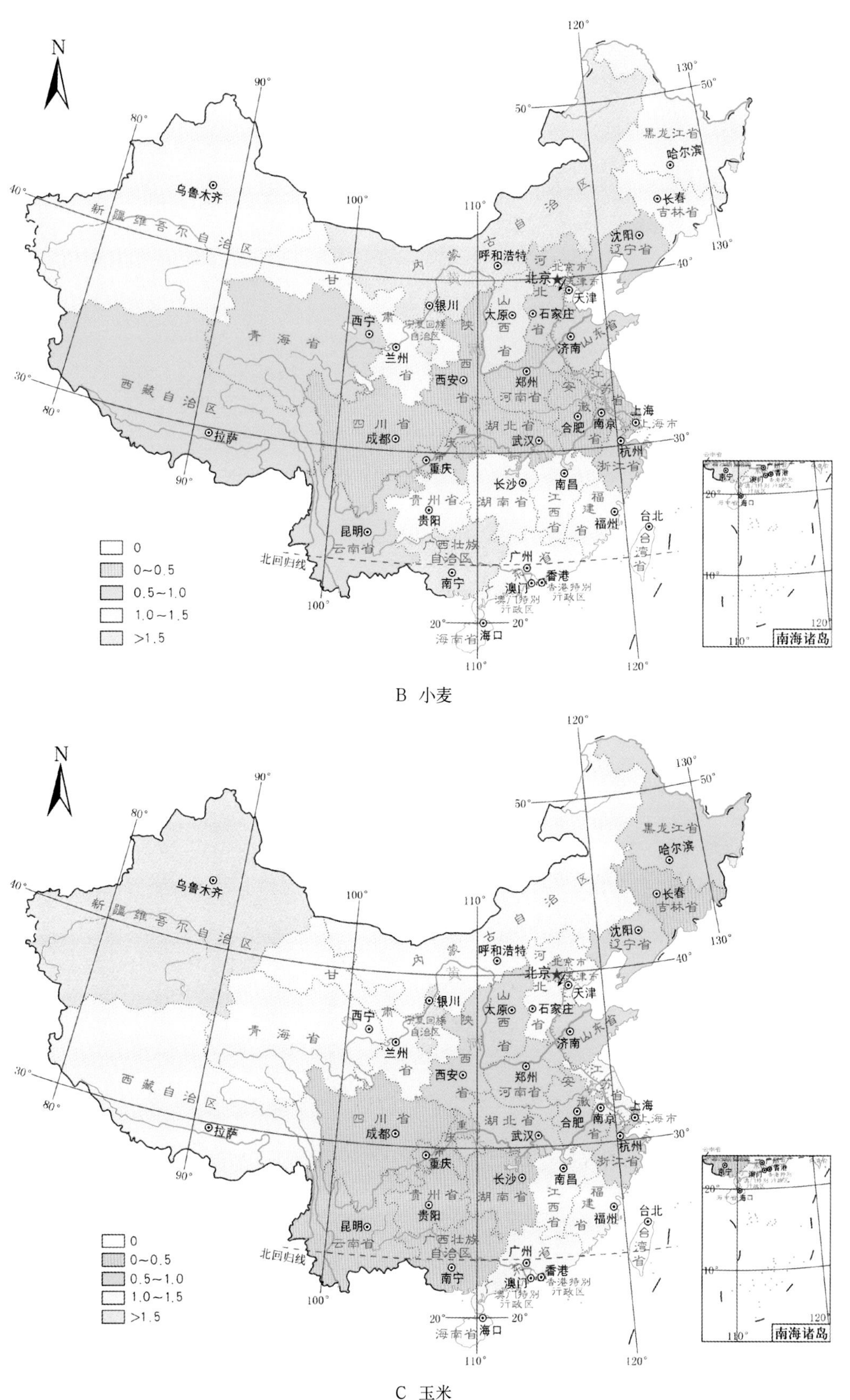

图21　生产单位粮食对灌溉水量的需求量与全国平均值之比

（1）水稻

水稻生产对灌溉水量需求的低值区位于四川、重庆、贵州、湖北、江西、浙江6省（直辖市），生产单位水稻对灌溉水量的需求量小于等于全国平均值的60%，是最适宜的水稻种植区域；其次是东北三省以及南方湖南、福建、云南、广西、广东和海南，生产单位水稻对灌溉水量的需求量小于等于全国平均值；而华北平原的部分省市生产单位水稻对灌溉水量的需求量，约为全国平均值的1.0~1.4倍，生产单位水稻对蓝水的需求量最高的区域为内蒙古、河北、新疆、西藏等地，最高达到全国平均值的1.8倍。

（2）小麦

小麦生产对灌溉水量需求的低值区位于我国大陆带中间地带的江苏、安徽、河南、湖北、陕西、四川等省，生产单位小麦对灌溉水量的需求量小于全国平均值的一半，是小麦种植最适宜的区域；在山东、河北、青海等省，生产单位小麦对灌溉水量的需求量小于等于全国平均值；内蒙古、宁夏、广西生产单位小麦对灌溉水量的需求量大于全国平均值的1.5倍；其余省市生产单位小麦对灌溉水的需求量约为全国平均值的1.0~1.5倍。

（3）玉米

玉米生产对灌溉水量的需求呈现区块分布的特点。生产单位玉米对灌溉水量需求量较小的主要有三个区域：一是东北地区的黑龙江、吉林和辽宁；二是南部的云贵川、广西、湖南地区；三是中部的山东、山西、安徽等地。这三个区域生产单位玉米对灌溉水量的需求量小于等于全国平均值，尤其是前两区域生产单位玉米对灌溉水量的需求量小于等于全国平均值的一半，从对农业水资源高效利用角度考虑，是玉米种植最适宜的区域。新疆玉米需水呈现一个明显高点，对灌溉水量的需求量大于全国平均值的2.4倍。其余省市生产单位玉米对灌溉水量的需求量大于全国平均值的1.0~2.4倍。

3. 粮食生产与消费中灌溉水量的区域转移

若按粮食生产量与消费量之差乘以其生产单位粮食所需的灌溉水量（蓝水）计算，2015年主产省区余粮中附着（消耗）的灌溉水量（虚拟水量）达到207.9亿m^3，主销省区缺粮中附着的灌溉水量约286.2亿m^3，平衡省区粮食略有剩余，附着的灌溉水量约54.1亿m^3（图22）。

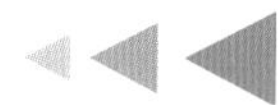

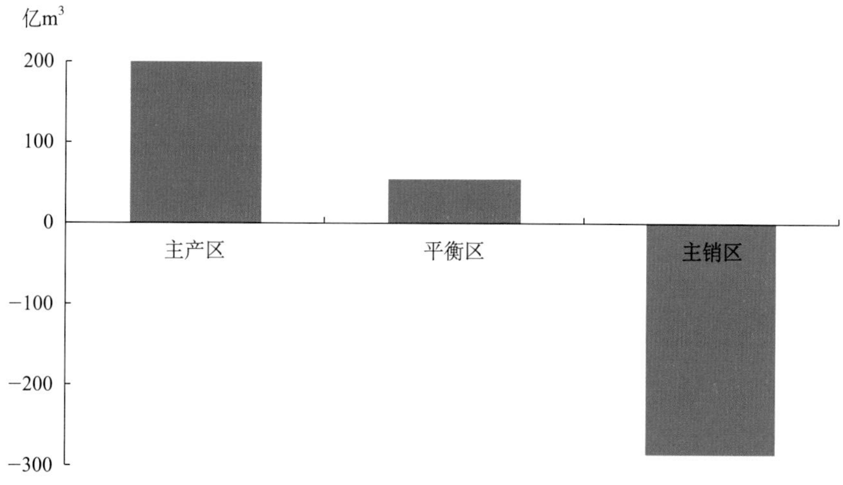

图22 2015年三区虚拟水运移分析

2015年北方河北、山西、内蒙古、辽宁、吉林、黑龙江、山东、河南、宁夏、甘肃、新疆11省（自治区）余粮共计1.23亿t，占全国余粮的比例高达91.2%，附着在粮食产品中的灌溉水量达到229亿m^3，通过粮食流通由北方流向南方，加剧了北方水资源短缺状况和南北方水资源的不平衡。全国各省份虚拟水的运移量如图23所示。

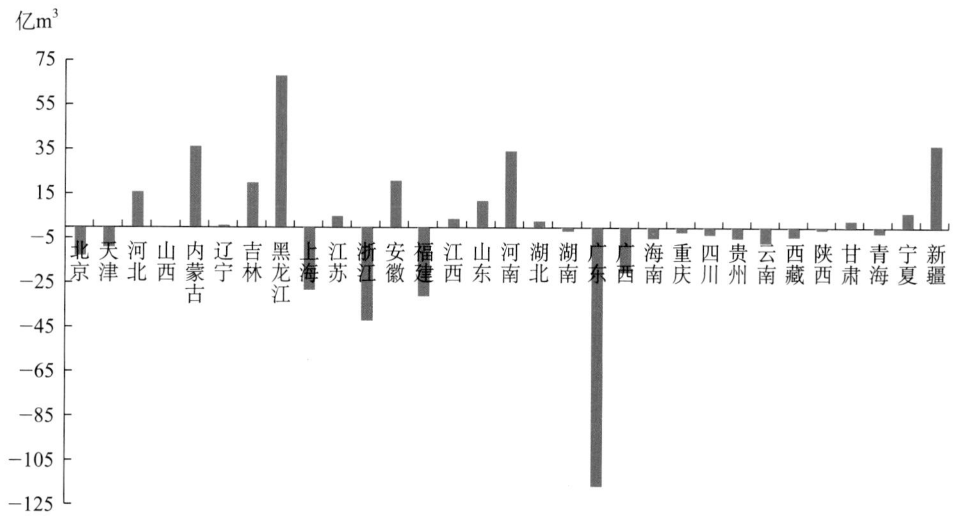

图23 2015年全国各省份虚拟水运移分析

（三）保障未来我国粮食生产安全的需水阈值分析

综合我国城乡居民饮食结构的变化以及未来人口的增长，按照土地承载力与粮食安全保障目标预测，2020年人均粮食消费需求量应满足479kg，需要粮食总量6.81亿t；2030年人均粮食消费需求量应满足536kg，需要粮食总量7.74亿t。

1. 发展目标与总体布局

（1）指导思想

以确保国家粮食安全（口粮自给）和重要农产品有效供给、加快现代农业和现代水利发展、促进生态文明为目标，以全面落实用水总量控制指标、转变农业用水方式、提高降水和灌溉水利用水平、建设旱涝保收高效稳产高标准农田为主线，以优化水土资源配置、夯实灌排设施基础、保护灌区生态环境、创新灌溉发展体制机制为重点，着力构建与资源环境承载能力、经济社会发展和美丽乡村建设要求相适应的现代灌溉农业体系和现代旱作农业体系。

（2）基本原则

——守住农业基本用水底线，高效利用水资源。坚持谷物基本自给、口粮绝对安全底线，适水种植，建设高标准节水灌溉农田，落实用水总量控制指标，保障合理的灌溉用水需求。

——坚持以水定灌，有进有退。以水资源承载能力倒逼灌溉规模调整，巩固和适度扩大南方水稻种植面积，适度调减华北地下水严重超采区小麦种植规模，水旱并举实现水资源可持续利用和灌溉的可持续发展。

——坚持开源节流并举，节水为先。科学开发利用再生水资源和微咸水资源，大力发展和推广喷灌、微灌、低压管灌等高效灌溉技术和渠道防渗技术，构建与新型农业经营体系相适应的现代灌溉农业体系。

——突出用水效率和效益，优化粮作布局。按照作物需水和灌溉水量的地区分布规律，适水种植、优化粮食作物区域布局，合理调配水资源，提高农业生产的比较效益。

（3）发展目标

总目标：建设现代灌溉农业体系和现代旱作农业体系。

具体目标：

到2025年，水土资源配置与灌溉发展布局趋于合理，灌排设施和信息化水平明显提升。在多年平均情形下，全国灌溉用水量控制在3 725亿m^3以内，农田有效灌溉面积达到10.2亿亩，节水灌溉工程面积达到7.76亿亩，节水灌溉率达到69%，其中高效节水灌溉工程面积达到4.35亿亩，高效节水灌溉率达到39%，农田灌溉水有效利用系数提高到0.57以上。

到2030年，基本完成现有灌区改造升级，新建一批现代灌区，基本实现灌溉现代

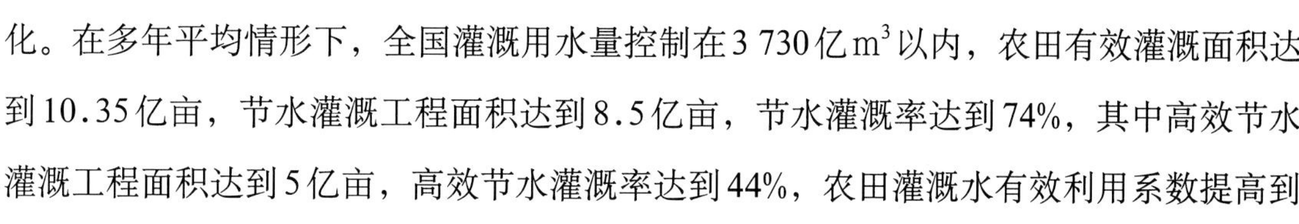

化。在多年平均情形下，全国灌溉用水量控制在3 730亿m^3以内，农田有效灌溉面积达到10.35亿亩，节水灌溉工程面积达到8.5亿亩，节水灌溉率达到74%，其中高效节水灌溉工程面积达到5亿亩，高效节水灌溉率达到44%，农田灌溉水有效利用系数提高到0.60以上。

到2035年，力争全面建成以适产高效、精准智慧、环境友好型和云服务为特征的现代灌溉农业体系和现代旱作农业用水体系，适度发展灌溉面积，提高农田灌溉保证率，全国灌溉用水量趋于稳定。

（4）总体布局

北方地区总体“水少地多”，以高效节约利用水资源、提高水资源利用效率效益为中心，推行土地集约化利用和适产高效型限水灌溉（调亏灌溉）制度相结合，同时考虑小麦南移、农牧交错带以草业为主的种植结构调整。按“增东稳中调西”的原则，优化灌溉面积发展规模，东北地区重在节水增粮、黄淮海平原区重在节水压采、西部地区重在节水增收。

南方地区总体“水多地少”，以节约集约利用土地资源、提高土地资源利用效率效益为中心，稳定基本农田和控制排水型适宜灌溉相结合，果草结合，发展绿肥种植。按“调东稳中增西”的原则，优化灌溉面积发展规模，大力推广水稻控制灌溉技术，着力节水减污。东部强化甘蔗主产区种植规模，适当调减其他大田作物种植规模；中部长江中下游地区稳固水稻主产区，加强田间水肥高效利用综合调控技术模式和面源污染治理工作；西部四川盆地片区增加水稻“湿、晒、浅、间”控制性灌溉模式规模。

2. 灌溉面积发展规模

以满足未来粮食消费需求、不逾越用水总量控制红线为目标，结合《全国现代灌溉发展规划（2012—2020年）》，采用定额法分析预测灌溉面积发展规模（表8）。

到2025年，全国灌溉面积达到11.25亿亩，其中农田有效灌溉面积10.20亿亩，北方地区约占56.1%，主要集中在黑龙江、山东、河南、新疆、河北和内蒙古，黑龙江最大，约占全国的10%。农田有效灌溉面积占全国面积的比重：东北区15.5%，华北区22.3%，长江区25.9%，其他区均不足7.2%。

到2030年，全国灌溉面积达到11.45亿亩，其中农田有效灌溉面积10.35亿亩，增加面积主要分布在黑龙江、吉林、内蒙古、四川、山东和湖北。农田有效灌溉面积占全国面积的比重：东北区16.6%，华北区22.1%，长江区25.4%，其他区均不足7%。

表8　2025年、2030年十大农业分区农田有效灌溉面积及其占全国的比重

单位：亿m³，万亩，%

地区	农田灌溉可用水量			农田有效灌溉面积			占全国面积的比重		
	2020年	2025年	2030年	2020年	2025年	2030年	2020年	2025年	2030年
全国	3 230	3 230	3 230	100 500	102 000	103 499	100.0	100.0	100.0
东北区	409	446	483	14 405	15 775	17 145	14.3	15.5	16.6
华北区	427	428	429	22 591	22 749	22 907	22.5	22.3	22.1
长江区	900	885	869	26 427	26 361	26 296	26.3	25.8	25.4
华南区	400	388	376	7 244	7 189	7 133	7.2	7.0	6.9
蒙宁区	182	191	200	6 061	6 194	6 328	6.0	6.1	6.1
晋陕甘区	166	166	167	5 709	5 721	5 733	5.7	5.6	5.5
川渝区	160	163	167	5 816	6 001	6 186	5.8	5.9	6.0
云贵区	194	194	195	4 724	47 54	4 783	4.7	4.7	4.6
青藏区	37	41	44	851	889	926	0.8	0.9	0.9
西北区	355	329	301	6 672	6 367	6 062	6.6	6.2	5.9

2015年、2025年、2030年全国各省份农田有效灌溉面积分布如图24所示。2015年、2025年水稻、小麦、玉米三大主要粮食作物灌溉面积地区分布如图25所示。

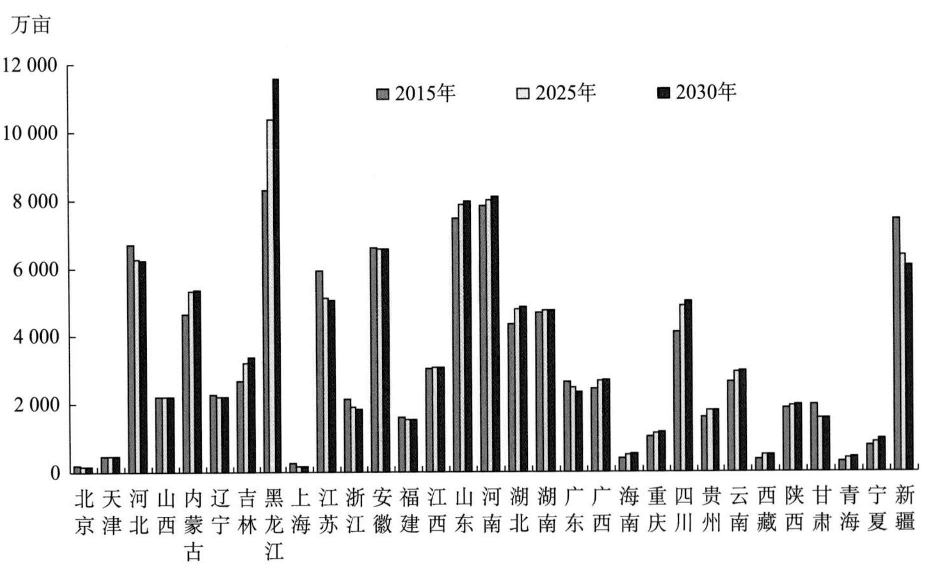

图24　2015年、2025年、2030年全国各省份农田有效灌溉面积

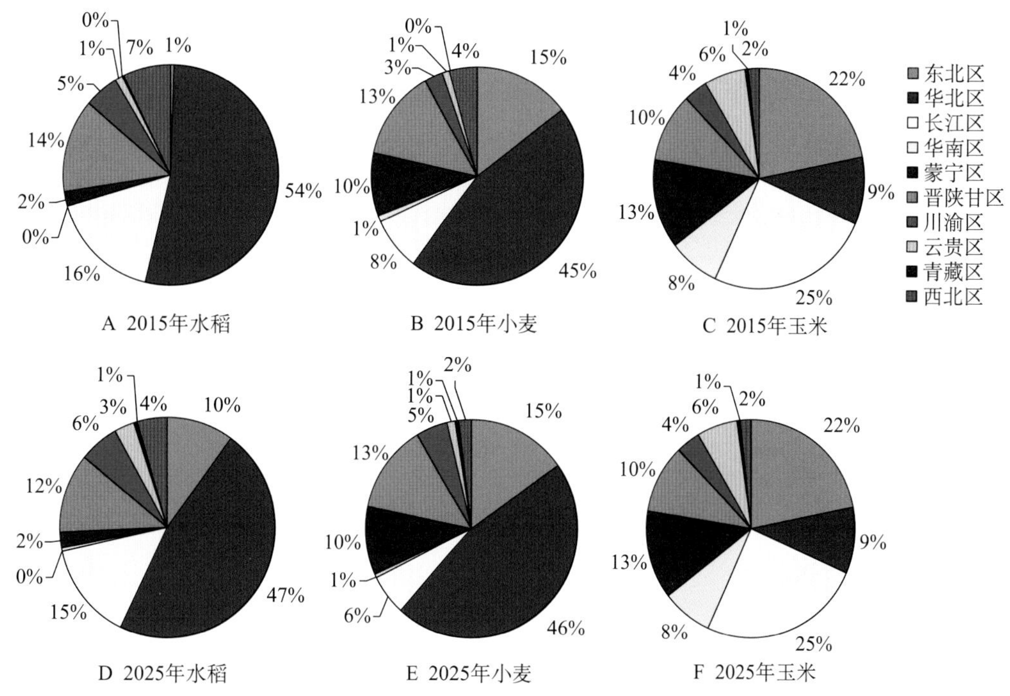

图25　2015年、2025年水稻、小麦、玉米三大主要粮食作物灌溉面积地区分布

3. 未来农田灌溉可用水量与需水量

根据《全国现代灌溉发展规划（2012—2020年）》，2020年、2030年多年平均灌溉可用水量为3 720亿m^3和3 730亿m^3。根据《中国水资源公报》，2000年以来林牧渔用水量变化较平稳，最大（2012年）为499.2亿m^3，未突破500亿m^3，考虑到未来灌溉面积的扩大和节水灌溉方式的增加，未来林牧渔用水量仍将控制在500亿m^3左右（最高达到544.5亿m^3），则2020—2030年多年平均农田灌溉可用水量（不包括非常规水量）为3 230亿m^3。

采用定额法分析预测规划水平年农田灌溉需水量。

（1）灌溉定额

为了客观估算当前农田灌溉用水量，以全国160个代表性气象站，采用Penman-Monteith公式分析计算了1986—2014年主要作物多年平均净灌溉需水量，与《2015中国水资源公报》统计的亩均用水量比较，结合农田灌溉当前用水水平，综合确定灌溉定额：对于公报统计亩均用水量大于理论计算毛定额的行政区，采用统计亩均用水量与毛定额的平均值；对于公报统计亩均用水量小于理论计算净定额的行政区，采用公报统计亩均用水量与净定额的平均值。

（2）当前节水水平下农田灌溉需水量

鉴于全国各地降水丰枯不同步、实灌面积通常小于有效灌溉面积的客观情况，需水预测采用有效灌溉面积和折算灌溉面积（按照2013—2014年实灌面积占有效灌溉面积的比例折算）两种方法计算，结果如表9所示。按有效灌溉面积计算，2020年、2025年、2030年全国农田灌溉需水量分别为3 948.0亿m^3、3 995.7亿m^3和4 043.0亿m^3。按折算灌溉面积计算，2020年、2025年、2030年全国农田灌溉需水量分别为3 331.5亿m^3、3 366.9亿m^3和3 402.6亿m^3，缺水量分别为100.9亿m^3、136.6亿m^3和172.4亿m^3。

表9 当前节水水平下规划水平年农田有效灌溉面积及需水量预测

单位：m^3/亩，万亩，亿m^3

地区	当前用水定额	农田有效灌溉面积			实灌面积/耕地面积（2013—2014年平均）	农田灌溉需水量					
						按有效灌溉面积计			按折算灌溉面积计		
		2020年	2025年	2030年		2020年	2025年	2030年	2020年	2025年	2030年
全国	400	100 500	102 000	103 499	0.84	3 948.0	3 995.7	4 043.0	3 331.4	3 366.9	3 402.6
北京	260	240	219	198	0.88	5.3	5.2	5.2	4.7	4.6	4.6
天津	228	460	458	456	0.90	10.5	10.4	10.4	9.4	9.4	9.3
河北	224	6 277	6 247	6 217	0.82	140.8	140.2	139.5	114.9	114.4	113.8
山西	193	2 200	2 200	2 200	0.98	42.4	42.4	42.4	41.4	41.4	41.4
内蒙古	323	5 261	5 310	5 358	0.82	169.9	171.5	173.1	139.3	140.5	141.8
辽宁	417	2 207	2 207	2 207	0.85	92.0	92.0	92.0	78.3	78.3	78.3
吉林	354	3 068	3 222	3 376	0.61	108.5	114.0	119.4	66.4	69.7	73.1
黑龙江	351	9 130	10 346	11 562	0.84	320.7	363.4	406.1	269.1	304.9	340.7
上海	386	183	173	162	1.00	7.1	6.7	6.3	7.1	6.7	6.3
江苏	478	5 146	5 101	5 056	0.64	246.1	244.0	241.8	158.5	157.2	155.8
浙江	342	2 004	1 920	1 836	0.92	68.6	65.7	62.8	63.2	60.5	57.9
安徽	291	6 539	6 544	6 549	0.80	190.1	190.3	190.4	152.4	152.6	152.7
福建	556	1 534	1 537	1 539	0.82	85.3	85.4	85.5	69.6	69.7	69.8
江西	611	3 083	3 084	3 085	0.87	188.4	188.4	188.5	163.6	163.6	163.7
山东	230	7 768	7 856	7 944	0.94	178.9	180.9	183.0	168.4	170.3	172.2
河南	214	7 882	7 987	8 092	0.86	169.0	171.3	173.5	146.0	147.9	149.9
湖北	431	4 721	4 789	4 857	0.82	203.5	206.4	209.3	166.0	168.4	170.8

（续）

地区	当前用水定额	农田有效灌溉面积			实灌面积/耕地面积（2013—2014年平均）	农田灌溉需水量					
						按有效灌溉面积计			按折算灌溉面积计		
		2020年	2025年	2030年		2020年	2025年	2030年	2020年	2025年	2030年
湖南	530	4 751	4 751	4 751	0.84	251.8	251.8	251.8	212.7	212.7	212.7
广东	660	2 586	2 469	2 352	0.93	170.7	163.0	155.2	158.1	151.0	143.8
广西	780	2 647	2 672	2 697	0.86	206.4	208.4	210.3	177.3	178.9	180.6
海南	803	477	511	545	0.64	38.3	41.1	43.8	24.6	26.3	28.1
重庆	354	1 083	1 135	1 186	0.67	38.3	40.1	42.0	25.6	26.9	28.1
四川	392	4 733	4 867	5 000	0.80	185.5	190.7	196.0	148.0	152.2	156.4
贵州	391	1 800	1 800	1 800	0.85	70.3	70.3	70.3	60.1	60.1	60.1
云南	397	2 924	2 954	2 983	0.89	116.1	117.3	118.4	103.1	104.1	105.2
西藏	474	491	492	492	1.00	23.3	23.3	23.3	23.3	23.3	23.3
陕西	325	1 927	1 943	1 958	0.83	62.6	63.1	63.6	52.0	52.4	52.8
甘肃	514	1 582	1 579	1 575	0.87	81.3	81.1	81.0	70.8	70.6	70.5
青海	625	360	397	434	0.85	22.5	24.8	27.1	19.1	21.1	23.0
宁夏	755	800	885	970	0.95	60.4	66.8	73.3	57.5	63.6	69.7
新疆	590	6 672	6 367	6 062	0.97	393.6	375.7	357.7	381.0	363.6	346.2

注：折算灌溉面积按2013—2014年实灌面积占有效灌溉面积比例计算，全国平均折算系数为84%。

（3）强化节水条件下农田灌溉需水量

综合考虑农田灌溉需水量和农田灌溉可用水量，要保障未来10亿亩高标准农田建设用水需求，需进一步采用强化节水、适水种植、优化种植结构等综合“节流”措施，将农田灌溉水有效利用系数由当前的0.536提高到2020年0.550、2025年0.575和2030年0.600。按有效灌溉面积计算，2020年、2025年、2030年全国农田灌溉需水量将分别达到3 806.8亿m^3、3 705.2亿m^3和3 603.5亿m^3；按折算灌溉面积计算，2020年、2025年、2030年全国农田灌溉需水量将分别达到3 208.1亿m^3、3 119.4亿m^3和3 031.3亿m^3，缺水省合计缺水量分别为170.7亿m^3、109.6亿m^3和64.4亿m^3。随着未来再生水处理能力的提高，亏缺水量可由再生水和微咸水补充供水（表10）。

综上所述，要支撑未来10亿亩高标准农田用水需求，至少需要保障农田灌溉基本用水底线3 230亿m^3，开发利用非常规水资源约64.6亿m^3。

表10　强化节水条件下规划水平年农田灌溉需水量预测

单位：亿 m^3

地区	农田灌溉水有效利用系数				农田灌溉需水量						农田灌溉可用水量			非常规水利用量					
	《2015中国水资源公报》	《全国现代灌溉发展规划（2012—2020年）》			有效灌溉面积			折算灌溉面积						有效灌溉面积			折算灌溉面积		
		2020年	2025年	2030年	2020年	2025年	2030年	2020年	2025年	2030年	2020年	2025年	2030年	2020年	2025年	2030年	2020年	2025年	2030年
全国	0.536	0.550	0.575	0.600	3 806.8	3 705.2	3 603.5	3 208.1	3 119.4	3 031.3	3 230.5	3 230.3	3 230.2	604.8	511.2	418.3	170.7	109.6	64.4
北京	0.710	0.750	0.757	0.764	5.0	4.9	4.8	4.4	4.3	4.2	7.9	7.0	6.1						
天津	0.687	0.691	0.716	0.741	10.4	10.0	9.6	9.4	9.0	8.7	10.2	10.6	11.1	0.3					
河北	0.670	0.675	0.700	0.724	139.8	134.4	129.1	114.1	109.7	105.3	129.8	128.7	127.6	10.0	5.8	1.5			
山西	0.530	0.550	0.567	0.584	40.8	39.7	38.5	39.9	38.7	37.6	43.3	43.2	43.2						
内蒙古	0.521	0.532	0.559	0.585	166.4	160.3	154.1	136.4	131.3	126.3	129.1	132.8	136.4	37.3	27.5	17.7	7.3		
辽宁	0.587	0.592	0.622	0.651	91.3	87.1	83.0	77.7	74.2	70.6	72.4	71.9	71.3	18.8	15.3	11.7	5.2	2.3	
吉林	0.563	0.582	0.605	0.627	104.9	106.0	107.2	64.2	64.9	65.6	92.0	97.5	102.9	12.9	8.6	4.3			
黑龙江	0.590	0.600	0.627	0.654	315.3	340.9	366.4	264.6	286.0	307.4	244.6	276.9	309.2	70.8	64.0	57.2	20.0	9.1	
上海	0.735	0.738	0.759	0.779	7.0	6.5	5.9	7.0	6.5	5.9	12.2	11.0	9.8						
江苏	0.598	0.600	0.626	0.652	245.3	233.5	221.8	158.0	150.4	142.9	221.4	217.6	213.7	23.9	16.0	8.1			
浙江	0.582	0.600	0.618	0.636	66.5	62.0	57.5	61.3	57.1	53.0	65.9	62.3	58.8	0.7					
安徽	0.524	0.535	0.560	0.585	186.2	178.4	170.6	149.3	143.0	136.8	133.6	129.8	126.0	52.6	48.6	44.6	15.7	13.2	10.8
福建	0.533	0.547	0.567	0.587	83.1	80.4	77.7	67.8	65.6	63.4	84.1	84.0	83.9						
江西	0.490	0.510	0.535	0.560	181.0	173.0	164.9	157.2	150.2	143.2	139.0	139.1	139.2	42.0	33.9	25.7	18.2	11.1	4.0

（续）

地区	农田灌溉水有效利用系数				农田灌溉需水量						农田灌溉可用水量			非常规水利用量					
	《2015中国水资源公报》	《全国现代灌溉发展规划（2012—2020年）》			有效灌溉面积			折算灌溉面积						有效灌溉面积			折算灌溉面积		
		2020年	2025年	2030年	2020年	2025年	2030年	2020年	2025年	2030年	2020年	2025年	2030年	2020年	2025年	2030年	2020年	2025年	2030年
山东	0.630	0.646	0.671	0.696	174.5	170.1	165.6	164.2	160.1	155.9	147.9	149.3	150.7	26.6	20.8	14.9	16.4	10.8	5.2
河南	0.601	0.616	0.641	0.666	164.9	160.7	156.6	142.4	138.8	135.2	131.2	132.2	133.2	33.7	28.5	23.4	11.2	6.6	2.0
湖北	0.500	0.524	0.549	0.574	194.2	188.3	182.3	158.4	153.6	148.8	143.5	144.2	144.8	50.7	44.1	37.5	14.9	9.5	4.0
湖南	0.496	0.521	0.546	0.571	239.7	229.2	218.7	202.5	193.6	184.7	185.2	180.8	176.5	54.6	48.4	42.2	17.3	12.8	8.2
广东	0.481	0.500	0.525	0.550	164.2	150.0	135.8	152.1	139.0	125.8	129.7	118.9	108.1	34.5	31.1	27.7	22.5	20.1	17.7
广西	0.465	0.500	0.525	0.550	192.0	184.9	177.8	164.8	158.8	152.7	155.8	153.2	150.6	36.2	31.7	27.2	9.0	5.6	2.1
海南	0.563	0.570	0.599	0.627	37.9	38.6	39.3	24.3	24.7	25.2	30.1	31.7	33.2	7.7	6.9	6.1			
重庆	0.480	0.500	0.522	0.544	36.8	36.9	37.0	24.6	24.7	24.8	19.5	20.6	21.7	17.2	16.3	15.3	5.1	4.1	3.1
四川	0.454	0.476	0.497	0.518	177.0	174.4	171.8	141.2	139.1	137.1	140.2	142.6	145.1	36.8	31.7	26.7	1.0		
贵州	0.451	0.480	0.493	0.505	66.1	64.4	62.8	56.4	55.0	53.6	66.4	65.8	65.2						
云南	0.451	0.472	0.489	0.505	110.9	108.3	105.8	98.5	96.2	94.0	127.5	128.5	129.4						
西藏	0.417	0.450	0.461	0.471	21.6	21.1	20.6	21.6	21.1	20.6	18.8	19.7	20.7	2.8	1.4		2.8	1.4	
陕西	0.556	0.570	0.590	0.610	61.1	59.5	58.0	50.7	49.4	48.1	54.3	54.7	55.1	6.8	4.8	2.9			
甘肃	0.541	0.570	0.588	0.605	77.2	74.8	72.4	67.2	65.1	63.0	67.9	68.3	68.7	9.3	6.5	3.7			
青海	0.489	0.500	0.527	0.553	22.0	23.0	24.0	18.7	19.5	20.4	18.7	20.9	23.1	3.3	2.1	0.9			
宁夏	0.501	0.506	0.536	0.565	59.8	62.4	65.0	56.9	59.3	61.8	52.7	58.1	63.5	7.1	4.3	1.5	4.2	1.2	
新疆	0.527	0.570	0.581	0.591	363.9	341.5	318.9	352.3	330.5	308.7	355.6	328.5	301.4	8.3	13.0	17.5		2.0	7.3

三、现代灌溉农业和现代旱作农业

（一）全国主要作物灌溉需水量分布特征

以全国水资源三级区为基础，剔除部分农业用水少或资料缺失的区域，同时将个别涉及范围较大三级区分为若干子区，最终确定216个农业用水研究子区。每个三级区内选定一个典型气象站，以该气象站资料为基础，对小麦、春玉米、中稻和棉花等主要作物净灌溉需水量（生育期内作物需水量-有效降水）进行分析。

（1）小麦

主要分布在河南、山东、河北、安徽、江苏、陕西、甘肃、新疆和山西等地。需补充灌溉水量由南向北递增，高值区位于西部的新疆克拉玛依市和西藏阿里地区，需补充灌溉水量500～600mm；低值区位于淮河流域南部及长江中下游地区，需补充灌溉水量100～200mm；在黄淮海平原区，高值区位于由山东潍坊向西北延伸的德州、天津、保定、北京的条形带上，需补充灌溉水量350～400mm，向南北两侧递减（图26A）。

（2）春玉米

横贯东北和西北，生长期一般为4月下旬、5月中旬至9月中旬，生育期为125～140d。在东部地区，灌溉高值区位于三门峡地区，向南北递减，东北地区在100～150mm（图26B）。多年平均净灌溉需水量占作物总需水量的比重在东北地区为10%～45%，西北地区为80%～98%。

（3）水稻

分为早稻、晚稻和中稻。中稻主要分布在长江中下游平原、云贵高原、四川盆地、东北地区的三江平原和辽河平原。中稻需补充灌溉水量由南向北递增，高值区位于新疆吐鲁番盆地和巴音郭楞蒙古自治州地区，需补充灌溉水量850～900mm；低值区位于华南地区的广西东部、广东西部以及四川盆地，需补充灌溉水量100～150mm（图26C）。

（4）棉花

主要分布在新疆、山东、河南、河北、湖南、江苏、安徽等地，生长期从4月中下旬至10月中下旬。灌溉需水量高值区位于新疆克拉玛依地区，需补充灌溉水

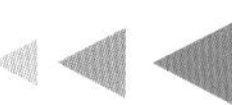

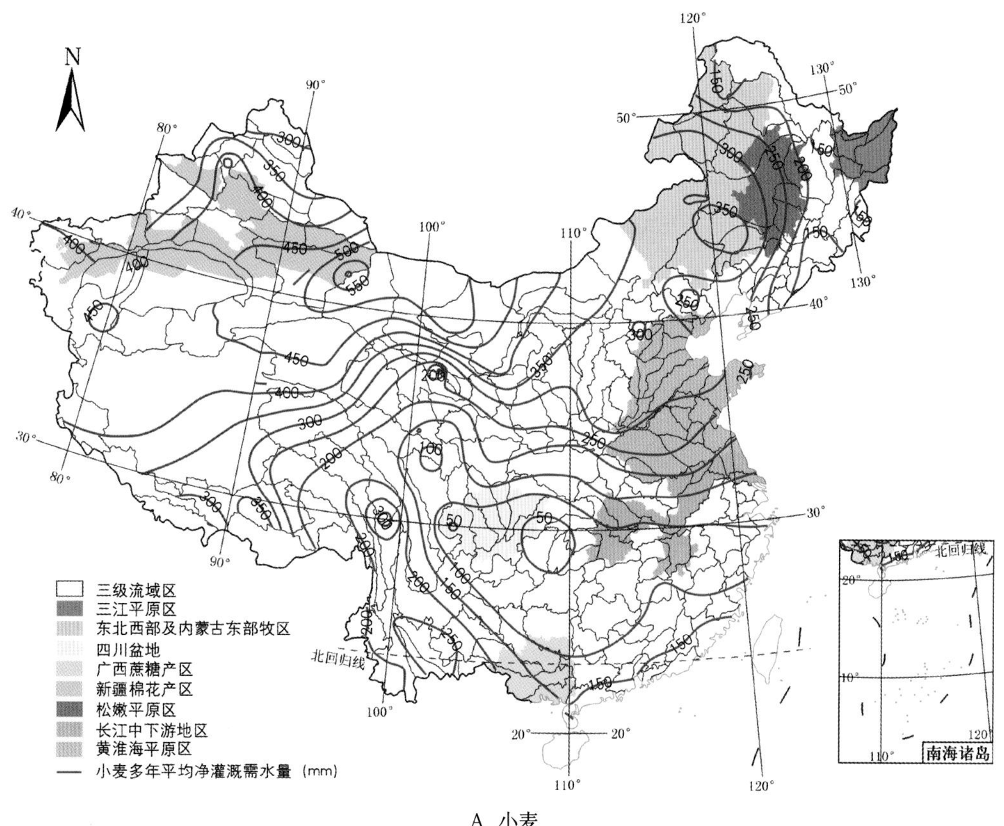
三级流域区
三江平原区
东北西部及内蒙古东部牧区
四川盆地
广西蔗糖产区
新疆棉花产区
松嫩平原区
长江中下游地区
黄淮海平原区
小麦多年平均净灌溉需水量（mm）
北回归线
南海诸岛

A　小麦

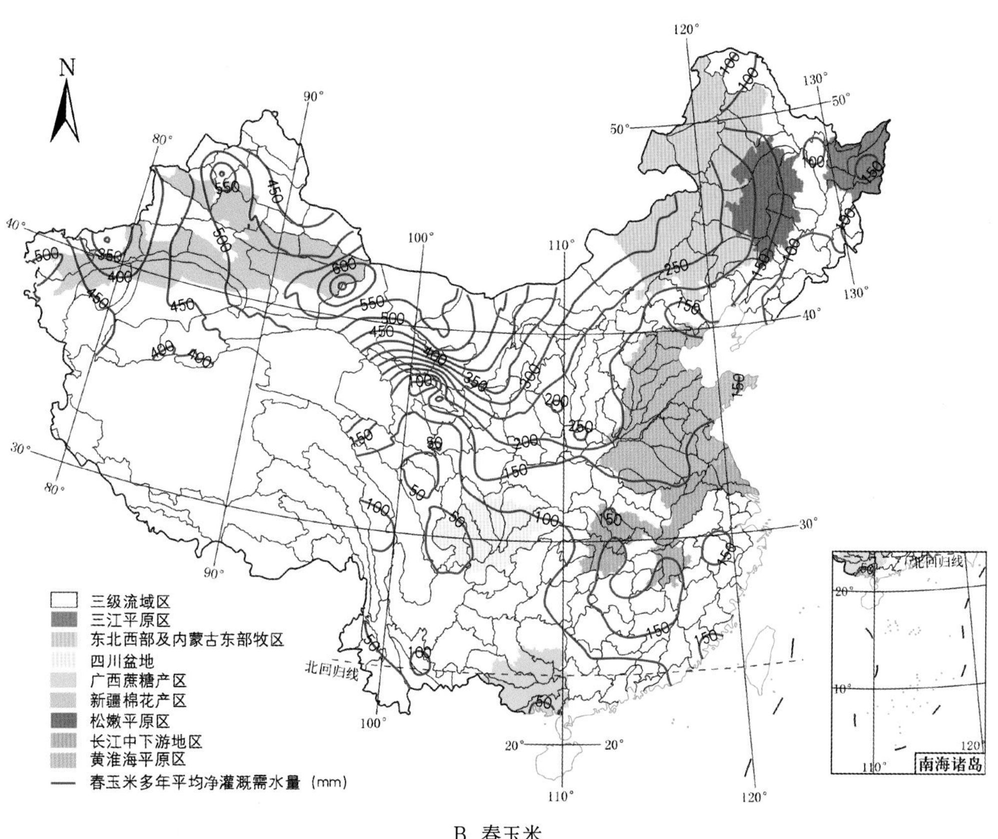
三级流域区
三江平原区
东北西部及内蒙古东部牧区
四川盆地
广西蔗糖产区
新疆棉花产区
松嫩平原区
长江中下游地区
黄淮海平原区
春玉米多年平均净灌溉需水量（mm）
北回归线
南海诸岛

B　春玉米

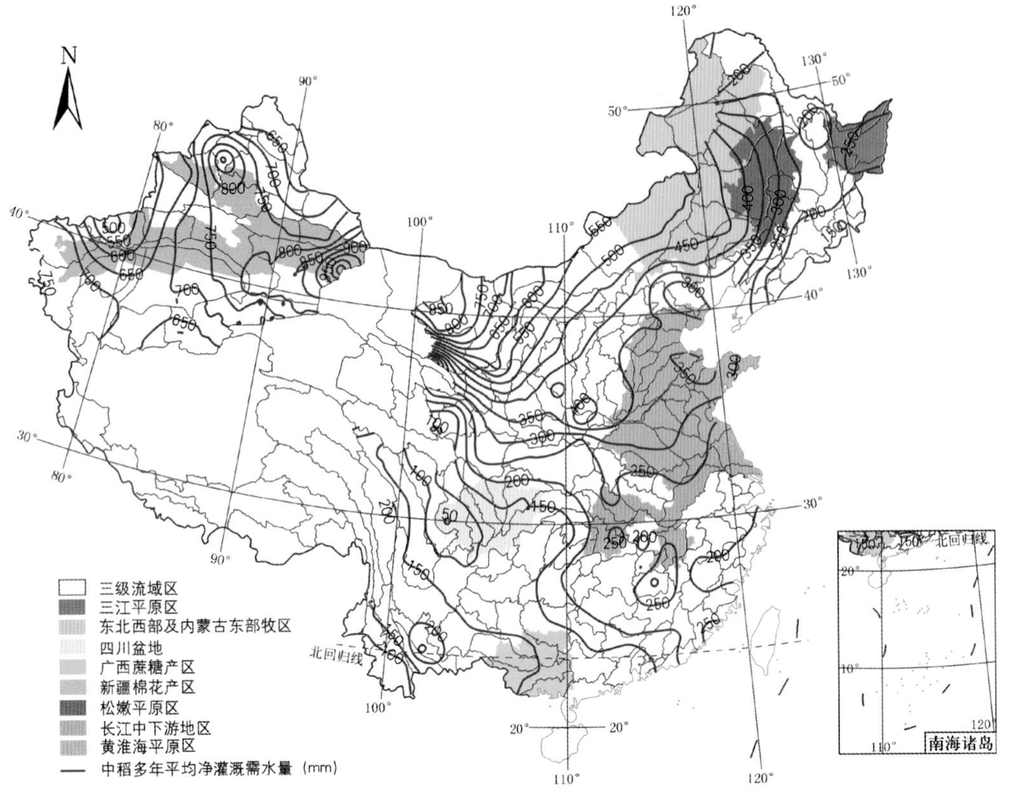

三级流域区
三江平原区
东北西部及内蒙古东部牧区
四川盆地
广西蔗糖产区
新疆棉花产区
松嫩平原区
长江中下游地区
黄淮海平原区
— 中稻多年平均净灌溉需水量（mm）

北回归线
南海诸岛

C 中稻

三级流域区
三江平原区
东北西部及内蒙古东部牧区
四川盆地
广西蔗糖产区
新疆棉花产区
松嫩平原区
长江中下游地区
黄淮海平原区
— 棉花多年平均净灌溉需水量（mm）

北回归线
南海诸岛

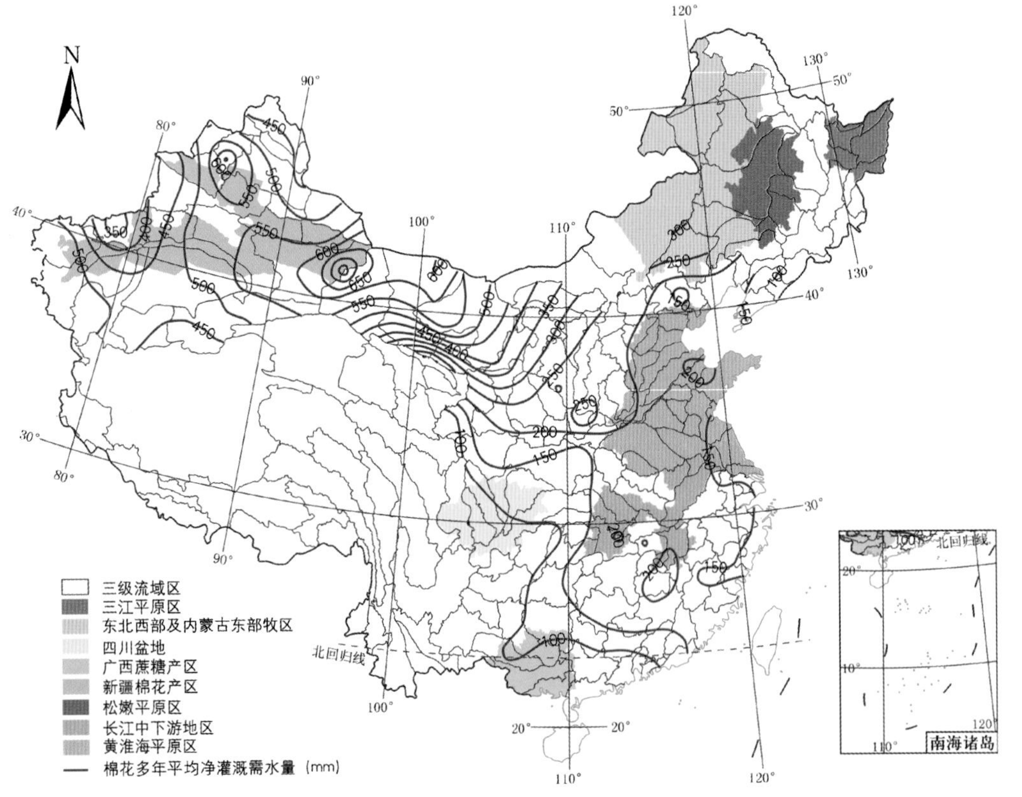

D 棉花

图26 主要作物多年（1986—2014年）平均净灌溉需水量等值线图

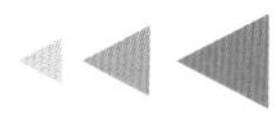

量600～700mm；低值区位于华南地区的广西东部、广东西部，需补充灌溉水量30～100mm；东部主产区需补充灌溉水量150～250mm（图26D）。近年来，很多地区实行棉花覆膜种植，灌溉需水量可降低75～120mm。

（二）主要农作物用水效率分布特征

1. 黄淮海平原冬小麦、夏玉米与苜蓿

（1）冬小麦

充分灌的灌溉量为119mm，水分生产率为1.46kg/m^3；亏缺灌的灌溉量为71mm，水分生产率为1.38kg/m^3；雨养条件下水分生产率为0.77kg/m^3。在灌溉条件下，黄淮海平原水分生产率由东北部向西南部递增（图27）；在雨养条件下，水分生产率空间分布与其生育期内降水空间分布基本一致，即由北向南递增。在水资源紧缺的黄淮海平原北部，冬小麦采用亏缺灌溉能保证87%产量，可促进区域水资源持续有效利用，但对作物水分生产率影响有限。

（2）夏玉米

需水与降水的耦合程度高，通过选用抗旱玉米品种和配套应用综合农艺旱作技术，完全可以实现玉米雨养旱作。黄淮海平原不同区域雨养旱作条件下夏玉米的水分生产率如表11所示，生育期降水量为470mm，耗水量为363mm，亩产788kg，水分生产率为3.26kg/m^3。

表11 黄淮海平原区雨养旱作夏玉米的水分生产率

单位：mm，kg，kg/m^3

地区	降水量	耗水量	亩产	水分生产率
北京	438	343	766	3.35
天津	403	372	814	3.28
河北	392	385	798	3.11
河南	465	353	802	3.41
山东	481	360	763	3.18
安徽	562	379	781	3.09
江苏	552	346	791	3.43
平均	470	363	788	3.26

（3）苜蓿

在耗水量为673mm时，苜蓿亩产与水分生产率都较大，分别为3 384kg、7.54kg/m^3。

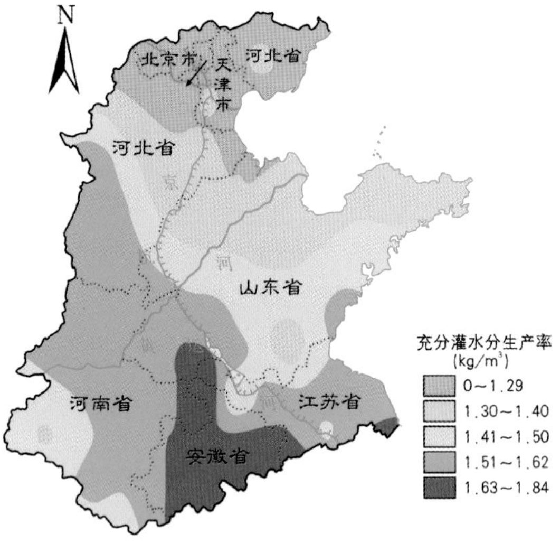
N
北京市
天津市
河北省
河北省
山东省
河南省
江苏省
安徽省
充分灌水分生产率
(kg/m³)
0~1.29
1.30~1.40
1.41~1.50
1.51~1.62
1.63~1.84

A 充分灌水分生产率

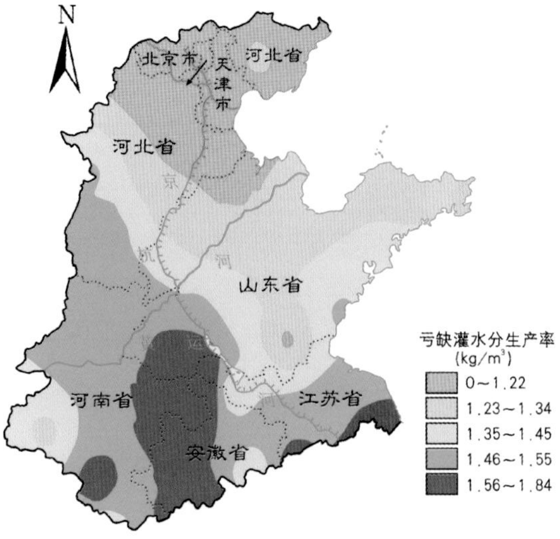
N
北京市
天津市
河北省
河北省
山东省
河南省
江苏省
安徽省
亏缺灌水分生产率
(kg/m³)
0~1.22
1.23~1.34
1.35~1.45
1.46~1.55
1.56~1.84

B 亏缺灌水分生产率

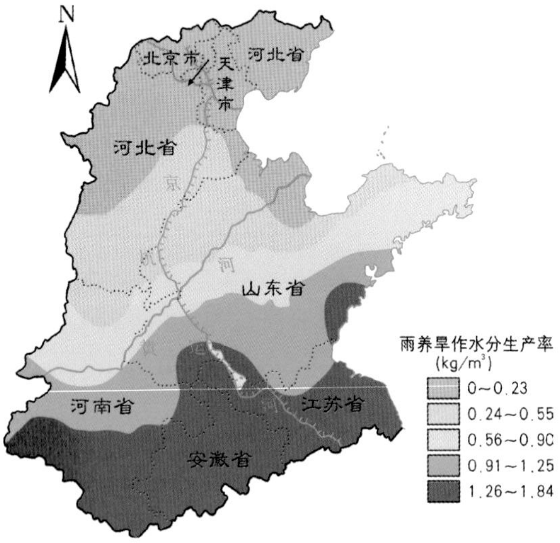
N
北京市
天津市
河北省
河北省
山东省
河南省
江苏省
安徽省
雨养旱作水分生产率
(kg/m³)
0~0.23
0.24~0.55
0.56~0.90
0.91~1.25
1.26~1.84

C 雨养旱作水分生产率

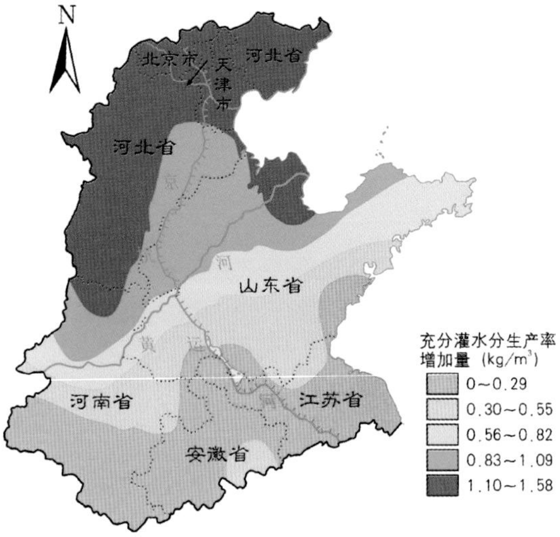
N
北京市
天津市
河北省
河北省
山东省
河南省
江苏省
安徽省
充分灌水分生产率
增加量 (kg/m³)
0~0.29
0.30~0.55
0.56~0.82
0.83~1.09
1.10~1.58

D 充分灌水分生产率增加量

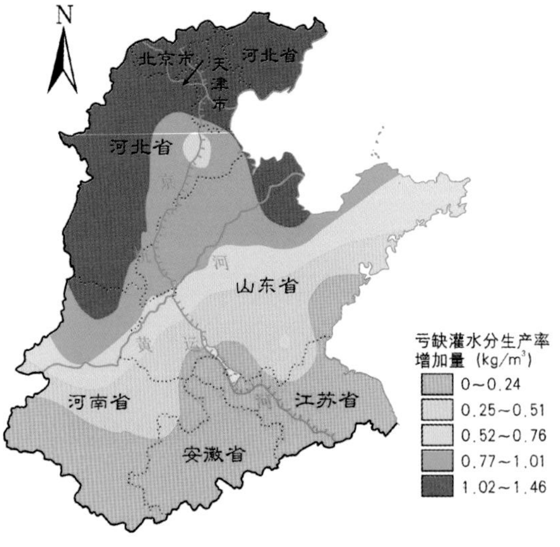
N
北京市
天津市
河北省
河北省
山东省
河南省
江苏省
安徽省
亏缺灌水分生产率
增加量 (kg/m³)
0~0.24
0.25~0.51
0.52~0.76
0.77~1.01
1.02~1.46

E 亏缺灌水分生产率增加量

图27　黄淮海平原区冬小麦水分生产率的空间分布

以水分生产率最大与产量较大时的耗水量作为需水量，计算获得平水年下苜蓿净灌溉定额为188mm。按井灌区井口出水量计量，平水年苜蓿喷灌与管灌的灌溉定额分别为209mm、235mm。

2. 三江平原水稻与玉米

（1）水稻

需水量为546mm，生育期内多年平均降水量为441mm，“浅、晒、浅”控制灌溉技术条件下的灌溉量分别为450mm、275mm，相应水分生产率分别为1.34kg/m^{3}和2.25kg/m^3（表12）。与“浅、晒、浅”相比，采用控制灌溉技术可减少灌溉量175mm，减少耗水量293mm，亩产增加16kg，水分生产率提高68%。

表12　三江平原区不同节水灌溉制度下水稻的水分生产率

单位：mm，kg，kg/m^3

灌溉制度	灌溉量	耗水量	亩产	水分生产率
浅、晒、浅	450	754	675	1.34
控制灌溉	275	461	691	2.25

（2）玉米

在保证三江平原春玉米适时播种及壮苗培育情况下，其生育期内降水量与需水量相当，约400mm，降水能基本满足作物用水需求，三江平原春玉米雨养旱作亩产可达800kg以上，水分生产率为3kg/m^3。

3. 松嫩平原水稻与玉米

（1）水稻

“浅、晒、浅”与控制灌溉条件下的灌溉量分别为545mm、345mm，相应水分生产率分别为1.14kg/m^{3}和1.53kg/m^3（表13）。与“浅、晒、浅”相比，采用控制灌溉技术可减少灌溉量200mm，减少耗水量145mm，亩产增加43kg，水分生产率提高34%。

表13　松嫩平原区不同灌溉制度下水稻的水分生产率

单位：mm，kg，kg/m^3

灌溉制度	灌溉量	耗水量	亩产	水分生产率
浅、晒、浅	545	725	550	1.14
控制灌溉	345	580	593	1.53

(2) 玉米

西部降水量较少，不能完全满足春玉米用水需求，雨养旱作条件下亩产较低，约663kg；东部地区降水量较多，雨养旱作亩产较高，可达848kg。松嫩平原玉米的水分生产率如表14所示，在雨养条件下，松嫩平原西部玉米水分生产率为2.29kg/m^3，比东部玉米水分生产率降低25%。因东部地区春玉米耗水量较西部地区小，在补充灌条件下，东部地区春玉米水分生产率较西部地区高21%。

表14　松嫩平原区不同灌溉制度下春玉米的水分生产率

单位：mm，kg，kg/m^3

灌溉方式	区域	灌溉量	降水量	耗水量	亩产	水分生产率
雨养	东部	—	396	416	848	3.06
	西部	—	342	435	663	2.29
补充灌	东部	40	396	433	847	3.01
	西部	80	342	509	846	2.49

4. 内蒙古东部牧区青贮玉米

内蒙古东部牧区青贮玉米在充分灌条件下亩产最高，达6 445kg，遇拔节期干旱产量仅4 548kg，抽雄期干旱产量5 078kg；对应的水分生产率如表15所示，以抽雄期干旱最大（17.14kg/m^3），拔节期干旱最小（仅14.64kg/m^3）。根据多年试验数据，采用动态规划法获得青贮玉米平水年灌溉定额为200mm，重点保障拔节期用水需求。

表15　内蒙古东部牧区不同灌溉制度下青贮玉米的水分生产率

单位：mm，kg，kg/m^3

灌溉方式	耗水量	亩产（鲜重）	水分生产率
苗期干旱	526	5 901	16.81
拔节期干旱	466	4 548	14.64
抽雄期干旱	444	5 078	17.14
成熟刈割期干旱	495	5 511	16.70
充分灌	569	6 445	16.99
平均	500	5 497	16.49

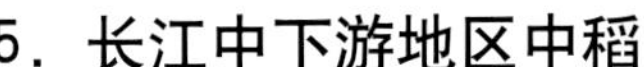

5. 长江中下游地区中稻

长江中下游地区不同灌溉制度下中稻的水分生产率如表16所示，淹灌与“浅、薄、湿、晒”条件下的灌溉量分别为482mm、413mm；水分生产率在淹灌条件下为1.29～1.68kg/m^3，而在“浅、薄、湿、晒”条件下为1.54～2.23kg/m^3，采用“浅、薄、湿、晒”水分生产率提高7%～34%。

表16　长江中下游地区不同灌溉制度下中稻的水分生产率

单位：mm，kg，kg/m^3

地区	灌溉制度	灌溉量	耗水量	亩产	水分生产率
湖北	淹灌	482	590	571	1.45
	浅、薄、湿、晒	413	591	612	1.55
安徽	淹灌	—	654	735	1.68
	浅、薄、湿、晒	—	459	681	2.23
江西	淹灌	—	482	416	1.29
	浅、薄、湿、晒	—	408	419	1.54
江苏	淹灌	—	609	560	1.38
	浅、薄、湿、晒	—	497	613	1.85
平均	淹灌	—	584	571	1.45
	浅、薄、湿、晒	—	489	581	1.79

6. 四川盆地水稻

四川盆地不同灌溉方式下水稻的水分生产率如表17所示，与淹灌相比，旱种、湿润灌溉和“湿、晒、浅、间”处理方式分别节水55.60%、27.31%和34.77%；“湿、晒、浅、间”处理的灌溉量较低，仅522mm，但水分生产率最高（1.69kg/m^3）。

表17　四川盆地不同灌溉方式下水稻的水分生产率

单位：mm，kg，kg/m^3

灌溉方式	降水量	泡田用水	灌溉量	耗水量	亩产	水分生产率
旱种	316	127	272	393	347	1.32
湿润灌溉	316	211	643	643	607	1.42
湿、晒、浅、间	316	211	522	577	650	1.69
淹灌	316	211	1 082	885	517	0.88

7. 广西甘蔗

广西不同灌溉制度下甘蔗的水分生产率如表18所示，适宜灌和雨养条件下的水分生产率分别为10.12kg/m³、7.02kg/m³，雨养条件下甘蔗水分生产率减少约31%。可见，适宜灌条件下灌溉量不到300mm，具有增产增效双重作用。

表18　广西不同灌溉制度下甘蔗的水分生产率

单位：mm，kg，kg/m³

地区	灌溉制度	灌溉量	耗水量	亩产	水分生产率
桂东北区	保苗水+雨养	143	825	3 700	6.73
	适宜灌	270	908	6 100	10.08
桂南区	保苗水+雨养	173	870	3 850	6.64
	适宜灌	293	938	6 400	10.24
桂西区	保苗水+雨养	150	840	4 200	7.50
	适宜灌	300	923	6 300	10.24
桂中区	保苗水+雨养	158	855	4 100	7.19
	适宜灌	293	938	6 200	9.92
平均	保苗水+雨养	156	848	3 963	7.02
	适宜灌	289	927	6 250	10.12

8. 新疆棉花

在新疆塔里木盆地西缘北缘平原区，灌溉水分生产率最大达1.15kg/m³时推荐灌溉定额375mm，砂壤土条件下灌水间隔为7d，全生育期内灌水12次。在吐哈盆地区，棉花滴灌推荐灌水定额为21mm，全生育期内灌水29次，灌溉定额为609mm。在准噶尔盆地南缘区，灌水分生产率最大为1.05kg/m³时推荐灌溉定额也是375mm，灌水间隔5d，全生育期内灌水13次。

（三）现代灌溉农业优化技术模式

1. 东北三江、松嫩平原区

（1）区域特征与农业节水技术发展方向

三江平原、松嫩平原分别位于黑龙江省东北部、西部与西南部。春季多风少雨干旱，夏季短促湿热多雨，秋季冷凉霜冻频繁，冬季漫长干燥严寒。农业发展制约因素主要包括：气温低、水温低、地温低影响水稻生产；低湿平原区土壤潜育化、沼泽化、盐碱化；地下水局部超采；水土流失、面源污染、水质污染严重。

农业节水技术发展方向为：①推广渠道防渗、管道输水技术，推行滴灌等高效节水灌溉，适度发展与大型机械相结合的水肥一体化技术。②推广秸秆和地膜覆盖、深松整地、秸秆还田、坐水种、有机肥、灌区农业节水信息化技术等农业非工程节水技术。③推广激光控制平地技术、雨水集蓄利用工程技术、聚丙烯酰胺和保水剂等，实施改垄、修建等高地埂植物带、推进等高种植等措施。

(2) 节水高效农业技术模式

①井灌区节水增温增效灌溉工程技术模式：塑料薄膜防渗、加长输水长度和减缓流水速度、修建晒水池等。②渠灌区田间工程节水改造模式：斗、农渠防渗衬砌，采用小畦灌、沟灌、长畦短灌和波涌灌等地面灌水技术，开展非充分灌溉、水稻控制灌溉、降低土壤计划湿润层深度和覆盖保墒等农业综合节水技术。③井渠结合灌区节水灌溉工程技术模式：渠灌部分防渗渠道输水，井灌部分管道输水，田间实施小畦灌溉及覆盖、化学节水、节水灌溉制度等农艺和管理节水措施。

大力推广寒地水稻节水控制灌溉技术模式（表19）。

表19　寒地水稻节水控制灌溉技术模式

水稻生育期		返青期	分蘖期			拔节孕穗期	抽穗开花期	乳熟期	黄熟期
			前期	中期	末期				
天数(d)	三江平原	12~13	16~17	13~16	8~10	17~18	10~13	13~17	25
	松嫩平原	9~16	17~22	11~24	9~11	15~21	11~14	13~19	23~26
生育进程		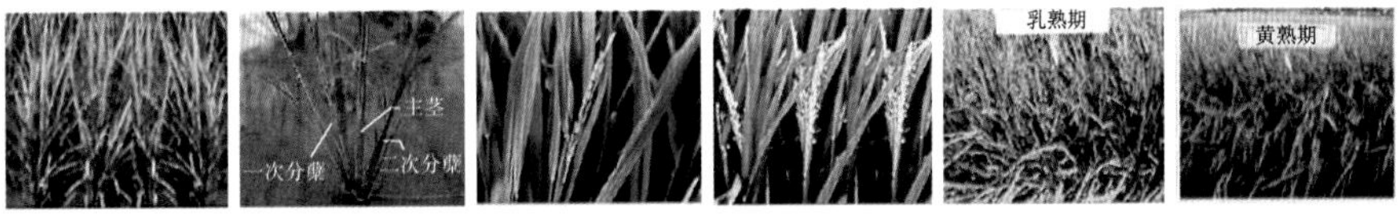 返青期（主茎 一次分蘖 二次分蘖）分蘖期 拔节孕穗期 抽穗开花期 乳熟期 黄熟期							
田间水分调控指标	蓄雨上限(mm)	50	50	30~50	0	50	50	20~30	0
	灌水上限(mm)	20~30	20~50	20~30	0	20~50	20~30	20~30	0
	灌水下限(%)	80~90	85~95	85~95	60~80	85~95	85~95	70~80	60~70
	土壤裂缝表相(mm)	2~8	2~6		4~15	1~6	0~6	4~10	5~20

（续）

<table>
<tr><th rowspan="2">水稻生育期</th><th rowspan="2">返青期</th><th colspan="3">分蘖期</th><th rowspan="2">拔节
孕穗期</th><th rowspan="2">抽穗
开花期</th><th rowspan="2">乳熟期</th><th rowspan="2">黄熟期</th></tr>
<tr><th>前期</th><th>中期</th><th>末期</th></tr>
<tr><td>水稻节水控制灌溉技术操作要点</td><td colspan="8">①进行格田平整，格田内平均地面高差宜控制在20mm内。对于一些暂时达不到土地平整要求的田块，灌水上限可适当调整，但不宜超过50mm。
②灌水下限可按照对应的土壤裂缝宽度来判断，裂缝大小不应超过最大限值。
③自流灌区预测来水少时，达不到灌水下限也应及时灌水。
④返青期至分蘖中期宜中控，应在达到灌水下限时再灌水；分蘖末期宜排水晒田重控，晒田结束后应及时、适量灌水；拔节孕穗期和抽穗开花期应轻控。
⑤水层管理应与喷药、施肥等农艺措施的用水相结合，保持一定水层。
⑥泡田定额宜为1 200m^3/hm^2。
⑦生育期灌溉定额宜为4 500～5 400m^3/hm^2，全生育期灌水6～10次，单次灌水定额为600～900m^3/hm^2。
⑧泡田期应结合水耙地封闭灭草；分蘖前期应进行二次封闭灭草，灌水上限宜达到50mm，宜保留水层10d左右。
⑨插秧期宜采用泡田插秧一茬水；在盐碱土、白浆土和活动积温低于2 300℃的地区，插秧时田间水层宜为20～30mm，其他区域“花达水”插秧；达到灌水下限时灌第一次水，灌水深度20～30mm。
⑩应高效利用天然降水，接近或达到灌水下限时应结合降水预报适时适量灌水。当降水超过蓄雨上限应及时排水，达到蓄雨上限的连续时间不应超过7d。
⑪应视土壤类型、肥力水平、水稻长势等情况采取相应的重控、中控或轻控。土壤肥力大的地区可控得重些，土壤肥力小的地区可控得轻些。
⑫盐碱地应结合泡田进行洗盐，灌水上限可达到50～100mm，洗盐次数可根据盐碱程度和排盐效果确定。
⑬渗透性较大、保水性差的土壤宜少灌、勤灌，适度轻控。
⑭防御障碍型冷害时，灌水深度可达100mm以上，冷害期过后应及时排水至灌水上限。
⑮如遇干旱天气，宜在水稻收割前15d左右灌一次饱和水。
⑯控制灌溉的育苗要求旱育壮秧、带蘖插秧，应采用水稻旱育稀植育苗，按DB23/T 020规定执行；种子及质量等要求应按GB 4404.1规定执行。
⑰水稻泡田期、本田期的整地、耙地等农艺管理应按DB23/T 020执行，本田除草应按GB/T 8321（所有部分）的规定。
⑱稻田基肥、追肥等施肥管理应按NY/T 496规定执行。
⑲防治水稻二化螟应按NY/T 59的规定，防病稻瘟病等用药管理应按GB/T 15790的规定执行</td></tr>
</table>

2．内蒙古东部牧区

（1）区域特征与农业节水技术发展方向

内蒙古东部牧区位于高纬度、高寒地区，是连接农业种植区和草原生态区的过渡地带，属于半干旱半湿润气候区，冬季漫长而严寒，夏季短促，昼夜气温变化较大，农作物生产容易遭受低温冷害、早霜等灾害影响。该区光热条件好，土地资源丰富，但水资源紧缺，土壤退化沙化，是我国灾害种类多、发生频繁、灾情严重的地区，其中干旱发生概率最大、影响范围最广、为害程度最重。

农业节水技术发展方向为：推广喷灌、滴灌等高效节水灌溉技术。

(2) 节水高效农业技术模式

近年来，随着青贮玉米种植水肥一体化的需要和节水灌溉技术的发展，中心支轴式喷灌综合技术在牧区得到了较大的推广。青贮玉米中心支轴式喷灌综合技术集成模式如表20所示。

表20　青贮玉米中心支轴式喷灌综合技术集成模式

<table>
<tr><th colspan="2" rowspan="2">日期</th><th colspan="3">5月</th><th colspan="3">6月</th><th colspan="3">7月</th><th colspan="3">8月</th></tr>
<tr><th>上旬</th><th>中旬</th><th>下旬</th><th>上旬</th><th>中旬</th><th>下旬</th><th>上旬</th><th>中旬</th><th>下旬</th><th>上旬</th><th>中旬</th><th>下旬</th></tr>
<tr><td colspan="2">有效降水量(mm)</td><td colspan="3">23.2</td><td colspan="3">45.0</td><td colspan="3">89.0</td><td colspan="3">70.2</td></tr>
<tr><td colspan="2">玉米需水量(mm)</td><td colspan="3">20</td><td colspan="3">95</td><td colspan="3">201</td><td colspan="3">183</td></tr>
<tr><td colspan="2">作物生育期</td><td colspan="12">播种 → 出苗 → 拔节 → 抽雄　吐丝 → 收获</td></tr>
<tr><td colspan="2">生育进程</td><td colspan="12"></td></tr>
<tr><td colspan="2">主攻目标</td><td colspan="3">精细整地、适时早播</td><td colspan="3">保全苗、促根、育壮苗</td><td colspan="2">促叶、壮秆</td><td>防早衰、夺高产</td><td colspan="3">适时收获</td></tr>
<tr><td rowspan="2">灌水技术</td><td>一般年</td><td colspan="3">播后喷灌1次，灌水量30mm（20m³/亩），保证出苗</td><td colspan="3">6月中旬大苗、6月下旬拔节期需灌水2次，每次灌水量30～45mm（20～30m³/亩）</td><td colspan="3">7月拔节后期、吐丝期、抽穗前后是需水关键期，需灌水2次，每次灌水量45mm（30m³/亩）</td><td colspan="3">8月抽雄扬花期是需水关键期，需灌水2次，每次灌水量30～45mm（20～30m³/亩）</td></tr>
<tr><td>干旱年</td><td colspan="3">播后喷灌1次，灌水量30mm（20m³/亩），保证出苗</td><td colspan="3">6月中旬大苗、6月下旬拔节期需灌水2次，每次灌水量30～45mm（20～30m³/亩）</td><td colspan="3">7月拔节后期、吐丝期、抽穗前后是需水关键期，需灌水3次，每次灌水量45mm（30m³/亩）</td><td colspan="3">8月抽雄扬花期是需水关键期，需灌水2次，每次灌水量45mm（30m³/亩）</td></tr>
<tr><td>农艺配套技术</td><td>施肥技术</td><td colspan="3">亩基施有机肥1 500～2 000kg，种肥二铵15～20kg，氯化钾7～10kg</td><td colspan="3">追肥（6月30日左右）：结合喷灌追施拔节肥，每亩追施尿素15～20kg</td><td colspan="6">大喇叭口期7月15日左右：亩追施尿素15～20kg</td></tr>
</table>

（续）

日期		5月			6月			7月			8月		
		上旬	中旬	下旬	上旬	中旬	下旬	上旬	中旬	下旬	上旬	中旬	下旬
农艺配套技术	耕作栽培技术	①适时整地播种，土壤化冻15cm以上时进行耕翻、耙耱，当地温稳定在8℃以上时播种，播种时间5月23—28日。②品种选择龙单38、双宝青贮等包衣种子。③采用60cm垄种植模式，播种、覆膜、施肥一次作业完成			①防除杂草：使用40%异丙草胺·阿塔拉津悬浮剂进行播后一苗前土壤封闭除草，利用施药机械喷施药，亩用药量200mL。②在施药前后进行喷灌。在玉米3~5叶期，选用玉农思等药剂行间喷雾防除杂草。③如果来年倒茬，不宜化学除草			①中耕培土，在垄间进行浅中耕，一次完成除草培土。②防治抽穗期虫害，主要是二代黏虫为害，应进行化学药剂防治，同时消灭幼虫	①发现白化苗喷施锌肥，发现紫色叶喷施磷酸二氢钾。②防治花粒期病虫害，采取频振式杀虫灯配合释放赤眼蜂进行统防统治		防治大小斑病和金龟甲成虫，用50%多菌灵WS、75%百菌清WS、80%代森锰锌喷施防治	玉米扬花半个月后，即可收获青贮。一般是8月20日至9月初	
	产量结构	亩株数：6 000株			行距：60cm			株距：15~18cm			单株重：1.7 kg；亩产量：10 000kg		
农机配套技术		播前耕整地，达到播种机播种作业要求；精量播种			喷灌机灌水技术：喷灌机按照灌溉制度进行灌水			生长期喷药除草，田间植保		按照农艺要求进行定期水肥一体化灌溉、施肥	机械化收获：按照农艺要求选择玉米收获机		
管理技术		①制定喷灌圈范围内的统一管理形式。②提早检查喷灌机、水源井、机电、耕作机械的完好情况，做好播种灌水准备。③适时早播，统一进行机械播种			统一进行喷灌浇水，灌水深度一次达到30mm（20m³/亩）			及时喷灌浇水，灌水深度一次达到45mm（30m³/亩）；结合喷灌按施肥定额统一追肥		①促叶、壮秆夺高产。②结合喷灌按施肥定额进行统一追肥。③发现病虫害时统一治理	适时收获；青贮实行“播种时间、作物品种、灌水技术、施肥技术、田间管理、收获”六统一		

3. 黄淮海平原区

（1）区域特征与农业节水技术发展方向

黄淮海平原区指位于秦岭—淮河线以北、长城以南的广大区域。属温带大陆性季风气候，农业生产条件较好，土地平整，光热资源丰富，是我国冬小麦、夏玉米等农作物的主要产区，当前缺水与浪费并存，用水矛盾突出。水资源短缺、地下水超采、水利用效率低、耕地数量和质量下降已成为制约当地农业可持续发展的关键因素。

农业节水技术发展方向为：以缓解水资源供需矛盾、改善农田生态环境、率先实现现代灌溉农业为目标，全面推行调亏灌溉与水肥一体化集成，以水资源管理体制和政策改革为突破口，建立适合该区域特点的现代灌溉农业体系，实现区域水资源优化配置和高效利用。

（2）节水高效农业技术模式

以地下水超采最严重的河北省为典型区域，具体模式包括：①一季生态绿肥一季雨养种植模式：适当压减冬小麦种植面积，将冬小麦、夏玉米一年两熟种植模式，改为一季生态绿肥一季雨养种植模式。②冬小麦节水稳产配套技术模式：大力推广节水抗旱品种，配套土壤深松、秸秆还田、播后镇压等综合节水保墒技术。③冬小麦保护性耕作节水技术模式：实施免耕、少耕和农作物秸秆及根茬粉碎覆盖还田，结合进行化学防除病虫草害，提高耕地的蓄水保墒和抗旱节水能力。④水肥一体化高效节水技术模式：建设固定式、微喷式、膜下滴灌式、卷盘式、指针式等高效节水灌溉施肥设施，推广粮食作物水肥一体化技术。

结合2014—2016年《河北省地下水超采综合治理试点方案》实施情况，总结出河北省冬小麦节水综合技术模式，如表21所示。

表21　河北省冬小麦节水综合技术模式

<table>
<tr><td colspan="2">月份</td><td>9</td><td colspan="3">10</td><td colspan="3">11</td><td colspan="3">12</td><td colspan="3">1</td><td colspan="3">2</td><td colspan="3">3</td><td colspan="3">4</td><td colspan="3">5</td><td colspan="3">6</td></tr>
<tr><td colspan="2">旬</td><td>下</td><td>上</td><td>中</td><td>下</td><td>上</td><td>中</td><td>下</td><td>上</td><td>中</td><td>下</td><td>上</td><td>中</td><td>下</td><td>上</td><td>中</td><td>下</td><td>上</td><td>中</td><td>下</td><td>上</td><td>中</td><td>下</td><td>上</td><td>中</td><td>下</td><td>上</td><td>中</td><td>下</td></tr>
<tr><td colspan="2">生育期</td><td colspan="4">播种期</td><td colspan="4">分蘖期</td><td colspan="6">越冬期</td><td colspan="3">返青期</td><td colspan="3">拔节期</td><td colspan="3">抽穗期</td><td colspan="5">灌浆成熟期</td></tr>
<tr><td colspan="2">生育进程</td><td colspan="28">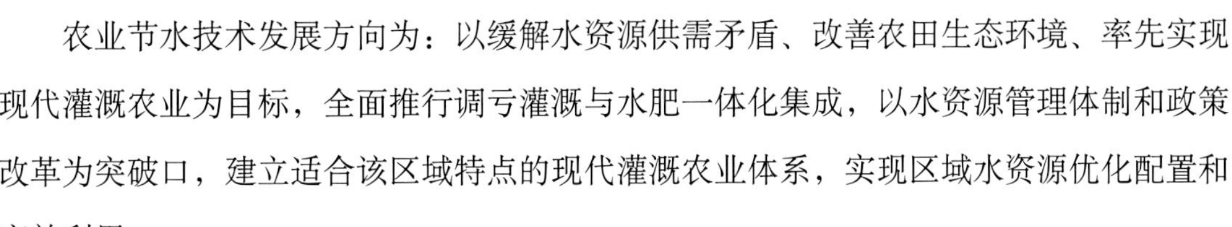
</td></tr>
<tr><td rowspan="3">灌溉制度/灌溉定额</td><td>湿润年</td><td colspan="8">仅燕山山前平原区需要冬灌，灌水40m³/亩，其余地区不冬灌</td><td colspan="9">拔节期灌1次，灌水40m³/亩</td><td colspan="11"></td></tr>
<tr><td>一般年</td><td colspan="8">仅燕山山前平原区需要冬灌，灌水40m³/亩，其余地区不冬灌</td><td colspan="9">拔节期灌1次，灌水30～40m³/亩</td><td colspan="6">抽穗期灌1次，灌水30～40m³/亩</td><td colspan="5"></td></tr>
<tr><td>干旱年</td><td colspan="8">仅燕山山前平原区需要冬灌，灌水40m³/亩，其余地区不冬灌</td><td colspan="9">拔节期灌1次，灌水35～40m³/亩</td><td colspan="6">抽穗期灌1次，灌水35～40m³/亩</td><td colspan="5">灌浆期灌1次，灌水35～40m³/亩</td></tr>
</table>

（续）

<table>
<tr><td colspan="2">月份</td><td>9</td><td colspan="3">10</td><td colspan="3">11</td><td colspan="3">12</td><td colspan="3">1</td><td colspan="3">2</td><td colspan="3">3</td><td colspan="3">4</td><td colspan="3">5</td><td colspan="3">6</td></tr>
<tr><td colspan="2">旬</td><td>下</td><td>上</td><td>中</td><td>下</td><td>上</td><td>中</td><td>下</td><td>上</td><td>中</td><td>下</td><td>上</td><td>中</td><td>下</td><td>上</td><td>中</td><td>下</td><td>上</td><td>中</td><td>下</td><td>上</td><td>中</td><td>下</td><td>上</td><td>中</td><td>下</td><td>上</td><td>中</td><td>下</td></tr>
<tr><td colspan="2">灌水技术要求</td><td colspan="8">①足墒播种，合理安排越冬水。②对于整地播种质量差的地块，越冬前0～20cm土壤相对含水量＜70%时，必须进行冬灌。③秸秆还田地块和整地播种质量差的地块，在播后未降水又未镇压的情况下，必须进行冬灌</td><td colspan="9">控制越冬到返青期浇水。推迟春1水的灌溉，促使小麦根系下扎到1.5～2m，提高对深层水的利用率，一般高产麦田可推迟到小麦拔节期前后</td><td colspan="11">保证浇好小麦拔节水、抽穗水。丰水年份冬后浇1水（即拔节末期水），平水年份浇2水（即拔节水和扬花水），干旱年份浇3水（即拔节水、孕穗水、灌浆水），浇4水（加浇返青水）反而会减产</td></tr>
<tr><td colspan="2">工程技术</td><td colspan="28">①应用U形水泥渠道、地下防渗管网、PVC管道和塑料管带相互配合的近、远程输水技术。②改大畦漫灌为小畦灌溉，小畦的畦宽一般为播种机宽度的2倍、畦长30～50m，75～150个/hm²畦田</td></tr>
<tr><td colspan="2">生物化学技术</td><td colspan="28">①选用节水抗旱品种，实现生物节水，石家庄8号、石麦15、石麦18、邯6172、衡4399、冀麦38、农大3291、鲁麦2等品种节水高产效果突出。②应用新型叶面喷施技术，实现化学节水，河南省科学院生物所和化学所研制的抗旱剂一号（黄腐酸）节水增产效果显著</td></tr>
<tr><td rowspan="2">农艺配套技术</td><td>耕作栽培技术</td><td colspan="8">①精细整地，土壤深松15～20cm。②全密种植，10～15cm等行距。③适时晚播，适当加大播量，沧州一带的适宜播期为10月10—20日，越冬苗以3～5叶为宜</td><td colspan="6">播种后，镇压垄沟、垄背暄土具有很好的保墒效果，机播镇压后轻耙一遍，使土壤上暄下实</td><td colspan="8">春季灌水后及时松土，能显著减少蒸发耗水</td><td colspan="6">适时收获，采用带有秸秆粉碎和切抛装置的小麦联合收割机；小麦留茬高度不超过10cm，切碎后的麦秸在田间抛撒均匀</td></tr>
<tr><td>施肥技术</td><td colspan="28">①底肥中增施30%左右的氮、钾肥，利用水肥耦合规律，以肥代水，可显著增强小麦抗旱耐旱能力，提高产量。②拔节期浇水过程中追施尿素225kg/hm²左右</td></tr>
<tr><td colspan="2">适用地区</td><td colspan="28">河北省太行山前平原区和黑龙港地区</td></tr>
<tr><td colspan="2">节水增产增效情况</td><td colspan="28">该模式较常规种植方法可节水50m³/亩以上，并实现全生育期灌1水产量400kg/亩、灌2水产量500kg/亩的目标</td></tr>
</table>

4. 长江中下游地区

（1）区域特征与农业节水技术发展方向

长江中下游地区指长江三峡以东的中下游沿岸带状平原。属亚热带季风气候，水热资源丰富，是我国传统的鱼米之乡。耕作制度以一年两熟或三熟为主，大部分地区可以发展双季稻，是我国重要的粮、棉、油生产基地。农业发展制约因素包括农业面源污染严重、水体污染加剧、湖泊萎缩、土壤潜沼化、盐渍化等。

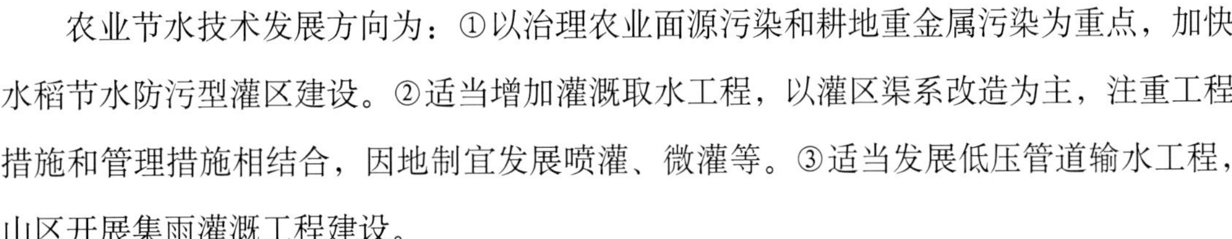

农业节水技术发展方向为：①以治理农业面源污染和耕地重金属污染为重点，加快水稻节水防污型灌区建设。②适当增加灌溉取水工程，以灌区渠系改造为主，注重工程措施和管理措施相结合，因地制宜发展喷灌、微灌等。③适当发展低压管道输水工程，山区开展集雨灌溉工程建设。

（2）节水高效农业技术模式

灌区农业面源污染生态治理模式和水稻田间水肥高效利用综合调控技术在江西省得到大面积示范推广，对促进农民增产增收、减轻农业面源污染起到积极促进作用。

灌区农业面源污染生态治理模式。水稻灌区构建三道防线，第一道防线：面源污染源头控制，即通过田间水肥的高效利用，减少氮磷流失。第二道防线：排水沟渠对面源污染的去除净化。第三道防线：塘堰湿地对面源污染的去除净化。通过三道防线的协同运行，采用生态方法达到削减和治理农业面源污染的目的。

水稻田间水肥高效利用综合调控技术模式。主要技术要点包括浅水层泡田，并缩短泡田时间，尽量减少施入基肥通过渗漏及田面排水流失。按水稻田间水肥高效利用控制模式进行施肥管理，要避免追肥后遇大雨排水。具体模式如表22所示。

表22　水稻田间水肥高效利用综合调控技术模式

水稻生育期		返青期	分蘖期		拔节孕穗期	抽穗开花期	乳熟期	黄熟期
			前期	后期				
生育进程		返青期	分蘖期		拔节孕穗期	抽穗开花期	乳熟期	黄熟期
早稻水分调控指标	灌前下限（%）	100	85	65～70	90	90	85	65
	灌后上限（mm）	30	30	晒田	40	40	40	落干
	雨后极限（mm）	40	50		60	60	50	
	间歇脱水天数（d）	0	4～6		1～3	1～3	3～5	

（续）

<table>
<tr><th rowspan="2">水稻生育期</th><th rowspan="2">返青期</th><th colspan="2">分蘖期</th><th rowspan="2">拔节
孕穗期</th><th rowspan="2">抽穗
开花期</th><th rowspan="2">乳熟期</th><th rowspan="2">黄熟期</th></tr>
<tr><th>前期</th><th>后期</th></tr>
<tr><td>间歇灌与追肥调控模式</td><td colspan="7">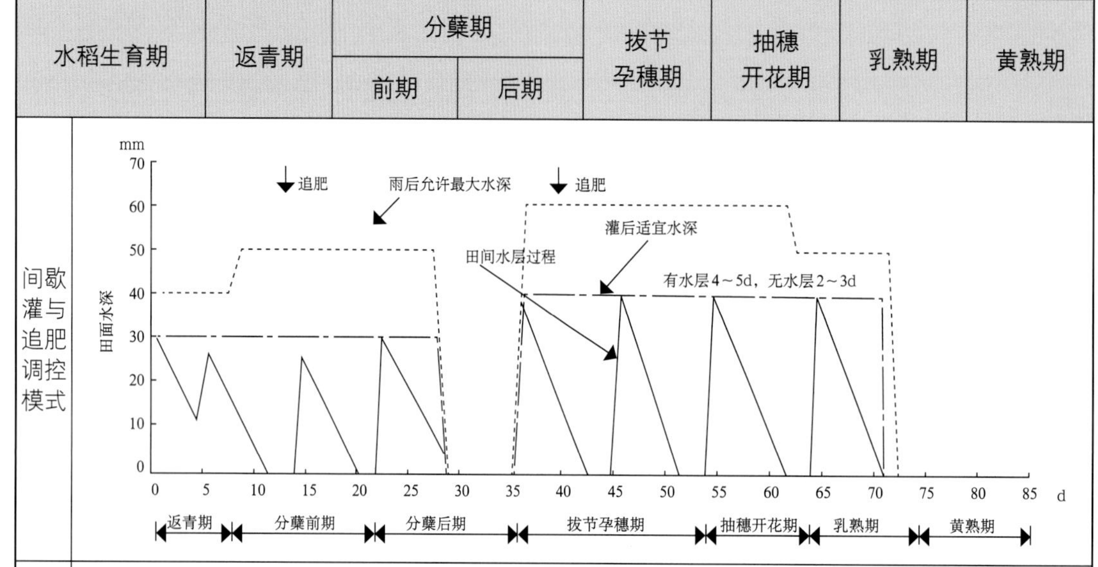
</td></tr>
<tr><td>施肥技术操作要点</td><td colspan="7">①氮肥采用施基肥与二次追肥模式。第一次追肥在分蘖初期，即插秧后10～12d（分蘖肥），第二次在拔节初期（约插秧后35～40d，拔节孕穗期）。总氮肥用量为150～225kg/hm^2。基肥：分蘖肥：拔节肥=5：3：2。
②在稻田施氮肥水平总量根据当地土壤肥力合理确定的条件下，节水灌溉与适当增加施肥次数为较好的模式，推荐三种最优的水肥调控模式：
模式一：间歇灌溉与1次基肥、2次追肥的水肥管理模式（施氮肥量比例为5：3：2），追肥时间分别在分蘖期、拔节期。
模式二：间歇灌溉与1次基肥、3次追肥的水肥管理模式（基肥与三次追肥施氮量比例为3：3：3：1），追肥时间分别在分蘖期、拔节期和抽穗开花期。
模式三：薄露灌溉与1次基肥、2次追肥的水肥管理模式（施氮肥量比例为5：3：2），追肥时间分别在分蘖期、拔节期</td></tr>
</table>

5. 四川盆地

（1）区域特征与农业节水技术发展方向

四川盆地囊括四川中东部和重庆大部，由青藏高原、大巴山、巫山、大娄山、云贵高原环绕而成。属亚热带季风性湿润气候，平均气温在25℃左右，最热月气温高达26～29℃，长江河谷近30℃，盛夏连晴高温天气易造成盆地东南部严重的夏伏旱。

农业节水技术发展方向为：①盆地腹部区，在充分合理利用当地径流的前提下，从盆周山区调水，发展节水灌溉。②盆周山区，对现有灌区进行渠道防渗以及田间工程配套的技术改造，大力推广渠道防渗技术和低压管道输水灌溉技术。

（2）节水高效农业技术模式

区域节水高效农业技术模式。成都平原直灌区推广“节水改造＋农艺节水＋管理节水”高效用水模式；丘陵引蓄灌区推广“水资源合理利用＋非充分灌溉＋农业节水”高

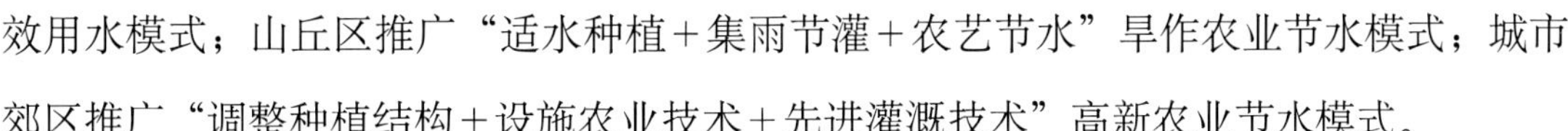

效用水模式；山丘区推广“适水种植＋集雨节灌＋农艺节水”旱作农业节水模式；城市郊区推广“调整种植结构＋设施农业技术＋先进灌溉技术”高新农业节水模式。

水稻“湿、晒、浅、间”控制性节水高效灌溉技术模式。根据水稻的抗旱性和高产水稻的需水规律，实行控制性节水高效灌溉，节水效果突出、增产效果显著。具体模式如表23所示。

表23　水稻“湿、晒、浅、间”控制性节水高效灌溉技术模式

日期	5月下旬—6月初	6月初—6月下旬	6月下旬—7月中旬	7月中旬—8月中旬	8月中旬—8月底	8月底—9月初	9月初—9月中旬
水稻生育期	返青期	分蘖前期	分蘖后期	拔节孕穗期	抽穗开花期	乳熟期	黄熟期
生育进程	返青期　分蘖期　拔节孕穗期　抽穗开花期　乳熟期　黄熟期						
淹水层深度（mm）	10～30～50	20～50～70	30～60～90	30～60～120	10～30～100	10～20～60	落干
品种选用	推荐选用D优527、川香9838、宜香1577、内香2550、冈优188、B优827、冈优725、Ⅱ优498、金优527等高产优质杂交中稻品种						
育秧技术	采用技术成熟度较高的中、早熟杂交稻中、小苗机械化育插秧技术。麦（油）茬稻田于4月1—10日播种，秧龄越短越好，最长不超过40d；采用塑料软盘旱育秧，集中育秧、精量匀播、水肥调控或化控技术控制苗高，培育株高15～20cm、叶绿矮健苗挺、茎粗根旺色白、生长均匀整齐、无病虫的机插秧苗；严格控制机插密度和质量，每亩栽插2.5万株左右，插秧深度2～3cm，达到插秧稳、匀、直、浅						
灌溉技术	采用“湿、晒、浅、间”控制性节水高效灌溉技术：前期（分蘖期）湿润灌溉，在水稻返青成活后至分蘖前期，采取湿润灌溉或浅水干湿交替灌溉，田间不长期保持水层，只是在厢沟内保持有水，促进分蘖早生快发。分蘖后期“够苗晒田”，即当全田总苗数达到预定有效穗数（15万～18万穗/亩）时排水晒田，对长势旺或排水困难的田块，应在达到预定有效穗数的80%时开始排水晒田；晒田轻重视田间长势而定，长势旺应重晒，长势一般则轻晒，保证分蘖成穗率在70%～80%。中期（幼穗分化至抽穗扬花期）浅水灌溉，即当水稻进入幼穗分化（拔节）时，采取浅水（2cm左右）灌溉，切忌干旱，以促大穗。后期（灌浆结实期）间歇灌溉，即在籽粒灌浆结实期，采取干湿交替间隙灌溉，养根保叶促进籽粒灌浆						
农艺配套技术	免耕栽培：为了有效降低生产成本、改良土壤结构、培肥土壤，稻田实行免耕强化栽培和优化定抛技术，增产增收效果尤为显著。即在头季作物收获后及时清理残茬并选用安全、高效、无残留的触杀型或内吸型除草剂进行化学除草，施除草剂3～5d后泡水、平田、施底肥，等水自然落干2～3d后栽秧或抛秧。可以实行固定厢沟连续免耕。 撬窝移栽免耕移栽稻田：待水层自然落干至花花水时，即可用免耕撬窝机具撬窝，以高质量群体构建为目标，根据品种特性、秧苗素质、土壤肥力、施肥水平等因素综合确定撬窝器行距和穴距。每穴移栽1～2株秧苗，移栽时将秧苗摁在撬窝器打的穴内，使秧苗的根部与泥土充分接触，利于秧苗返青成活						

（续）

日期	5月下旬—6月初	6月初—6月下旬	6月下旬—7月中旬	7月中旬—8月中旬	8月中旬—8月底	8月底—9月初	9月初—9月中旬
施肥技术	精确分次施肥。每亩总施氮量10～12kg，氮、磷、钾配比2：1：（1～2）。有机肥和化肥配合施用，有机肥占总施肥量的20%～30%。施肥方式采用前肥后移，增施穗、粒肥。氮肥中底、蘖、穗粒肥比例为5：3：2，分蘖肥在移栽后5d、15d分2次追施。磷肥全作底肥，钾肥底、穗肥比例为7：3。做到"前期促蘖早发，中期控肥控水壮蘖促根，后期养根保叶促灌浆"						
病虫害防治技术	根据当地病虫害预测预报信息，采用以高频灯诱杀、BT杀虫剂及其他生物农药或国家标准允许的低毒、低残留、安全、高效农药为主的稻田病虫害综合防治技术						
实施效果	一般可比常规栽培增产稻谷10%～30%，每亩节省用工、耕田等生产投入50～80元，增收节支可达60～200元，社会经济效益十分显著。同时，还可有效提高稻米品质，节省灌溉用水20%～30%						
适宜区域	四川盆地平原及丘陵区土壤较为肥沃、水源基本有保证的麦（油）茬杂交中稻稻田						

6．广西甘蔗产区

（1）区域特征与农业节水技术发展方向

广西地处南、中亚热带季风气候区，光照充足，降水充沛，温光雨同季，是全国甘蔗最大生产适宜区。但该区大部分糖料蔗种植无灌溉条件，耕作层较浅薄，同时春旱、秋旱和霜冻等灾害天气对糖料蔗的产量和糖分影响很大。

农业节水技术发展方向为：①改善基础设施条件，加快推进土地平整及坡改梯，提高灌溉比例和保水保墒能力，增加土地产出能力。②全面推广综合农艺措施，大力推广地膜覆盖栽培、土壤深松、病虫草鼠害综合防治、测土配方施肥等实用农业技术。

（2）节水高效农业技术模式

区域节水高效农业技术模式。重点建设提水泵站、输配水管（渠）道、高位调蓄池等水源及输配水系统，配套完善输配水渠（管）网等；重点应用以"节水抗旱技术"和"秋冬植"为主的高产技术、可降解地膜全膜覆盖技术、复合施肥技术、病虫害综合防治技术等，强化技术集成和配套；重点推广适宜机收的糖料蔗品种，推广宽窄行（90～140cm）种植方式以及机收后破垄、松蔸等农艺措施。

甘蔗膜下滴灌水肥一体化灌溉技术模式。该模式全程机械化耕作，推广水、肥、农药一体化滴灌技术，发展甘蔗现代农业种植模式，实现节约水、肥、农药70%以上，已在崇左市获得大面积推广。具体模式如表24所示。

表24 甘蔗膜下滴灌水肥一体化灌溉技术模式

月份	1 2	3	4	5 6 7 8 9 10	11 12
生育期	萌芽期	成苗期	分蘖期	拔节伸长期	成熟期
生育进程	萌芽期	成苗期	分蘖期	拔节伸长期	成熟期
灌溉技术	采用膜下滴灌，铺设地表或地埋滴灌带，一般使用内镶式、单翼迷宫式、圆柱式滴灌带，可地表铺设或地埋（埋于窄行中间），深度为20～25cm，内镶式、圆柱式滴灌带播种时机械铺设，地表式滴灌带在甘蔗收获前回收重复使用。地膜宽度70～80cm，透光部分不少于50cm				
灌溉技术要求	1—3月播种，采取干播湿出，播种后根据土壤墒情滴灌	2—3月出苗，根据墒情、苗情，结合实时降水情况进行滴灌	3—5月上旬分蘖，长到30cm开始分蘖，30～45d完成分蘖，形成亩有效株数重要期，必须满足分蘖期水肥，确保单苗有效分蘖2株以上，亩有效株数达到6 000～7 000株。结合实时降水情况进行滴灌	5—10月是甘蔗的拔节期，一年内气温最高的时段，是产量、质量形成的重要期，此时需要大水大肥支撑，用肥量占生长周期70%～80%。结合实时降水情况进行滴灌	10—12月为成熟期，糖分形成重要期，必须保证土壤含水量，促进糖分形成，根据土壤墒情和实时降水情况进行滴灌。保持土壤湿润度，确保甘蔗新鲜度
灌溉定额	每次滴灌水量5～6m³/亩	滴灌1～2次，每次滴灌水量5～6m³/亩	滴灌2～3次，每次滴灌水量6～8m³/亩	滴灌4～5次，每次滴灌水量6～8m³/亩	滴灌1～2次，每次滴灌水量6～8m³/亩
农艺配套技术	①播种前要进行种茎选择和处理，合理密植，亩基本株数6 000～7 000株，采用宽窄行距，宽行距1.2～1.4m，窄行距0.5～0.6m。采用施肥、砍种、播种、培土、铺设滴灌带、覆膜一次性甘蔗机械化种植机种植。 ②苗期管理：幼苗长3～4叶时查苗补苗，断垄缺苗在30cm以上的应及时选阴雨天补苗。 ③分蘖期管理：小培土宜在分蘖初期，幼苗长出6～7叶时进行，用甘蔗中耕培土机轻培土，甘蔗封行前用甘蔗喷药机除草剂防止宽行间杂草，此间进行滴灌施肥施药预防地下害虫和蔗螟等。 ④拔节伸长期管理：甘蔗长出13～14叶时，蔗根未达行间中部时（未封行）进行大培土。滴灌重施“攻茎肥”和施药预防地下害虫和蔗螟等。大培土后用甘蔗喷药机除草剂喷洒宽行间杂草。 ⑤成熟期管理：去除甘蔗下部枯黄叶1次				
主要经济技术指标	亩产糖料甘蔗8t，甘蔗糖分达到或超过一般水平				

7. 新疆棉花产区

(1) 区域特征与农业节水技术发展方向

新疆光热资源丰富，气候干旱少雨，种植棉花条件得天独厚，耕作制度为一年一熟，棉田集中，种植规模大，机械化程度较高，单产水平高，原棉色泽好。农业发展制约因素主要为干旱缺水、土地沙化和土壤次生盐渍化。

农业节水技术发展方向为：①发挥新疆光热和土地资源优势，推广膜下滴灌、水肥一体等节本增效技术。②加强新疆棉花产区现代化集约高效先进技术集成示范基地建设，系统开展棉田高效栽培管理技术、全程机械化技术、智能信息技术的集成示范，加快优良新品种、节水节肥和全程机械化等生产技术的推广进程。

(2) 节水高效农业技术模式

棉花膜下滴灌技术将滴灌技术与覆膜植棉技术相结合，既能提高地温减少棵间蒸发，又能利用滴灌控制灌溉特性减少深层渗漏，达到综合的节水增产效果，是先进的栽培技术与灌水技术的集成。因具有显著的节水、保温、抑盐、增产效果，在新疆维吾尔自治区棉田中已获得大面积推广应用。具体模式如表25所示。

表25 棉花膜下滴灌综合技术模式

月份	4			5			6			7			8			9			10		
旬	上	中	下	上	中	下	上	中	下	上	中	下	上	中	下	上	中	下	上	中	下
生育期	播种			苗期			蕾期			花铃期						吐絮期			收获期		
生育进程																					
主攻目标	保证种子和播种质量，实现早播种，早出苗			实现苗全、苗匀、苗壮、早发和壮根，促使棉花稳健生长			协调营养生长与生殖生长，合理进行化调，实现多显蕾、显大蕾，植株生长稳健			保稳长，保蕾、增铃、防旺长、防早衰、防晚熟、防脱落、防烂铃						保铃增重，促进早熟					

 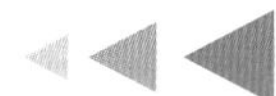

（续）

<table>
<tr><th colspan="2">月份</th><th colspan="3">4</th><th colspan="3">5</th><th colspan="3">6</th><th colspan="3">7</th><th colspan="3">8</th><th colspan="3">9</th><th colspan="3">10</th></tr>
<tr><td colspan="2">旬</td><td>上</td><td>中</td><td>下</td><td>上</td><td>中</td><td>下</td><td>上</td><td>中</td><td>下</td><td>上</td><td>中</td><td>下</td><td>上</td><td>中</td><td>下</td><td>上</td><td>中</td><td>下</td><td>上</td><td>中</td><td>下</td></tr>
<tr><td rowspan="2">灌水技术</td><td>灌溉制度</td><td colspan="3">灌出苗水，出苗水4月15—25日，灌水量25～30m^3/亩</td><td colspan="6">灌水2次：
第1次：6月10—19日，灌水量30～35m^3/亩，头水宜晚宜大；
第2次：6月20—30日，灌水量30～35m^3/亩</td><td colspan="6">灌水6次：
第1次：7月1—8日，灌水量30～35m^3/亩；
第2次：7月8—15日，灌水量30～40m^3/亩；
第3次：7月16—23日，灌水量30～40m^3/亩；
第4次：7月24—31日，灌水量30～40m^3/亩；
第5次：8月1—8日，灌水量30～40m^3/亩；
第6次：8月10—18日，灌水量30～35m^3/亩</td><td colspan="6">灌水1次：8月20—28日，灌水量25～30m^3/亩，8月底应停止灌溉</td></tr>
<tr><td>滴灌系统技术要求</td><td colspan="21">①滴灌带在铺设时应保持滴头朝上，采用单翼迷宫滴灌带的凸面朝上。
②滴灌带在铺设过程中不能被挂坏或磨损。
③滴灌系统运行时，按轮灌制度打开相应的分干管及支管阀门，当一个轮灌区灌溉结束后，先开启下一个轮灌组阀门，再关闭当前轮灌组阀门，先开后关，严禁先关后开。
④滴灌系统运行当中，应严格按照过滤器设计流量与压力进行操作，严禁超压、超流量运行，并及时对过滤设备进行清洗。
⑤管网运行时，要定期冲洗管道，灌溉水质较差时，要经常冲洗滴灌带，顺序要按照干管、支管、毛管依次冲洗。在田间进行其他农事活动，应避免损伤滴灌带。
⑥灌溉施肥时，前1/4时段灌清水，中间1/2时段施肥，最后1/4时段用水冲洗管网。
⑦灌溉季节结束时，要排干蓄水池、沉淀池及过滤池的水，以免冻胀破坏；要将输配水管网冲洗干净，排空积水，并关闭阀门或堵头，及时对田间支管进行回收，妥善保管，对检查井、排水井和出地桩进行安全保护，防止损坏</td></tr>
<tr><td>农艺配套技术</td><td>主要耕作栽培措施</td><td colspan="9">①选用“早熟、高产、稳产，品质优良、适合采收”的品种，生育期110～123d的品种。
②适时播种，一般在4月8—25日。
③干播湿出，播后及时滴出苗水。
④采用机采种植模式：一是膜宽（小膜）125cm，播种行4行，一般采用一膜两管，滴灌带置于中行内侧。行距为10+66模式。二是膜宽（宽膜）205cm，播种行6行，一般采用一膜两管或三管，根据实践效果来看，一膜两行的滴水时间太长、滴量太大，效果不好，一般用一膜三行为宜。行距为10+66模式</td><td colspan="6">①化学调控：采用整个生育期全程化调技术，全生育期用缩节胺化调5～7次，同时结合水肥运筹，达到塑造理想株型的目标。
②水肥调控：根据棉花需水肥“两头大中间小”的规律、棉花长势长相和土壤肥力，确定滴水时间和施肥数量。
③适时打顶，在7月5日前结束打顶。
④结合测报工作做好盲椿象、红蜘蛛、棉铃虫、棉蚜虫的防治</td><td colspan="6">①保稳长、促早熟：对早衰和脱肥棉田通过追施叶面肥防止早衰，对贪青晚熟的棉田要在9月上旬根据温度变化情况进行催熟工作。
②及时停水：正常情况下最后一水于8月底前结束。
③机采棉脱叶：进行机采棉田要在9月初及早做好喷施脱叶剂的准备工作</td></tr>
</table>

（续）

<table>
<tr><td colspan="2">月份</td><td colspan="3">4</td><td colspan="3">5</td><td colspan="3">6</td><td colspan="3">7</td><td colspan="3">8</td><td colspan="3">9</td><td colspan="3">10</td></tr>
<tr><td colspan="2">旬</td><td>上</td><td>中</td><td>下</td><td>上</td><td>中</td><td>下</td><td>上</td><td>中</td><td>下</td><td>上</td><td>中</td><td>下</td><td>上</td><td>中</td><td>下</td><td>上</td><td>中</td><td>下</td><td>上</td><td>中</td><td>下</td></tr>
<tr><td>农艺配套技术</td><td>施肥方案</td><td colspan="3">施有机肥2.5～4m³/亩，犁地前施底肥二胺15～20kg，尿素10kg，硫酸钾5kg。对于弱苗及时追施叶面肥，一般用尿素0.1～0.2kg/亩、磷酸二氢钾水溶液、赤霉素喷施1～2次。缺锌棉田用0.1%～0.3%硫酸锌溶液喷施</td><td colspan="6">滴水滴肥2次（每次灌水期间施1次肥）：
第1次：滴施尿素3.0kg/亩；
第2次：滴施尿素3.0kg/亩，专用肥2.5kg/亩</td><td colspan="6">滴水滴肥6次（每次灌水期间施1次肥）：
第1次：滴施尿素4.0kg/亩，专用肥2.5kg/亩；
第2次：滴施尿素4.0kg/亩，专用肥2.5kg/亩；
第3次：滴施尿素4.0kg/亩，专用肥2.5kg/亩；
第4次：滴施尿素3.0kg/亩，专用肥2.5kg/亩；
第5次：滴施尿素3.0kg/亩，专用肥2.0kg/亩；
第6次：滴施尿素2.0kg/亩，专用肥2.0kg/亩</td><td colspan="6">滴水施肥1次（每次灌水期间施1次肥）：滴施专用肥2.0kg/亩</td></tr>
<tr><td colspan="2">产量</td><td colspan="21">单株结铃5～6个，单铃重5g左右，保苗株数1.3万～1.6万株，单株果枝台数8～10个，亩产皮棉130～160kg</td></tr>
</table>

（四）现代旱作农业优化技术模式

1．西北黄土高原区

（1）区域特征与旱作节水农业技术发展方向

主要包括甘肃、陕西、宁夏、青海4省（自治区）的黄土高原区域，地处我国湿润向西北干旱区的过渡地带，属于半干旱半湿润区。该区降水量偏少，地表水资源贫乏，大部分地区以雨养农业为主。随着社会经济及农业的发展，该区域在水资源开发及农业用水中的问题日益凸显，表现为农业灌溉方式落后、农业生产结构单一、水土流失及水体污染严重、渠道防渗衬砌率低、水资源渗漏损失严重等。

旱作节水农业技术发展方向为：针对西北旱塬区粮食产量低而不稳、生产效益低等问题，以提高旱塬粮食优质稳产水平和生产效益为目标，建立粮食稳产高效型旱作农业

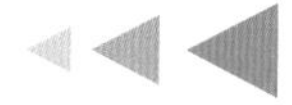

综合发展模式与技术体系；针对西北半干旱偏旱区气候极其干旱、冬春季节风多风大和耕地风蚀沙化严重等问题，以保护旱地环境和提高种植业生产能力为主攻方向，建立聚水保土型旱作农业发展模式和技术体系。

（2）旱作节水农业模式

旱作节水农业模式为“适水种植＋集雨节灌＋农艺措施＋生态措施”的节水农业模式（图28）。

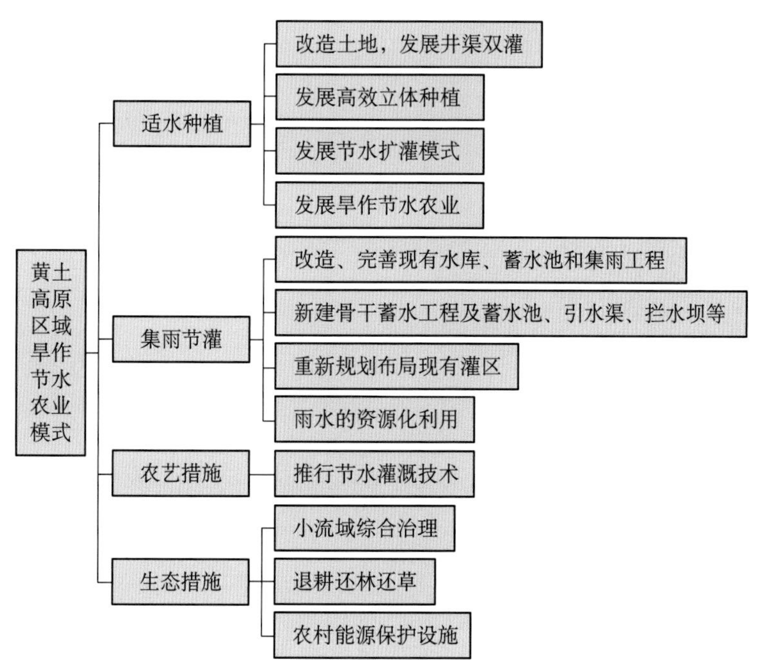

图28　黄土高原区旱作节水农业模式

2. 东北西部半干旱区

（1）区域特征与旱作节水农业技术发展方向

主要包括黑龙江、吉林、辽宁3省的西部地区，该区生长季节光照充足、雨热同季、昼夜温差大、有效积温多，光热条件良好。但由于受强大的蒙古高压控制，冬春降水少，春季气温回升快、大风次数多，春季干旱严重，是典型的旱作农业区。

旱作节水农业技术发展方向：针对东北西部半干旱区风蚀沙化严重、粮食产量不稳、经济效益低下等问题，以改善环境和提高旱作农业生产效益为主攻方向，建立林粮结合型旱作农业综合发展模式与技术体系。针对松嫩平原西部土壤苏打盐碱化严重的问题，以采用生物、农艺与工程措施相结合的综合治理盐碱土为主攻方向，建立一整套盐碱地机械化旱播精施技术。

(2) 旱作节水农业技术模式

蓄水增墒技术—增施有机肥营造土壤水库技术。以增施有机肥为核心，配套使用坐水种和抗旱品种相结合的一项技术。作业流程：生产粮饲兼用型玉米→玉米秸秆作造酒的副料→酒糟加工粉碎后喂牛→牛粪腐熟后还田→翻耕入田→坐水种播种。

蓄水增墒技术—机械深松深翻营造土壤水库技术。以机械深松深翻技术为核心，配套使用坐水种和抗旱品种相结合的一项技术。作业流程：秋季作物收获后→拖拉机牵引深松犁进行深松→深松后进行耙耢整地作业→根茬散落地表→春天不再整地→坐水种播种。

补水增墒—机械化一条龙抗旱坐水种技术。包含两项技术内容：一是坐水播种技术，即在种子周围土壤局部施水增墒以保障种子发芽出苗；二是苗期灌溉技术，即在苗根区土壤灌溉增墒保苗。行走式节水灌溉技术以节水为前提，采用高效的局部灌溉方式，以少量的水定量准确地施到种子周围或苗的根区土壤中，能达到滴灌渗灌的节水效果，大大提高水的利用率。

3. 华北西北部半干旱区

(1) 区域特征与旱作节水农业技术发展方向

主要包括山西、河北西北部、内蒙古中部等地区。该区年降水量400～600mm，多种植玉米、谷子和小杂粮，一年一作或两年三作，水资源缺乏，水土流失严重，土壤瘠薄，耕作粗放，环境恶劣，春旱频发。

旱作节水农业技术发展方向：针对华北西北部半干旱区人均水资源严重不足、粮经饲结构不尽合理、秸秆转化利用率低等问题，以提高水资源产出效益为主攻方向，建立农牧结合型旱作农业发展模式与技术体系。

(2) 旱作节水农业技术模式

农田土壤水库建设技术模式。推广应用生土熟化技术，施用土壤结构改良剂技术、聚肥蓄水丰产沟技术和等高沟垄种植技术，变“三跑田”为“三保田”。

覆盖保墒培肥技术模式。包括生物覆盖技术、地膜覆盖技术和生物、地膜二元覆盖技术。生物覆盖包括作物生育期覆盖和休闲期覆盖；地膜覆盖包括平地覆盖、双沟W形覆盖和单沟V形覆盖；生物、地膜二元覆盖包括二元单覆盖、二元双覆盖。

集雨补灌技术模式。为雨水积蓄技术和节水补灌技术的组合，有效积蓄自然降水，解决自然降水时空分布不均的问题，变无效降水为有效降水，同时通过节水补灌，实现降水资源的高效利用。

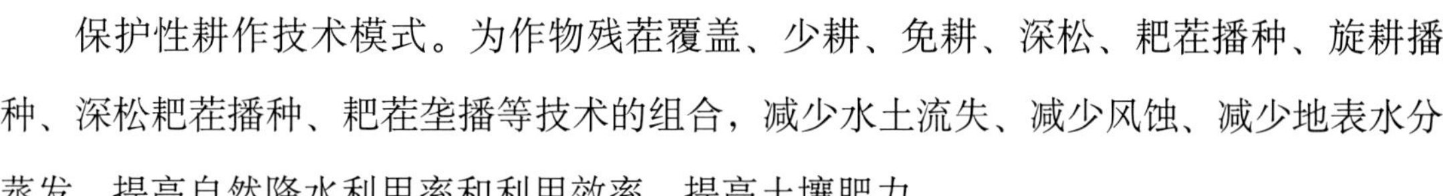

保护性耕作技术模式。为作物残茬覆盖、少耕、免耕、深松、耙茬播种、旋耕播种、深松耙茬播种、耙茬垄播等技术的组合，减少水土流失、减少风蚀、减少地表水分蒸发、提高自然降水利用率和利用效率、提高土壤肥力。

化学调控节水技术模式。包括合理施肥、应用抗旱保水剂、采用携水载体播种等技术，提高作物对水分的利用效率，减少地面蒸发，增强根系吸水能力。

生物节水技术模式。为抗旱品种改良、繁育和应用技术的组合，利用作物对干旱的生理响应和调节，实现对光、热、水、土资源的合理利用，提高作物适应干旱的能力。

（五）现代灌溉农业体系建设

1．现代灌溉农业体系基本特征

以高效节水灌溉工程技术为基础，融合水肥一体化、调亏灌溉等灌溉新技术，在现代信息技术手段的支撑下推进现代灌溉农业体系建设，适应和支撑现代农业生产和经营体系。现代灌溉农业体系具备以下基本特征：①高效节水灌溉技术呈现规模化和区域化发展趋势。②灌溉农业技术由单一的灌溉供水向水肥一体化综合供给发展，技术手段由单纯的工程技术措施发展为集工程、农艺、农机、种子、化肥、信息技术等多项技术的综合集成。③农业用水管理日趋信息化、数字化和智能化。④重视水生态文明建设，维系良好水生态和水环境理念日益深入。⑤以PPP模式为代表的政府部门、科研机构、社会企业、受益主体等多方合力初步显现。

2．基于信息技术的现代灌溉技术

（1）基于灌溉云平台的信息化服务体系

借助物联网技术和云技术，建立全国灌溉云服务平台，将各地的灌溉试验资料和区域遥感资料实现数据云化、管理智能化，利用云计算功能，对灌溉大数据进行分析处理，实现灌溉信息动态采集、管理、决策与服务等功能。

（2）渠系输配水自动化控制技术

通过在输配水系统关键节点安装的水位—流量监测装置、闸门启闭系统和数据传输装置，以实时采集的灌区供需水信息为依托，对输配水系统实行远程监控和自动化控制。

（3）基于遥感的灌区需（耗）水预测预报技术

借助于无人机近地遥感和高分卫星遥感信息，提取灌区地表、土壤、植被等参数的空间分布信息，进行区域作物ET监测、耗水解析，实现灌区需（耗）水快速预测与预报。

（4）现代高效精准灌溉技术

以低压管灌、喷灌、微灌为重点，实现田间配水的精细化。

精量控制灌溉技术：通过现代化的监测手段，对作物的生长发育状态、过程以及环境要素实现数字化、网络化和智能化监控，并按照作物生长需求，进行精准施肥灌水，实现高产、优质、高效和节水。

调亏灌溉技术：根据不同作物以及同一作物不同生育阶段对水分亏缺敏感程度的差异，对总水量进行优化分配，将有限水灌溉在对水分亏缺最敏感的作物或生育时段，有效减少水分胁迫的影响，使水分利用效率、产量、经济效益达到有效统一。

水肥一体化技术：将可溶性固体或液体肥料，按土壤养分含量和作物种类的需肥规律、特点配兑成肥液，与灌溉水一起通过可控管道系统进行供给，实现水分、养分定时定量地精准提供给作物。

3. 政策保障体系

推进与现代灌区相适应的灌溉管理体制改革、农田水利工程产权制度改革、农业水权市场建设和农业水价综合改革。

推行基于PPP模式的工程建管模式及专业化运维服务体系。按照公益优先保障、盘活资产、综合效益最大化的原则，创新工程管护机制，积极引导社会企业、团体和个人参与工程建设、管理和维护工作，大力推行基于PPP模式的灌溉工程建设管理新模式，有效解决工程管理维护费用，确保工程的运行和维护实现可持续。同时，积极推进灌区管理体制机制改革，将工程维修养护业务和人员从原灌区管理单位剥离出来，发展专业化运行维护服务体系，形成良性运转的灌区养护市场秩序。

推进小型农田水利设施运行管理体制机制改革。按照“谁投资、谁所有、谁受益、谁负责”的原则，明确小型农田水利设施的所有权，并落实管护责任，所需经费原则上由产权所有者负责筹集，财政适当补助。在确保工程安全、公益属性和生态保护的前提下，允许小型农田水利设施以承包、租赁、拍卖、股份合作和委托管理等方式进行产权流转交易，搞活经营权，提高工程管护能力和水平，促进灌溉效益发挥。研究探索将财政投资形成的小型农田水利设施资产转为集体股权，或者量化为受益农户的股份，调动农村集体经济组织、农民个人参与水利设施管护的积极性。

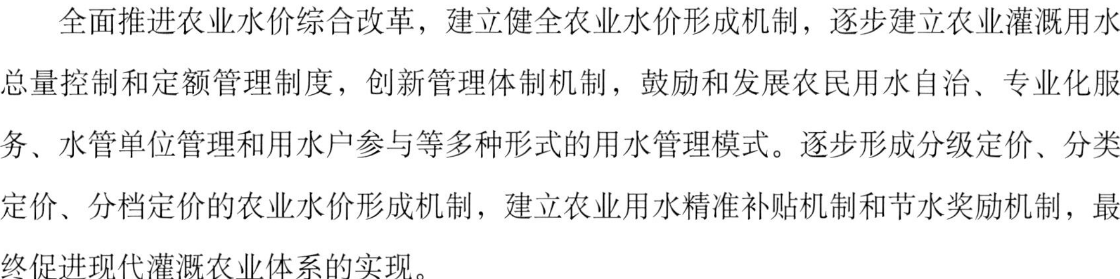

全面推进农业水价综合改革，建立健全农业水价形成机制，逐步建立农业灌溉用水总量控制和定额管理制度，创新管理体制机制，鼓励和发展农民用水自治、专业化服务、水管单位管理和用水户参与等多种形式的用水管理模式。逐步形成分级定价、分类定价、分档定价的农业水价形成机制，建立农业用水精准补贴机制和节水奖励机制，最终促进现代灌溉农业体系的实现。

严格执行灌溉用水计量收费制度。全面加强农业灌溉用水监测计量，渠灌区逐步实现斗口计量，井灌区逐步实现井口计量，有条件的地区要实现田头计量，逐步推进灌溉用水的自动化、智能化监测。推行灌溉用水计量收费制度，根据当地确定的灌溉水价政策，严格水费征收流程，加强对水费征收使用的监管，建立公开透明的水费计收使用制度。

建立和完善农业水权转让机制。以行政区域“三条红线”指标为基础，全面落实总量控制、定额管理制度，明确用水户单元的农业水权。鼓励用水户转让节水量，可在不同前提下实现用户之间、区域之间和行业之间的有偿转让。探索基于耗水控制的水权管理机制，明确耕地的初始耗水权和取水权，形成以耗水控制促进农户节水和水权交易的倒逼机制。

四、我国农业非常规水灌溉安全保障策略

随着社会经济的高速发展和人口的急剧增加，水资源供需矛盾日益突出，非常规水资源的开发和利用越来越受到各国的重视。我国农业是第一用水大户，农业用水约占总用水量的65%，其中农业用水量的90%用于农业灌溉，多渠道开发利用非常规水资源对缓解农业水资源短缺具有重要意义。

（一）农业非常规水资源利用现状与潜力

我国农业非常规水资源利用以再生水和微咸水为主，具有水量大、水量集中的特点。再生水（Reclaimed water）是指污水经适当工艺处理后，达到一定的水质标准，满足某种使用功能要求，可以进行有益使用的水（GB/T 19923—2005）；微咸水一般指矿化度为2～5 g/L的含盐水（徐秉信等，2013）。在农业灌溉中合理开发利用非常规水资源，既增辟了灌溉水源，又提高了灌溉保障率，是缓解水资源短缺矛盾的重要举措

之一（Romero-Trigueros等，2017；吴文勇等，2008）。

1. 再生水灌溉利用

我国自20世纪50年代开始大规模采用污水灌溉，先后形成了北京污灌区、天津武宝宁污灌区、辽宁沈抚污灌区、山西惠明污灌区及新疆石河子污灌区五大污灌区（代志远、高宝珠，2014）；到1991年，全国污灌面积已达到4 600万亩（黄春国、王鑫，2009）。2000年以后，随着污水处理能力提高以及对农产品质量安全、土壤污染的重视，再生水灌溉利用受到广泛关注，北京市先后建设了新河灌区、南红门灌区等再生水灌区，灌溉面积超过60万亩，成为国内最大的再生水灌区，2010年再生水灌溉量达到3亿m^3（潘兴瑶等，2012）。在北京、天津、内蒙古、陕西、山西等省（自治区、直辖市），再生水在农田灌溉、绿地灌溉、景观补水等方面得到规模化推广利用。为推动再生水灌溉利用，国家颁布了《城市污水再生利用农田灌溉用水水质》（GB 20922—2007），编制了水利行业标准《再生水灌溉工程技术规范》（DB13/T 2691—2018），北京市、内蒙古自治区等地颁布了再生水灌溉工程的地方标准，推动了再生水的广泛利用。

根据《2016中国城市建设统计年鉴》，2015年全国经过二、三级处理的再生水资源量约366.5亿m^3；按照处理后水量入河、从河道取水灌溉折算，2015年再生水农田灌溉量[①]约为110.1亿m^3，其中，再生水灌溉利用量最大区域为华北区，约52.1亿m^3。预计2030年再生水资源量（生活源）[②]为726.3亿m^3，农业可利用再生水量为295.1亿m^3，其中农田灌溉量为164.5亿m^3，与2015年相比新增54.4亿m^3，重点利用区域是长江区、华北区和华南区（表26）。

2. 微咸水利用

我国微咸水分布广、数量大，广泛分布在华北、西北以及沿海地带，特别是盐渍土地区，且绝大部分埋深在地下10～100m处，易于开发利用（王全九、单鱼洋，2015）。我国从20世纪60—70年代才开始微咸水灌溉方面的研究，其中宁夏利用微咸水灌溉大麦和小麦取得了比旱地增产的效果；天津提出了符合干旱耕地质量安全的矿化度3～5g/L微咸水灌溉模式（邵玉翠等，2003）；衡水市利用微咸水灌溉，节约深层地下淡水1亿m^3，节约灌溉费用4 000多万元（周晓妮等，2008）；此外，在内蒙古、甘肃、

---

① 再生水农田灌溉量＝再生水资源量／（再生水资源量＋地表水资源量）×农田灌溉用水量。

② 再生水资源量（生活源）＝常住人口数×城镇化率×人均生活用水定额×污水排放系数×污水处理率；其中，人均综合定额取240L/（人·d）、污水排放系数取0.85、污水处理率取90%（新疆污水处理率取95%）。

河南、山东、辽宁、新疆等省（自治区）也都有不同程度的利用并获得高产的实践经验。目前，我国微咸水利用重点区域是海河流域、吉林西部、内蒙古中部、新疆等地。

根据《中国水资源及其开发利用调查评价》（水利部，2014）和2003年国土资源大调查预警工程项目“新一轮全国地下水资源评价”综合研究成果分析，我国矿化度为2～5g/L的微咸水天然补给量约为245.9亿m^3（其中2～3g/L为124.4亿m^3，3～5g/L为121.5亿m^3），可开采量约87.8亿m^3（其中2～3g/L为33.3亿m^3，3～5g/L为54.5亿m^3），主要分布在华北平原区、松辽平原区、黄河中游黄土区、西北干旱区和长江三角洲滨海区。2015年我国微咸水农田灌溉量①为14.8亿m^3，其中微咸水农田灌溉量较大区域为华北区（9.3亿m^3）、晋陕甘区（4.2亿m^3）。预计2030年农业可利用微咸水量为48.7亿m^3，其中农田灌溉量为24.8亿m^3，与2015年相比新增10.0亿m^3，重点利用区域是华北区和晋陕甘区（表26）。

表26　2030年各区划农业非常规水资源量

单位：亿m^3

区划	再生水					微咸水				
	2015年		2030年			天然补给量	可开采量	2015年	2030年	2030年
	再生水资源量	农田灌溉量	再生水资源量	农业可利用量	农田灌溉量			农田灌溉量	农业可利用量	农田灌溉量
东北区	30.2	13.1	50.4	20.2	13.1	0	0	0	0	0
华北区	77.8	52.1	169.5	67.8	49.9	43.0	28.0	9.3	22.4	18.7
长江区	123.3	25.7	212.5	85.0	52.7	53.6	38.3	0.5	11.5	0.5
华南区	78.1	6.8	112.2	44.9	25.8	4.6	3.1	0	0.9	0.8
蒙宁区	6.8	3.0	16.5	6.6	3.0	9.5	5.7	0.8	4.6	0.8
晋陕甘区	14.4	5.6	50.0	20.0	5.8	28.0	11.0	4.2	8.8	4.0
川渝区	18.9	0.9	58.4	23.4	4.0	0	0	0	0	0
云贵区	11.1	0.5	39.7	15.9	0.5	5.1	0	0	0	0
青藏区	1.2	0	4.1	1.6	0	102.2	1.7	0	0.5	0
西北区	4.7	2.3	13.0	9.8	9.6	0	0	0	0	0
全国	366.5	110.1	726.3	295.1	164.5	245.9	87.8	14.8	48.7	24.8

① 微咸水农田灌溉量＝区域微咸水灌溉面积／区域耕地面积 × 农业灌溉地下水利用量 × 校正系数；其中微咸水灌溉面积与耕地面积引自张宗祜、李烈荣主编《中国地下水资源与环境图集》（中国地图出版社2004年版），微咸水灌溉面积为耕地面积上微咸水覆盖区域面积。

（二）农业非常规水资源灌溉技术模式

1. 再生水灌溉利用模式

根据再生水灌溉系统中预处理工程的组成可以将再生水灌溉模式分为4种，包括二级出水经土地处理系统（Soil Aquifer Treatment System，SATS）净化后用于灌溉的SR模式、二级出水经湿地系统（Wetland Treatment System，WTS）净化后用于灌溉的WR模式、二级出水经自然水系循环联调改善后用于灌溉的CR模式以及深度处理出水直接用于农林绿地灌溉的DR模式，简称“4R”模式（表27）。各种灌溉技术模式应综合考虑适宜的植被类型和灌溉方式。

表27 再生水灌溉“4R”模式

分项	SR模式	WR模式	CR模式	DR模式
模式描述	以土地处理系统（SAT）为预处理设施对再生水水质进行深度净化，出水进入灌溉输配水管网系统	以湿地处理系统（WTS）为预处理设施对再生水水质进行深度净化，出水进入灌溉输配水系统	污水处理厂二级处理出水达标排放进入上游河湖系统景观水体，通过向下游自流净化作用使得水质改善后用于灌溉	深度处理出水经过调蓄系统与灌溉管网系统相连接，用于田间灌溉
水质要求	二级处理出水及以上	二级处理出水及以上	二级处理出水及以上	三级处理出水
作物类型	任何作物	任何作物（生食类蔬菜、草本水果等除外）	任何作物（生食类蔬菜、草本水果等除外）	任何作物
灌溉方式	喷滴灌	地面灌、喷滴灌	地面灌、喷滴灌	喷滴灌

2. 微咸水灌溉利用模式

微咸水灌溉技术模式分为3类，包括微咸水直接灌溉（DI）、咸淡水混灌（MI）和咸淡水轮灌（AI），即“3I”模式（表28）。微咸水直接灌溉（DI）主要用于土地渗透性好且淡水资源十分紧缺的地区，同时选择耐盐类植物进行种植（Leogrande R等，2016；万书勤等，2008）；咸淡水混灌（MI）是将淡水与咸水混合，通过冲淡盐水的办法进行灌溉（郝远远等，2016）；对于苗期对盐分比较敏感的作物，可采用交替轮灌方式（AI）（Liu Xiuwei等，2016）。微咸水灌溉以耐盐、抗旱作物为主，在充分考虑作物品质、水质状况、土壤类型、气象条件、地下水埋深等状况基础上，结合地面灌、喷滴灌等灌溉方式及相应的农艺措施，合理控制灌水量和灌水次数，选取适宜的灌溉模式。

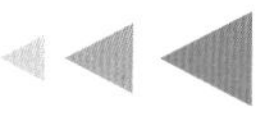

表28　微咸水灌溉“3I”模式

分项	微咸水直接灌溉模式（DI）	咸淡水混灌模式（MI）	咸淡水轮灌模式（AI）
模式描述	将开采的微咸水直接灌溉农田	根据咸水的水质情况，混合相应比例的淡水，使得混合后的淡水符合灌溉水质标准，可灌溉所有作物	根据作物生育期对盐分的敏感性的不同，选择在作物盐分敏感期采用淡水灌溉，在非敏感期采用咸水灌溉
作物类型	耐盐类植物	适用作物较为广泛	盐分敏感作物
土壤要求	土壤渗透性好	需结合农艺措施，土壤渗透性好	需结合农艺措施
灌溉方式	地面灌、喷滴灌	地面灌、喷滴灌	地面灌、喷滴灌

（三）农业非常规水资源利用技术保障

农业非常规水资源是有效缓解农田灌溉用水不足的重要水源之一，但再生水、微咸水灌溉存在一定的伴生污染风险和次生盐渍化等问题。为促进非常规水资源安全高效利用，需要在农业非常规水灌溉区划技术、适宜作物分类、风险评估技术、高效灌水技术、监测评价技术、集成应用模式六方面不断完善技术成果，实现必要的技术保障。

1．灌溉区划技术

再生水灌溉要重点防止伴生污染，微咸水灌溉要重点防控土壤次生盐渍化，应通过灌溉区划对回用区域进行分区，提高农业非常规水资源安全高效利用水平。

农业再生水灌溉分区。应根据再生水灌区土壤理化性状、土壤质量、地下水埋深以及地面坡度等进行再生水灌区灌溉适宜性分区，控制性指标如表29所示。

表29　再生水灌溉适宜性分区标准

单位：m，m/d，%

类型	控制指标		
	地下水埋深D	包气带渗透系数K	地面坡度I
适宜灌溉区	$D \geqslant 8.0$	$K < 0.5$	$I < 2.0$
控制灌溉区	$3.0 \leqslant D < 8.0$	$0.5 \leqslant K < 0.8$	$2.0 \leqslant I < 6.0$
不宜灌溉区	$D < 3.0$	$K \geqslant 0.8$	$I \geqslant 6.0$

农业微咸水灌溉分区。土壤中的可溶性钠百分率$SSP < 65\%$且钠吸附比$SAR \leqslant 10$的区域适宜利用微咸水灌溉（DB13/T 1280—2010），应依据灌区气候类型、微咸水水质、

地下水埋深条件和土壤质地类型等指标进行微咸水灌溉适宜性分区，水利行业标准《再生水与微咸水灌溉工程技术规范》编制组提出的分区标准如表30所示。

表30 微咸水灌溉适宜性分区标准

水盐性	土壤类型	非碱性水								弱碱性水	强碱性水
		$R<200$			$200\leqslant R\leqslant 800$			$R>800$			
		$D<3.0$	$3.0\leqslant D\leqslant 6.0$	$D>6.0$	$D>1.5$	$1.5\leqslant D\leqslant 3.0$	$D>3.0$	$D<1.5$	$D\geqslant 1.5$		
轻度微咸水 1～2g/L	砂土	×	Δ	√	Δ	√	√	Δ	√	√	×
	壤土	×	Δ	√	×	Δ	√	Δ	√	Δ	×
	黏土	×	×	Δ	×	×	Δ	×	Δ	Δ	×
中度微咸水 2～3g/L	砂土	×	Δ	√	Δ	√	√	Δ	√	√	×
	壤土	×	Δ	√	×	Δ	√	Δ	√	Δ	×
	黏土	×	×	Δ	×	×	Δ	×	Δ	×	×
重度微咸水 3～5g/L	砂土	×	×	Δ	×	Δ	√	Δ	√	√	×
	壤土	×	×	Δ	×	×	√	Δ	√	Δ	×
	黏土	×	×	×	×	×	×	×	×	×	×

注：R表示降水（mm）；D表示地下水埋深（m）；√表示适宜灌溉区；Δ表示控制灌溉区；×表示不宜灌溉区。

2．适宜作物分类

（1）再生水灌溉作物分类

优先推荐工业原料类植物、园林绿地、林木等；推荐大田粮食作物、烹调及去皮蔬菜、瓜类、果树、牧草、饲料类等；不推荐生食类蔬菜、草本水果等。

（2）微咸水灌溉作物分类

耐盐植物，可以利用中度或重度微咸水进行灌溉；中等耐盐植物，可利用轻度或中度微咸水进行灌溉，在淋洗分数$LF\geqslant 36\%$的排水控盐条件较好灌区可利用重度微咸水进行灌溉；中等盐分敏感植物，可利用轻度微咸水灌溉，在淋洗分数$LF\geqslant 50\%$的排水控盐条件较好灌区可利用中度微咸水进行灌溉，不得利用重度微咸水进行灌溉；盐分敏感植物，在淋洗分数$LF\geqslant 80\%$的排水控盐条件较好灌区可利用轻度微咸水进行灌溉，

不得利用中度或重度微咸水进行灌溉。

植物耐盐能力分类如表31所示（Wallender W W等，1990）。

表31　植物耐盐能力分类

耐盐等级	耐盐	中等耐盐	中等盐分敏感	盐分敏感
植物种类	大麦、甜菜、棉花、芦笋等	小麦、燕麦、黑麦、高粱、大豆、豇豆、红花、苜蓿、油菜、油葵、南瓜、石榴、无花果、橄榄、菠萝、向日葵等	玉米、亚麻、粟、花生、水稻、甘蔗、甘蓝、芹菜、黄瓜、茄子、莴苣、香瓜、胡椒、马铃薯、番茄、萝卜、菠菜、西瓜、葡萄等	菜豆、芝麻、胡萝卜、洋葱、梨、苹果、柑橘、梅子、李子、杏、桃、草莓等
耐盐阈值 EC_e(dS/m)	$6.0 \leqslant EC_e < 10.0$	$3.0 \leqslant EC_e < 6.0$	$1.3 \leqslant EC_e < 3.0$	$EC_e < 1.3$

3. 风险评估技术

风险评估技术可以定量表征非常规水资源开发利用的现状风险，预测目标灌溉年限后环境演变趋势，应重点关注以下几个方面。评估对象：土壤、作物、地下水等环境质量以及公众健康等评估对象；评估方法：主要采取试验研究和数值模拟相结合的方法，如何评估复合污染条件下再生水利用风险是今后需要深入研究的难点之一；评估阈值：针对不同的回用目标确定相应的阈值指标体系，作为风险评判的依据。目前，我国在非常规水资源评估方法的研究方面有一定进展，但是在再生水持久性新兴污染物影响的风险评估方面国内外均处于起步阶段，还需要开展深入研究，建立再生水灌溉条件下新兴污染物健康风险评价是目前再生水安全利用的技术瓶颈。

4. 高效灌水技术

农业非常规水资源高效利用技术涉及灌水技术和灌溉制度：农业再生水高效利用技术方面，从区域和田块尺度寻求技术突破。在区域层面重点解决大中型再生水灌区水资源优化调度问题，在田块尺度层面重点解决再生水利用过程中悬浮物对喷灌和滴灌系统的影响机制和性能提升技术，提高灌水均匀度和设备使用寿命。农业微咸水高效利用技术方面，重点突破微咸水安全高效灌溉制度，提出微咸水灌溉土壤水肥盐耦合模拟模型，建立微咸水微灌水盐优化调控灌溉制度和调控模式。

5. 监测评价技术

农业非常规水资源开发利用应当建立监测评价制度，定量评估环境质量演变过程。监测指标：根据非常规水资源灌溉对土壤、作物和地下水等环境要素的影响机制，筛选相应物理、化学及生物指标，作为年度监测指标；监测密度和频率：根据主要监测污染物指标的时空变异性和地统计学特征，建立监测密度和频率的计算方法；评价方法：研究建立单因子评价法和综合评价法，明确不同评价方法的适用条件。

6．集成应用模式

开展再生水灌溉和微咸水灌溉关键技术及集成应用研究，是深入推进农业非常规水资源推广应用的重要方面。第一，提出典型灌溉模式工程结构和规模，建立农业非常规水资源灌溉的规划设计方法，明确典型灌区不同灌溉工程的技术参数；第二，针对不同水质特点，建立灌溉运行管理调控阈值体系，提高灌溉运行管理效益；第三，开展相应的标准规范和管理体制机制研究，构建工程措施、农艺措施、管理措施相结合的非常规水资源集成应用模式。

（四）农业非常规水资源利用政策保障

与美国、以色列等发达国家相比，我国在农业非常规水资源利用方面的基础研究、政策法规尚不健全，为促进农业非常规水资源开发利用，应重点考虑以下方面。

1．加强农业非常规水资源灌溉技术研究与推广

我国农业非常规水资源利用研究起步较晚，与发达国家相比还有较大差距。我国再生水利用研究起步于2000年前后。2000年以来，国家“863”计划、科技支撑计划以及“十三五”时期实施的“水资源重点研发专项”均涉及农业非常规水资源开发利用研究课题，今后研究应重点关注非常规水资源利用的风险评估技术、高效灌溉技术等领域，建立适合我国气候特点和国情的农业非常规水资源利用技术体系。面向公众和农户，开展农业非常规水资源开发利用宣传推广工作，建设不同类型示范区。

2．完善农业非常规水资源利用的标准规范体系

《中国节水技术政策大纲》（2005）明确提出“在研究试验的基础上，安全使用部分再生水、微咸水和淡化后的海水等非常规水以及通过人工增雨技术等非常规手段增加农业水资源”，从国家政策衔接来看，尚需制定农业非常规水资源利用技术指南。应因地制宜地制定农业非常规水资源开发利用的地方标准，以保障农业非常规水资源开发利用。

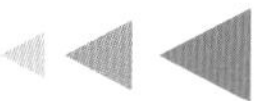

3．将非常规水资源纳入水资源配置与开发利用规划

将非常规水资源纳入行政区水资源统一配置是推动农业非常规水资源灌溉利用的基础性工作，目前，国家尚未编制农业非常规水资源开发利用规划，尚未将非常规水资源纳入水资源配置。国家和地方政府制定的水利发展五年规划中应当设立专题规划，规划农业非常规水资资源开发利用目标、工程任务和资金投入等，从源头上加强农业非常规水资源的开发利用，对于开发利用农业非常规水资源的工程给予财政补贴、减免水费等政策支持。

4．制定激励农业非常规水资源开发利用的政策措施

科学制定农业非常规水资源的价格，使价格杠杆在水资源市场中充分发挥主导作用，建立和完善农业非常规水资源的收费制度，以补充农业非常规水资源开发利用设施的投资、建设和运营的支出；通过价格、补贴、税收优惠等措施使得非常规水资源与常规水资源相比具有明显的价格优势和盈利空间，调动企业的积极性。综合运用多种金融、财税政策与制度，设立专项扶持基金，对农业非常规水资源开发利用相关企业、公司、科研院所从税收、项目资助等方面进行扶持，以促进农业非常规水资源开发利用技术的升级换代和向实用阶段转化，将农田灌溉列入公益性非常规水资源开发利用，纳入政府补贴配置范畴，降低农业非常规水资源开发利用成本，使农业非常规水资源开发利用具有相对竞争优势。

五、农业水资源高效利用战略举措

在新形势下，我国粮食生产的主要矛盾已由总量不足转变为结构性矛盾，粮食生产向北方转移，南北方水资源与粮食生产错位加剧；北方多数地区的地表水资源开发程度已超过上限，大多数地区的地下水已严重超采，黄河以北农业主产区地下水利用濒临危机，难以持续。推进农业供给侧结构性改革、适水种植、强化节水，建设节水高效的现代灌溉农业和现代旱作农业体系，是当前和今后一个时期提高农业水资源质量和效率，建设10亿亩高标准农田、保障粮食安全的重要任务。

（一）建设节水高效的现代灌溉农业

按照当前种植结构、农田灌溉用水水平和可供农业的淡水资源量，要支撑10亿亩农田灌溉用水，2030年粮食主产区需亩均节水60～80m^3，需要采取因地制宜综

合节水措施方可实现。在北方地区，应推行土地集约化利用和适产高效型限水灌溉（调亏灌溉）制度相结合，同时考虑小麦南移、农牧交错带以草业为主的种植结构调整。在南方地区，应稳定基本农田和推广控制排水型适宜灌溉相结合、果草结合，发展绿肥种植。

1．推广高效节水灌溉技术，提高灌水效率

我国当前灌排设施建设仍相对滞后，全国约50%耕地缺少基本灌排条件，仍是“望天田”；约40%的大型灌区、50%～60%的中小型灌区、50%的小型农田水利工程设施不配套，大型灌排泵站设备完好率不足60%；10%以上低洼易涝地区排涝标准不足三年一遇；旱涝保收田面积仅占耕地面积的30%（全国农村工作会议，2014）。

我国高效节水灌溉面积占比相对较低，2015年我国节水灌溉面积约4.66亿亩，占耕地灌溉面积（含林果灌溉面积）的47.16%。其中，低压管道输水灌溉、喷灌、微灌三种高效节水灌溉面积约2.69亿亩，占灌溉面积的27.2%，节水量较大的喷灌和微灌占比更小，仅为13.68%（图29）。德国和以色列喷灌和微灌占灌溉面积比重在2002年以前达到了100%，美国早在2000年就达到了52%（表32）。

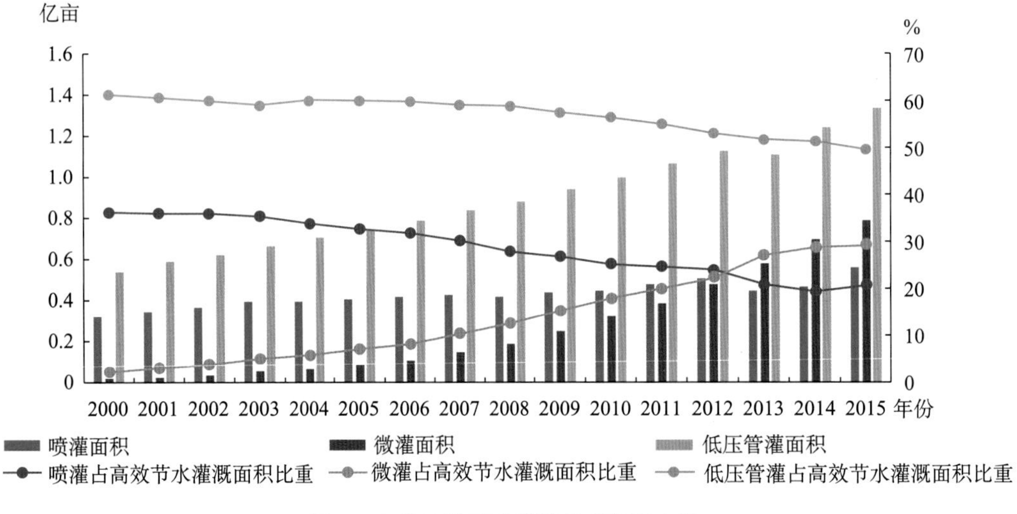

图29　三种高效节水灌溉技术历年走势

表32　各国喷微灌面积占灌溉面积比重比较

单位：%

国家	喷微灌面积占比	统计年份	灌溉方式
德国	100.00	2002年以前	喷灌＋滴灌

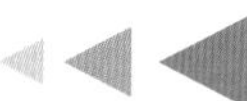

（续）

国家	喷微灌面积占比	统计年份	灌溉方式
以色列	100.00	2002年以前	喷灌+滴灌
英国	98.80	2002年以前	喷灌+滴灌
法国	90.10	2002年以前	喷灌+滴灌
日本	90.00	—	旱地灌溉，喷灌+滴灌
匈牙利	68.50	2002年以前	喷灌+滴灌
西班牙	67.00	2011年	喷灌+滴灌
美国	52.00	2000年	喷灌+微灌
中国	13.68	2015年	喷灌+微灌
意大利	15.70	2002年以前	喷灌+滴灌
葡萄牙	10.30	2002年以前	喷灌+滴灌
印度	1.50	2006年	喷灌+滴灌

资料来源：薛亮，2002．中国节水农业理论与实践[M]．北京：中国农业出版社：48-49；中国灌溉排水发展中心，2015．国内外农田水利建设与管理对比研究[R]．

当前西欧国家灌溉水利用系数普遍达到了0.7～0.8，2015年我国灌溉水利用系数最高的是上海市，为0.735；最低的是西藏，仅为0.417，全国平均为0.536。发达国家粮食水分生产率一般在2kg/m^3，以色列达到2.32kg/m^3，我国仅为发达国家的70%。与世界一些发达国家相比，我国的灌溉水利用效率存在较大的上升空间。

要坚持总量控制、统筹协调，因地制宜地大力发展和推广以喷灌、微灌、低压管道输水灌溉为主的高效节水灌溉技术，力争到2025年，全国节水灌溉面积达到7.8亿亩，其中喷灌、微灌和低压管道输水灌溉的高效节水灌溉面积达到4.3亿亩。到2030年，节水灌溉面积达到8.5亿亩，其中喷灌、微灌和低压管道输水灌溉的高效节水灌溉面积达到5.0亿亩（表33）。严重缺水的华北地区应全面推广喷灌、微灌和低压管道输水灌溉等高效节水技术。

以水资源承载能力倒逼灌溉规模调整，构建与集约化、专业化、组织化、社会化的新型农业经营体系相适应的现代灌溉设施体系、技术体系和管理体系，适应农户兼业化、村庄空心化、劳动力老年化的新形势，提高农业生产的比较效益，实现水资源可持续利用和灌溉的可持续发展。

表33　2020年、2025年、2030年全国各省份节水灌溉面积发展情况

单位：万亩

地区	2015年					2020年					2025年		2030年	
	节水灌溉面积	高效节水灌溉面积				节水灌溉面积	高效节水灌溉面积				节水灌溉面积	高效节水灌溉面积	节水灌溉面积	高效节水灌溉面积
		小计	管灌	喷灌	微灌		小计	管灌	喷灌	微灌				
全国	46 590	26 885	13 366	5 622	7 897	70 118	36 887	17 381	7 698	11 807	77 614	43 449	85 108	50 019
北京	296	278	200	56	22	320	318	200	71	47	309	308	298	298
天津	311	231	220	7	4	429	271	259	7	5	451	294	473	317
河北	4 710	4 230	3 777	290	163	5 230	5 230	4 342	515	373	5 578	5 547	5 927	5 863
山西	1 343	995	812	115	68	1 636	1 295	947	170	178	1 771	1 418	1 906	1 540
内蒙古	3 712	2 512	829	756	927	5 039	3 512	829	1 056	1 627	5 544	3 943	6 049	4 374
辽宁	1 210	987	260	214	513	1 970	1 287	455	224	608	2 110	1 413	2 249	1 539
吉林	1 003	926	185	539	202	2 396	1 227	215	745	267	2 719	1 471	3 041	1 715
黑龙江	2 545	2 253	16	2 107	130	7 880	2 753	51	2 527	175	9 507	3 729	11 135	4 705
上海	215	115	109	5	1	223	120	113	5	2	207	121	190	123
江苏	3 504	578	398	99	81	4 094	778	543	129	106	4 369	1 100	4 644	1 423
浙江	1 641	249	93	82	74	2 034	359	118	127	114	1 993	451	1 952	543
安徽	1 360	258	85	149	24	2 274	418	140	224	54	2 658	921	3 041	1 425
福建	863	330	146	135	49	889	410	186	165	59	993	503	1 096	597
江西	751	122	41	31	50	1 775	222	66	61	95	1 969	395	2 163	568
山东	4 379	3 188	2 869	209	110	4 412	4 138	3 679	279	180	4 958	4 638	5 504	5 139

（续）

地区	2015年					2020年					2025年		2030年	
	节水灌溉面积	高效节水灌溉面积				节水灌溉面积	高效节水灌溉面积				节水灌溉面积	高效节水灌溉面积	节水灌溉面积	高效节水灌溉面积
		小计	管灌	喷灌	微灌		小计	管灌	喷灌	微灌				
河南	2 508	1 807	1 523	242	42	2 697	2 457	2 048	307	102	3 203	2 919	3 708	3 381
湖北	575	461	196	167	98	1 849	611	261	222	128	2 175	891	2 502	1 172
湖南	522	25	16	7	2	1 529	175	86	62	27	1 817	437	2 106	699
广东	444	54	31	13	10	1 190	104	46	43	15	1 300	242	1 409	381
广西	1 427	173	72	42	59	2 625	653	297	122	234	2 748	809	2 870	965
海南	125	71	38	13	20	358	91	45	18	28	416	130	475	170
重庆	309	86	65	18	3	458	156	105	38	13	549	227	640	299
四川	2 352	235	140	71	24	3 805	435	270	101	64	4 281	754	4 757	1 074
贵州	488	175	109	36	30	1 165	245	159	51	35	1 277	343	1 389	442
云南	1 087	239	162	24	53	1 352	739	427	124	188	1 551	914	1 750	1 090
西藏	35	25	25	0	0	389	30	28	1	1	482	86	575	141
陕西	1 316	551	438	47	66	1 812	811	578	72	161	1 953	932	2 095	1 052
甘肃	1 381	528	235	38	255	1 133	1 078	520	98	460	1 238	1 174	1 344	1 271
青海	204	56	44	3	9	457	136	89	8	39	554	190	651	244
宁夏	466	236	56	54	126	898	416	61	69	286	1 015	516	1 132	615
新疆	5 508	4 913	176	55	4 682	7 800	6 412	218	58	6 136	7 919	6 633	8 038	6 854

数据来源：2015年数据采用《中国水利统计年鉴》，2020年数据采用《“十三五”新增1亿亩高效节水灌溉面积实施方案》（水农〔2017〕8号）。

2. 适水种植，抑制灌溉需求量增长

坚持底线思维，守住农业基本用水底线和不超越水资源承载能力红线。坚持有保有压，按照作物需水规律和灌溉水量地区分布特征，适水种植，优化粮食作物区域布局，在水资源短缺地区严格限制种植高耗水农作物。适水种植的重心是合理调整和布局高耗水的水稻、冬小麦种植区，以较小的灌溉用水需求保障稻谷、小麦口粮生产安全。

（1）小麦南移，巩固冬小麦主产区种植规模

2000—2015年，全国冬小麦播种面积由33 845.4万亩增加到2015年36 210万亩，增加了2 364.6万亩。其中，安徽（491万亩）、江苏（338万亩）、河南（608万亩）合计增加1 437万亩（图30），占全国增加总量的60.8%；而同期河北冬小麦播种面积减少了609万亩，约占其2000年冬小麦播种面积的15.2%。

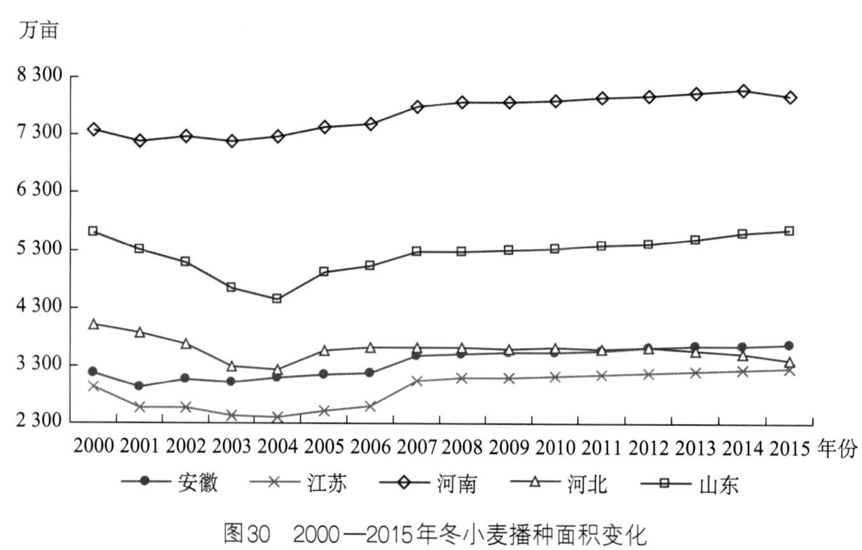

图30　2000—2015年冬小麦播种面积变化

淮河流域北部是冬小麦灌溉低值区，冬小麦生长期降水量均匀，安徽需灌溉水量仅为河北的63%，亩均灌溉用水量可减少约80m^3。若按亩均减少80m^{3}计算，2000年以来河北减少了约600万亩冬小麦播种面积，相应减少了灌溉水量约4亿m^3。

据不完全统计，目前淮河流域北部安徽，河南信阳、南阳，江苏赣榆一带，至少有1 500万亩冬小麦非灌溉种植面积。根据“引江济淮工程”推荐方案，农业可利用引水量5.44亿m^3，向淮河流域总补水灌溉面积约1 085万亩，小麦南移结合砂姜黑土旱改水工程，建设稻麦两熟高标准农田，可新增补充灌溉面积1 000万亩，预计可增产671万t（增产0.671t/亩×1 000万亩），创建新粮仓。建议进一步论证引江入淮建设稻麦两熟

生产基地的可行性。

从水量上看，小麦南移至淮河流域北部安徽一带，与在河北地区生产等量的小麦相比，可减少小麦生产需水量50.0亿m^3（节水0.5m^3/kg×1 000万t），其中可节约灌溉水量（蓝水）40.0亿m^3（节水0.4m^3/kg×1 000万t）。小麦南移、适水种植有利于稳定和扩大冬小麦种植面积、提高产量并减缓华北地区地下水超采。此外，在安徽、河南、山东、江苏发展小麦雨养种植较其他区域的单位水生产效率高1倍，也适宜发展冬小麦旱作。

黄淮海平原区通过提倡小麦南移，适度调减华北平原地下水严重超采区的小麦种植面积，发展旱作冬油菜＋青贮玉米以及耐旱耐盐碱的棉花、油葵和马铃薯。粗略估计，在基本稳定我国冬小麦优势区生产产能的前提下，可压缩小麦灌溉面积300万亩。与此同时，扩大淮北平原冬小麦播种面积。通过小麦南移、适水种植、以水限产、调亏灌溉，既可抑制华北平原冬小麦的需（耗）水量，又可稳定我国冬小麦优势区的生产产能。

（2）南恢北稳，推广水稻控制灌溉，节水增产

水稻生产对灌溉需求的低值区位于四川、重庆、贵州、湖北、江西、浙江6省（直辖市），灌溉水需求量不足全国平均值的60%，是最适宜的水稻种植区域。其次是东北三省以及南方湖南、福建、云南、广西、广东和海南，小于等于全国平均值。因此，在稳定和保护好东北水稻生产基地的同时，要努力恢复、巩固和开发南方地区的双季稻种植面积，以保障我国口粮安全。

逐步收缩东北地区井灌区水稻种植面积，重点提升江河湖地表水灌区水稻集约化生产水平，采取控制性灌溉措施，亩均灌溉需水量可由335m^3降低到210m^3，亩均增产约5%，提升产品质量。

重点建设长江中下游地区、西南地区水稻优势产区，恢复水热资源匹配度较高的华南地区水稻种植，采取“浅、薄、湿、晒（或湿、晒、浅、间）”措施，亩均灌溉需水量可由520m^3降低到310m^3，亩均增产约13%。

（3）粮改饲、米改豆，缓解“北粮南运”和北方水资源短缺的压力

以玉米种植结构调整为重点，以草食畜牧业发展为载体，引导玉米籽粒收储利用转变为全株青贮利用，促进玉米资源从跨区域销售转向就地利用，既是构建种养循环、产加一体、粮饲并重、农牧结合的新型农业生产结构要求，也是缓解“北粮南运”、北方

水资源短缺的压力，提高农业用水效率和效益的要求。

青贮玉米的合理收割期为玉米籽实的乳熟末期至完熟前期，产量和营养价值最佳，还可少浇1～2水。玉米改种青贮玉米、燕麦、豆类，亩均可减少灌溉需水量60～90m^3。玉米改种大豆，兼顾马铃薯和饲草，亩均可节水15～25m^3。

大力开展粮改饲、米改豆，实施主产区、主销区粮改饲双侧结构调整，重点推进从平衡区滑到主销区的云贵和广西种植结构调整，从粮食作物种植向饲（草）料作物种植的方向转变，促进玉米资源从跨区域销售转向就地利用：一可有效利用天然降水，减少灌溉用水，提高水分生产率；二可减少地下水开采量和化肥施用量，减缓北方地区地下水超采和面源污染；三可增加南北方饲料粮自给，减少“北粮南运”的压力。

将我国“镰刀弯”地区（北方：河北、山西、内蒙古、辽宁、吉林、黑龙江、陕西、甘肃、宁夏、新疆）的籽粒玉米调减5 000万亩，改种青贮玉米，可节水30亿m^3（节水60m^3/亩×5 000万亩）。每亩青贮玉米产能为籽粒玉米的2倍，在能量供给相同的情况下，种植青贮玉米可节水约60亿m^3。在南方（广西、贵州、云南）种植籽粒玉米5 000万亩，可弥补南方地区4 381万t（全国平均876kg/亩×5 000万亩）的粮食亏缺，减少因“北粮南运”带走的虚拟灌溉水量43.81亿m^3（南方单位玉米生产灌溉需水量平均值为0.1m^3/kg），有利于缓解北方水资源短缺。

在北方广大半干旱、干旱地区，压缩灌溉玉米的种植面积，恢复谷子、高粱、莜麦、荞麦和牧草等耐旱作物面积，减少灌溉用水量。

（4）加强农艺节水，减少农田无效耗水

合理安排耕作和栽培制度，选育节水高产品种，大力推广深松整地、中耕除草、镇压耙耱、覆盖保墒、增施有机肥以及合理施用生物抗旱剂、土壤保水剂等，提高土壤吸纳和保持水分的能力，减少农田无效耗水。

在华北地区，加大推广冬小麦节水稳产配套技术模式（节水抗旱品种+土壤深松/秸秆还田/播后镇压+拔节孕穗水）、冬小麦保护性耕作节水技术模式（免耕/少耕+秸秆还田+小麦免耕播种机复式作业）。利用玉米种植与降水同季，加强中耕、麦秸还田等措施，促进雨季降水储蓄，实现节水增产与增收。

在东北地区，推广应用秸秆覆盖和地膜覆盖技术、深松整地技术、秸秆还田技术、坐水种技术、增施有机肥技术。

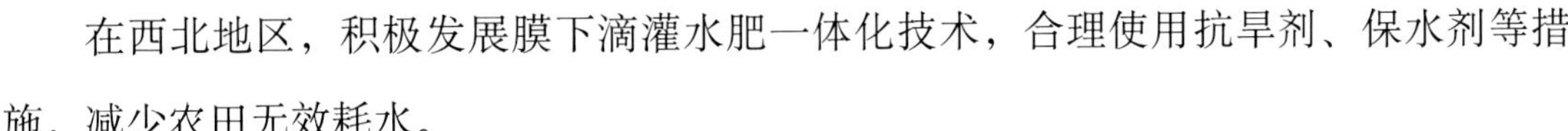

在西北地区，积极发展膜下滴灌水肥一体化技术，合理使用抗旱剂、保水剂等措施，减少农田无效耗水。

3．调亏灌溉，抑制北方地区地下水超采

北方地区的粮食生产离不开地下水的保障。据《2015中国水资源公报》统计，十大流域片区中，北方七片区地下水开发利用量基本在40%以上（其中黄河流域为36%），一半以上的开采量用于农田灌溉。粮食主产大省黑龙江地下水灌溉面积占全省总灌溉面积的63%，部分地区已超过开采的限制水平；其中三江平原地下水灌溉区面积占总灌溉面积的78%，造成地下水位下降（吕纯波，2016）。西北地区在大量开发地表水的同时，不断加大地下水的开采，除塔里木盆地地下水尚有一定的开采潜力，其余各流域的地下水开发利用程度已经很高，在天山北坡经济带、黑河中下游和石羊河中下游地下水位不断下降，造成天然绿洲退化、大面积土地沙化等问题（石玉林，2004）。

华北地下水超采问题更加突出。以河北省为例，全省粮食总产量从20世纪50年代的754.2万t持续增加到2015年的3 363.8万t，增长了3.46倍，粮食播种面积上的亩产从50年代初的69kg增加到2015年的351kg，增长了4倍，农业地下水开采量占全省地下水开采量的比例长期维持在70%左右，地下水开采量由2000年的127亿m^3下降到2015年的97亿m^3，减少了30亿m^3（图31、图32）。2005—2015年河北省地下水资源开发利用率平均达130%，2015年总超采量60亿m^3（河北省地下水超采综合治理试点方案，2015），超采地下水已成为保障粮食增产的主要驱动。

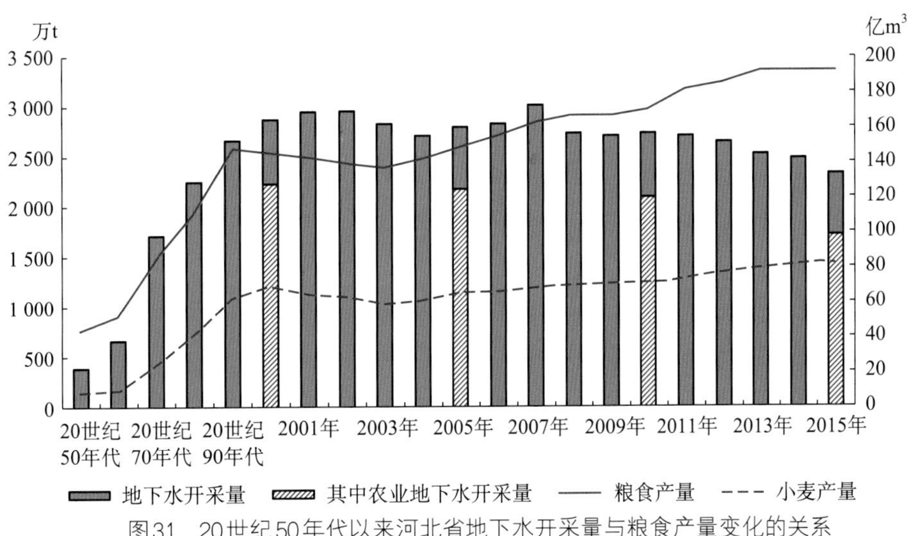

图31　20世纪50年代以来河北省地下水开采量与粮食产量变化的关系

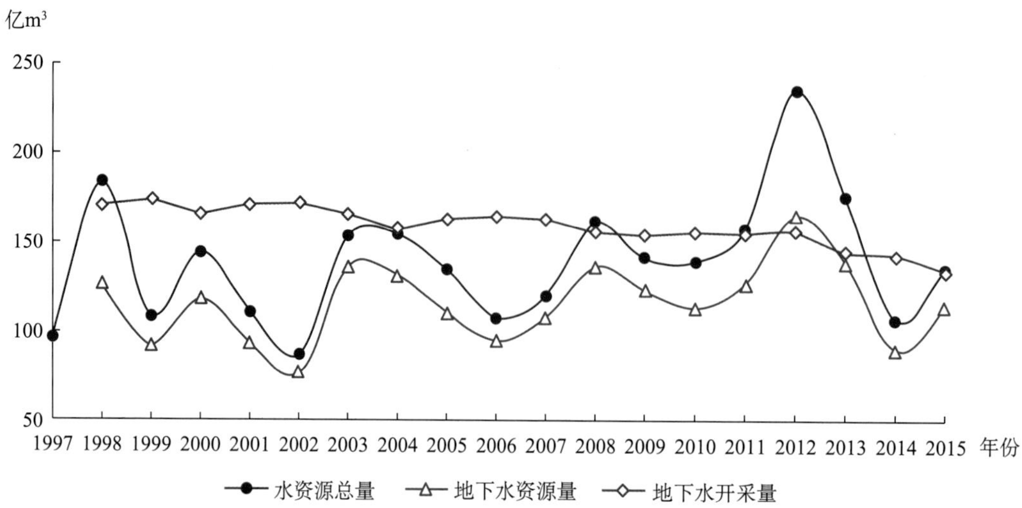

图32　1997—2015年河北省水资源总量、地下水资源量、地下水开采量的变化

(1) 优化冬小麦—夏玉米灌溉制度，挖掘作物高效用水潜力

华北平原多年平均条件下，实行冬小麦调亏（或亏缺）灌溉与夏玉米雨养制度，小麦—玉米两熟亩均灌溉需水量100～200m³，耗水量500～650mm，与常规灌溉相比，每亩可节水50～100m³，小麦减产可控制在13%以内。总体上看，实施调亏（或亏缺）灌溉制度，在稳产（约1 000kg/亩）前提下，较传统灌溉制度可提高作物水分利用效率约10%。

华北地区冬小麦具有保护土地资源的生态功能，不宜大规模压减种植面积，应以水限产、量水发展，在适当压减小麦产量的前提下，可以保证灌溉麦田1.04亿亩，发展半旱地农业。加大水利、农艺和生物节水技术的标准化、模式化和规模化应用，推广冬小麦—夏玉米轮作方式节水稳产高效的调亏灌溉制度，从追求单产最高的丰水高产型农业向节水高效优质型农业发展。坚持量水发展，非灌溉地发展粮草轮作，推进种养结合和其他旱作农业模式，逐步退减地下水超采量，现代灌溉农业和旱地农业并举，有序实现地下水的休养生息。

东北地区在现有灌溉制度的基础上，实施调亏灌溉，推广控制性灌溉，特别是在井灌区可再节水30%～40%（吕纯波，2016）。

西北干旱内陆区在加大种植结构调整力度的同时，推广调亏灌溉制度，可使灌溉定额减少。目前新疆亩均灌溉定额为800m³，南疆亩均灌溉定额高达900～1 000m³，大力推广调亏灌溉，并配合以合理的高效节水灌溉技术措施，可使灌溉定额亩均下降100～200m³（石玉林，2004）。

(2) 强化管理，保护地下水资源

合理开发利用浅层地下水，限制开采深层地下水，通过总量控制、强化管理，实现采补平衡。在浅层地下水资源丰富地区，采取井渠结合方式，有利于高效利用水资源。在地下水严重超采区，从严管控地下水开采使用，节约当地水，引调外来水，将深层地下水资源作为战略储备资源；着力发展现代节水农业，增加地下水替代水源，通过综合治理，压减地下水开采，修复地下水生态。

在华北地下水严重超采区要加大压采力度，适度调减华北地下水严重超采区小麦种植面积，改种耐旱耐盐碱的棉花、油葵和马铃薯。对于划属压采地区，农地利用的调整要因地制宜，或改种饲（草）料，发展畜牧业，或改为休闲观光、旅游等，发展低耗水农业，逐渐恢复地下水位。

在松嫩平原，减少水稻种植面积，积极发展旱田作物；在三江平原，量水发展水稻，加大水稻种植面积向沿江沿河转移。从整体上抑制东北地区地下水的超采。

在西北地区，结合区域水资源特点，开展宜农则农、宜林则林、宜牧则牧的种植结构调整；推行地膜覆盖，通过保温节水的作用，减少灌溉用水。

4. 稳定水稻灌溉面积，建设高标准稻田

长江中下游地区总土地面积约91.59万km^2，占全国的9.54%，是我国最大、最重要的水稻生产基地，水稻播种面积和产量均占到全国的近一半（表34），在保障我国粮食安全体系中具有举足轻重的作用。

表34　2000—2015年长江中下游地区粮食播种面积与产量

单位：万hm^2，万t，%

年份	播种面积						粮食产出			
	面积			占全国比例			产量		占全国比例	
	农作物	粮食作物	水稻	农作物	粮食作物	水稻	粮食作物	水稻	粮食作物	水稻
2000	5 663.9	3 911.0	2 240.6	27.5	25.3	49.9		9 532.0		50.7
2005	5 501.4	3 710.8	2 175.2	26.7	24.6	50.3	12 972.9	9 186.5	26.8	50.9
2010	5 618.6	3 834.0	2 234.7	25.9	24.0	49.9	14 322.6	9 851.9	26.2	50.3
2015	6 236.2	3 992.0	2 263.8	25.7	23.9	49.5	15 505.4	10 369.5	25.5	50.2

近年来，由于城市化进程中耕地资源被大量挤占、乡镇企业快速发展，长江中下游地区农田撂荒、耕地流失现象突出，耕地面积由2000年3.81亿亩下降到2010年3.59亿亩，在相关部门呼吁和关注下，现逐步回升至2015年3.77亿亩（表34），但粮食作物播种面积、粮食产量占全国的比例均在下降（表35）。

表35 1985年以来长江中下游地区耕地面积变化

单位：万亩，%

地区	1985年	1990年	1995年	2000年	2005年	2010年	2015年
上海	509	485	435	473	473	366	285
江苏	6 906	6 837	6 672	7 593	7 593	7 146	6 861
浙江	2 665	2 585	2 427	3 188	3 188	2 881	2 968
安徽	6 633	6 548	6 437	8 958	8 958	8 595	8 809
江西	3 553	3 524	3 463	4 490	4 490	4 241	4 624
湖北	5 377	5 215	5 037	7 424	7 424	6 996	7 883
湖南	5 013	4 968	4 875	5 930	5 930	5 684	6 225
长江中下游地区	30 656	30 163	29 345	38 055	38 055	35 909	37 655
占全国的比例	21.1	21.0	20.6	19.5	19.5	19.7	18.6
全国	145 269	143 509	142 456	195 060	195 060	182 574	202 497

数据来源：2000年后数据引自《中国统计年鉴》，为新调查数字。

影响长江中下游地区粮食生产能力的主要因素有三个方面：

区域内乡镇企业的快速发展，一方面建设用地大量挤占优质耕地，另一方面大量吸引农村劳动力，加上工资性收入远高于农业生产收入，极大地影响了农民种粮积极性。根据《中国统计年鉴》及《中国乡镇企业及农产品加工年鉴》数据统计，2013年末长江中下游地区乡镇企业从业人数达到5 200万人，占乡村人口比例由2000年的5.24%增长到2013年的8.22%（图33），农业纯收入中工资性收入由2000年的48.24%增加到2013年的54.75%（图34）。

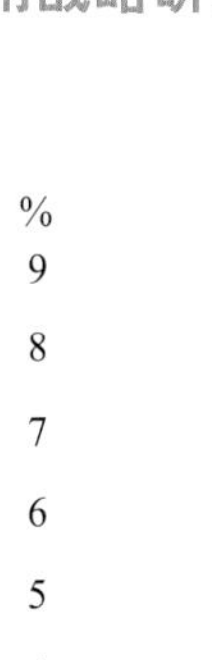

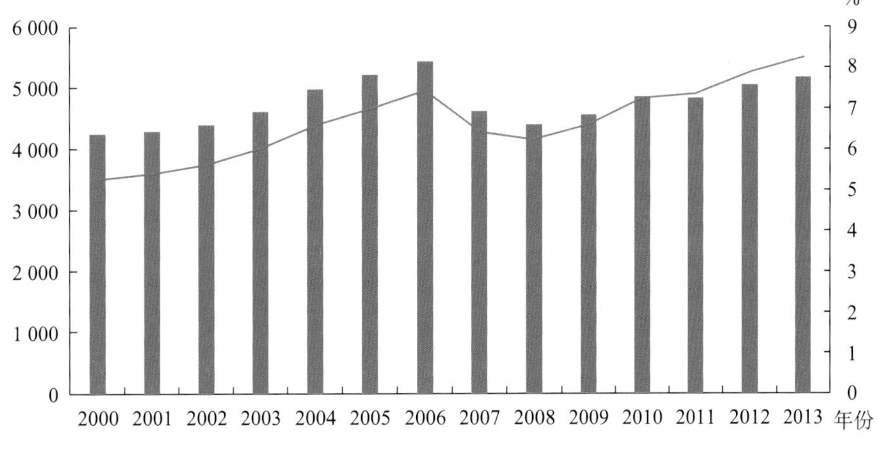

图33 2000—2013年长江中下游地区乡镇企业从业人员情况

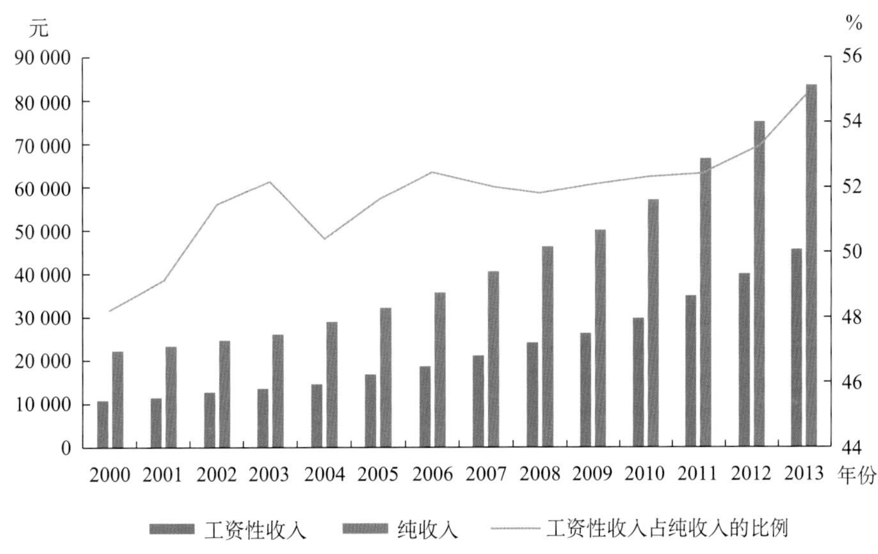

图34 2000—2013年长江中下游地区村民工资性收入及纯收入变化

水利建设相对滞后。据统计，2001—2011年，长江中下游地区有效灌溉面积基本维持在2.37亿亩左右，仅增加了510万亩，所幸随后的3年灌溉面积得到较大发展，从2011年的2.41亿亩增长到2015年的2.70亿亩。

旱涝灾害频发，影响地区粮食稳产。长江中下游地区是我国的多雨区之一，3—6月集中了年降水量的60%，6—7月占年降水量的35%，由于地势平坦低洼、排水不畅，降水集中季节常发生洪涝灾害。尽管近些年防洪工程能力提高，水灾面积略有下降趋势，2010—2015年长江中下游地区水旱灾害受灾面积仍总体处于高位（图35），2015年水旱灾面积4 595万亩，占全国的53.5%，其中水灾较为严重，占全国水灾受灾面积的52.4%。

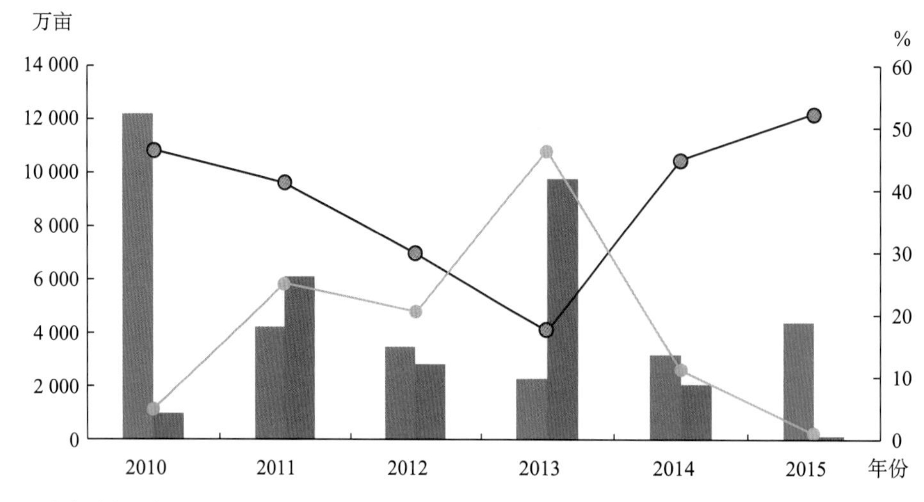

图35　2010—2015年长江中下游地区水旱灾害情况

审视全国粮食生产的未来形势，长江中下游地区仍将是我国最大、最重要的水稻生产基地。要充分利用区域内较为发达的工农业基础和沿江沿海的地域优势，合理提高复种指数，推进水稻“单改双”，减少水稻“双改单”变化对粮食生产的冲击。据相关统计，长江流域1998—2006年至少有174.4万hm^2双季稻改为单季稻，尽管2004年实施了“三减免，三补贴”措施，但仍未能有效遏制农户水稻“双改单”生产行为（辛良杰等，2009；王全忠，2015）。要努力恢复和稳定双季稻种植面积，改造升级现有灌区，加强低洼易涝区排涝体系建设，完善灌排设施和节水工程，提高农田灌溉排水保障程度，推广规模化生产，提高农民种粮积极性。

（1）严格实行耕地保护，划定水稻粮食生产功能区

针对区域耕地面积减少、农民种粮积极性不高等问题，配合国家永久性基本农田划定政策，综合考虑资源承载能力、环境容量、生态类型和发展基础等因素，提升长江中下游水稻主产区的功能定位；将水土资源匹配较好、相对集中连片的水稻田划定为粮食生产功能区，明确保有规模，加大建设力度，实行重点保护，稳定双季稻面积，强力推进高标准稻田建设。

推广水稻集中育秧和机插秧，提高生产组织化程度，提倡集约化生产模式，减轻劳动强度。规范直播稻发展，推广优质籼稻，着力改善稻米品质，因地制宜发展再生稻。结合《全国种植业结构调整规划（2016—2020年）》和水土资源匹配特点，建议到2020年，长江中下游地区双季稻种植面积稳定在1.1亿亩；在布局上，洞庭湖平原与鄱阳湖平原以双季稻种植为主，适当增加玉米种植比例；江汉平原和江淮平原以稻麦种植为主，在保障

水源的淮河两岸实行旱地改水地，发展糯、粳米为主的优质稻，实现稻麦两熟的耕作制度。

(2) 改造升级现有灌区，完善灌排设施，发展水稻控制灌溉

积极改造升级现有灌区，加强低洼易涝区排涝体系建设，完善灌排设施，改善灌溉条件。在中游水土条件适宜地区，适度新建灌区，扩大灌溉面积；在下游地区，结合水资源承载能力和城镇化布局，合理调整灌溉面积。加强中低产田改造，科学开发沿海滩涂资源。在长江中下游平原，加大退田还湖、平垸行洪力度，提高江河防洪能力。

针对季节性缺水问题，大力发展水稻控制灌溉，推广"浅、薄、湿、晒"的调亏灌溉技术，因地制宜发展喷灌和微灌。适当增加粮食主产区农业用水控制指标，提高建设两江、两湖旱涝保收的高标准水稻种植面积。结合"北粮南运"运输费用和南方种粮补贴政策，加强国家对粮价补贴的专项研究，提高农民种粮积极性。

（二）发展集雨增效的现代旱地农业

1. 旱地农业及其潜力

旱地农业包括直接利用雨水的旱作农业和集雨灌溉的旱作农业。我国目前旱地农业面积约占耕地总面积的60%；即使到2030年灌溉面积达到10.3亿亩，旱地农业仍占耕地总面积的46%～48%。灌溉农业与旱地农业并举是我国农业发展的必由之路。

我国旱地农业大部分分布在半干旱、半湿润的山坡地、高原地，以及水源缺乏、干旱和土壤侵蚀严重、生态环境差的贫困地区。国内外发展旱地农业的共同经验是改善生态环境和提高土地生产力相结合，其核心是提高降水的利用率。半干旱地区年降水量400mm，降水利用率如能从35%提高到60%，则全国可增水442亿m^3，北方旱作农业区降水利用效率从当前0.3kg/(mm·亩) 提高到0.5～0.7kg/(mm·亩)，有较大的潜力。

2. 提高降水利用率的技术

各地区开发了许多旱地农业提高降水利用率的技术，需因地制宜推广先进经验，主要包括：坡改梯（如黄土高原与南方山地），顺坡改斜坡、横坡（如东北黑土岗坡地），保持水土；以地膜和秸秆等材料覆盖，降低无效蒸发；深松，少翻，加深耕作层，保蓄土壤水分；草田轮作，增加有机肥，改善土壤结构，建设土壤水库，增加土壤储水量；优化种植结构，选育抗旱的高产优良品种；采取雨水积蓄技术，抗旱补灌。

3. 区域发展模式

以工程、农艺、化控和生物四大措施为基础，依托集雨农业工程，应用现代补灌技

术，发展高效旱地特色农业。

黄土高原区。针对西北旱塬区粮食产量低而不稳、生产效益低等问题，以提高旱塬粮食优质稳产水平和生产效益为目标，建立粮食稳产高效型旱作农业综合发展模式与技术体系，如“适水种植＋集雨节灌＋农艺措施＋生态措施”模式。

西北半干旱偏旱区。针对气候干旱和冬春季节风多、风大等问题，以保护旱地环境和提高种植业生产能力为主攻方向，建立聚水保土型旱作农业发展模式和技术体系。

华北地区西北部半干旱区。针对人均水资源严重不足、粮经饲结构不尽合理、秸秆转化利用率低等问题，以提高水资源产出效益为主攻方向，建立农牧结合型旱作农业发展模式与技术体系，如“结构调整＋覆盖保墒培肥＋集雨补灌＋保护性耕作＋化学调控”模式。

东北西部半干旱区。针对东北风沙半干旱区粮食产量不稳、经济效益低等问题，以提高旱作农业生产效益为主攻方向，建立草粮、林粮结合型旱作农业综合发展模式与技术体系，推广“增施有机肥＋机械深松＋机械化一条龙抗旱坐水种”模式。

（三）农业非常规水资源利用

农业非常规水资源利用是开源的重要方向，主要包括再生水与微咸水两类。2015年我国非常规水农田灌溉量124.9亿m^3，预计2030年农业可利用非常规水资源量343.8亿m^3，其中农田灌溉量189.3亿m^3（较2015年新增64.4亿m^3）。为促进非常规水资源安全高效利用，在灌溉区划技术、适宜作物分类、风险评估技术、高效灌水技术、监测评价技术、集成应用模式六方面实现必要的技术保障。

1．再生水灌溉利用

2015年我国再生水农田灌溉量110.1亿m^3，预计2030年农业可利用再生水资源量295.1亿m^3，其中农田灌溉量164.5亿m^3（较2015年新增54.4亿m^3），重点利用区域是长江区、华北区和华南区。在严格要求再生水水质达标条件下，根据再生水水质特点，建立基于土地处理、湿地处理、调蓄净化等为主要提质方式的二级处理再生水灌溉应用模式，建立深度处理再生水直接灌溉应用模式，促进再生水在农业、林地、绿地等领域的广泛推广应用。

2．微咸水灌溉利用

2015年我国微咸水（矿化度2～5g/L）农田灌溉量14.8亿m^3，预计2030年农业可

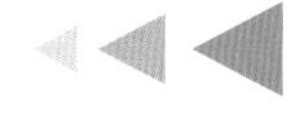

利用微咸水资源量48.7亿m^3，其中农田灌溉量24.8亿m^3（较2015年新增10.0亿m^3），重点利用区域是华北区和晋陕甘区。微咸水灌溉包括咸淡水轮灌、咸淡水混灌和直接利用咸水灌溉三种方式，以灌溉耐盐、抗旱作物为主。应结合水质状况、土壤类型、作物类型、气象水文条件等状况，因地制宜选择科学的灌溉应用模式。

（四）重点工程

按照先挖潜、后配套，先改建、后新建的原则，重点开展以下工程建设。

1. 水源工程改造与建设

结合全国重点小型病险水库除险加固、大中型病险水闸除险加固等工程的实施，推进全国4 000处蓄、引、提、调等大型水源工程改造。开展东北与西南大中型水源工程建设，加强对小型水源工程的新建和改造。

加快推进引江济淮工程和山东T形骨干水网建设，扩大南水北调中线调水规模，实施南水北调东线后续工程、万家寨引黄等调水工程，解决水资源严重不安全地区的水资源短缺。

2. 灌区节水改造与建设

重点推进456处大型灌区和1 869处重点中型灌区续建配套与节水改造；积极推进5 447处一般中型灌区续建。在东部沿海地区、大城市郊区、集团化垦区、农产品主产区基础条件较好的灌区，开展灌区现代化升级改造。在东北、长江中游、西南等水土资源条件适宜的地区，新建654处大中型灌区。结合高标准农田建设，因地制宜开展小型灌区改造升级，其中北方平原地区重点发展高效节水灌溉，推动井灌区实现管道化、自来水化灌溉；西南山区重点发展小水窖、小水池、小水塘坝、小泵站、小水渠“五小工程”；长江中下游、淮河以及珠江流域等水稻种植区，重点加强渠系工程配套改造和低洼易涝区排涝工程建设。

3. 灌区信息化与现代化灌区建设示范工程

开展重点大中型灌区用水监测计量、信息化建设，构建全国灌区监测体系；加强大中型灌区水质监测网络建设；形成智能化、信息化、科学化以及云平台化的灌区管理信息体系。

在华北地区选择井渠结合灌区，按照测土配方、土壤墒情监测与作物生育特性相结合，建设精准灌溉、精准施肥、智能化管控的现代化灌区。对土壤墒情、土壤肥力、地

下水埋深、地表水闸门以及作物长势等进行自动监测、远程数据传输和云计算处理；采用3S技术、互联网技术以及人工智能技术相结合，形成具有灌区灌溉信息感知诊断、决策智能优化、实时反馈调控等特点的现代化灌区。

4．华北平原现代精准灌溉调控工程

自2014年国家在河北省开展地下水超采综合治理试点以来，河北省已连续三年实施了《地下水超采综合治理试点方案》，2014年、2015年、2016年分别落实压采措施面积789.3万亩、1 080.1万亩、1 277.94万亩。2015年实现压采量5.13亿m^3，项目区亩均节水量65m^3；2016年实现压采量16.95亿m^3，项目区亩均节水量157m^3。地下水压采修复效果初步显现。今后应以节水压采、稳产提效为原则，构建现代精准灌溉调控工程和管理体系。

（1）适水种植，稳定冬小麦优势区产能

按照作物灌溉需水规律优化种植结构，适度调减地下水严重超采区冬小麦种植面积800万亩，发展旱作冬油菜+青贮玉米以及耐旱耐盐碱的棉花、油葵和马铃薯。可在淮北平原扩大冬小麦种植500万亩，基本稳定现有麦田灌溉面积。

（2）调亏灌溉，率先实现灌溉现代化

全面推广调亏灌溉制度、水肥药一体化技术以及微喷灌、管道输水灌溉等高效节水技术。采用3S技术、物联网技术以及人工智能技术，构建现代灌溉云服务平台，实现供需（耗）水精准诊断、输配水全程量测、田间水肥精准配施、用水智慧决策与实时反馈调控等灌溉现代化功能。到2030年建设旱涝保收高标准农田6 800万亩，节水灌溉率达到91%，高效节水灌溉率达到88%，农田灌溉水有效利用系数提高到0.72以上。

（3）用水计量，全面落实农业水价、水权确权等体制机制改革政策措施

推行土地集约化利用与专业化运维服务，全面实行灌溉取（用）水计量收费，渠灌区计量到末级渠系，井灌区达到“一井（泵）一表、一户一卡”。建立反映供水成本、水资源稀缺程度的农业水价制度，实行分级、分类水价以及成本定价、超定额累进加价制度，探索推行灌区供水价格和农民灌溉用水价格相结合的“两步式”水价。建立农业节水精准补贴政策和节奖超罚机制，探索基于耗水控制的水权管理机制，建设现代灌溉管理体系。

（4）在更大范围推广河北省地下水超采综合治理模式

以节、引、蓄、调、管为着力点，进一步优化种植结构调整、非农作物替代、冬小

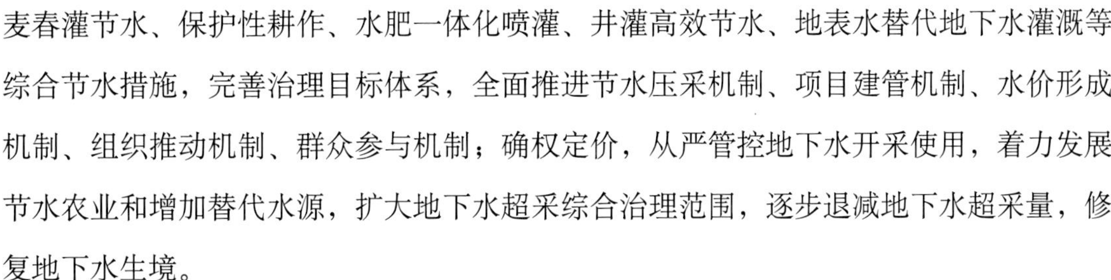

麦春灌节水、保护性耕作、水肥一体化喷灌、井灌高效节水、地表水替代地下水灌溉等综合节水措施，完善治理目标体系，全面推进节水压采机制、项目建管机制、水价形成机制、组织推动机制、群众参与机制；确权定价，从严管控地下水开采使用，着力发展节水农业和增加替代水源，扩大地下水超采综合治理范围，逐步退减地下水超采量，修复地下水生境。

六、结论与建议

（一）主要结论

1．水资源胁迫度增加对农业生产形成强约束

随着粮食生产向北方转移、灌溉面积于1996年逆转为北方大于南方，农业水资源短缺、耕地亩均水资源量不足、水土资源匹配错位等问题凸显。2000年以来全国农业灌溉面积呈增长趋势，农业用水量基本维持在3 860亿m^3左右，呈现“零”增长，尽管农业用水量占国民经济总用水量比例在下降，但2015年仍占63.1%。全国七大农业主产区中的五大区（东北平原、黄淮海平原、汾渭平原、河套灌区和甘肃新疆主产区）、800多个粮食主产县的60%集中在常年灌溉区和补充灌溉区，水稻、小麦、玉米三大粮食作物播种面积逐渐向常年灌溉区和补充灌溉区集中，这些都增加了对灌溉用水的需求。我国北方地区（松花江区除外）水资源开发利用率均超过国际公认的40%警戒线，其中华北地区最高，达到118.6%，黄淮海平原、松辽平原及西北内陆盆地山前平原等地区地下水位持续下降，对农业生产用水形成强约束。

2．农业水资源利用要从低效粗放型向适产高效型现代灌溉农业转变

我国农业栽培模式、生产方式和经营主体正发生着深刻变化，农田灌溉发展正逐渐步入适度规模化、全程机械化、高度集约化和资源环境硬约束等新常态；未来农业用水量将基本保持稳定，农业灌溉必须由低效粗放型向适产高效型转变，将传统的节水灌溉工程措施与3S技术、物联网技术、人工智能技术以及作物用水调控技术等现代科技结合，发展以高效、精准、智能以及环境友好型为特征的现代农业灌溉体系。北方地区要推行土地集约化利用和适产高效型限水灌溉（调亏灌溉）制度，南方地区要稳定基本农田和推行控制排水型适宜灌溉制度，大力推广水稻控制灌溉技术，着力节水减污。

3. 现代灌溉农业与现代旱作农业并重是我国农业可持续发展的必然选择

强化节水、水旱并举提高农业水资源利用效率、建设10亿亩高标准农田是保障我国粮食安全的重要任务。要守住农业基本用水底线，坚持“以水定灌”；要坚持开源与节流并重，节水为先；要突出用水效率和效益，优化粮作布局；要按照水资源承载能力倒逼灌溉规模和灌溉方式调整，适水种植，发展农田集雨、集雨窖等设施建设，发展现代旱作农业，构建与新型农业经营体系相适应的现代灌溉农业和现代旱作农业体系。到2025年，全国灌溉用水量控制在3 725亿m^3以内，农田有效灌溉面积达到10.2亿亩，节水灌溉率达到69%，其中高效节水灌溉率达到39%，农田灌溉水有效利用系数提高到0.57以上，每立方米灌溉水粮食产量超过1.57kg；旱作区降水利用率提高8%，水分利用效率提高0.15kg/(mm·亩)。到2030年，全国灌溉用水量控制在3 730亿m^3以内，农田有效灌溉面积达到10.35亿亩，节水灌溉率达到74%，其中高效节水灌溉率达到44%，农田灌溉水有效利用系数提高到0.60以上，每立方米灌溉水粮食产量超过1.60kg；旱作区降水利用率提高10%，水分利用效率提高0.20kg/(mm·亩)。到2035年，力争全面建成以适产高效、精准智慧、环境友好型和云服务为特征的现代灌溉农业体系和现代旱作农业用水体系。

（二）主要建议

1. 推广高效节水灌溉技术

要坚持总量控制、统筹协调，因地制宜地大力发展和推广以喷灌、微灌、低压管道输水灌溉为主的高效节水灌溉技术。力争到2025年，全国节水灌溉面积达到7.8亿亩，其中喷灌、微灌和管道输水灌溉的高效节水灌溉面积达到4.3亿亩。到2030年，全国节水灌溉面积达到8.5亿亩，其中喷灌、微灌和低压管道输水灌溉的高效节水灌溉面积达到5.0亿亩。严重缺水的华北地区应全面推广喷灌、微灌和低压管道输水灌溉等高效节水技术。

2. 适水种植，抑制灌溉需水量增加，缓解“北粮南运”压力

坚持有保有压，按照作物需水规律和灌溉水量地区分布特征，适水种植优化粮食作物布局。黄淮海平原区通过小麦南移，适度调减华北地下水严重超采区小麦种植面积，发展旱作冬油菜+青贮玉米以及耐旱耐盐碱棉花、油葵和马铃薯，同时扩大淮北平原冬小麦播种面积，稳定我国冬小麦优势区的生产产能。北方地区压缩灌溉玉米种植面积，

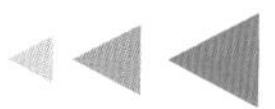

恢复谷子、高粱、莜麦、荞麦和牧草等耐旱作物面积。南方地区稳定水稻面积，发展冬季绿肥种植，大力推行水稻控制灌溉。积极推进粮改饲结构调整，从粮食作物种植向饲（草）料种植方向转变，促进玉米资源从跨区域销售转向就地利用，增加南北方饲料粮自给，减少“北粮南运”的压力。

3. 优化灌溉制度与模式，建设高效精准型灌溉农业

北方地区全面推行适产高效型调亏灌溉制度、灌溉用水计量收费制度以及喷灌、微灌和低压管道输水灌溉等高效节水技术，将有限的水量用于作物水分亏缺敏感期。华北平原多年平均条件下，实行冬小麦调亏（或亏缺）灌溉与夏玉米雨养制度，与常规灌溉相比，每亩节水50～100m^3，小麦亩均减产可控制在13%以内，在稳产（约1 000kg/亩）前提下，较传统灌溉制度可提高作物水分利用效率约10%。东北地区采取水稻控制灌溉措施，亩均灌溉需水量可由335 m^{3}降低到210 m^3，增产约5%。长江中下游地区与四川盆地采取“浅、薄、湿、晒（或湿、晒、浅、间）”措施，亩均灌溉需水量可由520 m^{3}降低到310 m^3，亩均增产约13%。

4. 划定水稻粮食生产功能区，建设高标准稻田

长江中下游地区充分利用其较为发达的工农业基础，发挥沿江沿海的地域优势，努力恢复和稳定双季稻种植面积，配合国家永久性基本农田划定，提升水稻主产区的功能定位；将水土资源匹配较好、相对集中连片的水稻田划定为粮食生产功能区，明确保有规模，加大建设力度，实行重点保护，强力推进高标准稻田建设。2020年长江中下游地区双季稻种植面积应稳定在1.1亿亩。

5. 发展集雨增效的现代旱地农业

积极发展适水种植产业模式，大力推广雨水高效利用与蓄水保墒技术。在黄土高原旱塬区，以提高旱塬粮食优质稳产水平和生产效益为目标，建立粮食稳产高效型旱作农业综合发展模式与技术体系，如“适水种植＋集雨节灌＋农艺措施＋生态措施”模式。在西北半干旱偏旱区，以保护旱地环境和提高种植业生产能力为主攻方向，建立聚水保土型旱作农业发展模式和技术体系。在华北西北部半干旱区，以提高水资源产出效益为主攻方向，建立农牧结合型旱作农业发展模式与技术体系，如“结构调整＋覆盖保墒培肥＋集雨补灌＋保护性耕作＋化学调控”模式。在东北西部风沙半干旱区，以提高旱作农业生产效益为主攻方向，建立草粮、林粮结合型旱作农业综合发展模式与技术体系，推广“增施有机肥＋机械深松＋机械化一条龙抗旱坐水种”模式。

6. 加大农业非常规水资源利用

建立非常规水灌溉区划技术、适宜作物分类方法、风险评估技术、高效灌水技术、监测评价技术等关键技术的集成应用模式，促进非常规水资源安全高效利用。2015年我国非常规水农田灌溉量124.9亿m^3，预计2030年可达到189.3亿m^3（较2015年新增64.4亿m^3），其中再生水利用量164.5亿m^3（较2015年新增54.4亿m^3），重点利用区域是长江区、华北区和华南区；微咸水利用量24.8亿m^3（较2015年新增10.0亿m^3），重点利用区域是华北区和晋陕甘区。

7. 实施华北平原现代节水灌溉工程

以华北地下水超采区为先导，示范PPP的工程建管模式及专业化运维服务模式，强化智能化诊断、精准化调控技术，全面落实节水精准补贴和节奖超罚政策，率先实现灌溉现代化。一要适水种植，稳定冬小麦优势区产能。按照作物灌溉需水规律优化种植结构，在地下水严重超采区调减冬小麦种植面积800万亩，发展旱作；在淮北平原扩大冬小麦种植500万亩，基本稳定1亿亩以上麦田灌溉面积。二要调亏灌溉，率先实现灌溉现代化。全面推广调亏灌溉制度、水肥药一体化技术，以及微喷灌和管道输水灌溉等高效节水技术，采用3S技术、物联网技术以及人工智能技术，构建现代灌溉云服务平台，建设旱涝保收高标准农田6 800万亩，使节水灌溉率达到91%以上、高效节水灌溉率达到88%以上、农田灌溉水有效利用系数提高到0.72以上。三要用水计量，全面落实农业水价、水权确权等政策措施。大力推行灌溉取（用）水计量收费，渠灌区计量到末级渠系，井灌区达到“一井（泵）一表、一户一卡”。实行分级、分类水价以及成本定价、超定额累进加价制度，建立农业节水精准补贴政策和节奖超罚机制，建设现代灌溉管理体系。四要继续实行地下水压采工程。

参考文献

安徽省水利规划设计院，等，2015. 引江济淮工程可行性研究报告：第一册［R］.

蔡凤如，王玉萍，闫玉赞，2011. 沧州地区小麦节水高产高效栽培技术总结［J］. 中国种业（1）：31-32.

陈飞，侯杰，于丽丽，等，2016．全国地下水超采治理分析［J］．水利规划与设计（11）：3-7.

陈良宇，桑立君，2015．东北西部地区抗旱坐水种技术［J］．园艺与种苗（8）：87-88.

代志远，高宝珠，2014．再生水灌溉研究进展［J］．水资源保护，30（1）：8-13.

龚道枝，郝卫平，王庆锁，2015．中国旱作节水农业科技进展与未来研发重点［J］．农业展望，11（5）：52-56.

顾宏，孙勇，叶明林，2015．南方灌区生态节水防污技术与应用：以高邮灌区为例［J］．中国农村水利水电（8）：55-58.

广西崇左市江州区水利局，农业局，糖业局，农机局，2012．广西崇左市江州区—糖料甘蔗膜下滴灌亩产八吨栽培技术规程［S］.

郭进考，史占良，何明琦，等，2010．发展节水小麦缓解北方水资源短缺［J］．中国生态农业学报，18（4）：876-879.

郝远远，郑建华，黄权中，2016．微咸水灌溉对土壤水盐及春玉米产量的影响［J］．灌溉排水学报，35（10）：36-41.

何权，2011．寒地水稻控制灌溉技术在黑龙江省推广应用分析［J］．黑龙江水利科技，39（4）：170-171.

河北省质量技术监督局，2010．DB13/T 1280—2010微咸水灌溉冬小麦种植技术规程［S］．09-22.

黑龙江省质量技术监督局，2014．DB23/T 1500—2013寒地水稻节水控制灌溉技术规范［S］．11-14.

黄春国，王鑫，2009．我国农田污灌发展现状及其对作物的影响研究进展［J］．安徽农业科学，37（22）：10692-10693.

江西省赣抚平原水利工程管理局，2014．省灌溉试验中心站组织推广的“水稻田间水肥高效利用综合调控技术”示范推广现场测产会在奉新举行［EB/OL］．（10-29）［2018-08-01］．http：//info．cjk3d．net/viewnews-913091.

康宇，2007．山西省旱作节水农业现状及技术模式初探［J］．山西农业科学，35（9）.

科技部，环境保护部，住房城乡建设部，水利部，2015．节水治污水生态修复先进适用技术指导目录［Z］．11-03.

李含琳，2014．甘肃省旱作节水农业运行模式探讨［J］．甘肃农业（7）：12-14.

李长明，段琪瑾，陈健，2005．三江平原节水灌溉技术模式及其推广对策［J］．黑龙江水利科技，33（5）：74-75.

郦建强，王建生，颜勇，2011．我国水资源安全现状与主要存在问题分析［J］．中国水利（23）：42-51.

梁钧威，吴卫熊，2015．广西糖料蔗高效节水灌溉发展策略分析［J］．广西水利水电（3）：69-74.

刘正茂，吕宪国，夏广亮，等，2010．三江平原绿色农业节水理论与技术路线研究［J］．水利发展研究，10（9）：50–53．

楼豫红，付晓光，2007．四川省节水灌溉建设现状及对策探讨［J］．中国农村水利水电（12）：32–34．

卢玉邦，郎景波，韩福友，2002．松嫩平原节水农业发展模式［J］．中国农村水利水电（12）：22–24．

吕纯波，2016．理论指导与世界探索相结合推进农村水利：关于现代生态灌溉农业发展战略的思考［C］．中国水利学会农村水利专业委员会、中国国家灌排委员会2016年学术年会：15–23．

吕丽华，梁双波，贾秀领，2013．黑龙港平原节水技术模式推广应用潜力研究［J］．节水灌溉（11）：69–72．

马富裕，周治国，郑重，2004．新疆棉花膜下滴灌技术的发展与完善［J］．干旱地区农业研究，22（3）：202–208．

马均，郑家国，刘代银，2010．四川盆地麦（油）茬杂交中稻优质高产生产技术模式［J］．四川农业科技（6）：17–18．

内蒙古自治区质量技术监督局，2014．DB15/T 681—2014青贮玉米中心支轴式喷灌水肥管理技术规程［S］．03–20．

潘兴瑶，吴文勇，杨胜利，等，2012．北京市再生水灌区规划研究［J］．灌溉排水学报，31（4）：115–119．

秦潮，胡春胜，2007．华北井灌区节水技术模式集成与实践［J］．干旱地区农业研究，25（4）：141–145．

邵玉翠，张余良，李悦，等，2003．微咸水农田灌溉技术研究［J］．天津农业科学，9（4）：25–27．

石玉林，2004．西北地区水资源配置生态环境建设和可持续发展战略研究：土地沙漠化卷［M］．北京：科学出版社：22，166．

孙文樵，周芸，2008．四川节水农业现状、发展趋势与对策研究［J］．四川水利，29（2）：13–17．

万书勤，康跃虎，王丹，等，2008．华北半湿润地区微咸水滴灌对番茄生长和产量的影响［J］．农业工程学报，24（8）：30–35．

王浩，王建华，贾仰文，等，2016．黑河流域水循环演变机理与水资源高效利用［M］．北京：科学出版社：12．

王和洲，2008．黄淮平原小麦玉米一体化节水高产栽培技术研究［D］．郑州：河南农业大学．

王全九，单鱼洋，2015．微咸水灌溉与土壤水盐调控研究进展［J］．农业机械学报，46（12）：117–126．

魏天宇，2012．松嫩平原发展高效节水灌溉工程措施探讨［J］．中国水利（13）：54–55．

吴文勇，刘洪禄，郝仲勇，等，2008．再生水灌溉技术研究现状与展望［J］．农业工程学报，24（5）：302–306．

武剑，2015．河北平原区冬小麦合理灌溉制度试验研究［J］．南水北调与水利科技，13（4）：785-787．

项和平，2015．水稻节水防污技术在铜山源灌区示范推广应用实践［J］．浙江水利科技（5）：27-30．

徐秉信，李如意，武东波，等，2013．咸水的利用现状和研究进展［J］．安徽农业科学，41（36）：13914-13916，13981．

徐飞鹏，李云开，任树梅，2003．新疆棉花膜下滴灌技术的应用与发展的思考［J］．农业工程学报，19（1）：25-27．

曾炎，王爱莉，黄藏，2015．全国水利信息化发展"十三五"规划关键问题的研究与思考［J］．水利信息化（1）：14-19．

张正斌，段子渊，徐萍，等，2013．中国粮食和水资源安全协同战略［J］．中国生态农业学报，21（12）：1441-1448．

赵广才，朱新开，王法宏，2015．黄淮冬麦区水地小麦高产高效技术模式［J］．作物杂志（1）：163-164．

中国国家标准化管理委员会，2005．GB/T 19923—2005城市污水再生利用　工业用水水质［S］．北京：中国标准出版社．

中国国家标准化管理委员会，2007．GB 20922—2007城市污水再生利用农田灌溉用水水质［S］．北京：中国标准出版社．

中国国家统计局，2000—2015．中国统计年鉴2000—2015［M］．北京：中国统计出版社．

中华人民共和国环境保护部，2015．中国环境状况公报［R］．

中华人民共和国水利部，国家发展改革委，财政部，农业部，国土资源部，2017．"十三五"新增1亿亩高效节水灌溉面积实施方案［Z］．01-26．

中华人民共和国水利部．中国水资源公报：2000—2015（历年）［R］．

周晓妮，刘少玉，王哲，等，2008．华北平原典型区浅层地下水化学特征及可利用性分析：以衡水为例［J］．水科学与工程技术（2）：56-59．

朱玉双，2012．黑龙江省发展旱作农业的技术措施［J］．现代化农业（6）：50-51．

宗洁，吕谋超，翟国亮，2014．北方小麦节水灌溉技术及发展模式研究[J]．节水灌溉（7）：69-71．

Leogrande R，Vitti C，Lopedota O，et al，2016.Effects of irrigation volume and saline water on maize yield and soil in Southern Italy[J]. *Irrigation and Drainage*，65：243-253.

Liu Xiuwei，Feike Til，Chen Suying，et al，2016．Effects of saline irrigation on soil salt accumulation and grain yield in the winter wheat-summermaize double cropping system in the low plain of North China[J]．*Journal of Integrative Agriculture*，15(12)：2886-2898．

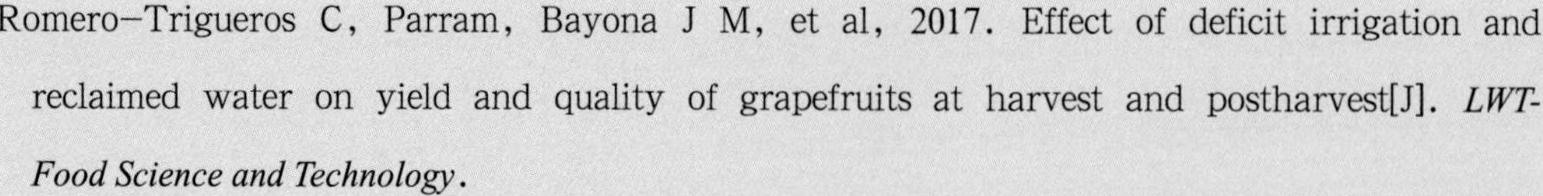

Romero–Trigueros C, Parram, Bayona J M, et al, 2017. Effect of deficit irrigation and reclaimed water on yield and quality of grapefruits at harvest and postharvest[J]. *LWT-Food Science and Technology*.

Wallender W W, Tanji K K, 1990. Agricultural salinity assessment and management[J]. *American Society of Civil Engineers*.

课题报告二

中国耕地质量提升战略研究

一、耕地质量态势分析

（一）耕地质量的概念

目前耕地质量概念及内涵没有统一提法。综合前人的研究成果，我们认为，耕地质量是多层次的综合概念，包括耕地的土壤质量、立地环境质量、管理质量和经济质量。其中，耕地土壤质量是指耕作土壤本身的优劣状态，是耕地质量的基础，包括土壤肥力质量和土壤健康质量（陈印军等，2002）。土壤肥力质量是指土壤的肥沃与瘠薄状况，是土壤保障农作物有效吸取养分和生产农产品的根基；土壤健康质量则反映耕地土壤的污染状态，衡量耕地是否具有生产对人身健康无害的农产品的能力。耕地的立地环境质量是指耕地所处位置的地形地貌、地质、气候、水文、空间区位等环境状况。耕地的管理质量是指人类对耕地的影响程度，如耕地的平整化、水利化和机械化水平等（陈印军等，2011）。耕地经济质量则是指耕地的综合产出能力和产出效率，是反映耕地质量的一个综合性指标。

（二）人均耕地少，耕地质量总体偏低，可开发的后备耕地资源接近枯竭

据国土资源部第二次全国土地详查及随后的土地利用变更数据，2009年我国耕地面积20.31亿亩，至2015年下降到20.25亿亩，人均1.47亩，仅为世界人均耕地面积的40%。全国有600多个市县的人均耕地面积低于联合国确定的人均0.8亩的警戒线。

我国山丘比重大，干旱半干旱区广，加之光热水土资源区域分布不匹配，使得我国耕地质量受到多种因素限制。据中国1∶100万土地资源图数据，我国现有耕地受到坡度制约的占耕地总面积的20.82%，受到侵蚀限制、水分限制和盐碱限制的耕地分别占8.32%、7.25%和5.92%，无限制的耕地面积仅占耕地总面积的28.92%（图1）。另据国土资源部《中国耕地质量等级调查与评定》结果，我国优等地、高等地、中等地、低等地面积分别占全国耕地评定总面积的2.67%、29.98%、50.64%、16.71%，即优等和高等地仅占耕地总面积的32.65%，而中、低等地合计占到67.35%。农业部调查资料也表明，我国现有耕地中，中产田和低产田面积分别占39%和32%，中、低产田面积占耕

地总面积的70%以上（陈印军等，2011）。可见，我国高产稳产、旱涝保收耕地比重小，抗御自然灾害的能力弱，质量总体偏低。

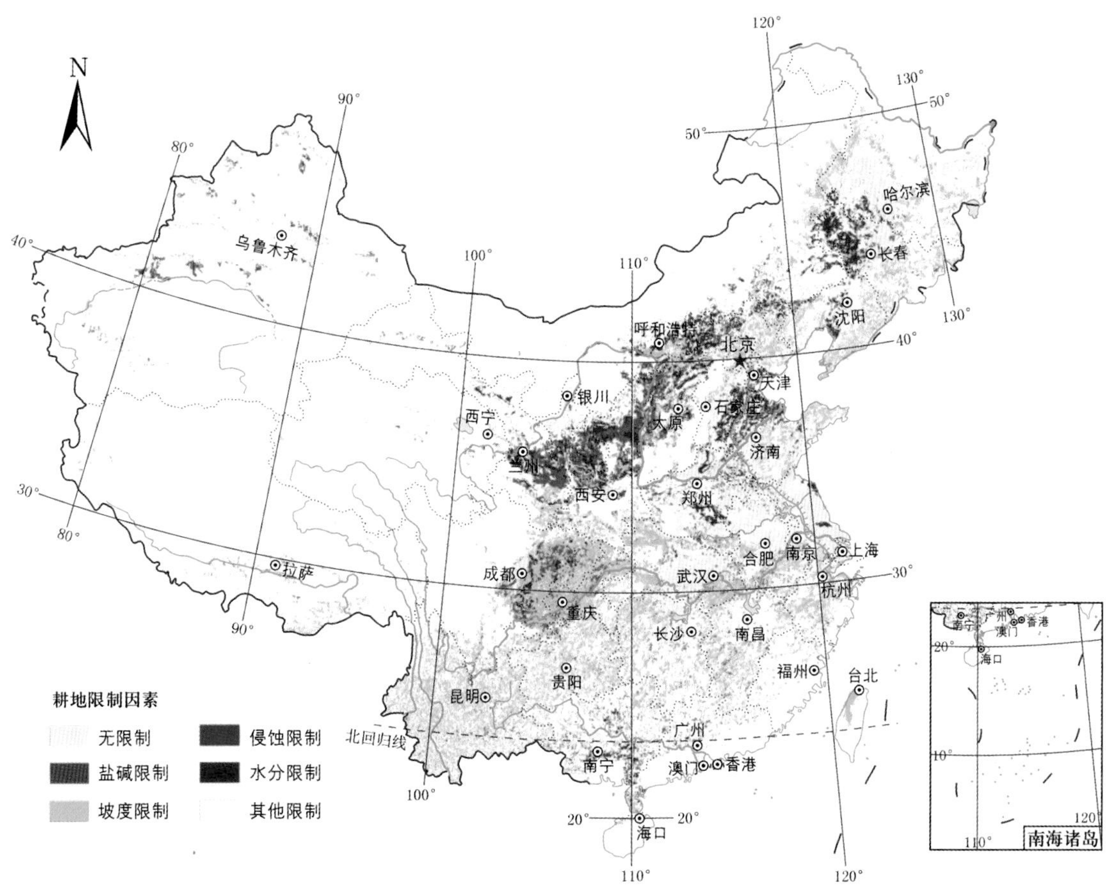

图1　中国耕地主要限制因素空间分布

据国土资源部2016年底公布的后备耕地资源调查评价数据，全国耕地后备资源总面积8 029万亩，总量较上一轮调查减少了3 000万亩。其中，集中连片的耕地后备资源面积仅为2 832万亩，而零散分布的达5 197万亩，占耕地后备资源总量的65%。从区域分布看，耕地后备资源主要集中在东北、西北生态脆弱地区，其中新疆、黑龙江、河南、云南、甘肃5个省份的耕地后备资源面积占到全国近一半。这些区域大多受水资源制约，如新疆目前耕地高达1亿多亩，水土资源严重失衡，局部生态环境已呈现危机态势，不能承受继续大规模开垦。黑龙江东部的三江平原是我国重要的湿地分布区，适宜开垦区域有限；松嫩平原西部为盐碱分布区，近年来也出现过度开垦导致土地盐碱化加剧的趋势。可以说，国家能够开发的后备耕地资源基本接近枯竭，靠继续开垦新的耕地来补充城镇化、工业化消耗的耕地，以维持耕地总量不变已不现实。

（三）耕地“占优补劣”，重心向西北、东北偏移，生产能力降低

我国在快速城市化、工业化过程中，占用了大量耕地。由于优质耕地大多分布在城镇周边或交通沿线，区位优势明显，因此城镇扩展占用的大多为优质耕地。据国土资源部数据，仅1996—2009年，我国约有300万hm^2优质农田被建设用地占用。同时，农村居民点在农村人口减少过程中却快速增长，农村周边的良田不断被占用，城镇和农村建设用地的双增长导致优质耕地进一步流失。

据课题组对145个大中城市的调查研究发现，城市扩展多是占用耕地（特别是优质耕地），这些耕地能够生产的粮食产量相当于全国耕地生产粮食平均水平的1.47倍。另外，大城市新增城市用地约60%来自耕地，地级以上城市新增城市用地约70%来自耕地，而县级城镇新增城市用地约80%来自耕地。这表明城市规模越小，城市新增用地中占用耕地的比例越高。

在国家“占补平衡”政策有力影响下，耕地总量基本保持平衡，但新开垦的耕地多在西北、东北地区以及一些自然条件较差的区域，耕地重心在空间上由南方、中部地区向复种指数较低的西北和东北方向转移。例如，长江三角洲、珠江三角洲、京津唐地区、山东半岛和成都平原等复种指数较高的地区，恰是中国城市建设用地扩张快、占用耕地比例高的区域，1990—2010年上述区域的耕地减少变化率都在10%～25%，高的甚至达到25%以上。上述耕地新增区大多一年一熟，复种指数较低，耕地生产能力相对较低。

另据课题组研究发现，不少区域内部也普遍存在耕地“占优补劣”现象。如20世纪80年代末至2010年，淮河流域的耕地面积整体呈减少态势，其中耕地净减少区主要分布在平地及浅丘地区，达1 717.04km^2，而耕地增加区则集中分布在大于5°的坡地上。其中，缓中坡地的耕地净增加面积位居榜首，为93.72km^2；陡坡地和极陡坡地耕地分别增加了5.58km^2和0.96km^2（表1）。这表明耕地占用大多发生在平原地区，而新增耕地则相对多出现在自然条件较差、生产能力较弱的坡地上。

表1　20世纪80年代末至2010年淮河流域不同坡度级别的耕地面积变化统计

单位：km^2

地区	平地及浅丘地（<5°）	缓中坡地（5°～15°）	陡坡地（15°～25°）	极陡坡地（>25°）
山东	−462.14	−2.29	−0.39	−0.07

（续）

地区	平地及浅丘地（<5°）	缓中坡地（5°~15°）	陡坡地（15°~25°）	极陡坡地（>25°）
河南	−266.59	93.72	5.58	0.96
江苏	−621.75	−2.27	−0.11	0
安徽	−367.73	−2.87	−0.16	−0.06
湖北	0.64	−0.89	−0.30	0
淮河流域	−1 717.04	84.91	4.59	0.81

上述耕地“占优补劣”现象在全国各地城市化过程中已成常态。

课题组还特别对松嫩平原、三江平原、内蒙古东部、新疆、黄淮海平原、四川盆地、长江中游及江淮地区及华南综合农业区八大国家农产品主产区1990—2010年的耕地变化进行了分析，结果表明：近20年来，耕地主要增加的区域有新疆、东北（松嫩平原、三江平原）和内蒙古东部地区。经济相对发达、城市化水平较高、复种指数较高的长江中游及江淮地区、四川盆地、黄淮海平原分别减少了627.52万亩、342.17万亩和1 361.84万亩，而生态相对脆弱的新疆和内蒙古东部地区分别增长了1 683.85万亩和1 501.14万亩，松嫩平原和三江平原合计增加了2 317.15万亩（表2）。

表2　1990—2010年八大农产品主产区耕地面积变化情况

单位：万亩，%

区域	1990—2000年		2000—2010年		1990—2010年	
	变化面积	变化幅度	变化面积	变化幅度	变化面积	变化幅度
新疆	374.67	4.74	1 309.18	15.82	1 683.85	21.32
黄淮海平原	−676.94	−1.51	−684.90	−1.56	−1 361.84	−3.05
松嫩平原	1 084.69	7.01	1 093.77	0.66	1 194.06	7.72
四川盆地	−117.73	−0.66	−224.44	−1.27	−342.17	−1.92
三江平原	975.21	16.39	147.87	2.13	1 123.09	18.87
内蒙古东部地区	1 385.88	15.48	115.26	1.11	1 501.14	16.77
华南综合农业区	−39.52	−0.37	−102.09	−0.96	−141.62	−1.33
长江中游及江淮区	−277.76	−1.30	−349.76	−1.65	−627.52	−2.93

据课题组测算，1990—2010年，全国建设用地占用的耕地平均单产为8.82t/hm^2，而新增耕地平均单产为6.49t/hm^2，其中新增耕地聚集区新疆、东北平原、内蒙古东部地区的平均单产更低，分别为5.75t/hm^2、4.41t/hm^{2}和2.49t/hm^2，也就是说，弥补全国范围内1亩被建设用地占用的耕地，就需要在新疆、东北平原、内蒙古东部地区分别新增1.54亩、2.00亩和3.54亩耕地。以上这种“占优补劣”状况，以及耕地由复种指数高的南方地区向复种指数较低的北方地区的空间转移，已经对我国耕地生产能力造成影响。我们据此计算的结果是，由于耕地“占优补劣”式的空间转移，1990—2010年，在全国水平上耕地生产能力下降了约2%。

（四）耕地新增区局部呈现土地荒漠化加剧态势，生态压力增大

当前，我国耕地大量增加的新疆、内蒙古东部地区、松嫩平原的局部地区已出现土地荒漠化加剧的趋势。据国家林业局第五次《中国荒漠化和沙化状况公报》，2009—2014年，我国沙区耕地面积增加114.42万hm^2，沙化耕地面积增加39.05万hm^2，上升了8.76%，主要发生在新疆和内蒙古地区。实际上，新疆目前耕地面积已超过1.0亿亩，水土资源严重失衡，新疆的三级分区流域除伊犁河、额尔齐斯河，均属水资源过度开发利用区。吐哈盆地、天山北坡经济带、额敏盆地、艾比湖流域为地下水严重超采区，初步预计，全疆已累计超采地下水超过200亿m^3（图2）。在这种情况下，耕地的继续增加使得农业用水量居高不下乃至上升，大量挤占了生态用水，结果导致天然绿洲面积减少、河流断流、湖泊干涸、自然植被减少、沙漠化加剧。在新疆，不断扩大耕地、灌溉面积的发展模式，已不能支撑农业乃至社会经济的可持续发展。

松嫩平原的耕地新增区主要在西部。据课题组研究数据，2000—2010年，松嫩平原西部地区耕地增加了430.9万亩，盐碱地也相应地增加了425.9万亩，虽然不能说盐碱地的增加完全是由耕地扩展引起的，但因灌溉在耕地边缘区产生大量盐碱地已是不争的事实。内蒙古东部地区也因耕地大量增加、挤占生态用水，而导致草原退化、局部地区土地荒漠化加剧。呼盟草原退化面积占25%，西辽河流域草地退化、土地沙化达40%，锡林郭勒草地退化超过50%。嫩江右岸与西辽河流域上游土地开垦而造成的水土流失也相当普遍。

总之，大量的新增耕地已导致这些生态相对脆弱的农产品主产区出现土地荒漠化加剧趋势，耕地重心的迁移既导致我国耕地生产能力总体下降，也引发耕地迁移目的地的生态环境问题，国家应对这种不可持续的迁移过程给予足够的重视。

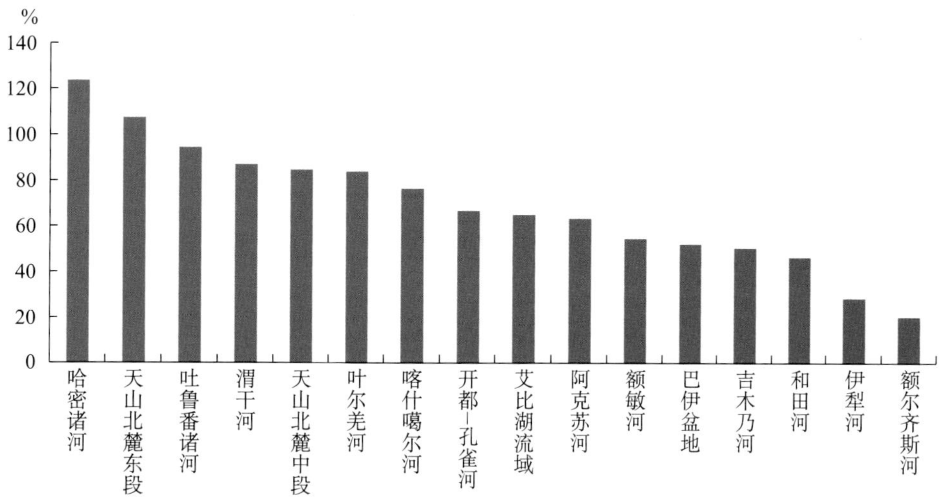

A 水资源开发利用程度

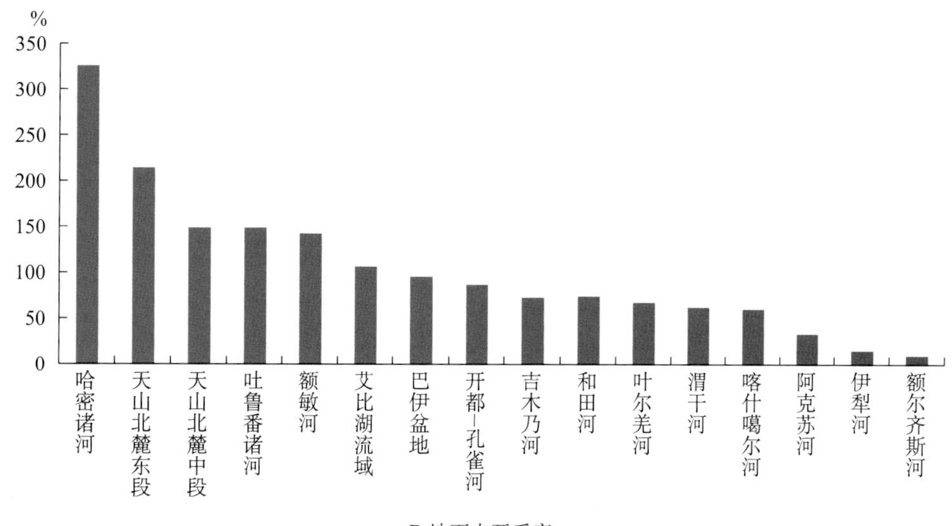

B 地下水开采率

图2　新疆水资源三级分区水资源开发利用程度和地下水开采率

（五）耕地土壤肥力基础薄弱，土地退化严重

1. 耕地土壤肥力整体基础弱，不同区域有机质含量有升有降

根据联合国粮食及农业组织（FAO）数据，我国耕层土壤有机质含量平均值为1.86%，除了略高于中亚、西亚和非洲部分地区，低于世界土壤有机质含量的平均值，更低于美洲、欧洲和东南亚地区，总体上耕地土壤肥力基础薄弱（图3）。

根据课题组收集到的1980年1 184个、2010年574个全国范围内耕地土壤剖面点耕层养分数据，将全国划分为东北区、黄淮海区、长江中下游区、华南区、内蒙古高原及长城沿线区、黄土高原区、西南区、西北区以及青藏高原区九大区，针对近30年我国不同区域耕层土壤有机质含量变化情况进行对比分析。

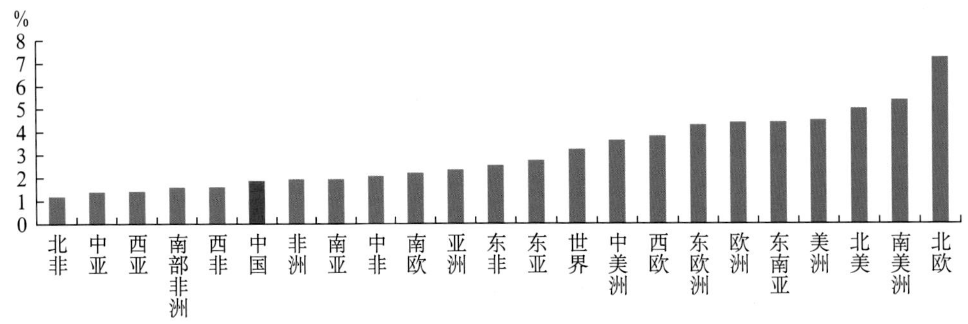

图3 中国耕地有机质含量与世界其他地区的比较

1980—2010年，东北区有机质含量整体呈现下降趋势，其中旱地有机质含量平均值由38.0g/kg降至25.3g/kg，减少了12.7g/kg，依据第二次土壤普查时期的养分分级标准，降低了1个养分等级；水田有机质含量平均值由26.5g/kg降至21.6g/kg，减少了4.9g/kg，养分等级未发生变化。黄淮海区旱地有机质含量平均值由16.9g/kg增至17.7g/kg，增加了0.8g/kg；水田有机质含量由21.0g/kg降至12.9g/kg，降低了8.1g/kg，降低了1个养分等级。长江中下游区旱地有机质含量较1980年增加1.3g/kg，水田有机质含量较1980年略有下降，二者养分等级均未发生显著变化。西南区旱地与水田的有机质含量水平较1980年均呈现下降趋势，旱地有机质含量比1980年下降0.9g/kg，水田有机质含量平均值由34.2g/kg降至29.5g/kg，减少了4.7g/kg，下降了1个养分等级。华南区旱地有机质含量由27.7g/kg降至26.3g/kg，减少了1.4g/kg，水田有机质含量较1980年下降了0.4g/kg。黄土高原区旱地有机质含量由18.5g/kg增至20.4g/kg，增加了1.9g/kg，提高了1个养分等级。内蒙古高原及长城沿线区旱地有机质含量略呈增加趋势，较1980年增加了1.8g/kg，水田有机质含量由23.1g/kg降至17.7g/kg，下降了5.4g/kg，降低了1个养分等级。西北区的土地利用方式为旱地，其有机质含量基本保持稳定。青藏高原区旱地有机质含量呈现较大幅度的下降趋势，较1980年有机质含量减少18.1g/kg，下降了2个养分等级（表3）。

表3 1980—2010年全国九大区不同土地利用方式耕层有机质含量变化

单位：g/kg

区域	土地利用类型	平均有机质含量			养分标准级别		
		1980年	2010年	变化量	1980年	2010年	变化量
东北区	旱地	38.0	25.3	−12.7	2	3	−1
	水田	26.5	21.6	−4.9	3	3	0

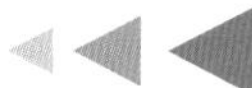

（续）

区域	土地利用类型	平均有机质含量			养分标准级别		
		1980年	2010年	变化量	1980年	2010年	变化量
黄淮海区	旱地	16.9	17.7	0.8	4	4	0
	水田	21.0	12.9	−8.1	3	4	−1
长江中下游区	旱地	24.2	25.5	1.3	3	3	0
	水田	25.5	24.9	−0.6	3	3	0
西南区	旱地	27.4	26.5	−0.9	3	3	0
	水田	34.2	29.5	−4.7	2	3	−1
华南区	旱地	27.7	26.3	−1.4	3	3	0
	水田	26.8	26.4	−0.4	3	3	−1
黄土高原区	旱地	18.5	20.4	1.9	4	3	1
	水田	—	—	—	—	—	—
内蒙古高原及长城沿线区	旱地	20.4	22.2	1.8	3	3	0
	水田	23.1	17.7	−5.4	3	4	−1
西北区	旱地	23.6	23.5	−0.1	3	3	0
	水田	—	—	—	—	—	—
青藏高原区	旱地	35.3	17.2	−18.1	2	4	−2
	水田	—	—	—	—	—	—

将2010年各区域农田主要土壤类型的耕层有机质含量与课题组收集的相应区域内大量定位试验中最优施肥方式下的耕层有机质含量进行对比，分析各区域主要土壤类型的耕地有机质含量提升潜力（表4）。结果发现：东北区黑土农田有机质含量在最优施肥方式下可达56.27g/kg，2010年有机质含量平均为41.71g/kg，提升潜力约为14.56g/kg；棕壤农田有机质含量提升空间相对较小，约为4.99g/kg。黄淮海区农田主要土壤类型为潮土，在最优施肥条件下有机质含量可达43.20g/kg，2010年有机质含量平均为15.68g/kg，提升潜力较大，约为27.52g/kg。长江中下游区水稻土有机质含量提升空间相对较大，约为18.32g/kg；红壤有机质含量提升空间较小。西南区紫色水稻土有机质含量具有较大提升空间，约为17.21g/kg；红壤有机质含量提升空间为4.26g/kg。华南区水稻土有机质含量在最优施肥条件下可达39.74g/kg，2010年有机质含量平均为27.16g/kg，提升空间约为12.58g/kg。黄土高原区农田有机质含量提升空间相对较小，褐土约为5.96g/kg，

黄绵土约为2.05g/kg。西北区灰漠土农田有机质含量具有一定的提升空间，约为11.62g/kg。

表4 各分区农田主要土壤类型的耕层有机质含量提升潜力

单位：g/kg

区域	土壤类型	2010年有机质含量	最优施肥方式下有机质含量	提升潜力	最优施肥方式	资料来源
东北区	黑土	41.71	56.27	14.56	氮磷钾肥配施“循环有机肥”（NPK+C）	徐明岗等，2015
	棕壤	25.40	30.39	4.99	氮磷钾肥配施有机肥（NPKM）	Luo P等，2015
黄淮海区	潮土	15.68	43.20	27.52	氮肥配施有机肥（NM）	徐明岗等，2015
长江中下游区	水稻土	24.88	43.20	18.32	磷钾肥配施有机肥（PKM）	黄晶等，2013
	红壤	27.29	27.80	0.51	氮磷钾肥配施有机肥（NPKM）	徐明岗等，2015
西南区	紫色水稻土	24.99	42.20	17.21	施有机肥（M）	王绍明，2000
	红壤	31.17	35.43	4.26	氮磷肥配施有机肥（NPM）	徐明岗等，2015
华南区	水稻土	27.16	39.74	12.58	氮磷钾肥配施有机肥（NPKM）	徐明岗等，2015；林诚等，2009
黄土高原区	褐土	23.44	29.40	5.96	氮磷钾肥配施有机肥（NPKM）	徐明岗等，2015
	黄绵土	17.73	19.78	2.05	氮磷钾肥配施有机肥（NPKM）	徐明岗等，2015
西北区	灰漠土	23.60	35.22	11.62	氮磷钾肥配施有机肥（NPKM）	徐明岗等，2015

近30年来，全国耕地化肥施用量各区域都有增加，使得农田耕层中速效养分总体呈上升趋势。从全国不同区域耕层碱解氮平均含量变化趋势看，近30年总体上略有增加：华北、华南、西北区有显著上升趋势；东北、华东区略有下降趋势；西南区变化基本平稳。耕层土壤有效磷含量总体上也呈显著增加趋势：西南、华南、华东、西北区有显著上升趋势；华北、东北区变化呈稳中微升趋势。农田耕层土壤速效钾含量总体上表现为稳中有升之势：东北、西南、华南、华东、华北区有上升趋势；西北、西南区含量略有下降。

综上所述，我国耕地土壤肥力基础薄弱，近几十年来全国耕地土壤有机质含量总体

呈稳中微升态势，每年约35%～40%的秸秆直接还田，以及作物根茬、根系留在耕层是主要原因，但部分区域如东北、西南和华南的土壤有机质含量仍呈下降趋势，特别是东北、青藏高原等区有机质含量显著下降。不同区域的耕层土壤有机质较之最优施肥方式下的耕层有机质都有一定的提升空间，其中黄淮海区的潮土、长江中下游区和西南区的水稻土有机质含量提升潜力空间相对较大。

2. 土壤酸化呈加剧态势

在当前高投入高产出的现代农业中，土壤pH的持续下降即土壤酸化，已成为全球关注的耕地环境退化问题。中国农业大学张福锁等对过量使用化肥引起的土壤酸化趋势进行了研究（Guo J H等，2010）。他们对比20世纪80年代土壤测定结果与最近10年测量结果，结合过去25年来中国农业地区严密监测所获得的数据发现，从20世纪80年代初至今，我国耕作土壤类型的pH下降了0.13～0.80，其中以南方地区耕地土壤酸化最为显著。

据湖南省土肥系统34个土壤肥力监测点统计，近30年来湖南省土壤平均pH由6.4下降到5.9，下降了0.5个单位，其中最大下降了2.1个单位（文星等，2013）。耕地土壤强酸化面积（pH4.5～5.5）由20世纪80年代的49万hm^2增加到目前的146万hm^2；另据江西省调查数据，鄱阳湖地区耕地强酸性土壤的面积比例由第二次土壤普查时的58.2%增加到2010年的78.4%，土壤酸化趋势加剧。

3. 土壤物理性状退化

长期机械化浅层化耕作、单一耕作、过量施用化肥的种植方式，导致我国部分粮食主产区农田出现影响作物良好生长的土壤物理障碍，主要表现为耕层变薄，犁底层上升、加厚，土壤紧实度增加，孔隙度、渗透性降低等。如华北平原耕层已普遍由原来的20～30cm减少至10～15cm，犁底层上升，土壤容重增加；关中平原农田仅表层0～10cm范围的土壤物理状态良好，维系着作物生长发育，其下亚表层土壤物理状态有着明显的退化趋势，土壤紧实化问题普遍。这一切都使得作物根系发育受阻，对养分的吸收速率降低，土壤环境破坏，作物产量降低。

（六）耕地土壤污染严重，土壤健康质量堪忧

据环境保护部、国土资源部公布的土壤污染调查数据，全国土壤总的污染超标率为16.1%，其中耕地污染点位超标率达19.4%。耕地土壤污染以镉、汞、铅和砷等无机污染

物为主，但近年来污染种类也在不断增多，污染呈现扩张化、复杂化与不断加剧的趋势。

针对我国长江中游及江淮地区、黄淮海平原、四川盆地、松嫩平原和三江平原五大粮食主产区，课题组依据由大量已发表文献中收集到的和部分自采集的3 006个实测点数据，对上述五个区域的耕地土壤重金属污染现状、变化趋势进行了分析，并应用作物富集系数法对区内主要农产品可能受到的重金属污染风险进行了探讨。结果表明：

1．粮食主产区土壤重金属污染呈加重趋势

五大粮食主产区耕地土壤污染点位超标率平均为21.49%，高于全国19.40%的平均水平。土壤重金属污染程度总体上以轻度为主，其中轻度、中度、重度污染点位比例分别为13.97%、2.50%和5.02%，污染物以镉、镍、铜、锌和汞为主，污染比重分别为17.39%、8.41%、4.04%、2.84%和2.56%，其他污染物比重仅为0.14%~0.89%（表5、图4）。

表5　五大粮食主产区耕地土壤重金属污染点位超标情况

单位：个，%

区域	点位数	超标点位数	超标率	轻度	中度	重度
三江平原	60	1	1.67	0	1.67	0
松嫩平原	353	33	9.35	1.98	3.97	3.40
长江中游及江淮地区	731	224	30.64	21.61	1.92	7.11
黄淮海平原	1 350	165	12.22	5.78	1.33	5.11
四川盆地	512	223	43.55	34.57	5.47	3.52
总体	3 006	646	21.49	13.97	2.50	5.02

资料来源：依据大量已发表的耕地土壤重金属污染的文献数据和野外调查采样数据整理。

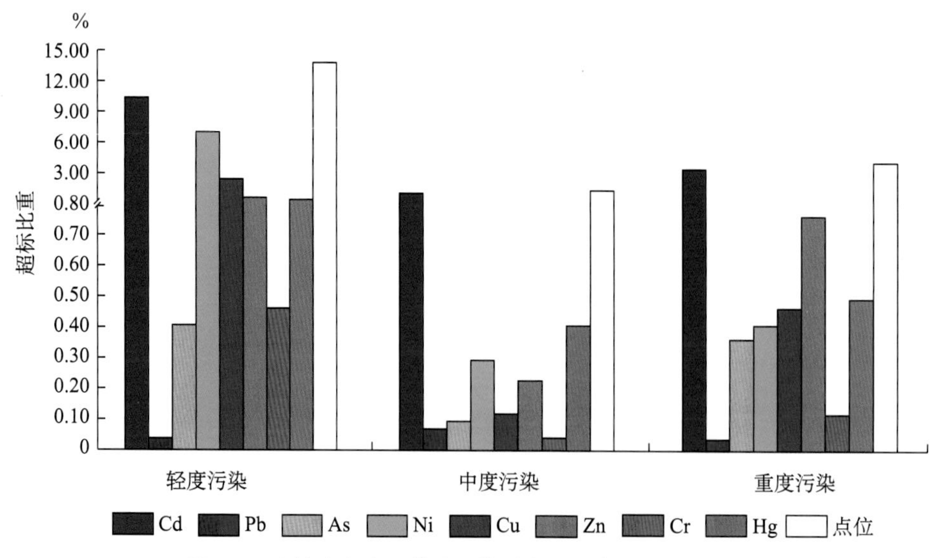

图4　五大粮食主产区耕地土壤重金属污染点位超标情况

南方粮食主产区的耕地土壤重金属污染重于北方（图4、图5）。从点位超标率看，四川盆地和长江中游及江淮地区的耕地点位超标率分别为43.55%和30.64%，高于黄淮海平原、松嫩平原和三江平原的12.22%、9.35%和1.67%。

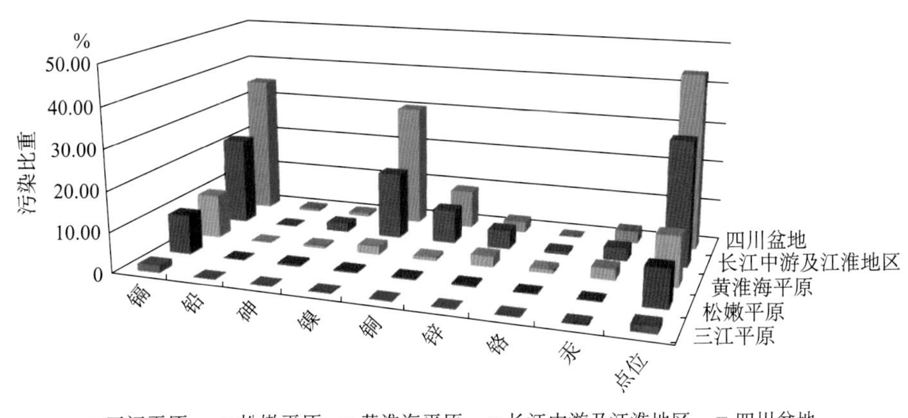

图5　五大粮食主产区8种重金属污染比重对比

从污染等级看，四川盆地和长江中游及江淮地区轻度污染比重较高，分别为34.57%和21.61%，占其总超标比重的70%～80%，其他主产区不足16%。除三江平原，各主产区均存在重度污染点位。其中，长江中游及江淮地区比重最大，为7.11%，主要分布在北部的扬州、滁州、合肥和淮安地区，西部的益阳、常德和孝感等地，以及西南的南昌周边地区；黄淮海平原重度污染次之，比重为5.11%，主要分布在中部、北部和东南部的部分地区；四川盆地和松嫩平原重度污染点位比重分别为3.52%和3.40%，其中四川盆地污染区域主要分布在成都、德阳、绵阳和重庆等地，松嫩平原污染区域则重点分布在望奎、肇东、玉树、哈尔滨、昌图等地。另外，四川盆地和松嫩平原的中度污染比重高于其他地区，分别为5.47%和3.97%。

从土壤重金属污染物种类看（图6），镉是五大粮食主产区共有的主要污染物，超标比重为1.72%～34.90%，其中以四川盆地污染最重，其点位超标率、轻度污染和中度污染比重均高于其他地区，而镉的重度污染主要分布在长江中游及江淮地区。次一级的污染物是镍和铜，长江中游及江淮地区的镍和铜的污染比重区间分别为16.46%～30.32%和8.28%～9.34%，均高于北方地区，而且都以轻度污染为主。锌和汞在黄淮海平原、长江中游及江淮地区污染比重较大，污染比重区间分别为2.86%～4.62%和0.71%～1.00%，均以轻度污染为主。

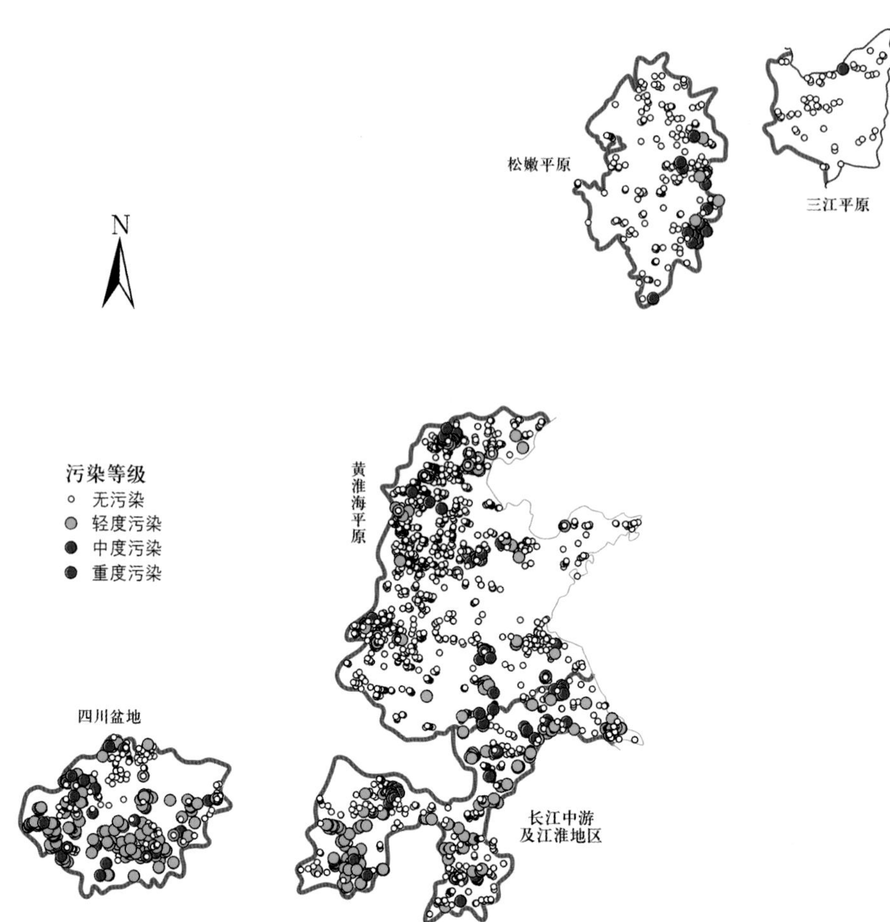

图6　五大粮食主产区耕地土壤重金属污染等级空间分布

从污染程度的空间分布看，耕地土壤重金属污染集中在矿区、工业区、复垦区、污水灌溉区和大中城市等周边区域（表6）。复垦区和矿区的耕地土壤污染程度居前，超标比重分别为93.75%和77.78%，且重度污染比重均较高，分别为87.50%和33.33%；其次是工业区和污水灌溉区，超标比重分别为46.88%和47.62%，其中工业区以重度污染为主（31.25%），污水灌溉区以轻度和重度污染为主（21.09%和19.05%）；城郊与农区污染相对较轻，超标比重分别为19.93%和11.44%，但城郊耕地的重度污染（5.05%）比重高于农区（0.73%）。

表6　粮食主产区不同区位耕地土壤重金属污染比重

单位：%

	矿区	工业区	污水灌溉区	城郊	农区	复垦区
超标比重	77.78	46.88	47.62	19.93	11.44	93.75
轻度	33.33	12.50	21.09	12.44	9.51	6.25

（续）

	矿区	工业区	污水灌溉区	城郊	农区	复垦区
中度	11.11	3.13	7.48	2.43	1.20	0
重度	33.33	31.25	19.05	5.05	0.73	87.50

上述污染较重的区域，除以共同的污染物镉为主，南方以镍、铜、砷等污染物比重较高，北方以铜、锌、铬和汞比重较高；污染较轻的城郊和农区耕地，北方以镍、锌和汞比重较高，南方则以砷、镍、铜和汞比重较高。

从污染变化趋势看，20世纪80年代至今，粮食主产区耕地土壤重金属点位超标率从7.16%增至21.49%，20多年间快速增长了14个百分点。除三江平原，耕地土壤重金属点位超标率增加趋势显著（图7）。

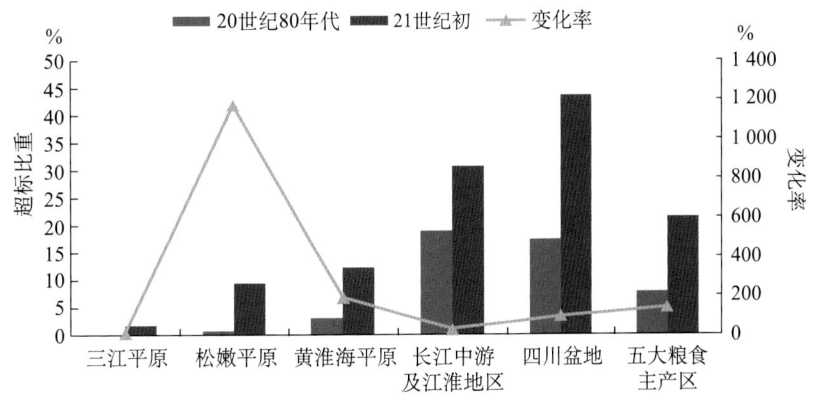

图7　20世纪80年代至21世纪初五大粮食主产区耕地土壤重金属点位超标比重变化量和变化率

Cd、Ni、Cu、Zn和Hg污染比重呈增加趋势，其中Cd增加最为明显，上升了16.07%；Ni、Cu、Zn和Hg污染比重分别增加了4.56%、3.68%、2.24%和1.96%（图8、表7）。南方Cd、Ni、Cu的变化量均高于北方，但Hg变化量低于北方。但从变化率看，除四川盆地和松嫩平原的Cd超标比重均从0开始增加，黄淮海平原的Cd超标比重（增加了25.8倍）远高于长江中游及江淮地区（增加了3倍）；Ni超标比重变化率在四川盆地（172.17%）和黄淮海平原（110.00%）较大；Zn超标比重变化率在长江中游及江淮地区最大（621.88%），其次是黄淮海平原（393.10%）和松嫩平原（161.54%）。总体上，除三江平原重金属污染变化趋势不明显，北方污染增速高于南方，松嫩平原的Cd、Zn增幅较大，黄淮海的Cd、Ni、Zn和Hg上升趋势显著，长江中游及江淮地区的Cu和Zn增幅较大；四川盆地的Cd、Ni和Cu增幅较大。

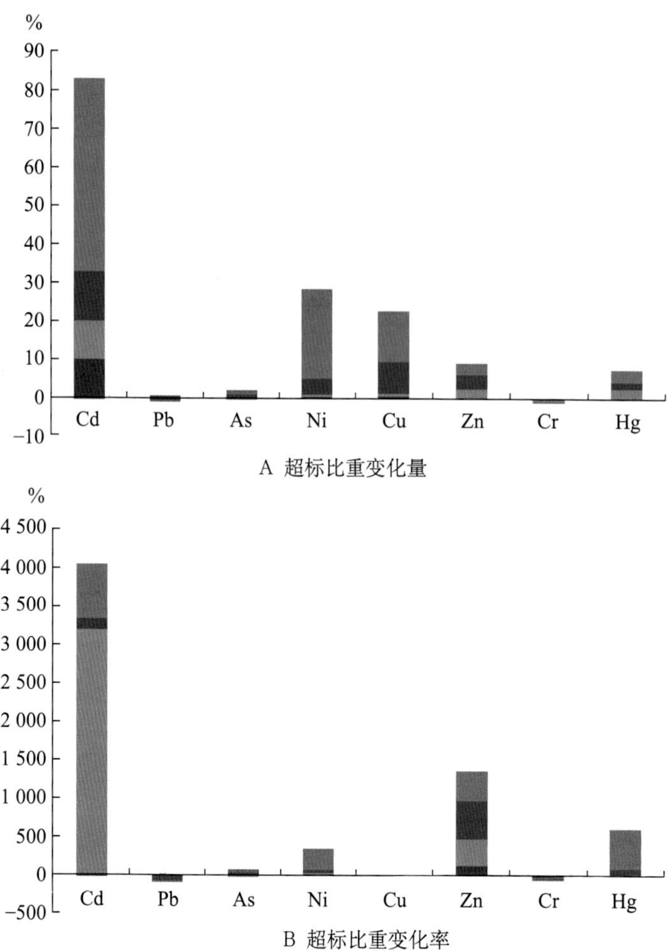

图8 20世纪80年代至21世纪初五大粮食主产区8种耕地土壤重金属超标比重变化量和变化率

表7 20世纪80年代至21世纪初五大粮食主产区耕地土壤重金属超标比重

	20世纪80年代						21世纪初					
	三江平原	松嫩平原	黄淮海平原	长江中游及江淮地区	四川盆地	五大粮食主产区	三江平原	松嫩平原	黄淮海平原	长江中游及江淮地区	四川盆地	五大粮食主产区
Cd	1.92	0	0.33	9.16	0	2.13	1.72	9.75	10.75	21.88	34.90	17.39
Pb	0	0	0	0.76	0	0.15	0	0	0	0.14	0.62	0.14
As	0	0	0.65	1.53	0	0.61	0	0.47	0.57	2.06	0.81	0.89
Ni	0	0	1.63	12.21	11.32	4.12	0	0.37	2.29	16.46	30.32	8.41
Cu	0	0	0	0	0	0	0	0.33	0.83	8.28	9.34	4.04
Zn	0	0.15	0.65	0.76	1.89	0.64	0	0.34	2.86	4.62	2.67	2.84

（续）

	20世纪80年代						21世纪初					
	三江平原	松嫩平原	黄淮海平原	长江中游及江淮地区	四川盆地	五大粮食主产区	三江平原	松嫩平原	黄淮海平原	长江中游及江淮地区	四川盆地	五大粮食主产区
Cr	0	0	0.98	1.53	0	0.76	0	0	1.00	0.71	0	0.64
Hg	0	0	0	1.53	1.89	0.46	0	0	2.81	3.04	3.02	2.56

应用作物富集系数法对主要农产品可能受到污染的风险分析表明：粮食主产区水稻、蔬菜、小麦和玉米的重金属污染点位超标率分别为12.36%、11.78%、7.30%和5.99%，水稻和蔬菜受到污染的风险较大。其中，水稻污染物以镉（Cd）、铅（Pb）和砷（As）为主，小麦以镉（Cd）和锌（Zn）为主，玉米为镉（Cd）和汞（Hg），蔬菜为镉（Cd）和铅（Pb）。可见，粮食主产区的农产品安全已受到重金属的污染威胁。

南方农产品受到污染的风险要高于北方。长江中游及江淮地区、四川盆地的水稻污染物点位超标率风险分别为13.41%和12.30%，高于黄淮海平原和松嫩平原小麦和玉米的5.10%～8.44%。南方和北方（除三江平原）的蔬菜污染点位超标率风险大致相当，为9.35%～13.28%（图9）。

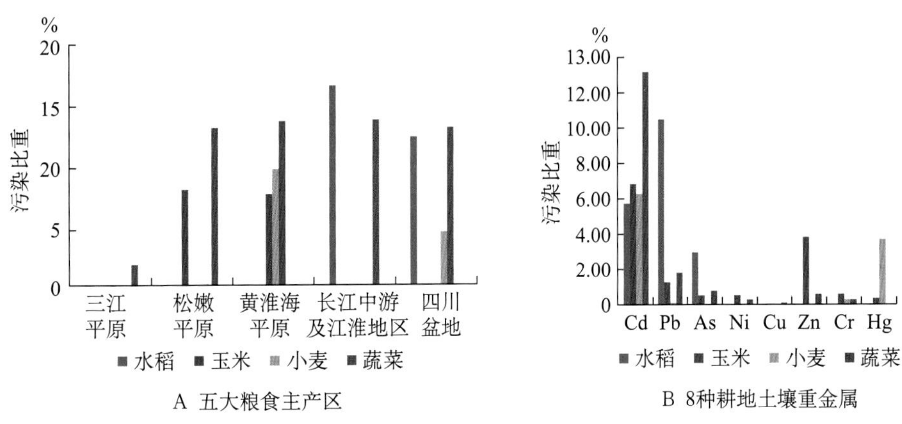

图9　粮食主产区农产品污染点位超标风险情况

2. 耕地土壤有机物污染

据环境保护部和国土资源部2005—2013年全国土壤污染普查数据，我国耕地土壤中六六六、滴滴涕、多环芳烃（PAHs）3类有机污染物点位超标率分别为0.5%、1.9%、1.4%（表8），其中六六六、滴滴涕已禁止使用30年，属于历史遗留问题，当前发生污染的有机物大多为多环芳烃，主要集中在工业废弃地、化工类园区及周边、采矿区、污

水灌溉区、干线公路两侧，以点源污染为主（图10）。污染范围主要分布在东南沿海一带，污染水平以中度和轻度为主，北京、天津、福建、辽宁等地污染严重。

表8　2005—2013年中国耕地土壤有机污染物超标点位情况

单位：%

污染物类型	点位超标率	不同程度污染点位比例			
		轻微	轻度	中度	重度
六六六	0.50	0.30	0.10	0.06	0.04
滴滴涕	1.90	1.10	0.30	0.25	0.25
多环芳烃	1.40	0.80	0.20	0.20	0.20

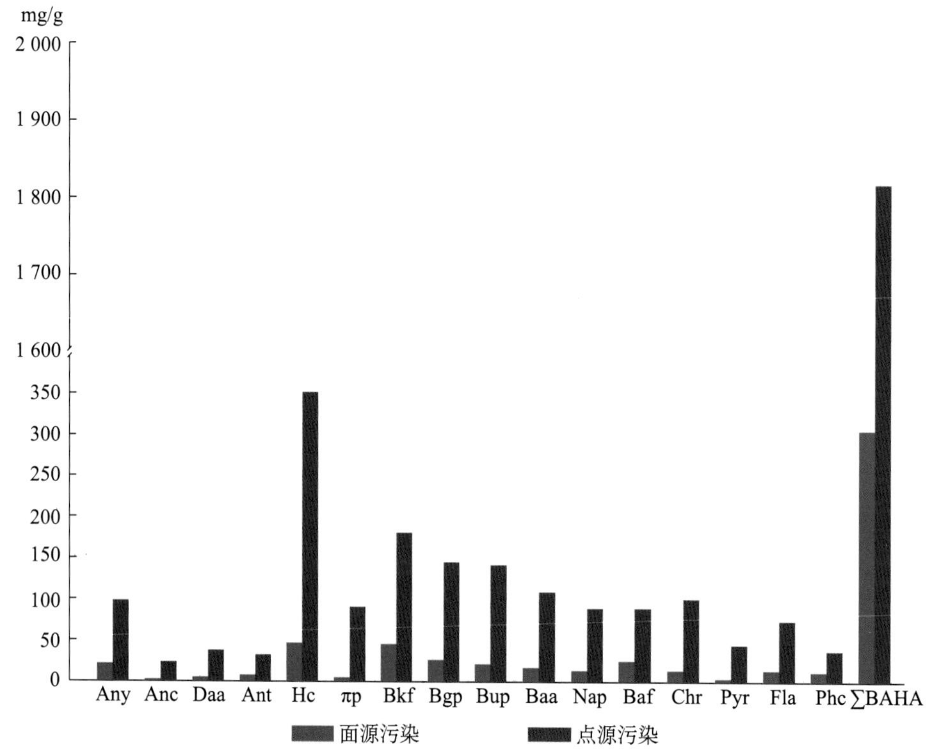

图 10　我国面源与点源污染土壤 PAHs 含量

资料来源：曹云者，等，2012．我国主要地区表层土壤中多环芳烃组成及含量特征分析［J］．环境科学学报，32（1）：197–203．

3．耕地土壤地膜污染日趋严重

农用地膜自1979年从日本引进，现已成为我国继化肥、农药的第三大农资。全国地膜年使用量从1992年的38.0万t增加到2016年的147.0万t，增加了约2.9倍；地膜覆盖面积从1992年的593.0万hm^2增长到2016年的1 840.1万hm^2，增加了约2.1倍。随着农用地膜使用的快速增长，残膜对农业生态环境造成的"白色污染"日趋严重。

残膜对农业生产及环境都具有极大的副作用，不仅影响土壤特性，降低土壤肥力，严重地还可造成土壤中水分、养分运移不畅。对农作物生长的危害主要表现在农作物根系发育可能受阻，降低作物获得水分、养分的能力，导致产量降低。研究表明，土壤中残膜含量为58.5kg/hm^2时，玉米减产11%～23%，小麦减产9%～16%，大豆减产5.5%～9.0%，蔬菜减产14.6%～59.2%（刘敏等，2008）。

目前全国农田平均地膜残留量一般在60～90kg/hm^2（刘敏等，2008），在一些地膜使用量大的区域（如新疆等），农用残膜污染严重。新疆地膜覆盖总面积已超过5 000万亩，占新疆耕地面积的一半，约占全国的1/4以上。据新疆农业厅2012年对20个县的调查数据，农田地膜残留量平均达到255kg/hm^2，是全国平均水平的近5倍，地膜残留量在225kg/hm^2以上的农田占到近八成，南疆最高的地膜残留量甚至超过600kg/hm^2，相当于给农田铺了10层地膜。残留地膜主要残留在0～20cm耕层中。另一项跟踪调查表明：地膜覆盖10年、15年和20年每公顷平均残留量分别为262kg、350kg、430kg，污染最重的一个样点为597kg。可见，新疆农田地膜残留污染已非常严重，且呈逐年加重态势。

（七）局部区域耕地沙化、盐渍化、土壤侵蚀问题依然严重

据国家林业局第五次《中国荒漠化和沙化状况公报》结果，2009—2014年，荒漠化土地面积净减少12 120km^2，年均减少2 424km^2；沙化土地面积净减少9 902km^2，年均减少1 980km^2。实际上，自2004年以来我国荒漠化和沙化状况在连续3个监测期都呈现"双缩减"态势，土地荒漠化得到整体遏制并趋向好转。

但监测结果也同时显示，2014年我国具有明显沙化趋势的土地30.03万km^2，如果保护利用不当，极易成为新的沙化土地。受我国后备耕地资源匮乏的影响，2009—2014年沙区耕地开垦呈增长趋势，沙区耕地面积增加114.42万hm^2，增加了3.60%；沙化耕地面积增加了39.05万hm^2，较之2009年上升了8.76%，表明沙区新增耕地的质量堪忧。

据中国科学院新疆生态与地理所2014年调查，新疆灌区盐渍化耕地占灌区耕地的37.72%，比2006年提高了6个百分点（田长彦等，2016）。南疆盐渍化耕地面积占总耕

地面积的一半，河西走廊、河套平原、松嫩平原西部的耕地中盐渍化面积也占有较高比例。

目前我国耕地中尚有超过20%的坡耕地，其中黄土高原区、西南石漠化区、红壤丘陵区的坡耕地，尤其是长江上游的大量陡坡耕地，仍然受到水土流失的严重威胁。

（八）对我国耕地质量变化趋势的总体看法

前已叙及，耕地质量是多层次的综合概念，包括耕地的土壤质量、立地环境质量、管理质量和经济质量。从耕地内涵出发，近几十年我国耕地质量发展既存在趋势向好的一面，也存在趋势恶化的一面。

趋势向好的一面表现为：近几十年来耕地土壤质量中的有机质含量呈基本稳定状态，除东北区和青藏高原区有相对明显的下降，其他区域基本保持稳中有升态势。多年来较高的化肥施用量使得土壤中碱解氮、有效磷、速效钾的含量也呈稳中有升态势。此外，近年来耕地管理质量有较大提高，与30年前相比，无论是耕地的平整化水平，还是水利化和机械化水平均得到明显提高。全国耕地有效灌溉面积从1978年的6亿亩扩大目前的9.6亿亩。全国农田机械化水平更是迅速提升，耕地机耕率从1980年的41.3%上升至2014年的77.48%；农田机播率从1980年的10.3%上升至2014年的50.75%；农田作物机收率从1980年的3.0%上升至2014年的51.29%。耕地的经济质量（即耕地生产农产品的能力）也有了一定的提升。

趋势恶化的一面主要表现在：第一，我国耕地的立地环境质量相对较差，受到坡度、土壤侵蚀、水土资源匹配错位、沙化、盐碱、水旱灾害频发等自然条件限制，中低产田比例大，近几十年虽然国家投入大量资金进行改造，却一直在70%左右徘徊。第二，耕地土壤的健康质量呈不断下降趋势，耕地土壤的点位污染率已接近20%，五大粮食主产区的土壤重金属污染甚至高于上述点位污染率，而且这种污染趋势还在蔓延，未能得到有效遏制。要想遏制、治理和修复土壤污染，任务长期、复杂且艰巨。另外，全国性的耕作层变浅、土壤板结压实现象以及南方土壤酸化问题日趋严重，土壤理化性质处于较严重的隐形退化状态。第三，在耕地占补平衡中，多数地区重耕地数量平衡、轻质量平衡，“占优补劣”现象普遍，复种指数高的我国南方、中部区域的优质农田被大量占用，而生态脆弱、复种指数较低的东北和西北地区耕地增加，这些耕地新增区域已经出现生态失衡现象，农区耕地沙化、土壤盐渍化加剧。而与此同时，部分城镇化高速发展区域耕地由集中、连片、优质逐步向破碎、零星、劣质转变。实际上，耕地“占优补劣”也是我国几十年来中低产田比例居高不下的一个重要原因。第四，耕地长期以来过度利用、重用轻养、培肥不力，近年来全国有机质总体上虽略有上升，但很多地区都处在国家土壤养分标准的3～4级，肥力相对较低，仍有很大提升空间。一些地区施肥结构不合理，耕地养分失衡，土壤缺素现象严重。另外，耕地质量管理方面也存在重视程度不够、管理意识淡薄、法规建设滞后，经营耕地没有长期的、良好的盈利预期，导致掠夺式利用或随意撂荒等。

综合上述分析，课题组认为，我国耕地质量总体上呈下降趋势。近年来耕地农产品产出总量不断增加的状况则是依靠巨量的投入、牺牲耕地土壤健康质量、牺牲生态脆弱区生态环境换来的表象，从长远上看是不可持续的短视行为。

（九）耕地质量下降的原因

1. 耕地“占优补劣”现象突出

我国非农建设用地大量占用耕地，主要表现在城市盲目扩张、开发区用地无节制、房地产土地闲置、农村空心村压占等，而且这种状况还未得到有效控制。

耕地“占优补劣”现象突出，占用的多是区位良好的城镇周边、交通干线两侧、农村居民点周边的优质高产良田。据课题组初步测算，大城市周边建设用地占用的耕地70%为优质耕地，中小城镇建设用地占用优质耕地达到80%。而新增耕地则多分布在西北、东北等复种指数较低的边远区域和自然条件较差的丘陵山区，集中在降水稀少的干旱、半干旱地区，而且多是限制因素较多的劣质低产田，由此造成了优质高产田减少、劣质低产田增加，耕地质量及其生产能力下降。

2. 土壤污染加剧

耕地质量下降的又一重要原因是土壤污染加剧。耕地土壤受到工业和城市排污造成的污染，采矿区废渣、废液造成的污染，化肥农药和农膜等农用化学品的超高量和不合理使用造成的污染等；规模化养殖畜禽粪便及废弃物未能得到再利用或集中处理所引致的土壤中重金属和抗生素、激素等有机污染物的污染问题也日益突出；由于大量使用农用地膜而造成的“白色污染”也是耕地质量下降的另一原因。当前，我国受不同程度污染的农田已占到耕地总面积的近五分之一。严重的耕地土壤污染除了使农作物产量下降，更重要的是威胁到人类的食物安全，如目前一些地区超标严重的“镉大米”的存在。

3. 土壤酸化严重

我国农田土壤酸化严重，特别是南方酸性红壤地区。我国南方土壤本来多呈酸性，再经日益严重的酸雨淋洗，加速了土壤酸化过程；长期大量施用化肥尤其是氮肥，导致土壤酸性增强。此外，大量施用高浓度氮、磷、钾三元复合肥，而钙、镁等中微量元素投入相对不足，造成土壤养分失调，使土壤胶粒中的钙、镁等碱基元素很容易被氢离子置换，促使pH迅速下降，从而使土壤结构遭到破坏、物理性变差、抗逆能力下降。需指出的是，酸化土壤更容易导致土壤重金属活化。土壤酸化过程导致土壤中重金属有效性提高，粮食生产重金属超标风险加大。特别是镉这个在土壤—植物系统容易迁移的有害重金属，土壤酸化的镉活化效应更为明显。

4. 土壤沙化、盐渍化、水土流失和气象灾害

据国家林业局数据，2009—2014年我国沙化耕地面积增加了39.05万hm^2，上升了8.76%。北方绿洲农区耕地盐碱化问题日益突出，如新疆灌区盐渍化耕地占灌区耕地总面积的37.72%（田长彦等，2016），宁夏银北灌区盐渍化面积已占灌区耕地总面积的57%（刘福荣、李林燕，2008），河西走廊、松嫩平原西部的耕地中盐渍化面积也占有较高比例。我国耕地中尚有超过20%的坡耕地，水土流失造成的土壤侵蚀依然严重。另外，农业自然灾害频繁发生，特别是旱涝灾害的发生，危害程度和受损面积越来越大。上述问题都是造成耕地质量下降、农作物减产的重要原因。

5. 耕地利用和管理不当

农民的粗放经营和掠夺经营也是耕地质量下降的重要原因。农民既缺乏能力也不愿在养地方面加大投入，虽然知道过多使用化肥会降低农田质量、污染水源，但为追求产量，大多数农户依然不断增加化肥使用量。农业生产中过量施用化肥、农药、农膜等农用化学物质，导致土壤有机质含量下降、地力衰减，还使土壤遭受严重污染，导致耕地质量严重下降。

农民大多使用小型农机具耕翻整地，浅耕、旋耕面积占到机耕面积的64%①，但小型农机马力不足，耕深仅有15cm，不能达到作物所需的深度，长期频繁浅耕作业，造成耕层变浅，犁地层变厚，土壤板结，土壤物理性能变差，土壤耕性变差，耕地没有深翻倒茬无法改良土壤，使耕地质量下降。

---

① http://theory.people.com.cn/n/2014/0928/c49154-25752318-2.html.

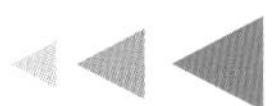

二、耕地质量提升的战略思路与转变

（一）耕地质量提升的战略思路

以耕地永续利用为切入点，统筹耕地数量、质量、生态三位一体为重点，以耕地保护和质量提升的法律法规为依据，进一步完善耕地“占补平衡”机制，确保国家耕地数量与质量的基本平衡；尽快划定、落实永久基本农田，以土地整治为平台，大力建设高标准农田，提升耕地的综合生产能力；同时严控城乡建设用地无序增长，努力提高城乡土地的利用率、生产率和效率；以防控为主，循序渐进，因地制宜地治理和修复耕地土壤污染；创新体制机制，健全以国家粮食安全、绿色生态为导向的耕地保护与质量提升的补偿机制和约束机制；强化法治保障，建立耕地保护与质量建设的法律法规体系。构建和谐的人地系统，在守护耕地数量与质量红线、维护国家粮食安全的前提下，确保耕地健康、安全、可持续，以达到保障国家社会经济的可持续发展和耕地资源永续利用的终极目标。

（二）实现耕地管理的战略性转变

1. 实现从单纯保耕地数量向保耕地数量、质量、生态三位并举的战略转变

我国虽然实行的是最严格的耕地保护制度，但长期以来，由于我国在耕地质量保护监管方面缺乏可操作的制度安排和技术保障，实质上耕地保护工作沿用的是一种重数量、轻质量的失衡机制。在快速工业化、城市化的过程中，这种重数量、轻质量的保护机制，使部分地区在补充耕地中出现了“占优补劣”“占整补零”“占近补远”等现象，导致优质高等耕地所占比例不断下降。全国非农建设占用耕地面积中，有灌溉设施的占71%，但补充耕地中有灌溉设施的仅占51%。[①]同时，补划的基本农田也普遍存在“占优补劣”现象，新补划的基本农田大部分位置偏远、基础设施条件较差、质量不高，粮食生产能力减弱。高产稳产的标准粮田比例仅为28%。[②]工业化污染以及农业上多年来重

① http://news.sina.com.cn/c/2004-02-24/20091886520s.shtml.

② http://news.sina.com.cn/c/2005-10-24/15457251626s.shtml.

利用、轻保护的理念也使得耕地本身健康遭到破坏，突出表现为土壤污染，目前处在继续恶化趋势之中，如果得不到有效遏制，将会引发耕地土壤危机，威胁国家食物安全与人体健康。另外，由于一味注重对耕地数量减少的控制，忽视了对耕地赖以生存的载体——生态环境的保护。例如，为弥补城镇化、工业化对耕地的大量占用，而在生态较脆弱的西北地区、东北西部地区大量开垦土地，已引发新增耕地区的土地沙化、盐碱化和地下水严重超采，导致当地的生态失衡乃至发生生态危机。

因此，在我国不断转变经济增长方式，实现科学、规范管理的要求下，也必须改变耕地保护重数量、轻质量、轻生态的管理机制，实现由重数量保护向数量、质量、生态三位一体的保护转变。社会经济可持续发展不仅要求耕地资源在数量上得到保证，同时要求在质量上有所保证，只有具备一定质量的数量才是可靠的保障。耕地数量、质量、生态并重管理的实质是要保护耕地的综合生产能力以及能够维持耕地永续利用的生态环境。只有统筹耕地数量、质量、生态的一体化管理，才能确保国家粮食安全战略的实现，耕地保护的国策才能全面、正确地落到实处。

2．实现从“重用轻养”的耕地利用方式向“用养结合”的战略转变

近几十年来，我国农业生产中普遍存在重化肥轻农肥、重用地轻养地的现象。据农业部全国农业技术推广中心统计数据，近年来我国有机肥在肥料总投入量中的比例不到10%（刘晓燕等，2010；金继运，2005），大田投入比例更低，较之美国及欧洲等国家40%～60%的有机肥投入比例相差甚远（朱兆良、金继运，2012；张维理等，2004）。化肥高投入、有机肥投入不足以及长期高强度利用土地，造成很多地区耕地土壤理化结构遭到破坏，出现板结和酸化，有机质含量偏低，肥料吸收利用效率和粮食生产效率难以提高，农产品产量不稳且质量下降，以及严重的面源污染问题（李忠芳等，2009；张维理等，2004）。为此，将当前耕地利用的“重用轻养”“重无机、轻有机”转变为“充分用地，积极养地，用养结合”，这是提升耕地质量、保障农业可持续发展的重要战略措施。

用地和养地两个方面是相辅相成的，不能截然分开，养地是为了更好地用地，而合理用地有利于保持和恢复土壤肥力。应从战略上彻底端正对耕地资源开发利用的态度，既要充分利用耕地资源，发掘潜力，也要做好耕地资源的长久性地力养育。鉴于我国人多地少的国情，养地必须在利用中养，而不宜轻言休耕，以保障国家的粮食安全。

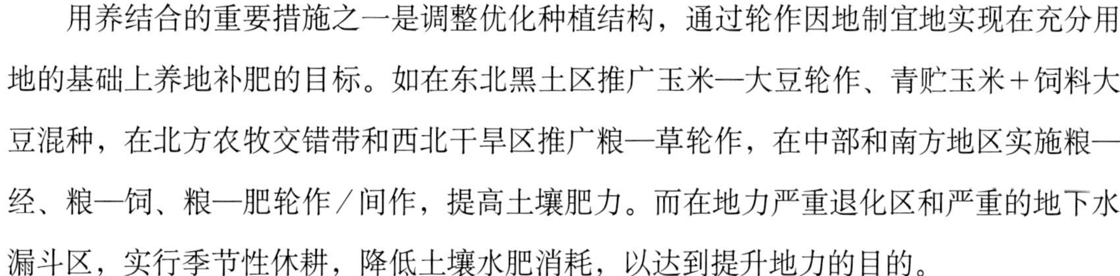

用养结合的重要措施之一是调整优化种植结构，通过轮作因地制宜地实现在充分用地的基础上养地补肥的目标。如在东北黑土区推广玉米—大豆轮作、青贮玉米＋饲料大豆混种，在北方农牧交错带和西北干旱区推广粮—草轮作，在中部和南方地区实施粮—经、粮—饲、粮—肥轮作／间作，提高土壤肥力。而在地力严重退化区和严重的地下水漏斗区，实行季节性休耕，降低土壤水肥消耗，以达到提升地力的目的。

另一重要措施是大力发展有机肥，实行有机肥与无机肥相结合。即通过提高畜禽粪便和农作物秸秆直接还田率，恢复绿肥种植面积，合理利用有机养分资源，用有机肥替代部分化肥，实现有机无机相结合，力争有机养分占到施肥总量的40%以上。由于有机肥等提高地力的措施一般不能立即显示其经济效益，必须加强政策支持，采取经济等手段鼓励农民发展有机肥，特别是要对绿肥等生产中的种子、肥料等进行补贴。应将发展有机肥作为一项农业基本建设来抓。

3．实现由一般层面上的管理耕地质量向依据法律法规的管理转变

我国现有的耕地质量保护方面的法律、法规等存在一定的缺失。如《中华人民共和国农业法》《中华人民共和国土地管理法》《基本农田保护条例》等法律法规对耕地质量管理作了一些原则性的规定，但不具体，操作性不强。因此，耕地质量保护不能只停留在一般性层面上，必须上升到法律法规层面来加以解决。应在综合、细化上述相关法规的基础上，制订新的针对耕地质量管理的法律法规。如制定耕地质量管理法，以完善耕地质量保护的政策和法律体系，使得耕地质量管理由一般层面管理向依据法律法规管理转变。

三、耕地质量提升的战略措施与途径

（一）调整新一轮退耕还林规模，提高国家耕地保有量

据全国农业区划委员会、中国科学院、农业部、国土资源部等多家机构对全国耕地面积的调查，以及全国第一次、第二次土地调查结果，自20世纪80年代至今的几十年来，全国耕地面积总量一直未低于20亿亩，平均值为20.35亿亩（表9）。也就是说，近30年来国家粮食和其他农产品的大量产出一直都是源于20多亿亩耕地的支撑。

表9　20世纪80年代至今国家多个机构对全国耕地面积的调查结果

单位：亿亩

时间	全国农业区划委员会	中国科学院原综合考察委员会	中科院遥感与数字地球科学所	原国家土地管理局	农业部土肥总站	中国科学院、农业部	全国第一次土地调查	全国第二次土地调查
20世纪80年代	20.95	20.86	20.59	19.87	19.88			
1993年						20.60		
1996年							19.51	
2009年								20.31
2015年								20.25

注：2006年取消农业税前的部分数据在调查和汇总中存在地方瞒报现象。

当前，我国城镇化进程不断加速，2000—2010年全国城乡建设用地每年占用耕地约300万亩，是1990—2000年的1.5倍，这种城市和农村建设用地“双增长”的趋势还将持续。

近年来我国粮食在连续增产背景下，进口数量却不减反增，2015年已占到粮食总产的20%以上。可以预见，随着城乡居民生活水平的提高，2030年我国人口高峰期粮食需求将进一步增加。但与此同时，耕地“占优补劣”却将全国耕地生产能力降低了约2%。因此，在耕地数量持续下降、粮食需求不断增加、耕地生产能力有所降低以及部分超强度耕种、污染严重的土地需要休耕的背景下，国土资源部门计划将现有约1.5亿亩的陡坡耕地、东北林区或草原耕地、最高洪水控制线范围内的不稳定耕地几乎全部进行退耕还林、还草、还湿，并把国家2030年耕地保有量定位为18.25亿亩，这将会导致耕地数量大幅下降，危及未来我国农产品生产和食物安全。

截至2006年底，国家第一期退耕还林工程已退耕1.39亿亩质量较差的耕地。①2014年启动第二期退耕还林工程拟退耕8 000万亩，截至2016年已退耕3 000万亩，加上2006年之前退耕的1.39亿亩，已累计退耕1.7亿亩，亟待退耕的土地基本退耕完毕。据国土资源部第二次全国土地调查主要数据成果的公报，国土资源部门今后拟退耕的1.5亿亩耕地中坡耕地约6 500万亩，这其中大于25°的陡坡地大部分前期已退耕，真正急需退耕的比例不高，且在西南山区不少陡坡地已建成梯田，已不需要退耕。剩余的一

① http://www.chinanews.com/gn/2014/09-27/6636591.shtml.

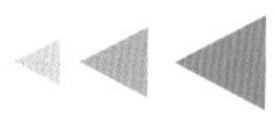

些山区坡耕地有条件的也可坡改梯，以保证当地农民的基本粮食供应。位于林区和部分洪水控制线范围内的耕地约有8 500万亩，其中大多数林区的耕地坡度不大、质量较好，可择优保留相当部分继续耕作。近年来我国河道、湖泊等来水量大幅减少，位于洪水控制线范围内的耕地安全系数提高，受洪灾的影响降低，耕地质量较好，大部分早已被划作基本农田且利用多年，也不宜被全部退耕。粗略计算，拟退耕的1.5亿亩耕地中有50%以上可保留继续耕作。

另外，近十年间因青壮年劳动力大规模外出务工，山区坡耕地弃耕现象随处可见。据课题组调查，西南山区的坡耕地弃耕面积已占耕地总面积的15%～30%，传统上农民毁林开荒、扩大耕地面积的趋势已经发生根本性转变，国家投入资金继续大规模实施退耕还林工程已没有必要。建议国家应及时缩减退耕还林规模，将拟退耕地总量控制在1.8亿亩左右。

初步测算，2030年我国粮食消费总需求量将达7.5亿t以上，若满足上述需求，且保证我国粮食总体自给率不低于80%，则全国耕地面积至少应维持在19亿亩以上。综合考虑近年来全国各种占用和补充耕地的数量与趋势，以及后备耕地资源的极其稀缺性，今后我国耕地面积将进入持续下降的阶段，初步计算未来每年国家耕地将净减少100万～200万亩。因此，最大限度地保持耕地数量和质量是今后维持国家食物安全的重中之重，建议国家缩减第二期退耕还林规模，提高耕地保有量。2030年耕地保有量红线应定在19亿亩以上，争取达到20亿亩。

（二）完善耕地“占补平衡”机制，确保新增耕地的质量及区域生态安全

近年来耕地“占补平衡”制度在保护耕地数量平衡上取得了显著成效。但在实际操作中对于新增耕地质量重视程度不够，“占优补劣”已成常态。同时，因补充的耕地多分布于立地条件差、丘陵山地或者生态相对脆弱的干旱半干旱地区，既缺乏对新增耕地质量的后续提升与管理，也容易引发区域生态安全问题。针对上述问题亟须改进与完善“占补平衡”制度。具体措施包括：

建立耕地占补平衡与生态协调发展机制。目前我国后备土地资源大多为生态脆弱、立地条件较差的边际土地，开垦此类土地极易对周边生态环境产生影响，甚至造成生态破坏。因此，后备资源开发必须进行严格论证，并预留一部分资金，用于消除生态环境压力。

建立补充耕地质量建设与后续管理机制。完善补偿耕地质量验收程序，确定耕地等级，确保能够持续耕种；将补充耕地后续的质量提升、基础设施建设等费用纳入耕地占用成本，持续提高耕地产能。

建立补充耕地经济补偿机制。补充耕地区的耕地保有量增加，但可能因耕作距离远、地块零散等造成生产不便。因此，可对新开垦耕地的区域发放“新增耕地耕种和管护补助费”，形成补充耕地经济补偿机制，增强地方政府和农民对占补平衡补充耕地的责任心。

另须特别指出的是，中央全面深化改革领导小组日前提出，“对跨地区补充耕地等重大举措，要严格程序、规范运作。”这意味着关于禁止耕地跨省占补平衡的政策出现松动，而从近20年来我国耕地空间迁移的趋势可以看出，未来耕地很有可能会集中“补”在西北、东北等生态环境较为脆弱、复种指数较低的地区。全国城镇化过程中占用1亩耕地的平均粮食产量，需要在新疆新增1.90亩或在东北平原补充2.50亩才能达到产能平衡。况且西北、东北地区生态相对脆弱，尤其是西北地区耕地已严重超载，继续开垦将导致区域生态危机。因此，未来如果不得不执行跨省占补平衡，必须要严格执行程序，充分论证，规范操作；同时要加入价格调控机制，考虑耕地补充区的“生态损失价格”。

（三）尽快划定、落实永久基本农田，提升耕地综合生产能力

基本农田保护制度实施以来在耕地保护方面取得了显著成效，但在制度最初设计上尚存在一些问题。比较突出的问题是基本农田划定时，中央和省级政府只下达了基本农田数量指标，而地方政府在划定基本农田时则“划劣不划优，划远不划近”。据统计，目前约有1.2亿亩优高等别的耕地尚未被划为基本农田。另据课题组实地调查，一些发达地区（如江苏、浙江等省）的部分市、县都存在几十万亩不等的林地、草地、水面、未利用地甚至建设用地等虚拟的基本农田。

基本农田是我国耕地的精华，是维护国家农产品安全的基石，当前应将基本农田保护制度作为核心制度，以切实保护优质耕地，提升基本农田的综合生产能力。

建议国家在划定永久基本农田过程中开展基本农田再认定工作，彻底摸清现有基本农田的数量、质量；将城镇周边、交通沿线附近的优质耕地（尚未被划入基本农田）纳入到基本农田体系中；消除现为林地、草地、水面、未利用地甚至建设用地等虚拟的基

本农田数字；所有划定的基本农田特别是永久基本农田结果都要落实到空间上。

目前，全国省级永久基本农田划定方案全部通过论证审核。国家应结合远景土地利用总体规划，继续推动各地永久基本农田的划定工作。建议国家各种耕地保护补偿政策向这些永久基本农田倾斜，不能让保护和建设永久基本农田的地方或个人吃亏。中央政府应做好监督工作，确保地方政府切实将连片优质耕地划入永久基本农田保护区。永久基本农田之外的基本农田应进行分级保护，严格限制转用。

建议从国家层面上尽快划定国家确保口粮的永久基本农田。这些永久基本农田一旦划定，则其在任何时候、任何情况下都不能改变性质或挪作他用。据课题组初步测算，确保国家口粮安全的口粮田大致需要6.5亿亩（不包括城镇周边的菜地等，但包含了未来国家重大基础建设项目可能的占地）。

全国现有16亿亩基本农田的耕地中，中产田占40%，低产田占32%[①]，相当数量的基本农田基础设施条件较差。因此，加强国家粮食主产区基本农田特别是新增耕地区的以防洪排涝、消除水旱灾害为重点的水利建设，同时加强改土增肥，改造中产田为高产稳产农田，培育低产田为中产田；加强包括基本农田区水、电、田、林、路的综合农业配套设施建设，促使基本农田向“优质、集中、连片”的集聚方向发展，提高其农业综合生产能力。

基本农田质量提升建设应由政府主导，加大项目和资金的整合力度，合理配置各部门的财力资源，形成建设合力；上级主管部门在管理基本农田建设中应以质量为主导，避免急功近利、操之过急的行为，只有在资金到位、稳步推进的基础上才能真正达到基本农田旱涝保收、坚固耐用的高标准；基本农田建设优先向产粮大县、种粮大户／农企经营、稻麦两熟种植制度、集中连片的已实现规模经营的耕地倾斜；以项目区农民为责任主体，建立建、管、用明晰的基本农田管护机制，解决工程建设管理难和建后管护难等问题，以保障项目工程的长期有效运转。

另外，我国南方双季稻种植比例已由过去的70%下降到40%，粗略估计南方冬闲田1亿亩以上。建议在南方地区开展稻—饲料油菜／豆科绿肥轮作，培肥地力，并为畜禽提供饲（草）料。要努力恢复双季稻面积，利用冬闲田发展绿肥和小麦作物生产，大力提高复种指数，通过内涵挖潜提升复种指数较高地区耕地的生产能力。

---

① http://news.sina.com.cn/c/2006-03-03/08488349675s.shtml.

（四）严控建设用地无序增长占用优质耕地，提高城镇土地利用率和效率

生态退耕、建设用地占用耕地是以往我国耕地面积减少的两大原因。2006年以后，随着生态退耕量的大幅减少以及城镇化、工业化水平的推进，建设占用耕地所占比重越来越大。据国土资源部数据，2013年我国建设占用耕地占耕地减少面积的比重达到82.5%，城镇扩展占用耕地已成为耕地减少的主因。城镇化过程占用的耕地一般质量较好，且被占用后难以逆转，这对保护耕地特别是优质耕地提出了更高的要求。

2015年，我国城镇化率达到56.1%。根据联合国人口与发展委员会预测，到2030年还将有2.2亿农村人口进入城市。毫无疑问，我国城镇用地还将继续增长，占用耕地也不可避免。特别是2016年底，国家发展与改革委发布的《促进中部地区崛起“十三五”规划》中明确提出支持武汉、郑州建设国家中心城市，这必将进一步带动中部地区的城镇化进程，加速未来建设用地的扩张。然而，中部地区是我国重要的粮食生产区域，优质耕地广布，湖南、湖北和河南三省生产了我国23%的稻谷、29%的小麦和32%的油料。据课题组研究，2000—2010年，中部地区建设用地以1.00%的速度在增长，而东部地区平均增长速度高达2.23%；与此同时，中部地区在2005—2010年耕地减少了1.96%，东部地区减少了3.13%（图11）。假设未来中部地区以东部地区的发展模式作为参考，则中部地区的耕地尤其是优质耕地可能以更快的速度流失，这将给我国粮食安全带来巨大压力。

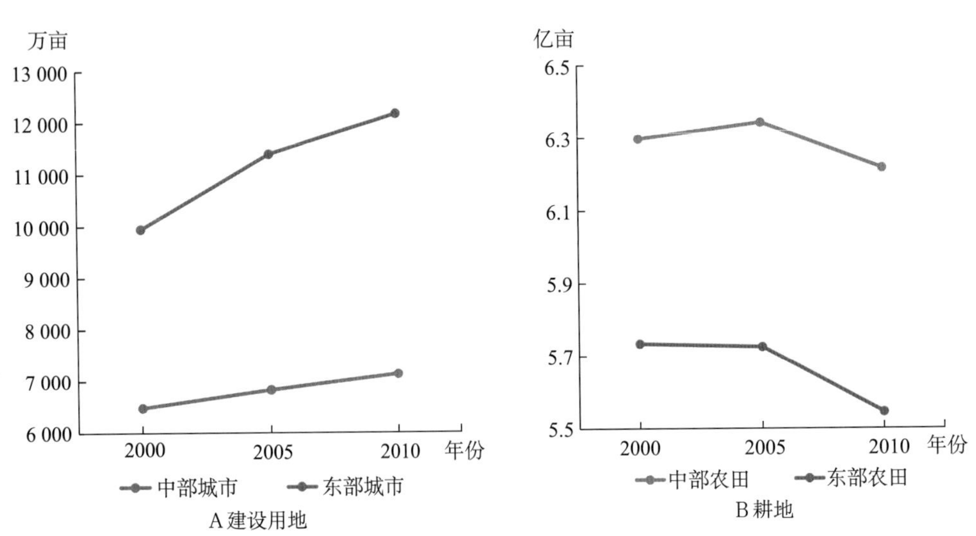

图11　我国中、东部地区2000—2010年建设用地与耕地变化

因此，在建设占用和耕地保护矛盾不断加剧的新形势下，只有在严格保护耕地特别是优质耕地的前提下，集约利用建设用地，不断提高土地使用效率，才能实现耕地资源保护与经济快速发展的“双赢”目标。

目前我国人均城镇工矿建设用地面积为149m^2，远超国家110m^{2}标准上限，节约集约利用潜力大。2014年全国城镇建设面积为8.9万km^2，若按人均占有110m^{2}匡算，到2030年约10万km^{2}城镇建设面积即可满足全国城镇人口需求。但若按近10年城镇建设面积年均3.6%的增幅计算，则2030年全国城镇建设面积将达15.7万km^2，超过国家标准的57%。因此，限制城镇建设面积的无序扩展，将其总量调控在10万～11万km^2，致力于现有城市内部挖潜，是我国今后城镇化发展的关键。

结合国家和省级土地利用总体规划，尽快将国家农产品主产区城镇周边或交通要道沿线的集中连片的优质耕地划为永久基本农田，优化城市发展空间，将城市周边的沃土良田留住，并以此形成城市扩展的边界，倒逼城市走内涵挖潜的道路。要继续严格控制非农占用耕地特别是优质耕地，尤其是复种指数较高的农产品主产区耕地，如长江中游与江淮地区、黄淮海平原和四川盆地，这其中包括了正在快速崛起的我国中部数个城市群。此外，由于中小城市占用耕地的比例高于大城市10%～15%，必须严格控制中小城市用地过度扩展，重点控制市、县、镇各类开发区圈地占地。县市级地方政府不得擅自调整土地利用规划、改变具有良好区位的基本农田位置。

在城镇化进程中，国家农产品主产区的新增建设用地应主要来源于城市存量土地、土地整理特别是“空心村”的土地整治；如确实需要占用基本农田，必须实现质量和数量上的占补平衡，确保基本农田数量、质量不变，严格控制农业核心地带跨区域实现耕地“占补平衡”，武汉、长株潭、中原、成渝等迅速发展的城市群与我国农产品主产区空间重叠，是未来耕地保护的关键区域。

提高城镇土地利用率和效率的主要措施包括以下三点。第一，盘活存量土地，注重内涵挖潜，进而减缓城镇拓展和耕地占用。存量土地主要包括空闲地、闲置地、批而未供土地和低效利用土地。应通过政策创新，引导地方政府盘活存量建设用地，出台政策促进城镇整合闲散用地，对现有低效利用建设用地进行深度开发；鼓励地方试验，加快城中村改造；对地方进行的各类节约集约用地创新模式加以总结和推广，并在此基础上出台促进存量用地节约集约利用的政策。对于利用存量盘活进行建设的地方予以奖励。第二，同产业规划相协调，促进行业用地集中。发挥集聚优势，便于土地的集约节约利

用和污染治理。通过不断增加单位土地开发投入水平，提高土地的使用强度和使用效率。第三，优化建设用地结构，促进建设用地节约集约利用。出台地方政府行政用地标准，对划拨用于政府办公用地、学校等公益性用地、交通水利用地的土地，严格限制其土地供应规模和土地未来用途去向。降低工业用地比重，提高工业用地利用效率。在经济发达地区，鼓励地方政府进行政策创新，促进工业用地向城市用地转化。从严控制基础设施用地，提高基础设施用地利用效率。

（五）因地制宜，多方位努力提升耕地土壤肥力

我国大部分地区耕地土壤有机质含量没有达到肥土（田）水平，提高土壤有机质含量是提升耕地质量的关键措施。增施有机肥和秸秆直接还田是提高农田土壤肥力的有效途径。

1．针对大田增施有机肥，有机与无机相结合

目前我国农户用于果园、蔬菜等高附加值农产品产地的有机肥占到施用有机肥总量的80%左右，而施用于大田的有机肥数量极少。其主要原因，一是传统有机肥料施用需要大量劳动力投入；二是有机肥的机械化制备和施用还存在一些短板，如当前我国厩肥、农作物秸秆等有机肥料的沤制与处理等生产工艺水平低，没有成熟配套的机械化生产工艺及设备，限制了后续的有机肥基肥撒施机械、种肥施播机械、追肥施布机械的使用和研制等。

国家应以补贴形式鼓励农户在大田配施有机肥。试验表明，有机肥合理增施数量为500～1 000kg/亩腐熟畜禽粪便或80～100kg/亩商品有机肥，可减施化肥20%～40%。大田有机肥增施区域应率先定位在黄淮海平原、长江中游及江淮地区、三江平原、松嫩平原和四川盆地等粮食主产区。

与此同时，应尽快制定施肥机械的通用标准，对布施的关键部件进行研究与试验，以及针对有机肥的物理形态（固态、液态、颗粒、粉状等）、不同作物、不同生产阶段的技术特点和农艺要求，研发功能性施肥机械、复式作业施肥机械、自动化施肥技术工程等，实现有机肥与化肥配施的生产、储存、装卸、运输及田间撒施作业的一体化，并将其产业化和实用化。

应对有机肥生产企业给予大力扶持，尤其应鼓励大中型有机肥生产企业和畜禽养殖场结合，利用畜禽粪便等废弃物生产有机肥，支持其扩大生产规模，并在运输、能源、

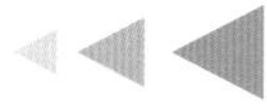

税收等方面实行优惠政策。国家可针对在大田中进行有机肥和化肥配施的承包大户或企业给予政策倾斜。同时，鼓励、引导普通农户在大田增施有机肥，改良培肥土壤。

2．大力推广秸秆直接还田

目前，我国秸秆直接还田量约占秸秆总产量的40%，与发达国家相比，总体上秸秆直接还田比重低20%左右。应加快秸秆还田机械化、自动化等关键技术研发，重点研发适合北方的大马力翻耕机、打捆机、粉碎机等，以及适合南方相对小块水田应用的机械。

据课题组调查，每亩秸秆还田需20～30元机械粉碎和深埋费用，农民因不愿出这笔费用而多将秸秆焚烧或废弃，建议国家或地方政府给予全额补贴。对使用大马力机械进行秸秆还田深翻的粮食生产承包大户和新型农业经营体给予政策倾斜。

对不适宜于大马力机械的地区，或目前没有合适机械秸秆还田的区域，积极研发、推广秸秆快速腐熟技术，国家给予政策倾斜。同时，恢复和发展绿肥生产，对于利用农作物闲季种植绿肥的农户应给予适当补贴（20元／亩左右）。

（六）以防控为主，循序渐进、因地制宜地治理和修复耕地土壤污染

1．建立健全耕地污染防治的法律及配套标准体系

依法治理耕地环境污染是发达国家过去几十年土壤污染防治工作取得显著成效的重要手段。目前我国尚没有土壤污染防治的专门法律法规，现有土壤污染防治的相关规定主要分散体现在环境污染防治、自然资源保护和农业类法律法规之中，如《中华人民共和国环境保护法》《中华人民共和国农业法》《中华人民共和国土地管理法》《中华人民共和国农产品质量安全法》等。由于这些规定缺乏系统性、针对性，且具有明显的滞后性，可操作性弱。目前国家已经出台了“土壤污染防治行动计划”（简称“土十条”），因为没有强有力的法律条款支持，以后在实际操作中，其威慑力和具体执行力也会受到制约，不能充分发挥作用。因此，国家亟须制定系统、具体、细致的土壤污染防治法，用法律手段推进土壤污染防控与治理的进程。

除了要积极推进“土壤污染防治法”的立法进程，还应该积极研究制定、完善相关配套技术标准及技术体系。很多国家和地区都是标准和立法同时公布，甚至是立法先于标准。在完善《农用地土壤环境质量标准》的基础上，要加快化肥、有机肥、农药、农

膜等投入品环境限量标准研制，建立农业清洁生产技术规范和良好性农业耕作方式推荐标准体系，以限制不良耕作行为和农业投入品对农田环境造成污染。

2. 以防为主，严控污染源，遏制耕地土壤污染恶化趋势

据环境保护部和国土资源部的调查数据，我国当前耕地土壤的点位污染超标率接近20%，而且很多地区呈污染蔓延趋势。农田土壤污染物主要集中分布在矿山、相关污染企业、污灌区和工业密集区等污染源周边区域，广大的农田区污染相对较轻。因此，当务之急是进行相关污染源的控制，树立“以防为主”的土壤治理与修复理念，这比匆忙进行土壤修复更为紧迫，避免出现“边小块治理，边大片污染”现象。耕地土壤污染管控措施主要包括：

严格控制在耕地集中区新建有色金属冶炼、石油加工、化工、焦化、电镀、制革等重金属污染行业企业；要求现有相关行业企业采用新技术、新工艺，加快提标升级改造步伐；严控耕地附近矿产资源开发时的废水、废渣、废气排放，强制约束现有相关行业企业使用清洁生产工艺；定期对污灌水源进行水质监测，杜绝使用未达标的再生水灌溉。

要强调农民对耕地质量的保护，鼓励农民采用环境友好型耕作技术，采用护养相结合的耕作方式，实行化肥农药减量化，逐步杜绝不良耕作行为引起的农田污染。对于为耕地质量保护或改善做出贡献的农业生产者，政府应给予适当的补贴或奖励。

对受到不同程度污染的农田进行分类管理。对重度污染农田区进行治理与修复，资金投入大，时间周期长，并可能对土壤功能造成严重破坏。目前应立即停止重污染农田区的食用农产品生产活动，采用退耕还林草或休耕的方法提升其生态景观价值，等条件成熟时再予以治理恢复。对轻中度污染的农田土壤则应采取农艺调控、替代种植等措施，降低农产品污染超标风险。

3. 进行农田污染详查，循序渐进地开展农田土壤污染防治工作

我国地域辽阔，土壤类型丰富，区域差异明显；同时，不同区域产业结构不同，污染类型和污染物也有明显区别。这些区域差异导致我国耕地土壤修复技术和修复决策的选择更为复杂，应当引起管理和决策层的关注。

目前我国已完成的全国土壤环境调查，只是初步掌握了全国土壤污染的基本特征与格局，但调查精度难以满足土壤污染风险管控和治理修复的需要，应尽快启动地块尺度的土壤污染数据调查工作，进一步摸清耕地土壤污染状况，准确掌握污染耕地地块尺度的空间分布及其对农产品质量和人群健康的影响，并探明土壤污染成因。

在充分掌握耕地土壤污染状况和成因的基础上，选择不同区域、不同耕地土壤污染类型开展治理与修复试点示范，探索土壤重金属污染、有机污染类型的污染源头控制、治理与修复、监管能力建设等方面的各种综合防治模式，然后因地制宜、循序渐进地在各区域开展耕地土壤污染的防控、治理和恢复工作。

需要特别指出的是，目前我国在治理耕地土壤污染的实践中出现急躁冒进的倾向，少数地区在土壤修复过程中造成二次污染的情况比较严重，还有一些地区存在风险隐患。实践中发现，一些土壤污染治理技术并不科学，比如土壤洗涤会破坏土壤结构，而且不进行水处理的话，会让重金属从土壤转移到水体；"15～20cm深耕翻土"只是常规耕作而不是其所谓的"深耕翻土"，由于镉等重金属吸附在黏粒上，在稻田犁底层没有被破坏的情况下，这部分重金属容易富集到土壤表面，如果翻耕土壤打破犁底层又会导致重金属元素随着水体下渗到地下水中。

在土壤修复过程中，除强调技术本身外，一定要注意避免产生二次污染。土壤淋洗产生的废水、抽提出的受污染的土壤气、地下水以及热解吸、焚烧等产生的烟气以及修复过程中添加到土壤中的修复材料等，都可能造成二次污染，这些在项目实施过程中都需要进行有效控制与处理。

在发达国家，土壤修复企业需要取得资格、相关从业者需要通过严格的考试取得资格证书才能从事土壤修复工作。而我国目前各种公司匆忙上马来分抢土壤污染治理这块"大蛋糕"，很多从业者缺乏土壤污染处理与修复的相关知识与技能，这样非但不能治理好污染的耕地土壤，还极易造成土壤的二次污染。

4. 降低土壤重金属的生物有效性，确保农产品安全

世界各国制定的耕地土壤环境质量标准存在较大差异。以镉为例，我国耕地土壤镉标准为0.3mg/kg（GB 15618—1995），英国和日本农田镉含量平均值分别是我国标准的2.3倍和1.5倍，远高于我国农田土壤镉仅超标7%的结果，但其农产品（如稻米）中镉含量的超标率却明显低于我国，而我国"镉大米"事件却在南方频频发生，可见南方区域土壤重金属生物有效性较高，未得到有效控制。究其根本原因是我国南方土壤酸性环境致使镉的植物有效性提高，而跟土壤中镉的总量高低并无直接关系。国内外大量试验表明，pH4.5～5.5的土壤酸性环境下最易产生镉大米（Bingham F等，1980；Lepp N W，1981），甚至即使土壤中镉含量不超标，其生产的稻米也会镉超标。由此可

见，当前我国土壤重金属治理的关键问题不是如何快速降低土壤重金属总量，而是要解决土壤酸性较强导致重金属植物有效性很高的问题。

建议国家在“土壤污染防治法”草案中不仅要关注土壤重金属含量的减少或固定，更要强调通过对土壤酸性环境的治理而实现降低土壤重金属植物有效性的目标，阻断土壤中重金属被农作物过量吸收的通道。另外，近几十年我国土壤重金属含量有了快速上升，强力控制污染源，防止大量重金属迅速进入土壤也是当务之急。重要措施包括：阻断污染源，尤其是有色金属矿山废水、废渣污染以及灌溉水污染；针对酸性严重土壤，每隔3～4年施用一次石灰，每亩施用100～150kg为宜；引导农户科学管理稻田水分，在灌浆期淹水以降低稻米镉含量；建立严格的农产品抽查检验的质量监控制度，定期发布，倒逼生产者主动降低农产品污染；积极筛选重金属低累积品种，减少种植镉积累较多的籼稻。

（七）加大农用地膜机械化回收力度，推进可降解地膜研发与应用

当前解决农用地膜残留的途径主要有两条：一是对地膜进行回收，二是推广应用可降解地膜。

农用地膜大量使用地区应主推残膜回收技术，加紧开发能回收耕层20cm以内的耕层残膜回收机械，特别是一机多用的联合机械。重视播前残膜回收技术，努力改进清膜整地联合作业机的性能；鉴于残膜回收机械具有公益性机具的特点，政府应在其技术开发攻关以及应用过程中给予政策引导和扶持，如制定出谁利用、谁受益、谁治理的规章制度，用法律明确土地的污染治理主体，并加大对购买残膜回收机具及其作业费的补贴力度。同时，各级财政应加强对废旧地膜回收体系建设的支持力度，对回收利用废旧地膜企业制定相应的政策优惠条件。

当前国外采用的塑料薄膜厚度一般在0.02～0.05mm，现行农用地膜厚度国家标准为（0.008±0.003)mm（GB 13735—1992)。即便是符合标准的农用地膜也比较容易破碎，导致废弃农用地膜回收难度大、成本高。建议提高农用地膜厚度的强制性国家标准，即农用地膜厚度由现在的0.008mm提高至0.01mm，低于0.01mm标准的农用地膜不允许出厂销售。这样有利于残膜的回收，减少土壤中的残留量，而给农民增加的成本费用可以从回收的废膜中抵扣，以降低农民的生产成本。

研发、推广农业高效降解地膜是从源头解决农用地膜污染的重要措施之一，但在地

膜降解过程中存在不均一、不稳定现象，同一配方在不同的地域和不同的作物之间也表现出较大的差异，从而使降解地膜的广泛应用存在问题。降解地膜目前最大的挑战仍然是准确确定地膜降解的时间和降解程度。政府应鼓励相关企业公司加快在不同区域开展降解地膜的试验示范工作，摸清不同区域不同农作物所用地膜降解的时间和降解程度，提升质量，降低成本，尽快走向市场推广应用。

（八）健全耕地保护与质量提升的补偿机制和约束机制

建立耕地保护的经济补偿机制。建立中央、省、地市三级耕地保护补偿基金。基金主要来自新增建设用地土地有偿使用费、耕地占用税、土地出让收益等。对承担耕地保护责任的农民进行直接补贴，对农地开发权与耕地外溢生态效应进行补偿，提高农民保护耕地的积极性和主动性。建立耕地保护的区域补偿机制。按照区域间耕地保护责任和义务对等原则，由部分经济发达、人多地少地区通过财政转移支付等方式，对承担了较多耕地保护任务的地区进行经济补偿，以协调不同区域在耕地保护上的利益关系，对耕地保护任务重特别是永久基本农田比例较高的地区实施保护和奖励制度。

建立耕地保护的规划约束机制。科学编制土地利用总体规划，严格规划管理土地用途，严禁随意调整规划。把基本农田特别是永久基本农田落实到空间上，把保护责任落实到农户，实现耕地资源由粗放型管理向严格依法集约型管理的战略性转变。

建议对当前各种农业补贴进行改革，在维持农民种粮积极性稳定的前提下，建立补贴资金逐步向以绿色生态为导向的耕地质量提升倾斜的制度，即对减量施用化肥农药、增施有机肥、秸秆直接还田、草田轮作的农户进行额外补贴，以鼓励农户养成良好的“种养结合”的耕作习惯，实现耕地的永续利用。

改革现行干部政绩考核制度，将耕地保护与质量提升纳入考核指标体系，明确奖罚细则，如主要农区耕地保护实行一票否决制，对圆满完成耕地保护和质量提升的任务者优先给予奖励和晋升等。

（九）建立耕地质量建设与保护的法律法规体系

我国至今没有出台专门的耕地质量建设与保护的法律法规。近年来，党中央、国务院、农业部、国土资源部等下发了一系列关于耕地占补平衡、耕地保护等文件，地方政府也制订了各省的《耕地质量管理条例》《耕地质量监测管理办法》等，但这些文件、

条例等更加注重耕地数量的保护，对耕地质量关注不多，对破坏耕地质量行为的界定也并不严格，对违反规定的个人和集体也没有具体的罚则。这一切都导致对耕地质量提升和保护的约束和保障力度不够，即使发现破坏耕地质量的行为，各管理部门之间也会互相推诿，使得破坏行为愈演愈烈。

建议尽快制定出台耕地质量保护法，同时修订现有的与耕地质量建设与保护相关的法律法规以及技术规范、标准等，使其与耕地质量建设与管理条例相协调。具体而言：

在耕地质量保护方面，法律应分别规定地方政府、农业行政主管部门、农村集体组织（委员会）在耕地质量保护措施、农药施用量、种植绿肥、生产和施用有机肥方面的办法和责任；规定耕地使用符合国家标准的农药、肥料、地膜、灌溉用水等生产资料。

界定破坏耕地质量的行为，如向耕地排放有毒有害工业、生活废水和未经处理的养殖小区的畜禽粪便或者占用耕地倾倒、堆放城乡生活垃圾、建筑垃圾、医疗垃圾、工业废料及废渣等固体废弃物；对违反规定的个人和集体明确具体的罚则和刑事责任，明确专门的监管破坏耕地质量行为的执法机构，及时查处破坏耕地质量的违法行为；规定违反规定的处罚条款和量刑标准，尤其是耕地使用者、监管者和执法者等的刑事责任。

在耕地质量建设方面，规定耕地质量建设项目（高标准农田建设、中低产田改良、土地开发整理与复垦、退化和污染耕地修复、沃土工程等涉及耕地质量建设的项目）的法律程序及各环节的建设标准，明确耕地质量建设验收的管理办法及行政主管部门，以及违反规定的处罚条款。

四、实施提升耕地质量的若干重大工程

（一）中低产田改造工程

据国土资源部调查，全国现有16亿亩基本农田中，中产田占40%，低产田占32%，两者合计达到72%，相当数量的基本农田基础设施条件较差。据课题组测算，如能有二分之一的中低产田获得改造，可新增约400亿kg的粮食生产能力。如果按15%～20%的实现能力进行中低产田改造，相当于新增耕地面积300万～400万hm^2。当前，在我国城市化、工业化进程中，建设占用耕地不可避免，而后备耕地资源又极为稀缺，中低产田改造将成为维护我国耕地产能平衡、保障国家粮食安全的关键措施。

我国现有中低产田的低产原因是土壤原生障碍与次生障碍并存，如东北地区的白浆土、薄层黑土、苏打盐碱土，华北平原的薄层褐土、砂姜黑土、滨海盐碱土，西北地区的绿洲次生盐渍土、黄绵土，南方丘陵地区的红黄壤、紫色岩土、石灰岩土以及长江中下游的冷浸田、黄泥田和白土等。全国具有上述土壤类型的中、低产田面积分别约为50万km^2和20万km^2，占到全国耕地总面积的51%（图12）。兴修水利、抗旱除涝、改良盐碱、保持水土是改造中低产田的四项基本措施，但应根据不同区域和每种类型土壤障碍的特点有针对性地开展中低产田改造。

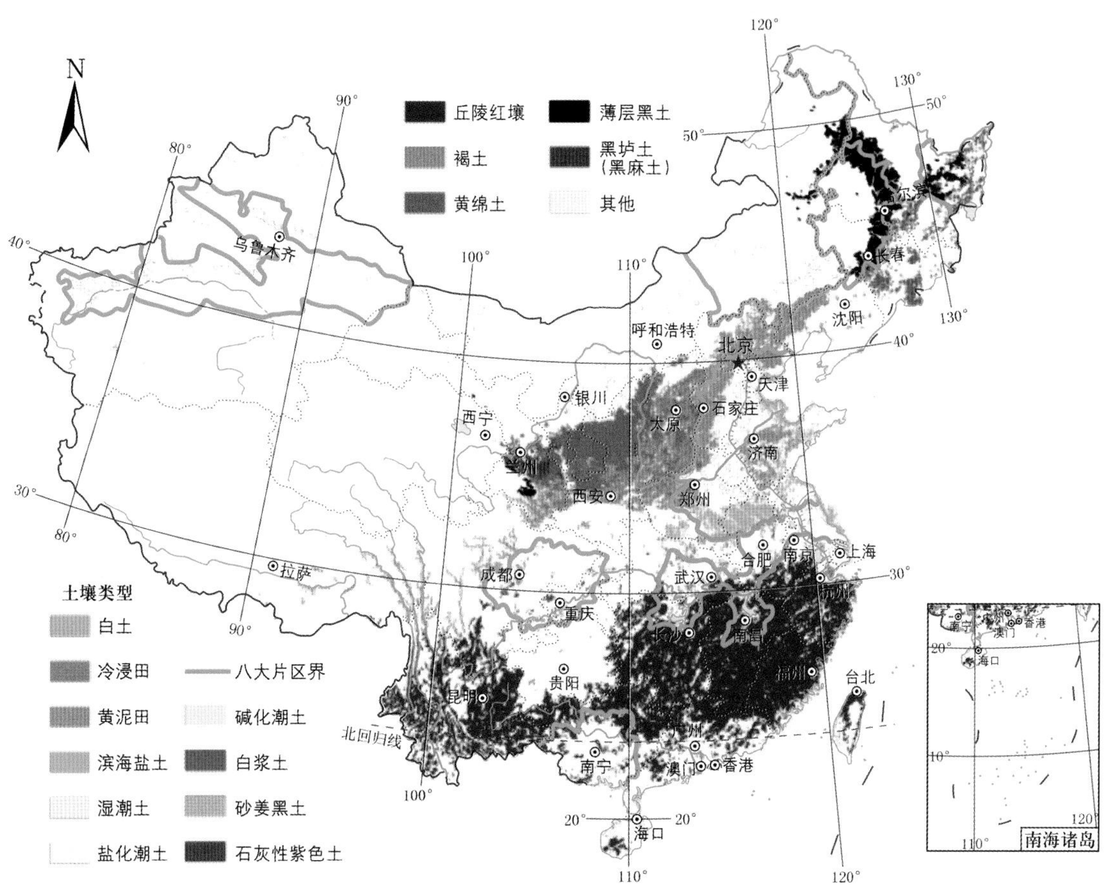

图12　全国不同土壤类型中低产田分布

改造中低产田要与建设高标准农田相结合。要以农田水利建设为基础，进行改土培肥；建立合理的轮作制度，实行有机肥与无机肥结合的施肥制度，特别是增加牧草、绿肥种植面积，推动秸秆还田，提高土壤有机质含量，促进土壤养分良性循环，使之尽快成为高标准农田；加强农区水、电、田、林、路的综合农业配套设施建设，促使耕地向“优质、集中、连片”的方向发展。

到2020年，累计完成4亿亩的中低产田改造，其中中产田2.5亿亩、低产田1.5亿亩；建设高标准农田6亿亩。重点地区可选在三江平原、松辽平原、黄淮海平原、江汉平原、江淮地区、洞庭湖平原、鄱阳湖平原、四川盆地、河套与银川平原、汾渭平原以及河西走廊与天山南北绿洲等粮棉油主产区。

（二）农村土地综合整治工程

据国土资源部数据，2015年我国农村居民点人均占建设用地高达300m^2，是国家《村镇规划标准》（GB 50188—93）中人均建设用地150m^{2}指标上限的2倍。据刘彦随等学者测算，全国农村土地综合整治可增加耕地潜力约1.14亿亩。

应在尊重农民意愿、确保农民土地权益的前提下，在促进耕地流转和实现耕地规模经营的基础上，大力推进农村建设用地的整理和分散布局的居民点缩并，解决农村普遍存在的建设用地分散、违法乱建、农村宅基地超占以及空心村和空闲房等沉淀多年的突出问题。

在经济发达地区，要率先开展农村居民点整治工程。应加快推进城镇化进程，推行城镇化引领型的农村居民地整治模式，统筹城乡发展和集约利用土地资源；在经济发展中等区域，农村土地整治工程要以迁村并点及空置、废弃居民点复垦为主，整理出的土地应以转化为耕地为主；在经济发展缓慢地区，在控制空心村发展的前提下，引导农民积聚居住，整理出土地应转为耕地，为农业规模化经营提供支撑。

工程实施区域应集中在黄淮海平原、长江中下游平原、东北平原、江汉平原、汉中盆地、四川盆地。到2030年，通过农村土地综合整治工程新增耕地2 000万亩。

（三）耕地土壤重金属污染综合修复试验示范工程

长江中游及江淮地区和黄淮海平原是我国南北两大具有代表性的农产品主产区。据课题组初步研究，长江中游及江淮地区和黄淮海平原耕地土壤点位污染超标率分别达到30.64%和12.22%，其中长江中游及江淮地区以镉、镍、铜、汞污染较重，黄淮海平原以镉、镍、锌、汞超标较多。长江中游及江淮地区耕地污染程度高于黄淮海平原，且两者近20～30年污染皆呈扩展趋势。

土壤污染修复具有长期性、艰巨性、成本高的特点，而且在修复过程中易产生二次污染。因此，建议国家在具有南方代表性的长江中游及江淮地区和北方代表性的黄淮海平原开展耕地土壤重金属污染的综合治理与恢复试验示范工程。

根据现有的调查结果，分别在长江中游及江淮地区和黄淮海平原选取不同立地条件、不同耕地土壤污染类型和程度的区域，开展土壤重金属污染修复的试验示范工程。工程措施的重点首先是加强土壤重金属污染的源头控制；其次根据土壤重金属污染的类型和程度，采取不同的综合措施开展治理。如在重度污染区开展休耕试点，以种植非食用植物修复为主，或纳入国家新一轮退耕还林还草实施范围；在轻中度污染区则以农艺调整为主，如在南方定期施用石灰改良酸性土壤，降低土壤重金属的植物有效性；水稻灌浆期淹水以降低稻米中镉含量；选育推广重金属低积累作物品种等。力争到“十三五”时期末探索出各类较成熟、安全的污染综合治理模式，并于“十四五”期间在两大区域循序渐进地规模化示范推广，基本控制耕地土壤重金属污染风险。

“十四五”期间，长江中游及江淮地区和黄淮海平原耕地土壤重金属污染治理推广面积达到500万亩。

（四）南方丘陵山区农业机械化水平提升工程

我国正处于城镇化、工业化飞速发展阶段，随着中青年农业劳动力转移加速、劳动力成本提高以及土地流转面积比例的不断增加，在全国范围内实现农业机械化将是必然趋势。

据统计，当前我国南方的农业机械化总动力、农田机械深松面积、机械化深施化肥面积、水稻机械种植面积分别约低于北方28%、94%、87%、13%（图13），尤其是西南丘陵山区、南方低缓丘陵区与全国其他区域农业机械化的差距更大，也是目前我国耕地撂荒的集中区域。

在耕翻地环节，西南丘陵山区、南方低缓丘陵区与全国其他区域农业机械化的差距分别在50%～60%和22%～30%；播种环节，差距分别在40%～70%和40%～60%；收获环节，差距分别在25%～45%和20%～30%。以播种环节的差距最为明显，而且西南丘陵山区的差距扩大趋势更加显著。占全国水稻种植面积比例较高的南方低缓丘陵区水稻机械种植水平只有15.97%，西南丘陵山区仅有7.14%；西南丘陵山区水稻收获机械化水平也只有33.84%；小麦在南方低缓丘陵区和西南丘陵山区机播水平分别只有32.1%和11.1%，机收水平为20.6%；玉米在西南丘陵山区机播水平只有0.31%。

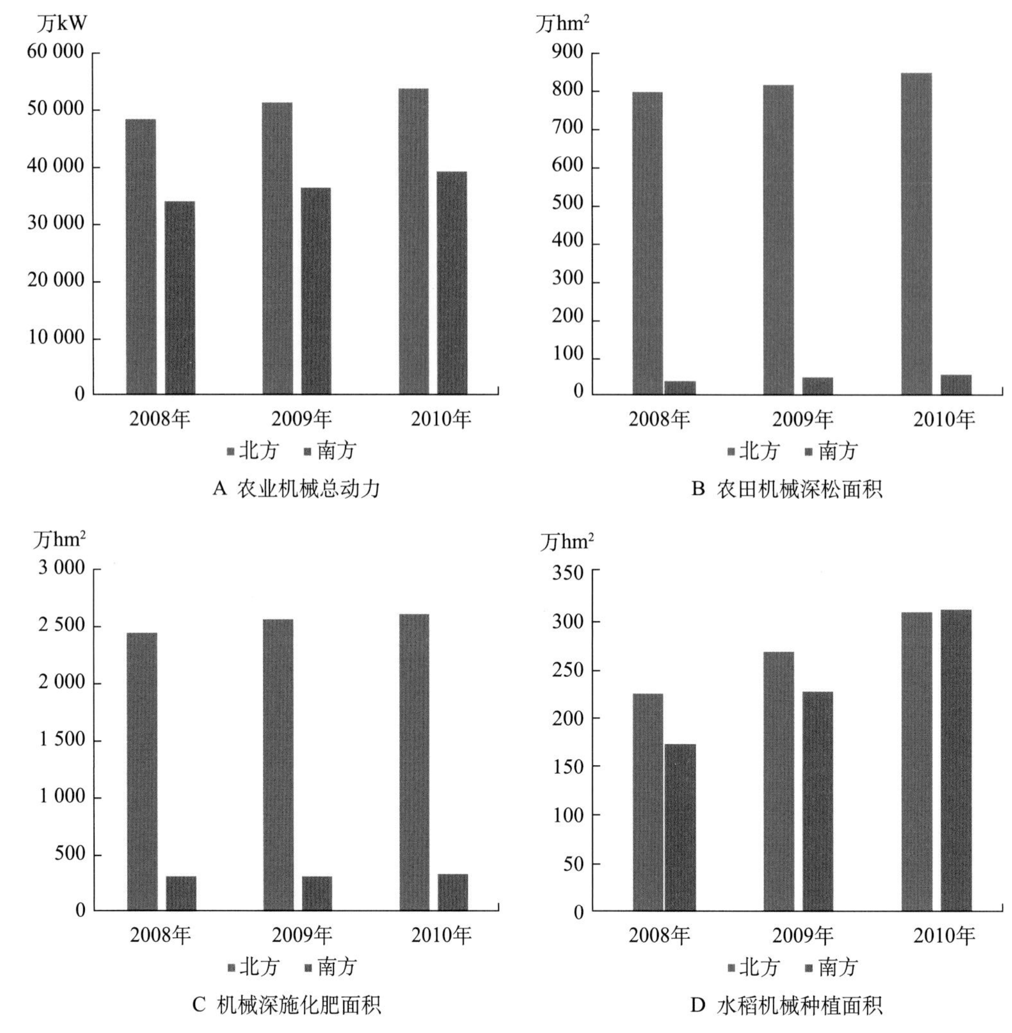

图13 南方与北方农业机械化使用情况对比

因此，为防止南方丘陵山区耕地大量撂荒，解决因农业劳动力大量流失造成的无人耕种土地的问题，建议国家在南方低缓丘陵区和西南丘陵山区实施农业机械化水平提升的重大工程。主要内容包括：

针对南方丘陵山区地形复杂、地块分散零碎的特征，重点研发适应于丘陵山地的耕地耕整，以及主要农作物特别是水稻的播种、施肥、施药、灌溉的精准轻便、耐用、低耗的中小型农业机械，同时还需要关注深松、深施肥、秸秆还田等机械化技术。

因地块分散零碎，急需进行土地平整、农田重划、机耕道修建等辅助工程，解决好农机下田最后一公里的问题。鼓励当地农户参加土地流转，尽可能扩展田块面积，使其更适宜机械化操作。

适合山地丘陵区的中小型农机基本都为我国自主研发，无现成的进口机械设备。亟须从国家层面对研发、推广此类设备的企业或公司加大资金、技术支持，助其解决山地

 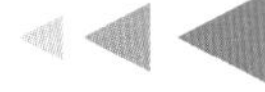

丘陵区农业机械化发展的瓶颈。

2016年国家对所有农机产品补贴额度下调10%。建议国家对适宜丘陵山区耕作的中小型农机产品提高购机补贴，并对丘陵山区农机插秧、水稻机收、玉米机收等主要粮食作物关键作业环节进行补贴，以降低农业生产成本、缩小与全国的差距。

（五）草田轮作、提升耕地土壤质量工程

草田轮作制度特别是以豆科牧草为主的草田轮作，既能提升耕作土壤肥力，增加土壤团粒结构，改善土壤理化、生物性状，减少化肥污染，又能防止耕地土壤侵蚀、沙化、盐碱化等土地退化，同时又是大力发展草食畜牧业的重要支撑。

建议在我国推广实施草田轮作工程，实施重点区域在东北地区、华北地区、农牧交错带、西北干旱区以及南方广大冬闲田地区，种植牧草与绿肥，以提升耕地土壤质量并解决发展畜牧业的饲（草）料问题。目前我国优质牧草种植面积不足1 500万亩，2030年发展畜牧业需要优质牧草约4亿t（7 000万亩），缺口较大。

北方地区要以苜蓿和饲料油菜为主，同时辅以其他豆科牧草和绿肥。南方冬闲田地区则以种植饲料油菜和紫云英、黑麦草等绿肥为主。

推行草田轮作制要因地制宜、循序渐进，在典型示范的基础上，有计划、有步骤地推进。东北地区应推行粮—饲（青贮／牧草）为主的农作制，牧草种植比例在10%～20%；华北地区则实行粮—经—饲（青贮／牧草）三三农作制；农牧交错区应以牧为主，农牧结合，实行粮—饲（牧草／青贮）农作制，牧草面积可占20%～40%；西北干旱区应推行粮—经（棉、果）—饲（牧草／青贮）农作制，农区牧草种植比例可为10%～30%，草原牧区牧草种植比例可达50%左右；南方地区应以粮—经—饲（绿肥／饲料油菜）为主，充分利用冬闲田发展豆科绿肥与饲料油菜。

据此粗略估算，到2030年，北方可实现草田轮作面积7 000万亩，其中农牧交错带和西北干旱区4 500万亩，东北地区、华北地区2 500万亩；南方冬闲田实现以饲料油菜和豆科绿肥为主的草田轮作1亿亩。

要建立稳定的草田轮作制度，必须同步研发和推广牧草、饲料油菜、绿肥等的收割、粉碎、青贮、翻埋等自动化农机设备，同时大力发展畜牧业和草产业，延长其产业链，以此促进草田轮作制的持续发展。实行草田轮作的农田可节省20%～30%的化肥量。

各级政府应统一思想认识，把建立稳定的草田轮作制度作为一项重要的农田基本建设任务来抓。各地区应切实推广草田轮作技术规范并提出县级的草田轮作技术规程，使草田轮作制度化。与此同时，大力发展商品畜牧业和草的商品生产，以促进草田轮作制的建立和发展，草可兴牧，牧能促草，两者相辅相成。另外，延长草业产业链，发展草粉、草籽、维生素饲料、蛋白质饲料以及叶蛋白等系列草产品。

加强种草科学技术的研究。诸如引种、驯化育种、栽培、种子生产加工、饲草加工调制等。重点探索不同草种、不同轮作方式和不同利用方式的丰产技术，实现草籽生产和草粉生产的技术规范化，以提高种草的经济效益。

需指出的是，国家和地方政府应对草田轮作给予政策倾斜。即对种植优质牧草实行与种植粮食同样甚至更为优惠的政策，以促进草田轮作制度的形成以及畜牧业的发展。另外，在水资源分配上，要粮草一样对待，做出合理安排。

（六）水土保持、防沙与盐渍土改良工程

根据国家林业局数据，2009—2014年我国沙化耕地面积增加了39.05万hm^2；西北干旱绿洲区、东北平原西部和滨海地区的耕地中盐渍化面积也占有较高比例；我国耕地中尚有超过20%的坡耕地，仍然受到水土流失的严重威胁。因此，在重点区域继续实施水土保持、防沙和盐渍土改良工程仍是当前提升耕地质量的重要任务。

水土流失治理工程应重点在黄土高原、长江上游、西南岩溶山区坡耕地集中地区展开。工程实施内容在不同区域要各有侧重，因地制宜。黄土高原要以退耕还林还草发展林果业、特色产业为切入点，以小流域为单元，沟谷筑坝，山坡修梯田，陡坡、山顶林草覆盖，实施综合治理、集中治理、连续治理。黄河多沙粗沙区水土流失严重区是工程重点实施区。南方岩溶地区与长江上游地区工程实施的内容要以大于25°的陡坡耕地退耕还林还草为重点，保护山丘的森林草被；实施坡改梯工程，建设基本农田，发展林果等特种经济作物与草食畜牧业；岩溶地区还要因地制宜地开发利用地下河水资源，建设坝区的基本农田。

内蒙古风沙区的沙化严重耕地，应以退耕还草为切入点，充分利用降水资源，加强基本草牧场与基本农田建设；努力增加草田轮作的比例，提高土壤有机质含量与固土防沙的能力。西北干旱风沙区应压缩耕地规模，还灌、还草、还水、还生态；推广以膜下滴灌为重点的先进灌溉技术，大力节水，建设节水型社会，防治风沙，改良盐碱土。

五、重点农业区域耕地质量提升与农业可持续发展

依据关系到国家粮、棉、油、糖、肉主要农产品的保障供给、国家级商品生产基地、一业或几业为主综合发展的原则，选择三江平原、松嫩平原、东北西部和内蒙古东部牧区、黄淮海平原、长江中游及江淮地区、四川盆地、新疆棉花产区、广西蔗糖产区八个片区作为国家的重点农业区域（图14）。

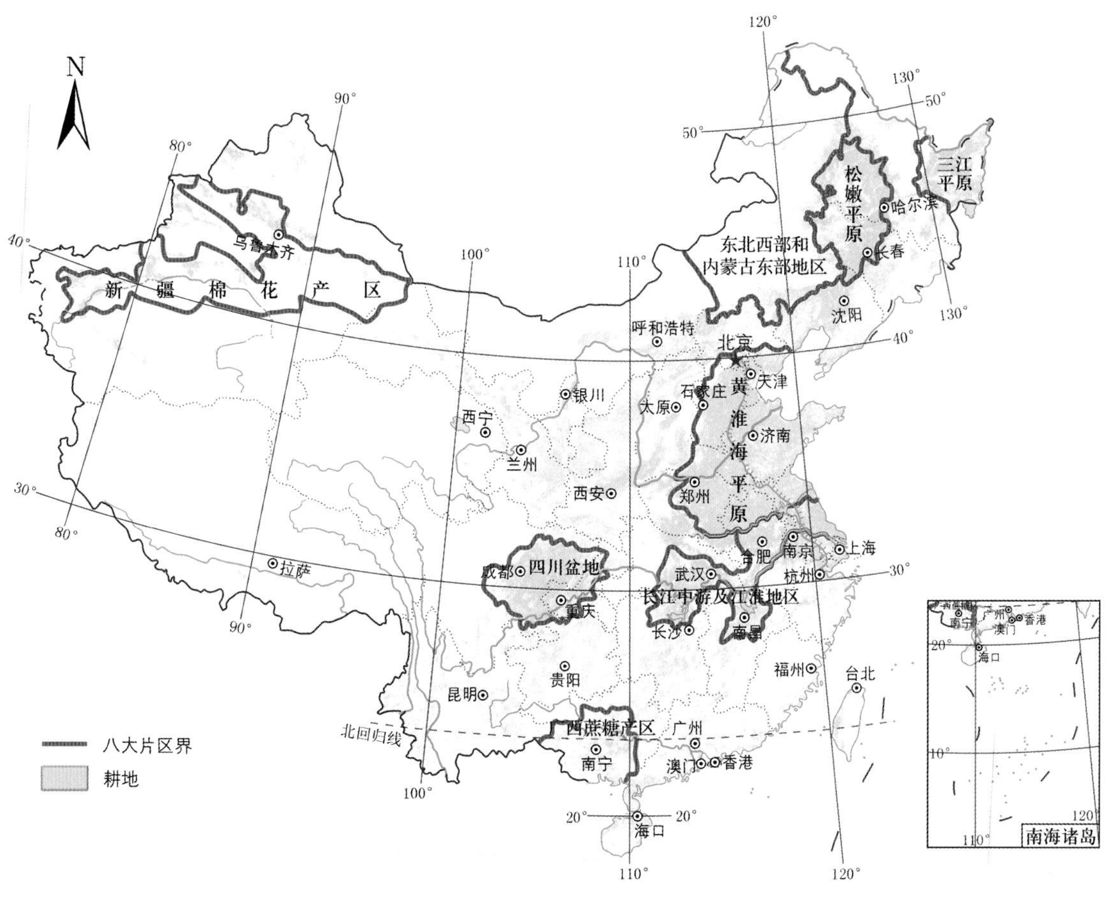

图14　国家八大片重点农业区域

上述八区耕地占全国耕地总面积50%以上，小麦、玉米、稻谷产量分别占全国总量的78.4%、63.8%和52.3%，棉花占90.4%，油料占60.4%，甘蔗占65%，薯类和水果各占35.8%和39.0%，大牲畜存栏数比重为30%～50%，是我国最主要的农产品商品生产基地。应集中力量确保耕地数量，提高耕地质量与农产品生产、供给能力，为保障国家

食物安全奠定坚实的基础。

（一）三江平原

三江平原土地总面积10.9万km^2，耕地约5.2万km^2，农业人口人均耕地1.65hm^2，主要作物为玉米、水稻和大豆，水田、旱田比约3：7，粮食总产1 477万t，人均约2t，粮食商品率高达80%，是我国重要的商品粮基地。当前区内主要问题是中低产田比重大，水旱灾害频繁；水稻井灌区比重较高导致局部地下水超采；湿地生态系统遭到严重破坏。

该区耕地质量提升应开展以治水、改土为中心的基本农田建设，综合治理洪、涝、旱灾害，提高土地生产力。重点治理对象为以白浆土为主的约2 000万亩中低产田。农业可持续发展的主要措施与对策包括：

建设完善的排水系统，防止平地或低地白浆土内涝；营造水土保持林和农田防护林，尽量避免顺坡作垄，防止岗坡地的水蚀和风蚀；采取浅翻深松、秸秆还田等方法加深熟化耕作层；大力推行草田轮作制，种植以苜蓿为主的豆科与禾本科牧草，既发展畜牧业，又可提高土壤肥力。

通过高效节水和充分利用“两江一湖”（松花江、黑龙江、兴凯湖）水资源，逐步以地表自流灌溉替代地下水开采严重的稻田井灌区；对有条件的低洼地旱田实施“旱改水”工程，适度提高水田比例。区内水田和旱田的比例以接近1：1为宜，农业结构调整中可增加优质牧草和大豆面积，适度调减籽粒玉米面积。

严禁继续开垦湿地，保护湿地生态系统。

（二）松嫩平原

松嫩平原是我国著名的黑土带，土地总面积19.5万km^2，耕地11.8万km^2，农业人口人均耕地0.58hm^2，是国家重要的玉米带和水稻、大豆、牛奶产区，玉米种植面积比例高达72.6%，玉米产量占全国总量的21.0%，粮食商品率多年保持在60%以上。当前区内主要问题是黑土有机质含量下降，土壤侵蚀严重；西部耕地土壤盐碱化问题突出。农业可持续发展的主要措施与对策包括：

实施黑土肥力保持和提高工程。重点是改顺坡种植为斜坡、等高种植，并与生物及工程措施结合，开展以小流域为单元的针对黑土区漫川漫岗型坡耕地水土流失的综合治

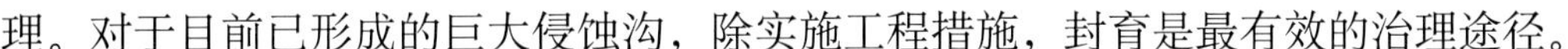

理。对于目前已形成的巨大侵蚀沟，除实施工程措施，封育是最有效的治理途径。

改造中低产田。以区内1 800万亩薄层黑土中低产田为重点，实施秸秆粉碎深埋还田工程，国家给予适度补贴；逐步在全区建立玉米—大豆—苜蓿为主框架的草田轮作制度，促进畜牧业发展，有效提升土壤肥力。同时，推广深松免耕、少耕和地面覆盖，建立抗旱保墒的耕作制度。

治理土壤盐碱化。松嫩平原西部现有土壤盐碱化的耕地约550万亩，均为中低产田，亟待改良。应加大现有灌区节水改造力度，厉行节水，利用节余下的水量在水源有保障地区实施“旱改水”，种稻改碱；旱地则采用震动深松整地和草田轮作技术，增施有机肥，降低土壤盐碱危害，提升农田生产力。

（三）东北西部和内蒙古东部牧区

东北西部和内蒙古东部牧区土地总面积59万km^2，是我国质量最好的草原牧区和半农半牧区。牛羊肉产量占全国总量的15.2%，绵羊毛和山羊毛分别占18.7%和25.4%，羊绒占16.5%，牛奶占7.1%。现有耕地约7.6万km^2，农业人口人均耕地9.18亩，农作物以玉米、薯类为主。

该区农业可持续发展的核心是：将以农为主、农牧结合的生产方向改变为以牧为主、农牧结合的生产方向，增加以水利为保障的饲草料种植比重，草田轮作，形成以毛、肉、乳为主的国家畜产品商品生产基地。

该区近十多年耕地由4.1万km^2迅增至7.6万km^2，净增5 200万亩，部分新增耕地已出现沙化现象。另因耕地剧增挤占生态用水，加之牲畜过牧超载，草原退化加剧。农业可持续发展的主要措施与对策包括：

严禁新垦土地，对于沙化严重的耕地实施退耕还草；努力推广草田轮作制度，增加以苜蓿、玉米青贮为主的饲料比重至总播种面积的50%以上，大力发展畜牧业。稳定的草田轮作制可提升土壤肥力，防止风蚀沙化，同时提供饲料减轻草原压力，便于退化草原恢复。在更大的范围内可考虑实施草原繁殖，在东北玉米带育肥，实现区域农牧整合。

（四）黄淮海平原

黄淮海平原土地总面积约44.3万km^2，耕地面积约2 500万hm^2，农业人口人均耕地不足0.1hm^2。该区以占全国19%的耕地，生产了约占全国55%的小麦、30%的玉米、

36%的棉花、32%的油料、30%的肉类和24%的水果，是我国重要的粮、棉、油、肉类和水果等农业生产基地，尤其是冬小麦的主要产区。当前区内主要问题是农业用水极为短缺，地下水超采严重；土壤重金属污染日趋严重；中低产田比重相对较大，土壤耕层变浅，物理性质退化。农业可持续发展的主要措施与对策包括：

厉行节水，减少地下水超采。针对冬小麦—夏玉米轮作全面推广调亏灌溉模式，采用经济杠杆鼓励农户节水灌溉；适度压缩普通小麦的播种面积，着重发展专用强筋小麦以及低耗水、经济附加值较高的农作物；冬小麦布局适当南移，即压缩北部海河流域播种面积而扩大淮河流域的播种面积；大力推广喷灌、微灌、滴灌为主的高效节水技术，积极研发、引入适合冬小麦和夏玉米的滴灌设施与技术，继续压采地下水，节水重点仍在渠灌区。

改造中低产田，提升土壤肥力。该区主要中低产农田土壤分别是砂姜黑土4 300万亩、薄层褐土1 000万亩、滨海盐土350万亩，实施以增加土壤有机质含量为主的培肥措施是改造该区中低产田的关键。鼓励农户在大田增施有机肥，提升秸秆直接还田比例至50%以上；在草田轮作中加入以紫花苜蓿为主的人工牧草，既能充分利用降水和土壤水资源，又可改良低产土壤，为畜牧业发展提供优质牧草。

以防为主，综合治理土壤重金属污染。防治重点区域为金属矿区、工业区、污水灌溉区和大中城市周边。

（五）长江中游及江淮地区

长江中游及江淮地区土地总面积23.2万km^2，耕地面积7.26万km^2。该区稻米产量约占全国稻米总量的16%，棉花约占24%，淡水养殖占80%，一年二熟或三熟，是我国重要的粮、棉、油、肉、渔商品生产基地。当前区内主要问题是建设用地大量占用优质耕地；土壤重金属污染和农业面源污染严重，土壤酸化趋势加剧；双季稻面积下降，复种指数偏低。农业可持续发展的主要措施与对策包括：

严控建设用地占用耕地。尽快划定优质、成片的永久基本农田，防止正在快速城市化的长株潭、大武汉地区过度占用耕地。

改造中低产田。区内尚有土壤障碍明显的中低产田约1 360万亩，其中红壤1 000万亩，黄泥田、冷浸田、白土230万亩，紫色土130万亩。可因地制宜，根据不同土壤障碍类型采取不同措施改土培肥，提高农田生产力。

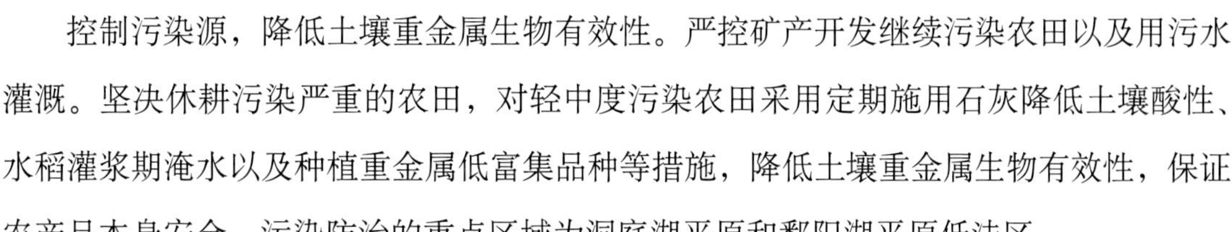

控制污染源，降低土壤重金属生物有效性。严控矿产开发继续污染农田以及用污水灌溉。坚决休耕污染严重的农田，对轻中度污染农田采用定期施用石灰降低土壤酸性、水稻灌浆期淹水以及种植重金属低富集品种等措施，降低土壤重金属生物有效性，保证农产品本身安全。污染防治的重点区域为洞庭湖平原和鄱阳湖平原低洼区。

努力提高复种指数。近20年该区双季稻种植面积下降30%以上。应稳定和提高以洞庭湖平原与鄱阳湖平原为主的双季稻种植面积，并通过适当补贴鼓励农户利用区内大量冬闲田种植饲料油菜、豆科绿肥，既提高土壤肥力，减少化肥施用量20%～30%，又能为畜牧业发展提供饲料。在有水资源保证的淮河北岸实行旱改水，发展以糯、粳米为主的优质稻，增加稻麦两熟耕作制面积。

实施防治土壤酸化工程。氮肥过量施用是该区土壤酸化的重要原因之一，亟待依据科学配方减量施肥，改进施肥方式，提升氮肥利用率，同时可减轻化肥过量施用引发的面源污染；在土壤酸化严重区定期施用石灰，施用量以100kg/亩左右为宜。

防洪排涝。加强长江中游以防洪为重点、江淮地区以排涝为重点的水利建设。

（六）四川盆地

四川盆地土地总面积17.9万km^2，耕地面积11.8万km^2。区内农作物为水稻、甘薯、油菜、大豆、蔬菜与水果，粮食产量占全国总量的15.3%，甘薯、油菜、大豆分别占15.2%、9.3%和6.5%，蔬菜与水果占11.8%；以生猪为主的肉类产量占14.3%。多数地区一年三熟，是我国重要的农产品综合生产基地。当前区内主要问题是优质耕地被大量占用；农田土壤重金属污染严重；坡耕地水土流失较重。农业可持续发展的主要措施与对策包括：

严禁建设用地无序扩展。近20年该区耕地净减少342万亩，约80%为优质耕地。应采取严厉措施保护成都平原耕地，严禁城镇建设用地尤其是中小城市的粗放型扩展。

尽快启动农田土壤重金属污染治理工程。该区农田土壤重金属污染点位超标率高达41%，虽以轻度污染为主，但必须引起重视。建议在地块水平上摸清土壤重金属污染状况，立即停止污染严重区的农产品生产活动，退耕或休耕治理；以试验示范为引导，控制污染源，大力开展农田土壤重金属污染治理工作。

加强以治水改土为重点的农田基本建设。区内中低产田约200万hm^2，大部分可通过兴修水利、旱改水、坡改梯、增施有机肥等建成中高产的基本农田。

（七）新疆棉花产区

新疆棉花产区土地总面积约49.4万km^2，耕地面积378万hm^2，农业人口人均耕地4.6亩。该区农作物以棉花为主，面积约占全国的40%，单产与品质较高，是我国最重要的棉花主产区。当前区内主要问题是灌溉面积无序扩张，挤占生态用水，导致局部地区土地荒漠化加剧；耕地盐渍化仍然严重；绿洲农田重用轻养，土壤肥力水平较低。农业可持续发展的主要措施与对策包括：

退耕还水。对于水源保障差，土壤沙化、盐渍化严重地区，坚决实施退耕还水工程，降低农业用水比重。将农业用水压减出来，用于工业、城市发展和保护生态，仅靠农业节水和农业种植业结构调整措施难以解决该区超用水量及生态环境问题。实施退耕还水的重点区域为地下水超采严重的天山北坡和南疆塔里木河流域。

调整国家在新疆的耕地开发政策。该区水资源已过度开发利用，耕地超载，不宜再作为国家的耕地后备基地。建议在新疆不再实施大规模土地开垦工程，确保其生态安全。

稳定棉花生产面积，融入经济杠杆，实施严格的以节水为中心的水资源管理制度，全面推广高效节水、水肥一体化的膜下滴灌技术；同时，努力构建棉花规模化、标准化、机械化、自动化、信息化的现代生产与管理体系。

大力建设稳定的草田轮作制度。此举既为畜牧业发展提供优质饲料，又提升土壤肥力，控制土壤次生盐渍化、沙化。天山北坡可发展以苜蓿为主的牧草，种植面积比例占农作物播种面积的20%～30%；南疆地区以发展饲料油菜和绿肥为主，种植比例在10%～15%。

（八）广西蔗糖产区

广西蔗糖产区土地总面积12.7万km^2，耕地面积3.7万km^2，农业人口人均耕地1.87亩。该区是我国甘蔗生长最适宜地区，甘蔗产量占到全国总量的近70%。当前区内主要问题是部分甘蔗立地条件差，土壤较贫瘠，产量低；水肥利用率偏低；农业机械化水平不高。农业可持续发展的主要措施与对策包括：

调整作物的空间布局。在稻米自给或基本自给的条件下，腾出部分稻田用于替代种植在丘陵坡地上的甘蔗。同时，建设高标准的节水抗旱基本蔗田，改土培肥，推广高

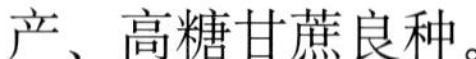

产、高糖甘蔗良种。

大力加强农田水利工程建设。建设高标准节水抗旱基本蔗田，推广水肥一体化的滴灌技术模式，提高水肥利用率，与雨养相比，可提高甘蔗产量50%以上。

加强蔗糖生产规模化和提高综合利用水平。推荐“公司+农户”或扶植种蔗专业大户方式，扩大蔗糖的种植规模，努力提高甘蔗生产全程的机械化水平。同时，引导合并中小企业为大型企业，形成以大型、高效、自动化企业为龙头的形式多样的产业化经营模式，提高产业的整体效益。

参考文献

曹云者，柳晓娟，谢云峰，等，2012．我国主要地区表层土壤中多环芳烃组成及含量特征分析［J］．环境科学学报，32（1）：197-203．

陈印军，王晋臣，肖碧林，等，2011．我国耕地质量变化态势分析［J］．中国农业资源与区划，32（2）：1-5．

陈印军，张维理，龙怀玉，2002．论农田质量预警［J］．中国农业资源与区划，23（5）：28-31．

黄晶，高菊生，张杨珠，等，2013．长期不同施肥下水稻产量及土壤有机质和氮素养分的变化特征［J］．应用生态学报，24（7）：1889-1894．

金继运，2005．我国肥料资源利用中存在的问题及对策建议［J］．中国农技推广（11）：4-6．

李忠芳，徐明岗，张会民，等，2009．长期施肥下中国主要粮食作物产量的变化［J］．中国农业科学，42（7）：2407-2414．

林诚，王飞，李清华，等，2009．不同施肥制度对黄泥田土壤酶活性及养分的影响［J］．中国土壤与肥料（6）：24-27．

刘福荣，李林燕，2008．宁夏银北灌区耕地土壤盐渍化现状及治理对策［J］．宁夏农林科技（2）：63-64．

刘敏，黄占斌，杨玉姣，2008．可生物降解地膜的研究进展与发展趋势［J］．中国农学通报，24（9）：439-443．

刘晓燕，金继运，任天志，等，2010．中国有机肥料养分资源潜力和环境风险分析［J］．应用生态学报，21（8）：2092-2098．

田长彦，买文选，赵振勇，2016．新疆干旱区盐碱地生态治理关键技术研究［J］．生态学报，36（22）：7064-7068．

王绍明，2000. 不同施肥方式下紫色水稻土土壤肥力变化规律研究 [J]. 农村生态环境，16 (3)：23-26.

文星，李明德，涂先德，等，2013. 湖南省耕地土壤的酸化问题及其改良对策 [J]. 湖南农业科学 (1)：56-60.

徐明岗，张文菊，黄绍敏，2015. 中国土壤肥力演变 [M]. 2版. 北京：中国农业科学技术出版社.

张维理，冀宏杰，H Kolbe，等，2004. 中国农业面源污染形势估计及控制对策Ⅱ：欧美国家农业面源污染状况及控制 [J]. 中国农业科学，37 (7)：1018-1025.

张维理，武淑霞，冀宏杰，等，2004. 中国农业面源污染形势估计及控制对策 [J]. 中国农业科学，37 (7)：1008-1017.

朱兆良，金继运，2012. 保障我国粮食安全的肥料问题 [J]. 植物营养与肥料学报，19 (2)：259-273.

Bingham F，Page A，Strong J，1980. Yield and cadmium content of rice grain in relation to addition rates of cadmium，copper，nickel，and zinc with sewage sludge and liming [J]. *Soil Science*，130(1)：32-38.

Guo J H，Liu X J，Zhang Y，et al，2010. Significant acidification in major Chinese croplands [J]. *Science*，327(5968)：1008-1010.

Lepp N W，1981. Effect of heavy metal pollution on plants [J]. *Springer Netherlands* (S1)：111-143.

Luo P，Han X，Wang Y，et al，2015. Influence of long-term fertilization on soil microbial biomass，dehydrogenase activity，and bacterial and fungal community structure in a brown soil of Northeast China [J]. *Annals of Microbiology*，65(1)：533-542.

课题报告三

中国农业面源污染防治战略研究

近年来，面源污染问题日益突出，成为世界范围内环境污染尤其是水环境污染、湖泊富营养化的主要因素，而农业是重要的面源污染来源。据第一次全国污染源普查资料显示，在我国主要污染物排放量中，农业生产（含种植业、禽畜养殖业及水产养殖业）排放的化学需氧量（COD）、氮（N）、磷（P）等是主要污染物量，其中COD排放量占总量的46%以上，N、P占50%以上，已严重影响到我国的水环境质量、生态环境健康，制约了我国经济社会的可持续发展。农业面源污染防治战略的研究随之也越来越得到政府和科研人员的重视。习近平总书记指出，农业发展不仅要杜绝生态环境欠新账，而且要逐步还旧账，要打好农业面源污染治理攻坚战。农业部针对打好农业面源污染防治攻坚战提出了一系列的实施意见，旨在不断提升农业可持续发展支撑能力，促进农业农村经济快速、健康发展。面源污染防治战略的制定与实施基于对我国农业面源污染的清楚认识，为此，研究我国不同来源的农业面源污染产生与排放的空间分布状况，弄清农业面源污染的成因及防治现状，了解现行的面源污染防治政策及未来的防治战略等，就成为面源污染防治战略研究的首要任务。

本报告由中国农业科学院农业资源与农业区划研究所刘宏斌、武淑霞、刘申等，浙江大学谷保静，农业农村部农村经济研究中心金书秦以及中国水产科学研究院黄海水产研究所曲克明、崔正国等人共同完成。应中国工程院重大咨询项目“中国农业资源环境若干战略问题研究”的要求，研究年份以2015年为基础年份，涉及其他年份的数据将在文中进行标注。

一、农业生产基本状况

农业是人类社会赖以生存的基本生活资料的来源，直接关系到人类社会的生存和发展。我国地域辽阔，自然条件类型多样，直接影响到农业生产中种植制度、作物种类等的分布及变化。农业生产过程中化肥、农药的大量使用，是农业面源污染的重要来源之一。施入土壤的氮只有30%～40%被作物吸收利用，其余则在土壤中残留或通过氨挥发、硝化反硝化、径流、淋溶等途径进入环境。

（一）农业生产状况

1. 自然环境

根据《2015中国气候公报》，2015年全国平均气温为历史最高值，达10.5℃，较常年偏高0.95℃。全国平均≥10℃活动积温（作物生长季积温）为4 791.5℃·d，较常年（4 730℃·d）偏多61.5℃·d。

降水量及其分布特征，尤其是暴雨发生特征对农业生产及面源污染的产生有重要影响。2015年降水属正常年景。暴雨洪涝、干旱等灾害总体偏轻，与近15年相比，因灾造成死亡人数和受灾面积明显偏少，气象灾害属于偏轻年份。全国平均降水量648.8mm，较常年偏多3.0%。长江中下游及其以南地区和重庆、四川东部、贵州、云南大部、海南降水量有800～2 000mm，其中安徽南部、浙江西部、江西东北部、福建西北部、广西东北部、广东中部等地降水量超过2 000mm；东北、华北大部、西北东南部及内蒙古东北部、四川西部、西藏东部、青海东南部等地降水量有400～800mm，内蒙古中西部、陕西北部、宁夏、甘肃中部、青海大部、西藏中部和西部、新疆北部等地降水量100～400mm，新疆南部、甘肃西部等地降水量不足100mm。广西永福年降水量（3 259.8mm）为全国最多；新疆托克逊年降水量（15.8mm）为全国最少。

2015年全国年降水资源总量为61 183亿m^3，比常年偏多1 546亿m^3。从全国年降水资源量历年变化及年降水资源丰枯评定指标来看，2015年属于正常年份。在空间分布上，安徽、福建、湖南、新疆属于丰水年份，上海、江苏、浙江、江西、广西、贵州属于异常丰水年份；辽宁、西藏、青海、甘肃属于枯水年份，海南属于异常枯水年份；其余16个省（自治区、直辖市）均属正常年份。

我国地形复杂多样，类型齐全。其中，山区面积广大，占全国总面积的2/3，平原面积仅占10%多一点。除此以外，还有广阔的高原、盆地等。多种多样的地形一方面为我国因地制宜发展农、林、牧多种经营提供了有利条件；另一方面，山区多，平原少，也给大规模商品化生产、生产管理带来了困难；同时，山区地形崎岖，交通闭塞，经济文化常常相对落后，进一步加剧了耕地资源不足。我国人均耕地面积仅为世界平均水平的1/3左右。

在地貌发展过程中，由于内营力和外营力的区域分异，形成了现代三大地貌区域，即以流水作用为主的东部季风湿润区、以风力和干燥剥蚀作用为主的西北干燥区和以冰缘和冰川作用占优势的青藏高原区。在农业生产中，水土流失的区域特征与地貌的区域基本吻合。在东部水蚀区，山地与丘陵、平原的交接地带是发生水土流失的主要区域，西北风蚀区由于内陆盆地地势起伏较小，为土壤风力剥蚀作用提供了有利条件。青藏高

原的水土流失主要为冻融侵蚀，高海拔下的常年积雪为冻融侵蚀的发生提供了动力条件。

中国土壤类型复杂，农业土壤的熟化程度和肥力演变也多种多样。西南部土壤类型主要为砖红壤。砖红壤是具有枯枝落叶层、暗红棕色表层和棕红色铁铝残积心土层的强酸性铁铝土。土层深厚，质地黏重，黏粒含量高达60%以上，呈酸性至强酸性反应。长江下游及西藏南部土壤类型主要为红壤，富含铁、铝氧化物，呈酸性红色。我国北方地区土壤类型主要为棕壤及褐土，呈微酸性反应，成土母质多为酸性母岩风化物。新疆中东部及内蒙古西部土壤类型主要为温带荒漠土。温差大、降水量少、植物稀疏，风化和成土作用微弱。由于降水量少，土体中的各种元素基本不迁移，或移动极弱，碳酸钙在土壤表面积聚，石膏和易溶盐类淋洗不深，在剖面中积累。东北地区西部和内蒙古东部、宁夏等土壤类型主要为黑钙土、栗钙土。内蒙古西部至宁夏西宁分布着半荒漠棕钙土。

2. 种植业基本状况

（1）耕地面积及分布状况

据《2016中国国土资源公报》显示，截至2015年末，全国共有农用地64 545.68万hm^2，其中耕地13 499.87万hm^2（20.25亿亩），园地1 432.33万hm^2，林地25 299.20万hm^2，牧草地21 942.06万hm^2；建设用地3 859.33万hm^2，含城镇村及工矿用地3 142.98万hm^2。2015年，全国因建设占用、灾毁、生态退耕、农业结构调整等原因减少耕地面积30.17万hm^2，通过土地整治、农业结构调整等增加耕地面积24.23万hm^2。

我国耕地中24.7%为水田、20.7%为水浇地、54.6%为旱地，南北分布差异较大。水田主要分布在秦岭—淮河一线以南，即年降水量800mm等值线以南广大南方丰水地区，约占全国水田总面积的93%。旱地主要分布在秦岭—淮河一线以北，约占全国旱地总量的85%，其中以东北平原和黄淮海平原最为集中，约占全国旱地总面积的60%左右，其次是黄土高原、内蒙古、甘肃、新疆的山前平原，约占25%，其余15%左右的旱地分布在江南丘陵与山坡地地区。

（2）主要作物播种面积状况

近十年来，我国农作物总播种面积呈逐年递增趋势。2015年农作物总播种面积16 637万hm^2，其中粮食作物占68.1%，油料作物占8.4%，棉花占2.3%，糖料占1%，烟叶占0.8%，药材占1.2%，蔬菜、瓜类占14.8%，其他农作物占3.3%。

2015年粮食作物总播种面积达11 334.29万hm^2，不同粮食作物播种面积以玉米播种面积最大，为3 811.93万hm²，占33.6%，其次为稻谷、小麦，分别为3 021.57万hm²、2 414.14万hm²，分别占粮食总播种面积的26.7%和21.3%，薯类和大豆播种面积较少，分别为883.88万hm²和650.61万hm²，分别占粮食总播种面积的7.8%和5.7%。与其他年份相比，玉米播种面积呈增长趋势，大豆有降低趋势，而稻谷、小麦、薯类则变化不大。蔬菜、瓜类播种面积为2 454.9万hm²，比2014年稍有增加，为2014年的102.7%，是1990年的347.8%。

2015年茶园和果园的播种面积与2014年相比变化不大，分别为279.14万hm²和1 281.67万hm²，是20年前播种面积的2.5倍和1.6倍，果园的种植结构在过去的20年中发生了较大的变化，其中，苹果的播种面积有所降低，减少了21%，葡萄、香蕉、柑橘的播种面积增加幅度较大，分别增加了424%、115%和106%。

（3）主要粮食、蔬菜、水果等作物产量

我国粮食总产量自中华人民共和国成立以来基本呈增长趋势，近十年来平稳增长，2015年粮食总产量为6.21亿t，其中，稻谷、小麦、玉米、大豆、薯类总产量分别占粮食总产量的33.5%、20.9%、36.5%、1.9%和5.4%。蔬菜和瓜果类作物总产量分别为78 526.1万t和9 895.5万t。

我国水果总产量也呈现增长趋势，尤其是自2003年以来增长幅度较大。2015年水果总产量2.74亿t，其中苹果、柑橘、梨、葡萄和香蕉分别占15.6%、13.4%、6.8%、5.0%和4.6%。

3. 畜禽养殖业基本状况

（1）动物种类及养殖规模

总体看来，2015年我国畜禽养殖业稳步发展。生猪的存栏量及出栏量均居世界第一位，约占世界总量的一半。家禽生产、牛羊肉生产基本保持平稳发展。2015年我国牛年末存栏数为10 817.3万只，其中肉牛占68.2%，奶牛占13.9%；猪年末存栏数为45 112.5万头，羊年末出栏数为31 099.7万只，家禽为58.7亿只。牛出栏数为5 003.4万头，猪出栏数为70 825万头，羊出栏数为29 472.7万只，家禽出栏数为119.9亿只。2015年的牛年末存栏数、牛出栏数、猪出栏数、家禽出栏数分别是2014年的102.3%、101.5%、96.3%和103.9%，变化不是很大。而与2000年相比，分别为2000年的321.1%、131.4%、136.6%和145.2%。

从养殖规模看，根据《2015中国畜牧兽医年鉴》，我国生猪年出栏500头以上的规模养殖比重达到了41.8%，蛋鸡年存栏2 000只以上、肉鸡年出栏10 000只以上的规模化养殖比重分别达到了68.8%和73.3%，肉牛年出栏50头以上、肉羊年出栏100只以上的规模养殖比重分别为27.6%和34.3%。

(2) 肉蛋奶产量

2015年肉类总产量为8 625.0万t，其中猪牛羊肉产量合计为6 627.5万t，以猪肉为主，产量为5 486.5万t，牛肉、羊肉、禽肉、兔肉产量分别为700.1万t、440.8万t、1 826.3万t和84.3万t；禽蛋总产量为2 999.2万t。肉类和禽蛋产量长期稳居世界第一位，人均肉类消费达到中等发达国家水平、人均禽蛋消费达到发达国家水平。

（二）肥料施用情况

1. 肥料（含化肥和有机肥）施用状况

从肥料施用的地区分布来看，农田施用肥料最多的省份是山东，其次为河南和河北；施用总量最小的省份是西藏，其次为上海和青海（图1、图2）。

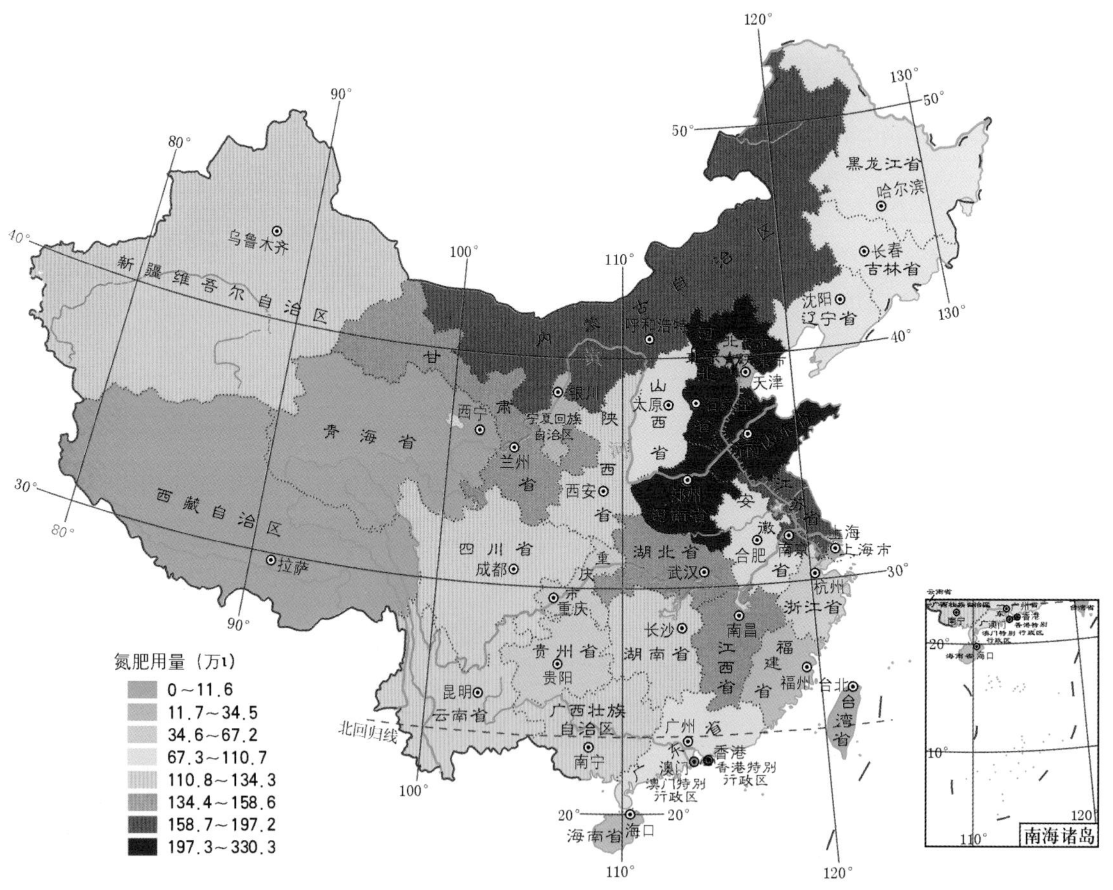

图1 全国各省份氮肥用量

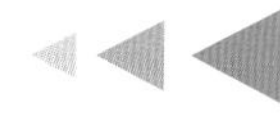

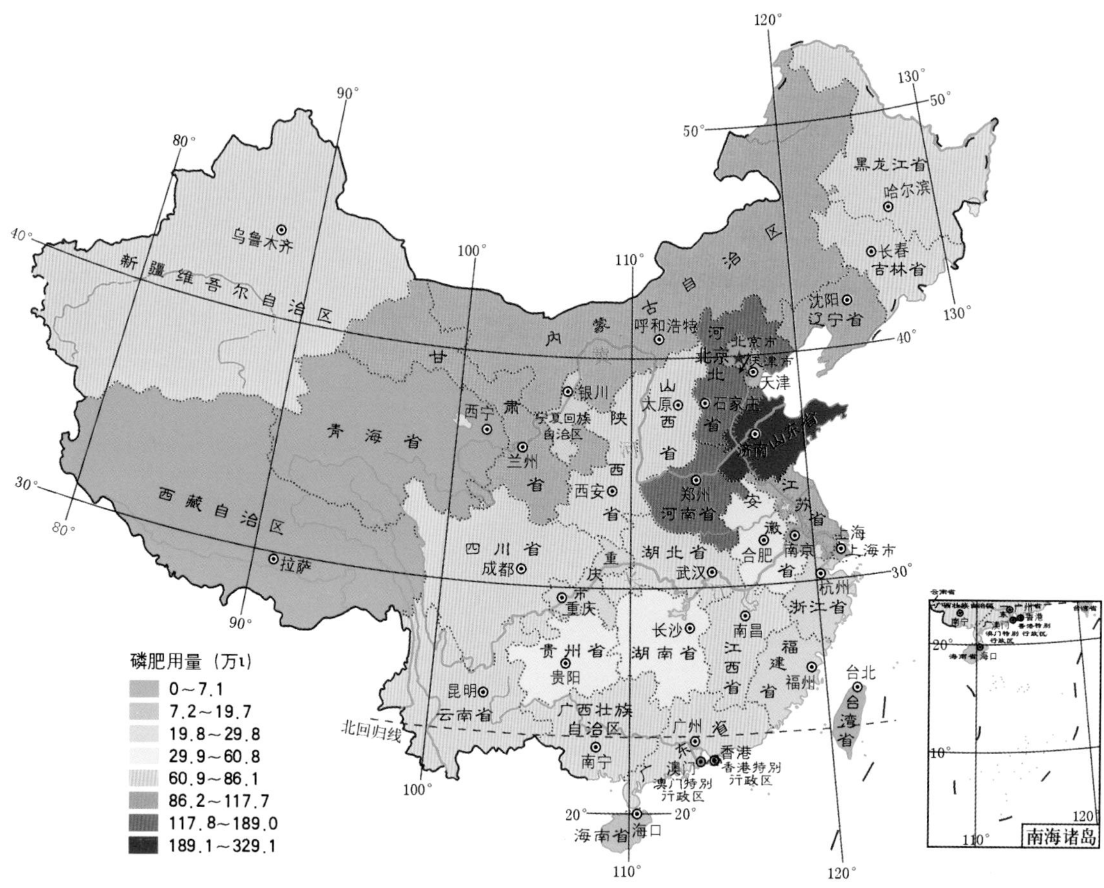

图2　全国各省份磷肥用量

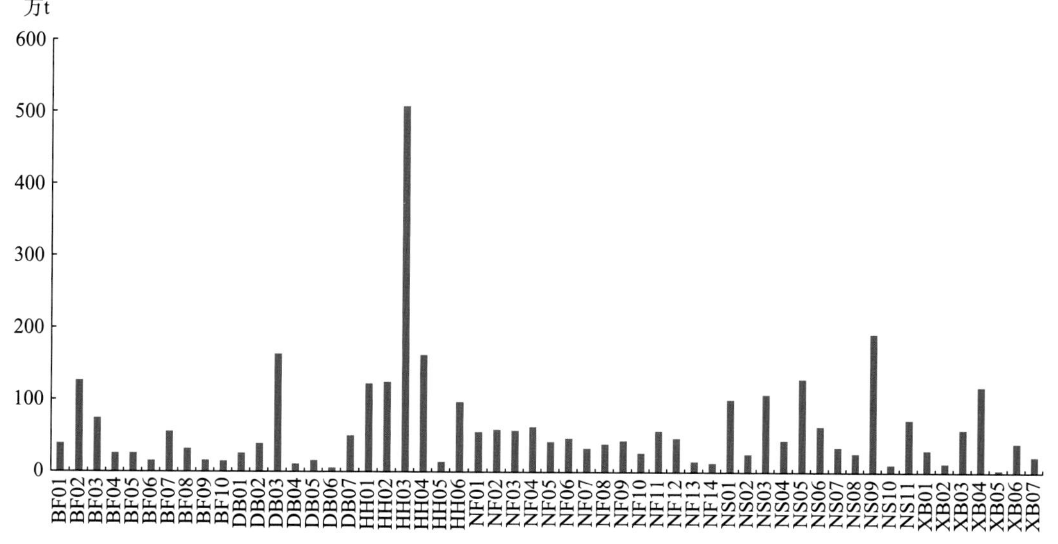

图3　全国各农田种植模式氮肥用量

注：北方高原山地区：BF01缓坡地—非梯田—顺坡—大田作物，BF02缓坡地—非梯田—横坡—大田作物，BF03缓坡地—梯田—大田作物，BF04缓坡地—非梯田—园地，BF05缓坡地—梯田—园地，BF06陡坡地—非梯田—顺坡—大田作物，BF07陡坡地—非梯田—横坡—大田作物，BF08陡坡地—梯田—大田作物，BF09陡坡地—非梯田—园地，BF10陡坡地—梯田—园地；

东北半湿润平原区：DB01露地蔬菜，DB02保护地，DB03春玉米，DB04大豆，DB05其他大田作物，DB06园地，DB07单季稻；

黄淮海半湿润平原区：HH01露地蔬菜，HH02保护地，HH03小麦玉米轮作，HH04其他大田作物，HH05单季稻，HH06园地；

南方山地丘陵区：NF01缓坡地—非梯田—顺坡—大田作物，NF02缓坡地—非梯田—横坡—大田作物，NF03缓坡地—梯田—大田作物，NF04缓坡地—非梯田—园地，NF05缓坡地—梯田—园地，NF06缓坡地—梯田—水旱轮作，NF07缓坡地—梯田—其他水田，NF08陡坡地—非梯田—顺坡—大田作物，NF09陡坡地—非梯田—横坡—大田作物，NF10陡坡地—梯田—大田作物，NF11陡坡地—非梯田—园地，NF12陡坡地—梯田—园地，NF13陡坡地—梯田—水旱轮作，NF14陡坡地—梯田—其他水田；

南方湿润平原区：NS01露地蔬菜，NS02保护地，NS03大田作物，NS04单季稻，NS05稻麦轮作，NS06稻油轮作，NS07稻菜轮作，NS08其他水旱轮作，NS09双季稻，NS10其他水田，NS11园地；

西北干旱半干旱平原区：XB01露地蔬菜，XB02保护地，XB03灌区—棉花，XB04灌区—其他大田作物，XB05单季稻，XB06灌区—园地，XB07非灌区。

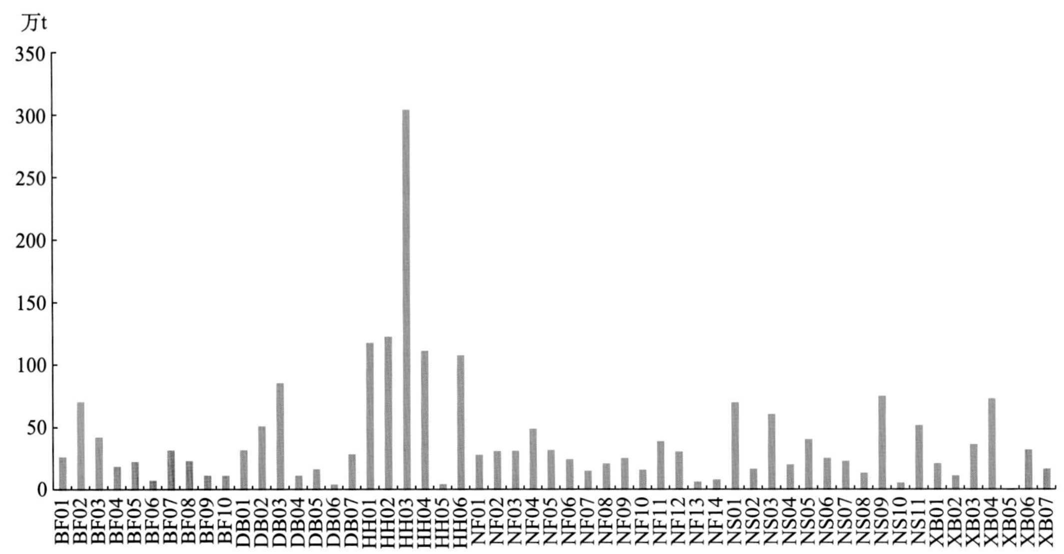

图4　全国各农田种植模式磷肥用量

注：北方高原山地区：BF01缓坡地—非梯田—顺坡—大田作物，BF02缓坡地—非梯田—横坡—大田作物，BF03缓坡地—梯田—大田作物，BF04缓坡地—非梯田—园地，BF05缓坡地—梯田—园地，BF06陡坡地—非梯田—顺坡—大田作物，BF07陡坡地—非梯田—横坡—大田作物，BF08陡坡地—梯田—大田作物，BF09陡坡地—非梯田—园地，BF10陡坡地—梯田—园地；

东北半湿润平原区：DB01露地蔬菜，DB02保护地，DB03春玉米，DB04大豆，DB05其他大田作物，DB06园地，DB07单季稻；

黄淮海半湿润平原区：HH01露地蔬菜，HH02保护地，HH03小麦玉米轮作，HH04其他大田作物，HH05单季稻，HH06园地；

南方山地丘陵区：NF01缓坡地—非梯田—顺坡—大田作物，NF02缓坡地—非梯田—横坡—大田作物，NF03缓坡地—梯田—大田作物，NF04缓坡地—非梯田—园地，NF05缓坡地—梯田—园地，NF06缓坡地—梯田—水旱轮作，NF07缓坡地—梯田—其他水田，NF08陡坡地—非梯田—顺坡—大田作物，NF09陡坡地—非梯田—横坡—大田作物，NF10陡坡地—梯田—大田作物，NF11陡坡地—非梯田—园地，NF12陡坡地—梯田—园地，NF13陡坡地—梯田—水旱轮作，NF14陡坡地—梯田—其他水田；

南方湿润平原区：NS01露地蔬菜，NS02保护地，NS03大田作物，NS04单季稻，NS05稻麦轮作，NS06稻油轮作，NS07稻菜轮作，NS08其他水旱轮作，NS09双季稻，NS10其他水田，NS11园地；

西北干旱半干旱平原区：XB01露地蔬菜，XB02保护地，XB03灌区—棉花，XB04灌区—其他大田作物，XB05单季稻，XB06灌区—园地，XB07非灌区。

施用肥料总量超过200万t的省份共有13个，这13个省份的化肥施用量占到全国施用总量的69.5%。

从肥料施用的农田种植模式来看，农田施用肥料最多的模式是黄淮海半湿润平原区—小麦玉米轮作（HH03），其次为黄淮海半湿润平原区—其他大田作物（HH04）和南方湿润平原区—双季稻（NS09）；施用总量最小的模式是西北干旱半干旱平原区—单季稻（XB05），其次为东北半湿润平原区—园地（DB06）和南方湿润平原区—其他水田（NS10）。

施用肥料（含化肥和有机肥）总量超过200万t的农田种植模式共有7个，这7个模式的肥料施用量占到全国施用总量的40.4%（图3、图4）。

2. 化肥施用情况

从化肥施用的地区分布来看，农田施用化肥最多的省份是山东，其次为河南和河北；施用总量最小的省份是西藏，其次为上海和北京（图5、图6）。

施用化肥总量超过150万t的省份共有15个，这15个省份的化肥施用量占到全国施用总量的77.7%。

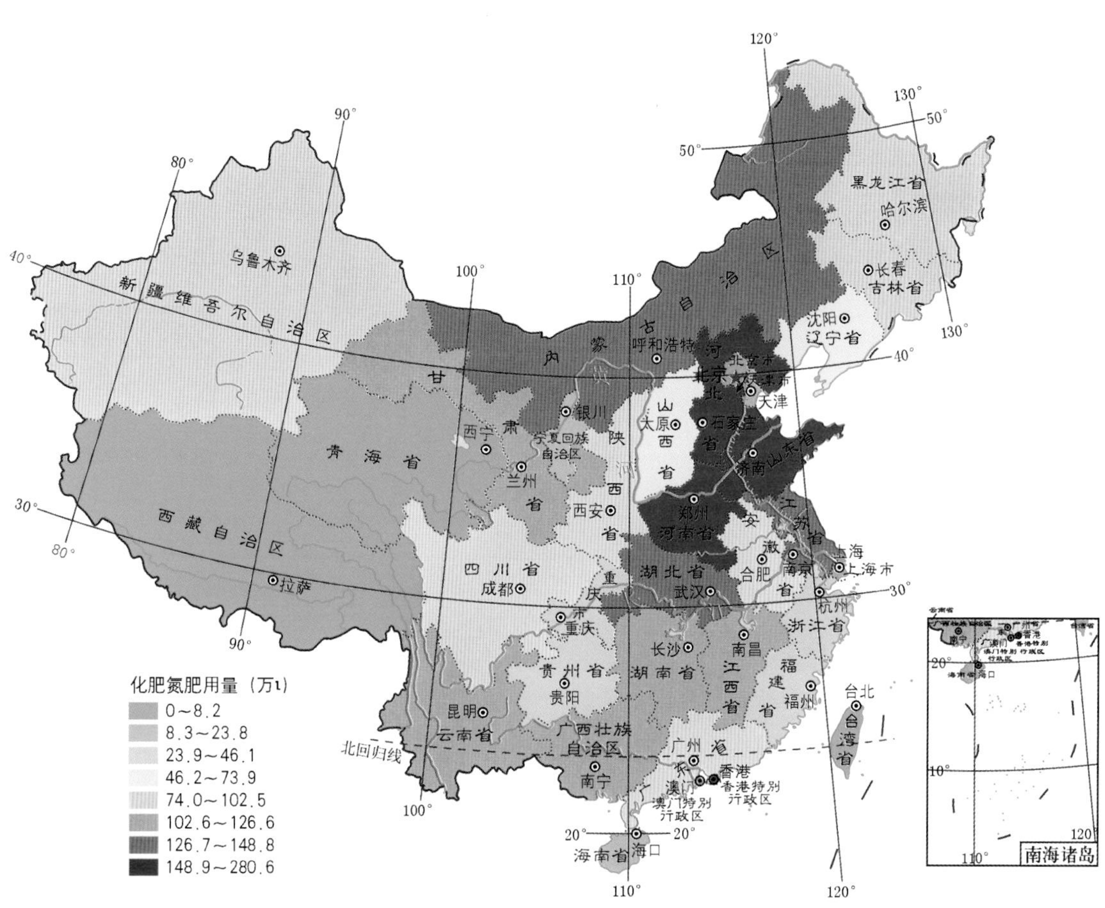

图5　全国各省份化肥氮肥用量

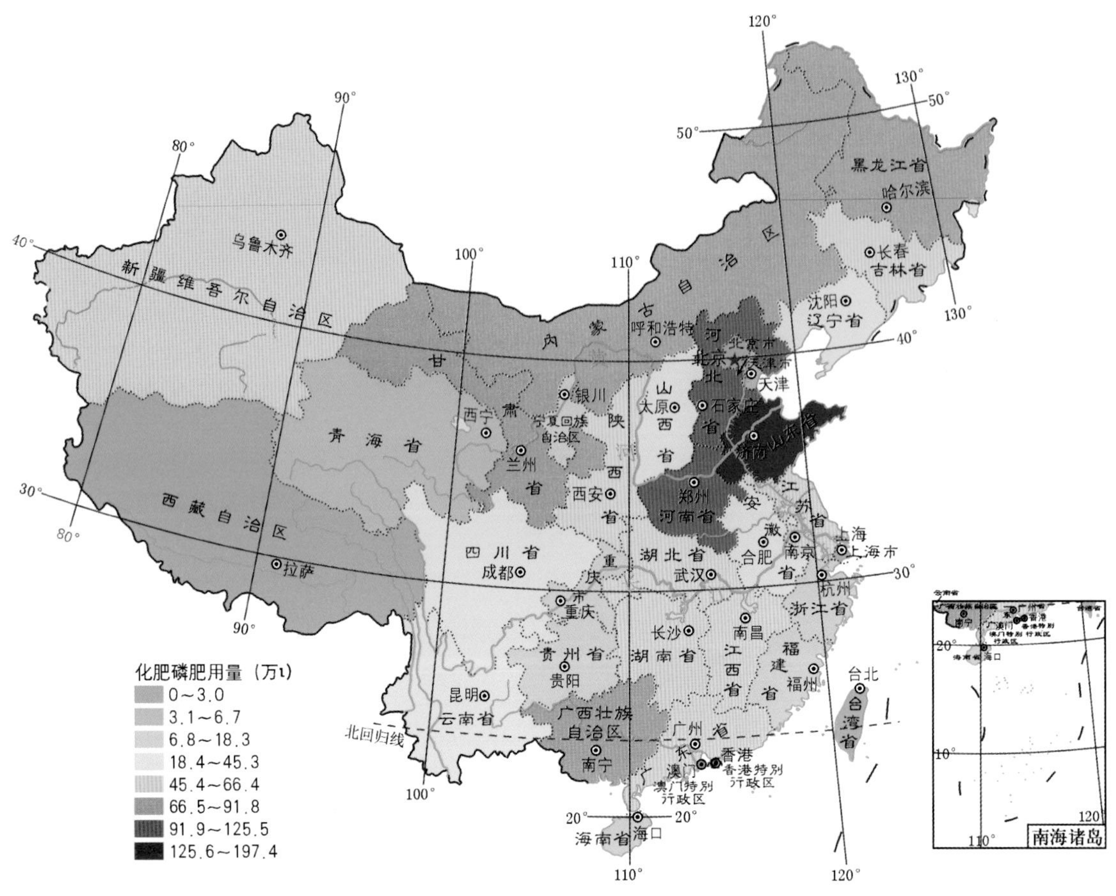

图6　全国各省份化肥磷肥用量

从化肥施用的农田种植模式分布来看，农田施用化肥最多的模式是黄淮海半湿润平原区—小麦玉米轮作（HH03），其次为南方湿润平原区—双季稻（NS09）和东北半湿润平原区—春玉米（DB03）；施用总量最小的模式是西北干旱半干旱平原区—单季稻（XB05），其次为东北半湿润平原区—园地（DB06）和南方湿润平原区—其他水田（NS10）。

施用化肥总量超过150万t的农田种植模式共有6个，这6个模式的化肥施用量占到全国施用总量的40.4%（图7、图8）。

从化肥施用的农田种植模式分布来看，农田氮肥施用强度最大的模式是黄淮海半湿润平原区—保护地（HH02），其次为黄淮海半湿润平原区—园地（HH06）和黄淮海半湿润平原区—小麦玉米轮作（HH03）；施用总量最小的模式是东北半湿润平原区—大豆（DB04），其次为东北半湿润平原区—其他大田作物（DB05）和东北半湿润平原区—单季稻（DB07）。

从化肥施用的农田种植模式分布来看，农田磷肥施用强度最大的模式是黄淮海半湿润平原区—园地（HH06），其次为黄淮海半湿润平原区—保护地（HH02）和西北干旱半干旱平原区—保护地（XB02）；施用总量最小的模式是南方湿润平原区—单季稻（NS04），其次为东北半湿润平原区—大豆（DB04）和东北半湿润平原区—春玉米（DB03）。

化肥中氮肥施用强度超过270kg/hm^{2}的农田种植模式共有27个，磷肥施用强度超过150kg/hm^{2}的模式共有28个。

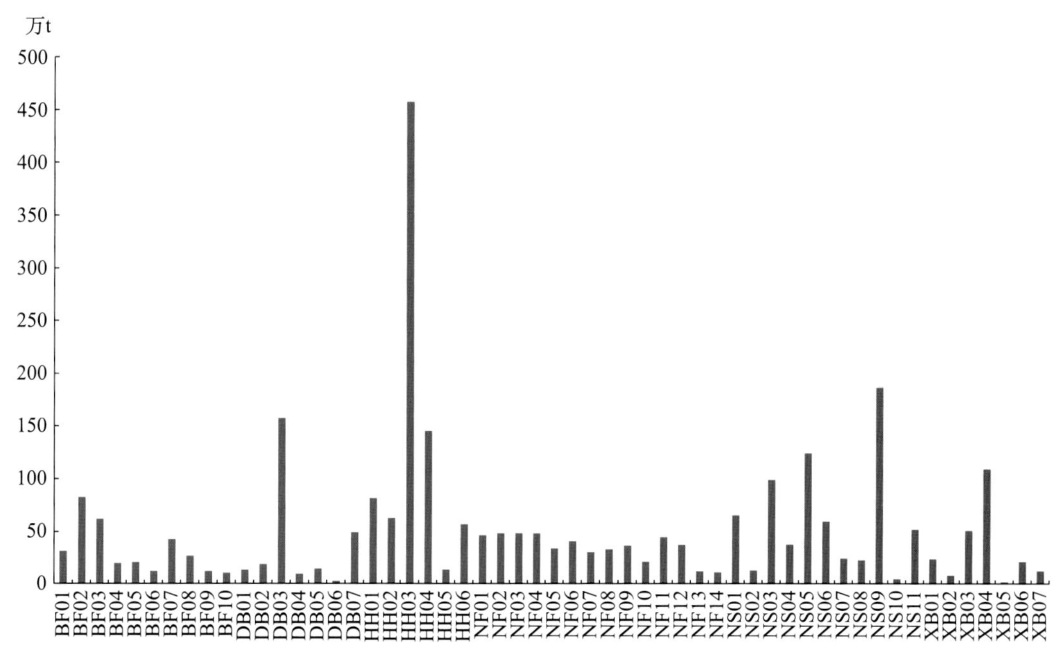

图7　全国各农田种植模式化肥氮用量

注：北方高原山地区：BF01缓坡地—非梯田—顺坡—大田作物，BF02缓坡地—非梯田—横坡—大田作物，BF03缓坡地—梯田—大田作物，BF04缓坡地—非梯田—园地，BF05缓坡地—梯田—园地，BF06陡坡地—非梯田—顺坡—大田作物，BF07陡坡地—非梯田—横坡—大田作物，BF08陡坡地—梯田—大田作物，BF09陡坡地—非梯田—园地，BF10陡坡地—梯田—园地；

东北半湿润平原区：DB01露地蔬菜，DB02保护地，DB03春玉米，DB04大豆，DB05其他大田作物，DB06园地，DB07单季稻；

黄淮海半湿润平原区：HH01露地蔬菜，HH02保护地，HH03小麦玉米轮作，HH04其他大田作物，HH05单季稻，HH06园地；

南方山地丘陵区：NF01缓坡地—非梯田—顺坡—大田作物，NF02缓坡地—非梯田—横坡—大田作物，NF03缓坡地—梯田—大田作物，NF04缓坡地—非梯田—园地，NF05缓坡地—梯田—园地，NF06缓坡地—梯田—水旱轮作，NF07缓坡地—梯田—其他水田，NF08陡坡地—非梯田—顺坡—大田作物，NF09陡坡地—非梯田—横坡—大田作物，NF10陡坡地—梯田—大田作物，NF11陡坡地—非梯田—园地，NF12陡坡地—梯田—园地，NF13陡坡地—梯田—水旱轮作，NF14陡坡地—梯田—其他水田；

南方湿润平原区：NS01露地蔬菜，NS02保护地，NS03大田作物，NS04单季稻，NS05稻麦轮作，NS06稻油轮作，NS07稻菜轮作，NS08其他水旱轮作，NS09双季稻，NS10其他水田，NS11园地；

西北干旱半干旱平原区：XB01露地蔬菜，XB02保护地，XB03灌区—棉花，XB04灌区—其他大田作物，XB05单季稻，XB06灌区—园地，XB07非灌区。

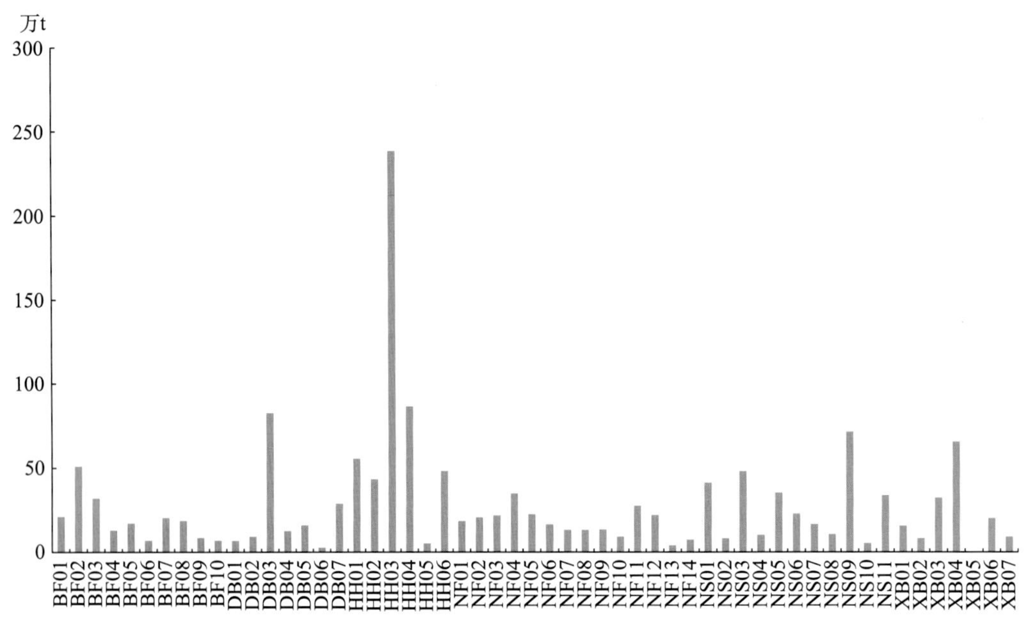

图8 全国各农田种植模式化肥磷用量

注：北方高原山地区：BF01缓坡地—非梯田—顺坡—大田作物，BF02缓坡地—非梯田—横坡—大田作物，BF03缓坡地—梯田—大田作物，BF04缓坡地—非梯田—园地，BF05缓坡地—梯田—园地，BF06陡坡地—非梯田—顺坡—大田作物，BF07陡坡地—非梯田—横坡—大田作物，BF08陡坡地—梯田—大田作物，BF09陡坡地—非梯田—园地，BF10陡坡地—梯田—园地；

东北半湿润平原区：DB01露地蔬菜，DB02保护地，DB03春玉米，DB04大豆，DB05其他大田作物，DB06园地，DB07单季稻；

黄淮海半湿润平原区：HH01露地蔬菜，HH02保护地，HH03小麦玉米轮作，HH04其他大田作物，HH05单季稻，HH06园地；

南方山地丘陵区：NF01缓坡地—非梯田—顺坡—大田作物，NF02缓坡地—非梯田—横坡—大田作物，NF03缓坡地—梯田—大田作物，NF04缓坡地—非梯田—园地，NF05缓坡地—梯田—园地，NF06缓坡地—梯田—水旱轮作，NF07缓坡地—梯田—其他水田，NF08陡坡地—非梯田—顺坡—大田作物，NF09陡坡地—非梯田—横坡—大田作物，NF10陡坡地—梯田—大田作物，NF11陡坡地—非梯田—园地，NF12陡坡地—梯田—园地，NF13陡坡地—梯田—水旱轮作，NF14陡坡地—梯田—其他水田；

南方湿润平原区：NS01露地蔬菜，NS02保护地，NS03大田作物，NS04单季稻，NS05稻麦轮作，NS06稻油轮作，NS07稻菜轮作，NS08其他水旱轮作，NS09双季稻，NS10其他水田，NS11园地；

西北干旱半干旱平原区：XB01露地蔬菜，XB02保护地，XB03灌区—棉花，XB04灌区—其他大田作物，XB05单季稻，XB06灌区—园地，XB07非灌区。

3．有机肥施用情况

从有机肥施用的地区分布来看，农田施用有机肥最多的是山东省，其次为河北省和江苏省；施用总量最小的是西藏自治区，其次为上海市和青海省（图9、图10）。

施用有机肥总量超过50万t的省份共有10个，这10个省份的有机肥施用量占到全国施用总量的66.2%。

从有机肥施用的农田种植模式分布来看，农田施用有机肥最多的模式是黄淮海半湿润平原区—小麦玉米轮作（HH03），其次为南方湿润平原区—双季稻（NS09）和东北半湿润平原区—春玉米（DB03）；施用总量最小的模式是西北干旱半干旱平原区—单季稻（XB05），其次为东北半湿润平原区—园地（DB06）和南方湿润平原区—其他水田（NS10）（图11、图12）。

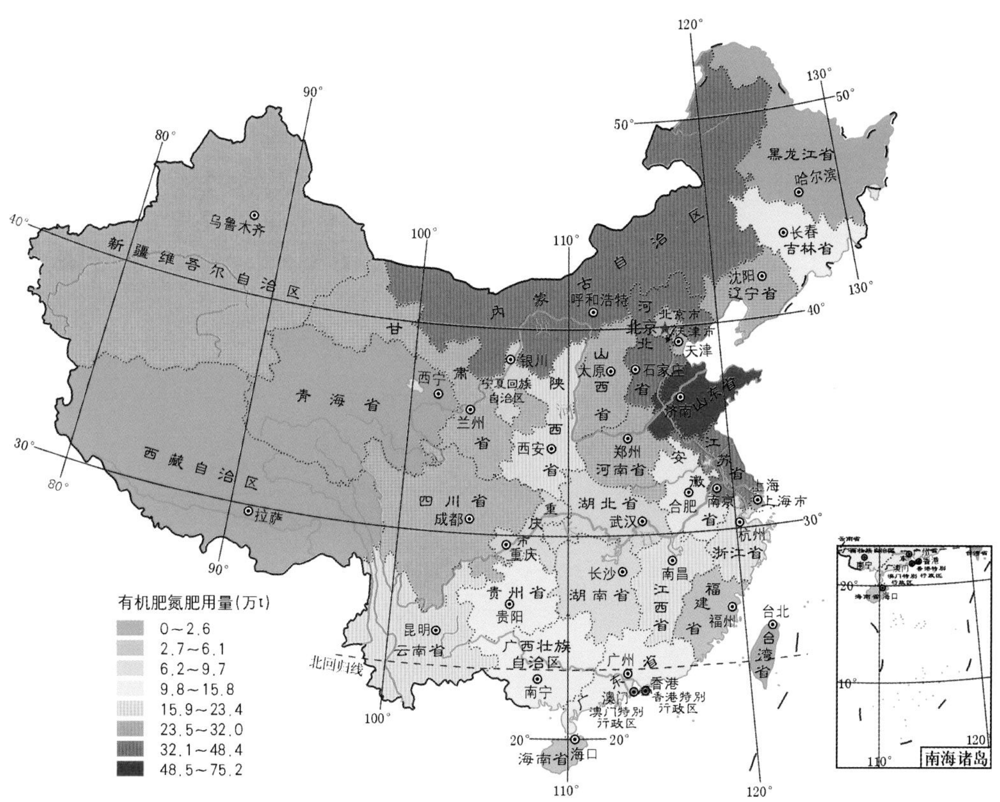

图9　全国各省份有机肥氮肥用量

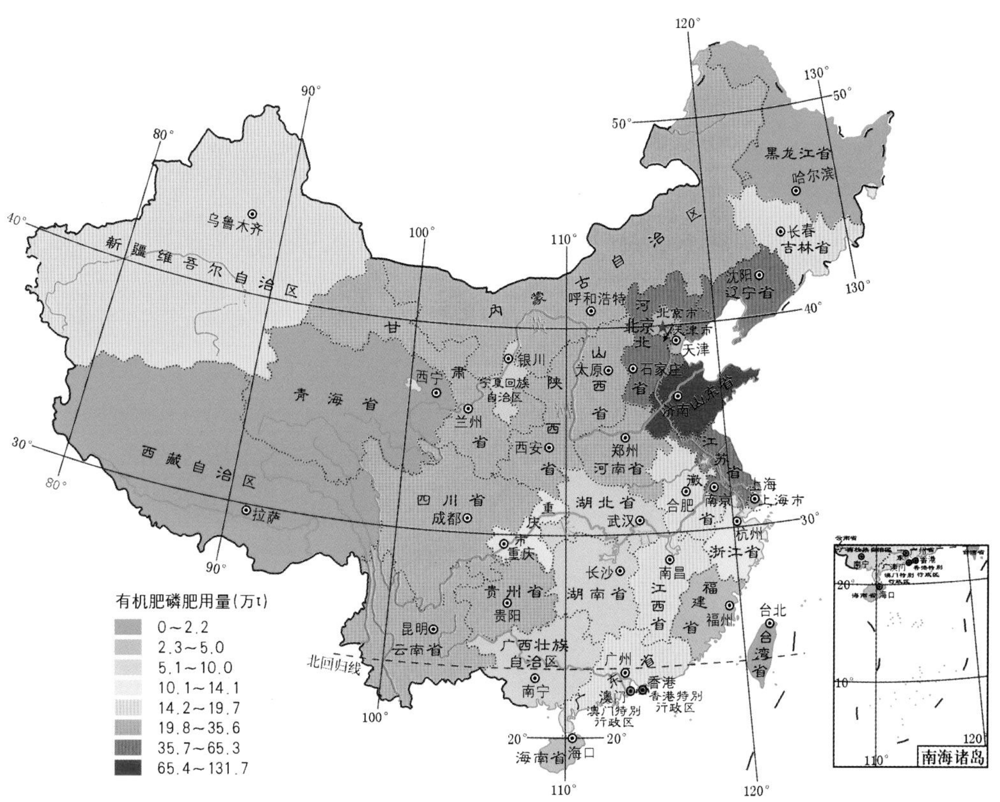

图10　全国各省份有机肥磷肥用量

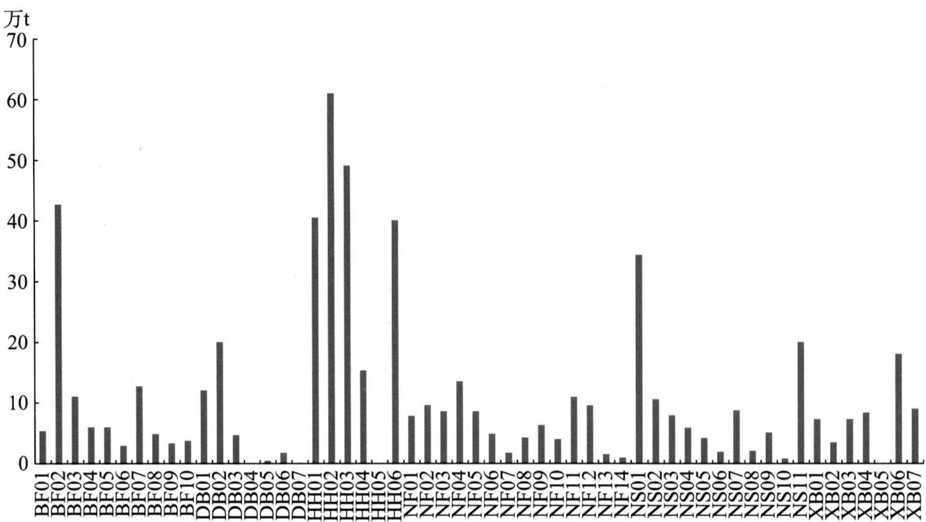

图11　全国各农田种植模式有机肥氮肥用量

注：北方高原山地区：BF01缓坡地—非梯田—顺坡—大田作物，BF02缓坡地—非梯田—横坡—大田作物，BF03缓坡地—梯田—大田作物，BF04缓坡地—非梯田—园地，BF05缓坡地—梯田—园地，BF06陡坡地—非梯田—顺坡—大田作物，BF07陡坡地—非梯田—横坡—大田作物，BF08陡坡地—梯田—大田作物，BF09陡坡地—非梯田—园地，BF10陡坡地—梯田—园地；

东北半湿润平原区：DB01露地蔬菜，DB02保护地，DB03春玉米，DB04大豆，DB05其他大田作物，DB06园地，DB07单季稻；

黄淮海半湿润平原区：HH01露地蔬菜，HH02保护地，HH03小麦玉米轮作，HH04其他大田作物，HH05单季稻，HH06园地；

南方山地丘陵区：NF01缓坡地—非梯田—顺坡—大田作物，NF02缓坡地—非梯田—横坡—大田作物，NF03缓坡地—梯田—大田作物，NF04缓坡地—非梯田—园地，NF05缓坡地—梯田—园地，NF06缓坡地—梯田—水旱轮作，NF07缓坡地—梯田—其他水田，NF08陡坡地—非梯田—顺坡—大田作物，NF09陡坡地—非梯田—横坡—大田作物，NF10陡坡地—梯田—大田作物，NF11陡坡地—非梯田—园地，NF12陡坡地—梯田—园地，NF13陡坡地—梯田—水旱轮作，NF14陡坡地—梯田—其他水田；

南方湿润平原区：NS01露地蔬菜，NS02保护地，NS03大田作物，NS04单季稻，NS05稻麦轮作，NS06稻油轮作，NS07稻菜轮作，NS08其他水旱轮作，NS09双季稻，NS10其他水田，NS11园地；

西北干旱半干旱平原区：XB01露地蔬菜，XB02保护地，XB03灌区—棉花，XB04灌区—其他大田作物，XB05单季稻，XB06灌区—园地，XB07非灌区。

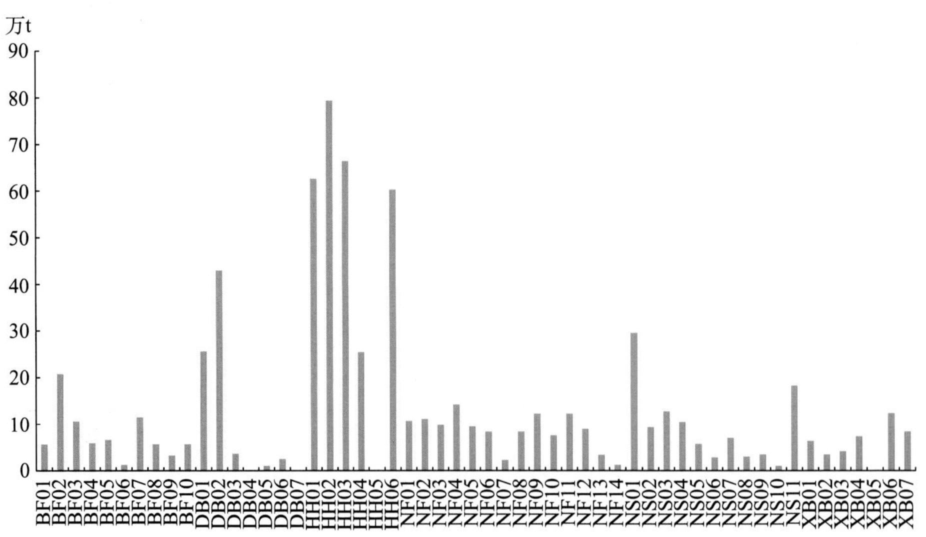

图12　全国各农田种植模式有机肥磷肥用量

注：北方高原山地区：BF01缓坡地—非梯田—顺坡—大田作物，BF02缓坡地—非梯田—横坡—大田作物，BF03缓坡地—梯田—大田作物，BF04缓坡地—非梯田—园地，BF05缓坡地—梯田—园地，BF06陡坡地—非梯田—顺坡—大田作物，BF07

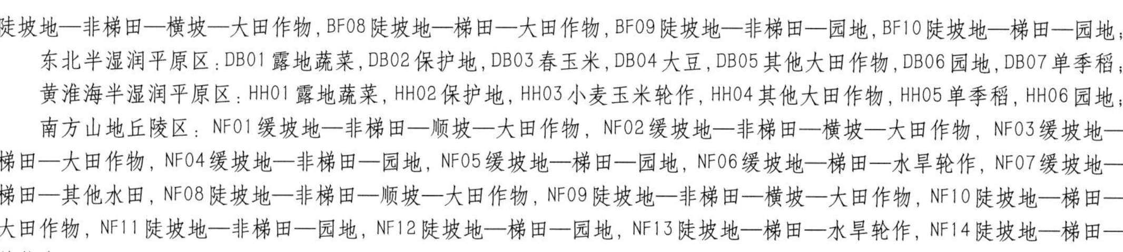

陡坡地—非梯田—横坡—大田作物，BF08陡坡地—梯田—大田作物，BF09陡坡地—非梯田—园地，BF10陡坡地—梯田—园地；

东北半湿润平原区：DB01露地蔬菜，DB02保护地，DB03春玉米，DB04大豆，DB05其他大田作物，DB06园地，DB07单季稻；

黄淮海半湿润平原区：HH01露地蔬菜，HH02保护地，HH03小麦玉米轮作，HH04其他大田作物，HH05单季稻，HH06园地；

南方山地丘陵区：NF01缓坡地—非梯田—顺坡—大田作物，NF02缓坡地—非梯田—横坡—大田作物，NF03缓坡地—梯田—大田作物，NF04缓坡地—非梯田—园地，NF05缓坡地—梯田—园地，NF06缓坡地—梯田—水旱轮作，NF07缓坡地—梯田—其他水田，NF08陡坡地—非梯田—顺坡—大田作物，NF09陡坡地—非梯田—横坡—大田作物，NF10陡坡地—梯田—大田作物，NF11陡坡地—非梯田—园地，NF12陡坡地—梯田—园地，NF13陡坡地—梯田—水旱轮作，NF14陡坡地—梯田—其他水田；

南方湿润平原区：NS01露地蔬菜，NS02保护地，NS03大田作物，NS04单季稻，NS05稻麦轮作，NS06稻油轮作，NS07稻菜轮作，NS08其他水旱轮作，NS09双季稻，NS10其他水田，NS11园地；

西北干旱半干旱平原区：XB01露地蔬菜，XB02保护地，XB03灌区—棉花，XB04灌区—其他大田作物，XB05单季稻，XB06灌区—园地，XB07非灌区。

（三）畜禽养殖粪尿产生情况

1. 畜禽粪尿产生量

（1）畜禽养殖粪尿产生量的计算方法

近十几年来，关于我国及各地区畜禽粪便排放量及其对环境影响评价的研究较多，目前虽然很多资料对各种畜禽的畜禽粪尿发生总量和氮、磷产生系数都有报道，但是差异很大。造成差异的原因主要有：畜禽种类不齐全，大多数只选取猪、牛、鸡、鸭，而其他畜禽未统计；畜禽粪便的产排污系数和饲养期的选取、确定存在差异；有些研究中未区分畜禽出栏量和存栏量，并存在错算、漏算的问题；近几年畜禽养殖方式由原来的农户散养变成如今的规模化、集约化养殖，因此近几年畜禽养殖量也发生巨大变化；牲畜日排粪、尿量因品种、年龄、体重、饲料、地区、季节等不同而有差异，例如，随着饲料配方日渐合理，牲畜有排粪减少、排尿增多的趋势；取样方式和鲜样的含水量等影响也很大，按干重和湿重不同的估算方式会有差别。

畜禽粪尿量计算沿用农业部2013年针对我国畜禽粪污计算时所采用的方法。全国及各省畜禽统计数据来自《2015年中国农业统计资料》，畜禽种类选取对农业生产及环境影响较大的猪、牛、禽和羊，分别采用生猪出栏数、牛存栏数、家禽存栏数、羊存栏数进行计算，畜禽粪尿、氮磷产污系数参照2009年《第一次全国污染源普查：畜禽养殖业源产排污系数手册》中的值，生猪年排污量根据万头猪场仔猪、育肥猪和母猪的构成比例及相应的产污系数进行计算，奶牛产污系数采用育成牛和产奶牛的平均值计算，奶牛、肉牛、蛋禽、羊的养殖天数为365d，家禽年粪便产生量计算采用3/4家禽养殖50d、1/4家禽养殖365d计算。

（2）畜禽粪尿产生量

2015年全国生猪、奶牛、肉牛、家禽和羊的粪污产生量（经全口径统计测算）为56.87亿t，其中新鲜粪便产生量约为10.19亿t，尿液约8.90亿t，冲洗污水约37.78亿t。2007年我国开展了第一次全国污染源普查中畜禽养殖业源普查口径为：生猪出栏50头以上，奶牛存栏5头以上，肉牛出栏10头以上，蛋鸡存栏500羽以上，肉鸡出栏2 000羽以上，肉羊未纳入普查范围。按照此划分标准，依据我国畜禽规模化养殖比例（据《2014中国畜牧兽医年鉴》，生猪69.9%，蛋鸡81%，肉鸡85.6%，奶牛57%，肉牛和肉羊未见相关数据），分别采用50%和80%进行计算，从而得出我国2015年规模化畜禽养殖粪污产生量为38.34亿t，其中新鲜粪便6.36亿t，尿液5.65亿t，污水26.33亿t。

单从不同畜禽种类上看，2015年我国畜禽粪尿产生量约为19.1亿t，其中猪、牛、禽和羊的粪尿产生量分别为6.5亿t、9.2亿t、0.9亿t和2.5亿t，分别占总产生量的33.9%、48.3%、4.7%和13.1%。在考虑污水排放的情况下，全口径畜禽养殖粪污产生量为56.87亿t，其中猪排污总量为43.7亿t，占76.8%，牛排污总量为9.7亿t，占17.1%，而禽排污总量为9 639万t，占1.7%，羊排污总量为2.5亿t，占4.4%。

从区域分布看，畜禽粪尿产生量（不含污水）以河南最多，其次为四川、湖南、山东，均超过1亿t；产生量为0.5亿～1亿t的省份有11个，从大到小依次为云南、湖北、河北、广西、黑龙江、内蒙古、辽宁、广东、吉林、江西和贵州；小于0.5亿t的省有16个；以上海、北京、宁夏粪尿产生总量最小，不足1 000万t；其他省的粪尿产生总量均为1 000万～5 000万t（图13）。

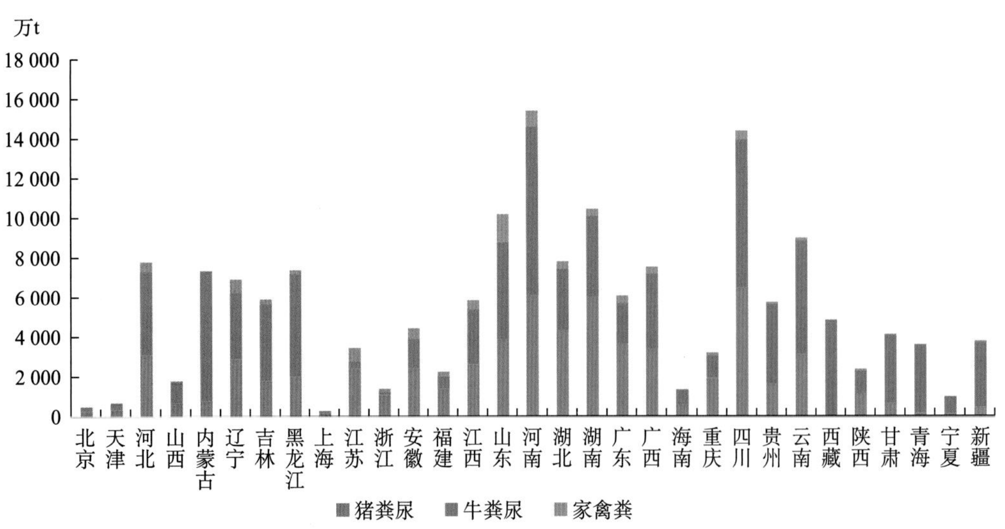

图13　2015年全国各省份主要畜禽粪尿产生量

从不同畜禽种类粪尿产生量所占比例可以看出（图14），在浙江、江苏、上海、福建、广东、重庆，猪粪尿所占比例最高，超过60%；湖南、湖北、安徽和北京猪粪尿产生量占50%～60%，在这些区域，需要加强对猪粪尿的处理和利用。牛粪尿所占比例较高的区域主要分布在我国西部和北部的地区，超过60%的有10个省份，主要包括西藏、青海、宁夏、内蒙古、新疆、甘肃、黑龙江、贵州、吉林和云南；牛粪尿比例在50%～60%的省份有6个，为河南、山西、河北、海南、广西和四川；其余15个省份牛粪尿比例则小于50%，以江苏、浙江比例最低，仅为10%～11%。禽粪在畜禽粪尿中所占比重较高的省份为江苏、山东、浙江、安徽、福建和辽宁，均在10%以上，其他省份所占比例则较低。

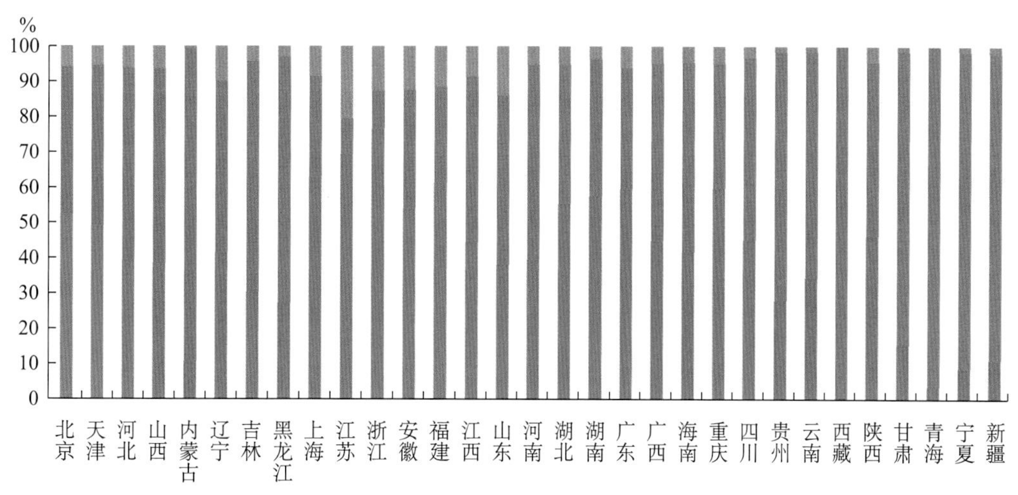

图14　2015年全国各省份不同畜禽粪尿产生量比例

2. 畜禽粪尿养分资源分析

（1）畜禽粪便资源现状

我国畜禽粪便资源十分丰富，特别是近些年来，随着集约规模化养殖不断扩大，畜禽粪便资源日益增多。畜禽粪便资源化利用方式也不断创新，由过去的一家一户简单堆沤逐步向规模化处理、工厂化生产、循环式发展转变，提高了资源处理效率和质量。畜禽粪便有机养分资源应用逐步由经济效益好的蔬菜、果树向粮食等大田作物过渡。

伴随着畜禽养殖规模的扩大和集约化程度的提高，畜禽粪便资源量和循环养分大幅增加。从总量上看，不计污水的情况下，我国猪、牛、羊、禽粪尿资源中氮、磷产生量

分别为1 229.1万t和204.6万t，以河南省产生量最高，其次为山东、河北、四川、湖南等省（图15）。

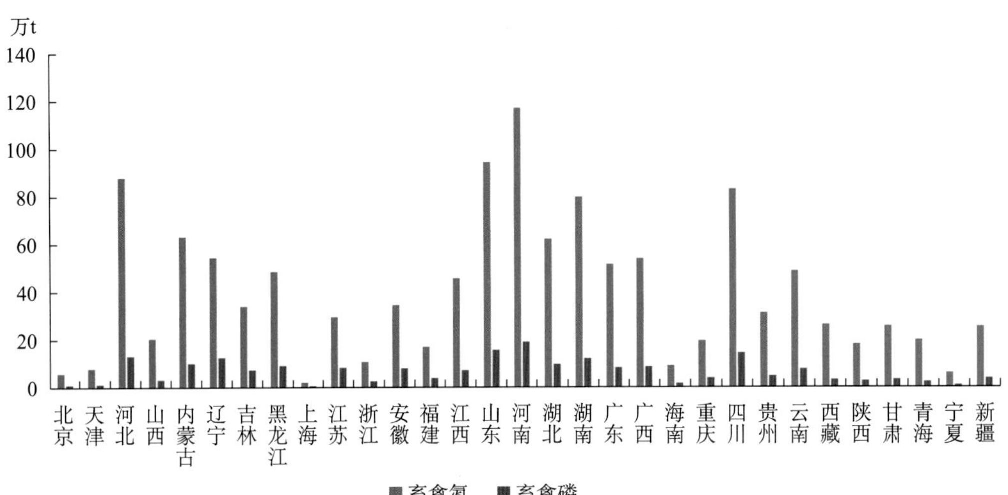

图15　全国各省份畜禽养殖氮、磷产生量

（2）畜禽粪便资源化利用方式

2002年中国国家环境保护总局自然生态保护司编写的《全国规模化畜禽养殖业污染情况调查及其防治对策》调查报告的公布，说明我国政府对畜禽粪便的环境危害和资源化利用已经有了初步的认识。畜禽粪便堆存量大、环境影响广泛，中国对于畜禽粪便的利用层次较低；同时，畜禽粪便的传统利用方式低效，促进畜禽粪便资源化利用，已成为中国养殖业发展亟待解决的重要问题之一。对畜禽粪便废弃物的综合利用，既有利于缓解突出的环境问题，促进循环农业的实现，又有利于资源节约及环境保护。畜禽粪便经过“减量化、无害化、资源化”处理，转换为肥料、饲料或能源，不仅可消除其对环境的影响，还可产生较大的社会效益和经济价值。

①畜禽粪便肥料化。畜禽粪便中含有丰富的有机物和氮、磷、钾等营养元素，是一种优质的有机肥源。

随着生物技术快速发展、处理工艺不断完善以及农业生产经营方式的变化，畜禽粪便资源化利用方式也发生了转变。传统一家一户的堆沤模式越来越少，取而代之的是集中规模化处理。规模堆沤直接还田模式与过去一家一户堆沤模式有明显区别，主要由农民专业合作社、种植大户、社会化服务组织等新型生产经营主体操作实施，采用适度规模集中堆沤处理，有条件的地区还统一组织机械抛撒施用。

传统堆肥技术由于占地面积大、周期长、不能控制畜禽粪便臭气等缺点，限制了其应用与推广。而工厂化生产模式的高温好氧堆肥以其有机物分解速度快、发酵时间短、最大限度杀灭病原菌等优点成为畜禽粪便堆肥的首选方式。高温好氧堆肥是有机物在一定条件下，依靠微生物的相互协同作用，通过高温发酵分解转变为肥料的技术，这期间还可以合成有机物腐殖质等作为提高土壤肥力的重要活性物质。这是当前畜禽粪便资源化利用相对成熟的技术模式。据不完全统计，截至2015年，我国有机肥生产企业2 979家，年设计生产能力3 191.8万t，年实际产量1 514万t，占设计生产能力的47.4%。从年产量看，在0.5万t以下的企业有1 353家，占总数45.4%；0.5万～2万t的企业有1 075家，占总数36.1%；2万t以上的企业有551家，只占总数的18.5%，绝大多数企业的年产量在2万t以下。从产品类型看，有机肥、有机无机复混肥和生物有机肥企业分别占62.1%、27.4%和10.5%。

②畜禽粪便能源化。畜禽粪便作为一种生物质能源，对其开发利用，有利于节约和替代原生资源，减少对不可再生资源的依赖，实现资源可持续利用。

畜禽粪便的这种循环利用模式，主要是以大型养殖场为主，实施沼气发酵工程，通过畜禽粪便厌氧发酵沼气，可以使其中的80%～90%有机物分解，产生甲烷气体和二氧化碳，获得优质的清洁能源，用于燃烧发电和农业生产，同时产生的沼渣沼液可作为肥料还田利用，是实现肥料化和能源化结合的综合技术。

沼气池发酵处理技术是典型的厌氧生物处理技术。一般包括前处理、沼气处理及产物利用几个阶段。通过带有前处理的沼气处理系统，废水中化学需氧量（COD）、生化需氧量（BOD）、悬浮物含量（SS）的去除率可达85%以上，同时还可有效地减少养殖场向大气中排放温室气体——甲烷。通过与农业的结合建立“畜—沼—农”生态模式，在发展畜禽养殖业的同时，将污水通过沼气发酵处理可以“变废为宝”，获得生活、生产能源和有机肥料，进行资源化利用。利用沼气技术对污水进行综合处理，不但可以解决规模化畜禽养殖带来的污染问题、消除规模化畜禽养殖与环境保护的矛盾，还可以对污水进行资源化利用，在取得生态效益的同时获得可观的经济效益，是保护农业自然资源、优化生态环境、促进现代养殖业发展的好办法。

③畜禽粪便饲料化。由于畜禽粪便含有丰富的粗蛋白、粗纤维以及矿物质元素等，饲料化也是其资源利用的一种途径。畜禽粪便饲料化可大幅度降低养殖成本、畜产品成本等。目前利用畜禽粪便作饲料的方法主要有干燥法、热喷法、微波法、化学法和青贮法等，此外还能直接用畜禽粪便饲养反刍动物、鱼、蝇蛆等动物，以增加动物蛋白质饲

料资源。但由于畜禽粪便残留各种饲料生产过程中使用的添加剂，畜禽粪便饲料化利用易出现有害物质超标甚至中毒的问题，所以畜禽粪便饲料化的利用争议较大，目前有些发达国家已不主张利用畜禽粪便作为饲料。

（3）畜禽粪便有机养分资源使用

近年来，随着国家对耕地质量建设和生态环境保护力度的加强，一系列补贴政策和措施的出台，极大地鼓励和引导广大农民使用有机肥，有机养分投入有所增加，仅中央组织实施的耕地质量保护与提升行动，施用有机肥的农田面积就增加1 000万亩以上。同时，北京、上海、江苏和浙江等省市地方政府也出台一系列有机肥补贴政策，扶持企业无害化处理秸秆、畜禽粪便等资源，引导农民使用有机肥，极大地促进了有机养分资源的推广应用。同时，农民施肥观念也发生转变，开始重视有机肥使用，在粮食作物上投入有机养分。

据对全国23 706个典型地块的最新调查，粮食作物施用有机肥的田块比例合计为19.1%，其中水稻、小麦、玉米、甘薯、马铃薯分别为11.9%、34.5%、20.5%、31.7%和48.2%；经济作物施用有机肥的田块比例在36.9%左右，其中，花卉、果树施用有机肥的田块比例均在50%以上，甘蔗、甜菜、烟草、茶、桑类作物施用有机肥的田块约占调查田块的30%～40%，其他棉花、油菜及其他油料作物施用有机肥的田块比例则较低。瓜果蔬菜施用有机肥的田块比例较高，其中根茎叶类蔬菜和瓜果类蔬菜分别为56.1%和56.4%，水生蔬菜较低，为24.6%（图16）。

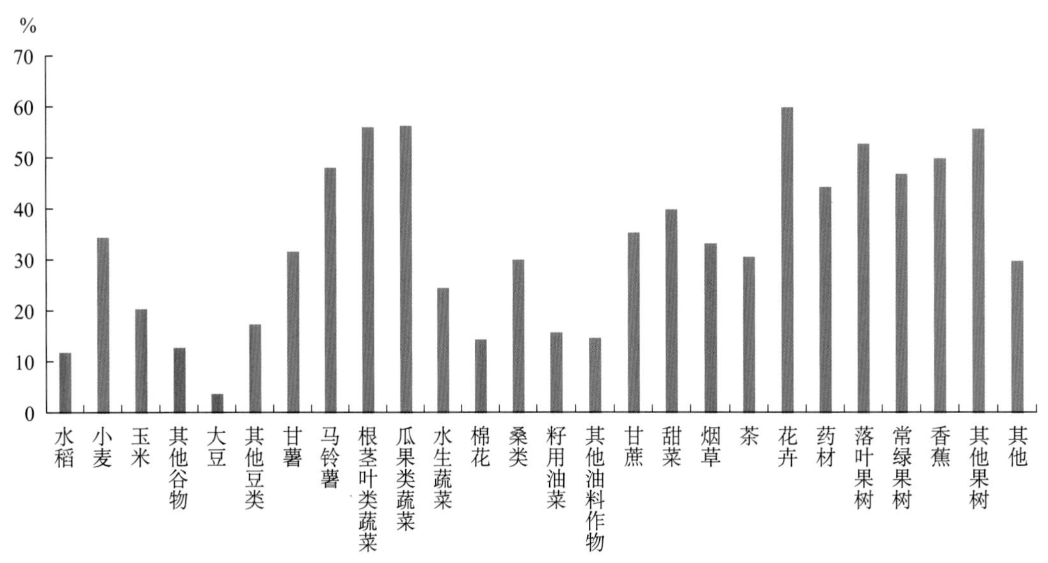

图16　不同作物施用有机肥的田块比例

(4) 畜禽粪便资源化利用存在的主要问题

畜禽粪便是重要的养分资源，在农业发展中发挥了重要的作用，但随着畜禽养殖方式、养殖规模和施用观念等因素的变化，我国畜禽粪便资源化利用仍存在一些亟待解决的突出问题，这也是实现畜禽粪便资源“变废为宝”的瓶颈。

①畜禽粪便资源污染。伴随我国规模化畜禽养殖快速发展、饲料配方的不断调整和完善，畜禽粪便资源养分也发生明显变化，特别是一些重金属含量明显增加。2015年研究结果表明，华北地区畜禽粪便重金属超标呈现出相似的规律，畜禽粪便超标以Cu、Zn最为严重，Pb、Cr和As次之。猪粪超标情况最为严重，Cu、Zn超标率分别高达100%、91.67%，其次是肉鸡粪，Cr、Cu、Zn超标率均在50%以上，牛粪和羊粪重金属超标情况略好。究其原因，主要是为促进畜禽的快速育肥和繁殖，饲料中填加了一些Cu、Zn、As等重金属元素，但由于饲养期限的缩短和重金属难被吸收转化的特性，造成目前禽粪便中重金属含量超标问题比较严重，影响和制约着农产品安全和农业可持续发展。畜禽粪便重金属超标问题已经成为当前资源化利用密切关注和亟须解决的问题。如果处理不当，可能对我国耕地造成二次污染，对我国农业的可持续发展造成不利影响。

②畜禽粪便资源无害化处理。随着畜禽粪便资源量的不断增加，快速处理畜禽粪便资源则成为当务之急。当前，我国畜禽粪便资源化利用的模式均存在着一些限制因素。工厂化生产模式是目前有效处理畜禽粪便的主要方式，但从有机养分资源高效利用和节约能源的角度看不是最佳的方式。有机养分资源除含有全元养分，还含有大量的有机质和微生物等物质，有机质、微生物发挥作用都需要一定的湿度，而有机肥中水分含量明确规定要小于30%（依据有机肥标准NY 525—2012），工厂化生产一定程度限制了有机质的分解和微生物的活性，影响了有机养分资源作用的充分发挥。与此同时，将畜禽粪便资源生产商品有机肥，增加造粒、烘干等环节，需要消耗大量的能量。传统堆沤直接还田模式，应该说是高效、经济、环保的利用方式，但问题是受新型生产经营主体和社会化服务组织发展的限制，能够从事或承担畜禽粪便资源化利用的服务主体和组织少之又少，影响了操作实施；同时，缺乏社会服务与经济效益挂钩的运行机制也是制约发展的因素之一。至于循环发展利用模式，目前还仍处于大型养殖场探索尝试的阶段。

③畜禽粪便养分资源应用。我国应用畜禽粪便养分资源历史悠久，但应用不平衡的现象十分严重。粮食作物有机养分用量偏低。2015年调查数据表明，我国粮食作物田块应用有机养分的比例仅为37.7%，再详细分析，发现在使用有机肥的农户中，一部分田块是采

用秸秆还田方式，一部分田块是近年来耕地质量保护与提升补贴项目实施区，农民真正自主在粮食作物田块上使用畜禽粪便养分资源的比例很低，同时农户在粮食作物上有机养分投入数量明显不足，如种植水稻，有机养分投入仅占全生育期养分投入的22%。长时期不施用有机肥，造成耕地结构变差、保肥保水能力不足，耕地质量下降。蔬菜、园艺作物盲目过量施用有机养分现象严重。据对农户调查显示，在部分经济效益较好的蔬菜果树种植区，大量、盲目施用有机养分问题突出，个别农户亩施有机肥用量超10t。过量施用有机肥同样存在养分流失问题，特别是氮肥流失，造成地下水污染，同时由于部分畜禽粪便资源重金属、抗生素等含量较高，长期过量使用畜禽粪便养分资源，易造成土壤中重金属、抗生素累积。珠三角部分蔬菜种植区，有机养分资源以鸡粪为主，有近40%菜地重金属污染超标，其中10%超标较重，部分菜品也出现重金属含量超标现象，严重影响农产品质量安全。

3. 单位耕地面积畜禽承载力

目前已有大量文献对单位耕地面积的畜禽粪便承载力进行了评价。《全国规模化畜禽养殖业污染情况调查及防治对策》中提出耕地能够承载的畜禽粪便为30t/hm^{2}左右，欧洲畜禽粪便的施用限量值为35t/hm^2。畜禽粪便年施用量与土壤质地、肥力和气候等自然条件有关，综合考虑这些影响因素，欧洲将粪肥年施氮量的限量标准定为170kg N/hm^2，超过这个极限值将会带来硝酸盐的淋洗；土壤的粪便年施磷量不能超过35kg P/hm^2（Ulen B等，2007），过量会引起土壤磷的淋洗，造成环境污染。国内有科研工作者根据我国的情况，认为单位耕地氮或磷最大可施用量分别为150kg N/hm^{2}和30kg P/hm^2（武兰芳等，2009），据沈根祥等（2006）研究结果，粮食作物氮、磷年平均需求量分别为219kg N/hm^{2}和63kg P/hm^2。另外，在评估耕地和果园对畜禽粪便承载力时，应考虑化肥施用的影响。

综合以上因素，初步提出我国每公顷耕地能够承载的畜禽粪便上限为30t，单位耕地氮、磷最大可施用量分别为150kg N/hm^{2}和30kg P/hm^2，超过这些限定值，则认为畜禽养殖超过单位耕地面积承载力。

从图17中可以看出，我国单位耕地面积的畜禽承载量有16.1%的省（自治区）超过30t/hm^{2}粪污限制值，这些地区主要为西藏、北京、广东、福建和湖南。以单位耕地氮承载力来计，则有10个省（自治区、直辖市）超过了150kg N/hm^2，分别为北京、西藏、广东、天津、山东、湖南、福建、河南、江西和海南；其中，除海南、河南、湖南和江西外，其他6省及辽宁的单位耕地磷承载力超过了30kg P/hm^2（图18）。

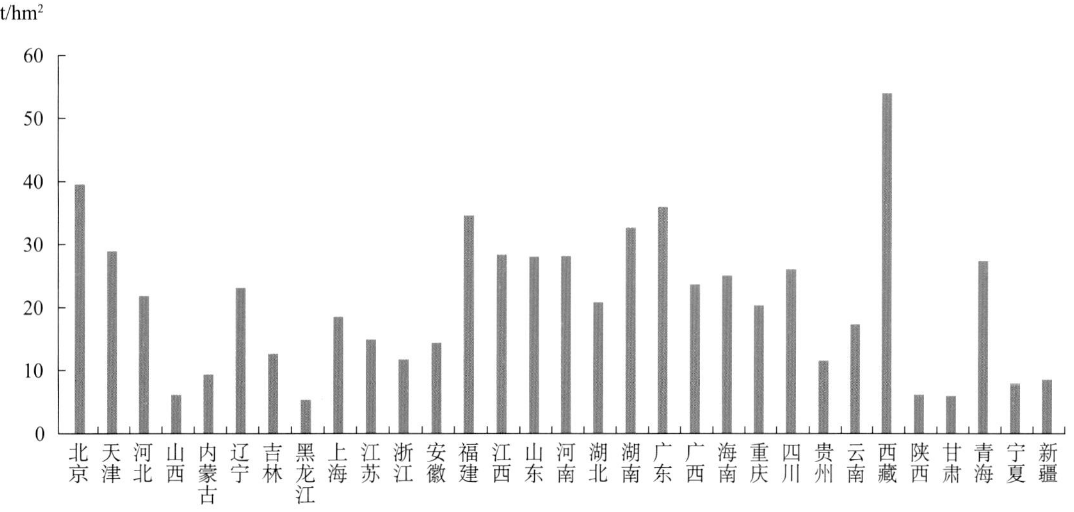

图17 全国各省份单位耕地畜禽类便产污量

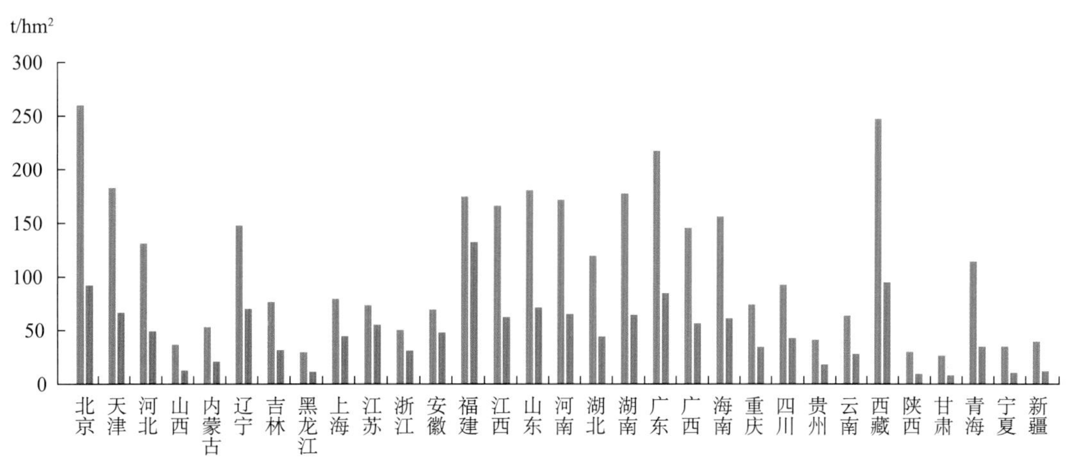

图18 全国各省份单位耕地畜禽全氮、全磷量

（四）渔业发展现状

中国是渔业大国。2015年，中国水产品的总产量已达6 799.65万t，连续26年稳居世界第一，占世界水产品总量的三分之一以上，渔业产值达到11 328.70亿元，渔业增加值达到6 416.36亿元，渔民人均纯收入达到15 594.83元，水产品人均占有量48.74kg，水产品进出口额达到293.14亿美元。渔业为保障国家粮食安全、促进渔民增收等做出了重要贡献。中国又是世界水产养殖第一大国，水产养殖产量占世界总产量的70%以上。根据《中国渔业统计年鉴》数据，1980年中国水产品总量为449.70万t，其中海水产品产量325.71万t（其中海洋捕捞281.27万t、海水养殖44.43万t），淡水产品

产量124.00万t（其中淡水捕捞33.85万t、淡水养殖90.15万t）。2015年中国水产养殖产量4 937.90万t，养殖产品占水产品总量的72.42%，其中，海水养殖产量1 875.63万t；全国水产养殖面积846.5万hm^2，其中，海水养殖面积231.78万hm^2。海水养殖产量中贝类所占比例最高，为74.42%；淡水养殖中鱼类所占比例最高，为88.66%。经过多年发展，中国水产养殖业成为国民经济发展中举足轻重的产业。

二、农田面源污染状况

（一）地表径流面源污染物排放状况

从农田面源污染地表径流流失的省份分布来看，农田地表径流总氮流失量最大的省份是江西，其次为湖北和江苏；流失总量最小的省份是青海，其次为宁夏和新疆；总磷流失量最大的省份是山东，其次为河北和河南；流失总量最小的省份是西藏，其次为青海和北京（图19、图20）。

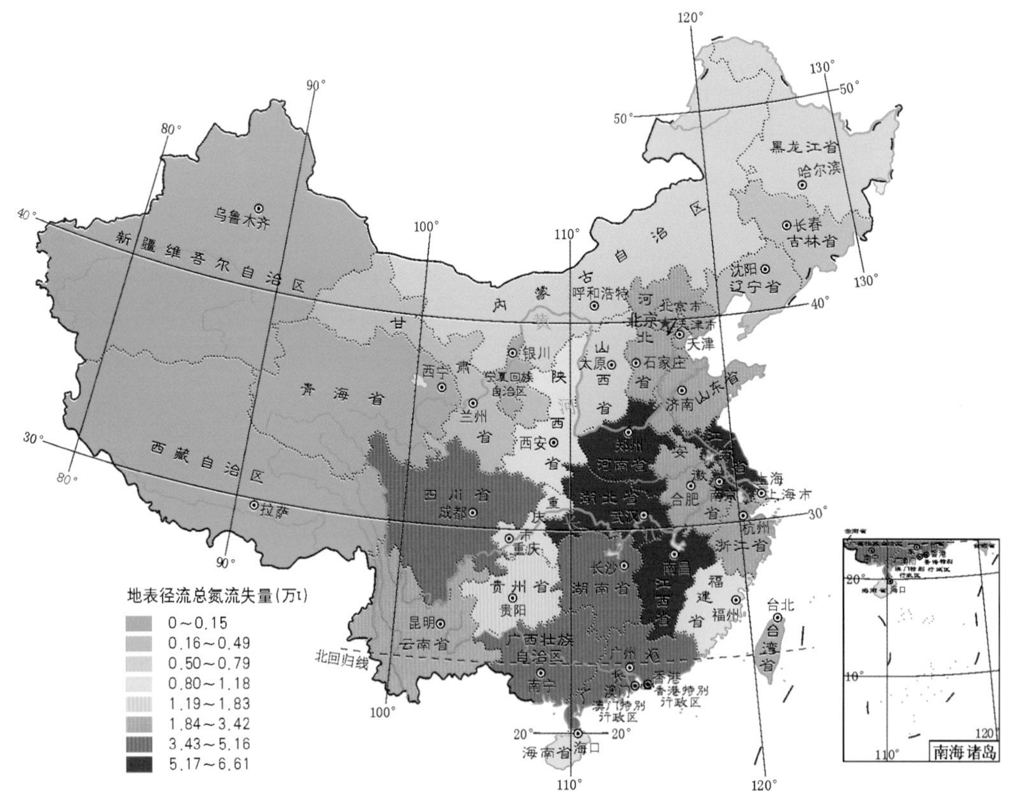

图19　全国各省份地表径流总氮流失量

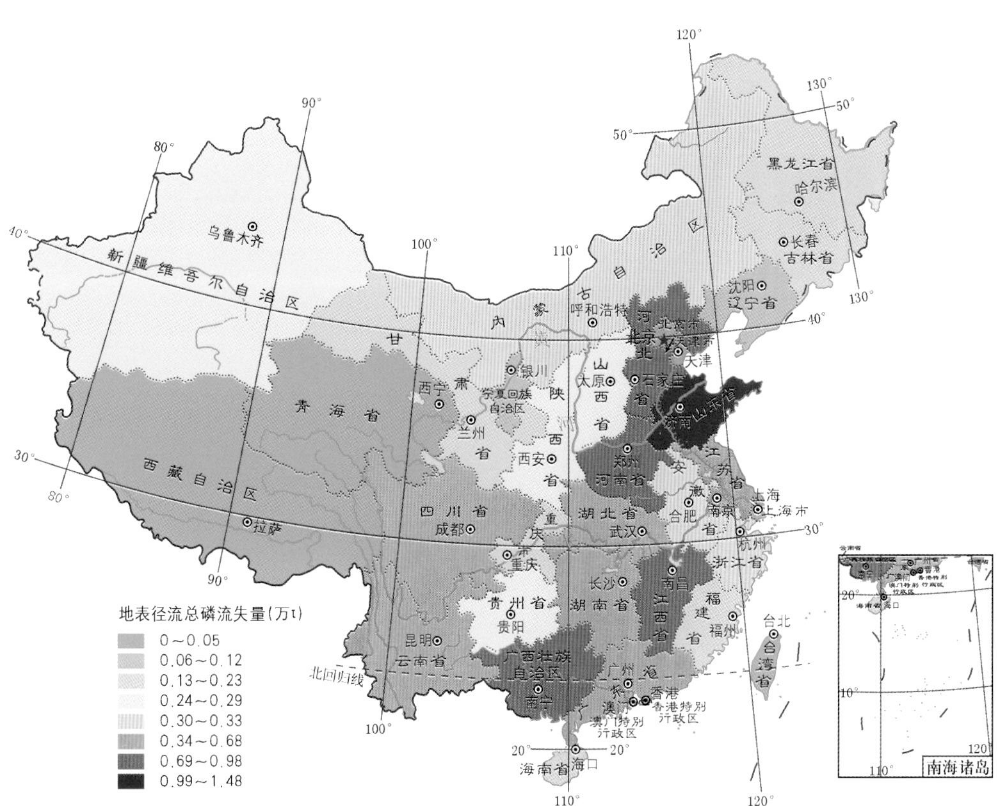

图20　全国各省份地表径流总磷流失量

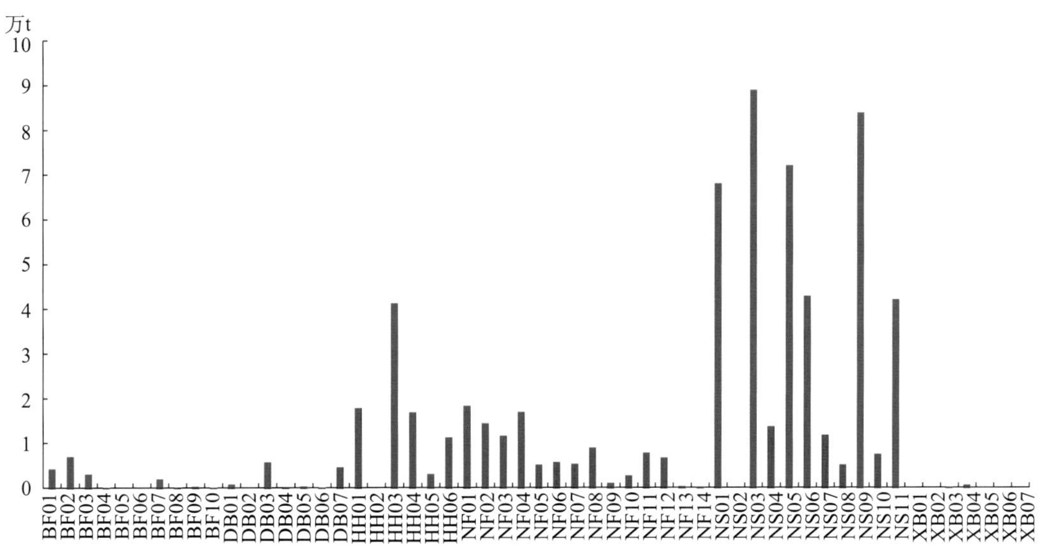

图21　全国各农田种植模式地表径流总氮流失量

注：北方高原山地区：BF01缓坡地—非梯田—顺坡—大田作物，BF02缓坡地—非梯田—横坡—大田作物，BF03缓坡地—梯田—大田作物，BF04缓坡地—非梯田—园地，BF05缓坡地—梯田—园地，BF06陡坡地—非梯田—顺坡—大田作物，BF07陡坡地—非梯田—横坡—大田作物，BF08陡坡地—梯田—大田作物，BF09陡坡地—非梯田—园地，BF10陡坡地—梯田—园地；

东北半湿润平原区：DB01露地蔬菜，DB02保护地，DB03春玉米，DB04大豆，DB05其他大田作物，DB06园地，DB07单季稻；

黄淮海半湿润平原区：HH01露地蔬菜，HH02保护地，HH03小麦玉米轮作，HH04其他大田作物，HH05单季稻，HH06园地；

南方山地丘陵区：NF01缓坡地—非梯田—顺坡—大田作物，NF02缓坡地—非梯田—横坡—大田作物，NF03缓坡地—梯田—大田作物，NF04缓坡地—非梯田—园地，NF05缓坡地—梯田—园地，NF06缓坡地—梯田—水旱轮作，NF07缓坡地—梯田—其他水田，NF08陡坡地—非梯田—顺坡—大田作物，NF09陡坡地—非梯田—横坡—大田作物，NF10陡坡地—梯田—大田作物，NF11陡坡地—非梯田—园地，NF12陡坡地—梯田—园地，NF13陡坡地—梯田—水旱轮作，NF14陡坡地—梯田—其他水田；

南方湿润平原区：NS01露地蔬菜，NS02保护地，NS03大田作物，NS04单季稻，NS05稻麦轮作，NS06稻油轮作，NS07稻菜轮作，NS08其他水旱轮作，NS09双季稻，NS10其他水田，NS11园地；

西北干旱半干旱平原区：XB01露地蔬菜，XB02保护地，XB03灌区—棉花，XB04灌区—其他大田作物，XB05单季稻，XB06灌区—园地，XB07非灌区。

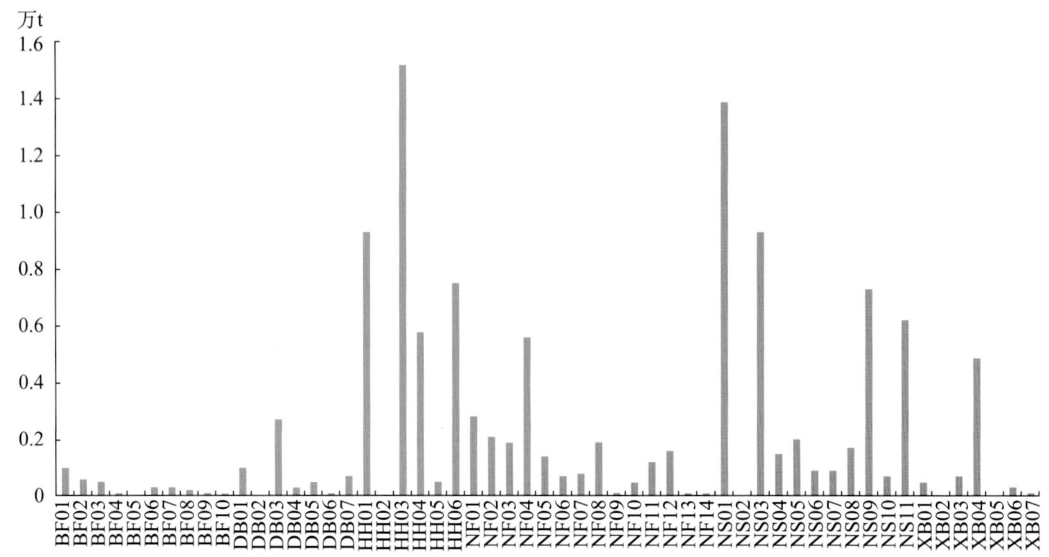

图22　全国各农田种植模式地表径流总磷流失量

注：北方高原山地区：BF01缓坡地—非梯田—顺坡—大田作物，BF02缓坡地—非梯田—横坡—大田作物，BF03缓坡地—梯田—大田作物，BF04缓坡地—非梯田—园地，BF05缓坡地—梯田—园地，BF06陡坡地—非梯田—顺坡—大田作物，BF07陡坡地—非梯田—横坡—大田作物，BF08陡坡地—梯田—大田作物，BF09陡坡地—非梯田—园地，BF10陡坡地—梯田—园地；

东北半湿润平原区：DB01露地蔬菜，DB02保护地，DB03春玉米，DB04大豆，DB05其他大田作物，DB06园地，DB07单季稻；

黄淮海半湿润平原区：HH01露地蔬菜，HH02保护地，HH03小麦玉米轮作，HH04其他大田作物，HH05单季稻，HH06园地；

南方山地丘陵区：NF01缓坡地—非梯田—顺坡—大田作物，NF02缓坡地—非梯田—横坡—大田作物，NF03缓坡地—梯田—大田作物，NF04缓坡地—非梯田—园地，NF05缓坡地—梯田—园地，NF06缓坡地—梯田—水旱轮作，NF07缓坡地—梯田—其他水田，NF08陡坡地—非梯田—顺坡—大田作物，NF09陡坡地—非梯田—横坡—大田作物，NF10陡坡地—梯田—大田作物，NF11陡坡地—非梯田—园地，NF12陡坡地—梯田—园地，NF13陡坡地—梯田—水旱轮作，NF14陡坡地—梯田—其他水田；

南方湿润平原区：NS01露地蔬菜，NS02保护地，NS03大田作物，NS04单季稻，NS05稻麦轮作，NS06稻油轮作，NS07稻菜轮作，NS08其他水旱轮作，NS09双季稻，NS10其他水田，NS11园地；

西北干旱半干旱平原区：XB01露地蔬菜，XB02保护地，XB03灌区—棉花，XB04灌区—其他大田作物，XB05单季稻，XB06灌区—园地，XB07非灌区。

农田面源污染地表径流总氮总量超过3万t的省份共有10个，这10个省份的径流流失总氮占到全国流失总量的72.6%；地表径流总磷总量超过4 000t的省份共有11个，这11个省的径流流失总磷占到全国流失总量的70.0%。

从农田面源污染地表径流流失的农田种植模式分布来看，2015年农田地表径流总氮流失量最大的模式是南方湿润平原区—大田作物（NS03），其次为南方湿润平原区—双季稻（NS09）和南方湿润平原区—稻麦轮作（NS05）；总磷流失量最大的模式是黄淮海半湿润平原区—小麦玉米轮作（HH03），其次为南方湿润平原区—露地蔬菜（NS01）和南方湿润平原区—大田作物（NS03）（图21、图22）。

农田面源污染地表径流总氮总量超过3万t的农田种植模式共有7个，这7个模式的径流流失总氮占到全国排放总量的65.1%；地表径流总磷总量超过5 000t的模式共有9个，这9个模式的径流流失总磷占到全国排放总量的67.7%。

（二）地下淋溶面源污染物排放状况

从农田面源污染地下淋溶流失的省份分布来看，农田地下淋溶总氮流失量最大的省份是河南，其次为山东和河北；流失总量最小的省份是青海，其次为西藏和北京（图23）。

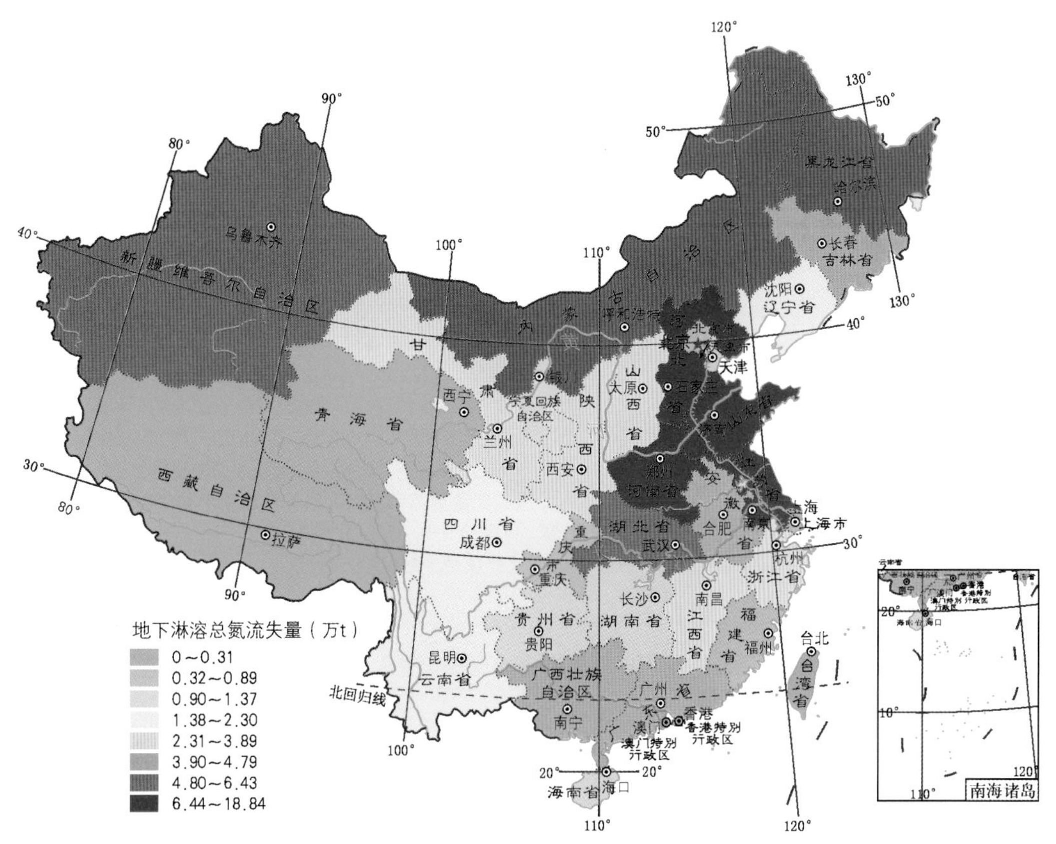

图23　全国各省份地下淋溶总氮流失量

农田面源污染地下淋溶总氮总量超过4万t的省份共有12个，这12个省份的地下淋溶损失氮占到全国排放总量的76.3%。

从农田面源污染地下淋溶流失的农田种植模式分布来看，农田地下淋溶总氮流失量最大的模式是黄淮海半湿润平原区—小麦玉米轮作（HH03），其次为南方湿润平原区—大田作物（NS03）和黄淮海半湿润平原区—露地蔬菜（HH01）（图24）。

农田面源污染地下淋溶总氮总量超过9万t的模式共有6个，这6个模式的地下淋溶损失氮占到全国排放总量的62.3%。

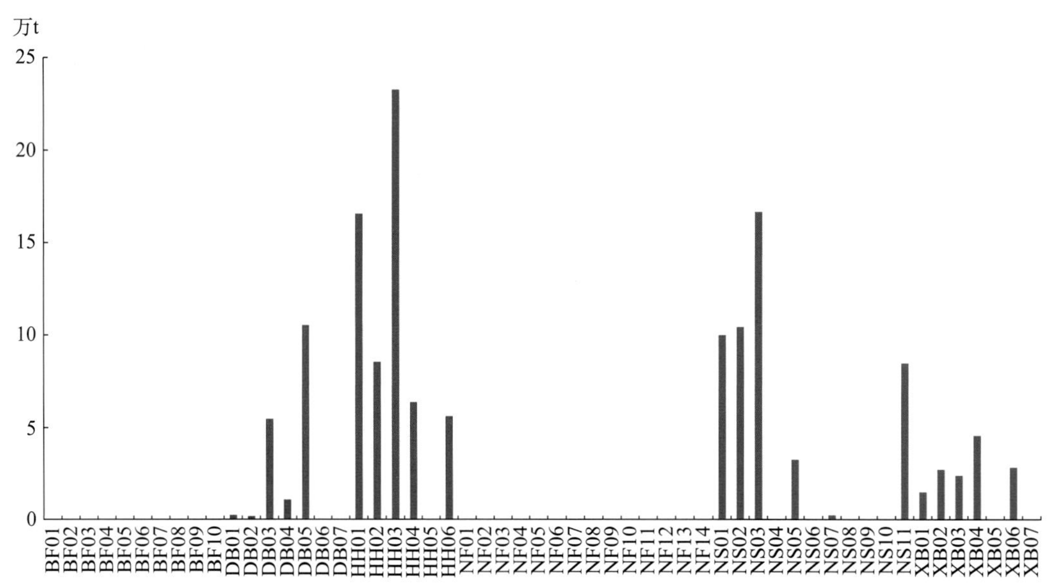

图24　全国各农田种植模式地下淋溶总氮流失量

注：北方高原山地区：BF01缓坡地—非梯田—顺坡—大田作物，BF02缓坡地—非梯田—横坡—大田作物，BF03缓坡地—梯田—大田作物，BF04缓坡地—非梯田—园地，BF05缓坡地—梯田—园地，BF06陡坡地—非梯田—顺坡—大田作物，BF07陡坡地—非梯田—横坡—大田作物，BF08陡坡地—梯田—大田作物，BF09陡坡地—非梯田—园地，BF10陡坡地—梯田—园地；

东北半湿润平原区：DB01露地蔬菜，DB02保护地，DB03春玉米，DB04大豆，DB05其他大田作物，DB06园地，DB07单季稻；

黄淮海半湿润平原区：HH01露地蔬菜，HH02保护地，HH03小麦玉米轮作，HH04其他大田作物，HH05单季稻，HH06园地；

南方山地丘陵区：NF01缓坡地—非梯田—顺坡—大田作物，NF02缓坡地—非梯田—横坡—大田作物，NF03缓坡地—梯田—大田作物，NF04缓坡地—非梯田—园地，NF05缓坡地—梯田—园地，NF06缓坡地—梯田—水旱轮作，NF07缓坡地—梯田—其他水田，NF08陡坡地—非梯田—顺坡—大田作物，NF09陡坡地—非梯田—横坡—大田作物，NF10陡坡地—梯田—大田作物，NF11陡坡地—非梯田—园地，NF12陡坡地—梯田—园地，NF13陡坡地—梯田—水旱轮作，NF14陡坡地—梯田—其他水田；

南方湿润平原区：NS01露地蔬菜，NS02保护地，NS03大田作物，NS04单季稻，NS05稻麦轮作，NS06稻油轮作，NS07稻菜轮作，NS08其他水旱轮作，NS09双季稻，NS10其他水田，NS11园地；

西北干旱半干旱平原区：XB01露地蔬菜，XB02保护地，XB03灌区—棉花，XB04灌区—其他大田作物，XB05单季稻，XB06灌区—园地，XB07非灌区。

（三）农田面源污染排放状况

从农田面源污染的省份分布来看，2015年农田总氮流失量最大的省份是河南，其次为山东和江苏；流失总量最小的省份是青海，其次为西藏和北京。总磷流失量最大的省份是山东，其次为河北和河南；流失总量最小的省份是西藏，其次为青海和北京（图25、图26）。

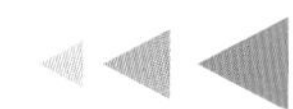

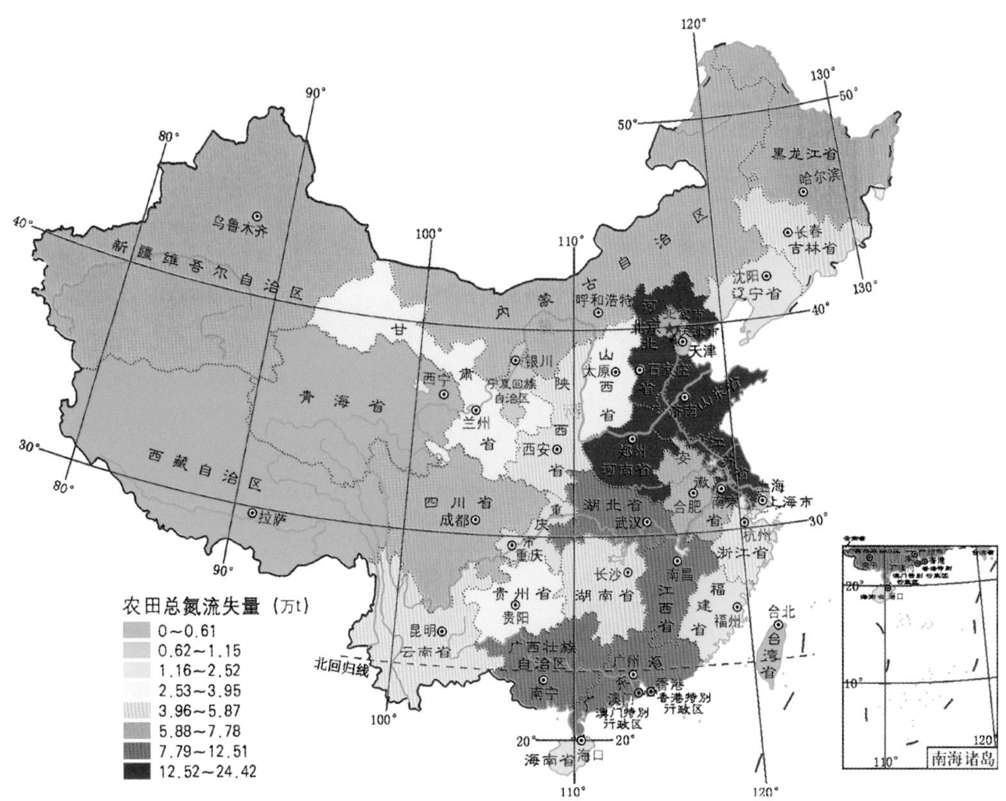

图25　全国各省份农田总氮流失量

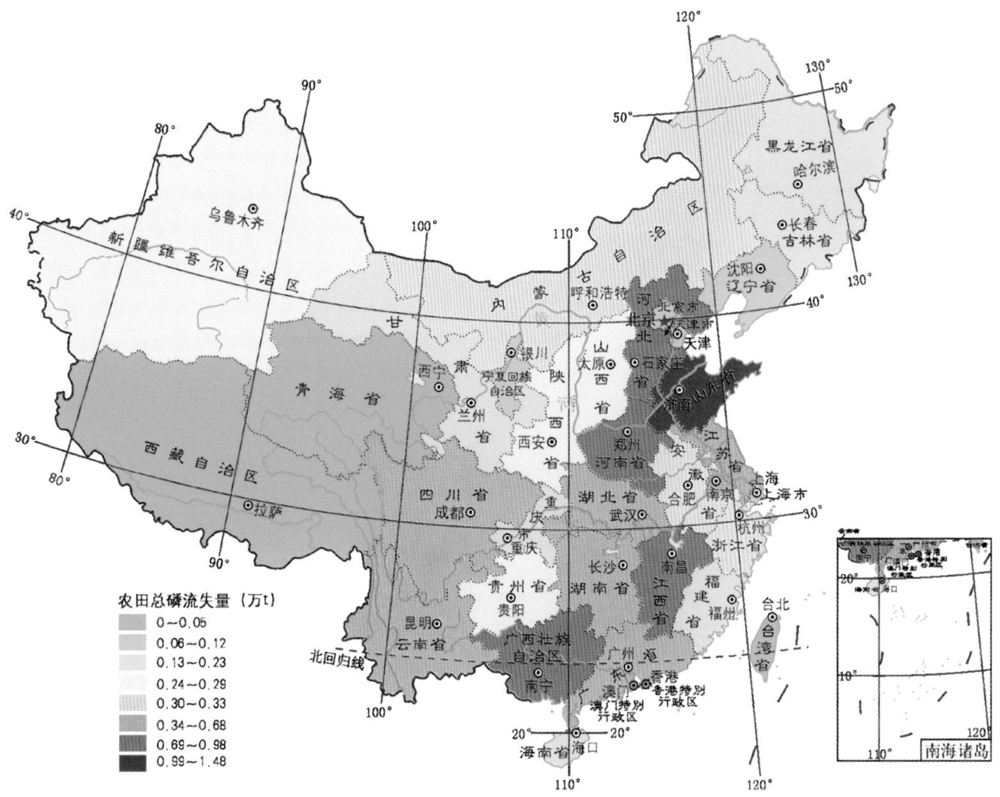

图26　全国各省份农田总磷流失量

农田面源污染总氮流失总量超过7万t的省份共有9个，这9个省份的农田总氮流失量占到全国施用总量的62.6%；地表径流总磷总量超过4 000t的省份共有11个，这11个省的农田总磷流失量占到全国施用总量的70.0%。

从农田面源污染的农田种植模式分布来看，农田总氮流失量最大的模式是黄淮海半湿润平原区—小麦玉米轮作（HH03），其次为南方湿润平原区—大田作物（NS03）和黄淮海半湿润平原区—露地蔬菜（NS01）；总磷流失量最大的模式是黄淮海半湿润平原区—小麦玉米轮作（HH03），其次为南方湿润平原区—露地蔬菜（NS01）和南方湿润平原区—大田作物（NS03）（图27、图28）。

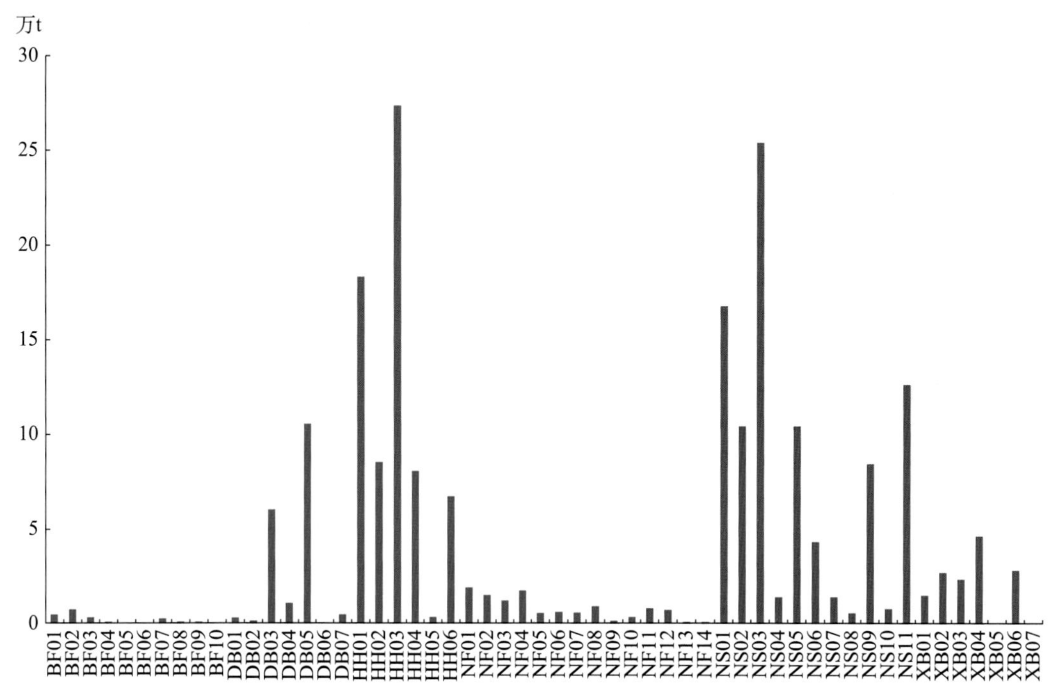

图27　全国各农田种植模式农田总氮流失量

注：北方高原山地区：BF01缓坡地—非梯田—顺坡—大田作物，BF02缓坡地—非梯田—横坡—大田作物，BF03缓坡地—梯田—大田作物，BF04缓坡地—非梯田—园地，BF05缓坡地—梯田—园地，BF06陡坡地—非梯田—顺坡—大田作物，BF07陡坡地—非梯田—横坡—大田作物，BF08陡坡地—梯田—大田作物，BF09陡坡地—非梯田—园地，BF10陡坡地—梯田—园地；

东北半湿润平原区：DB01露地蔬菜，DB02保护地，DB03春玉米，DB04大豆，DB05其他大田作物，DB06园地，DB07单季稻；

黄淮海半湿润平原区：HH01露地蔬菜，HH02保护地，HH03小麦玉米轮作，HH04其他大田作物，HH05单季稻，HH06园地；

南方山地丘陵区：NF01缓坡地—非梯田—顺坡—大田作物，NF02缓坡地—非梯田—横坡—大田作物，NF03缓坡地—梯田—大田作物，NF04缓坡地—非梯田—园地，NF05缓坡地—梯田—园地，NF06缓坡地—梯田—水旱轮作，NF07缓坡地—梯田—其他水田，NF08陡坡地—非梯田—顺坡—大田作物，NF09陡坡地—非梯田—横坡—大田作物，NF10陡坡地—梯田—大田作物，NF11陡坡地—非梯田—园地，NF12陡坡地—梯田—园地，NF13陡坡地—梯田—水旱轮作，NF14陡坡地—梯田—其他水田；

南方湿润平原区：NS01露地蔬菜，NS02保护地，NS03大田作物，NS04单季稻，NS05稻麦轮作，NS06稻油轮作，NS07稻菜轮作，NS08其他水旱轮作，NS09双季稻，NS10其他水田，NS11园地；

西北干旱半干旱平原区：XB01露地蔬菜，XB02保护地，XB03灌区—棉花，XB04灌区—其他大田作物，XB05单季稻，XB06灌区—园地，XB07非灌区。

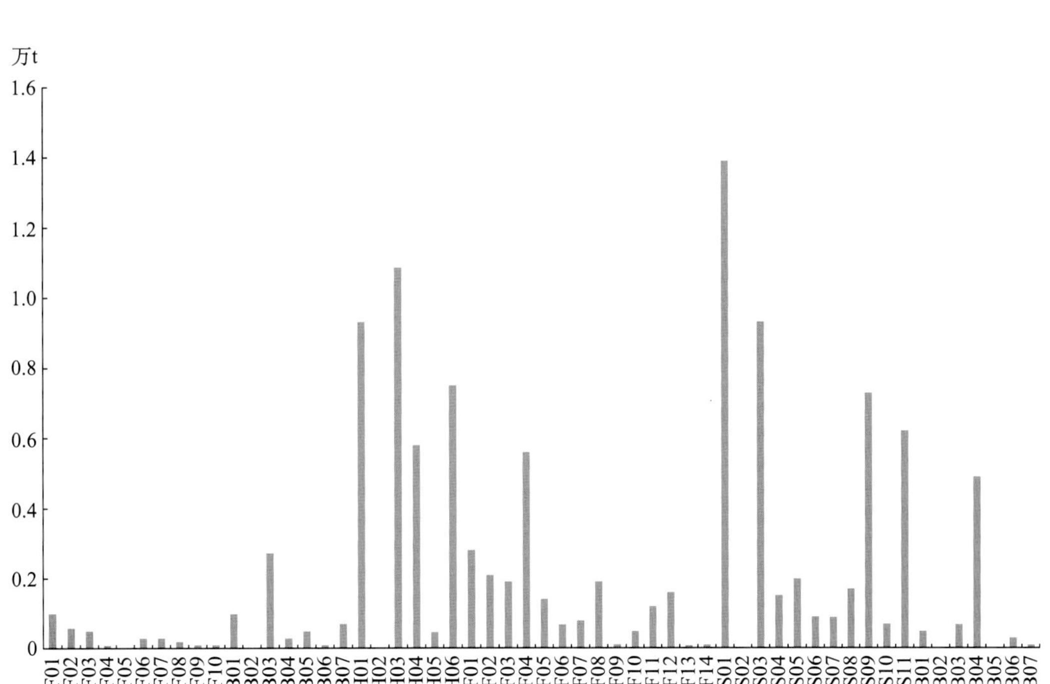

图28　全国各农田种植模式农田总磷流失量

注：北方高原山地区：BF01缓坡地—非梯田—顺坡—大田作物，BF02缓坡地—非梯田—横坡—大田作物，BF03缓坡地—梯田—大田作物，BF04缓坡地—非梯田—园地，BF05缓坡地—梯田—园地，BF06陡坡地—非梯田—顺坡—大田作物，BF07陡坡地—非梯田—横坡—大田作物，BF08陡坡地—梯田—大田作物，BF09陡坡地—非梯田—园地，BF10陡坡地—梯田—园地；

东北半湿润平原区：DB01露地蔬菜，DB02保护地，DB03春玉米，DB04大豆，DB05其他大田作物，DB06园地，DB07单季稻；

黄淮海半湿润平原区：HH01露地蔬菜，HH02保护地，HH03小麦玉米轮作，HH04其他大田作物，HH05单季稻，HH06园地；

南方山地丘陵区：NF01缓坡地—非梯田—顺坡—大田作物，NF02缓坡地—非梯田—横坡—大田作物，NF03缓坡地—梯田—大田作物，NF04缓坡地—非梯田—园地，NF05缓坡地—梯田—园地，NF06缓坡地—梯田—水旱轮作，NF07缓坡地—梯田—其他水田，NF08陡坡地—非梯田—顺坡—大田作物，NF09陡坡地—非梯田—横坡—大田作物，NF10陡坡地—梯田—大田作物，NF11陡坡地—非梯田—园地，NF12陡坡地—梯田—园地，NF13陡坡地—梯田—水旱轮作，NF14陡坡地—梯田—其他水田；

南方湿润平原区：NS01露地蔬菜，NS02保护地，NS03大田作物，NS04单季稻，NS05稻麦轮作，NS06稻油轮作，NS07稻菜轮作，NS08其他水旱轮作，NS09双季稻，NS10其他水田，NS11园地；

西北干旱半干旱平原区：XB01露地蔬菜，XB02保护地，XB03灌区—棉花，XB04灌区—其他大田作物，XB05单季稻，XB06灌区—园地，XB07非灌区。

农田面源污染总氮流失总量超过8万t的农田种植模式共有5个，这5个模式的农田总氮流失量占到全国流失总量的73.6%；地表径流总磷总量超过5 000t的模式共有9个，这9个模式的农田总磷流失量占到全国流失总量的67.7%。

从氮磷流失的农田种植模式分布来看，农田面源污染总氮流失强度最大的模式是南方湿润平原区—保护地（NS02），其次为西北干旱半干旱平原区—保护地（XB02）和南方湿润平原区—露地蔬菜（NS01）；总磷流失强度最大的模式是南方湿润平原区—露地蔬菜（NS01），其次为黄淮海半湿润平原区—园地（NS11）和黄淮海半湿润平原区—露地蔬菜（NS01）。

肥料中总氮流失强度超过25kg/hm^{2}的农田种植模式共有5个，总磷流失强度超过

1.5kg/hm^{2}的农田种植模式共有5个。

三、畜禽养殖污染状况

（一）养殖场污染物排放状况

从畜禽养殖场污染物排放的省份分布来看，畜禽养殖化学需氧量排放量最大的省份是河南，其次为山东和河北；排放总量最小的省份是西藏，其次为上海和贵州。总氮排放量最大的省份是河南，其次为山东和湖南；排放总量最小的省份是西藏，其次为贵州和上海。总磷排放量最大的省份是山东，其次为河南和河北；排放总量最小的省份是西藏，其次为贵州和宁夏（图29、图30、图31）。

畜禽养殖场化学需氧量排放量超过24万t的省份共有9个，这9个省份的排放量占到全国排放总量的61.5%；总氮排放量超过3万t的省份共有7个，这7个省份的排放量占到全国排放总量的54.0%；总磷排放量超过0.3万t的省份共有8个，这8个省份的排放量占到全国排放总量的60.5%。

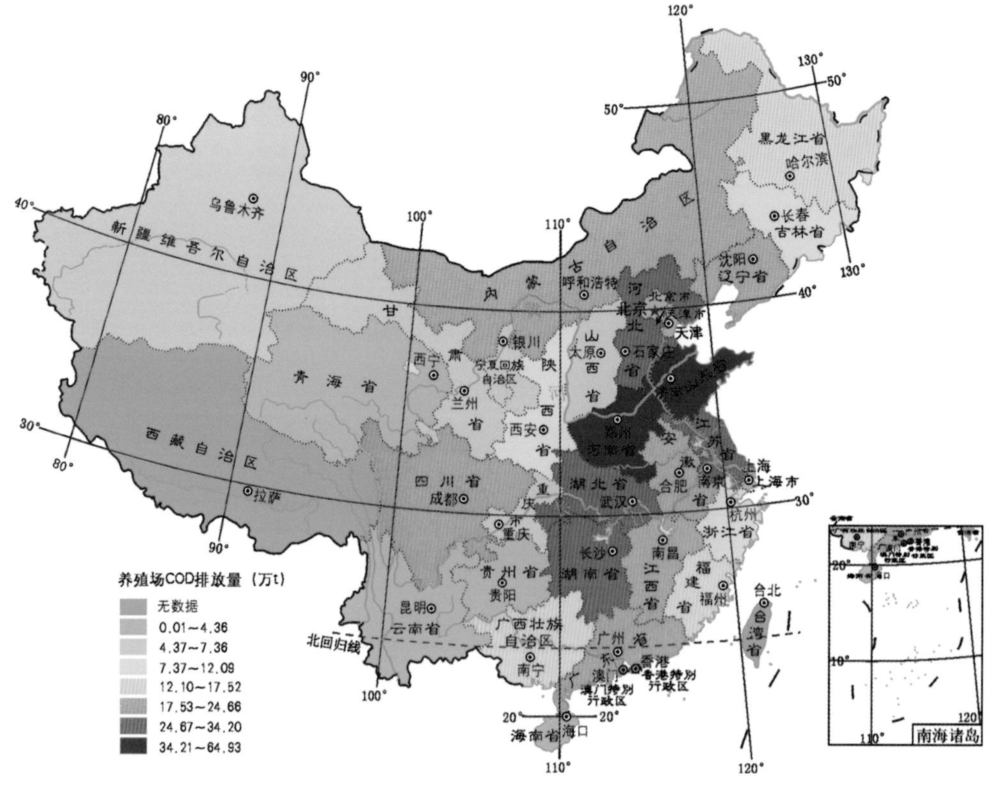

图29 全国各省份养殖场化学需氧量排放量

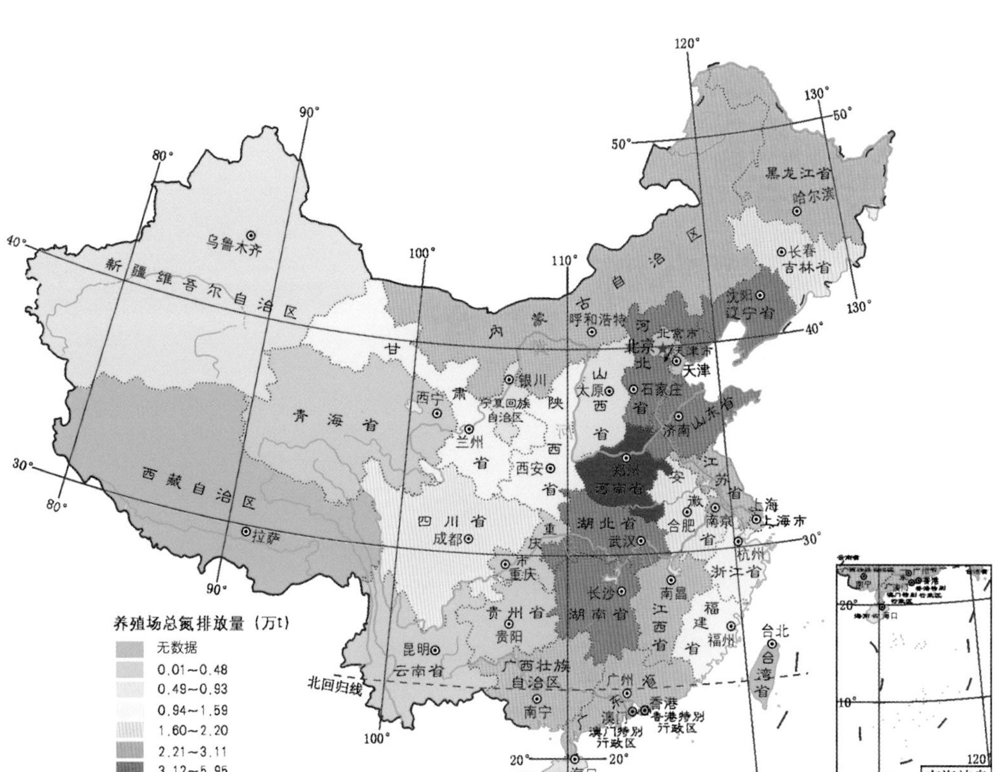

图30　全国各省份养殖场总氮排放量

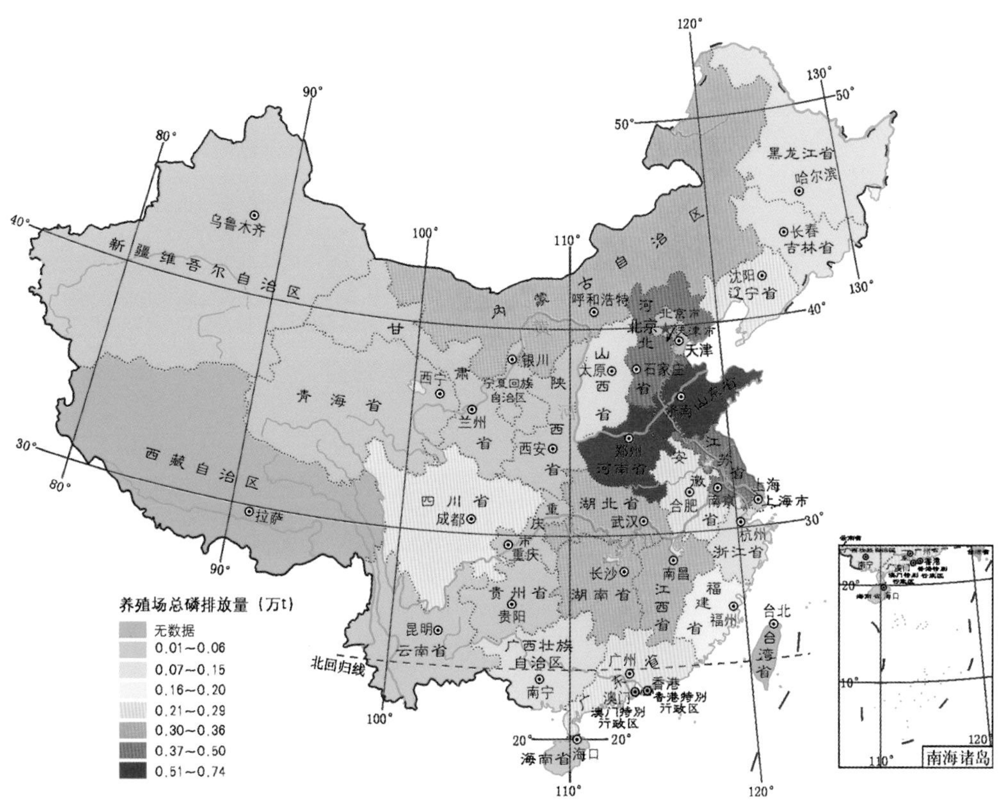

图31　全国各省份养殖场总磷排放量

从畜禽养殖场污染物排放的畜禽种类来看，2015年畜禽养殖化学需氧量排放量最大的种类是生猪出栏，其次为奶牛存栏和肉牛出栏；排放总量最小的种类是肉鸡出栏，其次为蛋鸡存栏和母猪存栏。总氮排放量最大的种类是生猪出栏，其次为奶牛存栏和母猪存栏；排放总量最小的种类是肉鸡出栏，其次为蛋鸡存栏和肉牛出栏。总磷排放量最大的种类是生猪出栏，其次为奶牛存栏和蛋鸡存栏；排放总量最小的种类是肉鸡出栏，其次为肉牛出栏和母猪存栏（图32、图33、图34）。

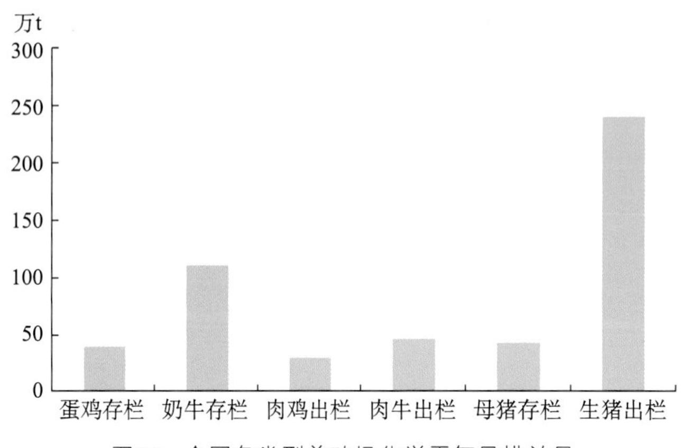

图32　全国各类型养殖场化学需氧量排放量

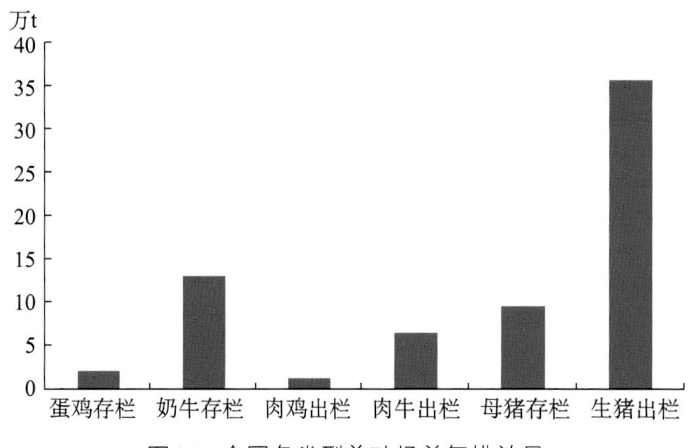

图33　全国各类型养殖场总氮排放量

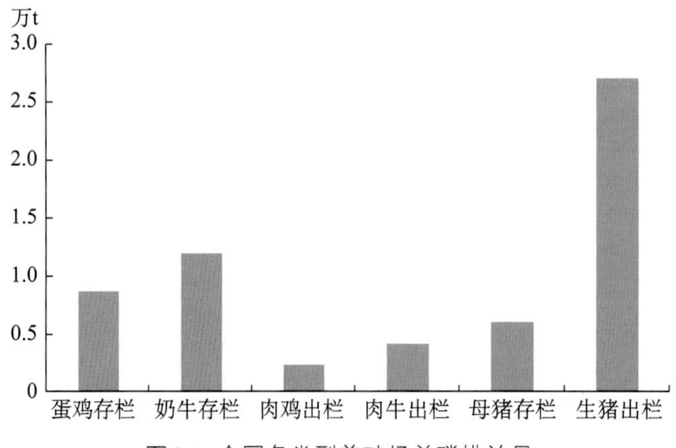

图34　全国各类型养殖场总磷排放量

（二）养殖专业户污染物排放状况

从畜禽养殖专业户污染物排放的省份分布来看，2015年畜禽养殖化学需氧量排放量最大的省份是山东，其次为黑龙江和四川；排放总量最小的省份是西藏，其次为上海和北京市。总氮排放量最大的省份是黑龙江，其次为山东和辽宁；排放总量最小的省份是西藏，其次为上海和北京。总磷排放量最大的省份是山东，其次为四川和河南省；排放总量最小的省份是西藏，其次为上海和北京（图35、图36、图37）。

畜禽养殖专业户化学需氧量排放量超过24万t的省份共有9个，这9个省份的排放量占到全国排放总量的63.9%；总氮排放量超过3万t的省份共有7个，这7个省份的排放量占到全国排放总量的57.3%；总磷排放量超过0.3万t的省份共有7个，这7个省份的排放量占到全国排放总量的59.1%。

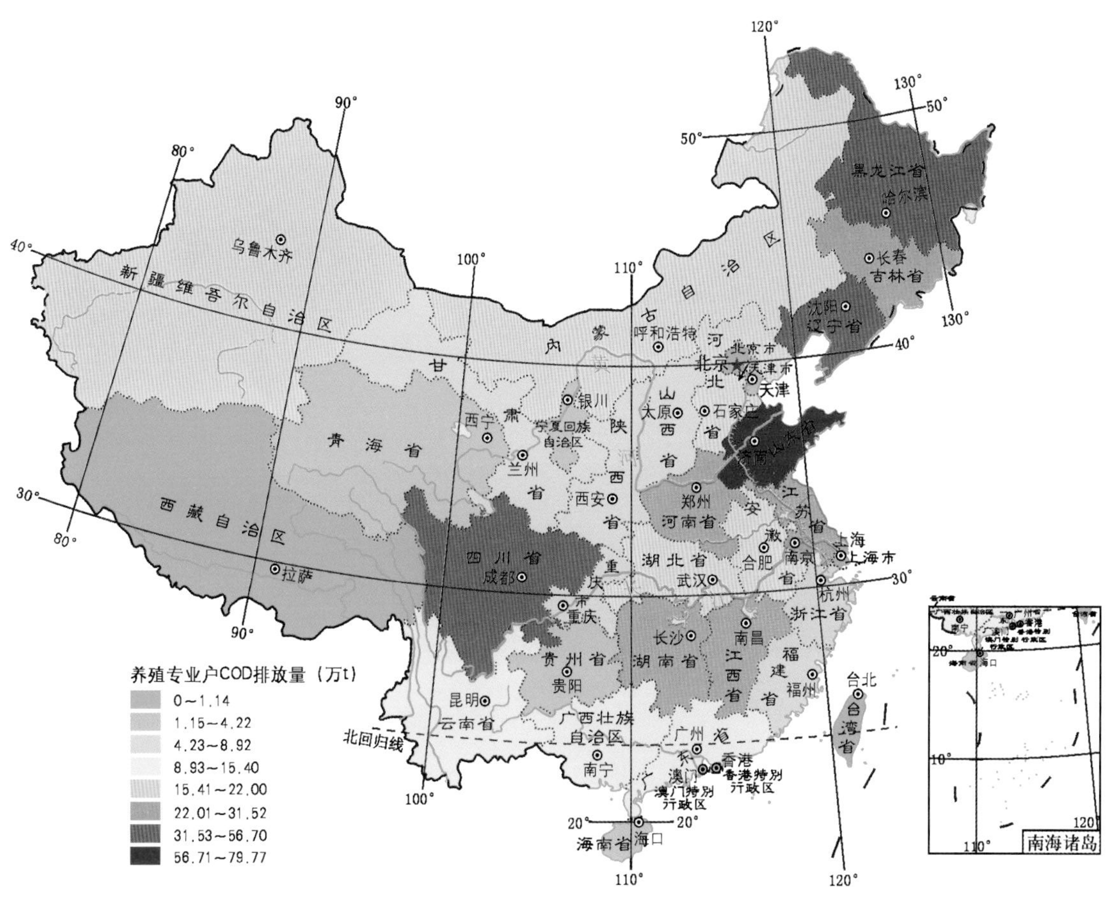

图35　全国各省份养殖专业户化学需氧量排放量

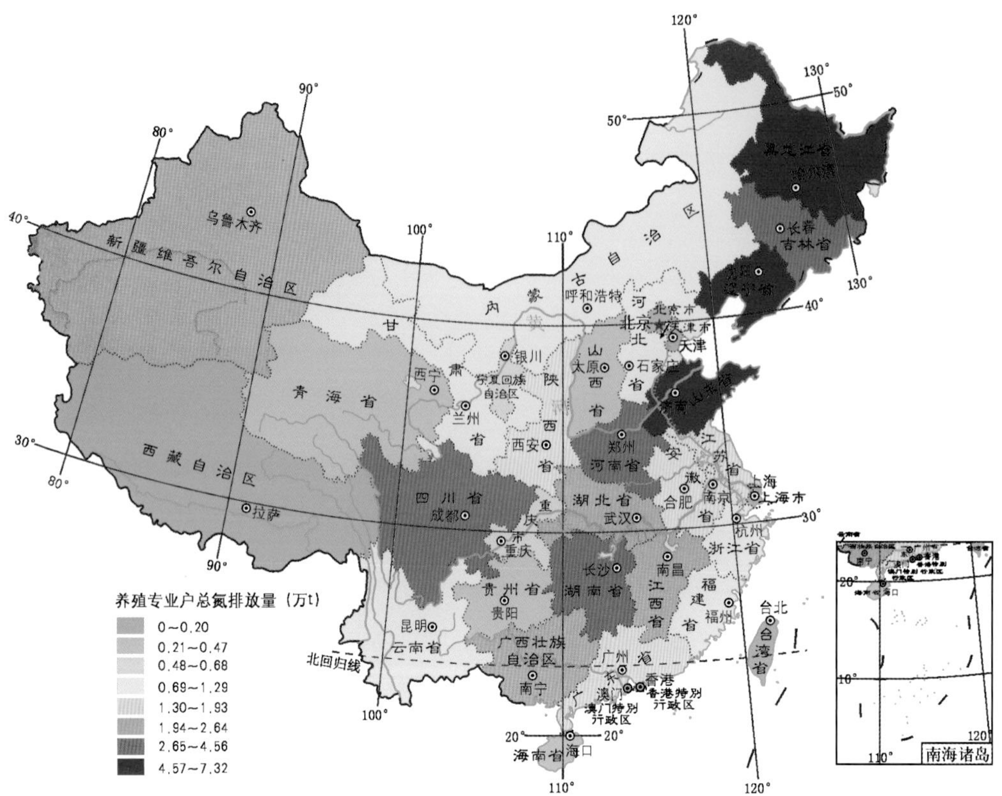

图36　全国各省份养殖专业户总氮排放量

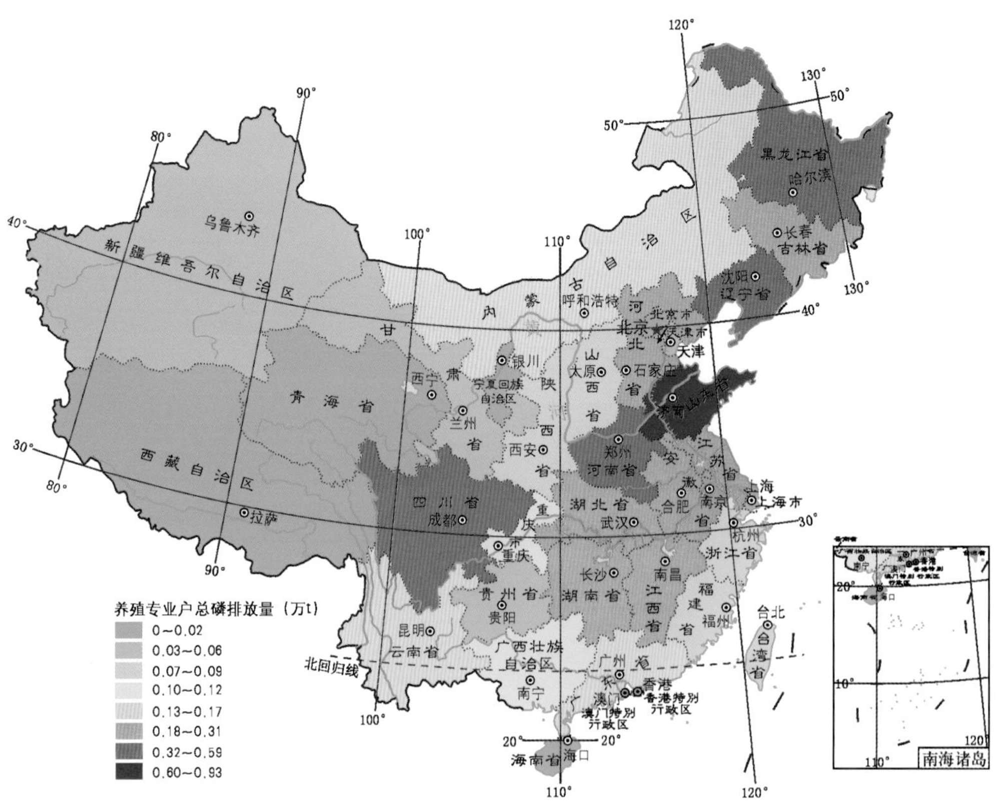

图37　全国各省份养殖专业户总磷排放量

从畜禽养殖专业户污染物排放的畜禽种类来看，畜禽养殖化学需氧量排放量最大的种类是生猪出栏，其次为奶牛存栏和肉鸡出栏；排放总量最小的种类是母猪存栏，其次为蛋鸡存栏和肉牛出栏。总氮排放量最大的种类是生猪出栏，其次为奶牛存栏和母猪存栏；排放总量最小的种类是蛋鸡存栏，其次为肉鸡出栏和肉牛出栏。总磷排放量最大的种类是生猪出栏，其次为肉鸡出栏和蛋鸡存栏；排放总量最小的种类是肉牛出栏，其次为母猪存栏和奶牛存栏（图38、图39、图40）。

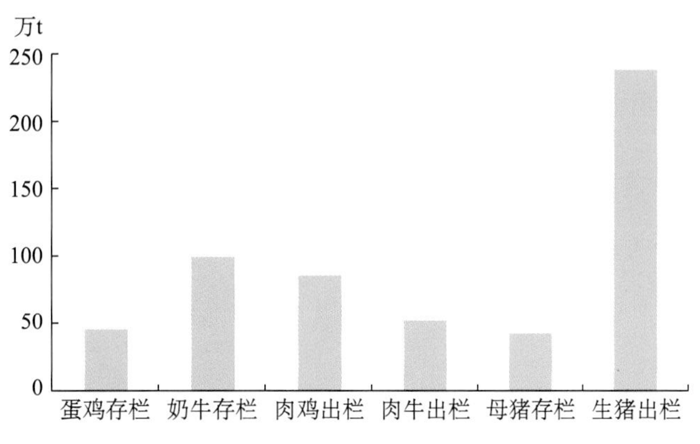

图38　全国各类型养殖专业户化学需氧量排放量

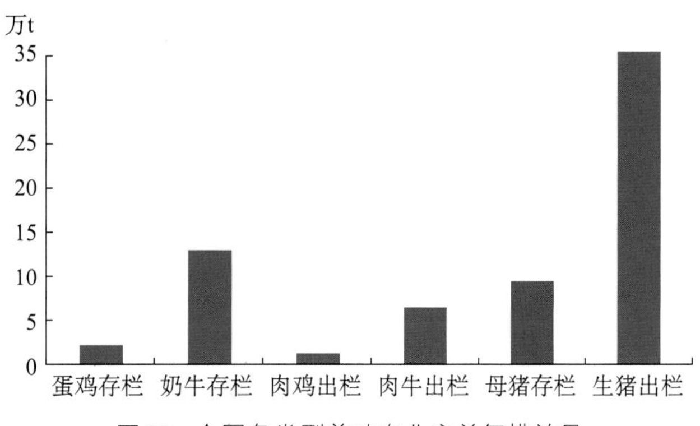

图39　全国各类型养殖专业户总氮排放量

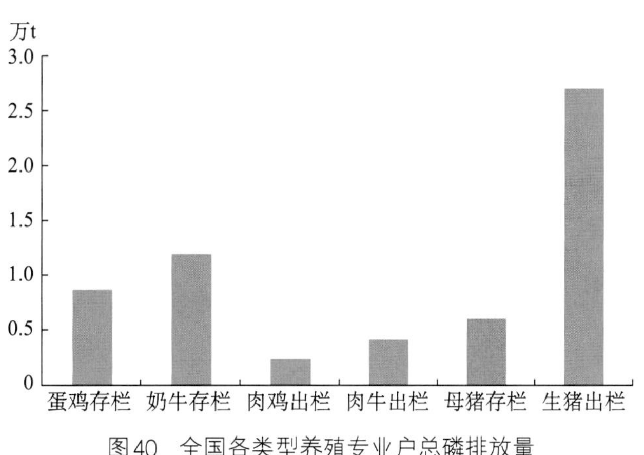

图40　全国各类型养殖专业户总磷排放量

（三）畜禽养殖污染物排放状况

从畜禽养殖污染物排放的省份分布来看，畜禽养殖化学需氧量排放量最大的省份是山东，其次为河南和黑龙江；排放总量最小的省份是西藏，其次为上海和北京。总氮排放量最大的省份是河南；其次为山东和黑龙江；排放总量最小的省份是西藏，其次为上海和北京。总磷排放量最大的省份是山东，其次为河南和四川；排放总量最小的省份是西藏，其次为上海和宁夏（图41、图42、图43）。

畜禽养殖化学需氧量排放量超过53万t的省份共有15个，这15个省份的排放量占到全国排放总量的83.1%；总氮排放量超过5万t的省份共有16个，这16个省份的排放量占到全国排放总量的85.5%；总磷排放量超过0.6万t的省份共有14个，这14个省份的排放量占到全国排放总量的83.2%。

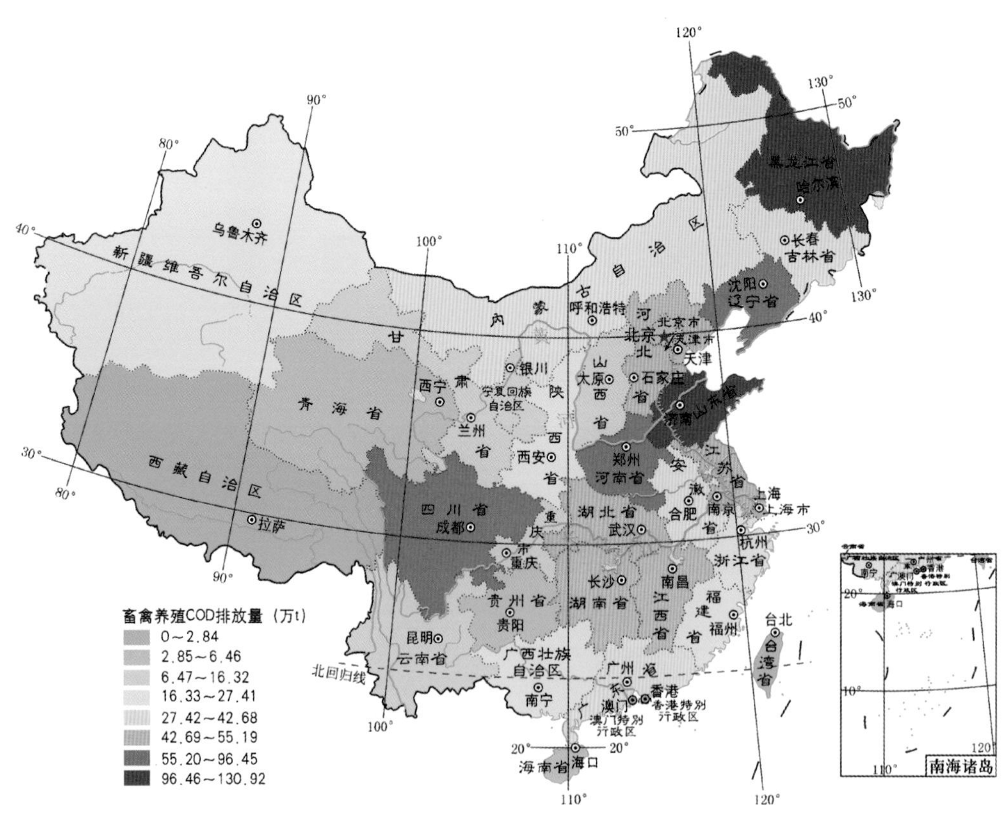

图41　全国各省份畜禽养殖化学需氧量排放量

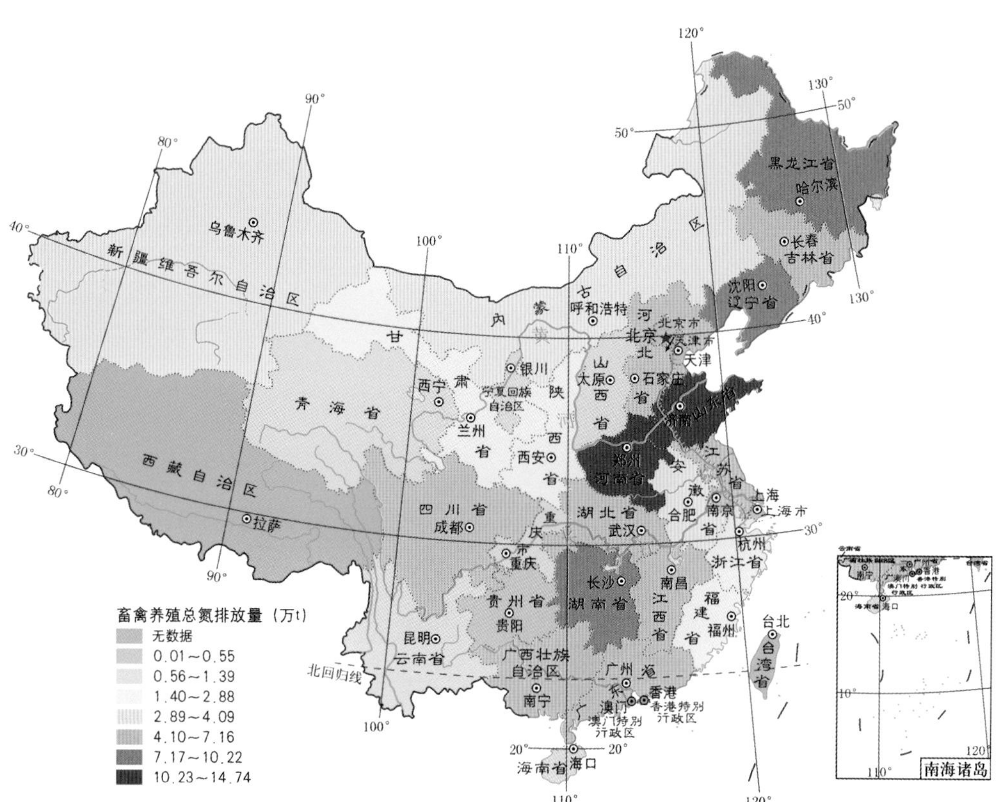

图42 全国各省份畜禽养殖总氮排放量

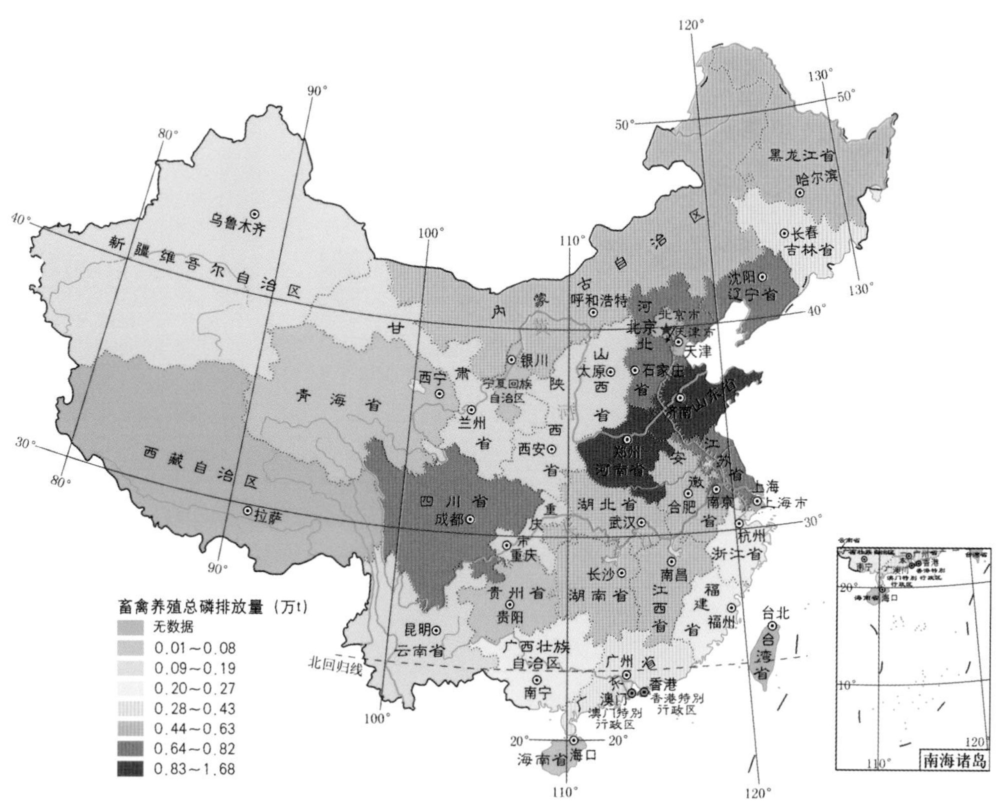

图43 全国各省份畜禽养殖总磷排放量

从畜禽养殖污染物排放的畜禽种类来看，2015年畜禽养殖化学需氧量排放量最大的种类是生猪出栏，其次为奶牛存栏和肉鸡出栏；排放总量最小的种类是蛋鸡存栏，其次为母猪存栏和肉牛出栏。总氮排放量最大的种类是生猪出栏，其次为奶牛存栏和母猪存栏；排放总量最小的种类是蛋鸡存栏，其次为肉鸡出栏和肉牛出栏。总磷排放量最大的种类是生猪出栏，其次为蛋鸡存栏和奶牛存栏；排放总量最小的种类是肉牛出栏，其次为母猪存栏和肉鸡出栏（图44、图45、图46）。

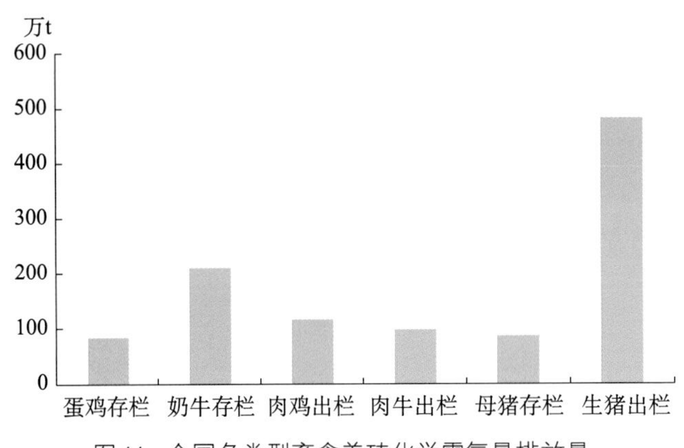

图44　全国各类型畜禽养殖化学需氧量排放量

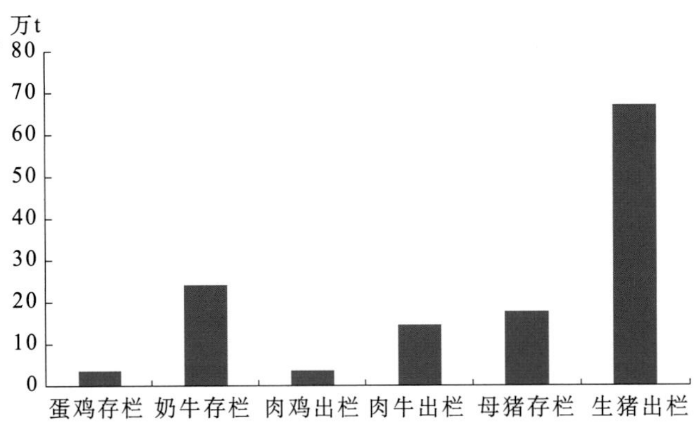

图45　全国各类型畜禽养殖总氮排放量

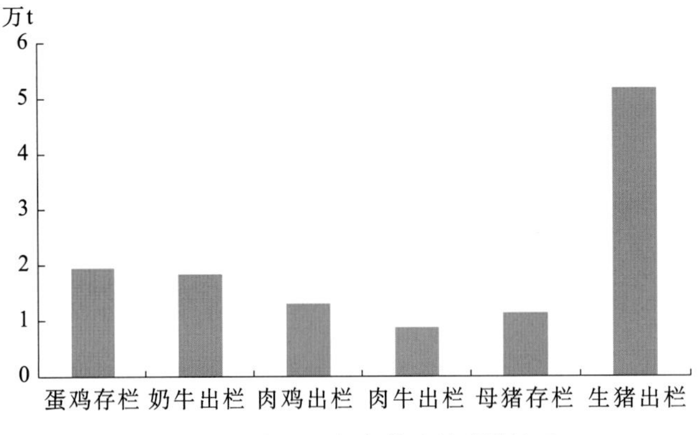

图46　全国各类型畜禽养殖总磷排放量

四、重点流域污染物排放状况

（一）松花江流域污染物排放状况

松花江流域涉及黑龙江、吉林和内蒙古等省份的161个县（市、区、旗）。依据农业部2015年全国农业面源污染调查及监测所得数据，松花江流域农业源化学需氧量、总氮和总磷三种主要水污染物排放量分别为108.2万t、26.1万t和1.4万t。与2007年进行的第一次全国污染源普查的结果相比，松花江流域化学需氧量排放量增长64.45%，总氮排放量增长109.91%，总磷排放量下降48.19%。

松花江流域种植业总氮、总磷排放量分别达到10.9万t、3 438.9t，占流域总排放量的41.6%、25.2%。松花江流域各类种植模式中，东北半湿润平原区—其他大田作物模式（DB05）主要水污染物排放量最大，地表径流总氮、总磷排放量分别达5.4万t和236.2t。

松花江流域畜禽养殖业化学需氧量、总氮和总磷三种主要水污染物排放量分别达到108.2万t、15.3万t和1万t，分别占流域排放量的100%、58.4%和74.8%。松花江流域各种养殖类型中，规模化奶牛养殖专业户主要水污染物排放量最大，化学需氧量、总氮、总磷三种主要水污染物排放量分别达4.7万t、48.1万t和3 578.3t。

（二）辽河流域污染物排放状况

辽河流域涉及河北、内蒙古、吉林和辽宁4个省份的56个县（市、区、旗）。依据农业部2015年全国农业面源污染调查及监测所得数据，辽河流域农业源化学需氧量、总氮和总磷三种主要水污染物排放量分别为78万t、16.3万t和1万t。与2007年进行的第一次全国污染源普查的结果相比，辽河流域化学需氧量排放量增长13.48%，总氮排放量增长82.02%，总磷排放量下降45.63%。

辽河流域种植业总氮、总磷排放量分别达到5.8万t、1 871.2t，占流域总排放量的35.6%、18.3%。辽河流域各类种植模式中，东北半湿润平原区—其他大田作物模式（DB05）主要水污染物排放量最大，地表径流总氮、总磷排放量分别达3.7万t和156.5t。

辽河流域畜禽养殖业化学需氧量、总氮和总磷三种主要水污染物排放量分别达到78万t、10.5万t和8 349.2t，分别占流域排放量的100%、64.4%和81.7%。辽河流域各种养殖类型中，规模化生猪养殖专业户主要水污染物排放量最大，化学需氧量、总氮、总磷三种主要水污染物排放量分别达4.2万t、21.8万t和2 984.9t。

（三）海河流域污染物排放状况

海河流域涉及北京、天津、河北、山西、河南、山东、内蒙古等省份的267个县（市、区、旗），是我国小麦、玉米、蔬菜、生猪和奶牛的主产区。依据农业部2015年全国农业面源污染调查及监测所得数据，海河流域农业源化学需氧量、总氮和总磷三种主要水污染物排放量分别为125.2万t、39.7万t和3.2万t。与2007年进行的第一次全国污染源普查的结果相比，海河流域化学需氧量排放量下降66.04%，总氮排放量增长71.87%，总磷排放量下降85.02%。

海河流域种植业总氮、总磷排放量分别达到27.4万t、1.5万t，占流域总排放量的69%、47.9%。海河流域各类种植模式中，黄淮海半湿润平原区—小麦玉米轮作模式（HH03）主要水污染物排放量最大，地表径流总氮、总磷排放量分别达10万t和5 544.9t。

海河流域畜禽养殖业化学需氧量、总氮和总磷三种主要水污染物排放量分别达到125.2万t、12.3万t和1.6万t，分别占流域排放量的100%、31%和52.1%。海河流域各种养殖类型中，规模化奶牛养殖场主要水污染物排放量最大，化学需氧量、总氮、总磷三种主要水污染物排放量分别达3.6万t、28.2万t和4 553.5t。

（四）黄河中上游流域污染物排放状况

黄河中上游流域涉及青海、甘肃、宁夏、内蒙古、山西、陕西和河南等省份的343个县（旗、区、市）。依据农业部2015年全国农业面源污染调查及监测所得数据，黄河中上游流域农业源化学需氧量、总氮和总磷三种主要水污染物排放量分别为84.2万t、24.9万t和1.7万t。与2007年进行的第一次全国污染源普查的结果相比，黄河中上游流域化学需氧量排放量增长58.34%，总氮排放量增长142.91%，总磷排放量下降79.68%。

黄河中上游流域种植业总氮、总磷排放量分别达到13.2万t、7 915.0t，占流域总排放量的53.1%、47.4%。黄河中上游流域各类种植模式中，黄淮海半湿润平原区—小麦玉米轮作模式（HH03）主要水污染物排放量最大，地表径流总氮、总磷排放量分别达2.7万t和1 187.1t。

黄河中上游流域畜禽养殖业化学需氧量、总氮和总磷三种主要水污染物排放量分别达到84.2万t、11.7万t和8 775.3t，分别占流域排放量的100%、46.9%和52.6%。黄河中上游流域各种养殖类型中，规模化奶牛养殖场主要水污染物排放量最大，化学需氧量、总氮、总磷三种主要水污染物排放量分别达3.2万t、26.8万t和2 558.4t。

（五）淮河流域污染物排放状况

淮河流域涉及河南、山东、安徽、江苏等省份的219个县（市、区），是我国小麦、玉米商品粮生产的重要基地，保护地蔬菜发展也十分迅速；养殖业发达，生猪、奶牛养殖规模大。依据农业部2015年全国农业面源污染调查及监测所得数据，淮河流域农业源化学需氧量、总氮和总磷三种主要水污染物排放量分别为170.6万t、58.7万t和4万t。与2007年进行的第一次全国污染源普查的结果相比，淮河流域化学需氧量排放量增长27.27%，总氮排放量增长139.68%，总磷排放量下降80.41%。

淮河流域种植业总氮、总磷排放量分别达到38.8万t、1.8万t，占流域总排放量的66.1%、45.0%。淮河流域各类种植模式中，黄淮海半湿润平原区—小麦玉米轮作模式（HH03）主要水污染物排放量最大，地表径流总氮、总磷排放量分别达11.3万t和6 020.7t。

淮河流域畜禽养殖业化学需氧量、总氮和总磷三种主要水污染物排放量分别达到170.6万t、19.9万t和2.2万t，分别占流域排放量的100%、33.9%和55%。淮河流域各种养殖类型中，规模化生猪养殖场主要水污染物排放量最大，化学需氧量、总氮、总磷三种主要水污染物排放量分别达8.3万t、52.9万t和6 434.7t。

（六）巢湖流域污染物排放状况

巢湖流域涉及安徽省的12个县（区）。依据农业部2015年全国农业面源污染调查及监测所得数据，巢湖流域农业源化学需氧量、总氮和总磷三种主要水污染物排放量分别为3.2万t、8 462.6t和675.9t。与2007年进行的第一次全国污染源普查的结果相比，巢湖流域化学需氧量排放量增长53.58%，总氮排放量增长5.26%，总磷排放量下降71.06%。

巢湖流域种植业总氮、总磷排放量分别达到5 854.9t、289.9t，占流域总排放量的69.2%、42.9%。巢湖流域各类种植模式中，南方湿润平原区—稻麦轮作模式（NS05）主要水污染物排放量最大，地表径流总氮、总磷排放量分别达2 180.3t和41.7t。

巢湖流域畜禽养殖业化学需氧量、总氮和总磷三种主要水污染物排放量分别达到3.2万t、2 607.7t和385.9t，分别占流域排放量的100%、30.8%和57.1%。巢湖流域各种养殖类型中，规模化生猪养殖场主要水污染物排放量最大，化学需氧量、总氮、总磷三种主要水污染物排放量分别达972.6t、7 745.0t和98.0t。

（七）三峡库区及其上游流域污染物排放状况

三峡库区涉及湖北、重庆、四川、贵州和云南等省份的319个县（区）。依据农业部2015年全国农业面源污染调查及监测所得数据，三峡库区及其上游流域农业源化学需氧量、总氮和总磷三种主要水污染物排放量分别为94.3万t、18.6万t和2.0万t。与2007年进行的第一次全国污染源普查的结果相比，三峡库区及其上游流域化学需氧量排放量增长94.69%，总氮排放量增长40.17%，总磷排放量下降35.5%。

三峡库区及其上游流域种植业总氮、总磷排放量分别达到10.6万t、9 041.4t，占流域总排放量的57.0%、44.8%。三峡库区及其上游流域各类种植模式中，南方湿润平原区—露地蔬菜模式（NS01）主要水污染物排放量最大，地表径流总氮、总磷排放量分别达1.7万t和1 384.7t。

三峡库区及其上游流域畜禽养殖业化学需氧量、总氮和总磷三种主要水污染物排放量分别达到94.3万t、8.0万t和1.1万t，分别占流域排放量的100%、43.0%和55.2%。三峡库区及其上游流域各种养殖类型中，规模化生猪养殖专业户主要水污染物排放量最大，化学需氧量、总氮、总磷三种主要水污染物排放量分别达4.4万t、55.4万t和6 544.7t。

（八）太湖流域污染物排放状况

太湖流域涉及上海、江苏和安徽等省份的32个县（区、市）。依据农业部2015年全国农业面源污染调查及监测所得数据，太湖流域农业源化学需氧量、总氮和总磷三种主要水污染物排放量分别为9.3万t、4.5万t和2 486.5t。与2007年进行的第一次全国污染源普查的结果相比，太湖流域化学需氧量排放量下降5.12%，总氮排放量增长

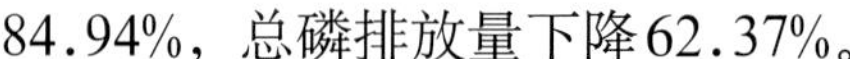

84.94%，总磷排放量下降62.37%。

太湖流域种植业总氮、总磷排放量分别达到3.4万t、1 343.1t，占流域总排放量的76.5%、54.0%。太湖流域各类种植模式中，南方湿润平原区—稻麦轮作模式（NS05）主要水污染物排放量最大，地表径流总氮、总磷排放量分别达9 600.2t和174.8t。

太湖流域畜禽养殖业化学需氧量、总氮和总磷三种主要水污染物排放量分别达到9.3万t、1.1万t和1 143.4t，分别占流域排放量的100%、23.5%和46.0%。太湖流域各种养殖类型中，规模化生猪养殖专业户主要水污染物排放量最大，化学需氧量、总氮、总磷三种主要水污染物排放量分别达4 475.9t、2.8万t和271.0t。

（九）滇池流域污染物排放状况

滇池流域涉及云南省的6个县（区）。依据农业部2015年全国农业面源污染调查及监测所得数据，滇池流域农业源化学需氧量、总氮和总磷三种主要水污染物排放量分别为2 739.5t、555.1t和56.0t。与2007年进行的第一次全国污染源普查的结果相比，滇池流域化学需氧量排放量下降63.38%，总氮排放量下降56.13%，总磷排放量下降93.15%。

滇池流域种植业总氮、总磷排放量分别达到267.5t、25.2t，占流域总排放量的48.2%、45.0%。滇池流域各类种植模式中，南方湿润平原区—露地蔬菜模式（NS01）主要水污染物排放量最大，地表径流总氮、总磷排放量分别达236.9t和19.8t。

滇池流域畜禽养殖业化学需氧量、总氮和总磷三种主要水污染物排放量分别达到2 739.5t、287.6t和30.8t，分别占流域排放量的100%、51.8%和55.1%。滇池流域各种养殖类型中，规模化生猪养殖场主要水污染物排放量最大，化学需氧量、总氮、总磷三种主要水污染物排放量分别达128.6t、1 230.6t和11.8t。

五、农业面源污染成因分析

（一）种植业

1. 化肥施用总量过大，蔬菜等高用肥作物快速发展

我国化肥施用量超过合理值近50%，过量的化肥施用带来大量的氮、磷等养分流

失，是面源污染严重的最直接原因。受经济价值高的驱动，经济作物的施肥量往往高于大田作物。我国化肥施用量占全球的1/3，其中经济作物贡献的比例接近或者超过一半。总体来说，我国蔬菜、水果等高经济价值的作物用肥量近年来急剧增加，其中蔬菜已经成为我国第一大用肥作物（图47）。然而，相比大田作物，经济作物的化肥利用效率往往偏低，这是造成我国种植业面源污染严重的重要原因之一。

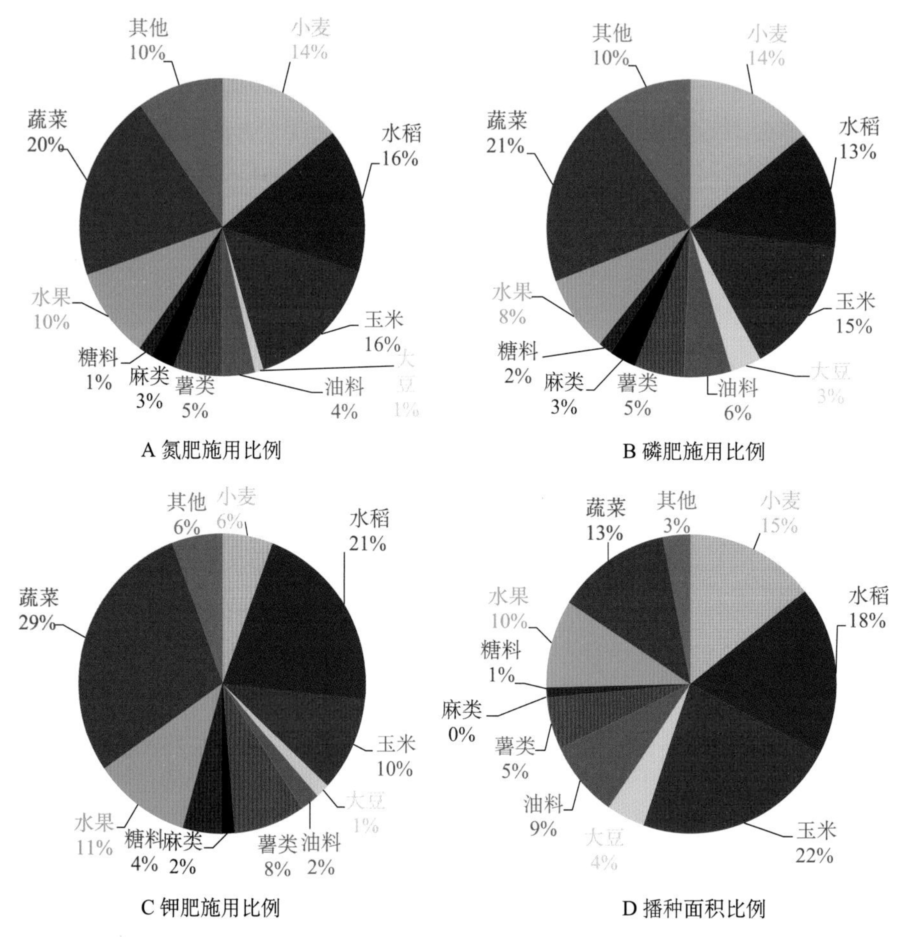

图47　我国不同作物化肥施用以及作物播种面积占比

对于氮肥来讲，蔬菜和水果消耗了全国氮肥用量的30%，然而其播种和种植面积仅为全部播种面积的13%和10%，这意味着单位面积的用肥量远高于全国的平均值，氮肥的利用效率低下。蔬菜和水果的氮肥利用效率（NUE）低是全球的通病，特别是我国高复种指数的情况下，蔬菜和水果的NUE在部分严重过量施肥的地区甚至低于10%，造成大量的氮肥流失到环境中，引起严重的面源污染问题。相对于蔬菜和水果，我国大田作物小麦、玉米和水稻的用肥量次之，三者之和接近我国氮肥用量的一半，但是其播种面积达到了全国播种面积的55%，总体NUE远高于蔬菜和水果，然而即便如此，大田作物总体的NUE仍低于40%，也就是说约有2/3的氮肥施用量流失到环境中。

对于磷肥来讲，大田作物的消耗比例更低，有近60%的比例用于蔬菜和水果等经济作物，这导致磷的流失比例更高。但是不同于氮肥的流失过程，磷的流失很大一部分会积累在土壤中，产生遗留效应。然而，从长期平衡来看，滞留在土壤中的磷虽然会被作物再次利用，但是仍会有大部分随着我国农田的粗放经营而流失到水体中，造成严重的地表水富营养化，成为面源污染的重要源头。

2. 农业设施和技术落后

水肥管理对于提高肥料的利用效率、降低面源污染具有重要的作用。迄今，国外已经开发了精准灌溉（滴灌、微喷灌等）和施肥的4R技术（即选择正确的肥料品种、采用正确的肥料用量、在正确的施肥时间、施用在正确的位置），这些技术的应用可以极大地降低农田面源污染。相对于这些先进的技术，我国化肥施用量严重过量；施肥方式以手工撒施化肥为主，撒施化肥极易造成肥料的流失，特别是氨挥发，而撒施后灌水也很容易造成肥料的淋洗流失；化肥分多次施用可以降低流失量，提高利用率，然而我国“一炮轰”的一次性施肥方式在很多种作物中都存在；虽然近年来肥料的种类和配比有一定程度的好转，但是距离合理施肥仍有一定的距离（图48）。

图48 我国华北平原常见的撒施化肥以及大水漫灌（巨晓棠 摄）

同时，上述多种不合理的施肥量和施肥方式之间，特别是过量施肥、不合理施肥和灌溉方式之间的交互作用，可以极大地加速化肥的流失，带来严重的面源污染。虽然我国农业基础设施和机械化水平近年来有一定程度的提高，但是由于小农户的分散经营，水肥管理的方式仍然十分粗放，农民自身的受教育水平不高，而先进的施肥技术和管理水平也难以落地而改变农业小农经营的状况。

3. 经营规模小，先进技术和管理难以推广

水肥管理的粗放方式背后有复杂的深层次社会经济原因。1978年以来，家庭联产承包责任制将全国98%的农田分配给2亿多户农村家庭，我国平均每户家庭所分配到的农

田面积约为0.4hm^2。这0.4hm^2的农田又进一步划分为4～5份（每份约0.1hm^2），以确保好田和差田都能够公平地分配给每户人家。小块农田很难采用先进技术（如4R养分管理）。随着农田规模的扩大，每公顷农田的化肥使用量急剧减少（图49）。此外，小块农田的粮食产量远低于大块农田的产量，这表明小块农田会使更多的化肥流失到环境中。小块农田和小农经营被认为是世界范围内农业生产力低下的主要原因。扩大农田规模，结合标准化经营，能极大地促进化肥的高效使用。

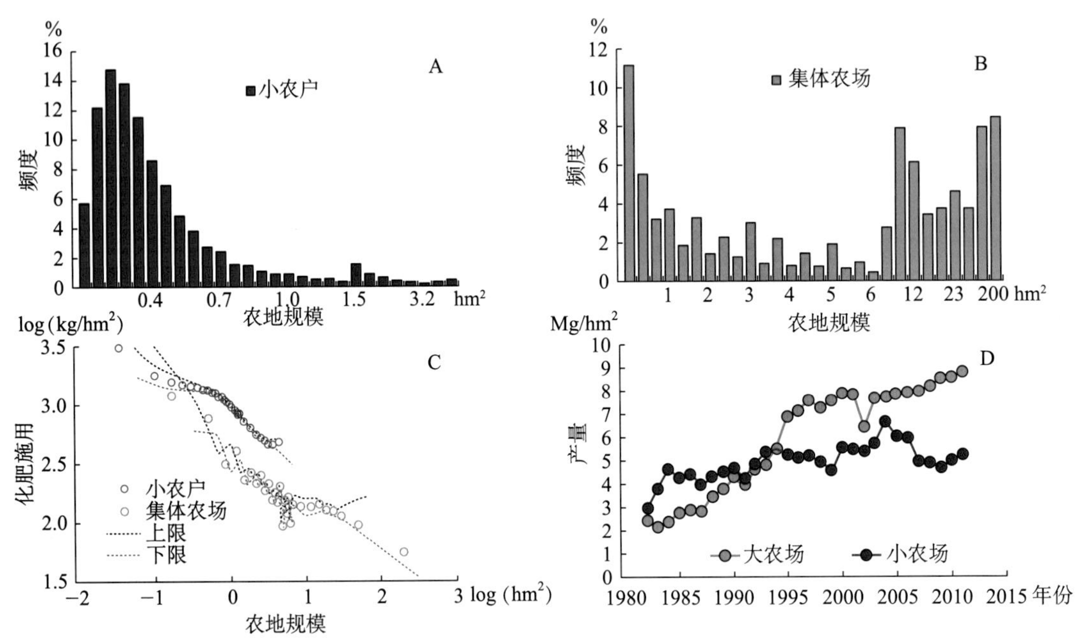

图49　2006年我国农田规模与化肥使用量的关系

注：我国小块农田的平均面积（加权平均数）为0.43hm^2，而集体农场的平均面积为26.6hm^2。小块农田的面积之和占我国农田总面积的98%。数据来源于全国第二次农业普查，该普查涵盖了所有小农户（超过2亿户）及集体农场（超过39 500个），漏报率低于0.2%，并且原始数据的误差为0.14%。

化肥补贴被认为是中国化肥过量使用的主要原因，取消化肥补贴并提高化肥价格有望减少化肥使用量。事实上，自2008年起，中国政府就开始逐步取消部分化肥补贴，包括化肥运输补贴及化肥企业的电力和天然气补贴。然而，2008—2013年尽管化肥平均价格以2.3%的年增长率上升，化肥使用总量仍以2.4%的年增长率增加。目前，最大的化肥补贴就是免收增值税。不免税的情况下可以使化肥的平均价格提高约5%，但是它会首先击垮那些生产技术落后和能源效率低下的小企业，然后才有利于整个化肥产业的升级。

即使未来化肥价格会小幅提升，小规模农田和大规模农田对化肥价格的上涨反应也不同。小农对于价格的上涨并不是很敏感，因为他们大部分的收入并非来自农业生产，

而是来自非农业活动（如在城市兼职或其他商业活动）。相反，对于经营大规模农田的专职农民，他们的主要收益就来自农业生产，并且化肥费用占总成本很大比例。因此，如果化肥价格上涨的话，经营大规模农田的专职农民更能积极地减少化肥使用量。事实上，在当前化肥价格形势下，大规模农田每公顷的施肥量已经低于小规模农田，然而大规模农田面积所占中国农田总面积的比例却不足2%。可见，提升农业规模化经营的比重对于实现《到2020年化肥使用量零增长行动方案》的目标至关重要。

4．作物种类单一，复种指数高，耕地质量下降

近年来，国际上发展起来的土地共享理论，即在同一块土地上种植多种作物，利用不同作物的生态位差异最大化养分的利用，从而降低面源污染及减缓全球变暖，例如，经济林或牧草与某些大田作物的套种或周围种植。这些措施对于提高生物多样性、提升农田生态系统功能具有重要的意义。然而，目前我国的农田种植越来越偏向于向作物种类单一、生物多样性单一的方向发展。这虽然在部分地区可能能够提高总体的产量，但是其负面影响也十分巨大。耕地的质量下降，作物的连作障碍越发严重，特别是对于大棚蔬菜和部分水果种植，这些负面的效应会降低作物产量，进而影响作物对养分的吸收利用，加剧养分过量，带来养分流失，产生面源污染。

同时，我国耕地的复种指数远高于国外，高强度的耕作和种植容易造成地力枯竭、有机质含量下降、土壤酸化。秸秆还田对于土壤肥力的提升以及促进作物对肥料的吸收有很大的帮助，但是由于我国复种指数高，还田秸秆的腐烂分解速度慢，在有些地区反而会成为影响下一茬作物生长的障碍。这些不利的因素都会造成在我国开展面源污染防治的措施往往存在落地困难的问题。

5．作物种植管理措施不合理，空间布局有待改进、缺乏规划

影响作物产量进而影响面源污染的措施涉及多个方面，例如耕地准备、播种时间、播种密度、作物品种、收获时间等。我国农村的分散化小规模经营，致使参与耕作的农民数量庞大、普遍受教育程度不高，对作物种植管理更依赖于传统的经验而非经过科学实验的先进技术和管理方式。这些基本的管理措施不到位可以导致作物减产幅度达到6%～20%，而且这些管理措施之间的交互作用还可能导致减产幅度的加大。例如在大理的洱海流域，传统的水稻种植模式为高密度种植，达到40 000穴／亩，种植需要花费大量的人工和秧苗，在合理密植试验研究中发现，当水稻种植密度降低至17 787穴／亩时，水稻籽粒产量由原来的591kg增加至629kg，每亩增产30kg，足以说明合理密植模式在产

量、秧苗投入、肥料投入和人工成本方面均具有优势，农民需改变观念来调整种植。

国外的作物种植一般遵循纬度线原理，即考虑适宜的温度和降水的条件下，开展依赖于自然条件的条带式种植，这有利于最大化地发挥自然条件的优势，开展类似于雨养农业的发展模式。然而，我国目前的种植结构总体上缺乏规划，农民根据自己的喜好或者市场的导向自行决定种植的结构。这首先可能导致不能最大化作物的产出；其次，在不适宜的地区种植还会导致水资源消耗过大，带来严重的生态问题。这些最终都会在面源污染的发生上有所体现，因为高肥低产势必会造成大量的肥料流失，而水资源耗竭则会造成耕地质量下降，大量的硝酸盐和磷肥积累在深层土壤中，威胁地下水安全。因此，在国家层面上根据自然气候条件开展合理的种植规划，有可能会从根本上扭转农业面源污染并解决小农户分散经营带来的诸多问题。

（二）畜禽养殖业

1. 畜禽养殖总量过大，局部区域过载

改革开放以来，我国养殖业规模急剧增加，其中肉类、鸡蛋和牛奶的产量分别增加了6倍、10倍和33倍，特别是鸡蛋的产量从20世纪80年代占全球总产量的10%左右快速增加到占全球总产量的40%，肉类产量也从10%上升至30%左右。我国猪肉的产量目前已经占全球的50%，成为全球第一的养猪大户。养殖业废水的大量排放在全国范围内贡献了至少一半的面源污染来源。

畜禽产量的增加对于提升我国居民的动物性产品的供给能力至关重要。但是养殖业也造成了严重的面源污染问题，在全国范围内养殖业贡献了至少一半的面源污染来源，这成为我国居民在逐渐富裕起来过程中必须面对的一个问题，即发展带来的环境代价。养殖业虽然可以通过适当的手段来控制污染，但是严格避免污染几乎是不可能的，特别是对养殖业的氨气挥发来说，这在国外发达国家里也是一个难题。氨气挥发现阶段对我国严重的空气污染、高浓度的$PM_{2.5}$形成都具有重要的贡献。

同时，养殖业目前主要分布在农区几个产粮大省（如河南等地），这种分布的格局会造成局部地区养殖量过载，没有足够的耕地来消纳畜禽粪便，造成区域性的水环境和大气环境问题。

2. 养殖场选址紧邻水体，污染风险高

养殖业往往都是耗水大户。充足的干净水源，一方面可以保证牲畜的饮用水，另一

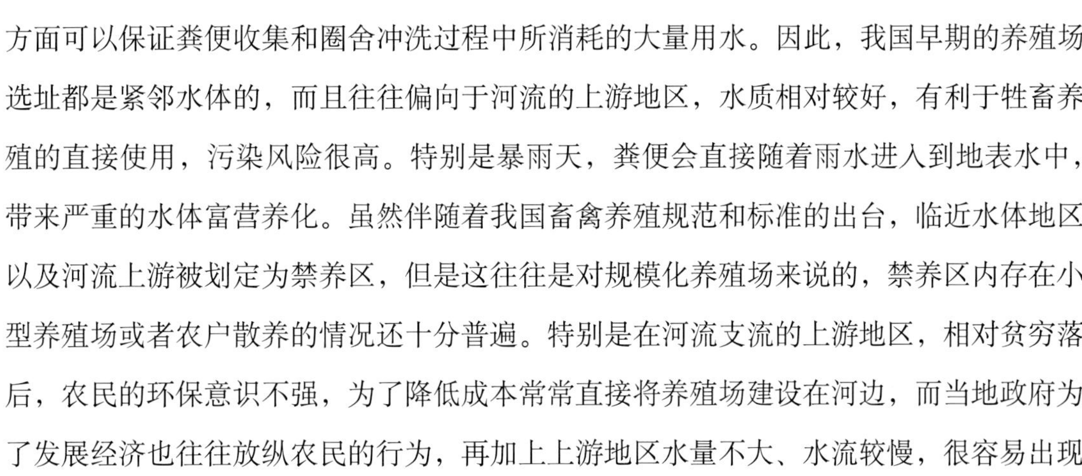

方面可以保证粪便收集和圈舍冲洗过程中所消耗的大量用水。因此，我国早期的养殖场选址都是紧邻水体的，而且往往偏向于河流的上游地区，水质相对较好，有利于牲畜养殖的直接使用，污染风险很高。特别是暴雨天，粪便会直接随着雨水进入到地表水中，带来严重的水体富营养化。虽然伴随着我国畜禽养殖规范和标准的出台，临近水体地区以及河流上游被划定为禁养区，但是这往往是对规模化养殖场来说的，禁养区内存在小型养殖场或者农户散养的情况还十分普遍。特别是在河流支流的上游地区，相对贫穷落后，农民的环保意识不强，为了降低成本常常直接将养殖场建设在河边，而当地政府为了发展经济也往往放纵农民的行为，再加上上游地区水量不大、水流较慢，很容易出现严重的富营养化。

3. 经营规模小，分散养殖污染治理难度大

养殖业污染治理困难的核心问题还在于养殖规模过小。2000年前，我国基本上没有现代化大型的养殖场，但是由于那时总体养殖量不大，所以污染问题并没有十分突出。2000年后，小型以及中型养殖场开始出现，占据了一定的市场比例。但是中小型的养殖场总体上和传统的散养在粪便处理和污染消纳方面没有本质的区别，政府治理养殖场污染时存在法不责众以及监督、交易和操作成本过高的问题。

因此，养殖业的管理条例基本上处于失效的状态。例如洱海上游的永安江流域是奶牛养殖的主要基地，虽然从国家到省级、到市级、再到乡镇级别的政府机构都出台过政策来保护洱海。但是，面对洱海上游地区一家一户养两头奶牛的状况基本上束手无策，奶牛的粪便完全没有处理，丢弃在自己门口附近自然风干来做有机肥施用到当地的大蒜种植田里。由于大理地区雨水较多，露天堆置的粪便大部分被雨水冲刷到永安江，最终流入到洱海中。

分散化的小型养殖业目前在我国仍占据着主导地位，这涉及上亿农户家庭的生计问题，也涉及我国农业产业的发展问题，因此，权衡环境保护、社会稳定以及农民的福利是每一级政府都需要考虑的问题，目前看来似乎没有一个完美的解决方案。

4. 规模化标准养殖不够，质量与价格不挂钩

目前我国大规模标准化的养殖场仍仅占很小的比例。大型的养殖场往往都有粪便处理设施，开展粪便收集处理、生产有机肥，或者用作沼气生产等。大型化的养殖场往往具有规模效应，每天大量产生的牲畜粪便可以作为一种稳定的资源输出来获得额外的经济收益，同时粪便处理过程中的投资，大型养殖场往往也有能力负担。而且，由于大型养殖场都是登记在册的，政府职能部门很容易进行监管，可采用惩罚性措施来要求养殖

场主进行污染处理，相对的沟通、交易成本不高。

然而，目前我国规模化养殖的标准尚未建立，虽然标准化养殖的产品质量可能更高，但是在市场上与一般的养殖很难区分开来，造成质量与价格不挂钩，农场主缺乏激励机制来扩大养殖规模并配合政府开展粪便处理工作。而且，规模化的过程中还存在融资困难、投资回报风险高等一系列问题，致使我国规模化标准养殖场的发展较为缓慢，这可能会拉长我国面源污染治理的历程。

（三）种养布局

1．缺乏种养结合统筹规划

有机肥还田是减缓面源污染重要的途径。一方面，还田可以降低牲畜粪便的流失风险；另一方面，有机肥替代化肥往往具有更低的农田氮、磷流失风险。然而，伴随着我国的城市化进程，养殖业逐步与种植业分离，特别是城市郊区养殖业的发展以供给城市地区新鲜的动物性产品。这种分离的过程使得我国农业系统内部种植业和养殖业之间的养分循环出现了断裂：一方面，由于有机肥从产生地运送到农田区需要大量的运输成本，牲畜粪便更多直接排放到环境中；另一方面，牲畜饲料则需要从农田区运送到养殖区，这加剧了饲料和粪便的双向调运成本，降低了牲畜粪便再利用的效率。

2．养殖场污染治理设施建设目标不明确

由于种养脱节和面源污染同时存在，养殖场治污的主要目的是增加有机肥的产生量还是仅仅以减少污染物量为核心，实际上并不明确。如果是以增加还田为主，那么国外比较成熟的是粪便集中封闭储存系统，采用液体粪便的方式施用到农田中，基本上没有更多其他处理的环节，简单的储存加施肥的方式有利于降低处理的成本，便于管理，容易被养殖户接受和推广。如果是以废弃物处理为核心，那么可以直接采用污水处理厂的方式来集中处理，降低长期储存和喷洒施肥带来的成本。这种处理方式在国外并不常见。由于国外发达国家基本上都是规模化养殖场，粪便产生量很大，一般以作为有机肥还田为主。

我国目前的养殖场污染治理方式十分多样，既有生产固体有机肥，也有利用粪便产生沼气，也有利用粪便生产昆虫蛋白或者蘑菇，还有直接做简易处理排放的。这种多样化的处理方式实际上表明我国养殖场污染治理设施的建设目标不明确，国家也没有明确的标准来管理这些养殖场。这其中涉及的一个核心问题是规模。小规模的养殖场不管是

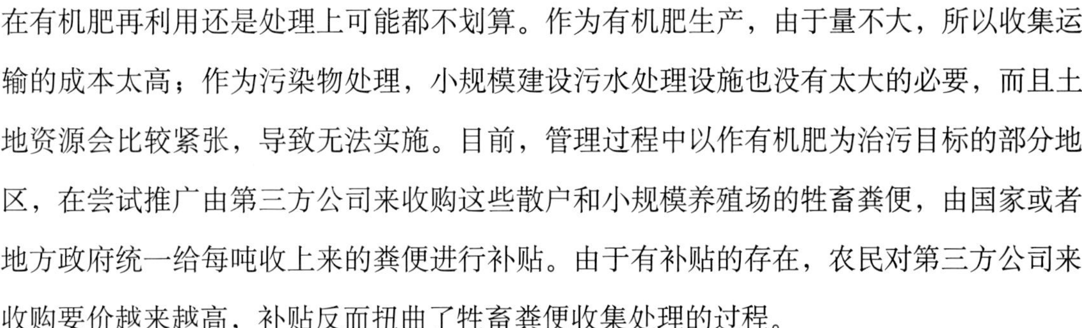

在有机肥再利用还是处理上可能都不划算。作为有机肥生产，由于量不大，所以收集运输的成本太高；作为污染物处理，小规模建设污水处理设施也没有太大的必要，而且土地资源会比较紧张，导致无法实施。目前，管理过程中以作有机肥为治污目标的部分地区，在尝试推广由第三方公司来收购这些散户和小规模养殖场的牲畜粪便，由国家或者地方政府统一给每吨收上来的粪便进行补贴。由于有补贴的存在，农民对第三方公司来收购要价越来越高，补贴反而扭曲了牲畜粪便收集处理的过程。

3．养殖场、农场、政府、监管部门责权利不清，治理主体责任缺失

让牲畜和农田之间通过有机肥充分耦联起来，并让其有序运行，不需要政府的补贴来维持，需要合理的制度设计。目前我国牲畜养殖的空间布局和耕地的分布不相匹配，牲畜养殖的主体依旧是散户和小型养殖场，这些特点造成了我国的养殖场粪便处理各项政策和措施均难以落地实施；即便得以实施也难以监管。结果造成养殖场、农场、政府、监管部门责权利不清，治理主体责任缺失，政府由于前一项政策失效而随后开始制定新的政策，出现政策一堆，但是没有抓住核心关键问题。

实际上，解决治理主体责任缺失的问题，关键不在于制定什么样的政策，而在于如何消除污染治理过程中的社会经济障碍，例如养殖规模问题、空间布局问题。这些障碍消除之前，要彻底解决养殖场污染的问题是十分困难的。而当前经济发展的阶段下，养殖场关注的首要问题是收入问题，而政府关注更多的是环境问题，两者的目标是不一致的。因此，政府在关注环境问题的同时，一定要通过考虑养殖场的经济问题入手，才有可能解决其关注的环境问题。

（四）成本收益与化肥补贴

1．成本收益

农业生产的投入成本包括多个方面，如劳动力、土地、化肥、农药、种子、机械等。以三种主要的粮食作物（小麦、水稻和玉米）为例，1998—2009年，劳动力成本约占总投入的33%，随后该比例上升至2013年的42%。由于小农经营的农田面积占全国总面积98%，小农经营中较高的劳动力投入表明其机械化水平低。同时，中国在1998—2009年的化肥成本占总成本的比例维持在18%左右，此后，其所占比例减少到15%以下，土地成本所占比例也存在相似情况。这些变化与城市化进程是一致的，它把农村地区的劳动力吸引到城市中，同时劳动力成本也急剧上升。农业生产的成本利润比的巨大变化意味着农业经营的风险很高，农村居民如果只是依靠农业经营来养活自己，那么他们抗风险的能力就会很差，这进一步促使农村地区的青壮劳动力转移到城市中去。即使成本利润比很高，平均每户家庭总的农田面积（不足0.5hm^2）也不能满足庞大的农村人口。因此，农村居民兼职是很正常的，无论是从事农业生产还是工业（如建筑业）。随着城市化的发展，农业生产收入占小农家庭总收入的比重快速下降，农户的大部分收入都来自城市的工作。对小农而言，由于投入成本中化肥比重低，加之化肥开销相对于他们的总收入占比不大，因此他们对于化肥价格变化不太敏感（图50）。

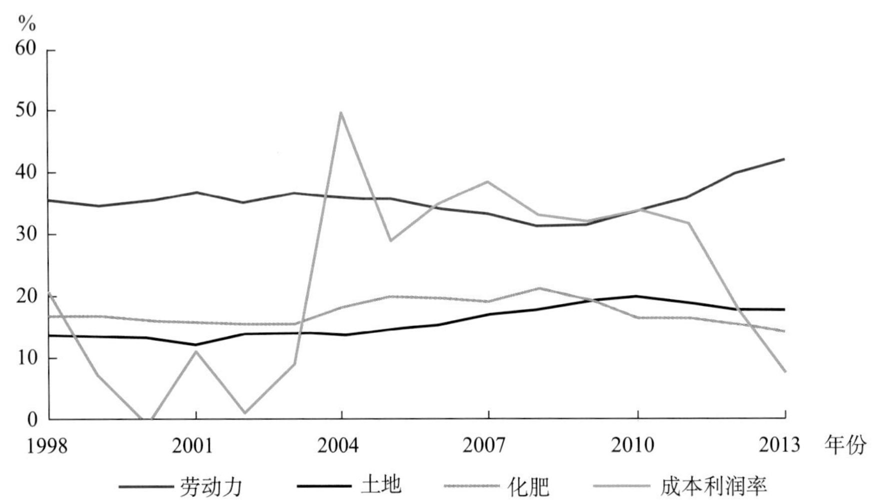

图50　1998—2013年我国主要作物（小麦、玉米、稻谷）每公顷的成本收益率

注：劳动力、土地和化肥的投入成本比为这些投入成本与总成本之比；成本利润率是净收益除以总成本。

数据来源：《国家农业成本和收益汇编》（国家公众营养与发展中心，2014）。

为了比较小规模农田和大规模农田的成本收益，我们开展了两个案例研究（图51）。第一个案例是拥有790万hm^{2}农田，以小麦为主要粮食作物的河南省，其小麦产量占全国总生产量的25%，这是进行成本收益分析的典型案例。2013年一项关于河南省种植小麦的调查，分析了农田规模是如何影响小麦种植的成本收益的。该调查基于农田规模分为几个组别。为了使对比简单化，我们将其归纳为两组：一组是平均面积为36.6hm^{2}的大规模农田，另外一组是平均面积为0.3hm^{2}的小块农田。结果表明，就总体而言，大面积农田每公顷的投入成本比小块农田低，尤其是劳动力成本，小块农田要比大面积农田高3倍。除农药，小块农田其他的投入成本都要比大面积农田高11%。但是，小块农田的作物产量却比大面积农田低5%，导致大面积农田的成本利润比（净收益除以投入总成本）是小面积农田的5倍。

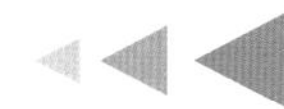

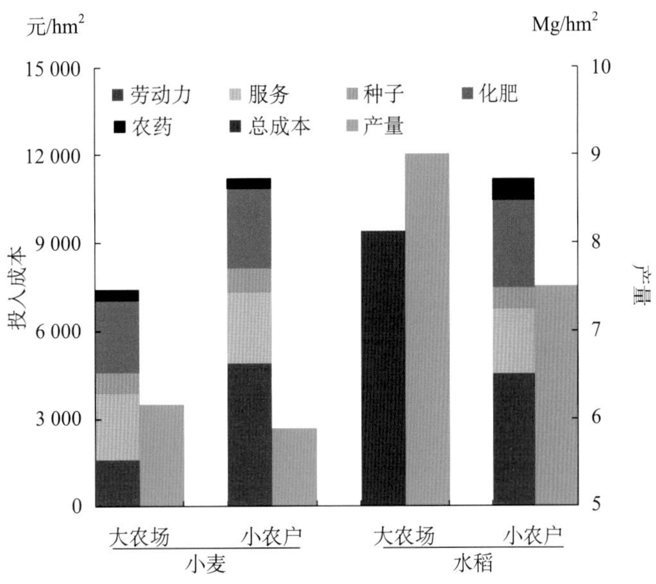

图51　大农场和小农户的小麦、稻谷的成本和产量比较

注：大农场和小农户的平均面积分别为30hm²以上和0.5hm²以下。

数据来源：小麦数据来自中国北方（2013年，河南省），稻谷数据来自中国南方（2011年，江苏省）。

另一个案例是拥有470万hm^2农田，稻谷产量为全国总生产量10%的江苏省。和种植小麦的发现一样，相对于大面积农田，小块农田的投入成本更高，而作物产量更低。一般来说，种植1hm^2的水稻，其总投入成本和每一个子投入成本与小麦种植是相近的，都需要较高的劳动力成本。我们没有获得大面积农田各自投入成本的数据，但是其总成本投入要低于小块农田。这些发现进一步证实大面积农田要比小块农田更有利，不仅节省投入成本，而且增加作物产量。大农场相对较高的化肥成本比例说明其对于化肥价格上涨的敏感性。这就意味着，通过取消化肥补贴，大农场将会进一步优化化肥用量，获得粮食增产和更多利益。

2. 化肥补贴

随着生产力不断提高和重大的技术创新，化肥行业在近年来发生了很大的变化。氮肥和磷肥产能过剩（即化肥行业有能力生产出更多的化肥，远远超出国内的需求），而钾肥的自给率仍然很低。中央政府发布政策优先控制氮肥产量的增长，并调整化肥产业结构（减少氮肥和磷肥产业，同时增加钾肥产业）。化肥价格的增加与其原材料（主要是煤、电、天然气等）的价格变动密切相关。化肥行业已经开始将小企业整合成具有矿产资源和竞争优势的大型企业。取消化肥补贴增加了小企业的生存压力，但有利于大型企业整合、扩大市场。

目前，除了增值税和化肥淡季储备财政补贴，绝大部分化肥补贴已经取消（图52）。2008年以来，已逐步取消电力、天然气和运输的补贴，尽管他们的总量不到总补贴的10%。由于原材料（如煤和天然气）的价格上涨，很难把化肥的价格变化归结于补贴的取消或原材料的价格变化。然而，即使化肥的价格持续上涨，2001—2013年化肥的用量从仍然以平均每年3%的速率增长。化肥淡季储备财政补贴是为缓解淡旺季之

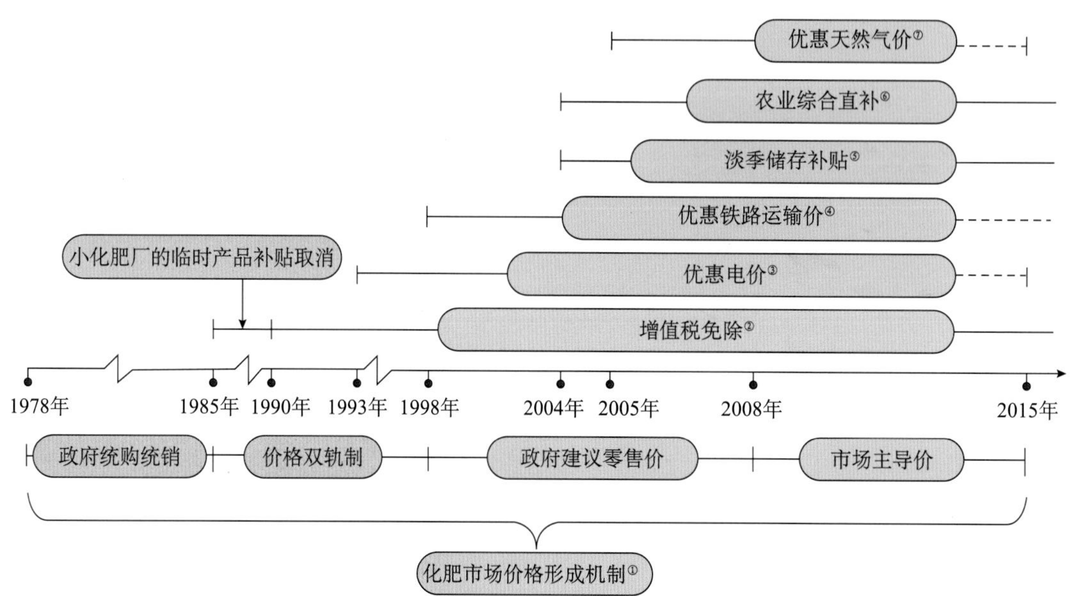

图52　中国化肥补贴政策和化肥价格年表

注：带有终止标识（图中的竖线为终止符）的虚线表示补贴逐步取消，终止标识则表示所有的补贴到此全部取消，没有终止标识的虚线表示一部分补贴逐步取消，而另一部分补贴仍在实施；没有终止标识的实线表示补贴仍在实施。

①中国化肥市场价格形成机制的变化。1985年前，中国化肥行业实施国家统购统销计划，这意味着计划经济时期实行化肥配额，原材料和制成品均由政府控制。随后，经济改革时期（1986—1998年）化肥市场引入价格双轨制，计划内的化肥供应价格由政府控制，而计划外的化肥价格根据市场需求决定。1998—2008年，化肥的出厂价主要受“政府指导价”影响，而非“政府定价”。2009年以后，化肥价格则由市场决定。

②氮磷复合肥自1994年免征增值税，磷酸铵自1998年免征增值税。从2001开始，尿素增值税征收后再返还50%～100%。该项先征后减政策于2003年取消，但很快在2004年重新启用。自2005年以来，尿素和其他化肥已全部免收增值税。

③与其他大型工业制造商相比，化肥企业（主要是中小企业）自1993年起享受优惠电价。2009年化肥企业用电价格和其他企业均有所上调。2011年以来，许多省份的电价差距逐渐缩小。

④1998年起，化肥铁路运输实行优惠运价。然而，2004年以来铁路运输费用逐渐增加。2015年1月起首次正式取消铁路运输优惠运价政策，但自1998年以来铁路建设基金（每吨每公里0.033元）免征政策仍然继续实行。

⑤2004年起，建立化肥淡季储备制度，各个地区先后建立省级肥料储备制。该政策的主要目的是缓解化肥旺季和淡季之间的价格波动，并不限制化肥价格。

⑥2004年起，实行农资综合直接补贴，该补贴是国家对农民购买农业生产资料（包括化肥、柴油、农药、农膜等）实行的一种直接补贴。

⑦2005年起，化肥企业执行天然气优惠价政策。2012年起，逐步推行天然气价格市场化，并逐步取消化肥优惠供气政策。2015年初，天然气市场双轨价格体系正式合并，因此到2015年底，化肥企业天然气优惠供应完全取消。但目前利用天然气的化肥企业的市场份额只有20%左右，因此天然气优惠价的逐渐取消只会对化肥价格造成有限的影响。

数据来源：这些政策的数据资料来自国务院多个部门和委员会，主要包括财政部和国家发展改革委员会。

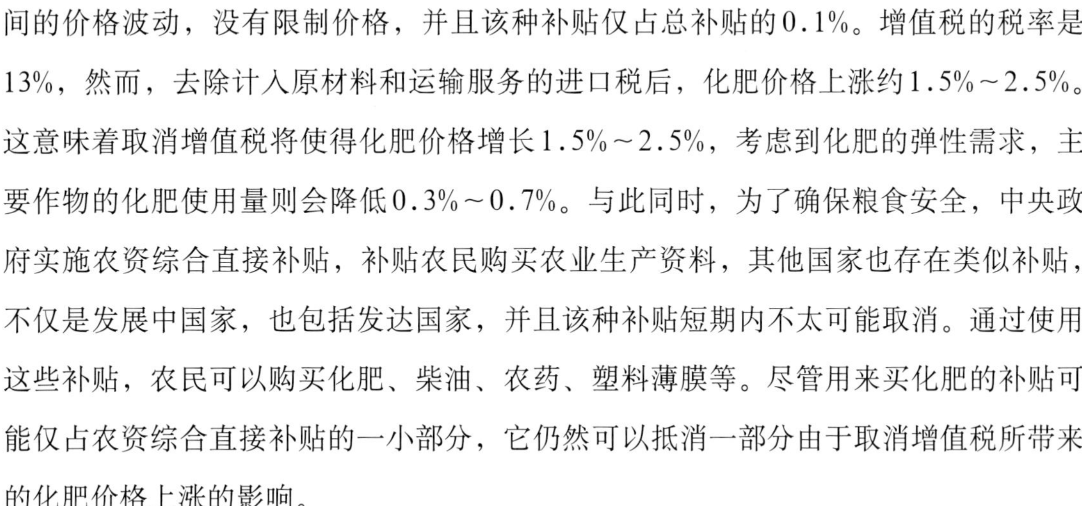

间的价格波动，没有限制价格，并且该种补贴仅占总补贴的0.1%。增值税的税率是13%，然而，去除计入原材料和运输服务的进口税后，化肥价格上涨约1.5%～2.5%。这意味着取消增值税将使得化肥价格增长1.5%～2.5%，考虑到化肥的弹性需求，主要作物的化肥使用量则会降低0.3%～0.7%。与此同时，为了确保粮食安全，中央政府实施农资综合直接补贴，补贴农民购买农业生产资料，其他国家也存在类似补贴，不仅是发展中国家，也包括发达国家，并且该种补贴短期内不太可能取消。通过使用这些补贴，农民可以购买化肥、柴油、农药、塑料薄膜等。尽管用来买化肥的补贴可能仅占农资综合直接补贴的一小部分，它仍然可以抵消一部分由于取消增值税所带来的化肥价格上涨的影响。

（五）渔业

1．主要养殖模式环境影响分析

（1）池塘养殖

池塘既是水生生物的生长环境，又是其分泌物、排泄物的处理场所。池塘养殖产生污染主要来源于残饵和鱼虾排泄物，根据池塘养殖水体的氮循环过程可以看出，由于硝化细菌硝化速度很低，亚硝酸盐、氨氮浓度过高，但浮游生物生长需要的硝酸盐含量也是很少的。因此养殖中后期池塘水质状况相对于前期比较差。氮失衡对池塘养殖造成内部污染和外部污染的影响也是不同的。池塘水体内部污染问题主要集中在氨氮和亚硝酸盐氮，一般在9—10月浓度达到一个养殖周期内的最高值。

（2）网箱养殖

网箱养殖集大范围的养殖与统一运作于一身，能够最大限度地利用资源，但这种养殖方式对水体的自我净化功能会产生巨大的破坏，严重时会污染整片水域（林钦等，1999；付天祥，2014）。第一，对水体中生物有影响。过度养殖极易造成水体的缺氧，在养殖的过程中也会产生富营养化的现象，这样使得藻类长满整个水面，导致鱼类的死亡，造成经济损失，同时产生的臭味会影响人们的正常生活，甚至会导致疾病的传播。第二，对水体中物质产生影响。一味地追求利益，增大放养的密度，会使鱼类的排泄物得不到充分排解，水质在这个过程中得不到循环而逐渐变差。第三，对水底积淀物产生影响。沉积物是各种污染物的总汇，随着养殖污染的加剧，网箱水底及周围沉积物中的有机质、氮、磷、重金属、硫化物等含量逐渐增加，不但直接危害底栖生物的生存环境和养殖产品质量，而且沉积下来的污染物在物理、化学和生物的作用下，可能从沉积物中释放出来、进入水体并造成二次污染。有机碳、氮和磷的释放可能诱发赤潮；而进入沉积物的抗生素等化学制剂及重金属，会通过食物链在生物体内积累，最终对人类健康构成威胁（赵仕等，2009）。

2．不同养殖品种环境影响分析

水产养殖的氮、磷排放是重要的面源污染，既影响环境又影响自身。水产养殖过程中需要向水中投放大量的饲料、渔用药物等，除了供养殖对象吸收，养殖水体中的残饵、排泄物、生物尸体、渔用营养物质和渔药大量增加，造成氮、磷和渔药以及其他有机物或无机物质超过了水体的自净能力，排放后导致对水环境的污染。以鱼虾类养殖为例，研究表明，网箱养殖的银鲈只吸收20%的氮和30%的磷；精养虾池中只有10%的氮和7%的磷被吸收，其他都以各种形式进入环境。排放物质中，氮是磷的4.5～5倍，并在溶解氧等因子的作用下，以氨态氮、硝态氮、亚硝态、有机氮等状态对水质造成影响。养殖系统氮、磷排放的载体是水和底泥。对鲤鱼的研究表明，在不考虑残饵的情况下，底泥中的氮和磷占排放量的10%和70%。残饵对底泥的影响非常大，由于投喂的精准度差，养殖过程中有20%～30%的饲料未被摄取（徐皓，2007）。

贝类养殖是我国海水养殖业的重要组成部分，多品种、多形式的贝类养殖得到飞速发展。贝类作为一种滤食性动物，具有很强的滤水能力，高密度的养殖必然会对生态系统产生影响，进而影响贝类养殖自身的发展。不论是底播养殖（如蛤子、牡蛎等）还是筏式养殖（如贻贝、扇贝等），贝类均能通过过滤大量水体摄取浮游植物和有机颗粒，同时产生生物沉降，使颗粒物质实现从水体向底层搬运的过程，对整个生态系统的结构和功能产生影响。贝类养殖对于海湾生态系统的影响是综合性的，某些影响可能互相消长。贝类养殖既能影响浮游生态系统，又能影响底栖生态系统，同时具备浮游—底栖耦合功能，将大量的物质从水体搬运至底层，从而大大改变了底质的生物地球化学特性，并且在沿海营养盐的循环和滞留方面扮演重要的角色，使贝类养殖水域成为一个独特的生态系统，同时在水动力的作用下，对周边水域生态系统也产生影响。季如宝等（1998）通过对多个海湾的研究后认为，滤食性贝类在海湾生态系统中的作用主要包括7个方面：从水体中滤食大量颗粒物；消耗减少大量浮游植物；形成包含很高有机物质的生物沉积物；重新矿化沉积物；向水体中释放无机营养盐；增加可利用溶解无机盐的浓度；影响水体中各营养盐间的比例。生物沉降产生的大量沉积物构成了丰富的营养库，经矿化作用和再悬浮，重新进入水体参与循环，促进了海水—底质界面间的营养盐交换（刘俊强，2015；黄永汉等，2015）。

当然，一些养殖生物也可以清除水体中的污染物。这些清洁生物主要包括滤食性贝类、某些棘皮动物、浮游植物和大型藻类等，它们可以去除养殖废水中的营养物质，并转化成有价值的产品。大型藻类能吸收养殖动物释放到水体中多余的营养盐，这些营养物质通过被大型藻类吸收而被去除，同时大型藻类能固碳、产生氧气，调节水体的pH，从而达到对养殖环境的生物修复和生态调控作用（毛玉泽等，2005）。齐占会等（2012）从物质量评估和价值量评估两方面对广东省贝、藻养殖的碳汇贡献进行了定量评估，物质量评估结果显示，2009年广东省海水养殖的贝类和藻类收获可以从海水中移出约11万t碳，相当于39.6万t二氧化碳；价值量评估结果显示封存固定这些二氧化碳所需要的费用约0.59亿～2.38亿美元。

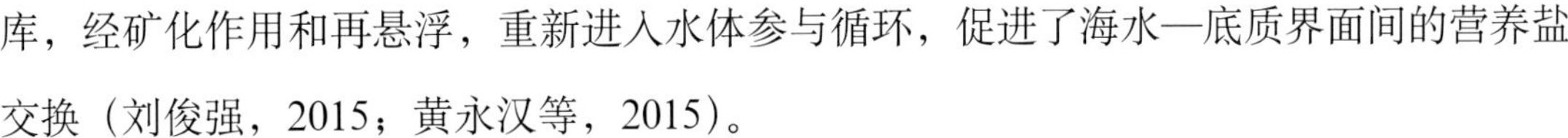

六、农业面源污染防治技术与政策

（一）防治技术

1. 农田面源污染防治技术

对于农田面源污染，在不影响农业产量和效益的前提下，源头总量控制是根本。通过优化农艺管理措施，达到从源头上控制化肥农药用量，减少土壤扰动和农田出水，控制农业面源污染产生的目标。主要包括化肥减量施用技术、有机肥化肥配施技术、科学灌溉技术、生态农业技术及水土保持耕作技术等。在传统施肥技术基础上，结合灌溉、耕作等田间管理措施和工程措施，形成针对性较强的面源污染综合防控技术，是当前的农田面源污染防治的一种发展趋势。

肥料高效施用技术：针对目前普遍存在的施肥结构与基追肥比例不当、追肥时期与作物养分吸收高峰期错位所带来的肥料利用率偏低、流失风险加剧等问题，根据不同作物、不同生育期、不同土壤供肥特点，优化施肥时期、方法和用量，适期分次追肥，同时结合化肥深施技术，提高氮、磷肥料利用效率，减少农田氮、磷流失风险。

测土配方施肥技术：根据土壤养分测试结果和作物需肥特性提出施肥配方，包括：提供能够满足作物营养要求的养分含量、比例、形态，作物需肥规律、土壤供肥性能和肥料效应；所需要的基础肥料品种、数量，并能满足加工和成型要求，有稳定的来源；提出氮、磷、钾及中、微量元素等肥料的施用品种、数量、施肥时期和施用方法。该技术效果较好，但推广成本较高。

区域性农田养分管理技术：通过GPS、GIS等现代信息技术与传统农化技术的结合，综合应用数字土壤、当地社会经济状况及气象资料，详尽迅速地了解一个地区的土壤有效养分的分区状况，并在此基础上为这一地区配制出适合主要轮作和土壤类型的专用肥。适合在集约化作物生产地区采用。

植株营养诊断施肥技术：对生长期间的作物进行营养分析，以诊断作物营养亏缺状况，根据作物当时自身营养状况，适时、适量追肥，以满足作物最佳生长的营养诊断技术。

养分平衡窗技术：详细了解农户养分投入与产出状况，分析其农田养分平衡状况，采集基础数据，将农田养分投入进行产丰缺评价，并根据计划种植作物种类将数据输入施肥专家系统，结合地块养分平衡结果及土壤质地、种植季节、目标产量、养分平衡等指标，给出地块肥料用量、肥料分配方式、合理施肥方法等施肥建议。适合蔬菜、花卉生产。

有机肥与化肥配施技术：氮肥与有机肥配合施用对夺取作物高产、稳产、降低成本具有重要作用。这样做不仅可以更好地满足作物对养分的需要，而且还可以培肥地力，减少氮磷流失。

缓/控释肥技术：通过包膜材料控制肥料养分释放速度，使肥料养分释放速度与作物生长周期需肥速度相吻合，提高肥料利用率，同时，减少氮素的淋失与挥发。

作物专用配方肥技术：肥料配方中不仅根据土壤肥力状况和作物需肥特征配有氮、磷、钾大量元素，而且根据各地土壤养分限制因子配有作物需要的各种微量元素，充分把宏观控制和微观调节有机地结合起来，使生产出的肥料能适合不同地区、不同作物需要。专用配方肥含有氮、磷、钾、钙、镁、硫、铁、硼等多种营养元素，且总养分含量一般高达40%～50%，能充分满足农作物对养分的需求，以保证作物的正常生长；专用配方肥的利用率比一般化肥提高10%～15%；可显著降低氮、磷养分流失量。

水肥综合管理技术：通过灌溉系统为植物提供营养物质的过程，即在灌溉水的同时，按照作物生长各个阶段对养分的需要和气候条件等，准确地将肥料补加均匀地施在根系附近，供植物根系直接吸收利用。肥灌所用的肥料应全是水溶性的化合物或液体肥料，微量元素肥料应是水溶态或螯合态的化合物。在条件具备的情况下，可结合滴灌、喷灌、渗灌等灌溉技术，节约灌溉用水和肥料用量，减少氮、磷流失，实现水肥一体化管理，提高肥效。

水土保护性耕作技术：包括免耕、少耕、间套复种技术、秸秆还田覆盖技术等，主要通过对农田实行免耕少耕和秸秆覆盖还田、控制土壤风蚀水蚀和农业面源污染、提高土壤肥力和抗旱节水能力以及节能降耗和节本增效的先进农业耕作技术。间套复种技术的使用，可以利用不同作物对营养物质需求比例的差异，充分利用土壤养分，减轻养分残余对周围水体造成的富营养化程度，调节土壤中各养分的比例，避免土地板结和盐碱化。

种植结构调整与布局优化技术：土壤、地形、坡度、气象因素既是决定作物适生性的主要因素，也是决定农业面源污染发生潜力的重要影响因子。因此，在充分考虑作物适生性和农业面源污染发生风险的基础上，发挥比较优势，调整种植结构，优化作物布局，在低污染风险区优先发展集约化蔬菜种植业，在高污染风险区优先发展需肥量低、环境效益突出的豆科或发展粮食、经济林等；在空间布局上合理安排作物结构，发展条带种植模式；在时间布局上，依据土壤养分供应特性和作物需肥规律合理安排作物轮作制度，可以有效减少农业生产对化肥的依赖，有效控制农业面源污染。

植物篱技术：植物篱为无间断式或接近连续的狭窄带状植物群，由木本植物或一些茎干坚挺、直立的草本植物组成。它具有一定的密集度，在地面或接近地面处是密闭的。一般是在土埂或坡地上种植多年生且有一定经济效益的木本或草本植物，从而控制水土流失和增加经济效益。主要有两种形式：一是经济植物篱＋农作物，二是经济植物篱＋经济作物。

缓冲带技术：在农田尾水进入人工湿地或入江支流以前，沿江或入江支流方向每隔一定距离（200m）建立一定宽度（10m左右）的农田作为缓冲带，缓冲带内不施氮、磷肥料以及化学农药，按照正常生产方式种植水稻、芦苇、菖蒲等有一定经济价值的水生植物，使缓冲带内植物依靠上游径流氮、磷养分生长，达到农田径流氮、磷资源化再利用的目的。带内植物正常收割（收获），既可带来经济效益，又可促进畜禽养殖业和农产品粗加工业的发展。

2．畜禽养殖污染防治技术

清洁养殖技术，以减少畜禽养殖过程中的粪污排放量、便于后续处理利用为目标，

较为成熟的技术包括生态发酵床技术和粪便收集贮存技术。

生态发酵床生猪养殖技术：一种新型、无污染养殖模式，具有“三省、两提、一增、零污染”（即省水、省料、省劳力，提高抵抗力、提高猪肉品质，增加养殖效益，无污染）等特点，适用于中等规模的生猪养殖场。零排放生态养殖舍改造工程包括现有养殖舍改造、垫料配制。利用微生物菌种将一定比例混合的锯末屑、粉碎棉秆（树叶或杂草）、营养添加剂、水所组成的垫料进行发酵，消除粪便的污染，达到环境保护和促进生猪生长的一种规模化生猪养殖技术模式。

畜禽养殖粪便收集贮存技术：专业户养殖量较大、分散，随意堆放的畜禽粪便在雨季随地表径流直接进入地表水体，造成严重的水体污染。为避免畜禽粪尿在贮存期间被雨水冲刷流失，建设有防雨功能的粪污收集贮存设施是防止畜禽粪便流失造成环境污染的最为基础的必备设施。畜禽粪尿在储存池中储存一定的周期，经过厌氧、好氧、兼氧等微生物处理过程后，将其还田，可增加土壤中有机质含量，有助于改善土壤结构、渗透性和可耕性，控制土壤侵蚀，使之持水能力增加，粪液作为灌溉用水，提供植物生长所需养分。畜禽粪尿在经过一定周期的贮存后直接还田，是专业户养殖粪污处理最为经济、有效的处理方式。

大中型沼气工程技术：主要适用于规模化养殖场，以“一池三建”为基本建设单元。一池：建设沼气发酵装置，即在厌氧条件下，利用微生物分解有机物并产生沼气的装置。三建：建设预处理设施，包括沉淀、调节、计量、进出料、搅拌等装置，以秸秆为原料的，还须增加粉碎设备；建设沼气利用设施，包括沼气净化、储存、输配和利用装置；建设沼肥利用设施，包括沼渣、沼液综合利用等设施。鼓励大中型沼气工程向农户集中供气，向农户提供清洁的生活能源。

厌氧—还田处理技术：畜禽粪便污水还田作肥料为传统而经济有效的处置方法，可使畜禽粪尿不排往外界环境，达到污染物零排放。既可有效处置污染物，又能将其中有用的营养成分循环于土壤—植物生态系统中，家庭分散户畜禽粪便污水处理均采用该法。该模式适用于远离城市、土地宽广且有足够农田消纳粪便污水的经济落后地区，特别是种植常年需施肥作物的地区，要求养殖场规模较小。还田模式主要优点：一是污染物零排放，最大限度实现资源化，可减少化肥施用量，提高土壤肥力；二是投资省，不耗能，无需专人管理，运转费用低等。其存在的主要问题：一是需要大量土地利用粪便污水，每万头猪场至少需 7hm^2 土地消纳粪便污水，故其受条件所限而适应性弱；二是雨季及非用肥季节必须考虑粪便污水或沼液的出路；三是存在着传播畜禽疾病和人畜共患病的危险；四是不合理的施用方式或连续过量施用会导致亚硝酸、磷及重金属沉积，成为地表水和地下水污染源之一；五是恶臭以及降解过程所产生的氮、硫化氢等有害气体释放对大气环境构成污染威胁。经济发达的美国约90%的养殖场采用还田方法处理畜禽废弃物。鉴于畜禽粪尿污染的严重性和处理难度，英国和其他欧洲国家已开始改变饲养工艺，由水冲式清洗粪尿回归到传统的稻草或作物秸秆铺垫吸收粪尿，然后制肥还田。

厌氧—自然处理技术：粪污经过厌氧消化（沼气发酵）处理后，再采用氧化塘、土地处理系统或人工湿地等自然处理系统对厌氧消化液进行后处理。这种模式适用于离城市较远，经济欠发达，气温较高，土地宽广，地价较低，有滩涂、荒地、林地或低洼地可作粪污自然处理系统的地区。养殖场饲养规模不能太大，对于猪场而言，一般年出栏在5万头以下为宜，以人工清粪为主，水冲为辅，冲洗水量中等。

厌氧—好氧处理技术：该模式的畜禽养殖粪污处理系统由预处理、厌氧处理（沼气发酵）、好氧处理、后处理、污泥处理及沼气净化、贮存与利用等部分组成。需要较为复杂的机械设备和要求较高的构筑物，其设计、运转均需要具有较高知识水平的技术人员来执行。沼气（厌氧）—好氧处理模式适用于地处大城市近郊、经济发达、土地紧张、没有足够的农田消纳粪污的地区。采用这种模式的猪场规模较大，养猪场一般出栏在5万头以上，当地劳动力价格昂贵，主要便用水冲清粪，冲洗水量大。

3．农业面源污染综合防治技术

在农业面源污染防治实践中，多个面源污染源头控制技术同时应用的现象也很普遍，结合面源污染阻控技术和末端综合治理技术，使水体污染降到最低。国内外较为成熟的末端净化技术主要包括人工湿地技术和生态沟渠技术等，引导农民采用清洁生产方式。

基于总量削减—盈余回收—流失阻断的菜地氮磷污染综合控制技术：针对设施菜地化肥投入量高、肥料利用率低、土壤养分累积率高等特点，研发了基于总量削减—盈余回收—流失阻断的两低两高型菜地氮磷污染综合控制技术。包括：化肥源头优化减量技术（总量削减），即在保证作物产量的情况下，基于作物的养分吸收特点和土壤肥力状况，从肥料的用量上进行优化，从而减少化肥投入，降低养分流失风险；填闲作物原位阻控技术（盈余回收），对设施菜地休闲期土壤的氮磷养分进行原位拦截；生态拦截带

技术（流失阻断），在设施菜地的排水沟渠内设计生态拦截框，从而有效降低氮磷排放；稻田湿地技术（流失阻断），在整个设施菜地示范区的总排水口处设计稻田人工湿地，消纳净化设施菜地排水。

猪粪秸秆和厨余垃圾联合堆肥技术：厨余垃圾成分复杂，各种可生物降解的物料繁多，在添加到农业废弃物堆肥后会增加臭气和氮素损失，其关键问题是臭味的控制，通过对比分析7种不同堆肥物料配比的处理效果，运用模糊数学方法从技术和环境角度评价了不同堆肥物料配比的环境和技术指标，确定了联合堆肥物料最佳配比为62%猪粪+18%秸秆+20%厨余，通风条件是$0.06m^3/(min \cdot m^3)$，每半小时间歇式通风，可实现渗滤液零产生，有效地控制了臭气并且具有良好的固氮保氮效果，堆肥产品满足国家《城镇垃圾农用控制标准》（GB 8172—87）要求。

农田尾水生态沟渠与缓冲带联合净化技术：降低农田尾水中的悬浮物含量以及氮、磷含量。通过种植的水生经济作物，增加沟渠生物量，强化对氮、磷的去除能力。最后通过复合填料透水坝的填料介质以及其上附着的微生物的物理、化学、生物联合作用，进一步去除农田尾水中的氮、磷含量，从而实现农田尾水生态净化。与现有技术相比其优点在于：具有对农田低浓度面源污水的生态净化功能，可有效削减其氮、磷含量；充分利用现有的农田沟渠空间，节约了土地资源；设施结构简单，便于建设和后期维护，建设成本低；种植经济型水生植物，可有效降低运行维护成本。

人工湿地：一般由五部分组成，即具有各种透水性的基质，如土壤、砂、砾石、卵石等；适于在饱和水和厌氧基质中生长的湿地植物，如芦苇、香蒲、灯心草、水葱、大米草、水花生、稗草等；水体：在基质表面下或表面上流动的水；无脊椎或脊椎动物；好氧或厌氧微生物种群。目前国内外研究的人工湿地主要有表面流型、潜流型和混合型（包括分段布置表面流、潜流型系统）。表面流人工湿地：废水从湿地表面流过，系统中氧的来源主要靠水体表面扩散、植物根系的传输和植物的光合作用。这种类型的人工湿地具有投资少、操作简单、运行费用低等优点，但占地面积较大，水力负荷率较小，去污能力有限，且运行受气候影响较大，夏季易孳生蚊蝇。潜流人工湿地：污水从湿地表面流向填料床的底部，系统中氧的来源主要是通过大气扩散和植物传输，潜流式湿地工艺具有除污效果好、很少有恶臭和不易孳生蚊蝇等优点，且处理效果受气候的影响小，是目前采用较多的处理工艺，但落干/淹水时间较长，控制相对复杂。

人工湿地处理污水的机理主要是利用基质—微生物—植物复合生态系统的物理、化学和生物的三重协调作用，通过过滤、吸附、沉淀、离子交换、植物吸收和微生物分解来实现对污水的高效净化。同时，通过营养物质和水分的生物地球化学循环，促进绿色植物生长并使其增产，实现污水的资源化和无害化。

导致农业面源水体污染的主要因子是总氮（TN）量、总磷（TP）量、COD及固体悬浮物（SS）等，在农田与水体之间的过渡带建立人工湿地，通过土壤吸附、植物吸收、生物降解等一系列作用，降低进入地表水中的氮、磷化合物及有机物含量，对面源污染物进行截纳，缓解其对水环境的污染。国内外的实践和研究表明，人工湿地是控制农业面源水体污染的一条重要途径。

（二）防治政策

1. 农业面源污染防治的总体政策框架

中国政府对于农业面源污染控制的重视程度近年来不断提升，出台了一系列重要文件，农业面源污染控制政策体系初步建立并不断完善。如《到2020年化肥使用量零增长行动方案》《到2020年农药使用量零增长行动方案》《关于打好农业面源污染防治攻坚战的实施意见》《国务院关于印发水污染防治行动计划的通知》以及《中共中央　国务院关于加快推进生态文明建设的意见》等。2011—2017年的中央1号文件也多次指出“加强农业面源污染防治”。党的十九大报告指出要加强农业面源污染防治。2014年修订的《中华人民共和国环境保护法》对农业和农村污染问题的重视程度显著提高，在农业污染源监测、农村环境综合整治、农药化肥污染防治、畜禽养殖污染防治以及农村生活污染防治等方面做出了较全面的规定，对各级政府在农业农村环境保护方面的作用做出界定，为适应新时期农业农村环境保护工作的开展奠定了法律基础。2012—2016年重要的面源污染控制政策如表1所示。

表1　2012—2016年重要的面源污染控制政策

政策名称	发布时间	发布部门	相关内容
《关于加快推进农业科技创新持续增强农产品供给保障能力的若干意见》	2012	中共中央、国务院	把农村环境整治作为环保工作的重点，完善以奖促治政策，逐步推行城乡同治 推进农业清洁生产，引导农民合理使用化肥农药 加快农业面源污染治理和农村污水、垃圾处理，改善农村人居环境

（续）

政策名称	发布时间	发布部门	相关内容
《关于加快发展现代农业进一步增强农村发展活力的若干意见》	2013	中共中央、国务院	提升食品安全水平。强化农业生产过程环境监测，严格农业投入品生产经营使用管理，积极开展农业面源污染和畜禽养殖污染防治……加大监管机构建设投入，全面提升监管能力和水平 推进农村生态文明建设。加强农村生态建设、环境保护和综合整治，努力建设美丽乡村。加强农作物秸秆综合利用。搞好农村垃圾、污水处理和土壤环境治理，实施乡村清洁工程……
《关于全面深化农村改革加快推进农业现代化的若干意见》	2014	中共中央、国务院	促进生态友好型农业发展。加大农业面源污染防治力度，支持高效肥和低残留农药使用、规模养殖场畜禽粪便资源化利用、新型农业经营主体使用有机肥、推广高标准农膜和残膜回收等试点 开展农业资源休养生息试点。抓紧编制农业环境突出问题治理总体规划和农业可持续发展规划……
《关于加大改革创新力度加快农业现代化建设的若干意见》	2015	中共中央、国务院	深入推进农业结构调整：支持青贮玉米和苜蓿等饲草料种植，开展粮改饲和种养结合模式试点。加大对生猪、奶牛、肉牛、肉羊标准化规模养殖场（小区）建设支持力度，加快推进规模化、集约化、标准化畜禽养殖。推进水产健康养殖，加大标准池塘改造力度 加强农业生态治理：实施农业环境突出问题治理总体规划和农业可持续发展规划。加强农业面源污染治理，开展秸秆、畜禽粪便资源化利用和农田残膜回收区域性示范，落实畜禽规模养殖环境影响评价制度，大力推动农业循环经济发展。大力推广节水技术，全面实施区域规模化高效节水灌溉行动
《关于落实发展新理念加快农业现代化实现全面小康目标的若干意见》	2016	中共中央、国务院	加强农业资源保护和高效利用。实施渤海粮仓科技示范工程，加大科技支撑力度，加快改造盐碱地。创建农业可持续发展试验示范区 加快农业环境突出问题治理。实施并完善农业环境突出问题治理总体规划。加大农业面源污染防治力度，实施化肥农药零增长行动，实施种养业废弃物资源化利用、无害化处理区域示范工程。积极推广高效生态循环农业模式。探索实行耕地轮作休耕制度试点，通过轮作、休耕、退耕、替代种植等多种方式，对地下水漏斗区、重金属污染区、生态严重退化地区开展综合治理
《中共中央关于制定国民经济和社会发展第十三个五年规划的建议》	2015	中共中央、国务院	坚持绿色发展，着力改善生态环境 加大环境治理力度。深入实施大气、水、土壤污染防治行动计划。坚持城乡环境治理并重，加大农业面源污染防治力度，统筹农村饮水安全、改水改厕、垃圾处理，推进种养业废弃物资源化利用、无害化处置。建立全国统一的实时在线环境监控系统

（续）

政策名称	发布时间	发布部门	相关内容
《水污染防治行动计划》	2015	国务院	推进农业农村污染防治。科学划定畜禽养殖禁养区，2017年底前，依法关闭或搬迁禁养区内的畜禽养殖场（小区）和养殖专业户，京津冀、长三角、珠三角等区域提前一年完成。现有规模化畜禽养殖场（小区）要根据污染防治需要，配套建设粪便污水贮存、处理、利用设施。散养密集区要实行畜禽粪便污水分户收集、集中处理利用。自2016年起，新建、改建、扩建规模化畜禽养殖场（小区）要实施雨污分流、粪便污水资源化利用（农业部牵头，环境保护部参与） 控制农业面源污染。制定实施全国农业面源污染综合防治方案。敏感区域和大中型灌区，要利用现有沟、塘、窖等，配置水生植物群落、格栅和透水坝，建设生态沟渠、污水净化塘、地表径流集蓄池等设施，净化农田排水及地表径流。到2020年，测土配方施肥技术推广覆盖率达到90%以上，化肥利用率提高到40%以上，农作物病虫害统防统治覆盖率达到40%以上；京津冀、长三角、珠三角等区域提前一年完成（农业部牵头）
《畜禽规模养殖污染防治条例》	2014	国务院	合理安排畜禽养殖生产布局、强化污染源头管控，是实现促进畜禽养殖业发展和加强环境保护“双赢”的前提和基础 制定畜牧业发展规划，要统筹考虑环境承载能力和污染防治要求，合理布局畜禽养殖生产，科学确定畜禽养殖的品种、规模、总量；制定畜禽养殖污染防治规划，要与畜牧业发展规划相衔接，确定污染防治目标、任务。条例还要求地方政府通过划定禁养区、对污染严重的养殖密集区域进行综合整治等措施，对不合理的畜禽养殖生产布局进行调整，并对整治中遭受损失的养殖者依法予以补偿
《中华人民共和国环境保护法》	2014	全国人民代表大会	各级人民政府应当加强对农业环境的保护，促进农业环境保护新技术的使用，加强对农业源污染的监测预警，统筹有关部门采取措施，防治土壤污染和土地沙化、盐渍化、贫瘠化、石漠化、地面沉降以及防治植被破坏、水土流失、水体富营养化、水源枯竭、种源灭绝等生态失调现象，推广植物病虫害的综合防治。县级、乡级人民政府应当提高农村环境保护公共服务水平，推动农村环境综合整治

（续）

政策名称	发布时间	发布部门	相关内容
《土壤污染防治行动计划》	2016	国务院	合理使用化肥农药。鼓励农民增施有机肥，减少化肥使用量。加强废弃农膜回收利用。严厉打击违法生产和销售不合格农膜的行为。建立健全废弃农膜回收贮运和综合利用网络，开展废弃农膜回收利用试点。强化畜禽养殖污染防治。严格规范兽药、饲料添加剂的生产和使用，防止过量使用，促进源头减量。加强畜禽粪便综合利用，在部分生猪大县开展种养业有机结合、循环发展试点。鼓励支持畜禽粪便处理利用设施建设，到2020年，规模化养殖场、养殖小区配套建设废弃物处理设施比例达到75%以上
《全国农业可持续发展规划（2015—2030年）》	2015	农业部牵头，国家发展改革委、科技部、财政部等8部委联合印发	全面加强农业面源污染防控，科学合理使用农业投入品，提高使用效率，减少农业内源性污染。普及和深化测土配方施肥，改进施肥方式，鼓励使用有机肥、生物肥料和绿肥种植，到2020年全国测土配方施肥技术推广覆盖率达到90%以上，化肥利用率提高到40%，努力实现化肥施用量零增长。到2020年全国农作物病虫害统防统治覆盖率达到40%，努力实现农药施用量零增长。到2020年和2030年养殖废弃物综合利用率分别达到75%和90%以上，规模化养殖场畜禽粪污基本资源化利用，实现生态消纳或达标排放

以上政策体系可以概括为四个方面：一是围绕“一控、两减、三基本”的行动体系初步形成。近年来，农业面源污染问题受到中央领导和社会公众的高度关注，2014年全国农业工作会议更明确提出了农业面源污染治理“一控、两减、三基本”（农业用水总量控制；化肥、农药施用量减少；地膜、秸秆、畜禽粪便基本资源化利用）目标。即农业用水总量控制在3 720亿m^3；化肥农药实现零增长，利用效率达到40%；规模畜禽养殖废弃物处理设施比例达75%以上、秸秆综合利用率85%以上、农膜回收率80%以上。围绕以上目标，农业面源污染监测网络初步建立。目前，我国已经初步建立了由270余个定位监测点组成的农业面源污染监测网络，在北方农田残膜污染严重的省份建立了由210个监测点组成的地膜污染监测网络，监测网络架构基本形成，未来将继续加密监测点位。

二是农药化肥零增长行动计划稳步推进。在党中央指示精神下，2015年，农业部发布了《关于打好农业面源污染防治攻坚战的实施意见》，细化了农业面源污染防治的“一控、两减、三基本”目标，提出了打好农业面源污染防治攻坚战的总体要求，明确打好农业面源污染防治攻坚战的重点任务，加快推进农业面源污染综合治理，不断强化农业面源污染防治。2015年又相继发布了《到2020年化肥使用量零增长行动方案》和《到2020年农药使用量零增长行动方案》，对化肥、农药的减量化做出了细致安排。

三是养殖污染防治纳入法治轨道。2012年，农业部会同环境保护部印发了《全国畜禽养殖污染防治“十二五”规划》；2014年生效的《畜禽规模养殖污染防治条例》和2015年生效的修订后的《中华人民共和国环境保护法》，为农业面源的依法治污奠定了基础。

四是农村生活污染治理、地膜和秸秆回收示范推广。全国建成农村清洁工程示范村1 600余个，生活垃圾、污水、农作物秸秆、人畜粪便处理利用率达到90%以上，化肥、农药减施20%以上，有效缓解了农业面源污染。在新疆、甘肃、山东、吉林等10个省份开展以地膜回收利用为主的农业清洁生产示范项目，支持开展加厚地膜推广、地膜回收网点和废旧地膜加工能力建设，积极解决农田“白色污染”问题。

2. 化肥减量政策分析

化肥减量是农业面源污染控制行动的重要内容。化肥施用面广量大、强度过高，造成了严重的农业面源污染和地力下降问题，直接威胁农业可持续发展。长期以来，对化肥企业给予“补贴＋限价”的政策以及对农户使用化肥进行补贴，在一定程度上是化肥过量使用的政策性根源。为此，国家高度重视化肥污染防治工作，2008年、2009年、2010年、2013年、2014年和2015年的6个中央1号文件都明确提到了农业化肥污染治理问题。2015年农业部发布的《到2020年化肥使用量零增长行动方案》进一步确定了化肥减量的具体目标。2015年8月10日，财政部、海关总署和国家税务总局印发了《关于对化肥恢复征收增值税政策的通知》（财税〔2015〕90号），规定自2015年9月1日起，对纳税人销售和进口的化肥，统一按13%税率征收增值税，原有的增值税免税和先征后返政策相应停止执行。然而，目前中国减量用肥、科学用肥的制度体系并未形成，并没有专门法律法规规范化肥的使用（表2）。

表2　2012—2016年化肥污染控制和减量化相关政策

政策名称	发布时间	发布部门	相关内容
《关于加快推进农业科技创新持续增强农产品供给保障能力的若干意见》	2012	中共中央、国务院	推进农业清洁生产，引导农民合理使用化肥农药

（续）

政策名称	发布时间	发布部门	相关内容
《关于加快发展现代农业进一步增强农村发展活力的若干意见》	2013	中共中央、国务院	加大农业补贴，启动低毒低残留农药和高效缓释肥料使用补助试点
《关于全面深化农村改革加快推进农业现代化的若干意见》	2014	中共中央、国务院	促进生态友好型农业发展。加大农业面源污染防治力度，支持高效肥和低残留农药使用、规模养殖场畜禽粪便资源化利用、新型农业经营主体使用有机肥、推广高标准农膜和残膜回收等试点
《关于加大改革创新力度加快农业现代化建设的若干意见》	2015	中共中央、国务院	深入开展测土配方施肥，大力推广生物有机肥
《关于落实发展新理念加快农业现代化实现全面小康目标的若干意见》	2016	中共中央、国务院	加大农业面源污染防治力度，实施化肥农药零增长行动
《全国农业可持续发展规划(2015—2030年)》	2015	农业部牵头，国家发展改革委、科技部、财政部等8部委联合印发	普及和深化测土配方施肥，改进施肥方式，鼓励使用有机肥、生物肥料和绿肥种植，到2020年全国测土配方施肥技术推广覆盖率达到90%以上，化肥利用率提高到40%，努力实现化肥施用量零增长
《到2020年化肥使用量零增长行动方案》	2015	农业部	到2020年，初步建立科学施肥管理和技术体系，科学施肥水平明显提升。2015年到2019年，逐步将化肥使用量年增长率控制在1%以内；力争到2020年，主要农作物化肥使用量实现零增长
《水污染防治行动计划》	2015	国务院	到2020年，测土配方施肥技术推广覆盖率达到90%以上，化肥利用率提高到40%以上，京津冀、长三角、珠三角等区域提前一年完成（农业部牵头）
《土壤污染防治行动计划》	2016	国务院	合理使用化肥农药。鼓励农民增施有机肥，减少化肥使用量

我国现行化肥管理政策和制度在一定程度上造成了化肥过量施用和农业面源的严重污染，制约农业的可持续发展。应当以十九大精神为指导，按照“五位一体”的总体布局，推进化肥用量零增长，进而实现化肥减施增效。

完善农业面源污染防治顶层设计。化肥减量是农业面源污染防治工作的重要内容，因此要将化肥减量纳入到生态文明建设和乡村振兴的顶层设计中去。一是要在《中华人民共和国环境保护法》的框架下，研究制定“农业环境保护条例”或相关保护性条例（例如“耕地质量保护条例”），以法律法规的明确性、强制性和稳定性，为农业化肥减量目标的实现和现代农业发展保驾护航，使化肥管理有法可依。二是要将农业面源污染防治上升为国家意志，并将化肥减量作为重要抓手，建议“十三五”期间，国家层面出台“农业面源污染防治规划”，详细界定近期农业化肥减量的总体目标、激励和约束措施、相关主体责任等方面的内容。

加强农业化肥减量的政策创设。我国对化肥企业的“优惠＋补贴＋限价”政策在一定程度上是化肥过量施用的政策性根源。因此，实现农业化肥减量目标，既要调整优化已有政策，减少并逐步取消对化肥企业的财政补贴和税收优惠，进一步提高对新型环保肥料、有机肥和测土配方施肥等的补助力度，又要加强政策创设，对化肥减量技术的研发、生产、推广和使用全程进行补贴，建立化肥减量技术科研成果权益分享机制，形成完善的农业化肥减量政策体系。

提升和推广节肥增效技术。化肥施用强度上升是化肥增量的主要原因，化肥利用效率下降是化肥施用强度上升的主要贡献因素。应不断加强经济有效、操作简易、环境友好、与化肥减量路径匹配的适用节肥增效技术的研究和推广。养分资源综合管理技术结合测土配方施肥技术是提高我国化肥利用效率、降低化肥过量施用产生的生态风险和环境代价的重要途径。继续推广测土配方施肥，尤其是在蔬菜种植中的应用。此外，加快农业结构的调整和优化对减缓我国化肥的过量施用具有重要意义。应结合各地区资源禀赋优势，调整和优化各类农作物和各区域的农业结构，大力推进“化肥节约型”的农业生产结构调整进程。

3．畜禽粪污治理政策分析

2014年开始生效的《畜禽规模养殖污染防治条例》对畜禽养殖污染的预防、综合利用和无害化处理等做出了详细的规定，至此，我国农业农村环境保护领域终于在国家层面有了一部行政法规，该条例对推动畜禽养殖污染防治、促进畜禽养殖业健康发展、推动化肥减量目标的实现，实现种植业可持续发展等，具有十分深远的意义。近年来，在一系列国家行动计划、规划、部门计划等文件中都专门针对畜禽养殖污染做出了要求和部署。

(1) 国家层面的政策框架

21世纪初开始，针对畜禽规模养殖污染，国家出台了一系列法律法规、规划、标准和技术规范，涵盖了产前发展规划及选址、准入条件、规模与污染设施建设要求、产中技术操作规范、产后废弃物排放标准、相关评价审核制度、扶持政策等多方面。其中，

2014年开始实施的《畜禽规模养殖污染防治条例》是中国第一部专门针对农业农村环保领域的行政法规，对畜禽规模养殖污染防治工作的推进具有重大意义；2012年发布的《全国畜禽养殖污染防治“十二五”规划》是中国首次出台针对畜禽养殖污染防治的专项规划；2001年实施的《畜禽养殖业污染物排放标准》为国家强制性标准；此外，还颁布了若干行业推荐性标准和部门规范性文件（表3）。以上初步构成了新时期畜禽养殖污染防治的政策框架，形成了国家层面较为完善的畜禽养殖污染防治政策框架，对推动养殖业可持续发展产生了积极影响。

表3　主要的畜禽养殖污染防治及资源化利用政策

政策名称	发布时间	发布机构	相关内容
《畜禽规模养殖污染防治条例》	2014	国务院	定性目标
《水污染防治行动计划》	2015	国务院	2017年底前，依法关闭或搬迁禁养区内的畜禽养殖场（小区）和养殖专业户，京津冀、长三角、珠三角等区域提前一年完成
《全国农业现代化规划（2016—2020年）》	2016	国务院	养殖废弃物综合利用率达到75%
《全国农业可持续发展规划（2015—2030年）》	2015	农业部等8部委联合印发	养殖废弃物综合利用率达到75%以上
《关于推进农业废弃物资源化利用试点的方案》	2016	国务院领导同志审定，农业部等6部委联合印发	试点县规模养殖场配套建设粪污处理设施比例达80%左右，畜禽粪污基本资源化利用
《关于打好农业面源污染防治攻坚战的实施意见》	2015	农业部	规模畜禽养殖场（小区）配套建设废弃物处理设施比例达75%以上
《关于促进南方水网地区生猪养殖布局调整优化的指导意见》	2015	农业部	（南方水网地区）生猪规模养殖场粪便处理设施配套比例达到85%以上，生猪粪便综合利用率75%以上
《关于加快推进畜禽养殖废弃物资源化利用的意见》	2017	国务院办公厅	到2020年，建立科学规范、权责清晰、约束有力的畜禽养殖废弃物资源化利用制度，构建种养循环发展机制，全国畜禽粪污综合利用率达到75%以上，规模养殖场粪污处理设施装备配套率达到95%以上，大型规模养殖场粪污处理设施装备配套率提前一年达到100%。畜牧大县、国家现代农业示范区、农业可持续发展试验示范区和现代农业产业园率先实现上述目标

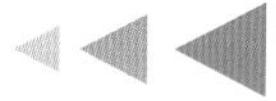

（2）地方层面的实践探索

近些年来，各地为落实党中央关于畜禽规模养殖污染防治方面的相关要求，出台了一系列地方性法规标准及管理办法。到目前为止，浙江、福建、宁夏、四川、广西、山东等省份制订了省级畜禽规模养殖污染防治管理办法或实施方案，浙江、广东、山东制订了畜禽规模养殖业污染物排放地方标准，宁夏制订了农村畜禽养殖污染防治技术规范。浙江省是目前中国唯一有地方性专门的畜禽养殖污染防治管理办法和畜禽养殖业排放地方标准的省份。21世纪以来，浙江省在中央相关政策文件的指导下，在畜禽养殖污染防治方面做了许多有益探索，颁布了一系列与畜禽养殖污染防治直接相关的地方法规及文件：2002年发布《关于加强畜禽养殖业污染防治工作的通知》，2005年出台《浙江省畜禽养殖业排放标准》，2010年发布了《关于进一步深化畜禽养殖污染防治加快生态畜牧业发展的若干意见》《浙江省生猪养殖业环境准入标准》《关于促进商品有机肥生产与应用的意见》等，初步形成了命令强制型和经济激励型环境政策工具相结合的畜禽规模养殖污染防治政策体系。

（3）政策执行中存在的问题

约束性措施执行过于严厉。一是禁限养政策。《畜禽规模养殖污染防治条例》中明确了四类区域应划为禁养区。《水污染行动计划》则进一步对禁养区划定提出了时间限度，要求在2017年底前，依法关闭或搬迁禁养区内的畜禽养殖场（小区）和养殖专业户，京津冀、长三角、珠三角等区域提前一年完成。禁养区划定工作得到了各地的重视，各地都出台了禁养区划定方案，并以较强的力度推行禁限养。由于《畜禽规模养殖污染防治条例》将对规模界定的权利交给了地方，各地在执行中关于规模的界定差异非常大，突出表现在对禁养区的划分工作中，例如《南京市畜禽养殖禁养区划定及整治工作方案》将年出栏生猪50头作为“规模”的标准；《广西畜禽规模养殖污染防治工作方案》将规模界定在生猪年出栏≥500头、生猪存栏≥200头；有的地方没有规模标准，基本上就把禁养区变成“无畜区”。过度禁限养所衍生的问题已经初现端倪，如猪价不稳、农户转产转业等，2016年9月农业部副部长于康震已经明确提出要“推动解决部分地区盲目禁养限养问题”。二是关于达标排放。“达标排放”的思维定势阻碍了畜禽粪便的资源化利用。处理畜禽粪便最佳方案是通过制取沼气、还田利用等进行综合利用。然而，过去的环境管理主要是针对工业部门，基本要求就是达标排放，基层环境管理人员在对《畜禽规模养殖污染防治条例》的落实中往往把资源化利用和污染治理截然分开，甚至把资源化利用

当成污染排放。例如有的养殖企业反映，基层管理人员甚至环保专家，在环保验收时罔顾沼气、有机肥生产等资源化设施，一味强调要上污水处理设施以实现达标排放、零排放。更有甚者，即便在农民同意的情况下，养殖企业产生的沼渣、沼液只能通过罐车拉到农田，却不被允许通过管道引入农田。理由是管道意味着排放，排放则要达标。决策部门已经意识到地方执行的偏颇，因此在2016年11月，环境保护部、农业部联合印发的《畜禽养殖禁养区划定技术指南》中，明确提出“畜禽粪便、养殖废水、沼渣、沼液等经过无害化处理用作肥料还田，符合法律法规要求以及国家和地方相关标准不造成环境污染的，不属于排放污染物”。

激励措施落实不到位。一是将有机肥和化肥优惠政策捆绑在一起已经不合时宜。《畜禽规模养殖污染防治条例》中，有机肥生产、运输、使用的优惠政策都是以化肥为参照。然而，随着化肥零增长行动的深入推进，过去给予化肥从生产到使用的各项优惠政策正在逐步取消。例如2015年2月国家发展改革委就发了《关于调整铁路货运价格进一步完善价格形成机制的通知》，上调化肥和磷矿石铁路运价，2015年9月全面取消了化肥生产企业免征增值税的优惠，化肥生产的用电优惠也在逐步取消。将有机肥可享受的优惠政策与化肥绑定在一起已经不适应形势的发展。二是政策规定的鼓励措施落实不到位。《畜禽规模养殖污染防治条例》规定畜禽养殖场沼气发电上网享受可再生能源上网补贴。但实际中在沼气发电方面，养殖场经常被以“发电量太小”“不符合技术标准”为由而被拒绝入网，养殖户得不到发电上网的收益。规模化畜禽养殖企业沼气发电机组功率普遍为20～500kW，企业发电仅用在照明、取暖及饲料加工等方面，普遍存在用电盈余现象。如果要把这些电送上网，电力公司还要设置变压器和线路。考虑到额外增加的大量成本，电力公司倾向于提高养殖企业富余发电上网的条件，如限定在单机发电功率最低500kW，而满足这样条件的养殖企业数量较少。即使将富余电量免费提供给附近的村民使用，也存在输送线路建设成本的问题。这些附加的成本仅仅靠国家资金补贴难以保证企业正常的利润水平。如此使得《畜禽规模养殖污染防治条例》31条的落实事实上存在很大的障碍。经调研了解到，安徽一家“面粉加工＋养殖＋种植”的循环农业企业，年出栏生猪4 000多头，装有50kW的沼气发电，由于不能上网，又不足以完全满足面粉厂电力需求，只能部分用于农场生产（照明、取暖等），一方面沼气发的电用不完，另一方面还要按照工业电价购买面粉厂所需的生产用电。

此外，由于资源化利用不被广泛认可为污染治理的手段，以畜禽粪便为原料的有机肥生产往往执行的是工业电价，而不是《畜禽规模养殖污染防治条例》规定的农业电价，这就加大了有机肥生产的成本。经调研了解到，四川某企业原为化肥生产企业，近年来转型做生物有机肥，但是由于缺乏明确的关于有机肥生产电价优惠的政策，该企业生产有机肥的电价还要高于化肥，因此企业不得不保留一条化肥生产线以获得电价优惠。

从上述分析可以看出，近年来，中国在畜禽养殖污染防治方面出台了大量政策，采取措施的力度也前所未有。然而，政策预期的目标是实现整体的基本资源化利用，然而管理的对象仅为约占一半左右的规模化养殖场，这使得政策预期目标和政策实际作用的对象之间存在巨大的鸿沟，应当及时调整，或者由其他部门“补缺”；对“规模”的界定并不清晰，而在基层执行中，又过度依赖管制手段，激励措施没有得到较好的执行，这使得政策的效果大打折扣。

可以预见，未来对于排放的管理将更加严格，因此资源化利用是根本出路，达标排放只是最不得已的办法。畜禽粪便的资源属性并没有改变，要找好出路，树立“利用是最有效的污染治理措施”的观念，所幸这一点在最新发布的《畜禽养殖禁养区划定技术指南》中已经有所体现。下一步，要突出利用好激励措施。一是在《畜禽规模养殖污染防治条例》中已经明确的激励措施，要尽快出台落实细则，并且要将有机肥的优惠政策和化肥脱钩；二是扩大激励政策的覆盖面，对养殖场实行分类管理，在管好集中规模养殖场的同时，也要加强养殖散户的激励；三是充分发挥市场主体作用，在电价、税收、金融等方面给予一系列优惠政策，提升市场主体盈利空间。通过拓宽资金渠道，加强资金整合，逐步建立各级财政、企业、社会多元化投入机制。

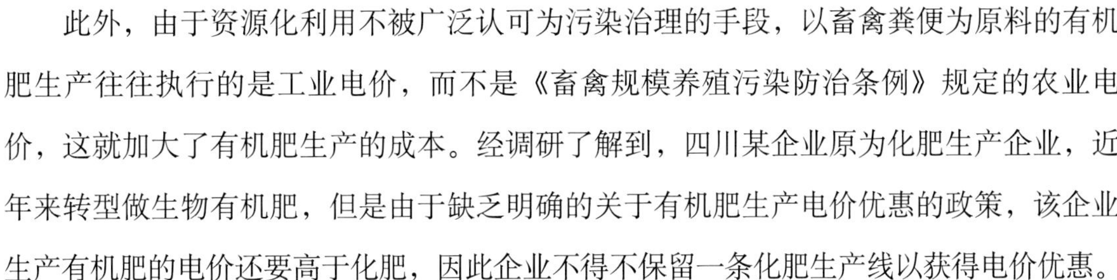

七、农业面源污染防治战略措施

（一）总体思路

“源头控制为主、过程阻控与末端治理相结合”是当前进行农业面源污染防治的主要途径。面源污染防治应坚持保护与发展相结合，农艺防治与工程治理相结合，源头控制与过程阻断、末端治理相结合。

实施总量控制。引进国外4R技术的精准施肥、精准施药，并通过优化农艺管理措

施，达到从源头上控制化肥农药用量，节水减排，控制农业面源污染产生的目标。在传统施肥技术基础上，结合灌溉、耕作等田间管理措施和工程措施等，形成针对性较强的面源污染综合防控技术，是当前种植业污染防治的一种发展趋势。

减量化、无害化、资源化，以地定养，以水定养，采取清洁养殖技术，从源头控制以减少畜禽养殖过程中的粪污排放量。畜禽排泄物是一种资源，是制造有机肥料与生物能源的良好材料，而且技术工艺成熟，政府部门应予鼓励和推动，以促进农业资源的循环利用，优化养殖业布局，实现种养结合。

切实推行谁污染谁治理政策，并从立法、行政和经济手段给予保证。

加强监督管理，建立责任制。

渔业养殖要走绿色、低碳和环境友好的发展道路，以创新驱动发展为动力，全面加强我国渔业水域生态环境保护，遏制渔业环境恶化的势头，逐步改善和修复渔业生态环境；合理开发利用渔业水域生态环境功能，为实现我国“高效、优质、生态、健康、安全”的水产增养殖业可持续发展提供良好的基础条件和坚实的技术保障。

（二）战略方案

1. 化肥总量控制

伴随着我国化肥零增长政策的实施，最迟到2020年我国化肥施用总量将达到峰值。根据国外的发展经验，化肥施用达到峰值之后，进一步的农业现代化会在保证产量不降低的情况下逐步降低化肥的施用量——即零增长和负增长，将缓解农业面源污染。为了预测未来化肥降低的潜力，我们采用人类—自然耦合系统氮循环模型（CHANS）来预测中国未来的氮肥使用量。人口数量和人均GDP是影响未来氮肥使用的两个重要参数(表4)。人口数量和人均消费水平决定了未来食物总需求量，而人均GDP通常与人均消费水平和氮肥管理能力相关。

表4　基于2030年共享社会经济道路(SSP2)的五种减施情景参数

单位：%

参数设定	2015年	谷物保持2015年的进口水平						谷物不进口					
		BUA	Diet	Rec	NUE	D+R+N	N/2+R/2	BUA	Diet	Rec	NUE	D+R+N	N/2+R/2
动物产品比例	40	51	40	51	51	40	51	51	40	51	51	40	51

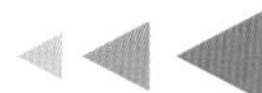

（续）

参数设定	2015年	谷物保持2015年的进口水平						谷物不进口					
		BUA	Diet	Rec	NUE	D+R+N	N/2+R/2	BUA	Diet	Rec	NUE	D+R+N	N/2+R/2
NUEc	40	40	40	40	60	60	50	40	40	40	60	60	50
NUEa	15	15	15	15	20	20	17.5	15	15	15	20	20	17.5
畜禽粪便还田率	43	43	43	80	43	80	60	43	43	80	43	80	60
人粪便还田率	23	23	23	50	23	50	37	23	23	50	23	50	37
秸秆还田率	28	28	28	80	28	80	55	28	28	80	28	80	55

注：NUEc和NUEa分别表示农田氮利用率和非草原动物饲养的氮利用率。BAU，顺势推定，即社会经济发展根据之前的趋势进行，氮利用率和循环过程仍将一如既往。Diet(情景S1)，膳食结构，基于BAU情景，将动物源食品比重减少到40%；NUE(情景S2)，粮食生产子系统的氮利用率达到发达国家的最高水平；Rec(情景S3)，粮食生产子系统的养分循环达到发达国家的最高水平；D+R+N(情景S4)，表示膳食结构、氮利用率和养分循环水平三者的组合；N/2+R/2(情景S5)表示氮利用率和养分循环水平各增长到2030年世界最高水平的一半。SSP2设定2030年，中国人口达13.81亿人，城市化水平达60%，人均GDP为27 400美元，基于2005年的物价，根据购买力等值(PPP)进行调整。人类食品、商品和能源的消费量将基于PGDP的增长而同步增加。

对于我们的基础情景，即顺势推定（Business as Usual，BAU）而言，我们采用了国际上通用的共享社会经济中间道路模拟情景（Shared Socioeconomic Pathway，SSP2），假设在2030年，中国人口达13.81亿人，城市化水平达60%以上，人均GDP为27 400美元，基于2005年的物价，根据购买力等值（PPP）进行调整（表4）。由于经济快速发展，中国的人均GDP也会随之增加，因此在BAU情景下，食品需求也会基于人均GDP的增长而扩大，人们粮食需求也会增加。到2030年，人均粮食需求量将增加至6.3kg N yr^{-1}，其中66%的氮来自动物源食品。在BAU情景下，不同子系统（如农田、牲畜、草地等）的氮利用效率和养分循环水平保持不变，同时也不实施任何政策措施减少氮肥使用。

在这种情况下，进行了两组情景模拟，一组是粮食进口量保持在2015年的水平，另一组是不进口粮食。每组模拟情景下又设置了五个子情景：

情景S1描述饮食结构的改变。假定人均粮食总消费量不变，因为6.3kg N yr^{-1}（包括食物残渣）在大部分发达国家中是一个正常值。而根据《中国居民膳食指南》，肉类食品的比例应从66%降至40%。情景S2描述氮利用率提高的情况，假定农田子系统中的氮利用率达到当前世界最高水平。事实上，我国部分省份农田子系统的氮利用率已经达到60%，畜禽子系统氮利用率也已经达到20%的水平。情景S3描述养分循环水平改善的情况，假定农田子系统的废物循环利用率达到了当前世界最高水平。目前，我国的养分循环率仅达到发达国家的一半水平。这些差距主要是由于相对于发达国家用封闭系统生产液体肥料，我国主要利用空气干化过程生产肥料。因此，随着牲畜养殖规模的扩大，采用新的废物处理系统能够显著提高我国的废物循环利用率。情景S4是S1、S2和S3的组合，代表2030年我国最优的氮管理水平。情景S5，即氮利用率和养分循环水平提高至发达国家最高水平的一半（表4）。

表5　不同模拟情景下2030年我国化肥使用量

单位：Tg yr^{-1}

化肥	2015年	2030年											
		进口保持在2015年水平						不进口					
		BAU	Diet	Rec	NUE	D+R+N	N/2+R/2	BAU	Diet	Rec	NUE	D+R+N	N/2+R/2
氮	30.1	58.4	47.2	27.0	45.5	13.7	32.8	46.9	35.7	20.5	36.8	10.2	25.7
磷	15.0	26.3	21.2	12.2	20.5	6.2	14.8	21.1	16.1	9.2	16.6	4.6	11.6
钾	13.0	20.4	16.5	9.5	15.9	4.8	11.5	16.4	12.5	7.2	12.9	3.6	9.0
总计	58.0	105.1	85.0	48.6	81.9	24.7	59.0	84.4	64.3	36.9	66.2	18.4	46.3

注：磷和钾的需求分别设定为45%和35%。参考情景(BAU1)根据共享社会经济道路(SSP2)的情景发展进行参数化。氮肥单位是Tg N yr^{-1}；磷肥单位是Tg P_2O_5 yr^{-1}；钾肥单位是Tg K_2O yr^{-1}。

首先，我们设置两组基本情景：一组是粮食进口量保持在2015年的水平，另一组是无粮食进口，构建一个不干预氮肥使用量增长的情景（表5）。在粮食进口量保持2015水平的情况下，预计氮肥使用将从2015年的30Tg N yr^{-1}上升到2030年的47Tg N yr^{-1}；而在不进口粮食的情况下，由于食品消费量的增加，尤其是肉类产品，2030年的氮肥施用量将达到58Tg N yr^{-1}。

因此，我们通过对三个主要的驱动力——居民膳食结构变化（S1）、动物和人类废弃物的循环利用率（S2）、氮利用效率（S3）以及三者的组合（S4）加以调整来明确其对2030年氮肥使用量的影响。S1情景根据《中国居民膳食指南》的要求，将饮食结构中肉类食品（蛋白质）的比例从50%（BAU）降至40%。在粮食进口量保持2015年水平下，2030年氮肥使用量从47Tg N yr^{-1}（BAU）下降至36Tg N yr^{-1}；而如果不进口粮食，2030年的氮肥使用量将达到47Tg N yr^{-1}。

S2情景将排泄物还田水平（牲畜43%，人类23%）和秸秆还田率（28%）提高至当前世界最高水平（牲畜排泄物和秸秆都是80%，人类排泄物50%），在粮食进口量保持在2015年水平下，2030年氮肥使用量减少至37Tg N yr^{-1}；而在无粮食进口的情况下，2030年的氮肥使用量将达到46Tg N yr^{-1}。

S3情景将农田子系统和畜禽子系统的氮利用率（分别是40%和15%）增加到当前世界最高水平（农田60%和畜禽20%），在粮食进口量保持在2015年水平下，2030年氮肥使用量将减少至21Tg N yr^{-1}；而在无粮食进口的条件下，2030年的氮肥使用量将达到27Tg N yr^{-1}。在以上三种模拟情景中，这是唯一一个能够实现《到2020年化肥使用量零增长行动方案》目标的情景。

以上三种的组合情景S4显示，在粮食进口量保持在2015年水平下，2030年氮肥使用量将减少至10Tg N yr^{-1}；而在无粮食进口的情况下，2020年的氮肥使用量将减少至14Tg N yr^{-1}。因此，氮利用率的提高对于实现2020年化肥使用量稳定在2015年的水平甚至更低水平至关重要。其他模拟情景（如S1和S2）预测2020年的氮肥使用量约比2015年水平要高出15%。

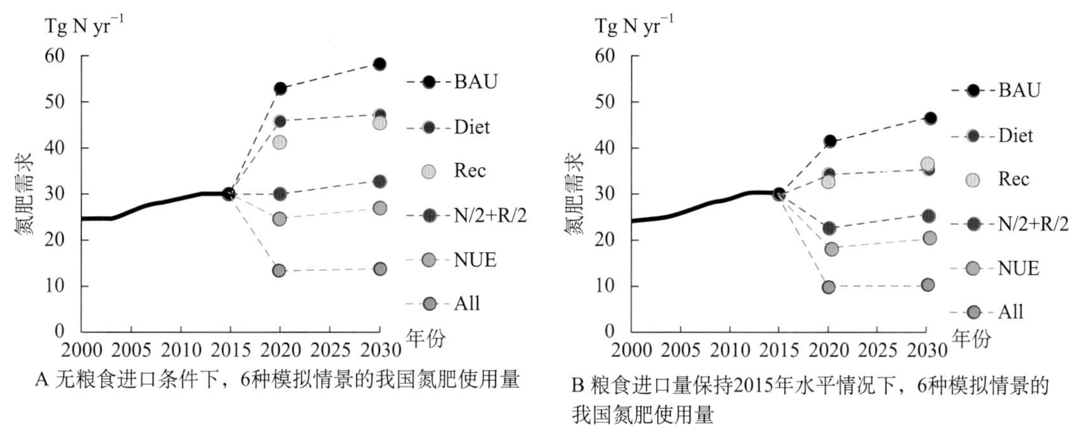

图53　不同情景下2020年和2030年我国农田氮肥使用量预测

然而，短时间内要把氮利用率提高至发达国家的水平是难以实现的。因此，我们提出一个最有可能实现的路线图，即到2020年，氮利用率提高到当前世界最高水平的一半（农田子系统50%，畜禽子系统17.5%），养分循环利用率提高至当前世界最高水平的一半（牲畜排泄物为60%，人类排泄物为37%，秸秆还田率为55%），从而在无粮食进口的情况下，将氮肥施用量维持在2015年的水平（N/2+R/2，图53）。

通过模型分析发现，我国农田化肥施用总量在2030年时的合理值为4 600万t，其中氮肥2 500万t、磷肥1 200万t、钾肥900万t。这比当前的施用量6 000多万t减少1/3左右，将降低农田的氮磷流失量近50%，同时作物产量会继续增长10%以上。为了实现上述化肥施用总量控制，肥料利用率和牲畜养殖的饲料利用率要分别提高10个和3个百分点，养分循环利用率包括有机肥还田以及秸秆还田率等提高10～15个百分点，此外还要保持与目前相当量的饲料进口，并逐步推进人们饮食结构向中华营养学会推荐的标准靠拢。

基于上述模型分析结果，结合我国测土配方实施的潜力和各地农田施肥阈值的推荐，得出：在小麦最高产量下，氮流失总量为79.0kg/hm^2；在98%产量保证率确定的氮投入阈值下，氮流失量下降至54.3kg/hm^2，氮流失减少率达30%以上。研究确定，氮投入阈值为220kg/hm^2，接近农业部种植业管理司推荐的施氮量上限（228kg/hm^2）。

2. 养殖总量控制

由于养殖业面源污染严重，控制养殖总量至关重要。养殖总量控制应参照两个标准，第一仅满足国内需求，不应出口到国际市场，将污染留在国内；第二，以地定养，消纳产生的畜禽粪污。养殖总量应该控制为上述两个标准下的低值。遵循中华营养学会的膳食结构指南，我国畜禽养殖总量目前超过了我国的国内总需求量。基于我国的人口数量和紧缺的农业资源，我国应该调减部分动物性产品生产量，以满足国内需求为目标，降低肉类和水产品的生产量，维持蛋类产品产量，但是可以增加奶类的供给量。肉类目前的产量已经远高于国内的需求量（并非实际需求量，而是中华营养学会推荐的消费量），同时我国为了生产畜禽产品还大量进口粮食，结果将畜禽养殖的污染留在了国内。如果保持其他方面不变化，我们仅仅将超标较多的肉类和水产品降下来，那么我国的化肥需求量以及牲畜养殖的粪便产生量会降低15%以上，接近于我们上述的饮食结构调整方案（图54）。

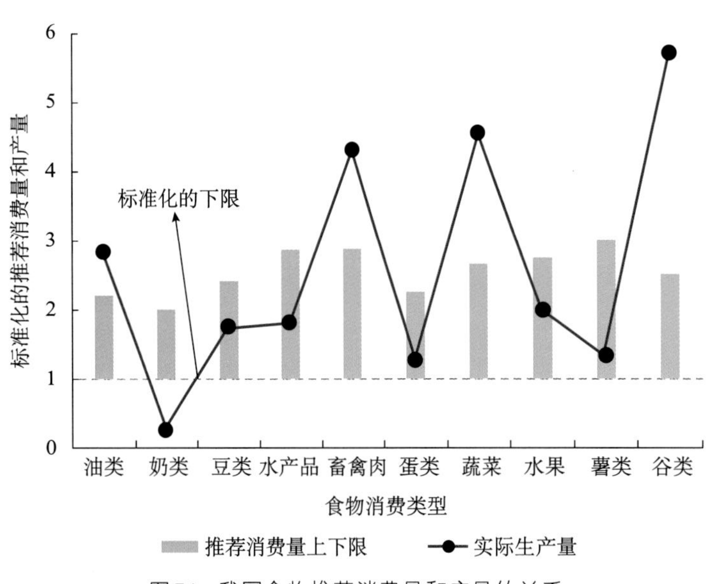

图54　我国食物推荐消费量和产量的关系

对于动物性产品来说，畜禽肉类的实际生产量超过推荐消费量上限1倍以上（表6），而水产品和蛋类生产量与消费量大体相当，奶类的生产量远低于消费量。考虑到消费的过程中存在一定程度的浪费问题，我国畜禽肉类的生产总量可以控制在5 000万t以内，水产品和蛋类分别维持在6 000万t和3 000万t左右，奶类的生产量可以适当考虑增加。但是由于我国居民对奶类的消费偏好不足，致使市场需求不大，生产量低于推荐消费量。目前我国居民的饮食结构中动物性食品的比例逐年升高，在东部发达地区动物性产品的比例已经超过60%，过高的动物性产品比例导致很多肥胖、心脑血管等方面的问题。根据中国居民膳食指南，适合中国人的动物性产品的比例约为40%，而且每一类食物均有一个推荐范围。因此，我们可以根据推荐的消费量作为基准去调整我国农业产出总量，可以维持在80%～90%的动物性产品自给率，95%的植物性产品自给率，降低我国粮食和养殖产品的生产量，进而降低农业面源污染；缺口部分采用国际市场进口的方式来弥补。对于牲畜养殖业的饲料需求进口可以维持在一定的规模，利用国际市场的部分生产能力来为中国人的餐桌服务。

表6　2015年我国动物性产品需求及生产量

单位：万t

品类	需求量		生产量
	下限	上限	
畜禽肉	2 006.9	3 763.0	8 625.0
水产品	3 512.2	6 585.3	6 290.7
蛋类	2 388.3	2 985.3	2 999.2
奶制品	15 052.1	15 052.1	3 754.7

3. 种养格局优化

以地定养是控制养殖业面源污染的重要手段，在国际上主要的发达国家均采用这种方法和政策来执行。虽然我国目前大体上是符合这个规律的，但是没有明确的法规来约束大型的养殖场，譬如说大型养殖场根据产能测算，周围需要配备相应数量的农田来消纳牲畜粪便。虽然我国现阶段大型养殖场还不是我国牲畜养殖的主体，但是养殖业的大型化和标准化是未来的发展趋势。在快速发展阶段，一定要配套出台以地定养，否则等完全建设成功之后再行迁址将会耗费极大的成本，还会影响社会稳定。伴随着城市化进程，我国散养和小型养殖场的消亡速度很快，必须尽快制定相应的措施来引导养殖场的建设；且养殖场的建设应该属于农用地用途，避免出现工业或者建设用地指标。

利用2015年统计数据，对全国以省为单位的农田和养殖数据进行汇总，用猪当量的需调整量作为指标来衡量一个地区需要调整的猪当量养殖量（表7）。结果发现在省级尺度上，部分省份的养殖量偏高，如北京、天津、河北、辽宁、福建、江西、山东、河南、湖北、湖南、广东、广西、海南等省已经超出了耕地所能承载的最大猪当量养殖量，应予以调减。这表明我国目前的养殖业布局和农田的分布不一致，违背以地定养的准则；而以地定养是目前国际上通行的面源污染防治准则，可以极大地提高粪便循环效率，降低污染物的排放量。

表7　全国各省份猪当量养殖量需调整量

单位：万头

地区	猪当量上限	2015年猪当量	差值	地区	猪当量上限	2015年猪当量	差值
全国	298 750	260 811	37 939	河南	17 066	24 306	−7 240
北京	211	1 124	−912	湖北	8 123	13 978	−5 855
天津	535	1 439	−904	湖南	9 041	15 011	−5 971
河北	9 167	14 170	−5 003	广东	5 647	15 712	−10 065
山西	4 024	3 052	972	广西	6 170	14 370	−8 200
内蒙古	6 704	3 426	3 277	海南	935	2 479	−1 545
辽宁	13 971	15 774	−1 803	重庆	9 647	6 299	3 348
吉林	19 730	7 612	12 118	四川	25 182	19 362	5 820
黑龙江	45 026	6 950	38 075	贵州	13 311	4 392	8 918
上海	711	526	185	云南	17 740	8 017	9 722
江苏	17 261	13 047	4 215	西藏	648	215	432
浙江	4 834	3 763	1 071	陕西	6 701	3 061	3 640
安徽	18 781	12 388	6 393	甘肃	6 337	2 140	4 197
福建	4 486	7 301	−2 815	青海	612	381	231
江西	6 087	10 439	−4 353	宁夏	1 676	461	1 215
山东	13 401	27 173	−13 772	新疆	4 988	2 443	2 545

注：猪当量养殖量各省需要增加或者减少的养殖量，正数表明可以增加，负数表明需要减少。

根据前述种养布局优化方案，省份之间的养殖量会有一定程度的增减，这会增加牲畜粪便的再利用率。然而在牲畜粪便循环利用的情景分析中，即便假设了80%的循环效率，化肥的总体减施比例以及面源污染的缩减比例均没有出现明显改善。特别是对农田的地表径流来说，高的粪便还田率在不改变其他前提条件下，农田的面源污染可能会加重；而牲畜养殖的面源污染由于还田率增加则会出现明显的降低。因此，农业面源污染防治的总体方案一定是优化的组合方案，不能依赖于单个措施（图55）。

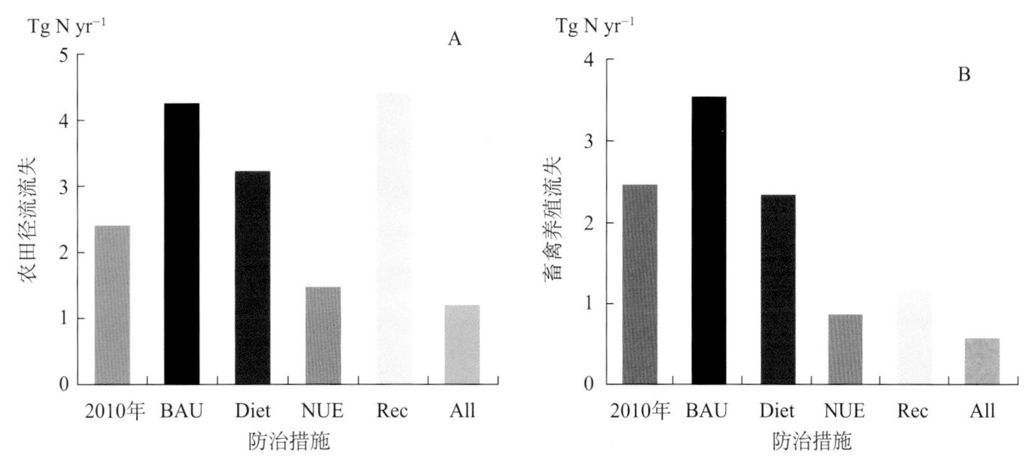

图55 不同情景下我国农业面源污染的防治效果

目前开展的禁养区和限养区政策在一定意义上是合理的，比如说水源地或者河流上游保护区禁养。但是禁养区和限养区的划定可以和以地定养的原则结合，以充分发挥农地的牲畜粪便消纳能力，也降低农地产出饲料的转运成本。而且有机肥和化肥的配合使用在很大程度上可以改善地力，提高农产品质量，提高肥料的利用效率，降低农业面源污染。所以，鼓励以地定养，促进耕地和牲畜的再耦联，应该是我国农业面源污染防控的重要战略。

大型养殖场以地定养根据产能测算，周围需要配备相应数量的农田来消纳牲畜粪便，粪便储存以厌氧封闭为主，保存养分，降低对大气和水体的污染。

综合分析，我国每公顷耕地能够承载的畜禽粪便为30t，单位耕地氮和磷最大可施用量分别为150kg/hm^{2}和30kg/hm^2，超过这些限定值，则认为畜禽养殖超过单位耕地面积承载力。

据资料，国家规划到2020年畜禽粪便还田率达到60%，提高10个百分点。以此计算，可以减少7%左右的化肥用量，因此充分利用畜禽粪便养分资源对于推进化肥零增长行动起着重要的支撑作用。

（三）政策导向

1. 倡导合理的膳食结构

生产动物性产品的环境影响远高于植物性产品，这是因为动物性产品的生产首先需要植物性产品作为饲料输入，同时其生产过程中饲料的利用效率一般不到20%，污染排放量大。因此，消费植物性产品比动物性产品环境影响更小。同时过多的动物性产品消费量会带来一系列的健康问题，例如心脑血管疾病和肥胖。因此，健康的饮食结构，适当的动植物产品配比对保证我国居民健康以及降低农业面源污染至关重要。在这种背景下，应该遵循中华营养学会推荐的适合中国人体质的饮食结构，以需求量来定生产量，鼓励国民走上健康的饮食道路，这不仅有利于国民健康，而且有助于控制面源污染。

2. 统筹国内外两个市场

我国人均耕地面积仅为世界平均水平的四分之一，农业资源紧张。然而在资源如此紧张的前提下，我国每年仍有大量的农产品出口，主要是牲畜和水产产品的出口。养殖业虽然对我国农业产业的发展有一定贡献，但是养殖业的严重污染也是制约我国社会经济可持续发展的重要原因之一。因此，我国农业发展不应以出口作为盈利的目的，而是应以满足我国国内的消费为标准。这会极大地降低我国的牲畜养殖甚至是农田种植的面源污染量，优化规模，提高资源利用效率。同时，一些高污染的产品可以适当地依托国际市场来供应，例如牛肉和牛奶等。总之，保证口粮绝对自给，其他产品适当依托国际市场，可以在保障粮食安全的前提下，缓解我国的面源污染问题。

3. 以城镇化带动农业规模化和产业化

农业规模化的社会经济障碍是农村人口过多、人多地少的状况所导致的小规模经营和分散化经营。但是，目前我国执行城乡二元制的户籍制度，农村劳动力不能自由迁徙和安定在城市地区，这导致农村长期拥有庞大的人口数量。同时，农村的农业资源数量有限，必定导致人均的农业资源有限，难以实现农村地区的脱贫和发展。而同样的劳动力在城市地区即便从事低端的服务产业也会比从事农业带来更大的收益。因此，允许农村劳动力自由迁徙，逐步解除在城市地区落户的限制，以某种交换的方式让农民放弃在农村的权益，这会最终让劳动力这个社会最大最重要的资源在全国范围内实现合理的配置。农民工进城提高收入水平，而同时留下的人也因此拥有了更多的农业资源，例如土地资源，从而最终实现共同发展。伴随着我国的老龄化进程，特别是农村地区的老龄化进程，农村的劳动力数量肯定会逐步缩减，只是较为缓慢，如果政策上可以给予倾斜和支持，那么农业经营的规模化、现代化和标准化将会更快地到来。现代化的农业经营不仅仅会促进产业的发展，提高收入，更会引入先进的技术和管理，全面降低农业面源污染，真正实现绿色可持续发展。

由于农业面源污染防控的前提是增加农民的收入，推动社会进步，所以规模化和产业化必须作为未来农业面源污染防控的重要方向之一。不管是农地经营还是牲畜养殖，规模化经营都会产生规模效应，从而提高产出、降低投入，提高农业生产的抗风险能力，提高农民收入，解放农村劳动力，进一步推动城市化的进程。我国目前总体上是在朝着规模化和产业化的方向发展，但是这个目标定位多半是为了促进经济发展，而不是出于面源污染防治来考虑的，面源污染防治的重点仍为新技术的开发和推广。

因此，为了农村经济发展的同时实现面源污染防控，应鼓励规模化和产业化。但是，每个地区规模化和产业化面临的社会经济障碍不同，需要当地的政府、企业和农户共同来推动协作的发展，从根本上解决发展和环境保护的问题。可以利用的模式有很多，例如公司＋合作社＋农户的方式、农村金融放开等模式，通过土地所有权、承包权和经营权分离之后的制度再设计，从根本上解决目前土地规模化过程中的土地流转效果不佳、耕地掠夺性开发等问题。可以尝试开展以村集体为经营单位，村民以土地承包权入股的农业经营方式，在部分县区先行试点，推动多种经营方式的发展。同时，注重城市化进程中农村人口减少与农业规模化经营之间的关联，通过在城市地区安置的方式来扩大农村留守人员的人均资源，引导农业向规模化和产业化发展。

农业设施和技术投入是提高农业生产效率、保障农业增产、降低面源污染的重要方面。农业配套设施和技术的投入可以提高肥料的利用效率，进而减少向水体和大气的流失。我国农业目前的灌溉、耕种、收获、喷洒农药等设施和技术还相对落后，须提高对农机和测土配方等技术推广方面的补贴，修建灌溉设施，平整土地，推动深施肥和精准化施肥，开展水肥一体化等新型技术，以推动农业现代化的发展。

4. 提升面源污染治理的内生动力

面源污染的主体是农业的生产经营活动。在我国农业生产经营活动有两个特征：第一是小规模经营，不管是种植业还是养殖业，总体的经营规模都很小，特别是种植业的经营规模；第二是农业生产附加值不高，产业链条较短。这些特征导致我国农业经营的收入水平不高，农民增收困难，面源污染治理的内生动力不足。为此，伴随着城市化进

程，农民的兼业情况较为普遍，农民工成为中国特有的一种现象。在这种情况下，农业经营和城市务工对青壮年农民的吸引存在很大的差异，农业经营更加趋于简单化、粗放化、分散化。由于存在城市务工较高的回报，很多新的农业污染防治技术根本无法落地，很少有农民愿意参与。因为针对面源污染防治的技术，特别是牲畜养殖业的污染防治技术，往往不能带来增收，反而可能会减少农民的收益。补贴增收会扭曲市场，不能从根本上解决农业的面源污染问题。因此，要扭转中国农业面源污染持续恶化的现状，我们必须以大幅提高农业的非补贴化的增收为前提。

针对我国农业的两个特征，须先解决增收的问题，再考虑面源污染防治的问题。因此，扩大农业经营的规模以及延长农业经营的产业链条成为我国农业发展必须面对的关键环节。长远来讲，伴随着城市化的进程以及老龄化的进程，农村的劳动力会越来越少，这会使得农村的人均耕地面积增加，从而实现农地经营规模的扩大。但是城市化和老龄化是个相对缓慢的过程，如何从政策层面来促进农田的规模化经营，成为现阶段我们需要考虑的问题。目前的土地流转制度虽然从某种程度上扩大了部分地区的农田经营规模，但是由于流转的年限较短、缺乏契约精神、多在亲属之间流转等现实问题，土地流转的效果不佳，而且开始出现掠夺性开发问题，危及农地的质量和安全。因此，从制度层面重新设计农地流转的方式是下一步推进农业规模化经营的关键。

延长农业经营产业链，主要通过提高单位农田面积的产值来让农民增收。例如稻田养蟹的共作模式可以大幅度提高单位农田面积的产值，从而确保农民会愿意参与到面源污染防治中来。而且，这种稻蟹共作的模式本身就要求合理施肥，降低投入，可以极大地减少面源污染，部分稻蟹共作的地区稻田甚至成为了地表水污染的净化器，稻田出水中的氮、磷等污染物的浓度反而低于入水的污染物浓度。

在确保规模化和延长产业链条经营模式的前提下，农民的收益会大幅度增加，此时政策调控面对的经营主体数量会减少，经营主体的污染防治能力会提高，污染防治就存在了落地的基础。而且，根据研究发现，当农地规模增加之后，农民施用化肥的合理程度自然会增加，因为化肥是农田粮食种植的主要投入成本之一，在大规模经营的情况下，化肥的总成本会上升。因此，农民会自动让化肥投入回归到合理范围内，同时通过其他方面的投入增加来增加收入，例如机械化、精准化、有效灌溉等，而这些措施会进一步提高肥料的利用效率，降低面源污染。农民增收之后，政府的污染惩罚性措施也可以发挥作用，利用激励和惩罚并举的措施，实现面源污染的根本性治理。

（四）重点工程

1．国家农业面源污染综合防治战略先行区试点工程

农业面源污染是当前我国突出的环境问题，引起了习近平总书记的高度关注，农业部实施了以“一控、两减、三基本”为目标、打好农业面源污染攻坚战的任务部署。农业资源的浪费与生产规模的超载是农业面源污染的根本成因。因此，在综合考虑环境承载力的基础上，在我国黄淮海地区、长江中下游地区等农业主产区选择7～9个符合流域特征的独立行政单元作为战略先行区。以粮食安全和环境保护为双重目标，实施化肥总量控制、畜禽养殖规模总量控制和种养格局优化等战略方案，开展政策试点，重新定位畜禽粪污属性，构建有利于农业规模化和产业化的激励机制，全面提升面源污染治理的内生动力，引导优化城乡居民膳食结构，统筹域内外两个市场，政策减排、结构减排、农艺减排和工程减排多措并举，推动农业绿色发展和面源污染控制，探索总结经验，为我国农业面源污染防控提供政策依据和科技支撑。

2．国家农业面源污染监测体系建设工程

鉴于我国农业面源污染来源广泛、成因复杂，为实时、准确把握我国农业面源污染状况并制定针对性治理方案，应建立国家农业面源污染监测体系，形成覆盖我国种植、畜禽养殖和水产养殖主要产区、典型生产方式下单一类型农业面源污染监测网络和典型流域多类型复合农业源面源污染监测网络，配套在线水量、水质监测设备和远程控制及数据传输系统，构建农业面源污染大数据中心，实现国家农业面源污染监测数据的实时化、可视化表达。

3．渤海综合生态修复技术构建与应用

环渤海沿岸黄河、辽河、海河和滦河等众多水系，将大量的工农业污水和生活污水汇入渤海。据统计，2015年，渤海沿岸主要江河径流携带的入海污染物化学需氧量59万t、无机氮4万t、总磷3 000t，导致渤海生态系统承受着前所未有的压力。因而，消减陆源污染、修复渤海环境与资源，成为保障渤海生态安全的重大挑战。该项目利用河流、湿地和浅海的综合修复技术，构建渤海生态安全的蓝色屏障，实现渤海环境、资源保护与沿岸社会经济的可持续发展。包括：

入海河流“三元耦合”生态修复技术：研究渤海陆源污染的主要来源和排海通量，阐明污染物迁移转化规律；针对入海河流下游的水质现状和特点，研究河流水生植物、动物

和微生物“三元耦合”净化机制与生态修复技术，提出科学合理的生态修复优化方案。

滨海、河口湿地生态修复技术：筛选净化能力强，经济效益、观赏价值显著的适宜生物种；利用现代分子生物学与基因工程技术，培育具有耐盐、抗污染性质的湿地植物和高效微生物；研发湿地生物修复技术及微生物联合修复技术，并制定修复策略。

浅海贝藻综合生态修复技术：根据渤海海湾容纳量，利用贝藻类的生态净化功能，通过分区域构建不同形式的贝藻养殖模式，多点同步改善渤海海水水质；通过创新集成贝藻综合养殖模式与技术，提高浅海海域对营养物质的吸收、移除能力，构建浅海生态安全屏障。

渤海生态修复技术应用与示范：在重点河流、河口、海湾，应用示范综合的生物修复技术；量化、评价典型区域生态修复的效果，建立、优化评价方法；构建渤海绿色生态安全屏障管理系统。

参考文献

崔超，翟丽梅，刘宏斌，雷秋良，武淑霞，2016．香溪河流域土地利用变化过程对非点源氮磷输出的影响［J］．农业环境科学学报，35（1）：129-138．

国家环境保护总局自然生态保护司，2002．全国规模化畜禽养殖业污染情况调查及其防治对策［M］．北京：中国环境科学出版社．

国家统计局，国家环境保护总局，2005．中国环境统计年鉴［M］．北京：中国统计出版社．

国家统计局，环境保护部，2013．中国环境统计年鉴［M］．北京：中国统计出版社．

国家统计局农村社会经济调查司，2016．2016年中国农村统计年鉴［M］．北京：中国统计出版社．

韩俊，2015．新常态下如何加快转变农业发展方式［EB/OL］．(01-28)［2018-08-23］．http：//theory．people．com．cn/n/2015/0128/c83853-26465039．html．

金书秦，2011．流域水污染防治政策设计：外部性理论创新和应用［M］．北京：冶金工业出版社：95-96．

金书秦，韩冬梅，2015．我国农村环境保护四十年：问题演进、政策应对及机构变迁［J］．南京工业大学学报：社会科学版，14（2）：71-79．

金书秦，沈贵银，刘宏斌，等，2017．农业面源污染治理的技术选择和制度安排［M］．北京：中国

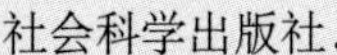

社会科学出版社.

金书秦，沈贵银，魏珣，韩允垒，2013. 论农业面源污染的产生和应对 [J]. 农业经济问题 (11): 97-102.

金书秦，武岩，2014. 农业面源是水体污染的首要原因吗：基于淮河流域数据的检验 [J]. 中国农村经济 (9): 71-81.

金书秦，张惠，2017. 化肥农药零增长行动实施状况评估 [J]. 中国发展观察 (13): 35-39.

李文超，刘申，雷秋良，翟丽梅，王洪媛，罗春燕，刘宏斌，任天志，2014. 高原农业流域磷流失风险评价及关键源区识别：以凤羽河流域为例 [J]. 农业环境科学学报，33 (8): 1787-1796.

李文华，2008. 农业生态问题与综合治理 [M]. 北京：中国农业出版社.

连慧姝，刘宏斌，李旭东，宋挺，雷秋良，任天志，武淑霞，李影，2017. 太湖蠡河小流域水质的空间变化特征及污染物源解析 [J]. 环境科学，38 (9): 106-113.

连慧姝，刘宏斌，李旭东，宋挺，刘申，雷秋良，任天志，武淑霞，李影，2017. 典型入湖河流水体氮素变化特征及其对降雨的响应：以太湖乌溪港为例 [J]. 环境科学，38 (12): 5047-5055.

梁流涛，冯淑怡，曲福田，2014. 农业面源污染形成机制：理论与实证研究 [J]. 中国人口资源与环境 (4).

林耘，2016. 保护长江生态环境，统筹流域绿色发展 [J]. 长江流域资源与环境，25 (2): 171-179.

刘宏斌，邹国元，范先鹏，刘申，任天志，等，2015. 农田面源污染监测方法与实践 [M]. 北京：科学出版社.

农业部科技教育司，第一次全国污染源普查领导小组办公室，2009. 第一次全国污染源普查畜禽养殖业产污系数与排污系数手册 [R]. 中国农业科学院农业环境与可持续发展研究所，环境保护部南京环境科学研究所.

仇焕广，严健标，蔡亚庆，李瑾，2012. 我国专业畜禽养殖的污染排放与治理对策分析 [J]. 农业技术经济 (5): 29-35.

任天志，刘宏斌，范先鹏，邹国元，刘申，等,2015. 全国农田面源污染排放系数手册 [M]. 北京：中国农业出版社.

沈根祥，钱晓雍，梁丹涛，等，2006. 基于氮磷养分管理的畜禽场粪便匹配农田面积 [J]. 农业工程学报 (S2): 268-271.

苏杨，2016. 我国集约化畜禽养殖场污染问题研究 [J]. 中国生态农业学报，14 (4): 15-18.

武兰芳，欧阳竹，2009. 基于农田氮磷收支的区域养殖畜禽容量分析：以山东禹城为例 [J]. 农业环境科学学报，28 (11): 2277-2285.

武淑霞，刘宏斌，黄宏坤，雷秋良，王洪媛，翟丽梅，刘申，张英，胡钰，2018．我国畜禽养殖粪污产生量及其资源化分析 [J]．中国工程科学，20 (5)：103-111．

武淑霞，刘宏斌，刘申，王耀生，谷保静，金书秦，雷秋良，翟丽梅，王洪媛，2018．农业面源污染现状及防控技术 [J]．中国工程科学，20 (5)：23-30．

于春艳，韩庚辰，张志锋，霍传林，马明辉，梁斌，2015．渤海生态压力及对策分析 [J]．海洋开发与管理 (6)：89-93．

张维理，武淑霞，冀宏杰，Kolbe H，2004．中国农业面源污染形势估计及控制对策 (一)：21世纪初期中国农业面源污染的形势估计 [J]．中国农业科学，37 (7)：1008-1017．

张亦涛，刘宏斌，王洪媛，翟丽梅，雷秋良，任天志，2016．农田施氮对水质和氮素流失的影响 [J]．生态学报，36 (20)：1-13．

张亦涛，王洪媛，刘申，刘宏斌，翟丽梅，雷秋良，任天志，2016．氮肥农学效应与环境效应国际研究发展态势 [J]．生态学报，36 (15)：4594-4608．

张召喜，罗春燕，张敬锁，雷秋良，刘宏斌，2012．子流域划分对农业面源污染模拟结果的影响 [J]．农业环境科学学报，31 (10)：1986-1993．

朱兆良，David Norse，孙波，2006．中国农业面源污染控制对策 [M]．北京：中国环境科学出版社．

Belsky A J, Matzke A, Uselman S, 1999. Survey of livestock influences on stream and riparian ecosystems in the Western United States [J]. *Soil and Water Conservation*, 54(1): 419-431.

Chen, X, Cui, Z, Fan, M, Vitousek, P, Zhao, et al, 2014. Producing more grain with lower environmental costs [J]. *Nature*, 514: 486-489.

Gu, B, Ju, X, Chang, J, Ge, Y, Vitousek, PM, 2015. Integrated reactive nitrogen budgets and future trends in China [J]. *Proceedings of the National Academy of Sciences*, 112: 8792-8797.

Ju, X, Gu, B, Wu, Y, Galloway, J, 2016. Reducing China's fertilizer use by increasing farm size [J]. *Global Environmental Change-Human and Policy Dimensions*, 41: 26-32.

Ju, X, Xing, G, Chen, X, Zhang, S, et al, 2009. Reducing environmental risk by improving N management in intensive Chinese agricultural systems [J]. *Proceedings of the National Academy of Sciences*, 106: 3041-3046.

Li, Y, Zhang, W, Ma, L, Huang, G, Oenema, O, Zhang, F, Dou, Z, 2013. An analysis of China's fertilizer policies: Impacts on the industry, food security, and the environment [J]. *Journal of Environment Quality*, 42: 972.

Phalan, B, Onial, M, Balmford, A, Green, R E, 2011. Reconciling food production and biodiversity conservation: Land sharing and land sparing compared [J]. *Science*, 333: 1289–1291.

Ulen B, Bechmann M, Folster J, et al, 2007. Agriculture as a phosphorus source for eutrophication in the North–West European countries, Norway, Sweden, United Kingdom and Ireland: A review [J]. *Soil Use and Management*, 23 (S1): 5–15.

Yitao Zhang, Hongyuan Wang, Shen Liu, Qiuliang Lei, Jian Liu, Jianqiang He, Limei Zhai, Tianzhi Ren, Hongbin Liu, 2015. Identifying critical nitrogen application rate for maize yield and nitrate leaching in a haplic luvisol soil using the DNDC model [J]. *Science of the Total Environment*, 514: 388–398.

Yongyong Zhang, Yujian Zhou, Quanxi Shao, Hongbin Liu, Qiuliang Lei, Xiaoyan Zhai, Xuelei Wang, 2016. Diffuse nutrient losses and the impact factors determining their regional differences in four catchments from North to South China [J]. *Journal of Hydrology*, 543:577–594.

课题报告四

新时代中国农业结构调整战略研究

近年来，中央高度关注“三农”工作。截至2016年，中央1号文件已连续13年聚焦农业发展。经过历史上几个阶段的结构调整，并伴随着农村深化改革的推进以及农业结构调整政策的不断完善，我国农业生产结构进一步改善。特别是自2004年以来，主要农产品生产全面发展、供给充裕、品种不断改善、品质不断提升，农业区域、产业结构更趋合理，农民收入持续增长。目前，我国经济进入“新常态”，农业发展也步入新阶段。随着农业发展环境发生深刻变化，新老问题叠加积累，农业发展仍然面临不少困难和挑战。一是农业综合生产成本快速上涨，农产品利润下降。2003年以来，三种粮食（水稻、小麦、玉米）平均生产成本不断上涨，从2003年的亩均生产成本324.30元增长到2015年的872.28元，增长了1.69倍。其中，一方面，受煤炭、天然气等原材料价格上涨的影响，国内市场化肥价格不断提升；另一方面，农民工资水平的上升也拉动人工成本迅速提高，从2008年开始，人工成本不断增长，人工成本占生产成本的比重由2008年的37.81%增长到2013年首次超过50%，2015年达到51.27%。另外，土地成本10年间也增长了2.87倍。这些情况表明，我国农业生产已经进入了高成本阶段。二是农产品供求结构矛盾日益突出，“买难”“卖难”问题并存。目前我国玉米库存高达2.4亿t以上，库存消费比上升到150%以上，玉米出现了阶段性的供大于求。与此同时，随着人民生活水平的提高，对植物油、畜产品的消费越来越大，因此对大豆的需求增长非常快。但由于大豆在我国属于低产作物，且经济收益不高，农户种植意愿降低，供给不断下降，需求量远远超过生产水平。另外，随着消费结构升级，消费者对农产品的需求由吃得饱转向吃得好、吃得健康，市场上高端优质农产品往往供不应求，而低端“大路货”却频频出现滞销现象。三是对外依存度加深，产业安全形势严峻。随着经济全球化和贸易自由化的深入发展，国际上农业资源要素流动频繁，国际市场大宗农产品价格下降，以不同程度低于我国同类产品价格，导致进口持续增加，成本“地板”上升与价格“天花板”下压给我国农业持续发展带来双重挤压。例如，2015年我国大豆对外依存度已超过85%，保障国家粮食安全的任务面临严峻挑战。

新形势下，农业的主要矛盾已由总量不足转变为结构性矛盾。以确保国家粮食安全为前提，以数量质量效益并重、竞争力增强、可持续发展为主攻方向，以布局优化、产业融合、品质提升、循环利用为重点，科学确定主要农产品自给水平和产业发展优先顺序，更加注重市场导向和政策支持，更加注重深化改革和科技驱动，更加注重服务和法治保障，加快构建粮经饲统筹、种养加一体、农牧渔结合的现代农业结构，走产出高效、产品安全、资源节约、环境友好的现代农业发展道路，推进农业供给侧结构性改革，成为当前我国农业发展的重要任务。

一、农业结构的现状与问题

（一）农业结构调整的历史回顾和总结

1. 我国农业结构调整的回顾

中华人民共和国成立以来，我国农业结构调整大体可以分为五个阶段，即1949—1978年"以粮为纲，全面发展"的第一阶段；1978—1992年"发展多种经营"的第二阶段；1993—2003年"发展高产、优质、高效农业"的第三阶段；2004—2012年"恢复粮食生产"的第四阶段；2013年至今"农业供给侧改革"的第五阶段。

（1）第一阶段（1949—1978年）：以粮为纲

①背景。改革开放以前，计划经济和短缺经济形成我国农业的基本背景条件。因此，粮食总量不足的问题是该阶段我国农业的首要问题。同时，历史上我国逐步形成了以种植为主，养殖与家庭手工相结合的传统农业结构。近代以来，农产品商品化也没有改变农村中的自给自足现象，没有从根本上动摇种植业的主体地位和副业的从属地位（表1）。

表1 1949—1978年我国主要作物人均占有量

单位：kg

年份	粮食	棉花	油料	糖料	园林水果	肉类	水产品
1949	208.95	0.82	4.73	5.23	2.22	4.06	0.83
1952	288.12	2.29	7.37	13.35	4.29	5.89	2.93
1957	306.00	2.57	6.58	18.66	5.09	6.16	4.89
1962	231.93	1.13	3.01	5.68	4.07	2.88	3.43
1965	271.99	2.93	5.07	21.50	4.53	7.60	4.17
1970	293.23	2.78	4.61	19.01	4.58	7.19	3.89
1975	310.47	2.60	4.93	20.89	5.87	8.62	4.81
1978	318.74	2.27	5.46	24.91	6.87	8.90	4.87

②特点及效果。针对粮食总量不足的问题，这一阶段我国农业发展的政策主要是“以粮为纲，全面发展”。农业以种植业为主，种植业以粮食为主，粮食生产又以高产作物为主，核心是追求粮食高产，对于缓解我国粮食紧缺发挥了一定的作用。因此，这一时期农业结构基本上停留在“农业—种植业—粮食”的低级阶段。

1949—1978年，我国农业结构变化值为13.58%，年结构变化值只有0.47%。1949年，在农业生产结构中，种植业比重高达86.79%，畜牧业占12.4%，林业占0.59%，渔业占0.22%；到1978年，种植业总产值占农业总产值的80.0%，畜牧业占15.0%，林业占3.4%，渔业占1.6%（图1）。这种结构充分体现了追求粮食增长的目标，可称为单一的粮食型结构，同时农业结构变化幅度小，农业与林牧渔业的比例始终保持在8∶2以上。

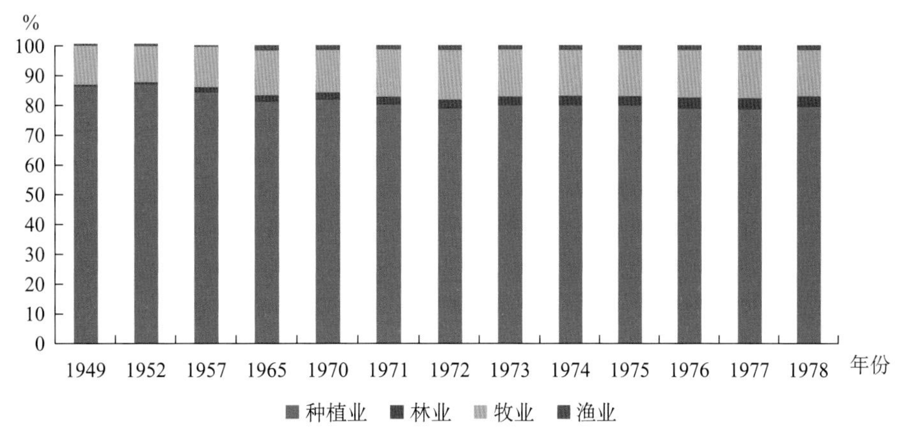

图1 1949—1978年我国农林牧渔总产值构成

由于这一阶段我国粮食供求矛盾突出，在对“以粮为纲，全面发展”这一政策执行的过程中，过多强调了“以粮为纲”，对全面发展重视不够，因此造成了农业各生产部门比例发展不协调，种植业在农业部门结构中占有绝对大的比例，粮食播种面积在种植业中占据绝对比例，且农业结构长期得不到调整，变动缓慢。由于单一的农业生产结构不能有效地组织生产，严重限制了农村不同地区自然资源和社会资源比较优势的充分发挥，不能满足社会农产品需求，农业发展与经济的发展严重不协调；单一的农业经营形式造成相当数量的自然资源不合理利用，以致实行掠夺式经营，从而使农业生态环境遭到破坏。

（2）第二阶段（1979—1992年）：多种经营

①背景。改革开放以前，我国传统的农业结构显然不符合农业经济发展规律。单一

的农业结构导致的是低效益的农业发展。所以，长期以来，我国农产品供不应求，无法满足社会对农产品多种多样的需要，20世纪70年代末曾出现粮、棉、油、糖都不得不大量进口的局面。在这种结构下，由于粮食生产是“纲”，为了片面追求粮食生产，不顾自然条件、弃草种粮、毁林开荒、围湖造田等行为，不仅使许多自然资源得不到充分利用，而且破坏了生态环境，造成森林的过量采伐、草原的超载过牧、水域的酷渔滥捕，影响了农业生产的良性循环。这种单一的农业结构是不合理的，调整不可避免。

②特点及效果。1979年《中共中央关于加快农业发展若干问题的决议》明确指出：“要有计划地逐步改变我国农业的结构和人们的食物构成，把只重视粮食种植业，忽视经济作物种植业和林业、牧业、副业的状况转变过来。”同时强调指出，“在抓紧粮食生产的同时，认真抓好棉花、油料、糖料等各项经济作物，抓好林业、牧业、副业、渔业，实行粮食和经济作物并举，农、林、牧、副、渔五业并举。”

1981年，中央转发了国家农委《关于积极发展农村多种经营的报告》的通知，改变了过去“以粮为纲”的发展导向，提出“绝不放松粮食生产，积极发展多种经营”的方针，要求农业同林业、牧业、渔业和其他副业，粮食生产同经济作物生产之间要保持合理的生产结构，实现农林牧副渔全面发展。这一次农业结构调整，使我国农业经济有了很大的发展，标志着我国农业结构调整进入一个新时期，农业结构调整效果显著。农业的发展速度加快，缩短了与工业和服务业之间的差距，农业同其他产业协调发展，农业结构趋于合理。

以种植业为主体的传统农业结构开始转向农林牧渔全面发展的农业结构。从农业产值看，到1985年，农、林、牧、渔占比分别为69.2%、5.2%、22.1%、3.5%，其中种植业比重较1978年降幅超过10个百分点，林、牧、渔分别增长了1.8个、7.1个、1.9个百分点；从作物播种面积结构看，以粮食为绝对主体的态势得到调整，粮食作物比重呈减小趋势，粮食作物、经济作物和其他作物占比分别为75.8%、15.6%和8.6%，经济作物的比重较1978年提高了6个百分点；到1992年，粮食作物种植面积比重较1978年下降了6.1个百分点，棉、油、糖、蔬则分别增加了1.54个、2.96个、1.72个和2.54个百分点（图2）。此外，农业生产率提高，粮食产量达到历史最高，平均每年递增近5%，基本解决了温饱问题；棉花、油料、肉类产量分别以19.3%、14.8%、10.3%的速度递增，农业得到全面发展，城乡居民的生活水平得到改善，基本扭转了农产品长期供给不足的局面。

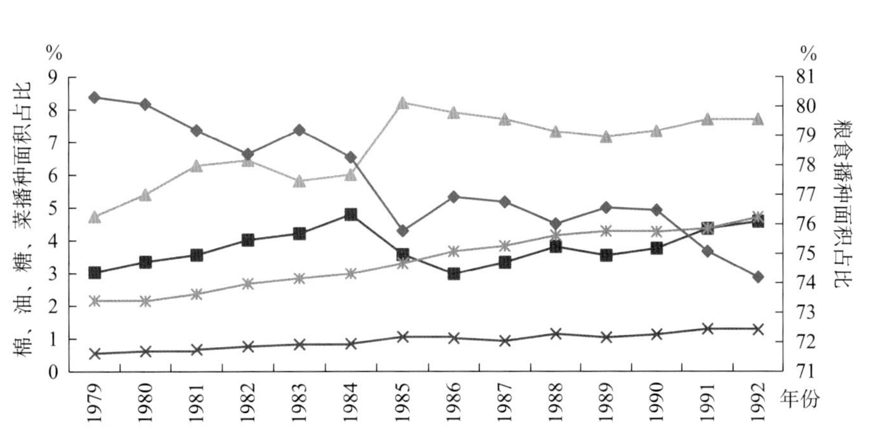

图2　1979—1992年我国主要农作物播种面积构成

（3）第三阶段（1993—2003年）：优质高效

①背景。经过上一个阶段的农业结构调整，农业生产连续几年大幅度增长，加上大量进口，1984年后出现中华人民共和国成立以来首次农产品“卖难”问题。粮食、棉花等主要农产品供大于求，库存积压严重，农民“卖粮难”、粮库收购农产品“打白条”现象严重，其他农产品也普遍销售不畅，农产品市场价格跌落。与此同时，其他多数农产品（如经济作物、畜产品等）仍然供应不足。农产品供求结构失衡，是当时农业生产结构不合理最突出的表现。为了解决大宗农产品的“卖难”问题、增加农民收入，政府出台了农业调整政策，提出发展高产、优质、高效农业。

②特点及效果。1992年，国务院发布了《关于发展高产优质高效农业的决定》，提出“以市场为导向继续调整和不断优化农业生产结构”，主张农业应当在继续重视产品数量的基础上，转向高产、优质并重，提高经济效益。1993年《中共中央关于建立社会主义市场经济体制的决定》进一步强调，“要适应市场对农产品消费需求的变化，优化品种结构，使农业朝着高产、优质、高效的方向发展。”

以市场为导向的农业结构调整加快推进，粮食作物和经济作物的配置趋向合理。林果业、畜牧业、水产业比重上升，乡镇企业突飞猛进，工业、采矿业、建筑业、运输业、商业和其他服务业获得迅速发展。单一经营和城乡分割的产业结构已经被突破，农村经济正转向多部门综合经营。计划经济体制下农业—种植业—粮食高度单一的农业结构已经在这一阶段大大改善，传统的粮食—经济作物二元结构逐步转向粮—经—饲三元结构，农业内部各部门之间的关系也趋向合理。

这一阶段，农业综合生产能力显著增强，粮食和其他农产品大幅度增长，由长期

短缺到“总量平衡、丰年有余”，基本解决了全国人民的吃饭问题，农产品的供应提高了城乡居民的生活水平。全国水产品、奶类、禽蛋、牛羊肉产量大幅度增长，猪肉产量基本持平，林产品产量略有增加。2003年，肉类、奶类、禽蛋类、海产品产量和内陆水域产品产量分别较1993年增长了67.7%、227.9%、97.8%、116.8%和133.5%(表2)。

表2　1993—2003年畜牧业、渔业主要产品产量

单位：万t

年份	肉类	奶类	禽蛋类	水产品总产量	海水产品产量	内陆水域产品产量
1993	3 841.5	563.7	1 179.8	1 823.0	1 076.0	747.0
1994	4 499.3	608.9	1 479.0	2 143.2	1 241.5	901.7
1995	5 260.1	672.8	1 676.7	2 517.2	1 439.1	1 078.0
1996	4 584.0	735.8	1 965.2	3 288.1	2 012.9	1 275.2
1997	5 268.8	681.1	1 897.1	3 118.6	1 888.1	1 230.5
1998	5 723.8	745.4	2 021.3	3 382.7	2 044.5	1 338.1
1999	5 949.0	806.9	2 134.7	3 570.1	2 145.3	1 424.9
2000	6 013.9	919.1	2 182.0	3 706.2	2 203.9	1 502.3
2001	6 105.8	1 122.9	2 210.1	3 795.9	2 233.5	1 562.4
2002	6 234.3	1 400.3	2 265.7	3 954.9	2 298.5	1 656.4
2003	6 443.3	1 848.6	2 333.1	4 077.0	2 332.8	1 744.2

(4) 第四阶段 (2004—2012年)：恢复粮食生产

①背景。1998年以来，我国粮食出现了“三个下降”：粮食总产量下降，由当时的51 229.5万t下降到2003年的43 069.5万t；粮田面积下降，从1998年的17.07亿亩下降至2003年的14.91亿亩；粮食人均产量下降，由1996年的414kg下降至2003年的335kg。1999年以来，我国粮食消费需求大致为4.8亿～4.9亿t，而粮食产量已经连续4年徘徊在4.5亿t左右，粮食已连续4年产不足需，这几年全国粮食当年产需缺口在3 000万～4 000万t，2003年达到4 500万～5 500万t。1999—2003年，全国粮食总产量累计减少7 720万t。2000年出现粮食生产波动，产量比1999年减产4 620万t，减幅为9.1%。2001年又比2000年减产960万t，减幅为2.1%。2002年粮食总产量为4.57亿t，比2001年增产1%。2003年为4.31亿t，比2002年减产5%，人均占有量只有335kg，达

到20年来最低点。

随着粮食生产比较效益下降，耕地面积连年减少，发展高效非粮作物使粮食安全产量大幅下跌，暴露出粮食安全隐患，提高粮食综合生产能力成为新阶段结构调整的重心和基础。

②特点及效果。2004—2006年中央1号文件都提出，要按照高产、优质、高效、生态、安全的要求，调整优化农业结构，并将国家粮食安全提升到新的战略高度。2004年国家出台并实施了粮食最低收购价政策。2007年中央1号文件提出，"建设现代农业，必须注重开发农业的多种功能，向农业的广度和深度进军，促进农业结构不断优化升级。"2008年中央1号文件提出，"确保农产品有效供给是促进经济发展和社会稳定的重要物质基础"，要求"必须立足发展国内生产，深入推进农业结构战略性调整，保障农产品供求总量平衡、结构平衡和质量安全。"同年，党的十七届三中全会通过了《关于推进农村改革发展若干重大问题的决定》，要求继续"推进农业结构战略性调整"。2009年国家发展改革委启动"全国新增千亿斤粮食生产能力"项目。2012年中央1号文件提出"千方百计稳定粮食播种面积，扩大紧缺品种生产，着力提高单产和品质"，"支持优势产区加强棉花、油料、糖料生产基地建设，进一步优化布局、主攻单产、提高效益。"

通过政策梳理可以发现，这一阶段农业结构调整的主要措施包括以下方面：一是稳定粮食生产，通过稳定播种面积、提高单产水平、改善品种结构以及促进粮食转化增值，保障国家粮食安全；二是优化区域布局，培育和建设优势区域的优势产品和特色农业（高强、孔祥智，2014）。随着这一阶段农业结构战略性调整的深入推进，生产经营方式发生重大变化，主要农产品生产逐渐向优势产区集中，生产主体和生产方式出现分化。粮、棉、油、糖等大宗农产品生产虽仍以分散的农户为主体，但在补贴和价格政策的支持和引导下，逐步向优势产区集中，产量稳步提高；瓜果、蔬菜、花卉等园艺产品和畜禽等产品生产主体逐步向专业化、规模化农户转变，集约化和设施化程度大幅度提高，技术水平快速提升，生产周期大大缩短。同时，经过这一阶段的农业结构调整，农业产业结构进一步改善、产品结构明显优化、区域布局日趋合理，农产品"卖难"问题得到了有效缓解。

（5）第五阶段（2013年至今）：农业供给侧结构改革

①背景。因劳动力成本、土地成本等持续攀升等原因，国内粮价高出国际市场30%～50%，竞争力缺乏，小规模、高成本的农业生产模式难以持续。因消费结构升级、

价格机制问题等，部分农产品供需结构矛盾突出，大豆供小于求、进口激增，玉米供大于求、库存高企，出现了粮食生产量、进口量和库存量“三量齐增”现象。此外，我国农业生产粗放，单位耕地化肥、农药使用量偏高、利用率低，农业面源污染问题严重，优质、绿色、安全农产品供给不能满足需求，农业拼资源、拼投入的传统老路难以为继。

②特点及效果。2013年中央1号文件提出，“确保国家粮食安全，保障重要农产品有效供给，始终是发展现代农业的首要任务”，并提出“必须毫不放松粮食生产，加快构建现代农业产业体系，着力强化农业物质技术支撑。”2013年中央1号文件提出的新型农业经营主体建设，既是农业结构调整的基础，又促进了农产品的优质化、安全化和农业产业化。2013年11月，党的十八届三中全会通过的《中共中央关于全面深化改革若干重大问题的决定》提出：“坚持家庭经营在农业中的基础性地位，推进家庭经营、集体经营、合作经营、企业经营等共同发展的农业经营方式创新。”这是构建新型农业经营体系的核心内容。党的十八届三中全会还强调“鼓励承包经营权在公开市场上向专业大户、家庭农场、农民合作社、农业企业流转，发展多种形式规模经营”，为新时代的农业结构调整打下了坚实的基础。2014年中央1号文件高度重视粮食安全问题，明确要求实施“以我为主、立足国内、确保产能、适度进口、科技支撑”的国家粮食安全新战略，提出确保“谷物基本自给、口粮绝对安全”的国家粮食安全新目标。

2015年11月习近平总书记主持召开的中央财经领导小组第11次会议提出，“在适度扩大总需求的同时，着力加强供给侧结构性改革。”2015年12月召开的中央经济工作会议，将推进供给侧结构性改革提到新的战略高度。“十三五”规划纲要进一步明确要求，“以提高发展质量和效益为中心，以供给侧结构性改革为主线，扩大有效供给，满足有效需求，加快形成引领经济发展新常态的体制机制和发展方式。”2015年12月召开的中央农村工作会议要求，“着力加强农业供给侧结构性改革，提高农业供给体系质量和效率，真正形成结构合理、保障有力的农产品有效供给。”2016年中央1号文件进一步提出，“推进农业供给侧结构性改革，加快转变农业发展方式，保持农业稳定发展和农民持续增收。”

随着农业供给侧结构性改革大力推进，我国农业结构进一步调整优化，农业质量效益竞争力明显提高。2016年我国口粮生产保持稳定，库存压力大的玉米调减3 000万亩以上，市场紧缺的大豆面积增加900万亩以上，南方水网地区生猪存栏调减1 600万头，优质草食畜牧业稳健发展，水产健康养殖面积比重超过35%，专用型、优质化农产品明显增加，“三品一标”总数达10万多个。为促进农业布局结构优化，2016年我国积极调减非优势产区玉米面积，引导东北优势产区大豆面积同比增加17%以上。为优化农业要素投入结构，全国节水技术推广面积超过4亿亩，化肥减量增效示范区达到200个，农业废弃物资源化利用试点示范全面推进，资源利用率全面提高。此外，我国积极推进耕地轮作休耕制度试点，轮作休耕面积达到616万亩。

各阶段我国农业结构调整背景和特点如表3所示。

表3　各阶段我国农业结构调整背景和特点

	背景	特点	效果
第一阶段（1949—1978年）	改革开放以前，计划经济和短缺经济形成我国农业的基本背景条件。粮食总量不足成为农业首要问题	“以粮为纲，全面发展”，农业以种植业为主，种植业以粮食为主，粮食生产又以高产作物为主，核心是追求粮食高产	农业结构基本上停留在“农业—种植业—粮食”的低级阶段，结构单一，多种经营的发展严重不足
第二阶段（1979—1992年）	长期以来，单一的农业结构导致低效益的农业发展，农产品供不应求，无法满足社会对农产品多样化的需要	“绝不放松粮食生产，积极发展多种经营”，农业同林、牧、副、渔业，粮食生产同经济作物生产之间要保持合理的生产结构，实现农林牧副渔全面发展	农林牧渔全面发展；粮食作物的播种面积比重呈减小趋势，农业结构向合理化的方向转变；农业生产率提高，粮食产量达到历史最高，基本解决温饱问题
第三阶段（1993—2003年）	农产品供求结构失衡，粮食、棉花等主要农产品供大于求，库存积压严重，农民“卖粮难”、农产品市场价格跌落	适应市场对农产品消费需求的变化，优化品种结构，使农业朝着高产、优质、高效的方向发展	农业综合生产能力显著增强，林果业、畜牧业、水产业比重上升，粮食和其他农产品大幅度增长，由长期短缺到“总量平衡、丰年有余”
第四阶段（2004—2012年）	1998年以来，我国粮食出现了“三个下降”：粮食总产量下降、粮田面积下降、粮食人均产量下降，作物非粮化问题出现，暴露粮食安全隐患	中央逐步将国家粮食安全提升到新的战略高度，提高粮食综合生产能力成为新阶段结构调整的重心和基础	生产经营方式发生重大变化，生产主体和生产方式出现分化。粮、棉、油、糖等大宗农产品产量稳步提高，区域布局日趋合理，农产品“卖难”问题得到了有效缓解
第五阶段（2013年至今）	部分农产品供需结构矛盾突出，出现了粮食生产量、进口量和库存量“三量齐增”现象。农业面源污染问题严重，优质、绿色、安全农产品供给不能满足需求，农业拼资源、拼投入的传统老路难以为继	推进农业供给侧结构性改革，加快转变农业发展方式，扩大有效供给，满足有效需求	—

2. 经验总结

(1) 保护和提升粮食综合生产能力是农业结构调整的基础和前提

在以往的农业结构调整过程中，部分地方出现过放松粮食生产的倾向，错误地认为调整结构就是调减粮食面积，需要吸取教训。我国人口众多，完全依靠进口不可能解决中国人的吃饭问题，中国的粮食安全必须掌握在自己的手里。在农业结构调整中必须保障粮食综合生产能力和粮食安全，只有解决好粮食安全问题，才能巩固结构调整的成果。

(2) 满足人民群众的消费需求和消费结构变化是推进农业结构调整的动力

随着人们生产水平的提高，农产品市场需求结构开始发生变化，消费需求多元化，拉动了园艺、畜牧、水产品等产量的快速增长。此外，消费者对农产品质量安全逐渐重视，推动了无公害农产品、绿色食品和有机产品的消费。农业结构调整要适应消费需求的变化，从供给侧上调整农业生产结构。

(3) 增加农民收入是检验农业结构调整成效的主要标准

农民既是结构调整的实施主体，也是结构调整的受益者。增加农民收入是农业结构调整的重要目标之一。因此，要把农民增加多少收入、得到多少实惠作为衡量结构调整成效的主要标准。

(4) 发挥比较优势是推进农业结构调整的关键

结构调整过程中要综合考虑产业基础、区位优势、资源禀赋、市场条件等各方因素，发挥各地区比较优势，合理布局农业生产力，防止盲目跟风，避免“一窝蜂”现象。

(二) 农业结构的现状及特点

1. 作物结构

截至2015年，我国粮食产量实现了“十二连增”，粮食播种面积和单位面积产量均有所提高。我国用占世界不足1/10的耕地养活了世界近20%的人口，这是长期以来农业发展对我国社会发展做出的重大贡献。

粮食作物和蔬菜播种面积所占比例不断增加。随着新一轮的农业结构调整战略实施和人民生活水平、生活质量的提高，我国粮食作物面积和蔬菜面积占农作物种植面积比例不断增加。2003年，全国农作物播种总面积为22.86亿亩，其中粮食作物和蔬菜播种面积分别为14.91亿亩和2.69亿亩，分别占总面积的65.22%和11.78%，到2015年，粮食作物和蔬菜播种面积分别占68.13%和13.22%，较2003年分别提高了2.91个和1.44个百分点（图3）。

粮食生产结构中玉米快速增加，大豆和小杂粮不断萎缩（图4）。2003—2015年，玉米面积从3.61亿亩增加至5.72亿亩，玉米面积占粮食面积比重从24.2%增加至33.6%，增加9.4个百分点；大豆、薯类、小杂粮面积分别减少0.42亿亩、0.13亿亩、0.35亿亩，占粮食面积比重分别降低3.6个、2.0个和3.0个百分点。应该注意的是，粮食面积迅速恢复的同时，粮食作物的多样性正在不断减少。粮食生产结构调整，特别是将单产较低的小杂粮、大豆、薯类改为单产较高的玉米，对期间粮食增产有着巨大贡献。在2004—2015年的粮食“十二连增”中，粮食生产结构变化对粮食增产贡献率约为17.9%，粮食面积增长贡献率为45.0%。

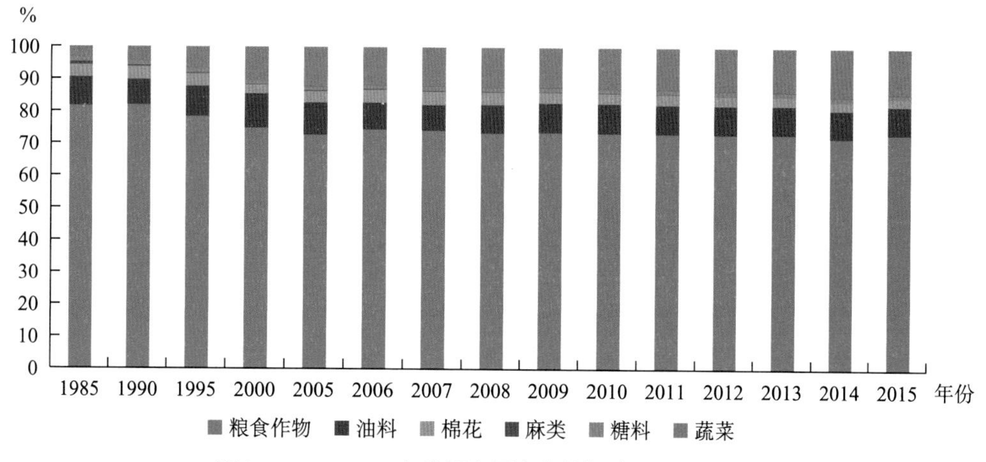

图3 1985—2015年我国主要农作物播种面积结构变化

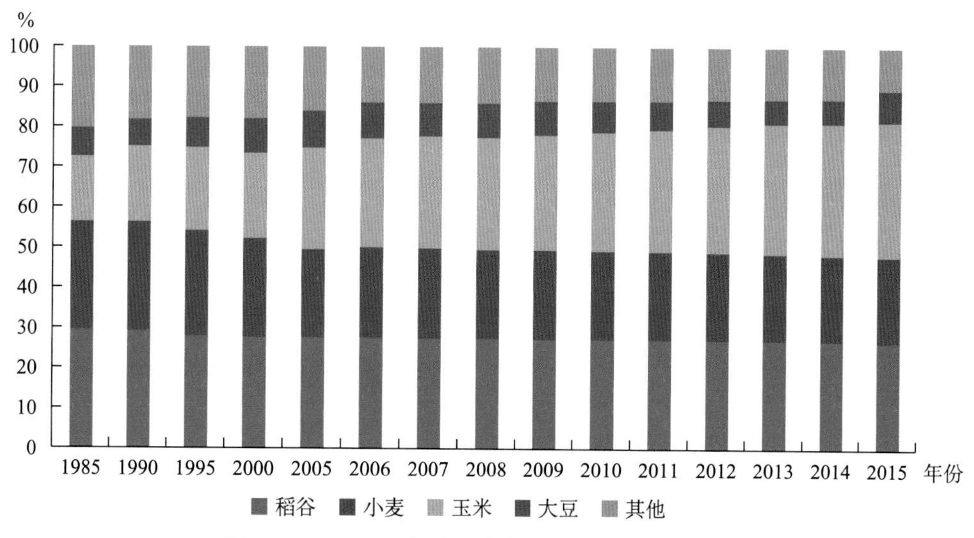

图4 1985—2015年我国粮食作物播种面积结构变化

油料和棉花播种面积下降。受2008年开始的水稻和玉米价格持续上涨的影响，大豆比较效益下降明显，播种面积连年下降，近些年油料作物面积占比整体保持在8.5%左右，但比2005年的9.21%还是有明显减少。1990年以来，我国棉花种植面积呈现出持续下降的趋势，面积占比也由1990年的3.77%降为2015年的2.28%。

以药菜果茶为代表的园艺作物和设施园艺快速发展。2003年蔬菜（含瓜果类）和中药材在农作物播种面积占比分别为13.3%和0.8%，2015年扩大到14.8%和1.2%；果园和茶园面积占种植业生产面积的比重由2003年的5.8%和0.7%增加至2015年的7.0%和1.5%。设施园艺迅猛发展，在农业中所占比重不断提高。根据农业部农业机械化管理司统计，2015年我国种植业设施面积已达3 252.6万亩，比2005年扩大2.28倍，其中连栋温室69.3万亩、日光温室1 046.1万亩、塑料大棚2 082.8万亩，比2005年分别增加43.5倍、3.80倍和1.89倍。2015年，我国的蔬菜人均占有量571kg，是世界平均水平的3.5倍；水果人均消费量比世界平均水平高出20kg。蔬菜和水果产能过剩、比重偏大，并且出现区域性、季节性供大于求。

2. 种养结构

种植业比重不断增加，养殖业（牧业和渔业）比重有所降低。2015年，全国农业总产值为107 056.4亿元。其中种植业产值为57 635.8亿元，占总产值53.84%；林业产值4 436.4亿元，占总产值的4.14%；畜牧业产值29 780.4亿元，占27.82%；渔业产值10 880.6亿元，占10.16%。与2005年相比，2015年全国农业总产值增长了2.61倍，种植业和副业比重分别增加了3.76个和0.99个百分点，牧业和渔业比重分别降低了4.31个、0.41个百分点。整体来看，10年来种植业总产值所占比重在前五年基本维持在50%左右浮动，后五年由于国家将农业结构战略调整重点放到恢复粮食生产上来，种植业产值比重逐年提升，均保持在50%以上；林业产值比重同样在前五年在3.7%左右波动，后五年逐年有小幅提升；畜牧业比重在32%左右波动，近五年来呈现持续下降的态势；渔业产值比重相对较为稳定，基本维持在9%～10%上下小幅波动（表4）。

表4　2005—2015年我国农业各产业产值及结构

单位：亿元，%

年份	农业总产值						构成				
	合计	种植业	林业	牧业	渔业	副业	种植业	林业	牧业	渔业	副业
2003	29 691.8	14 870.1	1 239.9	9 538.8	3 137.6	905.3	50.08	4.18	32.13	10.57	3.05

（续）

年份	农业总产值						构成				
	合计	种植业	林业	牧业	渔业	副业	种植业	林业	牧业	渔业	副业
2004	36 239.0	18 138.4	1 327.1	12 173.8	3 605.6	994.1	50.05	3.66	33.59	9.95	2.74
2005	39 450.9	19 613.4	1 425.5	13 310.8	4 016.1	1 085.1	49.72	3.61	33.74	10.18	2.75
2006	40 810.8	21 522.3	1 610.8	12 083.9	3 970.5	1 623.4	52.74	3.95	29.61	9.73	3.98
2007	48 893.0	24 658.1	1 861.6	16 124.9	4 457.5	1 790.8	50.43	3.81	32.98	9.12	3.66
2008	58 002.1	28 044.2	2 152.9	20 583.6	5 203.4	2 018.2	48.35	3.71	35.49	8.97	3.48
2009	60 361.0	30 777.5	2 193.0	19 468.4	5 626.4	2 295.7	50.99	3.63	32.25	9.32	3.80
2010	69 319.8	36 941.1	2 595.5	20 825.7	6 422.4	2 535.1	53.29	3.74	30.04	9.26	3.66
2011	81 303.9	41 988.6	3 120.7	25 770.7	7 568.0	2 856.0	51.64	3.84	31.70	9.31	3.51
2012	89 453.0	46 940.5	3 447.1	27 189.4	8 706.0	3 170.1	52.47	3.85	30.40	9.73	3.54
2013	96 995.3	51 497.4	3 902.4	28 435.5	9 634.6	3 525.4	53.09	4.02	29.32	9.93	3.63
2014	102 226.1	54 771.6	4 256.0	28 956.3	10 334.3	3 908.0	53.58	4.16	28.33	10.11	3.82
2015	107 056.4	57 635.8	4 436.4	29 780.4	10 880.6	4 323.2	53.84	4.14	27.82	10.16	4.04

3. 产业结构

第一产业产值占比和从业人员占比下降明显。2015年我国第一产业增加值占国民生产总值（GDP）比重为8.8%，较2003年下降了3.5%，第二产业比重降为40.9%，第三产业比重增加到50.2%，这一趋势符合产业发展演变规律。从就业结构看，第一产业从业人员比重持续下降，第二产业从业人员经历了先升高后降低的过程，第三产业从业人员持续增长（表5）。

表5 三次产业GDP结构与就业结构

单位：%

年份	GDP结构			就业结构			就业结构与GDP结构偏差		
	第一产业	第二产业	第三产业	第一产业	第二产业	第三产业	第一产业	第二产业	第三产业
2003	12.3	45.6	42.0	49.1	21.6	29.3	36.8	−24.0	−12.7
2004	12.9	45.9	41.2	46.9	22.5	30.6	34.0	−23.4	−10.6
2005	11.6	47.0	41.3	44.8	23.8	31.4	33.2	−23.2	−9.9
2006	10.6	47.6	41.8	42.6	25.2	32.2	32.0	−22.4	−9.6
2007	10.3	46.9	42.9	40.8	26.8	32.4	30.5	−20.1	−10.5
2008	10.3	46.9	42.8	39.6	27.2	33.2	29.3	−19.7	−9.6

（续）

年份	GDP结构			就业结构			就业结构与GDP结构偏差		
	第一产业	第二产业	第三产业	第一产业	第二产业	第三产业	第一产业	第二产业	第三产业
2009	9.8	45.9	44.3	38.1	27.8	34.1	28.3	−18.1	−10.2
2010	9.5	46.4	44.1	36.7	28.7	34.6	27.2	−17.7	−9.5
2011	9.4	46.4	44.2	34.8	29.5	35.7	25.4	−16.9	−8.5
2012	9.4	45.3	45.3	33.6	30.3	36.1	24.2	−15.0	−9.2
2013	9.3	44.0	46.7	31.4	30.1	38.5	22.1	−13.9	−8.2
2014	9.1	43.1	47.8	29.5	29.9	40.6	20.4	−13.2	−7.2
2015	8.8	40.9	50.2	28.3	29.3	42.4	19.5	−11.6	−7.8

农产品加工业发展迅速，成为产业融合的重要力量。首先，农产品工业规模水平提高，2015年全国规模以上农产品加工企业达到7.8万家，完成主营业务收入近20万亿元，“十二五”时期年均增长超过10%，农产品加工业与农业总产值比由1.7∶1提高到约2.2∶1，农产品加工转化率达到65%。农产品加工企业数量增多，规模化加快，2003—2015年全国规模以上农产品加工企业从5万家（年销售收入500万元以上）增加到7.8万家（年销售收入2 000万元以上），大中型企业比例达到16%以上。在食品加工业中，大中型企业已占到50%以上；在肉类加工企业中，大中型企业占到10%，但其资产总额却占60%以上，销售收入和利润占50%以上（农业部农产品加工局，2015）。农产品加工产业加速集聚，初步形成了东北地区和长江流域水稻加工、黄淮海地区优质专用小麦加工、东北地区玉米和大豆加工、长江流域优质油菜籽加工、中原地区牛羊肉加工、西北和环渤海地区苹果加工、沿海和长江流域水产品加工等产业聚集区。其次，带动能力增强，建设了一大批标准化、专业化、规模化的原料基地，辐射带动1亿多农户。

农林牧渔服务业快速发展，拓展了产业融合新领域。2015年全国农林牧渔服务业占农业总产值比重达4.04%，较2003年增长1.04%。全国各类涉农电商超过3万家，农产品电子商务交易额达到1 500多亿元。随着互联网技术的引入，涉农电商、物联网、大数据、云计算、众筹等亮点频出，农产品市场流通、物流配送等服务体系日趋完善，农业生产租赁业务、农商直供、产地直销、食物短链、社区支农、会员配送等新型经营模式不断涌现。休闲农业和乡村旅游呈暴发增长态势，2015年全国年接待人数达22亿人次，经营收入达4 400亿元，“十二五”期间年均增速超过10%；从业人员790万人，其中农民从业人员630万人，带动550万户农民受益。

 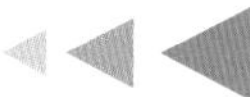

4. 空间结构

（1）粮食作物集聚特征明显

我国水稻种植主要集聚在长江中下游地区和东北地区，这两个地区水稻种植的基础性地位不可动摇。从种植面积来看，2003年长江中下游地区和东北地区水稻面积分别占到全国的47.88%和9.05%，这一数据在2015年增加到49.62%和15.00%。水稻生产重心呈自南向北转移的态势，其中黑龙江变化趋势最为显著，从占全国4.87%增长到10.42%。

小麦空间分布格局基本保持稳定，主要分布在华北平原和黄淮海平原，并进一步向优势区域集中。2003年，豫、鲁、皖、冀、苏5省小麦种植面积占全国62.44%，2015年增长到67.02%。西北地区除了新疆种植面积增加近一倍，陕、甘、宁、青4省小麦种植面积和产量均呈下降趋势，这有利于小麦生产向适宜地区集中分布。

玉米是一种粮饲兼用的高产作物，主要分布在东北地区和华北平原，且向东北地区集聚趋势明显。东北地区种植面积由2003年占全国的32.02%增加到2015年的40.52%，华北平原由2003年占比34.06%降为2015年的30.02%。

（2）棉花种植呈现“一疆独大”的趋势

我国是世界上最大的棉花生产国和消费国，棉花是我国重要的经济作物。2003年以来，我国棉花种植面积整体下降，棉花主产区主要包括新疆棉区、黄淮海棉区和长江流域棉区，空间格局上呈现出新疆一核集聚的态势。2003年，新疆棉花种植面积占全国20.65%，河南（18.13%）、山东（17.25%）和河北（11.38%）次之，长江流域的安徽、江苏和湖北占比也均超过5%。到2015年，新疆棉花种植面积占比达到51.54%，历史上首次超过全国一半；山东以13.95%次之，河北、湖北和安徽占比不到10%，2003年仅次于新疆的河南在2015年棉花种植面积下降到仅占全国3.25%。

（3）大豆种植面积下降明显，区域格局基本稳定

受近年来国际市场价格冲击，我国大豆种植面积不断下降，2015年总面积较2003年下降了30.14%。从区域布局来看，多年来大豆种植空间格局较为稳定，主产区主要分布在黑龙江、安徽、内蒙古和河南4省（自治区），2015年这4省（自治区）种植面积占全国63.29%，比2003年提高了4.82个百分点；西南和华北也分别占到全国的9.03%和6.8%。

（4）糖料种植不断向西南集聚，广西占比过半

我国是世界第三大糖料主产国、第二大食糖消费国，近年来糖料种植面积持续增

加，主产区向西南地区集聚过程明显。2003年，桂、滇、粤三省糖料种植面积占全国69.81%，到2015年增加到83.36%，其中广西壮族自治区就占到全国56.07%，成为我国糖料生产第一大省。新疆、内蒙古、海南和贵州糖料种植业占到全国1%～4%，其余省份占比均不到1%。

（5）畜牧业肉类产品地理集聚程度有所降低，生产格局变化呈现北移趋势

多年来我国畜牧业南北分异格局逐步形成，畜牧业产业平均集聚度不断下降，生产重心逐步北移，高度地理集聚区集中分布在北方地区。从主要畜禽出栏量前五位省份分布的变化看，肉类产品生产的地区性垄断趋势不断降低。猪出栏量前五位省区占全国比例由2003年的42.03%降到2015年的40.50%，其中四川、湖南和河北占比下降，河南、山东和湖北占比提高；牛出栏量前五位省份占全国比例由2003年的48.05%降到2015年的38.99%，下降趋势明显，且前五个省份各自占比都有下降，四川、辽宁和黑龙江占比有所提升；羊出栏量前五位省份占全国比例基本稳定，略有下降，从2003年的57.48%降到2015年的56.38%，其中内蒙古增长明显，2015年占比为18.99%，较2003年增长了7.94个百分点。

（三）农业结构存在的主要问题

尽管长期以来我国农业结构调整取得了阶段性成果，但由于农业问题的复杂性和艰巨性，多轮结构调整过后依然存在诸多难点和问题，包括多年来尚未解决的老问题以及新形势下出现的新困难。

1．作物结构：玉米多，大豆油料少，饲（草）料少

截至2015年，我国粮食实现了“十二连增”，粮食供求总量已实现基本平衡。但从不同品种粮食作物来看，小麦产需基本平衡、稻谷平衡有余，玉米出现阶段性供大于求，大豆缺口逐年扩大。棉花、油料、糖料受资源约束和国际市场冲击，生产出现下滑，缺口逐年扩大，需求旺盛的优质饲（草）料供给不足。有效供给不能适应市场需求的变化，因此亟待推进农业供给侧结构性改革，调整优化结构，提升发展质量。

玉米供大于求，库存大幅增加，种植效益降低。在粮食“十二连增”中，粮食累计增产1.9亿t，其中有1亿t来自玉米的增产，占比57%。相较而言，稻谷和小麦虽然也在增产，但是增速明显落后于玉米。稻谷和小麦基本保持供求平衡，但玉米受国内消费需求增长放缓、替代产品进口冲击等因素影响，出现了暂时的过剩，库存增加较多。从长

远看，受生态环境受损、资源承载能力越来越接近极限等因素的制约，亟待调整农业结构，加快转变发展方式，走高产高效、资源节约、绿色环保的农业可持续道路。

大豆面积、产量双下降，对外依存度过高。2004年以来，我国大豆面积和产量同步下降，2015年种植面积和产量较2004年分别下降了32.15%和32.28%（图5）。同时，在经济全球化以及我国肉类及禽蛋需求保持刚性增长的大背景下，国内大豆在质量和价格上都处于劣势，我国大豆进口数量保持快速增长，大豆依存度逐年攀升。2015年共进口大豆8 169万t（其中12月进口量高达911.19万t，为历史次高），是国内生产量的6.8倍，约占世界大豆贸易量的70%、国内消费量的87%，在所有农产品中进口依存度最高。

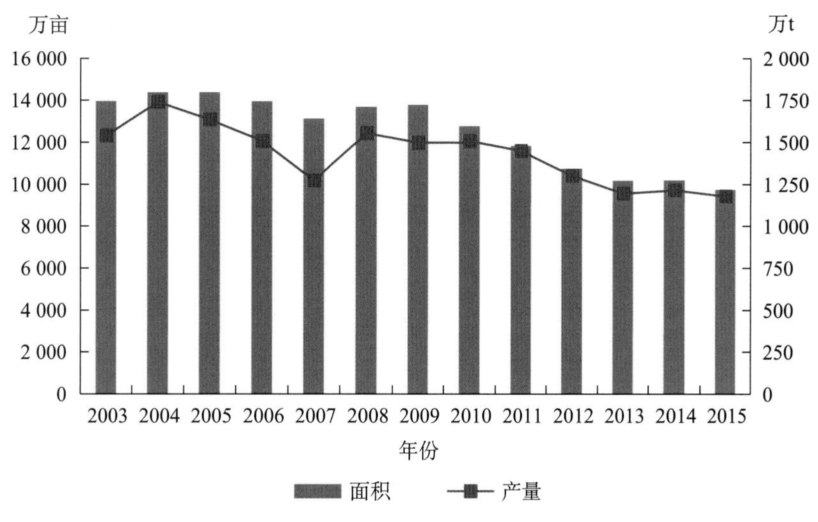

图5 2003—2015年我国大豆播种面积及产量

优质饲草缺乏，产业现状与饲（草）料需求不匹配。天然草场严重超载。根据2015年全国草原检测报告显示，2015年全国重点天然草原的平均牲畜超载率为13.5%，全国268个牧区半牧区县（旗、市）天然草原的平均牲畜超载率为17%；分地区来看，西藏平均牲畜超载率为19%，内蒙古平均牲畜超载率为10%，新疆平均牲畜超载率为16%，青海平均牲畜超载率为13%，四川平均牲畜超载率为13.5%，甘肃平均牲畜超载率为16%。饲（草）料需求较大，2015年我国牛出栏量5 003万头，奶牛存栏量1 507万头，按照每头牛每年饲喂7t青贮玉米、每头奶牛日粮中添加3kg苜蓿干草、青贮玉米每亩单产6t、苜蓿干草每亩单产0.5t计算，共需种植青贮玉米7 596万亩、苜蓿3 301万亩，但据全国畜牧总站统计，2015年我国青饲青贮玉米种植面积4 073万亩，苜蓿商品草种植面积649万亩，为保证畜牧业发展，还需青贮玉米3 523万亩和苜蓿2 652万亩。随着人

民生活水平的不断提高，对肉蛋奶的需求将进一步增大，优质饲草短缺与市场需求和产业发展之间的矛盾将成为未来一定时期内亟须解决的问题。

2．畜牧结构：与资源承载力不相适应

畜牧业布局与环境承载力不匹配。畜禽养殖业布局与畜禽粪污消纳能力在空间上不匹配，种养不匹配，粪便综合利用率不足一半，局部地区畜禽养殖量超过了环境承载量，环境污染问题突出。东北地区饲料粮资源丰富，畜禽粪污消纳能力强，但人口少，畜产品市场小，畜禽养殖业不发达。东南沿海饲料粮短缺，但人口稠密，畜禽产品市场大，畜禽养殖业发达，环境承载力有限。

畜产品结构以粮饲型的猪禽为主，草食畜比重小。猪肉和禽肉产量占肉类总产量比重始终在85%以上，草食畜（牛、羊、兔）比重较低，维持在14%左右。

3．产业结构：加工、服务短腿

农产品加工业总体能力与国外仍存在较大差距。目前，我国农产品加工率只有60%，低于发达国家的80%；果品加工率只有10%，低于世界30%的水平；肉类加工率只有17%，低于发达国家的60%；2.2∶1的加工和农业产值的比值与发达国家(3～4)∶1和理论值（8～9)∶1有较大差距。

农产品加工业的产品仍以初级加工品为主，产业链条短，加工增值能力有待提高。大部分食用类农产品加工企业都面临副产物综合利用率偏低问题，其中，约5.7%的农产品加工企业将副产物完全作为废弃物直接处理掉，25.3%的农产品加工企业认为副产物价值没有充分开发。

产地初加工水平低。每年全国仅农户储存粮食约1 500万～2 000万t；由于采后保鲜、储藏、运输不当，每年果蔬采后损失也高达8 000万t（聂宇燕，2011)。

农业服务业档次低、效率低。当前农产品流通模式大多处于原始集散阶段，按产地收购、产地和销地交易、商贩零售方式进行交易，而适应新的消费需求的订单农业、连锁经营、直销等现代流通方式仍然是新生事物，农产品仍以原产品和初加工产品为主，附加值低。

4．产品结构："大路货"多，优质安全专用农产品少，供需错位

随着社会经济快速发展以及人民生活水平的不断提高，城乡居民生活由温饱走向小康，市场对农产品的需求日益转向多样化和优质化，优质农产品成为消费市场的热点。而我国农产品市场上却充斥着大量质量一般甚至较差的"大路货"，优质农产品总量偏低，"三品一标"产品占整个农产品总量不足20%，造成了小生产与大市场的供需矛盾，制约我国优质农产品的发展。

从供给端来看，得到认可的农业龙头企业和优质农产品大品牌较少，更多的优质农产品尚未得到市场的认可。消费者对“三品一标”产品的认识不足，作为生产者的农民对此更是知之甚少，严重制约了优质农产品的生产。在流通层面上，“买难”和“卖难”问题同时存在。由于缺少政府和企业为生产者农民提供产前、产中和产后信息服务，引导农民种、帮助农民卖，造成了农产品生产与市场完全脱节，农民生产的大量优质农产品缺少销售渠道，形成“卖难”；与此同时，消费者有需求，却不知道从哪里购买，使得优质农产品不能走上老百姓的餐桌。

从需求端来看，食物消费结构向多元化发展，食物消费质量提高。口粮消费逐渐减少，食物油、禽肉等副食品和动物性食品缓慢增加。根据国家统计局城乡居民生活调查，2003年城乡居民直接粮食消费量分别为99.4kg和222.4kg，2012年分别减少至98.5kg和164.3kg；禽肉消费量分别由9.2kg和3.2kg增加至2012年的10.8kg和4.5kg。在城乡结构上，城乡处于不同的膳食需求阶段，城镇居民处于消费结构稳定期，绝大多数的食品消费数量趋于稳定，对食品质量和食品安全更加关注；农村居民正处于消费结构升级或消费结构稳定时期，奶类、酒类等部分食品消费仍在快速增加，蔬菜、猪肉等部分食品消费已较为稳定。

5. 空间结构：粮食生产与水土资源分布错位，养殖与种植空间不匹配

粮食生产与水土资源分布错位。近年来，我国粮食生产重心北移、向水少地多的北方地区聚集，加剧了粮食生产与水土资源在空间上的错位。南方土地资源占全国38%，而水资源量却占全国的81%；北方土地资源占全国62%，而水资源量却只占全国的19%。粮食生产重心与表征水资源丰缺的单位国土面积水资源量重心距离从1998年的558km拉大到2015年的662km，表明粮食生产在空间上向水资源欠缺地区聚集。粮食生产重心与表征土地资源丰缺的人均耕地拥有量重心距离从1998年的390km缩短到2015年的334km，表明粮食生产在空间上向土地资源丰裕地区聚集（图6）。

养殖与种植空间不匹配。近年来，由于作为重要饲料资源的粮食生产特别是玉米种植重心北移，南方大中型城市周边的饲料资源极其有限，甚至无饲料资源。同时，随着南方生猪产业加快发展、南方水网地区养殖密度越来越高，由于区域布局不尽合理，农牧结合不够紧密，粪便综合利用水平较低，生猪养殖与水环境保护矛盾凸显。目前我国畜禽养殖量过载、氮盈余地区包括福建、广东沿海地区、长江中游沿线一些地区，农田

氮盈余量在400～500kg/hm^{2}甚至500kg/hm^{2}以上；畜禽养殖量不足、氮亏缺地区包括黑龙江大部分地区、内蒙古东四盟、新疆部分地区、西藏及四省藏区，农田中氮的盈余为负值；畜禽养殖量饱和、氮平衡地区包括新疆大部分地区、内蒙古中部，陕西和山西北部，贵州、湖南、江西的中部地区，其农田表观盈余量为0～100kg/hm^2。养殖与种植在空间分布上的错位问题形势严峻。

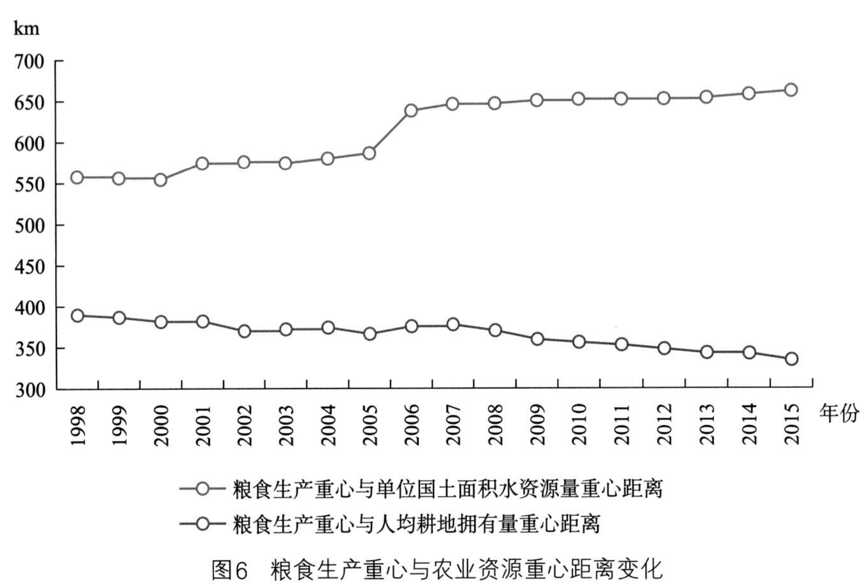

图6　粮食生产重心与农业资源重心距离变化

二、主要农产品供求现状与需求预测

（一）主要农产品供需现状

1. 粮食供需形势分析

（1）三大谷物

近年来，三大谷物（小麦、稻谷、玉米）总产量不断提高，自给率始终保持在95%以上，国内供给基本有保障，但差价净进口态势明显。2005—2015年，我国三大谷物总产量从40 133万t增加至56 304万t，国内消费量从40 720万t增加至46 928万t，自给率始终保持在98%以上。分品种来看，稻谷和玉米供大于求，小麦供求处于紧平衡。受国内外价差影响，从2009年开始，三大谷物①呈现全面净进口态势，而且净进口量不

① 农产品贸易中的稻谷、小麦、玉米分别指稻谷产品、小麦产品、玉米产品。

断扩大，2015年三大谷物净进口量1 069万t（图7）。

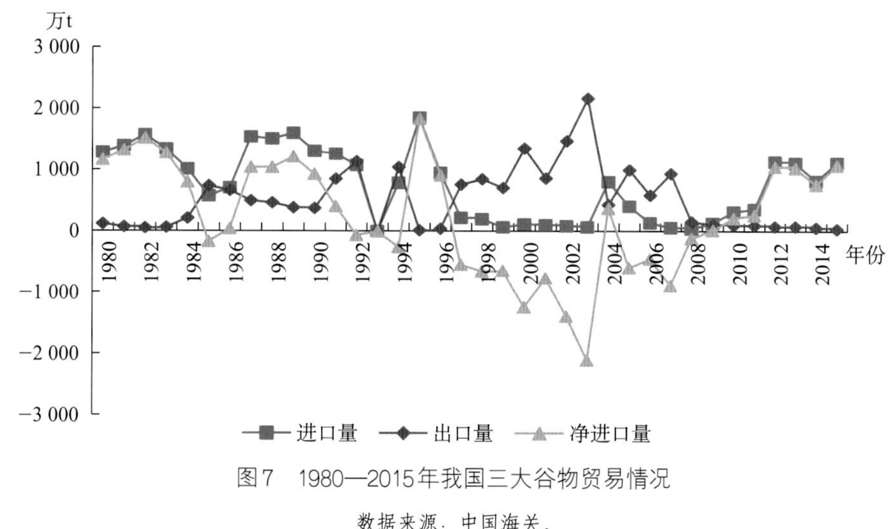

图7　1980—2015年我国三大谷物贸易情况

数据来源：中国海关。

①稻谷。稻谷供大于需。受国家粮食支持政策鼓励，特别是国家2004年开始实施稻谷最低收购价政策，我国稻谷产量年年增产，2015年全国稻谷总产量20 823万t。随着人口的不断增长，稻谷口粮消费维持刚性增长，2015年稻谷消费总量为18 950万t，其中口粮消费16 900万t，占稻谷消费总量的89.2%，饲用和工业用粮1 920万t，占10.1%；稻谷自给率109.9%。

稻谷从净出口转变为净进口。稻谷是我国粮食出口的传统优势产品，多数年份为净出口，但受国内外价差影响，2009年稻谷转变为净进口，2015年稻谷净进口量达到309万t（图8）。

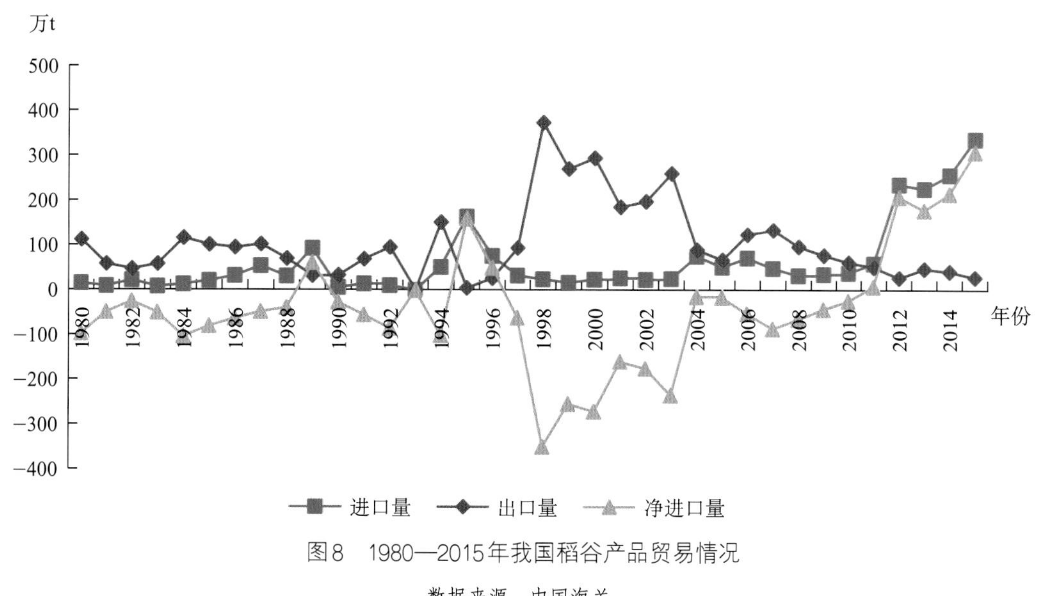

图8　1980—2015年我国稻谷产品贸易情况

数据来源：中国海关。

②小麦。小麦供需处于紧平衡。2015年，我国小麦消费量为10 977万t，其中口粮消费9 000万t，占小麦消费总量的82.0%，饲用消费量650万t，占5.9%；全国小麦总产量13 019万t，实现了小麦产量“十二连增”；小麦自给率118.6%。

小麦进口量增大。小麦是我国传统的粮食进口主要产品。国产小麦以中筋小麦为主，适用于面包生产的强筋小麦和适用于饼干制作的弱筋小麦产量较少，需要进口调剂（农业部软科学委员会办公室，2013）。1995年以前，由于国内优质小麦产量不足，高度依赖国际市场，常年进口量保持1 000万t以上，占我国粮食进口总量的80%以上；随着国内优质小麦的推广，1996年后小麦进口量大幅下滑，年进口量只有100万～300万t；由于国内外小麦价格倒挂，2012年小麦进口量开始增加；2015年全国小麦净进口量309万t，主要进口来源地是澳大利亚、加拿大、美国，分别占小麦进口总量的41.9%、33.0%、20.0%（图9）。

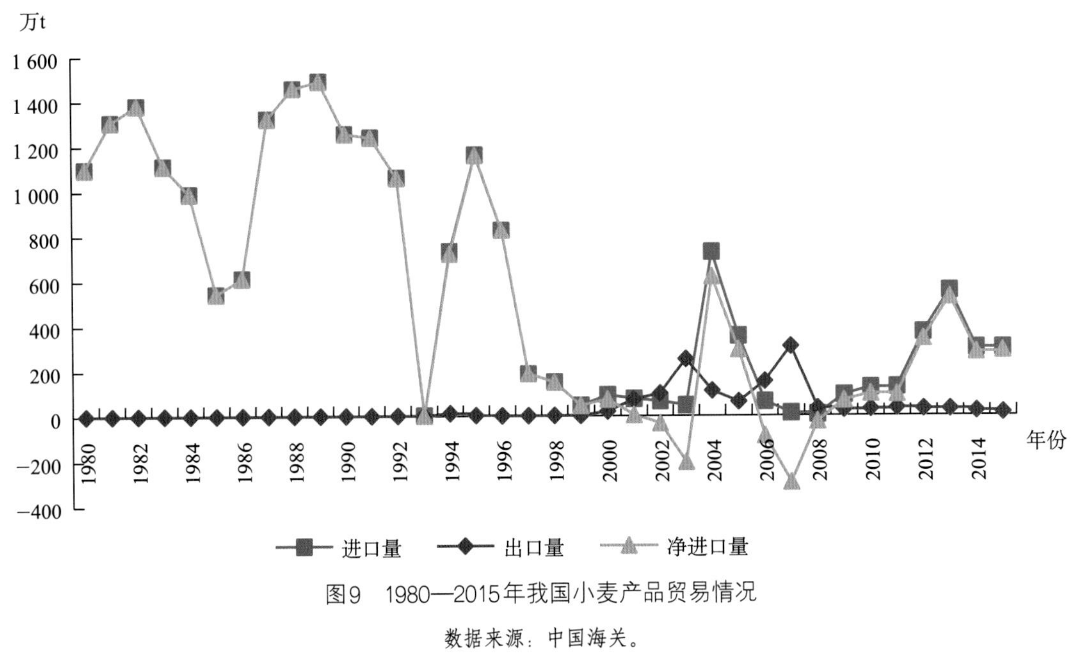

图9　1980—2015年我国小麦产品贸易情况

数据来源：中国海关。

③玉米。玉米供大于需。2004年以来，在国家粮食生产支持政策下，玉米种植面积和产量一直快速增长，是粮食增产的主要贡献作物。2003—2015年，玉米产量从11 583万t增至22 463万t，新增产量10 880万t，占同期粮食增产贡献率的56.6%。2015年，玉米消费量17 001万t，其中饲用消费10 000万t，占玉米消费总量58.8%；工业用粮5 050万t，占29.7%；玉米自给率132.1%。

玉米从净出口转变为净进口。玉米也是我国粮食出口的传统优势产品，但由于国内供需形势和国内外价格的变化，自2008年开始，我国玉米出口量大幅下滑，进口量不断增加。2009年我国成为玉米净出口国；2015年玉米净进口量达472万t，主要进口来源地是乌克兰和美国，分别占进口总量的81.4%和9.8%。

玉米库存高企。由于国内外价差和玉米关税配额限制，高粱、大麦等玉米饲料加工替代品大量进口，挤占国内玉米消费。截至2015年10月，玉米库存超过1.5亿t（光大期货，2015）。2015年玉米产需过剩5 462万t，造成玉米库存高企。

国内玉米产量与玉米及其替代产品消费需求基本相当。从产销来看，2015年我国玉米产需过剩5 462万t。如果不考虑玉米替代产品与玉米的转换系数，2015年我国大麦、高粱、玉米酒糟、干木薯等饲料玉米替代品净进口量3 761万t，再加上玉米净进口量472万t，合计4 233万t。那么，如果国内玉米价格在国际市场上具有竞争力，实际玉米过剩产量估计只有不到1 229万t。

玉米饲用替代品大量进口。由于玉米收储价格不断升高，国内外玉米价差巨大，但由于玉米实行进口配额管理（配额外关税65%），所以玉米进口量实际不大，2014年只有260万t。饲料加工企业大量进口大麦、高粱、玉米酒糟、干木薯等玉米饲用替代产品，严重挤压国内玉米需求，不仅造成国产玉米卖不出去，形成巨大库存，而且也阻碍了玉米价格的上升，影响了国内农民从事玉米生产的积极性（图10）。

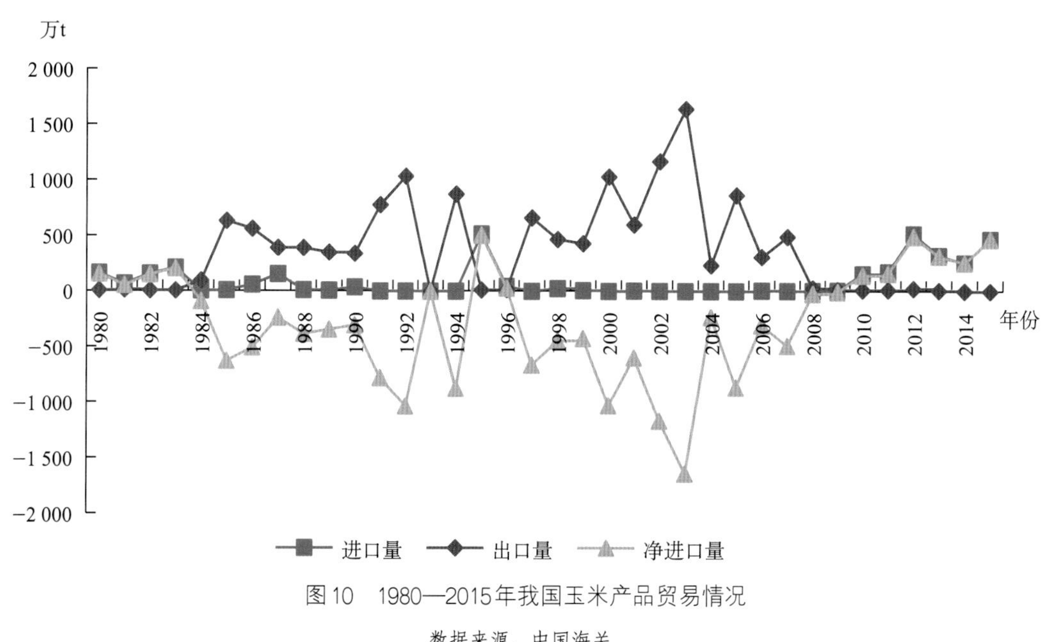

图10　1980—2015年我国玉米产品贸易情况

数据来源：中国海关。

（2）大豆

大豆种植面积和产量双双下滑，消费严重依赖国外。受国外进口大豆挤压和大豆玉米效益比价的影响，我国大豆生产波动下滑，大豆播种面积从2005年的14 386万亩下降至2015年的9 759万亩，年均减少3.8%；产量从2005年的1 635万t下降至2015年的1 179万t，年均减少3.2%。2015年大豆国内消费量8 775万t，其中榨油消费量7 600万t，占消费总量的86.6%；食用及工业消费量1 080万t，占12.3%；大豆供需缺口达7 597万t，大豆自给率仅13.4%（表6）。

表6　2005—2015年三大谷物及大豆供需情况

单位：万t，%

年份		2005	2006	2007	2008	2009	2010	2011	2012	2013	2014	2015
稻谷	总产量	18 059	18 172	18 603	19 190	19 510	19 576	20 100	20 424	20 361	20 651	20 823
	消费量	17 754	17 973	18 079	18 318	18 869	19 400	19 840	20 150	19 855	19 128	18 950
	供需缺口	−305	−199	−524	−872	−641	−176	−260	−274	−506	−1 523	−1 873
	自给率	101.7	101.1	102.9	104.8	103.4	100.9	101.3	101.4	102.5	108.0	109.9
小麦	总产量	9 745	10 847	10 930	11 246	11 512	11 518	11 740	12 102	12 193	12 621	13 019
	消费量	10 014	10 202	10 520	10 438	11 049	11 229	13 359	13 480	12 920	12 250	10 977
	供需缺口	269	−645	−410	−808	−463	−289	1 619	1 378	727	−371	−2 042
	自给率	97.3	106.3	103.9	107.7	104.2	102.6	87.9	89.8	94.4	103.0	118.6
玉米	总产量	13 937	15 160	15 230	16 591	16 397	17 725	19 278	20 561	21 849	21 565	22 463
	消费量	13 840	14 439	15 365	15 533	17 070	17 800	18 735	18 335	18 198	18 198	17 001
	供需缺口	−97	−721	135	−1 058	673	75	−543	−2 226	−3 651	−3 367	−5 462
	自给率	100.7	105.0	99.1	106.8	96.1	99.6	102.9	112.1	120.1	118.5	132.1
大豆	总产量	1 635	1 508	1 273	1 554	1 498	1 508	1 449	1 305	1 195	1 215	1 179
	消费量	4 303	4 367	4 405	4 853	5 635	6 520	6 765	7 292	7 419	8 246	8 775
	供需缺口	2 668	2 859	3 133	3 299	4 137	5 012	5 316	5 987	6 224	7 031	7 597
	自给率	38.0	34.5	28.9	32.0	26.6	23.1	21.4	17.9	16.1	14.7	13.4

注：供需缺口＝国内消费量－总产量；自给率＝总产量／国内消费量。

数据来源：稻谷、小麦、玉米、大豆产量数据来自历年《中国农业统计资料》；稻谷、小麦、玉米、大豆国内消费量数据来自历年《中国粮食发展报告》。

大豆进口量迅猛增加，成为我国粮食进口的主要产品。由于国产大豆出油率低和国内外大豆价差影响，1997年以来我国大豆进口量直线快速增加。2015年我国大豆进口量已达8 169万t，占粮食进口总量的65.5%，进口主要来源地是美国、巴西、阿根廷（图11）。

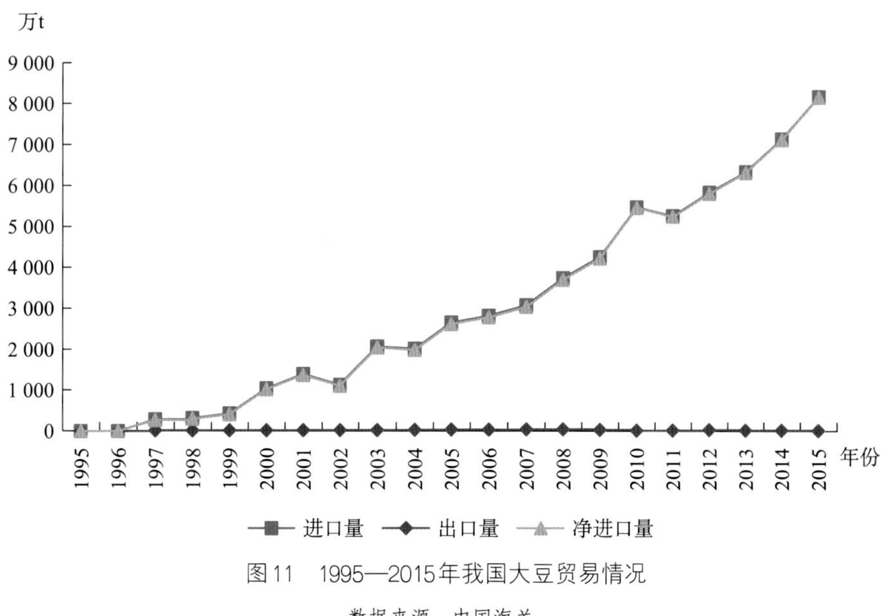

图11　1995—2015年我国大豆贸易情况

数据来源：中国海关。

大量进口对我国大豆产业造成巨大不利影响（倪洪兴等，2013）。首先，对大豆价格上升造成抑制，造成大豆生产比较效益大幅下降，与稻谷、玉米收益比发生逆转。2002年全国稻谷、玉米与大豆的亩均净收益之比分别为0.90、0.74；2004年情况发生逆转，大豆的净收益开始低于稻谷、玉米；2013年稻谷、玉米与大豆净收益比达到了4.6∶1和2.3∶1；2015年稻谷和大豆亩均净收益之差达到了290.5元（图12）。其次，造成国产大豆积压。由于进口大豆主要用于榨油，国产用于榨油的大豆生产受到的挤压最为显著，国产大豆榨油消费量从2005年的630万t下降到2014年的250万t，降幅达到

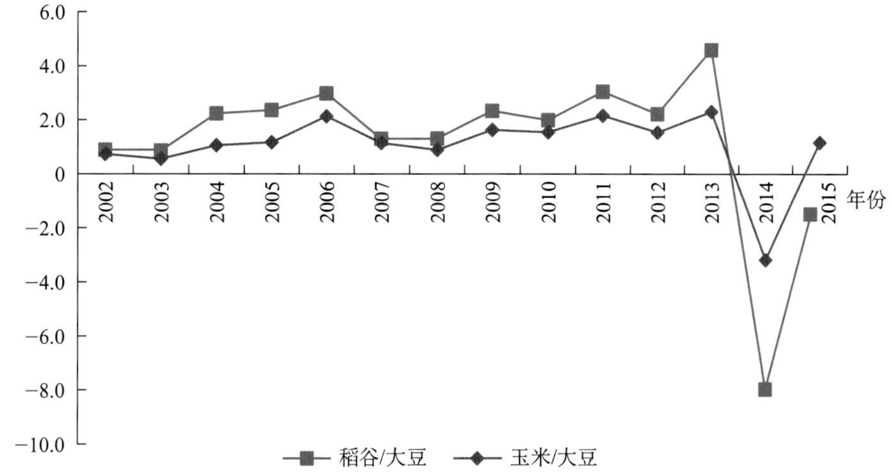

图12　2002—2015年稻谷、玉米与大豆亩均净收益之比

注：2014年大豆亩均净利润为−25.7元，2015年大豆和玉米亩均净利润分别为−115.1元和−134.2元。

数据来源：《全国农产品成本收益资料汇编》。

60.3%。为解决大豆销售难题、保障豆农收益，2008—2013年国家不得不实施临时收储政策。2008年全国大豆收储量达到725万t，接近当年产量50%，而同期进口量增加了660万t。再次，大豆进口与外资相结合对中国中小油脂企业造成了过度的挤出效应，致使中小压榨企业大量关闭，或被外资兼并。

(3) 大麦、高粱、玉米酒糟、干木薯等玉米饲料加工替代品

近年来，大麦、高粱、玉米酒糟、干木薯等饲用玉米的替代品进口量快速增加，并对国产玉米销售和国库库存销售形成冲击，造成国产玉米滞销积压。2015年，我国玉米产需过剩达5 462万t；而同期大麦、高粱、玉米酒糟、干木薯净进口量达到3 761万t。

①大麦和高粱。大麦和高粱进口量快速增加，成为我国继大豆之后的第二、第三大粮食进口产品。由于我国对玉米进口实施关税配额管理（配额外关税为65%），国内玉米价格与配额内玉米进口税后价格价差为800～1 000元/t。与进口玉米相比，进口大米、高粱关税分别只有3%和1%，其税后价格低于国内玉米价格200～500元/t。从2014年开始，作为饲用玉米替代品，大麦和高粱在饲料上的用量迅猛增加。2013年以前，我国进口大麦最多不过300万t，且多为啤酒大麦，90%用于啤酒酿造；高粱进口量也不超过250万t。2014—2015年，大麦和高粱进口量几乎每年翻一番。2015年，大麦和高粱进口总量达到2 143万t，占粮食进口总量的17.2%，同比增长91.5%，其中大麦进口量1 073万t，同比增长98.3%；高粱进口量1 070万t，同比增长85.3%（图13）。

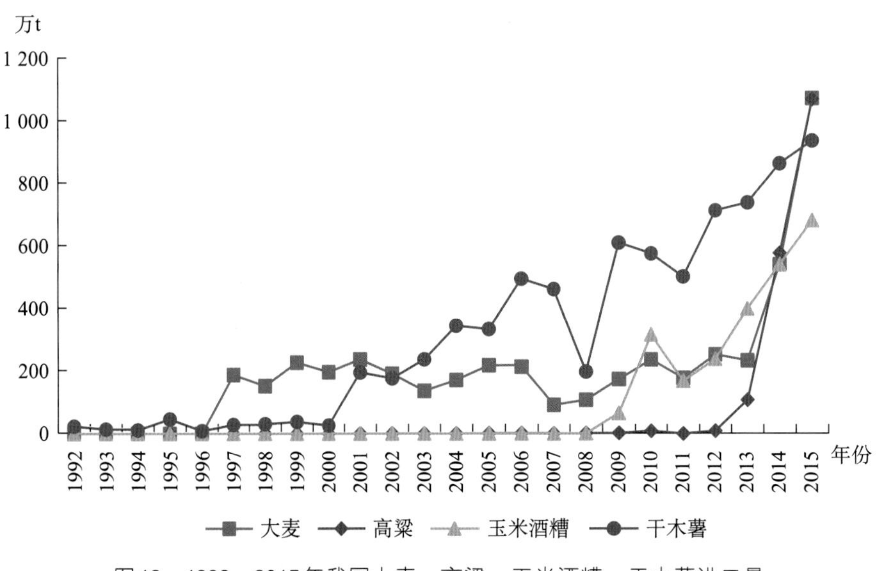

图13 1992—2015年我国大麦、高粱、玉米酒糟、干木薯进口量

数据来源：中国海关。

②玉米酒糟和干木薯。玉米酒糟和干木薯进口量迅猛增加。2009年，玉米酒糟进

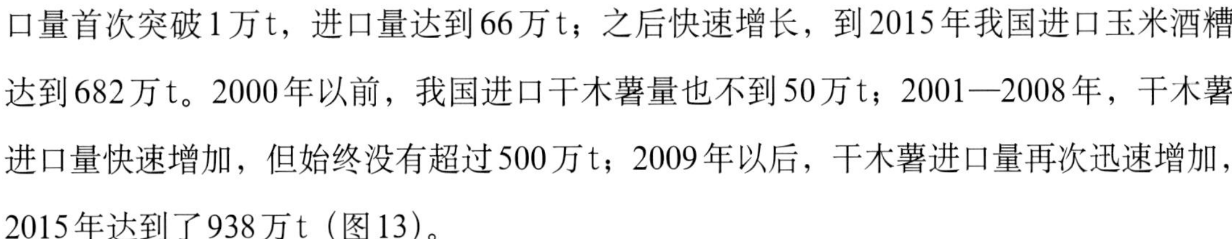

口量首次突破1万t，进口量达到66万t；之后快速增长，到2015年我国进口玉米酒糟达到682万t。2000年以前，我国进口干木薯量也不到50万t；2001—2008年，干木薯进口量快速增加，但始终没有超过500万t；2009年以后，干木薯进口量再次迅速增加，2015年达到了938万t（图13）。

2. 油、棉、糖供需形势分析

（1）油料

我国是世界第一油料生产大国，八大油料总产量基本维持在6 000万t左右。2015年我国棉籽、大豆、油菜籽、花生、葵花籽、芝麻、胡麻籽、油茶八大油料的总产量5 944万t，同比减少1.7%（表7）。其中，棉籽、大豆、油菜籽、花生四种作物产量约占油籽总产量90%，这四种作物所生产的油脂再加上棕榈油一起构成我国居民食用植物油的主要消费产品。分品种来看，受国内棉纺产业外迁影响，国内棉花种植面积从2008年开始持续萎缩，棉籽产量也持续下滑，2015年棉籽产量1 009万t，同比减少9.3%。由于国内外大豆价格倒挂，受进口大豆挤压，大豆、玉米比较效益下降，大豆种植面积和产量从2005年开始不断下滑，2015年全国大豆种植面积跌破1 000万亩，产量1 179万t，同比分别下降4.3%和3.0%。受政策因素驱动，近年来油茶发展较快，但油茶消费量在我国植物油消费量中比重较小。值得注意的事，2013年以来，进口芝麻快速增长；2015年芝麻进口量已达80.6万t，超过国产芝麻总产量（64万t）。

表7　1993—2015年我国油料产量

单位：万t

品种	1993年	1995年	2000年	2005年	2010年	2011年	2012年	2013年	2014年	2015年
油籽	4 057	4 521	5 373	5 828	5 921	6 091	6 141	6 024	6 047	5 944
棉籽	673	858	795	1 029	1 073	1 188	1 230	1 134	1 112	1 009
大豆	1 531	1 350	1 541	1 635	1 508	1 449	1 301	1 195	1 215	1 179
油料	1 804	2 250	2 955	3 077	3 230	3 307	3 437	3 517	3 507	3 537
油菜籽	694	978	1 138	1 305	1 308	1 343	1 401	1 446	1 477	1 493
花生	842	1 023	1 444	1 434	1 564	1 605	1 669	1 697	1 648	1 644
向日葵籽	128	127	195	193	230	231	232	242	249	270
芝麻	56	58	81	63	59	61	64	62	63	64
胡麻籽	50	36	34	36	35	36	39	40	39	40
油茶籽	49	62	82	88	109	148	173	178	212	220

数据来源：历年《中国农业统计年鉴》《中国林业统计年鉴》。

为满足我国食用油市场供应和饲养业发展的需要，近十年来我国进口油料的数量一直居高不下。2015年，我国进口各类油料8 757万t（折油1 560万t），较2014年增加1 005万t，增长13%，其中大豆和油菜进口增幅较大，占油料进口总量的比重也最大。2015年我国大豆进口达到8 174万t，较2014年增加1 033万t，增幅14.5%，进口大豆占油料进口总量的比重高达93.3%。2008年以前，油菜籽进口量基本在100万t以内；2015年我国油菜籽进口量迅速增加到447万t，占油料进口总量的5.1%（表8）。

表8　2002—2015年我国油料进口量

单位：万t

品种	2002年	2005年	2010年	2011年	2012年	2013年	2014年	2015年
油籽	1 195	2 704	5 705	5 482	6 228	6 784	7 752	8 757
大豆	1 132	2 659	5 480	5 264	5 838	6 338	7 140	8 169
油菜籽	62	30	160	126	293	366	508	447
其他油籽	1	16	65	92	97	80	104	141

数据来源：中国海关。

（2）食用植物油

2004年以来，我国食用植物油始终处于较大净进口状态。2015年食用植物油进口量839万t，较2014年增加52万t，增幅6.6%，其中棕榈油进口591万t，占70.4%；豆油进口量82万t，占食用植物油进口总量的9.7%；菜籽油进口82万t，占9.7%；其他食用植物油进口85万t，占10.1%。如果算上进口的油料折油，2015年我国总进口食用植物油及油料折油达2 400万t，较2014年2 183万t增加216万t，增长9.9%（表9）。

表9　1996—2015年我国食用植物油进口情况

单位：万t

品种	1996年	2000年	2005年	2010年	2011年	2012年	2013年	2014年	2015年
食用植物油	264	187	621	826	780	960	922	787	839
豆油	130	31	169	134	114	183	116	104	82
棕榈油	101	139	433	570	591	634	598	532	591
菜籽油	32	8	18	99	55	118	153	81	82
其他植物油	2	10	1	24	19	26	56	60	85
油料折油	19	278	456	986	937	1 096	1 204	1 396	1 560
合计	283	465	1 077	1 812	1 717	2 056	2 126	2 183	2 400

数据来源：中国海关。

食用植物油消费需求严重依赖进口。2014—2015年我国食用植物油国内消费量3 280万t，同比增加125万t，增幅4.0%。2015年国产油料折油量1 126万t，自给率34.3%。分品种看，棕榈油全部依赖进口，豆油自给率约2.9%，菜籽油自给率73.3%，花生油自给率96.9%（表10）。

表10　2015年我国食用植物油自给率

单位：万t，%

品种	总需求量	国产油料榨油量	自给率
食用植物油	3 280.0	1 125.5	34.3
豆油	1 410.0	41.3	2.9
菜籽油	630.0	461.5	73.3
花生油	260.0	252.0	96.9
棕榈油	570.0	0	0
其他	410.0	370.7	90.4

数据来源：据国家粮油信息中心数据整理。

（3）棉花

全国棉花种植面积和产量呈“双降”特点。近年来，受纺织服装品消费低迷、国内纺织品产业向国外转移、种棉效益偏低等因素影响，我国棉花种植面积和产量不断下滑。2015年我国棉花种植面积5 695万亩，较2007年减少3 194万亩，年均减少5.4%；棉花产量560万t，较2007年减少202万t，年均减少3.8%（图14）。

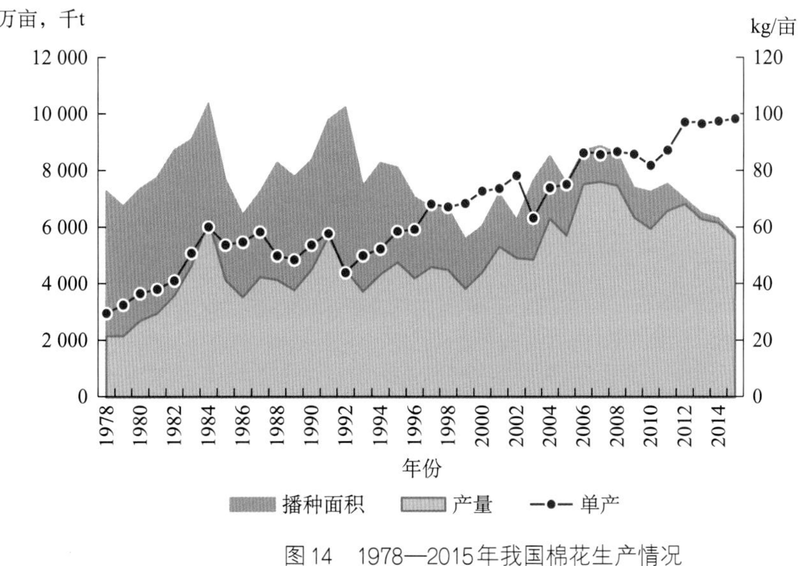

图14　1978—2015年我国棉花生产情况

数据来源：历年《中国农业年鉴》。

棉花库存充足，消费持续萎缩，进口量减少。我国棉花库存充足，2015—2016年棉花期末库存量达到1 306万t，库存消费比达182.1%；棉花消费量716万t，产量522万t，自给率72.9%（表11）。自2014年国家取消棉花临时收储政策后，国内棉花价格持续下滑，国内外棉花价差缩小，我国棉花进口量不断下滑。2015年棉花进口量176万t，比2012年减少365万t，年均减少31.2%（图15、图16）。

表11　2001—2016年我国棉花供需情况

单位：万t，%

年份	产量	消费量	供需缺口	自给率
2001—2002	531	582	−51	91.3
2004—2005	632	872	−239	72.5
2009—2010	676	1 041	−365	64.9
2010—2011	623	923	−300	67.5
2011—2012	803	790	13	101.6
2012—2013	762	791	−29	96.3
2013—2014	700	775	−76	90.2
2014—2015	662	755	−93	87.7
2015—2016	522	716	−194	72.9

数据来源：国家棉花市场监测系统。

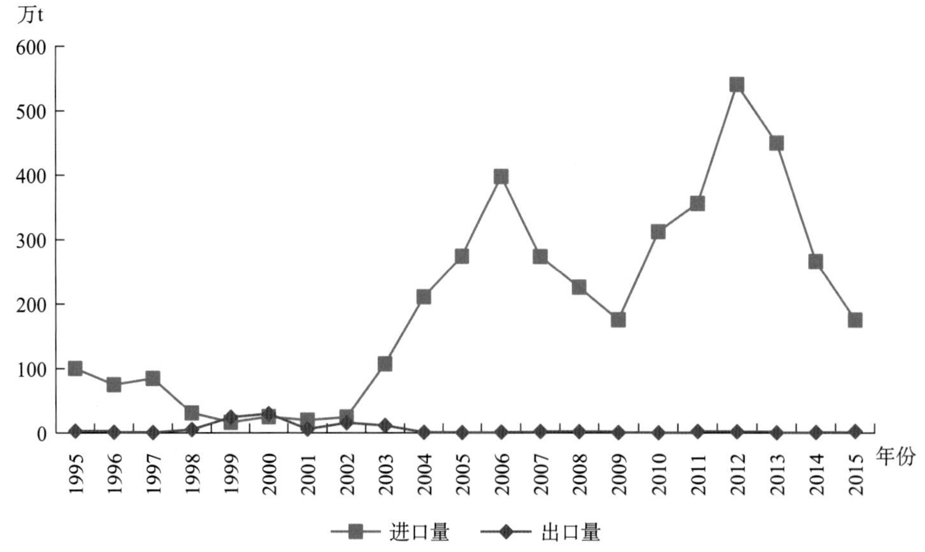

图15　1995—2015年我国棉花进出口贸易情况

数据来源：中国海关。

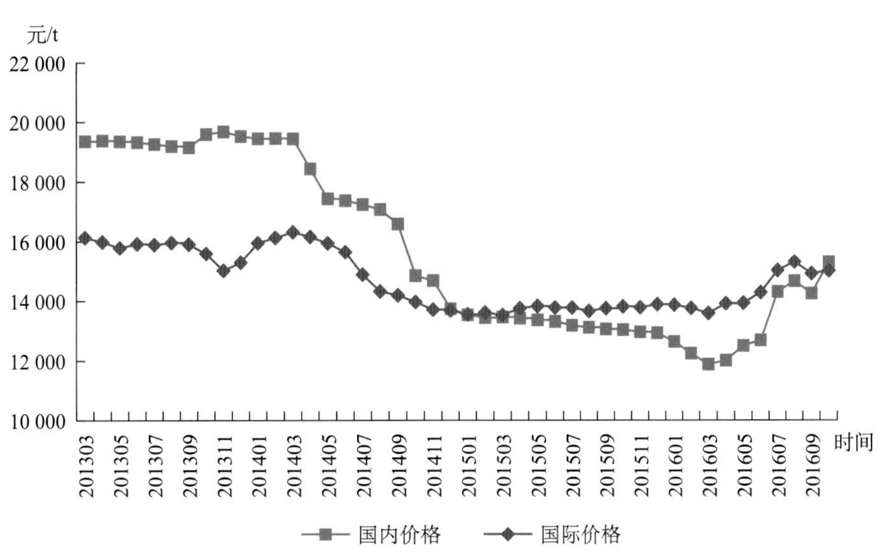

图16 国内外棉花价格走势

注：国内价格为棉花价格指数（CC Index）3128B级棉花销售价格，国际价格为进口棉价指数（FC Index）M级棉花到岸税（滑准税）后价格。

数据来源：据《农业部农产品供需形势月报》数据整理。

(4) 糖料及食糖

糖料生产波动中上涨。2015年我国糖料总产量1.25亿t，较2014年减少0.09亿t，增幅6.5%。其中甘蔗产量1.17亿t，占糖料总产量的93.6%；甜菜0.08亿t，占6.4%。目前，我国糖料总产量基本稳定在1.2亿～1.4亿t（图17）。

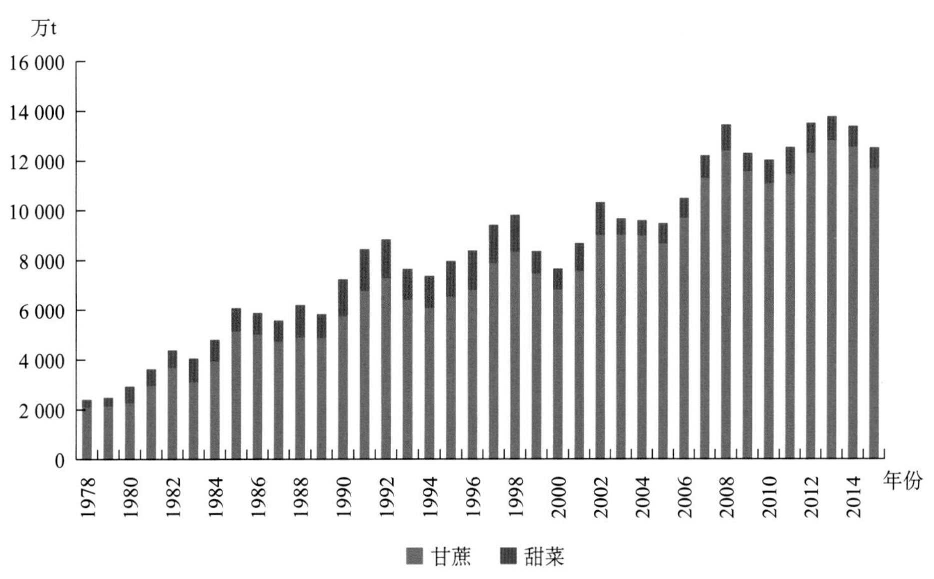

图17 1978—2015年我国糖料总产量

数据来源：历年《中国农村统计年鉴》。

食糖进口快速增长。2011年以前，我国食糖进口量基本维持在100万t左右，占国内消费量的10%以下。受国内外价差驱动，近些年进口量扩增明显，2012年达到375万t，同比增长28.4%。2015年食糖进口量达到484.6万t，同比增长39.0%（图18）。

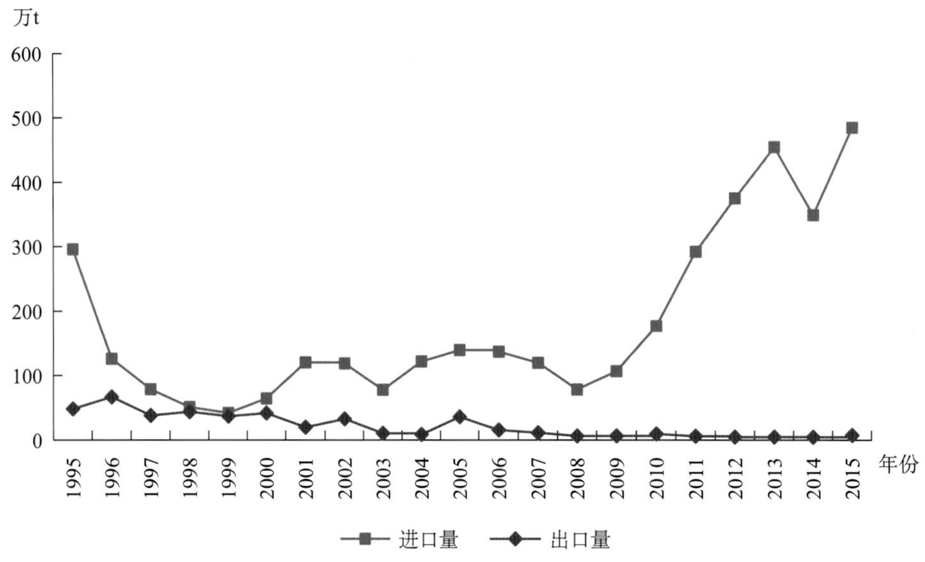

图18 1995—2015年我国食糖进出口贸易情况

食糖产量消费量总体呈增长态势。随着我国居民膳食结构改善，食糖消费刚性增长。据中国糖业协会统计，2014—2015年榨季，我国食糖消费量1 560万t，同比增长5.4%，而该榨季食糖产量1 160万t，食糖自给率74.4%（表12）。

表12 1991—2015年我国食糖供需情况

单位：万t，%

年份	产量	消费量	供需缺口	自给率
1991—1992	792	762	30	104.0
1994—1995	541	820	−279	66.0
1999—2000	687	810	−123	84.8
2004—2005	917	1 151	−234	79.7
2009—2010	1 073	1 379	−306	77.8
2010—2011	1 045	1 358	−313	77.0
2011—2012	1 152	1 338	−186	86.1
2012—2013	1 307	1 390	−83	94.0
2013—2014	1 332	1 480	−148	90.0
2014—2015	1 160	1 560	−400	74.4

数据来源：中国糖业协会。

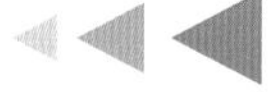

3．畜禽、水产品供需形势分析

（1）肉类

国内肉类生产稳步提升，进口量扩大，但占消费[①]比重不大。2015年，我国猪牛羊禽肉总产量8 454万t，比2006年增加1 500万t，年均增长2.2%；表观消费量8 610万t，比2006年增加1 637万t，年均增长2.4%；自给率98.2%。1998年以前，我国猪牛羊禽肉基本为净出口，出口量维持在20万t以内；1999年转变为净出口，出口量45.4万t；2000年以后，净进口量呈波动上升态势，2015年净进口量156万t，约占国内消费量的1.8%。

分品种来看，我国是第一大猪肉生产国和消费国，同时猪肉也是我国居民消费的主要肉类产品。2015年，我国猪肉产量5 487万t，消费量5 557万t，自给率98.7%。猪肉进口量不断增加，自2008年始，我国猪肉由净出口转变为净进口；2015年我国进口猪肉77.8万t，较2014年（56.4万t）增加21.3万t，增幅37.8%。

禽肉是我国第二大消费肉类产品。2015年，禽肉消费量1 842万t，比2006年增加434万t，年均增长3.0%；禽肉产量1 826万t，比2006年增加463万t，年均增长2.2%；自给率99.1%。

牛羊肉消费快速增长。2015年我国牛、羊肉消费量分别为747万t和463万t，较2006年分别增加173万t和99万t，年均增长3.0%和2.7%，高于我国肉类消费增长速度；牛、羊肉产量分别为700万t和441万t；牛肉自给率93.7%，羊肉自给率95.2%。

（2）奶类

奶类[②]消费和生产不断增加。2015年，我国奶类消费量4 355万t，比2006年增加974万t，年均增长2.9%；国内产量3 870万t，比2006年增加568万t，年均增长1.8%；奶类自给率88.9%。近年来，奶类进口量快速增加，其中鲜奶进口量从2008年的0.7万t增加至2015年的46万t，奶粉进口量从2008年的10万t迅速增加至2015年的56万t（按1：8折液态奶为447万t）。

（3）水产品

2015年，我国水产品表观消费量6 702万t，比2006年增加2 087万t，年均增长4.2%；国内生产量6 700万t，比2006年增加2 116万t，年均增长4.3%；自给率

① 畜禽、水产品消费量均为表观消费量，表观消费量＝产量＋进口量－出口量。

② 奶类在本书中均指液态奶。

100.0%。从贸易来看，进、出口量都在迅速增加，其中出口量从2006年的302万t增加至2015年的406万t，进口量从2006年的332万t增加至2015年的408万t，贸易顺差从2006年的50.6亿美元增加至2015年的113.5亿美元（表13）。

表13 2015年我国畜禽、奶类、水产品供需情况

单位：万t，%

品种	产量	进口量	出口量	净进口量	表观消费量	自给率
猪牛羊禽肉	8 454	189	33	156	8 610	98.2
猪肉	5 487	78	7	71	5 557	98.7
牛肉	700	47	0	47	747	93.7
羊肉	441	23	0	22	463	95.2
禽肉	1 826	41	25	16	1 842	99.1
奶类	3 870	493	8	485	4 355	88.9
水产品	6 700	408	406	2	6 702	100.0

4. 小结

我国三大谷物自给率均在95%以上，国内供给基本有保障（表14）。我国政府历来重视粮食安全问题，1996年就提出保持基本粮食自给率不低于95%的目标（农业部农产品贸易办公室、农业部农业贸易促进中心，2014）。近年来，在大豆进口量迅猛增加的背景下，尽管2012年我国粮食整体自给率低于90%，但谷物自给率却始终在100%以上，这表明无论是生产供给能力还是对外依存度，我国粮食安全总体上是有保障的。

棉油糖等大宗农产品对外依存度较大，其中食用植物油自给率只有34.3%，棉花自给率为72.9%，食糖自给率为74.4%。

畜禽产品供需基本平衡，奶类需要品种调剂。

表14 2015年我国主要农产品供需情况

单位：万t，%

品种	总产量	消费量	供需缺口	自给率
三大谷物	56 304	46 928	−9 376	119.98

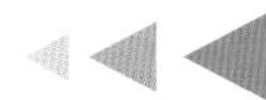

（续）

品种	总产量	消费量	供需缺口	自给率
水稻	20 823	18 950	−1 873	109.88
小麦	13 019	10 977	−2 042	118.60
玉米	22 463	17 001	−5 462	132.13
大豆	1 179	8 775	7 597	13.43
食用植物油	1 126	3 280	1 990	34.31
豆油	41	1 410	1 261	2.93
菜籽油	462	630	101	73.25
花生油	252	260	9	96.92
棕榈油	0	570	570	0
棉花	522	716	194	72.90
食糖	1 160	1 560	400	74.40
猪牛羊禽肉	8 454	8 610	156	98.20
猪肉	5 487	5 557	70	98.70
牛肉	700	747	47	93.70
羊肉	441	463	22	95.20
禽肉	1 826	1 842	16	99.10
奶类	3 870	4 355	485	88.90
水产品	6 700	6 702	2	100.00

（二）2025年、2030年主要农产品需求预测

从中长期发展趋势来看，随着国民经济的持续发展，人口刚性增长、生活水平提高和膳食结构改善，加上人多地少、人均农业资源不足、农业生产基础条件差等国情，未来我国粮食及主要农产品需求总量增长、结构升级的态势将进一步加强。在此背景下，为了调整农业结构，首先应对未来我国主要农产品需求状况进行科学研判，从而保证在结构调整的目标和方向上能够有的放矢。

国内外关于农产品需求预测的成果丰硕，美国世界观察研究所前所长莱斯特·布朗（Lester Brown）在1995年对我国粮食需求进行预测时采用了定性预测方法。布朗对2030年我国人均粮食消费需求做出了三种假定，分别为300kg、350kg和400kg，相应的粮食需求总量分别达到4.79亿t、5.68亿t和6.40亿t。国内机构和研究者，如农业部软科学委员会、梅方权、刘江、程国强等也曾采用定性时间序列模型、供需联立模型等方法对我国农产品需求进行了初步预测（表15）。

表15　主要农产品定量预测结果汇总

单位：亿t

研究者	预测年份	使用方法	粮食	肉类	蛋类	奶类	水产品	植物油	食糖	棉花
OECD-FAO (2016)	2025	联立方程模型	7.19①	1.0②	0.21		0.703 4	0.37	0.19	0.069
农业部市场预警专家委员会 (2016)	2025	联立方程模型	6.82①	1.0②	0.21	0.63	0.754 2	0.33	0.18	0.070
刘江（2000）	2030	定性预测	6.60	1.11	0.40	0.32	0.55	0.35	0.17	0.065
梅方权	2030	—	6.45～7.20	0.80	0.38	0.56	0.58			
农业部软科学委员会	2030	—	6.82	0.56	0.28	0.48				
程郁等（2016）	2030	—	7.18，其中饲料粮5.20	1.234 4②	0.4411					
陈永福、韩昕儒 (2016)	2025	联立方程	5.69～6.47③					0.31～0.36		
	2030	联立方程	5.96～7.22③					0.31～3.70		
程国强（2013）	2022	GTAP模型	6.58④	1.15		0.47				0.140
	2027	GTAP模型	7.17④	1.29		0.49				0.160
	2032	GTAP模型	7.77④	1.42		0.52				0.180

注：①仅包括稻谷、小麦、玉米、大豆四大粮食作物；②仅包括猪牛羊禽肉；③指谷物；④仅包括稻谷、小麦、玉米三大粮食作物。

1. 基于时间序列模型的粮食和重要农产品消费需求

(1) 数据来源及说明

本部分各类农产品人均消费量数据来自历年《中国统计年鉴》《中国农村住户调查年鉴》和《中国居民调查年鉴》，其中2013年以前城镇居民口粮的统计数据为成品粮，我们按一定比率换算成原粮进行分析。2013年后，由于国家统计局开展了新的城乡住户收支与生活状况调查，造成2013年前后的粮食、肉类、水产品等人均消费数据出现较大波动。为了保证时间序列数据的一致性，采用2013年前各类农产品需求的变化量与2013年以后的数据进行衔接。

原粮与成品粮的转换比率。农业部市场信息司编制的《中国农村经济统计资料（1994—1999）》中提出，水稻、小麦、玉米、谷子、高粱、豆类和薯类的平均出米率分别为73%、85%、93%、75%、79%、100%和100%，结合历年各品种产量所占比重，可知1991—2015年粮食平均出米率虽然逐年提高，但基本维持在82.9%～85.0%（图19）。为了便于计算，本书将粮食平均出米率定为0.84%。

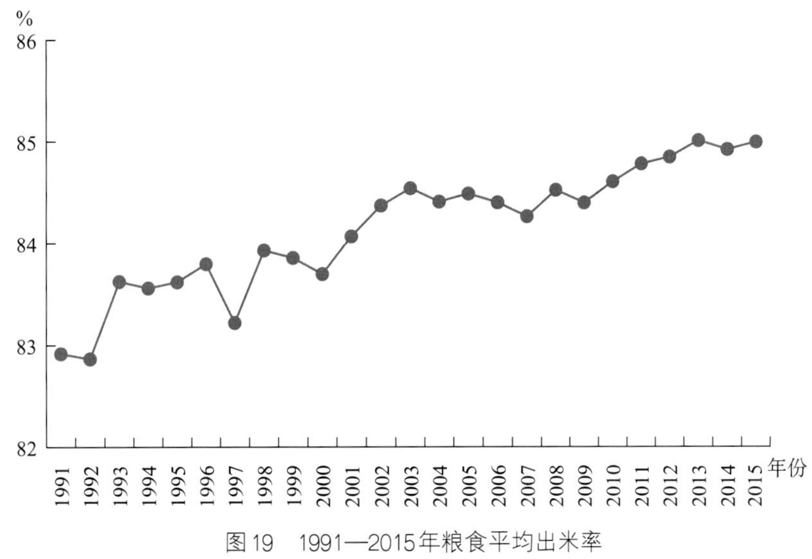

图19　1991—2015年粮食平均出米率

考虑到住户调查中食物消费量不包括在外就餐，采用中国健康与营养调查（China Health and Nutrition Survey，CHNS）的调查数据估算城乡居民在外就餐消费比例，并据此推算人均消费量。根据CHNS调查资料统计，1993年以来，我国城乡居民在外就餐比例不断增加（图20）。到2011年，全国城、乡居民在外就餐消费量占食物消费总量的比例分别为13.23%和7.39%。

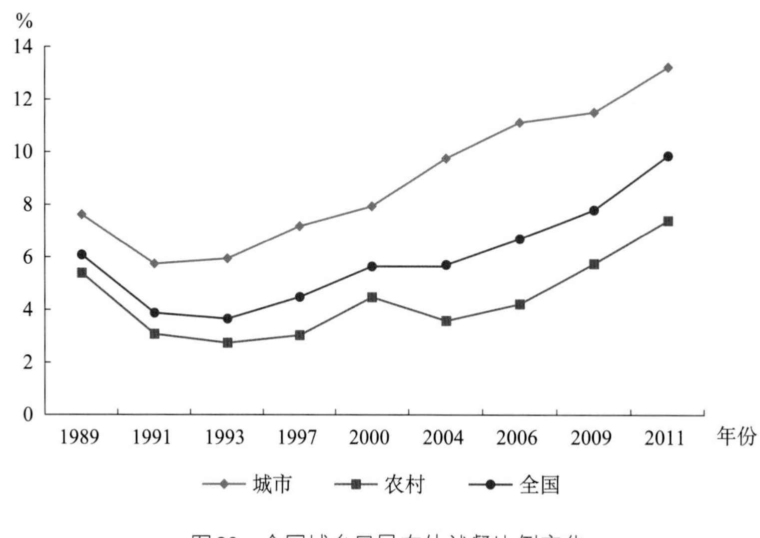

图20 全国城乡居民在外就餐比例变化

数据来源：据CHNS调查数据整理。

食用植物油、食糖和棉花人均消费量通过历年食用植物油、食糖和棉花的总消费量计算而得，消费总量数据来自历年《中国粮食发展报告》《中国糖酒年鉴》和《中国棉花年鉴》。

（2）预测方法选择

对未来农产品需求量的预测，国内外研究已经取得丰硕成果。从预测方法来看，可以分为人均营养摄取推算法（周振亚，2015；周振亚等，2011；唐华俊、李哲敏，2012；胡小平、郭晓慧，2010；李国祥，2014）、趋势和经验估算法（王川、李志强，2007；童泽圣，2015；吕新业、胡非凡，2012；杨建利、岳正华，2014；尹靖华、顾国达，2015；赵萱、邵一珊，2014）、结构模型预测法（程国强，2013；陈永福等，2016；黄季焜，2013；陆文聪、黄祖辉，2004）三类。预测方法的选择与预测目的有关，本书对主要农产品需求量进行预测的目的，是确定保障经济社会安全的主要农产品需求量，为资源供给方面的评估和预测提供参照系。综合考虑消费结构升级、城市化率等因素影响，采用最常用的、相对简单可行的时序模型来分别对未来我国主要农产品需求量进行预测，在此基础上，参照已有研究成果，预测未来我国主要农产品的需求量（表16）。

表16 各类农产品模拟预测的方法与参数

农产品类别	地域	函数形式	公式	拟合参数	
				t	R^2
口粮消费	城镇	指数函数	$\log(Y)=4.8912-0.0052\times T$	−2.60	0.24
	农村	指数函数	$\log(Y)=5.7736-0.0207\times T$	−11.85	0.89

（续）

农产品类别		地域	函数形式	公式	拟合参数	
					t	R^2
饲料粮消费	猪肉	城镇	指数函数	$\log(Y)=2.8531+0.0210\times T$	9.62	0.81
		农村	指数函数	$\log(Y)=2.4400+0.0283\times T$	11.41	0.91
	牛羊肉	城镇	指数函数	$\log(Y)=1.0271+0.0346\times T$	3.32	0.55
		农村	指数函数	$\log(Y)=2.4400-0.0283\times T$	11.41	0.91
	禽肉	城镇	二次函数	$Y=4.3704+0.4560\times T-0.0001\times T^2$	3.95, −0.03	0.93
		农村	指数函数	$\log(Y)=0.7753+0.0432\times T$	15.07	0.94
	禽蛋	城镇	指数函数	$\log(Y)=2.3602-0.0131\times T$	7.66	0.73
		农村	指数函数	$\log(Y)=1.2409-0.0330\times T$	13.53	0.89
	奶类及奶制品	城镇	线性函数	$Y=5.6217+0.7373\times T$	5.60	0.59
		农村	二次函数	$Y=1.0856-0.0901\times T+0.0148\times T^2$	−1.77, 7.49	0.97
	水产品	城镇	线性函数	$Y=8.1087+0.5293\times T$	16.12	0.92
		农村	指数函数	$\log(Y)=1.1933-0.0330\times T$	12.69	0.88
棉花			二次函数	$Y=2.3106+0.3350\times T-0.0063\times T^2$	2.31, −1.17	0.54
食用油			线性函数	$Y=9.4728+0.7336\times T$	16.26	0.95
食糖			指数函数	$\log(Y)=1.7471+0.0278\times T$	13.32	0.89

（3）人口预测

在过去40年间，全国人口增长率不断降低，从1971年的2.7%降低到2015年的0.72%，可以肯定，未来我国人口仍将保持低速缓慢增长。对于我国未来的人口增长规模，许多机构和研究者都进行了预测。国内多数权威人口研究机构的研究结果表明，我国人口将在2030年左右达到14亿～16亿人的峰值。据联合国经济和社会事务部人口司编制的*World Population Prospects*，*2015 Revisions*中对我国人口的预测，低位和中位预测方案下，我国大陆人口将在2020—2030年达到高峰值，而高位预测方案下则在2050年左右达到高峰值，但与2030年相比只增加了约2 000万人。综合考虑以上研究成果，确定我国2025年、2030年城市化率分别达到65%和70%，人口规模分别为14.2亿人和14.5亿人（表17）。

表17　我国人口和城市化率预测

单位：万人，%

类型	2015年	2025年	2030年
总人口	137 462	142 000	145 000

（续）

类型	2015年	2025年	2030年
城镇人口	77 116	92 300	101 500
乡村人口	60 346	49 700	43 500
城市化率	56.1	65.0	70.0

（4）料肉比

在本书中，采用畜产品产量乘以相应的粮食转化率（即料肉比）来估算我国的饲料粮消费量。料肉比系数估算基于历年《全国农产品成本收益汇编》中“主产品产量”和耗粮系数，同时考虑到畜产品活体与酮体、成品粮与原粮的转换（图21）。综合已有的饲料转化率、饲料与粮食之间的转化率研究结果（胡小平、郭晓慧，2010；钟甫宁、向晶，2012），同时考虑到我国养殖专业化、标准化程度的提高，采用料肉比来对饲料粮进行估算（表18）。

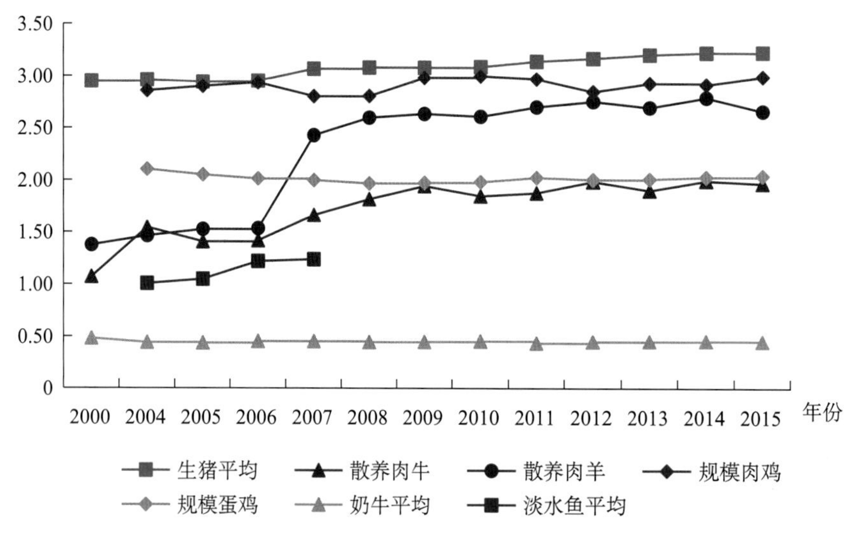

图21　2000—2015年我国主要畜产品料肉比

表21　主要动物性产品与粮食之间的转化率

品种	2015年	2025年	2030年
猪肉	3.23	3.35	3.40
牛羊肉	2.24	2.30	2.35
禽肉	2.99	2.95	2.95
禽蛋	2.04	2.10	2.10
奶类及奶制品	0.45	0.45	0.45
水产品	1.24	1.24	1.24

（5）主要农产成品消费量预测

①人均消费量预测。利用时间序列模型，预测2025年、2030年我国城乡居民人均主要农产品消费量（预测方法与参数如表16所示），结果如下：从中长期来看，我国人均口粮消费量将进一步下降，到2030年全国人均口粮消费仅119.2kg，较2015年减少13.4%。食用植物油、食糖、奶类及奶制品、畜禽水产品消费需求还将持续刚性增长，到2030年将分别达到32.2kg、17.0kg、30.1kg、89.4kg，较2015年分别增长49.6%、49.7%、130.7%和68.7%（表19）。

表19　我国人均主要农产品消费需求预测

单位：kg

品种	城镇居民			农村居民			全国		
	2015年	2025年	2030年	2015年	2025年	2030年	2015年	2025年	2030年
粮食	114.9	111.7	108.9	167.0	159.2	143.6	137.8	128.3	119.3
棉花	—	—	—	—	—	—	5.5	6.3	5.6
食用植物油	—	—	—	—	—	—	21.5	28.5	32.2
食糖	—	—	—	—	—	—	11.3	14.8	17.0
猪肉	27.5	35.5	39.4	17.0	30.0	34.6	22.9	33.6	38.0
牛羊肉	5.4	9.1	10.8	2.6	3.5	4.2	4.2	7.1	8.8
禽肉	15.5	19.7	22.0	6.3	9.4	11.7	11.4	16.1	18.9
禽蛋	14.8	16.6	17.7	8.3	10.6	12.5	11.9	14.5	16.1
奶类及奶制品	17.9	30.7	34.4	6.8	15.1	20.1	13.0	25.2	30.1
水产品	20.4	26.1	28.8	6.9	10.1	11.9	14.5	20.5	23.7

②全国主要农产品总消费量预测。利用农产品人均消费量预测，结合2025年、2030年我国人口规模和城市化水平，得到全国主要农产品未来总消费需求量（表20）。

从中长期来看，我国粮食消费需求量仍将继续增加，其中口粮略有减少，饲料粮还将继续平稳增长。到2030年，全国粮食消费需求总量达到6.85亿t。其中，受粮食人均消费量减少和城乡人口结构变化的影响，口粮需求量将下降至1.73亿t，较2015年减少1 639万t，减幅8.7%；受肉类刚性需求影响，饲料粮需求将进一步增加，达到4.09亿t，较2015年增长63.4%；随着国民经济平稳发展，工业用粮等非食物用粮还将进一步增

加，2030年达到1.03亿t，较2015年增长2 513万t。

表20　全国主要农产品总消费量预测

单位：万t

品种	2015年	2025年	2030年
粮食	51 741	63 709	68 495
口粮	18 936	18 225	17 297
饲料粮	25 043	35 928	40 924
工业、种子及其他用粮	7 761	9 556	10 274
棉花	755	894	812
食用植物油	2 960	4 054	4 671
食糖	1 560	2 099	2 463
猪牛羊禽肉	5 291	8 066	9 521
猪肉	3 146	4 765	5 503
牛羊肉	573	1 011	1 279
禽肉	1 572	2 290	2 739
禽蛋	1 640	2 055	2 338
奶类及奶制品	1 793	3 585	4 363
水产品	1 987	2 913	3 438

注：工业用粮、种子用粮和损耗等其他用粮按照总消费量的15%计算；油料仅指食用部分的植物油所需油料，不包括工业及其他用油所有油料；假定各类食用植物油消费利用结构不变（2014年为基准），按照大豆16.5%的出油率计算，2015年、2025年、2030年压榨大豆需求量约为8 172万t、11 192万t、12 897万t。

2. 基于平衡膳食视角的我国主要农产品需求量估算

（1）估算方法与说明

①平衡膳食标准。中国营养学会发布的《中国居民膳食指南（2016）》（以下简称《指南》）是结合我国国民身体特点，从营养健康角度，给定了多种能量水平下的食物摄入量，它所倡导的膳食标准对指导我国居民科学合理饮食具有重要指导意义。《指南》将每人需要摄入的食物分为5个层次，并给定了合理摄入量（图22）。

农产品需求量包括直接食用（如奶、肉、蔬菜、水果）、间接食用（如油脂）、工业用（如酒精、淀粉）、种用和损耗等需求量。以2013—2015年为基准期，假定各类农产品消费结构不变的情况下，本书以《指南》所推荐的平衡膳食标准为依据，估算我国平衡膳食条件下各类食物的年需求量。同时，对间接食用部分农产品，利用折算系数估算其需求量。在此基础上，加上种用量、工业用量等非食用部分的农产品需求量，即为平衡膳食条件下农产品总需求量。

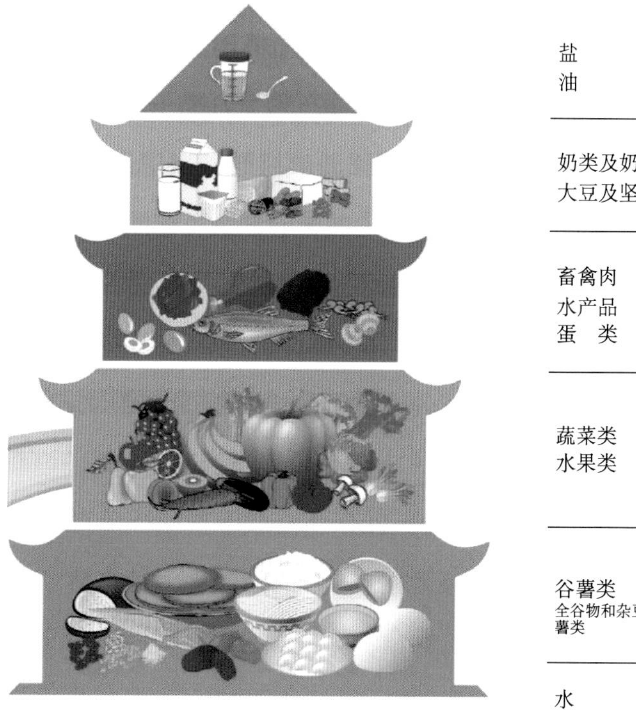

盐 <6g
油 25～30g

奶类及奶制品 300g
大豆及坚果类 25～35g

畜禽肉 40～75g
水产品 40～75g
蛋　类 40～50g

蔬菜类 300～500g
水果类 200～350g

谷薯类 250～400g
全谷物和杂豆 5～150g
薯类 50～100g

水 1 500～1 700mL

图22　中国居民平衡膳食宝塔

资料来源：中国营养学会。

②食用率。农产品在加工成食物的过程中需要去掉不可食用的部分，如稻谷去皮后才能转变为可直接食用的大米。因此，农产品需求量的估算需要用各类食物的标准摄入量除以其对应的可食用率。根据《农业技术经济手册》以及相关行业专家提供的参数（周振亚，2015），推算各类农产品的食用率（表21）。

表21　各类农产品平均食用率

品种	对应农产品	食用率	转换系数
谷物薯类及杂豆	小麦、玉米、稻谷、薯类和杂豆（不含大豆）	0.84	1.19
蔬菜类	各种蔬菜	0.87	1.15
水果类	苹果、梨、柑橘类、热带亚热带水果、其他园林水果和西瓜	0.72	1.39

（续）

品种	对应农产品	食用率	转换系数
畜禽肉类	猪肉、牛肉、羊肉、禽肉等	1.00	1.00
鱼虾类	鱼类、虾类及贝类	0.57	1.75
蛋类	禽蛋	0.84	1.19
奶类及奶制品	牛奶、羊奶等	1.00	1.00
大豆及坚果	大豆、花生等	0.77	1.30

注：转换系数为食用率的倒数。

（2）平衡膳食条件下我国农产品需求量估算

①直接食用需求量估算。根据2025年、2030年我国人口规模和结构，按照《指南》推荐的平衡膳食标准和食用率，估算直接食用部分的农产品需求量（表22）。

②饲料用粮需求量计算。类似前文，采用料肉比估算饲料用粮，相关参数详见前文。由于《指南》中推荐的肉类人均摄入量是畜禽肉总量指标，故需要计算肉类饲料粮综合转化率。在已估计的分项指标的基础上，根据2015年我国城乡居民年平均每人购买的猪肉、牛肉、羊肉、禽肉的占比作为折算比率，计算畜禽肉类生产料肉比综合转化率为3.46（表23）。

表22　平衡膳食条件下我国各类农产品直接食用部分的需求量

类型		单位	谷物薯类及杂豆	蔬菜类	水果类	畜禽肉类	水产品	蛋类	奶类及奶制品	大豆及坚果	油脂
各类食物日需求量		g/(人·d)	250～400	300～500	200～350	40～75	40～75	40～50	300	25～35	25～30
转换系数			1.19	1.15	1.39	1.00	1.75	1.19	1.00	1.30	1.00
年人均最低需求量		kg	109	126	101	15	26	17	110	12	9
年人均最高需求量		kg	174	210	178	27	48	22	110	17	11
2015年	最低需求	万t	14 943	17 313	13 947	2 008	3 523	2 391	15 062	1 630	1 255
	最高需求	万t	23 909	28 855	24 407	3 766	6 606	2 989	15 062	2 282	1 506
2025年	最低需求	万t	15 436	17 885	14 407	2 075	3 640	2 470	15 560	1 684	1 297
	最高需求	万t	24 698	29 808	25 212	3 890	6 824	3 087	15 560	2 358	1 556

（续）

类型		单位	谷物薯类及杂豆	蔬菜类	水果类	畜禽肉类	水产品	蛋类	奶类及奶制品	大豆及坚果	油脂
2030年	最低需求	万t	15 762	18 263	14 711	2 118	3 717	2 522	15 888	1 720	1 324
	最高需求	万t	25 220	30 438	25 745	3 972	6 969	3 152	15 888	2 407	1 589

表23　2025年、2030年平衡膳食条件下我国饲料粮需求量

单位：万t

类型		畜禽肉类	水产品	蛋类	奶类及奶制品	合计
2015年	最低需求	6 949	3 559	5 977	6 025	22 509
	最高需求	13 029	6 672	7 471	6 025	33 198
2025年	最低需求	7 178	3 676	6 174	6 224	23 253
	最高需求	13 459	6 893	7 718	6 224	34 294
2030年	最低需求	7 330	3 754	6 305	6 355	23 744
	最高需求	13 743	7 038	7 881	6 355	35 018

③食用植物油需求量的估算。在油脂消费中，食用植物油占绝大多数。2015年，全国居民人均食用油消费量10.6kg，其中食用植物油消费10.0kg，占食用油消费量的94.1%。假定在居民油脂消费结构中，食用植物油占食用油的比例不变，按照平衡膳食下油脂需求量的95%，推算食用植物油的食用部分需求量。

除食用，植物油还有工业和其他用途。2014—2015年，我国食用植物油的国内消费量为3 280万t，其中食用消费量2 960万t，占90.2%；工业及其他消费320万t，占9.8%。假定食物植物油消费结构不变，按照食用需求量占食用植物油需求总量的90%，推算食用植物油总需求量。

④平衡膳食条件下主要农产品的需求量估算。在平衡膳食条件下，以最高营养膳食标准计，2030年粮食需求总量7.23亿t，比2015年增加3 758万t；到2025年我国粮食需求量7.08亿t，比2015年增加2 262万t。从人均粮食需求来看，满足最高营养膳食标准的人均粮食消费标准为499kg，其中口粮约182kg，饲料粮242kg，工业和其他用粮75kg（表24）。

表24　2025年、2030年我国粮食需求量

单位：万t，kg

年份	类型	食物用粮			非食物用粮	总需求量	人均粮食消费量
		合计	口粮	饲料粮			
2015	最低需求	38 267	15 758	22 509	6 753	45 020	328
	最高需求	58 247	25 050	33 198	10 279	68 526	499
2025	最低需求	39 531	16 278	23 253	6 976	46 507	328
	最高需求	60 170	25 877	34 294	10 618	70 789	499
2030	最低需求	40 366	16 622	23 744	7 123	47 489	328
	最高需求	61 442	26 423	35 018	10 843	72 284	499

注：工业用粮、种子用粮和损耗等非食物用粮按照粮食总消费量的15%计算。

当前，我国粮食生产能力仅处于满足最低膳食标准有余，满足最高膳食标准尚缺的阶段。经过粮食产量的"十二连增"，2015年我国粮食总产量达到6.21亿t，高于最低营养膳食要求的4.50亿t，但与最高营养膳食要求的6.85亿t相比，仍有6 383万t的缺口，随着城乡居民收入的增长和饮食结构的改变，保障国家粮食安全仍具有较大压力。

从估算结果来看，我国的农业生产结构与我国居民平衡营养膳食需求具有较大差距。当前，我国居民膳食结构不合理，畜禽肉类人均消费量远高于营养膳食标准的上限，植物油接近上限（表25）。2015年我国城乡居民平均畜禽肉类消费量31.5kg，远高于上限标准（27kg）；食用植物油消费10.4kg，也接近上限标准（11kg），存在着肉类、油脂等动物性食物消费过多等不合理的膳食行为（王东阳，2014）。过量摄入肉类、油脂类食物，不仅导致我国肥胖率居高不下，而且增加了我国农产品的供给压力。

表25　2025年、2030年主要农产品需求量

单位：万t

年份	类型	奶类及奶制品	畜禽肉类	水产品	蛋类	蔬菜	水果	食用植物油
2015	最低需求	15 062	2 008	3 523	2 391	17 313	13 947	1 325
	最高需求	15 062	3 766	6 606	2 989	28 855	24 407	1 590
2025	最低需求	15 560	2 075	3 640	2 470	17 885	14 407	1 369
	最高需求	15 560	3 890	6 824	3 087	29 808	25 212	1 642
2030	最低需求	15 888	2 118	3 717	2 522	18 263	14 711	1 398
	最高需求	15 888	3 972	6 969	3 152	30 438	25 745	1 677

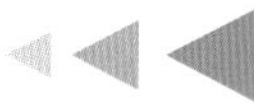

三、主要农产品国际竞争力与进口潜力

（一）主要农产品贸易态势及国际竞争力

1．农产品贸易快速增长，贸易逆差扩大

2001年加入世界贸易组织后，我国农产品进出口贸易均保持较快速度增长，且进口增速远高于出口。2015年，我国农产品进出口贸易总额1 875.6亿美元，比2001年贸易额增加5.72倍，年均增长14.6%，其中进口额1 168.8亿美元，年均增长17.8%；出口额706.8亿美元，年均增长11.2%（图23）。我国在世界农产品贸易中的地位不断提高，影响力不断增强。目前，我国农产品贸易额仅次于欧盟和美国，居世界第三位，出口额世界第五，进口额世界第三。

20世纪90年代末，我国农产品贸易额基本维持在250亿美元左右，出口额约为150亿美元，进口额约为100亿美元。由于近几年来农产品进口增速快于出口，从2004年起，我国农产品贸易由长期顺差转为持续性逆差，且逆差呈快速增长态势。2015年，农产品贸易逆差额达到462.0亿美元，比2004年扩大8.96倍，年均增长23.2%。其中，谷物、油料、食用植物油、棉花、食糖、畜产品的贸易逆差都有不同程度的扩大。

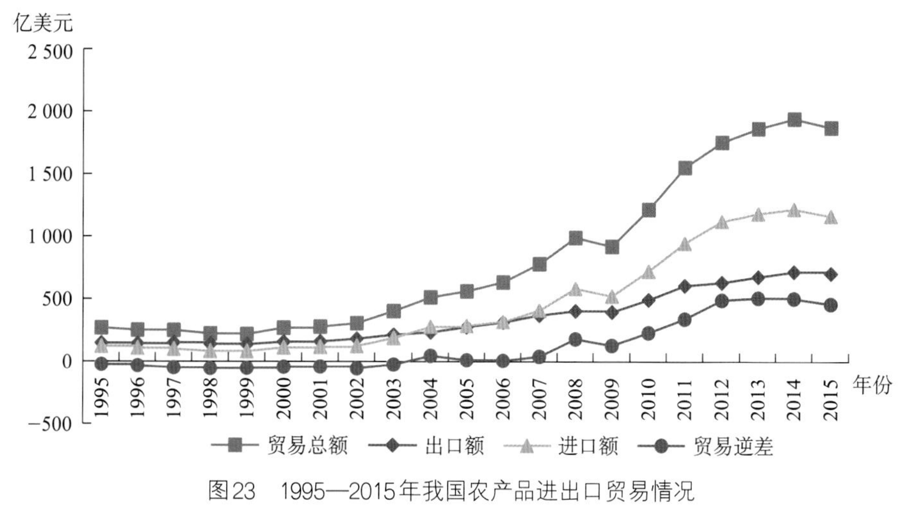

图23　1995—2015年我国农产品进出口贸易情况

2．大宗产品全面净进口态势强化，劳动密集型产品出口稳定发展

粮、棉、油、糖等大宗农产品都是资源集约型产品，在人多地少的农业资源禀赋条

件下，我国谷物、油料、棉花、食糖等土地密集型农产品的生产明显缺乏优势。自2004年我国农产品贸易由净出口转为净进口以来，我国粮、棉、油、糖等主要大宗农产品呈全面净进口态势，且净进口额不断扩大（农业部农业贸易促进中心，2015）。2001—2015年，谷物由4.2亿美元的净出口变为89.6亿美元的净进口；油籽、植物油的净进口额分别由27.8亿美元、5亿美元扩大到376亿美元、58亿美元；棉花、食糖分别由0.4亿美元、2.5亿美元扩大到26.7亿美元、17.2亿美元；畜产品净进口额由1.3亿美元增加至145.6亿美元（表26）。根据净进口量和当年单产水平估算，2015年我国粮、棉、油、糖四大产品净进口量相当于10.14亿亩耕地播种面积的产出量，相当于同年我国农业播种面积的40.7%，比2001年增加4.83倍（表27）。

蔬菜、水果、水产品等劳动密集型农产品具有一定的价格竞争力和出口潜力，出口量和出口额稳步增加。2001—2015年，我国水产品、蔬菜、水果的净出口额分别由23.0亿美元、22.4亿美元和4.5亿美元增长到113.5亿美元、127.3亿美元和10.2亿美元。

表26　2001—2015年我国主要农产品贸易差额变化

单位：亿美元

年份	谷物	油籽	植物油	棉花	食糖	畜产品	蔬菜	水果	水产品
2001	−4.2	27.8	5.0	0.4	2.5	1.3	−22.4	−4.5	−23.0
2005	−0.2	73.3	28.8	32.4	2.7	6.3	−43.7	−13.7	−37.8
2010	9.6	259.1	70.3	58.4	8.5	49.1	−96.7	−23.3	−72.9
2011	14.1	306.2	88.0	96.0	18.9	74.1	−113.9	−24.1	−97.7
2012	43.1	368.2	106.2	119.6	22.0	84.6	−95.6	−24.2	−109.8
2013	45.4	405.6	87.5	87.0	20.3	129.9	−111.6	−21.6	−116.2
2014	57.7	436.8	68.4	51.3	14.5	153.3	−119.9	−10.6	−125.1
2015	89.6	376.0	58.0	26.7	17.2	145.6	−127.3	−10.2	−113.5

数据来源：中国海关。

表27　2001—2015年大宗农产品净进口量折算面积

单位：万亩

品种	2001年	2005年	2010年	2011年	2012年	2013年	2014年	2015年
谷物	−1 301	−677	1 696	1 534	3 914	4 035	5 903	9 869

（续）

品种	2001年	2005年	2010年	2011年	2012年	2013年	2014年	2015年
油籽	14 259	23 298	50 076	44 775	50 334	56 702	63 667	70 974
食用植物油	4 053	20 610	22 905	20 549	25 733	22 094	18 674	18 067
棉花	186	3 637	3 808	4 051	5 545	4 648	2 722	1 757
食糖	199	194	305	516	647	765	579	783
合计	17 395	47 061	78 791	71 425	86 173	88 244	91 545	101 451

注：谷物包括小麦、水稻、玉米、大麦和高粱，油籽包括大豆和油菜籽，食用植物油包括豆油、花生油、菜籽油、棕榈油；棕榈油按等面积菜籽油折算油籽面积。

数据来源：历年净进口量据中国海关数据整理；单产数据来自历年《中国农业年鉴》。

3. 进口价差驱动特征显著

从供需平衡来看，我国稻谷、小麦、玉米三大谷物供需基本没有缺口，多数年份甚至是略有盈余，但是近年来，三大谷物进口量呈现全面净进口态势，且进口量快速增加，这主要是受国内外价差驱动。2008年以来，我国主要粮食价格全面高于国际市场价格，且国内外粮食价格差距呈扩大态势。到2015年，谷物国内价格比国际市场高出60%以上，即每吨比国际市场价格高600～800元（表28）。

表28　中国与国际市场主要粮食市场产品价格比较

单位：元/kg

品种		2005年	2006年	2007年	2008年	2009年	2010年	2011年	2012年	2013年	2014年	2015年
小麦	中国	1.5	1.4	1.5	1.7	1.8	2.0	2.1	2.2	2.4	2.5	2.8
	国际	1.2	1.3	1.8	2.4	1.6	1.6	1.9	2.1	1.9	1.9	1.5
	差价	0.4	0.1	−0.3	−0.7	0.3	0.4	0.2	0.1	0.5	0.6	1.3
稻米	中国	2.3	2.3	2.4	2.8	2.9	3.1	3.5	3.8	3.9	4.0	2.1
	国际	2.1	2.1	2.3	4.2	4.0	3.4	3.4	3.5	3.2	2.6	1.2
	差价	0.2	0.2	0.2	−1.4	−1.1	−0.3	0.1	0.4	0.7	1.4	0.9
玉米	中国	1.2	1.3	1.5	1.6	1.6	1.9	2.2	2.3	2.3	2.3	2.2
	国际	0.8	1.0	1.3	1.6	1.2	1.3	1.9	1.9	1.6	1.3	1.1
	差价	0.4	0.3	0.3	0.1	0.5	0.6	0.3	0.4	0.7	1.1	1.1

注：差价＝中国市场粮食价格－国际市场粮食价格；小麦、玉米和大豆国际价格为美国海湾离岸价，稻米国际价格为曼谷价格；小麦、稻米、玉米和大豆国内价格为全国平均批发价格。

数据来源：中国社会科学院农村发展所，2016．中国农村经济形势分析与预测：2015—2016［M］．北京：社会科学出版社．

价差扩大给国内农业发展和粮食安全带来越来越严峻的挑战（万宝瑞等，2016）。一是过量进口，导致过量库存。在我国大米供求平衡、库存充裕的情况下，因越南籼米价格低廉，国内企业进口动力强劲。近两年我国大米进口量都在220万t以上，尽管大米进口占我国消费总量的比例十分有限，但进口对籼米主产区影响显著，导致南方籼稻销售困难，库存积压。由于国内外价差，2011—2013年，棉花库存从216万t迅速增至1 167万t，每年形成的库存维护成本高达200亿元；菜籽油和食糖临储库存分别高达600万t和500万t，若按当前市场价格销售，亏损超100亿元（图24）。二是导致“天花板”效应增强，影响我国农业产业安全和粮食安全。大豆

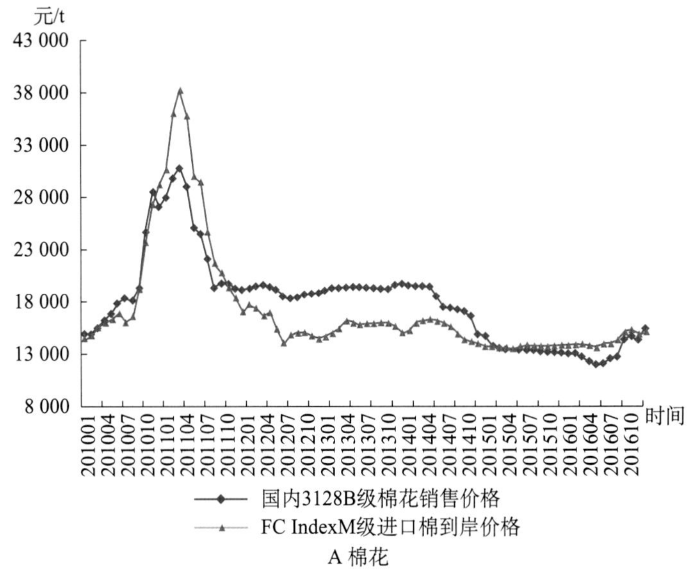

A 棉花

B 食糖

图24　2010—2016年我国棉花、食糖国内外价格走势

数据来源：《农业部农产品供需形势分析月报》。

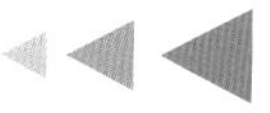

是受进口农产品冲击影响最大的大宗农产品，也是受“天花板”效应影响最显著的例子。我国大豆关税只有3%，进口价格直接成为国内大豆价格的天花板，国内价格既不能随着需求的拉动而相应提高，也不能随着生产成本的上升而有合理的上升。大豆种植比较效益因此不断下降，生产波动下滑，就榨油大豆而言，已经由原来的800多万t减少到不足300万t。

4. 进出口贸易地较为集中

除稻谷和棕榈油，大宗农产品进口来源地主要集中在美国、巴西、阿根廷、欧盟等资源较为丰富的国家或地区，如2015年，我国95.0%的进口小麦来自澳大利亚、加拿大、美国，81.4%的进口玉米来自乌克兰，83.8%的进口高粱来自美国，87.5%的进口豆油来自阿根廷、巴西，99.9%的进口棕榈油来自印度尼西亚、马来西亚，72.1%的进口禽肉来自巴西。蔬菜、水果（不含坚果）、水产品出口目的地主要是东盟、日本、韩国等周边国家（表29、表30）。

表29　2015年我国主要农产品进口来源国

单位：万t，%

品种	进口量	主要进口来源地	占比
谷物	3 272	美国(30.7%)、澳大利亚(22.7%)、乌克兰(14.3%)、法国(13.5%)、加拿大(6.2%)	87.4
小麦	301	澳大利亚(41.9%)、加拿大(33.0%)、美国(20.1%)	95.0
稻谷	338	越南(53.2%)、泰国(28.3%)、巴基斯坦(13.1%)	94.8
玉米	473	乌克兰(81.4%)、美国(9.8%)	91.2
大麦	1 073	法国(41.2%)、澳大利亚(40.6%)、加拿大(9.7%)、乌克兰(7.6%)	99.2
高粱	1 070	美国(83.8%)、澳大利亚(15.4%)	99.2
棉花	176	美国(35.2%)、澳大利亚(17.1%)、印度(16.4%)、乌兹别克斯坦(11.6%)、巴西(9.6%)	89.9
食糖	485	巴西(56.6%)、泰国(12.4%)、古巴(10.7%)、澳大利亚(7.3%)、危地马拉(6.6%)	93.6
大豆	8 169	巴西(49.1%)、美国(34.8%)、阿根廷(11.5%)	95.4
植物油	839	印度尼西亚(43.4%)、马来西亚(27.5%)	70.9
豆油	82	阿根廷(64.2%)、巴西(23.3%)	87.5
菜籽油	82	加拿大(67.9%)	67.9

（续）

品种	进口量	主要进口来源地	占比
棕榈油	591	印度尼西亚(60.4%)、马来西亚(39.4%)	99.9
猪肉	78	德国(26.4%)、西班牙(17.6%)、美国(13.0%)、丹麦(10.5%)、加拿大(7.9%)、法国(5.5%)	80.8
牛肉	47	美国(32.9%)、乌拉圭(26.0%)、新西兰(14.8%)、巴西(11.9%)、阿根廷(9.0%)、加拿大(4.9%)	99.5
羊肉	23	新西兰(62.2%)、澳大利亚(36.6%)	98.8
禽肉	41	巴西(72.1%)、阿根廷(9.3%)、美国(8.4%)、智利(6.3%)、波兰(3.0%)	99.1

注：进口来源地的括号部分是指向来源地进口的农产品占我国该类农产品进口总量的比重。
数据来源：中国海关。

表30 2015年我国蔬菜、水果、水产品出口目的地

单位：万t，%

品种	出口量	主要出口目的地	占比
蔬菜	1 018	日本(13.6%)、韩国(10.1%)、中国香港(8.7%)、马来西亚(7.7%)、越南(7.0%)、俄罗斯(6.4%)、印度尼西亚(5.5%)、美国(4.5%)、泰国(3.9%)、荷兰(1.2%)	68.6
水果	450	美国(14.2%)、越南(11.8%)、泰国(10.2%)、俄罗斯(9.0%)、日本(6.5%)、马来西亚(5.0%)、印度尼西亚(4.9%)、中国香港(4.8%)、菲律宾(3.1%)、哈萨克斯坦(2.7%)	72.3
水产品	406	日本(14.9%)、东盟(13.9%)、美国(13.6%)、欧盟(12.6%)、韩国(12.1%)、中国香港(5.4%)、中国台湾(3.3%)	75.8

注：出口目的地的括号部分是指向目的地出口的农产品占我国该类农产品出口总量的比重。
数据来源：中国海关。

（二）主要农产品未来进口潜力

1. 估算方法

随着国内经济的快速发展，我国越来越多的农业企业开始“走出去”，但由于实施农业“走出去”才刚刚起步，且面临来自政治、经济、法律等多方面风险，因此，弥补国内农产品供需缺口只有通过国际贸易的途径。

为了避免农产品贸易中“大国效应”及其对世界农产品贸易的影响，在估算主要农产品未来进口潜力时，参考倪洪兴等（2013）研究方法，采取“两个指标，一个取值原

 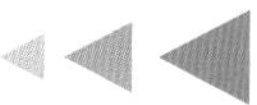

则”推算预期进口量的阈值。“两个指标”，即相对于基期（2014年）[①]，评估期农产品进口量占世界贸易比重的涨幅控制在3%以内；新增进口量占同期世界贸易增量的比重控制在30%以内。“一个取值原则”，即为了降低风险，对比两项指标，取下限值。

2．进口潜力分析

（1）三大谷物

2025年、2030年我国三大谷物进口潜力分别为2 386万t、2 564万t，较2015年进口量1 111万t，仍有少量利用国际市场进行调剂的潜力，有利于国内生产的灵活适度调整，为国内农业产业结构调整和休养生息提高适度空间。

①小麦。2015年我国小麦进口量301万t，占世界小麦出口总量[②]的2.0%；主要进口来源地是澳大利亚、加拿大、美国，占进口总量的95%。预计2025年世界小麦生产量7.9亿t，贸易量1.7亿t（占产量22.0%）；2030年，世界小麦生产量8.3亿t，出口量1.9亿t（占产量22.6%）。2025年和2030年我国小麦进口潜力分别为870万t和933万t，占世界出口量的5.0%。

②稻谷。2015年我国稻谷进口量338万t，占世界出口量的7.6%，主要进口来源地是越南、泰国、巴基斯坦，占进口总量的94.8%。预计2025年、2030年世界稻谷生产量分别为7.9亿t和8.3亿t，出口量0.51亿t和0.55亿t（占产量9.1%和9.2%）。2025年、2030年我国稻谷进口潜力分别为548万t、587万t，占世界出口量的10.6%。

③玉米。2015年我国玉米进口量473万t，占世界出口量的3.9%，主要进口来源地是乌克兰和美国，占进口总量的91.2%。预计2025年、2030年世界玉米生产量分别为11.5亿t和12.3亿t，出口量1.42万t和1.52万t（占产量12.4%）。2025年、2030年我国玉米进口潜力分别为971万t、1 044万t，占世界出口量的6.9%。

（2）棉、油、糖

当前我国棉花进口量较大，未来进口潜力有限。由于我国食用植物油刚性增长，且需求量较大，为了保证未来供需平衡，需要进一步拓展空间。食糖还有一定进口空间。

①棉花。2015年我国棉花进口量176万t，占世界出口量的23.5%，主要进口来源地是美国、澳大利亚、印度、乌兹别克斯坦、巴西，占进口总量的89.9%。预计

① 考虑到联合国统计数据库中各国贸易统计数据的滞后性，采用2014年作为估算我国进口潜力的基期。

② 2015年、2025年世界贸易量和2025年世界生产量来自OECD-FAO *Agricultural Outlook* 2016—2025(OECD-FAO,2016)。2030年世界生产量和贸易量是基于以2016—2025年世界贸易量和生产量年均增长率的算术平均数为基础，经作者估算而得。

2025年、2030年世界棉花产量分别为0.28亿t和0.31亿t，出口量869万t和936万t（占产量31%左右）。2025年、2030年我国棉花进口潜力分别为212万t、232万t，占世界出口量的24%左右。

②植物油。2015年我国食用植物油进口量839万t，占世界出口量的10.9%，主要进口来源地是印度尼西亚、马来西亚，占进口总量的70.9%。预计2025年、2030年世界食用植物油产量分别为2.19亿t和2.43亿t，出口量0.92亿t和1.01亿t（占产量41.5%左右）。2025年、2030年我国食用植物油进口潜力分别为1 278万t和1 397万t，占世界出口量的14%左右。

③食糖。2015年我国食糖进口量485万t，占世界出口量的8.5%，主要进口来源地是巴西、泰国、古巴、澳大利亚、危地马拉，占进口总量的93.6%。预计2025年、2030年世界食糖产量分别为2.10亿t和2.35亿t，出口量0.70亿t和0.78亿t（占产量33%左右）。2025年、2030年我国食糖进口潜力分别为808万t和897万t，占世界出口量的12%左右。

（3）畜禽、水产品

猪肉、牛肉、禽肉和水产品进口仍有较大空间；受世界羊肉出口量增长空间有限的影响，未来我国羊肉进口潜力较小。

①猪肉。2015年我国猪肉进口量78万t，占世界出口量的10.6%，主要进口来源地是德国、西班牙、美国、丹麦、加拿大、法国，占进口总量的80.8%。预计2025年、2030年世界猪肉产量1.31亿t和1.38亿t，出口量0.08亿t和0.09亿t（占产量6.1%和6.5%）。2025年、2030年我国猪肉进口潜力分别为112万t和124万t，占世界出口量的13.3%左右。

②牛羊肉。2015年我国牛羊肉进口量70万t，占世界出口量的5.6%，主要进口来源地是美国、新西兰、澳大利亚等。预计2025年、2030年世界牛羊肉产量0.95亿t和1.03亿t，出口量0.15亿t和0.16亿t（占产量15.8%和15.5%）。2025年、2030年我国牛羊肉进口潜力分别为123万t和134万t，占世界出口量的8.3%左右。

③禽肉。2015年我国禽肉进口量41万t，占世界出口量的3.4%，进口主要来源地是巴西、阿根廷、美国、智利、波兰，占进口总量的99.1%。预计2025年、2030年世界禽肉产量1.31亿t和1.41亿t，出口总量0.15亿t和0.17亿t（占产量11.5%和12.0%）。2025年、2030年我国禽肉进口潜力分别为99万t和112万t，占世界出口量的6.4%。

④水产品。2015年我国水产品进口量408万t，占世界出口量的10.5%，主要进口来源地是美国、加拿大等。预计2025年、2030年世界水产品产量1.96亿t和2.10亿t，出口量0.46亿t和0.51亿t（占产量24%左右）。2025年、2030年我国水产品进口潜力分别为627万t和686万t，占世界出口量的13.5%（表31、表32）。

表31　2025年我国主要农产品进口潜力分析

单位：万t，%

品种	2015年			2025年全球贸易预计及我国进口控制参考指标			2025年进口潜力	
	进口	全球贸易	占全球贸易比重	全球贸易	进口参考指标1	进口参考指标2	控制进口阈值	占全球贸易比重
小麦	301	15 153	2.0	17 448	870	989	870	5.0
稻谷	338	4 441	7.6	5 143	545	548	545	10.6
玉米	473	12 256	3.9	14 154	971	1 042	971	6.9
棉花	176	748	23.5	869	230	212	212	24.4
食糖	485	5 720	8.5	7 046	808	883	808	11.5
大豆	8 169	12 977	63.0	16 111	10 625	9 110	9 110	56.5
植物油	839	7 717	10.9	9 213	1 278	1 288	1 278	13.9
猪肉	78	731	10.6	844	115	112	112	13.2
牛肉	47	1 109	4.3	1 330	97	114	97	7.3
羊肉	23	138	16.4	150	29	26	26	17.5
禽肉	41	1 192	3.4	1 535	99	144	99	6.4
水产品	408	3 875	10.5	4 636	627	636	627	13.5

注：进口参考指标1=2025年世界贸易量×（2015年占全球贸易比重+3%）；进口参考指标2=2015年进口量+(2025年世界贸易量−2015年世界贸易量）×30%。

数据来源：2015年、2025年世界贸易量来自OECD−FAO *Agricultural Outlook* 2016—2025(OECD−FAO，2016)。

表32　2030年我国主要农产品进口潜力分析

单位：万t，%

品种	2015年			2030年全球贸易预计及我国进口控制参考指标			2030年进口潜力	
	进口	全球贸易	占全球贸易比重	全球贸易	进口参考指标1	进口参考指标2	控制进口阈值	占全球贸易比重
小麦	301	15 153	2.0	18 724	933	1 372	933	5.0

（续）

品种	2015年			2030年全球贸易预计及我国进口控制参考指标			2030年进口潜力	
	进口	全球贸易	占全球贸易比重	全球贸易	进口参考指标1	进口参考指标2	控制进口阈值	占全球贸易比重
稻谷	338	4 441	7.6	5 540	587	667	587	10.6
玉米	473	12 256	3.9	15 217	1 044	1 361	1 044	6.9
棉花	176	748	23.5	936	248	232	232	24.8
食糖	485	5 720	8.5	7 822	897	1 115	897	11.5
大豆	8 169	12 977	63.0	17 953	11 840	9 662	9 662	53.8
植物油	839	7 717	10.9	10 069	1 397	1 545	1 397	13.9
猪肉	78	731	10.6	907	124	130	124	13.6
牛肉	47	1 109	4.3	1 458	106	152	106	7.3
羊肉	23	138	16.4	156	30	28	28	18.0
禽肉	41	1 192	3.4	1 742	112	206	112	6.4
水产品	408	3 875	10.5	5 071	686	767	686	13.5

注：进口参考指标1=2030年世界贸易量×（2015年占全球贸易比重+3%）；进口参考指标2=2015年进口量+（2030年世界贸易量−2015年世界贸易量）×30%。

数据来源：2030年世界贸易量数据是以2016—2025年世界贸易量年均增长率的算术平均数为基础，经估算而得。

四、农业结构优化方案

（一）农业结构调整的思路与重点

1. 总体思路

全面贯彻党的十八大和十八届三中、四中、五中和六中全会精神，以五大新发展理念为统领，贯彻落实国家粮食安全新战略和生态文明建设总体部署，重点优化作物结构、产业结构和空间结构三类结构，大力拓展饲料饲草业、加工业和服务业三大产业，加快构建与资源环境相匹配、与市场需求相适应、种养加服协调发展的现代农业结构，全面提升农业的市场竞争力和可持续发展能力。

2. 基本原则

（1）市场导向，产业融合

充分发挥市场在资源配置方面的决定性作用，适应居民消费快速升级需要，突出优质化、专用化、多样化和特色化方向，引导农民安排好生产和农业结构。以关联产业升级转型为契机，推进农牧结合，发展农产品加工业，扩展农业多功能，实现一、二、三产业融合发展，提升农业效益。

(2) 粮食安全，用地优先

立足我国国情和粮情，基于“谷物基本自给、口粮绝对安全”的战略底线需求，建立粮食生产功能区和重要农产品生产保护区，优先确保粮食和其他重要农产品产能底线用地，实施藏粮于地、藏粮于技战略，不断巩固提升粮食等重要农产品产能。

(3) 生态协调，绿色发展

树立尊重自然、顺应自然、保护自然的理念，将农业活动规模与强度控制在区域资源承载力和环境容量允许范围内，推进节水、节肥、节本、增效，建立耕地轮作制度，用地养地结合，促进资源节约循环永续利用，实现农业绿色、低碳、循环、可持续发展。

(4) 因地制宜，优势厚植

综合考虑各地区资源禀赋、区位优势、市场条件和产业基础等因素，重点发展比较优势突出的产业或产品，做大做强、做优做精，培育壮大具有区域特色的农业主导产品、支柱产业和特色品牌，将地区资源优势转化为产业优势、产品优势和竞争优势。

(5) 科技支撑，提质增效

依托科技创新，降低生产成本，改善农产品品质，强化农业科技基础条件和装备保障能力建设，提升农业结构调整的科技支撑水平。推进机制创新，培育新型农业经营主体和新型农业服务主体，发展适度规模经营，提升集约化水平和组织化程度。

(6) 全球视野，内外统筹

在保障国家粮食安全底线的前提下，充分利用国际农业资源和产品市场，保持部分短缺品种的适度进口，满足国内市场需求。引导国内企业参与国际产能合作，在国际市场配置资源、布局产业，提升我国农业国际竞争力和全球影响力。

3. 调整重点

(1) 发展饲（草）料产业，优化作物结构

推进饲用粮生产，推动粮改饲和种养结合发展，促进粮食、经济作物、饲（草）料三元结构协调发展。积极推进饲用粮生产，在粮食主产区，按照“以养定种”的要求，

积极发展饲用玉米、青贮玉米等种植，发展苜蓿等优质牧草种植，进一步挖掘秸秆饲料化潜力，开展粮改饲和种养结合模式试点，促进粮食、经济作物、饲（草）料三元种植结构协调发展。拓展优质牧草发展空间，合理利用“四荒地”、退耕地、南方草山草坡和冬闲田，种植优质牧草，加快建设人工草地，加快研发适合南方山区、丘陵地区的牧草收割、加工、青贮机械，大力发展肉牛肉羊生产，实施南方现代草地畜牧业推进行动，优化畜产品供给结构。

（2）发展优质安全专用农产品，优化产品结构

瞄准市场需求变化，增加市场紧缺和适销对路产品生产，大力发展绿色农业、特色农业和品牌农业，把产品结构调优、调高、调安全，满足居民消费结构升级需要。加强优质农产品品种研发和推广，大力推进标准化生产，推进园艺作物标准园、畜禽标准化规模养殖场和水产健康养殖场建设，积极发展“三品一标”农产品。加强农产品品牌营销推介，建立农产品品牌目录，大力发展会展经济，培育一批知名农产品品牌，加大知识产权保护力度，不断扩大品牌影响力和美誉度。延伸产业链，提高农产品附加值，提高农产品竞争力。

（3）发展二、三产业，优化种养加服结构

将产业链、价值链与现代产业发展理念和组织方式引入农业，延伸产业链、打造供应链、形成全产业链，促进一、二、三产融合互动。

加快发展农产品加工业，大力开展加工业示范县、示范园区、示范企业创建活动，引导农产品加工业向主产区、优势产区、特色产区、重点销区及关键物流节点转移，打造农业产业集群，形成加工引导生产、加工促进消费的格局。建设一批专业化、规模化、标准化的原料生产基地，积极发展农产品产地初加工，建立健全农业全产业链的利益联结机制，促进专用原料基地与龙头企业、农产品加工园区、物流配送营销体系紧密衔接，提升农产品加工产品副产物综合利用水平，推动主食加工业和农产品精深加工发展。

发展农业生产全程社会化服务，促进农业规模化经营。围绕技术指导、农资超市、测土配方、统防统治、农机作业、信息服务“六大功能”，整合服务资源，加快新型农业社会化综合服务组织建设，补充完善现有农业服务体系，为农民提供产前、产中、产后全过程综合配套服务，加快促进农业服务转型升级，提升农业社会化综合服务能力，切实打通农业服务“最后一公里”，为广大农民群众提供方便、快捷的服务。

加快推进市场流通体系与储运加工布局的有机衔接，改造升级农产品产地市场，发展“互联网+”农业。促进农村电子商务加快发展，形成线上线下融合、农产品进城与农资和消费品下乡双向流通格局。

挖掘农村文化资源，拓展农业多功能性，发展都市现代农业和休闲农业，提高农业整体效益。依托农村绿水青山、田园风光、乡土文化等资源，大力发展休闲度假、旅游观光、养生养老、创意农业、农耕体验、乡村手工艺等，使之成为繁荣农村、富裕农民的新兴支柱产业。

（4）调整区域布局，优化空间结构

在综合考虑自然条件、经济发展水平、市场需求等因素的基础上，以农业资源环境承载力为基准，因地制宜、宜粮则粮、宜经则经、宜草则草、宜牧则牧、宜渔则渔，优化种养空间结构，合理布局规模化养殖场，配套建设有机肥生产设施，积极发展生态循环农业模式，促进农业生产向优势区聚集，构建优势区域布局和专业生产格局，提高农业生产与资源环境匹配度。

（二）作物结构优化方案

1. 主要农产品未来安全需求——多方案的比较分析

（1）多方案的食物需求比较分析

根据前文关于我国主要农产品需求预测的研究结论，按照需求量的高低，设定3个情景方案（表33）。

方案一，以平衡膳食的低限作为农产品需求的低方案。按照该方案，2030年我国粮食需求量仅4.75亿t，油料5 526万t，糖料14 468万t，棉花649万t。从平衡膳食的角度来看，该方案虽能够满足我国城乡居民基本的膳食营养需求，即可以解决“吃得饱”的问题，但也仅是营养膳食的低限，是保障我国食物安全的“底线”。

方案二，以我国城乡居民各类食物人均消费量的预测值作为农产品需求的中方案。该方案以当前我国人均食物消费走势估算而来，多数农产品需求量处于膳食平衡低限和高限之间。按照该方案，未来我国口粮需求量将不断减少，从2015年的1.83亿t减少至2030年的1.73亿t，口粮占粮食需求总量的比重也从2015年的36.6%下降至2030年的25.3%；饲料粮消费持续增加，从2015年的2.50亿t增加至2030年的4.09亿t，饲料粮占粮食需求总量的比重也从2015年的48.4%上升至2030年的59.8%。

方案三，以平衡膳食的高限作为农产品需求的高方案。按照该方案，2030年我国粮食消费需求量达到7.23亿t，其中口粮2.64亿t，占粮食需求总量的36.6%；饲料粮3.50亿t，占粮食需求总量的48.4%。

对比三个农产品需求情景方案，方案一的膳食营养标准过低，保障能力不足。2015年我国粮食总产量就达到了6.21亿t，比方案一的2030年粮食需求总量还要高出1.46亿t。特别是随着国民经济发展和居民收入增加，对农产品需求还将刚性增长，因此，该方案不能作为新时代我国农业结构调整的目标。方案三粮经饲结构不合理。按照该方案，2030年粮食总需求中粮饲比例为37：48，粮食占比过多，饲料粮太少。因此，推荐第二方案作为作物结构优化的选择。

表33　2025年、2030年我国食物需求的方案情景

单位：万t

品种	方案一（低标准）			方案二（中标准）			方案三（高标准）		
	2015年	2025年	2030年	2015年	2025年	2030年	2015年	2025年	2030年
粮食	45 020	46 507	47 489	51 741	63 709	68 495	68 526	70 789	72 284
口粮	15 758	16 278	16 622	18 936	18 225	17 297	25 050	25 877	26 423
饲料粮	22 509	23 253	23 744	25 043	35 928	40 924	33 198	34 294	35 018
工业及其他用粮	6 753	6 976	7 123	7 761	9 556	10 274	10 279	10 618	10 843
棉花	604	715	649	755	894	812	906	1 072	974
食用植物油	1 325	1 369	1 398	2 960	4 054	4 671	1 590	1 642	1 677
食糖	1 248	1 679	1 971	1 560	2 099	2 463	1 872	2 519	2 956
畜禽肉类	2 008	2 075	2 118	5 291	8 066	9 521	3 766	3 890	3 972
奶类	15 062	15 560	15 888	1 793	3 585	4 363	15 062	15 560	15 888
水产品	3 523	3 640	3 717	1 987	2 913	3 438	6 606	6 824	6 969

注：方案一、方案三中的棉花和食糖需求量分别按照方案二中需求量的±20%估算。

（2）主要农产品未来安全需求测算

①合理自给率。重点考虑我国资源条件、技术进步、生产基础、消费需求、贸易潜力以及自给率变化趋势等因素，综合确定我国粮食和重要农产品的自给率水平。

口粮。按照国家粮食安全新战略的要求，确保谷物基本自给、口粮绝对安全。从数量上理解口粮绝对安全，即口粮要实现100%自给。虽然我国粮食生产受到气候变化等因素的影响，年际产量有波动，但口粮的稳定供给可以通过年度间的调剂解决。因此本书将口粮自给率设定在100%的水平，即可保证我国口粮的绝对安全。

饲料粮。玉米是三大谷物作物之一，也是饲料粮的重要组成部分，在未来养殖业发展中的地位日趋重要，如果我国大幅增加玉米进口，将会推动国际市场玉米价格上涨，特别是在国际玉米主要供应国可以利用玉米生产燃料乙醇的情况下，玉米的供给保障程度不高。依赖进口饲料粮发展养殖业，或通过直接进口动物性食品来满足全国人民的需求是不现实的。而且，在非特殊情况（严重灾害或国际冲突）下，动物性食品供给的缩减也会产生广泛的影响，如持续时间过长则会造成社会动荡。因此，今后较长时期内，我国正常年份的玉米自给率应保持在90%～95%的水平，以保证谷物基本自给目标的实现；在国内遭遇严重自然灾害时，可以降低到85%，并可相应减少动物性食品生产。

棉花。20世纪70年代之后化纤工业快速发展，化纤对天然纤维的替代作用越来越强，在很大程度上解决了我国人民的纤维需求问题。近年来，随着非织造材料与工艺技术的快速发展和我国纺织服装产品出口增长减缓，预计我国棉花的总需求量在较长时期内难以快速增长。考虑到我国纺织服装产业较高的外贸依存度，棉花自给率可以适当降低，保持在70%的水平。

食用植物油。随着我国人民生活水平的不断提高，食用油消费量逐步增加。虽然我国油料生产和油脂工业得到了长足发展，但仍不能满足需求的增长。1986年以后，我国成为油脂净进口国。1995年以前直接进口食油，1996年后转入食油与油料双进口，对外依存度不断提高，2007年我国进口食用植物油838万t、大豆3 082万t，食用植物油自给率已经低于40%。与此同时，未来国际植物油市场的供给能力也不容乐观，以油菜籽（欧盟）、大豆（美国）及棕榈油（马来西亚）等油料作为原料生产生物柴油将在一定程度上挤占全球食用植物油供应。由此，我国食用植物油和油料的供给应当以恢复和发展国内生产为主，努力遏制食用油及油料自给率的进一步下滑。在国内生产方面，不同种类油料的适种区十分广泛，品质、产量的提高还有很大的空间。综合考虑需求和生产，我国食用植物油自给率到2030年应以恢复到40%的水平为宜。

食糖。改革开放以来，我国食糖消费持续增长，年人均消费量由改革开放前的3kg提高到10kg以上。但在我国人民的饮食习惯中，食糖仅仅是调味品，很难达到西方国家食糖消费的水平。我国是世界人均食糖消费最少的国家之一，长年人均年消费量为世界水平的三分之一左右。近年来，食品工业、饮料业等用糖行业销售收入保持平均15%以上的增长，从而推动工业用糖迅速增加。可以预见，随着人口增长、消费水平提高和消费观念改变，食糖等天然甜味剂消费仍会持续增长。从长期来看，糖料生产的发展赶不上消费增长，预计未来我国食糖缺口会有所扩大，需要进口弥补。国际食糖贸易通常通过特惠安排或长期协议进行，贸易量相对稳定，适度扩大进口不会对国内食糖产业造成很大冲击。综合考虑供需两方面因素，2030年前，我国食糖自给率保持在70%的水平比较适宜。

各类农产品自给率测算结果如表34所示。

表34　我国主要农产品自给率水平

单位：%

品种	现状（近三年平均）	2025年	2030年
口粮	105	100	100
饲料粮	126	95	95
棉花	76	70	70
食用植物油	35	40	40
食糖	70	70	70

②油料出油率预测。我国大豆出油率较低，平均只有16.5%，巴西可以达到19.1%，阿根廷也在18%以上；我国油菜籽的出油率为32%～39%，全国平均水平在35%左右；花生平均出油率在31.5%左右，高的可达40%（王瑞元，2015）。预计到2025年和2030年，大豆、油菜籽和花生出油率分别比当前水平提高1.5个和1个百分点，大豆出油率将达到18%和19%，油菜籽出油率达到37%和38%，而花生出油率达到33%和34%。根据三种油料消费量比重计算其加权平均出油率为2025年24.3%、2030年25.3%（表35）。

表35　我国油料平均出油率预测

单位：%

品种	2015年	2025年	2030年	归一化权重
大豆	16.5	18.0	19.0	61.0
花生	31.5	33.0	34.0	27.0
油菜籽	35.5	37.0	38.0	12.0
油料平均	22.8	24.3	25.3	

注：归一化权重由豆油、花生油、菜籽油3种植物油脂2014年国内消费量占比计算得来。

③糖料出糖率预测。我国糖料加工的出糖率偏低，目前甘蔗平均出糖率仅为10%，即使是规模较大、设备相对先进的企业，出糖率也不到12%，而澳大利亚甘蔗的平均出糖率高达13.6%。另外，一些相关研究显示，甘蔗生产发达、制糖工业比较先进的广西和云南的出糖率分别为12.58%和12%。我国主要的甜菜生产省区新疆和黑龙江的甜菜出糖率目前分别为12%和14%左右，平均12.5%。预测我国甘蔗的平均产糖率在2020年达到目前广西12.58%的水平，而2030年则达到目前澳大利亚13.58%的水平；甜菜产糖率的平均值2020年为13.5%，2030年达到14%。根据两种糖料产量比重计算其加权，2025年平均出糖率为12.66%，2030年平均出糖率为13.62%（表36）。

表36　我国糖料出糖率预测

单位：%

品种	2015年	2025年	2030年	归一化权重
甘蔗	11.00	12.58	13.58	91.66
甜菜	13.00	13.50	14.00	8.34
糖料平均	11.17	12.66	13.62	

注：归一化权重由2014年甘蔗、甜菜产量占比计算得来。

④主要农产品未来安全需求量。根据方案二的未来需求预测结果、自给率水平和进口潜力，计算得到未来我国主要农产品安全需求量。到2030年，粮食安全需求量6.59亿t（不含压榨大豆），其中口粮1.73亿t，饲料粮3.89亿t，工业及其他用粮0.98亿t；棉花、食用植物油、食糖安全需求量568万t、1 869万t、1 724万t（表37）。

根据油料平均出油率和糖料平均出糖率来估算，则2025年满足安全需要的油料（含压榨大豆）和糖料产量分别为6 673万t和11 605万t；2030年油料和糖料产量分别为7 385万t和12 659万t。

表37　全国主要农产品安全需求量预测值

单位：万t，%

品种	2015年实际产量	预测需求量		自给率	安全需求量	
		2025年	2030年		2025年	2030年
粮食	60 965	63 709	68 495	—	61 435	65 935
口粮	—	18 225	17 297	100	18 225	17 297

（续）

品种	2015年实际产量	预测需求量		自给率	安全需求量	
		2025年	2030年		2025年	2030年
饲料粮	—	35 928	40 924	95	34 131	38 878
工业及其他用粮	—	9 556	10 274	95	9 079	9 761
棉花	560	894	812	70	626	568
食用植物油	1 126	4 054	4 671	40	1 621	1 869
食糖	1 396	2 099	2 463	70	1 469	1 724

注：实际产量中粮食产量不包括大豆，食用植物油产量指国产油料榨油量，食糖产量根据糖料产量估算。需求量中压榨大豆计入油料；油料仅指食用部分的植物油所需油料，不包括工业及其他用油所需油料。

2. 农产品供给的保障能力

（1）耕地规模

耕地面积减少，特别是一些粮食主产区耕地面积快速减少，对农产品有效供给造成挑战。未来15～20年是工业化、城市化加速发展的重要时期，工业和城市建设占用耕地将进一步增加。另外，根据《新一轮退耕还林还草总体方案》，到2020年全国还将有4 240万亩的坡耕地和严重沙化耕地退耕还林还草。2015年全国耕地面积202 498万亩，较2009年减少579万亩。从区域来看，东部沿海发达地区耕地面积减少相对较少，一些中部省份特别是近年来城镇化快速发展地区耕地面积下降较多。2009—2015年，河南、山东、湖北、辽宁、河北、吉林、黑龙江、江苏8省耕地面积减少589万亩，占同期全国耕地减少量（579万亩）的101.8%（表38）。可以发现，这些地区不仅是近年来城镇化发展最为迅速的地区，而且全部是粮食主产区，2015年粮食产量占全国粮食总产量的52.1%。粮食增加的地区主要集中内蒙古、新疆等地广人稀的西北地区。耕地“占优补劣”严重。从各区域耕地增减情况来讲，耕地增加区域多为干旱农业区，如内蒙古、新疆，耕地生产能力远低于中东部粮食主产区。

从耕地面积变化趋势来看，近年来由于我国采取各种措施保护耕地，全国耕地面积减少趋势得到缓解。特别是2007年以后，全国耕地面积平均每年减少约70万亩，年均减幅0.03%。预计2016—2030年耕地面积变化保持0.03%的减少率，即每年约70万亩，则2025年和2030年全国耕地规模分别为201 891万亩和201 589万亩，其中由于中部地区目前还处于城市化进程快速发展期，预计未来耕地减少的主要区域还将是中部地区。

表38　2009—2015年全国各地区城镇化率及耕地面积变化情况

单位：%，万亩

地区	城镇化率			耕地面积			
	2009年	2015年	变化	2009年	2015年	变化	变化占比
全国	48.3	56.1	7.8	203 077	202 498	−579	
北京	85.0	86.5	1.5	341	329	−12	2.0
天津	78.0	82.6	4.6	671	655	−15	2.7
河北	43.7	51.3	7.6	9 842	9 788	−54	9.3
山西	46.0	55.0	9.0	6 103	6 088	−14	2.5
内蒙古	53.4	60.3	6.9	13 784	13 857	73	−12.6
辽宁	60.4	67.4	7.0	7 563	7 466	−97	16.7
吉林	53.3	55.3	2.0	10 546	10 499	−47	8.1
黑龙江	55.5	58.8	3.3	23 799	23 781	−18	3.1
上海	88.6	87.6	−1.0	285	285	0	0
江苏	55.6	66.5	10.9	6 919	6 862	−57	9.9
浙江	57.9	65.8	7.9	2 980	2 968	−12	2.1
安徽	42.1	50.5	8.4	8 861	8 809	−51	8.8
福建	55.1	62.6	7.5	2 013	2 004	−8	1.4
江西	43.2	51.6	8.4	4 634	4 624	−10	1.6
山东	48.3	57.0	8.7	11 502	11 416	−86	14.9
河南	37.7	46.8	9.1	12 288	12 159	−129	22.3
湖北	46.0	56.9	10.9	7 985	7 882	−102	17.6
湖南	43.2	50.9	7.7	6 203	6 225	23	−3.9
广东	63.4	68.7	5.3	3 798	3 924	125	−21.7
广西	39.2	47.1	7.9	6 646	6 603	−42	7.3
海南	49.2	55.1	5.9	1 095	1 089	−6	1.0
重庆	51.6	60.9	9.3	3 658	3 646	−12	2.1
四川	38.7	47.7	9.0	10 080	10 097	17	−3.0
贵州	29.9	42.0	12.1	6 844	6 806	−38	6.5
云南	34.0	43.3	9.3	9 366	9 313	−53	9.2
西藏	22.3	27.8	5.5	665	665	0	0
陕西	43.5	53.9	10.4	5 996	5 993	−4	0.6
甘肃	34.9	43.2	8.3	8 115	8 062	−53	9.2
青海	42.0	50.3	8.3	882	883	1	−0.1
宁夏	46.1	55.2	9.2	1 932	1 935	3	−0.5
新疆	39.8	47.2	7.4	7 685	7 783	99	−17.0

（2）复种指数

中国耕地复种指数潜力到底有多大？目前没有统一的认识。刘巽浩（1997）基于全国耕地统计面积预测2010年我国复种指数潜力为170%。范锦龙、吴炳方（2004）借助GIS工具，根据积温、降水来计算像元级的复种指数潜力，然后通过空间统计得到全国及各省的复种指数潜力，全国复种指数潜力为1.985。梁书民（2007）将耕地地理信息系统层面同利用≥10℃积温层面推导出的复种指数层面相交，然后用分类汇总的方法计算各复种指数区内的耕地面积，最后通过加权平均计算出的全国总复种指数潜力为1.821。总的来看，我国耕地复种指数潜力应在1.8以上。

近20年我国复种指数一直呈稳定增长的态势，从1996年的1.06增长到了2015年的1.23，增幅为16.2%，年均增长率为0.79%（图25）。由于务农机会成本提高和现行农村土地制度等制约，我国复种指数提高的幅度将会有所降低，预计2016—2030年复种指数将保持年均0.79%的增长，则2020年和2030年我国复种指数将分别达到1.333 5和1.387 1，到2030年复种指数距离关于我国复种指数增长潜力（1.8）还有相当大的提升空间。

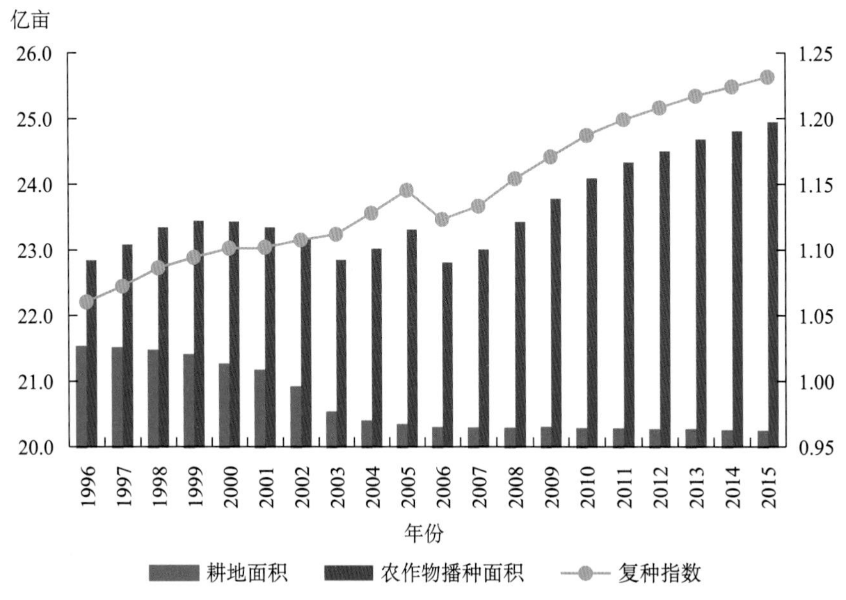

图25 1996—2015年全国耕地面积、农作物播种面积和复种指数

数据来源：2013年以前耕地数据来自陈印军等（2016），其中对受第一次土地调查与第二次土地调查差异影响的2009年以前数据进行了修正。

（3）单位面积产量

面对农产品需求的刚性增长和耕地面积减少的现实，今后只能通过提高单产来增加农产品供给。2003年以后，由于当时农产品供求关系紧张，国家陆续出台了一系列鼓励和支持农业生产的政策，粮、棉、油、糖等主要农产品不仅总产量持续增长，单产也快速增加。2015年我国粮、棉、油、糖亩均单产分别为365.5kg、98.4kg、168.0kg、4 798.8kg，比2005年分别增长56.1kg、24.7kg、23.1kg和770.8kg，年平均增长幅度分别为1.7%、1.6%、2.7%和1.8%（图26）。在化肥等各种生产资料高强度投入下，粮、棉、油、糖单产经历了十来年的持续快速增长，未来进一步增加主要农产品单产的难度会越来越大。此外，在生态文明建设和农产品供给相对宽松的背景下，未来农业生产将更加注重效益的集约发展模式以及对农业资源环境的保护，而不是过分强调农产品总量的增长。因此，预计2016—2025年粮、棉、油、糖单产年平均增长率在2005—2015年平均增长率基础上减半，2025—2030年单产平均增长率在此基础上进一步减半，预测2030年全国粮食、棉花、油料、糖料平均每亩单产将分别达到407kg、117kg、187kg、5 332kg（表39）。

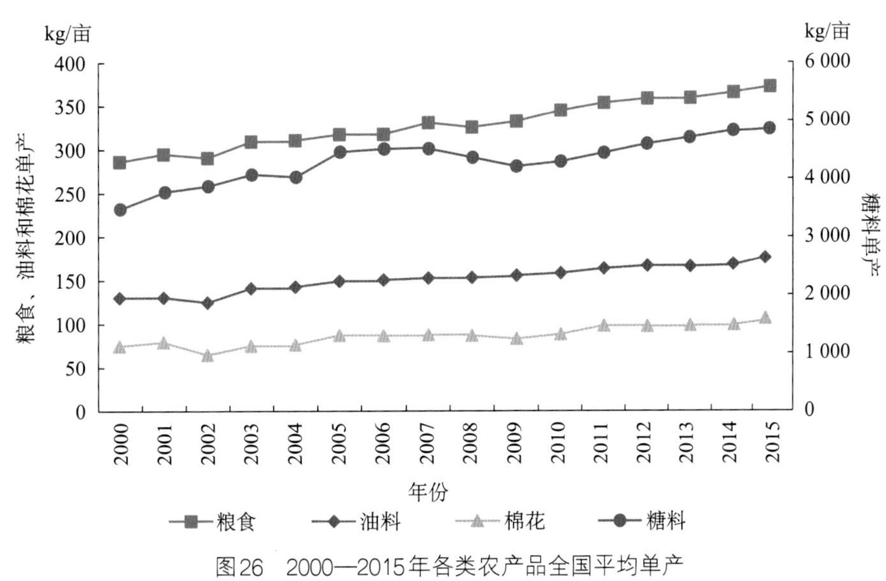

图26　2000—2015年各类农产品全国平均单产

表39　各类农产品单位面积产量预测

单位：kg/亩

年份	粮食	棉花	油料	糖料
2015	366	98	168	4 799
2025	397	113	182	5 240
2030	407	117	187	5 332

3. 作物结构调整总体方案

(1) 作物结构调整的总体目标

适应新形势下农业发展的要求，充分利用国内国际两个市场、两种资源，发挥区域比较优势，依靠科技进步和技术创新，全方位调整农作物品种结构、品质结构和区域结构，积极推进由二元结构向三元结构发展，即把目前种植业生产以粮食为主兼顾经济作物的二元结构，逐步发展成节水高效的粮—经—饲三元结构，大力发展优质、高产、高效农业，提高商品化、专业化、集约化、产业化水平，促进种植业生产向深度和广度发展，实现总量平衡、农民增收。

(2) 作物结构调整的重点

①优化品种结构和空间结构，保障口粮绝对安全。稳定粮食生产面积，保证口粮的品种和数量，保障粮食的有效供给，确保人均粮食占有量的数量和质量不能降低。结构调整的重点应放在稳定粮食生产面积的基础上，改善稻、麦、玉米、大豆的品种结构和品质结构，优化空间区域布局。

②推动二元结构向粮经饲三元结构转变。面对畜产品需求快速增长的态势，越来越多的种植业产品将作为饲料用于养殖业。因此，要确立饲料作物在种植业中的地位，提高饲料作物和养地作物的比重，调整重点要放在饲料作物结构的优化上，适当减少籽粒玉米生产规模，选择并扩大蛋白质含量高的饲用稻、玉米、小黑麦、薯类、豆类和牧草的种植，并尽量多种植肥饲兼用作物。

③构建与农业资源承载力和环境容量相匹配的农业生产力布局。当前我国农业发展面临资源环境约束的压力越来越大，因此，调整的重点要以农业资源环境承载力为基准，因地制宜，宜粮则粮、宜经则经、宜草则草、宜牧则牧、宜渔则渔，构建优势区域布局和专业生产格局，提高农业生产与资源环境匹配度。

④建立用地养地结合的种植业结构。种植业生产规模要以农业资源承载力和环境容量为基础，确保促进资源永续利用、生产生态协调发展。因此，调整重点要大力发展大豆等养地作物，恢复大豆玉米轮作、麦豆轮作种植，发挥豆科作物固氮养地的作用。

(3) 种植业结构调整方案

从食物发展的全局出发，在统筹兼顾配置口粮、工业用粮、种子用粮以及各种经济作物生产的基础上，形成粮食作物—经济作物—饲料作物协调发展的新型三元结构。本书以2015年为基期，以主要农产品需求预测、进口潜力和主要农作物单产预测为基础对作物种植面积作了初步测算，综合提出了“一保，一稳，一增”的种植业结构

调整方案，即保证口粮绝对安全，稳定经济作物，增加饲料作物。到2025年，粮食作物、经济作物、饲料作物播种面积比重从2015年的52.1∶30.7∶17.2调整至2025年的47.3∶30.0∶22.7；到2030年，粮食作物播种面积占比继续下降至44.8%，经济作物维持29.6%，饲料作物上升至25.7%（表40）。

该方案在考虑农产品消费需求升级、生态安全、产业安全需要的基础上，在兼顾棉、油、糖等其他作物得到应有安排的同时，把饲料作物从粮食作物和经济作物独立出来，专门安排了饲用粮食和饲料。在种植业内部，对粮饲结构进行重大调整，重点发展专用饲料（玉米）和饲草，推动粮食作物—经济作物—饲料作物三者协调发展。

表40　2025年、2030年全国作物结构调整方案

单位：万亩，%

年份	地区	农作物播种面积	粮—经—饲结构			主要农作物占比					
			粮食作物	经济作物	饲料作物	水稻	小麦	玉米	棉花	糖料	油料
2015	全国	249 561	52.1	30.7	17.2	18.2	14.5	22.9	2.3	1.0	8.4
	东北区	40 612	53.5	10.4	36.1	16.7	1.4	53.6	0	0.1	3.9
	华北区	52 251	47.8	29.2	23.0	2.5	33.5	28.9	2.9	0.1	8.1
	长江中下游区	62 362	55.7	34.9	9.3	36.3	14.2	5.9	1.9	0.1	12.3
	华南区	21 144	43.1	48.3	8.6	35.2	0.1	6.1	0	8.4	5.6
	西南区	38 990	46.1	35.0	19.0	17.3	7.2	16.0	0	1.4	9.8
	黄土高原区	18 385	48.8	23.4	27.8	1.1	20.3	30.8	0.3	0	6.0
	西北绿洲灌溉农业区	12 069	29.4	50.9	19.7	1.6	19.0	22.3	24.0	0.8	7.1
	内蒙古中部区	2 530	44.9	22.9	32.2	0	10.0	28.4	0	1.1	13.8
	青藏区	1 217	42.8	34.8	22.4	0.1	15.4	3.9	0	0	20.8
2025	全国	269 225	47.3	30.0	22.7	16.0	12.9	27.2	2.2	1.0	9.3
	东北区	43 812	48.6	11.2	40.2	14.4	1.2	55.9	0	0.1	5.0
	华北区	56 368	43.4	28.6	28.0	2.2	29.8	32.0	2.8	0.1	8.9
	长江中下游区	67 276	50.7	33.9	15.4	32.5	12.9	8.5	1.9	0.1	12.8
	华南区	2 2810	39.0	46.3	14.7	31.1	0.1	8.9	0	7.8	6.6
	西南区	42 062	41.7	34.0	24.3	15.1	6.3	18.8	0	1.3	10.5
	黄土高原区	19 834	44.3	23.2	32.5	1.0	17.8	33.4	0.4	0	7.0
	西北绿洲灌溉农业区	13 020	26.3	48.7	25.0	1.4	16.4	26.3	22.3	0.8	8.0
	内蒙古中部区	2 730	40.7	22.7	36.6	0	8.6	30.8	0	1.0	14.2
	青藏区	1 313	38.7	33.8	27.5	0.1	13.3	4.9	0	0	20.7

（续）

年份	地区	农作物播种面积	粮—经—饲结构			主要农作物占比					
			粮食作物	经济作物	饲料作物	水稻	小麦	玉米	棉花	糖料	油料
2030	全国	279 630	44.8	29.6	25.7	14.8	12.0	29.5	1.8	1.0	9.9
	东北区	45 505	46.0	11.5	42.5	13.1	1.1	57.4	0	0.2	5.9
	华北区	58 547	41.0	28.2	30.8	2.0	27.8	33.8	2.4	0.1	9.6
	长江中下游区	69 876	48.0	33.4	18.6	30.5	12.1	9.9	1.5	0.2	13.4
	华南区	23 692	36.7	45.3	18.0	29.0	0	10.5	0	7.6	7.3
	西南区	43 688	39.4	33.4	27.2	13.8	5.9	20.4	0	1.3	11.2
	黄土高原区	20 600	41.8	23.1	35.0	0.9	16.4	34.9	0	0.1	7.8
	西北绿洲灌溉农业区	13 523	24.5	47.6	27.9	1.2	14.9	28.4	21.2	0.8	8.7
	内蒙古中部区	2 835	38.4	22.6	39.0	0	7.8	32.1	0	1.0	14.7
	青藏区	1 363	36.5	33.2	30.3	0.1	12.2	5.4	0	0	20.9

注：粮食作物包括稻谷、小麦、玉米、大豆和薯类杂粮的食用和工业用粮部分；经济作物包括棉花、油料、糖料、蔬菜等；饲料作物包括饲料玉米、饲料稻、饲用薯类、饲用杂粮、青饲料等。

4. 区域作物结构调整方案

根据作物结构、布局和种植制度的相对一致性，同时考虑数据获取的可操作性，我们将全国种植业划分为东北区、华北区、长江中下游区、华南区、西南区、黄土高原区、西北绿洲灌溉农业区、内蒙古中部区和青藏高原区9个区（图27）。

（1）东北区

东北区包括辽宁、吉林、黑龙江三省以及内蒙古东四盟（呼伦贝尔市、兴安盟、通辽市、赤峰市）。该区地域辽阔，耕地面积大，土壤肥沃且集中连片，光温水热条件好，可满足春小麦、玉米、大豆、粳稻、马铃薯、花生、向日葵、甜菜、杂粮、杂豆及温带瓜果蔬菜的种植需要。农业现代化水平较高，粮食商品率高，是全国传统的商品粮基地，近年来种植业生产专业化程度迅速提高，成为我国重要的玉米和粳稻集中产区。

结构调整方向：稳定水稻，扩种大豆、杂粮、薯类和饲草作物，构建合理轮作制度。具体措施包括稳定三江平原、松嫩平原等优势产区的水稻面积，调减黑龙江北部、内蒙古呼伦贝尔以及农牧交错带玉米面积，调减的玉米面积扩种大豆、杂粮、薯类和饲草作物，改变种植方式，推行粮豆轮作、粮草（饲）轮作和种养循环模式，实现用地养地相结合，逐步建立合理的轮作体系。预计到2025年粮食作物播种面积占48.6%，经济作物占11.2%，饲料作物占40.2%；到2030年粮食作物播种面积占46.0%，经济作物占

11.5%，饲料作物占42.5%。

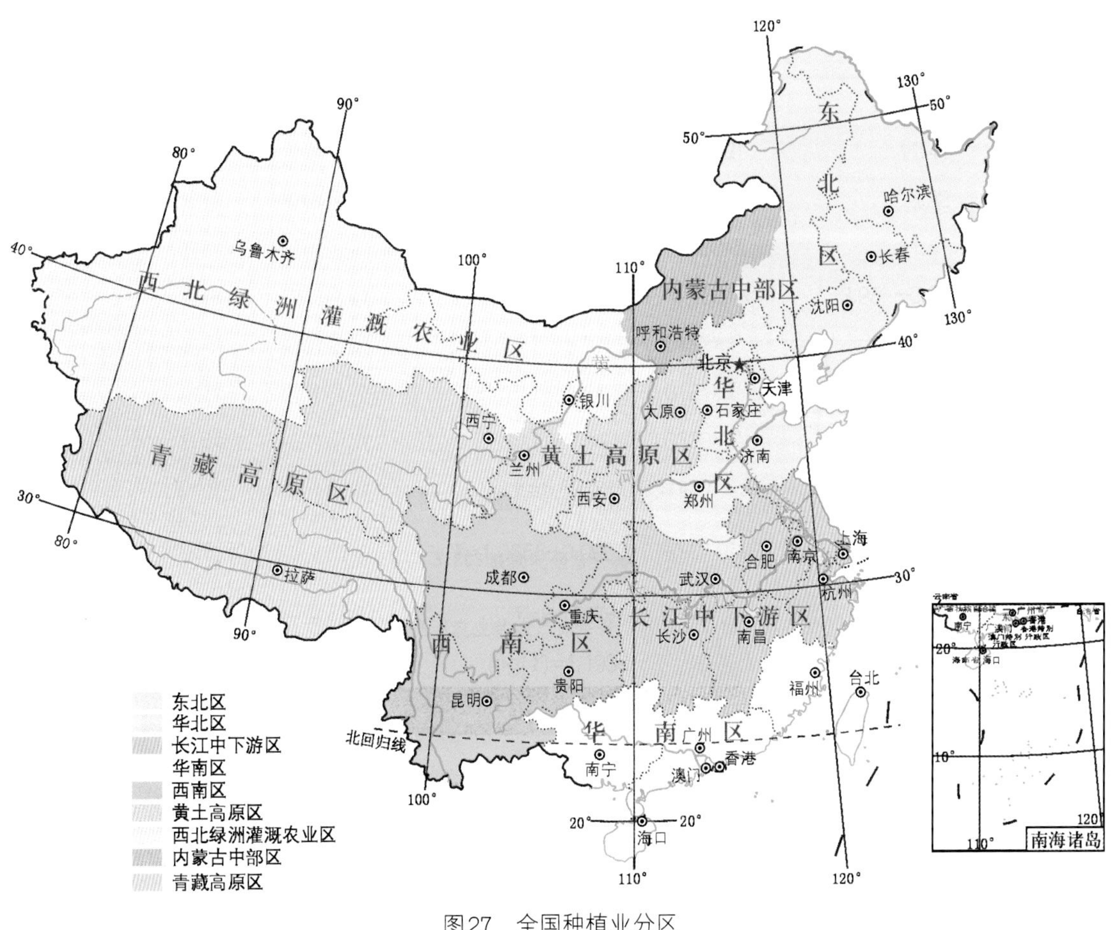

图27　全国种植业分区

(2) 华北区

华北区包括北京、天津、河北、山东、河南5省（直辖市）。该区地处我国中纬度地带，地势低平，平原面积占全国平原总面积的1/3左右，是我国重要的粮、棉、油菜、饲生产基地。该区域城市密集，非农人口比重较大，2015年农业产值占地区生产总值的7.7%。水资源不足、地下水超采、耕地数量和质量下降是该区农业生产的主要限制因素，京津冀协同发展对该区域农业结构调整有特殊要求。2015年地区粮食作物种植面积占47.8%，经济作物占29.2%，饲料作物占23.0%。

结构调整方向：以稳定为主，适度调减，三元统筹。稳定小麦面积，完善小麦—玉米、小麦—大豆（花生）一年两熟种植模式，稳定蔬菜面积；在稳步提升粮食产能的前提下，适度调减华北地下水严重超采区小麦种植面积，改种耐旱耐盐碱的棉花和油葵等作物，扩种马铃薯、苜蓿等耐旱作物；扩大青贮玉米面积，统筹粮棉油菜饲生产，适当扩种花生、大豆、饲草。预计2025年粮食作物播种面积占比43.4%，经济作物

占28.6%，饲料作物占28.0%；2030年粮食作物播种面积占41.0%，经济作物占28.2%，饲料作物占30.8%。

(3) 长江中下游区

长江中下游区包括上海、江苏、浙江、安徽、江西、湖北、湖南7省（直辖市）。该区种植业以水稻、小麦、油菜、棉花等作物为主，粮食作物播种面积占全国20%，产量占全国30%，粮食作物占全区农作物播种面积的56%，是我国重要的粮、油、棉生产基地。同时，该区也是我国经济最发达的地区，城市化和工业与农业征地矛盾较为突出。该区水热资源丰富，河网密布、水系发达，但多湖泊、多洼地的地形及亚热带季风气候，导致该区洪涝灾害频发，对农业生产造成严重影响。

结构调整方向：稳定双季稻面积，稳定油菜面积，提升品质。稳定双季稻面积，推广水稻集中育秧和机械插秧，提高秧苗素质，减少除草剂使用，规避倒春寒，修复稻田生态；稳定油菜面积，加快选育推广生育期短、宜机收的油菜品种，做好茬口衔接；提升品质，选育推广生育期适中、产量高、品质好的优质籼稻和粳稻品种，高产优质的弱筋小麦专用品种；开发利用沿海沿江环湖盐碱滩涂资源种植棉花，开发冬闲田扩种黑麦草等饲（草）料作物。预计到2025年粮食作物播种面积占50.7%，经济作物占33.9%，饲（草）料作物占15.4%；到2030年粮食作物播种面积占48.0%，经济作物占33.4%，饲（草）料作物占18.6%。

(4) 华南区

华南区包括福建、广东、广西、海南4省（自治区）。该区不仅是我国重要的粮食生产基地，还是我国重要热带作物的生产基地。该区属热带、亚热带季风气候，气候温暖湿润，雨热同季。主要种植作物有水稻、旱稻、小麦、番薯、木薯、玉米、高粱等，经济作物主要有橡胶、甘蔗、麻类、花生、芝麻、茶等；该区的热带林木、热带水果、热带水产在我国农业生产中占有重要地位。珠三角城市群位于区内，区域人地矛盾突出，人口密度高，粮食消费量大，但粮食种植面积仅占全国10%，每年靠调入粮食平衡供求关系。

结构调整方向：稳定水稻面积、稳定糖料面积、扩大冬种面积。稳定双季稻面积，选育推广优质籼稻，因地制宜发展再生稻；稳定糖料面积，推广应用脱毒健康种苗，加强“双高”蔗田基础设施建设，推动生产规模化、专业化、集约化，加快机械收获步伐，大力推广秋冬植蔗，深挖节本、增效潜力；充分利用冬季光温资源，扩大冬种马铃

薯、玉米、蚕豌豆、绿肥和饲草作物等，加强南菜北运基地基础设施建设。预计到2025年，粮经饲种植面积比例调整为39.0∶46.3∶14.7；到2030年粮经饲种植面积比例调整为36.7∶45.3∶18.0。

（5）西南区

西南区包括四川、重庆、云南、贵州。该区位于我国长江、珠江等大江大河的上游生态屏障地区，地形复杂，山地、丘陵、盆地交错分布，垂直气候特征明显，生态类型多样，冬季温和，生长季长，雨热同季，适宜多种作物生长，有利于生态农业、立体农业的发展。年降水量800～1 600mm，无霜期210～340d，≥10℃积温3 500～6 500℃，日照时数1 200～2 600h。该区种植业主要以玉米、水稻、小麦、大豆、马铃薯、甘薯、油菜、甘蔗、烟叶、苎麻等作物为主，是我国重要的蔬菜和中药材生产区域。2015年粮经饲种植面积比例为46∶35∶19。农业发展主要制约因素是土地细碎，人地矛盾紧张，石漠化、水土流失、季节性干旱等问题突出，坡耕地比重大，不利于机械作业。

结构调整方向：以地定种，稳经扩饲，增饲促牧。稳定水稻、小麦生产，发展再生稻，稳定藏区青稞面积，扩种马铃薯和杂粮杂豆。推广油菜育苗移栽和机械直播等技术，扩大优质油菜生产。对坡度25°以上的耕地实行退耕还林还草，调减云贵高原非优势区玉米面积，改种优质饲草，发展草食畜牧业。发挥光温资源丰富、生产类型多样、种植模式灵活的优势，推广玉米—大豆、玉米—马铃薯、玉米—红薯间套作等生态型复合种植，合理利用耕地资源，提高土地产出率，实现增产增收。预计2025年粮经饲作物种植面积比例将达到41.7∶34.0∶24.3；2030年粮经饲作物种植比例将达到39.4∶33.4∶27.2。

（6）黄土高原区

黄土高原区包括山西、陕西、宁夏和甘肃中东部。该区大部分位于我国干旱、半干旱地带，土地广袤，光热资源丰富，耕地充足，人口稀少，增产潜力较大。但干旱少雨，水土流失和土壤沙化现象严重。年降水量小于400mm，无霜期100～250d，初霜日在10月底，≥10℃积温2 000～4 500℃，日照时数2 600～3 400h。是我国传统的春小麦、马铃薯、杂粮、春油菜、温带水果产区，2015年农作物播种面积占全国7.37%，粮经饲作物种植面积比例为48.8∶23.4∶27.8。该区农业发展主要制约因素是水资源短缺，农业生态脆弱。

结构调整方向：挖掘降水生产潜力，建立高效旱作农业生产结构。以推广覆膜技

术为载体，稳定小麦等夏熟作物种植，积极发展马铃薯、春小麦、杂粮杂豆种植，因地制宜发展青贮玉米、苜蓿、饲用油菜、饲用燕麦等饲草作物种植。积极发展特色杂粮杂豆，扩种特色油料，增加市场供应，促进农民增收。加强玉米、蔬菜、脱毒马铃薯、苜蓿等制种基地建设，满足生产用种需要。预计2025年粮经饲作物种植面积比例将达到44.3：23.2：32.5；2030年粮经饲作物种植面积比例将达到41.8：23.1：35.1。

（7）西北绿洲灌溉农业区

西北绿洲灌溉农业区包括新疆、内蒙古西部、宁夏北部和河西走廊地区。该区人少地多，种植业生产水平较高，是粮食输出类型区，是重要的优质棉花产区。属干旱半干旱型气候，降水稀少，年均降水量小于300mm，蒸发强烈，沙漠化、盐碱化过程强烈，农业生态环境脆弱。地均水资源偏少，土地资源丰富，进一步开发潜力大。2015年农作物播种面积占全国4.84%，粮经饲作物种植面积比例为29.4：50.9：19.7。该地区主要制约因素是水土矛盾突出，水资源开发利用率过高易，导致生态环境问题。

结构调整方向：以水定地、以地定种，建立节水型农业生产体系。发挥新疆光热和土地资源优势，推广膜下滴灌、水肥一体等节本增效技术，积极推进棉花机械采收，稳定棉花种植面积。推进棉花规模化种植、标准化生产、机械化作业，提高生产水平和效率。发展饲（草）料生产，推行草田轮作，保护山区草场，促进牧业发展。预计2025年粮经饲作物种植面积比例将达到26.3:48.7:25.0；2030年粮经饲作物种植面积将达到24.5:47.6:27.9。

（8）内蒙古中部区

内蒙古中部区包括内蒙古呼和浩特、包头、锡林郭勒盟、乌兰察布市。该区以内蒙古高原中温带半干旱草原为主体，自然条件具有明显过渡性特征，气候冷凉，降水偏少，水资源短缺，草原辽阔，耕地、林地相对偏少，农业以畜牧业为主，强调农牧结合。在现有农业结构中，经济作物仅占22.9%，粮食和饲料作物占77.1%。

结构调整方向：以草定畜，加快优质人工饲（草）料发展，扩大植被覆盖，改善生态环境。扩大马铃薯、谷子、高粱等耐旱粮食作物和人工牧草种植，提倡休闲轮作制。预计，到2025年粮经饲（草）作物播种面积比例将达到40.7：22.7：36.6；2030年粮经饲（草）作物播种面积比例将达到38.4：22.6：39.0。

（9）青藏高原区

青藏高原区包括青海、西藏。该区位于有“世界屋脊”之称的青藏高原上，地势较高，

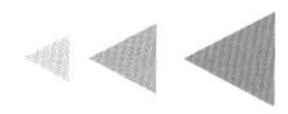

大部分地区海拔在3 000～5 000m。受温度影响，种植业主要分布在4 700m以下地区。地广人稀，光照资源丰富，但热量不足。土地利用结构以草原为主，耕地数量少但分布较为集中。农业以畜牧业为主，生产经营方式较为粗放，人均粮食占有量低。该区农林牧业都具有高寒地区的共同特点，耐寒能力较强。在种植业结构中，青稞、小麦、豆类、油菜面积最大。2015年粮经饲作物种植面积比例为42.8∶34.8∶22.4。

结构调整方向：突出国家安全、生态屏障和民族文化传承功能，改造传统农业，发展粮、饲、草兼顾型农业，推进农牧结合。应发挥高寒地区的资源优势，逐步提高粮食（青稞）自给水平，同时注意农牧结合，在农区种植牧草；在保证畜牧业发展和生态安全的基础上，充分利用高原地区野生动植物资源，发展高原特色农业。预计2025年粮经饲作物播种面积比例将达到38.7∶33.8∶27.5；到2030年粮经饲作物播种面积比例将达到36.5∶33.2∶30.3。

（三）畜牧业结构优化方案

1. 畜产品未来安全需求

（1）猪肉

猪肉是中国最主要的肉类品种。长期以来，我国猪肉的生产与需求基本处于平衡状态，“十二五”期间我国猪肉进口量仅占消费量的1%左右，我国猪肉消费主要靠国内供应。2015年我国猪肉产量5 460万t，猪肉消费量5 545万t。随着我国经济发展进入新常态，受人口老龄化的影响，我国猪肉消费量增速将放缓。“十二五”期间中国猪肉产量年均增长1.6%，较“十一五”时期增速下降0.6个百分点，生猪出栏年均增长1.2%，较“十一五”时期增速下降0.8个百分点。其中，2011年和2015年猪肉产量同比分别减少0.2%和3.3%。

预计未来我国猪肉消费量将稳中有增。2020年我国猪肉消费量将达到5 880万t。“十四五”期间，受人口增加和收入提高等因素影响，猪肉消费增速加快，供需略偏紧，进口规模扩大。2025年猪肉消费量达到6 320万t。2030年前后我国猪肉消费量将达到高峰，猪肉消费量将达到6 550万t。

（2）禽肉

禽肉是中国第二大消费肉类，占肉类总消费的20%以上。2015年我国禽肉产量1 826万t，同比增加4.3%；进口量40.88万t，同比减少13.3%；人均占有量13.2kg，

同比增加3.1%。2000年以来，我国禽肉生产规模化、标准化、专业化程度不断提升，产量稳步增加，年均增长2.0%；禽肉进出口先增后减，累计净出口2.80万t；随着人口增长和城镇化发展，禽肉消费稳步增加，人均占有量年均增长1.3%。禽肉饲料转化率高，从品质来说属于对人体健康比较有利的白肉，家禽粪便处理成本低，是未来我国畜牧业发展的重点。

预计到2020年禽肉消费量1 961万t。2025年产量将达到2 124万t，人均占有量15.0kg，到2030年我国禽肉将达到2 230万t。我国禽肉进出口总量将保持基本平衡，进口禽肉及其杂碎，出口加工禽肉，年进出口量基本维持在50万～100万t。

（3）牛羊肉

中国是牛羊肉生产大国，牛肉和羊肉产量分别居世界第三位和第一位。2015年，牛肉和羊肉产量分别为700万t、441万t，较2014年分别增长1.6%、2.9%，呈现稳步增长势头；牛肉价格稳定，羊肉价格回落；牛肉进口增幅较大，羊肉进口下降。“十二五”以来，牛羊肉生产稳步增长，需求增速放缓，牛肉价格高位趋稳，羊肉价格高位震荡，牛肉进口持续增加，羊肉进口连增后下降。2016年，牛肉产量715万t，同比增长2.2%，羊肉440万t，基本保持稳定，由于国内羊肉市场近两年受损，产量比2015年小幅下调。“十三五”期间，我国将大力发展草食畜牧业，牛羊肉科技支撑力度不断加大，产量有望稳步增长，预计2020年牛肉和羊肉产量分别为785万t、510万t。“十四五”期间，牛羊肉综合生产能力继续提升，预计2025年牛肉和羊肉产量分别为850万t、560万t，进口量分别为105万t、30万t。

规模化程度提高，产量稳步增加。随着生产扶持力度的不断加大，2016年牛肉产量继续稳步增加，同比增长2.2%；由于2015年羊肉价格下跌，养羊户不同程度亏损，导致部分养殖户退出，预计羊肉产量将停滞甚至减少。“十三五”期间，我国将深入推进农业供给侧结构性改革，大力发展草食畜牧业，形成粮草兼顾、农牧结合、循环发展的新型种养结构，牛羊肉科技支撑力度不断加大，产量有望稳步增长，预计2020年牛肉和羊肉产量较2015年分别增长12.1%、15.6%。“十四五”期间，随着草食畜牧业生产方式的加快转变以及多种形式新型经营主体的进一步发展，我国牛肉和羊肉产量将继续稳步增长，预计2025年分别为850万t、560万t，较2020年分别增长8.3%、9.8%。

消费继续增加，品质需求提升。受人口增长和城乡居民肉类消费结构及消费偏好变化的影响，2016年牛肉消费量为768万t，同比增长2.8%，羊肉消费量为

463万t，保持稳定。“十三五”期间，随着居民收入水平的提高和城镇化步伐的加快，牛羊肉消费持续增长，到2020年，牛肉和羊肉消费量分别为860万t、535万t，较2015年增长15.1%、15.6%，年均增长率均为2.9%。“十四五”期间，随着生产方式转变，产业升级加快，高品质牛羊肉产品的供应将逐渐满足居民需求的升级，到2025年，牛肉、羊肉消费量分别为954万t、590万t，较2020年分别增长11.0%、10.3%。考虑到2030年前后我国人口将达到高峰后开始减少，国外进口潜力不大，2030年我国牛肉和羊肉消费量将分别为1 000万t和620万t，牛肉和羊肉进口量将分别达到150万t和60万t。

（4）禽蛋

禽蛋是中国居民日常生活必需品，是重要的菜篮子产品。近30年来我国禽蛋产业取得了巨大成就，产量年均增长7.8%，产量位居世界第一，占世界禽蛋总量的40%左右。2015年，在饲料成本降低、养殖效益尚可、疫病风险管控好等有利因素作用下，禽蛋产量增长明显，达到2 999.00万t；消费量2 985.10万t，同比增长3.2%。

随着供给侧结构性改革的深入，畜禽养殖结构不断优化升级，规模化、标准化、生态化的产业格局将逐步形成，我国禽蛋生产稳步发展，产量继续稳步增加；同时在全面小康社会建成以及城镇化水平明显提升的拉动下，居民食物消费水平明显提升；预计2020年禽蛋产量和消费量分别为3 142.66万t和3 132.81万t，比2015年分别增长4.8%和4.9%。2020—2030年，在养殖技术进步、品种明显改良、重大畜禽疫病不出现等条件下，禽蛋生产将保持增长态势，同期居民消费水平大幅提升，预计2025年产量和消费量分别为3 291.35万t和3 278.65万t，2030年我国禽蛋年产量和消费量分别为3 357.17万t和3 344.22万t。禽蛋出口量保持在15万t左右。

（5）奶制品

中国是世界奶制品第三大生产国、第一大进口国。2015年，我国奶制品产量达到3 890万t，同比增加1.0%，约占世界产量的5.0%；消费量5 010万t，同比减少3.2%；进口奶制品161万t（折合原料奶1 110万t），同比下降11.1%，进口量约占世界总贸易量的15.6%。

在生产方面，随着农业结构性改革的深入、“粮改饲”的推进以及优质畜牧饲（草）料的发展，我国奶业将在徘徊中趋于稳定，2020年将达到4 200万t，比2015年增长8.0%。2020年后，伴随奶业转型升级和现代奶业产业体系的建立，2025年奶制品产量将达到4 500万t，受“走出去”战略的影响，2030年国内奶制品产量将稳定在

4 500万t左右。

在消费方面，伴随城乡居民生活水平提高、城镇化推进、全面二孩政策放开和学生饮用奶计划的推广，我国奶制品消费将保持快速增长态势，预计2020年将达到5 758万t，比2015年增长14.9%。展望后期，受消费结构升级和消费品质提升影响，2025年将达到6 320万t，2030年将达到6 636万t。

2016年，奶制品进口量（折鲜量）为1 295万t，同比增长16.6%。受需求提升和内外价差的双重驱动，我国奶制品进口仍将增加，2020年将达到1 588万t，比2015年增长43.1%，2025年达到1 880万t，比2015年增长69.4%。其中鲜奶、乳酪和奶粉预计成为进口增长较快的奶制品。

2．基于种养协调的畜禽养殖业空间布局方案

在测算耕地消纳粪便能力和各区域畜禽养殖规模上限的基础上，制定促进种养协调发展的各地区畜禽养殖业空间布局调整方案。

（1）测算方法与参数

①畜禽粪便耕地负荷量估算及预警估算。畜禽粪便耕地负荷量是指耕地消纳畜禽粪便的处理程度。由于畜禽粪便肥效养分差异较大，耕地对不同粪便的消纳量有较大差异。依据环境保护部生态司建议，农户对猪粪的耕地施用量较容易掌握，故宜将畜禽粪便换算成猪粪当量。根据各畜禽粪便对应的猪粪当量换算系数不同，将其统一换算成猪粪当量后叠加求和，其计算公式如下：

$$q=\frac{Q}{S}=\sum\frac{XT}{S}$$

式中，q为单位耕地面积畜禽粪便猪粪当量负荷量，t/（hm^2·年）；Q为各类畜禽粪便猪粪当量产生量，t/年；S为计算年份有效耕地面积，hm^2；X为各类畜禽粪便量，t/年；T为各类畜禽粪便换算成猪粪当量的换算系数。

对于畜禽粪便耕地承载力预警程度先采用畜禽粪便猪粪当量负荷警报值来分级，再根据具体区域做出科学分析与合理评价。本书采用以下思路来计算表征耕地畜禽粪便预警：

分区畜禽粪便负荷量警报值＝单位耕地面积畜禽粪便猪粪当量负荷／耕地理论最大适宜粪便承载量

研究表明，区域畜禽粪便负荷量警报值与环境承受程度呈反比，即随着数值的增大，环境对畜禽粪便的承受能力逐渐降低，从而使得畜禽粪便对环境造成的污染威胁性越大，若高出这一水平就会引起土壤富营养化，从而对环境产生影响。本书所采用的畜禽粪便耕地理论最大适宜粪便承载量以40t/(hm^2· 年）作为耕地理论最大适宜粪便承载量，通过对全国各分区耕地负荷警报值的计算并参照畜禽粪便负荷警报分级方法（表41)，来分析全国各分区畜禽粪便对环境造成的压力及潜在影响。

表41 畜禽粪便负荷警报分级

警报值	<0.4	0.4~0.7	0.7~1.0	1.0~1.5	1.5~2.5	>2.5
分级级数	Ⅰ	Ⅱ	Ⅲ	Ⅳ	Ⅴ	Ⅵ
对环境的威胁性	无	稍有	有	较严重	严重	很严重

②参数确定。将猪、牛、羊和家禽的存栏量畜禽养殖量看作当年相对稳定的饲养量，采用存栏量、饲养周期与日排泄系数计算粪便产生量。本书所用的各类畜种粪便日排泄系数、猪粪当量系数均采用环境保护部公布的数据（表42)。

表42 各类畜种粪便日排泄系数及粪便猪粪当量系数表

指标	牛粪	牛尿	猪粪	猪尿	羊粪	家禽粪
日排泄系数(kg/d)	20.0	10.0	2.0	3.3	2.6	0.125
N含量(%)	0.45	0.80	0.65	0.33	0.80	1.37
猪粪当量换算系数	0.69	1.23	1.00	0.51	1.23	2.11

③畜禽粪便年产生量估算。依据畜禽数量、饲养周期和饲养周期内不同种类畜禽的排泄系数，采用以下方法计算畜禽粪便年产生量：

各类畜禽粪便年产生量=畜禽存栏量×饲养周期×各类粪便排泄系数/1000

一般情况下，猪、牛、羊和家禽的平均饲养周期分别为199d、365d、365d和210d。

（2）数据来源

将猪、牛、羊和家禽看作全国畜禽养殖的主要畜禽种类，由于部分区、市缺乏对养殖数量较少的其他畜禽种类的相关统计，因此以这4种畜禽种类为研究对象进行计算。各类畜禽存、出栏量及耕地面积数据来源于《中国统计年鉴2014》，各类畜禽参数来源

于《全国规模化畜禽养殖业污染情况调查及其防治对策》，分级标准来源于上海市农业科学研究院1994年《家畜粪便耕地负荷分级标准研究》。

（3）结果分析与评价

①总体分析。根据上述计算方法，对全国各省（自治区、直辖市）的畜禽粪便产生量及耕地负荷分区域进行计算，分别得到了各分区的单位耕地面积猪粪当量负荷平均值和各单位耕地面积猪粪当量负荷警报值平均值，如表43所示。依据计算结果，得到全国畜禽粪便单位耕地面积猪粪当量负荷总平均值为12.88，单位耕地面积猪粪当量负荷警报值总平均值为0.32，总体级别为Ⅰ级，表明现阶段畜禽粪便的排放对全国整体环境无影响。华北区、华南区的单位耕地面积猪粪当量负荷警报值等级为Ⅱ级，对环境稍有影响，而其他区域对环境无威胁。

②畜种结构、单位耕地面积猪粪当量负荷警报值及其等级分析。分区域如表44所示，东北区单位耕地面积猪粪当量负荷警报值平均值为0.20，其单位耕地面积猪粪当量负荷警报值等级为Ⅰ级，整体对环境无威胁；华北区中北京市单位耕地面积猪粪当量负荷警报值等级达到Ⅳ级，对环境产生较严重的影响，其主要原因是北京有效耕地面积少，但猪和家禽的养殖量较大，畜禽粪便年产生量较多，对环境的负荷和压力就较大。河南省是农业大省，其主要畜种为猪、牛和羊，单位耕地面积猪粪当量负荷警报值等级达到Ⅱ级，对环境稍有影响。天津市主要养殖猪和家禽，其中家禽养殖量最大，计算得到该市畜禽粪便对环境稍有影响，在后期管理与规划中应该削减家禽的养殖量或将部分家禽运往还有养殖容量的地区养殖，从而减少对环境的压力。

（4）调整方案

从我国畜禽粪便耕地负荷量测算结果来看，各区结果差异较大，有的已经超过了最高负荷。本书以畜禽粪便猪粪当量耕地负荷16t/hm^{2}作为标准计算，畜禽粪便中的氮损失按照30%计算，各区需要调增或调减的畜禽养殖规模测算结果分别如表43、表44所示。

计算结果显示：华南区需要调减的量最大，需要调减2 975.0万头猪当量；可增加量最大的区域为东北区，增加量为25 345.2万头猪当量。从分省情况来看，需要调减畜禽养殖规模的有北京、天津、辽宁、河南、江西、湖南、福建、广东、广西、海南、四川、云南和陕西；其余省份（自治区、直辖市）有增加潜力，畜禽养殖量可增加量最大

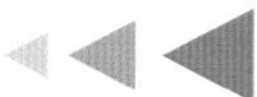

的省份是黑龙江，数量为16 863.6万头猪当量。

表43　全国分区畜禽粪便规模调整方案

单位：t/hm²，万头

序号	名称	单位耕地面积猪粪当量负荷平均值	单位耕地面积猪粪当量负荷警报值平均值	单位耕地面积猪粪当量负荷警报值等级	养殖规模调整量（猪当量增减数量）
1	东北区	8.14	0.20	Ⅰ	+25 345.2
2	华北区	17.22	0.43	Ⅱ	−2 854.6
3	长江中下游区	13.62	0.34	Ⅰ	+6 122.3
4	华南区	19.17	0.48	Ⅱ	−2 975.0
5	西南区	15.40	0.39	Ⅰ	+1 276.2
6	黄土高原区	8.34	0.21	Ⅰ	+9 410.5
7	西北绿洲灌溉农业区	8.60	0.21	Ⅰ	+3 269.3
8	内蒙古中部区	9.61	0.24	Ⅰ	+1 296.5
	全国	12.88	0.32	Ⅰ	+40 890.4

注：+号表示增加；−号表示减少。

表44　全国分省畜种粪便规模调整方案

分区	省份	畜种粪便量（存栏量）				猪粪当量总量（万t）	耕地保有量（万hm²）	单位耕地面积猪粪当量负荷（t/hm²）	单位耕地面积猪粪当量负荷警报值	单位耕地面积猪粪当量负荷等级	粪便规模调整量（猪当量增减数量，万头）
		猪（万头）	牛（万头）	羊（万只）	家禽（万只）						
东北区	辽宁	1 457.5	384.6	908.7	44 726.9	7 692.4	460.1	16.72	0.42	Ⅱ	−351.8
东北区	吉林	972.4	450.7	452.9	16 527.1	5 407.7	606.7	8.91	0.22	Ⅰ	+4 578.0
东北区	黑龙江	1 314.1	510.7	895.7	14 546.1	6 358.2	1 387.1	4.58	0.11	Ⅰ	+16 863.6
东北区	内蒙古东四盟	495.2	409.5	2 421.2	388.7	5 207.2	575.2	9.05	0.23	Ⅰ	+4 255.4
华北区	北京	165.6	17.5	69.4	2 128.4	472.5	11.1	42.68	1.07	Ⅳ	−314.5
华北区	天津	196.9	29.3	48.0	2 793.2	608.0	33.4	18.20	0.46	Ⅱ	−78.3
华北区	河北	1 865.7	412.5	1 450.1	37 804.7	8 238.9	605.3	13.61	0.34	Ⅰ	+1 540.3
华北区	山东	2 849.6	503.6	2 235.7	61 327.6	11 997.3	752.5	15.94	0.40	Ⅰ	+46.0
华北区	河南	4 376.0	934.0	1 926.0	70 020.0	16 638.7	802.3	20.74	0.52	Ⅱ	−4 048.1

（续）

分区	省份	畜种粪便量（存栏量）				猪粪当量总量（万t）	耕地保有量（万hm²）	单位耕地面积猪粪当量负荷（t/hm²）	单位耕地面积猪粪当量负荷警报值	单位耕地面积猪粪当量负荷等级	粪便规模调整量（猪当量增减数量，万头）
		猪（万头）	牛（万头）	羊（万只）	家禽（万只）						
长江中下游区	上海	143.9	5.9	30.5	955.4	263.8	18.8	14.03	0.35	Ⅰ	＋39.4
	江苏	1 780.3	30.7	417.5	30 599.6	4 278.1	456.9	9.36	0.23	Ⅰ	＋3 228.6
	浙江	730.2	15.0	113.4	7 518.2	1 384.7	187.9	7.37	0.18	Ⅰ	＋1 726.4
	安徽	1 539.4	164.6	688.3	23 860.0	4 714.4	582.4	8.09	0.20	Ⅰ	＋4 902.8
	江西	1 693.3	313.3	58.2	22 032.1	5 214.3	292.7	17.81	0.45	Ⅱ	－565.1
	湖北	2 497.1	361.3	465.7	35 098.4	7 502.6	482.9	15.54	0.39	Ⅰ	＋237.8
	湖南	4 079.4	471.7	546.1	32 105.8	9 590.5	397.1	24.15	0.60	Ⅱ	－3 447.5
华南区	福建	1 066.2	67.3	127.7	11 048.7	2 299.1	126.3	18.20	0.45	Ⅱ	－295.8
	广东	2 135.9	242.3	41.5	32 457.5	5 843.7	247.9	23.57	0.59	Ⅱ	－1 998.6
	广西	2 303.7	445.9	202.6	31 330.4	7 417.6	436.4	17.00	0.42	Ⅱ	－463.4
	海南	401.1	84.2	66.7	5 253.7	1 347.5	71.5	18.85	0.47	Ⅱ	－217.2
西南区	四川	4 753.2	574.2	1 576.4	39 496.1	12 247.9	614.9	19.92	0.50	Ⅱ	－2 566.4
	重庆	1 450.4	148.6	225.6	13 678.9	3 460.2	584.5	5.92	0.15	Ⅰ	＋6 274.6
	云南	2 625.3	756.8	1 057.4	12 498.1	9 228.3	419.1	22.02	0.55	Ⅰ	－2 686.9
	贵州	1 559.0	536.0	354.7	8 402.8	5 901.3	383.8	15.38	0.38	Ⅰ	＋255.0
黄土高原区	山西	485.9	101.1	1 001.5	8 857.7	2 546.9	360.9	7.06	0.18	Ⅰ	＋3 437.4
	陕西	846.0	146.8	701.9	6 733.6	2 802.6	63.9	43.86	1.10	Ⅳ	－1 895.7
	宁夏	33.9	44.7	145.4	0	449.4	299.4	1.50	0.04	Ⅰ	＋4 622.7
	甘肃中东部	467.6	363.2	937.2	2 659.5	3 811.4	428.7	8.89	0.22	Ⅰ	＋3 246.1
西北绿洲灌溉农业区	新疆	294.5	396.9	3 995.7	5 080.8	618.6	105.0	5.89	0.15	Ⅰ	＋1 130.3
	内蒙古	97.9	38.5	148.4	291.9	490.2	41.5	11.81	0.30	Ⅰ	＋185.1
	宁夏	28.4	34.3	289.5	0	492.6	68.3	7.21	0.18	Ⅰ	＋639.2
	甘肃河西走廊	195.3	133.9	973.0	1 314.9	1 962.2	199.8	9.82	0.25	Ⅰ	＋1 314.7
内蒙古中部区		102.0	237.5	133.4	597.7	1 832.1	190.6	9.61	0.24	Ⅰ	＋1 296.5

注：＋号表示增加；－号表示减少。

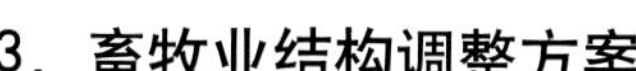

3. 畜牧业结构调整方案

（1）畜牧业结构调整的总体目标

构建与资源、环境和市场需求相适应的畜禽产业结构，根据资源与环境承载力确定我国肉蛋奶的生产规模，大力发展家禽、草食畜等节粮型畜牧业，适度从国外进口，满足国内供应不足和居民多样化的市场需求。优化我国畜禽养殖业区域布局，推动我国畜禽养殖业从环境承载力弱的区域向环境承载力强的区域转移，大力推动种养集合，促进种植和养殖主体结合、种植区域和养殖区域结合。优化产品结构，积极推广标准化健康养殖方式，加强科技创新，降本增效，不断提高畜禽养殖业发展水平。到2030年，我国猪肉、禽肉、牛、羊肉、禽蛋和奶类产量分别达到6 095万t、2 313万t、972万t、653万t、3 357万t和4 700万t。

（2）畜牧业调整方案

①产品结构调整方案。资源、环境是我国畜禽养殖业结构调整需要考虑的重要因素。牧区牛羊肉生产受草畜平衡的制约产量可能进一步调减，农区草食畜牧业具有一定发展空间，但发展潜力不大，主要原因：一是比较效益不如猪和禽，二是中澳、中新自贸区签订之后的进口产品大量输入会影响国内产业发展。因此，猪和禽将是未来我国发展的重点，应稳定生猪生产，扩大肉鸡生产，大力发展肉牛、奶牛、肉羊等草食畜的生产（表45）。

表45 全国畜禽产品结构调整方案

单位：万t，%

品种	现状（2015年）		2025年		2030年	
	产量	比重	产量	比重	产量	比重
肉类	8 453	100.0	9 605	100.0	10 033	100.0
猪肉	5 487	64.9	5 962	62.1	6 095	60.8
牛肉	700	8.3	892	9.3	972	9.7
羊肉	441	5.2	590	6.1	653	6.5
禽肉	1 826	21.6	2 162	22.5	2 313	23.1
奶类	3 870	100.0	4 500	100.0	4 700	100.0
禽蛋	2 999	100.0	3 291	100.0	3 357	100.0

②区域调整方案。根据我国区域环境承载力情况，2013年全国各地市级畜禽养殖业环境风险评价及调整情况测算结果如表46所示，根据测算结果提出我国畜禽养殖业优化调整方案如下：京广、京哈铁路沿线，南方水网地区调减畜禽养殖规模；黄淮海地区优化内部区域布局，其中山东需要调减西部地区养殖总量；推动京哈铁路沿线畜禽养殖向腹地转移，京广铁路沿线畜禽养殖密集区向京九铁路沿线转移。

表46　2013年全国各地市级畜禽养殖业环境风险评价及调整方案

数量	地级市名称	畜禽类便耕地负荷对应等级	对环境威胁性	调整方案
1	潍坊市	Ⅵ	很严重	调减养殖规模
16	德州市、曲靖市、重庆市、石家庄市、菏泽市、徐州市、济宁市、南阳市、哈尔滨市、临沂市、驻马店市、永州市、红河哈尼族彝族自治州、玉林市、文山壮族苗族自治州、南宁市	Ⅴ	严重	调减养殖规模
39	盐城市、邯郸市、唐山市、聊城市、常德市、大理白族自治州、赣州市、青岛市、滨州市、喀什地区、衡阳市、铁岭市、邵阳市、茂名市、沈阳市、吉安市、襄阳市、承德市、商丘市、沧州市、齐齐哈尔市、桂林市、达州市、黄冈市、保定市、济南市、昆明市、周口市、玉树藏族自治州、泰安市、遵义市、宜春市、日喀则地区、楚雄彝族自治州、湛江市、南充市、锦州市、朝阳市、保山市	Ⅳ	较严重	调减养殖规模
40	岳阳市、昭通市、烟台市、张家口市、南通市、毕节市、成都市、绵阳市、海南藏族自治州、怀化市、衡水市、平顶山市、临沧市、普洱市、百色市、乌兰察布市、张掖市、云浮市、开封市、郴州市、肇庆市、呼和浩特市、佳木斯市、信阳市、娄底市、抚州市、钦州市、益阳市、东营市、廊坊市、河池市、恩施土家族苗族自治州、榆林市、宜宾市、巴中市、昌吉回族自治州、邢台市、洛阳市、贵港市、阿克苏地区	Ⅱ	有	优化内部区域布局
67	黔东南苗族侗族自治州、果洛藏族自治州、许昌市、海北藏族自治州、宿迁市、黔南布依族苗族自治州、铜仁市、枣庄市、阜新市、德阳市、泸州市、新乡市、和田地区、平凉市、宜昌市、孝感市、南昌市、秦皇岛市、淮安市、玉溪市、黔西南布依族苗族自治州、包头市、资阳市、柳州市、丽江市、大连市、上饶市、江门市、拉萨市、十堰市、广元市、株洲市、梅州市、嘉兴市、大庆市、日照市、黄南藏族自治州、宿州市、广安市、酒泉市、淄博市、双鸭山市、安顺市、庆阳市、咸阳市、荆门市、乐山市、黑河市、牡丹江市、来宾市、阜阳市、佛山市、山南地区、清远市、宝鸡市、杭州市、衢州市、眉山市、长春市、遂宁市、湘潭市、安阳市、内江市、葫芦岛市、巴音郭楞蒙古自治州、威海市、固原市	Ⅱ	稍有	优化内部区域布局

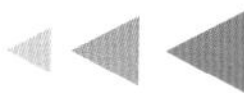

（续）

数量	地级市名称	畜禽粪便耕地负荷对应等级	对环境威胁性	调整方案
119	随州市、三门峡市、连云港市、定西市、荆州市、郑州市、忻州市、崇左市、湘西土家族苗族自治州、陇南市、鞍山市、临夏回族自治州、濮阳市、惠州市、海东市、自贡市、六盘水市、泰州市、吕梁市、梧州市、漯河市、天水市、焦作市、海西蒙古族藏族自治州、贺州市、四平市、晋中市、渭南市、运城市、朔州市、金华市、阳江市、大同市、常州市、林芝地区、揭阳市、河源市、九江市、亳州市、北海市、扬州市、韶关市、白银市、咸宁市、安康市、六安市、德宏傣族景颇族自治州、汉中市、西双版纳傣族自治州、汕尾市、临汾市、雅安市、绍兴市、迪庆藏族自治州、张家界市、滁州市、萍乡市、怒江傈僳族自治州、丹东市、中卫市、吉林市、苏州市、长治市、晋城市、蚌埠市、汕头市、鹰潭市、合肥市、鸡西市、安庆市、延安市、抚顺市、攀枝花市、莱芜市、本溪市、黄石市、无锡市、防城港市、丽水市、新余市、商洛市、鹤壁市、镇江市、吐鲁番地区、伊春市、乌鲁木齐市、潮州市、太原市、辽阳市、鄂州市、石嘴山市、景德镇市、台州市、盘锦市、七台河市、铜川市、济源市、宣城市、淮北市、珠海市、中山市、通化市、黄山市、芜湖市、鹤岗市、池州市、大兴安岭地区、淮南市、辽源市、东莞市、延边朝鲜族自治州、阳泉市、马鞍山市、舟山市、乌海市、白山市、克拉玛依市、嘉峪关市、铜陵市	Ⅰ	无	重点发展区
9	福州市、龙岩市、南平市、宁德市、莆田市、泉州市、三明市、厦门市、漳州市	—	—	缺少数据

（3）分品种产业结构调整方案

①生猪。生猪产业是我国畜禽养殖业中最重要的组成部分，猪肉也是我国最重要的畜禽产品，生猪养殖业调整需要综合考虑环境承载力、资源禀赋、消费偏好和屠宰加工等各种因素，充分发挥区域比较优势，分类推进重点发展区、约束发展区、潜力增长区和适度发展区的建设，促进生猪生产与资源环境和市场协调发展。

河北、山东、重庆、广西、海南5省是重点发展区，该区域是我国生猪生产的核心区，其重点任务是依托现有发展基础，加快转型升级，提高规模化、标准化、产业化和信息化水平，加强畜禽粪便综合利用，完善良种繁育体系，加大屠宰加工能力，冷链物流配送体系建设，推进“就近屠宰、冷链配送”经营方式，提高综合生产能力和市场竞争力；开发利用地方品种资源，打造地方特色生猪养殖。

京、津、沪等大城市郊区和江苏、浙江、福建、安徽、江西、湖北、湖南、广东等南方水网地区是约束发展区。该区域受资源环境条件限制，未来需要保持养殖总量稳定。京津沪地区养殖量虽然小，但是规模化程度、生产水平处于全国前列，主要任务是：稳定现有生产规模，优化生猪养殖布局，加强生猪育种能力建设；推行沼气工程、种养一体化等生猪养殖综合利用模式，提高集约化生猪养殖水平和猪肉质量安全水平。南方水网地区重点要调整优化区域布局，超载地区要加快退出生猪养殖，推行生猪适度规模化养殖，提升设施装备水平；压缩生猪屠宰企业数量，淘汰落后屠宰产能，推动生猪规模化、标准化屠宰，提升屠宰设施设备水平；推行经济高效的生猪粪便处理利用模式，促进粪便综合利用。

东北四省区（辽宁、吉林、黑龙江和内蒙古）和云南、贵州两省是潜力增长区，该区域在环境承载力、饲料资源、地方品种资源等方面都具有优势，是未来我国生猪养殖业发展的重点区域，目前已经有一批大型养殖企业在东北地区建设了生产和加工基地，该区域重点建设一批高标准种养结合养殖基地，做大做强屠宰加工龙头企业，提升肉品冷链物流配送能力，实现加销对接。

山西、陕西、甘肃、新疆、西藏、青海、宁夏等西部省份是适度发展区，该地区地域辽阔，土地和农副产品资源丰富，优质玉米供应充足，农牧结合条件好，但是水资源短缺，市场规模小，该区域重点要推进适度规模养殖和标准化屠宰，大力发展农牧结合，发展生态养殖，突出区域特色，打造知名品牌，发展优质高端特色生猪产业。

②肉牛。巩固发展中原产区，稳步提高东北产区，优化发展西部产区，积极发展南方产区，保护发展北方牧区。加快推进肉牛品种改良，大力发展标准化规模养殖，强化产品质量安全监管，提高产品品质和养殖效益，充分开发利用草原地区、丘陵山区和南方草山草坡资源，稳步提高基础母牛存栏量，着力保障肉牛基础生产能力，做大做强肉牛屠宰加工龙头企业，提升肉品冷链物流配送能力，实现产加销对接，提高牛肉供应保障能力和质量安全水平。

③肉羊。巩固发展中原产区和中东部农牧交错区，优化发展西部产区，积极发展南方产区，保护发展北方牧区。积极推进标准化规模养殖，不断提升肉羊养殖良种化水平，提升肉羊个体生产能力，大力发展舍饲半舍饲养殖方式，加强棚圈等饲养设施建设，做大做强肉羊屠宰加工龙头企业，提升肉品冷链物流配送能力，实现产加销对接，提高羊肉供应保障能力和质量安全水平。

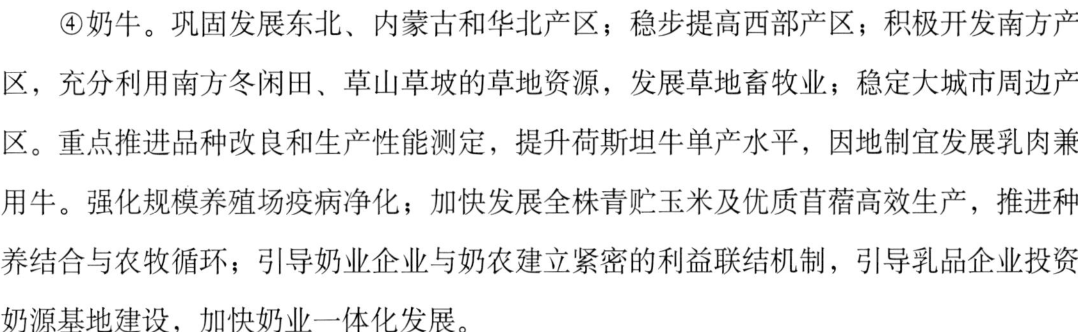

④奶牛。巩固发展东北、内蒙古和华北产区；稳步提高西部产区；积极开发南方产区，充分利用南方冬闲田、草山草坡的草地资源，发展草地畜牧业；稳定大城市周边产区。重点推进品种改良和生产性能测定，提升荷斯坦牛单产水平，因地制宜发展乳肉兼用牛。强化规模养殖场疫病净化；加快发展全株青贮玉米及优质苜蓿高效生产，推进种养结合与农牧循环；引导奶业企业与奶农建立紧密的利益联结机制，引导乳品企业投资奶源基地建设，加快奶业一体化发展。

⑤家禽。重点发展华北和长江中下游地区，适度发展城市周边产区。根据市场需要和区域环境承载力发展城市周边家禽养殖，提升家禽养殖规模化水平，降低生产成本，提高疾病防控能力。

（四）产业结构优化方案

1．大力发展农产品加工业

农产品加工业落后直接影响到农产品增值和农民收入。2015年全国规模以上农产品加工业企业主营业务收入达到19.36万亿元，农产品加工业与农业总产值比为2.2∶1。总的来看，我国农产品加工业仍然处于初级发展阶段，融合程度低、层次浅，附加值不高，具体表现在：一是农产品加工业总体能力与国外仍存在较大差距；二是缺乏适宜加工的农产品品种，专用加工原料基地建设滞后；三是农产品加工业的产品仍以初级加工品为主，产业链条短，副产物利用率低，加工增值能力尚有待提高；四是产地初加工水平低；五是主产区加工业落后；六是从农业服务业来看，存在服务档次低、效率低的问题。

扩大农产品加工业规模，提升发展技术含量，延长产业链条，满足城乡居民对健康、安全、优质食品的需求。争取2025年农产品加工业与农业总产值比达到2.7∶1，2030年提高到3.0∶1。主要途径是：积极引入“互联网+”和“工业4.0”思维，创新农产品加工生产模式和经营模式；加大农产品现代加工技术研究；鼓励副产品精深加工，提高综合利用率；加强加工专用型农产品研发和基地建设；完善农产品加工标准体系建设，提升产品质量。

2．推进设施农业发展

设施农业是一种受气候影响小，对土地依赖相对较弱，产量高、品质易于控制、经济效益高的现代农业，受到世界各国的高度重视。尤其是在人均资源相对不足的国家，

如荷兰、以色列和日本等国，设施农业成为发展现代农业的重要途径。我国人均资源少，保障食物安全的压力巨大，因此应发展设施农业，拓展农业空间，改变传统的露地农业为露地农业和设施农业并举的农业发展方式。

截至2015年底，我国设施园艺面积已达410.9万hm^2，总产值9 800多亿元，并创造了4 000多万个就业岗位；设施畜禽养殖比重不断提升，总产值达12 000亿元以上；设施水产养殖规模分别达193万hm^2（深水网箱养殖）和3 748万m^3（工厂化养殖），总产值达1 283亿元。设施农业以占全国不到5%的耕地获得了39.2%的农业总产值，在农业现代化进程中起到了举足轻重的作用。

我国设施农业取得了重要的技术进展，但与荷兰、以色列、日本、美国等发达国家相比，仍有较大差距。具体表现为：一是设施结构简陋、环控水平低。目前，我国90%以上的设施仍为简易型结构，单体规模小、环控水平低、抗灾能力弱，适宜于我国的大型化连栋温室、集约化养殖设施结构以及轻简化、装配化、智能化环境调控等关键技术亟待突破。二是机械化水平低、劳动生产率不高。设施农业机械化率仅为30%左右，人均管理面积仅为荷兰的1/4。三是产量低、生产效率不高。与发达国家相比，我国设施动植物产量仍较低，生猪出栏率低40%、奶牛单产低50%以上；番茄、黄瓜产量为10～30kg/m^2，仅为荷兰水平的1/4～1/3；水肥利用效率仅为荷兰水平的1/3～1/2。

设施农业发展总的趋势是向智能化、工厂化、节能化、高效化的方向发展。我国设施农业加快发展的主要途径：一是加强对设施农业科技创新的支持力度。重点突破设施光热动力学过程模拟、作物环境与营养响应机制、畜禽环境生物学机理及调控机制、养殖鱼类与水体环境互作机制等基础性难题，以及温室结构大型化、全程机械化和智慧垂直植物工厂技术，福利化健康养殖设施优化、机械化饲养管理与粪污处理技术，水产工厂化养殖水处理与智能化管控等一批重大关键技术，显著提升我国设施农业科技支撑能力。二是加大对设施农业专业人才的培养。我国设施农业从业人员绝大多数都是兼业农民，文化水平低、管理经验欠缺，产量与效益难以保障。国家应从战略层面出发，着力培养一批设施农业的职业农民、具有国际化视野的创新人才和国际化产业开拓人才。

3. 有序发展休闲观光农业

休闲观光农业作为一种新产业、新业态，在推动农业增效、农民增收、农村增绿方面，越来越展现出独特的产业优势和发展潜力，是推进农业供给侧结构性改革的有效路径。到2016年，全国的农家乐约200万家，全国休闲观光农业和乡村旅游示范县（市、区）、美丽休闲乡村分别达到328个和370个，全国休闲观光农业和乡村旅游年接待游客超过21亿人次，营业收入超过5 700亿元，从业人员845万人，带动672万户农民受益。

目前，我国休闲观光农业仍存在一些问题：一是过分关注眼前利益和局部利益；二是发展模式同质化，产品缺乏特色，恶性竞争现象普遍，缺乏发展动力，农民就业增收缺乏后劲；三是人力资本匮乏，经营管理落后；四是科技含量较低，产业融合度差；五是标准体系不健全，资金投入和监管力量不足。

休闲观光农业有序发展途径：一是以农为主，充分体现“农”性特征。休闲观光农业要始终坚持以农业为基础、农村为载体、农民就业增收为目标的发展思路。立足“农”做强六次产业，围绕“农”提升产品质量，依托“农”创立金字招牌。二是立足本地，发挥农民的市场主体地位。三是延长产业链，拓宽休闲观光农业产业发展空间。以创意农业为手段，将农业文化资源与种养加、产加销充分结合，在浓厚的乡土文化气息中融入现代农业高科技元素，以提高休闲观光农业产业附加值，拓展盈利空间。四是农业发展模式特色化，培育多元消费群体。除了休闲观光农业及乡村旅游，我国还在开展国家农业公园、特色小镇、国家农业产业园、农业文化遗产、特色农产品优势区等多种形式的乡村发展建设。

五、促进农业结构优化的政策建议

（一）发达国家和地区农业结构调整政策

1. 美国

(1) 农业结构调整的历史演进

第一阶段：完成了由农业大国向工业大国的过渡。自美国独立至1900年，由于英国的殖民政策，在美国整个产业中，农业始终占据第一位，比重远大于第二产业。同时，农业产业内部种植业与畜牧业并重（各占50%）。为进一步摆脱英国的殖民影响，20世纪初，美国开始制定相关政策法规，特别是对农产品加工工业加大扶持，进一步提升了工业的比重，初步完成了从农业国家向工业国家的过渡和转变。

第二阶段：农产品商品率不断提高。1900年至第二次世界大战期间，随着农产品加工工业的发展，依照自然条件，农业生产进一步专业化，形成了一些著名的生产带，如畜牧业主要集中在五大湖地区，小麦生产主要集中在中部地区，棉花生产主要集中在东南部地区。这种不同的区域分工使美国农业生产能够发挥比较优势，从而降低了生产成本。同时，美国农产品商品率不断得到提高，从1910年的70%提高到1930年的85%、1950年的91%。

第三阶段：农业生产率极大提高和农产品过剩。从第二次世界大战到20世纪90年代，美国农村逐步实现了农林牧渔综合发展、农工商运营一体化的现代农村产业结构，并形成了一个产前、产中、产后各个环节紧密联系的有机体系，完善了教育、科研和技术推广“三位一体”的农业科技推广体系。这使农业劳动生产率得到进一步提高，农业生产出现严重过剩，同时整个生态自然环境也进一步恶化。因此，又产生了限制生产的三项政策，即限耕、限售和休耕。这些政策的实施，在一定程度上缓解了粮食过剩的危机，保证了粮食市场的稳定持续发展。

第四阶段：扩大出口。20世纪90年代以来，随着生物技术的发展，美国农业的生产率又进一步提高，国内市场已经严重饱和，原有国内农业政策调整已经逐步失效。为此，美国政府大力开拓国际市场，千方百计为农产品出口创造条件，推动农产品出口。美国农业出口政策的战略性调整主要着眼于：调整农产品出口方向，把过去面向欧洲的出口重点，逐步转向面向亚非中等收入国家以及发展中国家；进一步大力提升高附加值农产品的比例；努力打破出口障碍，迫使别国降低农产品进口关税并减少农业补贴。这一系列政策的实施，在一定程度上解决了国内市场供大于求和农产品过剩的问题，同时为国内创造了大量的外汇收入和就业机会。

（2）农业结构调整的政策措施及效果

①通过国家农业立法、颁布农业政策保障农业的发展。美国国会先后制定了一系列有关农业的法律和政策，为指导农业发展建立了比较完整的政策体系与法律体系。就农业法律政策来说，主要包括《宅地法》《农业法》《农业调整法》《新农业法》等几百部有关农业的法律和农业信贷政策、资源保护政策、农业价格政策和收入支持政策、农产品贸易政策等，这一系列的政策为美国提高农业生产率、增加和稳定农场收入、提高社会福利和促进农村发展起到了保障作用。

②实施农业宏观调控。自20世纪30年代美国经济大萧条时期推行《农业法》以来，

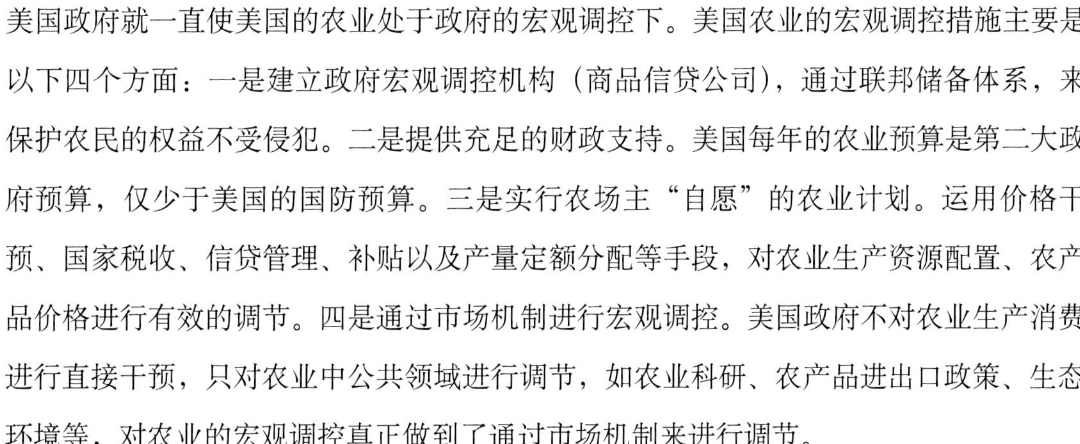

美国政府就一直使美国的农业处于政府的宏观调控下。美国农业的宏观调控措施主要是以下四个方面：一是建立政府宏观调控机构（商品信贷公司），通过联邦储备体系，来保护农民的权益不受侵犯。二是提供充足的财政支持。美国每年的农业预算是第二大政府预算，仅少于美国的国防预算。三是实行农场主“自愿”的农业计划。运用价格干预、国家税收、信贷管理、补贴以及产量定额分配等手段，对农业生产资源配置、农产品价格进行有效的调节。四是通过市场机制进行宏观调控。美国政府不对农业生产消费进行直接干预，只对农业中公共领域进行调节，如农业科研、农产品进出口政策、生态环境等，对农业的宏观调控真正做到了通过市场机制来进行调节。

③形成农业生产的区域化布局和贸工农一体化的组织格局。农业生产区域化布局是充分挖掘与利用好自然资源的禀赋特点，确定其生产的主要类型和方向，专门生产一种或几种农牧产品，形成比较优势。美国农业普遍采取集中生产、分散供应的模式，在全国形成了几个专业生产区。主要有东北部和“新英格兰”的牧草和乳牛带、中北部玉米带、大平原小麦带、南部棉花带、太平洋沿岸综合农业区。加利佛尼亚州以生产水果、蔬菜为主，畜牧业主要集中在五大湖地区，小麦生产主要集中在中部地区等。同时美国农场按照批发商订购合同只生产一种或几种农产品，单项品种日趋专业性。加工商按照批发商对农产品质量或规格要求进行加工，或只从事某一生产环节。最后由批发商通过批发市场组织销售，从而实现了贸工农一体化的组织格局。

④建立完善的农业社会化服务。美国的农业社会化服务体系比较健全，从教育、科研、推广，到生产资料购买、产品加工销售，到相关的保险信贷、信息咨询等，深入农业的各个方面。例如，美国政府通过农业的教育、科研和技术推广，形成了极有特色的“三位一体”的农业科技推广体系，这种“三位一体”的农业科技推广体系，真正做到了教育、科研、推广和生产的结合，相互促进，增强了工作的有效性。

2．欧盟

欧盟主要是通过欧盟共同农业政策促进农业生产和发展。1962年诞生的欧盟共同农业政策主要通过价格支持体系有效提升了欧盟农业生产力，并取得了显著的成效。1993年，欧盟农业政策改革从支持农业生产转变为更加关注农村发展，具体表现为从产品支持转向生产者支持，而且开始考虑加强对环境的保护。《2000年议程》进一步削减价格支持，通过发展生态农业、保护农业环境等措施，提出对农场进行直接收入补偿，加大农业的多功能开发，以促进农业和农村的可持续发展。到2008年，欧盟综合考虑环境

保护、动物福利和食品安全等因素，采取了与产量脱钩的农业补贴政策。2011年，欧盟委员会公布了欧盟共同农业政策改革新草案，提出了新的直接支付计划、市场化管理机制、农村发展和监督管理四大政策要素。2013年，欧洲议会通过了《2014—2020年共同农业政策改革法案》，将直接支付与环境措施挂钩，仅给予从事农业的农民，且杜绝双重支付，支持青年农民及小农，加强农民组织地位，食糖、葡萄种植及牛奶配额逐步取消。这使欧盟农业未来将朝着更加绿色、公平，更能适应市场挑战的方向发展。总体来看，欧盟对于农业结构调整政策措施表现在以下几方面，并取得了很好的政策效果。

（1）长期实行农业结构调整政策，扩大农业经营规模

除了英国，其余欧盟各国的农业以家庭经营为主，农业经营规模偏小，影响了农业的效率和竞争力。因此，为了促进农业发展，提高农业的竞争力，20世纪50年代以后，欧盟各国长期普遍实行了扩大农业经营规模的“农业结构政策”，使农业的经营规模不断扩大。

联邦德国从20世纪50年代开始实施大规模的“土地整理”。1954年，联邦政府颁布了《土地整理法》，县级以上政府都设立土地整理局，引导农户通过交换、买卖、出租等方式使地块相对集中，经营规模扩大。自1969年开始，给出售土地、长期出租土地、退出农业经营的农民发放专门的补助金。自1989年开始，在西部实施农民提前退休制度，鼓励老农提前退休，将土地集中到年轻的有生命力的农户手中。自1995年开始，德国东部新州也实施统一的农业保险制度。

英国从20世纪初即通过立法手段，促进农业经营规模扩大。为了克服封建土地所有制对土地流转和农业经营规模扩大的制约，英国政府先后通过立法确定农民的经营自主权、租金协议权和土地投资保护权，且佃户有权将自己与地主的冲突提交各邦农业委员会仲裁解决，这对于改善农民地位、促使大地主庄园制逐步解体发挥了主要作用。规定对进行合并的农场，政府给予50%的合并费用，对放弃农业经营的农场主，政府给予不高于2 000英镑的补偿，同时提供转业培训和资助，正是这一系列政策使英国的农场经营规模在1995年平均达到70.1hm^2，远高于欧盟十五国平均17.5hm^{2}的水平，成为欧盟农业经营规模最大的国家。

（2）扶持农业合作经济组织，促进农业产业化健康发展

由于欧盟各国不利的农业自然资源禀赋，经营规模偏小成为制约各国农业发展的重要因素。为了弥补这一不足，欧盟各国大力扶持农业合作经济的发展，使之在促进农业

产业化经营过程中发挥了重要作用。20世纪50年代以来，农业合作经济发展迅速，经营范围涵盖了农业的供、产、销，农产品加工、信贷、保险、社会化服务等各个环节，绝大多数农户进入了不同类型的农业合作社。有些农户同时参加多个合作社，甚至一些城镇居民也加入合作社。农业合作经济在降低市场风险、扩大农业经营规模、提供社会化服务、提高农业的市场竞争力和农业经营效益等方面发挥了积极作用。主要措施包括：

1867年，德国制订了第一部有关合作社的法律，以后又经不断修改和完善。合作社法对各类合作社的成员组成、经营宗旨、资金入股、经营原则等方面作出了明确规定，使合作社走上规范化的发展轨道。

为了鼓励农户参加合作社，政府对合作社在经济上实行优惠与扶持政策。如对合作社的利润实行减免税，合作社可以获得政府的贴息贷款。正是在一系列政策与法律的支持下，欧盟各国的农业合作经济得到了巨大的发展，在农业经济活动中占据了很大的份额。各国农业合作社在销售农产品、提供农业生产资料和农业贷款方面的份额分别为30%～85%、40%～60%、75%～95%。农业合作社的规模也不断扩大，许多农业合作社已发展为产值高达几十亿美元的大型跨国公司，极大地拓展了农业发展的空间，提高了农业的经营效益，为参加合作社的农户带来了可观的经济利益。

（3）实行农产品价格保护政策和收入补贴政策，提高农业经营者收入

欧盟各国由于农业规模总体偏小、农产品生产成本较高，为了保证农户利益，对农产品价格进行高强度的补贴。欧盟农产品价格支持政策的主要形式是农产品价格保护制度，政策法律依据是欧盟共同农业政策，实施的办法是每年4月初，欧盟各国的农业部长开会共同讨论制定农产品保证价格。当农产品供过于求、价格下跌时，农民可以按“保证价格”向政府出售农产品（20世纪70年代联邦德国的农产品“保证价格”仅比市场价格低3%左右）。政府将收购的粮食存入国家粮库，在农产品歉收、市场供不应求时投入市场，保证市场供应与粮价稳定。对于不易贮存的鲜活农产品，由政府收购后实行定量销毁或由农户直接销毁，政府给予补贴，以控制市场供给量。价格补贴的另一途径就是农业生产资料补贴。20世纪50年代，联邦德国政府对农民购买化肥给予12%～14%的价格补贴。1956—1963年，政府共支付18亿马克的化肥补贴。自1956年开始，政府对农民购买农业机器的燃料给予23%～50%的补贴，占农用燃料支出的1/3以上。欧盟除了各种农产品价格干预措施，还给予农户各种补贴，如月补贴、休耕补贴、出口补

贴、环保补贴以及对农民修建公共设施和住房等给予资助，同时给予农民税收优惠并建立农村社会保障制度，以提高农户的收入水平、缩小城乡收入差别。

（4）运用优惠的财政、金融政策支持农业结构调整

欧盟将财政、金融政策作为重要的调节手段，并且综合运用这两种政策工具，使其在农业结构调整过程中发挥了十分重要的作用。第一，财政手段主要有财政支出、税收优惠和向欧共体共同农业政策的缴款返还三种方式。20世纪60年代中期，联邦德国国家预算中用于农业的支出达到7%，而来自农业的所得仅为0.7%，二者之比为10∶1。随着国家经济实力的提高，预算支出中用于农业的拨款总额也在不断增加。到1979年，联邦德国政府农业预算支出比1959年增加了近10倍。法国在20世纪60年代中期，国家预算得自农业的收入与用于农业的预算支出之比也达到1∶5.5。第二，金融手段主要有利率优惠、贷款期限和用途。在优惠金融政策的支持下，欧盟各国的农业政策性金融事业发展迅速，农业投入不断提高。如法国农业信贷银行凭借政府的支持，资金实力日益雄厚，在全国设立了94家地区分行和3 000多家地方分行，基层办事处达到10 000多家。同时，农业信贷合作社实力不断增强，使法国平均每22户农民家庭就拥有一个信贷员，形成了遍布全国的农业信贷网络，充分满足了农业发展对信贷的需求。60年代以来，政府对符合政策要求和目标的农业信贷需求都给予优惠贷款，其利息由财政补贴。据1988年的统计，当年国家预算用于农业的利息补贴达39.7亿法郎，占当年优惠贷款利息补贴总额的28.2%。

3. 日本

日本是实行农业保护最早的国家之一。第二次世界大战后，通过一系列法律法规的制定和农业保护政策的出台，日本农业逐渐迈向现代化。20世纪60年代，日本国民生活水平不断提升，民众对农产品的需求越发多元化、高端化。日本国内粮食供需数量、品质和种类严重不对称，进口日趋增多，自给率呈下降趋势。1980—2012年，日本谷物自给率从33%降到27%，热量自给率从53%降到39%。由于国内产出不能满足消费者需求的增长，日本对农产品进口采取“有保有放”的策略，即对主要由日本出产、对于粮食安全具有核心作用的农产品实行严格的进口限制，而对玉米、大豆及其他农产品实行自由贸易，采取完全开放的进口策略。

（1）通过土地制度改革促进规模经营

第二次世界大战以后，日本通过土地制度改革，逐步建立起以农户家庭经营为主

的土地制度。随着经济的发展，规模狭小的农地家庭经营模式越来越不适用农业发展的需要。为此，日本对农地政策进行调整。日本农地政策的基本趋向是促进农村土地流转与集中，以此扩大农户经营规模。日本1961年出台的《农业基本法》明确把以调整土地经营规模为中心的“结构政策”摆在农业政策的首位，其后又通过一系列的法律来促进农户经营规模的扩大。1962年、1970年和1982年分别对《农地法》进行了修改，1980年日本政府颁布了《农地利用增进法》，1995年出台《经营基础强化法》，这些法律有一个共同特点，即促进农地向有能力的经营者手中集中，扩大经营规模，实现农地资源的有效配置。2009—2012年，日本先后修订了国内的《农地法》，制定了《粮食、农业、农村基本计划》《重建日本食物及农林渔业的基本方针与行动计划》和《重建日本战略——农林渔业重建战略》。这一系列动作的最终目标就是扩大农业经营规模，并期望通过扩大经营规模提升农业竞争力和对劳动力的吸引力。同时，日本政府还对这一目标进行了量化，一是扩大经营规模，通过10年努力将平原地区经营规模扩大至20～30hm^2，将丘陵山区经营规模扩大至10～20hm^2；二是通过扩大生产规模、提高生产技术，力争使日本国内农业生产平均成本下降40%；三是通过扩大规模、提高农业收益水平，吸引认证农户、农业企业和村经营组织新兴经营主体，将40岁以下农民由目前的20万扩大至40万人，将农业企业数量由目前的1.25万个增至5万个，将认证农户、农业企业和村经营组织拥有的耕地数量从目前的50%提升至80%。

（2）运用农业补贴制度保障农民收益

日本对农业的补贴已经超过了农业收入，农业补贴政策体现在以下四方面：第一，政策性农业保险。日本农业保险制度的特点是具有强制性，即由政府直接参与保险计划，规定凡是生产数量超过规定数额的农民和农场都必须参加保险。政府对农作物保险、家畜保险、果树保险、旱田作物及园艺设施保险实施再保险。对具有一定规模的农户，如水稻为2万～4万m^2、旱稻和小麦为1万～3万m^{2}耕作面积的农户，都强制性地要求其加入农作物保险。为了农业保险制度的稳定运行，政府每年承担农户保险费的一半，另一半由农业保险合作社或开展农业保险业务的市、町、村的事务费的一部分承担。第二，收入补贴。农业补贴政策从过去以生产、流通环节为主，转变为以支持提高农民收入、促进农业结构调整为主的政策。其中最主要是对山区和半山区的直接补贴。为了振兴山区、半山区农业，日本政府于2000年出台了《针对山区、半山区地区等的直接收入支付制度》，对该地区的农户进行直接收入支付补贴。政府还制定了“稻作安

定经营策略”，对种稻农民进行收入补贴。第三，农业贷款补贴。虽然此类补贴不直接支付给农户，而是当农户按一定条件向有关金融机构获得低息贷款时，政府依据该贷款利率低于正常市场利率的差额，对这些金融机构进行补贴，但是它缓和了农业资金短缺的问题。第四，机械设备补贴。日本政府不但对联合引进农业机械的农户给予补助金和长期低息贷款优惠，而且还通过援助农业协同组合和其他农业组织的方式，促进农业机械的共同所有和共同利用。

（3）粮食生产调整政策

20世纪50年代末，随着国民收入的增加，日本民众的饮食结构发生了变化，加大了对水果、蔬菜、肉类、蛋禽、乳制品等的需要。同时，随着高度经济发展，小麦、玉米、大豆等的粮食和饲料的进口有了很大的增加，饮食结构进一步多样化，人均大米消费量有了减少。在60年代末，大米产大于销，但是大米的价格依然维持原状，这增大了政府负担。因此，从1970年开始，日本确立了“推进综合农政”的基本方针，实施了减少大米种植面积的政策，对大米的生产进行了政策调整。该政策实施旨在减少水稻种植的“稻田转移计划”，鼓励稻农将稻田种植小麦、水果、蔬菜等其他作物。1998年实施的“结构调整促进计划”是该计划的延伸。“结构调整促进计划”规定，如果稻农将一定面积的稻田种植政府规定的作物，将获得一定的补偿。每一年政府均会出台详细的补偿指导政策。根据该政策稻农种植水稻作为饲料（包括秸秆）或种景观稻也可以获得一定数量的补贴。参加该项目稻农交纳40 000日元/hm^2费用组成共同的补偿基金，同时政府为该项目提供大部分的经费。

实施减少大米种植面积政策以来，政府控制的政府米数量有了减少，但是在市场上自由流通的大米比重有了明显提高。20世纪80年代前期，从数量上来看，两者已经持平。国家的粮食管理制度已经在某些地方发生了变化。不过国家在大米补贴方面的财政负担依旧很大，政府不得已制定实施了被称为“综合农政”的计划。第二次世界大战后，进行农地改革，创造了以自作农为中心的农业结构。这对期待通过农地租用而进行企业式农业生产的农民来说，遇到了法律上的问题。为此，1970年，对抑制农地租借、移动的《农地法》进行了改正；1980年，制定了《农业用地增进法》，为通过农地的租借而扩大经营规模开辟了道路。

日本不断推进农业结构改革，但其效果并不明显。从经营主体和规模两个关键指标来看，前者出现的是兼业农户数量的急剧增加与农业劳动力的老龄化问题。从

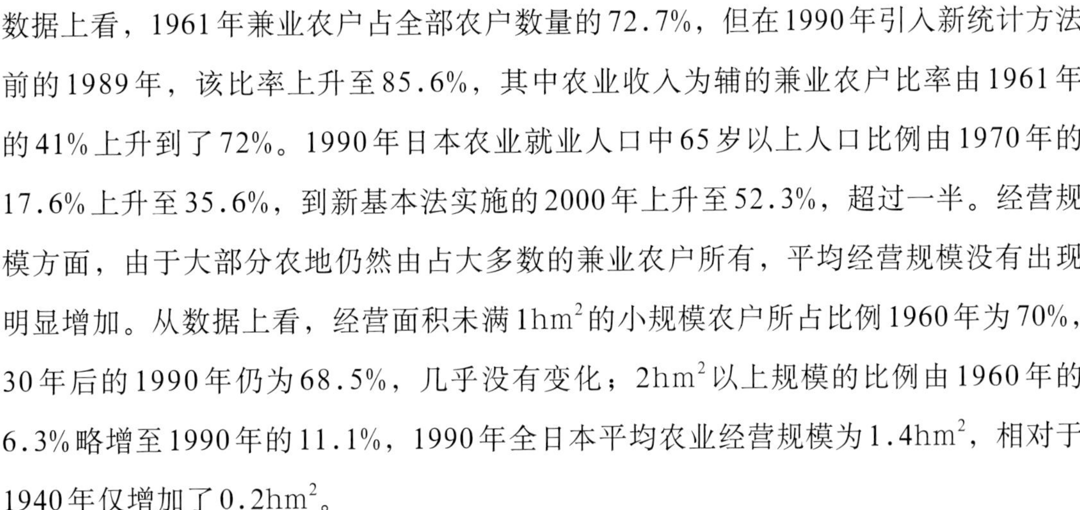

数据上看，1961年兼业农户占全部农户数量的72.7%，但在1990年引入新统计方法前的1989年，该比率上升至85.6%，其中农业收入为辅的兼业农户比率由1961年的41%上升到了72%。1990年日本农业就业人口中65岁以上人口比例由1970年的17.6%上升至35.6%，到新基本法实施的2000年上升至52.3%，超过一半。经营规模方面，由于大部分农地仍然由占大多数的兼业农户所有，平均经营规模没有出现明显增加。从数据上看，经营面积未满1hm^{2}的小规模农户所占比例1960年为70%，30年后的1990年仍为68.5%，几乎没有变化；2hm^{2}以上规模的比例由1960年的6.3%略增至1990年的11.1%，1990年全日本平均农业经营规模为1.4hm^2，相对于1940年仅增加了0.2hm^2。

（二）促进农业结构优化的政策建议

1. 建立有利于结构优化的功能区政策

为确保“谷物基本自给、口粮绝对安全”以及棉、油、糖等重要农产品的供给安全，在借鉴美国、日本等发达国家和地区经验，总结我国浙江等地方实践的基础上，加快建立粮食生产功能区和重要农产品生产保护区，实施特殊保护政策，布局永久性“粮仓”，稳定我国农业基础结构。功能区应主要在基本农田范围内划定、优先在已建成的高标准农田范围内划定，不仅落实到基本农田或高标农田中的具体目标地块，还要锁定相应的具体目标作物产能任务，建成确保国家粮食安全及重要农产品安全的核心防线，固化功能区耕地空间，实施更加严格的耕地保护制度，长久稳定核定地块功能用途不变，控制耕地资源开发强度和利用方式，有效阻止优质耕地非农化和非粮化流失，制约生态空间被挤占进程，推进形成合理生产、生态和生活“三生”用地空间格局，确保粮食及重要农产品供给安全。

2. 完善有利于结构优化的价格调节机制

从世贸组织规则来看，价格支持属于“黄箱”补贴范畴，扭曲市场机制，不利于公平贸易。但我国人多地少、粮食等重要农产品竞争力不强的国情，决定了在一定时期内，还要对口粮等重要农作物农产品给予一定的价格支持。从目前来看，粮食等重要农产品收储机制存在“一刀切”、对市场价格变动响应不足等问题，不能及时引导结构调整。为此，要进一步明确粮食价格补贴理念，调整长期以来对粮食价格补贴保供给和促增收政策目标兼而有之、同等重要的做法，确定政策目标的优先序，集中力量解决突出

问题，最大限度地发挥粮食价格补贴效果。当前，粮食价格补贴不应再承担保收益功能，应将其定位为“解决农民卖粮难”，这样通过逐步消除对市场的干预和扭曲，最终建立粮食价格由市场供求形成的机制。同时，尽快改革完善最低收购价政策，推行市场化改革是农业支持政策发展的方向。我国大豆和玉米分别于2014年和2016年退出临时收储政策，稻谷、小麦最低收购价政策也应尽快完善，以对不同时期、不同区域的市场，做出良好响应。

制定农产品国际贸易调控策略。加强进出口调控，根据国内外市场供求情况，把握好农产品进口节奏、规模和时机，有效调剂国内市场供应，满足消费需求。统筹谋划农产品进出口，科学确定油料、饲料和草食畜产品等紧缺产品的进口规模及优势农产品的出口规模，合理布局国际产能，建立海外稳定的重要农产品原料生产基地。

3．建立有利于结构优化的精准绿色补贴政策

当前，我国农业生产补贴制度已经不适应形势变化，特别是补贴主体、补贴范围与实际需求错位，客观上阻碍了农业生产力的提高和资源环境的改善。为此，必须全面推开农资综合补贴、种粮农民直接补贴和农作物良种补贴农业“三项补贴”改革，鼓励各地创新补贴方式方法，促进结构优化。应试点推进对种粮农民进行直接补贴。我国现阶段尚不具备全面大规模补贴粮食的能力，从国际经验看，也没有哪个发达国家能够完全承担巨额粮食补贴资金需求。因此，对种粮农民直接补贴的原则是：补贴重点是口粮；补贴必须有明确的地域指向，即条件好、生产规模大、比较优势明显的主产区；补贴对象是实际种植者，通过补贴保障农民的种粮收益；补贴有利于提高单产和品质的环节，提高补贴精准性、指向性。

消除或弱化与品种挂钩的农业生产补贴制度，是世界农业支持手段变化的基本趋势。目前，我国应加强对绿色生产技术、模式和制度的补贴，将补贴重点从扩大产量转移到质、量并举上来，加强对农地生态环境保护、用地养地结合、耕作制度适宜、生产能力提升等环节的支持，构建新型绿色农业补贴政策体系。

支持建立耕地轮作制度。各地积极探索发展粮饲轮作、粮豆轮作和粮经轮作等轮作制度，逐步扩大粮改饲试点范围，以养带种，农牧结合，促进饲草生产与畜牧养殖协调发展。在保持存量补贴政策稳定性、连续性的基础上，优化支出结构，加强统筹协调，提高补贴资金使用的指向性；增量资金重点向资源节约型、环境友好型农业倾斜，促进农业结构调整，加快转变农业发展方式。

支持提升耕地等重要农业资源的质量建设。支持各地采取“养”“退”“休”“轮”“控”综合措施，探索耕地保护与利用协调发展之路。加强耕地质量监测网络建设，开展全国耕地质量等级调查评价与监测，作为政府考核评价依据。试点建立新型农业经营主体信用档案，对经营期内造成耕地地力降低的农业经营者，限制其享受有关支农政策。完善耕地质量保护与提升补助政策，支持各类农业经营者开展土壤改良、地力培肥和治理修复等工作。加大对轮作休耕试点的补助支持力度，保证农民种植收益不降低。

支持粮棉油主产区基础设施建设。在支持粮食主产区重大水利工程建设的基础上，加大对农田水利设施建设的扶持力度，大力扶持田间水利设施建设，加快提高农田灌溉水平；扶持粮食主产区进行大规模土地整治，实行田、水、路、林综合治理，推进中低产田改造，建设高标准农田，重点开展黑土地保护治理工作，遏制黑土地资源萎缩趋势。加大对粮棉油等重要农产品生产大县财政转移支付力度，促进区域农业发展和农民增收。

推进农业生态补偿。总结当前农业生态补偿的实践探索和国内外成功经验，提出适合我国的农业生态补偿路径选择，适时出台农业生态补偿指导意见，制定农业生态补偿规章条例，明确农业生态补偿的主体、对象、方式等内容，通过顶层框架设计，形成一整套规范化、制度化的生态补偿体系。因地制宜地选择典型区域设立试验示范区，通过政策、资金、技术等扶持，引导和整合各类资源要素，在补偿模式、补偿标准、资金来源、运行机制、绩效评价等关键问题上进行全方位实践探索，为制定推广农业生态补偿制度提供参考依据。建立农业生态补偿公众参与机制、绩效考核机制，确保农业生态补偿体系高效运作并接受公众监督，并纳入政府工作绩效考核范畴，明确农业生态补偿的权、责、利，形成长效机制。

4. 建立有利于结构优化的金融政策

围绕“转结构、调方式”，加大对农业生产主体及农业基础设施建设、生态保护、加工增值、市场流通等重要环节的金融支持。充分发挥金融在农业结构调整重点环节的作用，以扶贫金融服务以及高标准农田建设、国家重大水利工程和农村公路等农业基础设施为支持重点，创新支农融资模式。充分发挥政策性银行在金融支农中的主导作用，在确保国家粮食安全、保证粮棉油收购资金供应的同时，立足扶贫金融服务以及农业和农村基础设施、国家重大水利工程金融服务，加大对农业的信贷投放力度。积极引导商业银行稳定县域网点，单列涉农信贷计划，下放贷款审批权限，健全绩效考核机制，强化对“三农”薄弱环节的金融服务。加快建立政府支持的“三农”融资担保体系，建立健全全国农业信贷担保体系，为粮食生产规模经营主体贷款提供信用担保和风险补偿。引导小贷公司、网贷机构、农民资金互助组织加大涉农投入。

5. 建立有利于结构优化的利益联结机制

引导鼓励，促进产业链上中下游、各类利益主体形成更有效的组织方式和利益联结机制，把一、二、三产业的发展更好地结合起来，融为一体，相互促进，实现共赢。在上游生产环节，支持、鼓励生产者通过农业专业化服务体系的建立，服务规模化的农业规模经营；支持、鼓励通过农作制度的创新，形成粮经结合、种养结合等复合型、立体化的农业规模经营；支持鼓励通过农业的纵向融合和产业化经营，形成纵向一体化的农业规模经营。

创新体制机制，激发一、二、三产融合的活力。在农业合作制基础上引入股份制，比如，农民可以出资入股，建立股份合作社，以股份合作制的形式进入农业的二、三产业，直接获得经营农业下游的收益；鼓励工商企业（资本）在农业纵向融合中进入适宜的领域，与农民建立利益共同体和共赢机制。所谓农业中工商企业（资本）适宜的领域，应该是农户家庭或农业合作组织不具优势的领域，如农产品深加工、现代储运与物流、品牌打造与统一营销等领域；在农业转型发展和纵向融合中深化改革和提高政策效率，破解现行农村土地制度、农业金融制度和农民组织制度对农业转型发展和纵向融合的制约；完善利益联结机制，让农民从产业链增值中获取更多利益，合理分享初级产品进入加工销售领域后的增值利润。

6. 建立有利于结构优化的农业保险机制

扩大农业保险覆盖面，增加保险品种，提高风险保障水平。重点发展关系国计民生和国家粮食安全的农作物保险、主要畜产品保险、重要“菜篮子”品种保险，积极推广农房、农机具、设施农业、渔业、制种保险等业务。总结主要粮食作物、生猪和蔬菜价格保险试点经验，完善保险制度，鼓励各地区因地制宜开展特色优势农产品保险试点。探索开展重要农产品目标价格保险，创新研发天气指数、农村小额信贷保证保险等新型险种。完善保费补贴政策，提高中央、省级财政对主要粮食作物保险的保费补贴比例，逐步减少或取消产粮大县的县级保费补贴。加快建立财政支持的农业保险大灾风险分散机制，增强对重大自然灾害风险的抵御能力。

参考文献

陈印军，易小燕，方琳娜，等．中国耕地资源与粮食增产潜力分析［J］．中国农业科学（6）：1117-1131．

陈永福，韩昕儒，2016．中国食物供求分析及预测［M］//罗丹，陈洁．新常态事情的粮食安全战略．北京：上海远东出版社：467-505．

陈永福，韩昕儒，朱铁辉，等，2016．中国食物供求分析及预测：基于贸易历史、国际比较和模型模拟分析的视角［J］．中国农业资源与区划（7）：15-26．

程国强，2013．中国农产品供需前景［J］．中国经济报告（9）：39-42．

程郁，周琳，程广燕，2016．中国粮食总量需求2030年将达峰值［N］．中国经济时报，12-01（智库）．

范锦龙，吴炳方，2004．基于GIS的复种指数潜力研究［J］．遥感学报，8（6）：637-644．

高强，孔祥智，2014．中国农业结构调整的总体估价与趋势判断［J］．改革（11）：80-91．

光大期货，2015．玉米库存积压问题未解决［N］．期货日报，11-13（3）．

胡小平，郭晓慧，2010．2020年中国粮食需求结构分析及预测：基于营养标准的视角［J］．中国农村经济（6）：4-15．

黄季焜，2013．新时期的中国农业发展：机遇、挑战和战略选择［J］．中国科学院院刊（3）：295-300．

李国祥，2014．2020年中国粮食生产能力及其国家粮食安全保障程度分析［J］．中国农村经济（5）：4-12．

梁书民，2007．我国各地区复种发展潜力与复种行为研究［J］．农业经济问题（5）：85-90．

刘江，2000．21世纪初中国农业发展战略［M］．北京：中国农业出版社．

刘巽浩，1997．论我国耕地种植指数（复种）的潜力［J］．作物杂志（3）：1-3．

陆文聪，黄祖辉，2004．中国粮食供求变化趋势预测：基于区域化市场均衡模型［J］．经济研究（8）：94-104．

吕新业，胡非凡，2012．2020年我国粮食供需预测分析［J］．农业经济问题（10）：11-18．

倪洪兴，2013．农业利用两个市场两种资源战略研究［R］．北京：农业部农业贸易促进中心．

倪洪兴，于孔燕，徐宏源，2013．开放视角下中国大豆产业发展定位及启示［J］．中国农村经济（8）：40-48．

聂宇燕，2011．中国农产品产地初加工存在的问题及对策［C］．第一届全国农产品产地初加工学术研讨会，镇江．

农业部农产品加工局，2015．关于我国农产品加工业发展情况的调研报告［J］．农产品市场周刊（23）．

农业部农产品贸易办公室，农业部农业贸易促进中心，2014．中国农产品贸易发展报告2014［M］．北京：中国农业出版社．

农业部农业贸易促进中心，2015．近年来我国农产品贸易变化趋势特征分析［EB/OL］．(05-28)［2018-08-23］．http://www.agri.cn/V20/SC/myyj/201505/t20150528_4621361.htm．

农业部软科学委员会办公室，2013．粮食安全与重要农产品供给［M］．北京：中国财政经济出版社．

农业部市场预警专家委员会，2016．中国农业展望报告：2016—2025［M］．北京：中国农业科学技术出版社．

唐华俊，李哲敏，2012．基于中国居民平衡膳食模式的人均粮食需求量研究［J］．中国农业科学，45（11）：2315-2327．

童泽圣，2015．我国粮食供求及"十三五"时期趋势预测［J］．调研世界（3）：3-6．

万宝瑞，倪洪兴，秦富，等，2016．大宗农产品国内外价差扩大问题与对策［EB/OL］．(12-13)［2018-08-23］．http://www.ncpqh.com/news/getDetail?newsclass=6&id=388615．

王川，李志强，2007．不同区域粮食消费需求现状与预测［J］．中国食物与营养（6）：34-37．

王东阳，2014．居民食物营养结构亟须调整［N］．光明日报，02-26．

王瑞元，2015．2014年中国油脂油料的市场现状［J］．粮食与食品工业（3）：1-5．

杨建利，岳正华，2014．2020年我国粮食及主要农产品供求预测及政策建议［J］．经济体制改革（4）：70-74．

尹靖华，顾国达，2015．我国粮食中长期供需趋势分析［J］．华南农业大学学报：社会科学版（2）：76-83．

赵萱，邵一珊，2014．我国粮食供需的分析与预测［J］．农业现代化研究，33（3）：277-280．

钟甫宁，向晶，2012．城镇化对粮食需求的影响：基于热量消费视角的分析［J］．农业技术经济（1）：4-10．

周振亚，2015．基于平衡膳食的中国主要农产品需求量估算［J］．中国农业资源与区划，36（4）：85-90．

周振亚，李建平，张晴，等，2011．基于平衡膳食的中国农产品供需研究［J］．中国农学通报，27（33）：221-226．

OECD，FAO，2016.OECD-FAO *Agricultural Outlook* 2016［EB/OL］.（07-04）［2018-08-23］.http://dx.doi.org/10.1787/agr_outlook-2016-en．

课题报告五

中国粮食安全与耕地保障问题战略研究

我国是世界上人口最多的发展中国家，2016年我国大陆总人口已经达到了13.83亿人，预计2030年达到人口峰值14.5亿人左右。21世纪初期，是我国工业化、城市化的关键阶段，至2020年我国要实现小康社会，2030年达到中等发达国家水平，这就意味着我国人均收入与消费水平明显提升，需要土地提供更多、更优质的农产品。这可从我国旺盛的农产品进口贸易得到印证。截至2015年，我国粮食生产已经连续12年增产，粮食总产量达到6.61亿t，但谷物和大豆进口量已经超过了1亿t，大豆自给率已经降到10%，整个中国粮食自给率降到85%。2020年我国城市化率将达到60%，2030年达到70%，这便需要更多的土地转化为建设用地，土地供应紧张的态势将长期持续。进入21世纪后，我国将生态建设、生态安全、生态文明确立为国家发展的重大战略，继“退耕还林”等六大生态工程之后，生态建设还会占用一定数量的耕地资源。由此可见，随着人口持续增长和经济高速增长，我国土地资源面临农业生产—建设需求—生态文明三方面的矛盾，经济发展与生态建设无疑成为21世纪初期中国农地的有力竞夺者。

当前，粮食安全问题更突出地表现为口粮与饲料粮争地问题，如何在20亿亩耕地中安排好人的口粮与畜禽的饲料粮，提高饲料粮的自给度是大问题，也是农业生产的战略任务，如何解决这一矛盾需要深入探讨。本课题按照人口发展—消费需求—生产供给—对策措施的思路，以五年一个周期，以省域为研究单元，分析2020年、2025年、2030年与2035年四个时点，在全面探究我国消费需求及发展趋势，耕地资源及其口粮、饲料粮生产能力的基础上，明确我国粮食安全与未来口粮、饲料粮需求，提出口粮和饲（草）料用地的区域协调布局与对策措施。

课题组组织了中国科学院地理科学与资源研究所、农业部信息中心、中纺集团战略部、中粮集团战略部、温氏食品集团战略部等单位的20余位专家学者和研究生参加工作。2016年3月28日，根据项目启动会安排，对课题研究内容、计划进行了进一步讨论，调整和确定研究方案和计划。2016—2017年，分别赴黑龙江、吉林、辽宁、内蒙古、山东、河北、湖北等地考察调研，了解耕地利用、种植业结构调整、畜牧业发展、饲（草）料需求等方面的情况，并收集相关典型数据资料。课题组在2016年9月至2017年10月，进行了多次专题工作交流和报告讨论，形成课题报告。

报告在全面、系统梳理农产品生产现状和需求的基础上，对未来粮食和畜产品供需关系进行了分析预测，未来全国口粮安全有保证，饲料粮供需缺口较大，饲料粮安全保障将是未来农业生产长期面临的重要问题。研究指出，我国粮食自给率应不低于80%，

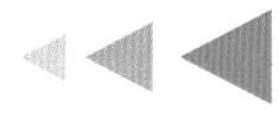

耕地对外依存度应控制在70%以上；耕地面积保有量应维持在19亿~20亿亩。研究建议：国家要加大投入，集中力量建设高标准商品粮基地，实施集约化、标准化、规模化的商品粮生产；积极引导推进大豆、油菜、豆科牧草、青贮玉米生产，努力实现合理轮作；依托“一带一路”倡议，拓宽海外农业资源利用的深度和广度。

一、耕地资源及粮食生产能力现状与问题分析

（一）耕地资源现状与变化趋势

1．耕地资源现状

本书耕地数据主要以国土资源部于2013年12月30日公布的第二次全国土地资源调查数为基础，根据《中国国土资源公报》与《中国国土资源年鉴》中耕地增减数据计算获得。

从2015年土地利用现状变更数据结果来看，2015年我国耕地面积1.35亿hm^2(20.25亿亩)，其中，水田、水浇地9.11亿亩，旱地11.14亿亩。

从省级层面来看，东北黑龙江省、吉林省、内蒙古自治区，中纬度的河北省、山东省、河南省、四川省是我国耕地资源较丰富的区域，7省的耕地面积均在650万hm^2（合9 750万亩）以上，其中黑龙江省耕地最多，为1 585.4万hm^2（合23 781万亩），是中国唯一一个耕地面积超过2亿亩的省份。

2．耕地变化及驱动分析

(1) 2009年后我国耕地面积变化特征

2009年以来，我国耕地总面积整体处于持续减少的态势，2009—2015年，我国耕地面积从20.31亿亩减少到20.25亿亩，共减少0.06亿亩，平均每年减少100万亩（图1)。

从2009—2015年我国各省耕地面积的变化来看，我国多数省份的耕地面积出现下降趋势，31个省级单位中有22个省级单位耕地面积减少，这与我国经济发展所处的阶段密切相关。耕地面积减少最为严重的地区为吉林省至云南省一带，河南省耕地面积减少量最大，为8.6万hm^2，西部甘肃省的耕地面积减少量也较大。而广东省、新疆维吾尔自治区、内蒙古自治区的耕地面积增加较多，2009—2015年分别增加了8.37万hm^2、6.58万hm^2和4.87万hm^2。

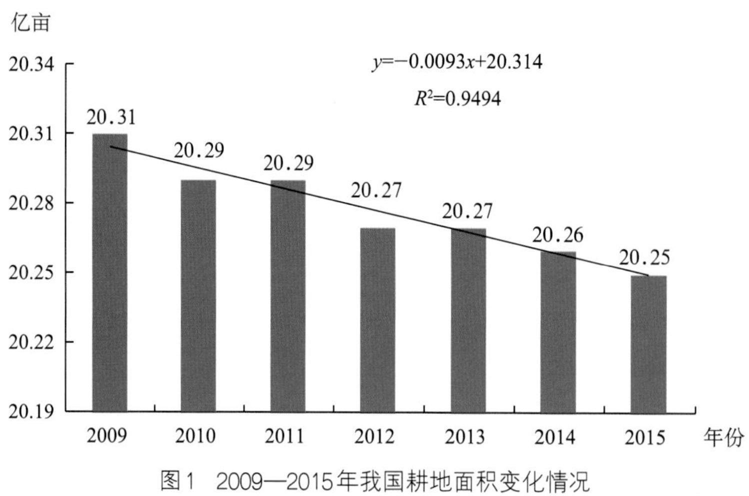

图1 2009—2015年我国耕地面积变化情况

(2) 我国耕地面积变化的驱动因素

近年来我国耕地资源数量减少的主要途径有四种：建设占用、生态退耕、灾毁耕地、农业结构调整；耕地资源增加的主要途径有两种：补充耕地与农业结构调整，其中补充耕地又包括土地整理、增减挂钩补充耕地、工矿废弃地复垦与其他补充四类。从总量来看，我国大部分年份增加的耕地面积要小于减少的耕地面积（图2）。2014年，我国通过土地整治、农业结构调整等增加耕地面积28.07万hm^2，因建设占用、灾毁耕地、生态退耕、农业结构调整等原因减少耕地面积38.80万hm^2，年内净减少耕地面积10.73万hm^2。2015年全国因建设占用、灾毁、生态退耕、农业结构调整等原因减少耕地面积30.00万hm^2，通过土地整治、农业结构调整等增加耕地面积23.40万hm^2，年内净减少耕地面积6.60万hm^2。

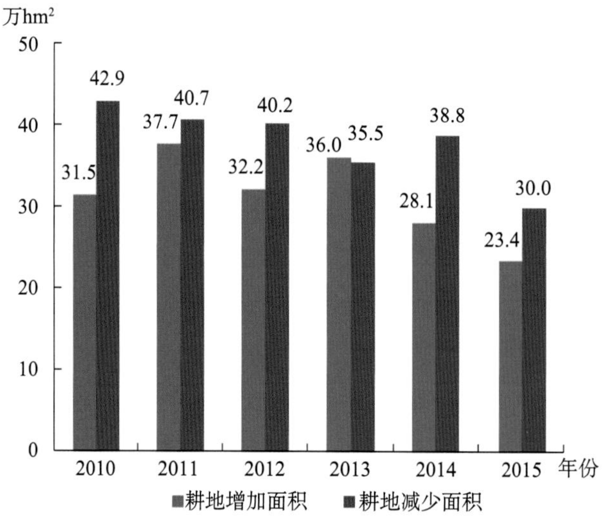

图2 2009—2015年我国耕地增减面积

数据来源：国土资源部。

目前，我国耕地数量减少的主要原因是建设占用，2010—2014年，我国年均建设占用耕地面积为32.0万hm^2，占年均总减少面积（39.6万hm^2）的80.8%。其次，分别为农业结构调整、灾毁耕地与生态退耕，其减少耕地占比分别为12.5%、4.7%与2.0%。2010—2014年，我国耕地增加的主体是土地整理、增减挂钩补充耕地，年均补充量为29.0万hm^2，农业结构调整年均也可补充耕地4.1万hm^2。

从区域上看，2014年，我国耕地增加主要集中在北部的新疆、内蒙古与中纬度地区的江苏、河南、陕西、四川；而减少耕地区域较为集中，主要集中在黄淮海平原及其周边省份。

（3）耕地变化对粮食生产的影响

2009—2014年粮食总产量一直在增加，但粮食产量增加幅度逐渐减小，粮食总产增加量由最高值2 473.1万t下降到508.8万t，2010年之后粮食总产增加量连续三年下降，下降速度非常快且有持续下降的趋势。

本书应用对数平均迪氏指数（Logarithmic Mean Divisia Index，LMDI）方法，从耕地利用的角度把影响粮食总产量的因素分为耕地规模、复种指数、粮食作物播种面积比重和粮食作物单产四个方面。因素分解结果显示（表1）：

2009—2014年粮食作物单产效应都为正值，对粮食产量的增加起到促进作用。随着近几年社会经济的发展和科学技术的进步，特别是高产作物（如玉米）播种面积比重的增加，粮食作物平均单产持续提高，对粮食总产量增加一直起着决定性的作用；但从发展趋势看，该作用在逐渐减小。

表1　2009—2014年耕地利用对粮食产量影响的因素分解

单位：万t,%

时段	总产变化	粮作单产	复种指数	粮食作物播种面积比重	耕地规模
2009—2010年	1 565.60	1 127.55	741.64	−257.30	−46.29
2010—2011年	2 473.10	2 119.77	568.68	−203.08	−12.27
2011—2012年	1 837.20	1 506.44	438.16	−73.01	−34.40
2012—2013年	1 235.80	834.83	437.67	−38.88	2.18
2013—2014年	508.80	96.09	347.41	112.73	−47.44

2009—2014年复种指数效应一直是正值，对粮食产量的增加起着促进作用。合理利用各地热量、土壤、水利、肥料、劳力和科学技术水平等条件，提高复种指数和土地利用率，对粮食增产有积极影响；复种指数提高，是近两年粮食增产的次要因素。

2009—2014年粮食作物播种面积比重效应的数值由负到正，对粮食产量的影响由抑制到促进，表明随着国家一系列粮食生产优惠政策的实施，农民种粮积极性有较大提高，促进了粮食增产。

2009—2014年耕地规模效应数值基本为负值，由于这五年来耕地面积逐年递减，对粮食产量基本上起抑制作用。一方面，说明粮食增产不能单纯依靠增加耕地面积，而要从提高耕地利用率、利用效率和种植结构调整等多渠道开拓；另一方面，也说明耕地利用强度增加、压力加大。

3．耕地资源面临的问题

（1）人多地少，耕地生产压力长期存在

2015年我国人均耕地仅为1.47亩，黑龙江与内蒙古的人均耕地面积最多，也仅为6.24亩与5.52亩。而同时，我国总人口仍呈增长态势，2009—2015年我国人均耕地减少了0.05亩，预计至2030年我国人均耕地面积仍会继续减少，人地紧张的关系会持续存在（表2）。

表2　2009年、2015年我国各省份人均耕地面积

单位：亩

地区	2009年		2015年		2009—2015年变化	
	全国人均	农村人均	全国人均	农村人均	全国人均	农村人均
全国	1.52	2.85	1.47	3.36	−0.05	0.51
北京	0.18	1.29	0.15	1.12	−0.03	−0.17
天津	0.55	2.48	0.42	2.44	−0.13	−0.04
河北	1.40	2.45	1.32	2.71	−0.08	0.26
山西	1.78	3.30	1.66	3.69	−0.12	0.39
内蒙古	5.61	12.21	5.52	13.90	−0.09	1.69
辽宁	1.74	4.42	1.70	5.22	−0.04	0.80
吉林	3.85	8.25	3.81	8.53	−0.04	0.28

（续）

地区	2009年		2015年		2009—2015年变化	
	全国人均	农村人均	全国人均	农村人均	全国人均	农村人均
黑龙江	6.22	13.98	6.24	15.14	0.02	1.16
上海	0.13	1.30	0.12	0.95	−0.01	−0.35
江苏	0.89	2.02	0.86	2.57	−0.03	0.55
浙江	0.56	1.37	0.54	1.57	−0.02	0.20
安徽	1.45	2.50	1.43	2.90	−0.02	0.40
福建	0.55	1.14	0.52	1.40	−0.03	0.26
江西	1.05	1.84	1.01	2.09	−0.04	0.25
山东	1.21	2.35	1.16	2.70	−0.05	0.35
河南	1.30	2.08	1.28	2.41	−0.02	0.33
湖北	1.40	2.59	1.35	3.12	−0.05	0.53
湖南	0.97	1.70	0.92	1.87	−0.05	0.17
广东	0.37	1.08	0.36	1.16	−0.01	0.08
广西	1.37	2.25	1.38	2.60	0.01	0.35
海南	1.27	2.49	1.20	2.66	−0.07	0.17
重庆	1.28	2.64	1.21	3.09	−0.07	0.45
四川	1.23	2.01	1.23	2.35	0	0.34
贵州	1.93	2.57	1.93	3.33	0	0.76
云南	2.05	3.10	1.96	3.47	−0.09	0.37
西藏	2.25	3.01	2.05	2.84	−0.20	−0.17
陕西	1.61	2.81	1.58	3.43	−0.03	0.62
甘肃	3.18	4.57	3.10	5.46	−0.08	0.89
青海	1.58	2.72	1.50	3.02	−0.08	0.30
宁夏	3.09	5.73	2.90	6.47	−0.19	0.74
新疆	3.56	5.92	3.30	6.25	−0.26	0.33

数据来源：国土资源部。

（2）耕地资源总体质量不高

根据我国第二次土地资源调查资料，2009年底全国耕地面积为13 538.5万hm^2（合计203 076.8万亩）。从耕地的坡度分布来看，我国2°以下耕地面积占比为57.1%，2°～15°的坡耕地面积占30.9%，15°～25°的坡耕地面积占比为7.9%，25°以上的坡耕地面积占比为4.1%。从耕地类型来看，我国耕地多为旱地，占比55%，其次为水田，占比24%，水浇地占比为21%。根据国土资源部《2015年全国耕地质量等别更新评价主要数据成果》，全国耕地平均质量等别为9.96等（共15等，1等耕地质量最好，15等耕地质量最差），其中高于平均质量等别的1～9等耕地占全国耕地评定总面积的39.92%，低于平均质量等别的10～15等耕地占60.08%。

由此可见，我国坡耕地与旱地面积还占相当大的比例，低质耕地分布广泛。

（3）长期过度利用耕地资源，生态环境问题突出

长期以来，人口增长与经济发展使耕地资源承受过重的需求压力。因此，我国耕地利用主要采用“过量投入追求高产出”的方式，但是这种生产方式带来了严重的生态环境问题，主要是农业面源污染与地下水耗竭。

近期，我国也出台了相关政策法规，鼓励地下水超采区进行土地休耕。其中，2014年中央1号文件《关于全面深化农村改革加快推进农业现代化的若干意见》首次提出农业资源休养生息试点，并将地下水超采漏斗区作为试点之一；2015年11月《中共中央关于制定国民经济和社会发展第十三个五年规划的建议》（简称《十三五规划建议》）中进一步明确实行耕地轮作休耕制度试点；随后，习近平在《关于〈十三五规划建议〉的说明》中，将地下水漏斗区作为耕地轮作休耕制度的三个试点地区之一（其他两个分别为重金属污染区和生态严重退化地区），要求安排一定面积的耕地用于休耕，并对休耕农民给予必要的粮食或现金补助。同时，北京、河北等地方政府也纷纷制定响应方案，进一步保障土地休耕制度的落实。

（4）耕地后备资源消耗殆尽

国土资源部2014—2016年开展的第二轮全国耕地后备资源调查评价工作显示，全国耕地后备资源总面积8 029.15万亩。其中，可开垦土地7 742.63万亩，占96.4%，可复垦土地286.52万亩，占3.6%。全国耕地后备资源以可开垦荒草地（5 161.62万亩）、可开垦盐碱地（976.49万亩）、可开垦内陆滩涂（701.31万亩）和可开垦裸地（641.60万亩）为主，占耕地后备资源总量的93.2%。其中，集中连片的耕地后备资源

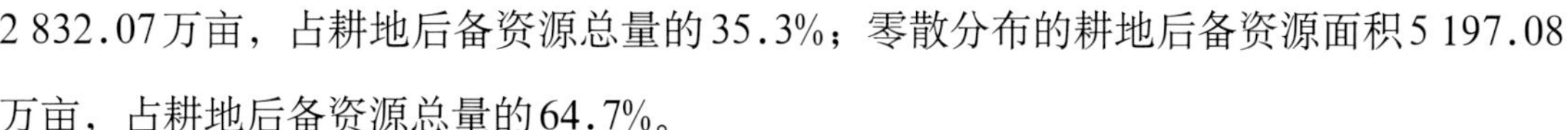

2 832.07万亩，占耕地后备资源总量的35.3%；零散分布的耕地后备资源面积5 197.08万亩，占耕地后备资源总量的64.7%。

实际上，我国长期以来鼓励开垦荒地，现全国已无多少宜耕土地后备资源。国土资源部列出的这些耕地后备资源，不仅分散，而且多数受水资源的限制，近期难以开发利用，全国近期可开发利用耕地后备资源仅为3 307.18万亩。其中，集中连片耕地后备资源940.26万亩，零散分布耕地后备资源2 366.92万亩。其余4 721.97万亩耕地后备资源，受水资源利用限制，短期内不适宜开发利用。

而且，我国耕地后备资源以荒草地为主，占后备资源总面积的64.3%，其次为盐碱地、内陆滩涂与裸地，比例分别为12.2%、8.7%、8.0%。这些后备耕地多分布在我国中西部干旱半干旱区与西南山区，其中新疆、黑龙江、河南、云南、甘肃5省（自治区）后备资源面积占到全国近一半，而经济发展较快的东部11个省份之和仅占到全国的15.4%。集中连片耕地后备资源集中在新疆（不含南疆）、黑龙江、吉林、甘肃和河南，占69.6%；而东部11个省份之和仅占全国集中连片耕地后备资源面积的11.0%。

近期可开垦的集中连片的后备耕地，主要分布在新疆与黑龙江两省（自治区），其中新疆268.21万亩，黑龙江197.01万亩；近期可开垦的零散分布的后备耕地，分布较为均匀，湖南（311.77万亩）、黑龙江（304.20万亩）、贵州（223.81万亩）和河南（202.36万亩）较多。

可以看出，我国的耕地后备资源可以大致划分为三类：一是湿地滩涂，具有重要的生态保护功能；二是西部的草地与荒漠，西部多缺水，开垦耕地将会耗费更多的上游河流水与地下水；三是南方的荒坡地，将这种土地开发成耕地的成本很高，而且开发后的收益非常有限。

(5) 我国现有耕地资源利用不充分

近年来，受快速城镇化与工业化的影响，我国农村人口外流明显，农户对农业收入的依赖明显降低，耕地对农户的重要性也在下降，多地出现了耕地闲置现象，这种现象在山区尤为明显。

根据中国家庭金融调查与研究中心对全国29个省262个县的住户调查数据，2011年全国约有12.3%的农用地处于撂荒闲置状态，而2013年全国农用地闲置率增加到15%。根据北京师范大学中国收入分配研究院联合国家统计局进行的2013年中国家庭收入调查（CHIP）数据，2013年我国闲置耕地面积比例为5.72%，其中重庆市、山西省与广

东省耕地的闲置率较高，分别为24.08%、18.76%与14.15%。如果按照闲置率5.72%计算，2015年我国约有772.2万hm^2（11 583万亩）耕地闲置。

一方面，受耕地总量动态平衡、增减挂钩、先补后占等政策的影响，我国大力支持开发荒地以补充耕地；另一方面，我国又有上亿亩的耕地处于闲置状态。这种矛盾现象，值得深思。

（二）粮食生产能力分析

1．近年来我国粮食产量增加明显

近年来，尤其是2003年后，我国的粮食生产取得了显著的成绩，2003—2015年，我国粮食总产量从4.31亿t直线上升到6.61亿t，12年间我国粮食总产量增长了2.30亿t，增长率为53.4%。

我国的粮食生产以三种主粮（水稻、小麦、玉米）为主，2015年三种主粮产量可占我国粮食主产量的92.3%。2003年以来，我国三种主粮的生产总量均呈现出明显的增加态势，尤其是玉米，增加最为明显，2003—2015年共增加128.8%（图3）。

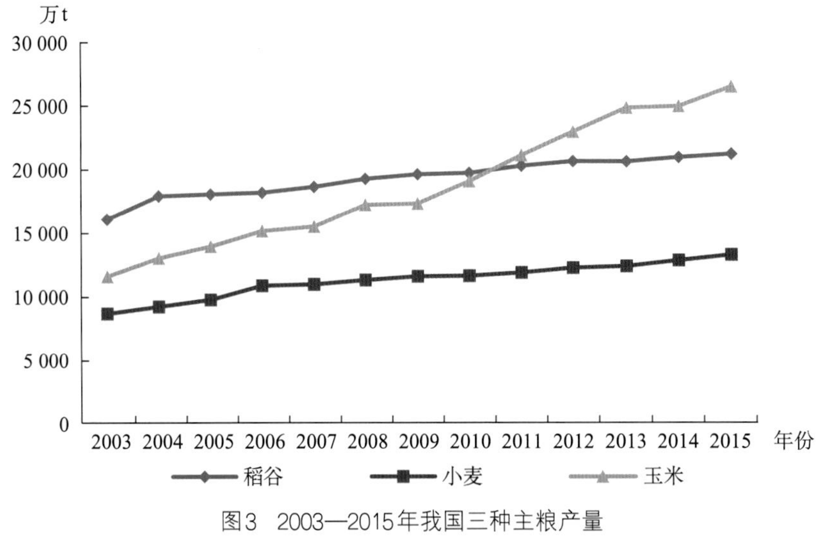

图3　2003—2015年我国三种主粮产量

2．粮食生产重心向北方与粮食主产区转移

秦岭—淮河以南的区域是我国传统的粮食生产区，素有“南粮北运”传统；但近三十年来，我国的粮食生产重心正逐步向北方转移，“南粮北运”格局转变为“北粮南运”。1980—2014年，我国北方粮食产量占全国总产量的比重从40.27%上升到55.89%（图4）。

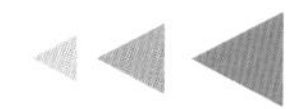

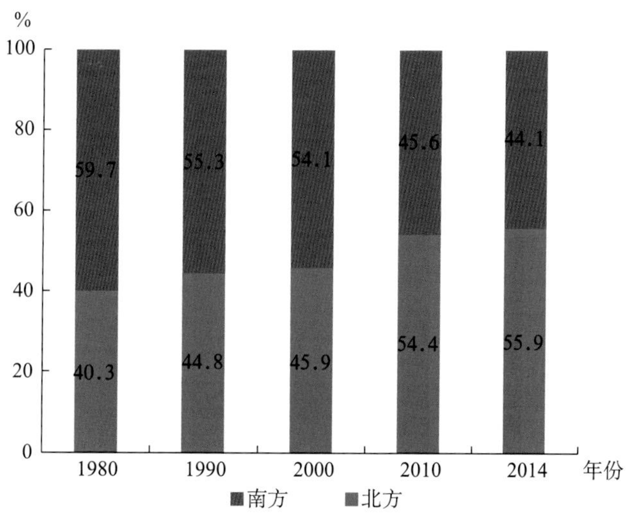

图4　我国南北方粮食产量比重

根据我国粮食生产与销售情况，国务院将我国粮食生产区域按照省级尺度划分为粮食主产区、产销平衡区、粮食主销区三大类型。其中，我国的粮食主销区为北京、天津、上海、福建、广东、海南与浙江；粮食主产区为黑龙江、吉林、辽宁、内蒙古、河北、江苏、安徽、江西、山东、河南、湖北、湖南、四川；产销平衡区为山西、广西、重庆、贵州、云南、西藏、陕西、甘肃、青海、宁夏与新疆。近年来我国粮食主产区的粮食产量增长明显，在全国总产量中的比重明显增加，1980—2014年，我国粮食主产区的粮食产量比重从69.27%上升到75.81%，共上升了6.54个百分点；产销平衡区也略有上升，上升了2.2个百分点；粮食主销区的比重有所下降，从14.22%下降到了5.49%，共下降了8.73个百分点（图5）。

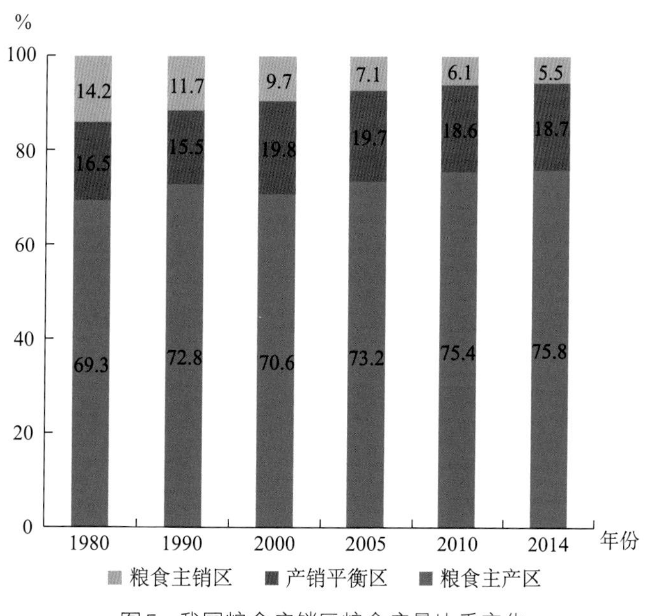

图5　我国粮食产销区粮食产量比重变化

在粮食主产区中，东北地区的贡献最为突出。1980—2014年，我国东部地区、中部地区、西部地区与东北地区的粮食产量分别增加了35.8%、98.6%、66.6%与225.4%，在全国粮食总产量的比重也发生了明显的变化。东北地区粮食产量占全国总产量的比重也从20世纪80年代初的11.05%上升到2014年18.99%，共上升了7.94个百分点（图6）。

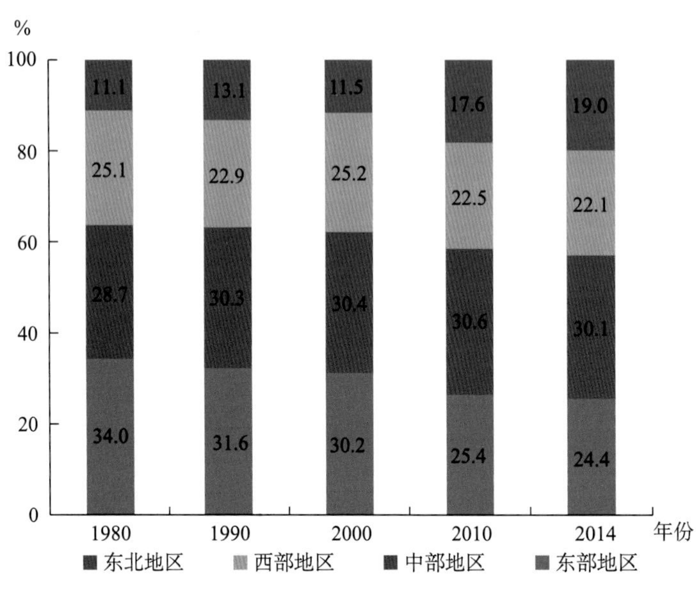

图6　我国四大地区粮食产量比重变化

3. 粮食进口量增加快，自给率逐步降低

尽管近年来我国粮食总产量快速提升，但是我国粮食进口量也明显增加，2015年我国粮食净进口量已经达到了12 313万t，粮食进口量占粮食生产量的比重达到19.8%（图7）。

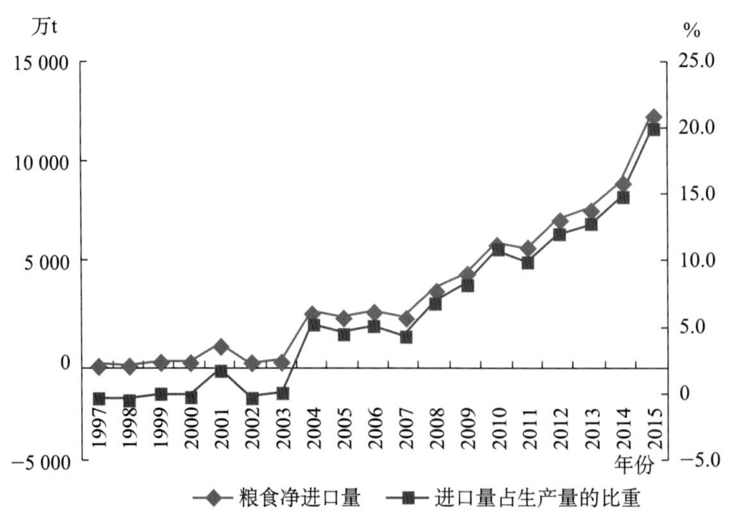

图7　1997—2015年我国粮食净进口量的情况

我国粮食进口主要以大豆为主，2015年大豆的净进口量达到了8 140万t，占当年粮食总进口量的66.1%。此外，2015年我国还进口了676万t的食用植物油，如果按照转基因大豆19%的出油率计算，676万t植物油相当于进口了3 557.9万t大豆，两者相加共计11 697.9万t。

除了大豆，我国饲料用粮（包括大麦、高粱、酒糟、木薯等）进口量也快速增加，2015年进口3 927.2万t饲料用粮（表3）。

表3　我国饲料用粮的进口量

单位：万t

品类	2013年	2014年	2015年
大麦	233.5	541.3	1 073.2
高粱	107.8	577.6	1 070.0
酒糟	400.2	541.3	682.1
木薯淀粉	142.1	190.6	182.0
木薯	723.6	856.4	919.9
小计	1 607.2	2 707.2	3 927.2

4. 居民人均粮食占有量处于历史最高水平

粮食总产量增长，引致我国人均粮食生产量的增加，2003—2015年我国人均粮食生产量由333.6kg增加到452.1kg，12年间增长了118.5kg。同时，由于粮食贸易逆差，我国人均粮食占有量（表观消费量）呈现出更为明显的增长态势，2003—2015年，我国人均粮食占有量从334.0kg增加到541.7kg，12年间增长了207.7kg。我国人均粮食占有量正处于历史最高水平（图8）。

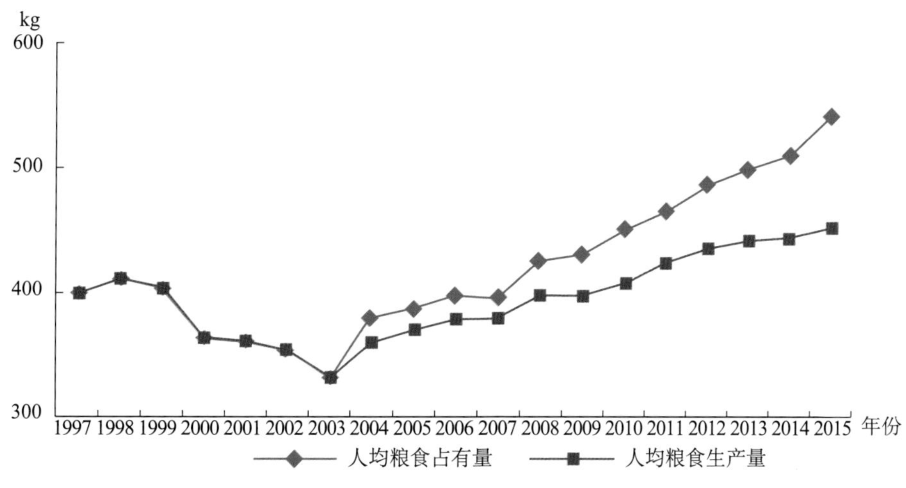

图8　1997—2015年我国人均粮食占有量与生产量

（三）畜牧业发展与饲料生产状况

1. 畜禽产品产量大幅度提高

我国畜禽产品产量稳步增长，2015年肉类总产量8 749.5万t，世界排名第一，人均占有量63.7kg；禽蛋产量3 046.1万t，世界排名第一，人均占有量22.2kg；牛奶产量3 180万t，世界排名第三，人均占有量28.0kg。

2. 畜禽养殖方式逐渐由散养向规模化养殖转变

由于历史上养殖壁垒较低，在行业发展过程中涌现出了大量的散养户，散养模式成为我国畜禽养殖的主要模式。以生猪养殖为例，2008年，我国出栏生猪500头以上的养殖户的生猪出栏量占全国总出栏量的比例仅为28.2%；到2012年，由于期间行业疫病的多发及价格的大幅波动导致承受能力低的散养户刚性淘汰，这一数字提升至38.5%。2016年，中国生猪养殖规模化程度继续提高，规模化养殖（母猪存栏>50头）的比重在2016年末达到了53.70%。

目前，具有全国性优势的大型养殖企业数量有限，单个企业畜禽出栏量占全国总量比例较低，但长远来看，畜禽养殖受土地、环保、资金、劳动力等因素的约束将越来越强，规模化养殖比例不断提高是必然发展趋势。规模化的养殖企业在经营过程中畜禽成活率高，综合成本低，技术优势大，品牌辨识度高，产品质量和供应数量有保障。

3. 饲料总产量持续稳步增长，产品结构快速调整

我国饲料工业起步于20世纪70年代中后期，经过30多年的发展，已经成为国民经济中具有举足轻重地位和不可替代的基础产业。特别是20世纪90年代中期以来，我国饲料产量保持着较高的年复合增长率。

一方面，饲料产量持续快速增加。我国饲料产量持续增加，由1996年的5 597万t，增加到2015年的2.0亿t。全价配合饲料产量由1996年的5 106万t，增加到2015年的1.74亿t；浓缩饲料产量由419万t，增加到1 961万t；添加剂预混合饲料产量由73万t增加到653万t（图9）。另一方面，猪饲料占全部饲料的50%左右。在全价配合饲料中，猪全价配合饲料产量所占比例最高，达到39%左右，其次是肉禽全价配合饲料占30%，蛋禽全价配合饲料占14%，水产全价配合饲料占11%，反刍全价配合饲料占4%，其他占2%。在浓缩饲料中，猪浓缩饲料产量所占比例最高，达到60%，其次是

蛋禽浓缩饲料占19%，肉禽浓缩饲料占10%，反刍动物浓缩饲料占10%，其他占1%。在添加剂预混合饲料中，猪预混饲料产量所占比例最高，达到56%左右，其次是蛋禽预混合饲料占23%，肉禽预混合饲料占8%，水产预混合饲料占5%，反刍动物预混合饲料占5%，其他占8%。

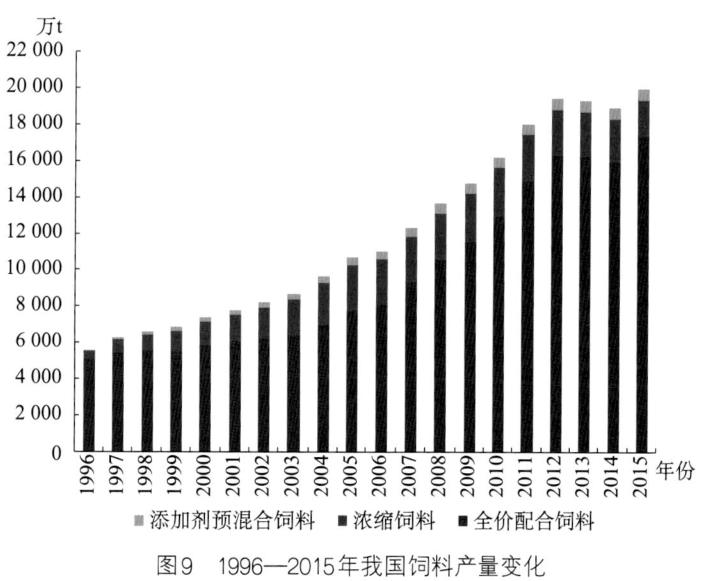

图9　1996—2015年我国饲料产量变化

4. 畜禽规模化养殖促进了工业饲料需求

由于散养方式下畜禽养殖的副业性质，消耗种植业副产品及家庭剩饭是农户从事养殖的重要目的，因此农户会尽可能减少养殖过程中的现金支出，极少购买工业饲料。同时，散养模式也是以大量闲散劳动力或闲散劳动时间的存在为前提的，农户在畜禽饲料置备、日常管理方面投入的时间很多。但对散养户而言，这些时间的机会成本几乎为零，并不成为其成本核算过程中考虑的因素。

规模化养殖具有商品生产的性质，与传统养殖业相比，具有以资本投入替代劳动投入的特征。由于畜禽规模较大，传统的秸秆、杂草以及家庭剩饭在数量上已无法保证规模养殖对饲料的大量消耗。如果投入大量的人力来准备和配置这种饲料，必将造成人力成本的大幅增加，因此不具有可行性。同时，传统饲料在质量上也满足不了畜禽生长对营养的需要，不但会造成饲料粮的浪费，还将延缓畜禽生长周期，或导致产蛋（奶）率下降，进而造成收益上的损失。工业饲料中能量、蛋白、维生素、矿物质等各类成分配比科学合理，可以充分满足畜禽各生长阶段的需求，并最大限度地发挥每种饲料原料的作用，具有较高的饲料转化率，缩短了畜禽生长周期，带来了更好的经济效益。使用工

业饲料也减少了养殖过程中劳动时间的投入和对劳动力的需求，进而提高了劳动生产率，降低了人力成本。显然，规模化养殖的性质直接决定了其使用工业饲料的饲料消耗结构。

一方面，我国畜禽养殖规模不断增大；另一方面，规模化生产方式下畜禽养殖量增加，导致国内工业饲料需求量大幅度提高。

5. 目前畜牧业发展面临的问题

近年来，尽管畜牧业保持了良好的发展态势，但是在发展中确确实实存在一些问题，有些问题在一定程度上影响甚至制约了现代畜牧业的发展。突出表现在以下几个方面。

(1) 畜牧业快速发展和资金短缺、土地供给不足的矛盾依然突出

主要表现为畜牧企业融资难、用地难，尤其是平原地区，闲散土地急剧减少，基本农田红线不能逾越，土地流转困难，严重制约了规模养殖的发展，成为制约现代畜牧业发展的瓶颈。

(2) 生产结构不够优化

肉牛、奶牛等草食牲畜发展依然相对较慢，丰富的农作物秸秆资源没有得到有效利用。种养结合不密切，循环链条不畅，畜禽养殖废弃物没有得到有效利用。大型畜产品加工龙头企业依然较少，产业链条短，产销衔接不紧密，利益联结机制尚不完善，生猪价格持续低迷、奶业出现“倒奶”现象等都是产销不紧密的直接体现。

(3) 产品价格波动频繁

国内畜牧业效益低与国外畜产品价格倒挂矛盾日益突出，国外畜产品成本低，我国畜产品成本高，国外奶粉价格比国内低一半左右，必然导致进口量增加。目前，国外优质低价畜产品对国内畜产品的冲击已经显现，导致我国畜产品处于弱势竞争地位，将会加剧畜产品的价格波动。

(4) 养殖粪污治理任务艰巨

大部分畜禽养殖场粪污处理设施不完善，或是根本没有处理设施，不仅造成有机肥资源的浪费，而且给周边环境造成了一定影响，甚至对水体和土壤造成污染。

(5) 畜禽养殖效益具有明显的周期性变化

当养殖效益较好时，大型养殖企业扩张存在一定程度的无序性，特别是生猪规模场发展表现尤为突出。

二、口粮与饲料粮消费需求

（一）城乡居民口粮、饲料粮消费特征

1. 口粮消费

（1）人均口粮消费

我国是世界上人口最多的发展中国家，从居民生活角度讲，粮食供给涉及居民的身心健康与生活水平；从经济发展角度讲，粮食生产与供给是我国工农产业的重要组成部分；从社会发展角度讲，粮食供给关乎社会稳定。其中，口粮的供给是基础，也是关键。

目前，对我国粮食消费与需求的研究数据多采用国家统计局公布的居民食品消费量数据，但此数据仅为居民家庭的购买量，未纳入外出就餐以及其他来源的食物消费，从而导致食品消费数据明显被低估。

本书利用中国健康与营养调查（China Health and Nutrition Survey，CHNS）2011年的调查数据，估算我国城乡居民各类食品的在外消费比例，以此为依据，对国家统计局数据进行校正，从而估算我国各地区口粮的消费量。根据2011年CHNS对我国城乡居民食品消费量的调查，我国城、乡居民外出口粮消费比例分别是11.9%与9.1%。

以国家统计局公布的居民食品消费量数据为基础，按照上述我国城、乡居民外出口粮消费比例，补充在外消费粮食量，则2015年我国人均口粮（原粮，包括外出消费和方便面、糕点等，下同）消费量平均为158kg，其中城镇居民为146kg，农村居民为173kg。

从全国格局来看，我国居民口粮消费量呈现自东南向西北逐渐增加的格局，东部地区口粮消费量最少，形成北京—海南岛的口粮消费低水平带；中部地区为口粮消费中等水平，形成吉林—云南的中消费水平带；西部地区口粮消费水平较高。

我国城镇居民口粮消费量的空间格局与全国平均水平大体相似，也为自东南向西北逐渐减少。长江中游湖北省与湖南省、南部的福建、广东、广西、海南等省（自治区）

为我国城镇居民口粮低消费区；中部河北—云南一线与河北—江西一线为中消费区；西部黑龙江—西藏为高消费区。我国农村居民的口粮分布可以分为三个区域：一是东北、华北低消费区；二是山西—云南一线与浙江—广东一线中消费区；三是西北高消费区与安徽—广西高消费区。

从城乡差距来看，我国东北地区、华北地区城乡口粮消费差距较小，而南部地区差距较大。

（2）口粮消费总量

按照2015年人口13.75亿人计，我国口粮共消耗21 699万t，其中城镇居民口粮消费量为11 259万t，农村居民口粮消费量为10 440万t。

从全国消费总量上看，我国口粮消费量大致可以按照人口“胡焕庸线”划分为两大区域，“胡焕庸线”以东为口粮中高消费区，以西为低消费区；在东部的中高消费区，又可以分为高消费区与中消费区，高消费区为河北—广东一带，中消费区为山西—云南一带。山东省、河南省、广东省、四川省成为我国口粮消费量最高的4个省，4省消费量均在1 200万t以上。

2. 饲料粮消费量

（1）畜产品粮食转化系数

饲料粮与口粮消费计算方法相同，以国家统计局公布的居民食品消费量数据为基础，利用中国健康与营养调查（China Health and Nutrition Survey，CHNS）2011年的调查数据，估算我国城乡居民各类畜产品的在外消费比例，对国家统计局数据进行校正，从而估算我国各地区畜产品消费量，再根据各类畜产品耗粮系数，计算所需饲料粮量。

本书中的粮食转化系数是指生产单位畜牧产品的胴体重需要的饲料粮数量。主要利用《全国农产品成本收益资料汇编2016》中“耗粮数量”与“主产品产量”指标。由于《全国农产品成本收益资料汇编2016》统计了平均饲养周期内的“耗粮数量”，其中生猪、肉鸡、肉牛、肉羊、淡水鱼的饲养天数指仔畜（仔禽、鱼苗）购进到产品出售之间的天数，蛋鸡的饲养天数指从育成鸡到淘汰鸡之间的天数，奶牛的饲养天数按365d计算。因此“耗粮数量”需要考虑仔畜（仔禽、鱼苗）购进前的部分；由于猪崽与羊崽的耗粮数量较小，计算时未考虑；肉牛牛崽的耗粮数量为100kg（陈静等，2012）。在计算禽蛋的粮食转化系数时，雏鸡至育成鸡消耗的粮

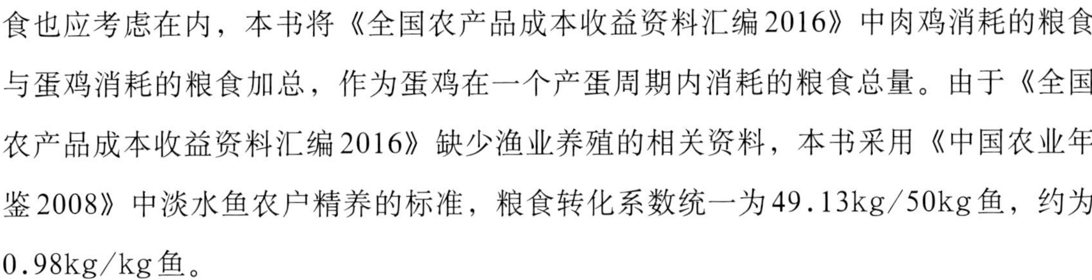

食也应考虑在内，本书将《全国农产品成本收益资料汇编2016》中肉鸡消耗的粮食与蛋鸡消耗的粮食加总，作为蛋鸡在一个产蛋周期内消耗的粮食总量。由于《全国农产品成本收益资料汇编2016》缺少渔业养殖的相关资料，本书采用《中国农业年鉴2008》中淡水鱼农户精养的标准，粮食转化系数统一为49.13kg/50kg鱼，约为0.98kg/kg鱼。

至于牛奶的耗粮系数，本书考虑了奶牛从出生到育成牛之间的消耗粮食数量，简单地利用肉牛从出生到出栏的粮食消耗量代替，为478.2kg，考虑到奶牛一般为4年淘汰，因此牛奶的耗粮系数计算方式为：每年消耗的粮食量加25%的牛犊至成牛粮食量（119.6kg），再除以当年的牛奶产量。

本书屠宰率的取值：生猪为70%（关红民、刘孟洲、滚双宝，2016；胡慧艳等，2015），肉牛为55%（党瑞华等，2005），肉羊为47%（张宏博等，2013；吴荷群等，2014），肉鸡按全净膛率70%计算（夏波等，2016）。

在计算饲料粮消费量时，除了计算出栏牲畜消耗的饲料粮，还需要计算母畜消耗的饲料粮，母猪的数量按照《中国畜牧兽医年鉴2015》取2014年各省的数值，母牛的存栏数量按存栏牛数的45%计算，母羊的数量按出栏羊数的70%计算。奶牛消耗饲料粮的计算，还要考虑奶牛牛犊与奶牛育成牛的饲料粮消耗量。目前我国奶牛中泌乳牛的比重仅占40%，本书假设牛犊比重为30%，育成牛比重为30%，每年牛犊消耗320kg粮食，育成牛消耗1 000kg粮食。

由于水产品来源可分为捕捞与养殖两部分，在计算饲料粮消费量时，应仅计算养殖部分，2015年我国水产养殖量占水产品总产量的比例为73.7%；同时考虑水产养殖结构，2015年我国内陆养殖中鱼类养殖产量占水产品养殖总量的比例为88.7%，综合考虑水产养殖占比与鱼类养殖占比，最后计算得到的水产饲料粮消费量按照65%折算。

（2）人均畜产品消费

根据在家消费与在外消费比例，将畜牧产品的损耗率也按照相关标准换算到人均消费量中去。2015年我国城乡居民人均消费肉类39.9kg（其中，猪肉31.4kg，占78.7%；牛羊肉6.5kg，占16.3%），禽类14.6kg，水产品18.2kg，蛋类13.2kg，奶类32.1kg。

（3）饲料粮消费总量

2015年我国共消费饲料粮总量为30 095万t，其中能量饲料23 415万t，占比

77.8%，蛋白饲料6 680万t，占比22.2%。

（4）饲料粮生产量与供需平衡

2015年全国共供给自产饲料粮22 201万t，其中，玉米占70.8%，稻谷占9.4%，小麦占8.8%，豆类占6.1%，薯类占4.5%，其他占0.4%。从供需平衡的角度看，2015年我国饲料粮缺口为8 753万t，主要短缺的是蛋白饲料。

从省域角度看，我国饲料粮生产可以分为三大区：一是东北部高产区，包括东北三省、内蒙古自治区、华北平原大部分地区等，这些省区饲料粮生产总量为13 317.4万t，占全国饲料粮总产量的60.0%，其中，黑龙江省饲料粮产量最高，为3 108.0万t，占全国总产量的14.0%；二是从新疆维吾尔自治区至江苏省一带的中部中生产区；三是青藏高原至东南沿海的南部低生产区（不包括四川省）。

从供需平衡的角度看，我国南北差异明显，南方诸省饲料粮明显不足，北方有余，尤其是黑龙江、吉林、内蒙古三省（自治区），饲料粮供大于需量明显，2015年三省区供大于需量分别为2 423.1万t、1 664.2万t与1 140.2万t。广东省供需平衡差别明显，短缺量为3 508.4万t。

由此可见，我国饲料粮生产区与消费区完全相反，是形成我国“北粮南运”现象的主要因素。

（二）食物消费发展趋势

1．近年来我国城乡居民直接粮食消费量逐渐减少，而畜牧产品消费量逐步增加

从整体趋势来看，我国城乡居民直接粮食消费量逐渐减少，而畜牧产品消费量逐步增加。但在时间演变态势上，城乡居民的发展特征差别明显（图10、图11）。对城乡居民来讲，2000年均为一个重要的时间节点。城镇居民方面，2000年前，城镇居民的口粮（原粮）消费水平下降很快，而2000年后趋于稳定；农村居民方面，2000年前，农村居民的口粮（原粮）消费下降缓慢，而2000年后出现明显的下降趋势，且一直持续到现在。2013年后国家统计局开展的城乡一体化住户收支与生活状况调查，统计范围有所变化，数据也相应有所调整。从城乡居民消费的发展特征来看，2013—2015年，我国城乡居民口粮（原粮）消费量仍在减少，城镇居民减少8.8kg，农村居民年均减少19.0kg；肉禽蛋、水产品消费量均在增加。

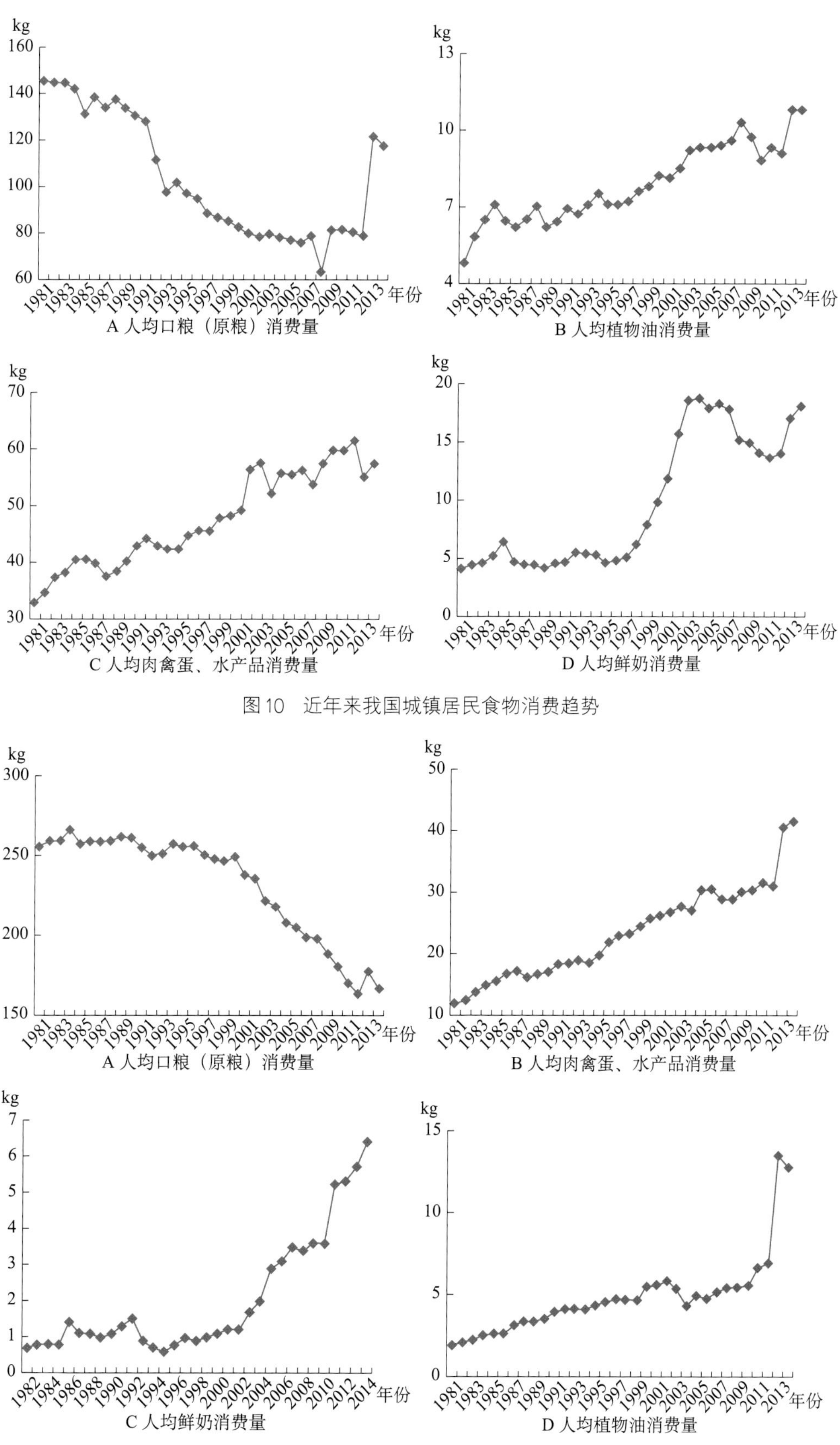

图10　近年来我国城镇居民食物消费趋势

图11　近年来我国农村居民食物消费趋势

2. 发达国家和地区食物消费水平变化趋势

一个国家（地区）人均粮食消费量的变化与国家（地区）的经济发展水平联系紧密。参考美、德、日、韩等发达国家和地区的经验，中国大陆地区2012年人均GDP为6 093美元。统一按照通货膨胀率将人均GDP折算成2012年水平，2012年中国大陆人均GDP相当于日本1979年水平（6 198美元）、韩国1995年水平（6 870美元）、中国台湾地区1991年水平（6 382美元）。按照世界银行2012年发布的*China 2030：Building a modern，harmonious，and creative high-Income society*报告，中国大陆2010—2020年人均GDP增长率将为6.8%～9.5%，2020—2030年人均GDP增长率将为3.9%～7.6%。按2010—2020年人均GDP增长率7%、2020—2030年增长率6.0%计算，以2014年（7 476美元）为起点，那么2030年中国大陆人均GDP将达到20 662美元。按照1998—2013年中国通货膨胀率2.3%折算成2012年不变价格，2030年中国大陆人均GDP为14 612美元，相当于日本1986年水平（14 971美元）、韩国2005年水平（15 039美元）、中国台湾地区2005年水平（14 632美元）。

为了考察我国未来人均粮食消费的演变趋势，我们绘制了2009年世界主要国家人均GDP水平与人均日能值摄入量的关系图。从图12中可以看出，人均日能值摄入量与经济发展水平呈$Y=299.0\ln(x)+181.9$（$R^2=0.635$）的函数关系。当经济发展水平较低，人均GDP处于10 000国际美元以下时，人均日能值摄入量对经济水平发展的弹性较大，即随着经济的发展，人均日能值摄入量快速增加；当人均GDP超过10 000国际美元时，

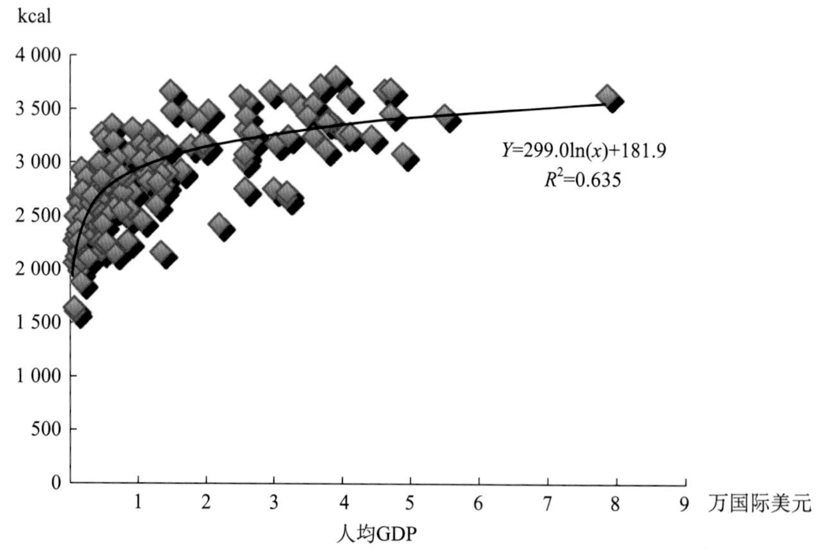

图12　2009年不同收入水平国家的人均日能值摄入水平

人均日能值摄入量增加放缓。从世界发达国家的经验来看，人均日能值摄入量最高值略高于3 500kcal[①]。2009年我国人均GDP为6 747.2国际美元，正处在人均日能值摄入量快速上升期，而且我国2009年人均日摄入能值处于3 036kcal，距离3 500kcal强尚有近500kcal的差距。由此可见，至2030年我国经济达到中等发达国家水平时，人均日能值摄入量还会有一定的上升空间。

从美国食物消费的发展经验来看，在经济与城镇化快速发展的相当长一段时间内，居民的食品需求与消费结构会逐步优化，淀粉类食物需求下降，而高蛋白的肉制品与乳制品食品消费需求增加，随后会出现淀粉类食物与高蛋白类食物消费同时增加的现象。从数量上看，美国人均直接消费的谷物从1909年的136kg下降到70年代初期的60kg，随后又上升到现在的88kg，而20世纪30年代后，美国居民的人均肉类消费一直呈明显的增长趋势，由1930年的60kg增长到2011年的115kg（图13）。

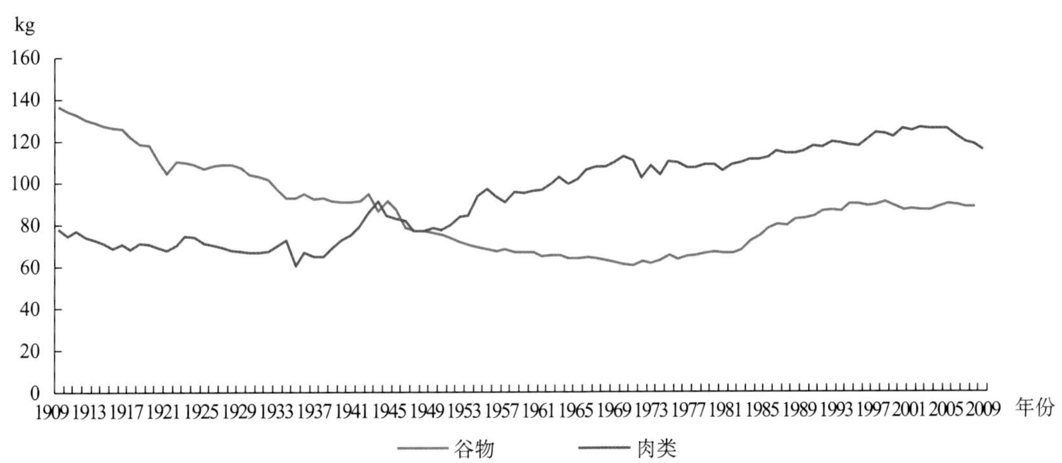

图13　1909—2011年美国人均谷物消费与肉类消费变化特征

数据来源：美国农业部经济研究局（www.ers.usda.gov）。

我国台湾地区的饮食结构与我国大陆最为相近，其饮食结构的变化具有较为重要的指示意义。随着经济的发展，我国台湾地区居民的膳食结构发生了明显的变化，人均谷物消费量从1961年的165kg下降到2012年的86kg，而人均肉类消费量则从1961年的15.6kg上升到2012年的75.2kg，蛋类、水产类、乳品类、油脂类、蔬菜瓜果类等食物消费量也均有明显的增长（表4）。

① cal为非法定计量单位，1cal = 4.184 0J。下同。——编者注

表4　我国台湾地区居民膳食结构

单位：kg

年份	谷物	薯类	蔬菜	果品	肉类	蛋类	水产品	乳品	油脂
1961	165.0	58.1	57.2	19.9	15.6	1.6	25.3	9.4	4.8
1971	164.6	21.4	91.3	45.0	26.4	4.1	34.3	10.4	7.8
1981	128.8	6.9	115.6	80.5	43.0	8.6	35.8	24.8	11.3
1991	99.5	21.2	94.7	138.7	64.5	13.4	39.7	50.0	23.7
2001	89.4	21.7	110.1	134.4	76.6	19.2	35.5	54.4	23.3
2008	81.9	20.8	103.2	125.5	72.6	16.6	34.5	37.9	21.9
2012	85.6	22.4	103.0	125.7	75.2	17.1	36.5	20.9	23.0

数据来源：台湾“统计局”(www.stat.gov.tw) 与台湾“行政院农业委员会”(www.coa.gov.tw/view.php?catid=5875)。

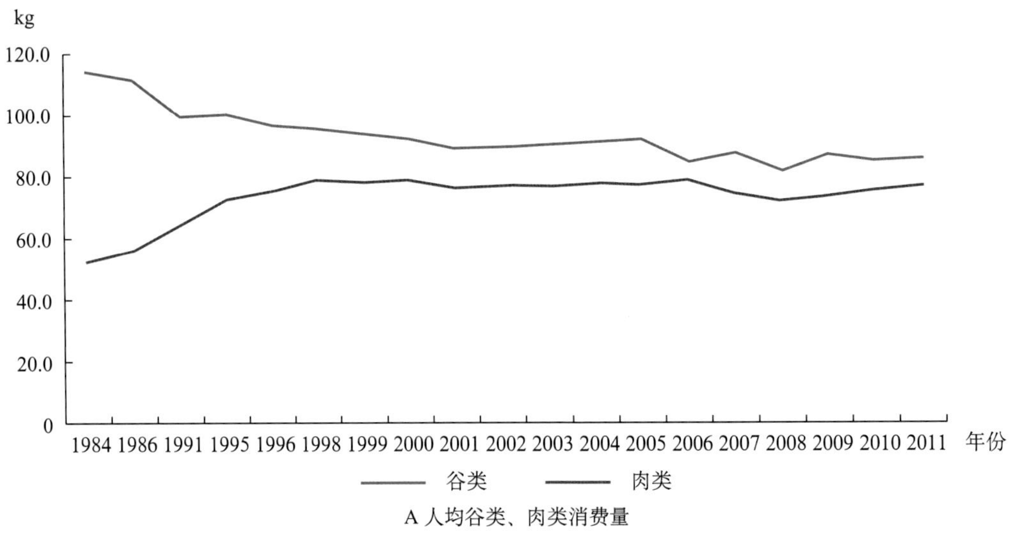

A 人均谷类、肉类消费量

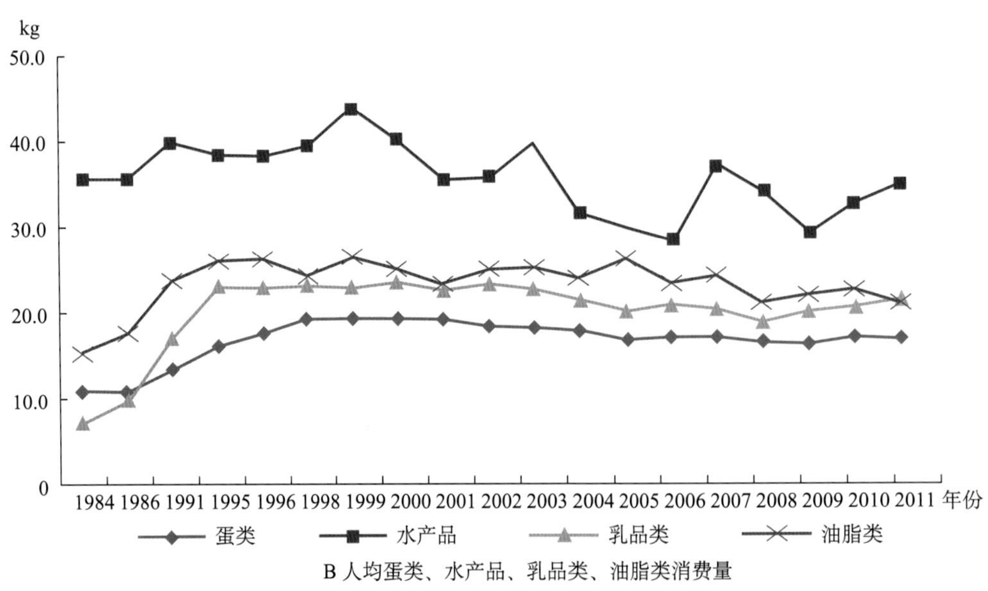

B 人均蛋类、水产品、乳品类、油脂类消费量

图14　我国台湾地区居民食物消费水平变化情况

从我国台湾地区食物消费水平变化情况来看，可以归纳出两个特点：一是随着经济水平的发展，居民口粮消费的需求会下降，而对肉、蛋、奶等高附加值产品的需求会上升，但最终会达到较为稳定的水平，部分食品消费量会下降。二是，各类食品达到拐点的时间有差别。从我国台湾地区的经验来看，乳品类与油脂类食品消费水平先达到顶点，时间为1995年，消费水平分别为23.0kg与26.0kg，随后是肉类、蛋类与水产品，时间为1998—1999年，肉类在略低于80kg水平，蛋类在20kg左右，水产品在40kg左右（图14）。

根据经济发展特征，我国大陆地区2030年居民收入将达到台湾地区2005年的水平，如果按照我国台湾地区居民消费的轨迹，那么2030年我国居民的消费水平应该也会达到拐点，但受农业生产与消费习俗等方面的影响，在人均消费总量或单类食品的消费量上，我国大陆居民可能与我国台湾地区会有所差别。

3. 未来粮食、饲料需求

(1) 2020年、2030年我国主要食品人均消费水平

长期来看，城乡居民食品消费主要受收入的影响，此处引入食品消费的收入弹性：

$$E_1=\frac{(Q_2-Q_1)\ /\ (Q_2+Q_1)}{(I_2-I_1)\ /\ (I_2+I_1)}$$

式中，I_1与I_2分别为初期与末期居民收入；Q_1与Q_2分别为初期与末期居民食品的消费量。食品收入弹性主要用来衡量食品需求对消费者收入变化的相对反应程度。

表5和表6分别为我国城镇与农村居民食品消费的收入弹性。

表5　2013—2015年我国城镇居民食品消费的收入弹性

品类	2013年	2014年	2015年	2013—2014年弹性	2014—2015年弹性
口粮(原粮)	121.3	117.2	112.6	−0.405	−0.508
谷物	110.6	106.5	101.6	−0.435	−0.605
薯类	1.9	2.0	2.1	0.616	0.859
豆类	8.8	8.6	8.9	−0.265	0.325
食用油	10.9	11.0	11.1	0.079	0.109
食用植物油	10.5	10.6	10.7	0.117	0.108
蔬菜及食用菌	103.8	104.0	104.4	0.020	0.041

（续）

品类	2013年	2014年	2015年	2013—2014年弹性	2014—2015年弹性
鲜菜	100.1	100.1	100.2	−0.002	0.021
肉类	28.5	28.4	28.9	−0.011	0.225
猪肉	20.4	20.8	20.7	0.203	−0.029
牛肉	2.2	2.2	2.4	−0.004	0.866
羊肉	1.1	1.2	1.5	0.557	2.885
禽类	8.1	9.1	9.4	1.279	0.516
水产品	14.0	14.4	14.7	0.383	0.248
蛋类	9.4	9.8	10.5	0.461	0.845
奶类	17.1	18.1	17.1	0.666	−0.713
干鲜瓜果类	51.1	52.9	55.1	0.425	0.514
鲜瓜果	47.6	48.1	49.9	0.109	0.471
坚果类	3.4	3.7	4.0	1.053	0.850
食糖	1.3	1.3	1.3	0.266	0.072

表6 2013—2015年我国农村居民食品消费的收入弹性

品类	2013年	2014年	2015年	2013—2014年弹性	2014—2015年弹性
口粮(原粮)	178.5	167.6	159.5	−0.590	−0.584
谷物	169.8	159.1	150.2	−0.611	−0.673
薯类	2.7	2.4	2.7	−1.066	1.291
豆类	6.0	6.2	6.6	0.182	0.800
食用油	10.3	9.8	10.1	−0.402	0.269
食用植物油	9.3	9.0	9.2	−0.358	0.287
蔬菜及食用菌	90.6	88.9	90.3	−0.178	0.183
鲜菜	89.2	87.5	88.7	−0.184	0.172
肉类	22.4	22.5	23.1	0.024	0.318
猪肉	19.1	19.2	19.5	0.068	0.151
牛肉	0.8	0.8	0.8	0.027	1.092

（续）

品类	2013年	2014年	2015年	2013—2014年弹性	2014—2015年弹性
羊肉	0.7	0.7	0.9	0.210	2.578
禽类	6.2	6.7	7.1	0.794	0.704
水产品	6.6	6.8	7.2	0.284	0.653
蛋类	7.0	7.2	8.3	0.333	1.652
奶类	5.7	6.4	6.3	1.107	−0.184
干鲜瓜果类	29.5	30.3	32.3	0.236	0.773
鲜瓜果	27.1	28.0	29.7	0.306	0.719
坚果类	2.5	1.9	2.1	−2.522	1.355
食糖	1.2	1.3	1.3	0.790	0.239

参考我国台湾地区不同经济水平下居民膳食消费的变化特征，我国大陆居民可能在2030年人均肉类消费量达到高峰值，之后会出现较为稳定的、缓慢的下降态势，而至2035年，我国大陆居民禽类、水产品、蛋类与奶类的消费量可能还会持续上涨，不过上涨速度会逐步放缓。依据国家统计局数据，结合在外消费比例，并将城乡居民消耗的方便面与糕点等工业产品考虑在内，同时将畜牧产品的损耗率也按照相关标准转移到人均消费量中去，重点参照我国台湾地区居民的膳食发展规律，结合2000—2015年我国大陆城乡居民膳食的演变特征，采用趋势外推法首先确定了2020年我国大陆城乡居民的食物消费水平，参照我国台湾地区的峰值标准确定2030年城乡居民各类食品的消费水平，2025年数值采用2020年与2030年中间值得到。在此基础上，结合2013—2015年我国大陆各省区城乡居民食品消费的收入弹性与同经济时期我国台湾地区膳食消费的变化规律，对2035年的消费水平进行了预测。

2020—2035年我国城乡居民人均食物消费水平如表7所示。

表7　2020—2035年我国城乡居民食物消费水平预测

单位：kg

品类	2015年			2020年			2025年			2030年			2035年		
	全国	城镇	农村	全国	城镇	农村	全国	城镇	农村	全国	城镇	农村	全国	城镇	农村
口粮（原粮）	158	146	173	147	136	161	139	130	154	131	124	147	122	118	132
食用油	12	13	11	13	13	12	14	14	15	16	15	17	15	15	17

（续）

品类	2015年			2020年			2025年			2030年			2035年		
	全国	城镇	农村	全国	城镇	农村	全国	城镇	农村	全国	城镇	农村	全国	城镇	农村
食用植物油	11	12	10	12	13	11	13	13	14	15	14	16	14	14	16
蔬菜及食用菌	115	121	107	121	125	117	125	127	123	128	129	128	130	130	129
鲜菜	111	116	105	117	119	115	120	120	119	122	121	123	123	123	125
肉类	40	43	37	44	47	41	49	52	45	54	58	50	52	53	52
猪肉	31	32	31	33	34	32	35	36	34	37	38	35	33	32	36
牛肉	4	5	2	5	6	3	5	7	4	6	8	5	7	8	5
羊肉	3	4	2	4	5	3	5	5	4	6	6	5	6	7	5
其他肉类	2	2	2	2	2	2	4	4	4	6	6	6	6	6	6
禽类	15	16	13	18	19	17	20	22	18	23	26	20	26	27	20
水产品	18	23	12	22	27	16	22	27	16	23	28	16	30	33	18
蛋类	13	15	12	18	20	15	21	23	18	24	26	21	27	29	23
奶类	32	40	22	37	43	28	40	46	29	43	49	29	49	54	33
干鲜瓜果类	51	63	36	63	77	47	70	84	52	76	91	58	86	94	62
鲜瓜果	46	57	33	56	68	40	59	72	43	63	77	46	83	93	55
坚果类	4	5	2	4	5	3	5	6	3	5	7	3	6	7	4
食糖	1	1	1	1	1	1	1	1	1	2	2	2	2	2	2

2020—2035年，我国城乡居民人均口粮消费量仍将保持下降趋势，其中城镇居民人均口粮消费量将从2020年的136kg下降到2035年118kg，共下降18kg；相应时期，农村居民人均口粮消费量将从161kg下降到132kg，共下降29kg。

2030年我国居民肉禽类平均消费量将会达到较高值，之后肉类消费结构会出现调整，猪肉消费量下降，而牛羊肉、禽类消费量继续增加，肉禽消费量整体保持稳定。从数量上看，2020年我国居民平均肉禽消费量为62kg，2030年会达到77kg，2035年达到78kg，基本达到发达国家水平。城乡差别方面，肉类消费量的差距也在逐步缩小，至2035年我国城乡居民肉类消费量将会基本一致，但其他动物产品（如禽类、蛋类、奶类等）的消费还有一定差距。

（2）人口预测

根据国家卫生和计划生育委员会估测，实行全面二孩政策后，预计2030年中国总人口为14.5亿人。人口缓慢上升的同时，我国城镇化进程将持续快速发展，2015年我国常住人口城镇化率达到56.1%，2014年3月国务院发布《国家新型城镇化规划（2014—2020年）》，预计2020年中国常住人口城镇化率要达到60%左右，国家卫生和计划生育委员会估测2030年常住人口城镇化率达到70%左右。《“十三五”及2030年发展目标及战略研究》预测，2020年中国城镇化率将达到61.5%，2030年将达到70%左右。2013年8月27日联合国开发计划署在北京发布的《2013中国人类发展报告》预测，到2030年，中国将新增3.1亿城镇居民，城镇化水平将达到70%。届时，中国城镇人口总数将超过10亿。本书以2010年我国第六次人口普查数据为基础，采用国际应用系统分析研究所（IIASA）的人口—发展—环境分析模型（PDE），在省级层面上以全面二孩政策情景对我国未来的人口结构进行了预测，并根据上述2020年与2030年国家的人口预测结果进行了合理调整，参考2000年来我国各省人口的发展趋势，最终获得我国未来的人口结构数据（表8）。

表8　我国人口与城镇化发展趋势

单位：万人，%

地区	2015年		2020年		2025年		2030年		2035年	
	总人口	城镇化率	总人口	城镇化率	总人口	城镇化率	总人口	城镇化率	总人口	城镇化率
全国	137 462	56	139 570	62	142 060	66	144 529	70	143 426	75
北京	2 171	86	2 445	89	2 719	91	2 992	93	3 005	94
天津	1 547	83	1 566	86	1 585	89	1 604	92	1 815	93
河北	7 425	51	7 450	55	7 475	59	7 500	63	7 514	68
山西	3 664	55	4 019	59	4 374	63	4 729	67	4 553	71
内蒙古	2 511	60	2 516	64	2 521	69	2 525	73	2 386	77
辽宁	4 382	67	4 384	69	4 387	72	4 389	74	4 352	78
吉林	2 753	55	2 769	57	2 785	59	2 801	61	2 534	65
黑龙江	3 812	59	3 795	61	3 778	63	3 760	65	3 232	69
上海	2 415	88	2 614	90	2 813	93	3 012	95	3 174	96

（续）

地区	2015年		2020年		2025年		2030年		2035年	
	总人口	城镇化率	总人口	城镇化率	总人口	城镇化率	总人口	城镇化率	总人口	城镇化率
江苏	7 976	67	8 041	72	8 106	78	8 170	84	8 412	90
浙江	5 539	66	5 675	71	5 811	77	5 947	82	6 198	89
安徽	6 144	51	6 116	56	6 088	62	6 059	68	5 444	72
福建	3 839	63	3 916	69	3 993	75	4 069	81	4 219	85
江西	4 566	52	4 604	55	4 643	59	4 681	63	4 118	67
山东	9 847	57	9 831	62	9 815	67	9 799	72	10 316	76
河南	9 480	47	9 485	52	9 490	57	9 494	62	9 634	66
湖北	5 852	57	5 756	61	5 660	66	5 564	70	5 048	74
湖南	6 783	51	6 661	56	6 539	62	6 416	67	6 039	71
广东	10 849	69	12 056	74	13 264	79	14 471	83	15 624	87
广西	4 796	47	4 815	53	4 835	59	4 854	64	4 935	68
海南	911	55	963	59	1 015	64	1 067	68	1 318	72
重庆	3 017	61	2 908	67	2 800	74	2 691	80	2 118	84
四川	8 204	48	8 065	52	7 926	57	7 786	61	7 418	65
贵州	3 530	42	3 587	47	3 645	53	3 702	58	3 539	62
云南	4 742	43	4 893	48	5 044	53	5 194	57	5 218	61
西藏	324	28	338	33	353	38	367	42	337	46
陕西	3 793	54	3 810	58	3 828	62	3 845	65	3 654	69
甘肃	2 600	43	2 637	49	2 674	55	2 710	60	2 796	64
青海	588	50	609	56	630	61	650	66	639	70
宁夏	668	55	707	59	746	63	784	66	819	70
新疆	2 360	47	2 539	53	2 718	59	2 897	65	3 018	69

资料来源：2015年数据来自《中国统计年鉴2016》，2030年我国各省人口参照孙东琪，等，2016．2015—2030年中国新型城镇化发展及其资金需求预测［J］．地理学报，71（6）：1025–1044．

（3）未来粮食需求量

根据上述人均消费水平和人口预测，口粮方面，2020年、2025年、2030年和2035年我国口粮（原粮）需求量分别为20 307万t、19 625万t、18 918万t和17 480万t，呈现持续的、逐步减缓的下降趋势。饲料粮方面，2020年、2025年、2030年和2035年我国饲料粮需求量分别为35 871万t、41 226万t、45 130万t和42 879万t，2030年前我国饲料粮需求量将呈现明显的增加趋势，2030年后随着我国肉类消费结构的变化、料肉比的下降，我国饲料粮需求压力可能会略有减轻，但仍然会处在较高的水平上（表9、表10、表11）。

表9　我国食物消耗总量

单位：万t

品类	2015年			2020年			2025年			2030年			2035年		
	全国	城镇	农村	全国	城镇	农村	全国	城镇	农村	全国	城镇	农村	全国	城镇	农村
口粮(原粮)	21 703	11 239	10 464	20 307	11 768	8 539	19 625	12 188	7 438	18 918	12 545	6 374	17 480	12 736	4 744
食用油	1 641	970	671	1 800	1 142	658	2 006	1 298	708	2 200	1 467	733	2 187	1 575	612
食用植物油	1 542	931	611	1 686	1 082	605	1 880	1 219	662	2 059	1 366	694	2 046	1 467	579
蔬菜及食用菌	15 763	9 291	6 472	17 006	10 790	6 216	17 792	11 874	5 919	18 556	13 010	5 545	18 604	13 972	4 632
鲜菜	15 271	8 914	6 357	16 363	10 280	6 083	17 009	11 259	5 750	17 632	12 282	5 350	17 658	13 190	4 469
肉类	5 485	3 272	2 214	6 177	4 024	2 153	7 063	4 875	2 188	7 985	5 817	2 168	7 494	5 647	1 847
猪肉	4 319	2 456	1 863	4 655	2 942	1 713	5 000	3 370	1 630	5 360	3 834	1 526	4 775	3 480	1 294
牛肉	480	377	103	647	493	154	814	628	186	987	779	208	1 018	839	179
羊肉	409	269	139	570	389	180	692	502	191	822	627	195	871	699	172
其他肉类	278	169	109	305	199	106	556	375	181	815	577	238	835	635	201
禽类	2 000	1 232	768	2 499	1 618	880	2 962	2 091	872	3 466	2 620	845	3 660	2 925	734
水产品	2 507	1 763	744	3 134	2 302	833	3 337	2 564	773	3 550	2 843	707	4 231	3 593	638
蛋类	1 819	1 124	696	2 486	1 696	790	3 006	2 152	855	3 550	2 661	889	3 921	3 112	809
奶类	4 413	3 064	1 349	5 248	3 747	1 501	5 699	4 308	1 391	6 187	4 917	1 270	7 010	5 841	1 169
干鲜瓜果类	6 958	4 811	2 147	9 094	6 628	2 466	10 361	7 847	2 514	11 683	9 186	2 497	12 292	10 058	2 234
鲜瓜果	6 335	4 357	1 978	7 973	5 841	2 132	8 859	6 788	2 072	9 797	7 820	1 977	11 940	9 978	1 962
坚果类	486	346	139	612	459	154	715	563	152	825	678	147	927	793	134
食糖	179	100	79	195	121	74	199	131	68	217	152	65	215	161	54

表10　我国饲料粮消耗明细

单位：万t

品类	2015年			2020年			2025年			2030年			2035年		
	全国	城镇	农村	全国	城镇	农村	全国	城镇	农村	全国	城镇	农村	全国	城镇	农村
肉类	25 852	15 881	9 971	31 284	20 753	10 531	36 451	25 764	10 688	40 167	29 900	10 267	38 234	29 888	8 346
猪肉	11 747	6 691	5 056	12 905	8 156	4 749	13 601	9 167	4 434	14 580	10 429	4 151	12 033	8 771	3 262
牛肉	1 009	794	215	1 385	1 056	329	1 710	1 319	390	2 073	1 636	437	2 037	1 678	359
羊肉	899	594	305	1 277	873	404	1 523	1 103	420	1 809	1 380	429	1 830	1 468	361
其他肉类	757	461	295	846	552	294	1 513	1 020	493	2 217	1 569	649	2 105	1 599	506
禽类	4 601	2 838	1 763	5 857	3 793	2 064	6 813	4 808	2 005	7 971	6 027	1 945	7 685	6 143	1 542
水产品	1 598	1 125	473	2 035	1 494	541	3 270	2 513	757	2 261	1 811	450	3 385	2 874	511
蛋类	3 476	2 150	1 325	4 840	3 302	1 538	5 742	4 110	1 633	6 780	5 082	1 698	7 057	5 602	1 455
奶类	1 766	1 228	538	2 139	1 527	612	2 280	1 723	556	2 475	1 967	508	2 103	1 752	351
母畜用粮	4 243	2 380	1 863	4 587	2 844	1 743	4 775	3 159	1 616	4 963	3 474	1 489	4 645	3 326	1 319
饲料粮合计	30 095	18 261	11 834	35 871	23 597	12 274	41 226	28 923	12 304	45 130	33 374	11 756	42 879	33 214	9 665

表11　我国能量饲料与蛋白饲料消费量

单位：万t

品类	2015年			2020年			2025年			2030年			2035年		
	总量	能量	蛋白	总量	能量	蛋白	总量	能量	蛋白	总量	能量	蛋白	总量	能量	蛋白
肉蛋奶	25 852	20 021	5 831	31 284	24 193	7 091	36452	28038	8 414	40 167	31 155	9 012	38233	29441	8792
猪肉	11 747	9 398	2 349	12 905	10 324	2 581	13601	10881	2 720	14580	11664	2 916	12032	9626	2406
牛肉	1 009	767	242	1 385	1 053	332	1 710	1 300	410	2 073	1575	498	2036	1548	488
羊肉	899	683	216	1 277	971	306	1 523	1 157	366	1 809	1375	434	1830	1390	440
其他肉类	757	606	151	846	677	169	1 513	1 211	302	2 217	1774	443	2 105	1685	420
禽类	4 601	3 681	920	5 857	4 686	1 171	6 813	5 451	1 362	7 971	6377	1 594	7685	6148	1537
水产品	1 598	959	639	2 035	1 221	814	3 270	1 962	1 308	2 261	1357	904	3385	2031	1354
蛋类	3 476	2 781	695	4 840	3 872	968	5 742	4 594	1 148	6 780	5424	1 356	7057	5646	1411
奶类	1 766	1 148	618	2 139	1 390	749	2 280	1 482	798	2 475	1609	866	2 103	1367	736
母畜用粮	4 243	3 394	849	4 587	3 670	917	4 775	3 820	955	4 963	3970	993	4645	3716	929
饲料粮合计	30 095	23 415	6 680	35 871	27 862	8 009	41 226	32 076	9 151	45 130	35 125	10 005	42879	33362	9518

除了口粮、饲料用粮，粮食需求还有工业用粮与种子用粮，另外还有一定的系统损耗。

工业用粮一般指工业、手工业用作原料或辅助材料所消费的粮食，主要包括大豆、玉米、谷物等，本书的工业用粮主要包括用来酿酒以及生产淀粉、味精、酱油、醋等产品的粮食（方便面、糕点等已在口粮消费中计算）。2015年我国酒类、淀粉、味精、酱油、醋合计粮食消耗量达到7 669万t，预计2020年、2025年、2030年与2035年分别为8 068万t、8 668万t、9 267万t与9 730万t。

根据《全国农产品成本收益资料汇编2016》数据，2015年我国种子用粮为：水稻2.98kg/亩，小麦15.85kg/亩，玉米2.00kg/亩，大豆5.36kg/亩，薯类（标准粮食单位）20kg/亩。其他作物按照三种粮食平均的种子用粮6.93kg/亩计算。2015年种子用粮1 590万t，预计2020年、2025年、2030年与2035年分别为1 614万t、1 619万t、1 623万t与1 621万t。

系统损耗按照5%计。

综合考虑我国口粮、饲料用粮、工业用粮与种子用粮，得到我国粮食需求总量。预计2020年、2025年、2030年与2035年粮食需求量将分别达到68 136万t、73 311万t、77 402万t与73 745万t，相应的人均粮食消费量（含植物油）分别为479kg、516kg、536kg与514kg（表12）。

表12　我国粮食需求总量与人均需求量

单位：万t，kg

品类	2015年			2020年			2025年			2030年			2035年		
	全国	城镇	农村	全国	城镇	农村	全国	城镇	农村	全国	城镇	农村	全国	城镇	农村
口粮合计	21 699	11 259	10 440	20 697	11 994	8 703	19 625	12 188	7 438	18 918	12 545	6 374	17 480	12 736	4 744
饲料粮合计	30 095	18 261	11 834	35 871	23 597	12 274	41 226	28 923	12 304	45 130	33 374	11 756	42 879	33 214	9 665
工业用粮	7 669	4 302	3 367	8 068	5 002	3 066	8 668	5 745	2 923	9 267	6 487	2 780	9 730	6 811	2 919
种子用粮	1 590	892	698	1 614	1 001	613	1 619	1 069	550	1 623	1 136	487	1 621	1 102	519
扣除重复计算麸皮	−3 056	−1 714	−1 342	−3 240	−2 009	−1 231	−3 353	−2 218	−1 136	−3 465	−2 426	−1 040	−3 536	−2 475	−1 061
损耗5%	3 134	1 786	1 348	3 407	2 141	1 265	3 638	2 452	1 187	3 870	2 762	1 108	3 408	2 569	839
食用植物油	1 543	933	609	1 719	1 102	616	1 889	1 234	655	2 059	1 366	694	2 163	1 434	729

（续）

品类	2015年			2020年			2025年			2030年			2035年		
	全国	城镇	农村	全国	城镇	农村	全国	城镇	农村	全国	城镇	农村	全国	城镇	农村
总消耗量（含植物油）	62 674	35 719	26 954	68 136	42 828	25 306	73 311	49 392	23 921	77 402	55 244	22 159	73 745	55 391	18 354
总消耗量（不含植物油）	61 131	34 786	26 345	66 417	41 726	24 690	71 422	48 158	23 266	75 343	53 878	21 465	71 582	53 957	17 625
人均需求量（含植物油）	456	463	447	479	486	468	516	527	495	536	546	511	514	515	512
人均需求量（不含植物油）	445	451	437	467	473	457	503	514	482	521	533	495	499	502	492

（4）青贮玉米、优质牧草需求分析

在发达国家农业产业结构中，畜牧业占农业的比重高达70%～80%，而我国畜牧业产值占整个农业产值的比重仅为30%左右。在畜牧业中，发达国家牛、羊等反刍家畜的养殖比例较大，最高达80%以上，而我国仅达25%左右。随着畜牧业（特别是草食性畜牧业）的发展，除需要能量和蛋白等精饲料，反刍动物对青贮饲料和优质牧草的需求也将增加。

目前我国只有规模较大的奶牛饲养企业实行了标准化养殖，青贮玉米在饲料中占比较高。多数小规模饲养场多用一般秸秆替代，产奶率不高，产投比效益差。

在奶牛饲料标准TMR配方中，青贮占50%，干草占17%，精料占33%；精料中，能量料占60%，蛋白料占35%。在TMR配方中，青贮、干草和精料的干物质系数分别是0.25、0.89和0.85。每1 000头基础奶牛群的饲（草）料年干物质消费量=28kg/头×365d×1 000头/1 000=10 220t；每头奶牛每年平均消费10.22t，其中青贮、干草和精料干物质量分别为5.11t、1.74t和3.37t。每头奶牛每年实际消耗的青贮、干草和精料量分别为20.4t、2.0t和4.0t。

在肉牛和肉羊标准化饲养中，一般精料和粗料（草）的比例为1∶1，草料为青贮玉米；精料中能量占80%（玉米、麸皮等），蛋白占10%～13%（其中粕类占24%）。但我国肉牛和肉羊的规模化、专业化养殖程度低。1头肉牛相当于5个羊单位。

根据规模化养殖优化饲（草）料配方，为满足上述畜产品需求，2020年我国青贮玉米需求总量为3.8亿t，按青贮玉米单产3.8t/亩计，总种植面积需1.01亿亩。2025年我国青贮玉米需求总量为4.4亿t，按青贮玉米单产4.0t/亩计，总种植面积1.10亿亩。2030年我国青贮玉米需求总量为4.7亿t，按青贮玉米单产4.0t/亩计，总种植面积1.18亿亩。2035年我国青贮玉米需求总量为5.1亿t，按青贮玉米单产4.0t/亩计，总种植面积1.27亿亩（表13）。

表13　未来我国各省份青贮玉米及种植面积需求量

单位：万t，万亩

地区	2020年		2025年		2030年		2035年	
	需求量	面积	需求量	面积	需求量	面积	需求量	面积
全国	38 350	10 092	43 775	10 943	47 323	11 830	50 982	12 745
北京	311	82	355	89	383	96	413	103
天津	376	99	430	107	464	116	500	125
河北	4 991	1 313	5 697	1 424	6 159	1 540	6 635	1 659
山西	876	230	999	250	1 080	270	1 164	291
内蒙古	6 101	1 606	6 965	1 741	7 529	1 882	8 111	2 028
辽宁	916	241	1 046	261	1 131	283	1 218	305
吉林	739	195	844	211	912	228	983	246
黑龙江	4 866	1 280	5 554	1 389	6 004	1 501	6 468	1 617
上海	144	38	164	41	178	44	192	48
江苏	513	135	585	146	633	158	682	170
浙江	114	30	130	32	140	35	151	38
安徽	378	99	432	108	467	117	503	126
福建	133	35	152	38	164	41	177	44
江西	204	54	233	58	252	63	272	68
山东	3 476	915	3 968	992	4 289	1 072	4 620	1 155
河南	2 853	751	3 256	814	3 520	880	3 792	948
湖北	227	60	259	65	280	70	302	75
湖南	438	115	500	125	541	135	582	146
广东	145	38	165	41	179	45	193	48
广西	160	42	183	46	197	49	213	53
海南	9	2	10	3	11	3	12	3

（续）

地区	2020年		2025年		2030年		2035 年	
	需求量	面积	需求量	面积	需求量	面积	需求量	面积
重庆	67	18	76	19	83	21	89	22
四川	548	144	625	156	676	169	728	182
贵州	188	49	215	54	232	58	250	63
云南	509	134	582	145	629	157	677	169
西藏	137	36	156	39	169	42	182	45
陕西	1 100	290	1 256	314	1 358	339	1 463	366
甘肃	807	212	921	230	996	249	1 073	268
青海	672	177	767	192	829	207	893	223
宁夏	908	239	1 036	259	1 120	280	1 207	302
新疆	5 444	1 433	6 214	1 554	6 718	1 680	7 237	1 809

注：2020年、2025年、2030年和2035年青贮玉米平均单产分别按3.8t/亩、4.0t/亩，4.0t/亩和4.0t /亩计。

此外，2020年我国奶牛优质干草需求总量为3 625万t，按优质饲草单产0.55t/亩计，种植面积约6 588万亩；2025年我国奶牛优质干草需求总量为4 137万t，按优质饲草单产0.60t/亩计，种植面积约6 893万亩；2030年我国奶牛优质干草需求总量为4 472万t，按优质饲草单产0.60t/亩计，种植面积约7 454万亩；2035年我国奶牛优质干草需求总量为4 818万t，按优质饲草单产0.60t/亩计，种植面积约8 025万亩（表14）。

表14　未来我国各省份奶牛优质饲草及种植面积需求量

单位：万t，万亩

地区	2020年		2025年		2030年		2035 年	
	需求量	面积	需求量	面积	需求量	面积	需求量	面积
全国	3 625	6 588	4 137	6 893	4 472	7 454	4 818	8 025
北京	30	54	34	57	37	61	40	66
天津	36	65	41	68	44	74	48	79
河北	472	858	539	898	582	971	627	1 045
山西	83	151	95	158	103	171	111	184
内蒙古	570	1 037	651	1 085	704	1 173	758	1 263

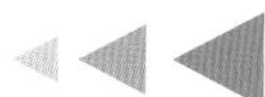

（续）

地区	2020年		2025年		2030年		2035年	
	需求量	面积	需求量	面积	需求量	面积	需求量	面积
辽宁	81	147	92	154	100	166	107	179
吉林	63	115	72	120	78	130	84	140
黑龙江	465	846	531	885	574	956	618	1 030
上海	14	25	16	27	17	29	19	31
江苏	48	87	55	91	59	99	64	106
浙江	11	19	12	20	13	22	14	23
安徽	31	57	36	59	39	64	42	69
福建	12	22	14	23	15	25	16	27
江西	17	31	20	33	21	36	23	38
山东	321	583	366	610	396	660	426	710
河南	259	471	296	493	320	533	344	574
湖北	17	30	19	32	20	34	22	37
湖南	37	68	43	71	46	77	50	83
广东	13	23	15	24	16	26	17	28
广西	13	23	14	24	15	26	17	28
海南	0	0	0	0	0	0	0	1
重庆	4	8	5	8	5	9	6	10
四川	43	78	49	81	53	88	57	95
贵州	15	27	17	28	18	30	19	32
云南	41	75	47	78	51	85	55	91
西藏	90	164	103	172	112	186	120	200
陕西	105	190	119	199	129	215	139	232
甘肃	72	131	82	137	89	148	96	160
青海	62	112	70	117	76	127	82	136
宁夏	85	155	97	162	105	175	113	188
新疆	515	936	587	979	635	1 058	684	1 140

注：2020年、2025、2030年和2035年优质饲草平均单产分别按0.55t/亩、0.60t/亩、0.60t/亩和0.60t/亩计。

三、未来粮食生产能力与供需平衡分析

（一）耕地面积与复种指数

1．耕地面积

2015年我国城市化率为56.1%，正处于城市化进程的中期加速阶段，预计2030年我国城市化率将达到70%，2035年达到75%。城市化不仅表现为农村人口转化为城市人口，更突出的表现是土地城市化。目前，我国城镇扩张占用的土地约80%来源于耕地，预计城市化占用耕地的态势将持续较长时间。

2016年国土资源部根据第二次全国土地调查结果，经国务院同意，对《全国土地利用总体规划纲要（2006—2020年）》进行了调整完善。其中，2015年我国耕地保有量18.65亿亩主要考虑了去除不稳定耕地的数量与需要退耕还林的数量。“不稳定耕地”主要是指处于林区、草原以及河流湖泊最高洪水位控制范围内和受沙化、荒漠化等因素影响的耕地。根据全国第二次土地调查的结果，目前全国共有8 475万亩不稳定耕地，其中在林区范围内开垦的为3 710万亩，在草原范围内开垦的为1 333万亩，在河流、湖泊最高洪水位控制线范围内开垦的为1 271万亩，受沙化、荒漠化影响的为2 161万亩。退耕还林要求将全国具备条件的25°以上坡耕地、严重沙化耕地、部分重要水源地15°～25°坡耕地退耕还林还草，并在充分调查和尊重农民意愿的前提下，提出陡坡耕地梯田、重要水源地15°～25°坡耕地、严重污染耕地退耕还林还草需求。

综合考虑各种情景，课题组对未来我国可能的耕地保有量进行了研判：

耕地面积低水平方案：《全国土地利用总体规划纲要（2006—2020年）》与《全国国土规划纲要（2016—2030年）》中确定2020年与2030年我国耕地保有量的面积分别为18.65亿亩与18.25亿亩，本书将此数值作为2020年与2030年我国耕地数量的低水平方案。2020年各省耕地面积采用《全国土地利用总体规划纲要（2006—2020年）》给出的数值，2030年各省耕地面积则根据2009—2015年我国各省耕地面积的变化趋势推算。

耕地面积中水平方案：以2015年各省的耕地实有数据为基础，根据《耕地草原河

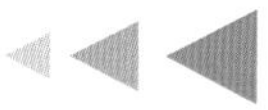

湖休养生息规划（2016—2030年）》，充分考虑我国25°以上坡耕地的退耕情况，结合2009—2015年我国各省耕地建设占用与开垦的发展态势，推算预测年份我国各省的耕地面积，作为我国耕地的中水平方案。

耕地面积高水平方案：鉴于我国人地关系的紧张态势将长期存在，2030年又将面临人口高峰。在粮食安全情景下，假设不稳定耕地继续种植，依据2009—2015年我国各省耕地面积的变化趋势，推算预测年份我国各省耕地面积的可能数值，作为耕地面积的高水平方案。

各方案2025年和2035年预测数根据上述基数按趋势推算。

综合考虑我国耕地后备资源的分布特征，以及2009—2014年我国各省各地面积的变化，我国耕地可能的情景为：在低水平方案情景下，2020—2035年我国耕地保有量分别为2020年18.65亿亩、2025年18.45亿亩、2030年18.25亿亩、2035年18.05亿亩；在中水平方案情景下，2020—2035年我国耕地保有量分别为2020年20.05亿亩、2025年19.61亿亩、2030年19.16亿亩、2035年18.72亿亩；在高水平方案情景下，2020—2035年我国耕地保有量分别为2020年20.17亿亩、2025年20.10亿亩、2030年20.03亿亩、2035年19.96亿亩（表15）。

表15　未来我国各省份耕地面积情景预测

单位：万亩

地区	低水平方案					中水平方案				高水平方案			
	2015年	2020年	2025年	2030年	2035年	2020年	2025年	2030年	2035年	2020年	2025年	2030年	2035年
全国	202 498	186 500	184 504	182 500	180 504	200 507	196 080	191 632	187 205	201 678	200 998	200 301	199 621
北京	329	166	139	112	85	238	225	211	198	323	318	312	307
天津	655	501	470	438	407	618	592	565	539	639	627	615	603
河北	9 788	9 080	8 842	8 604	8 366	9 790	9 650	9 510	9 370	9 689	9 603	9 516	9 430
山西	6 088	5 757	5 535	5 312	5 090	5 905	5 677	5 448	5 220	6 041	6 007	5 973	5 939
内蒙古	13 857	11 499	11 499	11 499	11 499	14 103	13 992	13 880	13 769	13 956	14 039	14 121	14 204
辽宁	7 466	6 902	6 874	6 845	6 817	7 469	7 368	7 266	7 165	7 397	7 339	7 281	7 223
吉林	10 499	9 100	9 100	9 100	9 100	10 553	10 457	10 361	10 265	10 445	10 403	10 361	10 319
黑龙江	23 781	20 807	20 807	20 807	20 807	24 055	23 959	23 862	23 766	23 817	23 837	23 856	23 876
上海	285	282	253	223	194	244	210	175	141	279	277	275	273

（续）

地区	低水平方案					中水平方案				高水平方案			
	2015年	2020年	2025年	2030年	2035年	2020年	2025年	2030年	2035年	2020年	2025年	2030年	2035年
江苏	6 862	6 853	6 716	6 579	6 442	6 853	6 757	6 660	6 564	6 780	6 720	6 659	6 599
浙江	2 968	2 818	2 809	2 800	2 791	2 925	2 853	2 780	2 708	2 927	2 898	2 868	2 839
安徽	8 809	8 736	8 650	8 564	8 478	8 830	8 732	8 633	8 535	8 742	8 693	8 643	8 594
福建	2004	1 895	1 888	1 880	1 873	1 929	1 841	1 752	1 664	1 982	1 965	1 947	1 930
江西	4 624	4 391	4 391	4 391	4 391	4 637	4 584	4 530	4 477	4 613	4 602	4 590	4 579
山东	11 417	11 288	11 250	11 211	11 173	11 441	11 298	11 154	11 011	11 330	11 254	11 177	11 101
河南	12 159	12 035	11 940	11 845	11 750	12 181	12 023	11 865	11 707	12 063	11 979	11 894	11 810
湖北	7 883	7 243	7 243	7 243	7 243	7 728	7 488	7 248	7 008	7 820	7 765	7 710	7 655
湖南	6 225	5 956	5 956	5 956	5 956	6 253	6 196	6 138	6 081	6 212	6 204	6 195	6 187
广东	3 924	3 719	3 397	3 075	2 753	3 917	3 851	3 785	3 719	3 947	3 956	3 965	3 974
广西	6 603	6 546	6 546	6 546	6 546	6 516	6 348	6 180	6 012	6 585	6 563	6 540	6 518
海南	1 089	1 072	1 070	1 067	1 065	1 095	1 086	1 076	1 067	1 083	1 078	1 073	1 068
重庆	3 646	2 859	2 661	2 462	2 264	3 398	3 117	2 835	2 554	3 674	3 667	3 660	3 653
四川	10 097	9 448	9 448	9 448	9 448	9 897	9 597	9 296	8 996	10 074	10 053	10 032	10 011
贵州	6 806	6 286	6 151	6 016	5 881	6 342	5 869	5 396	4 923	6 737	6 682	6 626	6 571
云南	9 313	8 768	8 667	8 566	8 465	8 807	8 272	7 736	7 201	9 227	9 166	9 104	9 043
西藏	665	592	592	592	592	659	646	633	620	665	664	663	662
陕西	5 993	5 414	5 123	4 832	4 541	5 533	5 077	4 620	4 164	6 008	6 019	6 030	6 041
甘肃	8 062	7 477	7 477	7 477	7 477	7 879	7 619	7 358	7 098	8 028	8 000	7 971	7 943
青海	883	831	831	831	831	868	848	828	808	864	853	842	831
宁夏	1 935	1 748	1 748	1 748	1 748	1 961	1 962	1 962	1 963	1 928	1 927	1 925	1 924
新疆	7 783	6 431	6 431	6 431	6 431	7 883	7 886	7 889	7 892	7 803	7 840	7 877	7 914

注：低水平方案是根据国土资源部国土规划推算；中水平方案是考虑2030年我国25°以上耕地全部退耕情景；高水平方案是按照目前我国耕地的变化特征进行推算。

2. 复种指数

从统计数据来看，我国耕地复种指数呈现明显的上升趋势，2009—2015年，我国耕地复种指数从117%上升到123%，共上升了6个百分点，平均每年上升1个百分点（图15）。按照这一趋势，2020年我国耕地复种指数将达到130%左右，2030年达到140%左右，2035年达到143%左右。

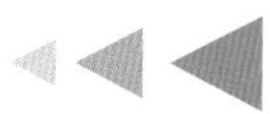

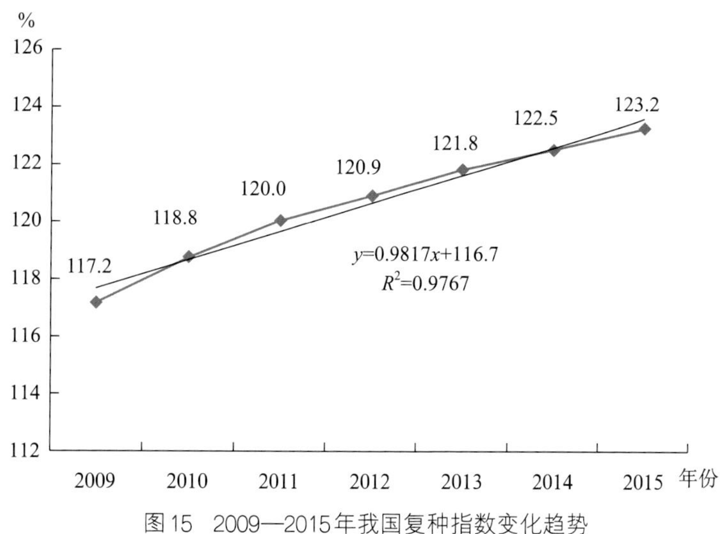

图15 2009—2015年我国复种指数变化趋势

（二）未来种植结构调整与粮食生产能力

1．种植业结构调整

目前我国农业结构主要存在重粮轻饲、种养失调的问题，即我国口粮供给充足，相当一部分水稻、小麦作为饲料粮使用，而专用饲料粮短缺，尤其是蛋白饲料缺口巨大。结合我国未来农产品的消费需求特征，本书认为我国农产品种植结构调整应围绕满足居民农产品基本需求和耕地培育用养结合持续利用需要，主要应考虑以下三个方向：

第一，在确保口粮安全的前提下，根据未来口粮需求减少、单产有所提高趋势，水稻、小麦等口粮作物种植面积根据消费需求适度调减；

第二，努力增加大豆、油菜种植面积，恢复油料生产，提高国内蛋白饲料供应水平，豆科作物合理轮作，用地养地结合，一举多得；

第三，积极扩大青贮玉米、优质牧草、绿肥种植面积，为发展现代畜牧业提供优质草料，促进农牧紧密结合。

本书将籽粒玉米按照用途分为饲用玉米、用作口粮与工业用粮的玉米两种，本书所讲的粮食作物与传统意义上的粮食作物略有差别，本书仅包括稻谷、小麦、用作口粮与工业用粮的籽粒玉米及其他小杂粮的粮食；考虑到实际的使用方式，本书将豆类与薯类归为经济作物。

2015—2030年，我国农作物总播种面积持续增加，粮食作物播种面积占比有所减少，播种面积占比由45.4%减少到31.2%；经济作物播种面积占比略有增加，播种面积占比由34.5%增加到39.6%。饲料、饲草、绿肥等作物的播种面积有较大规模增长，播种面积占比由20.1%增加到29.2%，整体将呈现减粮增饲趋势。2030年后，我国农作物总播种面积会略有下降，2035年总播种面积将为265 583万亩，粮食作物播种面积与经济作物播种面积均有所下降，而饲料、饲草、绿肥种植面积会继续增加（表16）。

表16　我国农作物播种面积与比例

单位：万亩，%

品类	播种面积					面积比重				
	2015年	2020年	2025年	2030年	2035年	2015年	2020年	2025年	2030年	2035年
农作物总播种面积	250 244	260 213	267 212	274 211	265 583	100	100	100	100	100
粮食作物	113 628	97 696	91 675	85 651	79 097	45	38	34	31	30
稻谷	46 176	44 475	40 919	37 362	33 121	18	17	15	14	13
小麦	36 895	36 173	34 539	32 904	30 375	15	14	13	12	12
玉米（口粮与工业）	26 242	12 286	11 404	10 522	10 825	10	5	4	4	4
其他粮食	4 315	4 762	4 813	4 863	4 776	2	2	2	2	2
经济作物	86 234	101 414	105 012	108 605	104 526	34	39	39	40	39
豆类	12 649	13 980	15 381	16 781	16 038	5	5	6	6	5
大豆	12 412	10 437	11 838	13 238	12 486	5	4	4	5	5
薯类	10 957	13 433	13 657	13 880	14 025	4	5	5	5	5
油料	19 972	21 329	21 968	22 606	18 097	8	8	8	8	7
油菜籽	10 010	11 577	12 267	12 956	9 368	4	4	5	5	4
棉花	5 662	5 183	4 838	4 493	4 198	2	2	2	2	2
麻类	80	111	102	92	56	0	0	0	0	0
糖料	2 359	2 469	2 427	2 385	2 168	1	1	1	1	1
烟叶	1 882	1 871	1 780	1 689	1 986	1	1	1	1	1
药材	3 253	3 285	3 656	4 026	4 269	1	1	1	2	2
蔬菜瓜类	29 420	39 753	41 203	42 653	43 689	12	15	15	16	17
饲料、饲草、绿肥等	50 382	61 103	70 529	79 955	81 960	20	23	26	29	31
玉米（饲用）	41 211	42 868	45 529	48 190	50 960	16	16	17	18	19
青贮玉米	1 500	5 000	8 000	11 000	12 000	1	2	3	4	5
饲草	1 494	5 000	6 000	7 000	8 000	1	2	2	3	3
绿肥	4 000	6 000	8 000	10 000	11 000	2	2	3	4	4

注：播种面积为中水平方案下的播种面积数据。

2. 主要粮食作物单产水平

我国粮食作物的单产水平仍有一定的提升空间。从目前的单产水平来看，我国主要粮食作物的单产水平与试验田的单产水平有较大差距，而且这个差距不断扩大；就全国平均水平而言，目前水稻、小麦、玉米、大豆等主要粮食作物实际单产只有相应品种区试产量的50%～65%，仅为高产攻关示范或高产创建水平的35%～55%。2020年各省主要粮食作物的单产能力根据2005—2015年的发展趋势预测。本书在中国种业信息网（www.seedchina.com.cn）、中国水稻信息网（www.chinariceinfo.com）等网站搜集了各省主要粮食作物的品种信息，包括品种的实验产量、适种区域等，去掉极值后取各品种的平均值，作为各省2035年主要粮食品种的单产能力控制上限，考虑到我国"望天田"和旱地的生产受到水分条件的限制，在计算时按照《农用地分等规程》给出的水分修正系数，参照各省的旱地比例，对各省单产水平进行了修正。综合各省产量，得出全国主要粮食作物平均单产水平（表17）。

表17 我国主要粮食作物单产水平

单位：kg/亩

品类	2015年	2020年	2025年	2030年	2035年
水稻	459	470	480	490	500
小麦	360	367	378	388	399
玉米	393	399	407	415	421
豆类	120	126	130	134	138
薯类	251	266	282	298	314

3. 未来粮食总产量

（1）水稻

我国是水稻种植大国，2014年水稻种植面积和产量分别占全球的18.97%和28.36%（FAO，2016）。水稻是我国65%以上人口的主粮，也是我国播种面积、总产出、单产水平最高的粮食作物，在粮食生产和消费中处于主导地位。2013年我国稻谷播种面积约占粮食总播种面积的27%，水稻产量占粮食总产量的比重约为34%。

自20世纪70年代以来，我国水稻播种面积出现明显的下降趋势，主要是由南方稻区双季稻改种单季稻的种植制度变化引起的。从20世纪70年代中期开始，双季稻种植

比例逐渐减少，全国水稻播种面积也随之下降，特别是1995年之后，双季稻播种面积开始大幅度下降，双季稻播种比例从1995年的60%左右降到2015年的不足40%，而单季稻播种面积则开始迅速上升。单季稻增加的耕地主要是由南方地区原双季稻耕地改种而来（杨万江等，2013；辛良杰等，2009）。尽管2004年开始我国政府采取“三减免，三补贴”措施，对粮食种植实行直补，同时大幅提高粮食收购价格，水稻播种面积有所回升，但近两年水稻播种面积又有下降的苗头。

受口粮消费量降低的影响，预计2020年、2025年、2030年和2035年，我国水稻播种面积会持续下降，分别达到44 475万亩、40 919万亩、37 362万亩和33 121万亩；综合单产因素的变化，预计2020年、2025年、2030年和2035年我国稻谷产量将分别为20 903万t、19 641万t、18 307万t和16 561万t。

(2) 小麦

小麦是我国三大谷物之一，属于北方地区的主要口粮。2015年我国小麦播种面积与产量占全国相应类别的比重均为21%左右。从播种面积来看，近年来我国小麦播种面积出现了先下降后上升再下降的趋势，20世纪80年代至2000年左右，我国小麦播种面积明显下降，但受国家补贴政策的影响，2004—2011年我国小麦播种面积又上升，2011年后，我国小麦播种面积又出现下降趋势。目前，我国正推行地下水超采区土地休耕制度，以减少地下水用量。作为华北平原最为主要的耗水作物，冬小麦首当其冲，预计到2030年，我国小麦播种面积与水稻相似，将会有所下降，但受粮食安全政策的影响，下降幅度会较为有限，而且退出的冬小麦播种土地多为劣质土地，其对小麦产量影响有限，预计小麦单产会持续上升，受单产增长的影响，2020年我国小麦总产量还会上升，2020年后我国小麦播种面积会减少，产量也会相应下降。

预计2020年、2025年、2030年和2035年我国小麦总产量将分别达到13 036万t、13 275万t、13 056万t、12 767万t和12 120万t。

(3) 玉米

玉米是我国三大主粮之一，是我国最主要的饲料粮作物，也是我国淀粉业的主要原料，玉米的生产与消费与我国的粮食安全关系密切。2003年开始，我国大力支持玉米种植，玉米播种面积与产量持续呈现增长态势。2015年我国玉米播种面积与产量分别达到4 496.8万hm^2与26 499万t，均达到历史最好水平。从区域上来看，全国各地玉米种植均出现了不同幅度的增长现象，东北地区对我国玉米产量增长的贡献最为突出，但同时，东北地区大豆的播种面积明显减少，导致我国大豆产量明显降低。玉米的高产导致我国玉米库存量的增加，而且我国玉米保护价明显高于国际市场价格，加上粮食补贴政策，我国玉米的市场价格已经畸形。2015年我国首次下调玉米临储价格，而且下调幅度较大，国标三等质量标准为2 000元/t，较2014年下降220～260元/t，即使这样，我国的玉米价格仍高于国际市场价格，2015年在我国限制三大主粮进口的背景下，我国仍净进口玉米472万t。实际上，目前我国玉米的生产量与需求量大致相等，甚至略低于需求量，但较高的价格阻碍了玉米的消费，引致高粱、大麦等替代品的进口量激增。

随着玉米临储价格的下调，我国玉米批发价的价格也有所降低。我国玉米产区批发价由2014年的2.32元/kg降低到了2015年的2.18元/kg，玉米价格的降低将会明显促进玉米的消费。

2015年农业部发布《"镰刀弯"地区玉米结构调整的指导意见》，提出到2020年，"镰刀弯"地区玉米播种面积调减5 000万亩以上，受此政策影响，2020年我国玉米播种面积应有较大下降，玉米总产量变为22 006万t。但随着我国玉米去库存任务的缓解以及居民畜牧产品消费量的增长，我国玉米消费需求会持续增长，而且预计增长速度会比较快。所以从长期来看，我国玉米生产的压力仍比较大。受需求的拉动，预计2030年我国玉米的播种面积会有所增长，单产水平也会继续提高，总产量会进一步增加，预计2030年我国玉米的总产量将达到24 365万t，2035年我国玉米的总产量将达到26 011万t。

（4）薯类

薯类是高产作物，既可作为粮食作物，又可作为蔬菜，还是重要的饲料与工业原料。尽管近年来我国薯类的播种面积与总产量均呈现明显的上升趋势，但与西方欧美国家相比，我国薯类产业相对较少，薯类种植面积增长会持续较长的时间。预计2020年我国薯类总产量将达到3 573万t，2035年薯类总产量将达到4 404万t。

（5）豆类

大豆是我国畜牧业蛋白原粮的重要来源，也是我国食用植物油的重要来源。近年来，我国大豆的种植利润不如水稻、玉米与小麦，连续多年的国产大豆临储收购政策也没有刺激农户更多地种植大豆，加上国际市场低价大豆的大力竞争，国产大豆产业不断萎缩。2014年我国取消大豆临储收购政策后，并没有如希望的那样扶持东北大豆产业，2015年大豆播种面积和总产量进一步下滑，达到近年来的历史低值，分别为650.6万hm^2（9 759万亩）与1 179万t，较2014年分别减少2.9%与4.3%。大豆播种面积连年递减，

且取消临储收购政策、实施直补政策之所以未见明显效果，主要原因是主要竞争作物玉米的收益仍明显高于大豆，即使玉米下调了临储价格，其收益仍明显高于大豆，估计未来两年内这种局势仍会持续，但受《“镰刀弯”地区玉米结构调整的指导意见》的影响，估计2020年我国豆类播种面积较2015年会有所恢复，但面积会比较有限，产量也会略有增长，豆类产量预计会达到1 761万t。从中长期来看，我国豆类的消费量将随着畜牧产品消费量的增长而持续增长，国家政策对大豆的保护倾向也非常明显，预计我国对大豆的扶持政策会持续加强，“粮豆轮作”的种植模式预计会在一定程度上得到恢复。2030年预计我国豆类的播种面积会得到恢复性增长，加上单产的增加，我国豆类的总产量将有所增加，2030年我国豆类总产量预计将达到2 249万t，2035年豆类产量将达到2 324万t。

综合上述我国五种主要粮食作物的产量，假设此五种主要粮食产量之和在粮食总产量中的比重不变，由此推断耕地面积中水平方案情景下2020年、2025年、2030年和2035年我国粮食总产量分别为61 520万t、61 719万t、61 825万t和61 419万t。由此可见，未来20年内，我国粮食产量基本可以维持在6.1亿～6.2亿t。

（三）未来粮食供需平衡分析

1. 全国粮、饲供需平衡分析

在低水平方案耕地保有量情景下，2020年、2025年、2030年和2035年我国的粮食短缺比例分别为15%、21%、25%和21%；在中水平方案耕地保有量水平下，2020年、2025年、2030年和2035年我国的粮食短缺比例分别为10%、16%、20%和17%；在高水平方案耕地保有量情景下，2020年、2025年、2030年和2035年我国的粮食短缺比例分别为9%、15%、19%和14%（表18）。

表18　我国三种耕地面积情景下粮食供需平衡

单位：万t，%

品类	低水平方案				中水平方案				高水平方案			
	2020年	2025	2030年	2035年	2020年	2025年	2030年	2035年	2020年	2025	2030年	2035年
水稻	20 941	19 601	18 261	16 921	20 903	19 641	18 307	16 561	20 941	19 601	18 261	16 921
小麦	13 268	12 977	12 685	12 394	13 275	13 056	12 767	12 120	13 268	12 977	12 685	12 394
玉米	19 057	21 126	23 195	25 264	22 006	23 172	24 365	26 011	22 607	24 032	25 456	26 881
豆类	3 327	2 762	2 196	1 631	1 761	2 000	2 249	2 324	3 598	3 961	4 324	4 687

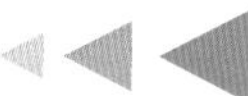

（续）

品类	低水平方案				中水平方案				高水平方案			
	2020年	2025	2030年	2035年	2020年	2025年	2030年	2035年	2020年	2025	2030年	2035年
薯类	1 634	1 691	1 747	1 804	3 573	3 851	4 136	4 404	1 767	2 062	2 356	2 324
总产量	58 227	58 156	58 084	58 013	61 520	61 719	61 825	61 419	62 181	62 632	63 082	63 206
需求量	68 136	73 311	77 402	73 747	68 136	73 311	77 402	73 747	68 136	73 311	77 402	73 747
供需平衡	−9 909	−15 156	−19 318	−15 734	−6 616	−11 592	−15 577	−12 327	−5 955	−10 680	−14 320	−10 541
短缺比例	−15	−21	−25	−21	−10	−16	−20	−17	−9	−15	−19	−14

在肉类完全自给、耕地保有量中水平方案情景下，2020年、2025年、2030年和2035年我国饲料粮的自给率分别在79%、72%、68%和75%水平上，其中能量饲料的自给率分别在93%、85%、79%和86%水平上。玉米在2025年会出现饲料粮不足的现象，2030年自给率将下降到93%左右，2030年后需求量处于稳定水平，产量会继续增加，自给率会恢复到2025年左右的水平。蛋白饲料自给率的形势较为严峻，处在30%左右的水平，主要是受豆粕的影响，2020—2035年我国豆粕的自给率为8%～14%（表19）。

表19　中水平方案耕地面积情景下我国口粮与饲料粮的自给率水平

单位：万t，%

品类	2020年			2025年			2030年			2035年		
	产量	需求	自给率	产量	需求	自给率	产量	需求	自给率	产量	需求	自给率
口粮	24 590	20 697	119	23 646	19 625	120	21 881	18 918	116	20 315	17 480	116
饲料粮	28 202	35 871	79	29 511	41 226	72	30 820	45 130	68	32 129	42 879	75
能量饲料	25 787	27 862	93	26 715	31 494	85	27 642	35 125	79	28 570	33 259	86
玉米	16 348	15 924	103	17 327	17 844	97	18 306	19 763	93	19 285	19 823	97
蛋白饲料	2 415	8 009	30	2 797	9 007	31	3 178	10 005	32	3 560	9 620	37
豆粕	540	6 469	8	691	6 861	10	842	7 252	12	993	7 061	14

注：口粮的计算按照CHNS系统各粮食作物的消费比例进行了折算。

2. 不同自给率情景下我国耕地需求量

我国耕地需求量的计算思路是，根据我国各种食品的人均消费量与人口量，计算得到我国各种食品的消费总量，再依据我国各种农产品的单产水平，获得我国各种农产品需要的播种面积，然后除以复种指数，得到需要的耕地面积。2015年我国复种指数为1.23，受绿肥等作物种植面积增加的影响，预计2020年、2025年、2030年和2035年我国的复种指数将分别达到1.30、1.35、1.40和1.43。

2015年我国在完全自给（即农产品自给率均按照100%计算）水平下，除了自己的20.25亿亩耕地，还需要80 221万亩虚拟耕地用来种植净进口的农产品，两者合计为282 719万亩，按照耕地保障率来计算，2015年我国的耕地自给率仅为72%。2020年我国需要285 676万亩耕地，2025年需要289 856万亩耕地，2030年需要294 035万亩耕地，2035年需要288 154万亩耕地，这样才能保证农产品完全自给。在耕地面积高水平方案（最严格保护耕地）情景下，2035年我国耕地保有量为19.99亿亩；在耕地面积中水平方案情景下，2035年我国耕地面积为18.72亿亩；而在耕地面积低水平方案情景下，2035年我国耕地面积仅为18.05亿亩。如果保证我国农产品自给率在70%的水平上，2035年需要耕地面积20.17亿亩。即使是耕地面积高水平方案也难以满足。如果视耕地面积中水平方案为最有可能的情景，那么2035年我国耕地面积为18.72亿亩，农产品自给率为65%（表20）。由此可见，一是我国自身的耕地资源难以保障我国农产品全部自给，耕地压力较大，需要长期严格保护耕地资源，耕地资源宜保有在19亿～20亿亩；二是农产品自给率不宜定位太高，65%～70%较为合适。

表20　我国不同农产品自给率情景下耕地需求面积

单位：万亩

自给率	65%	70%	75%	80%	85%	90%	95%	100%
2015年耕地需求面积	183 767	197 903	212 039	226 175	240 311	254 447	268 583	282 719
2020年耕地需求面积	185 689	199 973	214 257	228 541	242 825	257 108	271 392	285 676
2025年耕地需求面积	188 406	202 899	217 392	231 885	246 378	260 870	275 363	289 856
2030年耕地需求面积	191 123	205 825	220 526	235 228	249 930	264 632	279 333	294 035
2035年耕地需求面积	187 301	201 709	216 115	230 523	244 931	259 339	273 746	288 154

（四）提高主要农产品生产能力的途径

1．粮食主产区耕地实行特殊保护，大力建设高标准基本口粮田，确保口粮安全

从播种面积上看，2015年我国小麦与水稻共有83 071万亩播种面积，其中小麦播种面积为36 895万亩（图16），水稻播种面积为46 176万亩（图17），小麦产量为13 264万t，水稻产量为21 214万t。

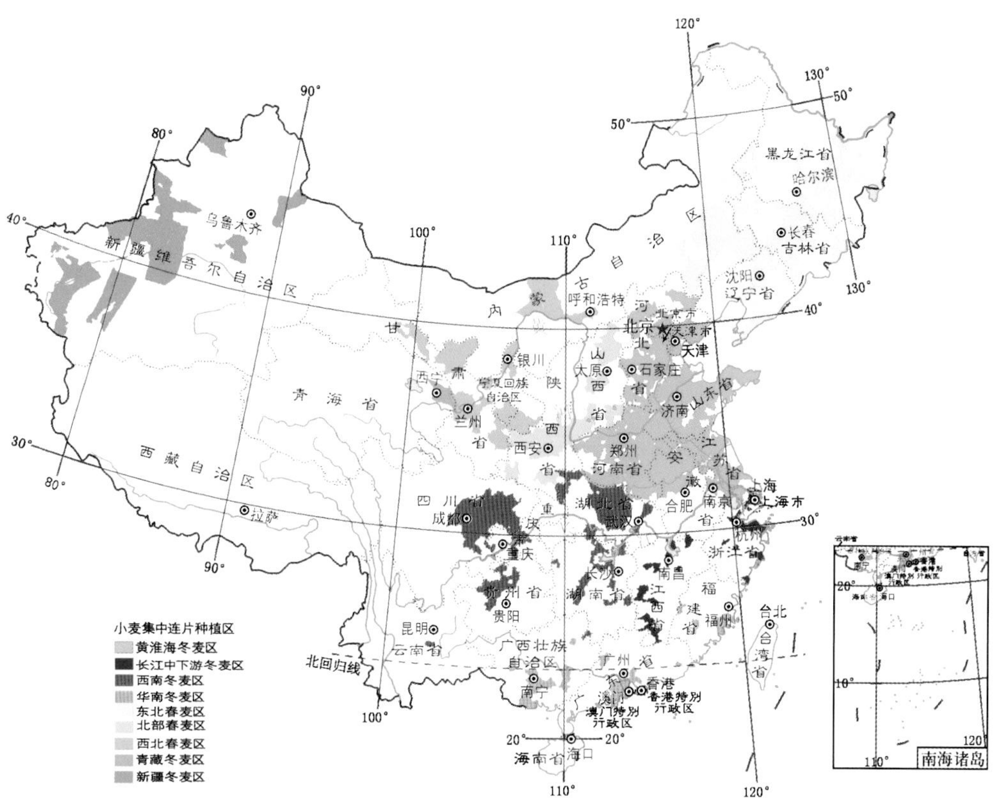

图 16　中国小麦种植重点保护区

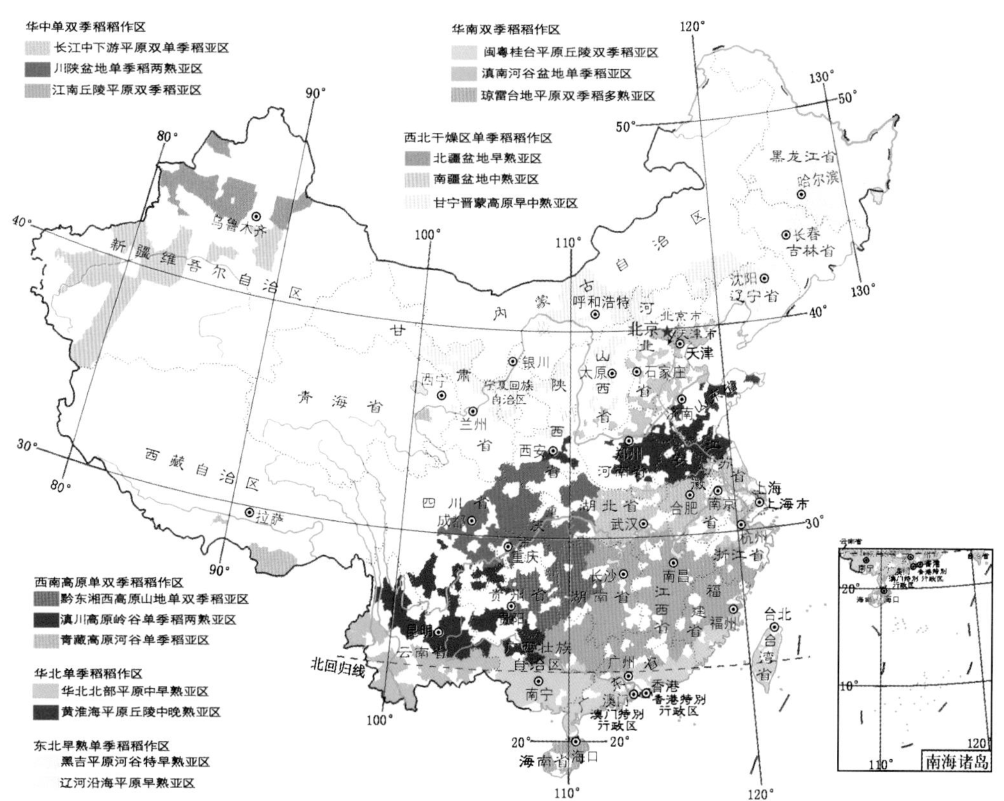

图 17　中国水稻种植重点保护区

从耕地面积上看，2015年小麦占用耕地36 895万亩，综合考虑水稻的单双季种植情况，2015年水稻生产占用36 306万亩耕地，两者合计为73 201万亩口粮田（耕地面积）。同理，2020年我国需要72 197万亩口粮田（耕地面积），其中小麦36 173万亩，水稻36 024万亩；2030年我国需要63 728万亩口粮田（耕地面积），其中小麦32 904万亩、水稻30 824万亩。综上，2015—2020年我国至少需要7.2亿亩耕地保障口粮安全，2030—2035年需要6.4亿亩作为口粮保证田。

实施基本口粮田保护和建设工程，划定国家重点粮食保障区域，对区域内耕地实行特殊保护（图18）。重点需要保护粮食主产区优质的高产农田，尤其是集中连片的优质农田（图19）。我国的粮食主产区主要分布在东北地区的松嫩平原、三江平原、内蒙古东部部分地区、辽中南地区、黄淮海平原、长江中下游平原和四川盆地。另外，新疆、桂南、粤西、滇西南以及海南北部也是我国重要的农产品生产区。对粮食主产区的优质耕地要进行特殊保护：一是要严格控制非农占用耕地特别是基本农田，尤其是复种指数较高的农业核心区（如长江中游与江淮区、四川盆地和黄淮海平原区）。加强以防洪排涝、消除水旱灾害为重点的水利建设，同时加强改土增肥，提高基础地力，保证稳产高

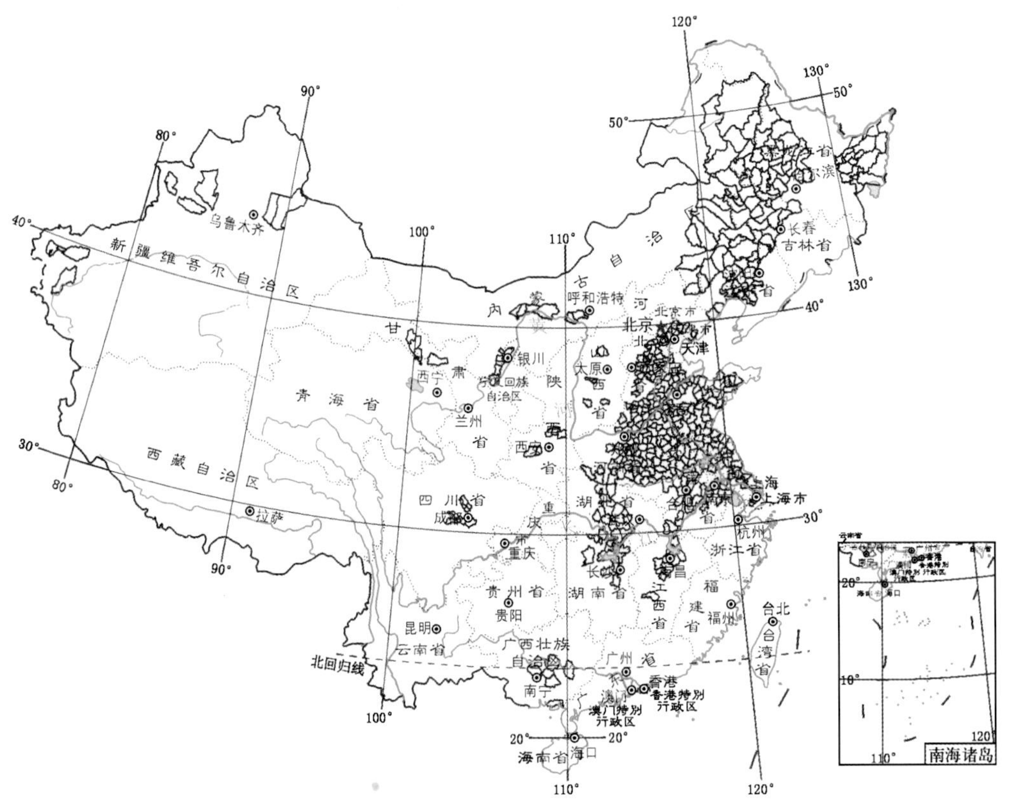

图18 中国粮食生产优先保护区

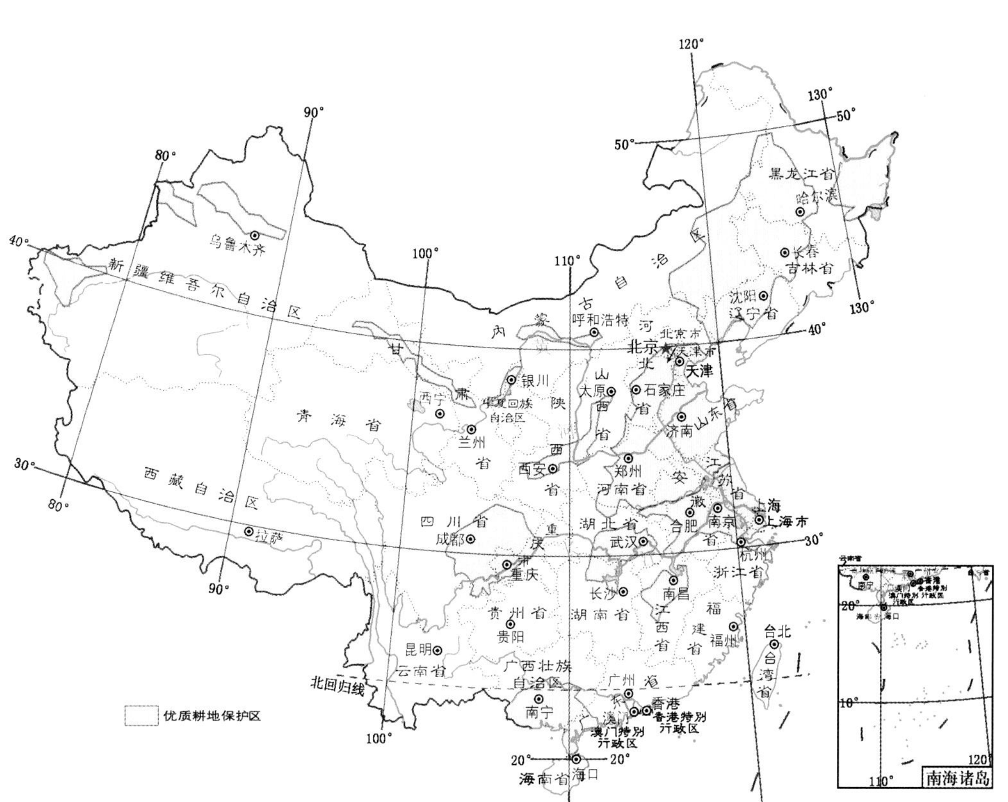

图 19　中国优质耕地集中连片保护区

产。加强综合农业配套设施建设，提高其农产品综合生产能力。二是黄淮海平原区、新疆区、内蒙古东部部分地区和东北的松嫩平原区要加强建设高效节水的农业生产体系。三是保障支撑农业生产的生态系统安全，防治土地荒漠化及其他生态灾害。四是严控污染排放，防治土壤污染，华南蔗果区东部、长江中游平原及江淮区、四川盆地北部和黄淮海地区土壤污染比较严重，要重点防范，确保土壤健康、农产品安全。

2. 加快农业现代化步伐，积极推进粮食生产的规模化、标准化、农场化

未来城镇化发展迅速，乡村人口仅占总人口的30%，加上人口老龄化，农村劳动力问题将十分突出。一家一户的小农生产效率不高，种粮收益也难保障，土地零散也不利于高标准农田建设的开展。因此，要加快土地制度改革步伐，大力推进规模化经营，国家加大资金、政策支持力度，建设以生产粮食为主的现代化大规模农场，保证种粮的规模效益，确保粮食生产稳步增长。

3. 循序渐进，逐步发展青贮玉米、优质牧草规模化种植

根据我国草食性畜牧业发展现状及未来发展趋势，我国青贮玉米需求量约为4亿t左右，需要青贮玉米种植面积1亿亩才能满足需求，这一种植面积也仅占我国目前玉米

播种面积的18%左右。其中，内蒙古、新疆、河北、黑龙江、山东和河南的青贮玉米需求量较大，应该是我国青贮玉米集中重点发展的区域。

以2016年山东青贮玉米为例，青贮玉米产量在3.5t左右，以300元/t的价格销售，亩收入为1 050元。2016年籽粒收获550kg/亩，籽粒价格在1.6元/kg左右，亩收入为880元。此外，收获籽粒还有脱粒、晾晒等方面的劳动和费用支出。所以，从目前的市场来看，青贮玉米收益高于收获玉米籽粒的收益。

但受种植面积的限制，目前我国很多奶牛场以及肉牛场青贮规模最大的是籽粒收获后的玉米秸秆青贮，其次才是全株玉米青贮。青贮玉米长距离运输成本较高，分散的小农户由于种植面积小、田块小，收获困难，因此一般是养殖场在周边同规模种植户签订青贮玉米收购协议。青贮玉米能否实现规模化种植，成为影响青贮玉米供给的重要因素。

4. 加大扶持力度，提高国内大豆、油菜籽种植面积和产量，增加粕类供给

目前豆粕和菜籽粕是饲料的主要蛋白原料，增加国内大豆、油菜籽种植面积，提高产量水平，一方面，可以增加国内粕类资源供给，降低对外依存度；另一方面，可以优化粮食主产区种植结构，提高农业资源的可持续生产能力。

(1) 提高我国大豆生产水平，尽快恢复大豆生产

大豆的故乡在中国，但近年国内大豆产量却不断下降，2015年只有1 179万t；与此同时，随着国内畜牧业和饲料的发展，豆粕的需求量持续大幅度增加，导致大豆进口量不断增加，2015年已超过8 000万t，成为我国供求缺口最大的农产品品种。

从2016年开始，国家将玉米临时收储政策调整为“市场化收购”加“补贴”的新机制；农业部力推农业结构调整，减少玉米种植面积；各主产区也积极推进调减籽粒玉米播种面积，适度扩大增加大豆播种面积，有利于减少国内玉米过量供给，并增加大豆自给率。

我国大豆主要种植在东北地区的一年一熟春大豆区和黄淮流域夏大豆区。东北地区一年一熟春大豆区的大豆产量约占全国总产量的50%左右；黄淮流域夏大豆产量占全国产量的30%左右。

东北地区所有农作物都与大豆具有竞争关系，包括有中稻、玉米、春小麦、谷子、高粱、杂豆、薯类、油菜籽、向日葵、甜菜、花生、蔬菜类等，其中与大豆具有竞争关系的最主要农作物是中稻、玉米和春小麦。

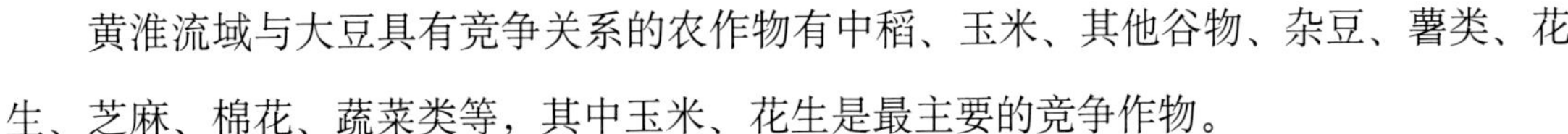

黄淮流域与大豆具有竞争关系的农作物有中稻、玉米、其他谷物、杂豆、薯类、花生、芝麻、棉花、蔬菜类等，其中玉米、花生是最主要的竞争作物。

在中国大豆主产区的东北区和黄淮海区中，包括了大兴安岭区、东北平原区、长白山山地区、辽宁平原丘陵区、华北平原区、山东丘陵区、淮北平原区7个二级区，以及大兴安岭北部山地、大兴安岭中部山地、小兴安岭山地、三江平原、松嫩平原、长白山山地、辽河平原、千山山地、辽东半岛丘陵、京津唐平原、黄海平原、太行山麓平原、胶东半岛、胶中丘陵、胶西黄泛平原、徐淮低平原、皖北平原、豫东平原18个三级区，共计556个县。

土地详查数据显示，大豆主产区的556个县共有耕地面积4 678万hm^2。其中，水田350万hm^2，水浇地1 156.6万hm^2（主要集中在黄淮海平原区），旱地3 111万hm^2（东北平原有1 403万hm^2）。坡度小于5°的耕地有3 760万hm^2，占耕地总面积的80%；坡度在2°~6°的耕地649万hm^2，占耕地总面积的14%；坡度大于6°的耕地281万hm^2，占耕地总面积的6%。根据各地区的生态环境建设规划，有一部分耕地要逐渐退耕还林还草。

综合考虑大豆主产区的农业资源特点、农艺技术特点、农作物生产效益及国家政策等因素，根据建立的耕地资源分配与农产品生产模型，以县为基本单元，依据土地详查数据和农作物历史生产数据，对大豆主产区未来大豆可能的最大生产规模进行了预测。根据预测，中国大豆主产区大豆的最高产量水平可达到2 663万t；非主产区的大豆产量水平为630万～700万t，增加幅度不大。

这样，中国大豆的最大可能生产能力为2 800万～3 400万t，将比目前的中国大豆产量增加1 500万～1 900万t，其中增产潜力最大的地区是东北平原区的三江平原和松嫩平原，增产潜力为1 000万～1 280万t。

东北地区玉米与大豆单产水平比是3.12∶1，即增加1 000万t大豆产量，就相应减少3 120万t左右的玉米产量。

在玉米、大豆主产区通过实施玉米、大豆合理轮作，可以改善土壤条件，减少化肥、农药等的投入，提高农业生产的可持续生产能力。

（2）充分挖掘油菜籽生产潜力

长江流域属亚热带地区，气候温和，降水充沛，冬季不甚寒冷，十分适宜油菜生长。而该地区的气候资源对小麦生产并不十分有利，小麦单产不高，品质差。所以，单纯从自然资源条件看，长江流域的油菜种植比小麦种植有优势。扩大长江流域油菜籽的

播种面积、提高油菜籽产量，不但可以增加国内蛋白粕和植物油的供给能力，同时也能改善土壤，提高该区域耕地资源的可持续生产能力。

在油菜籽种植机械化水平不能得到提高的情况下，难以实现规模化经营，即使国家给予和小麦一样的优惠政策，也难以提高农民种植油菜籽的积极性。国家加大油菜籽收获机械的研制和推广，并提高油菜籽优良品种的推广和种植，同时适度增加油菜籽种植的补贴力度，是提高我国油菜籽产能的基础。

四、农产品贸易格局与发展趋势

我国农产品需求增长旺盛，水土资源紧张，农业生产压力大，进口农产品对于缓解供需矛盾正在发挥越来越重要的作用，通过贸易来满足国内需求已成为一种必然选择。进口农产品相当于引进了虚拟耕地资源，对于减轻国内水土资源压力意义重大。

（一）农产品进口状况

1．谷物

2008年之前我国曾是谷物净出口国，2003年谷物净出口量曾达到1 930万t，其中玉米净出口量曾高达1 640万t，但从2009年开始，我国谷物净进口量逐渐增加。2015年谷物进口量达3 248万t，净进品3 217万t，其中大麦、高粱、玉米、稻米、小麦的进口量分别为1 073万t、1 069万t、472万t、306万t和297万t。从2015年的情况来看，美国是中国进口谷物（高粱、小麦和玉米）的第一大来源国，进口量为1 003万t，占谷物进口总量的30.9%；其次是澳大利亚，进口谷物（小麦、大麦和高粱）726万t，占谷物进口总量的22%；处于第三、四位的是乌克兰和法国，进口谷物（玉米、大麦）分别为467万t和443万t，占谷物进口总量的14%左右（表21）。

表21　2015年我国分国别谷物进口量

单位：万t

区域	小麦	大麦	玉米	稻米	高粱	合计
总计	297	1 073	473	335	1 070	3 248
美国	60	0	46	—	897	1 003
澳大利亚	126	436	0	—	164	726

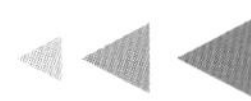

（续）

区域	小麦	大麦	玉米	稻米	高粱	合计
乌克兰	—	82	385	—	—	467
法国	0	442	0	0	0	443
加拿大	99	104	—	—	—	203
越南	—	—	—	179	—	179
泰国	—	—	—	93	—	93
巴基斯坦	—	—	—	44	—	44
老挝	—	—	12	5	—	18
保加利亚	—	—	16	—	—	16
阿根廷	—	4	0	—	9	13
哈萨克斯坦	12	—	—	—	—	12
柬埔寨	—	—	—	11	—	11
其他	0	4	13	2	0	19

2. 油料、植物油

进口油料包括大豆、油菜籽、花生、葵花籽等，10多年以来，我国一直是大豆和油菜籽净进口国，进口量也呈持续增加态势。油料净进口主要是由国内植物油和饲料蛋白供给短缺，特别是饲料蛋白供给严重不足造成的。2015年我国油料净进口量达8 724万t，其中大豆为8 169万t，油菜籽为447万t。从2015年的情况来看，巴西是中国进口油料的第一大来源国，进口量为4 008万t，占进口总量的46%；其次是美国，进口量为2 844万t，占进口总量的33%；处于第三位的是阿根廷，进口量为946万t，占进口总量的11%。

由于国内植物油供给严重不足，除了大量进口油料，我国也一直是植物油净进口国。2009年、2012年植物油直接进口量均超过1 000万t，近年来也一直保持在900万t左右的较高水平，其中棕榈油是第一大进口品种，约占植物油净进口总量的60%以上，其次是豆油和菜籽油。从2015年的情况来看，马来西亚是中国进口植物油（棕榈油和棕榈仁油）的第一大来源国，进口量为306万t，占进口总量的36%；其次是印度尼西亚（棕榈油和棕榈仁油），进口量为289万t，占进口总量的34%；处于第三位的是加拿大（菜籽油），进口量为58万t，占进口总量的7%。

3. 木薯

我国一直是木薯及木薯粉净进口国，以替代部分粮食和其他淀粉类原料。随着国内

玉米价格的不断升高，近年来木薯及木薯淀粉净进口量也不断增加。2015年木薯干净进口量达到920万t，木薯粉进口量达到180多万t。从2015年的情况来看，泰国是中国进口木薯的第一大来源国，进口量为877万t，占进口总量的80%；其次是越南，进口量为210万t，占进口总量的19%；处于第三位的是柬埔寨，进口量为12万t，占谷物进口总量的1%。

4. 蛋白饲料原料

2009年之前我国一直是蛋白饲料原料的净出口国，但随着玉米酒糟蛋白饲料（DDGS）进口量的增加，从2010年开始，我国成为蛋白饲料原料净进口国。2010年蛋白饲料原料净进口量为397万t，2015年净进口量达到570万t。从2015年的情况来看，美国是中国进口蛋白饲料原料的第一大来源国，进口量为682万t，占进口总量的90%；其次分别是印度尼西亚和马来西亚，进口量分别为37万t和17万t。

5. 商品草

我国商品草种植面积从2001年的18.2万hm^2提高到2013年的318万hm^2，虽然面积增长快，但商品草种植面积仅占草地面积的0.5%，远远无法满足我国巨大的草食家畜的需求，导致我国需要大量进口商品草来满足国内需求。

进口草料以苜蓿、燕麦草等干草为主，主要用于满足高端养殖市场需求。2001—2015年，我国苜蓿草进口量由0.2万t增加到136.5万t；进口金额从46万美元增加到5.2亿美元；其中，美国是我国苜蓿草最大的进口来源国，2015年自美国进口的苜蓿草占当年进口总量的76.5%。

6. 畜禽产品

我国畜禽产品进口呈波动式上升态势。2004年进口量最低，只有29.2万t，2015年进口量最高，达到188.3万t。从进口品种来看，近年猪肉、牛肉和羊肉进口量增加幅度较大，而禽肉进口量相对比较稳定。从2015年的情况来看，巴西是中国进口畜禽产品的第一大来源国，进口量为35万t，占进口总量的19%，进口品种主要是禽肉和牛肉；其次是澳大利亚，进口量为23万t，占进口总量的12%，进口品种主要是牛肉和羊肉；新西兰和德国是第三大进口来源国，进口量均为21万t，但自新西兰主要进口牛肉和羊肉，自德国主要进口猪肉。

7. 食糖和棉花

2000—2009年，我国食糖净进口量一直在100万t左右。但由于国内糖料生产成本

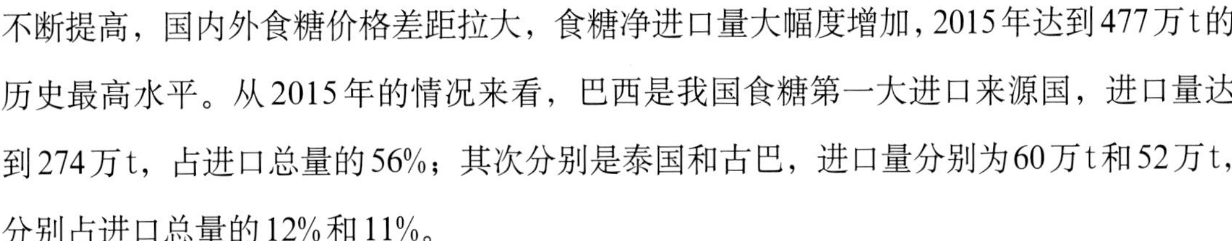

不断提高，国内外食糖价格差距拉大，食糖净进口量大幅度增加，2015年达到477万t的历史最高水平。从2015年的情况来看，巴西是我国食糖第一大进口来源国，进口量达到274万t，占进口总量的56%；其次分别是泰国和古巴，进口量分别为60万t和52万t，分别占进口总量的12%和11%。

由于国内外棉花存在质量和价格方面的差距，我国一直是棉花净进口国，但净进口量波动幅度较大。2006年和2012年，净进口量曾出现两个高峰，净进口量分别达到363万t和512万t。美国、印度和澳大利亚是我国进口棉花的主要来源国。

（二）农业资源对外依存度

农产品贸易是连接农业资源丰富地区和匮乏地区的纽带，经济全球化背景下的农产品贸易自由化使农业资源在全球范围内重新分配，全球各国间在资源流动方面的联系越来越紧密，这一方面缓解了输入国农业资源的稀缺，另一方面则促进了资源输出国的经济发展。而粮食、棉花、油料、糖等初级农产品都是在耕地资源上生产出来的，其加工成品（如豆粕、DDGS等）也是通过耕地资源间接生产出来的，因此这些大宗农产品及其制成品中都隐含有一定量的耕地资源。本书以“虚拟耕地资源”这一指标来综合衡量我国农产品的贸易特点及其对外依存度。

1．大宗农产品虚拟耕地资源净进口变化

（1）大宗农产品虚拟耕地资源进口

我国大宗农产品虚拟耕地资源进口量由2000年的1 112万hm^2，增加到2015年的6 576万hm^2。

从分品种的情况来看，2015年大豆、大麦、高粱、油菜籽、棕榈油、木薯干、豆油、食糖、DDGS、棉花、菜籽油、玉米、葵花籽油、稻米和小麦的虚拟耕地资源进口量占我国大宗农产品虚拟耕地资源进口总量的97.6%（图20）。

大豆是我国农产品中虚拟耕地资源进口量最大的品种，其占我国虚拟耕地资源进口量的比例保持在60%～70%。2015年大豆虚拟耕地资源进口总量为4 538万hm^2，占虚拟耕地资源进口总量的69%。

2015年我国农产品中虚拟耕地资源进口量处于第二、三、四和五位的分别是大麦、高粱、油菜籽和棕榈油，虚拟耕地资源进口量分别为298万hm^2、277万hm^2、235万hm^2和196万hm^2，分别占虚拟耕地资源进口总量的4.5%、4.2%、3.6%和3.0%。

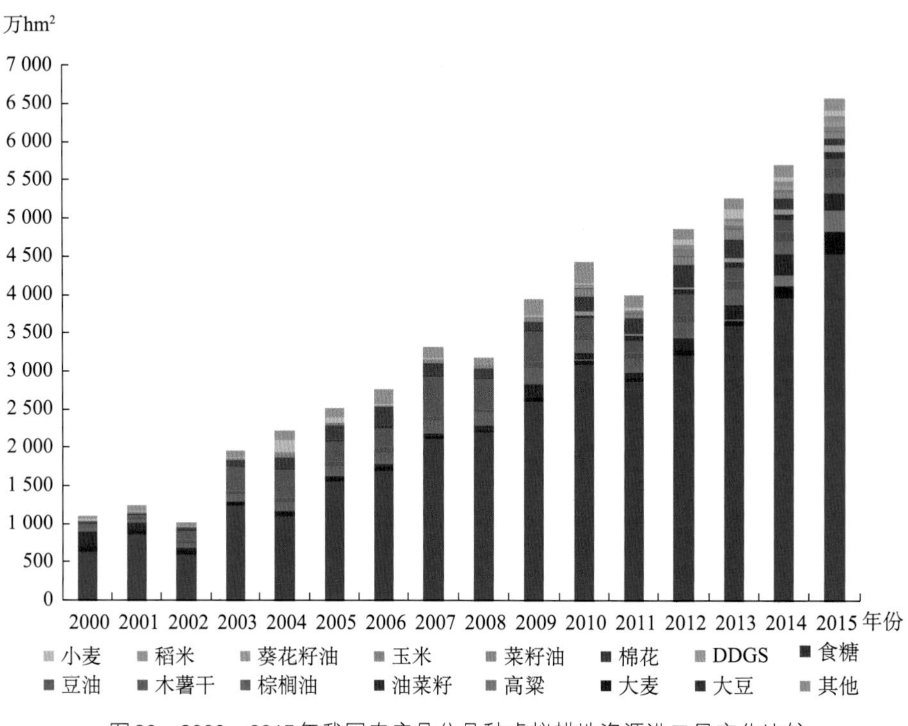

图20　2000—2015年我国农产品分品种虚拟耕地资源进口量变化比较

（2）农产品分品种虚拟耕地资源出口

大宗农产品虚拟耕地资源出口量由2000年的436万hm²，减少到2015年的150万hm²；2003年时最高，达到579万hm²。

从分品种的情况来看，2015年豆粕、食糖、豆油、葵花籽和大豆的虚拟耕地资源出口量较大，分别为74万hm²、21万hm²、15万hm²、10万hm²和7万hm²，虚拟耕地资源出口量占我国大宗农产品虚拟耕地资源出口总量的84.6%（图21）。

（3）大宗农产品虚拟耕地资源净进口量

我国大宗农产品虚拟耕地资源净进口量由2000年的675万hm²，增加到2015年的6 426万hm²。

从分品种的情况来看，2015年大豆、大麦、高粱、油菜籽、棕榈油、木薯干、豆油、DDGS、棉花、菜籽油和玉米是我国大宗农产品中虚拟耕地资源净进口量较大的品种，约占我国大宗农产品虚拟耕地资源净进口总量的95%（图22）。

大豆是我国农产品中虚拟耕地资源净进口量最大的品种，2015年大豆虚拟耕地资源净进口总量为4 531万hm²，占虚拟耕地资源进口总量的70.5%；处于第二、三、四、五位的分别是大麦、高粱、油菜籽和棕榈油，虚拟耕地资源进口量分别为298万hm²、277万hm²、235万hm²和196万hm²。

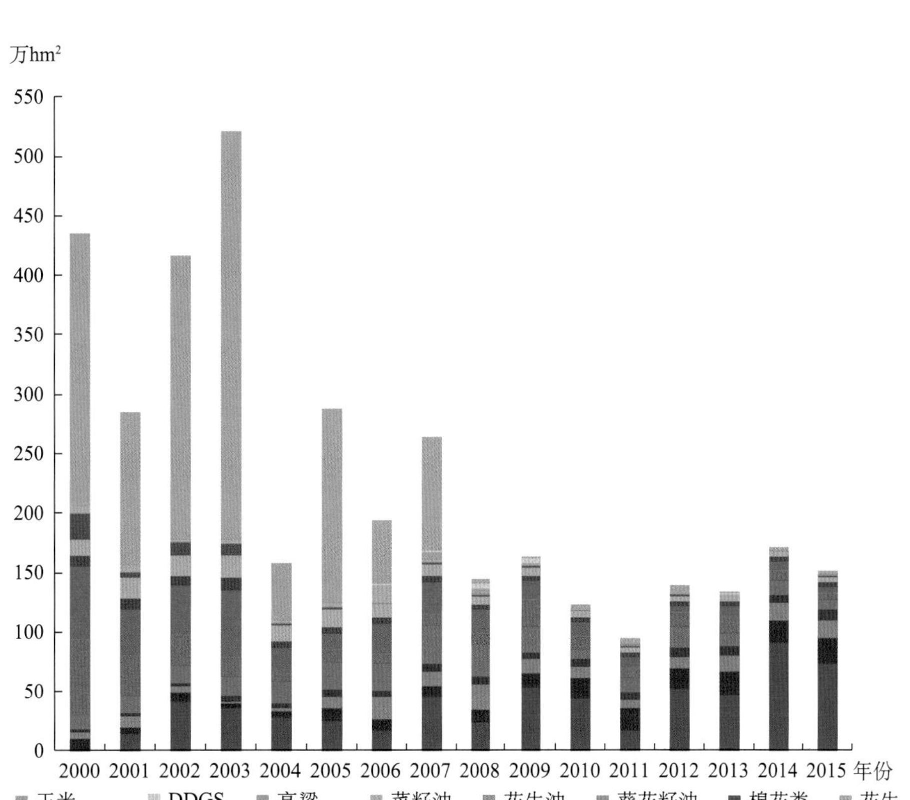

图21　2000—2015年我国农产品分品种虚拟耕地资源出口量变化比较

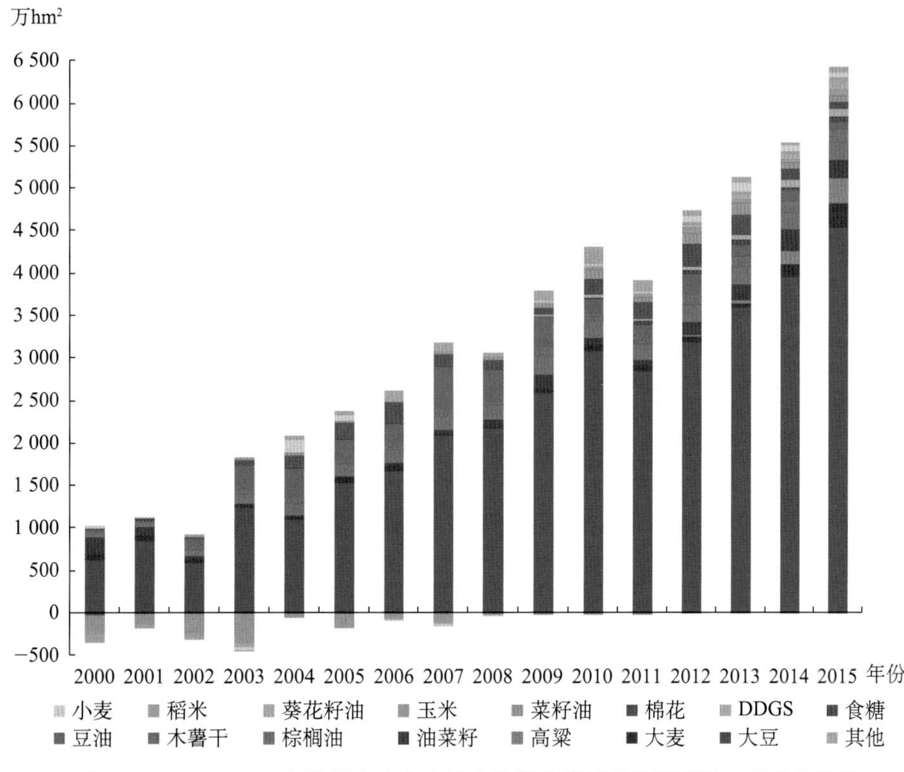

图22　2000—2015年我国大宗农产品分品种虚拟耕地资源净进口量变化比较

2．大宗农产品虚拟耕地资源贸易格局

（1）大宗农产品虚拟耕地资源贸易格局变化

2015年巴西、美国、阿根廷、加拿大、澳大利亚、乌克兰、印度尼西亚、泰国、乌拉圭和法国是中国大宗农产品虚拟耕地资源净进口量最大的10个国家，2015年自上述10个国家虚拟耕地资源净进口量为6 233万hm^2，占进口总量的95%（图23）。

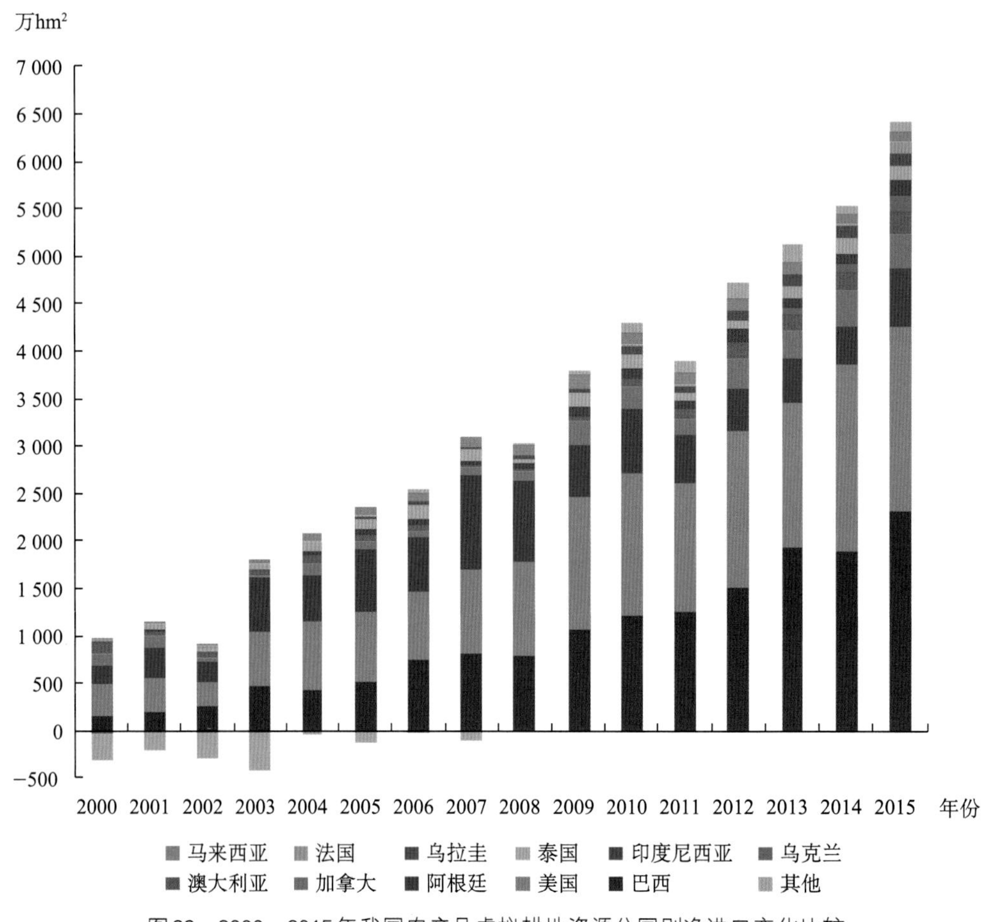

图23　2000—2015年我国农产品虚拟耕地资源分国别净进口变化比较

巴西和美国是中国农产品虚拟耕地资源净进口量最大的两个来源国，2015年虚拟耕地资源净进口量分别为2 315万hm^2和1 948万hm^2，分别占当年我国虚拟耕地资源净进口总量的36.0%和30.3%。

而日本、朝鲜和韩国是我国大宗农产品虚拟耕地资源净出口国，2014年的净出口量分别为56万hm^2、14万hm^2和10万hm^2。

（2）2015年大宗农产品虚拟耕地资源分国别进口特点

中国主要进口国进口虚拟耕地资源量及农产品构成如表22所示。

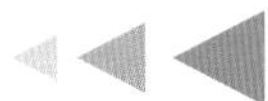

表22　2015年我国主要虚拟耕地资源进口量及农产品构成

单位：万 hm^2，%

项目	总计	巴西	美国	阿根廷	加拿大	澳大利亚	乌克兰	印度尼西亚	泰国	乌拉圭	法国	马来西亚
虚拟耕地资源净进口量	6 576.3	2 314.7	1 953.5	610.5	366.0	239.5	167.7	166.3	162.8	128.8	123.1	96.0
大豆占比	69.0	96.2	80.8	85.9	16.3	—	0	—	—	100.0	—	—
大麦占比	4.5	—	0	0.2	7.9	50.6	13.6	—	—	—	99.8	—
高粱占比	4.2	—	11.9	0.4	—	17.8	—	—	—	—	0	—
油菜籽占比	3.6	—	0	—	56.1	10.4	—	—	—	—	0	—
棕榈油占比	3.7	—	0	—	—	0	—	90.5	0	—	0	92.4
木薯干占比	2.0	—	—	—	—	—	—	0.2	65.2	—	—	—
豆油占比	1.8	1.2	0	12.6	—	—	5.8	—	0.2	—	—	—
食糖占比	1.4	2.1	0.1	0	0	2.7	—	0	6.7	0	0	0.2
DDGS占比	1.4	0	4.6	—	0	—	—	—	—	—	0	—
棉花占比	1.3	0.4	1.5	0	—	6.1	—	—	—	—	—	0
玉米占比	1.2	0	0.4	0	—	0	38.9	—	—	—	0	—
菜籽油占比	1.2	—	0	—	14.2	1.8	3.5	—	—	—	0	0
葵花籽油占比	1.1	—	0	0.3	0	0	38.2	—	0	—	0	0
稻米占比	1.0	—	—	—	—	—	—	—	11.1	—	0	—
小麦占比	0.9	—	0.6	—	5.4	10.5	—	—	—	—	0.1	—
木薯淀粉占比	0.6	—	0	—	—	—	—	0	16.8	—	0	0
其他占比	1.2	0.1	0	0.6	0.1	0.1	0	9.3	0	—	0.1	7.3

①巴西：中国自巴西进口农产品虚拟耕地资源2 315万 hm^2，主要包括大豆、食糖、豆油和棉花等，分别占自巴西进口虚拟耕地资源总量的96.2%、2.1%、1.2%和0.4%。

②美国：中国自美国进口农产品虚拟耕地资源1 954万 hm^2，主要包括大豆、高粱、DDGS、棉花和玉米等，分别占自美国进口虚拟耕地资源总量的80.8%、11.9%、4.6%、1.5%和0.4%。

③阿根廷：中国自阿根廷进口农产品虚拟耕地资源611万 hm^2，主要包括大豆和豆油，分别占自阿根廷进口虚拟耕地资源总量的85.9%和12.6%。

④加拿大：中国自加拿大进口农产品虚拟耕地资源366万 hm^2，主要包括油菜籽、

大豆、菜籽油、大麦和小麦，分别占自加拿大进口虚拟耕地资源总量的56.1%、16.3%、14.2%、7.9%和5.4%。

⑤澳大利亚：中国自澳大利亚进口农产品虚拟耕地资源240万hm^2，主要包括大麦、高粱、小麦、油菜籽和棉花，分别占自澳大利亚进口虚拟耕地资源总量的50.6%、17.8%、10.5%、10.4%和6.1%。

⑥乌克兰：中国自乌克兰进口农产品虚拟耕地资源168万hm^2，主要包括玉米、葵花籽油、大麦、豆油和菜籽油，分别占自乌克兰进口虚拟耕地资源的38.9%、38.2%、13.6%、5.8%和3.5%。

⑦印度尼西亚和马来西亚：印度尼西亚和马来西亚是中国棕榈油的主要进口来源国，中国自这两个国家进口虚拟耕地资源分别为166万hm^2和96万hm^2，几乎全部来自棕榈油及棕榈仁油的进口。

⑧泰国：中国自泰国进口农产品虚拟耕地资源163万hm^2，主要包括木薯干、木薯淀粉、稻米和食糖，分别占自泰国进口虚拟耕地资源总量的65.2%、16.8%、11.1%和6.7%。

⑨乌拉圭：乌拉圭是除美国、巴西、阿根廷外的第四大中国大豆进口来源国，中国自乌拉圭进口虚拟耕地资源129万hm^2，几乎全部是大豆虚拟耕地资源进口。

⑩法国：中国自法国进口农产品虚拟耕地资源123万hm^2，几乎全部是大麦的虚拟耕地资源进口；法国是中国大麦的主要进口来源国。

3. 大宗农产品虚拟耕地资源对外依存度

2015年虚拟耕地资源进口总量达到6 576万hm^2，出口量下降到150万hm^2，净进口量增加到6 426万hm^2，按照2015年我国耕地面积为13 499.9万hm^2，我国大宗农产品虚拟耕地资源对外依存度为32.2%。其中，对巴西和美国的对外依存度较高，分别达到14.6%和12.6%；处于第三、四位的是阿根廷和加拿大，分别为4.3%和2.6%（表23）。

表23　2015年我国主要虚拟耕地资源净进口来源国

单位：万hm^2，%

项目	虚拟耕地资源净进口量	对外依存度
总计	6 426	32.2
巴西	2 315	14.6

（续）

项目	虚拟耕地资源净进口量	对外依存度
美国	1 948	12.6
阿根廷	610	4.3
加拿大	365	2.6
澳大利亚	239	1.7
乌克兰	168	1.2
印度尼西亚	162	1.2
泰国	161	1.2
乌拉圭	129	0.9
法国	123	0.9
马来西亚	94	0.7

（三）蔬菜国际竞争力强、对外出口优势明显，花卉出口曙光初现

蔬菜是高度劳动密集型农产品。随着蔬菜产业的快速发展，中国已经成为世界最大的蔬菜生产国。2015年种植面积和产量分别为3.30亿t和7.85亿t，种植面积占全国农作物种植面积的13%，近十年来平均增长速度达2%；蔬菜产业已成为种植业中仅次于粮食的第二大产业。

1．蔬菜净出口量保持在600万t左右的水平

我国一直是蔬菜净出口国，2000年的净出口量为254万t，到2007年持续增加到600万t的水平，2008—2016年的净出口量一直保持在600万t左右的水平（图24）。

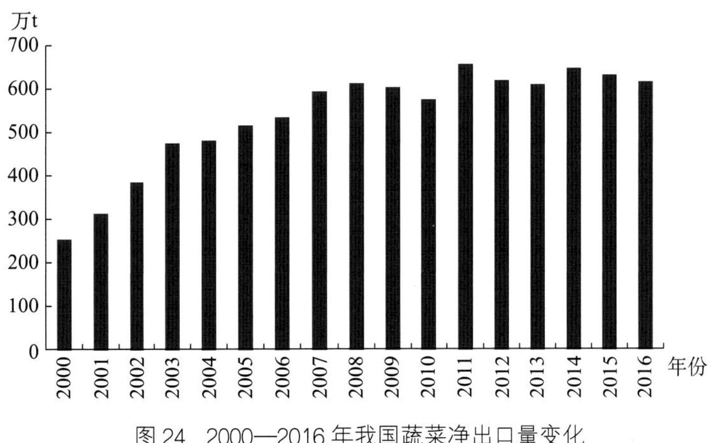

图24　2000—2016年我国蔬菜净出口量变化

我国蔬菜净出口金额由2000年的15亿美元持续增加到2007年的40亿美元左右。2008—2016年，尽管蔬菜净出口量变化不大，但是蔬菜净出口金额仍继续保持快速增加态势，2016年的净出口金额达到了101亿美元，成为我国农产品中净出口金额最高的农产品品种（图25）。

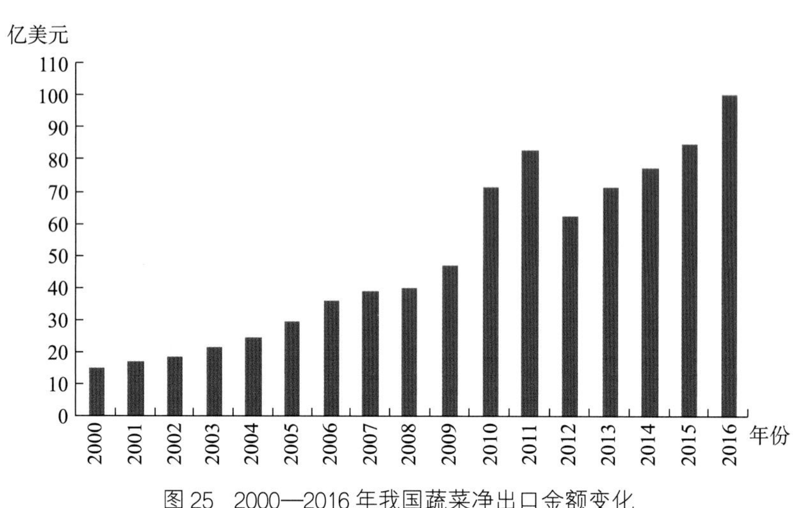

图25　2000—2016年我国蔬菜净出口金额变化

2．蔬菜出口由传统的东亚、东南亚向俄罗斯、北美和欧洲扩展

在品种结构上，蔬菜出口形成了以我国传统蔬菜和国外引进产品相结合的格局，近年，一方面，对传统优良蔬菜品种进行了提纯复壮和改良，品质、产量有所提高；另一方面，从国外引进了大量优良品种，尤其是从进口国引进适销对路的菜种，极大地丰富了出口品种数量，提高了蔬菜品质。

从出口市场分布看，目前我国蔬菜出口市场已经覆盖190多个国家和地区，遍布世界各地。市场区域由东亚及东南亚，向欧盟、北美、俄罗斯及周边独联体国家稳步发展，东亚及东南亚仍是我国蔬菜出口的主要市场。

2016年我国蔬菜净出口金额超过1亿美元的国家有越南、日本、马来西亚、印度尼西亚、美国、韩国、泰国、俄罗斯联邦、巴西、阿拉伯联合国酋长国、菲律宾、荷兰、新加坡、意大利、德国和巴基斯坦，净出口金额分别为15.7亿美元、12.9亿美元、7.2亿美元、7.1亿美元、6.8亿美元、6.2亿美元、4.4亿美元、3.7亿美元、3.0亿美元、1.7亿美元、1.5亿美元、1.4亿美元、1.2亿美元、1.1亿美元、1.1亿美元和1.0亿美元，占当年净出口总额的75.61%。

越南和日本是我国蔬菜净出口第一、第二位的市场，2016年净出口数量分别为68万t和97万t（表24）。

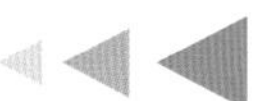

表24　2016年我国蔬菜主要净出口目的国的数量及金额

单位：亿美元，万t

项目	净出口金额	净出口量
总计	100.69	618
越南	15.74	68
日本	12.92	97
马来西亚	7.19	67
印度尼西亚	7.10	49
美国	6.76	20
韩国	6.24	65
泰国	4.44	33
俄罗斯联邦	3.67	38
巴西	3.02	19
阿拉伯联合国酋长国	1.68	15
菲律宾	1.49	15
荷兰	1.39	6
新加坡	1.23	10
意大利	1.14	7
德国	1.08	4
巴基斯坦	1.03	6
埃塞俄比亚	0	0
朝鲜	−0.03	0
缅甸	−0.11	−2
加拿大	−1.99	−84

资料来源：中国海关。

3．蔬菜出口潜力巨大

（1）从国际市场需求来看

全球蔬菜消费需求的相对增长和人口数量的绝对增长，以及农产品市场的全面开放，为我国蔬菜出口市场的持续扩大提供了可能。

一方面，蔬菜需求总量随世界人口增加和消费增长而快速增长，出口贸易随着经济全球化、交通运输快捷化、保鲜加工现代化以及蔬菜生产区域化而日益活跃。20世纪

80年代以来，世界蔬菜国际贸易量持续上升，年增幅在5%左右，30个种类蔬菜的国际贸易量已超过7 000万t。

另一方面，在WTO框架下，世界各国进一步开放农产品市场，为蔬菜出口铺平了道路，使参与蔬菜国际贸易的国家和地区不断增加。目前，亚洲市场稳中有增，欧洲蔬菜出口比重逐年递减，成为净进口区，以美国为代表的美洲进口量稳中有升，从中长期看也将成为主要进口区。

(2) 从我国蔬菜出口优势来看

第一，同周边其他国家相比，我国自然资源优势明显。几乎所有蔬菜作物一年四季都在我国有其适宜的生产区域；可利用气候差异和反季节性生产来最大限度地发挥我国自然资源优势。比如东盟、东亚，受农业资源条件限制和海洋季风影响，蔬菜种植面积小，产量有限，夏季台风、高温、暴雨等恶劣气候灾害频繁发生，蔬菜生产难度大、成本高、质量差。俄罗斯和独联体国家冬春寒冷漫长，无霜期短、蔬菜生产条件差，成本高，而我国东南沿海至华南长江中上游地区，秋冬露地生产条件好，再加之近年三北地区大量的节能日光温室反季节蔬菜生产发展较快，形成了对俄罗斯及周边国家出口的绝对优势。

第二，地理位置优势。我国蔬菜出口区位优势显著，与出口区域接海邻壤，距离相对较小，生活消费习性、文化渊源相近，出口贮运成本和时间成本较低。如日本、韩国、东盟10国、西亚及独联体国家，与我国距离近，运销方便快捷。近年中欧贸易活跃，欧盟各国净进口量增大，随着“一带一路”倡议的推进，这一优势也将凸显。

第三，生产成本优势明显。蔬菜生产成本中，劳动力成本占比最大，约占蔬菜生产成本的70%左右。我国劳动力成本低，使得蔬菜生产具有明显的成本优势，最终实现具有国际竞争力的利润优势和价格优势。

但是，由于我国蔬菜生产技术落后，蔬菜质量安全水平亟待提高；我国蔬菜在生产、分级包装过程中，缺乏对优良品种、优质产品、精选产品的精细包装，难以实现优质优价。

随着国内高端设施农业发展，特别是工厂化蔬菜种植规模的扩大，高产、优质、优价的蔬菜品种出口量将不断提高。

4. 精品特色花卉出口前景光明

中国幅员辽阔，气候地跨三带，是世界公认的花卉宝库。而花卉产业是集经济效益、社会效益和生态效益于一体，集中劳动密集、资金密集和技术密集于一体的绿色朝阳产业。在欧美，花卉消费是一个巨大的市场，随着我国的消费升级，花卉行业必将蕴含巨大的投资机会。我国拥有发展花卉产业的突出优势，同时花卉产业对于调整农业种植结构、提高农民收入、满足人民生活需要具有重要意义。20世纪80年代，随着改革开放的步伐，我国花卉产业从无到有、从小到大，作为一项新兴产业迅猛发展。近几年来，我国花卉产业发展十分快速（图26），花卉种植面积、销售额和出口额均持续上升。截至2015年底，我国花卉生产面积已达130.55万hm^2，销售额1 302.57亿元，出口创汇6.19亿美元。特色花卉、盆景出口增长迅速，正处于快速发展的初期，前景一片光明。我国已成为世界上最大的花卉生产基地、重要的花卉消费国和花卉进出口贸易国，在世界花卉生产贸易格局中也占据重要地位。

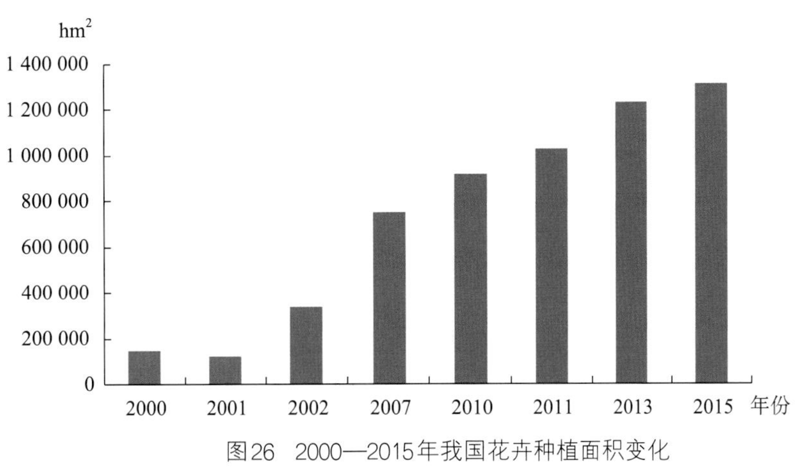

图26 2000—2015年我国花卉种植面积变化

（四）农产品贸易对策

1．粮食进口多元化

受到耕地、灌溉水资源短缺的制约，为保证农产品供给，我国农业必须“走出去”，深入实施“两种资源，两个市场”战略，从全球范围解决我国农产品不足问题。

无论是北美的美国、加拿大，还是欧洲的乌克兰、法国等国家，其农业非常发达，已有成熟、完善的农业产业体系。为满足全球（特别是中国）过去20多年来对农产品的需求，国际大的农业公司和贸易集团（如ADM、邦基、嘉吉、路易·达夫、丰益国际和日本的丸红、伊藤忠等），在南美的巴西、阿根廷以及东南亚的印度尼西亚、马来西亚等国家，与当地政府、农业土地拥有者、农业生产者等进行了深度合作，为当地生

产者提供农资、资金、技术，并通过其强大的全球农产品加工、运输和贸易体系，掌控了全球农产品资源。在某种程度上说，国际农业公司和贸易集团的经营活动为满足过去20多年我国农产品需求的快速增长起到了重要作用。

为保障我国粮食供给安全，中粮集团积极实施“走出去”战略，购并“来宝谷物”，从而在南美拥有了自己的基地；在乌克兰投资，建设生产、加工和贸易基地。我国政府为提高非洲的农业生产能力，在很多非洲国家建设了多个不同类型的示范农场。国内一些大、中、小型企业及私人也纷纷在俄罗斯、非洲等地建设农场。

从近期来看，要加强与现有传统主要农业贸易国（如美国、巴西、阿根廷、加拿大、澳大利亚、印度尼西亚、马来西亚等）的农业合作关系，以保障农产品的有效供给。

从中期来看，应发展同乌克兰、俄罗斯、哈萨克斯坦等中东欧和中亚地区农业资源相对比较丰富的国家之间的合作。俄罗斯远东地区纬度跨度较大，依据我国黑龙江省农业种植条件，以其最北纬度作为农作物可以生长的界限，俄罗斯远东地区各种用地类型的面积中，森林面积最大，约621 397.75km^2，其次为农田、自然植被混合区，面积约160 525.5km^2；农田面积较小，面积约73 531km^2。在进行农业生产潜力分析时，必须考虑该地区的生态环境平衡，在这个前提下，仅将农田与农田、自然植被混合区考虑为可以进行农作物耕种的区域，参考2010年黑龙江省粮食平均产量4 973kg/hm^2，则可以推算出俄罗斯远东地区粮食生产潜力可达11 639万t。

中亚地区的哈萨克斯坦位于中亚和东欧，国土横跨亚、欧两洲，是世界上面积最大的内陆国。哈萨克斯坦具有发展农业的良好条件：国土广袤，大部分领土为平原和低地；位于北温带，光热资源丰富；境内拥有众多的河流、湖泊和冰川，水资源较为丰富，能够满足该国生产和生活用水的基本需求。苏联时期，哈萨克斯坦农业基本实现了规模化、机械化经营，为种植业和养殖业的发展奠定了较为坚实的基础。近年来，哈萨克斯坦平均年产粮食1 700万～1 900万t。在哈萨克斯坦生产的粮食中，超过80%为小麦，10%为大麦，玉米、大米等其他粮食作物所占比重较低。哈萨克斯坦是世界主要粮食出口国之一，2011年粮食产量增长翻番，共产粮约2 690万t。近年来，哈萨克斯坦粮食出口量受到国际市场粮食行情的影响，变化起伏较大，最高为2007年的688万t，最低为2011年的349万t，出口的粮食中超过90%为小麦。

从远期来看，东非地区农业资源丰富、农业发展潜力巨大，我国应加强与东非地区

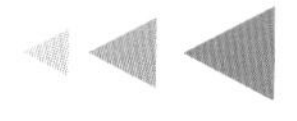

国家的农业合作，保障未来我国农产品的有效供给。东非耕地面积6 200万hm^2，占非洲耕地面积的25%；而肯尼亚、坦桑尼亚、乌干达、赞比亚、马达加斯加、塞舌尔的耕地面积合计为3 000万hm^2，占非洲耕地面积的12.2%，占东非耕地面积的49.2%。东非的可耕地面积5 526万hm^2，其中肯尼亚、坦桑尼亚、乌干达、赞比亚、马达加斯加、塞舌尔6国的可耕地面积为2 585万hm^2，占东非可耕地面积的46.8%。

2. 提高全球粮食生产能力，保障食物供给安全

据多方预测，21世纪末，全球人口将达90亿人；除了中国，包括亚洲、非洲、中南美洲等发展中国家在内的脱贫、温饱、小康应该是必然的发展趋势，对农产品的需求量也将持续大幅度增加，届时全球是否会出现粮食危机，成为国际关注的焦点。在保证我国粮食供给安全的基础上，也应保障全球粮食安全。

根据全球农业资源分布、农产品生产和贸易格局，未来全球性八大“粮仓”将在确保人类粮食和食物安全方面处于重要地位（图27）。

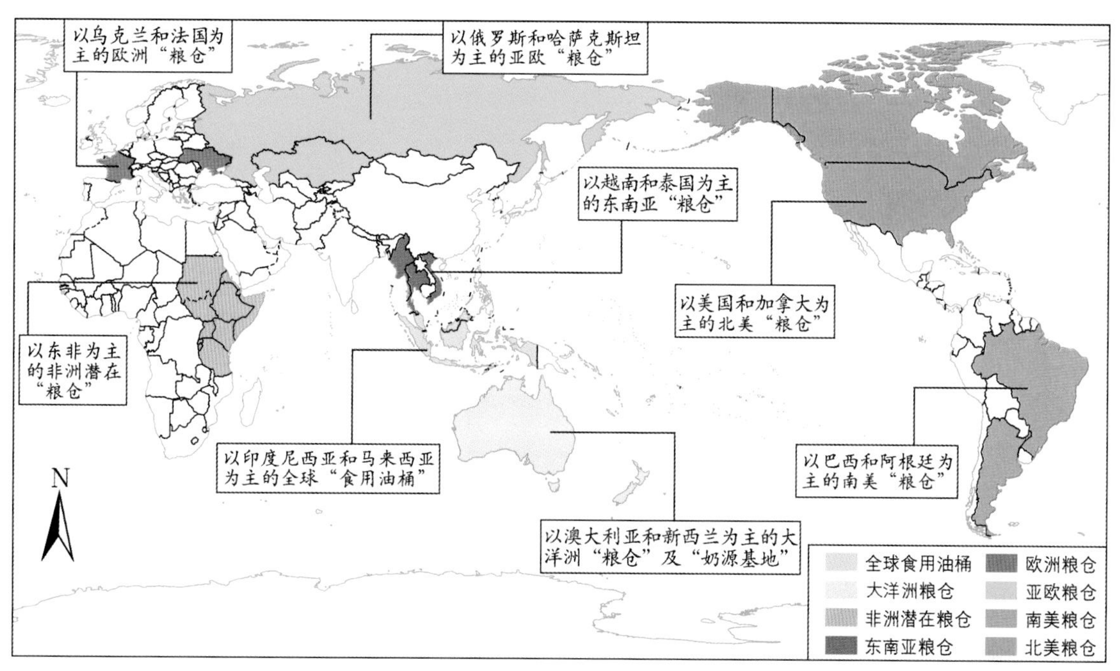

图27　全球八大粮仓的分布

（1）以美国和加拿大为主的北美“粮仓”

美国拥有可耕地面积1.55亿hm^2，是全球耕地面积最大的国家（FAO，2014）；另外，美国还有2.51亿hm^2的草场，农业资源丰富，从而使其成为全球最大的玉米和大豆生产国。在贸易方面，美国是全球第一大小麦出口国、第二大玉米出口国、第二大大

豆出口国。加拿大拥有可耕地面积4 602万hm^2，是全球最大的油菜籽生产国。在贸易方面，加拿大是全球最大的油菜籽出口国。

尽管北美耕地面积增加潜力有限，但现有农业用地的充分利用，仍将有较大的生产潜力。未来北美仍将是全球最重要的农产品生产区域，也是我国大豆、小麦、高粱、大麦以及油菜籽、菜籽油等农产品的重要进口来源区域。

（2）以巴西和阿根廷为主的南美“粮仓”

巴西拥有可耕地面积8 002万hm^2，草场面积为1.96亿hm^2。巴西是全球最大的糖料生产国、第二大大豆生产国和第三大玉米生产国。在贸易方面，巴西是全球最大的食糖、大豆和玉米出口国。阿根廷拥有可耕地面积3 920万hm^2，草场面积1.08亿hm^2。阿根廷是全球第三大大豆生产国和第四大玉米生产国。在贸易方面，阿根廷是全球最大的豆油出口国。

随着未来全球农产品需求量的增加，南美巴西、阿根廷、乌拉圭、巴拉圭等国家的农业用地面积和农作物种植面积仍将继续增加，是未来我国大豆、玉米、蔗糖以及畜禽产品的重要进口来源区域。

（3）以俄罗斯和哈萨克斯坦为主的亚欧“粮仓”

俄罗斯和哈萨克斯坦分别拥有耕地面积1.23亿hm^2和2 940万hm^2，草场面积分别为9 300万hm^2和1.87亿hm^2，农业资源丰富，生产潜力巨大；目前俄罗斯和哈萨克斯坦分别是全球第三大、第九大小麦生产国。在贸易方面，俄罗斯和哈萨克斯坦分别是全球第五大、第九大小麦出口国。

俄罗斯西伯利亚和与我国接壤的远东地区，是种植小麦、大豆、油菜籽、葵花籽以及牧草的重要区域，具有向亚洲以及我国出口粮食的能力。

（4）以乌克兰和法国为主的欧洲“粮仓”

乌克兰拥有耕地面积3 253万hm^2，草场面积785万hm^2，是全球第五大玉米生产国，也是全球最大的葵花籽和葵花籽油生产国。乌克兰土地资源丰富，生产成本低，而且地理位置优越，随着各国（包括私人）投资的不断增加，粮食生产潜力巨大。

法国拥有耕地面积1 833万hm^2，草场面积944万hm^2，是全球第五大小麦生产国、第三大小麦出口国。

（5）以越南和泰国为主的东南亚“粮仓”

东南亚是全球最重要的稻米生产地区。在贸易方面，泰国和越南还是全球第二、第

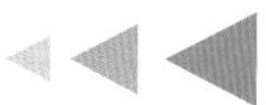

三大稻米出口国。未来该区域仍将是全球重要的稻米产区。

(6) 以东非为主的非洲潜在“粮仓”

非洲是全球粮食净进口国，但是东非地区农业资源丰富，拥有可耕地资源6 640万hm^2，草场面积达2.64亿hm^2，其中，坦桑尼亚、肯尼亚、乌干达、莫桑比克农业资源丰富，非常适宜玉米的生产，2014年这四个国家玉米产量分别只有674万t、351万t、276万t和136万t，仅占全球总产量的1.1%。东非是未来满足非洲地区粮食需求的重要地区。

(7) 以澳大利亚和新西兰为主的大洋洲“粮仓”及“奶源基地”

澳大利亚拥有可耕地面积4 696万hm^2，草场面积3.59亿hm^2，是全球拥有草场面积最大的国家，是全球第九大小麦生产国、第六大油菜籽生产国。在贸易方面，澳大利亚是第四大小麦出口国和重要的油菜籽出口国，也是第五大肉类出口国和第九大奶类出口国。

新西兰是全球最重要的乳品生产国，新西兰恒天然集团的牛奶价格直接影响全球牛奶市场。

未来澳大利亚农产品生产潜力巨大，同时也是全球奶制品、畜产品的重要出口区域。

(8) 以印度尼西亚和马来西亚为主的全球“食用油桶”

印度尼西亚和马来西亚分别拥有可耕地面积2 350万hm^2和755万hm^2。印度尼西亚、马来西亚是全球最大的棕榈油生产国，合计占全球产量的85%以上；全球85%以上的棕榈油贸易量来自这两个国家。这两个国家未来仍将是棕榈油的主要生产和出口国。

五、结论与建议

(一) 基本结论

随着我国人口总量的增长与食品消费水平的提高，未来我国人地关系的紧张格局仍会持续存在，土地生产能力难以全面保障我国的农产品消费需求，耕地保护政策仍需要严格执行。

1. 口粮消费减少，畜产品消费增加，饲（草）料需求增长幅度较大

(1) 随着社会经济发展，收入增加，生活水平提高，畜产品消费增长趋势不可避免

2015年我国人均消耗口粮量为158kg，2030年将降至131kg，2035年将降至122kg。

2015年我国人均畜产品消费量为118kg，2030年将升至167kg，2035年将增至183kg。

2015年我国口粮消费总量超过2.1亿t，2030年将降至1.9亿t，2035年将降至1.7亿t。2015年饲料粮消费总量为3.0亿t，2030年将升至4.5亿t，达到历史最高水平，2030年后我国饲料粮用量会有所降低，预计2035年将降至4.3亿t。

（2）肉类需求结构中牛羊肉比重上升，奶制品需求增长，青贮玉米、优质牧草需求倍增

2015年人均肉类消费量中牛肉、羊肉为6.5kg，占肉类的16.3%；2030年将为11.9kg；2035年将增至13.2kg，占肉类的比重提高到25.0%。

2015年人均奶制品消费量为32.1kg，2030年将提高到42.8kg，2035年将继续提升至48.9kg。

2015年我国青贮玉米种植面积不足2 000万亩，优质牧草种植面积约1 500万亩；2030年青贮玉米需求种植面积1.18亿亩，优质牧草需求种植面积7 454万亩；2035年我国青贮玉米需求种植面积1.27亿亩，优质牧草需求种植面积8 025万亩。

（3）未来粮食人均消费和总需求均将有较大增长

2015年我国粮食消费总需求量6.27亿t，人均粮食消费量456kg；2030年我国粮食消费总需求量将达7.74亿t，人均粮食消费536kg，总量比2015年增长23.4%，人均粮食消费量比2015年增长17.5%；2035年我国粮食消费总需求量略有下降，为7.37亿t，人均粮食消费量将为514kg。

2．未来全国口粮安全有保证，饲料粮供需差较大，饲料粮安全保障将是未来农业生产长期面临的重要问题

（1）粮食总产量增幅有限，自给率恐难超过85%

在耕地面积保有量18.25亿亩、19.16亿亩、20.03亿亩的低水平、中水平、高水平三种方案情景下，在保障合理轮作的前提下，供需形势最严峻的2030年我国粮食总产量分别为5.81亿t、6.18亿t、6.31亿t，与需求总量7.74亿t相比，供需缺口分别是1.93亿t、1.56亿t、1.43亿t，自给率分别是75%、80%、82%。

（2）口粮可以确保安全，饲料特别是蛋白饲料将有较大缺口

2030年耕地面积保有量中水平方案情景下，口粮生产量2.19亿t，是需求量的116%，可以完全满足需求。饲料粮生产量3.08亿t，仅及需求量的68%，其中，能量饲料2.76亿t，是需求量的79%；蛋白饲料生产量0.32亿t，仅是需求量的32%。

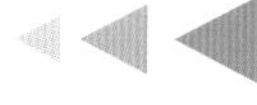

3．“应保尽保”应是耕地保护的基本原则，提高质量、培育地力应是耕地持续利用的根本方向

（1）耕地总量不足，人均耕地水平低，承载压力越来越大

理论上，实现2030年我国农产品完全自给需要耕地29亿亩，人均需要2亩。而按照耕地面积保有量18.25亿亩、19.16亿亩、20.03亿亩的低水平、中水平、高水平三种情景，人均耕地分别为1.26亩、1.32亩、1.39亩，差距相当大。即使按照70%的自给率，未来我国耕地需求也均在20亿亩以上。

（2）耕地后备资源消耗殆尽，补充耕地潜力十分有限

我国长期以来鼓励开垦荒地，甚至开发了一些不应开发的耕地。全国近期可开发利用耕地后备资源仅为3 000万亩。其中，集中连片耕地后备资源不足1 000万亩，而且主要是湿地滩涂、西部的草地与荒漠、南方的荒坡地，要把这种土地开发成耕地的成本很高，而且开发后的收益非常有限。因此，耕地后备资源开发潜力十分有限，现有耕地愈显珍贵。当然，一些陡坡土地水土流失严重，确不适宜继续耕种，退耕也是必要的。

（3）虚拟耕地资源进口，补充产能不足，但不能过分依赖

目前我国虚拟耕地资源净进口量达到9.6亿亩，大宗农产品虚拟耕地资源对外依存度超过32%。未来，通过全球贸易，实现虚拟耕地资源进口，补充国内产量不足，依然是必然选择。

综上，我国粮食自给率应不低于80%，耕地对外依存度应在70%左右。因此，耕地面积保有量应维持在19亿～20亿亩。而且，应下大力气建设高标准、旱涝保收、高产稳产田。

（二）主要建议

1．国家加大投入，集中力量建设高标准商品粮基地，实施集约化、标准化、规模化的商品粮生产

实施基本口粮田保护和建设工程，划定国家重点粮食保障区域，对区域内耕地实行特殊保护，重点需要保护粮食主产区优质的高产农田，尤其是集中连片的优质农田。

在东北地区的松嫩平原、三江平原、内蒙古东部部分地区、辽中南地区、黄淮海平原、长江中下游平原和四川盆地等区域，加大资金投入和政策扶持，建设高标准商品粮基地，确保大城市口粮需求。

加快土地制度改革步伐，大力推进规模化经营，建设以生产粮食为主的现代化大规模农场，保证种粮的规模效益，确保粮食生产稳步提高。

2. 积极引导推进大豆、油菜、豆科牧草、青贮玉米生产，努力实现合理轮作

未来蛋白饲料不足问题将长期困扰农业生产，应全方位积极引导，推进国内大豆、油菜、豆科牧草生产，增加国内粕类资源供给，降低对外依存度，同时，推进粮豆合理轮作，提高农业资源的可持续生产能力。

循序渐进发展青贮玉米，为草食性牲畜发展创造条件，适应牛奶、牛羊肉需求发展。

3. 依托“一带一路”倡议，拓宽海外农业资源利用的深度和广度

鉴于目前我国农产品进口来源国集中度和对外依存度高，为确保安全，我国农产品进口必须实行多元化方针。继续保持和传统主要农业贸易国的良好合作关系，积极发展同乌克兰、俄罗斯、哈萨克斯坦、乌兹别克斯坦等农业资源大国的全方位的农业深度合作，逐步拓展与东非地区国家的农业合作领域，带动该地区农业发展。积极倡导和推进全球八大粮仓生产能力建设，提高全球粮食安全保障程度，为实现我国粮食贸易安全奠定稳固基础。

参考文献

陈静，李雪娇，曹琼，等，2012. 不同肉牛育肥的牛肉产品生产对饲料粮消耗比较分析［J］. 畜牧与饲料科学，33（4）：30-33.

党瑞华，魏伍川，陈宏，等，2005. IGFBP3基因多态性与鲁西牛和晋南牛部分屠宰性状的相关性［J］. 中国农学通报，21（3）：19-22.

关红民，刘孟洲，滚双宝，2016. 舍饲型合作猪胴体品质性状相关性分析［J］. 养猪（2）：70-72.

胡慧艳，贾青，赵思思，等，2015. 美系大白猪不同育肥阶段生长性能与胴体品质研究［J］. 畜牧与兽医，47（11）：64-66.

李秀彬，辛良杰，李子君，2009. 从土地利用变化看中国的土地人口承载力［EB/OL］.（07-02）［2018-10-25］. http://www.farmer.com.cn/gd/snwp/200907/t20090702_462178.htm.

李雪松，娄峰，张友国，2016．“十三五”及2030年发展目标及战略研究［M］．北京：社会科学文献出版社．

祁宏伟，田子玉，姜怀志，等，2001．不同收获时间全株玉米青贮饲料在牛瘤胃内干物质降解率的研究［J］．吉林农业大学学报，23：97-99，110．

任继周，南志标，林慧龙，2005．以食物系统保证食物（含粮食）安全：实行草地农业，全面发展食物系统生产潜力［J］．草业科学，14（3）：1-10．

孙东琪，陈明星，陈玉福，叶尔肯·吾扎提，2016．2015—2030年中国新型城镇化发展及其资金需求预测［J］．地理学报，71（6）：1025-1044．

唐华俊，李哲敏，2012．基于中国居民平衡膳食模式的人均粮食需求量研究［J］．中国农业科学，45（11）：2315-2327．

田雨军，2008．从损失浪费粮食的惊人数据看我国爱粮节粮的重大意义［J］．中国粮食经济（8）：36-38．

王爱荣，2008．青贮玉米的发展现状及栽培技术［J］．现代农业科技（22）：241-242．

王明华，2012．对我国饲料粮供需形势的分析［J］．调研世界（2）：24-26．

王树圆，2014．玉米在我国畜牧业中的地位和作用［J］．中国农业信息（7）：252．

王晓芳，安永福，张秀平，邵丽玮，2016．以青贮玉米为突破口促进河北省粮改饲［J］．今日畜牧兽医（4）：31-33．

吴荷群，付秀珍，陈文武，等，2014．冬季不同舍饲密度对育肥羊屠宰性能及肉品质的影响［J］．中国畜牧兽医，41（12）：152-156．

夏波，蒋小松，张增荣，等，2016．不同品系优质肉鸡屠宰性能试验研究［J］．安徽农业科学，44（32）：109-110．

张宏博，刘树军，腾克，等，2013．巴美肉羊屠宰性能与胴体质量研究［J］．食品科学，34（13）：10-13．

张英俊，张玉娟，潘利，等，2014．我国草食家畜饲草料需求与供给现状分析［J］．中国畜牧杂志，50（10）：12-16．

周博，翟印礼，2015．粮食安全背景下我国饲料用粮消费现状及保障措施［J］．黑龙江畜牧兽医（10）：25-27．

The World Bank，Development Research Center of the State Council，the People’s Republic of China，2012.China 2030:Building a modern，harmonious,and creative high-income society [R]. Washington D C.

课题报告六

中国南方主要农产品产地污染综合防治战略研究

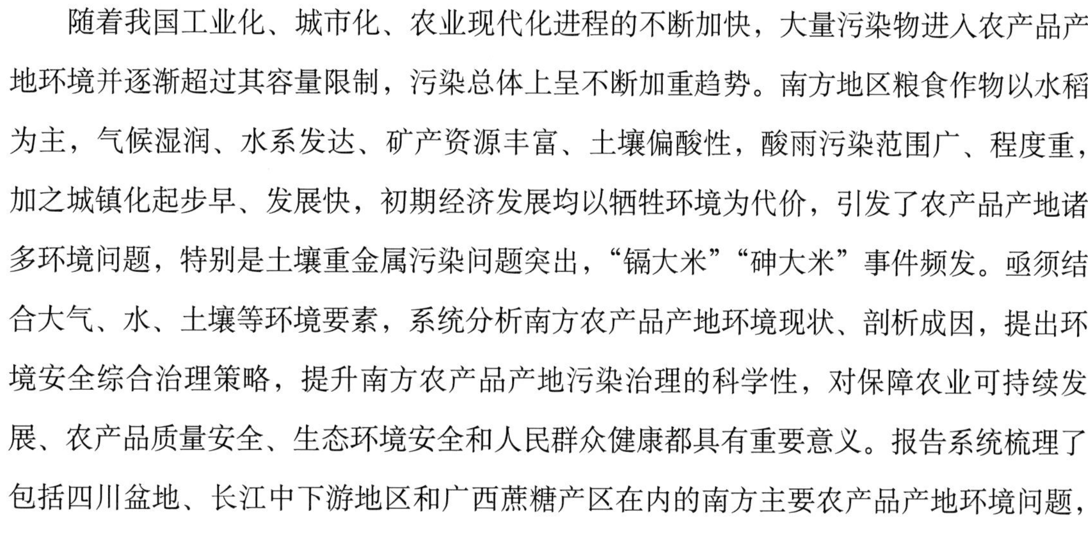

随着我国工业化、城市化、农业现代化进程的不断加快，大量污染物进入农产品产地环境并逐渐超过其容量限制，污染总体上呈不断加重趋势。南方地区粮食作物以水稻为主，气候湿润、水系发达、矿产资源丰富、土壤偏酸性，酸雨污染范围广、程度重，加之城镇化起步早、发展快，初期经济发展均以牺牲环境为代价，引发了农产品产地诸多环境问题，特别是土壤重金属污染问题突出，“镉大米”“砷大米”事件频发。亟须结合大气、水、土壤等环境要素，系统分析南方农产品产地环境现状、剖析成因，提出环境安全综合治理策略，提升南方农产品产地污染治理的科学性，对保障农业可持续发展、农产品质量安全、生态环境安全和人民群众健康都具有重要意义。报告系统梳理了包括四川盆地、长江中下游地区和广西蔗糖产区在内的南方主要农产品产地环境问题，综合分析污染成因并提出了南方主要农产品产地污染防治的基本对策与分区对策，阐述了南方地区代表性重点工程。报告以2015年为基准年进行数据分析，部分为2008—2012年数据，主要来源于实测数据、文献调研、公报、环境保护部及农业部相关单位。

一、南方主要农产品产地大气环境质量

（一）大气环境概况

2015年，我国南方主要农产品产地空气环境污染物为$PM_{2.5}$，重点城市$PM_{2.5}$年均浓度范围为43～70μg/m^3（超过国家二级标准1.23～2倍）。全国酸雨区面积约72.9万km^2，占国土面积的7.6%，比2010年下降5.1个百分点；其中，较重酸雨区和重酸雨区面积占国土面积的比例分别为1.2%和0.1%。酸雨污染是南方农产品产地大气环境主要问题，酸雨类型总体为硫酸型，主要分布在长江以南—云贵高原以东地区，包括浙江、上海、江西、福建的大部分地区，湖南中东部、重庆南部、江苏南部和广东中部(图1)。

（二）四川盆地大气环境质量

1. 主要省份空气环境质量

2013—2016年，四川省空气环境质量稳定。2015年，四川省21个省控城市中，空

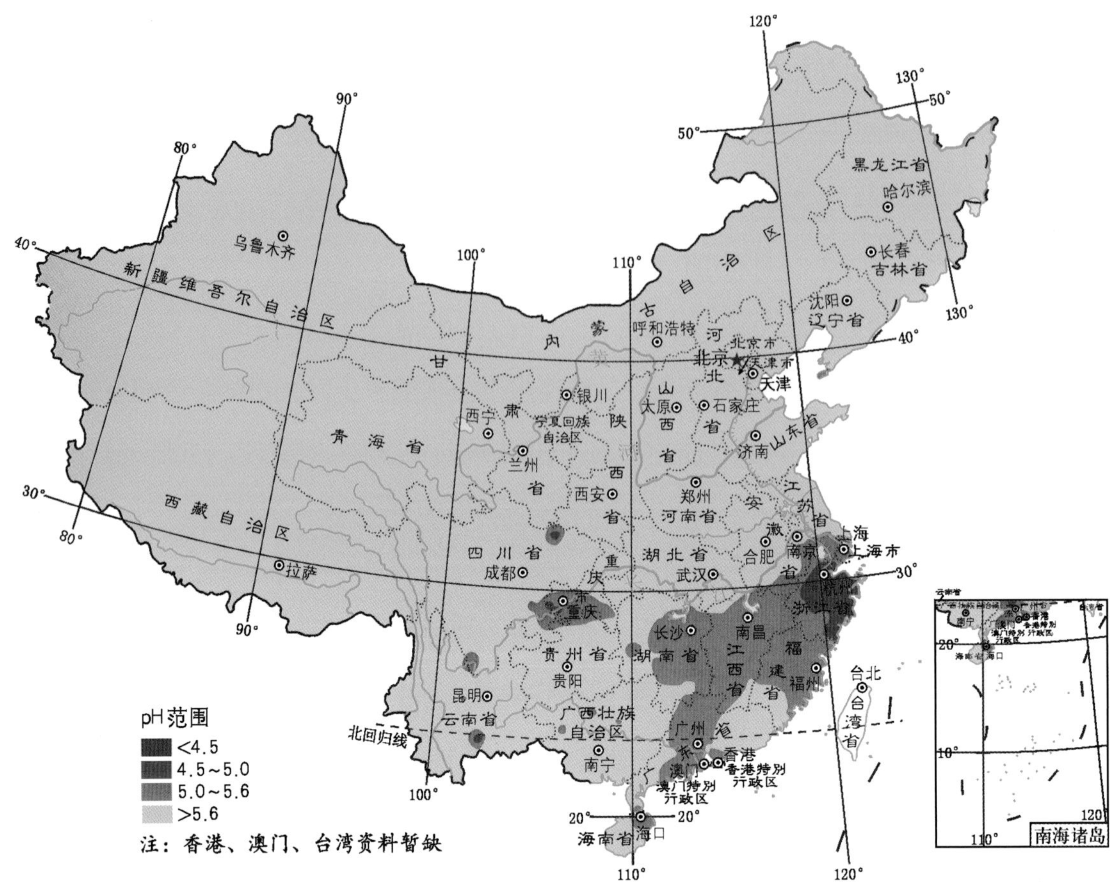

图1 2015年全国降水pH年均值等值线分布

气质量为优的城市占比为26.2%，空气质量为良的城市占比为54.3%，达到二级标准以上的城市占比为80.50%，与2014年基本持平，较2013年提高5.6个百分点。总超标比例为19.5%，其中轻度污染占13.7%，中度污染占3.3%，重度污染占2.4%，严重污染占0.1%（图2）。

2．重点城市空气环境质量

四川盆地空气环境质量逐年改善（图3）。2013年，重庆市、雅安市的主要大气污染物是PM_{10}，绵阳市为SO_2，其他城市均为$PM_{2.5}$。2014年，除乐山市主要污染物为PM_{10}，其他城市主要污染物均为$PM_{2.5}$。2015年，除雅安市主要污染物为PM_{10}，其他城市主要污染物均为$PM_{2.5}$。2016年，所调查的8个重点城市大气主要污染物均为$PM_{2.5}$。四川盆地区域大气主要污染物已由多种类型转为单一类型。

2015年，四川盆地重点城市$PM_{2.5}$浓度范围为47～64μg/m^3，区域差异不大，成都市污染较重，绵阳市相对较轻，这与成都市人口密度较大、工业企业较为发达有关（表1）。

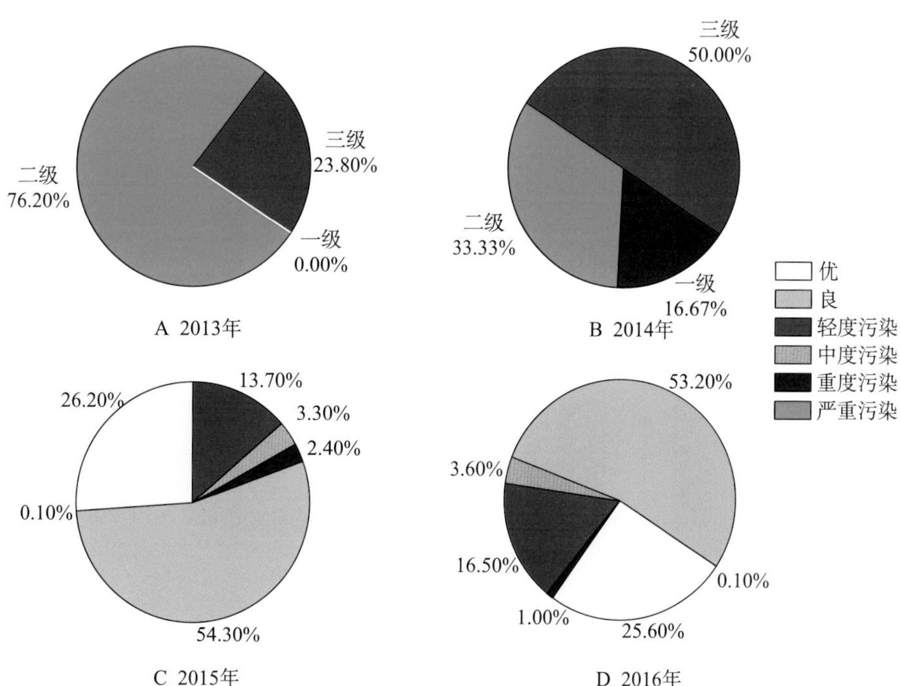

图2　2013—2016年四川省近年空气环境质量现状

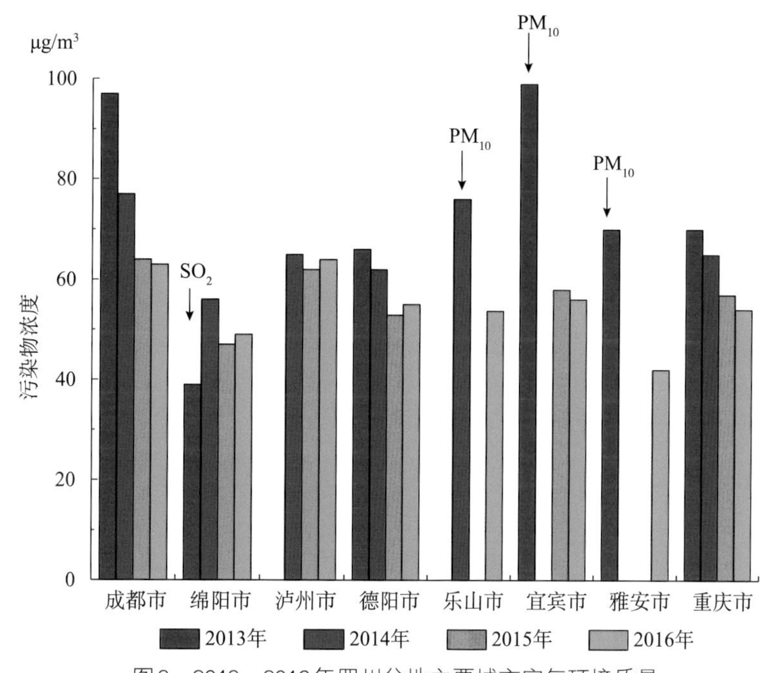

图3　2013—2016年四川盆地主要城市空气环境质量

注：首要污染物非$PM_{2.5}$时采用箭头单独标注。

表1　2015年四川盆地主要城市主要污染物情况

单位：μg/m^3

序号	城市	主要污染物	浓度
1	成都市	$PM_{2.5}$	64.0

（续）

序号	城市	主要污染物	浓度
2	绵阳市	$PM_{2.5}$	47.0
3	泸州市	$PM_{2.5}$	62.0
4	德阳市	$PM_{2.5}$	52.9
5	乐山市	$PM_{2.5}$	—
6	宜宾市	$PM_{2.5}$	58.0
7	雅安市	PM_{10}	—
8	重庆市	$PM_{2.5}$	57.0

3. 酸雨污染概况

2005年以来，四川省和重庆市酸雨问题逐年改善。2015年，四川省24个省控城市的降水pH年均范围为4.60（广元）~7.60（乐山）。降水pH平均为5.42，酸雨发生频率为16.5%（图4）。按照不同降水酸度划分：酸雨城市6个，其中，中酸雨城市1个，轻酸雨城市5个；非酸雨城市18个。酸雨主要集中分布在成都经济区的成都，川南经济区的泸州、自贡，攀西经济区的攀枝花以及川东北经济区的广元。2016年，全省酸雨状况有所好转，酸雨主要集中在川南经济区的泸州、自贡，攀西经济区的攀枝花。重庆市酸雨频率为24.5%，降水pH范围为3.63~8.21，年均值为5.36，主要分布在重庆市区（图5）。

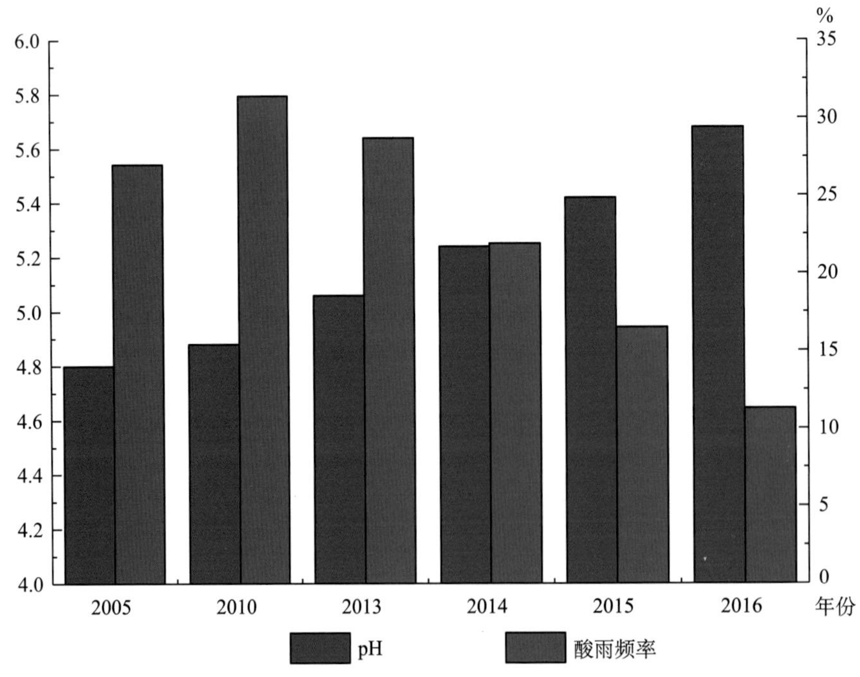

图4　2005—2016年四川省酸雨酸度与酸雨频率

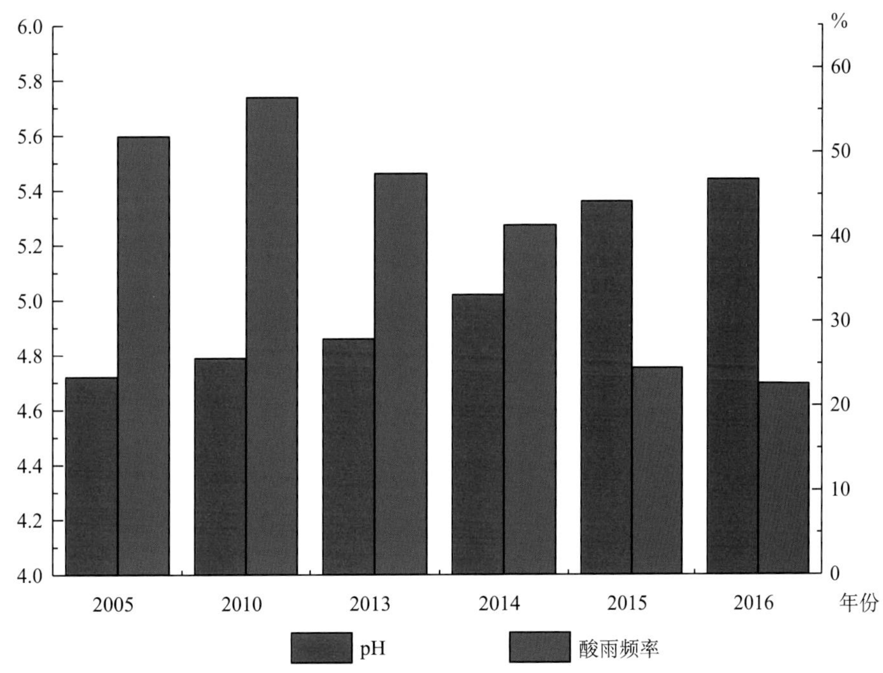

图5　2005—2016年重庆市酸雨酸度与酸雨频率

泸州市的酸雨频率在四川盆地重点城市历年最大，逐年降低，从2013年的80%降低至2016年的40%，2015年酸雨频率为46%。泸州市酸雨污染成因复杂，受汽车尾气、工业燃煤等多种因素影响，同时，不利于污染物扩散的气候条件和地理位置也是酸雨成因之一。其他城市酸雨频率下降趋势明显，成都市从18%降低至1.6%，重庆市从47.5%降低至22.6%（表2、图6）。

表2　2013—2016年四川盆地主要城市酸雨频率

单位：%

地区	2013年	2014年	2015年	2016年
成都市	18.00	3.40	22.10	1.60
绵阳市	18.00	3.40	22.10	1.60
泸州市	80.00	77.00	46.00	40.00
德阳市	0	0	5.40	7.20
乐山市	—	0	—	0
宜宾市	17.40	—	1.40	0
雅安市	4.00	—	—	3.30
重庆市	47.50	41.40	24.50	22.60

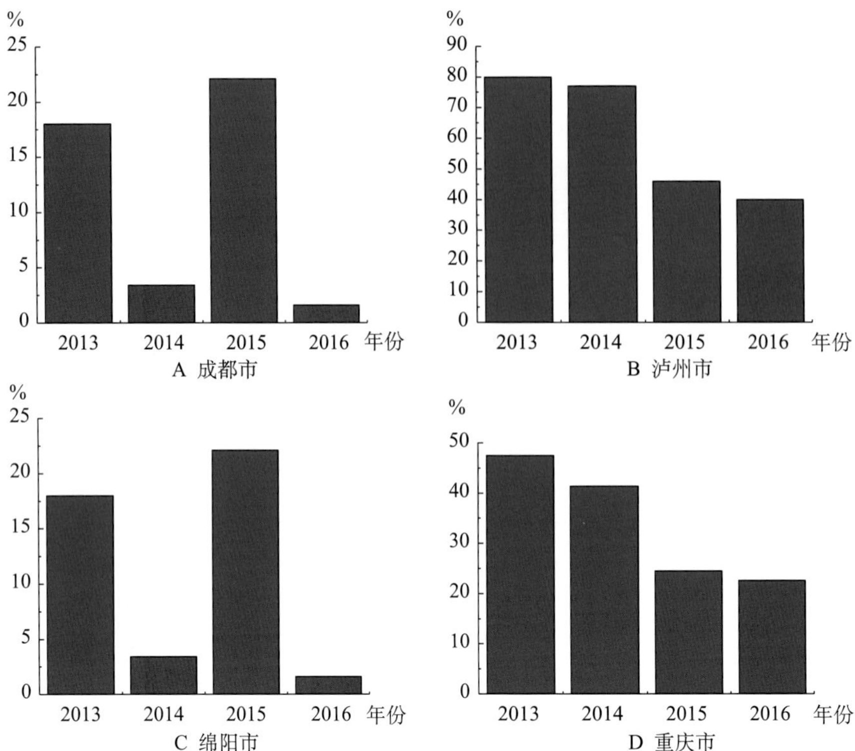

图6 2013—2016年四川盆地主要城市酸雨频率

四川盆地重点城市的酸雨酸度逐渐降低。pH最低的是泸州市，2013—2016年，pH逐渐增高，从4.48升至5.34，酸雨的酸性逐渐减弱。其次是重庆市，pH从4.86升至5.44，酸性也减弱。绵阳市和成都市在2015年时pH有所降低，到2016年时，均有所升高（表3、图7）。

表3 2013—2016年四川盆地主要城市酸雨酸度

地区	2013年	2014年	2015年	2016年
成都市	5.44	6.23	5.45	6.59
绵阳市	5.63	6.09	5.70	6.38
泸州市	4.48	4.49	5.03	5.34
德阳市	6.67	—	5.58	5.73
乐山市	—	6.84	—	7.61
宜宾市	5.34	—	6.41	6.42
雅安市	6.15	—	—	6.63
重庆市	4.86	5.02	5.36	5.44

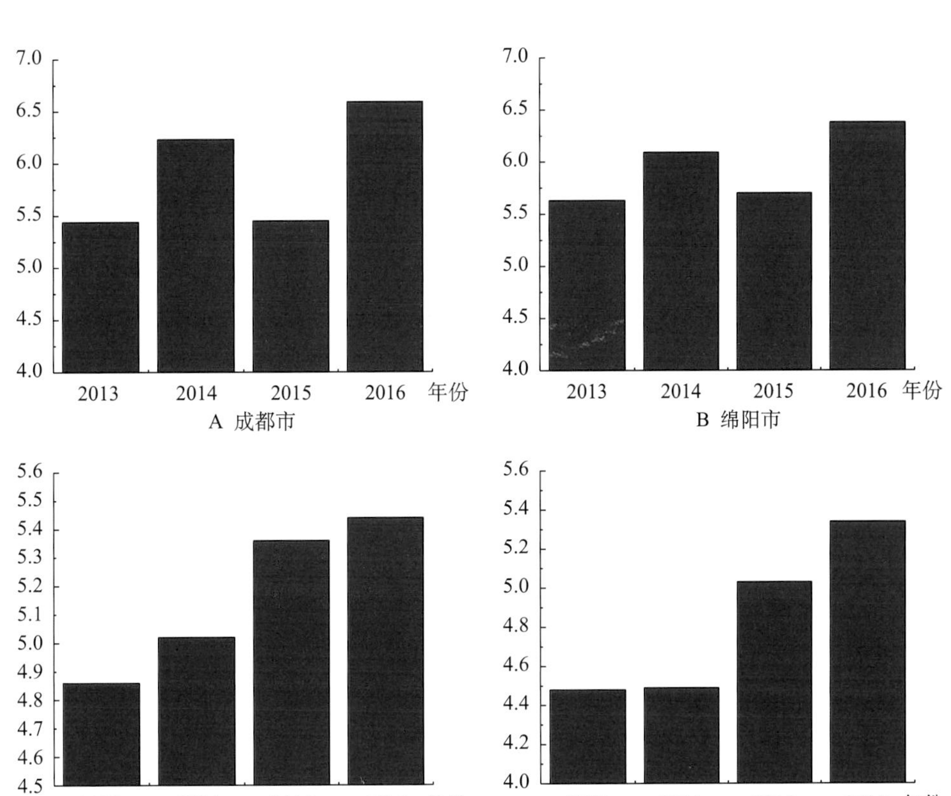

图7　2013—2016年四川盆地主要城市酸雨酸度

（三）长江中下游地区大气环境质量

1. 主要省份空气环境质量

自2013年开始监测$PM_{2.5}$以来，长江中下游地区部分省市空气环境质量较2010年有所降低，达标天数占比减少，安徽、湖北空气污染呈加重趋势，湖南、江苏、江西达标天数占比略有增加。2015年，安徽省空气质量平均达标天数比例为77.9%，16个设区的市空气质量达标天数比例范围为67.1%（淮北）~94.7%（黄山）；湖北省17个重点城市空气质量均未达到二级标准，空气优良天数比例为66.6%，其中达到优的天数比例为11.4%、达到良的天数比例为55.2%；湖南省14个市州所在城市平均达标天数比例为77.9%，超标天数比例为22.1%（其中轻度污染占16.7%，中度污染占4.2%，重度污染占1.2%），其中长沙、株洲、湘潭、岳阳、常德、张家界6个环保重点城市平均达标天数比例为75.5%；江西省市设区城市达标天数比例均值为90.1%，城市空气环境质量总体稳定；江苏省城市环境空气质量平均达标率为66.8%，13市空气质量达标率介于61.8%~72.1%（图8）。

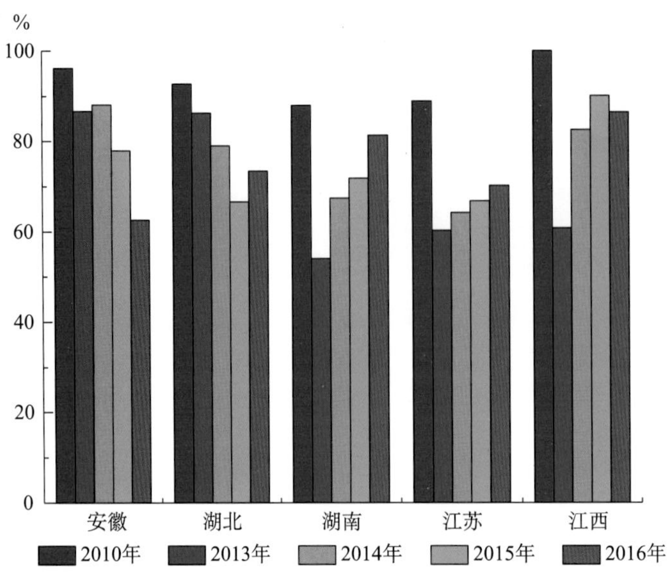

图8 2010—2016年长江中下游地区各省空气质量达标天数比例

各省首要污染物主要为$PM_{2.5}$，其次为PM_{10}，年均浓度随时间降低。湖北省17个重点城市PM_{10}年均浓度值为99μg/m³，$PM_{2.5}$年均浓度值为65μg/m³；江西省11个设区城市除南昌、萍乡、九江和新余超二级标准，其余7城市PM_{10}年均浓度值达到二级标准，全省PM_{10}年均浓度值为68μg/m³，11个设区城市$PM_{2.5}$均超二级标准，全省$PM_{2.5}$年均浓度值为45μg/m³；安徽省PM_{10}年均浓度值为80μg/m³，为二级标准1.14倍，$PM_{2.5}$年均浓度值为55μg/m³，为二级标准1.57倍；江苏省13个省辖城市PM_{10}年均浓度值为80～122μg/m³，平均值为96μg/m³；$PM_{2.5}$年均浓度值为49～65μg/m³，平均值为58μg/m³；湖南省$PM_{2.5}$年均浓度值为60μg/m³（图9）。$PM_{2.5}$主要来源于机动车、燃煤、扬尘，且秋

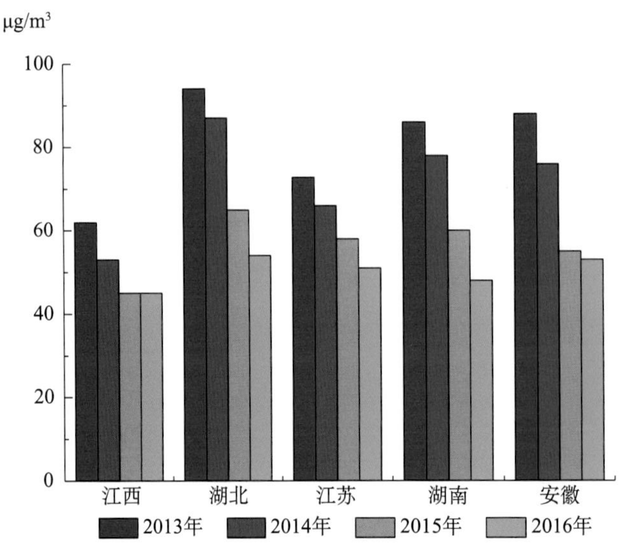

图9 2013—2016年长江中下游地区各省$PM_{2.5}$年均浓度值变化

冬季浓度较高，夏季较低。

2. 重点城市空气环境质量

2013—2014年，长江中下游地区重点城市中，除武汉市和南昌市，主要空气污染物均为PM_{10}。2015—2016年，长江中下游地区重点城市首要污染物均为$PM_{2.5}$（图10）。

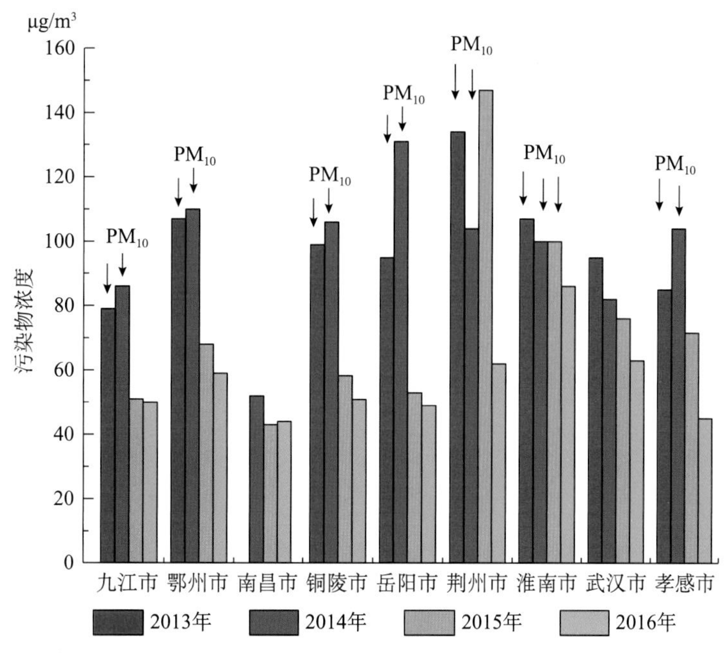

图10　长江中下游地区主要城市空气环境质量

注：首要污染物非$PM_{2.5}$时采用箭头单独标注。

2015年，长江中下游地区重点城市大气主要污染物是$PM_{2.5}$，部分城市为PM_{10}。荆州市大气污染最严重，$PM_{2.5}$浓度高达147μg/m³，远高于其他城市，如孝感市和武汉市的$PM_{2.5}$为70～80μg/m³。安徽省淮南市首要污染物是PM_{10}，铜陵市的首要污染物为$PM_{2.5}$，其浓度为58.3μg/m³。南昌市是长江中下游地区$PM_{2.5}$浓度最低的城市（43μg/m³）。总体而言，湖北省的空气质量相对其他省份较差（表4）。

表4　2015年长江中下游地区主要城市主要污染物情况

单位：μg/m³

序号	城市	主要污染物	浓度
1	九江市	$PM_{2.5}$	51.0
2	鄂州市	$PM_{2.5}$	68.0
3	南昌市	$PM_{2.5}$	43.0
4	铜陵市	$PM_{2.5}$	58.3

（续）

序号	城市	主要污染物	浓度
5	岳阳市	$PM_{2.5}$	53.0
6	荆州市	$PM_{2.5}$	147.0
7	淮南市	PM_{10}	100.0
8	武汉市	$PM_{2.5}$	76.0
9	孝感市	$PM_{2.5}$	71.6

3．酸雨污染概况

（1）湖南省

湖南省持续多年存在酸雨污染问题，自2005年以来，酸雨频率有所降低，但降水pH年均值无显著变化。2015年，湖南省14个省控城市的降水pH年均值范围为4.38（株洲市）~6.12（张家界市）。降水pH均值为4.84，酸雨发生频率为62.6%。长沙市、株洲市相对严重，酸雨频率为100%，降水pH均值分别为4.39、4.38（图11）。降水pH小于5.0的强酸性降水地区主要分布在湘中南和东南部，弱酸性降水区则分布在湘中地区，湖南省酸雨形成主要受局地源影响，其次是土壤、地形、气候和中远距离的输送等自然因素的作用。综合资料显示，能源结构和工业污染物等社会因素在酸雨的形成中具有决定性的作用。

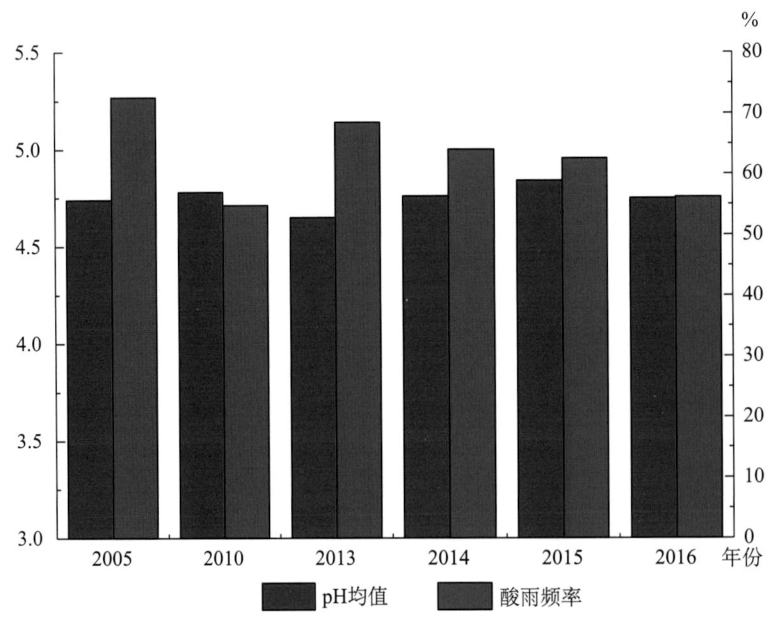

图11　2005—2016年湖南省城市降水pH均值与酸雨频率

（2）湖北省

湖北省酸雨污染较轻，2005—2016年降水频率逐渐降低，降水pH逐渐升高。2015年，全省未出现酸雨城市。与2014年相比，武汉和宜昌酸雨状况有所改善。17个重点城市年均降水pH均值范围为5.61（武汉）～7.13（神农架）。全省降水pH均值为6.14，与2014年（5.98）相比有所好转（图12）。全年有武汉、黄石、十堰、宜昌、黄冈、咸宁6个城市出现酸雨，酸雨频率为1.3%（黄石）～23.9%（宜昌）。2015年，全省出现酸雨样本的区域为十堰、宜昌南部和鄂东部分地区。

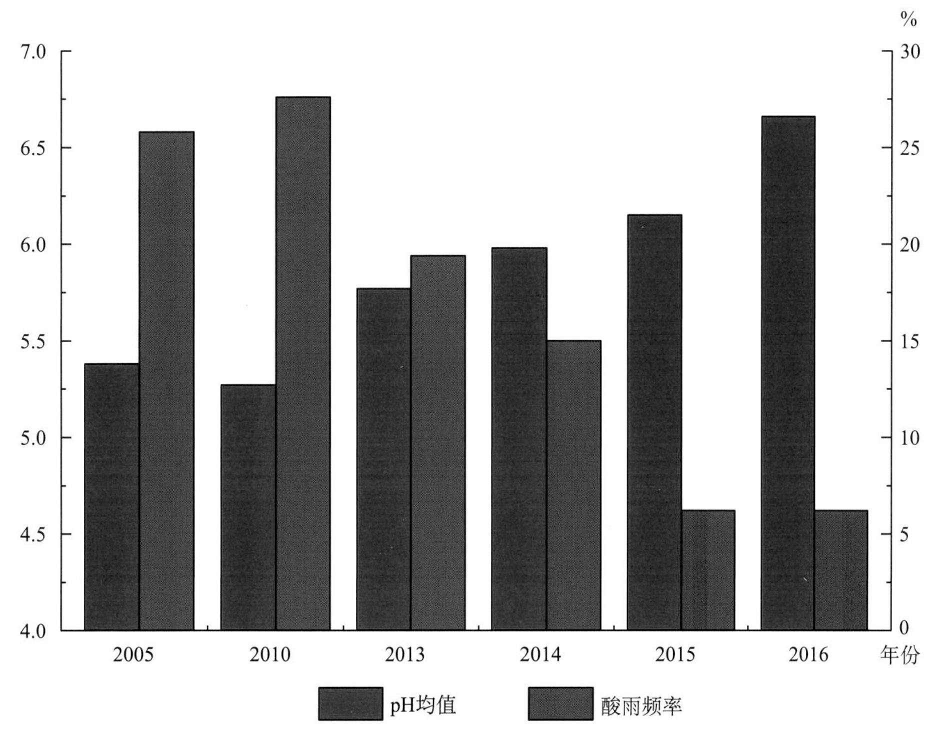

图12　2005—2016年湖北省城市降水pH均值与酸雨频率

（3）江西省

江西省是长江中下游地区酸雨污染较重的省份之一，自2005年以来，酸雨频率有所降低，降水pH均值变化不显著。2015年，全省降水pH均值为5.26，除九江、吉安和宜春，其余8城市降水pH均值均低于5.60，酸雨污染仍较为严重。全省城市酸雨频率为61.0%，酸雨频率大于80%的设区市有南昌、景德镇、鹰潭和抚州，其中南昌市的酸雨频率为100%。与2014年相比，全省降水pH均值上升0.17，酸雨频率下降4.8个百分点，酸雨污染总体略有减轻（图13）。重点污染源为烟气排放，工业源SO_2排放成为江西酸雨污染的重要成因。

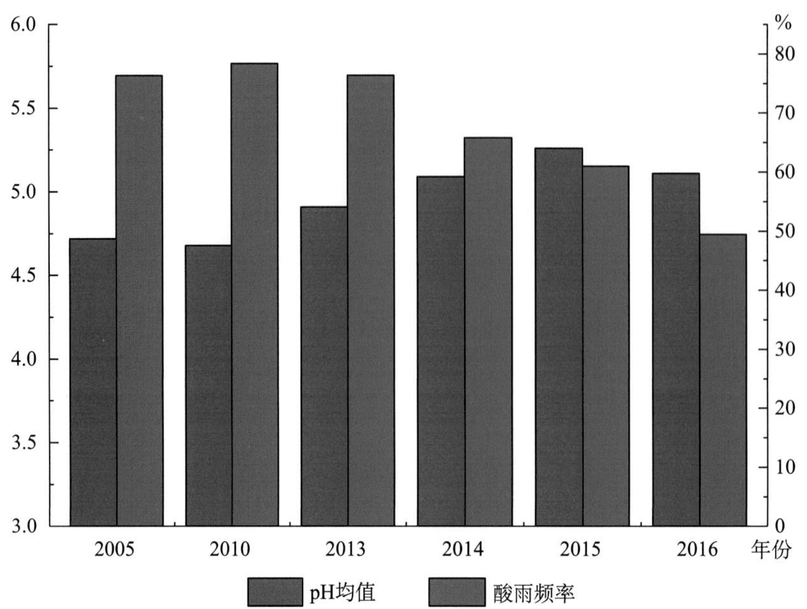

图13 2005—2016年江西省城市降水pH均值与酸雨频率

（4）江苏省

2005年以来，江苏省酸雨频率有所降低，2016年降水pH均值上升明显。2015年，全省酸雨频率为28.3%，降水pH均值为4.87。南京、无锡、常州、苏州、南通、淮安、扬州、镇江和泰州9市监测到不同程度的酸雨污染，酸雨频率为1.0%～55.7%。徐州、连云港、盐城和宿迁4市未采集到酸雨样品。2016年，全省酸雨频率下降9.5个百分点，降水pH和酸雨酸度分别减弱4.5%和2.3%（图14）。

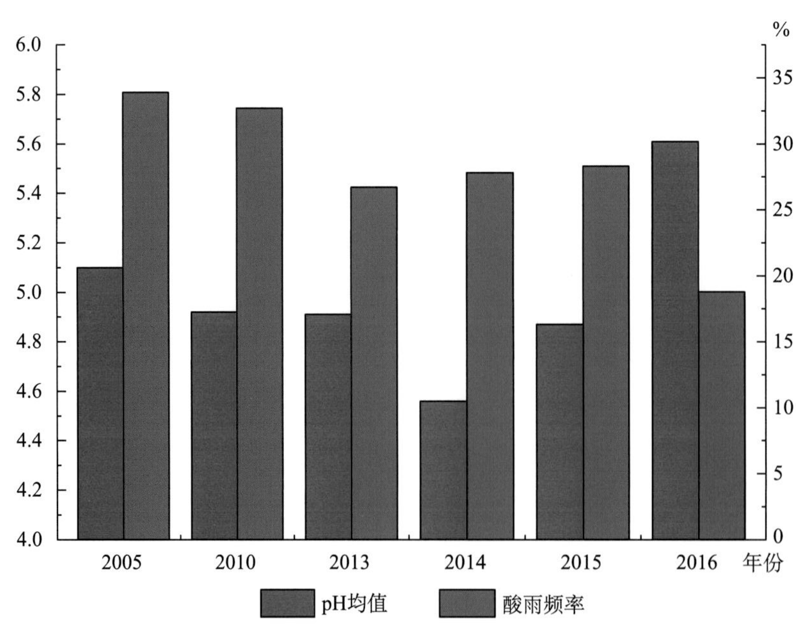

图14 2005—2016年江苏省城市降水pH均值与酸雨频率

（5）安徽省

2015年，全省平均酸雨频率为8.1%，马鞍山、宣城、滁州、铜陵、合肥、安庆、池州和黄山8市出现酸雨。全省降水pH均值为5.90，池州和黄山降水pH均值分别为5.44和5.32，均为轻酸雨城市。2016年，全省平均酸雨频率为10.9%，合肥、滁州、宣城、池州、安庆、铜陵和黄山7市出现酸雨。全省降水pH均值为5.68，其中，铜陵和黄山为酸雨城市（降水pH均值分别为5.19和4.98）。与2015年相比，2016年，池州市酸雨频率下降16.6个百分点、降水pH均值上升0.28，酸雨污染状况明显好转。铜陵、黄山和安庆酸雨频率分别上升28.5个、23.8个和9.1个百分点，降水pH均值分别下降1.19、0.34和0.12，酸雨污染状况有所加重（图15）。

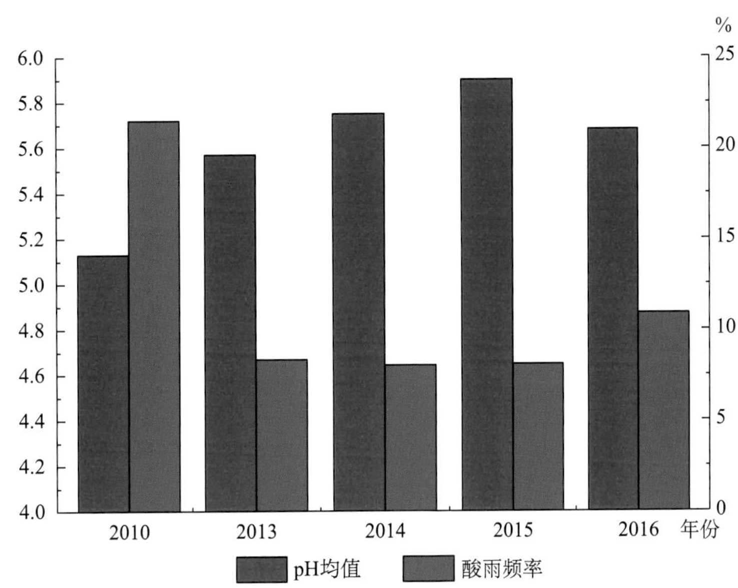

图15　2010—2016年安徽省城市降水pH均值与酸雨频率

（6）长江中下游地区主要城市

从南方19个主要城市降水pH均值来看，2015年，酸雨城市主要集中在湖南省和江西省，其中湖南省株洲市、长沙市酸雨酸度最强、频率最高（表5、图16）。

表5　2015年长江中下游地区部分酸雨城市降水pH均值与酸雨频率

单位：%

城市	降水pH均值	酸雨频率
株洲市	4.38	100.00
长沙市	4.39	100.00

（续）

城市	降水pH均值	酸雨频率
湘潭市	4.69	75.50
南昌市	4.71	100.00
鹰潭市	4.94	83.95
景德镇市	4.98	81.98
萍乡市	4.99	53.08
赣州市	5.04	55.24
怀化市	5.07	80.30
永州市	5.14	50.70
岳阳市	5.16	34.90
抚州市	5.23	90.43
武汉市	5.38	11.50
新余市	5.40	37.96
益阳市	5.44	85.00
上饶市	5.44	67.90
衡阳市	5.55	16.70
常德市	5.58	31.40
九江市	5.58	36.72

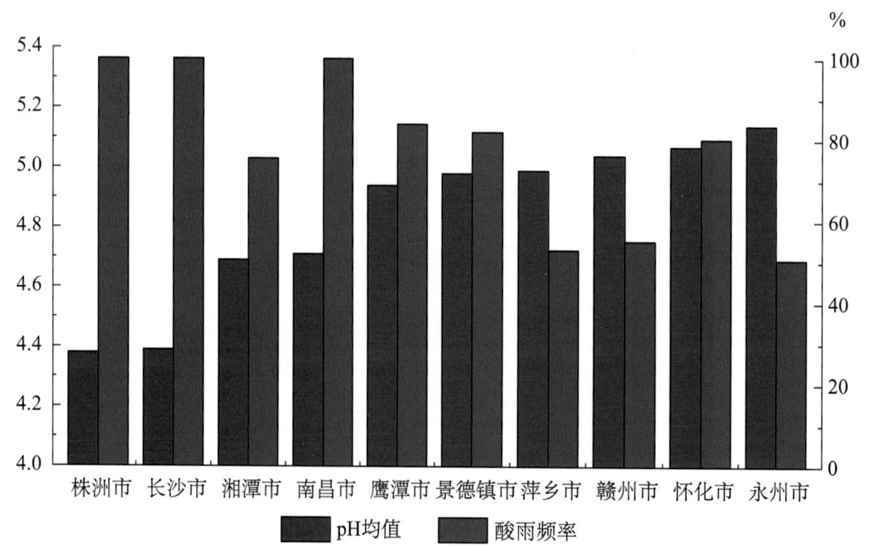

图16　长江中下游地区主要城市降水pH均值与酸雨频率

（四）广西蔗糖产区大气环境质量

1. 城市空气环境质量

广西蔗糖产区空气污染较轻，2013—2016年，达标天数占比在90%左右，主要污染物是$PM_{2.5}$，年均浓度逐年降低。2015年，广西壮族自治区14个设区城市环境空气PM_{10}年平均浓度值为48～72μg/m³，全区PM_{10}年均浓度值为61μg/m³，按照PM_{10}年平均二级浓度限值评价，除南宁市超标，其他13个设区市均达标。$PM_{2.5}$年平均浓度值为29～51μg/m³，平均浓度值为41μg/m³，按照$PM_{2.5}$年平均二级浓度限值评价，除北海市、防城港市达标，其他12个设区市均超标（图17）。

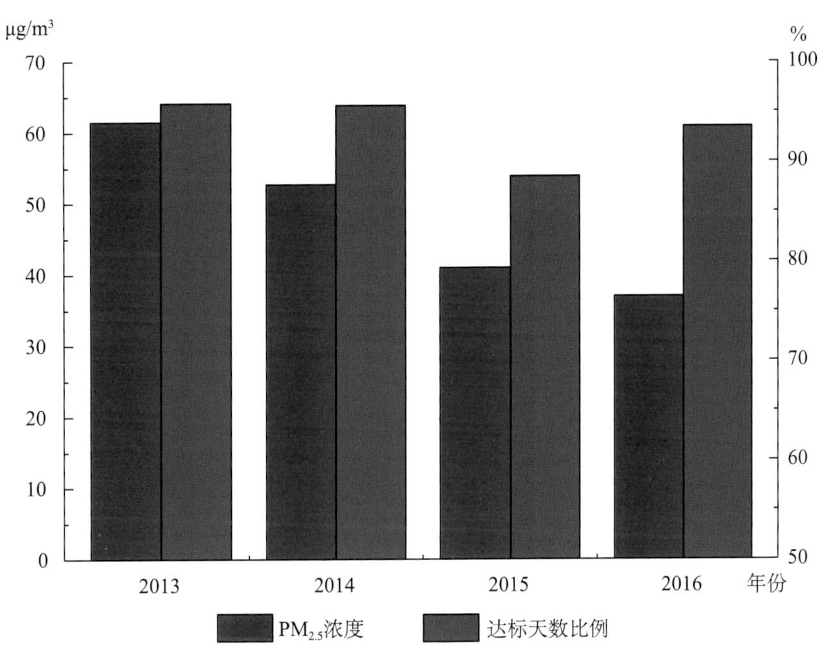

图17　2013—2016年广西空气质量达标天数比例与$PM_{2.5}$年均浓度值

2. 酸雨污染概况

广西壮族自治区酸雨污染相对较轻，2005年以来，改善趋势明显。2015年，14个设区市酸雨频率均值为16.9%，比2014年下降4.7个百分点。南宁市、玉林市酸雨频率为0，酸雨频率10%以下的城市为北海市、梧州市、贵港市，频率10%～20%的城市为钦州市、贺州市、崇左市，频率20%～30%的城市为来宾市、柳州市、防城港市、河池市、百色市，桂林市酸雨频率为42.5%。14个设区市降水pH均值为5.23（桂林市）～6.52（南宁市），平均值为5.59，比2014年上升0.29（图18）。

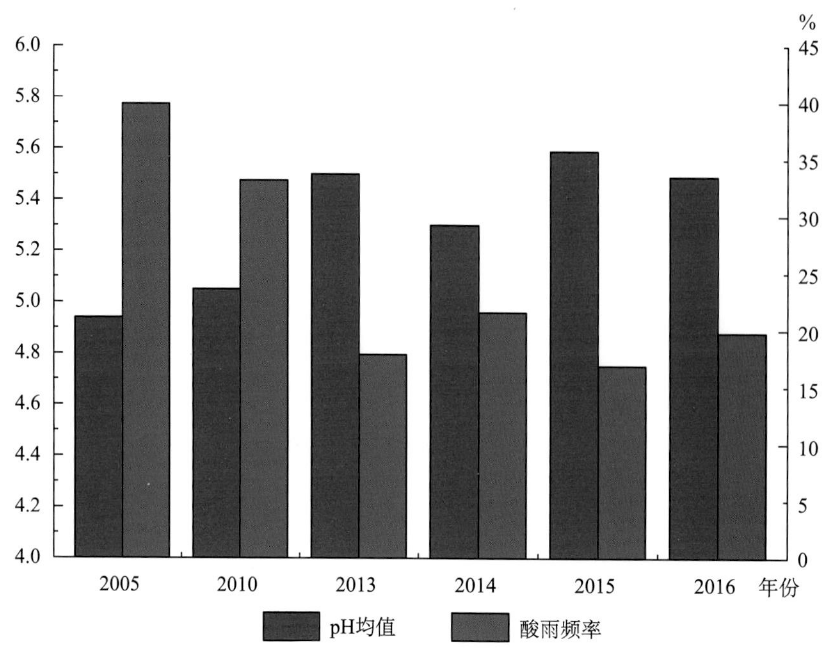

图18　2005—2016年广西城市降水pH均值与酸雨频率

二、南方主要农产品产地水环境质量

（一）水环境质量概况

南方水系包括长江流域、珠江流域及浙闽片河流，因涉及南方农产品产地研究，淮河流域也列入报告分析范畴。长江水系是南方最大的水系，包括长江干流与700余条支流，流经180余万km^2，占国土面积的18.8%，占我国河川径流量的36%左右。珠江流域面积为45.26万km^2，占国土面积的4.7%，河流众多，集水面积在1万km^2以上的河流有8条，1 000km^2以上的河流有49条。南方地区水环境质量总体良好，污染程度轻于北方，支流污染多重于干流，主要污染指标为化学需氧量、五日生化需氧量和总磷，人类活动与污染关系密切。

2015年，长江、黄河、珠江、松花江、淮河、海河、辽河七大流域和浙闽片河流、西北诸河、西南诸河的700个国家重点监控断面中，Ⅰ类水质断面占2.7%，Ⅱ类占38.1%，Ⅲ类占31.3%，Ⅳ类占14.3%，Ⅴ类占4.7%，劣Ⅴ类占8.9%，主要集中在海河、淮河、辽河和黄河流域等北方水系。南方水系353个国家重点监控断面中，Ⅰ类水质断面占6.25%，Ⅱ类占45.39%，Ⅲ类占30.31%，Ⅳ类占9.3%，Ⅴ类占4.22%，劣

Ⅴ类占4.53%。除淮河流域，南方水系污染相对较轻，259个国家重点监控断面中，Ⅰ类水质断面占8.52%，Ⅱ类占59.53%，Ⅲ类占23.93%，Ⅳ类占4.59%，Ⅴ类占0.74%，劣Ⅴ类占2.69%（表6）。

表6　2015年南方地区地表水监测情况

单位：个，%

地区	监测断面	水质					
		Ⅰ类	Ⅱ类	Ⅲ类	Ⅳ类	Ⅴ类	劣Ⅴ类
全国	700	2.70	38.10	31.30	14.30	4.70	8.90
南方	259	8.52	59.53	23.93	4.59	0.74	2.69

（二）长江流域水环境质量

长江干流水质总体较好，水质逐年改善，Ⅰ～Ⅲ类水质断面比例从2005年的76%上升为2015年的89.4%。2015年，长江流域160个国家重点监控断面中，Ⅰ类水质断面占3.8%，比2014年下降0.6个百分点；Ⅱ类占55.0%，比2014年上升4.1个百分点；Ⅲ类占30.6%，比2014年下降2.1个百分点；Ⅳ类占6.2%，比2014年下降0.7个百分点；Ⅴ类占1.2%，比2014年下降0.7个百分点；劣Ⅴ类占3.1%，与2014年持平。长江干流42个国家重点监控断面中，Ⅰ类水质断面占7.1%，比2014年下降0.2个百分点；Ⅱ类占38.1%，比2014年下降3.4个百分点；Ⅲ类占52.4%，比2014年上升1.2个百分点；Ⅴ类占2.4%，比2014年上升2.4个百分点；无Ⅳ类和劣Ⅴ类水质断面，均与2014年持平（表7、图19）。

表7　2015年长江流域水环境状况

单位：个，%

指标	监测断面	水质					
		Ⅰ类	Ⅱ类	Ⅲ类	Ⅳ类	Ⅴ类	劣Ⅴ类
总体水质	160	3.80	55.0	30.60	6.20	1.20	3.10
长江干流	42	7.10	38.10	52.40	2.40	—	—
主要支流	118	2.50	61.00	22.90	8.50	0.80	4.20

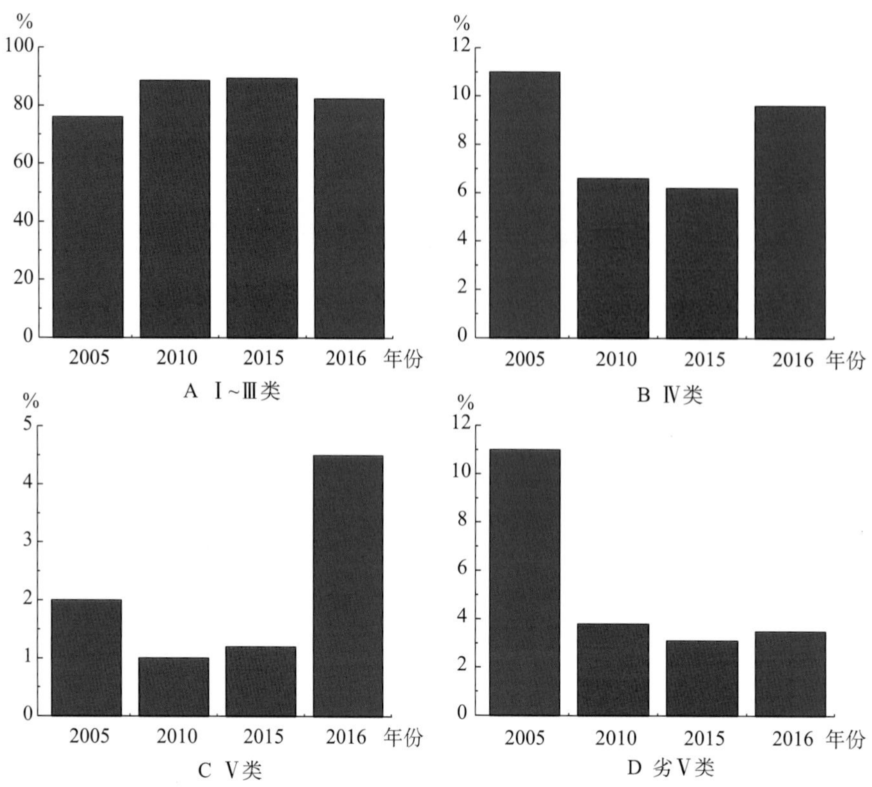

图19 2005—2016年长江干流水质变化情况

长江干流以Ⅲ类水为主，主要支流以Ⅱ类水为主，总体来看支流水质优于干流。2015年，长江支流118个国家重点监控断面中，Ⅰ类水质断面占2.5%，比2014年下降0.9个百分点；Ⅱ类占61.0%，比2014年上升6.8个百分点；Ⅲ类占22.9%，比2014年下降3.4个百分点；Ⅳ类占8.5%，比2014年下降0.8个百分点；Ⅴ类占0.8%，比2014年下降1.7个百分点；劣Ⅴ类占4.2%，与2014年持平。云南段金沙江，四川段岷江和沱江，江西段赣江、抚河、饶河、袁河、信江，长江安徽段等支流Ⅳ类到劣Ⅴ类水质占比较高，对长江干流水质有一定程度影响（表8）。

表8 2005—2015年长江支流水环境状况

单位：%

水系		年份	水质					
			Ⅰ类	Ⅱ类	Ⅲ类	Ⅳ类	Ⅴ类	劣Ⅴ类
云南段	金沙江	2005	2.60	31.60	23.80	10.50	2.60	28.90
		2010	2.50	27.50	25.00	10.00	7.50	27.50
		2015	5.08	33.90	25.42	20.34	3.39	11.86

（续）

	水系	年份	水质					
			Ⅰ类	Ⅱ类	Ⅲ类	Ⅳ类	Ⅴ类	劣Ⅴ类
四川段	金沙江干流	2005			100.00	—	—	—
		2010	50.00	40.00	10.00	—	—	—
		2015	30.00	70.00	—	—	—	—
	岷江流域	2005	—	36.80	—	36.80	—	10.50
		2010	6.00	38.00	32.00	9.00	6.00	9.00
		2015	—	39.50	13.20	7.90	13.20	26.30
	沱江流域	2005	—	—	—	17.60	23.50	58.80
		2010	—	15.00	49.00	12.00	9.00	15.00
		2015	2.60	—	13.20	52.60	10.50	21.10
	嘉陵江	2005	—	68.20	13.60	18.20	—	—
		2010	14.00	52.00	31.00	—	3.00	—
		2015	4.70	44.20	44.20	4.60	—	2.30
贵州段	乌江水系	2005	17.20	27.60	6.90	10.40	—	37.90
		2010	3.22	35.48	19.35	12.90	—	29.03
		2015			80.60		9.70	9.70
	沅水水系	2005	15.80	42.10	5.30	—	—	36.80
		2010	5.56	50.00	11.11	5.56	5.56	22.22
		2015			83.30	—	—	16.70
	赤水河水系	2005	20.00	80.00	—	—	—	—
		2010	40.00	30.00	30.00	—	—	—
		2015			100.00	—	—	—
湖南段	湘江	2005	—	32.26	51.61	3.22	3.22	9.68
		2010	7.50	25.00	50.00	10.00	7.50	—
		2015	2.38	59.52	30.95	2.38	0	4.76
	资江	2005			100.00	—	—	—
		2010			100.00	—	—	—
		2015	—	57.14	35.71	7.14	—	—
	澧水	2005			100.00	—	—	—
		2010			100.00	—	—	—
		2015	—	88.89	11.11	—	—	—
	沅水水系	2005	—	8.33	41.67	3.33	—	16.67
		2010	—	55.00	35.00	10.00	—	—
		2015	—	60.00	36.00	4.00	—	—

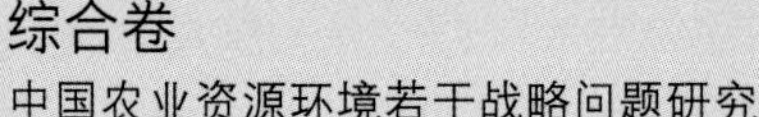

（续）

	水系	年份	水质					
			Ⅰ类	Ⅱ类	Ⅲ类	Ⅳ类	Ⅴ类	劣Ⅴ类
湖南段	汉江主流	2005						
		2010		100.00	—	—	—	—
		2015	5.00	95.00	—	—	—	—
	汉江支流	2005	—	—	—	—	—	—
		2010	—		58.30		29.20	12.50
		2015	2.80	38.90	36.10	16.60		2.80
	长江湖北段其他支流	2005	—	36.00	28.00	20.00	6.00	10.00
		2010			90.70	3.70	—	5.60
		2015	2.30	40.90	37.50	6.80		8.00
江西段	赣江	2005			71.80			28.20
		2010			81.70			18.30
		2015			86.80			13.20
	抚河	2005			69.30			30.70
		2010			73.30			26.70
		2015			86.70			13.30
	饶河	2005			92.30			7.70
		2010			64.70			35.30
		2015			82.40			17.60
	袁河	2005			57.10			42.90
		2010			81.30			18.70
		2015	—	81.30	—	18.70	—	—
	信江	2005			100.00			—
		2010			87.50			12.50
		2015			84.00			16.00
	萍水河	2005	—	—	—	—	—	—
		2010			77.80			22.20
		2015			88.90			11.10
	修水	2005			100.00			—
		2010			80.00			20.00
		2015			90.00			10.00
安徽段	长江安徽段支流	2005			72.70	21.20		6.10
		2010	—	—	—	—	—	—
		2015		52.63	26.31	13.16	7.89	—

（三）珠江流域水环境质量

珠江水系总体水质稳定良好，以Ⅱ类水为主，劣Ⅴ类水来源于支流。2005年以来，Ⅰ～Ⅲ类水占比基本持平，Ⅵ类、Ⅴ类水有所减少，劣Ⅴ类水有所增加。2015年，珠江流域54个国家重点监控断面中，Ⅰ类水质断面占3.7%，Ⅱ类占74.1%，Ⅲ类占16.7%，Ⅳ类占1.8%，无Ⅴ类水质断面，劣Ⅴ类占3.7%。2016年，Ⅰ类水质断面上升0.6个百分点，Ⅱ类上升1.2个百分点，Ⅲ类上升1.2个百分点，Ⅳ类下降3.6个百分点，Ⅴ类上升0.6个百分点，劣Ⅴ类持平（图20、表9）。

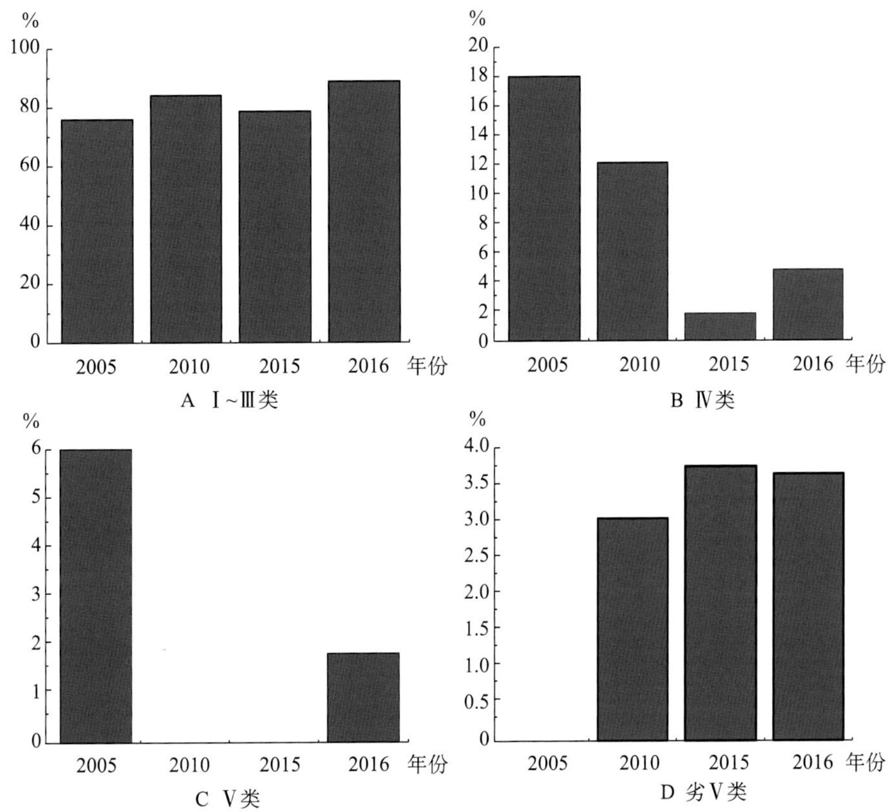

图20　2005—2016年珠江流域干流水质变化情况

表9　2015年珠江流域水环境状况

单位：个，%

指标	监测断面	水质					
		Ⅰ类	Ⅱ类	Ⅲ类	Ⅳ类	Ⅴ类	劣Ⅴ类
总体水质	54	3.70	74.10	16.70	1.80	—	3.70

（续）

指标	监测断面	水质					
		Ⅰ类	Ⅱ类	Ⅲ类	Ⅳ类	Ⅴ类	劣Ⅴ类
珠江干流	18	5.60	77.80	11.10	5.60	—	—
主要支流	26	3.80	73.10	15.40	—	—	7.70

2015年，珠江干流18个国家重点监控断面中，Ⅰ类、Ⅱ类、Ⅲ类和Ⅳ类水质断面分别占5.6%、77.8%、11.1%和5.6%，无Ⅴ类和劣Ⅴ类水质断面，均与2014年持平。珠江主要支流26个国家重点监控断面中，Ⅰ类水质断面占3.8%，比2014年下降3.9个百分点；Ⅱ类占73.1%，与2014年持平；Ⅲ类占15.4%，比2014年上升3.9个百分点；无Ⅳ类和Ⅴ类水质断面，劣Ⅴ类占7.7%，均与2014年持平。云南段和广东段存在轻度污染（表10）。

表10　不同年份珠江流域支流水环境状况

单位：%

水系		年份	水质					
			Ⅰ类	Ⅱ类	Ⅲ类	Ⅳ类	Ⅴ类	劣Ⅴ类
云南段	云南段	2005	6.90	20.70	10.30	6.90	10.30	44.90
		2010	12.00	19.00	23.00	19.00	8.00	31.00
		2015	3.45	41.38	27.59	20.69	3.45	3.45
贵州段	南盘江	2005	—	—	40.00	—	—	60.00
		2010	—	—	66.67	—	—	33.33
		2015			100.00	—	—	—
	北盘江	2005	25.00	12.50	25.00	12.50	—	25.00
		2010	—	50.00	20.00	20.00	—	10.00
		2015			100.00	—	—	—
	红水	2005	33.30	33.30	33.30	—	—	—
		2010	—	33.33	66.67	—	—	—
		2015			100.00	—	—	—
	柳江	2005	40.00	60.00	—	—	—	—
		2010	—	100.00	—	—	—	—
		2015			100.00	—	—	—
广西段	广西段	2005		100.00	—	—	—	—
		2010			100.00	—	—	—
		2015			100.00	—	—	—

（续）

水系		年份	水质					
			Ⅰ类	Ⅱ类	Ⅲ类	Ⅳ类	Ⅴ类	劣Ⅴ类
广东段	东江	2015	—	56.30	21.80	—	9.40	12.50
	北江	2015		100.00	—	—	—	—
	西江	2015	88.90	11.10	—	—	—	—
	韩江	2005			50.00		50.00	—
		2015		44.40	44.40	11.20	—	—
	鉴江	2015		25.00	50.00	25.00	—	—
	广东段	2005			62.30		16.90	20.80
	粤西诸河	2005			50.00		37.50	12.50
	粤东诸河	2005			40.00		20.00	40.00

（四）淮河流域水环境质量

淮河流域污染严重，干流水质明显好于支流，洪河、颍河、沱河、涡河等支流污染严重。2005年以来，淮河流域Ⅰ～Ⅲ类水质占比逐年增加，Ⅵ类水质占比逐年减少，但Ⅴ类水质占比持续增加。2015年，淮河流域94个国家重点监控断面中，无Ⅰ类水质断面，与2014年持平；Ⅱ类占6.4%，比2014年下降1.0个百分点；Ⅲ类占47.9%，比2014年下降1.0个百分点；Ⅳ类占22.3%，比2014年上升1.0个百分点；Ⅴ类占13.8%，比2014年上升6.4个百分点；劣Ⅴ类占9.6%，比2014年下降5.3个百分点（图21、表11）。主要污染指标为化学需氧量、五日生化需氧量和总磷。

2015年，淮河干流10个国家重点监控断面中，无Ⅰ类、Ⅴ类和劣Ⅴ类水质断面，Ⅱ类占30.0%，Ⅲ类占50.0%，Ⅳ类占20.0%，均与2014年持平。淮河主要支流42个国家重点监控断面中，无Ⅰ类水质断面，与2014年持平；Ⅱ类占7.1%，比2014年上升2.3个百分点；Ⅲ类占28.6%，与2014年持平；Ⅳ类占26.2%，比2014年下降4.8个百分点；Ⅴ类占21.4%，比2014年上升9.5个百分点；劣Ⅴ类占16.7%，比2014年下降7.1个百分点。主要污染指标为化学需氧量、五日生化需氧量和总磷。

沂沭泗水系11个国家重点监控断面中，无Ⅰ类、Ⅴ类和劣Ⅴ类水质断面，均与2014年持平；无Ⅱ类水质断面，比2014年下降9.1个百分点；Ⅲ类占54.5%，比2014年下降18.2个百分点；Ⅳ类占45.5%，比2014年上升27.3个百分点。主要污染指标为化学需氧量、五日生化需氧量和高锰酸盐指数。

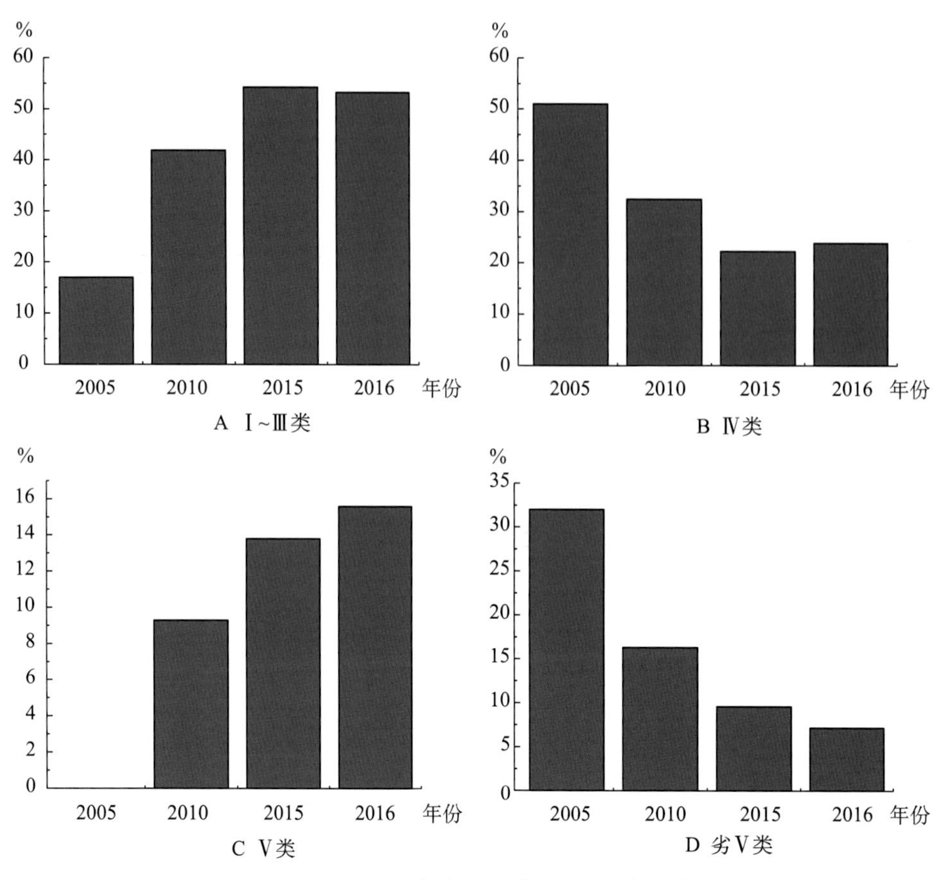

图21 2005—2016年淮河流域干流水质变化情况

表11 2015年淮河流域水环境状况

单位：个，%

指标	监测断面	水质					
		Ⅰ类	Ⅱ类	Ⅲ类	Ⅳ类	Ⅴ类	劣Ⅴ类
总体水质	94	—	6.40	47.90	22.30	13.80	9.60
淮河干流	10	—	30.00	50.00	20.00	—	—
主要支流	42	—	7.10	28.60	26.20	21.40	16.70

淮河流域其他水系31个国家重点监控断面中，无Ⅰ类水质断面，与2014年持平；无Ⅱ类水质断面，比2014年下降3.2个百分点；Ⅲ类占71.0%，比2014年上升3.3个百分点；Ⅳ类占9.7%，与2014年持平；Ⅴ类占12.9%，比2014年上升6.4个百分点；劣Ⅴ类占6.5%，比2014年下降6.4个百分点。主要污染指标为化学需氧量、五日生化需氧量和石油类。

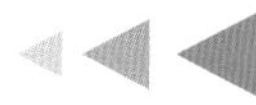

（五）浙闽片河流水环境质量

2005年以来，浙闽片河流Ⅰ～Ⅲ类水质比例持续增加，Ⅴ类水改善程度不显著，木兰溪污染严重。2015年，45个国家重点监控断面中，Ⅰ类水质断面占4.4%，比2014年下降2.3个百分点；Ⅱ类占31.1%，比2014年上升4.4个百分点；Ⅲ类占53.3%，比2014年上升2.2个百分点；Ⅳ类占8.9%，比2014年下降2.2个百分点；Ⅴ类占2.2%，比2014年下降2.2个百分点；无劣Ⅴ类水质断面，与2014年持平（图22、表12）。主要污染物为石油类、氨氮和五日需氧量。

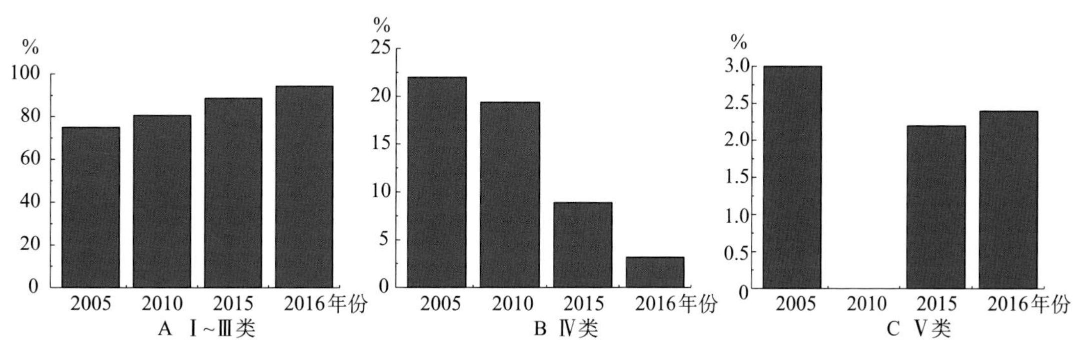

图22　2005—2016年浙闽片河流水质变化情况

表12　2005—2015年浙闽片河流支流水环境状况

单位：%

水系		年份	水质					
			Ⅰ类	Ⅱ类	Ⅲ类	Ⅳ类	Ⅴ类	劣Ⅴ类
浙江片	钱塘江	2005		66.70			33.30	
		2010		73.30			26.70	
		2015		87.20			12.80	
	曹娥江	2005		50.00			50.00	
		2010		70.00			30.00	
		2015		100.00			—	
	甬江	2005		64.30			35.70	
		2010		64.30			35.70	
		2015		64.30			35.70	

（续）

水系		年份	水质					
			Ⅰ类	Ⅱ类	Ⅲ类	Ⅳ类	Ⅴ类	劣Ⅴ类
浙江片	椒江	2005		46.20			53.80	
		2010		84.60			15.40	
		2015		81.80			18.20	
	瓯江	2005		79.30			20.70	
		2010		96.60		3.40	—	—
		2015		100.00		—	—	—
	飞云江	2005	—		100.00		—	
		2010		100.00			—	
		2015		100.00			—	
	苕溪	2005	—		72.20	27.80	—	
		2010		94.40		5.60	—	
		2015	—		100.00		—	
福建片	闽江	2005		92.00			8.00	
		2010		99.10			0.90	
		2015		98.20			1.80	
	九龙江	2005		88.90			11.10	
		2010		90.80			9.20	
		2015		84.20			15.80	
	交溪、霍童溪、晋江、漳江	2005		100.00			—	
		2010		100.00			—	
		2015		100.00			—	
	东溪	2005		91.70			8.30	
		2010		100.00			—	
		2015		100.00			—	
	萩芦溪	2005		88.90			11.10	
		2010		87.50			12.50	
		2015		100.00			—	
	敖江	2005		83.30			16.70	
		2010		100.00			—	
		2015		100.00			—	
	汀江	2005		73.20			26.80	
		2010		98.00			2.00	
		2015		92.60			7.40	

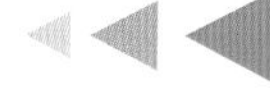

（六）湖泊（水库）水环境质量

2005年以来，全国湖泊（水库）水环境状况日趋改善，Ⅰ～Ⅲ类水占比逐年增加，Ⅴ类和劣Ⅴ类水质占比逐年减少（图23）。2015年，南方农产品产地主要湖泊（水库）中，洱海、抚仙湖、泸沽湖水质为优，洪湖、武昌湖、阳澄湖为良好，太湖、鄱阳湖轻度污染，洞庭湖、巢湖中度污染，滇池重度污染。主要污染指标为总磷、化学需氧量和高锰酸盐指数。所开展营养状态监测的南方湖泊（水库）中，滇池、巢湖和太湖为重度富营养状态，洞庭湖为中度富营养状态，鄱阳湖、洪湖、武昌湖为轻度富营养状态，洱海为中营养状态，抚仙湖、千岛湖为贫营养状态（表13）。

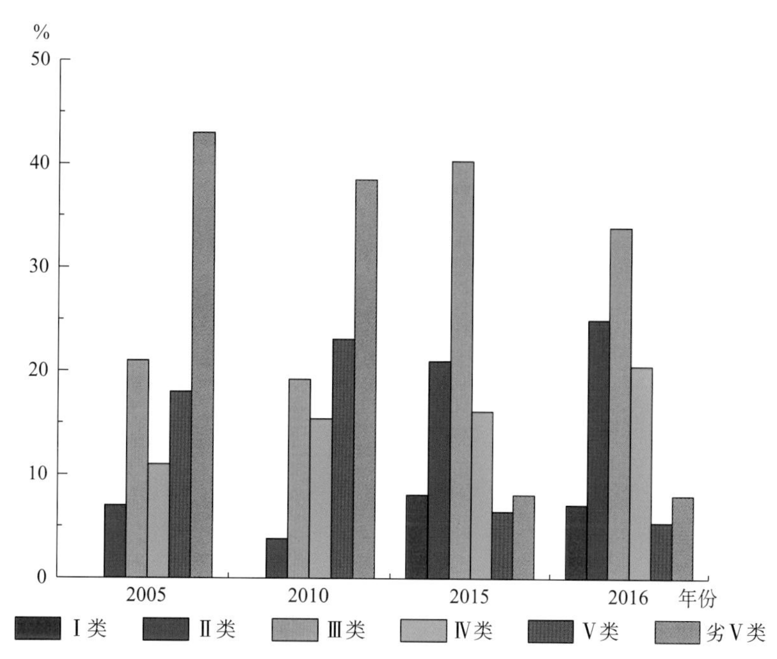

图23　2005—2016年南方地区主要湖泊（水库）水质变化情况

表13　南方主要湖泊（水库）环境状况

	水质状况					营养状态				
	优	良好	轻度污染	中度污染	重度污染	贫营养	中营养	轻度富营养	中度富营养	重度富营养
湖泊（水库）	洱海 抚仙湖 泸沽湖	洪湖 武昌湖 阳澄湖	太湖 鄱阳湖	巢湖 洞庭湖	滇池	抚仙湖 千岛湖	洱海	鄱阳湖 武昌湖 洪湖	洞庭湖	滇池 巢湖 太湖

三、南方主要农产品产地土壤环境质量

（一）评价方法与总体情况

1．评价方法

利用GIS空间分析技术，参考土壤环境质量评价方法，结合各平原实际情况，对研究区域表层土壤污染现状和趋势进行分析，对其空间分布规律和原因进行探讨。在ArcGIS 9.0的支持下用普通克立格法进行插值，同时展示主要污染物的含量趋势。土壤环境污染评价方法采用单因子指数法进行单一污染物评价，采用内梅罗指数法进行综合污染评价，采用地质累计指数法反映人为活动对土壤环境污染的影响。

（1）单因子指数法

单因子污染指数是土壤中重金属的实测浓度与其评价标准的比值，该方法计算简单、易操作，但其评价结果只能代表一种污染物对土壤污染的程度，而不能反映土壤整体污染程度。报告中仅采用单因子评价法作为主要污染因子筛选的依据。其计算方法如下：

$$P_i=\frac{C_i}{S_i}$$

式中，P_i为土壤中某种重金属的单因子污染指数；C_i为土壤中重金属含量的实测值，mg/kg，采用表层土壤污染物含量数据；S_i为土壤重金属的评价标准，mg/kg。评价标准参考《食用农产品产地环境质量评价标准》（HJ 332—2006），将评价结果分为3个级别：$P_i \leqslant 0.7$为清洁；$0.7 < P_i \leqslant 1.0$为尚清洁；$P_i \geqslant 1.0$为超标。对某一点位，若存在多项污染物，分别采用单因子污染指数法计算后，取单因子污染指数中最大值，作为判别该位点首要污染物的依据。

（2）内梅罗指数法

内梅罗指数法是最常用的综合污染指数评价方法，是当前应用较多的一种环境质量指数。该方法兼顾了单因子污染指数的平均值和最高值，突出了污染最严重的污染物对环境质量的影响，在加权过程中避免了加权系数中主观因素的影响，更加合理地反映了

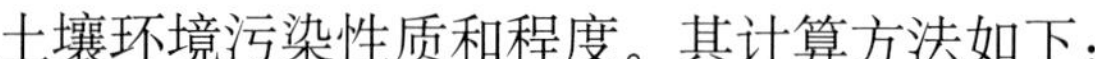

土壤环境污染性质和程度。其计算方法如下：

$$I=\sqrt{\frac{max_i^2+ave_i^2}{2}}$$

式中，I为内梅罗综合污染指数；max_i为各单因子环境质量指数中最大者，即土壤中各重金属元素单因子污染指数中的最大值；ave_i为各单因子环境质量指数的平均值，即土壤中某种重金属的单因子污染指数；i为土壤中测定的重金属种类数。评价标准参考《食用农产品产地环境质量评价标准》（HJ 332—2006），划分等级与单因子污染指数法评价标准相同。

2．土壤环境质量概况

土壤环境污染是威胁我国南方地区粮食安全、农产品质量安全和人民群众健康的首要因素。南方酸性土水稻种植区和典型工矿企业周边农区、污水灌区、大中城市郊区、高集约化蔬菜基地、地质元素高背景区等区域为土壤污染高风险地区。南方农产品产地土壤重金属首要污染因子为镉，四川盆地、洞庭湖平原为污染较重地区。四川盆地、长江中下游地区、广西蔗糖产区表层土壤重金属综合点位超标率分别为34.3%、10.92%、79.49%。四川盆地主要污染物为镉、镍和铜，长江中下游地区与广西蔗糖产区为镉和镍。

（二）四川盆地土壤环境质量

1．土壤重金属污染综合评价

根据《2014四川省土壤污染现状调查公报》显示，全省土壤环境状况总体不容乐观，部分地区土壤污染较重。高土壤环境背景值、工矿业和农业等人为活动是造成土壤污染或超标的主要原因。全省土壤总的点位超标率为28.7%，其中轻微、轻度、中度和重度污染点位比例分别为22.6%、3.41%、1.59%和1.07%。污染类型以无机型为主，有机型次之，复合型污染比重较小，无机污染物超标点位数占全部超标点位的93.9%。耕地土壤点位超标率为34.3%，其中轻微、轻度、中度和重度污染点位比例分别为27.8%、3.95%、1.37%和1.20%，主要污染物为镉、镍、铜、铬、滴滴涕和多环芳烃。从污染分布情况看，攀西地区、成都平原区、川南地区等部分区域土壤污染问题较为突出，镉是土壤污染的主要特征污染物，点位超标率为20.8%。六六六、滴滴涕、多环芳烃3类有机污染物点位超标率分别为0.04%、1.22%、0.57%。

综合文献查阅等途径，共采集分析四川省和重庆市65个县市（区）的统计数据，从整体资料丰富度来看，成都平原核心区研究较多，重庆市辖区次之，仍有部分地区缺少数据支撑。参照《食用农产品产地环境质量评价标准》（HJ 332—2006），四川盆地表层土壤重金属污染严重，特征污染物是镉、镍和铜，超标点位主要分布在宝兴县、峨眉山市、乐山市、芦山县、洪雅县、安县、大邑县、江安县、开县、荥经县、潼南县、南川区、涪陵区、沐川县、长寿区、巴南区、威远县、天全县、都江堰市和德阳市等地区（表14）。

表14　四川盆地土壤重金属综合污染数据统计

单位：个，%

指标	样点数	最大值	中位数	最小值	算术平均值	几何平均值	标准离差	变异系数	点位超标率
安县	82	5.081	0.794	0.338	1.332	0.988	1.183	0.888	35.40
安岳县	4	1.041	0.992	0.846	0.932	0.929	0.072	0.077	25.00
巴南区	70	1.479	0.796	0.413	0.787	0.758	0.216	0.275	12.90
宝兴县	12	1.929	1.452	0.885	1.349	1.311	0.321	0.238	83.30
苍溪县	30	0.586	0.422	0.255	0.425	0.418	0.081	0.191	0
成都市	110	1.130	0.511	0.180	0.546	0.520	0.170	0.311	0.90
大邑县	136	2.952	0.910	0.292	0.961	0.856	0.485	0.504	33.10
丹棱县	22	0.815	0.552	0.340	0.552	0.536	0.138	0.250	0
德阳市	108	2.234	0.430	0.184	0.559	0.484	0.370	0.662	11.10
垫江县	6	0.558	0.546	0.357	0.458	0.449	0.092	0.202	0
都江堰市	138	12.020	0.717	0.448	0.845	0.750	0.983	1.164	12.30
峨眉山市	71	2.025	1.201	0.314	1.070	0.958	0.447	0.418	62.00
丰都县	12	0.437	0.380	0.103	0.334	0.314	0.095	0.285	0
涪陵区	25	1.763	0.926	0.387	0.943	0.883	0.344	0.365	24.00
富顺县	1	—	—	—	—	—	—	—	—
高县	1	—	—	—	—	—	—	—	—
广汉市	36	1.428	0.501	0.248	0.565	0.521	0.264	0.467	8.30
合川区	16	2.603	0.791	0.421	0.913	0.804	0.545	0.597	18.80
合江县	2	0.945	0.800	0.655	0.800	0.787	0.145	0.181	0
洪雅县	100	3.102	1.021	0.388	1.091	0.978	0.521	0.477	50.00

（续）

指标	样点数	最大值	中位数	最小值	算术平均值	几何平均值	标准离差	变异系数	点位超标率
夹江县	93	1.309	0.610	0.236	0.632	0.589	0.240	0.380	8.60
犍为县	69	1.098	0.649	0.268	0.595	0.569	0.171	0.288	1.40
剑阁县	9	0.492	0.431	0.293	0.402	0.397	0.063	0.157	0
江安县	20	2.159	1.034	0.411	1.048	0.959	0.435	0.415	45.00
江津区	37	1.293	0.846	0.207	0.725	0.655	0.257	0.355	5.40
江油市	194	1.603	0.647	0.221	0.667	0.627	0.241	0.361	8.20
金堂县	91	0.888	0.401	0.194	0.411	0.400	0.099	0.240	0
井研县	45	5.580	0.551	0.408	0.817	0.652	0.997	1.221	4.40
开县	12	1.305	1.289	0.473	1.072	1.026	0.282	0.263	58.30
乐山市	193	4.107	1.127	0.245	1.270	1.053	0.783	0.617	54.90
乐至县	2	0.410	0.383	0.356	0.383	0.382	0.027	0.071	0
梁平县	12	0.783	0.776	0.502	0.665	0.651	0.133	0.200	0
芦山县	44	2.114	1.031	0.422	1.104	1.024	0.430	0.389	54.50
泸县	297	2.563	0.728	0.384	0.764	0.741	0.218	0.285	6.70
泸州市	8	0.927	0.812	0.685	0.776	0.771	0.087	0.112	0
绵阳市	80	0.838	0.438	0.346	0.471	0.462	0.103	0.219	0
沐川县	84	2.060	0.797	0.251	0.837	0.777	0.329	0.393	20.20
南部县	15	0.939	0.606	0.371	0.584	0.565	0.157	0.269	0
南川区	12	1.720	1.600	0.929	1.300	1.250	0.360	0.277	50.00
内江市	3	0.847	0.847	0.366	0.647	0.609	0.205	0.316	0
郫县	37	1.074	0.504	0.327	0.537	0.522	0.139	0.258	2.70
蒲江县	86	4.866	0.601	0.274	0.650	0.593	0.485	0.746	1.20
青神县	20	0.901	0.562	0.304	0.549	0.523	0.169	0.308	0
仁寿县	127	1.345	0.513	0.293	0.543	0.528	0.139	0.257	0.80
荣昌县	23	1.772	0.901	0.380	0.835	0.796	0.269	0.322	8.70
荣县	3	0.818	0.818	0.666	0.763	0.760	0.069	0.091	0
三台县	142	0.752	0.387	0.321	0.406	0.401	0.074	0.181	0
射洪县	1	—	—	—	—	—	—	—	—
双流县	179	1.227	0.545	0.255	0.585	0.559	0.179	0.306	2.80
遂宁市	1	—	—	—	—	—	—	—	—

（续）

指标	样点数	最大值	中位数	最小值	算术平均值	几何平均值	标准离差	变异系数	点位超标率
天全县	38	3.159	0.877	0.418	1.196	0.949	0.863	0.721	39.50
潼南县	38	1.925	0.852	0.261	0.985	0.796	0.604	0.613	36.80
万州区	12	0.969	0.947	0.618	0.867	0.853	0.142	0.163	0
威远县	2	1.257	1.119	0.982	1.119	1.111	0.138	0.123	50.00
盐亭县	89	0.459	0.376	0.330	0.382	0.381	0.031	0.081	0
宜宾市	1	—	—	—	—	—	—	—	—
宜宾县	2	0.797	0.785	0.774	0.785	0.785	0.012	0.015	0
荥经县	77	3.233	1.041	0.486	1.171	1.078	0.535	0.457	50.60
永川区	28	1.046	0.639	0.367	0.631	0.618	0.131	0.207	3.60
长宁县	1	—	—	—	—	—	—	—	—
长寿区	43	1.060	0.821	0.444	0.784	0.760	0.189	0.241	18.60
中江县	107	0.727	0.387	0.269	0.402	0.397	0.069	0.172	0
忠县	11	0.605	0.595	0.583	0.594	0.594	0.007	0.013	0
资中县	3	0.778	0.778	0.692	0.745	0.744	0.037	0.050	0
梓潼县	74	0.703	0.424	0.272	0.428	0.426	0.054	0.126	0

2. 土壤重金属单因子污染评价

四川盆地表层土壤中As污染状况总体良好，除江油市、安岳县、成都市、乐山市和双流县等县市（区）有个别点位超标，其余地区均未发现As污染。

四川盆地表层土壤中Cd污染总体超标严重，3 447个样点中有1 009个样点超标，点位超标率为29.27%。污染区域主要分布在四川盆地山前区的城市带，与重金属综合污染趋势一致，说明四川盆地土壤重金属污染以Cd为主。污染较重地区主要包括安县、宝兴县、大邑县、峨眉山市、涪陵区、洪雅县、江安县、乐山市、芦山县、泸州市、南川区、天全县、潼南县、荥经县、长寿区等县市（区）。

四川盆地表层土壤中Cr污染状况总体较好，存在部分样点超标，污染区域主要分布在安县、宝兴县、峨眉山市、芦山县、乐山市、洪雅县、荥经县和蒲江县。

四川盆地表层土壤中Cu点位超标率为3.83%，超标位点主要分布在峨眉山市、洪雅县、芦山县、万州区、荥经县等县市（区）。

四川盆地表层土壤中Hg污染状况总体良好，3 355个调查点位仅23个样点超标，县市（区）最高超标率不足3%，污染区域分布在成都市、双流县、广汉市、夹江县、洪雅县、江油市、德阳市、都江堰市和泸县，其余县市（区）均未受到Hg污染。

四川盆地表层土壤中Pb污染状况总体良好，除都江堰市、洪雅县、荥经县和天全县个别点位超标，其他县市（区）均未受到Pb污染。

四川盆地表层土壤中Hg点位超标率为1.14%，超标样点地区分布差异不大，超标样点主要分布在荣昌县、天全县、安县和南川区等县市（区）。

四川盆地表层土壤中Ni点位超标率为15.43%，2 450个调查点位中有378个点位超标，地区分布差异不大，超标样点主要分布在安县、宝兴县、大邑县、峨眉山市、涪陵区、江津区、开县、梁平县、荣昌县、潼南县、万州区等县市（区），与Cd的污染分布区域重叠，说明山前区土壤重金属污染严重。

（三）长江中下游地区土壤环境质量

1. 土壤重金属污染综合评价

综合文献查阅等途径，共采集分析湖北、湖南、江西、安徽和江苏共90个县市（区）的统计数据，对表层土壤采用网格布点法均匀采样，个别区域随机采样。从长江中下游地区表层土壤重金属污染综合评价结果来看，重金属污染状况总体良好，不同行政区域之间污染差异较大，9 783个样点总体超标率为10.92%。超标区域集中在洞庭湖平原、鄱阳湖平原及安庆市、芜湖市为主的长江沿岸三大片区，长株潭地区虽不在课题研究范围内，但文献调研结果显示该区域污染非常严重，应引起足够重视。超标点位主要分布在新余市、沅江市、鄂州市、湘阴县、南昌县、岳阳县、枞阳县、南昌市、彭泽县、安庆市和铜陵市等部分区域，8种重金属中Cd为主要污染因子，区域内洞庭湖平原污染最为严重（表15）。

表15 长江中下游地区土壤重金属综合污染数据统计

单位：个，%

指标	样点数	最大值	中位数	最小值	算术平均值	几何平均值	标准离差	变异系数	点位超标率
安陆市	31	0.703	0.457	0.318	0.466	0.456	0.097	0.208	0
安庆市	18	1.528	0.593	0.443	0.655	0.618	0.263	0.401	11.10

（续）

指标	样点数	最大值	中位数	最小值	算术平均值	几何平均值	标准离差	变异系数	点位超标率
安义县	42	0.921	0.421	0.243	0.422	0.405	0.129	0.305	0
蚌埠市	5	0.606	0.589	0.535	0.580	0.579	0.024	0.041	0
宝应县	221	1.270	0.398	0.214	0.407	0.397	0.101	0.247	0.50
常德市	153	1.418	0.525	0.280	0.566	0.548	0.161	0.285	2.00
巢湖市	177	2.639	0.530	0.342	0.549	0.531	0.204	0.371	1.70
滁州市	3	0.521	0.521	0.314	0.404	0.395	0.087	0.215	0
枞阳县	86	1.641	0.605	0.251	0.670	0.625	0.269	0.402	12.80
当阳市	74	0.766	0.412	0.221	0.411	0.391	0.130	0.316	0
德安县	51	1.780	0.591	0.284	0.636	0.598	0.251	0.395	5.90
定远县	3	0.407	0.407	0.324	0.352	0.350	0.039	0.109	0
东台市	18	0.291	0.162	0.151	0.181	0.177	0.043	0.239	0
东乡县	68	1.104	0.479	0.239	0.483	0.463	0.147	0.305	1.50
都昌县	77	0.726	0.462	0.283	0.448	0.438	0.097	0.217	0
鄂州市	9	3.846	1.098	0.467	1.291	1.015	1.009	0.781	55.60
肥东县	113	0.727	0.381	0.267	0.408	0.400	0.087	0.212	0
肥西县	113	0.683	0.410	0.295	0.411	0.404	0.077	0.188	0
丰城市	278	3.198	0.483	0.202	0.538	0.490	0.291	0.542	5.00
公安县	100	1.188	0.574	0.270	0.604	0.583	0.169	0.280	4.00
海安县	58	1.329	0.305	0.184	0.383	0.336	0.254	0.663	6.90
含山县	54	2.069	0.460	0.337	0.534	0.498	0.267	0.500	3.70
汉寿县	1	—	—	—	—	—	—	—	—
合肥市	22	0.853	0.453	0.274	0.486	0.464	0.150	0.308	0
和县	205	1.148	0.499	0.271	0.515	0.503	0.115	0.223	0.50
洪湖市	101	1.086	0.614	0.234	0.684	0.662	0.177	0.259	8.90
洪泽县	1	—	—	—	—	—	—	—	—
湖口县	28	0.828	0.535	0.291	0.506	0.487	0.135	0.266	0
怀宁县	74	1.518	0.500	0.250	0.551	0.502	0.262	0.476	5.40
淮南市	47	0.801	0.455	0.302	0.472	0.458	0.119	0.252	0
黄梅县	2	0.392	0.390	0.389	0.390	0.390	0.002	0.005	0
嘉鱼县	46	1.153	0.606	0.336	0.629	0.607	0.178	0.283	6.50

（续）

指标	样点数	最大值	中位数	最小值	算术平均值	几何平均值	标准离差	变异系数	点位超标率
监利县	239	1.269	0.593	0.332	0.629	0.611	0.163	0.260	2.90
建湖县	1	—	—	—	—	—	—	—	—
江陵县	219	2.735	0.552	0.335	0.608	0.578	0.245	0.403	2.70
金湖县	213	1.271	0.431	0.225	0.474	0.449	0.165	0.347	1.40
进贤县	84	1.525	0.505	0.304	0.498	0.480	0.154	0.309	1.20
京山县	39	0.736	0.455	0.332	0.476	0.465	0.108	0.227	0
荆门市	152	0.974	0.464	0.325	0.492	0.480	0.117	0.237	0
九江市	189	2.129	0.386	0.163	0.452	0.426	0.206	0.457	2.60
九江县	44	0.853	0.496	0.270	0.504	0.486	0.137	0.272	0
庐江县	117	2.001	0.384	0.251	0.491	0.432	0.317	0.646	9.40
汨罗市	226	21.410	0.610	0.277	0.802	0.640	1.495	1.864	9.70
南昌市	41	1.354	0.800	0.293	0.733	0.677	0.277	0.378	12.20
南昌县	354	1.973	0.702	0.227	0.783	0.711	0.345	0.441	28.20
彭泽县	82	2.106	0.557	0.303	0.643	0.584	0.336	0.522	9.80
鄱阳县	195	2.362	0.440	0.242	0.483	0.449	0.243	0.503	3.60
浦口区	2	0.440	0.431	0.422	0.431	0.431	0.009	0.021	0
启东市	97	0.805	0.289	0.137	0.337	0.296	0.169	0.502	0
潜江市	129	3.360	0.466	0.322	0.517	0.489	0.281	0.543	1.60
潜山县	3	0.406	0.406	0.224	0.309	0.300	0.075	0.243	0
全椒县	1	—	—	—	—	—	—	—	—
如东县	112	0.469	0.232	0.045	0.245	0.214	0.118	0.481	0
石首市	59	1.066	0.569	0.337	0.572	0.562	0.114	0.199	1.70
寿县	144	0.594	0.366	0.246	0.391	0.384	0.078	0.199	0
舒城县	29	0.737	0.399	0.258	0.376	0.362	0.108	0.288	0
太湖县	5	0.624	0.484	0.335	0.466	0.456	0.094	0.202	0
桃源县	23	0.761	0.476	0.225	0.481	0.462	0.134	0.279	0
天门市	153	15.560	0.539	0.330	0.681	0.568	1.226	1.801	3.90
通州区	319	2.424	0.320	0.084	0.357	0.312	0.227	0.636	2.80
铜陵市	2	2.025	1.863	1.700	1.863	1.856	0.163	0.087	100.00
万年县	65	1.404	0.563	0.328	0.577	0.555	0.172	0.297	1.50

（续）

指标	样点数	最大值	中位数	最小值	算术平均值	几何平均值	标准离差	变异系数	点位超标率
望江县	52	0.827	0.511	0.327	0.506	0.497	0.097	0.191	0
无为县	115	3.118	0.552	0.304	0.663	0.588	0.451	0.680	8.70
武汉市	68	1.322	0.590	0.375	0.650	0.629	0.175	0.270	5.90
武穴市	100	1.555	0.638	0.381	0.663	0.638	0.204	0.308	6.00
浠水县	96	0.866	0.588	0.338	0.611	0.600	0.110	0.180	0
仙桃市	126	1.075	0.527	0.374	0.580	0.559	0.171	0.296	4.80
湘阴县	1 240	14.280	1.054	0.248	1.160	1.050	0.723	0.623	54.70
孝感市	157	16.650	0.583	0.275	0.725	0.590	1.310	1.806	5.10
新建县	199	2.147	0.426	0.261	0.465	0.446	0.187	0.402	2.00
新余市	100	2.258	1.055	0.212	1.174	1.089	0.457	0.389	58.00
星子县	31	1.050	0.456	0.142	0.455	0.431	0.149	0.327	3.20
兴化市	52	0.512	0.321	0.157	0.311	0.303	0.071	0.227	0
宿松县	73	1.528	0.518	0.281	0.523	0.498	0.186	0.356	1.40
盱眙县	299	0.896	0.319	0.164	0.359	0.339	0.132	0.366	0
盐城市	382	1.695	0.324	0.128	0.332	0.315	0.122	0.368	0.50
扬州市	2	0.416	0.416	0.416	0.416	0.416	0	0	0
仪征市	189	0.734	0.413	0.250	0.416	0.410	0.072	0.173	0
益阳市	6	0.887	0.835	0.445	0.687	0.663	0.176	0.256	0
应城市	342	1.066	0.449	0.254	0.490	0.475	0.134	0.273	1.20
永修县	142	3.221	0.468	0.200	0.513	0.470	0.309	0.602	3.50
余干县	102	1.801	0.550	0.308	0.564	0.537	0.200	0.355	2.90
余江县	47	0.719	0.416	0.169	0.405	0.377	0.148	0.366	0
沅江市	7	2.487	2.178	0.791	1.645	1.457	0.734	0.446	57.10
岳阳县	29	1.879	0.773	0.373	0.796	0.714	0.393	0.494	20.70
云梦县	27	1.145	0.505	0.318	0.488	0.469	0.159	0.325	3.70
樟树市	68	1.198	0.517	0.241	0.521	0.505	0.139	0.268	1.50
长丰县	115	0.941	0.415	0.289	0.429	0.420	0.097	0.226	0
新建县	199	2.147	0.426	0.261	0.465	0.446	0.187	0.402	2.00

2．单因子重金属污染评价

长江中下游地区表层土壤中As污染状况良好，7 420个调查点位中31个超标，样点间存在地区分布差异，总体超标率为0.42%，超标样点主要分布在海安县、德安县、怀宁县、星子县、永修县、樟树市、嘉鱼县、启东市、鄱阳县和嘉鱼县等县市（区）。

长江中下游地区表层土壤中Cd污染相对严重，所调查9 783个样点中有1 671个超标，总体点位超标率为17.08%。地区分布差异较大，超标样点主要分布在湘阴县、新余市、南昌县、南昌市、岳阳县、洪湖市、汨罗市、益阳市和安庆市等县市（区）。

长江中下游地区表层土壤中基本无Cr污染，且地区分布差异不大，9 770个调查点位中仅6个点位超标，超标样点主要分布在岳阳县、盱眙县和江陵县。

长江中下游地区表层土壤中Cu污染状况良好，6 814个调查点位中54个点位超标，地区间差异较大，总体点位超标率为0.79%，超标样点主要分布在枞阳县、庐江县、怀宁县、九江市、武穴市、永修县、万年县、东乡县、孝感市、进贤县和铜陵市等县市（区）。

长江中下游地区表层土壤中Hg污染状况良好，9 753个调查点位中114个点位超标，地区间分布差异较大，总体点位超标率为1.17%，超标样点主要分布在丰城市、南昌市、江陵县、九江市、南昌县、通州区、武汉市、武穴市、孝感市、应城市和永修县等县市（区）。

长江中下游地区表层土壤中基本无Pb含量超标样点，9 783个调查样本中仅汨罗市1个点位超标，各地区分布差异较小，说明该地区无Pb污染问题。

长江中下游地区表层土壤中Zn污染状况良好，所调查6 150个样本中仅3个点位超标，分别出现在永修县、孝感市和江陵县，表明该地区基本无Zn污染问题。

长江中下游地区表层土壤中存在Ni污染，6 211个调查点位中155个点位超标，各地区分布差异不大，总体点位超标率为2.5%，超标样点主要分布在洪湖市、监利县、仙桃市、海安县、武穴市、浠水县、孝感市、沅江市和鄂州市等县市（区）。

（四）广西蔗糖产区土壤环境质量

1．土壤重金属污染综合评价

共采集分析广西蔗糖产区28个县市（区）统计数据156个，存在样点数偏少的问题。对表层土壤采用网格布点法均匀采样，个别区域随机采样。从表层土壤重金属污染综合评价结果来看，广西蔗糖产区总体重金属污染状况堪忧，超过《食用农产品产

地环境质量评价标准》（HJ 332—2006）的样点比例高达79.49%，且不同行政区域差异大。除横县，其他地区点位超标率均高于50%，存在较严重的污染区域。综合考虑样点数、点位代表性与超标率，超标样点主要分布在武宣县、大化瑶族自治县、河池市、武鸣县、隆安县、田阳县和大新县，8种重金属中Cd为广西蔗糖产区主要污染因子（表16）。

表16　广西蔗糖产区土壤重金属综合污染数据统计

单位：个，%

指标	样点数	最大值	中位数	最小值	算术平均值	几何平均值	标准离差	变异系数	点位超标率
大新县	15	29.160	5.066	0.763	7.413	4.012	7.790	1.051	86.70
扶绥县	9	1.656	1.083	0.208	0.896	0.707	0.512	0.572	55.60
横　县	11	4.563	0.565	0.178	1.198	0.652	1.591	1.328	18.20
隆安县	14	3.425	1.891	0.902	1.887	1.709	0.845	0.448	85.70
田阳县	32	3.282	1.670	0.861	1.493	1.404	0.544	0.364	78.10
武鸣县	13	10.558	1.615	0.962	2.156	1.647	2.451	1.137	92.30
武宣县	4	46.342	46.279	1.663	23.971	8.773	22.308	0.931	100.00
河池市	26	40.737	14.223	2.246	13.806	10.778	8.715	0.631	100.00
大化瑶族自治县	28	38.135	8.338	0.676	10.334	5.802	9.711	0.940	85.70
马山县	2	2.074	1.280	0.486	1.280	1.004	0.794	0.620	50.00

2. 单因子重金属污染评价

广西蔗糖产区表层土壤中As污染较为严重，所调查822个样点中有262个点位超标，总体点位超标率为31.87%。地区分布差异较大，超标样点主要分布在武宣县、大化瑶族自治县、隆安县、武鸣县和河池市等县市（区），与综合点位超标分布一致。

广西蔗糖产区表层土壤中Cd污染严重，所调查846个样点中有567个点位超标，总体点位超标率为67.02%。地区分布差异极大，超标样点主要分布在大新县、隆安县、武宣县、河池市、大化瑶族自治县和田阳县等县市（区），与综合点位超标区域及As污染超标区域一致，说明Cd和As是广西蔗糖产区土壤重金属污染的主要因子。

广西蔗糖产区表层土壤中Cr污染状况良好，所调查的810个样点中有31个点位超标，总体点位超标率为3.83%。地区分布差异较大，超标样点主要分布在大化瑶族自治县、平果县和靖西县。

广西蔗糖产区表层土壤中存在一定程度的Cu污染，156个调查点位中21个点位超标，地区差异较大，总体点位超标率为13.46%，超标样点主要分布在大化瑶族自治县、河池市和武宣县。

广西蔗糖产区表层土壤中存在一定程度的Hg污染，822个调查点位中173个点位超标，地区差异较大，总体点位超标率为21.05%，超标样点主要分布在武宣县、隆安县、大新县、大化瑶族自治县和忻城县等县市（区）。

广西蔗糖产区表层土壤中存在一定程度的Pb污染，所调查的846个样点中有63个点位超标，总体点位超标率为7.45%。地区分布差异极大，超标样点主要分布在武宣县、河池市和武鸣县，其中武宣县和河池市的超标点位占总超标点位的90.48%。

广西蔗糖产区表层土壤中Zn污染相对严重，所调查的124个样点中有43个点位超标，总体点位超标率为34.68%。地区分布差异大，超标样点主要分布在大化瑶族自治县、河池市、武鸣县和大新县。

广西蔗糖产区表层土壤中存在一定程度的Ni污染，所调查的110个样点中有33个点位超标，总体点位超标率为30%。地区分布差异极大，超标样点主要分布在大化瑶族自治县、河池市、武宣县和大新县。

四、南方主要农产品产地环境污染源解析

20世纪80年代以来，随着我国城市化进程的不断加快，工业“三废”、农业自身污染等对农产品产地的污染已由局部向整体蔓延，并不断加剧，农产品产地土壤重金属污染问题日益突出，风险持续增加，成为全社会关注的焦点。频繁的人为活动以及高强度外源物质的输入扰乱了土壤系统原有的物质循环过程，致使土壤化学性质改变、污染物增加。污染物排放或来源清单是环境污染模式重要的起始输入数据，是研究污染物在环境中物理化学过程和迁移转化规律的先决条件，也是了解某一区域污染物污染状况、模

拟污染物分布和制定污染物减排的基础。本部分就影响南方农产品产地土壤重金属污染的主要因素进行讨论。

（一）自然因素影响

1. 土壤重金属背景值

成土母质是影响农产品产地土壤重金属含量的内在因素，南方主要农产品产地土壤重金属背景值普遍高于全国平均值。广西壮族自治区8种重金属背景值均超过全国平均值，特别是重金属Cd的背景值（0.267mg/kg）已超过全国平均值3.8倍，成为广西土壤重金属Cd点位超标率普遍偏高的重要原因之一。湖南省Cd、Hg、Ni、Cr背景值均高于全国平均值，其中Cd（0.126mg/kg）为全国平均值的1.8倍。江西省Pb、Cd、Hg、As背景值高于全国平均值，Cr和Ni背景值低于全国平均值，Cd（0.108mg/kg）背景值为全国平均值的1.8倍。四川省8种重金属背景值均高于全国平均值，超标倍数均不高于2倍（表17）。

表17　研究区域土壤重金属参考背景值

单位：mg/kg

区域	Cu	Pb	Zn	Cd	Hg	As	Ni	Cr
四川	31.1	30.9	86.5	0.079	0.061	10.4	32.6	79.0
湖南	27.3	29.7	94.4	0.126	0.116	15.7	31.9	71.4
湖北	30.7	26.7	83.6	0.172	0.080	12.3	37.3	86.0
江西	20.8	32.1	69.4	0.108	0.084	14.9	18.9	45.9
安徽	20.4	26.6	62.0	0.097	0.033	9.0	29.8	66.5
广西	27.8	24.0	75.6	0.267	0.150	20.5	26.6	82.1
平均值	20.0	23.6	67.7	0.070	0.040	9.2	23.4	53.9

注：平均值为全国背景值的平均值。

2. 土壤重金属形态

评价土壤重金属污染不仅要考虑其含量，更有必要研究其在土壤中的化学形态和生物有效性。弓晓峰等（2006）采用Tessier法研究鄱阳湖湿地土壤重金属的化学形态，

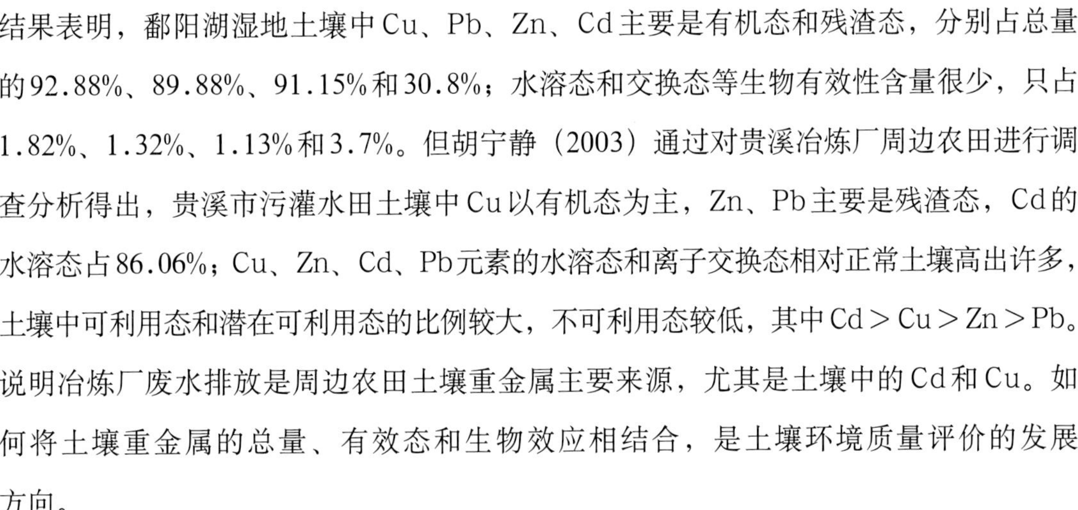
结果表明，鄱阳湖湿地土壤中Cu、Pb、Zn、Cd主要是有机态和残渣态，分别占总量的92.88%、89.88%、91.15%和30.8%；水溶态和交换态等生物有效性含量很少，只占1.82%、1.32%、1.13%和3.7%。但胡宁静（2003）通过对贵溪冶炼厂周边农田进行调查分析得出，贵溪市污灌水田土壤中Cu以有机态为主，Zn、Pb主要是残渣态，Cd的水溶态占86.06%；Cu、Zn、Cd、Pb元素的水溶态和离子交换态相对正常土壤高出许多，土壤中可利用态和潜在可利用态的比例较大，不可利用态较低，其中Cd＞Cu＞Zn＞Pb。说明冶炼厂废水排放是周边农田土壤重金属主要来源，尤其是土壤中的Cd和Cu。如何将土壤重金属的总量、有效态和生物效应相结合，是土壤环境质量评价的发展方向。

（二）人类活动影响

1. 涉重工矿企业

我国农产品产地土壤重金属重度污染区基本都集中在矿区周边，如广东大宝山矿区、广西刁江流域、广西环江流域、湖南湘江流域、湖南湘西、湖北大冶、江西德兴、云南个旧、浙江富阳、四川攀枝花等。对矿区周边土壤和农田的调查监测结果显示，广东大宝山矿区大部分区域土壤中Cu、Zn、Pb、Cr等重金属含量高于国家三级标准，广西刁江沿岸农田受到了严重的As、Pb、Cd、Zn的复合污染，已不适合农田利用，湖南湘西花垣矿区土壤Pb、Zn、Cd含量均超过污染警戒值。基于此，重点分析了研究区域涉重工矿企业的数量、分布与类型。

（1）四川盆地

四川盆地土壤重金属污染主要集中于成都、德阳、眉山、乐山、绵阳、雅安和重庆等城市范围，Cd超标点位连片分布在四川盆地西北部，具有明显的城市带特征，对所涉及城市进行重金属来源解析，矿业开采及加工是该区域重金属污染主要来源。

①主要省市。2010年以来，四川省和重庆市国家重点监控污水处理厂数量逐年增多，废水废气相关国家重点监控企业数量逐年减少，危险废物和规模化畜禽养殖场的总体数量较少。重庆市重金属国家重点监控企业数量相对稳定，而四川省重金属的国家重点监控企业数量呈升高趋势，成为2015年国家重点监控企业数量最多的类型，四川省重金属污染问题，由此可见一斑（图24）。

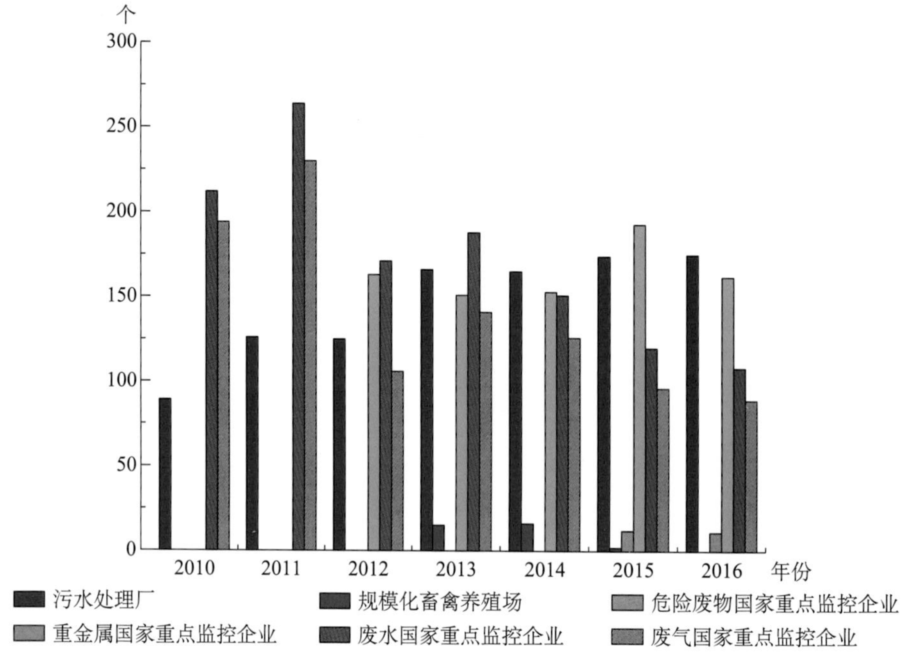

A 四川省

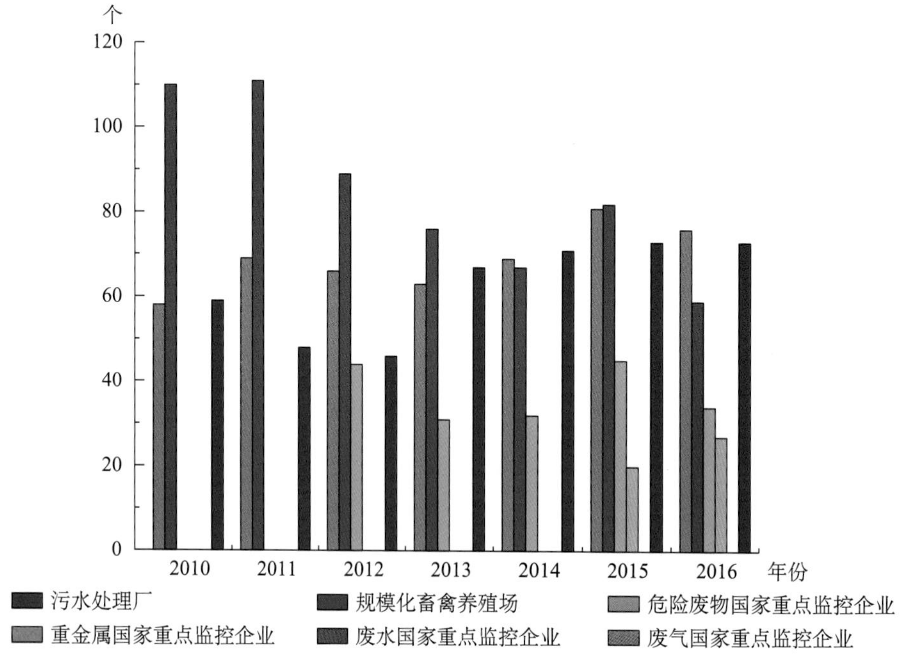

B 重庆市

图24 2010—2016年四川省和重庆市国家重点监控企业类型

重金属国家重点监控企业区域分布集中，凉山彝族自治州（51个）、成都市（32个）、德阳市（32个）、绵阳市（12个）、攀枝花市（14个）、雅安市（14个）是国家重点监控企业数量较多的地区，前3个地区涵盖了四川省60%以上的重金属国家重点监控企业（图25）。

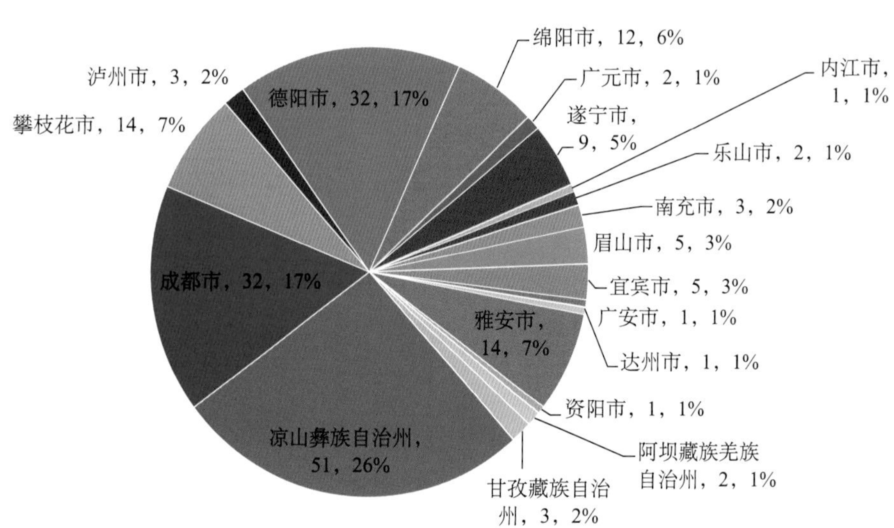

图25　四川省重金属国家重点监控企业区域分布

从行业分布来看，四川省重金属国家重点监控企业主要集中在有色金属冶炼及矿山采选等行业，其中有色金属冶炼及压延业（60个），有色金属矿采选业（41个），电气机械及器材制造业（31个），化工及产品加工（28个），皮革、毛皮、羽毛（绒）及其制造品业（19个），其他（14个）（图26）。

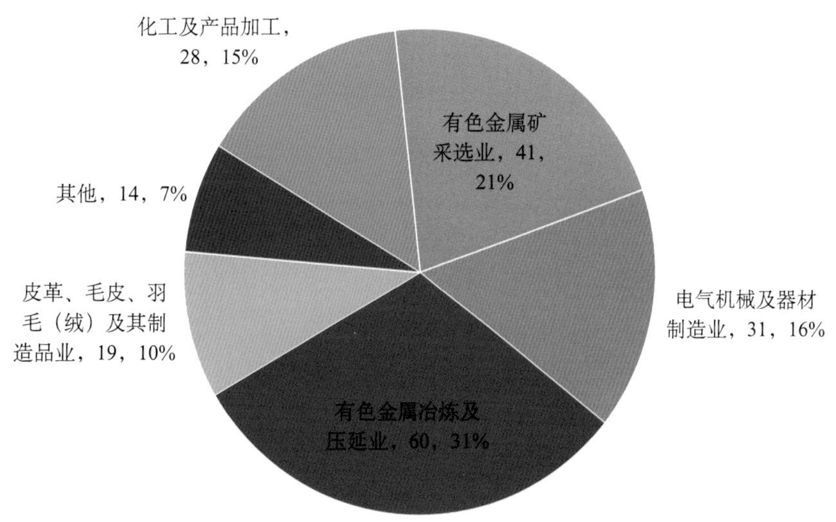

图26　四川省重金属国家重点监控企业行业分布

重庆市重金属国家重点监控企业主要分布在有色金属冶炼及压延业和电气机械及器材制造业，其中有色金属冶炼及压延业17个，占比为38%，电气机械及器材制造有10个，占比为22%（图27）。

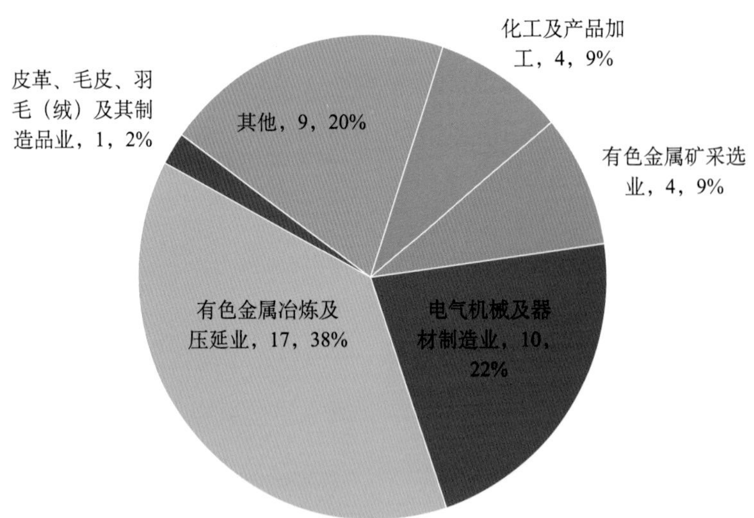

图27　重庆市重金属国家重点监控企业行业分布

②重点城市。成都市重金属国家重点监控企业数量共32个，主要分布在电气机械及器材制造行业（17个，占53%），皮革、毛皮、羽毛（绒）及其制造品业（6个，占19%），有色金属冶炼及压延业（3个，占9%）（图28）。成都市地处四川盆地西部的成都平原腹地，人口密集，城市生活源污染对该区域农田污染贡献更大。

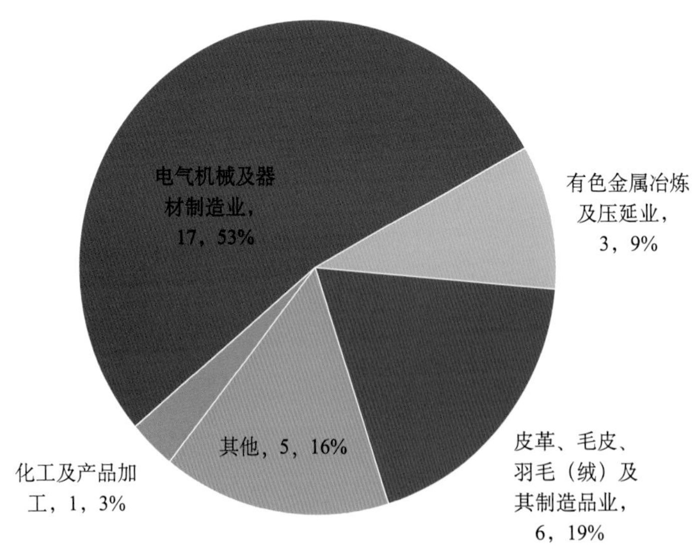

图28　成都市重金属国家重点监控行业分布

德阳市位于四川省中部、成都平原东北部，以重型机械与磷矿工业为核心产业。德阳市的重金属国家重点监控企业共11个，主要分布在化工及产品加工业（17个，占53%），有色金属冶炼及压延业（6个，占19%）和皮革、毛皮、羽毛（绒）及其制造品业（4个，占12%），所涉及企业对重金属Cd污染贡献较大（图29）。

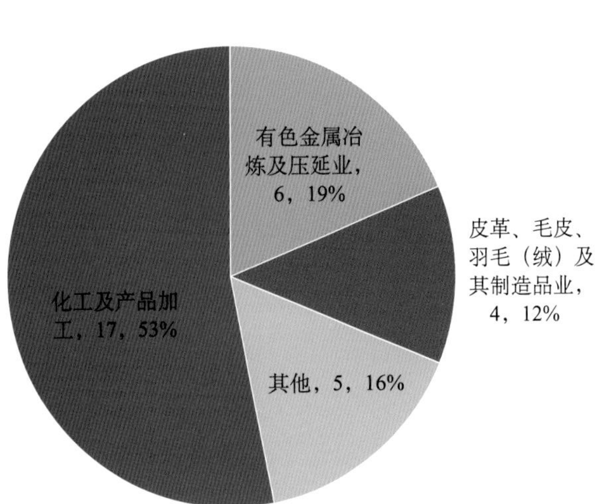

图29　德阳市重金属国家重点监控行业分布

雅安市地处四川盆地西南边缘大相岭区，青衣江横贯中部并流经城区，大渡河流经南部。2015年，重金属国家重点监控企业共14个，其中有色金属冶炼及压延业12个（占86%），电气机械及器材制造业1个（占7%）（图30）。

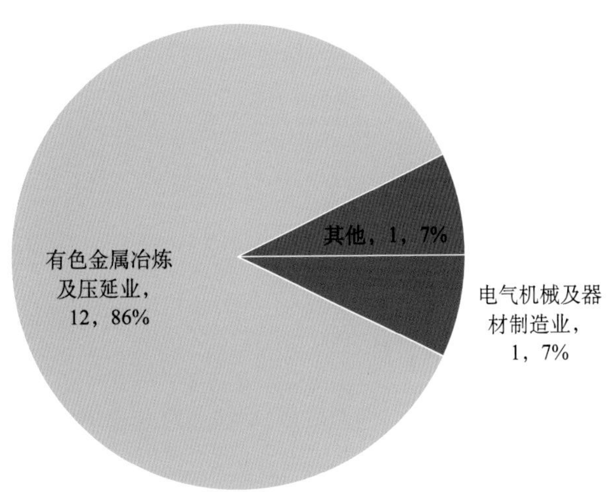

图30　雅安市重金属国家重点监控行业分布

眉山市东部为成都平原，西部为低山丘陵区，岷江纵贯市境。眉山市共有重金属国家重点监控企业5个，其中有色金属冶炼及压延业3个，化工及产品加工行业1个（图31）。

宜宾市重金属国家重点监控企业共5个，其中电气机械及器材制造业2个，皮革、毛皮、羽毛（绒）及其制造品业1个，其他1个。

乐山市地处四川盆地西南部，北部为成都平原，岷江自北往南纵贯而入，于市区与大渡河、青衣江汇合，再往东南流出市境。乐山市2个重金属国家重点监控企业均为其他类型，存在农业源或生活源等其他潜在污染源。

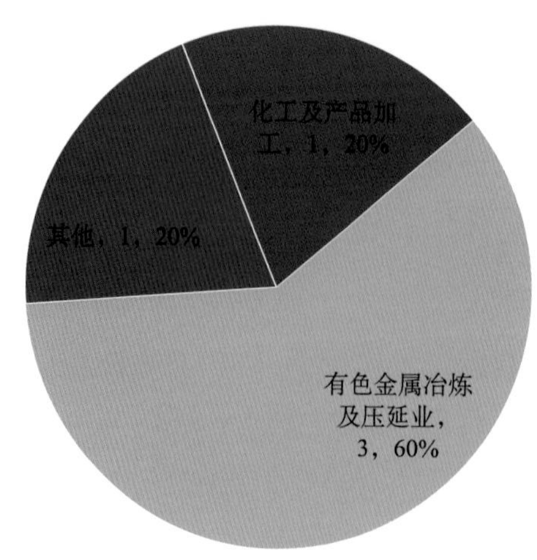

图31　眉山市重金属国家重点监控行业分布

(2) 长江中下游地区

长江中下游地区土壤重金属污染主要集中于新余市、沅江市、湘阴县、南昌县、岳阳县、枞阳县、南昌市、彭泽县等部分地区，8种重金属中Cd为主要污染因子，区域内洞庭湖平原污染最为严重。工矿企业对区域内重金属污染贡献显著，基于此，对长江中下游地区所涉及省份与城市涉重企业进行分析。

①主要省份。湖南省东、南、西三面山地环绕，中部和北部地势低平，呈马蹄形的丘陵型盆地，湘中地区大多为丘陵、盆地和河谷冲积平原，湘北为洞庭湖与湘、资、沅、澧四水尾闾的河湖冲积平原，地势很低，湖南的水系呈扇形汇入洞庭湖，使得洞庭湖成为湖南省各类污染物的汇，进一步又作为源释放到长江。

湖南省重金属国家重点监控企业数量始终位居全国前列，国家重点监控规模化畜禽养殖场数量也处于较高水平。2015年，国家重点监控涉重企业数量约为规模化畜禽养殖场数量的4倍，远高于废水废气、污水处理厂等监控类别（图32）。

从区域分布来看，郴州市数量最多（108个，占26%），湘西土家族苗族自治州（81个，占20%），衡阳市、益阳市和怀化市（105个，占26%），长株潭地区（42个，占10%）（图33）。

湖南重金属污染与地方产业结构直接相关。从行业分布来看，有色金属冶炼及压延业（172个，占42%）与有色金属矿采选业（154个，占37%）两个行业数量占到湖南省国家重点监控涉重企业的79%，成为湖南重金属污染主要来源（图34）。有色金属采选冶炼行业粗放发展是造成湖南重金属污染的最主要原因。此外，环境重金属累积也引起历史污染，如湘江底泥中重金属累积造成的历史性污染严重，成为饮用水安全的最大隐患。

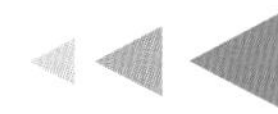

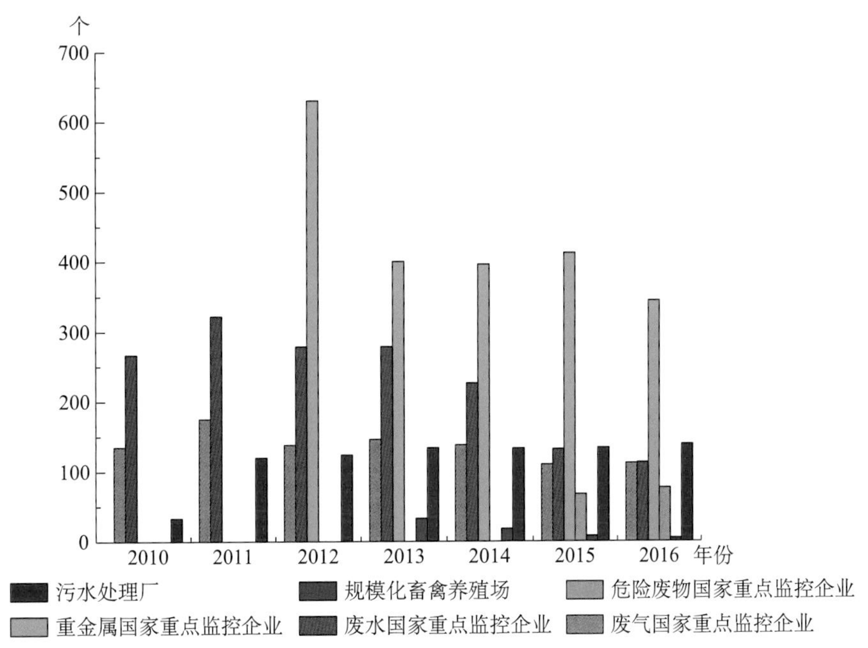

图32　2010—2016年湖南省国家重点监控企业类型

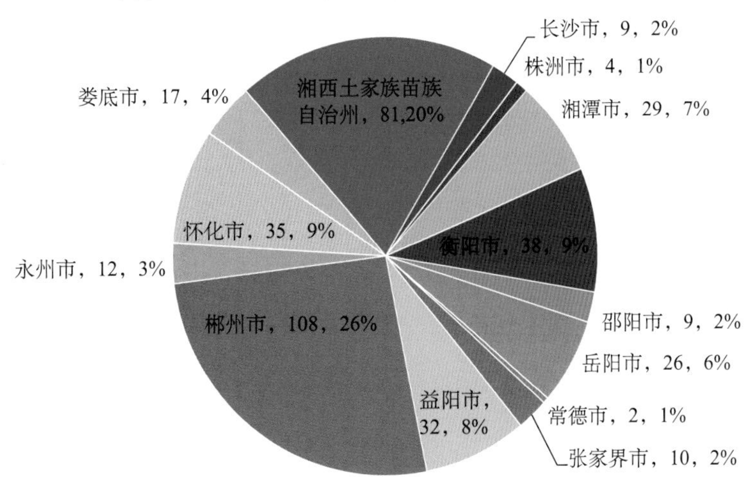

图33　湖南省重金属国家重点监控企业区域分布

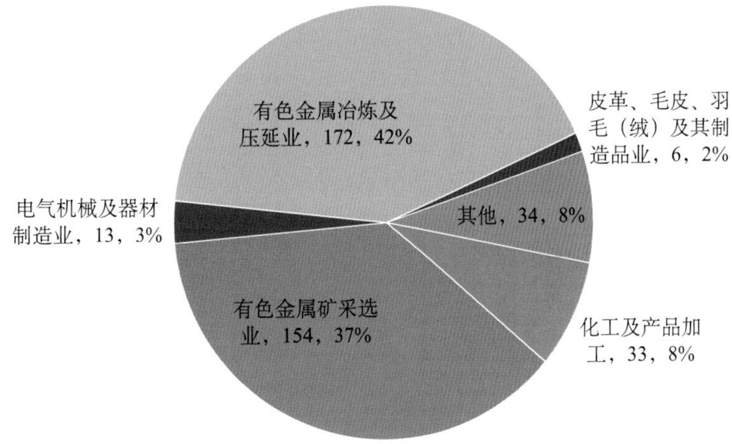

图34　湖南省重金属国家重点监控企业行业分布

江西省三面环山，北面紧邻鄱阳湖和长江，鄱阳湖是长江流域最大的通江湖泊，水质受上游五河与下游长江双重影响。江西省矿产丰富，辖区内朱溪钨铜矿WO_3资源量286万t，是世界上最大的钨铜矿。2012年以来，国家重点监控涉重企业数量始终维持在较高水平，污水处理厂监控数量逐年增加（图35）。

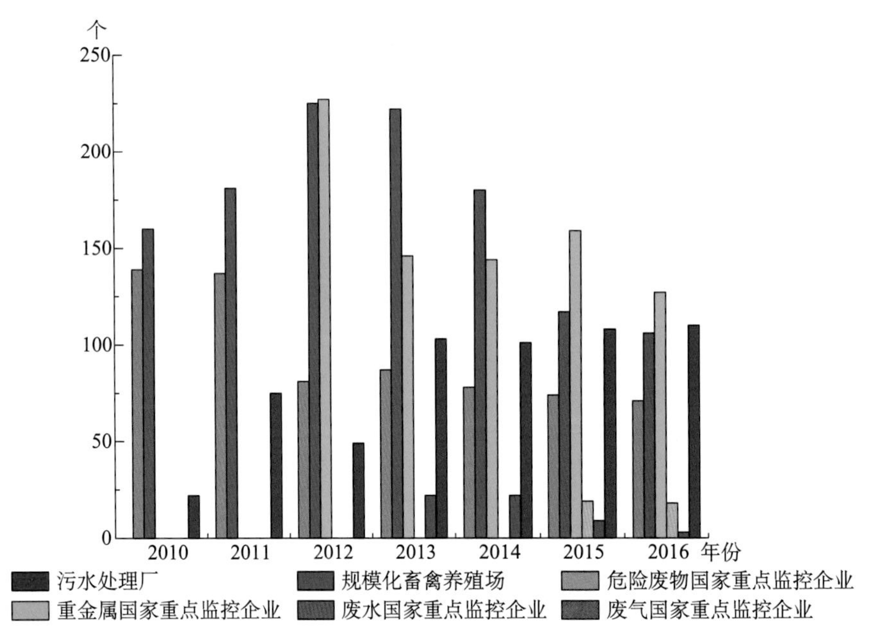

图35　2010—2016年江西省国家重点监控企业类型

从区域分布来看，江西省国家重点监控涉重企业主要集中在赣州市（72个，占45%）、上饶市（29个，占18%）和宜春市（15个，占9%），3个城市国家重点监控涉重企业数量占总数的72%（图36）。

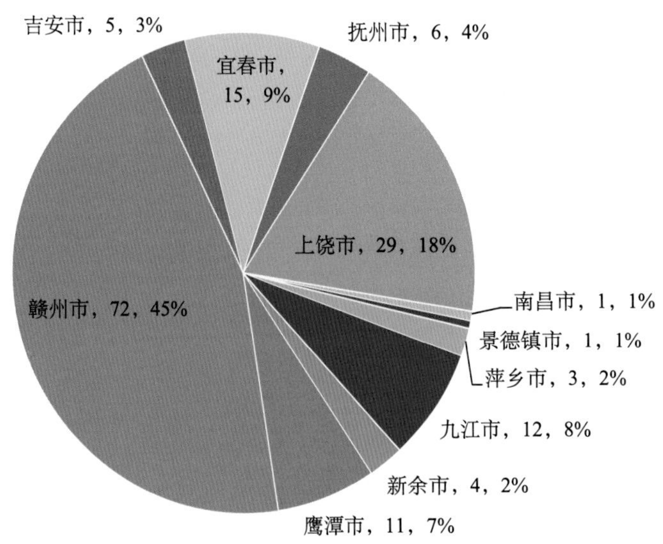

图36　江西省重金属国家重点监控企业区域分布

从行业分布来看，江西省重金属国家重点监控企业中有色金属冶炼及压延业（53个）和有色金属矿采选业（48个）占总数的63%，电气机械及器材制造业34个，化工及产品加工5个（图37）。赣州、吉安、萍乡、宜春、新余均处于赣江流域，上饶为信河上游，该地区矿产资源开发利用过程中引发的环境问题，对下游鄱阳湖及鄱阳湖平原影响显著。

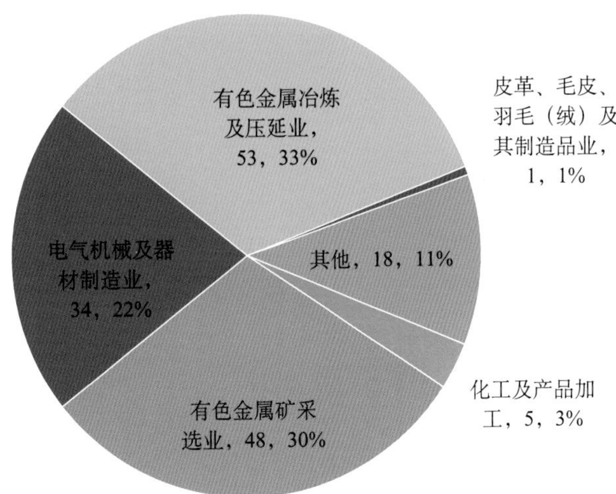

图37　江西省重金属国家重点监控企业行业分布

湖北省三面环山、中间低平，平原占20%。土壤重金属Cd背景值为0.172mg/kg，高于全国平均值约2.5倍，是造成部分地区土壤Cd超标的原因之一。湖北省废水废气国家重点监控企业数量较多，2012年以来逐年减少，污水处理厂国家重点监控企业数量逐年增多，废气与重金属国家重点监控企业数量变化不显著（图38）。

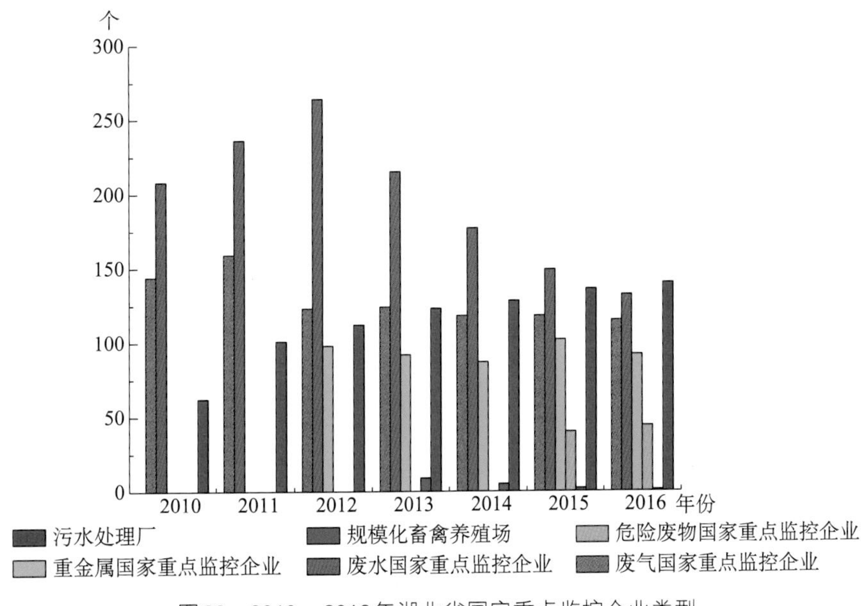

图38　2010—2016年湖北省国家重点监控企业类型

从区域分布来看，湖北省国家重点监控涉重企业主要集中在黄石市（34个，占33%）、荆门市（15个，占14%）、襄阳市（12个，占12%）、宜昌市（11个，占11%）、孝感市（7个，占7%）和荆州市（6个，占6%）（图39）。

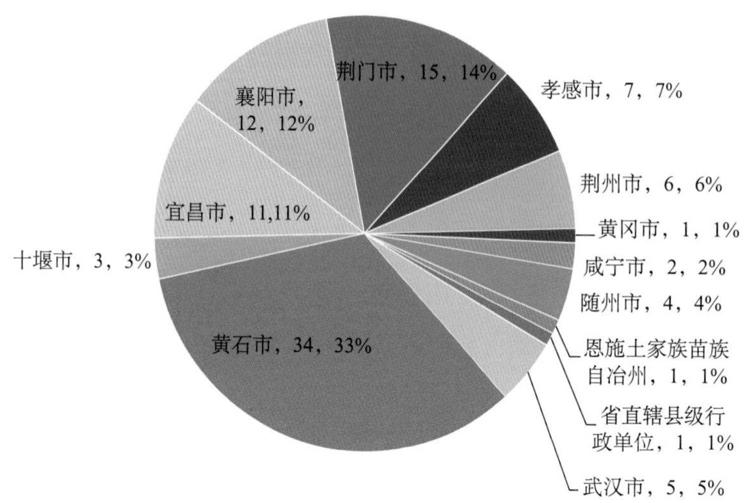

图39　湖北省重金属国家重点监控企业区域分布

从行业分布来看，湖北省重金属国家重点监控企业主要集中且均匀分布于有色金属矿采选业、有色金属冶炼及压延业、电气机械及器材制造业和化工及产品加工4个行业，该区域重金属污染源类型多样（图40）。

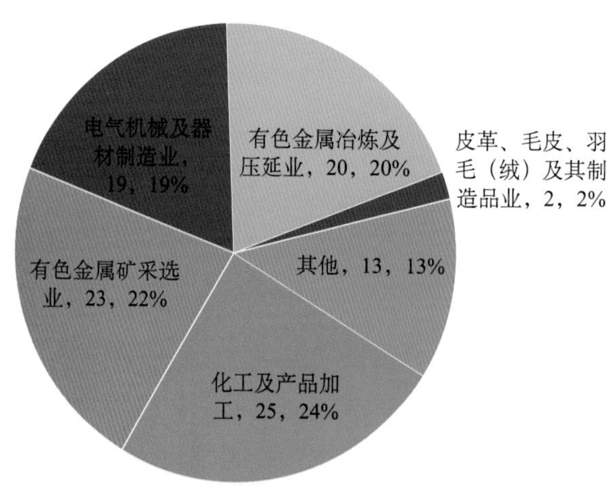

图40　湖北省重金属国家重点监控企业行业分布

安徽省平原面积占全省总面积的31.3%（包括5.8%的圩区），与丘陵、低山相间排列，地形地貌呈现多样性，长江与淮河自西向东横贯全境。2010年以来，安徽省废气国家重点监控企业数量变化不大，污水处理厂国家重点监控企业数量逐年增加，废水国家重点监控企业数量自2013年持续减少，2015年重金属国家重点监控企业数量较2014年增加1倍以上（图41）。

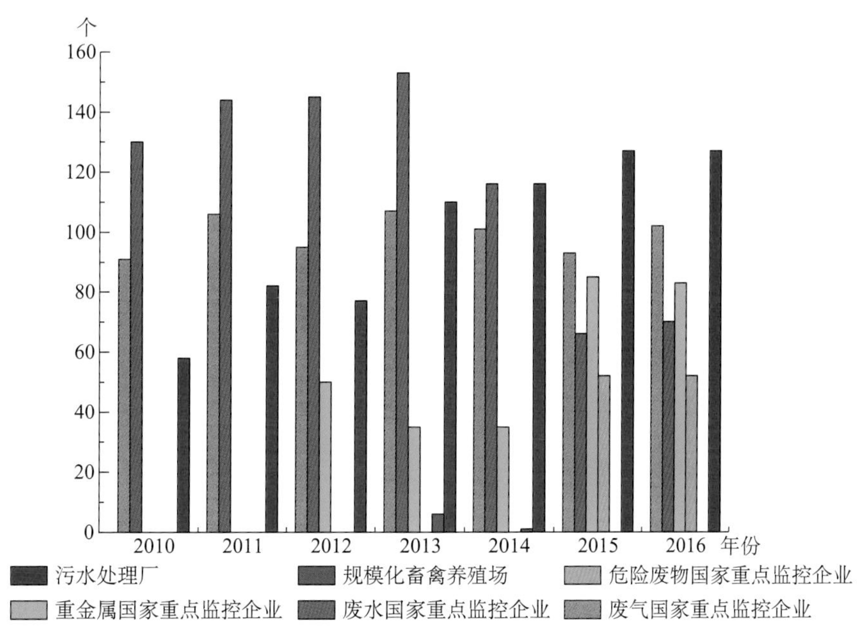

图41　2010—2016年安徽省国家重点监控企业类型

从区域分布来看，安徽省国家重点监控涉重企业主要集中在皖南铜陵市（31个，占36%）、皖北阜阳市（20个，占24%）、滁州市（9个，占11%）和合肥市（8个，占9%）（图42）。

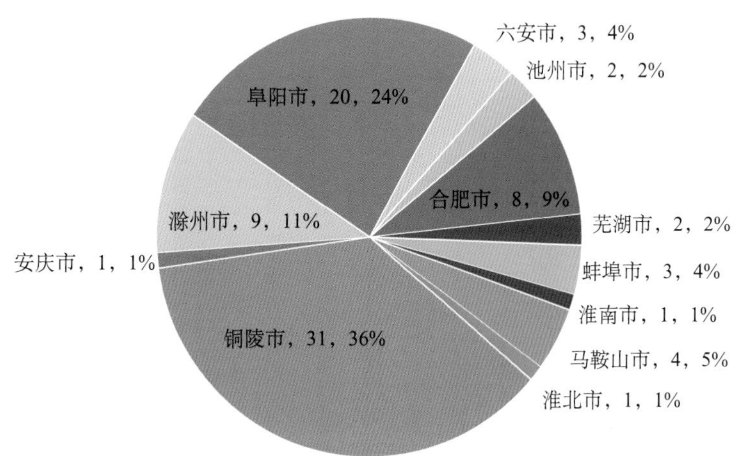

图42　安徽省重金属国家重点监控企业区域分布

从行业分布来看，安徽省重金属国家重点监控企业中有色金属冶炼及压延业（17个）和有色金属矿采选业（21个）占总数的45%，电气机械及器材制造业35个（占41%）（图43）。安徽省境内土壤重金属点位超标率较高地区（如枞阳县、无为县等）均涉及较

多国家重点监控企业，电子工业、矿业开采与利用是该地区重金属潜在污染源。

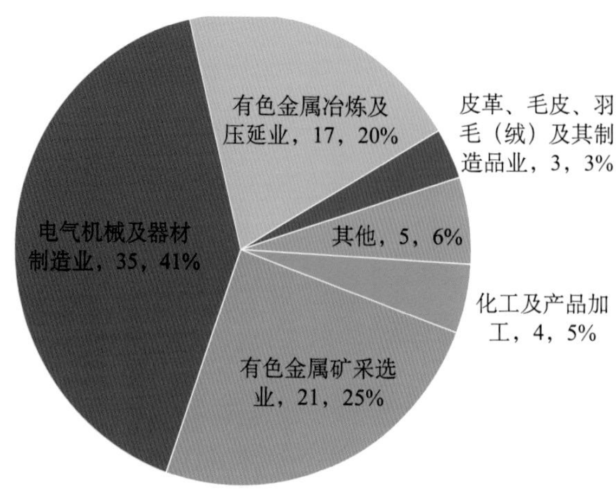

图43 安徽省重金属国家重点监控企业行业分布

江苏省由长江和淮河下游的大片冲积平原组成，面积7万km^2左右，占全省面积的69%，是中国地势最为低平的一个省份。2010年以来，江苏省废水废气国家重点监控企业数量逐年减少，污水处理厂国家重点监控企业数量逐年增加，重金属国家重点监控企业数量始终处于较低水平。然而，2015年起，危险废物国家重点监控企业数量迅猛增长，处于全国较高水平（图44）。危废处理不当或者跑冒滴漏会造成严重的土壤污染，如常州市新北区400亩“毒地”事件，修复难度极大，应引起足够重视。

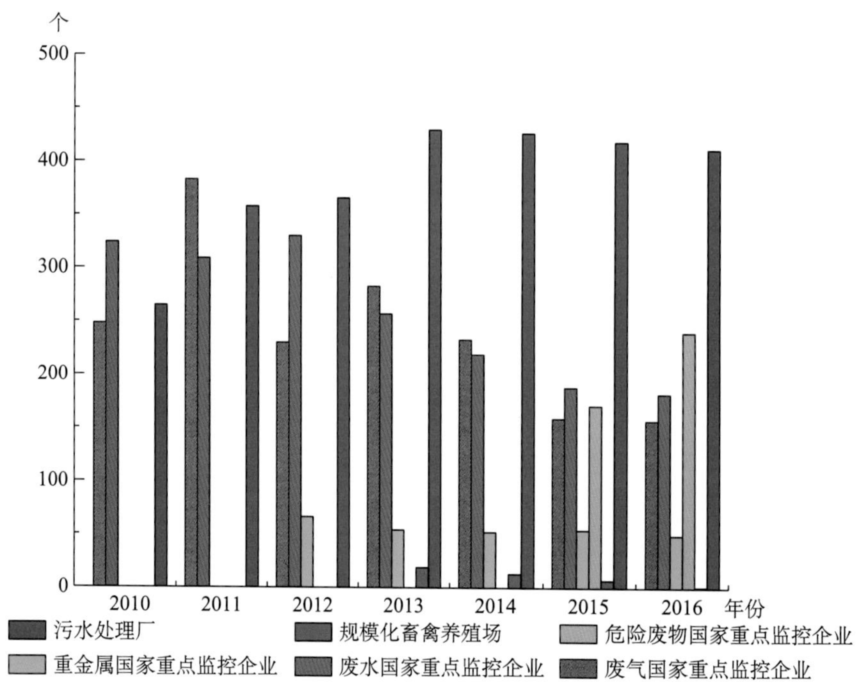

图44 2010—2016年江苏省国家重点监控企业类型

从区域分布来看，江苏省国家重点监控涉重企业数量较少，主要集中在无锡市（30个，占56%）和宿迁市（6个，占11%），徐州市、苏州市、泰州市、淮安市等地区也有零散分布（图45）。

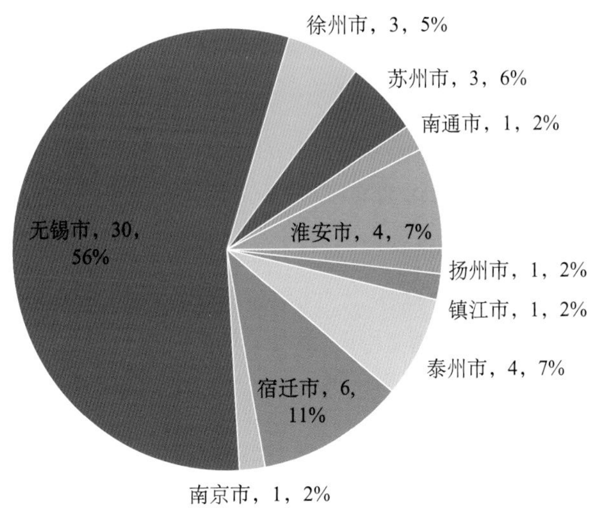

图45　江苏省重金属国家重点监控企业区域分布

从行业分布来看，江苏省重金属国家重点监控企业主要集中于有色金属冶炼及压延业（25个，占46%）和电气机械及器材制造业（20个，占37%）（图46）。矿产资源开发与利用是可能导致重金属污染的原因之一。

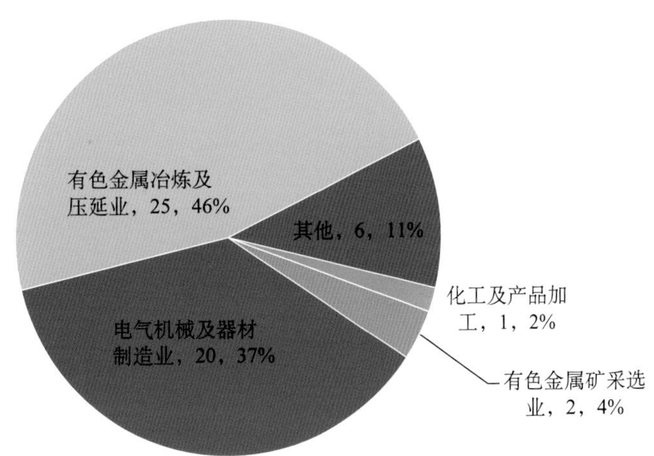

图46　江苏省重金属国家重点监控企业行业分布

②重点城市。益阳市位于湖南省北部，矿藏资源丰富，是“小有色金属之乡”，主要矿藏40多种，锑、钨、钒、石煤的储量为湖南省第一，已知的矿床、矿点有140多处。从重金属国家重点监控企业行业分布来看，主要集中于有色金属冶炼及压延业

（20个，占62%）和有色金属矿采选业（6个，占19%）（图47）。矿产资源开发与利用是益阳市主要重金属污染来源。

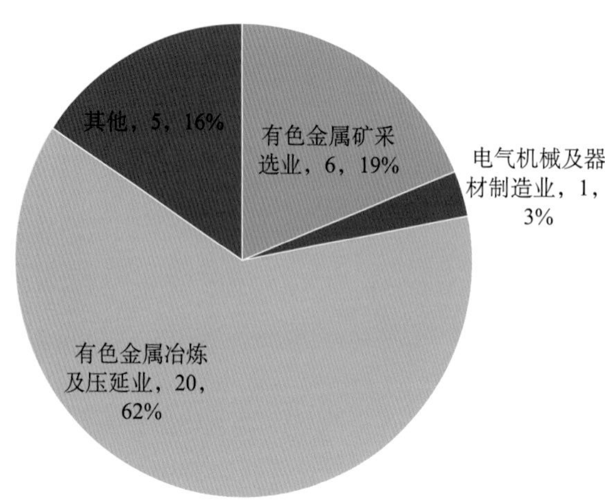

图47　益阳市重金属国家重点监控企业行业分布

岳阳市位于湖南省东北部。东倚幕阜山，西临洞庭湖，长江从北蜿蜒而过。岳阳矿产资源丰富，矿藏矿点200多处，其中钒矿蓄量居亚洲之冠。2015年，岳阳市重金属国家重点监控企业主要集中于有色金属矿采选业（19个，占73%）和有色金属冶炼及压延业（3个，占11%），矿产资源开发利用对长江湖南段水质和该地区土壤重金属污染具有重要影响（图48）。

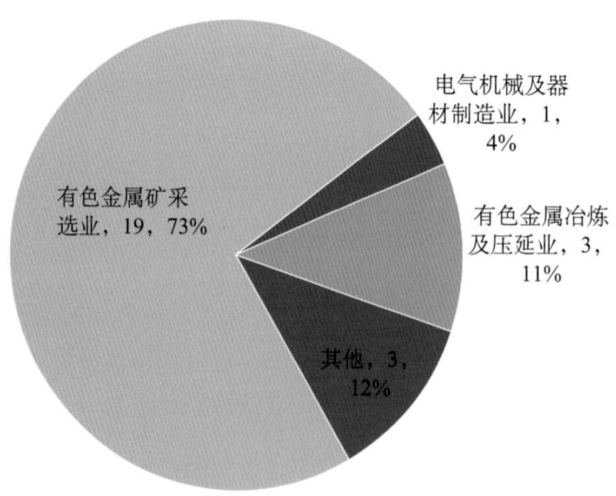

图48　岳阳市重金属国家重点监控企业行业分布

铜陵市位于安徽省南部，有“中国古铜都”之誉，是长江下游重要的港口之一。铜陵市重金属国家重点监控企业主要集中于有色金属矿采选业（16个，占52%）和有色金属冶炼及压延业（7个，占23%）（图49）。铜陵市采矿活动排放的废水量占全国工矿业排放废水总量的十分之一以上，排放的固体废弃物占全国工矿业排放总量的一半以上，矿业活动是区域非常重要的重金属污染源，水系、土壤和植物中的重金属污染都较严重。矿山附近的河流沉积物是重金属迁移的主要途径，并直接影响水体的生态风险，重金属成为铜陵等矿业城市生态环境中的主要破坏因子之一。

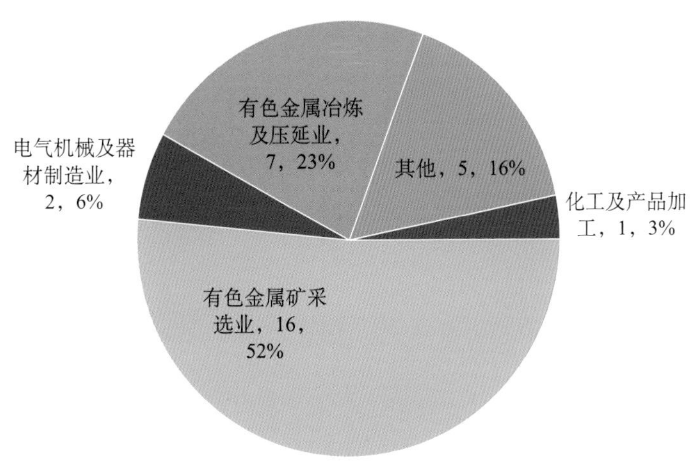

图49　铜陵市重金属国家重点监控企业行业分布

九江市位于江西省北部，地处鄱阳湖入长江之口，有江西“北大门”之称，境内柘林水库为江西省最大水库，中部为鄱阳湖平原和鄱阳湖区。矿业是九江的新型支柱产业之一，全市现有有色金属、建材、化工、冶金四大矿产工业体系。九江市重金属国家重点监控企业中有色金属冶炼及压延业5个，占42%；有色金属矿采选业4个，占33%（图50）。

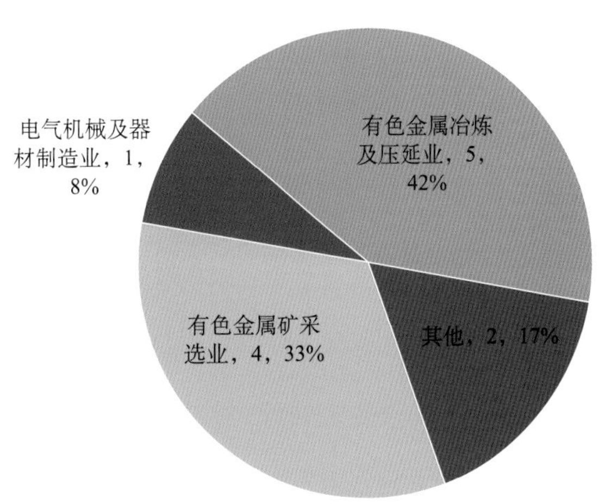

图50　九江市重金属国家重点监控企业行业分布

南昌市位于江西中部偏北，赣江之畔，平原占35.8%。南昌市重金属国家重点监控企业均为有色金属冶炼及压延业，矿业活动对辖区内水质与土壤重金属污染具有重要影响，矿山废石堆的硫化矿物是当地严重酸雨的主要致酸物质来源。

新余市位于江西省中西部，地处南昌、长沙两座省会城市之间，是江西经济最发达、城市化水平最高的城市。新余市重金属国家重点监控企业类型为化工及产品加工和其他类别，总数为4个，且规模不大。表明该地区除涉重企业，仍存在生活源或农业源等多种类型。

（3）广西蔗糖产区

广西壮族自治区属于山地丘陵性盆地地貌，矿产资源丰富，种类繁多，储量较大，是中国10个重点有色金属产区之一。2015年广西国家重点监控企业中，废水废气数量骤减，污水处理厂数量基本持平，重金属企业数量增加一倍，存在危险废物重点监控企业（图51）。

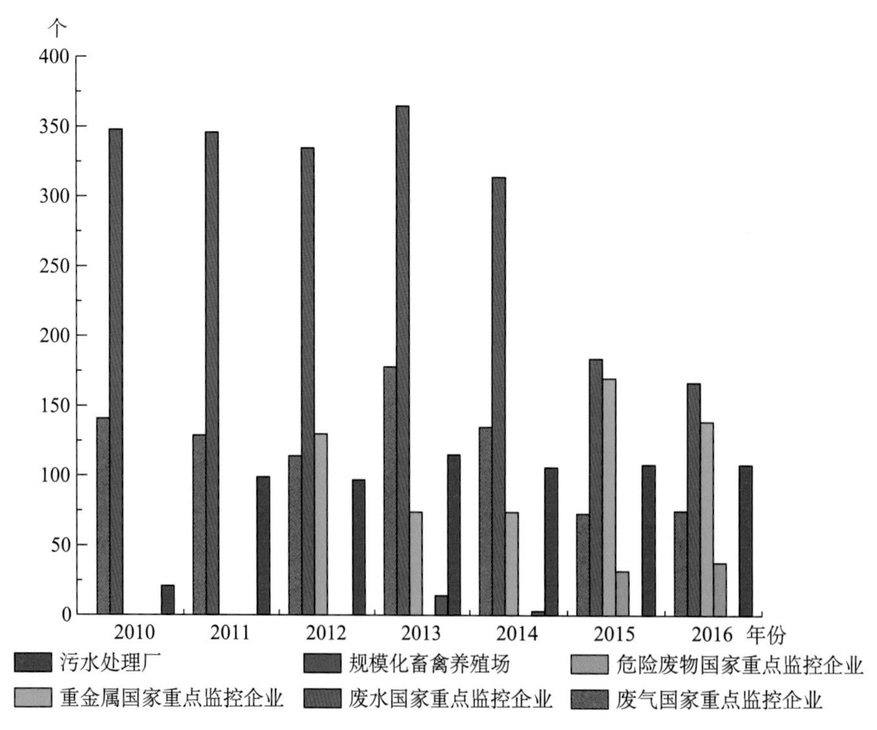

图51　2010—2016年广西国家重点监控企业类型

从区域分布来看，国家重点监控涉重企业主要集中在河池市（60个，占35%）、来宾市（17个，占10%）、桂林市（14个，占8%）和南宁市（13个，占8%），柳州市、玉林市、百色市、贺州市等地区也有零散分布（图52）。

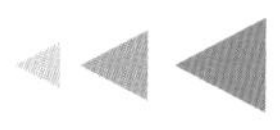

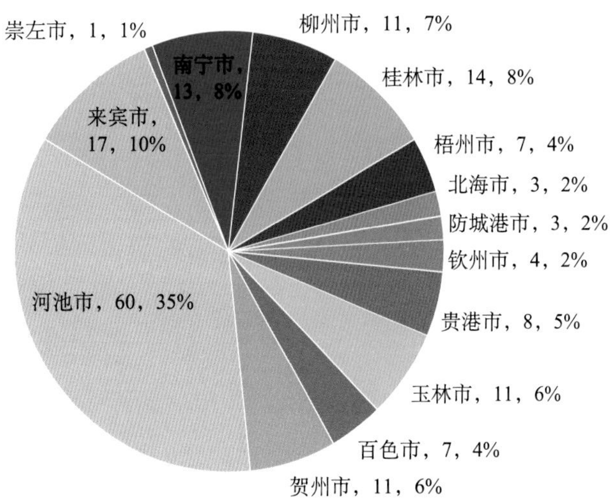

图52　广西重金属国家重点监控企业区域分布

从行业分布来看，广西重金属国家重点监控企业主要集中于有色金属矿采选业（85个，占50%）和有色金属冶炼及压延业（46个，占27%）（图53）。

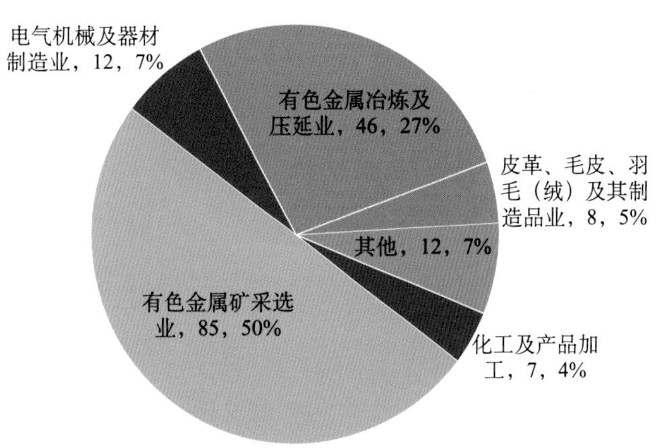

图53　广西重金属国家重点监控企业行业分布

河池市位于广西北部，地处刁江上游，境内主要为喀斯特山区，有色金属工业是河池市支柱产业，集中了广西地区四分之三的有色金属资源，是全国重要的有色金属富集区之一。从行业分布来看，2015年，河池市重金属国家重点监控企业主要集中于有色金属矿采选业（38个，占63%）和有色金属冶炼及压延业（15个，占25%）（图54）。

来宾市位于广西中部桂中盆地，红水河沿岸，湘桂铁路穿过境内，是广西氧化锰矿重要产地之一，已探明的氧化锰矿石储量达1 294万t，大部分已开发利用。2015年重金属国家重点监控企业主要集中于有色金属矿采选业（9个，占53%）和电气机械及器材制造业（4个，占23%）（图55）。

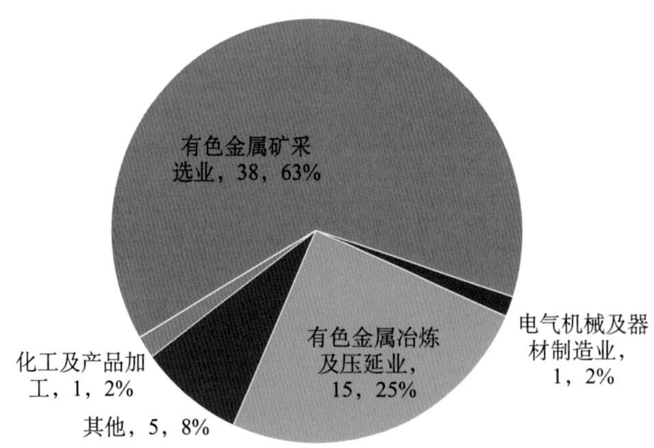

图54　河池市重金属国家重点监控企业行业分布

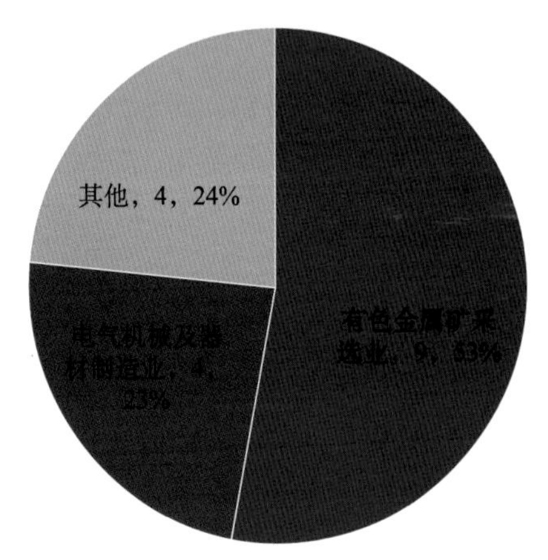

图55　来宾市重金属国家重点监控企业行业分布

2. 农业生产生活

2010年发布的《第一次全国污染源普查公报》数据显示，农业面源排放的COD、总氮、总磷分别占这三类污染物排放总量的43.7%、57.2%和67.4%。就巢湖、滇池和太湖流域而言，进入并滞留于巢湖中的污染物，69.5%的总氮和51.7%的总磷来自面源污染；滇池外海的总氮和总磷负荷中，农业面源污染分别占53%和42%；太湖流域来自农业农村面源的COD、总氮、氨氮、总磷分别占各自排放总量的45.2%、51.3%、43.4%、67.5%。这些污染物进入水体后，会提高水体富营养化水平，并进一步污染周边土壤。

农业源污染中比较突出的是畜禽养殖业污染问题，畜禽养殖业的化学需氧量、总氮和总磷分别占农业源的96%、38%和56%。畜禽养殖业源污染物（COD）排放量（1 268.26万t）超过工业源（715.1万t）和城镇生活源（1 108.05万t），已经成为我国三大污染源之首（图56）。

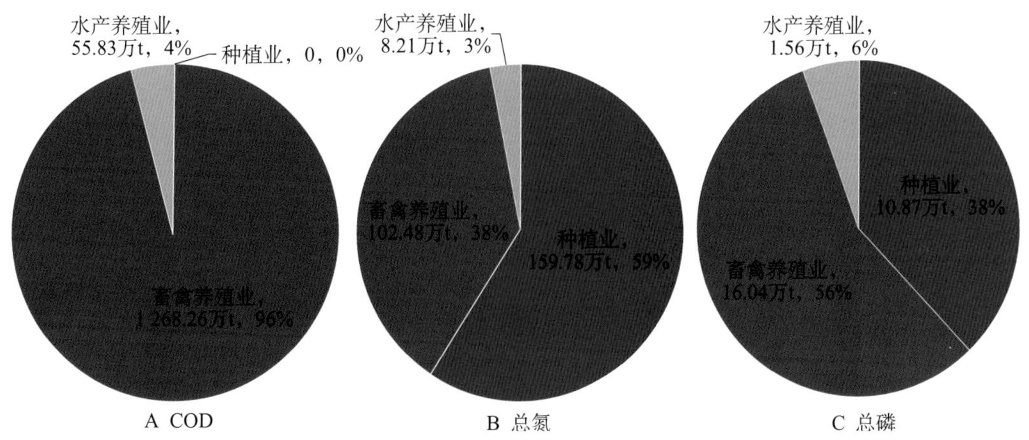

图56　第一次全国污染源普查农业源污染物排放来源

据2015年《中国畜牧兽医年鉴》数据显示，年出栏100头以上的生猪饲养规模场（户）数107.79万个，全国规模化畜禽养殖场（小区）和专业户生猪（出栏量）、肉牛（出栏量）、奶牛（存栏量）、家禽（存栏量）饲养量折算为猪的量约为7亿头，粪便产生量高达38亿t，COD、TN、TP排放量预计将达到约2 310万t、308万t、31万t。即使只有10%畜禽粪便进入水体，也将大幅提升我国的水体富营养化水平，对区域或流域内环境产生重要影响。然而，我国规模化养殖场（户）数量占全国总量的比例不足5%，意味着规模化以下养殖场占有绝对比例。规模化以下养殖场经营粗放、随意，污染物处置方式难以控制统计，无害化处理率低，与规模化畜禽养殖场污染相互叠加，使得养殖污染问题更加难以解决。

农业面源污染的排放总量和排放强度呈现显著的区域异质性，南方地区安徽、江苏、湖北等省份化肥施用量较高，湖南、湖北、安徽、广东等省份农药使用量大，四川省肉蛋奶总产量居于全国较高水平，畜禽养殖污染风险高，福建、广东、江苏、浙江等省份水产品产量大，水产养殖污染风险高。农用塑料薄膜和水产养殖业成为农业面源污染新来源。

举例来讲，江西省畜牧业发展迅猛，而收集及处理环节十分薄弱，畜禽粪便处理处置不当，饲料添加剂中大量使用As、Cu、Zn、Mn、Co等重金属元素，引发周边土壤的环境污染问题。根据对南昌、九江、宜春和抚州20多家规模化养殖场的调查，没有符合标准的储粪房及三级无害化粪池，基本是未经处理就任意流向周边的水源和农田，对水体、环境空气、农田造成不同程度的污染。据江西省农业科学院绿色食品环境检测中心检测，未经处理的养猪场污水总砷0.07mg/L，超过灌溉水质标准。远离城市的农

区耕地土壤重金属的来源主要是肥料、农药和农膜。城郊耕地土壤重金属来源主要是受大气沉降、城市污水灌溉、化肥和农药的综合影响。农用化肥中磷酸盐含有较多的重金属Hg、Cd、As、Zn和Pb，磷肥中Cd含量往往较高，而氮肥中Pb含量较高，商品有机肥中，由于饲料中添加了一定量的重金属盐类，也会增加土壤Zn、Mn等重金属元素的含量。苏德纯等对1998—2010年耕地施用的有机肥重金属含量文献进行总结得出，有机肥中Cd的中值达到了0.9mg/kg，而相关统计结果表明我国农产品产地土壤重金属中55%的Cd、69%的Cu和51%的Zn是由有机肥输入土壤的。

3. 其他污染来源

(1) 污水灌溉

据统计，1999年我国污水灌溉面积约330万hm^2，约占全国总农田灌溉面积的7.3%，主要分布在北方水资源短缺的海、辽、黄、淮四大流域。近年来，我国大力发展节水农业，污水灌溉的比例下降较快。2015年中国农业有效灌溉面积为6 587.3万hm^2，新增节水灌溉面积254万hm^2。南方地区污水灌溉主要由工业排污造成的水污染引起，污水灌溉面积占全国污灌面积的10%左右，主要分布在武汉、成都、长沙、上海、广州等地。由于污水中有毒有害物质尤其是重金属污染物的严重超标，污水灌溉引起的农产品产地土壤重金属污染已经成为我国污灌区的最严重问题。我国20世纪90年代初期因污灌而造成重金属农田污染面积近亿亩。广州市郊污灌区土壤中Cd、Pb、Hg等重金属的浓度为清灌区的1.8～4.5倍，重金属积累已有明显异常。

(2) 大气颗粒物降尘

大气颗粒物已成为我国的主要环境污染源，颗粒物污染不但对城市环境、城区人体健康造成了严重威胁，而且颗粒物降尘特别是能源、运输、冶金和建筑材料生产产生的大气颗粒物降尘越来越成为农产品产地土壤污染的罪魁祸首之一。大气颗粒物降尘可载带多种重金属污染物，如Hg、As、Cd、Pb、Cr、Ni等，这些污染物长期尘降累积效应必然导致土壤重金属含量增加甚至污染。相关研究结果表明，大气降尘对耕地积累总As、Cr、Hg、Ni和Pb的贡献达43%～85%。我国科研人员对长江三角洲地区大气颗粒物降尘地分析结果表明，除Fe、Mn，研究区大气颗粒物降尘中重金属含量普遍高于当地土壤重金属含量，尤其是Cd、Cr、Cu、Pb和Zn。可以看出，大气颗粒物对耕地的污染具有典型的点、线、面特性，而点、线区域的污染比较严重，就广大农区而言，农区大气颗粒物载带重金属的污染还是比较轻的，但随着我国工业的转移、农村交通事

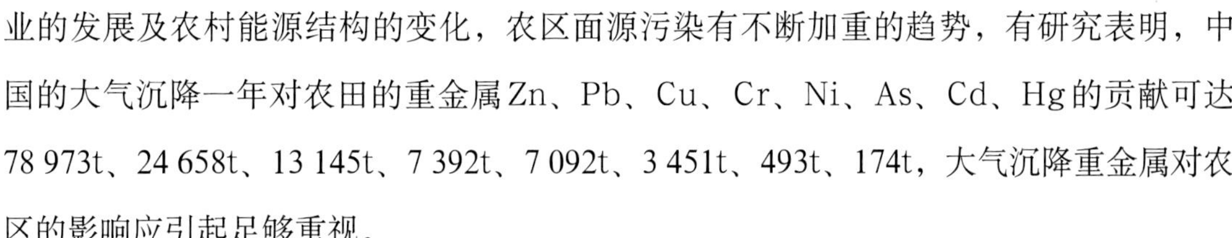

业的发展及农村能源结构的变化，农区面源污染有不断加重的趋势，有研究表明，中国的大气沉降一年对农田的重金属Zn、Pb、Cu、Cr、Ni、As、Cd、Hg的贡献可达78 973t、24 658t、13 145t、7 392t、7 092t、3 451t、493t、174t，大气沉降重金属对农区的影响应引起足够重视。

（3）固体废弃物堆放

固体废弃物堆放也是直接影响我国农产品产地环境的重要因素。污染农田的固体废弃物来源广泛，除矿产开采冶炼产生的固体废物，电子垃圾固废、工业固废、市政固废、污泥及垃圾渗滤液等是我国耕地固废污染的主要来源。据统计，因固体废弃物堆存而被占用和毁损的农田面积已达到600万亩，造成周边地区的污染农田面积超过5 000万亩。广西南丹矿区每年向刁江排放含砷尾矿1 770t，自建矿以来，大约总共排放了800万～1 000万t尾矿砂，除了被江水冲走的尾矿砂，大约还有200万～300万t尾矿砂堆积在河道中，从而直接导致了流域范围内的耕地土壤As严重超标。我国浙江、广东、湖南等区域是电子垃圾处置的主要区域，这些区域因电子垃圾造成的农田污染在局部区域非常严重，其主要污染物包括重金属Cd、Cr、Cu、Ni、Pb、Zn及持久性有机污染物等。对武汉市垃圾堆放场和杭州铬渣堆放区附近土壤中重金属的研究发现，这些区域土壤中Cd、Hg、Cr等重金属含量均高于当地土壤背景值，且重金属的含量随距离的加大而降低。

五、南方主要农产品产地污染综合防治战略

（一）农业环境面临的挑战

1．农产品产地环境质量受重视不够

“三农”问题连续多年成为中央1号文件的重要推进内容，但对于农产品产地环境质量综合治理的重视程度仍不足，特别是对轻度或无污染区域（流域）的保护力度不够。政府主导地位作用不显著，国家层面的制度、政策和法律保障不够，环境违法成本低，引发了诸多农产品质量问题。重金属超标已成为南方稻米国际贸易重要屏障，亟须国家层面完善相关政策、制度及监管文件，加大农产品产地环境保护力度，特别是长江中游地区的轻度污染区的保护力度。与此同时，对中度和重度污染区实施全面治理与修

复，增加良田数量与比例。

2．环境污染综合状况底数不清

我国尚未系统开展农产品产地大气、水、土壤、农作物污染状况联合调查，主要污染物类型、分布及风险水平等基础信息不清，直接制约了环境污染防治工作的开展。土壤重金属污染前期开展过局部的调查工作，由于调查样点数少，不能反映土壤总体状况，2017年国务院批准《全国土壤污染状况详查总体方案》，土壤污染状况详查已全面启动，2018年底前查明农用地土壤污染的面积、分布及其对农产品质量的影响。大气污染监测点位少，且目前尚不具备重金属等污染物监测能力；重点流域均已开展地表水质检测，监测指标已包括了常见的重金属污染物，部分断面已发现存在重金属超标问题，但农田灌溉水（包括地表水和地下水）尚缺乏系统监测，且对主要河流底泥重金属污染状况缺乏系统调查，底泥重金属污染也会对河流水质安全产生重要影响。

3．污染源调查与监控不力

污染源对农产品产地环境质量影响显著。目前，我国尚未形成工矿业企业、工业园区、固体废物集中处置场地、畜禽养殖基地等重点污染源清单，对周边农田环境污染风险不明，且仍未形成规范、实时监测能力，源头治理难度大。2016年国务院发布关于开展第二次全国污染源普查的通知（国发〔2016〕59号），2018年启动全面普查，2019年总结发布。南方农产品产地重金属污染点位超标率较高地区大多分布在工矿企业周边，不同类型工业企业对污染物种类贡献不一。特别是矿产资源的长期、过度、无序开发带来了生态破坏、水土流失和流域污染等诸多环境问题。废弃矿体和尾砂中含有大量的重金属和有毒有害元素，随着降雨淋溶不断扩散至周围土壤、地下水和地表水环境中，造成严重的重金属污染问题。

4．环境污染修复难度大

与国外相比，我国尚未形成完善的、针对性强的大气、水、土壤与农作物污染联合防治技术支撑体系与配套设备，特别是相对于水和大气，国家对土壤重金属污染问题重视程度还不够，前期工作基础较薄弱，成熟修复技术较少。农产品产地环境污染修复须因地制宜，综合考虑不同区域（流域）的土壤和气候等自然条件，主要污染物类型、来源与迁移转化途径，同时还要兼顾政策、资金等社会经济条件。我国在农田土壤修复方面前期积累较少，亟须开展农田土壤修复技术研究和修复工程试点工作，以及配套的政策、资金、技术文件等方面的研究工作，为顺利开展环境污染综合治理提供多方面支撑。

5. 环境质量监管能力滞后

“十二五”期间，我国南方农产品产地环境质量监测能力取得了明显进步，但与日益提高的环境保护监管需求仍存在较大差距。农产品重金属超标率较高直接导致了国际贸易壁垒，也对农产品产地环境质量提出了更高要求。因此，亟须建立完善的环境监测网络与数据共享平台，以土壤圈为核心，开展“水—气—土—生—人”多环境要素系统监测工作，着力研发无人机等智能监测设备，关注重金属、有机污染及其他新型污染物的协同监测。

（二）思路与对策

1. 总体原则与思路

预防为主、保护优先；

分区管控、精准施策；

分类治理、突出重点；

分期实施、分步推进。

面对现阶段和未来相当长一段时期显现的或潜在的农产品产地环境污染问题，继续强化“只搞大保护、不搞大开发”的发展理念，升级保护力度，着力发展绿色、精准农业，“以容定农”“以质养农”。全面贯彻科学发展观，基本思路为“四个统筹”与“四个坚持”。统筹环境保护与社会经济建设，统筹环境质量提升与农业可持续发展，统筹环境污染治理与人体健康保障，统筹服务农产品产地环境保护的中央、地方政府和社会各方资源投入；坚持“环境保护优先，粮食产量与质量并重”，坚持预防为主、综合治理，坚持底线思维，实施风险管控；坚持科技创新，强化农产品产地环境保护精细化管理，提高社会公众的环境保护意识，长期不懈地努力建设农产品产地保护体系。

2. 基本对策

（1）区域发展以环境为制约

强调南方农产品产地的区域发展规划，经济发展必须以环境为约束，要遵循自然规律、区域资源特点，以区域（流域）环境容量为准绳，严格控制超承载力、超负荷生产，明确区域农业布局，进而调整区域发展战略格局。

（2）环境保护以综合为导向

农产品产地环境涉及多介质、多因素协同作用，在国家“大气专项”“水十条”“水

专项”“土十条”等专项治理的基础上，继续强化综合、系统治理的环境保护理念，分类分区、因地制宜，形成区域联合、各要素综合的系统防控策略。

(3) 土壤环境以预防为重点

就污染程度而言，南方农产品产地土壤重金属中度、重度污染比例较低，特别是长江中游地区，轻度污染或无污染比例在85%以上，污染物一旦进入土壤环境修复难度极大，因此升级保护力度，防止污染物进入土壤环境为重中之重。

(4) 污染治理以文件为指导

以完善产地环境标准体系为核心，实现不同控制单元融“预防—修复—监管”为一体的差异化、精细化技术支撑体系，形成系列地方科学性、可操作性强的管理文件与集成模式。此外，着力提高科技成果转化率，加大技术推广力度，保障政策、措施执行及技术推广的链条畅通。

(5) 监测监控以科技为根本

农产品产地环境污染范围不断扩大，污染程度加剧，新型污染物不断涌现，污染来源日趋多样。须以土壤圈为核心，开展“天地一体化”多环境要素系统监测工作，着力研发无人机等智能监测设备。

(6) 生态环境以可持续为目标

南方农产品产地污染严重地区，往往也是生态环境破坏较重的地区。特别是矿产资源的长期、过度、无序开发带来了生态破坏、水土流失和流域污染等诸多环境问题。要重视区域或流域生态涵养，加强生物多样性保护，并控制城市有序扩张。

(7) 大气环境以中三角为核心

继长三角、珠三角之后，以湖南、湖北、江西为主的中三角地区大气污染严重，酸雨污染集中，对地区生态环境影响显著。要建立中三角地区区域联防机制，排查大气污染源，着力减排控污，减少颗粒物干湿沉降对空气质量和土壤环境质量的不良影响。

(8) 水环境以各流域支流为抓手

要重点保护支流，避免过度开发；与“河长制”政策呼应，系统联防联控。加大对各流域内支流的污染源监控力度及土壤与农产品协同监测力度，特别是长江流域的湘江、赣江等支流。

(9) 土壤环境以两湖一江为重点

升级强化长江流域、洞庭湖与鄱阳湖区域等南方水稻主产地的系统保护力度。稳定

流域和区域内大气、水环境质量，着力改善土壤环境质量。优化沿江产业布局，涉重工矿企业严格管控，不达标企业坚决取缔。

（10）农产品质量安全以制度保障

开展绿色生产示范试点工作，建立农产品质量追踪体系，研究并执行环保农业生产和有机认证制度。重点加快农产品市场化进程，以市场倒逼农产品质量提升，进而推进农产品产地环境质量提高，用制度保障农产品质量安全应成为未来阶段的国家重大举措。

3. 分区对策

（1）四川盆地

控制污染源，以小流域为单元，实施专项治理。四川盆地地形闭塞、人口密集、工业发达、矿产资源丰富，城市型污染源为主要类型，成都平原是四川盆地污染较重地区，Cd点位超标率达33.29%，主要分布在乐山市、德阳市等县（市）区，呈现出城市带特征。建议重点控制污染源，以小流域为单元，走综合保护道路，强化治理与修复工程监管，实施分级管理，逐步改善水、土、气综合环境质量。严格监管高风险区工矿企业，危及农产品质量安全的要坚决取缔，不得新建有污染风险的工业企业，严格环境准入标准；开展农田污染土壤种植业结构调整与农艺调控，开展居民、商业用地污染土壤周边隔离带建设以及园林用地污染土壤苗木和超积累植物套种；采用固化/稳定、植物修复、低温热解、农艺调控等组合技术，实现对污染物的削减和风险控制。

（2）长江中下游地区

升级保护力度，以两湖一江为重点，强化源头控制。长江流域化工企业数量为6 136家，湘江、赣江、岷江等支流化工企业数量较多，加之湖南湘西、湖北大冶、江西德兴等矿业企业密集，导致长江沿岸部分地区土壤重金属污染严重。数据分析结果显示，长江中下游地区低等风险区域占比达94.38%，建议重点加大保育力度，重点是两湖一江，保护水稻主产地是重中之重。加大流域内湖泊、河流和大型水利工程辐射区农产品产地环境污染的系统、综合防治力度；强化农产品产地环境污染源头控制工程、矿区影响区土壤修复治理工程及配套辅助工程，优化沿江工矿企业布局，强制采用全过程清洁生产，对威胁农田土壤安全的尾矿渣进行综合治理与资源化利用；对中轻度污染耕地进行修复或种植结构调整，采用植物萃取＋化学活化、植物阻隔＋化学钝化、植物萃取＋低积累作物阻隔、植物稳定等技术修复不同污染程度土壤；管理上强化农产品质量同步检测，农产品产地面积减少或质量下降将受到预警提醒或环评限批等惩戒措施。

(3) 广西蔗糖产区

重点控制矿区污染，监控糖业生产，实施风险管控。广西土壤重金属高背景值、刁江和环江流域密集分布的工矿企业是导致超标率高的主要原因。因此，建议重点控制矿区污染。加固尾矿库堤坝，开展尾矿库周边抛荒场生态恢复和选矿厂废弃地治理工程；通过植物萃取、间作、阻隔和物化强化等开展污染土壤修复工程；建设修复植物育苗、废弃物处置和资源化利用等辅助工程；甘蔗中As含量较高，应重视来宾市等蔗糖主产区的土壤重金属污染问题。

（三）重点工程

1. 鄱阳湖流域升级保护工程

强化鄱阳湖流域重点工程，升级保护力度，带动南方农产品产地环境质量“反降级”。鄱阳湖流域与江西省行政区范围高度吻合，为农业供给侧结构性改革责任主体——政府提供了统一规划管理空间。鄱阳湖平原是长江中下游地区的重要组成部分，是我国重要的商品粮生产基地，鄱阳湖是我国第一大淡水湖泊，作为仅存的3个通江湖泊之一，保障鄱阳湖流域环境质量对于我国农产品质量安全和长江流域生态安全意义重大。

农产品主产地鄱阳湖平原土壤环境污染以重金属为主，且污染呈加重趋势。中度污染样本比例为13.81%，重度和严重污染比例为0.35%，超标区域主要分布在上饶市、南昌市、乐平市、高安市、樟树市、彭泽县及九江县等地区，主要污染物是Cd、Hg、Ni，特别是Cd污染势头迅猛，与20世纪80年代进行土壤背景值调查时相比，近30年上升率高达34.6%～165%。鄱阳湖流域总体水环境质量较好，赣江等五河Ⅰ～Ⅲ类水质断面比例均在80%以上，鄱阳湖水质轻度污染，Ⅰ～Ⅲ类水质断面比例为17.6%，富营养化程度为中营养，主要污染物均为总磷。江西省降水pH均值为5.26，酸雨污染仍较严重，景德镇市、鹰潭市和抚州市酸雨频率大于80%，南昌市酸雨频率为100%。

从污染源分布看，鄱阳湖流域点源与面源污染并存。“五河一湖”区域产业发展规模过大、集约化程度过高、环境压力大，赣江为主要污染来源。2015年，江西省化学需氧量工业、农业、城镇生活排放量分别占总排放量的12.86%、30.67%和55.41%，氨氮工业、农业、城镇生活排放量分别占总排放量的10.64%、32.62%和55.91%。生活源污染已超越农业源和工业源，成为最大污染来源，必须引起足够重视。此外，土壤重金属超标区域主要集中在工业城市周边及环湖区，工矿企业、养殖业和种植业均有不同程度贡献，COD、总磷的产生量与排放量主要来源于畜禽养殖业，总氮、氨氮的产生量和排放量主要来源于种植业。

建议继续升级保护力度，高度重视未污染、轻污染区域，明确以江西省农业局为主导责任部门，加强鄱阳湖流域基础设施建设及产地环境与农产品协同监测力度，强化流域、区域联防联控，提升管理的法制化、精细化和信息化水平，大力开展增容减排工作，用绿色发展理念引领环境质量底线管控，保障农产品产地环境质量“反降级”。

针对不同污染源，实施精准防治工程，重点控制生活源辐射污染。重点治理赣江流域污染，强化南昌市、上饶市、新余市、景德镇市、鹰潭市、赣州市、九江市等地区的精准防治工程，大力推广绿色生产和生态治理模式，继续推进农村环境综合整治，加大生活污染源精准防治力度，开展煤炭洗选加工和燃煤小锅炉整治工程，推行生活垃圾分类投放、收集、综合循环利用，整治非正规垃圾填埋场；将双垄集雨保墒、膜下滴灌、水肥一体化等节水保水灌溉技术与化肥农药等农业投入品施用量有机结合，建立废弃农膜、农药包装废弃物回收和综合利用网络，加强规范规模以下畜禽粪便处理利用设施建设，削减农业面源污染。

针对不同污染程度，实施风险管控工程，建立系统的农产品产地环境科技创新、环保标准体系和环境技术管理体系。以风险管控为核心，探索农产品产地环境质量改善实践经验，有效防范环境和人体健康风险。建立以水利工程、生物工程和农业技术相结合的区域或流域系统综合治理模式；制定环境风险管控方案，重点监测评价产地环境土壤、水体和空气中的主要污染物——重金属；加强矿区、油田、工业企业搬迁遗留遗弃场地、大型工程建设影响区、农田土壤、废弃物堆存堆放场地、放射性核素等类型土壤污染诊断力度，健全风险评估方法、监测设备和修复新技术研究；推进土壤环境保护制度创新，最终形成一整套可复制、可推广的污染防治技术、工程、管理综合模式。

2. 洞庭湖平原综合防治工程

洞庭湖平原位于湖南省北部，主要由长江通过松滋、太平、藕池、调弦四口输入的泥沙和洞庭湖水系湘江、资水、沅江、澧水等带来的泥沙冲积而成，覆盖长株潭、常德、益阳、湘阴及岳阳等地（市）区。2015年，湖南省空气质量平均达标天数比例为77.9%，$PM_{2.5}$年均浓度值为60μg/m^3，主要来源于机动车、燃煤、扬尘，且秋冬季浓

度较高，夏季较低；降水pH均值为4.84，酸雨发生频率为62.6%，长沙市、株洲市酸雨酸度最强、频率最高，能源结构和工业污染物等社会因素在酸雨的形成中具有决定性的作用。洞庭湖水质总体为中度污染，营养状态为中营养。11个省控断面中，3个断面为Ⅳ类水质（27.3%），8个断面为Ⅴ类水质（72.7%），主要污染物为总磷。污染成因主要是水资源总量减少导致水环境容量变小，湖区与环湖周边畜禽水产养殖业和农业面源污染，城镇工商业及居民生活垃圾、废水不断累积以及湘、资、沅、澧四水及长江污染物输入等。

洞庭湖平原土壤表层重金属污染以Cd最为突出，点位超标率高达65.03%，地区分布差异大，超标样点主要分布在湘潭市、株洲市、岳阳市、长沙市和益阳市等涉重工矿企业周边，且与酸雨污染问题叠加。湖南省重金属国家重点监控企业数量始终位居全国前列，国家重点监控规模化畜禽养殖场数量也处于较高水平，主要集中在郴州市、衡阳市、益阳市和长株潭等地区，有色金属冶炼及压延业与有色金属矿采选业两个行业数量占总数的79%，成为湖南重金属污染主要来源。

建议坚持“以容定农”“以质养农”的总体原则，基于洞庭湖的承载力优化洞庭湖流域农业发展布局，以洞庭湖水质基准为核心，精准指导周边工农业生产与生活，完善综合治理管控方案。首先，要出台相关技术文件严控新污染源进入。加强湘江、沅江水质管理，重视污水、废水处理技术，降低其对江河湖的污染风险；系统排查、整治、监管涉重工矿企业；规范环湖区畜禽水产养殖业；规范有机肥生产与施用。其次，要采取相应阻遏技术控制污染源的增加、迁移和转化。加快“煤改气”等能源结构调整，减少酸雨对重金属有效态的激活；水分管理上保持水稻全生育期淹水状态，使土壤pH保持在较高范围，降低重金属有效性；肥料管理上避免施用NH_4Cl和过量的尿素，而选用适量的尿素和含S的肥料配合施用石灰等碱性物质，科学规范地逐步消除污染源，减少对土壤环境的压力。最后，坚持“边修复边保护”的原则，分区分级治理，轻度、中度污染区大力推行土壤生物—植物联合修复技术，隔离修复中度、重度污染区，修复后严格保护，彻底移除风险源，持续增加洞庭湖平原优良土壤比例。

建议基于污染物生物有效性制定与修订农田土壤环境基准标准，鼓励出台地方性土壤环境保护基准与标准。如明确重金属Cd在特定条件下的环境效应与响应机制，最终可通过过程调控减少土壤中有效态部分含量。如何将土壤重金属的总量、有效态和生物效应相结合，是土壤环境质量评价的发展方向，目前我国尚缺乏相关指导文件。此外，除考虑石油烃、多环芳烃和邻苯二甲酸酯，应加强多氯联苯等有毒、有害有机污染物和抗生素等新型污染物的参考限值。

3. 成都平原专项治理工程

成都平原地处四川盆地西部，由岷江、沱江、青衣江、大渡河冲积平原组成，地表水和地下水之间极易发生物质迁移与能量交换。2015年，长江支流岷江流域Ⅴ类和劣Ⅴ类水占39.5%，沱江流域Ⅳ类水占52.6%、Ⅴ类和劣Ⅴ类水占31.6%，存在较严重的水环境污染问题，与流经成都市等人口密集、工业集中的城市群密切相关。2015年，四川省21个省控城市中，达到二级标准以上城市占80.50%，除雅安市主要污染物为PM_{10}，其他城市主要污染物均为$PM_{2.5}$，浓度范围为47～64μg/m^3，区域差异不大，成都市污染较重。城市降水pH年值范围为4.60（广元）～7.60（乐山），降水pH均值为5.42，酸雨发生频率为16.5%，酸雨分布同样集中于成都经济区的成都市、川南经济区的泸州市和重庆市等地区。受汽车尾气、工业燃煤等多种因素影响，同时，不利于污染物扩散的气候条件和地理位置也是酸雨成因之一。

成都平原表层土壤重金属综合点位超标率为21.63%，其中重金属Cd超标严重，3 842个样点中有1 279个点位超标，点位超标率为33.29%。污染区域主要分布在成都市、乐山市、德阳市等县（市）区，呈现城市带特征。中国地质调查局数据表明，成都市主城区重金属明显富集，以Hg、Cd污染为主。土壤Hg污染表现为由城郊到市中心愈来愈严重；Cd污染主要表现为具有高生物有效性的可交换态Cd，易被植物直接吸收进入食物链，对动物和人体危害较大。

成都平原污染来源多样，综合治理过程复杂。西北沿线为人口密集、工业发达、矿产资源丰富的城市带，水、土、气各环境要素均受到不同程度的污染，人类活动影响显著。此外，四川省重金属国家重点监控企业数量较多，集中分布在成都市、德阳市、绵阳市、雅安市等区域的有色金属冶炼及压延业、有色金属矿采选业、电气机械及器材制造业和化工及产品加工等行业。如德阳市以重型机械与磷矿工业为核心产业，所涉及企业对重金属Cd污染贡献较大；眉山市、乐山市均被岷江纵贯全境，有色金属冶炼及压延涉重企业对岷江水环境及周边农田土壤污染影响显著。

山江湖系统防治。以“天—地—土—生—人”“山水林田湖是一个生命共同体”为基本理念，以西北部山前区为重点，系统考虑山区矿业、岷江和沱江等水体、土壤等环境介质，开展系统防治，逐步改善成都平原水、土、气综合环境质量。控制污染源贯彻

始终，监控重点工矿企业和城市各行业企业，取缔不达标企业；重视尾矿渣等危险废物处理处置，严格防范次生污染。

建议专项治理城市问题。以水环境容量为准绳，系统规划、顶层设计，控制成都平原城市无序扩张、盲目发展；调整产业结构，淘汰落后污染产业；提高城市质量，使用煤气或天然气等清洁能源，推动城市各行业清洁生产；治理修复土壤重金属污染较重地区，严格保护轻污染区。此外，汽车尾气排放、汽车轮胎磨损等途径是汞、铅、镍等重金属的主要来源，要加强机动车等移动源管理。

编制依据

中国共产党第十九次全国代表大会报告《决胜全面建成小康社会 夺取新时代中国特色社会主义伟大胜利》(2017年)

《中华人民共和国国民经济和社会发展第十三个五年规划纲要》(2016年)

《中共中央 国务院关于深入推进农业供给侧结构性改革 加快培育农业农村发展新动能的若干意见》(中发〔2017〕1号)

《中共中央 国务院关于落实发展新理念加快农业现代化 实现全面小康目标的若干意见》(中发〔2016〕1号)

《国家中长期科学和技术发展规划纲要(2006—2020年)》(国发〔2006〕6号)

《国家环境保护“十三五”科技发展规划纲要》(2016年)

《中共中央 国务院关于加快推进生态文明建设的意见》(2015年)

《国家创新驱动发展战略纲要》(2016年)

《农业资源与生态环境保护工程规划（2016—2020年）》(2017年)

《水污染防治行动计划》(国发〔2015〕17号)

《国务院关于印发土壤污染防治行动计划的通知》(国发〔2016〕31号)

《2015中国环境状况公报》(2015年)

《第一次全国污染源普查公报》(2010年)

《全国土壤污染状况调查公报》(2014年)

《全国生态功能区划(修编版)》(环境保护部，中国科学院公告2015年第61号)

《全国农业现代化规划（2016—2020年）》(国发〔2016〕58号)

《全国农业可持续发展规划（2015—2030年）》(农计发〔2015〕145号)

《农业环境突出问题治理总体规划（2014—2018年）》（农计发〔2016〕99号）

《全国生态保护与建设规划（2013—2020年）》

《农业部关于打好农业面源污染防治攻坚战的实施意见》（农科教发〔2015〕1号）

《全国农垦经济和社会发展第十三个五年规划》（农垦发〔2016〕3号）

《中华人民共和国环境保护法》（2014年4月24日修订通过，2015年1月1日起施行）

《中华人民共和国矿山资源法》（1996年8月29日通过，1997年1月1日起施行）

《畜禽规模养殖污染防治条例》（国务院令〔2013〕第643号，2014年1月1日起施行）

《全国污染源普查条例》（国务院令〔2007〕第508号，2007年10月9日起施行）

《全国土壤污染状况评价技术规定》（环发〔2008〕39号，2008年5月19日起施行）

《国家土壤环境质量例行监测工作实施方案》（环办〔2014〕89号）

《关于印发2015年度国家重点监控企业名单的通知》（环办〔2014〕116号）

《饮用水水源保护区污染防治管理规定》（2010年环保部令第16号修改）

《防治尾矿污染环境管理规定》（2010年环保部令第16号修改）

《污染地块土壤环境管理办法（征求意见稿）》（环境保护部，2016年11月8日）

《土壤环境监测技术规范》（HJ/T 166—2004）

《农田土壤环境质量监测技术规范》（NY/T 395—2012）

《土壤环境质量标准》（GB/T 15618—1995）

《地下水质量标准》（GB/T 14848—2016，征求意见稿）

《农产品安全质量蔬菜产地环境要求》（GB/T 18407.1—2001）

《全国土壤污染状况评价技术规定》（环发〔2008〕39号）

《地表水环境质量标准》（GB 3838—2002）

《环境空气质量标准》（GB 3095—2012）

《食用农产品产地环境质量评价标准》（HJ 332—2006）

课题报告七

中国北方主要农产品产地污染综合防治战略研究

近年来，随着我国城市化和工业化的发展，湖南“镉大米”、海南“毒豇豆”等污染事件层出不穷，农田土壤重金属污染越发严重。因此，2016年国务院在《土壤污染防治行动计划》（以下简称“土十条”）中指出以农用地为重点，开展土壤污染状况详查，按照污染程度划定农用地土壤环境质量类别，并结合区域种植类型，制定受污染耕地安全利用方案。2017年中央1号文件将“土十条”中农田土壤污染防治工作内容进一步提升，在土壤污染状况详查的基础上，深入实施“土十条”工作内容，开展重金属污染耕地修复及种植结构调整试点。同年10月，党的十九大报告进一步提出强化土壤污染管控和修复，坚持源头防治，实施重要生态系统保护和修复重大工程，完成生态保护红线、永久基本农田、城镇开发边界三条控制线划定工作。农产品产地土壤污染防治是保护生态红线、保障永久基本农田的必要条件，更是打好防范化解重大风险、精准脱贫、污染防治三大攻坚战的重要保障。

东北平原及黄淮海平原是我国最大的两座“粮仓”，农作物播种面积分别占全国的13.34%、18.50%，其生态环境安全在农业资源可持续方面具有重要的战略地位。因此，中国工程院重大咨询项目“中国农业环境资源若干战略问题研究”专设本课题，旨在系统分析我国北方主要农产品产地（东北平原和黄淮海平原）环境污染现状、趋势与问题成因，形成北方主要污染区域农产品产地安全分区域控制图，为北方农产品产地环境污染综合防治战略方案提供重要依据；综合经济、环境、社会效益，提出具有针对性的区域性污染综合治理模式，形成我国北方农产品产地污染综合防治战略。

本报告收集了北方主要农产品产地东北平原及黄淮海平原环境数据，分析了土壤环境质量现状在空间上的分布特征和规律，探讨了水、气环境质量与土壤环境质量之间的相关性；综合考虑土壤重金属污染物的生态效应、环境效应、人体毒理学效应，通过基于ArcGIS的克里金插值法绘制了北方主要农产品产地污染风险等级分区控制图；通过多指标综合评价法及卫星地图数据检索方法，追溯统计了土壤重金属超标点位附近的潜在污染源，分析了环境问题成因。

东北平原及黄淮海平原农产品产地土壤重金属Cd、Hg超标问题较为突出、污染风险不容忽视。Cd超标点位及污染高风险区域集中分布在辽河平原东部的沈阳市和西南部的锦州市，海河平原天津市，黄泛平原西部的新乡市；Hg超标点位及污染高风险区域集中分布在海河平原天津市、北京市。化工行业、畜禽养殖业、金属冶炼加工业是东北平原及黄淮海平原农产品产地土壤重金属污染的主要潜在污染源。基于基础数据分

析，以“坚守生态红线、强化风险管控”为准则，以“环保督查常态化”为契机，因地制宜，提出“一区一策”的东北平原及黄淮海平原农产品产地环境污染综合防治战略；循序渐进，推进“天地一体化”监控预警、京津冀农田污染治理、生态环境良好农产品产地土壤环境保护三大重点工程。

一、北方主要农产品产地环境质量

本课题依据《食用农产品产地环境质量评价标准》（HJ/T 332—2006），通过数据搜集（国家相关土壤环境监测部门）、文献调研，对东北平原、黄淮海平原农产品产地土壤（2008—2014年）、流域水质（2008年、2014年）及大气（2013年、2014年）环境质量状况进行统计分析，总结各类环境指标的时空分布规律。

（一）土壤重金属环境质量

三江平原、松嫩平原、淮北平原土壤重金属点位超标率相对较低，分别为1.35%、0.81%、0.62%；海河平原、辽河平原、黄泛平原点位超标率相对较高，分别为4.28%、3.70%、2.10%。东北平原及黄淮海平原农产品产地土壤主要超标重金属污染物依次为Cd（1.18%）、Hg（0.40%）、Cu（0.17%）、As（0.11%）。北方主要农产品产地土壤重金属超标问题较为突出的区域主要位于辽河平原东部、南部以及海河平原京津冀交汇区。Cd超标点位集中分布在辽河平原的沈阳市和锦州市，海河平原天津市，黄泛平原济源市、新乡市、安阳市；Hg超标点位集中分布在海河平原天津市、北京市；Cu超标点位集中分布在辽河平原沈阳市、抚顺市以及海河平原赵县；As超标点位集中分布在海河平原天津市。Cd尚清洁点位连片分布在辽河平原沈阳市和锦州市、海河平原天津市和北京市周边；Ni尚清洁点位分布在辽河平原沈阳市、辽阳市、海城市、营口市，海河平原涿州市、保定市、石家庄市、沙河市，淮北平原洛阳市、舞阳县、信阳市，呈带状分布。海河平原天津市以南、赵县以东区域为土壤环境质量清洁区；黄泛平原北部和西南部为土壤环境质量清洁区；松嫩平原西南部为土壤环境质量清洁区；三江平原除富锦市、宝清县，其他区域均为土壤环境质量清洁区。

1. 三江平原

三江平原农产品产地土壤环境质量整体较好。As、Cr、Cu、Pb、Zn环境质量等级均为清洁。Cd、Ni超标点位零散分布在双鸭山市宝清县，点位超标率分别为1.90%、5.6%。Hg超标点位仅分布在富锦市，点位超标率为0.40%。三江平原是今日的“北大仓”，境内有52个国有农场和8个森林工业总局，是国家重要的商品粮生产基地，年总产量达1 500万t，商品率和机械化程度全国第一。为追求产量，广泛使用农业机械、大量施用化肥和农药，很可能引起土壤重金属超标。三江平原境内天然沼泽湿地残存分布，有6个国家级湿地自然保护区，其中3个被列入了国际重要湿地名录。三江平原东北部存在洪河和三江两块国家级重要湿地，环境保护力度很大，周边农田开垦较晚，农田肥力较高，环境容量的提升与保护应受到重视。

2. 松嫩平原

松嫩平原农产品产地各土壤监测点位Cu、Hg、Pb环境质量等级均为清洁。松嫩平原农产品产地土壤监测点位重金属超标率如表1所示。Cd、Zn、Ni超标点位主要分布在长春市九台区，点位超标率分别为6.2%、0.40%、0.20%。舒兰市Cd以及龙江县As超标现象也不容忽视，点位超标率分别为2.40%、0.30%。据2002年文献报道，松嫩平原污染源主要包括工业“三废”，沿嫩江分布的化工、制糖、制革等工业污染排放企业约有2 800家，每年排放废水1 200万t；仅齐齐哈尔江段排入嫩江的废水占整个嫩江纳污总量的70%。与“七五”和“六五”期间松嫩平原土壤背景值比较，灌区中大部分有毒元素呈增加趋势，部分也有减少。导致松嫩平原土壤污染的主要原因有：农药和化肥的大量施用，残留农膜、畜禽养殖、大气粉尘沉降、固废堆弃等。

表1　松嫩平原农产品产地土壤监测点位重金属超标情况

单位：个，%

地区	指标	样点数	P_i平均值	点位超标率
龙江县	As	314	0.315	0.30
	Ni		0.570	0.60
九台区	Cd	517	0.448	6.20
	Ni		0.555	0.20
	Zn		0.292	0.40
永吉县	Cd	348	0.429	0.60
	Ni		0.574	0.60
舒兰市	Cd	422	0.488	2.40

（续）

地区	指标	样点数	P_i平均值	点位超标率
农安县	Cr	619	0.286	1.00
	Ni		0.402	0.60
榆树市	Cr	631	0.366	0.30
	Ni		0.538	1.00
甘南县	Ni	129	0.623	0.80

注：*Pi*为重金属*i*的单因子污染指数，根据《食用农产品产地环境质量评价标准》中的单因子污染指数方法计算得到。

3. 辽河平原

辽河平原农产品产地土壤Pb环境质量等级均为清洁。Hg超标点位主要分布在辽阳市，点位超标率为12.50%。据2011年文献报道，辽阳市人多地少，化肥农药的施用量为东三省用量最大的地区之一。辽阳市化肥年施用量远超过国家设置的安全施用值上限、化肥利用率低、流失量高导致了农田土壤污染。由于环保基础设施缺乏和环境管理滞后，辽阳市每年产生的生活垃圾几乎全部露天堆放，每年产生的农村生活污水几乎全部直排，使农村聚居点周围的环境质量严重恶化。尤其值得注意的是，即使在辽阳农村现代化进程较快的地区，这种基础设施建设和环境管理落后于城镇化发展水平的现象并没有随着经济水平的提高而改善，环境污染对人类健康的威胁与日俱增。辽阳乡镇企业废水和固体废物等主要污染物排放量已占工业污染物排放总量的50%以上，而且由于乡镇企业布局不合理，污染物处理率也显著低于工业污染物平均处理率。人口密集集约化畜禽养殖地区的环境容量小（没有足够的耕地消纳畜禽粪便，生产地点离人的聚居点近或者处于同一个水资源循环体系中），加之乡镇企业规模和布局没有得到有效安排，未避开生态功能区，造成畜禽粪便还田比例低、直接产生危害。

As超标点位仅零散分布在沈阳市、阜新蒙古族自治县，点位超标率分别为0.50%、0.90%。辽河平原农产品产地Cu超标点位集中分布于平原东南部的沈阳市及抚顺市周边，点位超标率分别为3.60%、11.50%。沈阳市西南区域土壤重金属Cu尚清洁点位连片分布。辽河平原农产品产地土壤Cd超标问题尤为突出，超标点位密集分布于锦州市、沈阳市、抚顺市，点位超标率分别为69.20%、19.90%、7.70%。Cr超标点位主要分布在抚顺市，点位超标率为11.50%，其次分布在锦州市，点位超标率为7.70%。Ni超标点位主要分布在抚顺市，点位超标率为34.6%，其次分布在锦州市，点位超标率为

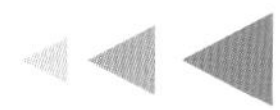

7.70%。沈阳市到海城市之间的区域土壤重金属Ni尚清洁点位连片分布。辽河平原农产品产地土壤监测点位重金属超标率如表2所示。

表2　辽河平原土壤点位重金属超标情况

单位：个，%

地区	指标	样点数	P_i平均值	点位超标率
沈阳市	As	221	0.365	0.50
	Cd	221	0.905	19.90
	Cu	221	0.505	3.60
	Hg	221	0.216	0.90
	Ni	217	0.659	0.90
阜新蒙古族自治县	As	450	0.245	0.90
	Cr	294	0.297	0.70
	Ni	450	0.439	0.90
公主岭市	Cd	558	0.407	3.00
	Hg	558	0.141	0.70
	Ni	558	0.477	0.40
梨树县	Cd	555	0.360	0.70
	Ni	555	0.467	0.20
辽中县	Cd	75	0.451	4.00
	Ni	75	0.573	2.70
抚顺市	Cd	26	0.782	7.70
	Cr	26	0.492	3.80
	Cu	26	0.682	11.50
	Ni	26	0.890	34.60
北镇满族自治县	Cd	65	0.498	1.50
锦州市	Cd	13	1.570	69.20
	Cr	13	0.404	7.70
	Ni	13	0.576	7.70
海城市	Cd	318	0.427	1.30
	Cu	318	0.391	0.30

（续）

地区	指标	样点数	P_i平均值	点位超标率
鞍山市	Cd	32	0.608	3.10
辽阳县	Cd	105	0.584	2.90
	Cu	95	0.489	1.10
	Ni	95	0.679	1.10
灯塔县	Cd	73	0.603	5.50
	Ni	50	0.704	4.00
法库县	Cr	117	0.316	0.90
	Hg	117	0.121	0.90
黑山县	Cr	131	0.255	1.50
锦州市	Cr	13	0.404	7.70
	Ni	13	0.576	7.70
辽阳市	Hg	8	0.512	12.50
大洼县	Ni	156	0.496	0.60

注：P_i为重金属i的单因子污染指数，根据《食用农产品产地环境质量评价标准》中的单因子污染指数方法计算得到。

张士灌区位于沈阳西郊，距市区3km。1962年以来，引用卫生明渠污水灌溉稻田，面积为2 800hm^2。1974年首次监测出灌区糙米含Cr量最高达2.6mg/kg。1975年沈阳市Cr污染联合调查组对灌区土壤、稻米、灌溉水、人体健康等进行了全面调查，发现灌溉水中含Cr量达30～1 431μg/L。灌区上游有330hm^{2}土地属严重污染区，糙米平均含Cr量为1.06mg/kg。造成张士灌区污染的原因主要是水污染，灌溉水源被沈阳市最大的Cr污染源——沈阳冶炼厂所污染。至2007年，张士灌区Cr污染仍很严重，样品糙米含Cr量为0.435～0.855mg/kg，均超过国家食品卫生标准，该浓度与1987年相比有上升的趋势，增加了335%～755%。土壤pH下降使土壤酸化，导致土壤中的Cr更多地转变为生物有效态Cr，占总量的22.8%～52.0%，易被作物吸收，导致水稻含Cr量超标。重金属污染物随着地表径流、地下水及飘尘等移动方式发生迁移转化，使污染范围逐渐扩大。至2017年，张士灌区下游彰驿站镇土壤Cr含量为0.47～2.49mg/kg，超过国家土壤环境质量二级标准（GB 15618—1995），且超过当地背景值1.47～12.11倍。土壤中Cr形态特征分布为残渣态、弱酸提取态、可还原态、可氧化态。水稻植株各器官Cr含量分布趋势为根、茎、叶、糙米；有41.6%的糙米样品超过国家相应的食用标准，目前多以轻度污染为主。由此可见，张士灌区污染事件对沈阳市农产品产地土壤环境造成了长期的、难以逆转的危害。

锦州市农村每年生活垃圾排放量约60万t，生活污水约0.5亿t。由于农村基础设施相对落后，对污水缺乏有效收集治理措施，生活污水排放分散、水量小，污水收集难度大且建设成本高，管网覆盖率低，少数村镇污水处理厂运行效率低、处理效果差。农村生活垃圾不能得到有效处理，生活垃圾在沟渠、村头路边，随意乱倒堆积，成为新的污染源。同时，随着人民生活水平的提高，农村的生活垃圾组成日趋复杂，有毒、有害物质增多，农村有机废弃物还田积极性不高，土地消解比例下降。垃圾处理率低、处理设施建设不完善和管理落后等问题，导致大部分污水随意排放，垃圾排放多为填沟、填坑、沿河排放和露天堆放，严重影响村容村貌，雨季被冲入河流造成环境污染。城市生活垃圾向农村转移的现象仍然存在，清运车将垃圾倾倒在农村，成为农村环境的“潜在污染源”。随着农业产业结构的调整，锦州市农村养殖专业户越来越多，规模逐渐扩大，但是大多数养殖专业户对畜禽场排放废弃物的处理和贮运能力不足，畜禽产生的固体粪便随意露天堆放，不能及时进行有效的无害化处理，造成臭气四溢，粪水横流。畜禽场产生的废液污水，多数就近直接排入沟渠，导致农民生产和生活环境污染加剧。未经过无害化处理的畜禽粪便直接作为肥料，一遇大雨，粪便污水随地表径流扩散。农药、化肥及农膜的大量使用，使农产品的污染持续严重，“白色污染”有增无减。农民盲目追求农产品单产，超量或不科学使用化肥，使农产品质量降低的同时，过量的农药化肥随地表径流扩散造成污染扩散。此外，滥用农药使粮食、果蔬等农产品受到污染，同时还影响到有益生物与生物多样性的保护，致使生态失去平衡。大量使用地膜或塑料大棚，可以使农作物早结果、早上市，但不容忽视的是，大量使用地膜但不进行清理或科学处理，对土壤十分有害，造成了农用地膜污染严重。

2008—2009年开展的全国第一次污染源普查结果表明，海城市种植业污染的产生主要来源有以下几个方面：农药、化肥、农膜的使用，使耕地和地下水资源受到污染，即农药残留、化肥重金属超标、白色垃圾污染；农作物秸秆大部分未被有效利用，成为种植业污染的另一来源；生产、生活中的垃圾由于缺乏有效的排水和垃圾清运处理系统，直接排放或沉积在田间地面，最终造成污染。海城市共有32个镇区（农场），408个行政村，约有农业人口23万户、近83万人，农业污染问题严重，治理困难。

4．海河平原

海河平原农产品产地土壤Cr超标点位仅分布于迁安县，点位超标率为0.90%。Pb、Zn超标点位仅分布于天津市，点位超标率分别为0.40%、1.40%。海河平原农产品产地土壤Cu超标点位主要分布在赵县，点位超标率为5.70%，其次为昌黎县、天津市，点位超标率分别为5.20%、1.60%。海河平原农产品产地土壤As超标点位在天津市、永清县周边相对较多，且零散分布，点位超标率分别为1.1%、3.3%。

海河平原农产品产地土壤Cd超标点位密集分布于平原中部天津市，点位超标率为11.30%。Cd超标点位零散分布于迁西县、北京市、栾城县、唐海县，点位超标率分别为33.30%、1.8%、9.10%、2.50%。海河平原农产品产地土壤Hg超标点位在天津市零散分布，在北京市密集分布，点位超标率分别为5.30%、9.80%。

据2000年文献报道，天津土壤重金属污染元素多、面积广、程度深，且随着工业的发展和水资源的持续紧缺，污染将进一步加剧。天津菜田耕层土壤中除静海、宝坻、蓟县，其他区县的Cu、Pb、Cd、Hg、As、Ni、Zn含量均超过土壤背景值，其中Cd和Hg的污染已到十分严重的地步。东丽区菜田土壤受到重金属污染最重，其中以Cr的污染最严重。该区菜田表土中Cr平均含量为0.857mg/kg，高于菜田土壤背景值8倍，相当于国家环境二级标准的1.4倍。底层土壤（60～80cm）Cr平均含量0.28mg/kg，是菜田土壤背景值的2.3倍。东丽区蔬菜中Cr含量超标区域与土壤Cr污染分布是一致的。油菜、大白菜、菠菜、莴笋等7种蔬菜超标，其中油菜Cr含量最高值达0.198mg/kg，超过食品卫生标准近4倍，芹菜叶的Cr含量最高达0.417mg/kg，超标8倍多。西青区菜田耕层土壤中Cd平均含量为0.585mg/kg，是全市园田土壤背景值（0.056mg/kg）的10倍多。Hg平均含量为1.81mg/kg，是全市园田土壤背景值（0.025mg/kg）的72.4倍。西青、津南和北辰3个区的水萝卜、菠菜、油菜、芹菜和大白菜等7种蔬菜Hg的污染率达38%，而Cd的污染率达76%。菜田和蔬菜重金属污染主要是受污水、污泥的影响，如东丽区受北排污河污水影响，武清县受北京排污河污水影响，致使土壤及蔬菜中重金属含量大大超过相关标准，垃圾、磷肥的普遍使用也是农田重金属污染的重要原因。土壤重金属污染，一方面，将对绿色和无公害蔬菜的发展产生严重的副作用；另一方面，也将严重影响天津城乡居民的身心健康。天津市作为全国大城市中缺水最严重的城市之一，淡水资源人均占有量是全国人均占有量的1/15，农业用水极度缺乏，致使部分地区常年引污农灌已达40多年。三大排污河灌区常年污水灌溉和使用污泥，造成

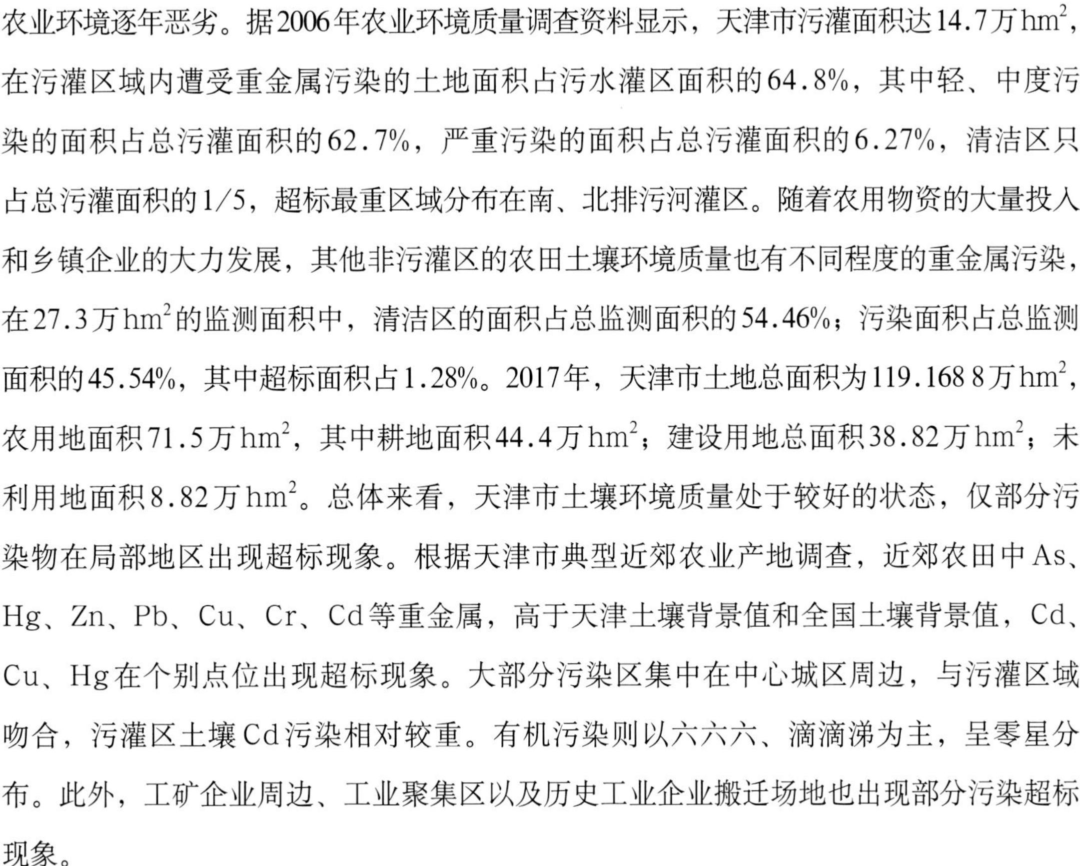

农业环境逐年恶劣。据2006年农业环境质量调查资料显示，天津市污灌面积达14.7万 hm^2，在污灌区域内遭受重金属污染的土地面积占污水灌区面积的64.8%，其中轻、中度污染的面积占总污灌面积的62.7%，严重污染的面积占总污灌面积的6.27%，清洁区只占总污灌面积的1/5，超标最重区域分布在南、北排污河灌区。随着农用物资的大量投入和乡镇企业的大力发展，其他非污灌区的农田土壤环境质量也有不同程度的重金属污染，在27.3万 hm^2 的监测面积中，清洁区的面积占总监测面积的54.46%；污染面积占总监测面积的45.54%，其中超标面积占1.28%。2017年，天津市土地总面积为119.168 8万 hm^2，农用地面积71.5万 hm^2，其中耕地面积44.4万 hm^2；建设用地总面积38.82万 hm^2；未利用地面积8.82万 hm^2。总体来看，天津市土壤环境质量处于较好的状态，仅部分污染物在局部地区出现超标现象。根据天津市典型近郊农业产地调查，近郊农田中As、Hg、Zn、Pb、Cu、Cr、Cd等重金属，高于天津土壤背景值和全国土壤背景值，Cd、Cu、Hg在个别点位出现超标现象。大部分污染区集中在中心城区周边，与污灌区域吻合，污灌区土壤Cd污染相对较重。有机污染则以六六六、滴滴涕为主，呈零星分布。此外，工矿企业周边、工业聚集区以及历史工业企业搬迁场地也出现部分污染超标现象。

随着产业结构的调整，迁西县经济迅速发展，同时也引发了许多环境问题。人均耕地面积由1949年的0.11 hm^2 下降到当前的0.052 hm^2，平均每年增加3 210人，减少耕地面积50 hm^2。目前，全县水土流失面积达625 km^2，占全县土地总面积的43.4%，年土壤侵蚀模数达2 700 t/km^2，年土壤侵蚀量达到192.9万t，也加剧了农业生态环境的退化。工矿企业是土壤重金属污染的主要成因，例如迁西县洒河桥镇曾出现尾矿向大黑汀水库非法倾倒现象，非法倾倒的尾矿向库内填埋10多m，形成舌状堰塞体，严重侵占河道；据统计，水库周边有旅游设施70多处、旅游船只150多艘、选矿企业20多家、6个入河排污口。

2016年，北京各区县中，规模相对较大的中高级别工业开发区有34个，产业涉及石油化工、医药、冶金与机械制造、电子信息、航空物流、食品加工、纤维橡塑与纺织印染、造纸印刷等，具有类型各异、程度不同的环境污染特征。部分学者对工业区与重金属污染进行了大量研究，证明两者存在一定的关联性，工业区是土壤Cu、Pb、Zn、Cd、Hg重金属污染的主要原因。

栾城县是一个以农业为主的地区，自20世纪七八十年代起，洨河流域地区曾大面

积使用污水灌溉农作物。石家庄市80%以上的污水排入东明渠和洨河，据计算，2010年石家庄年污水产生量为3.9亿m^3左右，而石家庄市区当时仅有2座污水处理厂，致使其中大量污水未经处理便经污水管网直接排入洨河，且洨河无任何防渗措施。长期的污水渗漏可能导致土壤化学组分含量普遍偏高。

唐海县道路密集，农田、村庄、工业用地交错分布。县内主要企业有造纸厂、化肥厂等重污染工业，县外南临唐山市南堡化学工业区。唐海县农田土地不仅受农业化工原料污染，而且易受工业、交通等污染。

海河平原农产品产地土壤Ni超标点位零散分布在天津市、蓟县、卢龙县，点位超标率分别为1.60%、1.00%、2.40%。土壤Ni超标点位在遵化县密集分布，点位超标率为29.53%，需要引起重视。土壤Ni尚清洁点位在平原西南部的涿州市、保定市、石家庄市、沙河市一带连片分布。海河平原农产品产地土壤监测点位重金属超标率如表3所示。

表3　海河平原土壤点位重金属超标情况

单位：个，%

地区	指标	样点数	P_i平均值	点位超标率
永清县	As	61	0.526	3.30
天津市	As	973	0.430	1.10
	Cd	973	0.590	11.30
	Cr	973	0.229	0.20
	Cu	936	0.336	1.60
	Hg	973	0.213	5.30
	Ni	936	0.549	1.60
	Pb	973	0.116	0.40
	Zn	936	0.385	1.40
武清县	As	847	0.390	0.50
	Cd	848	0.319	2.40
	Cu	846	0.284	0.50
	Hg	848	0.138	1.90
	Ni	846	0.529	0.40
	Zn	846	0.285	0.70
宁河县	As	425	0.341	0.70
	Cd	426	0.229	0.20
	Hg	425	0.066	0.20
	Ni	417	0.579	0.70
	Zn	417	0.287	0.20

（续）

地区	指标	样点数	P_i平均值	点位超标率
静海县	As	608	0.512	0.20
	Cd	608	0.239	1.00
	Cu	604	0.307	0.80
	Hg	608	0.089	1.50
	Ni	604	0.552	0.80
	Zn	604	0.260	0.70
北京市	Cd	163	0.442	1.80
	Cu	163	0.301	0.60
	Hg	163	0.338	9.80
蓟县	Cd	399	0.260	0.30
	Cr	399	0.322	0.30
	Cu	399	0.318	0.30
	Hg	399	0.086	1.00
	Ni	391	0.607	1.00
迁安县	Cr	109	0.303	0.90
	Cu	109	0.267	0.90
	Ni	109	0.468	1.80
通州区	Cd	319	0.230	0.60
	Hg	309	0.182	3.20
宝坻县	Cd	593	0.271	0.20
	Ni	593	0.561	0.20
清苑县	Cd	117	0.244	0.90
栾城县	Cd	22	0.602	9.10
行唐县	Cd	30	0.438	3.30
大兴区	Cd	79	0.374	1.30
迁西县	Cd	3	0.719	33.30
唐山市	Cd	37	0.317	2.70
唐海县	Cd	40	0.472	2.50
阜宁县	Cu	320	0.248	0.30
昌黎县	Cu	58	0.242	5.20
博野县	Cu	17	0.428	5.90
赵县	Cu	106	0.293	5.70
宁晋县	Cu	59	0.347	3.40
卢龙县	Ni	41	0.605	2.40
安新县	Ni	34	0.687	2.90

注：P_i为重金属i的单因子污染指数，根据《食用农产品产地环境质量评价标准》中的单因子污染指数方法计算得到。

5. 黄泛平原

黄泛平原农产品产地土壤Pb环境质量等级均为清洁。As、Cr、Cu、Zn环境质量等级总体清洁。Hg超标点位分布在高青县、济源市、安阳市，点位超标率分别为5.00%、5.30%、8.30%。Ni超标点位零散分布在平原东南部的高青县、郯城县、新乡市，点位超标率分别为11.10%、21.60%、9.10%。黄泛平原农产品产地土壤Cd超标点位集中分布在平原西部的济源市、新乡市、安阳市、辉县，零散分布在曲阜市、连云港市，点位超标率分别为47.40%、63.60%、50.00%、14.60%、9.40%、44.40%。黄泛平原农产品产地土壤监测点位重金属超标率如表4所示。

表4　黄泛平原土壤点位重金属超标情况

单位：个，%

地区	指标	样点数	P_i平均值	点位超标率
安阳市	Cd	12	0.889	50.00
	Hg	12	0.410	8.30
博兴县	Cd	146	0.363	2.10
	Ni	146	0.469	1.40
东海县	Cd	600	0.328	1.00
	Ni	384	0.646	6.30
高青县	Hg	20	0.151	5.00
	Ni	9	0.557	11.10
济南市	Cd	55	0.412	1.80
	Zn	55	0.384	3.60
济源市	Cd	19	0.949	47.40
	Hg	19	0.233	5.30
莱阳市	Cd	32	0.255	3.10
	Hg	110	0.136	0.90
	Zn	100	0.363	1.00
齐河县	Cd	178	0.224	0.60
	Ni	178	0.439	0.60
曲阜市	Cd	96	0.522	9.40
	Zn	96	0.334	3.10
郯城县	Cd	98	0.309	1.00
	Cu	98	0.275	1.00
	Ni	97	0.669	21.60

 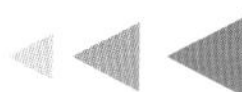

（续）

地区	指标	样点数	P_i平均值	点位超标率
新泰市	Cd	100	0.472	6.00
	Ni	100	0.452	1.00
	Zn	100	0.306	3.00
新乡市	Cd	11	1.411	63.60
	Ni	11	0.713	9.10
新乡县	As	127	0.372	0.80
	Cd	127	0.216	1.60
	Hg	127	0.097	0.80
新沂市	Cd	226	0.379	1.30
	Hg	226	0.074	0.40
安阳县	Cd	191	0.252	2.60
东阿县	Cd	47	0.401	2.10
广饶县	Cd	75	0.216	1.30
辉县市	Cd	41	0.597	14.60
获嘉县	Cd	25	0.344	4.00
汤阴县	Cd	35	0.492	2.90
文登市	Cd	18	0.420	5.60
修武县	Cd	105	0.387	1.90
阳谷县	Cd	69	0.303	1.40
原阳县	Cd	63	0.311	1.60
连云港市	Cd	9	1.183	44.40
曹县	Ni	71	0.599	1.40
怀远县	Ni	65	0.725	1.50
利津县	Ni	120	0.513	4.20
淄博市	Zn	96	0.413	5.20

注：P_i为重金属i的单因子污染指数，根据《食用农产品产地环境质量评价标准》中的单因子污染指数方法计算得到。

小清河发源于济南市泉群及南部山区，流经高青县南部边界，是两岸居民灌溉和饮用的主要水源。随着两岸工农业生产的发展，尤其是近年来工业的高速发展，大量工矿企业废水和生活污水不断排入小清河，使河水受到了严重污染，小清河河水呈黑色，有悬浮物、白沫、异味，尤其在枯水期，高青县境河道中几乎全为污水，水质污染严重。小清河污水灌溉历史已久，自20世纪60年代始，约有50年历史。区内污水灌溉面积约4 533hm^2，每年灌溉5～6次，灌溉用水量约0.3亿t，其灌溉方式通过渠道直接漫灌于

农田中，灌渠长1 000～1 500m。污灌区内包气带岩性厚度在4m左右，岩性以砂性土为主，黏性土厚度小。经多年污灌，土壤吸附有害组分的能力已达临界值，土壤纳污自净能力已较弱，致使土壤向环境输出污物，更促进和加快了污水对浅层地下水的污染。

据相关研究报道，济源市土壤污染面积达117.19km^2。济源市位于河南西北部，是全国重要的铅锌深加工基地，已有电解铅（合金铅）企业35家，其中兼粗铅冶炼的大型企业3家，这些企业在促进当地经济发展的同时，对当地的土壤环境及生态安全也带来了严重影响。

安阳市是一个工业、农业并举发展的城市，钢铁行业作为安阳市的支柱行业，在为安阳经济做出巨大贡献的同时，不可避免地影响了当地农产品产地环境质量。铅冶炼企业对安阳农产品产地环境质量的影响主要体现为对土壤环境质量的影响，企业集中区农产品产地环境质量等级为中度污染。

新乡市土壤Cd最低值出现在市区西北部太行山脚下的辉县市峪河乡峪河村，最高值出现在市区主城区东南部的新乡县古固寨乡前辛庄村。新乡市各县市区土壤Cd平均值排序：辉县市＜长垣县＜原阳县＜获嘉县＝市辖区＜封丘县＜卫辉市＜延津县＜新乡县。新乡市是我国著名的轻工业城市，电池企业较多（约有200多家），规模较大的电池企业有30多家，企业排放电池废水所造成的土壤重金属污染问题较为突出，2005年、2007年、2009年曾有研究报道存在电池废液灌溉农田的现象。由于长期采用电池废水灌溉，新乡市寺庄顶污灌区土壤中Cd、Ni和Zn总量严重超标。土壤中Cd主要以铁—锰氧化物结合态存在，Ni主要以铁—锰氧化物结合态和残余态存在，Zn主要以残余态存在，Cr主要以铁—锰氧化物结合态和残余态存在，Cu主要以有机结合态存在。新乡市寺庄顶污灌区小麦籽实中Cd和Ni含量严重超标，长期电池废水灌溉已对小麦食品安全造成严重威胁。新乡市寺庄顶污灌区小麦籽实中重金属与土壤重金属含量的相关性分析表明，小麦中Cd、Zn含量与土壤中Cd、Zn总量、可交换态、铁—锰氧化物结合态及有机结合态相关性显著。

6. 淮北平原

淮北平原农产品产地土壤As、Cr、Cu、Pb、Zn环境质量等级均为清洁。Cd超标点位零散分布于洛阳市、信阳市、郑州市周边，点位超标率分别为19.20%、6.00%、1.40%。Hg超标点位零散分布在禹州市、洛阳市、叶县，点位超标率为1.30%、3.80%、1.40%。Ni超标点位分布在渑池县，点位超标率为3.60%。平原东部土壤Ni尚清洁点位连片分布。淮北平原农产品产地土壤监测点位重金属超标率如表5所示。

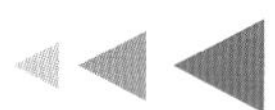

表5　淮北平原土壤点位重金属超标情况

单位：个，%

地区	指标	样点数	P_i平均值	点位超标率
洛阳市	Hg	26	0.336	3.80
	Cd	26	0.576	19.20
信阳市	Cd	84	0.491	6.00
伊川县	Cd	54	0.385	3.70
郑州市	Cd	73	0.434	1.40
禹州市	Hg	80	0.113	1.30
叶县	Hg	71	0.144	1.40
渑池县	Ni	28	0.672	3.60

注：P_i为重金属i的单因子污染指数，根据《食用农产品产地环境质量评价标准》中的单因子污染指数方法计算得到。

洛阳市是我国著名的重工业城市之一。工业以装备制造、能源电力、石油化工、新材料和硅光伏及光电为主，城市西部分布有大量工厂。洛阳市工业区土壤污染较为严重，工业区、主干道和商业区达到强生态危害，Cd污染主要由人类活动造成。

信阳市土壤主要污染源包括工业废水废渣、农业化肥农药、居民生活污水等，目前信阳浅层地下水已受到不同程度的污染，特别是信阳市老城区和工业重镇明港，居民和工业用水已过早地结束了几千年来就近取用浅层地下水的习惯。

郑州城市生活、工业活动加重周边农地的污染负荷，直接进入土壤的污染物、大气污染、沉降、酸雨使土壤环境压力增大；化肥农药大量使用，肥力下降，使土壤承载力加重，生产功能退化，从而使农业生产面临着诸多的问题。郑州市西部土壤Cd含量已经超出警戒线，有向北发展的趋势。Hg在郑州市北郊超出背景值的二级标准，达到轻度污染，部分甚至达到中度污染，Hg污染最为严重的是惠济区的老鸦陈村，其来源主要是污水灌溉和喷洒农药。

（二）流域水质、空气质量与土壤环境质量的相关性分析

1．流域水质与土壤环境质量的相关性

辽河平原农产品产地土壤重金属Cd、Cu超标点位主要集中分布于沈阳市和锦州市

周边。辽河流域支流浑河流经沈阳市，据《2008中国环境状况公报》《2014中国环境状况公报》显示，2008年浑河（沈阳段）水质为劣Ⅴ类，2014年该段河流水质提升为Ⅳ类；而大凌河支流西细河流经锦州市，2008年水质为Ⅴ类，2014年提升至Ⅳ类；辽河沈阳段存在沿岸企业污水随意排放、居民垃圾随意堆放、季节性河流水体自身调节和净化能力差、水土流失加剧、凹岸生态恶化等问题，由其导致的洪涝灾害、水质恶化、生态环境退化等已经严重影响居民的生产生活，成为制约社会经济发展的重要因素。辽河平原土壤重金属Cd、Cu超标点位密集分布区域，其周边河流水质相对其他区域较差，地表流域水质与土壤重金属环境质量具有一定相关性。

海河平原农产品产地土壤重金属Cd、Hg、As、Cu超标点位主要集中分布在天津、北京市周边。潮白新河、永定新河、北运河流经北京市及天津市，据《2008中国环境状况公报》《2014中国环境状况公报》显示，潮白新河（天津段）水质在2008年为Ⅴ类，2014年水质下降为劣Ⅴ类；2008年潮白新河（北京段）水质为Ⅲ～Ⅳ类，2014年水质为Ⅱ～劣Ⅴ类，北京东南部河段水质下降；2008年、2014年永定新河（天津段）、北运河水质均为劣Ⅴ类。北京市及天津地区河流水质相对海河平原其他区域较差，并且河流水质呈下降趋势。海河平原水质较差流域附近土壤重金属Cd、Hg、As、Cu超标点位密集分布。

黄泛平原农产品产地土壤重金属Cd超标点位主要分布于济源市、新乡市、安阳市。大沙河流经上述区域，据《2008中国环境状况公报》《2014中国环境状况公报》显示，其水质均为劣Ⅴ类，与该区域内土壤重金属Cd超标问题存在一定相关性。

2．空气质量与土壤环境质量的相关性

2013年东北平原和黄淮海平原空气环境质量情况统计结果表明，海河平原北部唐山、石家庄、邢台、邯郸、保定、天津空气环境质量均较差（表6）；2014年东北平原和黄淮海平原空气环境质量情况统计结果表明，全年空气综合质量较2013年有所下降（表7）。空气环境质量相对较差的市县，其土壤环境质量、地表水质也相对较差。大气沉降是有害物质进入土壤的一种重要途径，是影响农田生态系统安全的重要因素。重金属元素可通过化石燃料燃烧、汽车尾气、工业烟气、粉尘等形式进入大气，吸附在气溶胶上，然后通过干湿沉降的方式进入土壤，可在表层土壤中不同程度地累积。而海河平原北部城市相对东北平原和黄淮海平原其他城市，空气环境质量较差，污染物在这些区域易通过大气干湿沉降在水—土—气交互系统中进行迁移。

表6　2013年北方主要农产品产地主要城市空气环境质量情况

序号	2013年6月		2013年12月	
	城市	环境空气综合质量指数	城市	环境空气综合质量指数
1	唐山	6.58	邢台	12.00
2	石家庄	6.54	石家庄	11.22
3	邢台	6.29	邯郸	9.06
4	邯郸	5.77	保定	8.80
5	保定	5.73	衡水	8.57
6	衡水	5.27	唐山	6.93
7	济南	5.26	郑州	6.44
8	天津	5.20	济南	6.42
9	郑州	5.01	廊坊	6.41
10	北京	4.83	哈尔滨	6.39
11	徐州	4.68	天津	6.24
12	廊坊	4.41	连云港	6.13
13	沧州	4.15	沈阳	6.09
14	承德	3.71	徐州	5.84
15	秦皇岛	3.61	沧州	5.63
16	连云港	3.52	青岛	5.51
17	沈阳	3.40	长春	5.13
18	长春	3.13	秦皇岛	4.62
19	张家口	3.21	北京	4.12
20	青岛	3.07	承德	3.26
21	哈尔滨	2.84	张家口	3.03

表7　2014年北方主要农产品产地主要城市空气环境质量情况

序号	2014年6月		2014年12月	
	城市	环境空气综合质量指数	城市	环境空气综合质量指数
1	邢台	7.88	保定	16.36
2	唐山	7.81	邯郸	11.99
3	石家庄	7.71	石家庄	11.78

（续）

序号	2014年6月		2014年12月	
	城市	环境空气综合质量指数	城市	环境空气综合质量指数
4	济南	7.48	邢台	11.19
5	邯郸	7.44	衡水	10.60
6	徐州	7.27	唐山	10.56
7	保定	7.16	沈阳	9.53
8	郑州	6.90	郑州	9.47
9	衡水	6.62	哈尔滨	9.45
10	连云港	5.93	天津	9.43
11	天津	5.90	沧州	9.27
12	廊坊	5.70	济南	9.27
13	北京	5.55	廊坊	8.69
14	沈阳	5.52	秦皇岛	8.30
15	沧州	5.39	徐州	7.89
16	长春	4.96	连云港	7.67
17	青岛	4.87	青岛	7.10
18	秦皇岛	4.80	长春	7.25
19	承德	4.48	北京	6.24
20	哈尔滨	4.05	承德	5.17
21	张家口	3.18	张家口	4.45

（三）土壤重金属污染趋势

本课题土壤重金属污染指数预估值根据1983—1985年背景值以及2008—2014年现状值计算。1983—1985年三江平原、松嫩平原、辽河平原、海河平原、黄泛平原、淮北平原土壤重金属Cd、Hg背景值依据《中国土壤元素背景值》确定，采用《食用农产品产地环境质量评价标准》中所述单因子指数法对背景值数据进行无量纲化处理。统计计算东北平原及黄淮海平原2008—2014年土壤重金属Cd、Hg单因子指数平均值，结果如表8、表9所示。

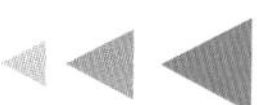

表8　北方主要农产品产地土壤重金属Cd单因子指数变化情况

单位：%

区域	1983—1985年平均值	2008—2014年平均值	年增长率	2035年预估值
三江平原	0.287	0.351	0.22	0.364
松嫩平原	0.244	0.283	0.13	0.290
辽河平原	0.360	0.399	0.14	0.410
海河平原	0.187	0.305	0.41	0.321
黄泛平原	0.248	0.314	0.23	0.326
淮北平原	0.247	0.346	0.34	0.364

表9　北方主要农产品产地土壤重金属Hg单因子指数变化情况

单位：%

区域	1983—1985年平均值	2008—2014年平均值	年增长率	2035年预估值
三江平原	0.074	0.128	0.19	0.131
松嫩平原	0.037	0.069	0.11	0.070
辽河平原	0.074	0.120	0.16	0.122
海河平原	0.036	0.098	0.21	0.100
黄泛平原	0.038	0.061	0.08	0.062
淮北平原	0.068	0.095	0.09	0.096

1983—1985年三江平原、辽河平原土壤Cd、Hg单因子指数本底值均相对较高；同时，2008—2014年土壤Cd单因子指数平均值最高的为辽河平原（0.399），土壤Hg单因子指数平均值最高的为三江平原（0.128）。较高的本底值和自然因素可能是导致辽河平原、三江平原2035年土壤重金属Cd、Hg单因子指数预估值相对其他区域较高的主要原因；此外，化肥、农药的大量投入亦不可忽视。

1983—1985年海河平原土壤Cd、Hg单因子指数本底值均最低。2008—2014年，Cd、Hg单因子指数年增长率最高的均为海河平原（0.41%、0.21%）。因此，人类生产、生活活动等外界因素可能是导致2035年海河平原Cd、Hg单因子指数预估值较高的主要原因。

到2035年，各区域土壤重金属Cd、Hg单因子指数预估值均呈上升趋势，应在党

的十九大报告关于生态文明建设总体部署以及污染防治攻坚战的大背景下，更加重视北方主要农产品产地土壤环境保护。

二、北方主要农产品产地土壤污染风险等级区划

（一）土壤污染风险等级区划方法

本报告依据瑞典著名地球化学家Hakanson提出的基于土壤重金属的性质及环境行为特点的潜在生态指数法（The Potential Ecological Risk Index），从沉积学、生态学角度出发，综合考虑土壤重金属含量及其生态效应、环境效应、人体毒理学效应，对土壤重金属污染风险等级进行评价。

$$C_f^i = C_i / C_n^i,\ E_r^i = T_r^i C_f^i$$

式中，C_f^i、T_r^i和E_r^i分别为第i种重金属污染系数、农产品毒性系数和潜在生态危害系数（污染风险等级）；C_i为土壤重金属含量实测值；C_n^i为当地土壤重金属含量背景参考值。

农产品的重金属毒性系数主要反映重金属的毒性水平和生物对重金属污染的敏感程度，不同农产品对土壤中不同重金属的吸收系数、富集能力不同，查阅研究区域各省份统计年鉴、相关文献等资料，对研究区域内主要农作物类型进行统计，确定不同土壤重金属毒性系数（表10）；参考全国和各省份土壤污染状况调查公报、《中国土壤元素背景值》、文献等资料，得出我国北方地区主要农产品产地土壤重金属含量背景参考值（表11）；通过对北方农产品产地8种重金属（As、Cd、Cr、Cu、Hg、Ni、Pb、Zn）污染指数评价结果、土壤重金属背景参考值无量纲化处理，计算单种土壤重金属污染风险指数，通过ArcGIS 10.0空间插值—克里金法绘制土壤重金属污染风险分区控制图。

表10　土壤重金属毒性系数参考值

指标	As	Cd	Cr	Cu	Hg	Ni	Pb	Zn
小麦	10	30	10	5	40	5	5	1
玉米	8	25	10	5	45	5	5	1
水稻	5	35	10	5	40	7	5	2

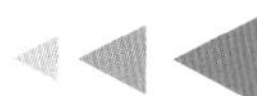

表11　不同区域土壤重金属含量背景参考值

单位：mg/kg

指标	土壤重金属背景参考值							
	As	Cd	Cr	Cu	Hg	Ni	Pb	Zn
农产品环境质量评价标准	25.0 (30.0)	0.3 (0.3)	300 (200)	100 (100)	0.5 (0.5)	50 (50)	80 (80)	250 (250)
三江平原	7.30	0.08	58.6	20.0	0.04	22.8	24.2	70.7
松嫩平原	9.41	0.07	42.8	18.3	0.03	24.4	21.4	53.6
辽河平原	9.33	0.14	62.5	22.0	0.05	28.5	24.3	59.2
海河平原	13.00	0.09	68.1	21.8	0.04	30.2	21.5	78.4
黄泛平原	10.30	0.07	60.3	19.7	0.03	28.3	19.6	60.1
淮北平原	9.40	0.06	58.9	22.5	0.03	25.5	20.1	90.6

注：参照《食用农产品产地环境质量评价标准》土壤pH6.5～7.5时各类水作农产品标准，括号内为旱作农产品标准限值；对实行水旱轮作、菜粮套种或果粮套种等种植方式的农地，执行其中较低的一项作物的标准值。

（二）土壤重金属污染风险等级区划

北方主要农产品产地土壤重金属污染高风险较为突出的是Cd、Hg。区划结果显示，东北平原和黄淮海平原8种重金属（As、Cd、Cr、Cu、Hg、Ni、Pb、Zn）污染风险较高的为Cd、Hg。土壤重金属Cd高等污染风险区域主要集中分布于辽河平原东部的沈阳市以及平原南部的锦州市、葫芦岛市。其次，三江平原双鸭山市、海河平原天津市及黄泛平原西南部的新乡市为土壤Cd高风险区域。Cd中等风险区域连片分布在辽河平原东部沈阳市、辽阳市、营口市、南部盘锦市，黄泛平原东部青岛市、中部济宁市、西部济源市以及海河平原的北部天津市、北京市，零散分布在三江平原双鸭山市、松嫩平原哈尔滨市和长春市、海河平原石家庄市、黄泛平原鹤壁市以及淮北平原郑州市、洛阳市、三门峡市周边。

经ArcGIS统计污染风险栅格数据结果表明，Cd高等污染风险区域面积在辽河平原、黄泛平原、海河平原、三江平原占比分别为4.26%、0.18%、0.16%、0.25%，中等污染风险区域面积在辽河平原、黄泛平原、海河平原、三江平原、淮北平原、松嫩平原占比分别为11.40%、9.44%、9.26%、1.75%、3.30%、2.73%。

沈阳市2009年农田土壤环境质量调查结果显示，重金属总Cd超标率为3.8%；鲍

士海（2013）在锦州市2012年基本农田土壤调查结果中发现，锦州市所辖的凌海市超标重金属为Cd，造成土壤污染的主要原因是土壤施用含有Cd的农药和肥料。三江平原黑土地区土壤重金属污染的研究结果表明，双鸭山市土壤重金属Cd含量平均值为0.10mg/kg，无明显超标现象。天津市郊农田土壤环境质量的研究结果表明，7.6%的土壤监测点位Cd生态风险达到极强水平。新乡市农田土壤重金属的生态风险评价结果表明，Cd潜在生态风险系数平均值属于极强生态污染级别。双鸭山市土壤Cd污染风险呈上升趋势，沈阳市、锦州市、天津市、新乡市土壤Cd污染风险不容忽视。

土壤重金属Hg高等污染风险区域主要分布于海河平原北京市、天津市以及辽河平原的沈阳市周边。Hg中等污染风险区域主要分布于辽河平原东南部锦州市、辽阳市、沈阳市，海河平原天津市、唐山市、安阳市以及淮北平原北部洛阳市、济源市、平顶山市周边。经计算，Hg高等污染风险区域面积在海河平原、辽河平原占比分别为1.93%、1.42%，中等污染风险区域面积在海河平原、辽河平原、淮北平原、黄泛平原占比分别为4.99%、9.92%、3.11%、1.32%。相较于2006年，2009年北京顺义区土壤中Hg元素含量明显升高，并且在2009年的调查结果中Hg生态风险系数高区域与污灌范围明显关联。2005年天津市西青区农产品产地土壤环境质量的研究结果发现，重金属Hg在该区域仅有一个点位处于中等生态风险水平，其他均处于轻微生态风险水平。2005—2008年沈阳市农田土壤与污灌区土壤环境质量的监测结果显示，土壤总Hg含量均值超背景值0.8倍，重金属Hg点位超标率为2.5%。北京市土壤Hg元素污染风险呈上升趋势，天津市、沈阳市Hg污染风险不容忽视。

三、北方主要农产品产地土壤环境问题成因分析

（一）土壤环境问题成因分析方法

基于北方主要农产品产地土壤环境质量状况的分析结果，以东北平原及黄淮海平原各市县污染源普查公报、环境质量公报、统计年鉴、国民经济和社会发展计划执行情况等客观数据为参考依据，综合考虑主要土壤超标污染物与各类污染源之间的相关性、各类污染源的规模、分布、污染物排放量及环保配套设施建设情况等，通过多指标综合评价法及卫星地图数据检索方法，追溯统计土壤重金属超标点位附近的潜在污染源，分析

环境问题成因。技术路线如图1所示。

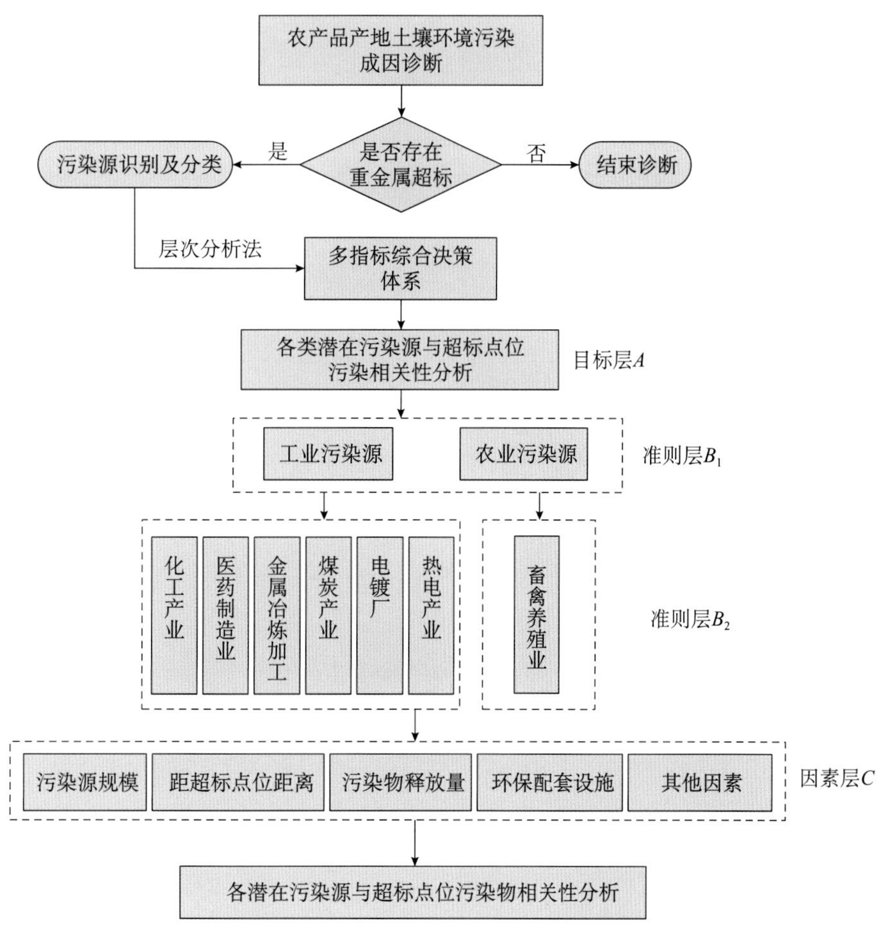

图1　土壤环境问题成因分析技术路线

根据北方主要农产品产地不同区域、不同污染物超标点位分布情况，对超标点位附近潜在污染源进行识别。点源污染主要考虑工业污染源及农业污染源，各生产行业与不同重金属污染物之间的相关性如表12所示。对造成东北平原和黄淮海平原8种重金属污染的最主要潜在污染源出现的频数进行统计，分别计算出每个潜在污染源出现的频率。东北平原、黄淮海平原重金属污染的主要潜在污染源出现频率统计如表13、表14所示。

表12　主要重金属污染物产生来源情况

重金属	工业污染源						畜禽养殖业
	化工产业	医药制造业	金属冶炼加工业	煤炭产业	电镀厂	热电产业	
As	√	√	√	√	×	√	√
Cd	√	√	√	×	√	×	√

（续）

重金属	工业污染源						畜禽养殖业
	化工产业	医药制造业	金属冶炼加工业	煤炭产业	电镀厂	热电产业	
Cr	√	√	√	√	√	×	√
Cu	√	√	√	×	√	×	√
Hg	√	√	√	×	√	×	×
Ni	√	√	√	√	√	×	√
Pb	√	√	√	√	×	×	√
Zn	√	√	√	×	×	√	√

注：√表示污染物来源于本生产行业；× 表示污染物与本生产行业不相关。

表13　东北平原重金属污染的主要潜在污染源出现频率

重金属	化工行业	医药制造业	金属冶炼加工业	煤炭产业	电镀业	热电产业	畜禽养殖业
As	2				1		2
Cd	9				1		5
Cr	7			1			3
Cu	4		1		1		
Hg	2		1		1		1
Ni	11	2	2	1	1		7
Pb	0						
Zn	3		1			1	1
总数	38	2	5	2	5	1	19
频率	0.53	0.03	0.07	0.03	0.07	0.01	0.26

表14　黄淮海平原重金属污染的主要潜在污染源出现频率

重金属	化工行业	医药制造业	金属冶炼加工业	煤炭产业	电镀业	热电产业	畜禽养殖业
As	5			2			1
Cd	27	2	8	3			7
Cr	2		1				1
Cu	10		1		1		3
Hg	8	1	4		2		1
Ni	12	2	3	2			1
Pb	1						
Zn	5		2			1	1
总数	70	5	19	7	3	1	15
频率	0.58	0.04	0.16	0.06	0.02	0.01	0.13

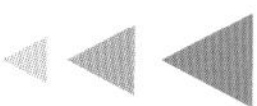

（二）土壤环境问题成因分析

化工行业是东北平原及黄淮海平原农产品产地土壤重金属污染的最主要潜在污染源。其次，畜禽养殖业是东北平原农产品产地土壤重金属污染的主要潜在污染源；金属冶炼加工业是黄淮海平原农产品产地土壤重金属污染的主要潜在污染源，工矿企业和畜禽养殖业应该得到高度重视。对六大平原主要潜在污染源占比进行统计分析，各平原的最主要潜在污染源均为化工行业。其次，金属冶炼加工业是三江平原的重要潜在污染源，其相对贡献率占比29%；畜禽养殖业是松嫩平原、辽河平原、黄泛平原的重要潜在污染源，占比分别为17%、17%、16%；煤炭产业是海河平原的重要潜在污染源，占比为20%；金属冶炼加工业、畜禽养殖业是淮北平原的重要潜在污染源，占比均为16%（图2）。

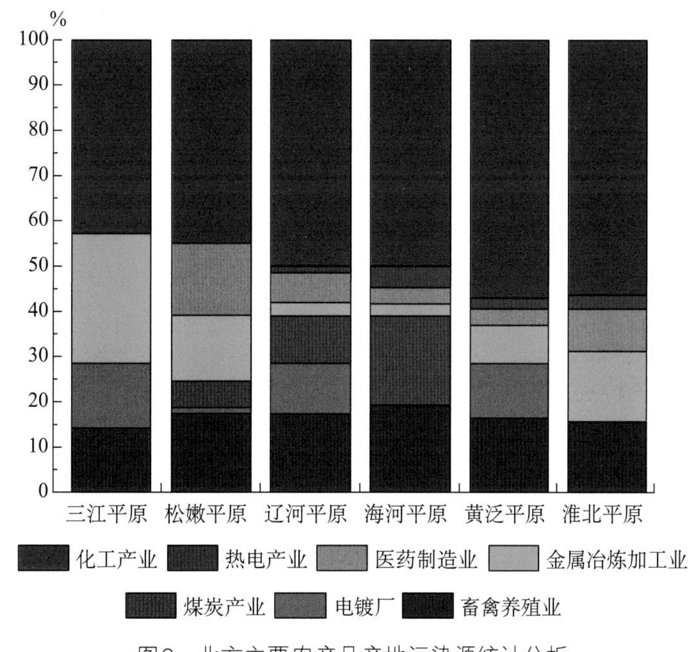

图2　北方主要农产品产地污染源统计分析

依据土壤超标点位附近污染源分布情况，从污染源规模、污染源距超标点位平均距离、污染源环保配套设施等几个方面，综合评价了污染源与重金属超标相关性指数（表15至表23）。评价结果表明，塑料厂、纺织厂、电镀厂、化肥厂、制药厂是导致沈阳市土壤Cd、Hg超标及高风险的最主要潜在污染源。化工厂、金属制造厂、纺织厂是导致天津市土壤Cd、Hg超标及高风险的最主要潜在污染源。纺织厂、冶金厂、塑料厂是导致锦州市土壤Cd超标及高风险的最主要潜在污染源。冶金厂、化工厂是导致济源市土

壤Cd超标及高风险的最主要潜在污染源。冶金厂、电镀厂、制药厂是导致安阳市土壤Cd超标及高风险的最主要潜在污染源。制药厂、畜禽养殖业是导致新乡市土壤Cd超标及高风险的最主要潜在污染源。电镀厂是导致北京市土壤Hg超标及高风险的最主要潜在污染源。

表15 沈阳市土壤Cd污染相关性指数一览

潜在污染源	潜在污染源规模	距超标点位平均距离	环保配套设施	污染相关性指数
化肥厂	中（2）	中（2）	良（2）	8
冶金厂	小（1）	远（1）	良（2）	2
塑料厂	大（3）	近（3）	优（1）	9
纺织厂	大（3）	近（3）	优（1）	9
电镀厂	大（3）	近（3）	优（1）	9
制药厂	中（2）	近（3）	优（1）	6

表16 沈阳市土壤Hg污染相关性指数一览

潜在污染源	潜在污染源规模	距超标点位平均距离	环保配套设施	污染相关性指数
化肥厂	小（1）	中（2）	良（2）	4
冶金厂	小（1）	远（1）	良（2）	2
塑料厂	大（3）	近（3）	优（1）	9
纺织厂	大（3）	中（2）	优（1）	6
电镀厂	大（3）	近（3）	优（1）	9
制药厂	中（2）	近（3）	优（1）	6

表17 天津市土壤Cd污染相关性指数一览

潜在污染源	潜在污染源规模	距超标点位平均距离	环保配套设施	污染相关性指数
纺织厂	小（1）	近（3）	差（3）	9
金属制造厂	中（2）	中（2）	差（3）	12
化工厂	大（3）	近（3）	差（3）	18
畜禽养殖业	小（1）	中（2）	中（2）	4

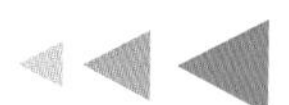

表18　天津市土壤Hg污染相关性指数一览

潜在污染源	潜在污染源规模	距超标点位平均距离	环保配套设施	污染相关性指数
纺织厂	小（1）	近（3）	差（3）	9
金属制造厂	中（2）	中（2）	差（3）	12
化工厂	大（3）	近（3）	差（3）	18

表19　锦州市土壤Cd污染相关性指数一览

潜在污染源	潜在污染源规模	距超标点位平均距离	环保配套设施	污染相关性指数
冶金厂	中（2）	近（3）	优（1）	6
塑料厂	中（2）	近（3）	优（1）	6
纺织厂	中（2）	近（3）	良（2）	12

表20　济源市土壤Cd污染相关性指数一览

潜在污染源	潜在污染源规模	距超标点位平均距离	环保配套设施	污染相关性指数
化工厂	中（2）	中（2）	良（2）	8
冶金厂	大（3）	近（3）	优（1）	9
畜禽养殖业	小（1）	远（1）	良（2）	2

表21　安阳市土壤Cd污染相关性指数一览

潜在污染源	潜在污染源规模	距超标点位平均距离	环保配套设施	污染相关性指数
冶金厂	大（3）	近（3）	良（2）	18
化肥厂	小（1）	远（1）	优（1）	1
化工厂	大（3）	近（3）	优（1）	9
电镀厂	中（2）	近（3）	良（2）	12
畜禽养殖业	小（1）	远（1）	优（1）	1
制药厂	中（2）	近（3）	良（2）	12

表22　新乡市土壤Cd污染相关性指数一览

潜在污染源	潜在污染源规模	距超标点位平均距离	环保配套设施	污染相关性指数
畜禽养殖业	大（3）	中（2）	良（2）	12
冶金厂	小（1）	近（3）	优（1）	3
纺织厂	大（3）	近（3）	优（1）	9
制药厂	大（3）	近（3）	良（2）	18
化肥厂	大（3）	近（3）	优（1）	9
电镀厂	小（1）	近（3）	良（2）	6

表23　北京市土壤Hg污染相关性指数一览

潜在污染源	潜在污染源规模	距超标点位平均距离	环保配套设施	污染相关性指数
纺织厂	小（1）	中（2）	中（2）	4
化肥厂	小（1）	中（2）	差（3）	6
电镀厂	大（3）	近（3）	差（3）	27
制革厂	中（2）	远（1）	差（3）	6

四、北方主要农产品产地污染综合防治战略

（一）总体思路

以“坚守生态红线、强化风险管控”为准则，统筹部署“天地一体化”农产品产地环境监测体系。以“环保督查常态化”为契机，落实工矿企业清洁生产，推进畜禽养殖污染综合治理。因地制宜，实施“一区一策”污染防治策略；循序渐进，率先开展“天地一体化”监控预警、京津冀农田污染治理、生态环境良好农产品产地土壤环境保护三大重点工程。

（二）分区防治对策

1．东北平原

东北平原废水Cd、Hg排放总量不高（分别占全国0.36%、1.12%），工业污染治理投资力度相对较低（占全国6.52%），土壤重金属高污染风险市县个数相对较少（20个），宜采用经济性强、环境扰动小、污染风险低的防治和修复技术。在Cd、Hg超标地块，种植富集能力较强的植物，例如野古草、大米草等，使土壤中重金属污染物不断向植物中转移，净化后土壤可逐步恢复玉米、小麦等对重金属不敏感的农作物种植；或实行Cd、Hg超标地块永久退耕。中等、低等污染风险市县个数共计76个，但监测点位无超标现象，应以预防为主，采取保育措施。严控化肥、饲料添加剂含量，倡导生产种植有机农产品，重点保护三江平原土壤环境质量。对辽河流域及松花江流域水质较差水体优先启动河道生态湿地治理工程，提高水体自净能力。

（1）三江平原

三江平原1990年的农药用量为1.55kg/hm^2，而1994年增至2.08kg/hm^2，平均每年增加0.13kg/hm^2。虽然该区使用的农药多是高效低毒、低残留的农药，但是其中有些农药所含杂质或代谢物成分的毒性却很强，长期大量使用仍会对该区的农业土壤环境和生态系统健康构成威胁。1990年三江平原化肥用量平均为64.8kg/hm^2，而1994年增至120.6kg/hm^2，其使用量正逐年增加，因化肥的大量使用而产生的水体环境问题将会愈加突出。地膜的大量使用也会对土壤环境产生很大的影响，残留地膜与土壤水分含量、孔隙度呈负相关，而与土壤容重呈正相关，且地膜含毒物质能够影响植物的生长。三江平原地膜的用量正逐年增大，1990—1994年，地膜用量的年增长率为10.5%，而其残留率则高达46.2%。因此，残留地膜的污染已成为该区不可忽视的土壤环境问题。三江平原湿地面积由1949年的534万hm^2减少到2000年的90.69万hm^2（湿地率由49.04%降至8.33%），经过60多年的大规模开发，三江平原生态环境已趋脆弱化。

综上，需根据该区生态环境现状，推广生态农业建设，建立绿色食品和有机食品基地，绿色食品生产宜采用生物防治技术；推广施用有机肥、复合肥和生物肥，避免或最大程度限制化学合成肥、化学农药、植物生产调节剂等农业投入品的使用；建立废弃农膜回收和加工企业，促进残膜回收；加大环保投资力度及执法力度，鼓励工业企业实行清洁生产，加强水、土、气、生、人等环境要素的质量监测，开展“三废”综合利用，实现“三废”资源化；建立三江平原自然保护区和生态功能保护区，采取生物与工程相结合的措施，完善现有防护林体系，严禁开垦湿地，形成合理的农林牧业结构；加强生态环境较好耕地区域的保育，通过加强区域环境污染综合治理实现区域生态环境的健康发展。

(2) 松嫩平原

松嫩平原的主要生态环境问题是污染严重，包括大气污染、水体污染、土壤污染、生物污染；水土流失严重，地力普遍下降；林地面积减少，自然灾害增多；自然资源利用不合理。应做好流经松嫩平原农区的松花江、嫩江等江河的污染防治工作，严格控制沿江工业企业向江内排放各种污染物，强化城市污水的处理技术、处理能力、处理水平。科学利用污水，加强对再生水资源以及污泥的管理，加强污灌区农业环境质量监测和科学管理工作。对病虫害进行综合治理，有组织地协调应用多种防治技术，重点发展生物防治，以控制农药污染。建立健全农村环境保护机构，实行行政、经济和法制的综合管理，坚决制止排放剧毒污染物、强致癌物，严禁建立严重污染环境的项目，严格控制小电镀、小石棉、小造纸、小冶金、小化工等重点污染行业的发展，对污染源进行监督，充分利用经济杠杆作用对“三废”综合利用。根据农业持续发展和地力下降的现状，补偿更新土壤有机质，增施有机肥，秸秆还田，使用草炭，种植绿肥等。

(3) 辽河平原

辽河平原点源污染与面源污染共存、生活污染和工业污染叠加、各种新旧污染相互交织、工业及城市污染向农村转移等问题，导致农业环境恶化。至2015年，辽河平原8个主要灌溉区农业使用城市和工业污水灌溉，面积达6.7万hm^2。辽宁人均耕地少，化肥、农药、农膜等农业投入品的大量投入以及土地过度利用和有机肥施用不足，导致农田质量下降，农业环境和农产品污染程度加剧。规模化畜禽养殖污染——畜禽滥用药和粪便乱排放，造成耕地面源污染，给畜禽和作物农产品质量带来安全隐患。

首先，辽河平原应转变农业生产方式，建设环境友好型农业和循环农业。尽量给土地休养生息的机会，应减少扰动土地、培育抗性品种，大力推行保护性耕作和联合作业等减少拖拉机及其配套机具进地次数的技术，防止土壤压实和沙化。推行秸秆还田技术和节地、节水、节肥、节能技术，增施有机肥和生态肥，发展应用高效、低毒、低残留农药，以改善土壤环境。按照“无害化、低排放、零破坏、高效益、可持续、环境优美”的思路，重点推广废弃物资源化无害化处理技术、农牧结合技术、健康生态养殖技术、农产品精深加工技术、保护性耕作技术、旱作节水农业技术。禁止对草原、森林和水域不合理开发，拓宽农业资源利用空间，加大资源循环利用及综合利用力度。

其次，建立健全生态环境监测预警体系，加强农业环境保护执法检查力度。以危害农业环境的主要污染物为监测重点，迅速掌握农业环境污染的现状和动向，早预报、早防治。由环境保护管理部门牵头，协调组织农业、水利、气象等各部门，建立从土地到水源再到大气的立体环境监测体系，提高环境污染综合防治能力，认真贯彻执行环保法律法规，强化联合执法监督检查。加大农业面源污染的检测监控力度，对已认证的基本农田及优势农产品基地环境实行统一管理，对污染相对较重的地区进行加密监测，实施重点改良治理。加大对污染事故的查处力度，维护农民的合法权益。进一步落实环评法，防止先污染后治理现象发生。

最后，建议加强环境综合治理，将农业环境保护纳入环保工作重心。以农业面源污染防治为重点，从化肥污染、农药污染、白色污染、水源污染、秸秆焚烧大气污染、畜禽养殖废弃物污染等诸多方面进行综合治理，因地制宜推广农业面源污染综合防治技术。在水源治理方面，推广小流域综合治理生态农业模式，推广深松、保护性耕作等蓄水保墒技术，推行农业节水及高效利用技术。将农业环境保护与发展休闲观光农业有机结合。加大钢铁、电力、化工、陶瓷等排污大户企业和老旧车辆综合治理力度，治理秸秆焚烧，缓解畜禽废弃物、设施大棚锅炉燃烧等污染，减少农业污染排放源。通过环境综合治理，改善空气、水源和耕地质量，实现工业与农业、种植业与旅游业、人与自然的和谐发展。

2. 黄淮海平原

黄淮海平原废水Cd、Hg排放总量较高（分别占全国7.81%、17.80%），工业污染治理投资力度相对较高（占全国28.50%），土壤重金属高污染风险市县个数相对较多(36个)。应在精准测算高污染风险区域和重污染农田面积及土方量的基础上，对高污染风险、重污染地块在休耕季节进行客土更换，被置换的污染土壤应采取异位淋洗或固化稳定化技术处理。土壤淋洗液可送往周边工业园区废水处理设施集中处理，或新建污水处理设施就地处理；经重金属固化稳定化或淋洗处理后的土壤可参照相关标准资源化应用于填埋场覆土、矿坑修复、建材。黄淮海平原土壤重金属中等、低等污染风险市县个数共计239个，监测点位无超标现象，中、低污染风险区域应进一步强化监管、防患于未然。开展黄淮海平原重点流域重金属污染防治专项规划编制工作。科学划定污染控制单元，统筹防治地表水、地下水、近岸海域等各类水体污染。加强南水北调工程沿线环境保护，着力推进工业节水及清洁生产。

(1) 海河平原

海河平原农产品产地土壤环境问题较为突出的区域主要分布在北京市、天津市以及

河北部分工业发展较为迅速的城市，污水灌溉、散乱污工矿企业是环境污染风险的主导因素。随着近年来气候条件变化和环境污染，海河流域生态环境质量快速下降，水资源开发开采过度，河道干涸、水体污染、地表沉降、海水入侵等生态问题不断发生，损害了部分地区人民群众的环境权益，制约了海河流域经济社会健康发展。

建议在海河平原进一步加强、健全环保法制体系，从源头上严格控制污染。要在国家现有生态环境保护法律法规框架下，进一步加强环境保护法制建设，明确环境保护管理的主体、原则、内容和程序，规范和完善环境保护管理公开、保障、监督和责任追究制度，健全环境保护行政许可、行政执法和法制监督工作规程，增强环境保护行政管理的针对性、可操作性和社会协同力。同时，制定海河平原农产品产地环境保护的技术标准，切实增强环境保护工作的科学性、实用性和可操作性。

建议健全海河平原农产品产地环境保护规划体系，发挥引领约束作用。以海河平原农产品产地环境保护综合规划为统领，以海河平原水土资源保护规划、环境资源综合规划、环境生态系统保护与修复规划为基础，以环境功能区达标建设、河流湖泊功能修复、地下水压采、突发环境污染事件应急处置为依托，构建定位清晰、功能互补、目标衔接、任务明确的环境资源保护空间规划体系。进一步界定基于农田生态红线，全面分析农产品产地环境承载能力，坚持水质、水量、环境一体化管理。

建议完善监测预警管理，主动防范环境风险。构建土、水、气、生、人一体化监测站网体系，建立常规与自动相结合、定点与机动相结合、定时与实时相结合的监测模式，实现水环境监测及时、准确、有效。建立覆盖全流域各级实验室的通信与网络系统，通过规范化信息管理实现环境监测数据的共享和传输。

建议构建生态补偿机制，促进源头生态保护。要加快建设生态补偿机制，应坚持使用资源付费和谁污染环境、谁破坏生态谁付费的原则，明确补偿责任主体，实行自然资源的有偿使用，共同保护和改善生态环境、保持流域协调发展，实现从源头上保护生态环境。

建议加强区域部门协作，有效开展应急管理。要不断健全完善区域、部门之间环境保护协作机制。建立健全环境应急处理工作机制，完善地区间、部门间突发事件信息通报、联动响应制度。完善突发环境污染事件应急监测体系，健全各级应急监测队伍。建设突发环境污染处置管理平台，实现环境污染事件风险源空间信息、风险等级信息、风险预警信息的共享查询。

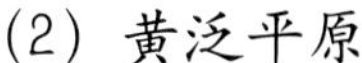

(2) 黄泛平原

黄泛平原土壤环境污染问题突出的区域主要分布在济源市、新乡市、安阳市等地，污染源类型多样，点源面源污染形式复杂。首先，应系统开展黄泛平原农用地土壤污染状况详查，按照“统一规划、整合优化”的原则，布设土壤环境质量国家级监测点位，开展土壤污染治理与修复试点示范。其次，应完善黄泛平原农产品产地法律标准体系，通过制定农产品产地土壤、大气、水污染防治相关法律法规、部门规章、标准体系等，明确落实地方政府主体责任，形成政府主导、公众参与、社会监督的环境污染防治格局。最后，应加强农药、化肥、种子等农业投入品的监督管理，杜绝高毒、高残留农药、化肥、饲料等不合格农资在市场上的流通，推广新型农资替代品，降低农业投入品对农产品的污染。

(3) 淮北平原

淮北平原土壤环境污染突出问题主要分布在洛阳市、信阳市、郑州市等地，随着淮北平原工业化、城市化水平不断提高，环境问题日趋严重，农业生态环境不断恶化。以城市为中心的工业污染仍在发展，并向农村蔓延；化肥和农药的大量施用，导致农业非点源污染日趋严重；人们对资源的需求和消耗日益增大，人口、资源和环境之间的矛盾日益尖锐；在资源开发过程中，忽视了生态保护。按照农业部、财政部《关于印发〈农产品产地土壤重金属污染综合防治实施方案〉的通知》(农科教发〔2012〕3号）等国家相关文件的要求，开展淮北平原农产品产地土壤重金属污染调查、监测和评价，推进农产品产地土壤重金属污染修复试验区建设，探索不同类型污染源、不同作物种植结构和不同作物品种的修复方法和技术。建立重点区域、重点流域农业生态环境质量评价模型，开展生态环境质量评价。强化农科教结合，加大科技创新力度，着力破解农作物秸秆综合利用、农业面源污染防治等亟待解决的难点、焦点和热点问题。促进农耕农艺农机技术结合、新品种新技术新模式协调、良种良法良制配套。强化技术培训，推广应用规范、成熟的现代生态农业模式及技术。

（三）政策建议

1. 成立国家级农产品产地污染监察中心

成立国家级农产品产地污染监察中心，由国务院领导，整合环境保护、农业农村、水利、住建、国土、卫生等有关生态环境监管部门，统筹资源、科学部署“水—土—

气—生—人”一体化农产品产地污染监控预警系统。强化工矿企业源头排污监管。深入调查土壤重金属、有毒有机物污染现状，探究不同污染组分在土壤中的迁移转化规律，分析污染物在土、水、气、作物等介质中的交互作用机制，为农产品产地环境污染防治措施提供客观的科学手段及理论依据。强化农产品种植、生产、流通全链条监管力度，以“严禁流通、源头查封”的不达标农产品“市场倒逼”方式控制农田污染。

2. 淘汰落后产能，鼓励工矿业清洁生产

以中央环保督察为契机，推进化工、冶金行业清洁生产，坚决淘汰散、乱、污工矿企业及其落后工艺，鼓励落后生产技术改造，强化行业的环保、能耗、技术、工艺、质量、安全等方面的指标约束，提高准入门槛。推广应用化工生产过程污染物浓缩、分离、纯化、内部资源化循环利用技术。使用湿法冶金工艺逐渐替代火法工艺，减少有害重金属源头排放量，提高有害金属回收率。

3. 推进畜禽养殖污染综合治理

科学划定畜禽养殖禁养区、限养区、宜养区。加大国家财政专项支持力度，结合以奖促治，解决农村畜禽养殖污染问题。在农村分散畜禽养殖区域，以村为实施单元，连片推广应用可降解有机废弃物小型户用沼气工程。在农村集中畜禽养殖区域，以镇/县为实施单元，规模化推广应用以畜禽粪便为主的中大型沼气工程。在畜禽养殖废弃物产生量较高的地区，遵循“以地定畜、种养结合”的原则，形成生态养殖—沼气—有机肥料—种植的循环经济模式，实现畜禽养殖污染物的资源化综合利用。推广低污染、低投资、低运行、易管理“三低一易”型畜禽养殖污染寒冷季节越冬工程。

五、重大工程

（一）“天地一体化”农产品产地环境监控预警与风险管控平台

依托集成卫星和无人机航空遥感技术、土壤环境原位在线监测技术、土壤样品快速精准分析技术、土壤污染物模拟预警技术，构建地面环境监测网点与数据传输系统，建立农产品产地“天地一体化”环境监测及“物联网+”大数据分析预警平台，重点监测农产品产地“土、水、气、生、人”五要素与污染源，整合农产品质量与流通、化肥农药饲料施用情况信息数据。

（二）京津冀地区农产品产地污染综合防治

2015年京津冀地区废水排放总量为555 309万t，占全国的7.55%。其中，废水中COD排放总量为157.87万t，Hg排放总量为174.8kg，Cd排放总量为16.2kg，Pb排放总量为437.1kg。2014年京津冀地区有涉水工业企业约1.53万家，其中化工行业污染源对农田土壤污染的相对贡献率最高（51%），其次为畜禽养殖业（27%）、金属冶炼加工业（9%）、电镀业（7%）。京津冀污染源点多面广，单位面积涉水工业污染源密度是全国平均水平的5.4倍，40%地下污染源周边存在地下水污染。区域地下水质Ⅳ～Ⅴ类比例约为78%；重金属污染浅层地下水指标主要以As、Pb、Cd为主，污染比例为7.98%；浅层地下水挥发性有机物污染比较严重，污染比例为29.17%。

建设京津冀区域环境质量动态监测网络，按照统一规划、统一监测、统一评价的原则，实行农作物和土壤环境质量协同监测，界定京津冀农产品产地污染区，识别重点污染行业，全面分析京津冀地区农产品产地污染时空分布及变化趋势。开展农产品质量全程追踪监控工程示范。

开展化工行业、金属冶炼加工业、电镀业、畜禽养殖业、垃圾填埋场等重点污染源在线监控预警。推进化工、冶金行业清洁生产，淘汰落后工艺，鼓励技术改造，减少有害重金属源头排放量，提高有害金属回收率。

开展土壤污染来源及演化过程、污染物在不同土壤母质中的吸收迁移转化规律、污染物赋存形态对农产品质量及环境风险的影响等基础科学研究，研发、推广、应用经济高效的污染土壤原位/异位修复技术，通过湿地重建提高环境净化能力。

（三）生态环境良好农产品产地土壤环境保护

目前，我国北方主要农产品产地局部土壤污染风险较高，但大部分区域土壤环境质量良好，需重点保护土壤污染低风险区域生态环境。建设土壤质量保育示范工程，通过增施有机肥、种植绿肥提高土壤有机质含量和环境容量。在东北老工业基地振兴发展的同时，严格把控工矿企业污染源准入门槛及污染物排放。在秸秆及畜禽养殖集中区建设有机肥生产基地，在秸秆及畜禽养殖分散区建设小规模有机肥堆沤池（站），鼓励秸秆粉碎深翻还田、秸秆免耕覆盖还田、粮豆轮作、粮草（饲）轮作，推广深松深耕和水肥一体化技术。

参考文献

毕林涛，周林波，麻晓霞，2003. 哈尔滨市空气污染问题分析与防治对策［J］. 中国环境管理（3）：28-30.

曹宏杰，王立民，罗春雨，等，2014. 三江平原地区农田土壤中几种重金属空间分布状况［J］. 生态与农村环境学报，30（2）：155-161.

曹建荣，刘衍君，于洪军，徐兴永，2010. 聊城市土壤重金属含量特征分析［J］. 安徽农业科学，38（12）：6436-6437.

陈海婴，佟霁坤，2015. 保定市区夏季环境空气污染状况分析［J］. 安徽农业科学（7）：261-262.

成国庆，周保华，段二红，等，2010. 石家庄市$PM_{2.5}$的污染现状及防控对策［J］. 中国环境管理干部学院学报（5）：39-41.

崔玮，王文丽，2015. 保定市空气$PM_{2.5}$的污染现状与防治对策浅析［J］. 科技创新导报（1）：94.

崔邢涛，栾文楼，石少坚，等，2010. 石家庄污灌区土壤重金属污染现状评价［J］. 地球与环境，38（1）：36-42.

崔秀玲，徐君静，周速，2013. 新乡市土壤环境中铬污染状况分布研究［J］. 河南机电高等专科学校学报，21（4）：11-15.

付卫东，刘衍君，汤庆新，等，2009. 基于GIS的耕地土壤重金属污染与农业功能定位研究：以山东省聊城市为例［J］. 中国环境管理干部学院学报，19（3）：79-82.

付玉豪，李凤梅，郭书海，等，2017. 沈阳张士灌区彰驿站镇土壤与水稻植株镉污染分析［J］. 生态学杂志，36（7）：1965-1972.

韩永红，2010. 邯郸市5个县区土壤中铅和镉的污染状况调查［J］. 职业与健康，28（9）：1128-1129.

韩铮，邢延峰，李广来，任伊滨，2013. 黑龙江省$PM_{2.5}$监测现状及结果分析［J］. 环境科学与管理，38（1）：134-136.

金丹，郑冬梅，孙丽娜，2015. 辽河铁岭段两岸河岸带土壤重金属分布及风险评价［J］. 沈阳大学学报：自然科学版，27（6）：451-456.

李晶娜，张思冲，周晓聪，等，2008. 大庆城区土壤重金属污染及潜在生态危害研究［J］. 中国农学通报，24（11）：428-432.

李玲，吴克宁，张雷，吕巧灵，2008. 郑州市郊区土壤重金属污染评价分析［J］. 土壤通报（5）：

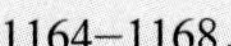

1164-1168.

李萍，涂代惠，李燕，2003. 邯郸市郊区菜园土壤重金属污染状况的调查与评价 [J]. 河北工程大学学报：自然科学版，20 (2)：23-25.

李文博，王冬艳，赵一嬴，2015. 吉林省中部土壤重金属元素环境风险评价 [J]. 吉林农业大学学报，37 (3)：346-351.

李玉浸，高怀友，2006. 中国主要农业土壤污染元素背景值图集 [M]. 天津：天津教育出版社.

栗萍，程瑞，李玉玲，徐晖，2016. 河北省邯郸市畜禽养殖场周边土壤重金属含量调查及污染评价 [J]. 中国猪业，11 (1)：67-70.

刘韬，郭淑满，2003. 污水灌溉对沈阳市农田土壤中重金属含量的影响 [J]. 环境保护科学，29 (3)：51-52.

刘衍君，马春玲，曹建荣，付卫东，2013. 聊城市土壤重金属污染现状及其潜在风险评价 [J]. 聊城大学学报：自然科学版，26 (2)：73-77.

刘衍君，汤庆新，白振华，等，2009. 基于地质累积与内梅罗指数的耕地重金属污染研究 [J]. 中国农学通报，25 (20)：174-178.

刘衍君，汤庆新，张保华，付卫东，2009. 基于ArcGIS的聊城市耕地土壤重金属污染现状与评价 [J]. 山东农业大学学报：自然科学版，40 (4)：567-571.

刘衍君，张保华，曹建荣，付卫东，2009. 鲁西粮食主产区耕地土壤重金属元素富集与空间分布研究：以聊城市为例 [J]. 中国农学通报，25 (18)：236-240.

毛建华，陆文龙，2000. 天津市农田土壤污染现状与防治对策 [J]. 环境科学导刊，19 (8)：96-98.

庞梦琳，王式功，2014. 2003—2012年石家庄市大气污染特征分析 [J]. 安徽农业科学 (7)：2079.

曲晓黎，付桂琴，贾俊妹，杨国星，2011. 2005—2009年石家庄市空气质量分布特征及其与气象条件的关系 [J]. 气象与环境学报，27 (3)：29-32.

沈万斌，李煜蓉，邱希萍，白荣杰，2008. 长春经济区土壤质量综合评价图制作方法 [J]. 吉林大学学报：地球科学版 (S1)：178-181.

宋文华，张维，刘晓东，等，2017. 天津市土壤环境保护现状问题分析及建议研究 [J]. 环境科学与管理，42 (6)：58-61.

田丽梅，贾兰英，韩建华，等，2006. 天津市土壤重金属污染现状与综合治理对策 [J]. 天津农林科技 (4)：32-34.

王成祥，陈永金，刘加珍，等,2016. 聊城市大气污染现状与治理对策研究 [J]. 环境工程,34 (6)：114-118.

王传涛，2015. 聊城市2014年环境空气污染变化趋势 [J]. 环球市场信息导报 (35)：97.

王姗姗，王颜红，王世成，等，2010. 辽北地区农田土壤—作物系统中Cd、Pb的分布及富集特征[J]. 土壤通报（5）：1175-1179.

王粟，孙彬，裴占江，等，2014. 松嫩平原重点区域农田土壤污染现状分析与评价［C］. 2014年中国环境科学学会学术年会.

王粟，孙彬，汪潮柱，等，2013. 东北典型黑土区土壤重金属污染现状评价与分析［J］. 安徽农业科学，41（10）：4350-4352.

王铁宇，汪景宽，周敏，等，2004. 黑土重金属元素局地分异及环境风险［J］. 农业环境科学学报，23（2）：272-276.

王学锋，皮运清，史选，等，2005. 新乡市污灌农田中重金属的污染状况调查［J］. 河南师范大学学报：自然科学版，33（3）：95-97.

王学锋，王磊，师东阳，等，2007. 新乡市污灌区蔬菜地重金属污染状况调查分析［J］. 安徽农业科学，35（36）：11980-11981.

王勇，窦森，2008. 长春市郊区土壤—水稻体系重金属含量及迁移规律［J］. 吉林农业大学学报，30（5）：716-720.

王宇，李业东，曹国军，王玉军，2008. 长春地区土壤中重金属含量及其在玉米子粒中的积累规律［J］. 玉米科学，16（2）：80-82.

许万智，陈仲榆，陈辉，等，2015. 辽宁省中部城市大气颗粒物$PM_{2.5}$和PM_{10}污染特征研究［C］. 中国环境科学学会学术年会.

闫实，2011. 沈阳郊区耕作土壤As、Hg的污染评价［J］. 农业资源与环境学报，28（1）：89-90.

杨庆娥，任振江，张航，彭斌，2007. 不同水质灌溉对土壤中重金属积累和分布的影响［J］. 灌溉排水学报，26（3）：47-48.

于大江，吴艳玲，王鹏，2014. 2001—2012年哈尔滨市空气质量长期变化特征［J］. 环境化学，33（2）：306-312.

张慧，付强，赵映慧，2013. 松嫩平原北部土壤重金属空间分异特征及生态安全评价［J］. 水土保持研究，20（2）：165-169.

张继舟，吕品，于志民，等，2014. 三江平原农田土壤重金属含量的空间变异与来源分析［J］. 华北农学报（S1）：353-359.

张普，谭少波，王丽涛，等，2013. 邯郸市大气颗粒物污染特征的监测研究［J］. 环境科学学报（10）：2679-2685.

张庆然，2015. 环境空气颗粒物中二次粒子与重金属污染特征及危害性评价［D］. 济南：山东建筑大学.

张秋英，赵英，2000. 松嫩平原农区农业生态环境变化原因及对策［J］. 土壤与作物，16（4）：279-282.

张殷俊，陈曦，谢高地，等，2015. 中国细颗粒物（$PM_{2.5}$）污染状况和空间分布 [J]. 资源科学，37（7）：1339–1346.

赵国君，包清华，董晨阳，2005. 长春市大气污染物分布特征及变化规律研究 [J]. 长春理工大学学报：自然科学版，28（3）：123–126.

赵永存，汪景宽，王铁宇，等，2002. 吉林公主岭土壤中砷、铬和锌含量的空间变异性及分布规律研究 [J]. 土壤通报（5）：372–376.

郑世英，2002. 重金属污染对农田土壤生态的影响 [J]. 聊城师院学报：自然科学版，15（4）：48–50.

周英涛，王春艳，张建林，等，2007. 安阳市农作物典型污染区域环境质量调查研究 [J]. 环境与可持续发展（1）：49–51.

朱桂芬，张春燕，王建玲，等，2009. 新乡市寺庄顶污灌区土壤及小麦重金属污染特征的研究 [J]. 农业环境科学学报，28（2）：263–268.

朱雪超，刘淑芳，侯冬利，刘树庆，2012. 保定市郊灌溉水质分析及灌区蔬菜质量评价 [J]. 河北农业大学学报（5）：72–76.

专题报告一

中国渔业环境若干战略问题研究

一、渔业发展现状与渔业环境演变趋势

（一）渔业发展现状

中国是渔业大国。2015年，我国水产品的总产量已达6 699.65万t，连续26年稳居世界第一，占世界水产品总量的三分之一以上，渔业产值达到11 328.70亿元，渔

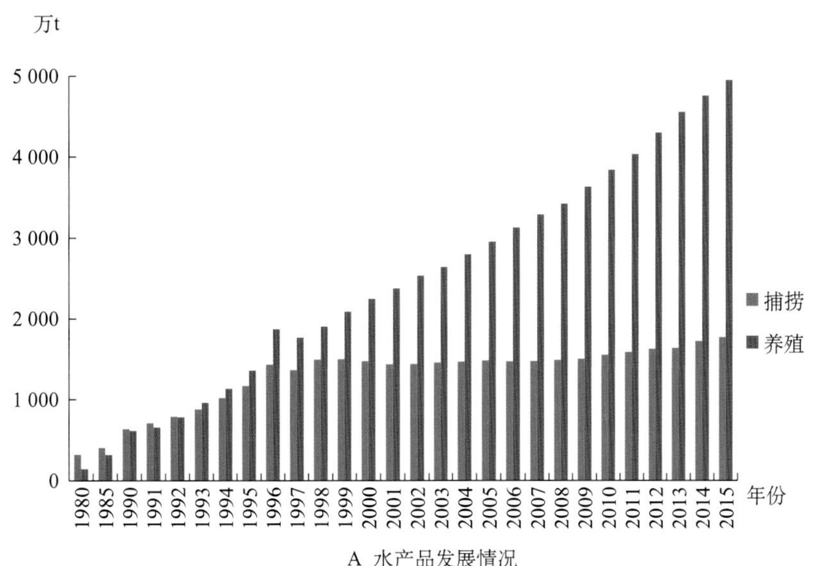

A 水产品发展情况

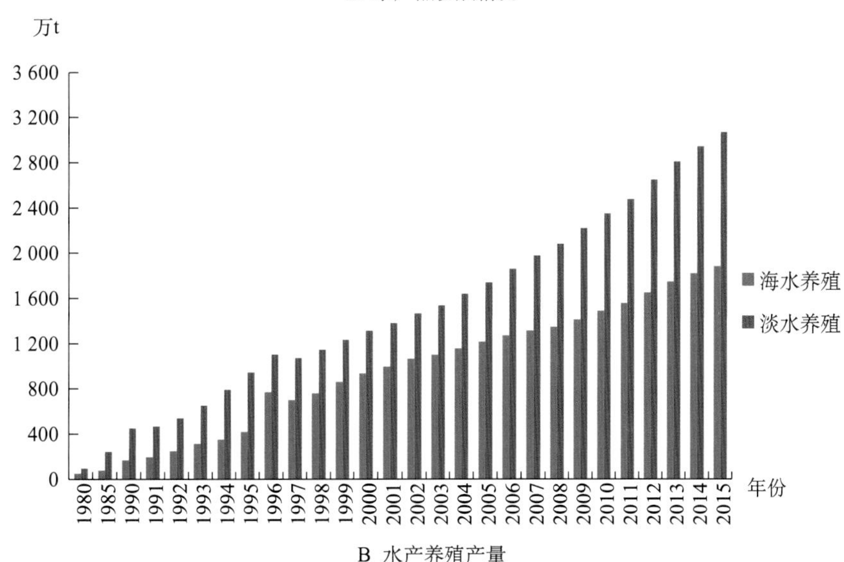

B 水产养殖产量

图1 1980—2015年我国渔业发展状况

业增加值达到6 416.36亿元，渔民人均纯收入达到15 594.83元，水产品人均占有量48.74kg，水产品进出口额达到293.14亿美元。渔业为保障国家粮食安全、促进渔民增收等做出了重要贡献。中国又是世界水产养殖第一大国，水产养殖产量占世界总产量的70%以上。根据《中国渔业统计年鉴》，1980年我国水产品总量为449.70万t，其中海水产品产量325.70万t（其中海洋捕捞281.27万t、海水养殖44.43万t），淡水产品产量124.00万t（其中淡水捕捞33.85万t、淡水养殖90.15万t）。2015年我国水产养殖产量4 937.90万t，养殖产品占水产品总量的73.70%，其中，海水养殖产量1 875.63万t；全国水产养殖面积846.5万hm^2，其中，海水养殖面积231.78万hm^2（图1）。海水养殖产量中贝类所占比例最高，为72.42%，淡水养殖中鱼类所占比例最高，为88.66%（图2）。经过多年发展，水产养殖业成为国民经济发展中举足轻重的产业。

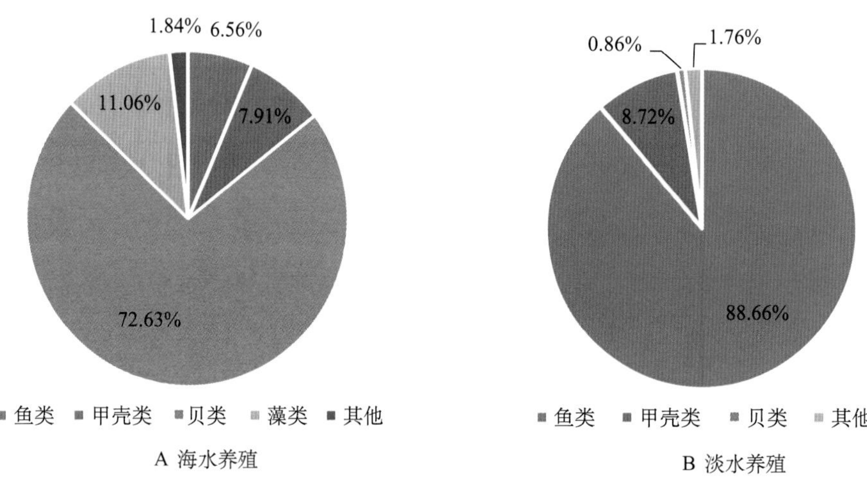

图2 我国水产养殖结构

（二）渔业环境影响与演变趋势

1. 水产养殖污染物排放状况

渔业环境是水生生物赖以生存和繁衍的场所，也是渔业发展的基础。随着渔业水域沿岸社会经济的迅猛发展和人口的急剧增加，城市排污、工业废水和农业污水等造成的点源及非点源污染是渔业环境恶化的主要和直接影响因素。据环境保护部、国家统计局和农业部2010年公布的《第一次全国污染源普查公报》显示，全国水产养殖业主要污染物排放量为化学需氧量（COD）55.83万t、总氮8.21万t、总磷1.56万t、铜54.85t、锌105.63t。五项指标分别占农业源主要污染物排放（流失）量的4.22%、3.04%、5.48%、2.24%、2.17%，化学需氧量、总氮和总磷三项指标占全国总量的1.84%、1.74%

和3.69%。在此次普查的工业源、农业源、生活源和集中式污染治理设施等对象中，水产养殖业的污染物排放总量相对较小，但局部水域的水产养殖也会成为环境污染的主要来源。

2．海洋天然重要渔业水域生态环境演变趋势

渔业用水多是就近用水或引水，因而海洋、江河、湖泊、水库等水域的环境质量状况也是渔业环境污染的直接反映。总体上，我国渔业水域环境质量恶化的趋势尚未得到根本遏制。《中国渔业生态环境状况公报》显示，2000—2015年，我国海洋天然重要渔业水域无机氮超标比例持续高位，基本保持在50%以上，近年来超标比例在80%左右；活性磷酸盐超标比例振幅较大，平均在50%左右；石油类的超标比例在30%左右波动，近几年超标比例大幅降低，基本在20%以下；化学需氧量的超标比例保持在20%左右；其他监测指标基本符合评价标准，仅个别指标或年份超标，如2009年铜有部分水域超标（农业部、环境保护部，2010—2015）（图3）。

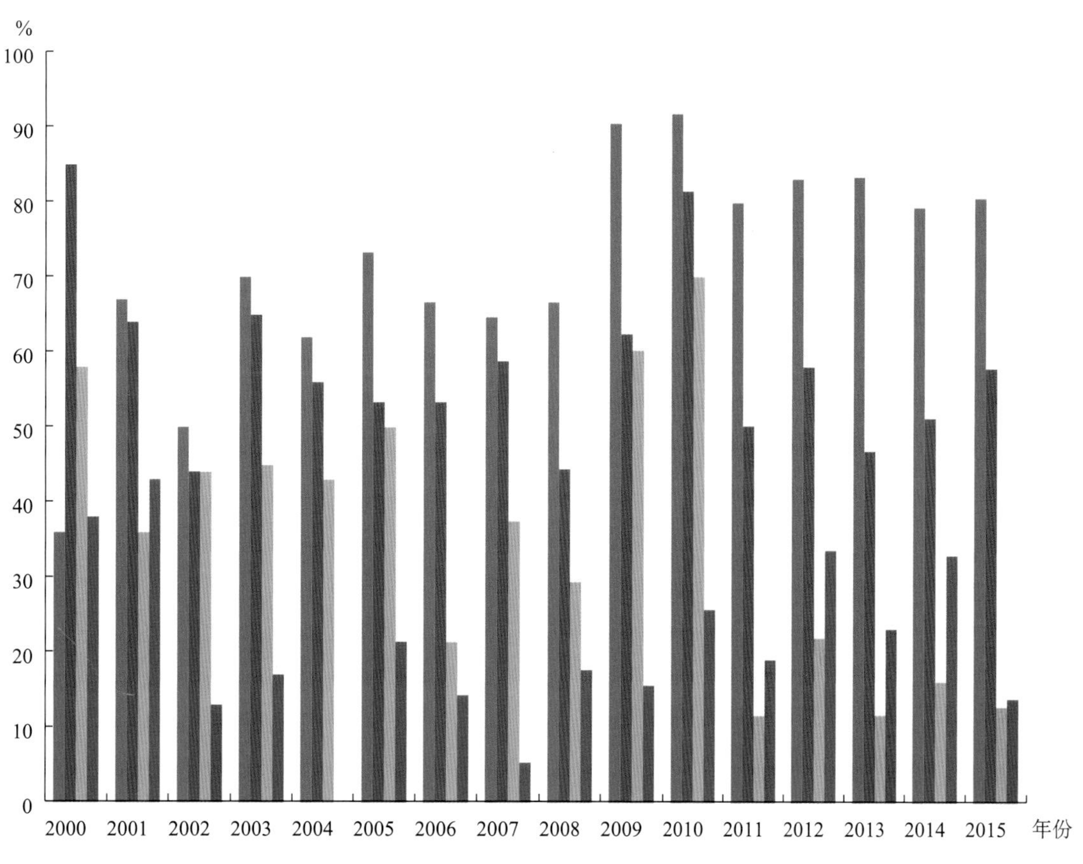

图3 2000—2015年海洋天然重要渔业水域环境变化

2000—2015年，中国海水重要增养殖区水环境质量变化状况如图4所示。从图中可见，无机氮和活性磷酸盐的超标比例总体呈先下降后上升趋势；石油类的超标比例变化较大，总体呈下降趋势，但近年超标比例又有所上升；化学需氧量的超标比例总体较低。

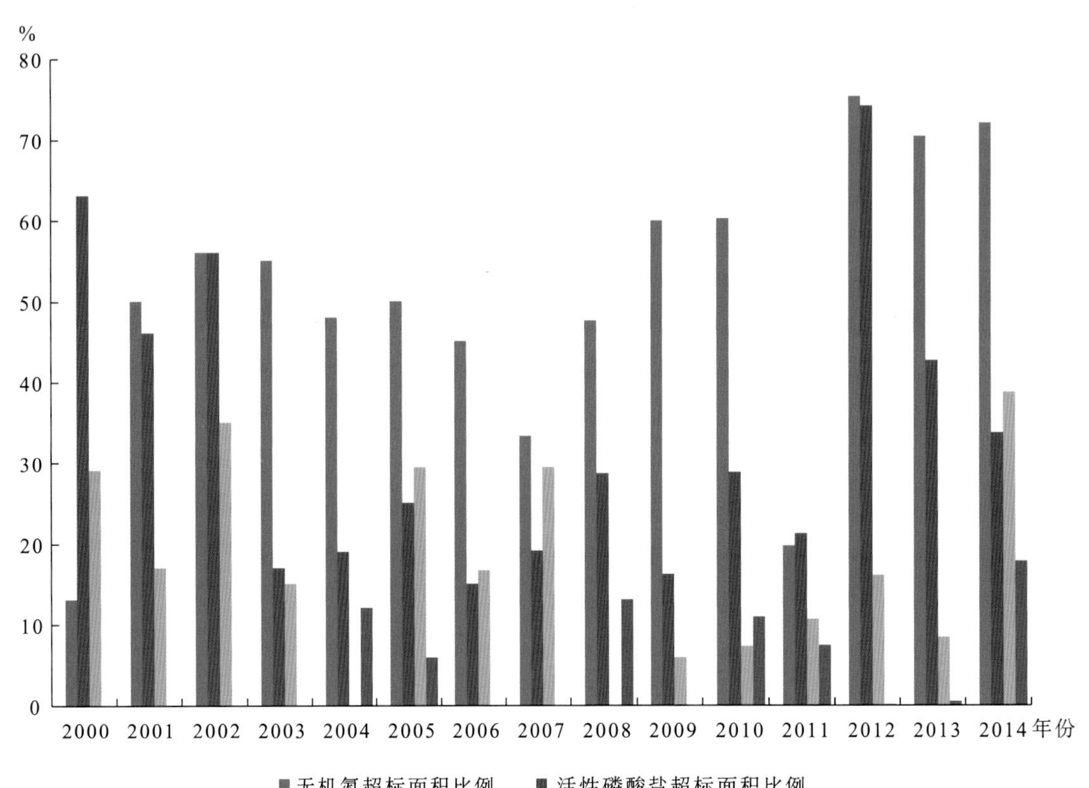

图4　2000—2014年海水重要增养殖区环境变化

3．淡水重要渔业水域生态环境演变趋势

2000—2015年，江河重要渔业水域水环境中总氮变化不大，总磷污染总体呈先下降后上升的趋势，近年来，污染情况不容乐观，超标比例在40%以上；石油类污染总体呈下降趋势（图5）。

湖泊、水库重要渔业水域水环境总氮、总磷污染比较严重，超标比例连续维持在80%～100%；高锰酸盐指数超标比例为60%～70%；石油类超标比例较低，基本在20%左右波动（图6）。

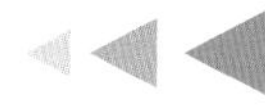

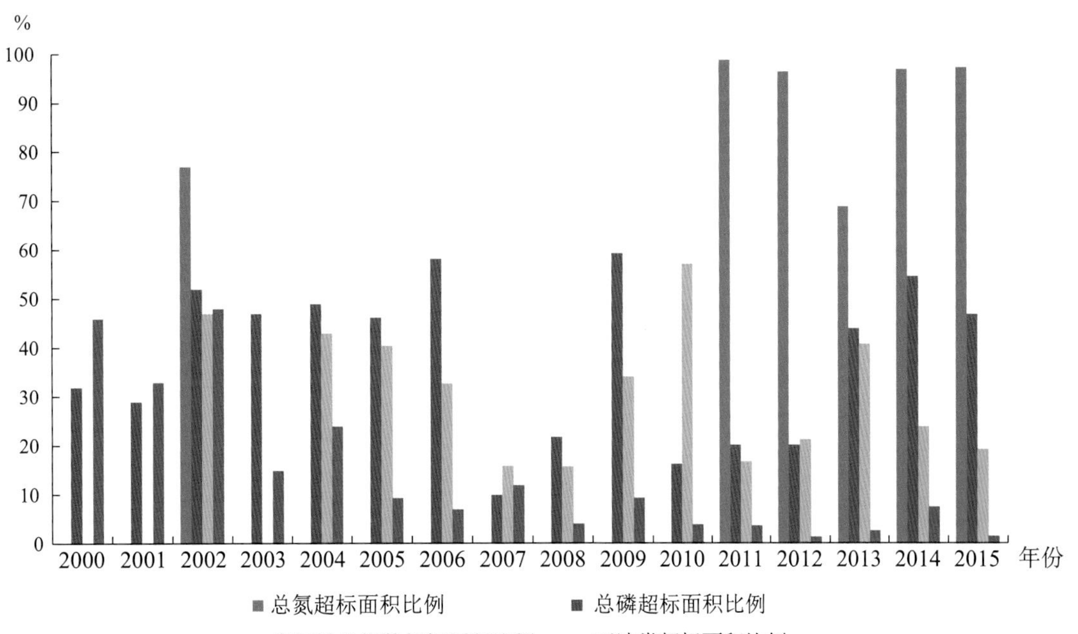

图5　2000—2015年江河重要渔业水域环境变化

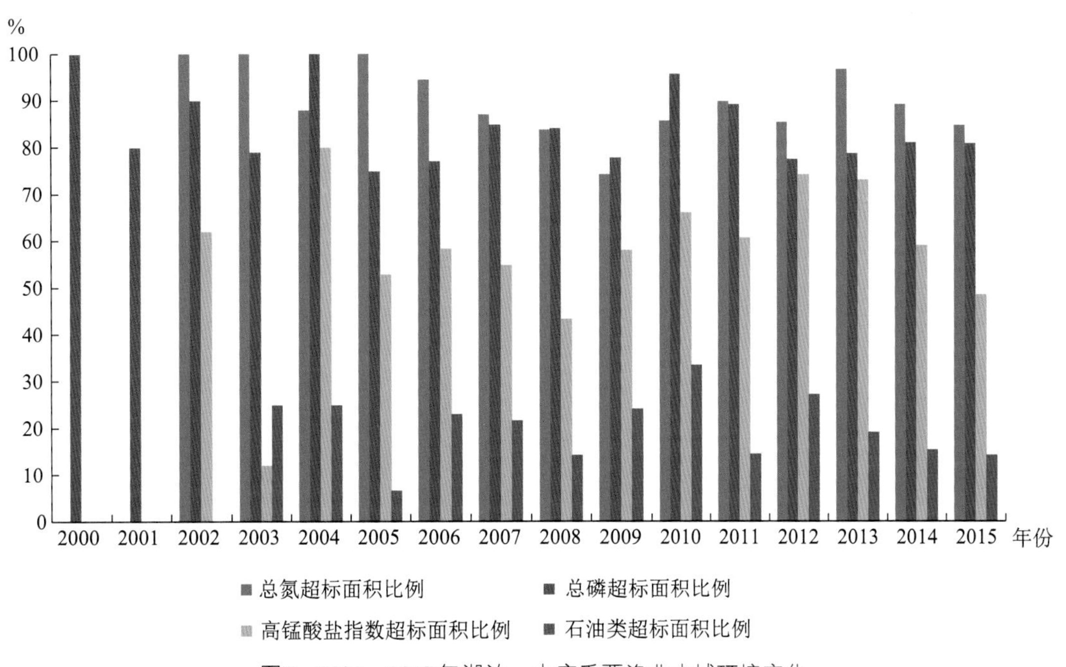

图6　2000—2015年湖泊、水库重要渔业水域环境变化

4. 国家级水产种质资源保护区生态环境演变趋势

2009—2015年，国家水产种质资源保护区（海洋）无机氮超标较严重，在50%以上，活性磷酸盐超标率在30%左右，石油类超标率呈下降趋势。国家水产种质资源保护区（淡水）总氮超标较严重，在85%以上，总磷超标率总体呈下降趋势（图7）。

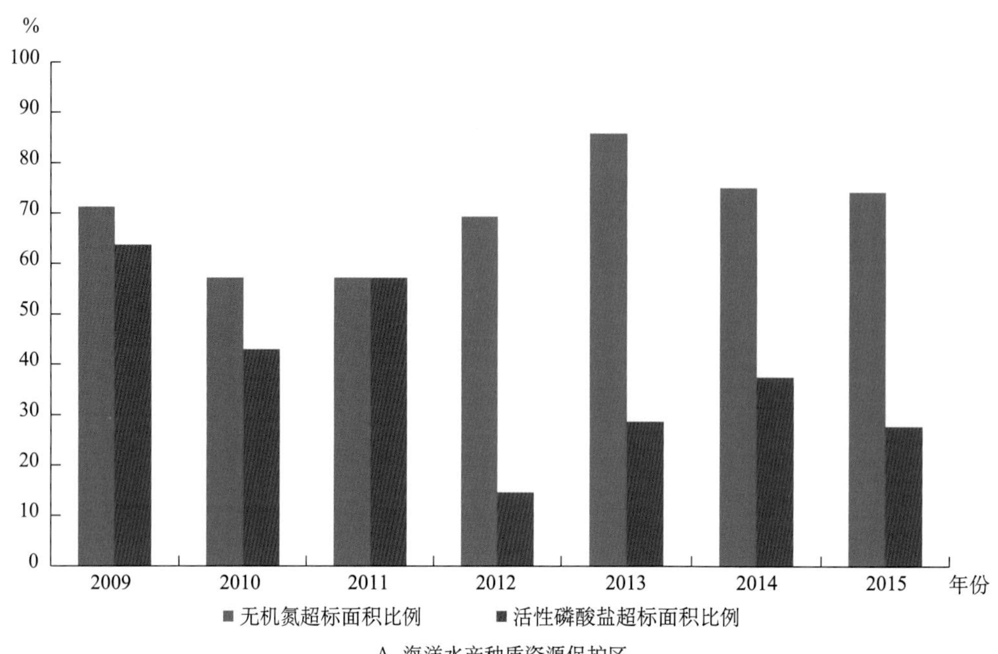

A 海洋水产种质资源保护区

%
100
90
80
70
60
50
40
30
20
10
0
2009
2010
2011
2012
2013
2014
2015
年份
■总氮超标面积比例
■总磷超标面积比例

B 淡水水产种质资源保护区

图7 2000—2015年国家级水产种质资源保护区水域环境变化

二、渔业环境可持续发展面临的形势与挑战

（一）外源污染严重影响渔业水域环境质量

根据《2015中国渔业生态环境状况公报》，海洋天然重要渔业水域无机氮、活性

磷酸盐、石油类和化学需氧量的超标率分别为80.5%、57.8%、12.8%和13.8%，无机氮和活性磷酸盐仍是主要的污染指标；江河天然重要渔业水域总氮、总磷、非离子氨、高锰酸盐指数、石油类、挥发性酚及铜、镉的超标率分别为97.3%、46.9%、20.8%、19.3%、1.6%、2.2%、2.1%、1.5%，总氮、总磷超标比例相对较高；湖泊、水库重要渔业水域总氮、总磷、高锰酸盐指数、石油类、挥发性酚及铜的超标率分别为84.8%、80.9%、48.6%、14.3%、0.03%和3.6%，总氮、总磷和高锰酸盐指数超标比例相对较高（农业部、环境保护部，2015）。《2015中国近岸海域环境质量公报》显示，全国401个直排海污染源污水排放总量62.45亿t、化学需氧量21.0万t、石油类824.2t、氨氮1.5万t、总磷3 149.2t。

（二）生态灾害和污染事故造成渔业经济损失严重

2015年，我国管辖海域共发现赤潮35次，累计面积约2 809km^2。2015年是近5年来赤潮发现次数和累计面积最少的一年，与近5年平均值相比，赤潮发现次数减少18次，累计面积减少2 835km^2。近年来，我国近海浒苔绿潮频繁爆发，对近海增养殖区和天然渔场造成严重威胁。我国淡水有害藻华的爆发频率和影响面积与前几年相比没有明显下降。2015年，全国共发生渔业水域污染事故79起，造成直接经济损失1.64亿元。1999—2015年渔业污染事故次数与经济损失如表1所示。总体来说，中国渔业污染事故的发生次数和经济损失虽然有所降低，但重大渔业污染事故造成的经济损失依然严重。

表1　1999—2015年渔业污染事故统计

单位：起，亿元

年份	海洋		内陆		合计	
	渔业污染事故	渔业污染损失额	渔业污染事故	渔业污染损失额	渔业污染事故	渔业污染损失额
1999	104	2.70	843	2.30	947	5.00
2000	120	3.00	1 000	2.60	1 120	5.60
2001	35	1.90	1 207	1.60	1 242	3.50
2002	63	2.32	1 192	1.56	1 255	3.88
2003	80	5.80	1 194	1.33	1 274	7.13
2004	79	8.97	941	1.87	1 020	10.84
2005	91	4.03	937	2.37	1 028	6.40

（续）

年份	海洋		内陆		合计	
	渔业污染事故	渔业污染损失额	渔业污染事故	渔业污染损失额	渔业污染事故	渔业污染损失额
2006	87	1.38	1 376	1.16	1 463	2.54
2007	73	1.31	1 369	1.67	1 442	2.98
2008	88	0.37	937	1.28	1 025	1.65
2009	50	0.88	999	1.00	1 049	1.88
2010	21	2.00	912	1.82	933	3.82
2011	—	—	—	—	680	3.68
2012	—	—	—	—	424	1.61
2013	9	1.74	334	0.66	343	2.40
2014	7	0.34	277	0.19	284	0.53
2015	—	—	—	—	79	1.64

（三）建设项目活动开发侵占渔业水域

建设项目活动开发的影响主要包括两个方面：一是占用渔业水域，引起鱼卵、仔稚鱼、渔业生物、底栖生物及浮游生物栖息地的丧失；二是改变渔业水域生物、化学及物理环境，进而影响渔业生物的生长、发育及繁殖。以渤海为例，根据国家海洋局的统计数据，山东、河北、辽宁和天津三省一市确权的海域使用面积由2002年的8.4万hm^2增加到2013年的27.5万hm^2，所占全国的比例由37.8%增加到78.6%。

（四）水产养殖污染对水域环境质量具有一定的负面影响

一方面，水产养殖可减排CO_2、缓解水域富营养化，促进渔业绿色低碳发展。滤食性贝类、某些棘皮动物、浮游植物和大型藻类等清洁生物可以去除养殖水体中的营养物质，并转化成有价值的产品。据估算，2014年我国海水贝藻养殖从近海海洋移出168万t碳，淡水滤食性鱼类等养殖从内陆水域移出约160万t碳，两者合计对减少大气CO_2的贡献约相当于每年造林120万hm^2。另一方面，水产养殖的氮、磷等污染物排放是重要的面源污染。水产养殖过程中需要向水中投放大量的饲料、渔用药物等，除养殖对象吸收，养殖水体中的残饵、排泄物、生物尸体、渔用营养物质和渔药大量增加，造成氮、磷和渔药以及其他有机物或无机物质超过了水体的自净能力，排放后导致对水环境的污染。研究表明，总体上水产养殖的污染负荷所占比例较小，但某些海湾、湖泊和水库的水产养殖也会成为环境污染的主要来源（表2），这与局部水域的水动力交换条件、生产方式以及养殖模式密切相关。

表2 不同水域水产养殖占总污染负荷比

水域类型	渔业水域	统计年份	水产养殖占总污染负荷比例			参考文献
			总氮	总磷	化学需氧量（COD）	
海洋	黄渤海	2002	2.8%	5.3%	1.8%	崔毅等，2005
	胶州湾	1998—2005	DIN<1.0%	磷酸盐～2.0%	3.0%	王修林、李克强，2006
	渤海	1980—2005	DIN:4.0%	7.0%	11.0%	王修林、李克强，2006
	渤海	1979—2005	DIN1:4.0%	1.1%	3.0%	崔正国，2008
	厦门同安湾	2000/2004	12.3%/35.0%	15.7%/32.7%	11.9%/20.1%	卢振彬等，2007
	厦门西海域、同安湾	2008	0.3%	0.5%	1.0%	潘灿民等，2011
	杭州湾	2008	1.5%	0.6%	2.3%	刘莲等，2012
河流湖泊	辽河源头区	1999—2009	0.1%	0.1%	0.3%	吕川等，2013
	三峡库区澎溪河流域	2008	1.7%	—	0.7%	郭胜等，2011
	苏州河	1999—2000	7.0%（氨氮：2.0%）	2.8%	6.6%	王少平等，2002
	东洞庭湖	2010	2.3%	0.9%	6.9%	欧阳劲进、颜文洪，2012
	太湖	2008	9.0%	13.0%	4.0%	刘庄等，2010
	太湖（苏州片区）	2011	23.0%	—	—	李翠梅等，2016
	洪湖流域	2010	43.7%（氨氮：44.3%）	26.1%	13.8%	马玉宝等，2013
	安徽太平湖	2011	氨氮：0.9%	4.8%	3.8%	李响等，2014
水库	怀柔水库上游	2000—2011	17.2%	21.0%	—	张微微等，2013
	山西湖塘水库	2012	10.0%	3.5%	2.4%	吴颖靖等，2014

（五）水产养殖自身污染不可忽视

水产养殖的自身污染是限制养殖业可持续发展的重要因素之一。水产养殖污染物主要有两大类：一类是养殖生产投入品（饵料、渔药和肥料）的流失；另一类是养殖生物的排泄物、残饵和养殖废弃物等，其中所形成的富营养物质是养殖排放的主要内容。研究表明，以现在的饲喂方式，投喂饲料的80%被鱼摄食，但其中只有20%用于鱼体增重，其余60%作为粪便排出体外；另外的20%作为残饵直接排放到水环境中。鱼粪与残饵的排放对水域环境造成很大影响。我国水产养殖的发展在追求数量和增长速度的过程中是以占用、消耗大量资源为代价的。当前我国水产养殖中不论淡水养殖还是海水养殖，传统的、粗放式养殖方式在生产中都占绝对优势，这种状况在短时间内不会发生根本改变。粗放式养殖生产导致的生态失衡和环境恶化等问题已日益显现，工厂化、集约化、精准化养殖模式发展亟待提升。

（六）投入品的不当使用影响水产品质量安全和环境质量

由于水产养殖产品质量保障体系不健全，养殖生产者的质量意识不高，养殖过程中违规使用孔雀石绿、硝基呋喃、氯霉素等禁用药物的问题比较突出，造成产品的药物和有害物残留超标问题比较严重。近年我国水产品出口多次因质量问题受到欧盟、日本等国家和地区的限制，"多宝鱼残药""长江毒鱼"等事件对水产品质量安全造成严重影响。此外，抗生素的滥用和不科学使用会造成水质的污染，导致水产品中含有药物残留。抗生素药物会随着动物的排泄而流入到周围的环境中，而这些药物的有效性在环境中将存在很长一段时间，对水中的生物和周边的生态环境带来严重的影响。此外，那些只用于养殖动物的抗生素会通过食物链进入人体，对消费者健康形成潜在危害。目前，我国对水产养殖中污染物的排放与监管不力，抗生素的生产与使用、排放源、污染状况等基本问题还不清楚，必须引起重视。

三、渔业污染环境影响研究

（一）主要养殖模式环境影响分析

1．池塘养殖

池塘既是水生生物的生长环境，又是其分泌物、排泄物的处理场所。随着养殖生产的进行，大量饵料投入池塘，残饵和水生生物的粪便、尸体、死亡藻类不断增加而又无法排出池外，沉积于池底，在池塘底部形成一层黑色的淤泥。池塘养殖产生污染主要来源于残饵和鱼虾排泄物，根据池塘养殖水体的氮循环过程可以看出，由于硝化细菌硝化速度很低，亚硝酸盐、氨氮浓度过高，但浮游生物生长需要的硝酸盐含量也是很少的。因此养殖中后期池塘水质状况相对于前期比较差。氮失衡对池塘养殖造成内部污染和外部污染的影响也是不同的。池塘水体内部污染问题主要集中在氨氮和亚硝酸盐氮，一般在9—10月浓度达到一个养殖周期内的最高值。水体中浓度过高的氨对鱼虾体内酶的催化作用和细胞膜的稳定性产生严重影响，并破坏排泄系统和渗透平衡，导致鱼类极度活跃或抽搐、失去平衡、无生气或昏迷等。而过高浓度的亚硝酸盐会导致鱼虾血液中的亚铁血红蛋白被氧化成高铁亚铁血红蛋白，而后者不能运载氧气，从而抑制血液的载氧能力，造成组织缺氧、鱼类摄食能力低甚至死亡（万红等，2006）。中国的多数养殖池塘建设于20世纪70—80年代，存在着养殖环境恶化、设施破败陈旧、水资源浪费大等问题，制约着池塘养殖业的可持续发展（刘兴国等，2010）。

2．网箱养殖

网箱养殖集大范围的养殖与统一运作于一身，能够最大限度地利用资源，做到统一管理，是节约用水的一项重大举措，且效益非常高，对以后水产养殖业的发展有很好的借鉴作用。但必须得承认，这种养殖方式对水体的自我净化功能会产生巨大的破坏，严重时会污染整片水域（林钦等，1999）。从经济方面考虑，网箱养鱼存在许多的优势，能在充分利用水资源的同时，提高经济的发展。水体有其自身的承载能力，如果进行过度养殖，会破坏水体周围的生态环境。特别是对于没有与外界进行水循环的水体，除了引发灾害、导致养殖的鱼类死亡，更有甚者，还可引发疫情，造成不可估量的损失。第一，对水体中生物有影响。过度养殖极易造成水体的缺氧，在养殖的过程中也会产生富营养化的现象，这样使得藻类长满整个水面，导致鱼类的死亡。藻类疯长，一方面造成经济损失，另一方面产生的臭味会影响人们的正常生活，甚至会导致疾病的传播。第二，对水体中物质产生影响。为了提升养殖的效率、充分利用空间，养殖范围内水域的营养物质要高于周边的水域，影响的水域范围半径至少有200m，所以要充分考虑水体污染问题。一味地追求利益，增大放养的密度，会使鱼类的排泄物得不到充分排解，水质在这个过程中得不到循环而逐渐变差。第三，对水底积淀物产生影响。网箱养鱼无法避免的就是水底有机物的产生，

鱼类的活动致使底层严重缺氧，而且进一步扩大养殖的范围，也容易导致有机磷酸、有机硫化物的含量升高，使其在箱内积累。造成这种现象的原因是营养过剩以及排泄物的双重作用，对正常的养殖行为带来了极大不便。既损坏了养殖者的利益，又会造成一种成本的积累，无法达到预期的目的。

沉积物是各种污染物的总汇，随着养殖污染的加剧，网箱水底及周围沉积物中的有机质、氮、磷、重金属、硫化物等含量逐渐增加，不但直接危害底栖生物的生存环境和养殖产品质量，而且沉积下来的污染物在物理、化学和生物的作用下，可能从沉积物中释放出来、进入水体并造成二次污染。有机碳、氮和磷的释放可能诱发赤潮；而进入沉积物的抗生素等化学制剂及重金属，会通过食物链在生物体内积累，最终对人类健康构成威胁（赵仕等，2009）。

3．筏式养殖

筏式养殖是指在近海水域利用浮子和绳索组成浮筏，并用缆绳固定于海底，使海藻（如海带、紫菜）和固着动物（如贻贝、牡蛎等）固着在吊绳上，或用吊笼（扇贝、鲍等）悬挂于浮筏的养殖方式，与滩涂贝类养殖、海水池塘养殖并列为海水养殖的三大主要养殖方式。筏式养殖对象主要是藻类、贝类，筏式养殖系统可分为浮筏、沉筏、升降筏。2015年，我国拥有筏式养殖面积45万hm^2（包括养殖吊笼），养殖产量653万t，占海水养殖总量的34%。筏式养殖的藻类和贝类可以有效吸收海水中的营养物质和有机质，具有“碳汇”效果。据有关专家估算，我国海水贝藻养殖每年从水体中移出的碳量为100万～137万t，相当于每年移出440万t左右的二氧化碳，为减排二氧化碳和科学应对全球气候变化做出重要的贡献（唐启升，2017）。

4．工厂化循环水养殖

循环水养殖系统（Recirculating Aquaculture Systems，RAS）是指通过物理、化学、生物方法对养殖水进行净化处理，使全部或部分养殖水得到循环利用的系统工程。经过十几年的发展，目前我国工厂化养殖水面已达500万m^2，其中实施循环水养殖水面约20万m^2，其余基本为开放式流水养殖模式。工厂化循环水养殖根据养殖水的特点，处理系统主要由沉淀、过滤、生物净化、增氧、调温、杀菌消毒组成。与传统养殖方式相比，工厂化循环水养殖具有以下优点：有效地控制和去除了养殖水体中可溶性有害物质，提高了净化效率；养殖用水循环利用，污染物零排放，环境友好；免药物病害防治技术，生产绿色安全水产品；采用高效配合饲料及自动投饵系统，提高饲料的利用率；

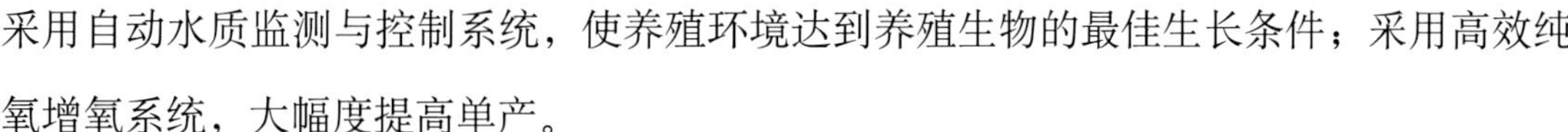

采用自动水质监测与控制系统，使养殖环境达到养殖生物的最佳生长条件；采用高效纯氧增氧系统，大幅度提高单产。

（二）不同养殖品种环境影响分析

水产养殖的氮、磷排放是重要的面源污染，既影响环境又影响自身。水产养殖过程中需要向水中投放大量的饲料、渔用药物等，除了供养殖对象吸收，养殖水体中的残饵、排泄物、生物尸体、渔用营养物质和渔药大量增加，造成氮、磷和渔药以及其他有机物或无机物质超过了水体的自净能力，排放后导致对水环境的污染。以鱼虾类养殖为例，研究表明，网箱养殖的银鲈只吸收20%的氮和30%的磷；精养虾池中只有10%的氮和7%的磷被吸收，其他都以各种形式进入环境。排放物质中，氮是磷的4.5～5.0倍，并在溶解氧等因子的作用下，以氨态氮、硝态氮、亚硝态、有机氮等状态对水质造成影响。养殖系统氮、磷排放的载体是水和底泥。对鲤鱼的研究表明，在不考虑残饵的情况下，底泥中的氮和磷占排放量的10%和70%。残饵对底泥的影响非常大，由于投喂的精准度差，养殖过程中有20%～30%的饲料未被摄取（徐皓，2007）。

贝类养殖是我国海水养殖业的重要组成部分，多品种、多形式的贝类养殖得到飞速发展。贝类作为一种滤食性动物，具有很强的滤水能力，高密度的养殖必然会对生态系统产生影响，进而影响贝类养殖自身的发展。不论是底播养殖（如蛤子、牡蛎等）还是筏式养殖（如贻贝、扇贝等），贝类均能通过过滤大量水体摄取浮游植物和有机颗粒，同时产生生物沉降，使颗粒物质实现从水体向底层搬运的过程，对整个生态系统的结构和功能产生影响。贝类养殖对于海湾生态系统的影响是综合性的，某些影响可能互相消长。贝类养殖既能影响浮游生态系统，又能影响底栖生态系统，同时具备浮游—底栖耦合功能，将大量的物质从水体搬运至底层，从而大大改变了底质的生物地球化学特性，并且在沿海营养盐的循环和滞留方面扮演重要的角色，使贝类养殖水域成为一个独特的生态系统，同时在水动力的作用下，对周边水域生态系统也产生影响。季如宝等（1998）通过对多个海湾研究后认为，滤食性贝类在海湾生态系统中的作用主要包括7个方面：从水体中滤食大量颗粒物；消耗减少大量浮游植物；形成包含很高有机物质的生物沉积物；重新矿化沉积物；向水体中释放无机营养盐；增加可利用溶解无机盐的浓度；影响水体中各营养盐间的比例。生物沉降产生的大量沉积物构成了丰富的营养库，经矿化作用和再悬浮，重新进入水体参与循环，促进了海水—底质界面间的营养盐交换（刘俊强，2015；黄永汉等，2015）。

当然，养殖生物也可以清除水体中的污染物。这些清洁生物主要包括滤食性贝类、某些棘皮动物、浮游植物和大型藻类等，它们可以去除养殖废水中的营养物质，并转化成有价值的产品。大型藻类能吸收养殖动物释放到水体中多余的营养盐，这些营养物质通过被大型藻类吸收而被去除，同时大型藻类能固碳、产生氧气，调节水体的pH，从而达到对养殖环境的生物修复和生态调控作用（毛玉泽等，2005）。齐占会等（2012）从物质量评估和价值量评估两方面对广东省贝、藻养殖的碳汇贡献进行了定量评估，物质量评估结果显示，2009年广东省海水养殖的贝类和藻类收获可以从海水中移出约11万t碳。相当于39.6万t二氧化碳；价值量评估结果显示封存固定这些二氧化碳所需要的费用为5 900万～23 800万美元。

（三）水产养殖产排污系数

为切实加强环境监督管理，提高科学决策水平，实现污染减排目标，国务院决定2008年初在全国范围内开展第一次污染源普查。根据我国重点水产养殖区域分布、养殖类型和养殖种类特点，共设置了98个监测区、196个监测点，覆盖220个水产养殖场（户），调查和监测重点涵盖了我国的主要养殖品种（30个大类）和主要养殖类型（90多个类型），取得96组产排污系数，其中包括海淡水池塘养殖和海淡水工厂化养殖模式的系数63组，海淡水网箱和围栏养殖等模式系数33组，每组产排污系数中包括了化学需氧量、总氮、总磷、铜和锌五项指标，首次获得了主要水产养殖种类的产排污系数。在淡水各类型养殖中，淡水网箱养殖的产排污系数最高，其化学需氧量、总氮、总磷的系数分别是6.347～276.005g/kg、15.723～96.905g/kg、3.148～16.852g/kg；淡水围栏养殖产排污系数次之，其化学需氧量、总氮、总磷的系数分别是2.540～195.801g/kg、5.711～123.214g/kg、0.876～23.765g/kg。在海水各类型养殖中，海水网箱养殖的产排污系数最高，其化学需氧量、总氮、总磷的系数分别是72.343～153.341g/kg、32.436～91.683g/kg、5.874～20.521g/kg。根据不同养殖对象和养殖类型的产排污系数，首次全面估算了水产养殖产排污总量。估算结果表明，水产养殖产生和排放的化学需氧量、总氮、总磷、铜和锌分别占农业污染源的4.22%、3.04%、5.48%、2.24%和2.17%。

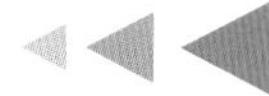

四、重点水域渔业资源与环境问题识别

（一）渤海

渤海沿岸有许多大小河流入海，水质肥沃，饵料生物丰富，是黄海、渤海多种经济鱼虾类的产卵场和索饵场，在黄海、渤海渔业生产中占有极其重要的地位（金显仕，2001）。渤海渔业资源已岌岌可危，从1982年的75种下降到目前的30余种，主要资源以中上层小型鱼类为主。传统经济鱼类中，带鱼、小黄鱼、真鲷等濒临绝迹，蓝点马鲛、黄姑鱼、鲈、银鲳等也日渐减少，渤海底层的水生物资源只有20世纪50年代的十分之一。中国对虾年渔获量在1983年、1992年和1998年分别为1.43万t、0.49万t、0.17万t，下降趋势非常明显。

渤海近海海域污染严重，富营养化海域也主要集中在辽东湾、渤海湾、莱州湾的近岸局部区域，第Ⅳ类和超Ⅳ类海水水质标准的海域面积为11 420km^2，约占渤海总面积的15%。主要超标物质是无机氮、活性磷酸盐、石油类等。2006—2013年，渤海近岸海域水质污染总体呈加重趋势，未达到第Ⅰ类海水水质标准的海域面积由20 080km^{2}增加至33 400km^2，其中劣Ⅳ类海域面积由2 770km^{2}增加至8 490km^2（于春艳等，2015）。陆源污染排海压力大、围填海开发活动频繁、海洋环境灾害频发也是影响渤海渔业资源与生态环境的重要因素。

（二）长江流域

长江是我国淡水渔业的摇篮、鱼类基因的宝库、经济鱼类的原种基地、生物多样性的典型代表。1961年以来，因水利建设事业大规模展开，江湖阻隔日益严重，大量围湖造田导致江湖水面迅速缩小，再加上其他因素的影响，渔业资源产量开始下降。1961—1978年的平均产量仅为23.37万t。到20世纪80年代，年均鱼产量在20万t左右波动，90年代鱼产量约为80年代的一半，而到2011年，捕捞量已经不足10万t。尤其是长江口区刀鲚、凤鲚等鱼类资源急剧衰退。

人类活动对流域系统最大的直接影响莫过于筑坝拦水、调水等水利工程。据统计，

至2000年左右，长江流域已建设水库4.4万座。目前长江干流总体水质较好，但局部地区环境容量已经接近或达到发展的临界点，部分干流城市污染严重，截至2012年，长江干流Ⅳ类、Ⅴ类、劣Ⅴ类水质断面占总监测断面的13.8%，高于2004年的5.7%（国家统计局、国家环境保护总局，2005；国家统计局、环境保护部，2013；杜耕，2016）。

（三）舟山渔场

舟山渔场渔业资源衰退严重。经济鱼类的产量急剧减少，比重下降，特别是舟山渔场传统渔业捕捞种类的“四大家鱼”，产量从1974年占海洋捕捞总产量的76.96%下降到1984年的36.06%，到2008年只有1.13%，以至于下降到现在的1%以下。尤其是主要经济鱼类资源单位捕捞努力量的渔获量逐年下滑，从资源繁盛期的3t/kW降低到现在的0.5t/kW以下，达到历史最低水平。同时，渔捞种类逐渐低值化、低龄化、小型化，捕捞渔获物平均营养级处于下降趋势。长三角地区蓬勃经济发展产生的大量废水、废气、固体垃圾，也通过径流等不同途径进入舟山渔场海区。近年来，舟山渔场主要为劣Ⅳ类水质，沿岸地区对滩涂和港湾围垦的规模也在逐渐扩大。

（四）鄱阳湖

鄱阳湖是我国第一大淡水湖，渔业资源十分丰富。调查表明，鄱阳湖渔获量和渔获物组成与20世纪80年代相比变化较大，渔获物明显以鲤、鲫、鲶、黄颡鱼等湖泊定居性鱼类为主，超过90%，“四大家鱼”在渔获物中所占比例降至6.4%，甚至更低，刀鲚等洄游性鱼类已非常少见，渔获量逐年下降，渔获物趋于低龄化、小型化和低质化。大规模的围垦，使鄱阳湖湿地面积减少1 203km^2，许多进出产卵场的通道被堵塞，鲤、鲫良好产卵场由20世纪60年代的52 026hm^{2}减少为现在的不足26 013hm^2。局部的泥沙淤积加速了鄱阳湖渔场的消失、产卵场通道堵塞。

五、渔业环境可持续发展战略

（一）发展思路

走绿色、低碳和环境友好的发展道路，以创新驱动发展为动力，更新发展理念、转

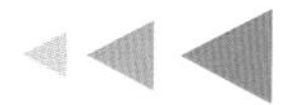

变发展方式、拓展发展空间、提高发展质量，促使国家重大需求与可持续发展相协调，推动渔业的现代化发展。

（二）发展目标

总体目标：全面加强我国渔业水域生态环境保护，遏制渔业环境恶化的势头，逐步改善和修复渔业生态环境；合理开发利用渔业水域生态环境功能，为实现我国“高效、优质、生态、健康、安全”的水产增养殖业可持续发展提供良好的基础条件和坚实的技术保障。

具体目标：到2025年，重要渔业水域生态环境逐步得到修复，渔业环境质量得到初步改善，主要污染物无机氮、活性磷酸盐和石油类监测站位超标比例控制在50%以内，渔业环境监测能力建设明显增强，水产养殖环境监测、评估和修复的关键核心技术达到国际先进水平；到2030年，重要渔业水域生态环境质量得到明显改善，主要污染物无机氮、活性磷酸盐和石油类监测站位超标比例控制在10%以内，渔业环境生物多样性得到有效保护，渔业生态系统整体处于优良状态，渔业资源实现可持续利用；建立完成的渔业环境监测和灾害预警网络体系，水产养殖环境监测、评估和修复的关键核心技术达到国际领先水平。

（三）措施与建议

1. 严控渔业水域外源污染

实施陆源污染物总量控制制度，严格控制工业废水、生活污水和农业面源污染向渔业水域排放，逐步降低外源污染对渔业环境的影响。

2. 合理规划养殖布局，减少养殖自身污染

根据环境容量和养殖容量，合理规划水产养殖的区域布局，优化养殖结构，大力发展健康、生态、可持续的碳汇渔业新生产模式。由于缺少强制性养殖外排水国家标准，水产养殖用水达标排放成为空谈。因此，水产养殖业的排放水问题亟须引起国家有关部门的高度重视。

3. 划定渔业生态红线

根据渔业资源与环境的重要性、敏感性和脆弱性，将国家级水产种质资源保护区、“三场一通道”等重要渔业水域全部纳入红线区域，实施严格的“渔业生态红线”保护

制度，养殖水域最小使用面积保障线应设置在900万hm^2以上。

4．加强渔业资源与环境的长期性、基础性监测

针对我国渔业资源与环境监测还存在着监测网络不全面、监测指标体系不系统、监测相关法律法规不完善、应急与预警能力不足、监测关键技术研究有待加强、监测水平有待提高等问题，建立全面、完善的渔业生态环境监测技术体系。

5．加强内陆和近海渔业资源养护与环境修复

通过投放人工鱼礁、增殖放流等方式，加强渔业养护与环境修复，实现资源环境保护与经济的协调发展。

6．实施重大渔业创新工程

实施渔业环境监测、评估与预警智能化工程，新型污染物识别与控制工程，节能环保型水产养殖模式提升工程，受损生态系统功能恢复重建工程，渔业近海海洋牧场建设与生物资源可持续利用工程，水产增养殖生态环境调控与修复技术集成与示范工程，渔业污染事故、生态灾害应急监测与生物资源损害评估技术集成与示范工程，重点渔场（区）资源养护与环境修复示范工程等重大渔业创新工程，促进渔业转型升级与生态文明建设，推进渔业强国建设和“一带一路”倡议的实施，保障国家权益和渔业的可持续发展。

重点工程

渤海综合生态修复技术构建与应用

环渤海沿岸黄河、辽河、海河和滦河等众多水系，将大量的工农业污水和生活污水汇入渤海。据统计，2015年，渤海沿岸主要江河径流携带的入海污染物化学需氧量59万t、无机氮4万t、总磷3 000t，导致渤海生态系统正承受着前所未有的压力。因而，削减陆源污染、修复渤海环境与资源，成为保障渤海生态安全的重大挑战。该项目利用河流、湿地和浅海的综合修复技术，构建渤海生态安全的蓝色屏障，实现渤海环境、资源保护与沿岸社会经济的可持续发展。包括：

1．入海河流“三元耦合”生态修复技术

研究渤海陆源污染的主要来源和排海通量，阐明污染物迁移转化规律；针对入海河流下游的水质现状和特点，研究河流水生植物、动物和微生物“三元耦合”净化机制与生态修复技术，提出科学合理的生态修复优化方案。

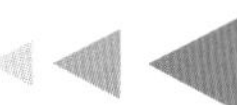

2．滨海、河口湿地生态修复技术

筛选净化能力强，经济效益、观赏价值显著的适宜生物种；利用现代分子生物学与基因工程技术，培育具有耐盐、抗污染性质的湿地植物和高效微生物；研发湿地生物修复技术及微生物联合修复技术，并制定修复策略。

3．浅海贝藻综合生态修复技术

根据渤海海湾容纳量，利用贝藻类的生态净化功能，通过分区域构建不同形式的贝藻养殖模式，多点同步改善渤海海水水质；通过创新集成贝藻综合养殖模式与技术，提高浅海海域对营养物质的吸收、移除能力，构建浅海生态安全屏障。

4．渤海生态修复技术应用与示范

在重点河流、河口、海湾，应用示范综合的生物修复技术；量化、评价典型区域生态修复的效果，建立、优化评价方法；构建渤海绿色生态安全屏障管理系统。

参考文献

崔毅，陈碧鹃，陈聚法，2005．黄渤海海水养殖自身污染的评估［J］．应用生态学报，16（1）：180-185．

崔正国，2008．环渤海13城市主要化学污染物排海总量控制方案研究［D］．青岛：中国海洋大学．

杜耕，2016．保护长江生态环境，统筹流域绿色发展［J］．长江流域资源与环境，25（2）：171-179．

郭胜，曾凡海，李崇明，等，2011．三峡库区澎溪河流域污染负荷估算及源分析［J］．环境影响评价，33（3）：5-9．

黄永汉，王桃新，马从丽，2015．水产养殖发展与生物多样性保护［J］．中国农业信息：86．

季如宝，毛兴华，朱明远，1998．贝类养殖对海湾生态系统的影响［J］．黄渤海海洋，16（1）：22-27．

李翠梅，张绍广，姚文平，等，2016．太湖流域苏州片区农业面源污染负荷研究［J］．水土保持研究，23（3）：354-359．

李响，陆君，钱敏蕾，等，2014．流域污染负荷解析与环境容量研究：以安徽太平湖流域为例［J］．中国环境科学，34（8）：2063-2070．

林钦，林燕棠，李纯厚，等，1999．我国海水网箱养殖环境氮磷负荷量的评估［M］//贾晓平．海洋水产科学研究文集．广州：广东科技出版社：217-225．

刘俊强，2015．水产养殖对水域环境的影响及其治理措施［J］．中国农业信息（17）：74．

刘莲，黄秀清，曹维，杨耀芳，2012．杭州湾周边区域的污染负荷及其特征研究［J］．海洋开发与管理，29（5）：108-112．

刘兴国，刘兆普，徐皓，等，2010．生态工程化循环水池塘养殖系统［J］．农业工程学报，26（11）：237-244．

刘庄，李维新，张毅敏，等，2010．太湖流域非点源污染负荷估算［J］．生态与农村环境学报，26（S1）：45-48．

卢振彬，蔡清海，张学敏，2007．厦门同安湾水产养殖对海域污染的评估［J］．南方水产科学，3（1）：54-61．

吕川，刘德敏，刘特，2013．辽河源头区流域农业非点源污染负荷估算［J］．水资源与水工程学报，24（6）：185-191．

马玉宝，陈丽雯，刘静静，等，2013．洪湖流域农业面源污染调查与污染负荷核算［J］．湖北农业科学，52（4）：803-806．

毛玉泽，杨红生，王如才，2005．大型藻类在综合海水养殖系统中的生物修复作用［J］．中国水产科学，12（2）：225-231．

欧阳劲进，颜文洪，2012．东洞庭湖区域非点源农业污染负荷评估［J］．湖南理工学院学报：自然科学版（2）：51-54．

潘灿民，张珞平，黄金良，崔江瑞，2011．厦门西海域、同安湾入海污染负荷估算研究［J］．海洋环境科学，30（1）：90-95．

齐占会，王珺，黄洪辉，等，2012．广东省海水养殖贝藻类碳汇潜力评估［J］．南方水产科学，8（1）：30-35．

唐启升，2017．环境友好型水产养殖发展战略：新思路、新任务、新途径［M］．北京：科学出版社．

万红，宋碧玉，杨毅，等，2006．水产养殖废水的生物处理技术及其应用［J］．水产科技情报，33（3）：99-102．

王少平，俞立中，许世远，程声通，2002．苏州河非点源污染负荷研究［J］．环境科学研究，15（6）：20-23．

王修林，李克强，2006．渤海主要化学污染物海洋环境容量［M］．北京：科学出版社．

吴颖靖，彭昆国，黄建美，等，2014．湖塘水库污染负荷与水环境容量分析研究［J］．江西化工（4）：89-94．

徐皓，刘晃，张建华，等，2007. 我国渔业能源消耗测算 [J]. 中国水产（11）：75-76.

于春艳，韩庚辰，张志锋，2015. 渤海生态压力及对策分析 [J]. 海洋开发与管理（6）：89-93.

张微微，李红，孙丹峰，等，2013. 怀柔水库上游农业氮磷污染负荷变化 [J]. 农业工程学报，29（24）：124-131.

赵仕，徐继荣，2009. 海水网箱养殖对沉积环境的影响 [J]. 黑龙江科技信息（18）：117-119.

专题报告二

中国农业资源环境分区研究

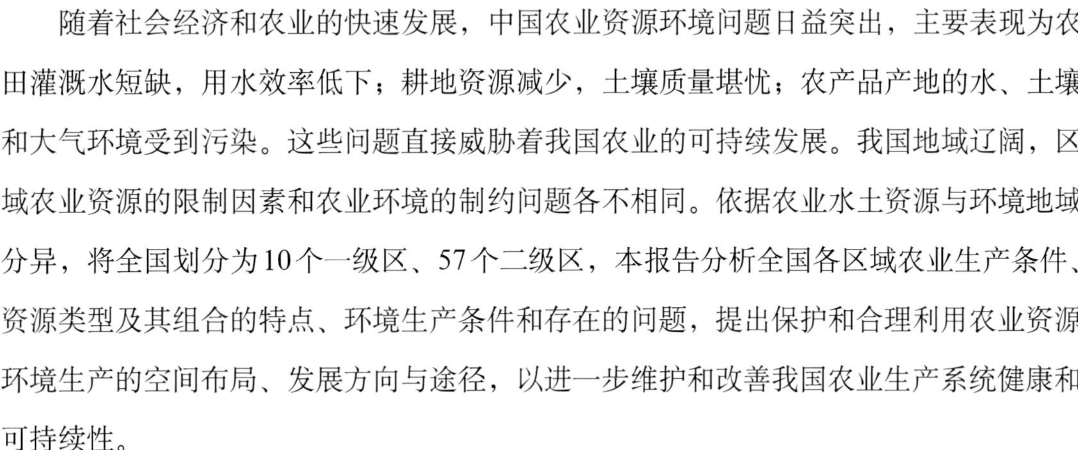

随着社会经济和农业的快速发展，中国农业资源环境问题日益突出，主要表现为农田灌溉水短缺，用水效率低下；耕地资源减少，土壤质量堪忧；农产品产地的水、土壤和大气环境受到污染。这些问题直接威胁着我国农业的可持续发展。我国地域辽阔，区域农业资源的限制因素和农业环境的制约问题各不相同。依据农业水土资源与环境地域分异，将全国划分为10个一级区、57个二级区，本报告分析全国各区域农业生产条件、资源类型及其组合的特点、环境生产条件和存在的问题，提出保护和合理利用农业资源环境生产的空间布局、发展方向与途径，以进一步维护和改善我国农业生产系统健康和可持续性。

一、农业资源环境分区方案

中国农业资源环境分区以县域为制图单元，采取二级分区方法。一级区依据气候条件和大地构造的地域分异划分为10个区，包括东北区、内蒙古及长城沿线区、黄淮海区、黄土高原区、西北干旱区、长江中下游干流平原丘陵区、江南丘陵山区、东南区、西南区和青藏高原区，分别用罗马数字表示。在一级区内，根据土地资源、水资源和环境条件差异，划分出57个二级区，用阿拉伯数字表示（图1）。

二、农业资源环境分区结果

（一）总体评价

根据分区结果，按照主要资源限制和环境约束因素统计，水资源限制多分布在我国北方，共计38个，面积为725.9万km^2，约占75.6%。灌溉不足分区有21个，东北区、黄土高原区和西南区的耕地有效灌溉率最低，各分区多数低于50%，而西北干旱区、长江中下游干流平原丘陵区和江南丘陵区有效灌溉率较高。人均水资源短缺分区有17个，面积为155.9万km^2，约占16.2%，集中在我国北方的黄淮海区、黄土高原区、内蒙古及长城沿线区和东北区西南部，人均水资源量较低。水资源开发超载分区有20个，面积为353.0万km^2，约占36.8%，黄淮海区、黄土高原区和西北干旱区的水资源开发利用率超过国际公认的40%警戒线，部分区域甚至超过100%，而南方各区水资源开发利用率较低。

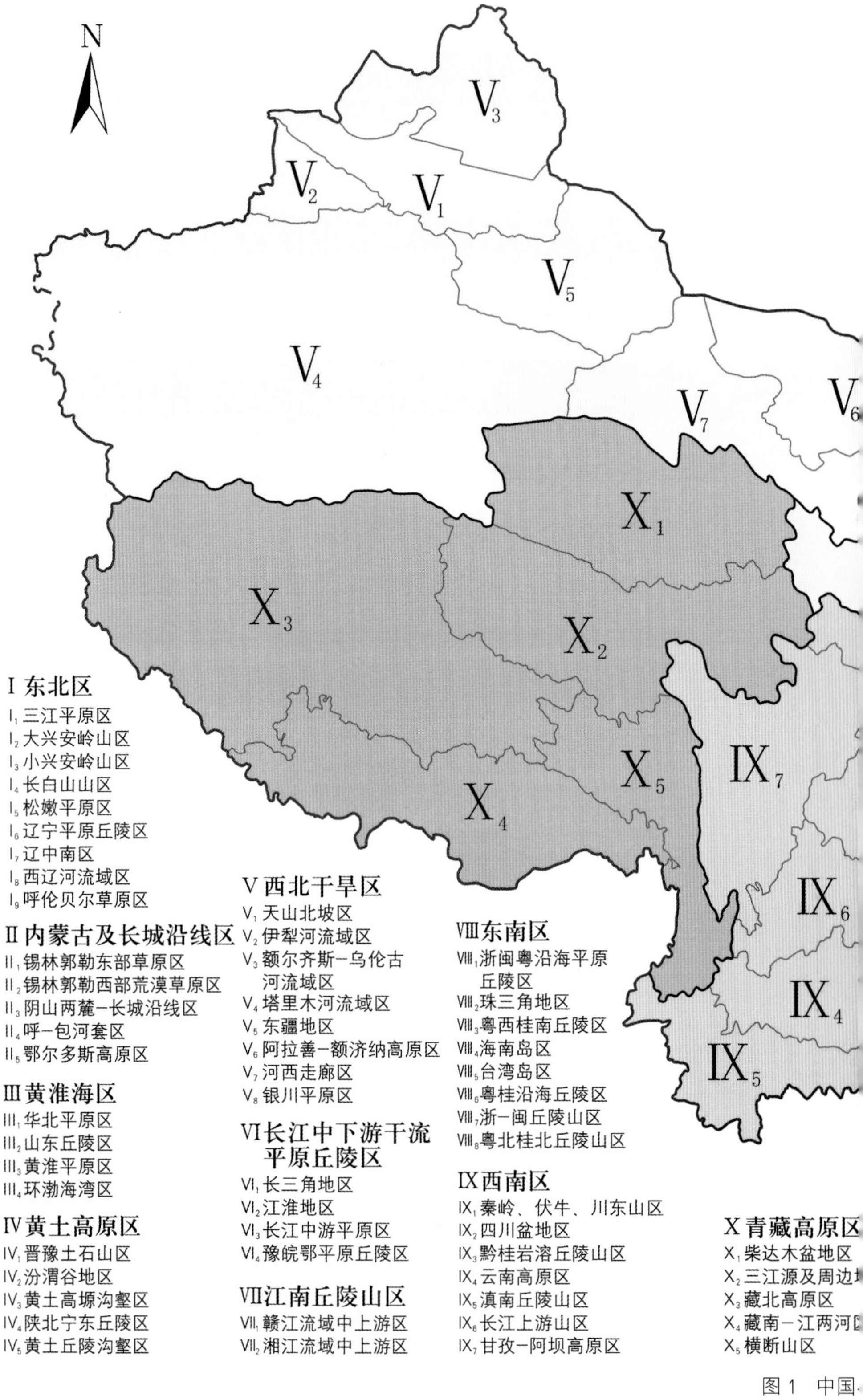

N

Ⅰ东北区

I_1三江平原区
I_2大兴安岭山区
I_3小兴安岭山区
I_4长白山山区
I_5松嫩平原区
I_6辽宁平原丘陵区
I_7辽中南区
I_8西辽河流域区
I_9呼伦贝尔草原区

Ⅱ内蒙古及长城沿线区

II_1锡林郭勒东部草原区
II_2锡林郭勒西部荒漠草原区
II_3阴山两麓－长城沿线区
II_4呼－包河套区
II_5鄂尔多斯高原区

Ⅲ黄淮海区

III_1华北平原区
III_2山东丘陵区
III_3黄淮平原区
III_4环渤海湾区

Ⅳ黄土高原区

IV_1晋豫土石山区
IV_2汾渭谷地区
IV_3黄土高塬沟壑区
IV_4陕北宁东丘陵区
IV_5黄土丘陵沟壑区

Ⅴ西北干旱区

V_1天山北坡区
V_2伊犁河流域区
V_3额尔齐斯－乌伦古河流域区
V_4塔里木河流域区
V_5东疆地区
V_6阿拉善－额济纳高原区
V_7河西走廊区
V_8银川平原区

Ⅵ长江中下游干流平原丘陵区

VI_1长三角地区
VI_2江淮地区
VI_3长江中游平原区
VI_4豫皖鄂平原丘陵区

Ⅶ江南丘陵山区

VII_1赣江流域中上游区
VII_2湘江流域中上游区

Ⅷ东南区

VIII_1浙闽粤沿海平原丘陵区
VIII_2珠三角地区
VIII_3粤西桂南丘陵区
VIII_4海南岛区
VIII_5台湾岛区
VIII_6粤桂沿海丘陵区
VIII_7浙－闽丘陵山区
VIII_8粤北桂北丘陵山区

Ⅸ西南区

IX_1秦岭、伏牛、川东山区
IX_2四川盆地区
IX_3黔桂岩溶丘陵山区
IX_4云南高原区
IX_5滇南丘陵山区
IX_6长江上游山区
IX_7甘孜－阿坝高原区

Ⅹ青藏高原区

X_1柴达木盆地区
X_2三江源及周边
X_3藏北高原区
X_4藏南－江两河
X_5横断山区

图1　中国

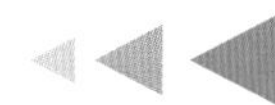

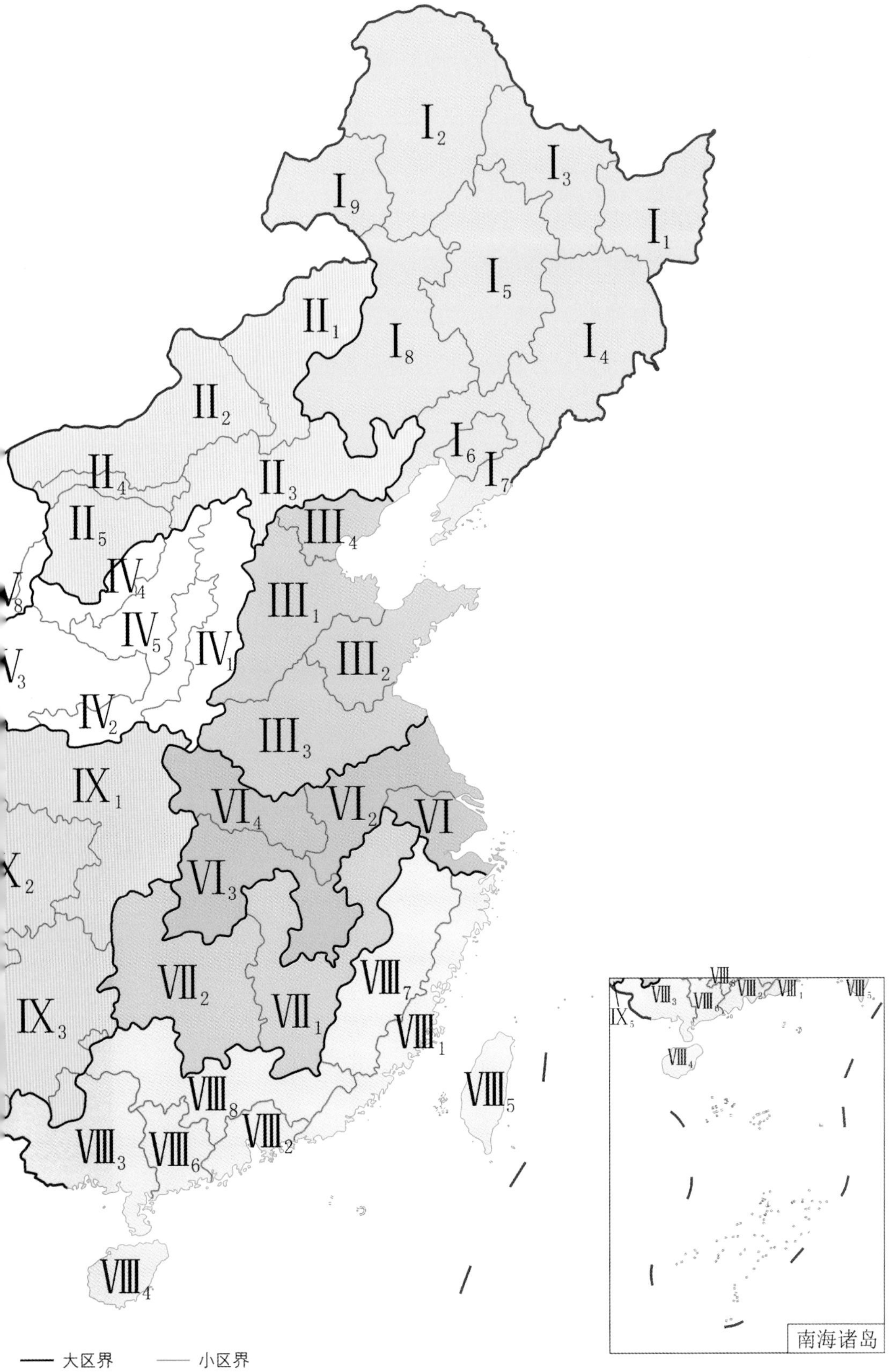

I_2
I_3
I_9
I_1
I_5
I_8
I_4
II_1
II_2
I_6
I_7
II_4
II_3
II_5
III_4
IV_4
III_1
IV_5
IV_1
III_2
V_3
IV_2
III_3
IX_1
VI_4
VI_2
VI
VI_3
VII_2
VII_1
VIII_7
IX_3
VIII_1
VIII_8
VIII_5
VIII_2
VIII_3
VIII_6
VIII_4
南海诸岛
大区界
小区界

业资源环境分区

土地限制方面，各分区土壤状况各异，土壤限制在各分区皆有分布，地形限制和土地荒漠化则集中在中西部地区。地形限制分区有31个，占54.39%，面积为537.7万km^2，约占56.0%，山地和丘陵面积比重大，平原地区集中分布在东北区、黄淮海区、长江中下游干流平原丘陵区和西南区的四川盆地区。土壤障碍分区有36个，占63.16%，面积为749.9万km^2，约占78.1%，分布范围较为零散；土壤障碍空间差异很大，包括东北区的黑土土层变薄和有机质下降、南方红壤的土壤酸化等，各分区有障碍因子的土壤类型包括东北区的白浆土、沼泽土和苏打盐碱土，黄淮海区的砂姜黑土、潮土和滨海盐碱土，西北地区的黑垆土、黄绵土和次生盐渍土，南方丘陵区的红壤和紫色土，长江中下游的冷浸田、黄泥田和白土等。土地荒漠化分区有38个，占66.67%，面积为758.9万km^2，约占79.1%，多分布在中西部的黄土高原区、西北干旱区、西南区等生态脆弱地区。土壤水蚀问题较严重分区有22个，面积为336.7万km^2，约占35.1%，除西北干旱区和东南区限制低，其余大区皆有一定的分布，黄土高原区水蚀等级最高，范围最广；土地沙化较严重分区有20个，面积为498.8万km^2，约占52.0%，主要分布在北方地区和青藏高原区；土地盐碱化和土地石漠化限制范围较少，分别有12个和6个分区，土地盐碱化主要分布在北方地区和青藏高原区，土地石漠化则集中在西南区。

环境污染分区有41个，面积为555.7万km^2，约占57.9%，多分布在中东部的经济发达地区。大气污染严重分区有13个，面积为178.8万km^2，约占18.6%，主要分布在南方的长江中下游干流平原丘陵区、江南丘陵区和东南区。水污染严重分区有28个，面积为368.6万km^2，约占38.4%，主要分布在北方的东北区、黄淮海区、内蒙古及长城沿线、黄土高原区以及南方个别分区。土壤重金属污染严重分区有16个，面积为178.9万km^2，约占18.6%，零散分布在各分区大城市以及矿区周边，东北区、黄淮海区、长江中下游干流平原丘陵区、江南丘陵山区、东南区和西南区皆有所分布（表1）。

表1　中国农业资源环境主要资源限制和环境制约因素统计结果

单位：个，万km^2

指标	水资源限制			土地限制			环境污染		
	灌溉不足	水短缺	开发超载	地形限制	土壤障碍	荒漠化	大气	水	土壤
个数	21	17	20	31	36	38	13	28	16
小计		38			48			41	

（续）

指标	水资源限制			土地限制			环境污染		
	灌溉不足	水短缺	开发超载	地形限制	土壤障碍	荒漠化	大气	水	土壤
面积	399.6	155.9	353.0	537.7	749.9	758.9	178.8	368.6	178.9
小计		725.9			873.6			555.7	

注：以上计算有重复。

（二）分区评价

按照分区评价指标体系，对一级区和二级区进行单指标逐一统计和评价，并分区统计土地利用特征、农产品生产结构特征和产量贡献程度。

1. Ⅰ东北区

东北区包括辽宁、吉林、黑龙江三省以及内蒙古东部部分地区，土地面积约为122.75万km^2，约占国土面积的12.79%，2014年人口为12 112.53万人。全区耕地面积36.68万km^2，占全国20.38%。玉米、水稻和大豆产量占全国36.44%、11.15%和40.15%。该区粮食商品率高，黑龙江省、吉林省粮食商品率在70%以上，是目前我国唯一能调出大量商品粮的地区，在保障国家粮食安全中发挥着举足轻重的作用；同时，该区还是我国森林资源分布最集中的重点林区，农业和林业生产在我国占有重要地位。

农业自然条件的主要特点是：土地、水、森林资源比较丰富，而热量条件不够充足。土壤以土层深厚、自然肥力高的黑土、黑钙土和草甸土为主。年降水500～700mm，无霜期北部为80～120d、南部为140～180d，≥10℃积温不到3 000℃，大部分地区农作物只能一年一熟，低温危害较大。

农业资源环境状态相对较好，区内松嫩平原和三江平原耕地质量高，大兴安岭、小兴安岭和长白山是我国最大森林区。存在的主要问题包括：一是局部区域水土流失严重，松嫩平原区黑土退化、农田肥力下降，表现为黑土层厚度减小、有机质含量下降和物理性状恶化，其退化是农业生产可持续发展的重大障碍。二是耕地灌溉不足，水利设施建设滞后，有效灌溉率仅为32.66%。三是局部土地荒漠化严重，西辽河流域区、呼伦贝尔草原区的土地沙化和松嫩平原西部土地盐碱化问题突出。随着人口增长，过度放牧、农垦和樵采，破坏了沙丘上的天然植被，导致沙丘活化、土地沙化，威胁着当地的农业生产。四是环境污染加剧。水污染问题突出，Ⅰ～Ⅲ类水质河道长度比重仅为29.54%；松嫩平原区、辽宁丘陵山地区和辽中南地区等局部区域土壤重金属污染严重。

表2　东北区农业资源环境特征

编号	分区名称	面积（万 km^2）	人口（万人）	人口密度（人/km^2）	主要地形组成(%)	耕地面积（万 km^2）	农业资源环境问题
Ⅰ	东北区	122.75	12 112.53	98.68	山地(39.87), 平原(32.15), 丘陵(13.53)	36.68	
$Ⅰ_1$	三江平原区	10.11	760.32	75.20	平原(54.72), 山地(24.30), 丘陵(10.41)	5.22	洪涝，轻侵蚀，水污染，灌溉少
$Ⅰ_2$	大兴安岭山区	23.56	226.26	9.60	山地(72.99), 平原(13.61), 丘陵(11.84)	1.79	坡度陡，灌溉少，水污染
$Ⅰ_3$	小兴安岭山区	11.91	414.90	34.84	山地(48.07), 丘陵(24.76), 平原(13.67)	2.58	坡度陡，灌溉少，水污染
$Ⅰ_4$	长白山山区	18.31	2 036.59	111.23	山地(60.31), 台地(16.78), 丘陵(13.14)	4.67	坡度陡，白浆土质地黏重，灌溉少
$Ⅰ_5$	松嫩平原区	18.42	3 509.85	190.55	平原(64.67), 台地(29.91), 丘陵(4.34)	11.88	黑土变薄，沙化，盐碱化，环境污染，灌溉少
$Ⅰ_6$	辽宁丘陵山地区	9.11	2 297.68	252.22	山地(43.72), 丘陵(26.55), 平原(26.28)	3.83	缺水，侵蚀，水土污染坡度陡
$Ⅰ_7$	辽中南地区	2.80	1 841.21	657.58	平原(54.42), 山地(38.57), 丘陵(6.47)	1.27	水污染，重金属污染，缺水
$Ⅰ_8$	西辽河流域区	20.11	936.70	46.58	平原(39.92), 山地(30.08), 丘陵(13.30)	5.09	缺水，轻侵蚀，沙化，水污染，
$Ⅰ_9$	呼伦贝尔草原区	8.42	89.02	10.57	平原(42.08), 台地(18.30), 丘陵(15.80)	0.35	草原退化，沙化，盐渍化，水污染，灌溉少

注：“主要地形组成”一栏，地形类型括号内数字为分区内该地形类型面积占全区面积比例。

表3　东北区土地利用结构特征

单位：万 km^2，%

		Ⅰ 东北区	$Ⅰ_1$ 三江平原区	$Ⅰ_2$ 大兴安岭山区	$Ⅰ_3$ 小兴安岭山区	$Ⅰ_4$ 长白山山区	$Ⅰ_5$ 松嫩平原区	$Ⅰ_6$ 辽宁丘陵山地区	$Ⅰ_7$ 辽中南地区	$Ⅰ_8$ 西辽河流域区	$Ⅰ_9$ 呼伦贝尔草原区
耕地	面积	36.68	5.22	1.78	2.57	4.67	11.88	3.84	1.27	5.09	0.36
	比例	33.14	51.58	7.55	21.58	25.47	64.51	42.15	45.34	25.31	4.24

（续）

		I 东北区	I_1 三江平原区	I_2 大兴安岭山区	I_3 小兴安岭山区	I_4 长白山山区	I_5 松嫩平原区	I_6 辽宁丘陵山地区	I_7 辽中南地区	I_8 西辽河流域区	I_9 呼伦贝尔草原区
林地	面积	50.24	2.86	16.20	7.38	12.42	0.88	4.13	0.97	4.53	0.87
	比例	47.59	28.28	68.80	61.89	67.81	4.77	45.33	34.63	22.54	10.30
草地	面积	19.23	0.43	2.24	0.86	0.42	1.71	0.18	0.02	7.52	5.85
	比例	6.20	4.22	9.49	7.25	2.32	9.26	1.97	0.61	37.38	69.52
水域	面积	2.72	0.38	0.13	0.20	0.25	0.74	0.28	0.12	0.33	0.29
	比例	2.23	3.78	0.55	1.66	1.39	4.00	3.06	4.39	1.65	3.48
建设用地	面积	3.15	0.20	0.10	0.11	0.39	0.96	0.62	0.34	0.40	0.03
	比例	2.91	2.02	0.42	0.96	2.14	5.23	6.84	12.31	1.98	0.32
未利用地	面积	10.73	1.02	3.11	0.79	0.16	2.25	0.06	0.08	2.24	1.02
	比例	7.93	10.12	13.19	6.66	0.87	12.23	0.65	2.72	11.14	12.14

注：面积比例为分区某一土地利用类型面积占该分区面积的比重。

表4　东北区农作物结构特征

单位：%

		I 东北区	I_1 三江平原区	I_2 大兴安岭山区	I_3 小兴安岭山区	I_4 长白山山区	I_5 松嫩平原区	I_6 辽宁丘陵山地区	I_7 辽中南地区	I_8 西辽河流域区	I_9 呼伦贝尔草原区
面积比重第一	类别	玉米	玉米	玉米	大豆	玉米	玉米	玉米	玉米	玉米	薯类
	比例	59.90	50.69	39.03	40.90	57.42	72.67	62.01	55.95	53.07	31.52
面积比重第二	类别	稻谷	稻谷	大豆	玉米	稻谷	稻谷	油料	稻谷	油料	小麦
	比例	15.32	35.85	35.43	28.42	20.19	12.56	11.59	15.09	11.81	25.17
稻谷比例		15.32	35.85	1.03	19.37	20.19	12.56	4.11	15.09	1.23	0
小麦比例		1.48	0	11.48	7.09	0.05	0.06	0.01	0.02	7.13	25.17
玉米比例		59.90	50.69	39.03	28.42	57.42	72.67	62.01	55.95	53.07	21.00
大豆比例		12.67	11.20	35.43	40.90	14.19	6.09	3.37	2.07	1.84	0
薯类比例		1.65	0.33	2.69	2.86	1.06	1.91	1.46	0.69	9.83	31.52
油料比例		3.71	0.32	9.44	0.07	1.47	3.44	11.59	1.33	11.81	11.85

（续）

	I 东北区	I_1 三江平原区	I_2 大兴安岭山区	I_3 小兴安岭山区	I_4 长白山山区	I_5 松嫩平原区	I_6 辽宁丘陵山地区	I_7 辽中南地区	I_8 西辽河流域区	I_9 呼伦贝尔草原区
棉花比例	0	0	0	0	0	0.01	0	0	0	0
糖料比例	0.06	0.03	0.05	0	0	0.11	0.01	0.01	0.61	0.55
蔬菜比例	3.44	1.47	0.85	1.27	4.07	2.90	7.17	14.46	8.37	9.91
水果比例	1.77	0.11	0	0.02	1.55	0.25	10.27	10.38	6.11	0

注：面积比例为分区某一农作物种植面积占该分区农作物总种植面积的比重。

表5　分区农作物产量占比

单位：%

	I 东北区	I_1 三江平原区	I_2 大兴安岭山区	I_3 小兴安岭山区	I_4 长白山山区	I_5 松嫩平原区	I_6 辽宁丘陵山地区	I_7 辽中南地区	I_8 西辽河流域区	I_9 呼伦贝尔草原区
稻谷	11.15	2.78	0.06	1.24	2.46	3.86	0.33	0.42	0.28	0
小麦	1.13	0	0.77	0.35	0	0.01	0	0	0.79	0.07
玉米	36.44	3.37	1.51	1.20	5.19	20.98	3.28	0.91	9.11	0.02
大豆	40.15	4.85	6.79	9.81	7.10	10.11	1.18	0.31	1.40	0
薯类	7.06	0.12	0.71	0.39	1.61	3.75	0.38	0.10	5.80	0.57
油料	6.20	0.03	0.70	0.01	0.25	2.86	2.28	0.07	4.45	0.06
棉花	0.01	0	0	0	0	0.01	0	0	0	0
糖料	0.25	0.01	0	0	0	0.23	0.01	0	1.13	0.01
蔬菜	4.83	0.15	0.07	0.12	0.81	1.42	1.34	0.92	4.21	0.12
水果	3.61	0.04	0	0	0.36	0.25	2.44	0.52	1.79	0

注：产量占比为分区某一农作物产量占该农作物全国产量的比重。

（1）I_1三江平原区

三江平原是国家商品粮生产基地，人均耕地面积约为全国平均水平的5倍，人均粮食产量约2t，粮食商品率高达80%。土地利用以耕地为主，面积5.22万km^2，占区域总面积的51.58%；林地排第二，占区域总面积的28.28%。主要作物为玉米、水稻和大

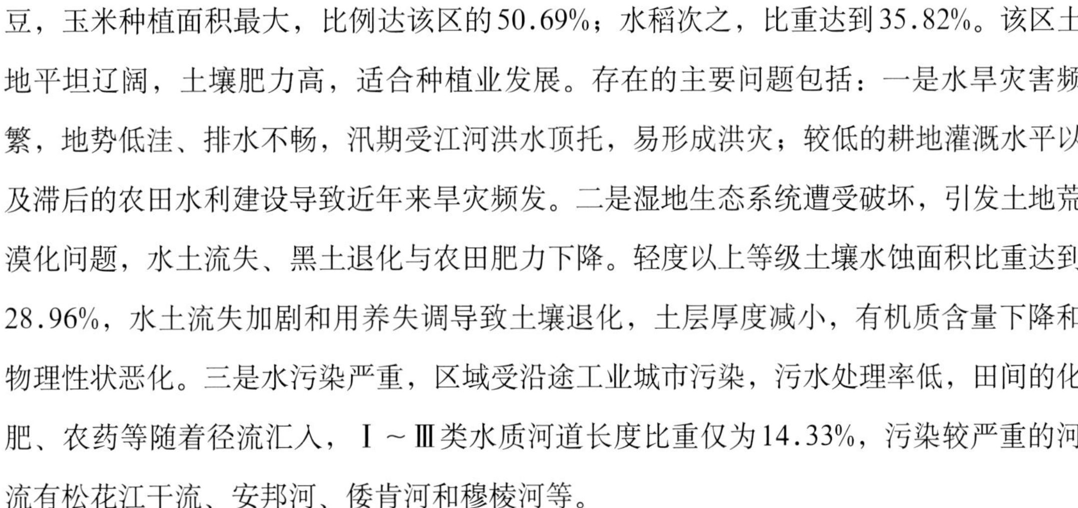

豆，玉米种植面积最大，比例达该区的50.69%；水稻次之，比重达到35.82%。该区土地平坦辽阔，土壤肥力高，适合种植业发展。存在的主要问题包括：一是水旱灾害频繁，地势低洼、排水不畅，汛期受江河洪水顶托，易形成洪灾；较低的耕地灌溉水平以及滞后的农田水利建设导致近年来旱灾频发。二是湿地生态系统遭受破坏，引发土地荒漠化问题，水土流失、黑土退化与农田肥力下降。轻度以上等级土壤水蚀面积比重达到28.96%，水土流失加剧和用养失调导致土壤退化，土层厚度减小，有机质含量下降和物理性状恶化。三是水污染严重，区域受沿途工业城市污染，污水处理率低，田间的化肥、农药等随着径流汇入，Ⅰ～Ⅲ类水质河道长度比重仅为14.33%，污染较严重的河流有松花江干流、安邦河、倭肯河和穆棱河等。

（2）I_2大兴安岭山区

大兴安岭山区是中国重要的林业基地之一。土地利用中林地面积最大，达到16.2万km^2，比重高达68.80%；未利用地和草地面积分列第二、三位，比重分别是13.19%和9.49%；耕地面积为1.78万km^2，比重仅为7.55%。农业种植以玉米和大豆为主，面积比例分别为39.03%和35.43%。该区土壤肥沃，气候湿润，生物资源丰富，适合林牧业的发展。存在的主要问题包括：一是山脉纵横交错，地形限制明显。山地面积比重达72.99%，土层厚度中低适宜等级面积高达94.82%，地形、温度和土层限制导致可供农业生产的耕地资源少。二是水资源利用不合理，水利设施建设不足，农田有效灌溉率仅为11.42%。三是水污染严重。污染来自企业排放的污水、山上的腐殖质及沿河城镇居民生活产生的污水和固体废弃物，以非点源污染为主，Ⅰ～Ⅲ类水质河道长度比重仅为21.77%。

（3）I_3小兴安岭山区

小兴安岭山区是中国主要林区之一，属于以林为主的林农交错地带，是东北林业和农业特产区。土地利用以林地为主，面积达到7.38万km^2，比重高达61.89%；耕地面积次之，面积比例为21.58%。主要作物包括大豆、玉米和水稻，大豆种植面积最大，比例为40.9%，产量占全国的9.81%；玉米和水稻面积分别列第二、三位，比例分别是28.42%和19.37%。该区林地资源丰富，红松蓄积量占全国的一半以上。存在的主要问题包括：一是低山丘陵地形限制明显。全区山地和丘陵面积比重分别为48.07%和24.76%。二是耕地灌溉不足，农田水利建设严重滞后，农田有效灌溉率仅为16%。三是超强度采伐，国有林区的森林资源已近枯竭。森林经营的策略由采伐转向为森林保护，

需解决停伐后的资源利用和经济的可持续发展。四是水污染严峻。Ⅰ～Ⅲ类水质河道长度比重仅为20.83%。

(4) I_4长白山山区

长白山山区是东北林业和农业特产区，鹿茸、人参等珍贵药材的产地。土地利用以林地为主，面积达到12.42万km^2，比重高达67.81%；耕地面积次之，为4.67万km^2，比例为25.47%。主要种植玉米、水稻和大豆，玉米种植面积最大，比例为57.42%；水稻和大豆种植面积比例分别列第二、三位，各为20.19%和14.19%；玉米和大豆产量占全国产量较高，分别为5.19%和7.10%。存在的主要问题包括：一是地形限制明显。以长白山为中心，呈起伏状向四周逐渐降低，地形起伏，全区山地面积比重达到60.31%，平原面积比重仅为9.21%。二是耕地土壤障碍限制明显。白浆土占耕地面积的18.52%，土壤质地黏重，易受旱涝影响。三是长期过量采伐，森林资源遭受了严重的破坏。长白山区森林数量锐减、质量恶化、木材产量持续下降，并由此引发了一系列严重的社会问题。四是水资源不足且污染严重，人均水资源量仅为1 806.07m^3，Ⅰ～Ⅲ类水质河道长度比重为40.52%。

(5) I_5松嫩平原区

松嫩平原是我国著名黑土带，也是国家重要的玉米带和水稻、大豆、牛奶产区，粮食商品率多年保持在60%以上。土地利用以耕地为主，面积达到11.88万km^2，面积比重高达64.51%，未利用地面积比重次之，达到12.23%，主要为沙地和盐碱地。玉米种植面积最大，比例高达72.67%，产量占全国20.98%。该区位于世界三大黑土带之一的东北黑土区核心区，北部地区以黑钙土为主，具有天然的优势，土地广阔、地力肥沃、水系发达、光照充足，适合种植业、畜牧业生产。存在的主要问题包括：一是水土流失、黑土退化与农田肥力下降。轻度以上等级土壤水蚀面积比重达到23.24%，水土流失加剧和用养失调导致黑土退化，黑土层厚度减小，有机质含量下降和物理性状恶化。二是农业抗旱能力低，农田水利工程基础设施建设不足，农田有效灌溉率仅为31.54%。三是土地盐碱化和沙化问题突出。松嫩平原盐碱化面积达到16.36%，主要分布在中西部，是世界上三大苏打盐碱化土壤集中分布地区之一，同时，该区还分布着松嫩沙地，土地盐碱化和沙漠化威胁着当地的农业生产。四是环境污染威胁农业可持续发展。Ⅰ～Ⅲ类水质河道长度比重仅为34.51%，土壤重金属轻、中、污染面积比重分别为5.13%、5.64%和1.59%，主要分布在吉林市和齐齐哈尔市周边。

(6)　I_6辽宁丘陵山地区

辽宁丘陵山地区是辽宁省重要粮食生产基地。土地利用以林地和耕地为主，面积分别为4.13万km^2和3.84万km^2，各占分区面积的45.33%和42.15%。玉米种植面积最大，比例高达62.01%；油料和水果种植面积比例分别列第二、三位，各为11.59%和10.27%。存在的主要问题包括：一是水资源短缺。区域人均水资源量仅为974.71m^3，且水利设施不足，农田有效灌溉率为36.08%。二是土壤水蚀严重。轻度以上等级水蚀面积比重达56.68%，水土流失加剧土地退化和土地生产力下降，主要分布在辽西低山丘陵和辽北漫川漫岗地区。三是水资源、重金属等环境污染影响区域农业生产发展。Ⅰ～Ⅲ类水质河道长度比重仅为45.24%，土壤重金属的轻、中、重污染面积比重分别为4.99%、0.57%和0.27%，主要分布在锦州市周边。四是地形限制明显。山地和丘陵面积比重分别为43.72%和26.55%，农业生产主要分布在有限的山前平原丘陵地区。

(7)　I_7辽中南地区

辽中南地区是我国重要的经济区和重工业基地之一。土地利用以耕地为主，面积达到1.27万km^2，面积比重高达45.34%；林地次之，面积为0.97万km^2，比重达到34.63%；建设用地比重也较大，达到了12.31%。玉米种植面积最大，比例高达55.95%；水稻、蔬菜和水果种植面积分别列第二到四位。该区土壤肥沃，地势平坦。存在的主要问题包括：一是环境污染问题严重。江河湿地和湖泊湿地水质已经受到严重污染，经济活动比较活跃的地区耕地土壤也有不同程度的重金属污染。Ⅰ～Ⅲ类水质河道长度比重仅为39.71%，土壤重金属轻、中、重度污染面积比重分别为6.82%、0.91%和0.89%。二是水资源短缺且冲突严重。在水资源开发利用率高达77.2%的情况下，区域人均水资源量在全东北区最低，仅为521.42m^3，农田有效灌溉率仅为36.61%，工业用水和生活用水大量挤占农业用水，加之季节性干旱，水资源短缺限制农业生产的可持续发展。

(8)　I_8西辽河流域区

西辽河流域区有“北方粮仓”之称，是我国重要的粮食产地。土地利用中草地面积最大，为7.52万km^2，占分区面积的37.38%；耕地和林地分别列第二、三位，面积比例分别为25.31%和22.54%。主要种植玉米、油料和薯类，玉米种植面积最大，比例达53.07%，占全国总产量的9.11%；其次是油料和薯类，各占全国总产量的4.45%和

5.80%。该区是衔接东北平原、华北平原和内蒙古高原的三角地带，是中原农耕区与北方游牧区的交错区域，土质肥沃，适宜发展农业和畜牧业。存在的主要问题包括：一是水资源短缺，灌溉不足。人均水资源为1 150.92m^3，过分依赖地下水灌溉将导致地下水位显著下降，水资源开发利用率达52.65%，但工业用水和生活用水挤占农业用水，加之水利设施不足，农田有效灌溉率仅为33.3%。二是土地退化严重。草原植被因过度放牧而普遍退化严重，天然草地面积减少，质量下降；土地沙化面积比重达24.24%，有5.27%达到强度及强度以上等级；山地和丘陵坡地土壤侵蚀严重，轻度及轻度以上等级土壤侵蚀面积比重高达46.01%。三是耕地土壤类型以黄土性土壤、栗钙土、潮土、沙土为主，部分土壤障碍明显，土层较薄，保肥保水能力差、排水不畅。四是水资源污染严重。区域Ⅰ～Ⅲ类水质河道长度比重仅为35.51%，Ⅳ类、Ⅴ类水质主要分布在西辽河和西拉木伦河。

(9) I_9呼伦贝尔草原区

呼伦贝尔草原是世界著名的三大草原之一，水草丰美，是我国典型的畜牧业经济区。土地利用以草地为主，面积为5.85万km^2，比重高达69.52%；未利用地面积和林地排第二、三位，比重分别达到12.14%和10.3%；耕地面积比重仅为4.24%。主要种植薯类和小麦，种植面积比重分别为31.52%和25.17%。该区草甸草原土质肥沃，降水充裕，牧草种类繁多，适宜牧业发展。存在的主要问题包括：一是草原退化、荒漠化严重。受全球气候变暖及过度放牧等人为因素的影响，与20世纪七八十年代的草原相比，现今草原植被盖度降低了10%～20%；草原的沙化、退化、盐渍化面积约达361.69万hm^2；优良禾草比例平均下降了10%～40%；草地初级生产力下降了28%～48%；土地沙化面积达到13.78%。二是湿地面积缩小、水资源污染严重。呼伦湖湿地、辉河湿地、莫尔格勒河湿地和尔卡湿地四个主要湿地面积急剧缩减和被破坏；区内支柱煤炭产业和造纸行业污染水环境，Ⅰ～Ⅲ类水质河道长度比重仅为14.21%。

2. Ⅱ内蒙古及长城沿线区

内蒙古及长城沿线区位于长城、贺兰山以东，阴山以北，包括北京、河北西北部、内蒙古中北部、辽宁西部，土地面积约为53.62万km^2，约占国土面积的5.59%，2015年人口为2 781.65万人，人口密度为51.88人/km^2，地广人稀。该区几乎全部位于草原地带之内，以温性草原为主，耕地面积仅占全国的4.22%。该区东部的锡林郭勒草原和科尔沁草原，是中国最优良的草原，适合牛、羊、马等各类牲畜饲养；西部则是乌兰察布草原，为矮草草原，产草量较低，适合羊的饲养。

农业资源环境具有明显的过渡性，以干旱草原为主体，水热条件较差。年降水量200～500mm，≥10℃积温约2 000～3 000℃，无霜期100～150d，农作物只能一年一熟。只能种植春小麦、莜麦、粟类、马铃薯、油菜和胡麻等耐寒作物。

该区草原辽阔，为草原牧区与农牧交错区，是中国重要的牧区之一，阴山两麓—长城沿线区和呼包河套区是区内主要农区。农业水土资源环境限制明显，存在的主要问题包括：一是水资源短缺，人均水资源量仅为564.51m^3；旱作农业不稳定，抗灾能力较弱，年际变化大，春旱严重，水资源开发利用率已经超过100%，但农田有效灌溉率仅为47.93%。二是近年来，土地荒漠化面积呈减少态势，荒漠化程度也有所减轻，但局部生态系统极不稳定。锡林郭勒西部荒漠草原区、鄂尔多斯高原区的土地沙化和呼包河套区的盐碱化分布面积大。三是水质较差，Ⅰ～Ⅲ类水质河道长度比重仅为31.42%。四是草原退化趋势仍未得到有效控制。2000年以后实施了一系列退耕还草、退牧还草、草原保护和恢复措施，局部地区生态状况有所好转，但还没有得到实质性的转变。

表6　内蒙古及长城沿线区农业资源环境特征

编号	分区名称	面积（万km^2）	人口（万人）	人口密度（人/km^2）	主要地形组成(%)	耕地面积（万km^2）	农业资源环境问题
Ⅱ	内蒙古及长城沿线区	53.62	2 781.65	51.88	平原(45.46)，山地(16.16)，丘陵(14.82)	7.59	
$Ⅱ_1$	锡林郭勒东部草原区	12.20	78.93	6.47	平原(41.98)，丘陵(23.10)，黄土梁卯(13.50)	0.48	土层薄，草原退化，沙化，灌溉少
$Ⅱ_2$	锡林郭勒西部荒漠草原区	16.19	105.46	6.51	平原(68.05)，丘陵(17.59)，山地(2.89)	0.86	荒漠化，草原退化，缺水，土壤贫瘠
$Ⅱ_3$	阴山两麓—长城沿线区	14.14	1 689.62	119.49	山地(51.64)，平原(23.13)，丘陵(15.03)	4.86	缺水，荒漠化，坡度陡
$Ⅱ_4$	呼包河套区	2.70	652.85	241.80	平原(77.51)，山地(14.27)，黄土梁卯(1.79)	0.94	水超载，次生盐渍化，轻侵蚀
$Ⅱ_5$	鄂尔多斯高原区	8.39	254.79	30.37	平原(34.41)，黄土梁卯(3.96)，台地(3.26)	0.45	荒漠化严重，缺水，土层薄，养分贫瘠

注："主要地形组成"一栏，地形类型括号内数字为分区内该地形类型面积占全区面积比例。

表7 内蒙古及长城沿线区土地利用结构特征

单位：万km^2，%

		Ⅱ 内蒙古及长城沿线区	$Ⅱ_1$ 锡林郭勒东部草原区	$Ⅱ_2$ 锡林郭勒西部荒漠草原区	$Ⅱ_3$ 阴山两麓—长城沿线区	$Ⅱ_4$ 呼包河套区	$Ⅱ_5$ 鄂尔多斯高原区
耕地	面积	7.59	0.48	0.86	4.86	0.94	0.45
	比例	14.15	3.91	5.30	34.37	35.02	5.36
林地	面积	5.42	0.31	0.18	4.57	0.19	0.17
	比例	10.11	2.57	1.13	32.33	6.97	2.01
草地	面积	31.68	10.00	11.86	3.80	0.89	5.13
	比例	59.12	81.99	73.26	26.92	33.15	61.13
水域	面积	0.79	0.09	0.19	0.23	0.09	0.19
	比例	1.45	0.70	1.19	1.60	3.17	2.25
建设用地	面积	0.94	0.04	0.12	0.47	0.21	0.10
	比例	1.76	0.36	0.74	3.31	7.69	1.24
未利用地	面积	7.20	1.28	2.98	0.21	0.38	2.35
	比例	13.41	10.47	18.38	1.47	14.00	28.01

注：面积比例为分区某一土地利用类型面积占该分区面积的比重。

表8 内蒙古及长城沿线区农作物结构特征

单位：%

		Ⅱ 内蒙古及长城沿线区	$Ⅱ_1$ 锡林郭勒东部草原区	$Ⅱ_2$ 锡林郭勒西部荒漠草原区	$Ⅱ_3$ 阴山两麓—长城沿线区	$Ⅱ_4$ 呼包河套区	$Ⅱ_5$ 鄂尔多斯高原区
面积比重第一	类别	薯类	玉米	玉米	玉米	玉米	小麦
	比例	34.65	38.90	56.41	68.83	76.03	54.18
面积比重第二	类别	油料	薯类	油料	油料	蔬菜	油料
	比例	32.50	16.08	29.97	13.83	6.28	36.39
稻谷比例		0	0.82	0.01	0.36	2.43	0
小麦比例		23.65	5.75	5.41	1.55	2.72	54.18
玉米比例		8.31	38.90	56.41	68.83	76.03	0.49
大豆比例		0.01	2.02	0.35	1.47	2.69	0.52
薯类比例		34.65	16.08	0.77	7.21	1.51	6.40
油料比例		32.50	6.18	29.97	13.83	6.18	36.39
棉花比例		0	0	0	0	0	0
糖料比例		0.01	0.74	0.15	0.85	0.76	0
蔬菜比例		0.84	13.82	6.23	3.61	6.28	2.02
水果比例		0.03	15.69	0.70	2.29	1.40	0

注：面积比例为分区某一农作物种植面积占该分区农作物总种植面积的比重。

 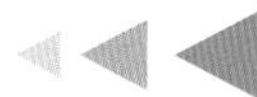

表9 内蒙古及长城沿线区农作物产量占比

单位：%

	Ⅱ 内蒙古及长城沿线区	$Ⅱ_1$ 锡林郭勒东部草原区	$Ⅱ_2$ 锡林郭勒西部荒漠草原区	$Ⅱ_3$ 阴山两麓—长城沿线区	$Ⅱ_4$ 呼包河套区	$Ⅱ_5$ 鄂尔多斯高原区
稻谷	0	0.07	0	0	0.21	0
小麦	0.10	0.12	0.17	0.02	0.16	0.15
玉米	0.10	1.56	1.35	0.54	5.54	0
大豆	0	0.52	0.04	0.06	0.77	0.01
薯类	1.03	2.99	0.06	0.34	0.67	0.14
油料	0.56	0.40	2.02	0.30	0.88	0.23
棉花	0	0	0	0	0	0
糖料	0	0.46	0.04	0.07	0.55	0
蔬菜	0.03	2.49	0.42	0.07	1.06	0.02
水果	0	1.57	0.07	0.01	0.14	0

注：产量占比为分区某一农作物产量占该农作物全国产量的比重。

（1）$Ⅱ_1$锡林郭勒东部草原区

锡林郭勒东部草原区是锡林郭勒草原的主要天然草场，是国家和内蒙古自治区重要的畜牧业生产基地。土地利用以草地为主，面积为10万km^2，比重高达81.99%；未利用地面积次之，为1.28万km^2，比重达10.47%，以沙漠戈壁为主；耕地面积比重仅为3.9%。主要作物包括玉米、薯类和水果，其中，玉米种植面积最大，比例达38.9%；薯类和水果种植分别列第二、三位，面积比例各为16.08%和15.69%。该区属中温带半干旱、干旱大陆性季风气候，以草原草甸分布为主，主要是低山丘陵、高平原与宽谷平原地形，适宜发展畜牧业。存在的主要问题包括：一是土壤养分贫瘠，养分不足。土壤以栗钙土、暗棕壤以及存在盐渍化的潮土与草甸土为主，土壤土层较薄、有机质含量较低是农业生产的一大限制因素。二是草原退化，生产力下降。草原发生土地沙化、盐碱化的范围广，超载过牧导致草场退化严重。土地沙化面积比重达50.76%，并有7.50%的土地面积受盐渍化威胁。三是水资源问题突出。人均水资源量尽管为该大区最高，也仅为1 162.37m^3，且工程性缺水明显，农田有效灌溉率仅为14.91%，制约农牧业生产发展；水资源污染严重，Ⅰ～Ⅲ类水质河道长度比重仅为21.72%。

(2) Ⅱ₂锡林郭勒西部荒漠草原区

锡林郭勒西部荒漠草原区为锡林郭勒西部荒漠草原亚带。土地利用以草地为主，面积为11.86万km^2，占分区面积比重高达73.26%；未利用地面积次之，为2.98万km^2，比重达18.38%，以沙漠戈壁为主；耕地面积很小，仅占5.3%。以玉米和油料种植为主，种植面积比例分别为56.41%和29.97%；蔬菜种植面积排第三位，比例为6.23%。该区地势平坦，沙地植被分布较多，干旱少雨，主要发展畜牧业。农业资源环境条件恶劣。存在的主要问题包括：一是土地荒漠化趋势初步得到遏制，但局部生态系统仍极为脆弱。土地沙化广泛分布，无沙化土地面积仅为9.45%，强度等级以上土地沙化面积比重超过75%，仍有6.06%的土地发生盐碱化。二是草原退化趋势仍未得到有效控制。2000年以后实施了一系列草原保护和恢复措施，局部地区生态状况有所好转，但过牧超载、不合理的农垦，使得草原退化现状并没有得到实质性的转变。三是水资源严重匮乏，易受干旱威胁。资源性缺水明显，全区人均水资源量仅为996.88m^3，水资源开发利用率高达90.1%，农业用水受其他用水挤占，农田有效灌溉率仅为31.00%。四是土壤障碍限制明显。以栗钙土、盐化或碱化的草甸土为主，平均土壤有机质含量仅为1.15%，土层较薄，养分贫瘠。五是水资源污染突出。小型工矿企业严重污染生态环境，Ⅰ～Ⅲ类水质河道长度比重仅为23.8%。

(3) Ⅱ₃阴山两麓—长城沿线区

阴山两麓—长城沿线区是我国典型的农牧交错区。土地利用以耕地、林地和草地为主，三者面积分别为4.86万km^2、4.57万km^2和3.8万km^2，各占分区面积的34.37%、32.33%和26.92%。玉米种植面积最大，比例达68.83%；油料和薯类分别列第二、三位，种植面积比例各为13.83%和7.21%。该区光资源丰富，热量不足，干旱频繁，是旱作农业区中自然条件、生态环境较为脆弱的地区。存在的主要问题包括：一是水资源匮乏。区域水资源开发利用率高达62.29%，人均水资源量却仅为595.27m^3。二是土地荒漠化严重。垦荒规模不断扩大，由于垦荒将原始的草原植被完全破坏，土壤失去了保护屏障，轻度以上土壤水蚀面积比重高达71.52%，轻度以上土地沙化面积也占15.33%。三是局部地形限制明显。该区山地面积超过50%，南坡山势陡峭，北坡则较为平缓，适宜耕作的平原面积比重仅为23.13%。四是水质较差。Ⅰ～Ⅲ类水质河道长度比重仅为38.74%，主要分布在北部和西部。

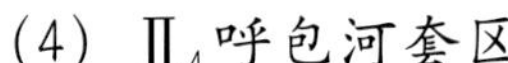

(4) $Ⅱ_4$呼包河套区

呼包河套区是全国乃至亚洲最大的大型自流灌区，是内蒙古及长城沿线区内主要农区，被誉为“塞上粮仓”。土地利用以耕地和草地为主，面积分别为0.94万km^2和0.89万km^2，各占分区面积的35.02%和33.15%；未利用地面积比重也达到14%。玉米种植面积最大，比例达76.03%，产量占全国总产量的5.54%；蔬菜和油料种植面积排第二、三位，比例分别为6.28%和6.18%。该区地势平坦，土地肥沃，渠道纵横，农田遍布，非常适宜农业发展。存在的主要问题包括：一是农业水资源严重超载。该区多年平均降水量为130～150mm，而蒸发量高达2 200mm，人均水资源量仅为281.92m^3，多年来引黄灌溉维持农业生产，水资源开发利用率高达401.1%。由于近年来灌溉面积的增加和引水量的下降，水资源供需矛盾大。二是土壤次生盐渍化威胁大。大水漫灌和沟渠水渗漏诱发土壤盐渍化，13.92%的地区发生土地盐渍化。三是土壤侵蚀严重。发生土壤水蚀和风蚀沙化的土地面积比例分别为27.71%和38.49%。四是耕地质量下降。土壤平均有机质含量仅为1.28%，高强度种植使土地疲劳，自然耕地质量下降，土壤障碍因子增加。

(5) $Ⅱ_5$鄂尔多斯高原区

鄂尔多斯高原区是“河套文化”的发祥地，西北部为沙漠区，东部是农业区。土地利用以草地为主，面积达到5.13万km^2，占分区面积的61.13%；未利用地面积次之，为2.35万km^2，比重达28.01%，以沙漠戈壁为主，毛乌素沙地分布于该区。主要作物为小麦和油料，小麦种植面积最大，比例达54.18%；油料种植面积排第二位，比例为36.39%。该区农牧镶嵌分布，生态环境脆弱，以灌溉农业为主。存在的主要问题包括：一是水土流失严重，土地生态系统极为脆弱。土地荒漠化以风蚀沙化为主，超过90%的土地发生沙化，且强度等级以上土地沙化面积达到55.43%，还有7.61%的土地发生盐碱化。尽管区内土地荒漠化面积呈减少态势，程度也有所减轻，但这类土地生态系统极为脆弱，极易发生土地沙漠化。二是水资源极为短缺。区域人均水资源量仅有720.46m^3，水资源开发利用率高达170.58%，供需矛盾突出。三是土壤贫瘠。耕地土壤质地轻，蓄水保墒能力差，土壤有机质含量极低，仅为0.7%。四是水质较差。该区是我国的重要能源基地，工业化和城镇化进程加剧了水污染，Ⅰ～Ⅲ类水质河道长度比重为42.31%。

3. Ⅲ黄淮海区

黄淮海区位于长城以南、淮河以北、太行山以东，包括天津、山东、北京南部、河北东南部、河南东北部、安徽、江苏北部，土地面积约为44.37万km^2，约占国土面积

的4.62%，2015年人口为30 931.61万人，人口稠密，密度高达697.13人/km^2。该区是中国最大的平原，主体由平原构成，有华北平原、山东丘陵、黄淮平原。该区是我国重要的粮、棉、油、肉、果等农业生产基地，是冬小麦的主要产区。耕地面积占全国的17.21%，生产了约占全国63.65%的小麦、25.73%的玉米、27.66%的棉花、27.46%的油料、22.09%的水果、34.09%的蔬菜、26.53%的肉、45.82%的蛋和30.43%的奶。农业自然条件的主要特点是：年降水500～800mm，无霜期175～220d，≥10℃积温4 000～4 500℃，海拔多为50～100m，坡降仅为万分之一到千分之一，土层深厚，光热组合较好，雨热同期，农作物可两年三熟或一年二熟。该区人口集聚，土地利用强度大，土地开发及农业耕作具有数千年的历史，以旱作灌溉农业为主，农机动力、化肥和农用电等农业技术装备综合发展水平较高。存在的主要问题包括：一是水资源极其短缺。黄河、淮河、海河3个水资源一级区土地面积占全国的15%，水资源总量仅占全国的7%，人均水资源占有量仅357.68m^3，是我国水资源供需矛盾最为尖锐地区。水资源开发利用率均达到103.08%，地下水开采利用率达到105.2%，较大地下水漏斗20处，面积达4万km^2，成为世界上最大的区域性漏斗。二是水体、大气、土壤等环境污染严重。2015年区内以$PM_{2.5}$为主的雾霾天气发生频繁，京津冀地区污染最为严重，大气污染总体上处于全国最严重的危机状态。Ⅰ～Ⅲ类水质河道长度比重仅为22.86%，其余均受污染，且多为严重污染，富营养化现象呈加剧趋势。15.84%的土壤重金属含量超标，主要分布在黄淮海区和环渤海湾区的发达城市边缘。三是沙尘治理初显成效，但形势依然严峻。随着风沙源地的治理，区内沙尘天气次数虽然减少但是强度加大，形势仍然严峻。

表10　黄淮海区农业资源环境特征

编号	分区名称	面积（万km^2）	人口（万人）	人口密度（人/km^2）	主要地形组成(%)	耕地面积（万km^2）	农业资源环境问题
Ⅲ	黄淮海区	44.37	30 931.61	697.13	平原(77.14), 山地(11.16), 丘陵(7.95)	30.96	
$Ⅲ_1$	华北平原区	13.97	8 866.98	634.72	平原(84.12), 风积地貌(24.83), 山地(8.17)	10.14	水极缺、污染，重金属污染
$Ⅲ_2$	山东丘陵区	9.65	6 415.17	664.78	平原(46.74), 山地(27.87), 丘陵(24.56)	6.13	缺水，土层薄，坡度陡，水污染，轻侵蚀
$Ⅲ_3$	黄淮平原区	16.31	11 100.78	680.61	平原(88.35), 风积地貌(40.18), 丘陵(4.03)	12.17	水极缺，旱灾，水土污染
$Ⅲ_4$	环渤海湾区	4.44	4 548.68	1 024.48	平原(80.23), 山地(13.97), 风积地貌(8.84)	2.52	水极缺、污染，重金属污染，耕地减少

注："主要地形组成"一栏，地形类型括号内数字为分区内该地形类型面积占全区面积比例。

表11　黄淮海区土地利用结构特征

单位：万km^2，%

		Ⅲ 黄淮海区	$Ⅲ_1$ 华北平原区	$Ⅲ_2$ 山东丘陵区	$Ⅲ_3$ 黄淮平原区	$Ⅲ_4$ 环渤海湾区
耕地	面积	30.98	10.14	6.14	12.17	2.53
	比例	69.74	72.53	63.56	74.56	56.80
林地	面积	2.69	0.59	1.00	0.53	0.57
	比例	6.09	4.24	10.39	3.26	12.90
草地	面积	1.93	0.70	0.92	0.17	0.14
	比例	4.37	5.03	9.53	1.06	3.24
水域	面积	1.61	0.37	0.32	0.64	0.28
	比例	3.65	2.67	3.30	3.95	6.38
建设用地	面积	6.98	2.03	1.24	2.80	0.91
	比例	15.74	14.54	12.90	17.14	20.49
未利用地	面积	0.18	0.14	0.03	0	0.01
	比例	0.41	0.99	0.32	0.03	0.19

注：面积比例为分区某一土地利用类型面积占该分区面积的比重。

表12　黄淮海区农作物结构特征

单位：%

		Ⅲ 黄淮海区	$Ⅲ_1$ 华北平原区	$Ⅲ_2$ 山东丘陵区	$Ⅲ_3$ 黄淮平原区	$Ⅲ_4$ 环渤海湾区
面积比重第一	类别	小麦	小麦	小麦	小麦	玉米
	比例	35.33	35.94	30.60	39.23	37.40
面积比重第二	类别	玉米	玉米	玉米	玉米	蔬菜
	比例	27.82	33.13	29.75	21.96	21.90
稻谷比例		3.80	0.75	0.91	7.12	3.30
小麦比例		35.33	35.94	30.60	39.23	14.61
玉米比例		27.82	33.13	29.75	21.96	37.40
大豆比例		3.02	0.94	1.24	5.36	1.64
薯类比例		1.45	0.80	2.10	1.65	1.91
油料比例		6.38	4.20	11.40	6.40	5.17
棉花比例		3.60	6.73	0.86	2.27	3.38
糖料比例		0.01	0	0	0.02	0
蔬菜比例		13.42	11.07	14.20	13.79	21.90
水果比例		5.17	6.44	8.94	2.20	10.69

注：面积比例为分区某一农作物种植面积占该分区农作物总种植面积的比重。

表13 黄淮海区农作物产量占比

单位：%

	Ⅲ 黄淮海区	$Ⅲ_1$ 华北平原区	$Ⅲ_2$ 山东丘陵区	$Ⅲ_3$ 黄淮平原区	$Ⅲ_4$ 环渤海湾区
稻谷	5.69	0.32	0.21	4.86	0.30
小麦	63.65	22.24	8.03	32.07	1.31
玉米	25.73	10.97	4.72	8.16	1.88
大豆	18.84	2.34	1.67	14.15	0.68
薯类	8.89	1.57	2.40	4.22	0.70
油料	27.46	5.88	8.36	12.06	1.16
棉花	27.66	16.77	1.14	8.29	1.46
糖料	0.17	0	0	0.17	0
蔬菜	34.09	11.09	6.22	12.61	4.17
水果	22.09	7.24	7.89	4.73	2.23

注：产量占比为分区某一农作物产量占该农作物全国产量的比重。

（1）$Ⅲ_1$ 华北平原区

华北平原区是我国重要的粮棉油生产基地。土地利用以耕地为主，面积达到10.14万km^2，占分区面积的72.53%。以小麦和玉米种植为主，比例分别达到35.94%和33.13%；蔬菜种植面积排第三位，比例也高达11.07%。小麦、棉花、蔬菜、玉米、水果和油料等农作物产量分别占全国总产量的比重均较高，分别为22.24%、16.77%、11.09%、10.97%、7.24%和5.88%，在我国农业生产有举足轻重的地位。该区地势平坦，土壤肥沃，但降水量不够充沛，是以旱作为主的农业区。存在的主要问题包括：一是水资源匮乏。该区人均水资源量只有245.25m^3，全国最低，水资源开发利用率达到103.08%。粮食生产耗水占总耗水的70%，高密度的冬小麦和夏玉米轮作模式导致作物耗水量远超过本地产水量，农作区只能依靠超采地下水来维持粮食生产，地下水开采利用率达到105.2%，该区成为世界上最大的区域性漏斗。二是环境污染严重影响区域农业发展。Ⅰ～Ⅲ类水质河道长度比重仅为20.71%，浅层地下水综合质量整体较差，遭受不同程度污染的地下水高达44.13%；土壤重金属含量超标10.35%，主要污染指标为Hg、Cr、Cd、Pb等，分布在保定、石家庄和焦作等地区。

（2）$Ⅲ_2$ 山东丘陵区

山东丘陵区是我国蔬菜、水果、肉类、水产品的主要产地。土地利用以耕地为主，面积达到6.14万km^2，占分区面积的63.56%；建设用地、林地和草地面积分别列第二、三、四位，比重分别为12.9%、10.39%和9.53%。以小麦和玉米种植为主，比例分别达到30.6%和29.75%；蔬菜、油料和水果种植面积分别列第三至五位，比例分别为14.2%、11.4%和8.94%。该区小麦产量占全国总产量的8.03%，油料产量占全国总产量的8.36%，水果产量占全国总产量的7.89%。该区降水集中、雨热同季，适合农业发展。存在的主要问题包括：一是水资源短缺。水资源开发利用率已经高达80%，但人均水资源量仅有337.92m^3，尚不到全国人均水资源量的1/6。二是局部地形起伏限制明显。该区三分之一区域为山地丘陵，山地和丘陵面积比重分别为27.87%和24.56%，且易发生水土流失，轻度以上等级土壤水蚀面积比重达26.66%。三是农业薄膜污染。随着地膜技术的发展和农村产业结构的调整，山东省各地都在实施“白色工程”，搞大棚蔬菜，推广地膜种植覆盖，农业薄膜的“白色污染”成为严峻问题。四是环境污染严重。Ⅰ～Ⅲ类水质河道长度比重仅为22.65%，小清河、海河流域污染较为严重，分布有劣Ⅴ类断面；局部区域土壤重金属超标，济南、泰安和黄河口区域重金属含量最高。

（3）Ⅲ_3黄淮平原区

黄淮平原区是我国重要的农业区。土地利用以耕地为主，面积达到12.17万km^2，占分区面积的74.56%；建设用地面积次之，比重达到17.14%。小麦种植面积最大，比例达39.23%；玉米种植面积排第二，比例也高达21.96%；蔬菜种植面积列第三位，比例达到13.79%。该区小麦、大豆、蔬菜、油料、棉花、玉米和水稻等产量占全国相应总产量比重均较高，分别为32.07%、14.15%、12.61%、12.06%、8.29%、8.16%和4.86%，在我国农业生产中有举足轻重的地位。该区地形平坦，光照充足，雨热同期。存在的主要问题包括：一是水资源紧缺。该区人均水资源量仅为461.79m^3，水资源开发利用率高达62.25%，浅层地下水开发利用率高达58.4%，农业用水水资源总量不足，特别是干旱年份农业用水“瓶颈”凸显。二是旱涝灾害频发，防灾减灾能力弱。处于我国南北气候过渡地带分界线，干旱、洪涝频繁发生。尽管经过50多年的治淮建设，流域整体防洪、抗旱条件有所改善，但防灾减灾设施和措施仍然薄弱。三是环境污染严重，损害农业生产环境。Ⅰ～Ⅲ类水质河道长度比重仅为20.66%，土壤重金属轻、中、重度污染面积比重分别为9.77%、6.96%和5.91%，主要分布在徐州市、淮北市、苏州市、淮阴市和连云港市附近。

（4）Ⅲ_4环渤海湾区

环渤海湾区是我国政治、经济及文化中心，也是我国最重要的城市群之一，有丰

富的海洋资源和渔业资源。土地利用以耕地为主，面积达到2.53万km^2，占分区面积的56.80%；建设用地面积次之，该区城镇化水平高，比重高达20.49%。主要农作物包括玉米、蔬菜、小麦和水果，玉米种植面积最大，比例达37.40%；蔬菜、小麦和水果种植面积分别排第二、三、四位，比例分别达到21.90%、14.61%和10.69%。该区地势平坦，自然资源丰富，适宜农业及渔业发展。存在的主要问题包括：一是水资源短缺，工业挤占农业用水。水资源开发利用率高达85.71%，人均水资源量仅为350.64m^3。近几十年过量开发利用水资源，导致地表水不断萎缩，地下水位持续下降。并且，城市、工业在与农业和农村的水资源争夺中占据明显的优势地位，粮食生产面临水资源短缺瓶颈。二是环境污染严重。Ⅰ～Ⅲ类水质河道长度比重仅为38.11%，土壤重金属超标面积比重达23.23%，酸雨污染面积比例也达到8.36%。三是工业化、城镇化与粮食生产相互争地的矛盾日渐突出。该区是我国政治、经济及文化中心，随着环渤海尤其是首都经济圈的形成，人口集聚，城市人口压力将越来越大。工业化、城镇化的快速推进，导致土地要素流出粮食生产领域。

4. Ⅳ黄土高原区

黄土高原区位于太行山以西，青海日月山以东，秦岭以北，长城以南，包括山西、河南西部、陕西大部、甘肃东北部、青海东部、宁夏东南部。该区土地面积约为49.68万km^2，约占国土面积的5.18%，2015年人口为10 475.39万人，人口密度为210.86人/km^2。该区地表多为黄土覆盖，是世界上黄土分布最集中、覆盖厚度最大的区域。由于光热资源丰富，加之昼夜温差较大，是我国小麦、玉米和瓜果的优质产区之一。耕地面积占全国10.11%，薯类和水果产量占全国总产量的10.52%和17.20%。

农业气候资源特点为光热条件优越，降水量小、蒸散量大，农田水分亏缺严重。年降水量大部分区域为400～600mm，属中温带向暖温带及半湿润区向半干旱区过渡地带，无霜期为120～250d，≥10℃积温3 000～4 300℃。汾渭谷地的油塿土，是中国熟化程度最高的肥土之一，大多数土壤有机质含量却在1%以下，缺磷、少氮，土壤质量较差。除汾渭谷地，农业生产力水平低下，是我国贫困人口的主要集中地区。

该区黄土沟壑分布广泛，大风和沙尘暴日数多，水土流失严重。存在的主要问题包括：一是水资源贫乏，河流丰枯悬殊，农田有效灌溉率仅为28.54%，各区最低，人均水资源量仅为447.59m^3，列各区倒数第二。二是土壤障碍限制明显。土壤肥力较低，黄绵土、风沙土等土壤养分贫瘠，退化严重。三是除汾渭谷地，土壤地形限制明显，以山地丘陵为主，平原面积比重为16.84%。四是土壤侵蚀形势虽明显好转，但该区仍是我国水土流失最严重区域。强度等级以上侵蚀面积占36.43%，陕北宁东丘陵沙地区和黄土丘陵沟壑区剧烈等级土壤水蚀面积比重分别为28.33%和30.38%。

表14 黄土高原区农业资源环境特征

编号	分区名称	面积（万km^2）	人口（万人）	人口密度（人/km^2）	主要地形组成(%)	耕地面积（万km^2）	农业资源环境问题
Ⅳ	黄土高原区	49.68	10 475.39	210.86	山地(34.89),平原(16.84),丘陵(2.06)	18.20	
Ⅳ$_1$	晋豫土石山区	10.64	3 018.85	283.73	山地(58.59),平原(19.60),黄土梁卯(8.64)	3.89	土壤障碍多，水极缺，坡度陡，侵蚀
Ⅳ$_2$	汾渭谷地区	6.71	3 628.38	540.74	山地(37.19),平原(32.58),黄土梁卯(7.68)	3.41	水极缺，旱涝，水污染，轻盐碱
Ⅳ$_3$	黄土高塬沟壑区	20.14	2 822.76	140.16	黄土梁卯(34.72),山地(32.37),平原(11.82)	6.71	侵蚀严重，沙化，缺水，坡度陡
Ⅳ$_4$	陕北宁东丘陵沙地区	4.43	280.72	63.37	黄土梁卯(36.06),平原(20.41),丘陵(2.98)	1.38	沙化严重，缺水，土壤贫瘠
Ⅳ$_5$	黄土丘陵沟壑区	7.76	724.68	93.39	黄土梁卯(48.89),山地(26.89),平原(10.44)	2.81	剧烈侵蚀，缺水，草地退化，土壤贫瘠

注："主要地形组成"一栏，地形类型括号内数字为分区内该地形类型面积占全区面积比例。

表15 黄土高原区土地利用结构特征

单位：万km^2，%

		Ⅳ 黄土高原区	Ⅳ$_1$ 晋豫土石山区	Ⅳ$_2$ 汾渭谷地区	Ⅳ$_3$ 黄土高塬沟壑区	Ⅳ$_4$ 陕北宁东丘陵沙地区	Ⅳ$_5$ 黄土丘陵沟壑区
耕地	面积	18.20	3.89	3.40	6.71	1.38	2.82
	比例	36.64	36.62	50.61	33.32	31.21	36.31
林地	面积	9.56	3.28	1.48	2.84	0.22	1.74
	比例	19.24	30.84	22.00	14.09	4.87	22.47
草地	面积	19.09	2.88	1.25	9.73	2.13	3.10
	比例	38.43	27.05	18.65	48.33	48.17	39.95
水域	面积	0.52	0.17	0.09	0.16	0.05	0.05
	比例	1.05	1.58	1.41	0.80	1.14	0.61
建设用地	面积	1.36	0.41	0.48	0.38	0.04	0.05
	比例	2.72	3.82	7.18	1.87	0.84	0.60
未利用地	面积	0.95	0.01	0.01	0.32	0.61	0
	比例	1.92	0.09	0.15	1.59	13.77	0.06

注：面积比例为分区某一土地利用类型面积占该分区面积的比重。

表16 黄土高原区农作物结构特征

单位：%

		Ⅳ 黄土高原区	$Ⅳ_1$ 晋豫土石山区	$Ⅳ_2$ 汾渭谷地区	$Ⅳ_3$ 黄土高塬沟壑区	$Ⅳ_4$ 陕北宁东丘陵沙地区	$Ⅳ_5$ 黄土丘陵沟壑区
面积比重第一	类别	玉米	玉米	小麦	玉米	玉米	水果
	比例	31.82	51.04	34.49	20.69	31.84	34.82
面积比重第二	类别	小麦	小麦	玉米	小麦	薯类	玉米
	比例	21.36	19.45	34.22	19.65	31.24	24.52
稻谷比例		0.15	0.11	0.01	0.08	2.78	0
小麦比例		21.36	19.45	34.49	19.65	0.51	1.78
玉米比例		31.82	51.04	34.22	20.69	31.84	24.52
大豆比例		2.98	3.98	1.46	1.64	4.84	9.14
薯类比例		10.05	4.18	0.97	16.59	31.24	17.22
油料比例		5.87	3.94	1.59	9.31	7.87	9.15
棉花比例		0.41	0.29	0.91	0.21	0.02	0.13
糖料比例		0.02	0.06	0	0.01	0.01	0.02
蔬菜比例		9.98	8.47	9.89	13.46	4.88	3.22
水果比例		17.36	8.48	16.46	18.36	16.01	34.82

注：面积比例为分区某一农作物种植面积占该分区农作物总种植面积的比重。

表17 黄土高原区农作物产量占比

单位：%

	Ⅳ 黄土高原区	$Ⅳ_1$ 晋豫土石山区	$Ⅳ_2$ 汾渭谷地区	$Ⅳ_3$ 黄土高塬沟壑区	$Ⅳ_4$ 陕北宁东丘陵沙地区	$Ⅳ_5$ 黄土丘陵沟壑区
稻谷	0.07	0.01	0	0.01	0.05	0
小麦	7.51	1.55	3.99	1.91	0.01	0.05
玉米	8.83	3.01	2.84	2.10	0.31	0.57
大豆	4.78	1.19	0.90	1.15	0.28	1.26
薯类	10.52	1.19	0.47	6.37	0.96	1.53
油料	3.90	0.60	0.35	2.33	0.14	0.48
棉花	1.07	0.12	0.70	0.23	0	0.02
糖料	0.07	0.05	0	0.01	0	0.01
蔬菜	5.81	1.41	2.18	1.94	0.09	0.19
水果	17.20	2.73	7.59	5.86	0.09	0.93

注：产量占比为分区某一农作物产量占该农作物全国产量的比重。

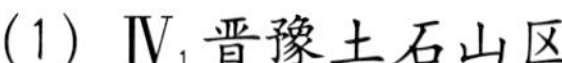

(1) Ⅳ$_1$晋豫土石山区

晋豫土石山区是黄土高原重要的水源涵养区。土地利用以耕地、林地和草地为主，三者面积分别为3.89万km^2、3.28万km^{2}和2.88万km^2，各占分区面积的36.62%、30.84%和27.05%。玉米种植面积最大，比例达51.4%；小麦种植面积排第二位，比例也高达19.45%；蔬菜和水果种植面积并列第三位，比例达到8.48%。存在的主要问题包括：一是土壤碎石比例高，障碍多。分布有大量的粗骨土和石质土，农业生产适宜性很低，耕地土壤包括黄绵土和潮土等，有机质含量低、养分缺乏、理化性质差。二是水资源短缺。人均水资源量仅有314.06m^3，区域水资源开发利用率高达73.17%，农田有效灌溉率仅为35.39%。三是地形限制明显。山地面积高达58.59%，坡度平均高达6.9°，可供农业生产的耕地面积有限。四是水土流失面积广。轻度以上土壤水蚀面积比重达到81.61%，以中低等级侵蚀为主，强度以上侵蚀等级占9.80%。五是水质较差。Ⅰ～Ⅲ类水质河道长度比重仅为35.78%。

(2) Ⅳ$_2$汾渭谷地区

汾渭谷地区是黄土高原区的优质农区。土地利用以耕地为主，面积达到3.4万km^2，超过分区面积的一半；林地和草地面积分别列第二、三位，比例分别为22.0%和18.65%。粮食种植以小麦和玉米为主，比例分别为34.49%和34.22%；水果和蔬菜种植面积分别列第三、四位，比例分别为16.46%和9.89%；水果产量占全国总产量的7.59%，小麦和玉米产量分别占全国的3.99%和2.84%。该区地势平坦，耕地集中连片，土层深厚，水土流失轻微，是山西和陕西两省主要农业集中分布带。存在的主要问题包括：一是水资源贫乏。渭河与汾河都是显著的降雨补给型季节性河流，天然水资源不足，人均水资源量仅为314.72m^3，水资源开发利用率达58.13%。二是干旱和洪涝为害严重。渭河平原中东部为严重旱灾风险区，近十多年降水增多，气温下降，干旱日数减少，强度减弱，洪涝频次增加。三是水环境污染严重。Ⅰ～Ⅲ类水质河道长度比重仅为38.05%，随着大中城市工业废水和生活污水排放增加，人口和工矿业集中的汾河、渭河流域水环境污染不断加剧。四是土壤次生盐渍化威胁农业生产。由于地势低平，部分地区排水不畅，灌溉方式不合理，有次生盐渍化现象。

(3) Ⅳ$_3$黄土高塬沟壑区

黄土高塬沟壑区农耕历史悠久，是黄土高原区农业生产条件较为优越的地区，也是黄土高原水果重要产区。土地利用以草地为主，面积达到9.73万km^2，占分区面积的

48.33%；耕地面积次之，为6.71万km^2，比例为33.32%。农作物种植结构多样性高，玉米、小麦和水果分列前三位，比例分别为20.69%、19.65%和18.36%，种植面积较为接近；薯类种植比例达16.59%，位列第四，产量占全国总产量的比重达6.37%。该区光热资源丰富，昼夜温差较大，塬面广阔平坦、沟壑深切。存在的主要问题包括：一是土地荒漠化严重。土壤侵蚀以沟蚀为主，轻度以上等级土壤水蚀面积比重达89.95%，且强度以上等级面积占44.45%；土地沙化面积比例达24.01%；沟壑内崩塌、陷穴、泻溜等重力侵蚀也比较严重。二是水资源短缺。区域人均水资源量为682.11m^3，水资源开发利用率已经高达78.64%，而农田有效灌溉率仅占25.00%，资源性缺水是制约农业发展的主要问题。三是地形限制明显。黄土梁卯和山地面积比重分别为34.72%和32.37%，平原面积仅为11.82%，可供农业生产的土地有限。

(4) IV_4陕北宁东丘陵沙地区

陕北宁东丘陵沙地区是黄土高原的沙地和沙漠区。土地利用以草地为主，面积达到2.13万km^2，占分区面积的48.17%；耕地面积次之，为1.38万km^2，比例为31.21%；未利用地以沙漠戈壁为主，占分区面积的13.8%。粮食作物以玉米和薯类为主，比例分别为31.84%和31.24%；水果种植面积排第三位，比例达16.01%。该区虽降水量相对较高，但灌溉条件较差，属雨养农业区。存在的主要问题包括：一是风蚀沙化剧烈，土地沙化严重。区内气候干旱、降水稀少、蒸发量大，沙尘暴灾害频繁，且由于长期过牧滥牧造成比较严重的草原退化和沙化，相当部分固定、半固定沙丘被激活形成移动沙丘。仅有约四分之一的土地未受沙化影响，强度以上等级沙化面积比重达30.43%。二是水资源短缺。区域人均水资源量仍较低，仅为751.84m^3，超过一半的水资源被开发利用，但农田有效灌溉率仅为24.58%，造成水资源严重浪费。三是土壤养分贫瘠。土壤有机质含量仅为0.7%，土地生产力低下。该区以黄绵土、灰钙土、风沙土为主，水土流失、土壤退化严重。

(5) IV_5黄土丘陵沟壑区

黄土丘陵沟壑区是黄土高原典型的地貌类型单元。土地利用以草地为主，面积达到3.1万km^2，占分区面积的39.95%；耕地和林地面积排第二、三位，比例分别为36.31%和22.47%。水果种植面积最大，比例达34.82%；玉米种植面积排第二位，比例高达24.52%；薯类种植面积排第三位，比例达到17.22%。该区黄土分布广泛，质地疏松，降水集中且强度较大，成为全国乃至全球水土流失最严重的地区，干旱、水土流失以及落后的耕作方式，使这一地区的农业产量低而不稳。存在的主要问题包括：一是水土流失极为严重。轻度以上土壤水蚀面积比例高达94.41%，且剧烈侵蚀比重达30.38%，年侵蚀模数大于5 000t/km^2、粒径0.05mm以上、年粗沙模数大于1 300t/km^{2}的多沙粗沙区主要分布于该区。二是水资源短缺，农田灌溉不足。人均水资源量仅为637.76m^3，且水利设施滞后，农田有效灌溉率仅为4.65%。三是草地退化严重。过度放牧，草场质量较差、载畜较低，畜牧业生产比较落后。四是土壤贫瘠。该区土壤有机质含量仅为0.98%，分布的黄土质地疏松，养分含量不足，不利于农作物生长。

5. Ⅴ西北干旱区

西北干旱区位于贺兰山以西，昆仑山、祁连山一线以北，包括新疆、甘肃中西部、内蒙古西部和宁夏西北部，土地面积约为220.90万km^2，约占国土面积的13.29%，2015年人口为3 143.40万人，人口密度仅为14.23人/km^2。该区气候极端干旱，农作物生长完全依靠高山降水和融雪水补给，形成典型的绿洲灌溉农业。该区耕地面积占全国的5.26%，是我国最大的优质棉花基地，棉花产量占全国总产量的50.88%。

该区年降水量在100～200mm，无霜期北部为80～120d、南部为140～180d，≥10℃积温为2 600～4 300℃。存在的主要问题包括：一是灌溉面积无序扩张，水资源开发利用过度，地下水超采严重，大大超过水资源自身承载力。超量的灌溉导致新疆农业用水占社会经济用水的比重一直高居95%左右，严重挤占生态用水，导致河流断流、湖泊萎缩、下游天然绿洲衰退、土地沙化。二是土地沙化和盐碱化过程强烈。土地沙化面积达到58.74%。中国最大的沙漠塔克拉玛干沙漠以及古尔班通古特沙漠、巴丹吉林沙漠、腾格里沙漠、乌兰布和沙漠、库布齐沙漠和毛乌素沙地等都分布在该区，导致该区成为我国主要的风沙源区和加强源区之一，与干旱、风沙和盐碱作斗争是该区农业建设和发展生产的一项基本任务。三是土壤肥力低。土壤养分贫瘠，盐分含量高，土壤有机质含量仅为1.30%。

表18　西北干旱区农业资源环境特征

编号	分区名称	面积（万km^2）	人口（万人）	人口密度（人/km^2）	主要地形组成(%)	耕地面积（万km^2）	农业资源环境问题
Ⅴ	西北干旱区	220.90	3 143.40	14.23	平原(41.06)，山地(22.18)，丘陵(7.62)	9.45	
$Ⅴ_1$	天山北坡区	22.37	684.01	30.58	平原(48.65)，山地(22.02)，黄土梁卯(4.81)	1.93	水开发过度，沙化、盐碱化剧烈，土壤贫瘠

（续）

编号	分区名称	面积（万 km^2）	人口（万人）	人口密度（人/km^2）	主要地形组成（%）	耕地面积（万 km^2）	农业资源环境问题
V_2	伊犁河流域区	5.80	202.67	34.94	山地（47.64），平原（21.93），台地（17.96）	0.83	坡度陡，草原退化，荒漠化
V_3	额尔齐斯—乌伦古河流域区	12.75	159.62	12.52	平原（37.37），山地（22.46），黄土梁卯（12.70）	0.91	沙化严重，土壤贫瘠
V_4	塔里木河流域区	108.63	1 047.41	9.64	平原（34.57），山地（29.05），丘陵（3.20）	3.37	干旱缺水，开发过度，荒漠化剧烈
V_5	东疆地区	21.97	123.13	5.60	平原（60.38），丘陵（17.55），山地（8.36）	0.22	沙化剧烈，缺水，土壤贫瘠
V_6	阿拉善—额济纳高原区	24.81	23.83	0.96	平原（41.97），丘陵（13.96），黄土梁卯（2.08）	0.05	沙化剧烈，缺水、开发过度，土壤贫瘠
V_7	河西走廊区	22.74	495.09	21.77	平原（53.26），山地（19.60），丘陵（11.04）	1.57	水开发过度，荒漠化严重，灾害频繁
V_8	银川平原区	1.83	407.64	222.75	平原（59.03），山地（21.07），丘陵（13.37）	0.57	水极缺，盐渍化，沙化，水污染

注：“主要地形组成”一栏，地形类型括号内数字为分区内该地形类型面积占全区面积比例。

表19　西北干旱区土地利用结构特征

单位：万 km^2，%

		V 西北干旱区	V_1 天山北坡区	V_2 伊犁河流域区	V_3 额尔齐斯—乌伦古河流域区	V_4 塔里木河流域区	V_5 东疆地区	V_6 阿拉善—额济纳高原区	V_7 河西走廊区	V_8 银川平原区
耕地	面积	9.47	2.16	0.83	0.70	3.37	0.22	0.04	1.58	0.57
	比例	4.28	9.65	14.25	5.49	3.10	0.98	0.16	6.94	31.08
林地	面积	4.98	1.04	0.65	0.67	1.46	0.12	0.14	0.82	0.08
	比例	2.25	4.65	11.26	5.25	1.34	0.53	0.58	3.61	4.36
草地	面积	57.67	8.42	3.32	4.78	30.41	3.21	1.62	5.20	0.71
	比例	26.11	37.64	57.27	37.49	27.99	14.61	6.54	22.86	38.86
水域	面积	5.18	0.62	0.34	0.16	3.68	0.03	0.06	0.22	0.07
	比例	2.34	2.77	5.82	1.25	3.39	0.14	0.24	0.95	3.78
建设用地	面积	0.73	0.16	0.07	0.08	0.18	0.04	0.01	0.11	0.08
	比例	0.33	0.72	1.21	0.63	0.17	0.18	0.04	0.50	4.55

（续）

		V 西北干旱区	V_1 天山北坡区	V_2 伊犁河流域区	V_3 额尔齐斯—乌伦古河流域区	V_4 塔里木河流域区	V_5 东疆地区	V_6 阿拉善—额济纳高原区	V_7 河西走廊区	V_8 银川平原区
未利用地	面积	142.87	9.97	0.59	6.36	69.53	18.35	22.94	14.81	0.32
	比例	64.69	44.57	10.19	49.89	64.01	83.56	92.44	65.14	17.37

注：面积比例为分区某一土地利用类型面积占该分区面积的比重。

表20　西北干旱区农作物结构特征

单位：%

		V 西北干旱区	V_1 天山北坡区	V_2 伊犁河流域区	V_3 额尔齐斯—乌伦古河流域区	V_4 塔里木河流域区	V_5 东疆地区	V_6 阿拉善—额济纳高原区	V_7 河西走廊区	V_8 银川平原区
面积比重第一	类别	棉花	棉花	小麦	玉米	棉花	水果	玉米	玉米	玉米
	比例	27.92	45.17	39.68	47.89	38.44	43.08	68.18	27.53	35.45
面积比重第二	类别	小麦	小麦	玉米	小麦	水果	棉花	油料	蔬菜	水果
	比例	19.60	22.62	28.49	34.78	26.62	34.68	22.63	21.79	18.90
稻谷比例		1.93	0.71	3.85	0	0.93	0	0	0.01	15.55
小麦比例		19.60	22.62	39.68	34.78	16.37	12.15	3.68	16.36	8.69
玉米比例		19.54	16.23	28.49	47.89	12.27	3.29	68.18	27.53	35.45
大豆比例		0.96	0.31	7.26	0.92	0.29	0.01	0	0.4	1.75
薯类比例		1.43	1.07	0.57	1.01	0.26	0.14	0.09	9.23	0
油料比例		3.34	4.34	6.49	10.56	0.61	1.18	22.63	7.63	3.06
棉花比例		27.92	45.17	1.08	0.83	38.44	34.68	3.92	4.77	0
糖料比例		0.68	0.95	3.13	1.04	0.35	0	0	0.61	0
蔬菜比例		6.93	6.07	3.34	1.44	3.86	5.47	1.50	21.79	16.60
水果比例		17.67	2.53	6.11	1.53	26.62	43.08	0	11.67	18.90

注：面积比例为分区某一农作物种植面积占该分区农作物总种植面积的比重。

表21　西北干旱区农作物产量占比

单位：%

	V 西北干旱区	V_1 天山北坡区	V_2 伊犁河流域区	V_3 额尔齐斯—乌伦古河流域区	V_4 塔里木河流域区	V_5 东疆地区	V_6 阿拉善—额济纳高原区	V_7 河西走廊区	V_8 银川平原区
稻谷	0.50	0.03	0.08	0	0.13	0	0	0	0.26

（续）

	V 西北 干旱区	V_1 天山 北坡区	V_2 伊犁 河流域区	V_3 额尔齐斯—乌 伦古河流域区	V_4 塔里木 河流域区	V_5 东疆 地区	V_6 阿拉善—额 济纳高原区	V_7 河西 走廊区	V_8 银川 平原区
小麦	5.31	1.03	0.73	0.48	2.31	0.08	0	0.54	0.14
玉米	4.77	0.86	0.63	0.85	1.16	0.02	0.07	0.68	0.50
大豆	1.15	0.07	0.70	0.09	0.18	0	0	0.07	0.04
薯类	3.10	0.95	0.24	0.13	0.67	0.01	0	1.10	0
油料	1.79	0.46	0.18	0.28	0.12	0.01	0.06	0.56	0.12
棉花	50.88	15.75	0.11	0.08	32.43	1.52	0.03	0.96	0
糖料	1.98	0.45	0.66	0.17	0.53	0	0	0.17	0
蔬菜	2.94	0.58	0.10	0.04	0.87	0.04	0	0.88	0.43
水果	4.28	0.11	0.17	0	2.54	0.61	0	0.41	0.44

注：产量占比为分区某一农作物产量占该农作物全国产量的比重。

（1）V_1天山北坡区

天山北坡区是西部大开发的重点地区，亦是新疆农业最为发达的核心地区。土地利用中，未利用地面积为9.97万km^2，比重高达44.57%，以裸岩和沙漠戈壁为主；草地面积次之，为8.42万km^2，占分区面积的37.64%；耕地也有一定的分布，面积为2.16万km^2，比重达9.65%。农作物以棉花为主，种植面积比例达45.17%，产量占全国总产量的15.75%，是全国重要棉花产区；小麦和玉米种植面积分别列第二、三位，比例分别为22.62%和16.23%。该区是典型的干旱绿洲灌溉农业区，水资源短缺，生态环境脆弱。存在的主要问题包括：一是水资源开发利用过度，地下水超采严重。水资源开发利用率已经高达75.24%。近年来灌溉面积的持续扩大，使地下水水位持续下降，坎儿井不断消亡；天山北坡很多灌溉井深度由原来的100m左右增加到目前的250m左右。二是沙漠化和盐碱化过程强烈。戈壁、沙漠、盐碱地广布，强度以上等级土地沙化面积比重达41.45%，土地盐碱化面积比重达6.47%，是我国主要的风沙源区和加强源区之一。三是土层较薄，土壤贫瘠。耕地土壤以草甸土、潮土、灰漠土、灰棕漠土为主，重用轻养、用养失调，生产力水平较低。

（2）V_2伊犁河流域区

伊犁河流域区是新疆主要的粮油和畜牧业基地。土地利用以草地为主，面积为3.3万km^2，比重高达57.2%；耕地、林地和未利用地水域分别列第二、三、四位，各

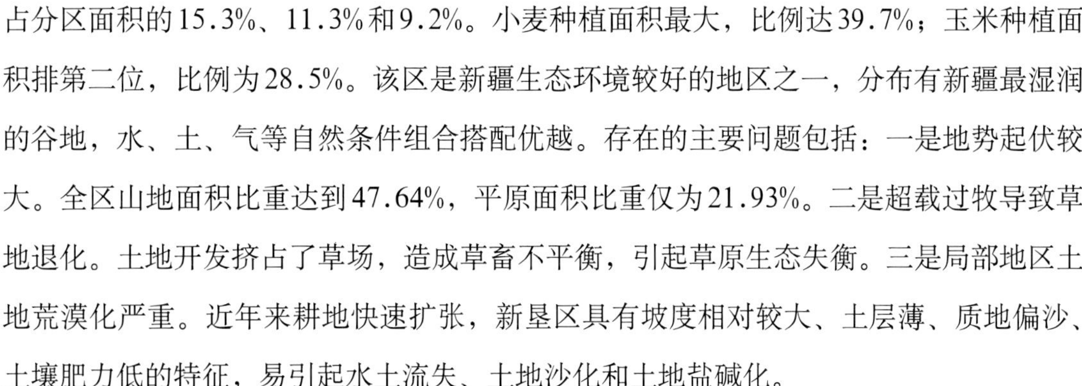

占分区面积的15.3%、11.3%和9.2%。小麦种植面积最大，比例达39.7%；玉米种植面积排第二位，比例为28.5%。该区是新疆生态环境较好的地区之一，分布有新疆最湿润的谷地，水、土、气等自然条件组合搭配优越。存在的主要问题包括：一是地势起伏较大。全区山地面积比重达到47.64%，平原面积比重仅为21.93%。二是超载过牧导致草地退化。土地开发挤占了草场，造成草畜不平衡，引起草原生态失衡。三是局部地区土地荒漠化严重。近年来耕地快速扩张，新垦区具有坡度相对较大、土层薄、质地偏沙、土壤肥力低的特征，易引起水土流失、土地沙化和土地盐碱化。

（3）V_3额尔齐斯—乌伦古河流域区

额尔齐斯—乌伦古河流域区生态环境脆弱，农业开发程度较低。未利用地面积最大，比重高达49.89%；草地面积次之，比重达37.29%；耕地面积比重仅为5.49%。玉米种植面积最大，比例高达47.89%；小麦次之，种植面积比重达34.78%。该区水量充沛，光热资源丰富，气候极端干旱，植被稀少，以畜牧业为主，种植业比重小，为绿洲灌溉农业。存在的主要问题包括：一是土地沙化严重。对额尔齐斯河和乌伦古河沿岸进行无限制的土地开发，加剧了荒漠化，土地沙化面积比重达54.64%，且以强度以上等级为主，占分区面积的47.67%，是中国第二大沙漠古尔班通古特沙漠的主要分布区。二是水肥协调能力差，耕地生产力低。多数灌区是从山前平原和河谷平原区天然草场发展起来的，坡度大，土层薄，透水性强，灌水比较困难。单一使用化肥，缺乏有机肥特别是缺乏绿肥养地，再加上农作物连作重茬，部分地区农田土壤结构变劣，养分下降，肥力降低。

（4）V_4塔里木河流域区

塔里木河流域区是我国最大的棉区和重要的瓜果产地。土地利用以未利用地为主，面积为69.53万km^2，比重高达64.01%，包括裸岩、沙漠戈壁和盐碱地，塔克拉玛干沙漠分布于该区；草地面积次之，比重分别为27.99%；耕地面积比重为3.1%。棉花种植面积最大，比例达38.44%，产量占全国总产量的32.43%；水果种植面积排第二位，比例也高达26.62%。该区地域辽阔，土地、光、热资源丰富，干燥多风，日温差较大，降水稀少，蒸发强烈，农业生态环境脆弱。存在的主要问题包括：一是水资源限制明显。该区具有明显大陆性气候特征，干旱少雨，年降水量一般在20～50mm，农业生产完全依赖于水源灌溉。二是水资源开发利用过度。全区水资源开发利用率高达63%，灌溉面积持续无序扩张，挤占生态用水，致河流断流、下游天然绿洲衰退、生态问题频

发。三是土地荒漠化过程剧烈。多年来由于水资源的不合理开发利用，源流和灌区过量引水，使地下水位升高，造成土壤次生盐渍化面积不断增加，有6.14%的土地受土地盐碱化威胁；下游水量减少，使地下水位大幅度下降，荒漠化面积又不断扩大，强度以上等级土地沙化面积比重达到52.07%。

(5) V_5东疆地区

位于东疆地区的哈密是新疆与蒙古国发展边贸的重要开放口岸之一。土地利用以未利用地面积最大，为18.35万km^2，比重高达83.56%，包括裸岩、沙漠戈壁和盐碱地，塔克拉玛干沙漠分布于该区；草地面积次之，比重为14.16%；耕地面积比重仅为0.98%。水果种植面积最大，比例达43.08%；棉花种植面积排第二位，比例也高达34.68%；小麦种植面积列第三位，比例达12.15%。该区属于温带大陆性干旱气候，干燥少雨，日照充足，多风沙，生态环境脆弱，与干旱、风沙和盐碱作斗争是该区农业建设和发展生产的一项基本任务。存在的主要问题包括：一是土地沙化剧烈。强度以上等级土地沙化面积比重高达75.41%，且剧烈等级土地沙化面积占全区面积的43.59%。大部为戈壁、沙漠所覆盖，地表沙源丰富，在盛行大风的地区常造成风沙危害，导致耕地风蚀和沙害，可供农业生产的土地资源极为有限。二是水资源短缺。人均水资源量为1 120.72m^3，水资源开发利用率达到54.58%，超采地下水，导致吐哈盆地地下水水位每年下降近1m，坎儿井不断消亡，威胁区域农业可持续发展。三是土壤贫瘠。土体结构差，土壤含盐量高，平均土壤有机质含量不足1%，有效氮、磷含量水平较低，土壤养分处于中下等水平，宜农土地少。

(6) V_6阿拉善—额济纳高原区

阿拉善—额济纳高原区生态环境极端脆弱，是中国沙尘暴的重要发源地之一。土地利用以未利用地为主，面积达18.4万km^2，比重高达83.6%，包括盐碱地、沙漠戈壁和裸岩；草地面积次之，比重达14.61%；其余用地比重非常低。玉米种植面积最大，比例达68.18%；油料种植面积排第二位，比例为22.63%。该区是典型的温带大陆性气候，干旱少雨，蒸发量大，日照充足，风大沙多，以畜牧业为主。存在的主要问题包括：一是沙漠化危害严重，农业生态环境极度脆弱。境内以沙漠戈壁为主，强度以上等级沙化面积达91.95%，且59.27%的土地剧烈沙化，分布有腾格里沙漠、巴丹吉林沙漠和乌兰布和沙漠，导致草场退化、耕地沙化、植物资源枯竭、土壤肥力流失、土地生产力下降等。二是水资源短缺。降水稀少、日照强烈，冷热巨变，异常干旱，是该区气候

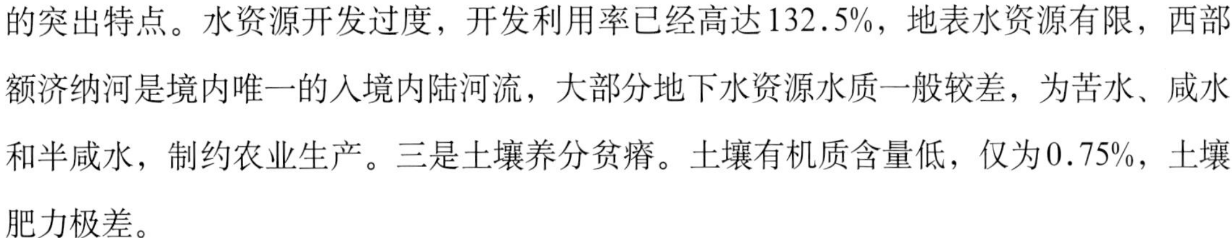

的突出特点。水资源开发过度，开发利用率已经高达132.5%，地表水资源有限，西部额济纳河是境内唯一的入境内陆河流，大部分地下水资源水质一般较差，为苦水、咸水和半咸水，制约农业生产。三是土壤养分贫瘠。土壤有机质含量低，仅为0.75%，土壤肥力极差。

（7）V_7河西走廊区

河西走廊区是西北地区最主要的商品粮生产基地和经济作物集中产地。土地利用以未利用地为主，面积14.81万km^2，比重高达65.14%，包括盐碱地、沙漠戈壁和裸岩；草地次之，比重为22.86%；耕地主要分布在山前平原，面积为1.58万km^2，占分区面积的6.94%。农作物种植结构多样性较高，玉米、蔬菜和小麦分列前三位，比例分别为27.53%、21.79%和16.36%。该区气候干燥、冷热变化剧烈，光照充足，土地资源丰富，山前农业资源条件较好，灌溉农业发达。存在的主要问题包括：一是水资源开发利用过度。随着中游人口增长、灌溉面积扩大及工农业经济持续发展，引用河水量不断增加，水资源开发利用率高达123.15%，导致石羊河、黑河和疏勒河下游严重干涸，威胁农业可持续发展。二是土地次生盐碱化和沙漠化严重。强度以上等级土地沙化面积达67.51%，分布有腾格里沙漠、巴丹吉林沙漠和库木塔格沙漠。绿洲农业完全依赖灌溉，水利设施不配套、灌溉制度不合理，导致土地次生盐碱化，土地盐碱化面积比重为7.51%。三是自然灾害频繁，危害严重。该区生态系统脆弱，灾害严重，主要灾害天气有干旱、干热风和沙尘暴等。

（8）V_8银川平原区

银川平原区是西北地区重要的商品粮生产基地和特色农业基地。土地利用以草地和耕地为主，面积分别是0.71万km^2和0.57万km^2，各占分区面积的38.86%和31.08%。玉米种植面积最大，比例达33.45%；水果种植面积排第二位，比例为18.90%。该区地势平坦，土层深厚，引水方便，光、热、水、土等农业自然资源配合良好，为发展农业提供了极其有利的条件。存在的主要问题包括：一是水资源严重短缺，开发过度但效率低。地表水主要来源于黄河引水，人均水资源量仅为282.83m^3，水资源开发利用率高达412.70%；银川和石嘴山深层地下水超采严重，地下水降落漏斗面积已超过500km^2，对黄河水的使用方式是大引大排，利用效率不高。二是土地荒漠化威胁大。西、北、东三面被腾格里沙漠、乌兰布和沙漠、毛乌素沙漠包围，土地沙化比重达57.36%；引黄河水灌溉导致地下水位上升，而当地气候干旱蒸发旺盛，同时，受滥垦过牧、大灌大排

等不合理开发活动的影响，造成土地盐碱化。三是水质较差。Ⅰ～Ⅲ类水质河道长度比重仅为49.96%。

6. Ⅵ长江中下游干流平原丘陵区

长江中下游干流平原丘陵区位于淮河以南，鄂西山地以东，包括上海、江苏南部、浙江东北部、安徽中部、江西北部、河南西南部、湖北东部、湖南东北部，土地面积约为37.56万km^2，约占国土面积的3.91%，2015年人口为22 318.96万人，人口密度高达594.22人/km^2。该区以平原为主体，有长江中下游的平原及部分豫南鄂北山地，包括江汉平原、洞庭湖平原、鄱阳湖平原、江淮地区、里下河平原、太湖平原和长江三角洲。该区是我国T字形经济发展格局的核心区，还是我国传统的商品粮、棉、油和淡水养殖产品的生产基地，农业集约化程度和综合发展水平高，农林牧渔各产业生产在全国均有举足轻重的地位。耕地面积占全国的11.61%，水稻、油料、棉花、小麦和蔬菜产量各占全国总产量的31.60%、24.67%、17.63%、15.75%和15.07%。

该区属亚热带季风气候区，光、水、热条件好，河川径流丰富，开发利用条件好，人多地少，农业生产水平高。年降水量800～1 500mm，无霜期为210～280d，≥10℃积温4 500～6 000℃，大部分地区农作物一年两熟至三熟。在快速工业化与城镇化的背景下，区域环境恶化，水土资源都受到严重的威胁。存在的主要问题包括：一是农田和湿地景观破碎化严重。该区是我国历史上围湖造田最严重的地区，湖泊被围垦或被人为切断与长江的水文联系，水生生物洄游通道被阻隔，天然渔业资源系统几近崩溃。二是耕地资源不断减少。工业化、城镇化与农业生产争地矛盾日渐突出，导致大量土地要素流出粮食生产领域，也使城市、工业在与农村和农业的水资源争夺中占据明显优势地位，粮食生产面临水资源短缺瓶颈。三是双季稻面积持续下降。农民工工资上涨导致农村劳动力大量流向非农产业，农业生产劳动成本增加，加之单季粳稻的收益要高于双季稻，推动双季稻种植转为单季稻种植。四是环境污染严重。主要排污企业包括化学原料及化学制品制造业、造纸及纸质品业、黑色金属冶炼及压延加工业、有色金属冶炼及压延加工业等行业，而且沿江分布的工业园区加剧流域结构性污染。农业面源污染和城乡生活污染也呈加剧态势，环境污染严重威胁农业可持续发展。Ⅰ～Ⅲ类水质河道长度比重仅为47.70%，酸雨范围占全区总面积的42.49%，土壤重金属污染超标比重达19.67%。

表22 长江中下游干流平原丘陵区农业资源环境特征

编号	分区名称	面积（万km²）	人口（万人）	人口密度（人/km²）	主要地形组成(%)	耕地面积（万km²）	农业资源环境问题
Ⅵ	长江中下游干流平原丘陵区	37.56	22 318.96	594.22	平原(46.58),山地(18.20),丘陵(10.62)	20.90	
Ⅵ₁	长三角地区	5.15	7 885.44	1 531.15	平原(71.62),山地(11.37),台地(8.44)	2.57	耕地减少，环境污染，农业用水少
Ⅵ₂	江淮地区	9.93	5 289.34	532.66	平原(54.96),台地(31.34),山地(5.77)	6.83	灾害频繁，水污染，重金属污染
Ⅵ₃	长江中游平原区	13.90	6 435.11	462.96	平原(45.88),台地(20.09),山地(18.44)	7.37	水污染，重金属污染，洪涝
Ⅵ₄	豫皖鄂平原丘陵区	8.58	2 709.07	315.74	山地(36.68),平原(22.35),丘陵(21.06)	4.13	轻侵蚀，土层变薄，局部坡度陡

注：“主要地形组成”一栏，地形类型括号内数字为分区内该地形类型面积占全区面积比例。

表23 长江中下游干流平原丘陵区土地利用结构特征

单位：万km²，%

		Ⅵ 长江中下游干流平原丘陵区	Ⅵ₁ 长三角地区	Ⅵ₂ 江淮地区	Ⅵ₃ 长江中游平原区	Ⅵ₄ 豫皖鄂平原丘陵区
耕地	面积	20.89	2.56	6.84	7.37	4.12
	比例	55.59	49.79	68.89	52.94	47.96
林地	面积	8.46	0.76	0.85	3.51	3.34
	比例	22.54	14.74	8.55	25.28	38.94
草地	面积	0.99	0.02	0.29	0.21	0.47
	比例	2.63	0.36	2.90	1.52	5.47
水域	面积	3.88	0.68	1.00	1.92	0.28
	比例	10.33	13.13	10.10	13.84	3.25
建设用地	面积	3.16	1.13	0.95	0.71	0.37
	比例	8.41	21.94	9.56	5.10	4.34
未利用地	面积	0.18	0	0	0.18	0
	比例	0.50	0.04	0	1.32	0.04

注：面积比例为分区某一土地利用类型面积占该分区面积的比重。

表24 长江中下游干流平原丘陵区农作物结构特征

单位：%

		Ⅵ 长江中下游干流平原丘陵区	$Ⅵ_1$ 长三角地区	$Ⅵ_2$ 江淮地区	$Ⅵ_3$ 长江中游平原区	$Ⅵ_4$ 豫皖鄂平原丘陵区
面积比重第一	类别	稻谷	稻谷	稻谷	稻谷	小麦
	比例	37.63	33.99	37.90	47.37	29.49
面积比重第二	类别	小麦	蔬菜	小麦	油料	稻谷
	比例	18.03	28.09	25.02	20.58	18.93
稻谷比例		37.63	33.99	37.90	47.37	18.93
小麦比例		18.03	19.39	25.02	6.56	29.49
玉米比例		4.45	1.53	3.38	2.20	12.35
大豆比例		2.03	2.58	2.60	1.53	1.86
薯类比例		1.57	0.94	0.92	1.59	2.92
油料比例		15.41	6.41	10.04	20.58	18.22
棉花比例		3.55	0.55	3.26	5.59	1.43
糖料比例		0.09	0.02	0.05	0.18	0.03
蔬菜比例		14.46	28.09	15.78	11.45	11.42
水果比例		2.78	6.50	1.05	2.95	3.35

注：面积比例为分区某一农作物种植面积占该分区农作物总种植面积的比重。

表25 长江中下游干流平原丘陵区农作物产量占比

单位：%

	Ⅵ 长江中下游干流平原丘陵区	$Ⅵ_1$ 长三角地区	$Ⅵ_2$ 江淮地区	$Ⅵ_3$ 长江中游平原区	$Ⅵ_4$ 豫皖鄂平原丘陵区
稻谷	31.60	3.30	10.37	14.48	3.45
小麦	15.75	1.65	7.41	1.59	5.10
玉米	2.12	0.08	0.56	0.45	1.03
大豆	9.80	1.56	3.98	2.94	1.32
薯类	5.74	0.33	1.17	2.14	2.10
油料	24.67	1.01	5.47	10.93	7.26
棉花	17.63	0.26	4.95	11.32	1.10
糖料	0.66	0.02	0.10	0.50	0.04
蔬菜	15.07	2.69	5.27	4.55	2.56
水果	6.13	1.91	0.77	2.47	0.98

注：产量占比为分区某一农作物产量占该农作物全国产量的比重。

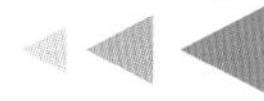

(1) $Ⅵ_1$长三角地区

长三角地区是我国经济最发达、城镇集聚程度最高的城市化地区，是江淮流域的重要粮食生产基地。土地利用以耕地面积最大，为2.56万km^2，占分区面积的49.79%；城镇化水平高，建设用地面积为1.13万km^2，比重为21.94%，列第二位。农作物类型多样，水稻种植面积最大，比例达34.99%；蔬菜种植面积次之，比例为28.09%；小麦种植面积排第三位，比例为19.39%；该地区还种植玉米、大豆、薯类、油料、棉花和水果等作物。该区具有丰裕的农业自然资源和坚实农业发展基础，精耕细作，历来是我国重要的农产品商品生产基地，近阶段虽然农业生产的地位有所变化，但依然是农业发达地区。存在的主要问题包括：一是农业土地资源被大量挤占。工业化、城镇化与粮食生产相互争地的矛盾日渐突出，导致土地要素大量流出农业生产领域。二是农业环境污染问题突出。Ⅰ～Ⅲ类水质河道长度比重仅为33.73%，湖泊污染、支流污染、近海污染和跨界污染问题突出，太湖流域流经城市区域的河段污染严重；酸雨范围占全区总面积的91.5%，且重酸区面积比重达到15.90%；土壤重金属污染超标比重达到29.56%，主要分布在上海、杭州和嘉兴周边。三是农业水资源短缺。该区人口密度大，人均水资源量仅为793.33m^3，工业用水和生活用水比重大，城市、工业在与农村和农业的水资源争夺中占据明显的优势地位，粮食生产面临水资源短缺瓶颈。

(2) $Ⅵ_2$江淮地区

江淮地区是国家优势粮食主产区，是我国著名的水稻、优势中筋麦和弱筋麦主产区。土地利用以耕地为主，面积6.84万km^2，比例高达68.89%；水域、建设用地和林地面积分别列第二、三、四位，各占分区面积的10.10%、8.56%和8.55%。当地粮食种植以稻麦两熟为主，水稻种植比例达37.90%；小麦种植面积次之，比例为25.02%；蔬菜和油料面积分别列第三、四位，比例分别为15.78%和10.04%。该区水稻产量占全国总产量的10.37%，小麦、蔬菜、油料和棉花在全国总产量中占比相对较高，分别为7.41%、5.27%、5.47%和4.95%。该区水、热资源丰富，光照充足，地势低洼，水网交织，湖泊众多，农业综合发展水平高，淡水渔业发达。存在的主要问题包括：一是气象灾害频繁。地处南北气候过渡带，地形复杂、地势低洼、气候多变，夏季丘岗、河湖平原的旱涝，春季低温阴雨和秋季低温冷害频繁交替发生。二是环境污染威胁农业可持续发展。工业、生活排污和矿山开采等污染环境，导致Ⅰ～Ⅲ类水质河道长度比重仅为45.43%，洪泽湖、高邮湖和巢湖等水体富营养化严重；土壤重金属的轻、中、重度污染面积比重分别

为9.8%、3.09%和5.2%，主要分布在该区北部盐城、扬州和东南部巢湖、安庆等市。

（3）$Ⅵ_3$长江中游平原区

长江中游平原区是我国重要的粮、油、棉生产基地，在农业生产中有举足轻重的地位。土地利用以耕地为主，面积达到7.37万km^2，占分区面积的52.94%；林地面积次之，比重为25.28%。水稻种植面积最大，比例达47.37%，油料种植面积次之，比例为20.58%；蔬菜种植面积列第三位，比例为11.45%。水稻产量占全国总产量的14.48%，棉花产量占全国总产量的11.32%，油料产量占全国总产量的10.93%。该区地势低平，光、温、水、热、土资源俱佳。存在的主要问题包括：一是酸雨和土壤重金属等环境污染问题突出。酸雨范围占全区总面积的60.92%，主要分布在该区中南部；土壤重金属的轻、中、重度污染面积比重分别为21.79%、5.64%和0.79%，尤其是洞庭湖和鄱阳湖湖区周边污染最严重。二是洪涝灾害严重。地处长江与汉水、洞庭湖水系、鄱阳湖水系汇合处，地势低洼，易受洪水威胁。随着湖泊面积萎缩，湖泊调蓄能力减弱，降低了对长江洪水的削峰驯洪功能，加大了洪水威胁，是长江流域洪水威胁最严重的地区。三是农田和湿地景观破碎化严重。该区是我国历史上围湖造田最严重地区，湖泊被围垦或被人为切断与长江的水文联系，水生生物洄游通道被阻隔，天然渔业资源系统几近崩溃。

（4）$Ⅵ_4$豫皖鄂平原丘陵区

豫皖鄂平原丘陵区是我国商品粮、油、棉、烟、药基地之一。土地利用以耕地和林地为主，面积分别为4.13万km^2和3.34万km^2，比重分别达到47.96%和38.94%；其余用地类型面积皆较小。农作物种植结构多样性较高，小麦种植面积最大，比例达29.49%；水稻、油料、玉米和蔬菜种植面积分别列第二到五位，比例分别为18.93%、18.22%、12.35%和11.42%。油料和小麦产量占全国总产量比重较大，分别为7.26%和5.10%。该区四周群山拱卫，气候温和，降水充沛，盆地区地势低平，土壤肥沃，农耕历史悠久。存在的主要问题包括：一是盆地周边地形限制明显。盆地周边低山丘陵为伏牛山和桐柏山余脉所组成，山地和丘陵面积比重分别为36.68%和21.06%。局部地形较为陡峭，土层较薄，耕性差。二是水土流失范围广，导致土地生产力下降。乱砍滥伐林木和不合理的毁林开荒、陡坡垦殖等，造成该区56.69%面积的水土流失，使土层变薄，土质劣化，土壤结构被破坏，土地质量降低、生产能力下降。

7. Ⅶ江南丘陵山区

江南丘陵山区指洞庭湖平原和鄱阳湖平原以南，南岭以北，雪峰山以东，武夷山以西的低山丘陵地区，土地面积约为35.81万km^2，约占国土面积的3.73%，2015年人口为9 694.04万人，人口密度为270.71人/km^2。该区域既是我国重要的水稻产区、速生丰产林区，也是我国重要的亚热带水果、粮食和蔬菜生产基地和柑橘、油茶、茶叶的主要产区。耕地面积占全国的4.93%，水稻产量占全国总产量的18.29%。

该区以中低山为骨架，以红壤丘陵为主，丘陵之间分布有许多盆地，较大的包括有湖南的长沙—浏阳盆地、湘潭—湘乡盆地、衡阳盆地、醴陵—攸县盆地、茶陵盆地和郴州盆地，江西的吉泰盆地、赣州盆地和广昌盆地。该区属中亚热带季风气候，其光、热、水资源丰富，四季分明，年降水量1 200～2 000mm，无霜期280d以上，≥10℃积温5 000～6 500℃，生物资源多样，低丘盆地农作物一般一年两熟或三熟，山区作物一年一熟或两熟，具有农业垂直空间结构。

存在的主要问题包括：一是地形限制明显。山地和丘陵等地貌比重大，分别为66.03%和17.28%，平原耕地占耕地总面积仅为36.4%。二是土壤酸性较强、生产力低。地带性红壤和黄壤表现为富铝化、富铁化作用强，土壤呈酸性，透水性能低，通气条件差，肥力低。三是该区水土流失治理虽成果显著，以轻中度水蚀为主，但仍有55.03%的土地受土壤水蚀威胁，还存在坡耕地、坡地茶果林、稀疏林地等多种顽固型和新增型的水土流失，制约农业可持续发展。四是环境污染问题突出。该区有13.38%的土壤重金属超标，且有3.09%面积为重度污染，因采矿而引发的土壤重金属污染是该区面临的主要生态环境问题之一。重金属污染不仅造成水、土环境污染，还威胁着食品生产的安全。酸雨形势依然严峻，全区几乎皆为酸雨区，面积比例达到97.25%，为各区之最。虽然“两控区”治理成效显著，重酸雨区和中酸雨区面积不断减少，但酸雨区面积仍不断增大。

表26　江南丘陵山区农业资源环境特征

编号	分区名称	面积（万km^2）	人口（万人）	人口密度（人/km^2）	主要地形组成(%)	耕地面积（万km^2）	农业资源环境问题
Ⅶ	江南丘陵山区	35.81	9 694.04	270.71	山地(66.03), 丘陵(17.28), 平原(5.00)	8.88	
$Ⅶ_1$	赣江流域中上游区	17.65	4 167.26	236.11	山地(68.11), 丘陵(15.95), 平原(7.49)	4.23	坡度陡，轻侵蚀，环境污染，土壤酸化
$Ⅶ_2$	湘江流域中上游区	18.16	5 526.78	304.34	山地(64.01), 丘陵(18.57), 台地(14.83)	4.65	坡度陡，环境污染，荒漠化，土壤酸化

注：“主要地形组成”一栏，地形类型括号内数字为分区内该地形类型面积占全区面积比例。

表27 江南丘陵山区土地利用结构特征

单位：万 km^2，%

编号	分区名称	耕地		林地		草地		水域		建设用地		未利用地	
		面积	比例	面积	比例	面积	比例	面积	比例	面积	比例	面积	比例
Ⅶ	江南丘陵山区	8.88	24.80	24.00	66.99	1.64	4.58	0.67	1.89	0.62	1.73	0	0.01
Ⅶ$_1$	赣江流域中上游区	4.24	24.03	11.71	66.29	0.94	5.34	0.42	2.40	0.34	1.92	0	0.02
Ⅶ$_2$	湘江流域中上游区	4.64	25.55	12.29	67.66	0.70	3.85	0.25	1.39	0.28	1.54	0	0.01

注：面积比例为分区某一土地利用类型面积占该分区面积的比重。

表28 江南丘陵山区农作物结构特征

单位：%

编号	分区名称	面积比重第一		面积比重第二		稻谷	小麦	玉米	大豆	薯类	油料	棉花	糖料	蔬菜	水果
		类别	比例	类别	比例	比例	比例	比例	比例	比例	比例	比例	比例	比例	比例
Ⅶ	江南丘陵山区	稻谷	50.59	蔬菜	16.01	50.59	1.22	4.61	1.77	3.38	13.55	0.87	0.17	16.01	7.83
Ⅶ$_1$	赣江流域中上游区	稻谷	53.05	蔬菜	15.59	53.05	2.52	1.59	1.78	3.05	12.57	1.43	0.19	15.59	8.24
Ⅶ$_2$	湘江流域中上游区	稻谷	48.70	蔬菜	16.34	48.70	0.23	6.92	1.77	3.63	14.31	0.44	0.16	16.34	7.51

注：面积比例为分区某一农作物种植面积占该分区农作物总种植面积的比重。

表29 江南丘陵山区农作物产量占比

单位：%

编号	分区名称	稻谷	小麦	玉米	大豆	薯类	油料	棉花	糖料	蔬菜	水果
Ⅶ	江南丘陵山区	18.29	0.39	0.93	3.83	4.47	7.32	2.18	0.63	6.33	6.00
Ⅶ$_1$	赣江流域中上游区	8.41	0.37	0.13	1.66	2.03	3.14	1.53	0.27	2.31	2.37
Ⅶ$_2$	湘江流域中上游区	9.88	0.02	0.80	2.17	2.44	4.18	0.65	0.36	4.02	3.63

注：产量占比为分区某一农作物产量占该农作物全国产量的比重。

（1）Ⅶ$_1$赣江流域中上游区

赣江流域中上游区是我国重要的水稻产区和油、果、菜生产基地。土地利用以林地为主，面积达到11.71万 km^2，占分区面积的66.29%；耕地面积次之，为4.24 km^2，比重为24.03%。水稻种植面积最大，比例达53.05%，产量占全国总产量的8.41%；蔬菜和油料种植面积分别列第二、三位，比例分别为15.59%和12.57%。该区属于亚热带湿润季风气候，热量丰富，降水充足，三面环山，适宜多种亚热带果木生长。存在的主要问题包括：一是地形限制农业生产。东倚武夷山脉，西傍罗霄山脉，五岭、九连山盘亘南疆，地形以低山、丘陵为主，比重分别为68.11%和15.95%，可用农业用地资源有限。二是土壤水蚀仍有隐患。人工林地林种结构不合理，拦蓄泥沙效果差，油桐、油茶林地水土流失严重，全区发生侵蚀面积达53.06%，威胁农业生产。三是土壤污染问题突出。该地区因施肥、大气干湿沉降和灌溉输入到农田的氮素导致强酸性土壤比重增加。还有因采矿而引发的土壤重金属污染，包括赣南钨矿、稀土开发区，赣西北铜金矿，萍乡—丰城煤、铁、盐开发区，景德镇煤矿、瓷土矿和赣东北铜及多金属开发区，区域轻、中、重度污染面积比重分别为5.55%、0.71%和0.95%。四是酸雨形势依然严峻。无酸雨污染面积比重仅为2.74%，是我国酸雨侵蚀最严重地区之一，虽然重酸雨和中酸雨面积比重低，但酸雨区面积不断增大，吉安和赣州一带污染最为严重。五是土壤酸化。以红壤、黄壤为主，红壤酸性强，pH达4.5～6.0，山地黄壤也是酸性或强酸性，且分布较广。

（2）Ⅶ$_2$湘江流域中上游区

湘江流域中上游区是我国重要的水稻、油料、水果和蔬菜生产基地。土地利用以林地为主，面积达到12.29万km^2，占分区面积的67.66%；耕地面积次之，为4.65km^2，比重为25.55%。水稻种植面积最大，比例达48.7%，产量占全国总产量的9.9%；蔬菜和油料种植面积分别列第二、三位，比例分别为16.34%和14.31%。该区地貌以山地、丘陵为主，光、热、水资源丰富，资源禀赋优良，适合农业发展。存在的主要问题包括：一是地形限制明显。三面环山，山地、丘陵面积比重分别为64.01%和18.57%。地形起伏，田高水低，田土零散，引灌不便，无法进行大规模集中耕作。二是土壤重金属污染极为严重。轻、中、重度土壤污染面积比重分别为9.79%、4.81%和5.18%，特别是郴州柿竹园矿区、衡阳水口山铅锌矿区和株洲清水塘冶炼区的污染非常严重。三是酸雨形势依然严峻。酸雨污染面积比重高达97.24%。该区是我国酸雨侵蚀最严重地区之一，以长沙为中心的湘江谷地和以怀化、吉首为代表的湘西北地区污染最为严重。四是土地退化威胁农业生产。水土流失较赣江流域中上游区严重，土壤水蚀面积达56.96%，并有15.02%的土地石漠化，导致土壤土层变薄，养分逐步减少，水源涵养能力变差。

五是土壤酸化。以红壤、黄壤为主，酸性强。

8. Ⅷ东南区

东南区包括浙江东南部、福建、广东、广西大部、海南和台湾，土地面积约为65.35万km^2，约占国土面积的6.81%，2015年人口为25 447.95万人，人口稠密，密度为389.41人/km^2。该区属于农业生产多宜地区，水稻、蔗糖、花生、桑、麻、茶、水果和蔬菜的作物占有重要的地位，是我国重要的水稻生产基地、最重要的蔗糖生产区。地处南亚热带和热带，使该区的农林牧渔生产具有独特的优势，是我国最主要的适宜发展热带作物的地区；同时，该区海岸线长，海域宽广，沿海港湾多，渔场宽阔。耕地面积占全国的7.99%，糖料、水果、水稻和蔬菜产量占全国产量的78.47%、25.38%、16.57%和12.45%。

该区陆域依山傍海，北面群山罗列，地形崎岖，向南逐渐走低，地形差异较大，总体是平地少、山地多，以东南沿海山地、丘陵为主，有闽粤丘陵平原、粤桂丘陵、雷洲半岛和台湾山地。该区大部分属南亚热带，少部分属北亚热带和赤道热带，大部分地区长夏无冬，秋春相连，高温多雨，年降水量1 500～2 000mm，降水丰沛，无霜期300～365d，≥10℃积温6 500～8 000℃，雨热同期，农作物一年两熟或一年三熟。

该区农业现代化水平高，资源环境状况较好。存在的主要问题包括：一是土地资源有限，争地矛盾突出。山地和丘陵面积比重分别64.13%和11.06%，平原集中在沿海地区；工业化、城镇化的快速发展大量占用优质耕地，耕地面积持续下降，粮食缺口扩大。二是台风灾害频繁。一年有8次左右台风登陆，强台风容易引起山洪暴发，洪涝成灾，容易造成大面积失收或减产，尤其对早稻、香蕉和橡胶等作物危害大。三是环境污染危害日益加剧。全区酸雨面积高达60.83%，重度酸雨集中增加区域主要分布在福建和广东等省。珠江广州河段和澳门河口已成为持久性毒害有机物的高生态风险区，九龙江等河流及一些支流与平原地区的地下水水质也普遍受到污染，闽江等河流下游出现海水顶托盐度增高问题。发达地区土壤重金属污染严重，珠三角地区土壤重金属超标达到28%。

表30 东南区农业资源环境特征

编号	分区名称	面积（万km^2）	人口（万人）	人口密度（人/km^2）	主要地形组成(%)	耕地面积（万km^2）	农业资源环境问题
Ⅷ	东南区	65.35	25 447.95	389.41	山地(64.13), 平原(15.43), 丘陵(11.06)	14.38	

（续）

编号	分区名称	面积（万 km^2）	人口（万人）	人口密度（人/km^2）	主要地形组成（%）	耕地面积（万 km^2）	农业资源环境问题
Ⅷ$_1$	浙闽粤沿海平原丘陵区	9.04	6 533.54	722.74	山地(65.95)，平原(22.72)，台地(5.11)	2.09	耕地减少，环境污染，灾害频繁，局部坡度陡
Ⅷ$_2$	珠三角地区	3.95	5 434.90	1 375.92	平原(44.70)，山地(36.22)，台地(11.81)	0.90	耕地短缺，酸雨、重金属和水污染
Ⅷ$_3$	粤西桂南丘陵区	14.04	2 842.05	202.43	山地(47.21)，丘陵(20.03)，平原(18.52)	4.31	坡度陡，重金属污染严重，灌溉少
Ⅷ$_4$	海南岛区	3.34	911.00	272.75	台地(47.45)，山地(25.89)，丘陵(13.82)	0.94	灾害频繁，坡度陡，重金属污染
Ⅷ$_5$	台湾岛区	3.56	2 349.21	659.89	山地(63.42)，平原(24.00)，丘陵(6.36)	0.65	坡度陡，灾害频繁，土壤贫瘠
Ⅷ$_6$	粤桂沿海丘陵区	4.59	2 076.09	452.31	山地(48.54)，丘陵(26.21)，平原(13.71)	1.00	台风频繁，坡度陡，酸雨污染
Ⅷ$_7$	浙—闽丘陵山区	12.96	2 296.85	177.23	山地(90.98)，丘陵(4.11)，平原(3.71)	2.06	坡度陡，酸雨污染，轻侵蚀，土层变薄
Ⅷ$_8$	粤北桂北丘陵山区	13.87	3 004.31	216.60	山地(77.68)，丘陵(11.37)，平原(8.80)	2.43	坡度陡，灌溉少，酸雨污染，土壤贫瘠

注："主要地形组成"一栏，地形类型括号内数字为分区内该地形类型面积占全区面积比例。

表31　东南区土地利用结构特征

单位：万 km^2，%

		Ⅷ 东南区	Ⅷ$_1$ 浙闽粤沿海平原丘陵区	Ⅷ$_2$ 珠三角地区	Ⅷ$_3$ 粤西桂南丘陵区	Ⅷ$_4$ 海南岛区	Ⅷ$_5$ 台湾岛区	Ⅷ$_6$ 粤桂沿海丘陵区	Ⅷ$_7$ 浙—闽丘陵山区	Ⅷ$_8$ 粤北桂北丘陵山区
耕地	面积	14.38	2.09	0.90	4.31	0.94	0.65	1.00	2.06	2.43
	比例	22.00	23.20	22.71	30.70	28.10	18.21	21.66	15.90	17.53
林地	面积	42.35	5.15	1.95	8.06	2.13	2.44	3.25	9.18	10.24
	比例	64.92	57.05	49.51	57.47	63.87	68.83	70.97	70.81	73.77
草地	面积	4.10	0.95	0.03	0.88	0.06	0.10	0.08	1.26	0.74
	比例	6.26	10.48	0.71	6.26	1.92	2.77	1.67	9.72	5.34

（续）

		Ⅷ 东南区	$Ⅷ_1$ 浙闽粤沿海平原丘陵区	$Ⅷ_2$ 珠三角地区	$Ⅷ_3$ 粤西桂南丘陵区	$Ⅷ_4$ 海南岛区	$Ⅷ_5$ 台湾岛区	$Ⅷ_6$ 粤桂沿海丘陵区	$Ⅷ_7$ 浙—闽丘陵山区	$Ⅷ_8$ 粤北桂北丘陵山区
水域	面积	1.72	0.26	0.37	0.33	0.11	0.13	0.10	0.18	0.24
	比例	2.62	2.83	9.39	2.32	3.18	3.52	2.20	1.40	1.74
建设用地	面积	2.70	0.58	0.70	0.45	0.09	0.23	0.16	0.27	0.22
	比例	4.14	6.38	17.62	3.19	2.73	6.52	3.47	2.11	1.62
未利用地	面积	0.10	0.01	0	0.01	0.01	0.01	0	0.01	0
	比例	0.06	0.06	0.06	0.06	0.20	0.15	0.03	0.06	0

注：面积比例为分区某一土地利用类型面积占该分区面积的比重。

表32　东南区农作物结构特征

单位：%

		Ⅷ 东南区	$Ⅷ_1$ 浙闽粤沿海平原丘陵区	$Ⅷ_2$ 珠三角地区	$Ⅷ_3$ 粤西桂南丘陵区	$Ⅷ_4$ 海南岛区	$Ⅷ_5$ 台湾岛区	$Ⅷ_6$ 粤桂沿海丘陵区	$Ⅷ_7$ 浙—闽丘陵山区	$Ⅷ_8$ 粤北桂北丘陵山区
面积比重第一	类别	稻谷	水果	蔬菜	稻谷	稻谷	—	稻谷	稻谷	稻谷
	比例	29.82	45.59	39.81	26.72	34.79	—	36.02	36.79	38.46
面积比重第二	类别	水果	蔬菜	稻谷	糖料	蔬菜	—	水果	蔬菜	蔬菜
	比例	23.23	20.69	30.29	23.50	27.68	—	29.76	24.51	22.25
稻谷比例		29.82	19.41	30.29	26.72	34.79	—	36.02	36.79	38.46
小麦比例		0.20	0.37	0	0.08	0	—	0.04	0.83	0.04
玉米比例		5.31	1.18	4.34	10.35	0.08	—	2.66	3.95	4.65
大豆比例		1.83	1.16	0.65	1.97	0.35	—	1.17	4.13	2.05
薯类比例		5.60	7.91	3.87	4.21	8.16	—	5.58	6.78	4.65
油料比例		4.75	3.49	4.16	3.50	4.53	—	7.10	6.53	6.39
棉花比例		0.07	0.06	0	0.02	0	—	0	0.37	0.06
糖料比例		8.41	0.14	1.06	23.50	6.89	—	0.55	0.20	1.73
蔬菜比例		20.78	20.69	39.81	15.61	27.68	—	17.12	24.51	22.25
水果比例		23.23	45.59	15.82	14.04	17.52	—	29.76	15.91	19.72

注：面积比例为分区某一农作物种植面积占该分区农作物总种植面积的比重。

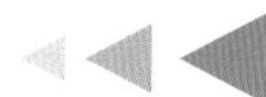

表33　东南区农作物产量占比

单位：%

	Ⅷ 东南区	$Ⅷ_1$ 浙闽粤沿海平原丘陵区	$Ⅷ_2$ 珠三角地区	$Ⅷ_3$ 粤西桂南丘陵区	$Ⅷ_4$ 海南岛区	$Ⅷ_5$ 台湾岛区	$Ⅷ_6$ 粤桂沿海丘陵区	$Ⅷ_7$ 浙—闽丘陵山区	$Ⅷ_8$ 粤北桂北丘陵山区
稻谷	16.57	2.25	0.86	4.58	0.76	—	2.11	2.57	3.44
小麦	0.09	0.04	0	0.01	0	—	0	0.04	0
玉米	1.80	0.07	0.09	1.15	0	—	0.10	0.15	0.24
大豆	6.25	0.94	0.16	1.46	0.06	—	0.46	1.96	1.21
薯类	12.42	4.57	0.50	2.15	0.75	—	1.17	1.96	1.32
油料	6.61	0.94	0.35	1.65	0.32	—	1.09	0.80	1.46
棉花	0.32	0.05	0	0.03	0	—	0	0.21	0.03
糖料	78.47	0.25	0.84	71.55	2.85	—	0.40	0.15	2.43
蔬菜	12.45	2.63	1.37	2.90	0.75	—	1.03	1.66	2.11
水果	25.38	4.53	1.05	5.95	1.84	—	3.49	3.28	5.24

注：产量占比为分区某一农作物产量占该农作物全国产量的比重。

（1）$Ⅷ_1$浙闽粤沿海平原丘陵区

浙闽粤沿海平原丘陵区是我国重要的亚热带水果基地。土地利用以林地为主，面积达5.15万km^2，占分区面积的57.05%；耕地面积次之，为2.09万km^2，比重为23.20%；草地面积比例也达到10.48%。水果种植面积最大，比例达45.59%；蔬菜和水稻种植面积分别列第二、三位，比例分别为20.69%和19.41%。存在的主要问题包括：一是城镇化、工业化蚕食优质耕地。城镇化、工业化进程不断加快，工业园区建设和房地产开发占用大量耕地，对土地资源的高强度开发，已人为地改变了区域土地覆被的格局，与农业资源分布不协调。二是环境污染危害日益加剧。全区酸雨面积高达73.74%，并且有16.89%的面积为重酸雨区；土壤重金属污染比重达到6.14%，台州、温州和漳州等地污染较为严重。三是自然灾害多样、频繁。该区是以台风与风暴潮为主的多灾地区，洪涝干旱、山体滑坡等自然灾害较严重。四是局部地形限制明显。低山丘陵区地形复杂崎岖，山地面积比重达65.95%，平原面积比重仅为22.71%，集中在沿海地区。

（2）$Ⅷ_2$珠三角地区

珠三角地区是目前全国经济发达地区和最大的城市群之一，从传统的农业基地转变为制造业中心。土地利用以林地面积为最大，达到1.95万km^2，占分区面积的49.51%；耕地和建设用地面积分别为0.90万km^{2}和0.70万km^2，比重分别为22.71%和17.62%。农作物种植以蔬菜和水稻为主，比例分别为39.81%和30.29%；水果种植面积列第三位，比例为15.82%。该区四周为丘陵、山地和岛屿，中部是平原，雨热同期，土壤肥沃，河道纵横，立体农业发达。存在的主要问题包括：一是耕地严重短缺。农业比较效益偏低，人口增长、工业化和城市化快速进程导致耕地过度流失。二是酸雨问题突出。酸雨污染依然严重，以硫酸型为主，酸雨范围占全区总面积的93.87%，佛山属于重酸雨区。三是土壤重金属污染严重。土壤重金属超标面积比重达28.00%。其中，广州白云区、佛山、南海、新会等地区污染情况比较严重，超标率超过50%。四是水污染严重。Ⅰ～Ⅲ类水质河道长度比重仅为48.32%，珠江广州河段和澳门河口已成为持久性毒害有机物的高生态风险区，九龙江等河流及一些支流与平原地区的地下水水质也普遍受到污染。

(3) $Ⅷ_3$粤西桂南丘陵区

粤西桂南丘陵区是全国糖料作物的集中产区，是世界上最适合种植甘蔗的地区之一。土地利用以林地为主，面积达8.06万km^2，占分区面积的57.47%；耕地面积次之，为4.31万km^2，比重为30.7%。水稻种植面积最大，比例达26.72%；糖料种植面积排第二位，比例为23.5%；蔬菜和水果种植面积分别列第三、四位，比例分别是15.61%和14.04%。糖料产量占全国总产量的71.55%，水果和水稻也具有重要地位，全国产量占比分别为5.95%和4.58%。该区属亚热带季风气候，气温较高，光照充足，降水充沛，无霜期长，非常适合甘蔗生产。存在的主要问题包括：一是地形条件限制明显。多低山丘陵，山地和丘陵面积比例分别为47.21%和20.03%，有限的平原和盆地为主要农耕区。二是重金属污染堪忧。超过食用农产品产地环境质量评价标准（HJ 332—2006）的样点比例高达79.49%，超标样点主要分布在武宣县、大化瑶族自治县、河池市和大新县。三是小农经济为主，生产成本高。蔗糖生产大多以一家一户的农户分散生产方式为主，没有形成规模生产经营。广西甘蔗机械收割率为0，仅人工收获一项支出就占种植成本的25%。四是耕地灌溉不足。农田水利设施不足，农田有效灌溉率仅为30.3%。干旱是影响甘蔗生产的主要限制因子。春、秋两季干旱，尤其是严重秋旱对蔗糖业生产影响最为明显。

(4) $Ⅷ_4$海南岛区

海南岛区是我国重要的冬季瓜菜和热带水果、天然橡胶生产基地。土地利用以林地

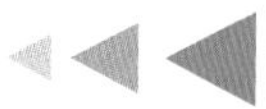

为主，面积达到2.13万km^2，占分区面积的63.87%；耕地面积次之，为0.94万km^2，比重为28.1%。水稻种植面积最大，比例达34.79%；蔬菜和水果种植面积分别列第二、三位，比例分别达27.68%和17.52%。该区光温充足，光合潜力大，物种资源丰富，植期长，一年四季都能进行农业生产。存在的主要问题包括：一是气象灾害多样。台风、干旱、低温阴雨、高温和雷暴等灾害频发，强台风容易引起山洪暴发，洪涝灾害，严重影响农作物生产，尤其对早稻、香蕉和橡胶等作物危害大。二是地形起伏，可用土地资源有限。台地、山地和丘陵面积比重达87.16%，全区四周低平，中间高耸，以山地为主，耕地多分布在狭小的沿海平原及丘陵地区。三是局部土地污染严重。土壤重金属污染超标面积比例达到15.41%，如五指山地区的Cd超标，海口、临高和洋浦一带的Cr超标，东方、三亚、琼中周边的As超标等。

(5) $Ⅷ_5$台湾岛区

台湾岛区是我国著名的产稻区，素有“海上粮仓”的美称。土地利用以林地为主，面积达2.44万km^2，占分区面积的68.83%；耕地面积次之，为0.65万km^2，比重为18.21%。粮食生产以稻米为主，经济作物以甘蔗为主，茶叶、热带水果、香茅等是传统出口产品。该区属亚热带—热带的过渡区，夏季长且潮湿，冬季较短且温暖，降水丰沛、气候湿润，完成了由传统农业向现代农业的转变。存在的主要问题包括：一是地形限制明显。山地和丘陵占全岛面积的三分之二，影响区域农业发展和耕地扩张。二是气象灾害多样。以台风和风暴潮为主，灾害突发、并发、群发，另有山体滑坡，容易造成大面积失收或减产。三是土壤贫瘠，质地黏重。丘陵、台地和山麓地带多分布红壤，由于降水多，土壤受淋溶作用强烈，土质黏重，盐基已基本淋失，肥力不高。四是农田污染、退化严重。据调查，该区土壤污染以Cu、Ni、Zn、Mn、As等较为严重。养殖渔业的发展，大量抽取地下水，造成地层下陷、海水倒灌、土壤碱化等问题。

(6) $Ⅷ_6$粤桂沿海丘陵区

粤桂沿海丘陵区是我国重要的用材林区之一。土地利用以林地为主，面积达到3.25万km^2，占分区面积的70.97%；耕地面积次之，为1.0万km^2，比重为21.66%。农作物种植以水稻和水果为主，种植面积比例分别达到36.02%和29.76%；蔬菜种植面积列第三位，比例为17.12%。该区热量丰富，夏长冬短，降水充沛，台风频繁。存在的主要问题包括：一是台风频繁，造成大面积失收或减产。该区沿海一年有4～5次台风登陆，造成大面积农田受淹和粮食减产，对农业生产和发展造成一定程度的影响。二是地形起伏，

限制农业生产。全区地形复杂崎岖，以山地丘陵为主，面积占四分之三，平原面积比重仅为13.71%，平地少，耕地资源相对短缺。三是酸雨污染问题突出。酸雨范围占全区总面积的56.93%，以轻中酸雨为主，主要分布在湛江、河池和柳州等地。四是土壤贫瘠、生产力低。土壤分布以花岗岩发育形成的砖红壤和赤红壤为主，质地黏重，供肥性能较差，土地生产力较低。

（7）Ⅷ$_7$浙—闽丘陵山区

浙—闽丘陵山区是我国南方主要用材林和经济林区之一。土地利用以林地为主，面积达到9.18万km^2，占分区面积的70.81%；耕地和草地面积分别列第二、三位，各为2.06万km^2和1.26万km^2，比重分别为15.9%和9.72%。水稻种植面积最大，比例达36.79%；蔬菜和水果种植面积分别列第二、三位，比例分别为24.51%和15.91%。该区四季分明，降水丰沛，地势由内陆山区向沿海地区倾斜。存在的主要问题包括：一是地形起伏，可用土地资源极为有限。山地和丘陵面积比重分别90.98%和4.11%，平原和山间盆地狭小而分散，山间多盆地，如金衢盆地、新嵊盆地、建瓯盆地、三明盆地等，是耕地集中分布区。二是酸雨为害日益严重。酸雨面积比重达97.9%，酸雨污染强度有所减轻，但酸雨频率有上升趋势，山区酸雨污染较平原严重，其中南平周边为重酸雨区。三是土壤侵蚀类型多样。以土壤水蚀为主，侵蚀面积比重达到40.42%；部分地区崩岗侵蚀剧烈，局部存在花岗岩和红黏土侵蚀劣地，使土层变薄、土地生产力下降。

（8）Ⅷ$_8$粤北桂北丘陵山区

粤北桂北丘陵山区是我国重要的亚热带水果产区。土地利用以林地为主，面积达到10.24万km^2，占分区面积的73.77%；耕地面积次之，为2.43万km^2，比重为17.53%。水稻种植面积最大，比例达38.46%；蔬菜和水果种植面积分别列第二、三位，比例为22.25%和19.72%；水果产量占全国总产量的5.24%。该区属亚热带季风气候，气温较高，光照充足，水资源丰富，多为丘陵分布，适宜热带水果种植发展。存在的主要问题包括：一是地形限制明显。山地和丘陵面积比重分别为77.68%和11.37%，坡地土壤瘠薄等致使其水分调控能力差，容易发生干旱、洪涝、水土流失及石漠化。二是耕地灌溉不足。多为孤山独包，兴修大型水利工程困难，水利设施落后，农田有效灌溉率仅为43.3%。三是农业环境问题突出，酸雨范围占全区总面积87.22%，广东韶关酸雨污染最严重，为重酸雨区。四是土壤酸性较低、肥力较低。以石灰（岩）土、燥红土、砖红壤、赤红壤为主，耕地土壤熟化度低，供肥性能较差。

9. Ⅸ西南区

西南区主要由四川盆地、秦巴山区、云贵高原、黔西岩溶区等几大地理单元构成，行政范围涉及8个省（直辖市），包括四川、重庆和贵州的全部，云南的大部，甘肃和陕西的南部，湖北的东部以及河南的西缘部分，土地面积约为133.37万km^2，约占国土面积的13.89%，2015年人口为21 997.47万人，人口密度为164.94人/km^2。该区是中国自然条件和农业资源最为复杂多样的地区，是我国第二大林区。主要作物包括玉米、水稻、蔬菜、油料和桑茶果，生猪商品生产优势明显，林特产品丰富多样。

该区年降水量1 000～1 500mm，河川众多，水资源十分丰富，但受山区地貌和喀斯特岩溶发育的影响，开发利用难度大。以温暖、湿润的亚热带山地气候为主，光热资源垂直差异显著，平坝、盆地区的无霜期超过300d，≥10℃积温一般为4 000～6 000℃，农作物一年两熟或三熟，高原、山区夏温不足，形成了高低差异明显的“立体农业”。

基本农业特点是林地多，耕地少，坡耕地多，四川盆地和滇南丘陵山区是我国重要的农业生产区，大部分区域农业经营较粗放，生产力水平低。存在的主要问题包括：一是山高、坡陡、平坝少。该区山脉纵横交错，山地面积比重高达80.95%，平原面积比重仅为4.07%，可供农业生产的土地资源少。二是水资源丰富但开发难度大。水资源较丰富，但开发条件较差，工程性缺水问题突出，水资源开发利用率仅为9.13%，农田有效灌溉率为49.64%，季节性缺水明显。三是土层薄、石质化。该区以紫色土、黄壤、石灰（岩）土为主，主要障碍因素是土层薄、砾石含量多。四是土地退化突出，地质灾害频发。土壤水蚀严重，面积比重为68.09%；该区是我国石漠化分布最主要区域，12.56%的国土发生石漠化，近年来区内石漠化治理力度不断加大，地区生态恶化状态虽得到一定程度的遏制，但由于生态系统非常脆弱，人类不合理的扰动极易引起石漠化，加剧耕地质量下降；地震、滑坡和泥石流等地质灾害频繁发生。五是土壤重金属污染和酸雨污染问题突出。酸雨污染面积和土壤重金属污染面积比重分别为25.82%和11.43%，主要分布在四川盆地区、黔桂岩溶丘陵山区和长江上游山区。

表34 西南区农业资源环境特征

编号	分区名称	面积（万km^2）	人口（万人）	人口密度（人/km^2）	主要地形组成(%)	耕地面积（万km^2）	农业资源环境问题
Ⅸ	西南区	133.37	21 997.47	164.94	山地(80.95)，丘陵(7.05)，平原(4.07)	31.51	

（续）

编号	分区名称	面积（万 km²）	人口（万人）	人口密度（人/km²）	主要地形组成(%)	耕地面积（万 km²）	农业资源环境问题
IX_1	秦岭、伏牛、川东山区	29.03	3 365.52	115.93	山地(92.49)，黄土梁卯(2.39)，丘陵(2.24)	5.98	低温，坡度陡，灌溉少，土壤贫瘠
IX_2	四川盆地区	18.10	9 101.74	502.86	山地(49.76)，丘陵(38.42)，平原(8.12)	11.81	耕地减少，侵蚀，环境污染，灾害频繁
IX_3	黔桂岩溶丘陵山区	19.49	3 613.35	185.40	山地(78.69)，黄土梁卯(16.78)，丘陵(3.81)	4.80	坡度陡，石漠化严重，侵蚀，灌溉少，环境污染
IX_4	云南高原区	10.90	2 104.61	193.08	山地(63.60)，黄土梁卯(21.37)，平原(8.07)	2.39	坡度陡，旱灾频繁，水蚀
IX_5	滇南丘陵山区	16.46	1 542.28	93.70	山地(81.11)，黄土梁卯(14.09)，平原(3.37)	2.93	坡度陡，水蚀，土壤贫瘠
IX_6	长江上游山区	12.86	2 007.13	156.08	山地(92.92)，台地(2.26)，黄土梁卯(2.19)	3.10	坡度极陡，侵蚀严重，酸雨污染
IX_7	甘孜—阿坝高原区	26.53	262.84	9.91	山地(92.54)，平原(6.02)，黄土梁卯(0.71)	0.50	坡度极陡，低温，地质灾害频繁，灌溉少

注："主要地形组成"一栏，地形类型括号内数字为分区内该地形类型面积占全区面积比例。

表35 西南区土地利用结构特征

单位：万 km²，%

		IX 西南区	IX_1 秦岭、伏牛、川东山区	IX_2 四川盆地区	IX_3 黔桂岩溶丘陵山区	IX_4 云南高原区	IX_5 滇南丘陵山区	IX_6 长江上游山区	IX_7 甘孜—阿坝高原区
耕地	面积	31.52	5.99	11.81	4.79	2.39	2.94	3.10	0.50
	比例	23.63	20.64	65.23	24.58	21.92	17.85	24.09	1.89
林地	面积	62.44	14.64	4.43	11.56	5.28	10.10	6.81	9.62
	比例	46.82	50.44	24.47	59.29	48.47	61.33	52.97	36.27
草地	面积	35.51	7.95	1.11	3.01	2.88	3.31	2.82	14.43
	比例	26.63	27.38	6.14	15.44	26.46	20.14	21.96	54.40
水域	面积	1.00	0.19	0.30	0.06	0.19	0.05	0.07	0.14
	比例	0.76	0.64	1.68	0.32	1.74	0.33	0.56	0.53
建设用地	面积	0.90	0.15	0.43	0.07	0.14	0.05	0.04	0.02
	比例	0.66	0.51	2.37	0.36	1.26	0.28	0.30	0.06

（续）

		Ⅸ 西南区	Ⅸ$_1$ 秦岭、伏牛、川东山区	Ⅸ$_2$ 四川盆地区	Ⅸ$_3$ 黔桂岩溶丘陵山区	Ⅸ$_4$ 云南高原区	Ⅸ$_5$ 滇南丘陵山区	Ⅸ$_6$ 长江上游山区	Ⅸ$_7$ 甘孜—阿坝高原区
未利用地	面积	2.00	0.11	0.02	0	0.02	0.01	0.02	1.82
	比例	1.50	0.39	0.11	0.01	0.15	0.07	0.12	6.85

注：面积比例为分区某一土地利用类型面积占该分区面积的比重。

表36 西南区农作物结构特征

单位：%

		Ⅸ 西南区	Ⅸ$_1$ 秦岭、伏牛、川东山区	Ⅸ$_2$ 四川盆地区	Ⅸ$_3$ 黔桂岩溶丘陵山区	Ⅸ$_4$ 云南高原区	Ⅸ$_5$ 滇南丘陵山区	Ⅸ$_6$ 长江上游山区	Ⅸ$_7$ 甘孜—阿坝高原区
面积比重第一	类别	玉米	薯类	稻谷	蔬菜	玉米	玉米	薯类	玉米
	比例	18.55	21.36	23.19	19.88	28.10	29.54	26.60	25.23
面积比重第二	类别	稻谷	玉米	蔬菜	薯类	蔬菜	稻谷	玉米	薯类
	比例	16.50	19.86	16.01	18.21	22.60	16.09	25.48	25.06
稻谷比例		16.50	9.25	23.19	15.91	9.67	16.09	9.66	2.28
小麦比例		8.72	9.97	10.54	5.06	8.28	5.90	7.98	10.17
玉米比例		18.55	19.86	12.72	17.05	28.10	29.54	25.48	25.23
大豆比例		3.03	3.87	2.98	2.96	1.53	3.66	2.30	1.38
薯类比例		16.10	21.36	12.86	18.21	14.29	6.54	26.60	25.06
油料比例		11.20	12.47	13.25	13.16	8.27	4.83	4.63	6.73
棉花比例		0.06	0.01	0.13	0.03	0	0	0	0
糖料比例		1.52	0.02	0.14	1.31	0.44	13.35	0.14	0.05
蔬菜比例		16.48	15.40	16.01	19.88	22.60	10.98	14.92	16.35
水果比例		7.84	7.79	8.18	6.43	6.82	9.11	8.29	12.75

注：面积比例为分区某一农作物种植面积占该分区农作物总种植面积的比重。

表37 西南区农作物产量占比

单位：%

	Ⅸ 西南区	Ⅸ$_1$ 秦岭、伏牛、川东山区	Ⅸ$_2$ 四川盆地区	Ⅸ$_3$ 黔桂岩溶丘陵山区	Ⅸ$_4$ 云南高原区	Ⅸ$_5$ 滇南丘陵山区	Ⅸ$_6$ 长江上游山区	Ⅸ$_7$ 甘孜—阿坝高原区
稻谷	15.50	1.49	9.29	2.10	0.73	1.16	0.75	0.01

（续）

	Ⅸ 西南区	$Ⅸ_1$ 秦岭、伏牛、川东山区	$Ⅸ_2$ 四川盆地区	$Ⅸ_3$ 黔桂岩溶丘陵山区	$Ⅸ_4$ 云南高原区	$Ⅸ_5$ 滇南丘陵山区	$Ⅸ_6$ 长江上游山区	$Ⅸ_7$ 甘孜—阿坝高原区
小麦	5.25	1.13	3.01	0.33	0.27	0.18	0.29	0.04
玉米	9.94	1.70	2.97	1.43	1.39	1.22	1.16	0.07
大豆	13.60	2.67	6.54	1.53	0.64	1.19	0.94	0.04
薯类	41.40	8.93	15.21	6.19	3.43	1.28	5.99	0.41
油料	17.20	3.22	9.27	2.75	0.99	0.46	0.48	0.06
棉花	0.25	0.01	0.22	0.02	0	0	0	0
糖料	16.20	0.01	0.34	2.24	0.41	13.05	0.18	0
蔬菜	14.10	2.35	6.49	2.17	1.37	0.59	1.02	0.15
水果	13.40	2.62	5.32	0.85	1.02	2.17	1.33	0.12

注：产量占比为分区某一农作物产量占该农作物全国产量的比重。

（1）$Ⅸ_1$秦岭、伏牛、川东山区

秦岭、伏牛、川东山区特色农业丰富，是全国最大的天麻、杜仲产区和重要的蚕桑、食用菌生产基地。土地利用以林地为主，面积达14.64km^2，占分区面积的50.44%；草地和耕地面积分别列第二、三位，比重分别为27.38%和20.64%。薯类种植面积最大，比例达21.36%，产量占全国总产量的8.93%；玉米和蔬菜种植面积分别列第二、三位，比例分别为19.86%和15.4%。该区雨热同季，四季分明，生物资源丰富，山脉纵横交错。存在的主要问题包括：一是低温和地形限制明显。山地面积比重高达92.49%，狭小盆地和低山丘陵区为主要农区，包括汉中盆地、安康盆地、商丹盆地等。二是耕地灌溉不足。水资源开发利用率仅为18.58%，农田水利设施建设滞后，农田有效灌溉率为27.18%，缺水明显。三是土壤瘠薄。高山区以棕色石灰土、红色石灰土、黄色石灰土等石灰（岩）土及性质恶劣的水稻土为主，土层薄，养分低。四是土壤水蚀极为严重。水土流失以水蚀为主，侵蚀面积占全区面积的79.21%，且强度等级以上侵蚀面积比重达到19.22%。

（2）$Ⅸ_2$四川盆地区

四川盆地是我国重要的粮、油、肉、果、渔综合农业生产基地。土地利用以耕地为主，面积达11.81万km^2，占分区面积的65.23%；林地面积次之，比重为24.47%。水稻种植面积最大，比例达23.19%；蔬菜、油料、薯类、玉米和小麦，分别为16.01%、

13.25%、12.86%、12.72%和10.54%，列第二到六位。薯类产量占全国总产量的15.21%，水稻、油料、大豆、蔬菜和水果产量比重也很高，分别为9.29%、9.27%、6.54%、6.49%和5.32%。该区热量和降水充沛，地势相对平缓，广泛分布肥沃的紫色土，农业开发历史悠久，精耕细作。存在的主要问题包括：一是人地矛盾突出。城镇多，工业发达，区内有重庆、成都两个大城市及多个人口稠密小城市，优质耕地被大量占用。二是土壤水蚀严重。水土流失是丘陵区的主要限制因素。丘陵耕地面积比例高达88%，加之紫色土通透性好，土壤抗侵蚀力极弱，水土流失严重。三是酸雨和重金属污染日益加剧。酸雨面积比例高达60.16%，特殊的地理和气象条件及能源结构等因素，使其成为我国酸雨污染严重地区之一；土壤重金属污染严重，低、中、重度污染面积比重分别达42.12%、19.73%和5.68%，主要分布在西部的绵阳、成都、雅安和南部的合川、宜宾。四是自然灾害灾害频繁。气象灾害以干旱和洪涝为主，西部多春、夏旱盆地，东部多伏旱，中部春、夏、伏旱皆有；盆地西部洪涝尤为突出；地震、滑坡、泥石流等地质灾害也频繁发生。

(3) IX_3黔桂岩溶丘陵山区

黔桂岩溶丘陵山区烤烟、油菜、蔬菜、中药材等特色农业丰富。土地利用以林地为主，面积达到11.56万km^2，占分区面积的59.29%；耕地面积次之，为4.79万km^2，比重为24.58%。农作物类型多样，蔬菜种植面积最大，比例达19.88%；薯类、小麦、水稻和油料种植面积分别列第二到五位，比例分别为18.21%、17.05%、15.91%和13.16%。该区热量丰富，降水充沛，热水光同期，生物资源丰富，立体农业显著。存在的主要问题包括：一是山高、坡陡、平坝少。以喀斯特山地丘陵地貌为主，山地面积比重高达78.69%，山系与水系切割密集，几乎没有平原支撑，土块小，土层薄。二是土地石漠化和水土流失突出。岩溶面积占2/3，石漠化土地面积比例达32.12%，水土流失面积达到66.99%，尽管近年来石漠化治理和水土保持力度不断加大，人类不合理的扰动极易引起石漠化和水土流失，蚕食耕地资源。三是水资源较丰富但开发难度大。降水丰富，但受喀斯特地貌发育的影响，岩层透水性强，且地形起伏，水利设施落后，农业取水难，水资源开发利用率仅为11.8%，农田有效灌溉率为31.97%。四是环境污染危害日益加剧。酸雨面积比例高达39.45%，遵义、铜仁、凯里和河池污染较为严重。不合理地开采煤、磷和汞，造成土壤重金属污染，主要污染物为镉和汞。

(4) IX_4云南高原区

云南高原区是云南省的核心农业产区。土地利用以林地为主，面积达5.28km^2，

占分区面积的48.47%；草地和耕地面积分别列第二、三位，比重分别为26.46%和21.92%。玉米种植面积最大，比例达28.1%；蔬菜种植面积排第二位，比例为22.6%；薯类种植面积排第三位，比例为14.29%。该区光热资源丰富，干湿季分明，雨热同季。存在的主要问题包括：一是地形限制明显。全区山地面积比重高达63.6%，山地耕地和丘陵耕地比重分别为47.32%和36.12%，限制农业可持续发展。二是旱灾频繁，威胁农业生产。受西南季风控制、地理位置和地形作用，干湿季明显，同时，水利设施工程落后，雨水利用困难，储水供给不足，大面积冬春和初夏干旱造成农业生产巨大损失。三是土壤水蚀严重。地形起伏，植被覆盖率较低，水土流失面积比例高达79.62%，使土层变薄、土壤蓄水能力减弱、生产力下降。

（5）IX_5滇南丘陵山区

滇南丘陵山区是我国第二大的糖料基地和重要的热带作物基地。土地利用以林地为主，面积达10.1km^2，占分区面积的61.33%；草地和耕地面积分列第二、三位，比重分别为20.14%和17.85%。玉米种植面积最大，比例达29.54%；水稻种植面积排第二位，比例为16.09%；糖料种植面积比例达13.35%，产量占全国总产量的13.05%。该区属热带季风气候，气候温和，作物可全年生长，适宜种植热带作物，特色农产品丰富。存在的主要问题包括：一是山多、平地少，耕地资源相对短缺。地形复杂崎岖，海拔落差大，山地面积比重高达81.11%，山地耕地面积比重高达79.0%，可供农业生产的有效土地资源少。二是土壤水蚀严重。在不利的自然因素、不合理的人类活动双重作用下，以水力侵蚀的形式造成水土资源和土地生产能力破坏和损失，水土流失面积比重为66.72%。三是土壤贫瘠、生产力低。耕地土壤以砖红壤和红壤为主，质地黏重，供肥性能较差。

（6）IX_6长江上游山区

长江上游山区是长江重要的水源涵养区和水土保持区。土地利用以林地为主，面积达6.81万km^2，占分区面积的52.97%；耕地和草地面积分别列第二、三位，比例分别为24.09%和21.96%。薯类和玉米种植面积排在前两位，比例分别达到26.6%和25.48%；蔬菜种植面积排第三位，比例为14.92%；薯类产量占全国总产量的5.99%。该区主要为长江金沙江段流域，雨量丰沛，支流众多，多发源于高原山地，流经深山峡谷。存在的主要问题包括：一是山多、山高、坡陡，供农业生产的土地资源短缺。该区山地面积比重高达92.92%，山脉纵横交错，低温和地形限制明显。二是土壤侵蚀面积广、强度大。

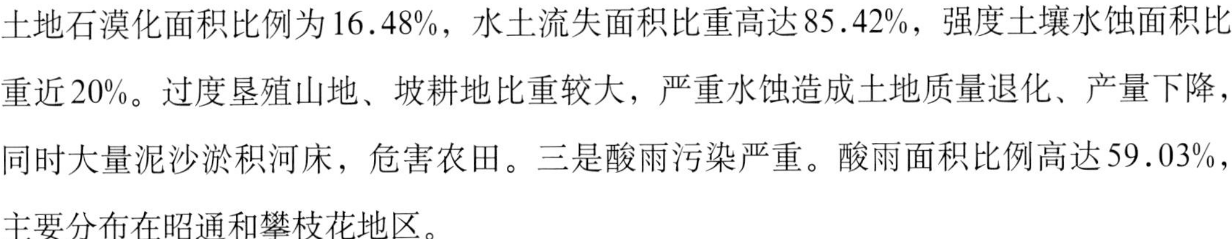

土地石漠化面积比例为16.48%，水土流失面积比重高达85.42%，强度土壤水蚀面积比重近20%。过度垦殖山地、坡耕地比重较大，严重水蚀造成土地质量退化、产量下降，同时大量泥沙淤积河床，危害农田。三是酸雨污染严重。酸雨面积比例高达59.03%，主要分布在昭通和攀枝花地区。

（7）IX_7甘孜—阿坝高原区

甘孜—阿坝高原区农业资源条件差，生态环境脆弱，农业不发达。土地利用以草地为主，面积达14.43万km^2，占分区面积的54.4%；林地面积次之，比重为36.27%；耕地面积比重仅占1.89%。玉米和薯类种植面积排前两位，比例分别达到25.23%和25.06%；蔬菜种植面积比例为16.35%。该区地貌与气候是影响农业生产地域分异最基本的自然要素。存在的主要问题包括：一是地形限制明显。山高、谷深、坡陡、岩石破碎，该区山地面积比重高达92.54%。土壤发育程度一般都比较浅，表现为土层浅薄，多砾石碎块，粗骨性强，供农业生产的土地资源短缺，陡坡开荒普遍，14.04%的耕地面积坡度超过25°。二是热量条件差。气候寒冷，年均温度在7℃以下，土壤温度过低，对根系冻害严重。因地貌部位不同而产生热量垂直差异以及因热量不同而产生垂直地带差异。三是滑坡、泥石流等地质灾害突出。地质构造复杂，岩层褶皱和断层极为发育，且重力地貌屡见不鲜，滑坡、泥石流广布，集中沿断裂带、河流和交通线分布，对农业生产威胁极大。四是水资源较丰富但开发条件较差。水资源开发利用率仅为3.77%，农田有效灌溉率为26.21%。

10. X青藏高原区

青藏高原区南起喜马拉雅山脉，西部为帕米尔高原和喀喇昆仑山脉，东部以玉龙雪山、大雪山、夹金山、邛崃山及岷山的南麓或东麓为界，东及东北部与秦岭山脉西段和黄土高原相衔接，土地面积约为196.59万km^2，约占国土面积的20.48%，是十大分区中面积最大的一个，2015年人口为908.21万人，人口密度仅为4.62人/km^2，在十大分区中人口密度最低。该区地处中国自西向东三级地貌台阶的最上一级台阶，地处严寒地区，由于深居欧亚大陆腹地，受高山阻隔，降水稀少，气候极端干旱，青藏高原的高海拔决定了其异于同纬度其他地区的生态环境特征，形成了以高寒荒漠、草甸和草原为主的自然景观以及适应低温和低氧环境能力强、高产性能突出的高寒农牧业。耕地极少，以牧草地为主，耕地面积仅占全国的0.78%，农业系统非常脆弱。

区内大部分地带海拔在4 000m以上，属高寒荒漠类型，自然环境异常严酷，年降

水量400～1 200mm。由于海拔高，该区热量普遍不足，大部分地区年均温低于0℃，霜期长；≥10℃积温在东部、南部较高，可达1 000～2 000℃，南部海拔3 000m以下河谷可种植耐寒作物。该区空气稀薄，含尘量少，降水偏少、夜雨率高，致使光照丰富，太阳辐射强。此外，该区处于大江河的上游，湖泊星罗棋布，水资源异常丰富，但水矿化度高，多不适宜人畜饮用。

存在的主要问题包括：一是自然资源条件严酷。"高"和"寒"为最突出区域地理特征，气温低成为制约该区农牧业的主导因素。该区山地面积比例达62.64%，大部分地区植被生长季短，土地生产力较低，宜农耕地资源少，广大草地资源开发利用难度大。高寒环境不利于植被生长，生态系统抗干扰能力、恢复能力较差，以宏观地形和高寒气候等自然因素为主导的脆弱自然环境系统是青藏高原农业生态环境问题形成的基础性原因。二是农业生态环境脆弱。土地荒漠化类型多样，分布较广，强度以上土地沙化面积达到29.72%；草地退化加重，生物多样性呈下降趋势；水土流失类型多样，尤其是在青藏高原东部高山峡谷交错区、高原中部至西北部还分布有大面积的风蚀，冻融侵蚀也广泛分布，皆是农业生产的重大威胁。三是地震、滑坡和泥石流等地质灾害发生频率较高。

表38　青藏高原区农业资源环境特征

编号	分区名称	面积（万km^2）	人口（万人）	人口密度（人/km^2）	主要地形组成(%)	耕地面积（万km^2）	农业资源环境问题
X	青藏高原区	196.59	908.21	4.62	山地(62.64)，平原(26.39)，丘陵(4.38)	1.41	
X_1	柴达木盆地区	32.59	75.85	2.33	平原(46.93)，山地(37.99)，台地(5.51)	0.16	缺水，沙化剧烈，盐碱化严重
X_2	三江源及周边地区	37.07	118.82	3.21	山地(62.26)，平原(25.79)，丘陵(5.91)	0.19	草场脆弱，灾害频繁，坡度陡
X_3	藏北高原区	75.53	61.36	0.81	山地(55.47)，平原(30.34)，丘陵(6.88)	0	高寒，土壤贫瘠，灌溉少，荒漠化严重
X_4	藏南一江两河区	31.75	171.75	5.41	山地(86.29)，平原(11.06)，台地(0.18)	0.35	荒漠化，灾害频繁，环境污染，坡度陡，土壤贫瘠
X_5	横断山区	19.65	480.43	24.45	山地(93.56)，平原(3.10)，台地(0.68)	0.71	坡度极陡，低温，侵蚀，地质灾害频繁

注："主要地形组成"一栏，地形类型括号内数字为分区内该地形类型面积占全区面积比例。

表39　青藏高原区土地利用结构特征

单位：万km^2，%

		X 青藏高原区	X_1 柴达木盆地区	X_2 三江源及周边地区	X_3 藏北高原区	X_4 藏南一江两河区	X_5 横断山区
耕地	面积	1.41	0.18	0.17	0.01	0.35	0.70
	比例	0.71	0.55	0.45	0.01	1.09	3.58
林地	面积	18.55	0.69	1.51	0.22	8.80	7.33
	比例	9.44	2.13	4.08	0.29	27.72	37.27
草地	面积	122.81	11.74	25.10	62.33	16.10	7.59
	比例	62.47	36.02	67.71	82.45	50.72	38.64
水域	面积	8.42	1.19	1.78	3.50	1.30	0.65
	比例	4.29	3.66	4.80	4.64	4.10	3.31
建设用地	面积	0.12	0.07	0.01	0	0.02	0.02
	比例	0.06	0.23	0.03	0	0.05	0.12
未利用地	面积	45.28	18.72	8.50	9.52	5.18	3.36
	比例	23.03	57.41	22.93	12.61	16.32	17.08

注：面积比例为分区某一土地利用类型面积占该分区面积的比重。

表40　青藏高原区农作物结构特征

单位：%

		X 青藏高原区	X_1 柴达木盆地区	X_2 三江源及周边地区	X_3 藏北高原区	X_4 藏南一江两河区	X_5 横断山区
面积比重第一	类别	玉米	油料	油料	水果	水果	玉米
	比例	29.09	58.40	66.36	100.00	49.21	32.83
面积比重第二	类别	稻谷	小麦	小麦	—	蔬菜	稻谷
	比例	17.54	31.82	20.11	—	31.05	19.84
稻谷比例		17.54	0	0	0	0	19.84
小麦比例		9.61	31.82	20.11	0	9.72	7.33
玉米比例		29.09	0.15	0.76	0	3.81	32.83
大豆比例		2.92	0	0.63	0	0	3.28
薯类比例		8.95	4.54	6.95	0	0	9.43
油料比例		15.02	58.40	66.36	0	6.21	9.17
棉花比例		0	0	0	0	0	0
糖料比例		1.75	0.06	0	0	0	1.97
蔬菜比例		9.93	5.03	5.19	0	31.05	10.47
水果比例		5.19	0	0	100.00	49.21	5.68

注：面积比例为分区某一农作物种植面积占该分区农作物总种植面积的比重。

表41 青藏高原区农作物产量占比

单位：%

	X 青藏高原区	X_1 柴达木盆地区	X_2 三江源及周边地区	X_3 藏北高原区	X_4 藏南一江两河区	X_5 横断山区
稻谷	0.32	0	0	0	0	0.32
小麦	0.13	0.04	0.02	0	0	0.07
玉米	0.33	0	0	0	0	0.33
大豆	0.25	0	0.01	0	0	0.24
薯类	0.56	0.11	0.06	0	0	0.39
油料	0.37	0.09	0.05	0	0	0.23
棉花	0	0	0	0	0	0
糖料	0.41	0	0	0	0	0.41
蔬菜	0.13	0.01	0	0	0.01	0.11
水果	0.09	0	0	0	0	0.09

注：产量占比为分区某一农作物产量占该农作物全国产量的比重。

（1）X_1柴达木盆地区

柴达木盆地区为盆地绿洲农业，现有耕地集中分布于东部和东南部绿洲地带。土地利用以未利用地为主，面积为18.72万km^2，比重高达57.41%，以沙漠戈壁为主，柴达木盆地沙漠分布于该区；草地面积次之，占分区面积的36.02%；耕地面积比重仅为0.55%。油料种植面积最大，比例达58.4%；小麦种植面积排第二位，比例为31.82%。该区降水稀少，荒漠干旱，生态环境脆弱。存在的主要问题包括：一是降水稀少，蒸发强度大，水资源极端不足。盆地内气候干旱，多风少雨，年蒸发量1 590～3 292mm，是世界上蒸发量最大的地区之一。水分条件成为植物生长的主要限制因素。二是沙漠化、盐渍化危害耕地。土地沙化面积比例达到47.40%，且有26.09%面积为剧烈等级，风蚀吹蚀耕地表土、掩埋或吞没耕地，造成作物减产或不能生长。土地盐渍化面积也达到13.82%，主要分布于柴达木盆地的东部，随着地势的降低，地下水位上升，地下水矿化度升高，土壤盐分中氯化物含量升高，土壤的盐渍化程度逐渐加重。

（2）X_2三江源及周边地区

三江源及周边地区是我国面积最大的自然保护区，是我国乃至亚洲的重要水源地，主要发展畜牧业。土地利用以草地为主，面积达25.1万km^2，占分区面积的67.71%；未利用地面积次之，为8.5万km^2，比重为22.9%；耕地面积仅占分区面积的0.45%。油料种植面积最大，比例达66.36%；小麦种植面积排第二位，比例为20.11%。该区寒冷、干旱、多风。存在的主要问题包括：一是草场退化初步得到遏制，但依然脆弱。生态工程对草地生态系统的恢复已初见成效，但其成效具有局限性和初步性，草地仍处于超载状态，强度以上等级土地沙化面积比例仍达16.16%。二是自然灾害加剧。冰雹、霜冻、干旱、洪涝、沙尘暴、雪灾等灾害次数有增无减，玉树藏族自治州雪灾连年发生，给畜牧业发展造成巨大损失，防灾抗灾能力低下。

（3）X_3藏北高原区

藏北高原区是青藏高原的核心和西藏主要牧区。土地利用以草地为主，面积达到62.33万km^2，占分区面积的82.45%；未利用地面积次之，为9.52万km^2，比重为12.61%；耕地面积仅有0.01万km^2，仅有少量的水果种植和生产。该区平均海拔4 500m以上，气候干燥、气温低，冰川作用及冰冻风化作用强烈，资源限制多，主要发展畜牧业。存在的主要问题包括：一是农业自然资源条件严酷。高寒环境不利于植被生长，生态系统抗干扰能力、恢复能力较差。二是耕地生产能力很低。该区以高山草原土、高山草甸草原土、高山荒漠草原土、高山漠土为主，土层较薄、土壤贫瘠。三是水资源利用难度大。湖泊星罗棋布，水资源异常丰富，但水矿化度高，多不适宜人畜饮用，农田有效灌溉率仅为11%，Ⅰ～Ⅲ类水质河道长度比重仅为22.42%。四是土地荒漠化严重。由于超载过牧，草地退化、土壤沙化过程持续发生，强度等级以上土地沙化面积比例达到42.24%。

（4）X_4藏南一江两河区

藏南一江两河区是西藏的主要农业生产区域。土地利用以草地为主，面积达16.1万km^2，占分区面积的50.72%；林地面积次之，比重为27.72%；耕地面积比重为1.09%。水果种植面积最大，比例达49.21%；蔬菜种植面积排第二位，比例为31.05%。该区已耕垦的主要为河谷地区，地势平缓、热量条件较优，有灌溉水源，但农业基础设施差，农业生态环境脆弱。存在的主要问题包括：一是土地荒漠化扩大。水土流失日趋加剧，沙漠化面积日趋扩大，草地退化加重，优质畜牧饲（草）料比重逐步下降。二是自然灾害频繁。旱、涝、冰雹、霜冻以及风沙等自然灾害常年发生。该区全年霜日在200～250d；干旱是常见的自然灾害。三是环境污染加剧。工业生产废气、废物、废渣等有害物质的排放没有经过处理，农作物农药、化肥施用量逐年增加，棚膜使用量逐年加大，造成土壤、水资源和其他环境资源恶化。四是土壤生产力低。土壤发育具有“幼年性”，土层薄，土壤质地偏砂，水分极易下渗漏失，土壤肥力不高。

(5) X_5横断山区

横断山区是我国重要的林区。土地利用以草地和林地为主，面积分别为7.59万km^2和7.33万km^2，各占分区面积的38.64%和37.27%；耕地面积比重仅有3.58%。农作物种植以玉米为主，种植面积比例达32.83%；水稻种植面积排第二位，比例为19.84%；主要以生产茶、油桐、核桃、板栗等经济林木为主。该区地形复杂，水热条件垂直变化显著。存在的主要问题包括：一是山势崎岖险峻，陡坡地面积极广。93.56%的面积为山地，全区有一半的土地坡度超过25°，强烈限制了宜农土地数量及生产潜力。二是高海拔地区低温限制，无农林利用高价值。该区高寒土地广泛分布，寒冬风化强烈，只生长稀疏荒漠植物与地衣之类等低等植物，仅有可供放牧的亚高山灌丛、草甸或沼泽。三是水土流失类型多样。以土壤水蚀为主，面积比例达到53.18%，风力侵蚀、冻融侵蚀也广泛分布，皆是农业生产的重大威胁。四是自然灾害类型多样，地质灾害和地震发生频率较高。该区地形复杂，地质活动频繁，再加上夏季气候多变，降水集中，导致滑坡和塌陷时有发生。

三、农业重点区域发展方向和建议措施

(一) 区域农作物生产的盈余/缺口状况

根据2014年县域农产品数据，统计分区优势农作物、粮食总产、人均粮食；不考虑农产品调入情况，按照人均400kg粮食计算各分区粮食生产的盈余/缺口（表42）。一级区中，东北区和黄淮海区是我国的主要粮食贡献区，分别可贡献9 022.17万t和4 494.77万t。东南区、西南区、黄土高原区和青藏高原区是粮食缺口区，其中东南区缺口量最大，达到4 801.99万t。其余各区粮食贡献略有结余，长江中下游干流平原丘陵区尽管粮食产量排名第三，达到9 442.16万t，但区内人口密集，仅盈余558.6万t。二级区中，粮食产量存有余量的分区为30个，存在缺口的分区有27个。松嫩平原区、黄淮平原区、华北平原区、江淮地区、三江平原区、长白山山区、西辽河流域区和长

江中游平原区为主要粮食贡献区，分别为4 925.73万t、3 294.17万t、2 391.44万t、1 243.48万t、1 174.04万t、1 139.89万t、1 118.34万t和835.67万t。长三角地区、珠三角地区、浙闽粤沿海平原丘陵区和环渤海湾区等城市密集区粮食缺口量最大，分别为2 191.28万t、1 943.58万t、1 935.05万t和1 064.45万t。

按照全国人均农作物产量C，各分区农作物产量C_i和人口数量P，用公式计算农作物生产的盈余／缺口指数G，该值为正，表明盈余；反之为缺口。该值绝对值越大，表明盈余／缺口越大。各分区农产品生产情况如表42所示。

水稻主要贡献区包括长江中游平原区、江淮地区、湘江流域中上游区、赣江流域中上游区、四川盆地区、粤西桂南丘陵区、三江平原区和豫皖鄂平原丘陵区共8个；小麦主要贡献区包括黄淮平原区、华北平原区、江淮地区、山东丘陵区和豫皖鄂平原丘陵区共5个；玉米主要贡献区包括松嫩平原区、西辽河流域区、华北平原区、长白山山区、三江平原区和辽宁丘陵山地区共6个；大豆主要贡献区包括小兴安岭山区、松嫩平原区、大兴安岭山区、黄淮平原区、长白山山区和三江平原区共6个；薯类主要贡献区包括四川盆地区，秦岭、伏牛、川东山区，长江上游山区，黄土高塬沟壑区，黔桂岩溶丘陵山区，云南高原区和阴山两麓—长城沿线区共7个；油料主要贡献区包括豫皖鄂平原丘陵区、黄淮平原区、山东丘陵区、四川盆地区、江淮地区和呼包河套区共6个；棉花主要贡献区包括塔里木河流域区、天山北坡区、华北平原区和长江中游平原区共4个；糖料主要贡献区包括粤西桂南丘陵区和滇南丘陵山区2个；蔬菜主要贡献区包括华北平原区、黄淮平原区、山东丘陵区、江淮地区4个；水果主要贡献区包括汾渭谷地区、粤西桂南丘陵区、黄土高塬沟壑区、山东丘陵区、粤北桂北丘陵山区、粤桂沿海丘陵区、塔里木河流域区和浙—闽丘陵山区8个。

表42　分区农产品盈余／缺口状况

单位：万t，t/人

编号	分区名称	粮食总产	人均粮食	粮食贡献/缺口	贡献/缺口									
					水稻	小麦	玉米	大豆	薯类	油料	棉花	糖料	蔬菜	水果
Ⅰ	东北区	13 843.29	1.15	9 022.17	3.75	−10.04	46.36	44.89	−1.11	−1.88	−12.03	−10.93	−3.82	−6.82
$Ⅰ_1$	三江平原区	1 476.67	1.95	1 174.04	3.12	−0.76	3.93	5.99	−0.58	−0.71	−0.76	−0.74	−0.55	−0.71
$Ⅰ_2$	大兴安岭山区	602.33	2.68	512.28	−0.15	0.84	1.87	9.22	0.76	0.75	−0.23	−0.22	−0.12	−0.23
$Ⅰ_3$	小兴安岭山区	733.70	1.78	568.56	1.31	0.08	1.25	13.23	0.12	−0.41	−0.41	−0.41	−0.24	−0.41

（续）

编号	分区名称	粮食总产	人均粮食	粮食贡献/缺口	贡献/缺口									
					水稻	小麦	玉米	大豆	薯类	油料	棉花	糖料	蔬菜	水果
I_4	长白山山区	1 950.51	0.96	1 139.89	1.39	−2.02	5.19	7.85	0.21	−1.68	−2.03	−2.03	−0.90	−1.53
I_5	松嫩平原区	6 322.75	1.81	4 925.73	1.88	−3.47	25.71	10.59	1.72	0.49	−3.47	−3.18	−1.52	−3.14
I_6	辽宁丘陵山地区	918.34	0.40	3.80	−1.83	−2.29	2.28	−0.65	−1.76	0.89	−2.29	−2.28	−0.43	1.11
I_7	辽中南地区	321.72	0.18	−411.13	−1.25	−1.83	−0.57	−1.40	−1.70	−1.74	−1.83	−1.83	−0.55	−1.10
I_8	西辽河流域区	1 491.17	1.60	1 118.34	−0.64	−0.71	6.79	0.14	0	0.29	−0.93	−0.16	0.54	−0.74
I_9	呼伦贝尔草原区	26.09	0.29	−9.35	−0.09	0.12	−0.09	−0.07	0.11	0.24	−0.09	−0.09	−0.06	−0.09
Ⅱ	**内蒙古及长城沿线区**	**1 170.02**	**0.42**	**62.85**	**−2.67**	**−2.11**	**2.19**	**−1.90**	**4.17**	**1.88**	**−2.77**	**−1.96**	**1.58**	**−0.47**
II_1	锡林郭勒东部草原区	34.63	0.44	3.21	−0.08	0.01	−0.06	−0.08	0.72	0	−0.08	−0.06	0.09	−0.08
II_2	锡林郭勒西部荒漠草原区	76.36	0.73	34.38	−0.10	0.03	0.03	−0.10	1.33	0.67	−0.10	−0.10	−0.06	−0.10
II_3	阴山两麓—长城沿线区	541.90	0.32	−130.62	−1.59	−1.52	0.49	−0.95	2.48	−1.12	−1.68	−1.04	1.78	0.50
II_4	呼包河套区	365.02	0.56	105.16	−0.65	−0.41	1.23	−0.60	−0.57	2.16	−0.65	−0.59	−0.07	−0.56
II_5	鄂尔多斯高原区	152.12	0.60	50.71	−0.25	−0.23	0.50	−0.17	0.21	0.16	−0.25	−0.16	−0.16	−0.24
Ⅲ	**黄淮海区**	**16 806.41**	**0.55**	**4 494.77**	**−22.86**	**57.81**	**5.05**	**−4.55**	**−18.42**	**7.40**	**7.70**	**−30.54**	**16.64**	**−0.07**
III_1	华北平原区	5 920.75	0.67	2 391.44	−8.38	22.13	6.46	−5.57	−6.65	−0.65	14.51	−8.82	6.61	1.24
III_2	山东丘陵区	2 427.02	0.38	−126.39	−6.09	4.79	0.18	−4.05	−3.05	5.24	−4.80	−6.38	2.27	4.58
III_3	黄淮平原区	7 712.59	0.70	3 294.17	−4.29	33.58	0.31	8.65	−5.17	5.72	0.48	−10.81	6.48	−4.47
III_4	环渤海湾区	746.05	0.16	−1 064.45	−4.11	−2.70	−1.91	−3.58	−3.56	−2.91	−2.49	−4.53	1.28	−1.42
Ⅳ	**黄土高原区**	**3 699.57**	**0.35**	**−469.93**	**−10.33**	**0**	**1.86**	**−3.78**	**4.19**	**−5.00**	**−8.93**	**−10.34**	**−2.34**	**13.50**
IV_1	晋豫土石山区	1 025.42	0.34	−176.17	−3.00	−0.85	1.18	−1.35	−1.35	−2.17	−2.84	−2.94	−1.04	0.80
IV_2	汾渭谷地区	1 280.30	0.35	−163.90	−3.61	1.94	0.34	−2.36	−2.96	−3.12	−2.64	−3.61	−0.58	6.93
IV_3	黄土高塬沟壑区	1 042.76	0.37	−80.77	−2.79	−0.16	0.12	−1.21	6.05	0.43	−2.48	−2.80	−0.11	5.34
IV_4	陕北宁东丘陵沙地区	129.18	0.46	17.44	−0.21	−0.27	0.16	0.11	1.05	−0.08	−0.28	−0.28	−0.16	−0.15
IV_5	黄土丘陵沟壑区	221.92	0.31	−66.53	−0.72	−0.65	0.07	1.04	1.41	−0.06	−0.69	−0.71	−0.46	0.58
Ⅴ	**西北干旱区**	**2 146.28**	**0.69**	**895.12**	**−2.43**	**4.26**	**3.49**	**−1.52**	**1.19**	**−0.65**	**67.63**	**−0.37**	**0.98**	**2.83**
V_1	天山北坡区	397.92	0.58	125.66	−0.63	0.75	0.51	−0.58	0.64	−0.05	21.23	−0.05	0.12	−0.52

（续）

编号	分区名称	粮食总产	人均粮食	粮食贡献/缺口	贡献/缺口									
					水稻	小麦	玉米	大豆	薯类	油料	棉花	糖料	蔬菜	水果
V_2	伊犁河流域区	291.71	1.45	211.04	−0.09	0.82	0.68	0.77	0.13	0.05	−0.05	0.71	−0.06	0.03
V_3	额尔齐斯—乌伦古河流域区	283.70	1.79	220.17	−0.16	0.50	1.02	−0.04	0.02	0.23	−0.05	0.07	−0.11	−0.15
V_4	塔里木河流域区	656.80	0.63	239.90	−0.86	2.17	0.57	−0.79	−0.11	−0.88	44.07	−0.30	0.17	2.50
V_5	东疆地区	14.76	0.12	−34.25	−0.12	−0.02	−0.10	−0.12	−0.11	−0.11	1.99	−0.12	−0.06	0.72
V_6	阿拉善—额济纳高原区	17.86	0.75	8.37	−0.02	−0.02	0.07	−0.02	−0.02	0.06	0.01	−0.02	−0.02	−0.02
V_7	河西走廊区	286.13	0.58	89.07	−0.49	0.25	0.45	−0.40	1.04	0.29	0.84	−0.25	0.74	0.08
V_8	银川平原区	197.42	0.49	35.16	−0.05	−0.21	0.29	−0.35	−0.41	−0.24	−0.41	−0.41	0.20	0.20
Ⅵ	**长江中下游干流平原丘陵区**	**9 442.16**	**0.43**	**558.60**	**21.74**	**−0.29**	**−19.26**	**−8.58**	**−14.21**	**12.12**	**2.33**	**−21.30**	**−1.23**	**−13.67**
VI_1	长三角地区	947.35	0.12	−2 191.28	−3.26	−5.55	−7.73	−5.67	−7.38	−6.44	−7.48	−7.82	−4.10	−5.19
VI_2	江淮地区	3 348.78	0.64	1 243.48	9.16	5.04	−4.49	0.27	−3.64	2.35	1.63	−5.12	2.07	−4.19
VI_3	长江中游平原区	3 397.02	0.53	835.67	13.74	−4.19	−5.78	−2.31	−3.42	8.80	9.35	−5.71	−0.07	−2.97
VI_4	豫皖鄂平原丘陵区	1 749.02	0.65	670.73	2.10	4.40	−1.26	−0.86	0.23	7.40	−1.17	−2.64	0.87	−1.33
Ⅶ	江南丘陵山区	4 234.62	0.44	376.12	15.82	−9.09	−8.35	−4.32	−3.43	0.55	−6.61	−8.76	−0.84	−1.30
VII_1	赣江流域中上游区	1 895.13	0.46	236.44	7.55	−3.63	−3.96	−1.84	−1.33	0.23	−2.01	−3.77	−0.94	−0.85
VII_2	湘江流域中上游区	2 339.49	0.43	139.68	8.26	−5.47	−4.39	−2.49	−2.11	0.32	−4.59	−4.99	0.09	−0.44
Ⅷ	**东南区**	**4 385.23**	**0.19**	**−4 801.99**	**0.07**	**−22.84**	**−20.47**	**−14.27**	**−5.69**	**−13.75**	**−22.53**	**86.18**	**−5.64**	**12.32**
VIII_1	浙闽粤沿海平原丘陵区	665.48	0.10	−1 935.05	−3.38	−6.45	−6.40	−5.20	−0.15	−5.19	−6.43	−6.15	−2.84	−0.20
VIII_2	珠三角地区	219.66	0.04	−1 943.58	−4.21	−5.41	−5.28	−5.18	−4.72	−4.92	−5.41	−4.24	−3.50	−3.95
VIII_3	粤西桂南丘陵区	1 321.62	0.47	190.41	3.54	−2.82	−1.23	−0.80	0.16	−0.53	−2.79	96.68	1.20	5.44
VIII_4	海南岛区	184.34	0.21	−171.17	0.17	−0.89	−0.89	−0.80	0.16	−0.44	−0.89	3.08	0.15	1.67
VIII_5	台湾岛区													
VIII_6	粤桂沿海丘陵区	505.05	0.24	−321.29	0.87	−2.06	−1.93	−1.42	−0.43	−0.55	−2.07	−1.50	−0.63	2.79
VIII_7	浙—闽丘陵山区	663.86	0.29	−250.39	1.28	−2.22	−2.08	0.44	0.44	−1.17	−1.99	−2.08	0.03	2.28

（续）

编号	分区名称	粮食总产	人均粮食	粮食贡献/缺口	贡献/缺口									
					水稻	小麦	玉米	大豆	薯类	油料	棉花	糖料	蔬菜	水果
Ⅷ$_8$	粤北桂北丘陵山区	825.22	0.28	−370.94	1.79	−2.99	−2.66	−1.31	−1.15	−0.95	−2.95	0.39	−0.05	4.30
Ⅸ	西南区	8 108.15	0.37	−652.56	−18.81	−20.86	−19.93	−19.21	−13.66	−18.47	−21.85	−18.67	−19.1	−19.23
Ⅸ$_1$	秦岭、伏牛、川东山区	1 254.46	0.37	−86.44	−1.28	−1.78	−0.99	0.36	9.09	1.13	−3.34	−3.33	−0.09	0.29
Ⅸ$_2$	四川盆地区	3 703.27	0.41	80.52	3.87	−4.87	−4.93	0.04	12.12	3.84	−8.74	−8.58	−0.03	−1.65
Ⅸ$_3$	黔桂岩溶丘陵山区	1 085.73	0.30	−353.91	−0.67	−3.14	−1.61	−1.47	5.02	0.23	−3.57	−0.48	−0.59	−2.42
Ⅸ$_4$	云南高原区	673.13	0.32	−165.40	−1.07	−1.72	−0.16	−1.21	2.68	−0.72	−2.10	−1.52	−0.19	−0.67
Ⅸ$_5$	滇南丘陵山区	630.20	0.41	15.72	0.08	−1.29	0.17	0.11	0.24	−0.89	−1.54	16.62	−0.72	1.49
Ⅸ$_6$	长江上游山区	720.48	0.36	−79.21	−0.96	−1.60	−0.39	−0.70	6.33	−1.33	−1.99	−1.75	−0.58	−0.14
Ⅸ$_7$	甘孜—阿坝高原区	40.87	0.16	−63.85	−0.25	−0.20	−0.17	−0.20	0.30	−0.17	−0.26	−0.26	−0.06	−0.09
Ⅹ	青藏高原区	190.24	0.21	−171.97	−0.82	−0.87	−0.81	−0.84	−0.75	−0.80	−0.91	−0.79	−0.87	−0.88
Ⅹ$_1$	柴达木盆地区	9.40	0.12	−20.85	−0.08	−0.02	−0.08	−0.08	0.07	0.05	−0.08	−0.08	−0.06	−0.08
Ⅹ$_2$	三江源及周边地区	4.84	0.04	−42.55	−0.12	−0.10	−0.12	−0.11	−0.03	−0.05	−0.12	−0.12	−0.11	−0.12
Ⅹ$_3$	藏北高原区	0	0	−24.47	−0.06	−0.06	−0.06	−0.06	−0.06	−0.06	−0.06	−0.06	−0.06	−0.06
Ⅹ$_4$	藏南一江两河区	0.11	0	−68.38	−0.17	−0.17	−0.17	−0.17	−0.17	−0.17	−0.17	−0.17	−0.16	−0.17
Ⅹ$_5$	横断山区	175.88	0.37	−15.72	−0.03	−0.38	−0.02	−0.14	0.07	−0.16	−0.48	0.09	−0.32	−0.36

（二）优化东、中、西空间布局

根据我国农业资源环境区域优势与限制以及农业生产特点，建议优化东、中、西三大块的空间布局与定位。

东部沿海地区是国际粮食贸易和外向型现代农业先峰。环渤海湾、长江三角洲与珠江三角洲三大都市群地区是我国经济社会最发达地区和农产品主销区，重点要大力发展资本、技术密集型农业，建设国际贸易市场和粮食储备基地，满足大都市农产品需求。黄河三角洲、江苏、浙江、福建与广西沿海、海南等处要发挥沿海港口的优势，加快发展以园艺产品、畜产品、水产品为重点的高效农业、精品农业、外向型农业和现代农业与现代水产养殖业。

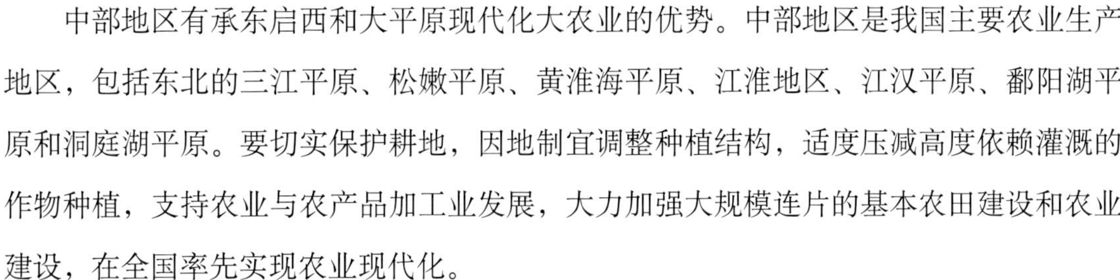

中部地区有承东启西和大平原现代化大农业的优势。中部地区是我国主要农业生产地区，包括东北的三江平原、松嫩平原、黄淮海平原、江淮地区、江汉平原、鄱阳湖平原和洞庭湖平原。要切实保护耕地，因地制宜调整种植结构，适度压减高度依赖灌溉的作物种植，支持农业与农产品加工业发展，大力加强大规模连片的基本农田建设和农业建设，在全国率先实现农业现代化。

西部地区以生态农业和特色农产品农业为发展方向。西部地区是我国生态脆弱区，水土配置错位，在立足资源环境禀赋和保护农业生产环境的条件下，应坚持保护与发展并重。西北地区重点加强草原建设，发展草地畜牧业、旱作节水农业和优质特色农产品农业，加强中低产田改造和盐碱地治理。西南地区突出小流域综合治理、草地资源开发利用和解决工程性缺水，严格保护平坝水田，发展节水灌溉农业、农区畜牧业和热带、亚热带特色农业。

（三）提高东北，治理华北，恢复南方

我国农业主产区主要分布在中东部，包括东北区、黄淮海区、长江中下游干流平原丘陵区、江南丘陵山区和东南区等区域。这些区域地势平坦，水土资源匹配，农业生产条件具有良好基础，但也存在水土资源过度消耗、环境污染、农业投入品过量使用、资源循环利用程度不高等问题。上述区域耕地面积占全国耕地总面积的62.21%，覆盖我国三大平原，粮食总产量占全国总产量的78.4%。农产品产量占全国总产量比重分别为：水稻83.52%，小麦81.34%，玉米72.62%，大豆73.36%，薯类39.39%，油料73.36%，棉花47.80%，糖料80.70%，蔬菜73.84%，水果63.32%。东北地区是我国商品率最高、粮食增产潜力最大的商品粮输出基地；华北地区是我国粮食产量最大、资源环境矛盾最尖锐地区；南方是我国水稻与糖料产量最大、粮食供需矛盾最紧张的地区。针对区域资源环境特点和问题，提出“提高东北，治理华北，恢复南方”总体战略思路，具体措施如下：

东北（东北区）以三江平原和松嫩平原为重点，建设成我国最大的商品粮和农业专业化基地。主要措施：一是推行粮豆轮作、粮草（饲）轮作和种养循环模式，建立旱作农业综合发展模式。二是稳定和保护好东北的水稻生产基地，适当减少“镰刀弯”地区玉米种植面积。三是推进农产品加工基地建设，发挥农产品区位布局优势，推进标准化种养、精细化加工、高效化物流等全产业链发展。四是以黑土可持续利用支持东北商品粮基地可持续

发展，实施东北西部生态脆弱带土地“三化”（盐碱化、沙漠化、草原退化）综合治理。

华北（黄淮海区）以华北平原为重点治理区，黄淮平原为生产发展重点区，进行农业资源环境综合整治，实现我国最大粮食生产基地的可持续发展。主要措施：一是调整种植结构。小麦南移，适度调减华北地下水严重超采区的小麦种植面积，巩固并建设淮北平原小麦生产基地，发展旱作冬油菜+青贮玉米以及耐旱耐盐碱的棉花、油葵和马铃薯。二是加强水资源的综合管理。发展调亏灌溉模式，推广喷灌、滴灌和水肥一体化等高效节水灌溉技术，以南水北调为契机，全面调整、规划用水体系和地下水恢复工程。三是农业生态环境综合整治。调整区域产业结构和人口分布格局，减轻生态环境压力，深入实施大气、水、土壤污染的修复与防治行动。

南方（长江中下游干流平原丘陵区、江南丘陵山区和东南区）重点保护和发展长江中游水稻优势产区，建设东南沿海外向型现代化农业。主要措施：一是积极保护耕地，稳定双季稻面积，增加南方饲料粮自给，减少“北粮南运”的压力，扩大南菜北运基地和热带作物产业规模。防止耕地非农化，提高用地效率，建设永久基本农田保护区。二是发挥东南沿海区位和技术优势，注重优质品种培育，发展花卉、蔬菜、盆景和水果等外向型农业，推进农业智能化、高效化和精准化，大力发展现代农业。三是丘陵山区推进农林果综合发展和农业机械化发展，发展立体型生态农业，实现农业综合开发。四是加强酸雨污染和重金属污染源头防治，合理布局生产和生活设施，开展污染土壤治理。

（四）重点建设农产品贡献区

根据2014年分区县农产品生产数据，针对27个承担着主要农产品供给保障功能的农产品贡献区进行重点分析（图2），27个农产品贡献区耕地面积占全国的64.43%，农产品产量占全国总产量比重分别为：水稻81.88%，小麦91.61%，玉米79.65%，大豆61.75%，薯类60.19%，油料81.75%，棉花96.27%，糖料95.54%，蔬菜80.54%，水果67.90%。根据全国和分区人均占有量比较，具有全国性地位的农产品产区包括三江平原区（粮、豆）、松嫩平原区（粮、豆）、西辽河流域区（粮）、华北平原区（粮、棉）、黄淮海平原区（粮、油）、天山北坡区（棉）、塔里木河流域区（棉）、江淮地区（粮）、长江中游平原区（粮、棉）、豫皖鄂平原丘陵区（油）、赣江流域中上游区（粮）、湘江流域中上游区（粮）、粤西桂南丘陵区（糖）、滇南丘陵山区（糖）。

图2　中国重点建设农产品贡献区

Ⅰ$_1$三江平原区主要方向是重点发展优质水稻和高油大豆，适当减少玉米种植面积，建设我国重点商品粮基地，创立以农业为主、工业配套的模式。主要措施：一是水稻采取控制灌溉措施，灌溉量可由332m^3/亩降低到210m^3/亩。二是治理风蚀、水蚀和局部沙化，完善现有防护林体系，加大退耕还林、还草和还沼力度。三是以防涝为主，涝旱兼治，搞好农田水利建设。

Ⅰ$_5$松嫩平原区主要方向是重点建设我国玉米带基地，巩固松嫩平原商品粮基地的地位，发展农牧结合、草田轮作的生态农业。主要措施：一是实施黑土肥力保持工程，改顺坡种植为斜坡、等高种植，实施草田轮作、农牧结合提高土壤肥力。二是实施土地"三化"（盐碱化、沙漠化、草原退化）综合治理。三是改进耕作制度，改顺坡种植为机械起垄横向种植，改长坡种植为短坡种植，保持水土。

Ⅰ$_8$西辽河流域区主要方向是巩固粮食生产基地地位，以农载牧，以畜定草，推进农牧业协调发展。主要措施：一是推广节水农业技术，推广深松纳雨、顶凌保水、秸秆

覆盖等旱作农业技术，提高水资源利用率。二是利用现有耕地，积极发展人工种草和草田轮作，推进牧草产业化。三是对水土匹配条件较好的天然草原，加强改良，提升产草能力。

$Ⅰ_9$呼伦贝尔草原区和$Ⅱ_1$锡林郭勒东部草原区主要方向是合理利用和保护天然草场，加强饲（草）料基地建设，努力建设国家重的毛、皮、肉、乳商品生产基地。主要措施：一是实行科学的休牧与轮牧制度，强化天然草场的管理和保护。二是选择水土条件好的土地，建植人工草地与饲料地，实行半放牧、半舍饲。三是压缩灌溉玉米的种植面积，恢复谷子、高粱、莜麦、荞麦和牧草等耐旱作物面积。

$Ⅱ_4$呼包河套区主要方向是巩固粮食生产地位，发展水资源高效利用与水盐综合调控的农业模式。主要措施：一是发展节水型农业，抓好田间节水工程措施建设。二是综合防治土壤盐渍化和水土流失。

$Ⅲ_1$华北平原区主要方向是发展水肥一体化等高效节水灌溉，适当减少小麦生产，建设农牧结合的可持续发展农业。主要措施：一是推广“三三制”种植结构，农牧结合，发展草食牲畜养殖业。二是全面推广喷灌、微灌和管道输水灌溉等高效节水技术，实行灌溉定额制度。三是减少地下水开采量和化肥施用量，地下水超采区退耕冬小麦。

$Ⅲ_2$山东丘陵区主要方向是构建“两水”（水产和水果）生产基地，合理推进粮经饲统筹和农牧渔结合等农业结构调整。主要措施：一是深度开发、发挥水产和水果的生产、加工优势。二是推进农业结构调整，扩大饲草作物和特色经济林果的种植面积。三是实施精致农业，打造国内外知名农产品品牌。

$Ⅲ_3$黄淮平原区主要方向是巩固并提高我国小麦生产基地地位，发展稻—麦轮作和夏大豆为主的农业生产体系。主要措施：一是通过农业种植结构调整，发展稻—麦轮作和夏大豆，利用节水工程措施和农艺节水措施，减少水分的无效消耗。二是巩固并进一步建设淮北平原小麦生产基地。

$Ⅳ_2$汾渭谷地区主要方向是巩固和提高粮棉油生产，推广旱作农业技术和保护性耕作技术，发展农林混作生态农业。主要措施：一是结合节水灌溉工程和河道生态治理工程，建设具有特色的经济林基地和人工饲（草）料基地。二是发展林粮、林果、林草、林药等复合农业。

$Ⅴ_1$天山北坡区主要方向是统筹调优种养结构，打造天山北坡现代农业示范区。主要措施：一是由以棉为主转向实行草、棉、粮、饲的综合性改造，实行草田轮作。二是

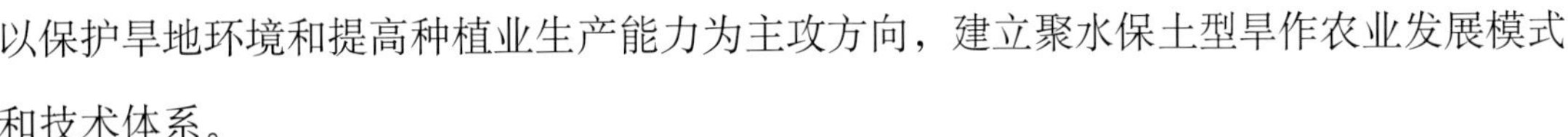

以保护旱地环境和提高种植业生产能力为主攻方向，建立聚水保土型旱作农业发展模式和技术体系。

V_2伊犁谷河流域区主要方向是建立绿色经济复合型农业，重点推动畜牧业可持续发展。主要措施：一是构建粮经饲统筹、种养加一体的农业结构，加快畜牧业内部畜禽结构调整。二是加强草原保护，分类实施禁牧、休牧、轮牧及草畜平衡措施。

V_4塔里木河流域区主要方向是建设高效集约的现代植棉业基地，加快棉花规模化生产、集约化经营。主要措施：一是优化主产棉区种植结构、保持棉花稳定适度的生产规模，积极推行棉、粮、草、果生态型种植结构。二是发展膜下滴灌水肥一体化技术，合理使用抗旱剂、保水剂等，以发展节水农业为中心开展绿洲生态农业建设。

V_7河西走廊区主要方向是建立河西商品粮基地，农牧业并举，以农为主，发展节水特色农业。主要措施：一是优化农业结构，以水定地，流域、渠系科学用水，按照作物生长季节定时、定量供水。二是防沙治沙、草地建设和改造盐碱地，牧草轮作，水旱轮作防止荒漠化。

V_8银川平原区主要方向是调整绿洲农业产业结构，推行乔、灌、草配套的灌区内部草田轮作制度。主要措施：一是控制并减少黄河水用水，合理开发地下水资源，高效节约灌溉用水。二是实施生态农业，减少环境污染。三是加强对土壤盐渍化和土地沙化的防治。

VI_1长三角地区主要方向是稳定粮食生产基地，建设都市农业、资本和技术密集型现代农业。主要措施：一是严格保护耕地，防止农业过度衰退。二是科技兴粮，实行集约规模化经营和智能机械化操作，提高劳动生产率。

VI_2江淮地区主要方向是以粮、棉、油为重点，加强水土治理和山丘、水面、滩涂资源开发，促进农村商品经济全面发展。主要措施：一是巩固和提高以稻米为主的粮食生产，增加水稻播种面积，积极发展油菜，适度发展棉花。二是以加强农田水利基本建设为核心，建设高标准农田。

VI_3长江中游平原区主要方向是稳定双季稻面积，切实保护优质耕地，巩固商品粮生产基地地位。主要措施：一是推进现代农业发展，推广机械化和标准化生产。二是积极保护耕地，建设永久基本农田保护区，提高耕地资源利用效率。三是调整产业结构，实施大气和土壤污染的修复与防治。

VI_4豫皖鄂平原丘陵区主要方向是巩固粮油生产地位，发展特色农产品产业，建设

复合立体农业模式。主要措施：一是促进低山丘陵农业机械化发展，综合开发立体型生态农业。二是综合进行山顶林草防治、山腰经济林带整治、山脚坡改梯治理的水土保持。

Ⅶ$_1$赣江流域中上游区和Ⅶ$_2$湘江流域中上游区主要方向是稳定双季稻面积，巩固并提高其在我国水稻生产基地中的地位，推进丘陵山地农、林、牧综合发展。主要措施：一是加强沟谷盆地基础农田建设，严控过度施肥，控制农业面源污染，缓解区域土壤酸化。二是控制矿区污染，加强矿区水土环境修复。三是继续加大水土保持治理力度，推进林分改造。四是丘陵山区推进农林果综合发展和农业机械化发展，发展立体型生态农业，实现农业综合开发。

Ⅶ$_1$浙闽粤沿海平原丘陵区主要方向是建设技术和劳动密集型的外向农业生产基地。主要措施：一是推进农业生产全程标准化，强化水土治理和环境监测，增强花卉、蔬菜、盆栽和水果等特色产业优势和国际竞争力。二是加强农业国际合作，完善农业生产、经营、流通等服务体系，拓展外向型农业广度和深度。

Ⅷ$_2$珠三角地区主要方向是建设都市农业和立体生态农业，打造现代农业示范基地。主要措施：一是稳定现有耕地面积，改造传统基塘农业模型，发展现代都市农业和立体生态农业。二是调整产业结构，实施水体、大气和土壤污染的修复与防治。

Ⅷ$_3$粤西桂南丘陵区主要方向是稳定甘蔗优势产区，大力发展制糖工业，实现制糖业循环利用。主要措施：一是因地制宜，大力推广和发展机械化。二是加强水利建设，增强抗旱能力。三是加大蔗糖产业各项节本增效技术的研发与推广力度。

Ⅷ$_4$海南岛区主要方向是巩固和发展特色高效的热带农业基地。主要措施：一是分发挥热带农业资源，因地制宜发展特色高效热带作物和水果，推动橡胶等特色农产品的规模化和产业化发展。二是建设综合防灾减灾工程，提高对台风、洪涝和干旱等灾害的抵御能力。

Ⅸ$_2$四川盆地区主要方向是建设以生猪、油菜、水稻、柑橘、蚕桑为主的全国性农业综合商品基地。主要措施：一是保护耕地，兴水改土，建设稳产高产基本农田，积极发展粮食生产。二是建设种养结合型的生态农业循环模式。

Ⅸ$_5$滇南丘陵山区主要方向是建设高原粮仓，大力培育特色经济作物，发展山地牧业、高效林业和开放农业。主要措施：一是提升传统的烟、糖、茶、胶等产品优势，培植新兴的林果、蔬菜、花卉、药材等产品优势。二是增强农业的防灾减灾能力，加强重点旱涝区治理，完善灌排体系。